中国纺织标准汇编

棉纺织卷（上）

（第三版）

纺织工业科学技术发展中心　组编
纺织人才交流培训中心　参编

中国标准出版社
北　京

图书在版编目(CIP)数据

中国纺织标准汇编.棉纺织卷.上/纺织工业科学技术发展中心组编.—3版.—北京:中国标准出版社,2016.2

ISBN 978-7-5066-8134-6

Ⅰ.①中… Ⅱ.①纺… Ⅲ.①纺织品-标准-汇编-中国②棉纺织-标准-汇编-中国 Ⅳ.①TS107

中国版本图书馆CIP数据核字(2015)第271856号

中国标准出版社出版发行
北京市朝阳区和平里西街甲2号(100029)
北京市西城区三里河北街16号(100045)

网址 www.spc.net.cn
总编室:(010)68533533 发行中心:(010)51780238
读者服务部:(010)68523946

中国标准出版社秦皇岛印刷厂印刷
各地新华书店经销

*

开本 880×1230 1/16 印张 71.5 字数 2 199 千字
2016年2月第三版 2016年2月第三次印刷

*

定价 362.00 元

编　委　会

主　　任　彭燕丽

副主任　张慧琴　冯国平

主　　编　孙锡敏

副主编　王国建　姜　川

编写人员（按姓氏笔划排序）

王　红　开吴珍　王憬义　常春城　景慎全

前　　言

《中国纺织标准汇编》是我国纺织工业标准方面的一套大型系列丛书。丛书按行业分类分别立卷，由纺织行业标准主管部门及标准归口单位负责编纂，中国标准出版社陆续出版。

“十二五”以来，我国纺织标准化事业快速发展。截至2015年12月，全行业归口标准总数超过2 000项，形成了覆盖服用、家用、产业用三大应用领域和纺织装备全产业链的标准体系。在纺织品生态安全、功能性检测评价、高性能纤维材料以及新型成套装备等重点领域，科技成果加快转化为标准，标准制定与技术创新、产业发展贴合更加紧密。

为促进标准的宣贯实施，满足广大用户对纺织标准的需求，解决标准资料收集不便、不全的问题，我们将纺织产品标准重新收集、整理，对2011年出版的《中国纺织标准汇编》(第二版)进行了修订。本次修订对分类进行了局部调整，将原棉纺织卷(二)更名为家用纺织品卷，把印染标准从原棉纺织卷(一)中分离出来独立成卷，共分为10卷13册，包括棉纺织卷(上、下)、印染卷、毛纺织卷、麻纺织卷、丝纺织卷、化学纤维卷(上、下)、针织卷、服装卷(上、下)、家用纺织品卷和产业用纺织品卷，共收录1 048项标准。

本汇编收集的国家标准和行业标准的属性已在本书目录上标明(强制性国家标准代号为GB，推荐性国家标准代号为GB/T，推荐性行业标准代号为FZ/T)，年号用四位数表示。鉴于部分国家标准和行业标准是在标准清理整顿前出版的，现尚未修订，故正文部分仍保留原样，读者在使用这些国家标准和行业标准时，其属性及标准编号以本书目录上标明的为准(标准正文“引用标准”中的标准的属性请读者注意查对)。本汇编收集的部分标准是经过复审确认继续有效的标准，在目录中其编号后标有复审确认年代号，如FZ/T 01049—1997(2015)，但因标准文本没有重新印刷，故正文部分仍保留原样。

本汇编是一部综合性的工具书，可供纺织品服装生产、贸易企业，监督、检验检测机构，大专院校，科研院所，行业协会(学会)、标准管理部门以及从事标准化工作的有关人员使用。

本卷共收集截至2015年12月底由国务院标准化行政主管部门和纺织行业主管部门正式批准发布的棉纺织标准159项。

本卷汇编得到了全国纺织品标准化技术委员会棉纺织品分会、纺织工业色织标准化技术归口单位、中国棉纺织行业协会等单位的大力支持，在此表示感谢！

纺织工业科学技术发展中心

2015年12月

目　　录

ICS 59.080.20
W 12

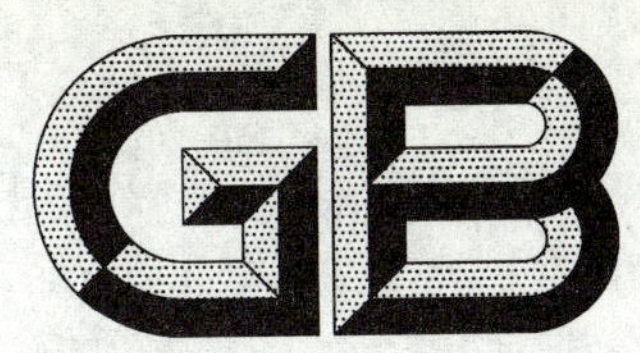

中华人民共和国国家标准

GB/T 398—2008
代替 GB/T 398—1993

棉本色纱线

Cotton grey yarns

2008-05-23 发布 2008-12-01 实施

中华人民共和国国家质量监督检验检疫总局
中国国家标准化管理委员会 发布

前　言

本标准在主要技术内容和技术要求等方面参照2001乌斯特统计值修订。

本标准与2001乌斯特统计值的一致性程度为非等效。采用了梳棉机织物用纱(环锭纺)及精梳棉机织物用纱(环锭纺)中下列统计值作为本标准技术要求中相关技术指标修订的依据：

a) 纱的百米重量变异系数；

b) 纱的条干均匀度变异系数；

c) 单纱断裂强度(cN/tex)；

d) 单纱断裂强力变异系数。

本标准代替GB/T 398—1993《棉本色纱线》。

本标准与GB/T 398—1993相比主要变化如下：

——纱的百米重量变异系数指标收严；

——纱的条干均匀度变异系数指标收严；

——单纱、线断裂强度指标收严；

——单纱、线断裂强力变异系数指标收严；

——1 g内棉结粒数收严；

——1 g内棉结杂质总粒数收严；

——单纱、线断裂强度分优、一、二等指标考核；

——百米重量偏差分优、一、二等指标考核；

——单纱一等品增加十万米纱疵考核。

本标准的附录A为规范性附录。

本标准由中国纺织工业协会提出。

本标准由全国纺织品标准化技术委员会棉纺织印染分技术委员会归口。

本标准起草单位：上海市纺织工业技术监督所、鲁泰纺织股份有限公司、中国棉纺织行业协会。

本标准所代替标准的历次版本发布情况为：

——GB/T 398—1978、GB/T 398—1993。

棉本色纱线

1 范围

本标准规定了棉本色纱线(以下简称"棉纱线")的产品分类、要求、试验方法、检验规则和标志、包装。

本标准适用于鉴定环锭机制棉纱线的品质,不适用于鉴定特种用途棉纱线的品质。

2 规范性引用文件

下列文件中的条款通过本标准的引用而成为本标准的条款,凡是注日期的引用文件,其随后所有的修改单(不包括勘误的内容)或修订版均不适用于本标准,然而,鼓励根据本标准达成协议的各方研究是否可使用这些文件的最新版本。凡是不注日期的引用文件,其最新版本适用于本标准。

GB/T 2543.1 纺织品 纱线捻度的测定 第1部分:直接计数法

GB/T 2543.2 纺织品 纱线捻度的测定 第2部分:退捻加捻法

GB/T 3292 纺织品 纱条条干不匀试验方法 电容法

GB/T 3916 纺织品 卷装纱 单根纱线断裂强力和断裂伸长率的测定

GB/T 4743 纱线线密度的测定 绞纱法

GB/T 9996.2 棉及化纤纯纺、混纺纱线外观质量黑板检验方法 第2部分:分别评定法

FZ/T 01050—1997 纺织品 纱线疵点的分级与检验方法 电容式

FZ/T 10007 棉及化纤纯纺、混纺本色纱线检验规则

FZ/T 10008 棉及化纤纯纺、混纺本色纱线标志与包装

FZ/T 10013.1 温度与回潮率对棉及化纤纯纺、混纺制品断裂强力的修正方法 本色纱线及染色加工线断裂强力的修正方法

3 分类

3.1 棉纱线的线密度

棉纱线的线密度以1 000 m纱线在公定回潮率时的重量(g)表示,单位为特克斯(tex)。

3.2 棉纱线的公定回潮率

棉纱线的公定回潮率为8.5%。

3.3 棉纱线的标准重量

3.3.1 100 m纱线在公定回潮率为8.5%时的标准重量(g)按式(1)计算:

$$m_g = \frac{T_t}{10} \qquad (1)$$

式中:

m_g——100 m纱线在公定回潮率时的标准重量,单位为克每百米(g/100 m);

T_t——纱线线密度,单位为特克斯(tex)。

3.3.2 100 m纱线的标准干燥重量(g)按式(2)计算:

$$m_d = \frac{T_t}{10.85} \qquad (2)$$

式中:

m_d——100 m纱线的标准干燥重量,单位为克每百米(g/100 m);

T_t——纱线线密度,单位为特克斯(tex)。

3.4 单纱和股线的线密度规定

单纱和股线的最后成品设计线密度应与其公称线密度相等。纺股线用的单纱设计线密度应保证股线的设计线密度与公称线密度相等。

3.5 棉纱线的公称线密度系列及其 100 m 的标准重量规定

3.5.1 棉纱的公称线密度系列及其 100 m 的标准重量见表 1。

表 1 棉纱的公称线密度系列及其 100 m 的标准重量

公称线密度系列/tex	标准干燥重量/(g/100 m)	公定回潮率为 8.5%时的标准重量/(g/100 m)	公称线密度系列/tex	标准干燥重量/(g/100 m)	公定回潮率为 8.5%时的标准重量/(g/100 m)
4	0.369	0.400	26	2.396	2.600
4.5	0.415	0.450	27	2.488	2.700
5	0.461	0.500	28	2.581	2.800
5.5	0.507	0.550	29	2.673	2.900
6	0.553	0.600	30	2.765	3.000
6.5	0.599	0.650	32	2.949	3.200
7	0.645	0.700	34	3.134	3.400
7.5	0.691	0.750	36	3.318	3.600
8	0.737	0.800	38	3.502	3.800
8.5	0.783	0.850	40	3.687	4.000
9	0.829	0.900	42	3.871	4.200
9.5	0.876	0.950	44	4.055	4.400
10	0.922	1.000	46	4.240	4.600
11	1.014	1.100	48	4.424	4.800
12	1.106	1.200	50	4.608	5.000
13	1.198	1.300	52	4.793	5.200
14	1.290	1.400	54	4.977	5.400
(14.5)	1.336	1.450	56	5.161	5.600
15	1.382	1.500	58	5.346	5.800
16	1.475	1.600	60	5.530	6.000
17	1.567	1.700	64	5.899	6.400
18	1.659	1.800	68	6.267	6.800
19	1.751	1.900	72	6.636	7.200
(19.5)	1.797	1.950	76	7.005	7.600
20	1.843	2.000	80	7.373	8.000
21	1.935	2.100	88	8.111	8.800
22	2.028	2.200	96	8.848	9.600
23	2.120	2.300	120	11.060	12.000
24	2.212	2.400	144	13.272	14.400
25	2.304	2.500	192	17.696	19.200

3.5.2 双股棉线的公称线密度系列及其 100 m 的标准重量见表 2。

表 2 双股棉线的公称线密度系列及其 100 m 的标准重量

公称线密度系列/tex	标准干燥重量/(g/100 m)	公定回潮率为 8.5%时的标准重量/(g/100 m)	公称线密度系列/tex	标准干燥重量/(g/100 m)	公定回潮率为 8.5%时的标准重量/(g/100 m)
4×2	0.737	0.800	24×2	4.424	4.800
4.5×2	0.829	0.900	25×2	4.608	5.000
5×2	0.922	1.000	26×2	4.793	5.200
5.5×2	1.014	1.100	27×2	4.977	5.400
6×2	1.106	1.200	28×2	5.161	5.600
6.5×2	1.198	1.300	29×2	5.346	5.800
7×2	1.290	1.400	30×2	5.530	6.000
7.5×2	1.382	1.500	32×2	5.899	6.400
8×2	1.475	1.600	34×2	6.267	6.800
8.5×2	1.567	1.700	36×2	6.636	7.200
9×2	1.659	1.800	38×2	7.005	7.600
9.5×2	1.751	1.900	40×2	7.373	8.000
10×2	1.843	2.000	42×2	7.742	8.400
11×2	2.028	2.200	44×2	8.111	8.800
12×2	2.212	2.400	46×2	8.479	9.200
13×2	2.396	2.600	48×2	8.848	9.600
14×2	2.581	2.800	50×2	9.217	10.000
(14.5×2)	2.673	2.900	52×2	9.585	10.400
15×2	2.765	3.000	54×2	9.954	10.800
16×2	2.949	3.200	56×2	10.323	11.200
17×2	3.134	3.400	58×2	10.691	11.600
18×2	3.318	3.600	60×2	11.060	12.000
19×2	3.502	3.800	64×2	11.797	12.800
(19.5×2)	3.594	3.900	68×2	12.535	13.600
20×2	3.687	4.000	72×2	13.272	14.400
21×2	3.871	4.200	76×2	14.009	15.200
22×2	4.055	4.400	80×2	14.747	16.000
23×2	4.240	4.600			

3.5.3 三股棉线的公称线密度系列及其 100 m 的标准重量见表 3。

表 3 三股棉线的公称线密度系列及其 100 m 的标准重量

公称线密度系列/tex	标准干燥重量/(g/100 m)	公定回潮率为 8.5%时的标准重量/(g/100 m)	公称线密度系列/tex	标准干燥重量/(g/100 m)	公定回潮率为 8.5%时的标准重量/(g/100 m)
4×3	1.106	1.200	9×3	2.488	2.700
4.5×3	1.244	1.350	9.5×3	2.627	2.850
5×3	1.382	1.500	10×3	2.765	3.000
5.5×3	1.521	1.650	11×3	3.041	3.300
6×3	1.659	1.800	12×3	3.318	3.600
6.5×3	1.797	1.950	13×3	3.594	3.900
7×3	1.935	2.100	14×3	3.871	4.200
7.5×3	2.074	2.250	14.5×3	4.009	4.350
8×3	2.212	2.400	15×3	4.147	4.500
8.5×3	2.350	2.550	16×3	4.424	4.800

表 3（续）

公称线密度系列/tex	标准干燥重量/(g/100 m)	公定回潮率为8.5%时的标准重量/(g/100 m)	公称线密度系列/tex	标准干燥重量/(g/100 m)	公定回潮率为8.5%时的标准重量/(g/100 m)
17×3	4.700	5.100	24×3	6.636	7.200
18×3	4.977	5.400	25×3	6.912	7.500
19×3	5.253	5.700	26×3	7.189	7.800
19.5×3	5.392	5.850	27×3	7.465	8.100
20×3	5.530	6.000	28×3	7.742	8.400
21×3	5.806	6.300	29×3	8.018	8.700
22×3	6.083	6.600	30×3	8.295	9.000
23×3	6.359	6.900			

4 要求

4.1 梳棉纱的要求见表4。

表4 梳棉纱的要求

线密度/tex(英制支数)	等别	单纱断裂强力变异系数 CV/% ≤	百米重量变异系数 CV/% ≤	单纱断裂强度/(cN/tex) ≥	百米重量偏差/%	条干均匀度 黑板条干均匀度10块板比例(优：一：二：三)不低于	条干均匀度 条干均匀度变异数 CV/% ≤	1 g内棉结粒数/(粒/g) ≤	1 g内棉结杂质总粒数/(粒/g) ≤	实际捻系数(参考值) 经纱	实际捻系数(参考值) 纬纱	十万米纱疵/(个/10^5 m) ≤
8～10(70～56)	优	10.0	2.2	15.6	±2.0	7：3：0：0	16.5	25	45	340～430	310～380	10
	一	13.0	3.5	13.6	±2.5	0：7：3：0	19.0	55	95			30
	二	16.0	4.5	10.6	±3.5	0：0：7：3	22.0	95	145			—
11～13(55～44)	优	9.5	2.2	15.8	±2.0	7：3：0：0	16.5	30	55	340～430	310～380	10
	一	12.5	3.5	13.8	±2.5	0：7：3：0	19.0	65	105			30
	二	15.5	4.5	10.8	±3.5	0：0：7：3	22.0	105	155			—
14～15(43～37)	优	9.5	2.2	16.0	±2.0	7：3：0：0	16.0	30	55	330～420	300～370	10
	一	12.5	3.5	14.0	±2.5	0：7：3：0	18.5	65	105			30
	二	15.5	4.5	11.0	±3.5	0：0：7：3	21.5	105	155			—
16～20(36～29)	优	9.0	2.2	16.2	±2.0	7：3：0：0	15.5	30	55	330～420	300～370	10
	一	12.0	3.5	14.2	±2.5	0：7：3：0	18.0	65	105			30
	二	15.0	4.5	11.2	±3.5	0：0：7：3	21.0	105	155			—
21～30(28～19)	优	8.5	2.2	16.4	±2.0	7：3：0：0	14.5	30	55	330～420	300～370	10
	一	11.5	3.5	14.4	±2.5	0：7：3：0	17.0	65	105			30
	二	14.5	4.5	11.4	±3.5	0：0：7：3	20.0	105	155			—
32～34(18～17)	优	8.0	2.2	16.2	±2.0	7：3：0：0	14.0	35	65	320～410	290～360	10
	一	11.0	3.5	14.2	±2.5	0：7：3：0	16.5	75	125			30
	二	14.5	4.5	11.2	±3.5	0：0：7：3	19.5	115	185			—
36～60(16～10)	优	7.5	2.2	16.0	±2.0	7：3：0：0	13.5	35	65	320～410	290～360	10
	一	10.5	3.5	14.0	±2.5	0：7：3：0	16.0	75	125			30
	二	14.0	4.5	11.0	±3.5	0：0：7：3	19.0	115	185			—

表 4（续）

线密度/tex（英制支数）	等别	单纱断裂强力变异系数 CV/% ≤	百米重量变异系数 CV/% ≤	单纱断裂强度/(cN/tex) ≥	百米重量偏差/%	条干均匀度		1 g 内棉结粒数/(粒/g) ≤	1 g 内棉结杂质总粒数/(粒/g) ≤	实际捻系数（参考值）		十万米纱疵/(个/10^5 m) ≤
						黑板条干均匀度 10 块板比例（优：一：二：三）不低于	条干均匀度变异数 CV/% ≤			经纱	纬纱	
64～80（9～7）	优	7.0	2.2	15.8	±2.0	7：3：0：0	13.0	35	65	320～410	290～360	10
	一	10.0	3.5	13.8	±2.5	0：7：3：0	15.5	75	125			30
	二	13.5	4.5	10.8	±3.5	0：0：7：3	18.5	115	185			—
88～192（6～3）	优	6.5	2.2	15.6	±2.0	7：3：0：0	12.5	35	65	320～410	290～360	10
	一	9.5	3.5	13.6	±2.5	0：7：3：0	15.0	75	125			30
	二	13.0	4.5	10.6	±3.5	0：0：7：3	18.0	115	185			—

注：十万米纱疵为 FZ/T 01050—1997 中规定的纱疵 $A_3+B_3+C_3+D_2$ 之和。（以下同此）

4.2 精梳棉纱的要求见表 5。

表 5 精梳棉纱的要求

线密度/tex（英制支数）	等别	单纱断裂强力变异系数 CV/% ≤	百米重量变异系数 CV/% ≤	单纱断裂强度/(cN/tex) ≥	百米重量偏差/%	条干均匀度		1 g 内棉结粒数/(粒/g) ≤	1 g 内棉结杂质总粒数/(粒/g) ≤	实际捻系数（参考值）		十万米纱疵/(个/10^5 m) ≤
						黑板条干均匀度 10 块板比例（优：一：二：三）不低于	条干均匀度变异数 CV/% ≤			经纱	纬纱	
4～4.5（150～131）	优	12.0	2.0	17.6	±2.0	7：3：0：0	16.5	20	25	340～430	310～360	5
	一	14.5	3.0	15.6	±2.5	0：7：3：0	19.0	45	55			20
	二	17.5	4.0	12.6	±3.5	0：0：7：3	22.0	70	85			—
5～5.5（130～111）	优	11.5	2.0	17.6	±2.0	7：3：0：0	16.5	20	25	340～430	310～360	5
	一	14.0	3.0	15.6	±2.5	0：7：3：0	19.0	45	55			20
	二	17.0	4.0	12.6	±3.5	0：0：7：3	22.0	70	85			—
6～6.5（110～91）	优	11.0	2.0	17.8	±2.0	7：3：0：0	15.5	20	25	330～400	300～350	5
	一	13.5	3.0	15.8	±2.5	0：7：3：0	18.0	45	55			20
	二	16.5	4.0	12.8	±3.5	0：0：7：3	21.0	70	85			—
7～7.5（90～71）	优	10.5	2.0	17.8	±2.0	7：3：0：0	15.0	20	25	330～400	300～350	5
	一	13.0	3.0	15.8	±2.5	0：7：3：0	17.5	45	55			20
	二	16.0	4.0	12.8	±3.5	0：0：7：3	20.5	70	85			—
8～10（70～56）	优	9.5	2.0	18.0	±2.0	7：3：0：0	14.5	20	25	330～400	300～350	5
	一	12.5	3.0	16.0	±2.5	0：7：3：0	17.0	45	55			20
	二	15.5	4.0	13.0	±3.5	0：0：7：3	19.5	70	85			—
11～13（55～44）	优	8.5	2.0	18.0	±2.0	7：3：0：0	14.0	15	20	330～400	300～350	5
	一	11.5	3.0	16.0	±2.5	0：7：3：0	16.0	35	45			20
	二	14.5	4.0	13.0	±3.5	0：0：7：3	18.5	55	75			—
14～15（43～37）	优	8.0	2.0	15.8	±2.0	7：3：0：0	13.5	15	20	330～400	300～350	5
	一	11.0	3.0	14.4	±2.5	0：7：3：0	15.5	35	45			20
	二	14.0	4.0	12.4	±3.5	0：0：7：3	18.0	55	75			—

表 5（续）

线密度/tex（英制支数）	等别	单纱断裂强力变异系数 CV/% ≤	百米重量变异系数 CV/% ≤	单纱断裂强度/(cN/tex) ≥	百米重量偏差/%	条干均匀度		1 g 内棉结粒数/(粒/g) ≤	1 g 内棉结杂质总粒数/(粒/g) ≤	实际捻系数（参考值）		十万米纱疵/(个/10^5 m) ≤
						黑板条干均匀度10块板比例(优：一：二：三)不低于	条干均匀度变异数 CV/% ≤			经纱	纬纱	
16～20 (36～29)	优	7.5	2.0	15.8	±2.0	7：3：0：0	13.0	15	20	320～390	290～340	5
	一	10.5	3.0	14.4	±2.5	0：7：3：0	15.0	35	45			20
	二	13.5	4.0	12.4	±3.5	0：0：7：3	17.5	55	75			—
21～30 (28～19)	优	7.0	2.0	16.0	±2.0	7：3：0：0	12.5	15	20	320～390	290～340	5
	一	10.0	3.0	14.6	±2.5	0：7：3：0	14.5	35	45			20
	二	13.0	4.0	12.6	±3.5	0：0：7：3	17.0	55	75			—
32～36 (18～16)	优	6.5	2.0	16.0	±2.0	7：3：0：0	12.0	15	20	320～390	290～340	5
	一	9.5	3.0	14.6	±2.5	0：7：3：0	14.0	35	45			20
	二	12.5	4.0	12.6	±3.5	0：0：7：3	16.5	55	75			—

4.3 梳棉股线的要求见表 6。

表 6 梳棉股线的要求

线密度/tex(英制支数)	等别	单线断裂强力变异系数 CV/% ≤	百米重量变异系数 CV/% ≤	单线断裂强度/(cN/tex) ≥	百米重量偏差/%	1 g 内棉结粒数/(粒/g) ≤	1 g 内棉结杂质总粒数/(粒/g) ≤	实际捻系数（参考值）	
								经纱	纬纱
8×2～10×2 (70/2～56/2)	优	8.0	1.5	17.8	±2.0	20	30	400～530	360～470
	一	11.0	2.5	15.6	±2.5	40	70		
	二	14.0	3.5	12.2	±3.5	65	95		
11×2～20×2 (55/2～29/2)	优	7.5	1.5	18.2	±2.0	20	40	400～530	360～470
	一	10.5	2.5	15.8	±2.5	40	75		
	二	13.5	3.5	12.4	±3.5	70	105		
21×2～30×2 (28/2～19/2)	优	7.0	1.5	18.8	±2.0	20	40	400～530	360～470
	一	10.0	2.5	16.6	±2.5	40	75		
	二	13.0	3.5	13.2	±3.5	70	105		
32×2～60×2 (18/2～10/2)	优	6.5	1.5	18.6	±2.0	20	40	400～530	360～470
	一	9.5	2.5	16.4	±2.5	40	75		
	二	12.5	3.5	13.0	±3.5	70	105		
64×2～80×2 (9/2～7/2)	优	6.0	1.5	18.2	±2.0	20	40	400～530	360～470
	一	9.0	2.5	15.8	±2.5	40	75		
	二	12.0	3.5	12.4	±3.5	70	105		
8×3～10×3 (70/3～56/3)	优	5.5	1.5	20.2	±2.0	12	30	400～530	360～470
	一	8.5	2.5	16.0	±2.5	30	65		
	二	11.5	3.5	13.8	±3.5	55	90		
11×3～20×3 (55/3～29/3)	优	5.0	1.5	20.6	±2.0	15	35	400～530	360～470
	一	8.0	2.5	17.8	±2.5	35	70		
	二	11.0	3.5	14.0	±3.5	65	100		
21×3～30×3 (28/3～19/3)	优	4.5	1.5	21.4	±2.0	15	35	400～530	360～470
	一	7.5	2.5	18.8	±2.5	35	70		
	二	11.0	3.5	16.8	±3.5	65	100		

4.4 精梳棉股线的要求见表7。

表7 精梳棉股线的要求

线密度/tex(英制支数)	等别	单线断裂强力变异系数 CV/% ≤	百米重量变异系数 CV/% ≤	单线断裂强度/(cN/tex) ≥	百米重量偏差/%	1 g内棉结粒数/(粒/g) ≤	1 g内棉结杂质总粒数/(粒/g) ≤	实际捻系数(参考值) 经纱	实际捻系数(参考值) 纬纱
4×2～4.5×2(150/2～131/2)	优	9.0	1.5	21.0	±2.0	15	20	360～480	320～440
	一	11.5	2.5	18.6	±2.5	30	35		
	二	14.0	3.5	15.0	±3.5	50	55		
5×2～5.5×2(130/2～111/2)	优	8.5	1.5	21.0	±2.0	15	20	360～480	320～440
	一	11.0	2.5	18.6	±2.5	30	35		
	二	13.5	3.5	15.0	±3.5	50	55		
6×2～7.5×2(110/2～71/2)	优	8.0	1.5	21.4	±2.0	15	20	380～500	340～460
	一	10.5	2.5	19.0	±2.5	30	35		
	二	13.0	3.5	15.4	±3.5	50	55		
8×2～10×2(70/2～56/2)	优	7.5	1.5	21.6	±2.0	15	20	380～500	340～460
	一	10.0	2.5	19.2	±2.5	30	35		
	二	12.5	3.5	15.6	±3.5	50	55		
11×2～20×2(55/2～29/2)	优	7.0	1.5	18.2	±2.0	12	15	380～500	340～460
	一	9.5	2.5	16.6	±2.5	22	30		
	二	12.0	3.5	14.2	±3.5	40	50		
21×2～24×2(28/2～24/2)	优	6.5	1.5	18.4	±2.0	12	15	380～500	340～460
	一	9.0	2.5	16.8	±2.5	22	30		
	二	11.5	3.5	14.4	±3.5	40	50		
4×3～4.5×3(150/3～131/3)	优	6.5	1.5	22.8	±2.0	10	13	360～480	310～430
	一	9.0	2.5	20.2	±2.5	25	30		
	二	11.5	3.5	16.4	±3.5	40	50		
5×3～5.5×3(130/3～111/3)	优	6.5	1.5	22.8	±2.0	10	13	360～480	310～430
	一	9.0	2.5	20.2	±2.5	25	30		
	二	11.5	3.5	16.4	±3.5	40	50		
6×3～7.5×3(110/3～71/3)	优	6.0	1.5	23.0	±2.0	10	13	380～500	320～440
	一	8.5	2.5	20.4	±2.5	25	30		
	二	11.0	3.5	16.6	±3.5	40	50		
8×3～10×3(70/3～56/3)	优	5.5	1.5	23.4	±2.0	10	13	380～500	320～440
	一	8.0	2.5	20.8	±2.5	25	30		
	二	10.5	3.5	16.8	±3.5	40	50		
11×3～20×3(55/3～29/3)	优	5.0	1.5	22.0	±2.0	6	8	380～500	320～440
	一	7.5	2.5	19.8	±2.5	20	25		
	二	10.0	3.5	16.4	±3.5	30	40		
21×3～24×3(28/3～24/3)	优	4.5	1.5	20.8	±2.0	6	8	380～500	320～440
	一	7.0	2.5	19.0	±2.5	20	25		
	二	9.5	3.5	16.4	±3.5	30	40		

4.5 梳棉织布起绒(包括刮绒和割绒)用纱的要求见表8。

表8 梳棉织布起绒(包括刮绒和割绒)用纱的要求

线密度/tex(英制支数)	等别	单纱断裂强力变异系数 CV/% ≤	百米重量变异系数 CV/% ≤	单纱断裂强度/(cN/tex) ≥	百米重量偏差/%	条干均匀度		1 g内棉结粒数/(粒/g) ≤	1 g内棉结杂质总粒数/(粒/g) ≤	实际捻系数(参考值) ≤	十万米纱疵/(个/10^5 m) ≤
						黑板条干均匀度10块板比例(优:一:二:三)不低于	条干均匀度变异数 CV/% ≤				
8~10(70~56)	优 一 二	10.0 13.0 16.0	2.2 3.5 4.5	14.6 12.6 9.6	±2.0 ±2.5 ±3.5	7:3:0:0 0:7:3:0 0:0:7:3	17.0 19.5 22.5	30 60 100	50 100 150	340	10 30 —
11~13(55~44)	优 一 二	9.5 12.5 15.5	2.2 3.5 4.5	14.8 12.8 9.8	±2.0 ±2.5 ±3.5	7:3:0:0 0:7:3:0 0:0:7:3	17.0 19.5 22.5	35 70 110	60 110 160	340	10 30 —
14~15(43~37)	优 一 二	9.5 12.5 15.5	2.2 3.5 4.5	15.0 13.0 10.0	±2.0 ±2.5 ±3.5	7:3:0:0 0:7:3:0 0:0:7:3	16.5 19.0 22.0	35 70 110	60 110 160	340	10 30 —
16~20(36~29)	优 一 二	9.0 12.0 15.0	2.2 3.5 4.5	15.2 13.2 10.2	±2.0 ±2.5 ±3.5	7:3:0:0 0:7:3:0 0:0:7:3	15.5 18.0 21.0	35 70 110	60 110 160	340	10 30 —
21~30(28~19)	优 一 二	8.5 11.5 14.5	2.2 3.5 4.5	15.4 13.4 10.4	±2.0 ±2.5 ±3.5	7:3:0:0 0:7:3:0 0:0:7:3	15.0 17.5 20.5	35 70 110	60 110 160	340	10 30 —
32~34(18~17)	优 一 二	8.0 11.0 14.5	2.2 3.5 4.5	15.2 13.2 10.2	±2.0 ±2.5 ±3.5	7:3:0:0 0:7:3:0 0:0:7:3	14.5 17.0 20.0	40 80 120	70 130 190	330	10 30 —
36~60(16~10)	优 一 二	7.5 10.5 14.0	2.2 3.5 4.5	15.0 13.0 10.0	±2.0 ±2.5 ±3.5	7:3:0:0 0:7:3:0 0:0:7:3	14.0 16.5 19.5	40 80 120	70 130 190	330	10 30 —
64~80(9~7)	优 一 二	7.0 10.0 13.5	2.2 3.5 4.5	14.8 12.8 9.8	±2.0 ±2.5 ±3.5	7:3:0:0 0:7:3:0 0:0:7:3	13.5 16.0 19.0	40 80 120	70 130 190	330	10 30 —
88~192(6~3)	优 一 二	6.5 9.5 13.0	2.2 3.5 4.5	14.6 12.6 9.6	±2.0 ±2.5 ±3.5	7:3:0:0 0:7:3:0 0:0:7:3	13.0 15.5 18.5	40 80 120	70 130 190	330	10 30 —

4.6 精梳棉织布起绒(包括刮绒和割绒)用纱的要求见表9。

表9 精梳棉织布起绒(包括刮绒和割绒)用纱的要求

线密度/tex(英制支数)	等别	单纱断裂强力变异系数 CV/% ≤	百米重量变异系数 CV/% ≤	单纱断裂强度/(cN/tex) ≥	百米重量偏差/%	条干均匀度 黑板条干均匀度10块板比例(优:一:二:三)不低于	条干均匀度 条干均匀度变异数 CV/% ≤	1 g内棉结粒数/(粒/g) ≤	1 g内棉结杂质总粒数/(粒/g) ≤	实际捻系数(参考值) ≤	十万米纱疵/(个/10^5 m) ≤
11～15(55～37)	优	8.5	2.0	14.8	±2.0	7:3:0:0	14.0	15	20	320	5
	一	11.5	3.0	13.4	±2.5	0:7:3:0	16.0	35	45		20
	二	14.5	4.0	11.4	±3.5	0:0:7:3	18.5	55	75		—
16～20(36～29)	优	7.5	2.0	14.8	±2.0	7:3:0:0	13.5	15	20	320	5
	一	10.5	3.0	13.4	±2.5	0:7:3:0	15.5	35	45		20
	二	13.5	4.0	11.4	±3.5	0:0:7:3	18.0	55	75		—
21～30(28～19)	优	7.0	2.0	15.0	±2.0	7:3:0:0	13.0	15	20	320	5
	一	10.0	3.0	13.6	±2.5	0:7:3:0	15.0	35	45		20
	二	13.0	4.0	11.6	±3.5	0:0:7:3	17.5	55	75		—
32～36(18～16)	优	6.5	2.0	15.0	±2.0	7:3:0:0	12.5	15	20	320	5
	一	9.5	3.0	13.6	±2.5	0:7:3:0	14.5	35	45		20
	二	12.5	4.0	11.6	±3.5	0:0:7:3	17.0	55	75		—

4.7 梳棉纱、精梳棉纱条干均匀度标准样照编号见表10。

表10 梳棉纱、精梳棉纱条干均匀度标准样照编号

品种	线密度/tex(英制支数)	标准样照号
梳棉纱	8～10(70～56)	优等 000 一等 001
	11～15(55～37)	优等 010 一等 011
	16～20(36～29)	优等 020 一等 021
	21～30(28～19)	优等 030 一等 031
	32～60(18～10)	优等 040 一等 041
	64～192(9～3)	优等 060 一等 061
精梳棉纱	7.5及以下(71及以上)	优等 200 一等 201
	8～15(70～37)	优等 210 一等 211
	16～30(36～19)	优等 220 一等 221
	32及以上(18及以下)	优等 230 一等 231

4.8 分等规定

4.8.1 棉纱线规定以同品种一昼夜的生产量为一批，按规定的试验周期和各项试验方法进行试验，并按其结果评定棉纱线的品等。

4.8.2 棉纱线的品等分为优等、一等、二等，低于二等指标者作三等。

4.8.3 棉纱的品等由单纱断裂强力变异系数、百米重量变异系数、单纱断裂强度、百米重量偏差、条干均匀度、1 g 内棉结粒数、1 g 内棉结杂质总粒数、十万米纱疵八项中最低的一项评定。

4.8.4 棉线的品等由单线断裂强力变异系数、百米重量变异系数、单线断裂强度、百米重量偏差、1 g 内棉结粒数及 1 g 内棉结杂质总粒数六项中最低的一项品等评定。

4.8.5 检验单纱条干均匀度可以选用黑板条干均匀度或条干均匀度变异系数两者中的任何一种。但一经确定，不得任意变更。发生质量争议时，以条干均匀度变异系数为准。

4.9 棉纱线重量偏差月度累计，应按产量进行加权平均，全月生产在 15 批以上的品种，应控制在 ±0.5%及以内。

5 试验方法

5.1 试验条件

5.1.1 各项试验应在各方法标准规定的标准条件下进行。

5.1.2 快速试验：由于生产需要，要求迅速检验产品的质量，可采用快速试验方法。快速试验可以在接近车间温湿度条件下进行，但试验地点的温湿度应稳定，并不得故意偏离标准条件。

5.2 试验周期

一般为两天试验一次，以一次试验为准，作为该周期内纱线的分等依据。但周期一经确定，不得任意变更。十万米纱疵试验周期可适当延长，但不得超过两周。

5.3 试样及百米重量变异系数、百米重量偏差的试验方法

5.3.1 纱线的黑板条干均匀度、1 g 内棉结粒数及 1 g 内棉结杂质总粒数、十万米纱疵的检验皆采用筒子纱（直接纬纱用管纱），其他各项指标的试验可采用管纱，用户对产品质量有异议时，则以成品质量检验为准。

5.3.2 百米重量变异系数、百米重量偏差的取样数及试验次数见表 11。

表 11 管纱取样数和试验次数

生产同一品种的开台数	1	2	3	4	5	6	7	8～9	10	11～14	15	16～29	30 及以上
每机台上采取管纱数	30	15	10	7～8	6	5	4～5	3～4	3	2～3	2	1～2	1
每个管纱上摇取缕数	1	1	1	1	1	1	1	1	1	1	1	1	1
全部机台总试验次数	30	30	30	30	30	30	30	30	30	30	30	30	30 及以上

生产厂为减少拔管数，开台数在5台及以下的品种，可拔取15管，每管摇取2缕。

5.3.3 百米重量变异系数和百米重量偏差的试验方法按照GB/T 4743执行，其中百米重量变异系数采用程序1，线密度采用程序3，百米重量偏差按式(3)计算：

$$百米重量偏差(\%)=\frac{试样实际干燥重量-试样设计干燥重量}{试样设计干燥重量}\times 100 \qquad\cdots\cdots\cdots\cdots(3)$$

5.4 单纱(线)断裂强度及单纱(线)断裂强力变异系数的试验方法

5.4.1 单纱(线)断裂强度及单纱(线)断裂强力变异系的试验可与百米重量变异系数、百米重量偏差用同一份试样，单纱每份试样30个管纱、每管测试2次，总数为60次(开台数在5台及以下者可每份试样15个管纱，每管试4次)，股线每份试样15个管纱，每管测2次，总数为30次。采用全自动纱线强力试验仪的取样数，纱线均为20个管，每管测5次，总数为100次。试验报告应注明所用的强力试验仪类型。

5.4.2 单纱(线)断裂强度及单纱(线)断裂强力变异系数的试验方法按照GB/T 3916执行。

5.4.3 单纱(线)断裂强度如不在标准大气条件下进行试验，其测试强力应按FZ/T 10013.1进行修正，修正系数见附录A。

5.4.4 单纱(线)断裂强度的回潮率可采用百米重量偏差试验的同一份回潮率数据，核算修正强力，但如两种试验不在同一条件下测试时，其回潮率应另行测试，每份试样重量不少于50 g。

5.5 黑板条干均匀度、1 g内棉结粒数、1 g内棉结杂质总粒数试验方法

按GB/T 9996.2规定执行。

5.6 条干均匀度变异系数试验方法

按照GB/T 3292规定执行。

5.7 十万米纱疵检验方法

按照FZ/T 01050规定执行。

5.8 纱线捻度试验方法

按GB/T 2543.1～2543.2规定执行。

纱线捻度试验的取样：各品种、各机台每季度至少轮试一次，试样在各机台上均匀随机采取每台2只管纱，但不得在同一锭带上拔取，每管测2次，总数40次。捻度齿轮调换或其他机械工艺上的调整影响捻度时，都应随时试验。

5.9 纱线成包净重量

5.9.1 在确定纱线在公定回潮率时的重量时，应进行回潮率试验，然后计算公定回潮率时的重量。测试回潮率的仪器，管纱线和绞纱线用电热烘箱，筒子纱线可用电热烘箱，也可用筒子测湿仪。

5.9.2 管纱线或筒子纱线的取样，每批量在2 t及以下时，每0.2 t取样一个，但不得少于六个，批量在2 t以上，其超过2 t的部分，每0.5 t取一个，取样应随机均匀，并注意生产班次的代表性。管纱线或筒子纱线采用烘箱试验方法时(筒子纱线应采取距边纱层厚度的6 mm以上处)，可采用间接称重法或直接称重法。

5.9.2.1 间接称重法：采样前将管纱线或筒子纱线称重，然后摇取试样，采样后再将管纱线或筒子纱线称重，两次称重的差数即为试样烘前重量。然后将试样放入烘箱中烘干，称重，再计算回潮率。

5.9.2.2 直接称重法：先将筒子纱外层去除6 mm以上，然后剥取内层棉纱(总重量不少于150 g)将其称重，作为试样烘前重量。然后放入烘箱中烘干，称重，再计算回潮率。

5.9.3 绞纱线的取样，每批量在2 t及以下的取样总重量不少于75 g，2 t以上取样总重量不少于150 g。

5.9.4 烘箱测试回潮率按照GB/T 4743执行。

筒子纱线采用测湿仪试验时，应按筒子纱线测湿仪试验方法进行，在取得筒子试样后，立即进行测试，以避免回潮率变化。每月至少一次应以烘箱测试法核对回潮率的测试结果，并根据核对的数据核正修正系数。

5.9.5 在成包过程中，如因温湿度升降而影响回潮率变化时，可按温湿度情况，分阶段进行回潮率试验，根据不同阶段的试验回潮率，分别计算不同阶段的成包干燥重量，不得混淆。

5.9.6 根据实际回潮率，按式(4)计算纱线在公定回潮率时的重量。

$$\text{纱线在公定回潮率时的重量}=\text{取样时该批纱线实际重量}\times\frac{100+\text{公定回潮率}(\%)}{100+\text{该批纱线试样的实际回潮率}(\%)} \quad \cdots\cdots\cdots\cdots(4)$$

5.10 绞纱线成包规定

绞纱线成包净重量偏差按同一批的纱线试验，每份试样采取3个中包或大包，每个中包或大包中采取6个小包，每个小包中采取2个大绞，每大绞取1小绞，共取36整绞，称其重量，计算每小绞实际平均重量，并立即取出6个整绞作回潮率试验，求得实际回潮率，按式(5)计算公定回潮率时的每小绞平均重量。

$$\text{小绞在公定回潮率时的平均重量}=\text{小绞的实际平均重量}\times\frac{100+\text{公定回潮率}(\%)}{100+\text{小绞实际回潮率}(\%)} \quad \cdots\cdots(5)$$

从其余30绞中，每绞各摇取一缕作线密度试验，求得公定回潮率时的实际线密度，然后按式(6)计算该批绞纱线成包净重量偏差。

$$\text{绞纱线成包净重量偏差}(\%)=\left[\frac{\text{小绞在公定回潮率时的平均重量}}{\text{小绞公称重量}}\times\frac{\text{公称线密度}}{\text{实际线密度}}-1\right]\times100 \quad \cdots\cdots(6)$$

5.11 试验结果的表示

一批纱线的各种试验结果是由该种试验的全部试验值的计算结果表示，各种试验结果的计算精确度除已规定者外，按表12规定执行。

表12 计算值的数值修约规定

项　　目	要求小数点后有效位数
单纱(线)断裂强度/(cN/tex)	1
单纱(线)断裂强力变异系数 $CV/\%$	1
百米重量变异系数 $CV/\%$	1
条干均匀度变异系数 $CV/\%$	1
黑板条干均匀度/块	整数
1 g内棉结粒数及1 g内棉结杂质总粒数/(粒/g)	整数
十万米纱疵/(个/10^5 m)	整数
百米重量偏差/%	1
百米重量(每批平均)/(g/100 m)	3
平均线密度/tex	1
修正强力用回潮率/%	1
折算重量用回潮率/%	2
捻系数	整数

6 检验规则

按照 FZ/T 10007 规定执行。

7 标志、包装

按 FZ/T 10008 规定执行。

8 其他

用户对本标准有特殊要求者，生产厂与用户可另订协议。

附 录 A
（规范性附录）
温度与回潮率对棉制品、本色纱线断裂强力的修正方法

A.1 棉本色纱、绞纱断裂强力的温度和回潮率修正系数见表A.1。

表A.1 棉本色纱、绞纱断裂强力的温度和回潮率修正系数

温度/℃	回潮率/%													
	4.0	4.1	4.2	4.3	4.4	4.5	4.6	4.7	4.8	4.9	5.0	5.1	5.2	5.3
5	1.233	1.222	1.212	1.203	1.193	1.184	1.175	1.166	1.157	1.149	1.141	1.133	1.125	1.118
6	1.234	1.224	1.214	1.204	1.194	1.185	1.176	1.167	1.159	1.150	1.142	1.134	1.126	1.119
7	1.235	1.225	1.215	1.205	1.196	1.186	1.177	1.168	1.160	1.151	1.143	1.135	1.127	1.120
8	1.237	1.227	1.217	1.207	1.197	1.188	1.179	1.170	1.161	1.153	1.145	1.137	1.129	1.121
9	1.239	1.229	1.219	1.209	1.199	1.190	1.181	1.172	1.163	1.155	1.147	1.138	1.131	1.123
10	1.242	1.232	1.221	1.211	1.202	1.192	1.183	1.174	1.166	1.157	1.149	1.141	1.133	1.125
11	1.245	1.234	1.224	1.214	1.205	1.195	1.186	1.177	1.168	1.160	1.151	1.143	1.135	1.128
12	1.248	1.238	1.227	1.217	1.208	1.198	1.189	1.180	1.171	1.162	1.154	1.146	1.138	1.130
13	1.252	1.241	1.231	1.221	1.211	1.201	1.192	1.183	1.174	1.166	1.157	1.149	1.141	1.133
14	1.255	1.245	1.235	1.224	1.215	1.205	1.196	1.187	1.178	1.169	1.161	1.152	1.144	1.136
15	1.260	1.249	1.239	1.228	1.219	1.209	1.200	1.190	1.182	1.173	1.164	1.156	1.148	1.140
16	1.265	1.254	1.243	1.233	1.223	1.213	1.204	1.195	1.186	1.177	1.168	1.160	1.152	1.144
17	1.270	1.259	1.248	1.238	1.228	1.218	1.209	1.199	1.190	1.181	1.173	1.164	1.156	1.148
18	1.275	1.264	1.254	1.243	1.233	1.223	1.214	1.204	1.195	1.186	1.177	1.169	1.161	1.152
19	1.281	1.270	1.259	1.249	1.238	1.228	1.219	1.209	1.200	1.191	1.182	1.174	1.165	1.157
20	1.287	1.276	1.265	1.255	1.244	1.234	1.225	1.215	1.206	1.197	1.188	1.179	1.171	1.162
21	1.294	1.283	1.272	1.261	1.251	1.241	1.231	1.221	1.212	1.202	1.194	1.185	1.176	1.168
22	1.301	1.290	1.279	1.268	1.257	1.247	1.237	1.227	1.218	1.209	1.200	1.191	1.182	1.174
23	1.309	1.298	1.286	1.275	1.265	1.254	1.244	1.234	1.225	1.215	1.206	1.197	1.188	1.180
24	1.317	1.305	1.294	1.283	1.272	1.262	1.251	1.241	1.232	1.222	1.213	1.204	1.195	1.187
25	1.327	1.314	1.302	1.291	1.280	1.270	1.259	1.249	1.239	1.230	1.220	1.211	1.202	1.194
26	1.335	1.323	1.311	1.300	1.289	1.278	1.267	1.257	1.247	1.237	1.228	1.219	1.210	1.201
27	1.344	1.332	1.320	1.309	1.298	1.287	1.276	1.266	1.256	1.246	1.236	1.227	1.218	1.209
28	1.355	1.342	1.330	1.318	1.307	1.296	1.285	1.275	1.264	1.254	1.245	1.235	1.226	1.217
29	1.365	1.353	1.341	1.328	1.317	1.306	1.295	1.284	1.274	1.263	1.254	1.244	1.235	1.226
30	1.377	1.364	1.351	1.339	1.328	1.316	1.305	1.294	1.284	1.273	1.263	1.253	1.244	1.235
31	1.389	1.376	1.363	1.351	1.339	1.327	1.316	1.305	1.294	1.283	1.273	1.263	1.254	1.244
32	1.401	1.388	1.375	1.362	1.350	1.339	1.327	1.316	1.305	1.294	1.284	1.274	1.264	1.254
33	1.414	1.401	1.388	1.375	1.363	1.351	1.339	1.327	1.316	1.305	1.295	1.285	1.275	1.265
34	1.428	1.415	1.401	1.388	1.375	1.363	1.351	1.340	1.328	1.317	1.307	1.296	1.286	1.276
35	1.443	1.429	1.415	1.402	1.389	1.377	1.364	1.353	1.341	1.330	1.319	1.308	1.298	1.288

表 A.1(续)

温度/℃	回潮率/%													
	5.4	5.5	5.6	5.7	5.8	5.9	6.0	6.1	6.2	6.3	6.4	6.5	6.6	6.7
5	1.110	1.103	1.096	1.089	1.082	1.075	1.069	1.063	1.056	1.050	1.044	1.039	1.033	1.028
6	1.111	1.104	1.097	1.090	1.083	1.076	1.070	1.064	1.057	1.051	1.045	1.040	1.034	1.029
7	1.112	1.105	1.098	1.091	1.084	1.078	1.071	1.065	1.059	1.052	1.047	1.041	1.035	1.030
8	1.114	1.106	1.099	1.092	1.086	1.079	1.072	1.066	1.060	1.054	1.048	1.042	1.036	1.031
9	1.116	1.108	1.101	1.094	1.087	1.081	1.074	1.068	1.061	1.055	1.049	1.044	1.038	1.032
10	1.118	1.110	1.103	1.096	1.089	1.083	1.076	1.070	1.063	1.057	1.051	1.045	1.040	1.034
11	1.120	1.113	1.105	1.098	1.091	1.085	1.078	1.072	1.065	1.059	1.053	1.048	1.042	1.036
12	1.123	1.115	1.108	1.101	1.094	1.087	1.081	1.074	1.068	1.062	1.056	1.050	1.044	1.038
13	1.126	1.118	1.111	1.104	1.097	1.090	1.083	1.077	1.070	1.064	1.058	1.052	1.047	1.041
14	1.129	1.121	1.114	1.107	1.100	1.093	1.086	1.080	1.073	1.067	1.061	1.055	1.049	1.044
15	1.132	1.125	1.117	1.110	1.103	1.096	1.089	1.083	1.077	1.070	1.064	1.058	1.052	1.047
16	1.136	1.128	1.121	1.114	1.107	1.100	1.093	1.086	1.080	1.074	1.068	1.062	1.056	1.050
17	1.140	1.132	1.125	1.118	1.111	1.104	1.097	1.090	1.084	1.077	1.071	1.065	1.059	1.053
18	1.145	1.137	1.129	1.122	1.115	1.108	1.101	1.094	1.088	1.081	1.075	1.069	1.063	1.057
19	1.149	1.141	1.134	1.126	1.119	1.112	1.105	1.099	1.092	1.085	1.079	1.073	1.067	1.061
20	1.154	1.146	1.139	1.131	1.124	1.117	1.110	1.103	1.097	1.090	1.084	1.078	1.072	1.066
21	1.160	1.152	1.144	1.137	1.129	1.122	1.115	1.108	1.102	1.095	1.089	1.082	1.076	1.070
22	1.166	1.158	1.150	1.142	1.135	1.128	1.120	1.113	1.107	1.100	1.094	1.087	1.081	1.075
23	1.172	1.164	1.156	1.148	1.141	1.133	1.126	1.119	1.112	1.106	1.099	1.093	1.086	1.080
24	1.178	1.170	1.162	1.154	1.147	1.139	1.132	1.125	1.118	1.111	1.105	1.098	1.092	1.086
25	1.185	1.177	1.169	1.161	1.153	1.146	1.138	1.131	1.124	1.117	1.111	1.104	1.098	1.092
26	1.192	1.184	1.176	1.168	1.160	1.153	1.145	1.138	1.131	1.124	1.117	1.111	1.104	1.098
27	1.200	1.192	1.183	1.175	1.167	1.160	1.152	1.145	1.138	1.131	1.124	1.117	1.111	1.104
28	1.208	1.200	1.191	1.183	1.175	1.167	1.160	1.152	1.145	1.138	1.131	1.124	1.118	1.111
29	1.217	1.208	1.199	1.191	1.183	1.175	1.168	1.160	1.153	1.145	1.138	1.132	1.125	1.118
30	1.226	1.217	1.208	1.200	1.192	1.184	1.176	1.168	1.161	1.153	1.146	1.139	1.133	1.126
31	1.235	1.226	1.217	1.209	1.201	1.192	1.184	1.177	1.169	1.162	1.155	1.148	1.141	1.134
32	1.245	1.236	1.227	1.218	1.210	1.202	1.194	1.186	1.178	1.171	1.163	1.156	1.149	1.142
33	1.255	1.246	1.237	1.228	1.220	1.211	1.203	1.195	1.187	1.180	1.172	1.165	1.158	1.151
34	1.266	1.257	1.248	1.239	1.230	1.221	1.213	1.205	1.197	1.189	1.182	1.174	1.167	1.160
35	1.278	1.268	1.259	1.250	1.241	1.232	1.234	1.215	1.207	1.200	1.192	1.184	1.177	1.170

表 A.1(续)

温度/℃	回潮率/%													
	6.8	6.9	7.0	7.1	7.2	7.3	7.4	7.5	7.6	7.7	7.8	7.9	8.0	8.1
5	1.022	1.017	1.012	1.007	1.002	0.997	0.992	0.988	0.983	0.979	0.975	0.970	0.966	0.962
6	1.023	1.018	1.013	1.008	1.003	0.998	0.993	0.989	0.984	0.980	0.976	0.971	0.967	0.963
7	1.024	1.019	1.014	1.009	1.004	0.999	0.994	0.990	0.985	0.981	0.977	0.972	0.968	0.964
8	1.026	1.020	1.015	1.010	1.005	1.000	0.996	0.991	0.986	0.982	0.978	0.974	0.969	0.965
9	1.027	1.022	1.017	1.011	1.006	1.002	0.997	0.992	0.988	0.983	0.979	0.975	0.971	0.967
10	1.029	1.023	1.018	1.013	1.008	1.003	0.999	0.994	0.989	0.985	0.981	0.976	0.972	0.968
11	1.031	1.025	1.020	1.015	1.010	1.005	1.000	0.996	0.991	0.987	0.983	0.978	0.974	0.970
12	1.033	1.028	1.022	1.017	1.012	1.007	1.003	0.998	0.993	0.989	0.985	0.980	0.976	0.972
13	1.035	1.030	1.025	1.020	1.015	1.010	1.005	1.000	0.995	0.991	0.987	0.982	0.978	0.974
14	1.038	1.033	1.027	1.022	1.017	1.012	1.007	1.003	0.998	0.994	0.989	0.985	0.981	0.977
15	1.041	1.036	1.030	1.025	1.020	1.015	1.010	1.005	1.001	0.996	0.992	0.987	0.983	0.979
16	1.044	1.039	1.034	1.028	1.023	1.018	1.013	1.008	1.004	0.999	0.995	0.990	0.986	0.982
17	1.048	1.042	1.037	1.032	1.027	1.022	1.016	1.011	1.007	1.002	0.998	0.994	0.989	0.985
18	1.052	1.046	1.041	1.035	1.030	1.025	1.020	1.015	1.010	1.006	1.001	0.997	0.993	0.988
19	1.056	1.050	1.044	1.039	1.034	1.029	1.024	1.019	1.014	1.010	1.005	1.000	0.996	0.992
20	1.060	1.054	1.049	1.043	1.038	1.033	1.028	1.023	1.018	1.013	1.009	1.004	1.000	0.996
21	1.064	1.059	1.053	1.048	1.042	1.037	1.032	1.027	1.022	1.017	1.013	1.009	1.004	1.000
22	1.069	1.064	1.058	1.052	1.047	1.042	1.037	1.032	1.027	1.022	1.017	1.013	1.008	1.004
23	1.074	1.069	1.063	1.057	1.052	1.047	1.042	1.037	1.032	1.027	1.022	1.017	1.013	1.009
24	1.080	1.074	1.068	1.063	1.057	1.052	1.047	1.042	1.037	1.032	1.027	1.022	1.018	1.014
25	1.086	1.080	1.074	1.068	1.063	1.057	1.052	1.047	1.042	1.037	1.032	1.028	1.023	1.019
26	1.092	1.086	1.080	1.074	1.069	1.063	1.058	1.053	1.048	1.043	1.038	1.033	1.028	1.024
27	1.098	1.092	1.086	1.080	1.075	1.069	1.064	1.059	1.054	1.049	1.044	1.039	1.034	1.030
28	1.105	1.099	1.093	1.087	1.081	1.076	1.070	1.065	1.060	1.055	1.050	1.045	1.040	1.035
29	1.112	1.106	1.100	1.094	1.088	1.082	1.077	1.072	1.066	1.061	1.056	1.051	1.046	1.042
30	1.120	1.113	1.107	1.101	1.095	1.090	1.084	1.079	1.073	1.068	1.063	1.058	1.053	1.048
31	1.128	1.121	1.115	1.109	1.103	1.097	1.091	1.086	1.080	1.075	1.070	1.065	1.060	1.055
32	1.136	1.129	1.123	1.117	1.111	1.105	1.099	1.093	1.088	1.083	1.077	1.072	1.067	1.062
33	1.144	1.138	1.131	1.125	1.119	1.113	1.107	1.102	1.096	1.091	1.085	1.080	1.075	1.070
34	1.153	1.147	1.140	1.134	1.128	1.122	1.116	1.110	1.104	1.099	1.093	1.088	1.083	1.078
35	1.163	1.156	1.150	1.143	1.137	1.131	1.125	1.119	1.113	1.107	1.102	1.097	1.091	1.086

表 A.1（续）

温度/℃	回 潮 率/%													
	8.2	8.3	8.4	8.5	8.6	8.7	8.8	8.9	9.0	9.1	9.2	9.3	9.4	9.5
5	0.958	0.955	0.951	0.947	0.944	0.940	0.937	0.933	0.930	0.927	0.924	0.921	0.918	0.915
6	0.959	0.956	0.952	0.948	0.945	0.941	0.938	0.934	0.931	0.928	0.925	0.922	0.919	0.916
7	0.960	0.957	0.953	0.949	0.946	0.942	0.939	0.935	0.932	0.929	0.926	0.923	0.920	0.917
8	0.961	0.958	0.954	0.950	0.947	0.943	0.940	0.936	0.933	0.930	0.927	0.924	0.921	0.918
9	0.962	0.959	0.955	0.951	0.948	0.944	0.941	0.937	0.934	0.931	0.928	0.925	0.922	0.919
10	0.964	0.960	0.956	0.953	0.949	0.945	0.942	0.939	0.935	0.932	0.929	0.926	0.923	0.920
11	0.966	0.962	0.958	0.955	0.951	0.947	0.944	0.941	0.937	0.934	0.931	0.928	0.925	0.922
12	0.968	0.964	0.960	0.957	0.953	0.949	0.946	0.943	0.939	0.936	0.933	0.930	0.927	0.924
13	0.970	0.966	0.962	0.959	0.955	0.951	0.948	0.945	0.941	0.938	0.935	0.932	0.929	0.926
14	0.972	0.968	0.964	0.961	0.957	0.953	0.950	0.947	0.943	0.940	0.937	0.934	0.931	0.928
15	0.975	0.971	0.967	0.964	0.960	0.956	0.952	0.949	0.946	0.943	0.939	0.936	0.933	0.930
16	0.978	0.974	0.970	0.966	0.963	0.959	0.955	0.952	0.949	0.945	0.942	0.939	0.936	0.933
17	0.981	0.977	0.973	0.969	0.966	0.962	0.958	0.955	0.952	0.948	0.945	0.942	0.939	0.936
18	0.984	0.980	0.976	0.972	0.969	0.965	0.961	0.958	0.955	0.951	0.948	0.945	0.942	0.939
19	0.988	0.984	0.980	0.976	0.972	0.968	0.964	0.961	0.958	0.954	0.951	0.948	0.945	0.942
20	0.992	0.988	0.984	0.980	0.976	0.972	0.968	0.965	0.961	0.958	0.954	0.951	0.948	0.945
21	0.996	0.992	0.988	0.984	0.980	0.976	0.972	0.969	0.965	0.962	0.958	0.955	0.952	0.949
22	1.000	0.996	0.992	0.988	0.984	0.980	0.976	0.973	0.969	0.966	0.962	0.959	0.956	0.953
23	1.004	1.000	0.996	0.992	0.988	0.984	0.980	0.977	0.973	0.970	0.966	0.963	0.960	0.957
24	1.009	1.005	1.001	0.997	0.993	0.989	0.985	0.981	0.978	0.974	0.970	0.967	0.964	0.961
25	1.014	1.010	1.006	1.002	0.998	0.994	0.990	0.986	0.983	0.979	0.975	0.972	0.969	0.966
26	1.019	1.015	1.011	1.007	1.003	0.999	0.995	0.991	0.988	0.984	0.980	0.977	0.974	0.971
27	1.025	1.021	1.016	1.012	1.008	1.004	1.000	0.996	0.993	0.989	0.985	0.982	0.979	0.976
28	1.031	1.027	1.022	1.018	1.014	1.010	1.006	1.002	0.998	0.994	0.991	0.989	0.984	0.981
29	1.037	1.033	1.028	1.024	1.020	1.016	1.012	1.008	1.004	1.000	0.997	0.993	0.990	0.987
30	1.044	1.039	1.035	1.030	1.026	1.022	1.018	1.014	1.010	1.006	1.003	0.999	0.996	0.993
31	1.050	1.046	1.041	1.037	1.033	1.028	1.024	1.020	1.017	1.013	1.009	1.005	1.002	0.999
32	1.058	1.053	1.049	1.044	1.040	1.035	1.031	1.027	1.023	1.020	1.016	1.012	1.009	1.005
33	1.065	1.060	1.056	1.051	1.047	1.042	1.038	1.034	1.030	1.027	1.023	1.019	1.016	1.012
34	1.073	1.068	1.064	1.059	1.055	1.050	1.046	1.042	1.038	1.034	1.030	1.026	1.023	1.019
35	1.081	1.076	1.072	1.067	1.063	1.058	1.054	1.050	1.046	1.042	1.038	1.034	1.030	1.027

表 A.1（续）

温度/℃	回潮率/%													
	9.6	9.7	9.8	9.9	10.0	10.1	10.2	10.3	10.4	10.5	10.6	10.7	10.8	10.9
5	0.912	0.909	0.907	0.904	0.901	0.899	0.897	0.894	0.892	0.890	0.888	0.886	0.884	0.882
6	0.913	0.910	0.908	0.905	0.902	0.900	0.898	0.895	0.893	0.891	0.889	0.887	0.884	0.883
7	0.914	0.911	0.909	0.906	0.903	0.901	0.899	0.896	0.894	0.892	0.889	0.887	0.885	0.883
8	0.915	0.912	0.910	0.907	0.904	0.902	0.900	0.897	0.895	0.893	0.890	0.888	0.886	0.884
9	0.916	0.913	0.911	0.908	0.905	0.903	0.901	0.898	0.896	0.894	0.892	0.889	0.887	0.885
10	0.917	0.914	0.912	0.909	0.907	0.904	0.902	0.900	0.897	0.895	0.893	0.891	0.889	0.887
11	0.919	0.916	0.914	0.911	0.909	0.906	0.904	0.901	0.899	0.896	0.894	0.892	0.890	0.888
12	0.921	0.918	0.915	0.913	0.910	0.908	0.905	0.903	0.901	0.898	0.896	0.894	0.892	0.890
13	0.923	0.920	0.917	0.915	0.912	0.910	0.907	0.905	0.902	0.900	0.898	0.896	0.894	0.892
14	0.925	0.922	0.919	0.917	0.914	0.912	0.909	0.907	0.904	0.902	0.900	0.898	0.896	0.894
15	0.927	0.924	0.921	0.919	0.916	0.914	0.911	0.909	0.906	0.904	0.902	0.900	0.898	0.896
16	0.930	0.927	0.924	0.922	0.919	0.916	0.914	0.912	0.909	0.907	0.904	0.902	0.900	0.898
17	0.933	0.930	0.927	0.924	0.922	0.919	0.917	0.914	0.912	0.910	0.907	0.905	0.903	0.901
18	0.936	0.933	0.930	0.927	0.925	0.922	0.919	0.917	0.915	0.912	0.910	0.908	0.906	0.904
19	0.939	0.936	0.933	0.930	0.928	0.925	0.922	0.920	0.918	0.915	0.913	0.911	0.909	0.907
20	0.942	0.939	0.936	0.933	0.931	0.928	0.926	0.923	0.921	0.918	0.916	0.914	0.912	0.910
21	0.946	0.943	0.940	0.937	0.934	0.932	0.929	0.927	0.924	0.922	0.919	0.917	0.915	0.913
22	0.950	0.947	0.944	0.941	0.938	0.936	0.933	0.931	0.928	0.926	0.923	0.921	0.919	0.916
23	0.954	0.951	0.948	0.945	0.942	0.940	0.937	0.934	0.932	0.929	0.927	0.925	0.923	0.920
24	0.958	0.955	0.952	0.949	0.946	0.944	0.941	0.938	0.936	0.933	0.931	0.929	0.927	0.924
25	0.962	0.959	0.956	0.953	0.951	0.948	0.945	0.942	0.940	0.938	0.935	0.933	0.931	0.928
26	0.967	0.964	0.961	0.958	0.956	0.953	0.950	0.947	0.945	0.942	0.940	0.937	0.935	0.933
27	0.972	0.969	0.966	0.963	0.961	0.958	0.955	0.952	0.950	0.947	0.945	0.942	0.940	0.938
28	0.977	0.974	0.971	0.968	0.966	0.963	0.960	0.957	0.955	0.952	0.950	0.947	0.945	0.943
29	0.983	0.980	0.977	0.974	0.971	0.968	0.965	0.962	0.960	0.957	0.955	0.952	0.950	0.948
30	0.989	0.986	0.983	0.980	0.977	0.974	0.971	0.968	0.965	0.963	0.960	0.958	0.955	0.953
31	0.995	0.992	0.989	0.986	0.983	0.980	0.977	0.974	0.971	0.969	0.966	0.964	0.961	0.959
32	1.002	0.999	0.995	0.992	0.989	0.986	0.983	0.980	0.978	0.975	0.972	0.970	0.967	0.965
33	1.009	1.005	1.002	0.999	0.995	0.992	0.990	0.987	0.984	0.981	0.978	0.976	0.974	0.971
34	1.016	1.012	1.009	1.006	1.002	0.999	0.996	0.993	0.991	0.988	0.985	0.983	0.980	0.978
35	1.023	1.020	1.016	1.013	1.010	1.006	1.003	1.001	0.998	0.995	0.992	0.990	0.987	0.985

表 A.1（续）

温度/℃	回潮率/%													
	11.0	11.1	11.2	11.3	11.4	11.5	11.6	11.7	11.8	11.9	12.0	12.1	12.2	12.3
5	0.880	0.878	0.876	0.874	0.873	0.871	0.870	0.868	0.867	0.865	0.864	0.862	0.861	0.860
6	0.881	0.879	0.877	0.875	0.874	0.872	0.870	0.869	0.867	0.866	0.864	0.863	0.862	0.861
7	0.881	0.880	0.878	0.876	0.874	0.873	0.871	0.869	0.868	0.867	0.865	0.864	0.862	0.861
8	0.882	0.881	0.879	0.877	0.875	0.874	0.872	0.870	0.869	0.867	0.866	0.865	0.863	0.862
9	0.883	0.882	0.880	0.878	0.876	0.875	0.873	0.871	0.870	0.868	0.867	0.866	0.864	0.863
10	0.885	0.883	0.881	0.879	0.877	0.876	0.874	0.872	0.871	0.870	0.868	0.867	0.865	0.864
11	0.886	0.884	0.882	0.880	0.879	0.877	0.875	0.874	0.872	0.871	0.870	0.868	0.867	0.866
12	0.888	0.886	0.884	0.882	0.880	0.879	0.877	0.876	0.874	0.873	0.871	0.870	0.869	0.867
13	0.890	0.888	0.886	0.884	0.882	0.881	0.879	0.877	0.876	0.875	0.873	0.872	0.870	0.869
14	0.892	0.890	0.888	0.886	0.884	0.883	0.881	0.879	0.878	0.876	0.875	0.874	0.872	0.871
15	0.894	0.892	0.890	0.888	0.886	0.885	0.883	0.881	0.880	0.878	0.877	0.876	0.874	0.873
16	0.896	0.894	0.892	0.890	0.888	0.887	0.885	0.884	0.882	0.880	0.879	0.878	0.876	0.875
17	0.899	0.897	0.895	0.893	0.891	0.889	0.888	0.886	0.884	0.883	0.881	0.880	0.879	0.877
18	0.902	0.900	0.898	0.896	0.894	0.892	0.891	0.889	0.887	0.886	0.884	0.883	0.882	0.880
19	0.905	0.903	0.901	0.899	0.897	0.895	0.894	0.892	0.890	0.889	0.887	0.886	0.885	0.883
20	0.908	0.906	0.904	0.902	0.900	0.898	0.897	0.895	0.893	0.892	0.890	0.889	0.888	0.886
21	0.911	0.909	0.907	0.905	0.903	0.902	0.900	0.898	0.896	0.895	0.893	0.892	0.891	0.889
22	0.914	0.912	0.910	0.908	0.906	0.905	0.903	0.901	0.900	0.898	0.897	0.895	0.894	0.893
23	0.918	0.916	0.914	0.912	0.910	0.909	0.907	0.905	0.904	0.902	0.901	0.899	0.898	0.896
24	0.922	0.920	0.918	0.916	0.914	0.913	0.911	0.909	0.908	0.906	0.904	0.903	0.902	0.900
25	0.926	0.924	0.922	0.920	0.919	0.917	0.915	0.913	0.912	0.910	0.908	0.907	0.906	0.904
26	0.931	0.929	0.926	0.924	0.923	0.921	0.919	0.917	0.916	0.914	0.912	0.911	0.910	0.908
27	0.936	0.934	0.931	0.929	0.928	0.926	0.924	0.922	0.920	0.919	0.917	0.915	0.914	0.913
28	0.941	0.939	0.936	0.934	0.932	0.931	0.929	0.927	0.925	0.924	0.922	0.920	0.919	0.918
29	0.946	0.944	0.941	0.939	0.937	0.936	0.934	0.932	0.930	0.929	0.927	0.925	0.924	0.922
30	0.951	0.949	0.946	0.944	0.942	0.941	0.939	0.937	0.935	0.934	0.932	0.930	0.929	0.927
31	0.957	0.955	0.952	0.950	0.948	0.946	0.944	0.942	0.941	0.939	0.938	0.936	0.934	0.933
32	0.963	0.961	0.958	0.956	0.954	0.952	0.950	0.948	0.947	0.945	0.943	0.942	0.940	0.939
33	0.969	0.967	0.964	0.962	0.960	0.958	0.956	0.954	0.953	0.951	0.949	0.948	0.946	0.945
34	0.975	0.973	0.971	0.969	0.967	0.965	0.962	0.960	0.959	0.957	0.955	0.954	0.952	0.951
35	0.982	0.980	0.978	0.975	0.973	0.971	0.969	0.967	0.965	0.964	0.962	0.960	0.959	0.957

表 A.1（续）

温度/℃	回潮率/%								
	12.4	12.5	12.6	12.7	12.8	12.9	13.0	13.1	13.2
5	0.859	0.858	0.856	0.855	0.854	0.853	0.852	0.852	0.851
6	0.859	0.858	0.857	0.856	0.855	0.854	0.853	0.852	0.851
7	0.860	0.859	0.858	0.857	0.856	0.855	0.854	0.853	0.852
8	0.861	0.860	0.859	0.858	0.857	0.856	0.855	0.854	0.853
9	0.862	0.861	0.860	0.859	0.858	0.857	0.856	0.855	0.854
10	0.863	0.862	0.861	0.860	0.859	0.858	0.857	0.856	0.855
11	0.865	0.863	0.862	0.861	0.860	0.859	0.858	0.858	0.857
12	0.866	0.865	0.864	0.863	0.862	0.861	0.860	0.859	0.858
13	0.868	0.867	0.866	0.865	0.863	0.862	0.861	0.860	0.859
14	0.870	0.869	0.868	0.866	0.865	0.864	0.863	0.863	0.862
15	0.872	0.871	0.870	0.868	0.867	0.866	0.865	0.865	0.864
16	0.874	0.873	0.872	0.871	0.870	0.869	0.868	0.867	0.866
17	0.876	0.875	0.874	0.873	0.872	0.871	0.870	0.869	0.868
18	0.879	0.878	0.877	0.876	0.875	0.874	0.872	0.872	0.871
19	0.882	0.881	0.880	0.879	0.878	0.877	0.874	0.875	0.874
20	0.885	0.884	0.883	0.882	0.881	0.880	0.879	0.878	0.877
21	0.888	0.887	0.886	0.885	0.884	0.883	0.882	0.881	0.880
22	0.892	0.890	0.889	0.888	0.887	0.886	0.885	0.884	0.883
23	0.895	0.894	0.893	0.892	0.891	0.890	0.889	0.888	0.887
24	0.898	0.897	0.896	0.895	0.894	0.893	0.892	0.891	0.890
25	0.902	0.901	0.900	0.899	0.898	0.897	0.896	0.895	0.894
26	0.907	0.905	0.904	0.903	0.902	0.901	0.900	0.899	0.898
27	0.912	0.910	0.909	0.908	0.907	0.906	0.905	0.904	0.903
28	0.916	0.915	0.914	0.913	0.911	0.910	0.909	0.908	0.907
29	0.921	0.920	0.919	0.917	0.916	0.915	0.914	0.913	0.912
30	0.926	0.925	0.924	0.922	0.921	0.920	0.919	0.918	0.917
31	0.931	0.930	0.929	0.928	0.926	0.925	0.924	0.923	0.922
32	0.937	0.936	0.935	0.933	0.932	0.931	0.930	0.929	0.928
33	0.943	0.942	0.941	0.939	0.938	0.937	0.936	0.935	0.934
34	0.949	0.948	0.947	0.945	0.944	0.943	0.942	9.941	0.940
35	0.956	0.954	0.953	0.952	0.950	0.949	0.948	0.947	0.946

表 A.1（续）

温度/℃	回潮率/%							
	13.3	13.4	13.5	13.6	13.7	13.8	13.9	14.0
5	0.850	0.849	0.849	0.848	0.848	0.847	0.846	0.846
6	0.851	0.850	0.849	0.849	0.848	0.848	0.847	0.847
7	0.852	0.851	0.850	0.850	0.849	0.848	0.848	0.847
8	0.852	0.852	0.851	0.850	0.850	0.849	0.849	0.848
9	0.853	0.853	0.852	0.851	0.851	0.850	0.850	0.849
10	0.854	0.854	0.853	0.852	0.852	0.852	0.851	0.850
11	0.856	0.855	0.854	0.854	0.853	0.853	0.852	0.852
12	0.857	0.857	0.856	0.855	0.855	0.854	0.854	0.853
13	0.859	0.858	0.858	0.857	0.857	0.856	0.855	0.855
14	0.861	0.860	0.860	0.859	0.858	0.858	0.857	0.857
15	0.863	0.862	0.862	0.861	0.860	0.860	0.859	0.859
16	0.865	0.865	0.864	0.863	0.863	0.862	0.862	0.861
17	0.867	0.867	0.866	0.866	0.865	0.865	0.864	0.863
18	0.870	0.869	0.869	0.868	0.867	0.867	0.866	0.866
19	0.873	0.872	0.872	0.871	0.870	0.870	0.869	0.869
20	0.876	0.875	0.875	0.874	0.873	0.873	0.872	0.872
21	0.879	0.878	0.878	0.877	0.876	0.876	0.875	0.875
22	0.882	0.882	0.881	0.880	0.880	0.879	0.878	0.878
23	0.886	0.885	0.884	0.884	0.883	0.883	0.882	0.882
24	0.889	0.889	0.888	0.887	0.887	0.886	0.886	0.885
25	0.893	0.892	0.892	0.891	0.891	0.890	0.889	0.889
26	0.897	0.897	0.896	0.895	0.895	0.894	0.894	0.893
27	0.902	0.901	0.900	0.900	0.899	0.898	0.898	0.897
28	0.906	0.906	0.905	0.904	0.904	0.903	0.902	0.902
29	0.911	0.910	0.910	0.909	0.908	0.908	0.907	0.907
30	0.916	0.915	0.915	0.914	0.913	0.913	0.912	0.912
31	0.921	0.921	0.920	0.919	0.919	0.918	0.917	0.917
32	0.927	0.926	0.925	0.925	0.924	0.924	0.923	0.922
33	0.933	0.932	0.931	0.930	0.930	0.929	0.929	0.928
34	0.939	0.938	0.937	0.936	0.936	0.935	0.935	0.934
35	0.945	0.944	0.944	0.943	0.942	0.941	0.941	0.940

A.2 棉本色纱、绞线断裂强力的温度和回潮率修正系数见表A.2。

表A.2 棉本色纱、绞线断裂强力的温度和回潮率修正系数

温度/℃	回潮率/%													
	4.1	4.2	4.3	4.4	4.5	4.6	4.7	4.8	4.9	5.0	5.1	5.2	5.3	5.4
5	1.214	1.206	1.198	1.190	1.183	1.175	1.168	1.161	1.154	1.147	1.141	1.134	1.128	1.122
6	1.212	1.204	1.196	1.188	1.181	1.173	1.166	1.159	1.152	1.145	1.139	1.132	1.126	1.120
7	1.210	1.202	1.194	1.186	1.179	1.171	1.164	1.157	1.150	1.144	1.137	1.131	1.125	1.118
8	1.208	1.200	1.192	1.185	1.177	1.170	1.163	1.156	1.149	1.142	1.136	1.129	1.123	1.117
9	1.207	1.199	1.191	1.183	1.176	1.169	1.162	1.155	1.148	1.141	1.135	1.128	1.122	1.116
10	1.206	1.198	1.190	1.182	1.175	1.168	1.161	1.154	1.147	1.140	1.134	1.127	1.121	1.115
11	1.205	1.197	1.189	1.182	1.174	1.167	1.160	1.153	1.146	1.139	1.133	1.127	1.120	1.114
12	1.205	1.197	1.189	1.181	1.174	1.166	1.159	1.152	1.146	1.139	1.133	1.126	1.120	1.114
13	1.204	1.196	1.189	1.181	1.174	1.166	1.159	1.152	1.145	1.139	1.132	1.126	1.120	1.114
14	1.204	1.197	1.189	1.181	1.174	1.166	1.159	1.152	1.146	1.139	1.132	1.126	1.120	1.114
15	1.205	1.197	1.189	1.181	1.174	1.167	1.160	1.153	1.146	1.139	1.133	1.126	1.120	1.114
16	1.206	1.198	1.190	1.182	1.175	1.167	1.160	1.153	1.146	1.140	1.133	1.127	1.120	1.115
17	1.207	1.199	1.191	1.183	1.176	1.168	1.161	1.154	1.147	1.141	1.134	1.128	1.121	1.116
18	1.208	1.200	1.192	1.184	1.177	1.169	1.162	1.155	1.148	1.142	1.135	1.129	1.122	1.117
19	1.209	1.201	1.193	1.186	1.178	1.171	1.164	1.157	1.150	1.143	1.137	1.130	1.124	1.118
20	1.211	1.203	1.195	1.187	1.180	1.172	1.165	1.158	1.151	1.145	1.138	1.132	1.125	1.119
21	1.213	1.205	1.197	1.189	1.182	1.174	1.167	1.160	1.153	1.147	1.140	1.134	1.127	1.121
22	1.215	1.207	1.199	1.192	1.184	1.177	1.169	1.162	1.155	1.149	1.142	1.136	1.129	1.123
23	1.218	1.210	1.202	1.194	1.187	1.179	1.172	1.165	1.158	1.151	1.144	1.138	1.131	1.125
24	1.221	1.213	1.205	1.197	1.189	1.182	1.175	1.168	1.161	1.154	1.147	1.141	1.134	1.128
25	1.224	1.216	1.208	1.200	1.192	1.185	1.178	1.171	1.163	1.157	1.150	1.144	1.137	1.131
26	1.228	1.220	1.212	1.204	1.196	1.188	1.181	1.174	1.167	1.160	1.153	1.147	1.140	1.134
27	1.232	1.224	1.215	1.207	1.200	1.192	1.185	1.177	1.170	1.163	1.157	1.150	1.143	1.137
28	1.236	1.228	1.219	1.211	1.204	1.196	1.188	1.181	1.174	1.167	1.160	1.154	1.147	1.141
29	1.241	1.232	1.224	1.216	1.208	1.200	1.193	1.185	1.178	1.171	1.164	1.158	1.151	1.145
30	1.245	1.237	1.229	1.221	1.213	1.205	1.197	1.190	1.183	1.176	1.169	1.162	1.155	1.149
31	1.251	1.242	1.234	1.226	1.218	1.210	1.202	1.195	1.187	1.180	1.173	1.166	1.160	1.153
32	1.256	1.248	1.239	1.231	1.223	1.215	1.207	1.200	1.192	1.185	1.178	1.171	1.165	1.158
33	1.262	1.254	1.245	1.237	1.228	1.220	1.213	1.205	1.198	1.190	1.183	1.176	1.170	1.163
34	1.269	1.260	1.251	1.243	1.234	1.226	1.219	1.211	1.203	1.196	1.189	1.182	1.175	1.168
35	1.275	1.266	1.258	1.249	1.241	1.233	1.225	1.217	1.209	1.202	1.195	1.188	1.181	1.174

表 A.2（续）

温度/℃	回 潮 率/%													
	5.5	5.6	5.7	5.8	5.9	6.0	6.1	6.2	6.3	6.4	6.5	6.6	6.7	6.8
5	1.116	1.110	1.104	1.099	1.093	1.088	1.082	1.077	1.072	1.067	1.063	1.058	1.053	1.049
6	1.114	1.108	1.102	1.097	1.091	1.086	1.081	1.076	1.071	1.066	1.061	1.056	1.052	1.047
7	1.112	1.107	1.101	1.095	1.090	1.084	1.079	1.074	1.069	1.064	1.059	1.055	1.050	1.046
8	1.111	1.105	1.100	1.094	1.088	1.083	1.078	1.073	1.068	1.063	1.058	1.054	1.049	1.045
9	1.110	1.104	1.099	1.093	1.087	1.082	1.077	1.072	1.067	1.062	1.057	1.053	1.048	1.044
10	1.109	1.103	1.098	1.092	1.087	1.081	1.076	1.071	1.066	1.061	1.056	1.052	1.047	1.043
11	1.108	1.103	1.097	1.091	1.086	1.081	1.075	1.070	1.065	1.061	1.056	1.051	1.047	1.042
12	1.108	1.102	1.097	1.091	1.086	1.080	1.075	1.070	1.065	1.060	1.055	1.051	1.046	1.042
13	1.108	1.102	1.096	1.091	1.085	1.080	1.075	1.070	1.065	1.060	1.055	1.051	1.046	1.042
14	1.108	1.102	1.096	1.091	1.085	1.080	1.075	1.070	1.065	1.060	1.055	1.051	1.046	1.042
15	1.108	1.102	1.097	1.091	1.086	1.080	1.075	1.070	1.065	1.060	1.056	1.051	1.046	1.042
16	1.109	1.103	1.097	1.092	1.086	1.081	1.076	1.071	1.066	1.061	1.056	1.051	1.047	1.043
17	1.110	1.104	1.098	1.092	1.087	1.082	1.077	1.072	1.067	1.062	1.057	1.052	1.048	1.043
18	1.111	1.105	1.099	1.093	1.088	1.083	1.078	1.073	1.068	1.063	1.058	1.053	1.049	1.044
19	1.112	1.106	1.100	1.095	1.089	1.084	1.079	1.074	1.069	1.064	1.059	1.054	1.050	1.045
20	1.113	1.108	1.102	1.096	1.091	1.085	1.080	1.075	1.070	1.065	1.060	1.056	1.051	1.047
21	1.115	1.109	1.104	1.098	1.092	1.087	1.082	1.077	1.072	1.067	1.062	1.057	1.053	1.048
22	1.117	1.111	1.105	1.100	1.094	1.089	1.084	1.079	1.074	1.069	1.064	1.059	1.054	1.050
23	1.119	1.113	1.108	1.102	1.096	1.091	1.086	1.081	1.076	1.071	1.066	1.061	1.056	1.052
24	1.122	1.116	1.110	1.104	1.099	1.093	1.088	1.083	1.078	1.073	1.068	1.063	1.059	1.054
25	1.125	1.119	1.113	1.107	1.102	1.096	1.091	1.086	1.080	1.075	1.071	1.066	1.061	1.057
26	1.128	1.122	1.116	1.110	1.105	1.099	1.094	1.088	1.083	1.078	1.073	1.069	1.064	1.059
27	1.131	1.125	1.119	1.113	1.108	1.102	1.097	1.091	1.086	1.081	1.076	1.072	1.067	1.062
28	1.135	1.128	1.123	1.117	1.111	1.105	1.100	1.095	1.090	1.085	1.080	1.075	1.070	1.065
29	1.138	1.132	1.126	1.120	1.115	1.109	1.104	1.098	1.093	1.088	1.083	1.078	1.073	1.069
30	1.142	1.136	1.130	1.124	1.119	1.113	1.108	1.102	1.097	1.092	1.087	1.082	1.077	1.072
31	1.147	1.141	1.135	1.129	1.123	1.117	1.112	1.106	1.101	1.096	1.091	1.086	1.081	1.076
32	1.152	1.145	1.139	1.133	1.127	1.122	1.116	1.111	1.105	1.100	1.095	1.090	1.085	1.080
33	1.157	1.150	1.144	1.138	1.132	1.126	1.121	1.115	1.110	1.105	1.099	1.094	1.089	1.085
34	1.162	1.155	1.149	1.143	1.137	1.131	1.126	1.120	1.115	1.109	1.104	1.099	1.094	1.089
35	1.167	1.161	1.155	1.149	1.143	1.137	1.131	1.125	1.120	1.114	1.109	1.105	1.099	1.094

表 A.2（续）

温度/℃	回潮率/%													
	6.9	7.0	7.1	7.2	7.3	7.4	7.5	7.6	7.7	7.8	7.9	8.0	8.1	8.2
5	1.044	1.040	1.036	1.032	1.028	1.024	1.020	1.016	1.013	1.009	1.005	1.002	0.999	0.995
6	1.043	1.038	1.034	1.030	1.026	1.022	1.018	1.015	1.011	1.007	1.004	1.001	0.997	0.994
7	1.041	1.037	1.033	1.029	1.025	1.021	1.017	1.013	1.010	1.006	1.003	0.999	0.996	0.993
8	1.040	1.036	1.032	1.028	1.024	1.020	1.016	1.012	1.009	1.005	1.002	0.998	0.995	0.992
9	1.039	1.035	1.031	1.027	1.023	1.019	1.015	1.011	1.008	1.004	1.001	0.997	0.994	0.991
10	1.038	1.034	1.030	1.026	1.022	1.018	1.014	1.011	1.007	1.003	1.000	0.997	0.993	0.990
11	1.038	1.034	1.029	1.025	1.021	1.018	1.014	1.010	1.006	1.003	0.999	0.996	0.993	0.990
12	1.037	1.033	1.029	1.025	1.021	1.017	1.013	1.010	1.006	1.003	0.999	0.996	0.992	0.989
13	1.037	1.033	1.029	1.025	1.021	1.017	1.013	1.010	1.006	1.002	0.999	0.996	0.992	0.989
14	1.037	1.033	1.029	1.025	1.021	1.017	1.013	1.010	1.006	1.002	0.999	0.996	0.992	0.989
15	1.038	1.033	1.029	1.025	1.021	1.017	1.014	1.010	1.006	1.003	0.999	0.996	0.993	0.989
16	1.038	1.034	1.030	1.026	1.022	1.018	1.014	1.010	1.007	1.003	1.000	0.996	0.993	0.990
17	1.039	1.035	1.030	1.026	1.022	1.019	1.015	1.011	1.007	1.004	1.000	0.997	0.994	0.990
18	1.040	1.036	1.031	1.027	1.023	1.019	1.016	1.012	1.008	1.005	1.001	0.998	0.995	0.991
19	1.041	1.037	1.032	1.028	1.024	1.020	1.017	1.013	1.009	1.006	1.002	0.999	0.996	0.992
20	1.042	1.038	1.034	1.030	1.026	1.022	1.018	1.014	1.011	1.007	1.003	1.000	0.997	0.993
21	1.044	1.039	1.035	1.031	1.027	1.023	1.019	1.016	1.012	1.008	1.005	1.001	0.998	0.995
22	1.045	1.041	1.037	1.033	1.029	1.025	1.021	1.017	1.014	1.010	1.007	1.003	1.000	0.996
23	1.047	1.043	1.039	1.035	1.031	1.027	1.023	1.019	1.015	1.012	1.008	1.005	1.002	0.998
24	1.050	1.045	1.041	1.037	1.033	1.029	1.025	1.021	1.018	1.014	1.010	1.007	1.004	1.000
25	1.052	1.048	1.043	1.039	1.035	1.031	1.027	1.024	1.020	1.016	1.013	1.009	1.006	1.002
26	1.055	1.050	1.046	1.042	1.038	1.034	1.030	1.026	1.022	1.019	1.015	1.012	1.008	1.005
27	1.058	1.053	1.049	1.045	1.041	1.037	1.033	1.029	1.025	1.021	1.018	1.014	1.011	1.007
28	1.061	1.056	1.052	1.048	1.044	1.040	1.036	1.032	1.028	1.024	1.021	1.017	1.014	1.010
29	1.064	1.060	1.055	1.051	1.047	1.043	1.039	1.035	1.031	1.027	1.024	1.020	1.017	1.013
30	1.068	1.063	1.059	1.054	1.050	1.046	1.042	1.038	1.034	1.031	1.027	1.023	1.020	1.017
31	1.072	1.067	1.063	1.058	1.054	1.050	1.046	1.042	1.038	1.034	1.031	1.027	1.024	1.020
32	1.076	1.071	1.067	1.062	1.058	1.054	1.050	1.046	1.042	1.038	1.034	1.031	1.027	1.024
33	1.080	1.075	1.071	1.066	1.062	1.058	1.054	1.050	1.046	1.042	1.038	1.035	1.031	1.028
34	1.085	1.080	1.075	1.071	1.067	1.062	1.058	1.054	1.050	1.046	1.043	1.039	1.035	1.032
35	1.089	1.085	1.080	1.076	1.071	1.067	1.063	1.059	1.055	1.051	1.047	1.043	1.040	1.036

表 A.2（续）

温度/℃	回潮率/%													
	8.3	8.4	8.5	8.6	8.7	8.8	8.9	9.0	9.1	9.2	9.3	9.4	9.5	9.6
5	0.992	0.989	0.986	0.983	0.980	0.977	0.975	0.972	0.969	0.967	0.964	0.962	0.960	0.957
6	0.991	0.988	0.985	0.982	0.979	0.976	0.973	0.971	0.968	0.965	0.963	0.961	0.958	0.956
7	0.990	0.987	0.983	0.981	0.978	0.975	0.972	0.969	0.967	0.964	0.962	0.959	0.957	0.955
8	0.989	0.986	0.982	0.980	0.977	0.974	0.971	0.968	0.966	0.963	0.961	0.958	0.956	0.954
9	0.988	0.985	0.981	0.979	0.976	0.973	0.970	0.968	0.965	0.962	0.960	0.958	0.955	0.953
10	0.987	0.984	0.981	0.978	0.975	0.972	0.969	0.967	0.964	0.962	0.959	0.957	0.955	0.952
11	0.986	0.983	0.980	0.977	0.975	0.972	0.969	0.966	0.964	0.961	0.959	0.956	0.954	0.952
12	0.986	0.983	0.980	0.977	0.974	0.971	0.969	0.966	0.963	0.961	0.958	0.956	0.954	0.952
13	0.986	0.983	0.980	0.977	0.974	0.971	0.969	0.966	0.963	0.961	0.958	0.956	0.954	0.951
14	0.986	0.983	0.980	0.977	0.974	0.971	0.969	0.966	0.963	0.961	0.958	0.956	0.954	0.952
15	0.986	0.983	0.980	0.977	0.974	0.972	0.969	0.966	0.964	0.961	0.959	0.956	0.954	0.952
16	0.987	0.984	0.981	0.978	0.975	0.972	0.969	0.967	0.964	0.962	0.959	0.957	0.954	0.952
17	0.987	0.984	0.981	0.978	0.975	0.973	0.970	0.967	0.965	0.962	0.960	0.957	0.955	0.953
18	0.988	0.985	0.982	0.979	0.976	0.973	0.971	0.968	0.965	0.963	0.960	0.958	0.956	0.953
19	0.989	0.986	0.983	0.980	0.977	0.974	0.972	0.969	0.966	0.964	0.961	0.959	0.957	0.954
20	0.990	0.987	0.984	0.981	0.978	0.976	0.973	0.970	0.968	0.965	0.963	0.960	0.958	0.955
21	0.992	0.989	0.986	0.983	0.980	0.977	0.974	0.971	0.969	0.966	0.964	0.961	0.959	0.957
22	0.993	0.990	0.987	0.984	0.981	0.978	0.976	0.973	0.970	0.968	0.965	0.963	0.961	0.958
23	0.995	0.992	0.989	0.986	0.983	0.980	0.977	0.975	0.972	0.969	0.967	0.965	0.962	0.960
24	0.997	0.994	0.991	0.988	0.985	0.982	0.979	0.977	0.974	0.971	0.969	0.966	0.964	0.962
25	0.999	0.996	0.993	0.990	0.987	0.984	0.981	0.979	0.976	0.973	0.971	0.968	0.966	0.964
26	1.002	0.998	0.995	0.992	0.989	0.987	0.984	0.981	0.978	0.976	0.973	0.971	0.968	0.966
27	1.004	1.001	0.998	0.995	0.992	0.989	0.986	0.983	0.981	0.978	0.976	0.973	0.971	0.968
28	1.007	1.004	1.001	0.998	0.995	0.992	0.989	0.986	0.983	0.981	0.978	0.976	0.973	0.971
29	1.010	1.007	1.004	1.001	0.998	0.995	0.992	0.989	0.986	0.984	0.981	0.979	0.976	0.974
30	1.013	1.010	1.007	1.004	1.001	0.998	0.995	0.992	0.989	0.987	0.984	0.982	0.979	0.977
31	1.017	1.013	1.010	1.007	1.004	1.001	0.998	0.995	0.993	0.990	0.987	0.985	0.982	0.980
32	1.020	1.017	1.014	1.011	1.008	1.005	1.002	0.999	0.996	0.994	0.991	0.988	0.986	0.983
33	1.024	1.021	1.018	1.015	1.012	1.009	1.006	1.003	1.000	0.997	0.995	0.992	0.990	0.987
34	1.028	1.025	1.022	1.019	1.016	1.013	1.010	1.007	1.004	1.001	0.999	0.996	0.993	0.991
35	1.033	1.030	1.026	1.023	1.020	1.017	1.014	1.011	1.008	1.005	1.003	1.000	0.998	0.995

表 A.2（续）

温度/℃	回潮率/%													
	9.7	9.8	9.9	10.0	10.1	10.2	10.3	10.4	10.5	10.6	10.7	10.8	10.9	11.0
5	0.955	0.953	0.951	0.949	0.947	0.945	0.943	0.941	0.939	0.938	0.936	0.934	0.933	0.931
6	0.954	0.952	0.949	0.947	0.945	0.944	0.942	0.940	0.938	0.936	0.935	0.933	0.932	0.930
7	0.952	0.950	0.948	0.946	0.944	0.942	0.941	0.939	0.937	0.935	0.934	0.932	0.931	0.929
8	0.951	0.949	0.947	0.945	0.943	0.941	0.940	0.938	0.936	0.934	0.933	0.931	0.930	0.928
9	0.951	0.949	0.946	0.944	0.942	0.941	0.939	0.937	0.935	0.934	0.932	0.930	0.929	0.927
10	0.950	0.948	0.946	0.944	0.942	0.940	0.938	0.936	0.935	0.933	0.931	0.930	0.928	0.927
11	0.950	0.947	0.945	0.943	0.941	0.939	0.938	0.936	0.934	0.932	0.931	0.929	0.928	0.926
12	0.949	0.947	0.945	0.943	0.941	0.939	0.937	0.936	0.934	0.932	0.931	0.929	0.927	0.926
13	0.949	0.947	0.945	0.943	0.941	0.939	0.937	0.935	0.934	0.932	0.930	0.929	0.927	0.926
14	0.949	0.947	0.945	0.943	0.941	0.939	0.937	0.935	0.934	0.932	0.930	0.929	0.927	0.926
15	0.949	0.947	0.945	0.943	0.941	0.939	0.938	0.936	0.934	0.932	0.931	0.929	0.928	0.926
16	0.950	0.948	0.946	0.944	0.942	0.940	0.938	0.936	0.934	0.933	0.931	0.929	0.928	0.926
17	0.950	0.948	0.946	0.944	0.942	0.940	0.938	0.937	0.935	0.933	0.932	0.930	0.929	0.927
18	0.951	0.949	0.947	0.945	0.943	0.941	0.939	0.937	0.936	0.934	0.932	0.931	0.929	0.928
19	0.952	0.950	0.948	0.946	0.944	0.942	0.940	0.938	0.937	0.935	0.933	0.932	0.930	0.929
20	0.953	0.951	0.949	0.947	0.945	0.943	0.941	0.939	0.938	0.936	0.934	0.933	0.931	0.930
21	0.955	0.952	0.950	0.948	0.946	0.944	0.942	0.941	0.939	0.937	0.936	0.934	0.932	0.931
22	0.956	0.954	0.952	0.950	0.948	0.946	0.944	0.942	0.940	0.939	0.937	0.935	0.934	0.932
23	0.958	0.955	0.953	0.951	0.949	0.947	0.945	0.944	0.942	0.940	0.939	0.937	0.935	0.934
24	0.960	0.957	0.955	0.953	0.951	0.949	0.947	0.945	0.944	0.942	0.940	0.939	0.937	0.936
25	0.962	0.959	0.957	0.955	0.953	0.951	0.949	0.947	0.946	0.944	0.942	0.941	0.939	0.938
26	0.964	0.962	0.960	0.958	0.955	0.953	0.951	0.950	0.948	0.946	0.944	0.943	0.941	0.940
27	0.966	0.964	0.962	0.960	0.958	0.956	0.954	0.952	0.950	0.948	0.947	0.945	0.943	0.942
28	0.969	0.967	0.964	0.962	0.960	0.958	0.956	0.954	0.953	0.951	0.949	0.948	0.946	0.944
29	0.972	0.969	0.967	0.965	0.963	0.961	0.959	0.957	0.955	0.954	0.952	0.950	0.949	0.947
30	0.975	0.972	0.970	0.968	0.966	0.964	0.962	0.960	0.958	0.956	0.955	0.953	0.951	0.950
31	0.978	0.975	0.973	0.971	0.969	0.967	0.965	0.963	0.961	0.959	0.958	0.956	0.955	0.953
32	0.981	0.979	0.977	0.974	0.972	0.970	0.968	0.966	0.965	0.963	0.961	0.959	0.958	0.956
33	0.985	0.982	0.980	0.978	0.976	0.974	0.972	0.970	0.968	0.966	0.965	0.963	0.961	0.960
34	0.989	0.986	0.984	0.982	0.980	0.978	0.976	0.974	0.972	0.970	0.968	0.967	0.965	0.963
35	0.993	0.990	0.988	0.986	0.984	0.982	0.980	0.978	0.976	0.974	0.972	0.971	0.969	0.967

表 A.2（续）

温度/℃	回潮率/%													
	11.1	11.2	11.3	11.4	11.5	11.6	11.7	11.8	11.9	12.0	12.1	12.2	12.3	12.4
5	0.930	0.929	0.927	0.926	0.925	0.924	0.923	0.921	0.920	0.920	0.919	0.918	0.917	0.916
6	0.929	0.927	0.926	0.925	0.924	0.922	0.921	0.920	0.919	0.918	0.917	0.916	0.916	0.915
7	0.928	0.926	0.925	0.924	0.923	0.921	0.920	0.919	0.918	0.917	0.916	0.915	0.915	0.914
8	0.927	0.925	0.924	0.923	0.922	0.920	0.919	0.918	0.917	0.916	0.915	0.914	0.914	0.913
9	0.926	0.925	0.923	0.922	0.921	0.920	0.918	0.917	0.916	0.915	0.915	0.914	0.913	0.912
10	0.925	0.924	0.923	0.921	0.920	0.919	0.918	0.917	0.916	0.915	0.914	0.913	0.912	0.912
11	0.925	0.923	0.922	0.921	0.920	0.919	0.917	0.916	0.915	0.914	0.914	0.913	0.912	0.911
12	0.925	0.923	0.922	0.921	0.919	0.918	0.917	0.916	0.915	0.914	0.913	0.912	0.912	0.911
13	0.924	0.923	0.922	0.921	0.919	0.918	0.917	0.916	0.915	0.914	0.913	0.912	0.911	0.911
14	0.924	0.923	0.922	0.921	0.919	0.918	0.917	0.916	0.915	0.914	0.913	0.912	0.912	0.911
15	0.925	0.923	0.922	0.921	0.920	0.918	0.917	0.916	0.915	0.914	0.913	0.913	0.912	0.911
16	0.925	0.924	0.922	0.921	0.920	0.919	0.918	0.917	0.916	0.915	0.914	0.913	0.912	0.911
17	0.926	0.924	0.923	0.922	0.920	0.919	0.918	0.917	0.916	0.915	0.914	0.913	0.913	0.912
18	0.926	0.925	0.924	0.922	0.921	0.920	0.919	0.918	0.917	0.916	0.915	0.914	0.913	0.913
19	0.927	0.926	0.925	0.923	0.922	0.921	0.920	0.919	0.918	0.917	0.916	0.915	0.914	0.913
20	0.928	0.927	0.926	0.924	0.923	0.922	0.921	0.920	0.919	0.918	0.917	0.916	0.915	0.914
21	0.930	0.928	0.927	0.926	0.924	0.923	0.922	0.921	0.920	0.919	0.918	0.917	0.916	0.916
22	0.931	0.930	0.928	0.927	0.926	0.925	0.923	0.922	0.921	0.920	0.919	0.919	0.918	0.917
23	0.932	0.931	0.930	0.928	0.927	0.926	0.925	0.924	0.923	0.922	0.921	0.920	0.919	0.919
24	0.934	0.933	0.931	0.930	0.929	0.928	0.927	0.926	0.925	0.924	0.923	0.922	0.921	0.920
25	0.936	0.935	0.933	0.932	0.931	0.930	0.929	0.928	0.927	0.926	0.925	0.924	0.923	0.922
26	0.938	0.937	0.935	0.934	0.933	0.932	0.931	0.930	0.929	0.928	0.927	0.926	0.925	0.924
27	0.941	0.939	0.938	0.936	0.935	0.934	0.933	0.932	0.931	0.930	0.929	0.928	0.927	0.926
28	0.943	0.942	0.940	0.939	0.938	0.936	0.935	0.934	0.933	0.932	0.931	0.930	0.929	0.929
29	0.946	0.944	0.943	0.942	0.940	0.939	0.938	0.937	0.936	0.935	0.934	0.933	0.932	0.931
30	0.948	0.947	0.946	0.944	0.943	0.942	0.941	0.940	0.939	0.938	0.937	0.936	0.935	0.934
31	0.951	0.950	0.949	0.947	0.946	0.945	0.944	0.943	0.942	0.941	0.940	0.939	0.938	0.937
32	0.955	0.953	0.952	0.951	0.949	0.948	0.947	0.946	0.945	0.944	0.943	0.942	0.941	0.940
33	0.958	0.957	0.955	0.954	0.953	0.951	0.950	0.949	0.948	0.947	0.946	0.945	0.944	0.943
34	0.962	0.960	0.959	0.958	0.956	0.955	0.954	0.953	0.952	0.951	0.950	0.949	0.948	0.947
35	0.966	0.964	0.963	0.961	0.960	0.959	0.958	0.956	0.955	0.954	0.953	0.952	0.951	0.951

表 A.2(续)

温度/℃	回潮率/%							
	12.5	12.6	12.7	12.8	12.9	13.0	13.1	13.2
5	0.915	0.915	0.914	0.914	0.913	0.913	0.912	0.912
6	0.914	0.914	0.913	0.912	0.912	0.911	0.911	0.910
7	0.913	0.912	0.912	0.911	0.911	0.910	0.910	0.909
8	0.912	0.912	0.911	0.910	0.910	0.909	0.909	0.908
9	0.911	0.911	0.910	0.910	0.909	0.909	0.908	0.908
10	0.911	0.910	0.910	0.909	0.908	0.908	0.908	0.907
11	0.910	0.910	0.909	0.909	0.908	0.908	0.907	0.907
12	0.910	0.909	0.909	0.908	0.908	0.907	0.907	0.906
13	0.910	0.909	0.909	0.908	0.908	0.907	0.907	0.906
14	0.910	0.909	0.909	0.908	0.908	0.907	0.907	0.906
15	0.910	0.910	0.909	0.908	0.908	0.907	0.907	0.907
16	0.911	0.910	0.909	0.909	0.908	0.908	0.907	0.907
17	0.911	0.910	0.910	0.909	0.909	0.908	0.908	0.907
18	0.912	0.911	0.911	0.910	0.909	0.909	0.909	0.908
19	0.913	0.912	0.911	0.911	0.910	0.910	0.909	0.909
20	0.914	0.913	0.912	0.912	0.911	0.911	0.910	0.910
21	0.915	0.914	0.914	0.913	0.913	0.912	0.912	0.911
22	0.916	0.916	0.915	0.914	0.914	0.913	0.913	0.913
23	0.918	0.917	0.916	0.916	0.915	0.915	0.914	0.914
24	0.919	0.919	0.918	0.918	0.917	0.917	0.916	0.916
25	0.921	0.921	0.920	0.919	0.919	0.918	0.918	0.918
26	0.923	0.923	0.922	0.921	0.921	0.920	0.920	0.920
27	0.926	0.925	0.924	0.924	0.923	0.923	0.922	0.922
28	0.928	0.927	0.927	0.926	0.925	0.925	0.925	0.924
29	0.931	0.930	0.929	0.929	0.928	0.928	0.927	0.927
30	0.933	0.933	0.932	0.931	0.931	0.930	0.930	0.929
31	0.936	0.936	0.935	0.934	0.934	0.933	0.933	0.932
32	0.939	0.939	0.938	0.937	0.937	0.936	0.936	0.935
33	0.943	0.942	0.941	0.941	0.940	0.940	0.939	0.939
34	0.946	0.945	0.945	0.944	0.944	0.943	0.943	0.942
35	0.950	0.949	0.948	0.948	0.947	0.947	0.946	0.946

表 A.2（续）

温度/℃	回 潮 率/%							
	13.3	13.4	13.5	13.6	13.7	13.8	13.9	14.0
5	0.911	0.911	0.911	0.911	0.910	0.910	0.910	0.910
6	0.910	0.910	0.910	0.909	0.909	0.909	0.909	0.909
7	0.909	0.909	0.909	0.908	0.908	0.908	0.908	0.908
8	0.908	0.908	0.908	0.907	0.907	0.907	0.907	0.907
9	0.907	0.907	0.907	0.907	0.907	0.906	0.906	0.906
10	0.907	0.907	0.906	0.906	0.906	0.906	0.906	0.906
11	0.906	0.906	0.906	0.906	0.906	0.905	0.905	0.905
12	0.906	0.906	0.906	0.905	0.905	0.905	0.905	0.905
13	0.906	0.906	0.905	0.905	0.905	0.905	0.905	0.905
14	0.906	0.906	0.906	0.905	0.905	0.905	0.905	0.905
15	0.906	0.906	0.906	0.905	0.905	0.905	0.905	0.905
16	0.907	0.906	0.906	0.906	0.906	0.906	0.906	0.906
17	0.907	0.907	0.907	0.906	0.906	0.906	0.906	0.906
18	0.908	0.908	0.907	0.907	0.907	0.907	0.907	0.907
19	0.909	0.908	0.908	0.908	0.908	0.908	0.908	0.908
20	0.910	0.909	0.909	0.909	0.909	0.909	0.909	0.909
21	0.911	0.911	0.910	0.910	0.910	0.910	0.910	0.910
22	0.912	0.912	0.912	0.912	0.911	0.911	0.911	0.911
23	0.914	0.913	0.913	0.913	0.913	0.913	0.913	0.913
24	0.915	0.915	0.915	0.915	0.914	0.914	0.914	0.914
25	0.917	0.917	0.917	0.916	0.916	0.916	0.916	0.916
26	0.919	0.919	0.919	0.918	0.918	0.918	0.918	0.918
27	0.921	0.921	0.921	0.921	0.921	0.920	0.920	0.920
28	0.924	0.923	0.923	0.923	0.923	0.923	0.923	0.923
29	0.926	0.926	0.926	0.925	0.925	0.925	0.925	0.925
30	0.929	0.929	0.928	0.928	0.928	0.928	0.928	0.928
31	0.932	0.932	0.931	0.931	0.931	0.931	0.931	0.931
32	0.935	0.935	0.934	0.934	0.934	0.934	0.934	0.934
33	0.938	0.938	0.938	0.938	0.937	0.937	0.937	0.937
34	0.942	0.942	0.941	0.941	0.941	0.941	0.941	0.941
35	0.946	0.945	0.945	0.945	0.945	0.944	0.944	0.944

ICS 59.080.30
W 13

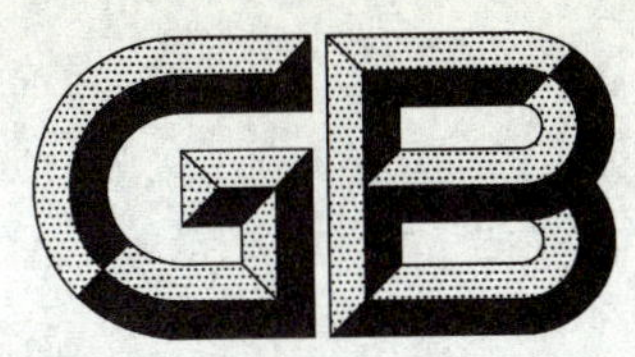

中华人民共和国国家标准

GB/T 406—2008
代替 GB/T 406—1993

棉本色布

Cotton grey fabric

2008-05-23 发布　　2008-12-01 实施

中华人民共和国国家质量监督检验检疫总局
中国国家标准化管理委员会　发布

前　言

本标准根据美国范友生公司《梭织物的范友生疵点分等规定》和一些国外采购商的部分要求内容，并根据市场的实际需要起草，与《梭织物的范友生疵点分等规定》一致性程度为非等效。

本标准代替 GB/T 406—1993《棉本色布》。

本标准与 GB/T 406—1993 相比主要变化如下：

——扩大标准适用范围；

——取消三等品品等；

——棉结杂质疵点格率、棉结疵点格率规定加严；

——布面疵点总评分由分/m 改为分/m^2，取消幅宽分类；

——外观疵点评分由十分制改为四分制；

——横档疵点不分明显与不明显。

本标准的附录 B、附录 C 为规范性附录，附录 A、附录 D、附录 E 为资料性附录。

本标准由中国纺织工业协会提出。

本标准由全国纺织品标准化技术委员会棉纺织印染分技术委员会归口。

本标准起草单位：上海市纺织工业技术监督所、中国棉纺织行业协会。

本标准所代替标准的历次版本发布情况为：

——GB/T 406—1978、GB/T 406—1993。

棉本色布

1 范围

本标准规定了棉本色布的产品分类、要求、布面疵点的评分、试验方法、检验规则和标志、包装。

本标准适用于有梭织机、无梭织机生产的棉本色布。

本标准不适用于提花、割绒类织物及特种用布。

2 规范性引用文件

下列文件中的条款通过本标准的引用而成为本标准的条款。凡是注日期的引用文件，其随后所有的修改单(不包括勘误的内容)或修订版均不适用于本标准，然而，鼓励根据本标准达成协议的各方研究是否可使用这些文件的最新版本。凡是不注日期的引用文件，其最新版本适用于本标准。

GB/T 3923.1 纺织品 织物拉伸性能 第1部分:断裂强力和断裂伸长的测定 条样法

GB/T 4666 机织物长度的测定

GB/T 4667 机织物幅宽的测定

GB/T 4668 机织物密度的测定

GB/T 8170 数值修约规则

FZ/T 10004 棉及化纤纯纺、混纺本色布检验规则

FZ/T 10006 棉及化纤纯纺、混纺本色布棉结杂质疵点格率检验

FZ/T 10009 棉及化纤纯纺、混纺本色布标志与包装

FZ/T 10013.2 温度与回潮率对棉及化纤纯纺、混纺制品断裂强力的修正方法 本色布断裂强力的修正方法

3 分类

棉本色布的产品品种、规格分类，根据用户需要，由生产部门按附录A制定。

4 要求

4.1 项目

棉本色布要求分为内在质量和外观质量两个方面，内在质量包括织物组织、幅宽、密度、断裂强力、棉结杂质疵点格率、棉结疵点格率六项，外观质量为布面疵点一项。

4.2 分等规定

4.2.1 棉本色布的品等分为优等品、一等品、二等品，低于二等品为等外品。

4.2.2 棉本色布的评等以匹为单位，织物组织、幅宽、布面疵点按匹评等，密度、断裂强力、棉结杂质疵点格率、棉结疵点格率按批评等，以其中最低一项品等作为该匹布的品等。

4.2.3 分等规定见表1、表2和表3。

表 1 分等规定

项目	标准	允许偏差		
		优等品	一等品	二等品
织物组织	设计规定要求	符合设计要求	符合设计要求	不符合设计要求
幅宽/cm	产品规格	+1.2% −1.0%	+1.5% −1.0%	+2.0% −1.5%
密度/(根/10 cm)	产品规格	经密−1.2% 纬密−1.0%	经密−1.5% 纬密−1.0%	经密超过−1.5% 纬密超过−1.0%
断裂强力/N	按断裂强力公式计算	经向 −6% 纬向 −6%	经向 −8% 纬向 −8%	经向超过 −8% 纬向超过 −8%
注：当幅宽偏差超过1.0%时，经密允许偏差范围为−2.0%。				

表 2 棉结杂质疵点格率、棉结疵点格率规定

织物分类		织物总紧度/%	棉结杂质疵点格率/% 不大于		棉结疵点格率/% 不大于	
			优等品	一等品	优等品	一等品
精梳织物		70 以下	14	16	3	8
		70～85 以下	15	18	4	10
		85～95 以下	16	20	4	11
		95 及以上	18	22	6	12
半精梳织物		—	24	30	6	15
非精梳织物	细织物	65 以下	22	30	6	15
		65～75 以下	25	35	6	18
		75 及以上	28	38	7	20
	中粗织物	70 以下	28	38	7	20
		70～80 以下	30	42	8	21
		80 及以上	32	45	9	23
	粗织物	70 以下	32	45	9	23
		70～80 以下	36	50	10	25
		80 及以上	40	52	10	27
	全线或半线织物	90 以下	28	36	6	19
		90 及以上	30	40	7	20

注 1：棉结杂质疵点格率、棉结疵点格率超过表 2 规定降到二等为止。

注 2：棉本色布按经、纬纱平均线密度分类：特细织物：10 tex 以下(60ˢ 以上)；细织物：10 tex～20 tex(60ˢ～29ˢ)；中粗织物：21 tex～29 tex(28ˢ～20ˢ)；粗织物：32 tex 及以上(18ˢ 及以下)。

表 3　布面疵点评分限度

平均分每平方米

优　　等	一　　等	二　　等
0.2	0.3	0.6

4.2.4　长度、幅宽、经纬向密度应保证成包后符合表 1 规定。

4.2.5　布面疵点评等规定

4.2.5.1　每匹布允许总评分按式(1)计算：

$$A = a \cdot L \cdot W \quad \cdots\cdots(1)$$

式中：

A——每匹允许总评分，单位为分每匹；

a——每平方米允许评分数，单位为分每平方米(分/m^2)；

L——匹长，单位为米(m)；

W——幅宽，单位为米(m)。

计算至一位小数，按 GB/T 8170 修约成整数。

4.2.5.2　一匹布中所有疵点评分加合累计超过允许总评分为降等品。

4.2.5.3　1 m 内严重疵点评 4 分为降等品。

4.2.5.4　每百米内不允许有超过 3 个不可修织的评 4 分的疵点。

5　布面疵点的评分

5.1　布面疵点的检验

5.1.1　检验时布面上的照明光度为 400 lx±100 lx。

5.1.2　布面疵点评分以布的正面为准，平纹织物和山形斜纹织物，以交班印一面为正面，斜纹织物中纱织物以左斜(↖)为正面，线织物以右斜(↗)为正面，破损性疵点以严重一面为正面。

5.2　布面疵点评分规定

见表 4。

表 4　布面疵点评分规定

疵点分类		评分数			
		1	2	3	4
经向明显疵点		8 cm 及以下	8 cm 以上～16 cm	16 cm 以上～50 cm	50 cm 以上～100 cm
纬向明显疵点		8 cm 及以下	8 cm 以上～16 cm	16 cm 以上～50 cm	50 cm 以上
横档		—	—	半幅及以下	半幅以上
严重疵点	根数评分	—	—	3 根	4 根及以上
	长度评分	—	—	1 cm 以下	1 cm 及以上

注 1：布面疵点具体内容见附录 B、疵点名称说明见附录 C。

注 2：严重疵点在根数和长度评分矛盾时，从严评分。

注 3：不影响后道质量的横档疵点评分，由供需双方协定。

5.3　1 m 中累计评分

1 m 中累计评分最多评 4 分。

5.4　布面疵点的量计

5.4.1　疵点长度以经向或纬向最大长度量计。

5.4.2　经向明显疵点及严重疵点，长度超过 1 m 的，其超过部分按表 4 再行评分。

5.4.3　在一条内断续发生的疵点，在经(纬)向 8 cm 内有两个及以上的，则按连续长度评分。

5.4.4　共断或并列(包括正反面)是包括 1 根或 2 根好纱，隔 3 根以上的不作共断或并列(斜纹、缎纹织物以间隔一个完全组织及以内作共断或并列处理)。

5.5　疵点评分的说明

5.5.1　疵点的评分起点和规定

5.5.1.1　有两种疵点混合在一起，以严重一项评分。

5.5.1.2　边组织及距边 1 cm 内的疵点(包括边组织)不评分，但毛边、拖纱、猫耳朵、凹边、烂边、豁边、深油锈疵及评 4 分的破洞、跳花要评分，如疵点延伸在距边 1 cm 以外时应加合评分。无梭织造布布边，绞边的毛须伸出长度规定为 0.3 cm～0.8 cm。边组织有特殊要求的则按要求评分。

5.5.1.3　布面拖纱长 1 cm 以上每根评 2 分，布边拖纱长 2 cm 以上的每根评 1 分(一进一出作一根计)。

5.5.1.4　0.3 cm 以下的杂物每个评 1 分，0.3 cm 及以上杂物和金属杂物(包括瓷器)评 4 分(测量杂物粗度)。

5.5.2　加工坯中疵点的评分

5.5.2.1　水渍、污渍、不影响组织的浆斑不评分。

5.5.2.2　漂白坯中的筘路、筘穿错、密路、拆痕、云织减半评分。

5.5.2.3　印花坯中的星跳、密路、条干不匀、双经减半评分，筘路、筘穿错、长条影、浅油疵、单根双纬、云织、轻微针路、煤灰纱、花经、花纬不评分。

5.5.2.4　杂色坯不洗油的浅色油疵和油花纱不评分。

5.5.2.5　深色坯油疵、油花纱、煤灰纱、不褪色色疵不洗不评分。

5.5.2.6　加工坯距布头 5 cm 内的疵点不评分(但六大疵点应开剪)。

5.5.3　对疵点处理的规定

5.5.3.1　0.5 cm 以上的豁边，1 cm 及以上的破洞、烂边、稀弄，不对接轧梭，2 cm 以上的跳花等六大疵点，应在织布厂剪去。

5.5.3.2　金属杂物织入，应在织布厂挑除。

5.5.3.3　凡在织布厂能修好的疵点应修好后出厂。

5.5.4　假开剪和拼件的规定

5.5.4.1　假开剪的疵点应是评为 4 分或 3 分不可修织的疵点，假开剪后各段布都应是一等品。

5.5.4.2　凡用户允许假开剪或拼件的，可实行假开剪和拼件。假开剪和拼件按二联匹不允许超过两处、三联匹及以上不允许超过三处。

5.5.4.3　假开剪和拼件率合计不允许超过 20%，其中拼件率不得超过 10%。另有规定按双方协议执行。

5.5.4.4　假开剪布应作明显标记。假开剪布应另行成包，包内附假开剪段长记录单，外包注明“假开剪”字样。

6　试验方法

6.1　试验条件

6.1.1　各项试验应在各方法标准规定的标准条件下进行。

6.1.2　快速试验：由于生产需要，要求迅速检验产品的质量，可采用快速试验的方法。快速试验可以在接近车间温湿度条件下进行，但试验地点的温湿度应保持稳定，按附录 D、附录 E 执行。

6.2　长度测定

按 GB/T 4666 执行。

6.3 幅宽测定

按 GB/T 4667 执行。

6.4 密度测定

按 GB/T 4668 执行。

6.5 断裂强力测定

按 GB/T 3923.1 执行。

6.6 棉结杂质疵点格率检验

按 FZ/T 10006 执行。

7 检验规则

按 FZ/T 10004 执行。

8 标志、包装

按 FZ/T 10009 执行。

9 其他

用户对产品有特殊要求者，可由供需双方另订协议。

附　录　A
（资料性附录）
棉本色布技术条件制定规定

A.1　棉本色布的组织规格，根据产品的不同用途或用户要求进行设计。

A.2　棉本色布产品品种的分类，以织物的组织为依据，如组织相同的织物，则以织物总紧度、经纬向紧度及其比例进行分类。棉本色布一般分为平布、府绸、斜纹、哔叽、华达呢、卡其、直贡、横贡、麻纱、绒布坯等类别。

A.2.1　棉本色布产品品种分类见表 A.1。

表 A.1　棉本色布产品品种分类

<table>
<tr><th rowspan="2">分类名称</th><th rowspan="2">布面风格</th><th rowspan="2">织物组织</th><th colspan="5">结构特征</th></tr>
<tr><th colspan="2">总紧度/%</th><th>经向紧度/%</th><th>纬向紧度/%</th><th>经纬向紧度比例≈</th></tr>
<tr><td>平布</td><td>经纬向密度比较接近，布面平整</td><td>$\frac{1}{1}$</td><td colspan="2">60～80</td><td>35～60</td><td>35～60</td><td>1∶1</td></tr>
<tr><td>府绸</td><td>高经密、低纬密，布面经纱浮点呈颗粒状</td><td>$\frac{1}{1}$</td><td colspan="2">75～90</td><td>61～80</td><td>35～50</td><td>5∶3</td></tr>
<tr><td>斜纹</td><td>布面呈斜纹，纹路较细</td><td>$\frac{2}{1}$</td><td colspan="2">75～90</td><td>60～80</td><td>40～55</td><td>3∶2</td></tr>
<tr><td rowspan="2">哔叽</td><td rowspan="2">经、纬纱紧度比较接近，总紧度小于华达呢，斜纹纹路接近45°，质地柔软</td><td rowspan="2">$\frac{2}{2}$</td><td>纱</td><td>85 以下</td><td rowspan="2">55～70</td><td rowspan="2">45～55</td><td rowspan="2">6∶5</td></tr>
<tr><td>线</td><td>90 以下</td></tr>
<tr><td rowspan="2">华达呢</td><td rowspan="2">高经密、低纬密，总紧度大于哔叽，小于卡其，质地厚实而不发硬，斜纹纹路接近63°</td><td rowspan="2">$\frac{2}{2}$</td><td>纱</td><td>85～90</td><td rowspan="2">75～95</td><td rowspan="2">45～55</td><td rowspan="2">2∶1</td></tr>
<tr><td>线</td><td>90～97</td></tr>
<tr><td rowspan="4">卡其</td><td rowspan="4">高经密、低纬密，总紧度大于华达呢，布身硬挺厚实，单面卡其斜纹纹路粗壮而明显</td><td rowspan="2">$\frac{3}{1}$</td><td>纱</td><td>85 以上</td><td rowspan="4">80～110</td><td rowspan="4">45～60</td><td rowspan="4">2∶1</td></tr>
<tr><td>线</td><td>90 以上</td></tr>
<tr><td rowspan="2">$\frac{2}{2}$</td><td>纱</td><td>90 以上</td></tr>
<tr><td>线</td><td>97 以上（10×2 tex 及以下为 95 以上）</td></tr>
<tr><td>直贡</td><td>高经密织物，布身厚实或柔软（羽绸），布面平滑匀整</td><td>$\frac{5}{3}$、$\frac{5}{2}$
经面缎纹
（飞数竖数）</td><td colspan="2">80 以上</td><td>65～100</td><td>45～55</td><td>3∶2</td></tr>
<tr><td>横贡</td><td>高纬密织物，布身柔软，光滑似绸</td><td>$\frac{5}{3}$、$\frac{5}{2}$
纬面缎纹
（飞数横数）</td><td colspan="2">80 以上</td><td>45～55</td><td>65～80</td><td>2∶3</td></tr>
<tr><td>麻纱</td><td>布面呈挺直条纹路，布身爽挺似麻</td><td>$\frac{2}{1}$纬重平</td><td colspan="2">60 以上</td><td>40～55</td><td>45～55</td><td>1∶1</td></tr>
<tr><td>绒布坯</td><td>经纬纱特数差异大，纬纱捻度少，质地松软</td><td>平纹、斜纹组织</td><td colspan="2">60～85</td><td>30～50</td><td>40～70</td><td>2∶3</td></tr>
</table>

A.2.2 织物紧度按式(A.1)~式(A.3)计算：

$$E_Z = E_T + E_W - \frac{E_T \times E_W}{100} \qquad \cdots\cdots (A.1)$$

$$E_T = 0.037\sqrt{T_T} \times P_T \qquad \cdots\cdots (A.2)$$

$$E_W = 0.037\sqrt{T_W} \times P_W \qquad \cdots\cdots (A.3)$$

式中：

E_Z——织物的总紧度，%；

E_T——织物的经向紧度，%；

E_W——织物的纬向紧度，%；

P_T——织物的经纱密度，单位为根每 10 厘米(根/10 cm)；

P_W——织物的纬纱密度，单位为根每 10 厘米(根/10 cm)；

T_T——经纱线密度，单位为特克斯(tex)；

T_W——纬纱线密度，单位为特克斯(tex)；

0.037——织物纱线直径系数。

织物经、纬向紧度和总紧度计算取一位小数。在取 K 值时，经、纬向紧度按 GB/T 8170 修约为整数。

A.2.3 棉纱、线线密度换算

A.2.3.1 棉纱、线线密度是以 1 000 m 纱线在公定回潮率(8.5%)时的重量(g)表示。

A.2.3.2 线密度按式(A.4)计算：

$$线密度 = \frac{590.5}{英制支数} \times \frac{100+8.5}{100+9.89} = \frac{583.1}{英制支数} \qquad \cdots\cdots (A.4)$$

A.3 棉本色布的技术条件

A.3.1 匹长

A.3.1.1 织物的匹长，以米为单位，取一位小数。

A.3.1.2 公称匹长为工厂设计的标准匹长。

A.3.1.3 规定匹长为叠布后的成包匹长。

A.3.1.4 规定匹长按式(A.5)计算：

$$规定匹长 = 公称匹长 + 加放布长 \qquad \cdots\cdots (A.5)$$

加放布长包括加放在折幅和布端的，为保证棉布成包后不短于公称匹长。

A.3.2 幅宽

A.3.2.1 织物幅宽以 0.5 cm 或整数为单位。其公英制换算的小数取舍：0.26 以下舍去；0.26~0.75 取 0.5；0.75 以上取 1。

A.3.2.2 公称幅宽为工艺设计的标准幅宽。

A.3.3 经、纬纱线密度

A.3.3.1 织物经、纬纱线密度用公制表示。如需要公英制同时标出时，公制线密度在前，英制线密度在后并加括号，例如：29/29($20^s \times 20^s$)。

A.3.3.2 新品种设计中，织物经、纬纱线密度应根据 GB/T 398 技术要求中规定的公称线密度系列选择。

A.3.4 经、纬纱密度

A.3.4.1 织物的经、纬纱密度以 10 cm 内经、纬纱根数表示。在英制折算公制时，不足 0.5 根的舍去，超过 0.5 根不足 1 根的作 0.5 根计。

A.3.4.2 设计新品种时，经、纬纱密度以 0.5 根或整数为单位，经、纬纱密度的选择要能够体现不同品种的特色。

A.3.5 总经根数

A.3.5.1 织物总经根数按式(A.6)计算：

$$总经根数=经纱密度\times\frac{标准幅宽}{10}+边纱根数\left(1-\frac{地组织每筘穿入经纱根数}{边组织每筘穿入经纱根数}\right) \quad \cdots\cdots(A.6)$$

A.3.5.2 计算总经根数时，小数不计取整数。如穿筘穿不尽时，应增加根数至穿尽为止。尾数是单数，每筘穿两根时，则加一根；尾数是一根(或两根)，而每筘穿四根时，则加三根(或两根)。

A.3.5.3 织物的边纱根数见表A.2。

表A.2 织物边纱根数的规定

织物名称	127 cm以下				127 cm及以上	
	12 tex及以下	13 tex～15 tex	16 tex～19.5 tex	20 tex及以上	12 tex及以下	12 tex以上
平纹织物	64	48	32	24	64	48
府绸、哔叽、斜纹	—	—	—	—	—	—
华达呢、卡其	64	48	48	48	64	48
直　贡	80	80	80	64	80	64
横　贡	72	72	64	64	—	—
注1：拉绒坯布每档再加8根，麻纱织物在平纹织物的基础上，每档再增加16根。 注2：上述规定的边纱根数，仅作计算总经根数时参考。						

A.3.6 筘号

A.3.6.1 筘号以10 cm内的筘片数表示，取一位小数，按GB/T 8170修约为整数。筘号在56号～240号范围内。

A.3.6.2 筘号按式(A.7)计算：

$$筘号=\frac{经纱密度}{每筘穿入经纱根数}\times(1-纬纱织缩率) \quad \cdots\cdots(A.7)$$

A.3.6.3 英制筘号与公制筘号的换算按式(A.8)、式(A.9)计算：

$$公制筘号=\frac{英制筘号}{2\times2.54}\times10 \quad \cdots\cdots(A.8)$$

$$英制筘号=\frac{公制筘号\times2.54}{10}\times2 \quad \cdots\cdots(A.9)$$

公英制筘号换算后的小数取舍：0.30及以下舍去；0.31～0.69取0.5；0.70及以上取1。

A.3.7 筘幅计算

筘幅按式(A.10)计算：

$$筘幅=\frac{总经根数-边纱根数\times\left(1-\frac{地组织每筘穿入经纱根数}{边组织每筘穿入经纱根数}\right)}{地组织每筘穿入经纱根数\times筘号}\times10 \quad \cdots\cdots(A.10)$$

在两边应增加适当数量的余筘。筘幅以厘米表示，计算至0.01。

A.3.8 经纬纱织缩率计算

A.3.8.1 经纱织缩率按式(A.11)、式(A.12)计算：

$$经纱织缩率=\frac{浆纱墨印长度-成包前整理后棉布长度}{浆纱墨印长度}\times100 \quad \cdots\cdots(A.11)$$

$$成包前整理后棉布墨印长度=测量的每折幅长度\times折幅数+头尾实测长度 \quad \cdots\cdots(A.12)$$

A.3.8.2 纬纱织缩率按式(A.13)计算：

$$纬纱织缩率=\frac{筘幅-标准幅宽}{筘幅}\times100 \quad \cdots\cdots(A.13)$$

A.3.8.3 经纬纱织缩率以百分率表示，计算至 0.01。

A.3.9 织物断裂强力计算

A.3.9.1 织物的断裂强力以 5 cm×20 cm 布条的断裂强力(N)表示。

A.3.9.2 织物断裂强力按式(A.14)计算：

$$Q=\frac{P_0\times N\times K\times T_t}{2\times 100} \qquad \text{(A.14)}$$

式中：

Q——织物断裂强力，单位为牛顿(N)；

P_0——单根纱线一等品断裂强度，单位为厘牛每特克斯(cN/tex)；

N——织物中纱线标准密度，单位为根每 10 厘米(根/10 cm)；

K——织物中纱线强力的利用系数；

T_t——纱线线密度，单位为特克斯(tex)。

计算的小数不计，取整数。

A.3.9.3 织物中纱线强力利用系数 K 值见表 A.3。

表 A.3 纱线强力利用系数

<table>
<tr><th colspan="2" rowspan="2">织物组织</th><th colspan="2">经　向</th><th colspan="3">纬　向</th></tr>
<tr><th>紧度/%</th><th>K</th><th>紧度/%</th><th colspan="2">K</th></tr>
<tr><td rowspan="3">平　布</td><td>粗特</td><td>37～55</td><td>1.06～1.15</td><td>35～50</td><td colspan="2">1.06～1.21</td></tr>
<tr><td>中特</td><td>37～55</td><td>1.01～1.10</td><td>35～50</td><td colspan="2">1.03～1.18</td></tr>
<tr><td>细特</td><td>37～55</td><td>0.98～1.07</td><td>35～50</td><td colspan="2">1.03～1.18</td></tr>
<tr><td rowspan="2">纱府绸</td><td>中特</td><td>62～70</td><td>1.05～1.13</td><td>33～45</td><td colspan="2">1.06～1.18</td></tr>
<tr><td>细特</td><td>62～75</td><td>1.13～1.26</td><td>33～45</td><td colspan="2">1.06～1.18</td></tr>
<tr><td colspan="2">线府绸</td><td>62～70</td><td>1.00～1.08</td><td>33～45</td><td colspan="2">1.03～1.15</td></tr>
<tr><td rowspan="3">哔叽、斜纹</td><td>粗特</td><td>55～75</td><td>1.06～1.26</td><td>40～60</td><td colspan="2">1.00～1.20</td></tr>
<tr><td>中特及以上</td><td>55～75</td><td>1.01～1.21</td><td>40～60</td><td colspan="2">1.00～1.20</td></tr>
<tr><td>线</td><td>55～75</td><td>0.96～1.12</td><td>40～60</td><td colspan="2">1.00～1.20</td></tr>
<tr><td rowspan="4">华达呢、卡其</td><td>粗特</td><td>80～90</td><td>1.27～1.37</td><td>40～60</td><td colspan="2">1.00～1.20</td></tr>
<tr><td>中特及以上</td><td>80～90</td><td>1.20～1.30</td><td>40～60</td><td colspan="2">0.96～1.16</td></tr>
<tr><td rowspan="2">线</td><td rowspan="2">90～110</td><td rowspan="2">1.13～1.23</td><td rowspan="2">40～60</td><td>粗特</td><td>1.00～1.20</td></tr>
<tr><td>中特及以上</td><td>0.96～1.16</td></tr>
<tr><td rowspan="2">直　贡</td><td>纱</td><td>65～80</td><td>1.08～1.23</td><td>45～55</td><td colspan="2">0.93～1.03</td></tr>
<tr><td>线</td><td>65～80</td><td>0.98～1.13</td><td>45～55</td><td colspan="2">0.93～1.03</td></tr>
<tr><td colspan="2">横　贡</td><td>44～52</td><td>1.02～1.10</td><td>70～77</td><td colspan="2">1.18～1.25</td></tr>
</table>

注 1：紧度在表定紧度范围内时，K 值按比例增减；小于表定紧度范围时，则按比例减小。如大于表定紧度范围时，则按最大的 K 值计算。

注 2：表内未规定的股线，按相应单纱线密度取 K 值(例如 14×2 按 28 tex 取 K 值)。

注 3：麻纱按照平布，绒布坯根据其织物组织取 K 值。

注 4：纱线按粗细程度分为特细、细特、中特、粗特四档：特细：10 tex 以下(60ˢ 以上)；细特：10 tex～20 tex(60ˢ～29ˢ)；中特：21 tex～29 tex(28ˢ～20ˢ)　粗特：32 tex 及以上(18ˢ 及以下)。

附 录 B
(规范性附录)
各类布面疵点的具体内容

B.1 经向明显疵点

竹节、粗经、错线密度、综穿错、筘路、筘穿错、多股经、双经、并线松紧、松经、紧经、吊经、经缩波纹、断经、断疵、沉纱、星跳、跳纱、棉球、结头、边撑疵、拖纱、修正不良、错纤维、油渍、油经、锈经、锈渍、不褪色色经、不褪色色渍、水渍、污渍、浆斑、布开花、油花纱、猫耳朵、凹边、烂边、花经、长条影、极光、针路、磨痕、绞边不良。

B.2 纬向明显疵点

错纬(包括粗、细、紧、松)、条干不匀、脱纬、双纬、纬缩、毛边、云织、杂物织入、花纬、油纬、锈纬、不褪色色纬、煤灰纱、百脚、开车经缩(印)。

B.3 横档

拆痕、稀纬、密路。

B.4 严重疵点

破洞、豁边、跳花、稀弄、经缩浪纹(三楞起算)、并列3根吊经、松经(包括隔开1根～2根好纱的)、不对接轧梭、1cm及以上烂边、金属杂物织入、影响组织的浆斑、霉斑、损伤布底的修正不良、经向8cm内整幅中满10个结头或边撑疵。

B.5 经向疵点及纬向疵点中,有些疵点是这两类共同性的,如竹节、跳纱等,在分类中只列入经向疵点一类,如在纬向出现时,应按纬向疵点评分。

B.6 如在布面上出现上述未包括的疵点,按相似疵点评分。

附　录　C
（规范性附录）
疵点名称的说明

C.1　竹节：纱线上短片段的粗节。

C.2　粗经：直经偏粗长 5 cm 及以上的经纱织入布内。

C.3　错线密度：线密度用错工艺标准。

C.4　综穿错：没有按工艺要求穿综，而造成布面组织错乱。

C.5　筘路：织物经向呈现条状稀密不匀。

C.6　筘穿错：没有按工艺要求穿筘，造成布面上经纱排列不匀。

C.7　多股经：两根以上单纱合股者。

C.8　双经：单纱（线）织物中有两根经纱并列织入。

C.9　并线松紧：单纱加捻为股线时张力不匀。

C.10　松经：部分经纱张力松弛织入布内。

C.11　紧经：部分经纱捻度过大。

C.12　吊经：部分经纱在织物中张力过大。

C.13　经缩波纹：部分经纱受意外张力后松弛，使织物表面呈波纹状起伏不平。

C.14　断经：织物内经纱断缺。

C.15　断疵：经纱断头纱尾织入布内。

C.16　沉纱：由于提综不良，造成经纱浮在布面。

C.17　星跳：1 根经纱或纬纱跳过 2 根～4 根形成星点状的。

C.18　跳纱：1 根～2 根经纱或纬纱跳过 5 根及以上的。

C.19　棉球：纱线上的纤维呈球状。

C.20　结头：影响后工序质量的结头。

C.21　边撑疵：边撑或刺毛辊使织物中纱线起毛或轧断。

C.22　拖纱：拖在布面或布边上的未剪去纱头。

C.23　修正不良：布面被刮起毛，起皱不平，经、纬纱交叉不匀或只修不整。

C.24　错纤维：异纤维纱线织入。

C.25　油渍：织物沾油后留下的痕迹。

C.26　油经：经纱沾油后留下的痕迹。

C.27　锈经：被锈渍沾污的经纱痕迹。

C.28　锈渍：织物沾锈后留下的痕迹。

C.29　不褪色色经：被沾污而洗不清的有色经纱。

C.30　不褪色色渍：被沾污洗不清的污渍。

C.31　水渍：织物沾水后留下的痕迹。

C.32　污渍：织物沾污后留下的痕迹。

C.33　浆斑：浆块附着布面影响织物组织。

C.34　布开花：异纤维或色纤维混入纱线中织入布内。

C.35　油花纱：在纺纱过程中沾污油渍的纤维附入纱线。

C.36　猫耳朵：凸出布边 0.5 cm 及以上。

C.37　凹边：凹进布面 0.5 cm 及以上。

C.38　烂边：边组织内单断纬纱，一处断 3 根及以上的。

C.39　花经：由于配棉成分变化，使布面色泽不同。

C.40　长条影：由于不同批次纱的混入或其他因素，造成布面经向间隔的条痕。

C.41　极光：由于机械造成布面摩擦而留下的痕迹。

C.42　针路：由于点啄式断纬自停装置不良，造成经向密集的针痕。

C.43　磨痕：布面经向形成一直条的痕迹。

C.44　绞边不良：因绞边装置不良或绞边纱张力不匀，造成2根及以上绞边纱不交织或交织不良。

C.45　错纬：直径偏粗、偏细长5cm及以上的纬纱、紧捻、松捻纱织入布内。

C.46　条干不匀：指叠起来看前后都能与正常纱线明显划分得开的较差的纬纱条干。

C.47　脱纬：一梭口内有3根及以上的纬纱织入布内（包括连续双纬和长5cm及以上的纬缩）。

C.48　双纬：单纬织物一梭口内有两根纬纱织入布内。

C.49　纬缩：纬纱扭结织入布内或起圈现于布面（包括经纱起圈及松纬缩三楞起算）。

C.50　毛边：由于边剪作用不良或其他原因，使纬纱不正常被带入织物内（包括距边5cm以下的双纬和脱纬）。

C.51　云织：纬纱密度稀密相间呈规律性的段稀段密。

C.52　杂物：飞花、回丝、油花、皮质、木质、金属（包括瓷器）等杂物织入。

C.53　花纬：由于配棉成分或陈旧的纬纱，使布面色泽不同，且有1个～2个分界线。

C.54　油纬：纬纱沾油或被污染。

C.55　锈纬：被锈渍沾污的纬纱痕迹。

C.56　不褪色色纬：被沾污而洗不净的有色纬纱。

C.57　煤灰纱：被空气中煤灰污染的纱（单层检验为准，对深色油卡）。

C.58　百脚：斜纹或缎纹织物一个完全组织内缺1根～2根纬纱（包括多头百脚）。

C.59　开车经缩（印）：开车时部分经纱受意外张力后松弛，使织物表面呈现块状或条状的起伏不平开车痕迹。

C.60　拆痕：拆布后布面上留下的起毛痕迹和布面揩浆抹水。

C.61　稀纬：经向1 cm内少2根纬纱（横贡织物稀纬少2根作1根计）。

C.62　密路：经向0.5 cm内纬密多25%以上（纬纱紧度40%以下多20%及以上的）。

C.63　破洞：3根及以上经纬纱共断或单断经、纬纱（包括隔开1根～2根好纱的），经纬纱起圈高出布面0.3 cm，反面形似破洞。

C.64　豁边：边组织内3根及以上经、纬纱共断或单断经纱（包括隔开1根～2根好纱）。双边纱2根作1根计，3根及以上的有1根算1根。

C.65　跳花：3根及以上的经、纬纱相互脱离组织，包括隔开一个完全组织。

C.66　稀弄：纬密少于工艺标准较大，呈“弄”现象。

C.67　不对接轧梭：轧梭后的经纱未经对接。

C.68　霉斑：受潮后布面出现霉点（斑）。

附　录　D
（资料性附录）
用于快速测定织物断裂强力的修正

D.1　在常规试验及工厂内部质量控制检验时，可用在普通大气条件下进行快速试验，然后按标准温度和回潮率的办法进行换算修正，但检验地点的温湿度应保持稳定。

D.2　断裂强力修正见式(D.1)：

修正后的断裂强力(N) ＝ 实测断裂强力(N)×强力修正系数　　…………（D.1）

D.3　棉本色布断裂强力的修正系数按 FZ/T 10013.2 执行。

附 录 E
（资料性附录）
检 验 规 定

E.1 常规试验及内部品质控制检验

在常规试验及工厂内部品质控制检验时，可在普通大气条件下进行快速试验。

E.2 分批规定

E.2.1 以同一品种整理车间的一班或一昼夜三班的生产入库数量为一批，以一昼夜三班为一批的，如逢单班时，则并入邻近一批计算；两班生产的，则以两班为一批。

E.2.2 如一昼夜三班入库数量不满300匹时，可累计满300匹为一批，但一周累计仍不满300匹时，则应以每周为一批（品种翻改时不受此限）。

E.2.3 分批定时经确定，不得在取样后加以变更。

E.3 分批检验、按批评等的项目

棉布物理指标、棉结杂质和棉结分批检验、按批评等。

E.4 评等依据

物理指标、棉结杂质和棉结检验以一次检验结果为评等依据。

E.5 筘号或纬密牙轮用错的处理

经、纬密度因个别机台的筘号或纬密牙轮用错，造成经、纬密度不符合规格的，该个别机台所生产的布匹，如确能划分清楚的，可将这部分布匹剔除出来作降等处理，但该批布仍应重新取样检验定等。如划不清楚并超过允许公差范围的，应全批降等。

E.6 检验周期

物理指标、棉结杂质每批检验一次，质量稳定时，也可延长检验周期，但每周至少检验一次。如遇原料及工艺变动较大或物理指标及棉结杂质降等时，应立即进行逐批检验，直至连续三批合格后，方可恢复原定检验周期。

E.7 取样数量

检验布样在每批棉本色布经整理后、成包前的布匹中随机取样，取样数量不少于总匹数的0.5%，最少不得少于3匹。

E.8 检验方法

E.8.1 棉布长度检验

采取折叠好的布匹，每1折为1 m，先量折幅，然后数折数，并用钢板尺测量其余不足1 m的实际长度，精确至0.01 m（以检验者指定的一边为准），不足0.01 m的不计。

棉布长度按式(E.1)计算：

$$L = l_1 \times a + l_2 \qquad \text{(E.1)}$$

式中：

L——每段棉布的匹长或段长，单位为米(m)；

l_1——实际折幅长度，单位为米(m)；

a——折数；

l_2——不足 1 m 的实际长度，单位为米(m)。

折幅长度的测量应将布平摊在平台上进行，用钢板尺在距布的头尾各 5 m 范围内，均匀地测量 5 个折幅(联匹布加倍)的上下两页(距边 5 cm～10 cm)，以测得的 10 个数字的算术平均值，作为该匹布的实际折幅长度，测量精确至 0.1 cm，平均数字计算精确至 0.01 cm，按 GB/T 8170 修约为 0.1 cm。

E.8.2 棉布幅宽检验

棉布幅宽检验应按匹检验，采用折叠好的布匹，将布平摊在平台上，用钢板尺均匀测量 5 处，但距布的头尾不小于 2 m，并以测得数字的算术平均值作为该匹布的幅宽平均数，计算精确至 0.01 cm，按 GB/T 8170 修约为 0.1 cm 。

E.8.3 棉布密度检验

棉布密度检验应按批检验，检验密度一般用移动式织物密度镜在布匹(距布的头尾不少于 5 m)的中间部位进行。当织物密度在 100 根以下时应检验 10 cm 内的经纱或纬纱根数。织物密度在 100 根及以上时可检验 5 cm 内的经纱或纬纱根数，将结果乘 2 即得所测织物密度。检验经密应在每匹的全幅上同一纬向不同位置检验 5 处(其中 2 处应在距离布边 3 cm 处)，检验纬密应在每匹不同的 5 个位置。幅宽在 110 cm 及以下的棉布可每匹查经密 3 处、纬密 4 处，然后分别求出算术平均值。点数经纱或纬纱根数时，须精确至 0.5 根，经纬密的点数起讫点均以 2 根纱线间空隙的中间为标准，终点位于最后 1 根纱线上，不足 0.25 根的不计，0.25 根～0.75 根作 0.5 根计，0.75 根以上作 1 根计。密度计算精确至 0.01 根，然后按 GB/T 8170 修约为 0.1 根。在测定经密时，应同时在该处测定布幅，记录数字精确至 0.1 cm。

E.9 长度、幅宽、经纬向密度的成包要求

长度、幅宽、经纬向密度应保证成包后符合标准规定。

参 考 文 献

[1] GB/T 398 棉本色纱线

ICS 59.080.20
W 12

中华人民共和国国家标准

GB/T 5324—2009
代替 GB/T 5324—1997

精梳涤棉混纺本色纱线

Combed polyester/cotton blended grey yarn

2009-04-21 发布　　2009-12-01 实施

中华人民共和国国家质量监督检验检疫总局
中国国家标准化管理委员会　发布

前　言

本标准代替 GB/T 5324—1997《精梳涤棉混纺本色纱线》。本标准在技术内容和要求等方面参照采用 2007 年乌斯特统计公报制定。

本标准与 GB/T 5324—1997 比较主要变化如下：

——产品分类、标识内容单列一章；

——取消顺降指标考核，按检测项目中最低一项品等评定；

——将纤维含量偏差列入考核指标；

——股线指标取消条干均匀度变异系数考核，增加十万米纱疵优等品考核；

——增加附录 A“精梳涤棉混纺本色纱线百米重量的计算”；

——要求中的部分指标适当提高。

本标准的附录 A、附录 C 为规范性附录，附录 B 为资料性附录。

本标准由中国纺织工业协会提出。

本标准由全国纺织品标准化技术委员会棉纺织印染分技术委员会(SAC/TC 209/SC 2)归口。

本标准起草单位：上海市纺织工业技术监督所。

本标准起草人：邵天乐、王憬义。

本标准所代替标准的历次版本发布情况为：

——GB/T 5324—1985、GB/T 5324—1989、GB/T 5324—1997。

精梳涤棉混纺本色纱线

1 范围

本标准规定了涤纶(棉型短纤维)与棉混纺,涤纶混用比例在50%及以上的精梳涤棉混纺本色纱线产品分类、标识、要求、试验方法、检验规则和标志、包装。

本标准适用于鉴定环锭机制精梳涤棉混纺本色纱线(包括机织用纱和针织用纱)的品质。

本标准不适用于鉴定特种用途的精梳涤棉混纺本色纱线的品质。

2 规范性引用文件

下列文件中的条款通过本标准的引用而成为本标准的条款,凡是注日期的引用文件,其随后所有的修改单(不包括勘误的内容)或修订版均不适用于本标准,然而,鼓励根据本标准达成协议的各方研究是否可使用这些文件的最新版本。凡是不注日期的引用文件,其最新版本适用于本标准。

GB/T 398—2008 棉本色纱线

GB/T 2543.1 纺织品 纱线捻度的测定 第1部分:直接计数法

GB/T 2543.2 纺织品 纱线捻度的测定 第2部分:退捻加捻法

GB/T 2910 纺织品 二组分纤维混纺产品定量化学分析方法

GB/T 3292.1 纺织品 纱线条干不匀试验方法 第1部分:电容法

GB/T 3916 纺织品 卷装纱 单根纱线断裂强力和断裂伸长率的测定

GB/T 4743 纱线线密度的测定 绞纱法

GB/T 9996.2 棉及化纤纯纺、混纺纱线外观质量黑板检验方法 第2部分:分别评定法

FZ/T 01050 纺织品 纱线疵点的分级与检验方法 电容式

FZ/T 10007 棉及化纤纯纺、混纺本色纱线检验规则

FZ/T 10008 棉及化纤纯纺、混纺本色纱线标志与包装

FZ/T 10013.1 温度与回潮率对棉及化纤纯纺、混纺制品断裂强力的修正方法 本色纱线及染色加工线断裂强力的修正方法

3 产品分类、标识

3.1 精梳涤棉混纺本色纱线分类

3.1.1 精梳涤棉混纺本色纱线的线密度(tex)以1 000 m纱线在公定回潮率时的重量(g)表示,其公称线密度的100 m标准重量应按附录A计算确定。

3.1.2 精梳涤棉混纺本色纱线以不同涤棉混纺比和线密度分类。

3.2 精梳涤棉混纺本色纱线标识

混纺比以涤纶的含量/棉的含量表示,线密度用特克斯(tex)制。

示例:精梳涤棉混纺本色纱线密度为13 tex,含量为涤纶65%,棉35%,应写为JT/C 65/35 13 tex。

3.3 精梳涤棉混纺本色纱线的线密度规定

单纱和股线的最后成品设计线密度应与其公称线密度相符。纺股线用的单纱设计线密度应保证股线的设计线密度与公称线密度相等。

4 要求

4.1 精梳涤棉混纺本色纱(涤纶含量在60%及以上)的技术要求见表1。

表 1　精梳涤棉混纺本色纱(涤纶含量在60%及以上)的技术要求

公称线密度/tex(英制支数)	等别	单纱断裂强力变异系数/% ≤	百米重量变异系数/% ≤	单纱断裂强度/(cN/tex) ≥	百米重量偏差/%	条干均匀度		黑板棉结粒数/(粒/g) ≤	十万米纱疵/(个/10^5 m) ≤	纤维含量偏差/%
						黑板条干均匀度10块板比例(优：一：二：三)不低于	条干均匀度变异系数/% ≤			
6～6.5(100～85)	优	15.0	2.0	18.5	±2.0	7：3：0：0	18.5	15	10	±1.5
	一	18.0	3.0	16.5	±2.5	0：7：3：0	20.5	25	25	
	二	21.0	4.0	13.5	±3.0	0：0：7：3	22.0	35	—	
7～7.5(84～74)	优	14.5	2.0	18.5	±2.0	7：3：0：0	17.0	15	10	±1.5
	一	17.5	3.0	16.5	±2.5	0：7：3：0	19.0	25	25	
	二	20.5	4.0	13.5	±3.0	0：0：7：3	20.5	35	—	
8～10(73～55)	优	14.0	2.0	19.0	±2.0	7：3：0：0	15.5	12	10	±1.5
	一	17.0	3.0	17.0	±2.5	0：7：3：0	17.5	22	25	
	二	20.0	4.0	14.0	±3.0	0：0：7：3	19.0	32	—	
11～13(54～45)	优	12.5	2.0	19.5	±2.0	7：3：0：0	15.0	12	10	±1.5
	一	15.5	3.0	17.5	±2.5	0：7：3：0	17.0	22	25	
	二	18.5	4.0	14.5	±3.0	0：0：7：3	18.5	32	—	
14～16(44～36)	优	11.5	2.0	20.0	±2.0	7：3：0：0	13.5	12	10	±1.5
	一	14.5	3.0	18.0	±2.5	0：7：3：0	15.5	22	25	
	二	17.5	4.0	15.0	±3.0	0：0：7：3	17.0	32	—	
17～20(35～29)	优	10.5	2.0	20.5	±2.0	7：3：0：0	12.5	10	10	±1.5
	一	13.5	3.0	18.5	±2.5	0：7：3：0	14.5	20	25	
	二	16.5	4.0	15.5	±3.0	0：0：7：3	16.0	30	—	
21～24(28～24)	优	9.5	2.0	21.0	±2.0	7：3：0：0	11.5	10	10	±1.5
	一	12.5	3.0	19.0	±2.5	0：7：3：0	13.5	20	25	
	二	15.5	4.0	16.0	±3.0	0：0：7：3	15.0	30	—	
25～30(23～19)	优	8.5	2.0	21.5	±2.0	7：3：0：0	11.0	10	10	±1.5
	一	11.5	3.0	19.5	±2.5	0：7：3：0	13.0	20	25	
	二	14.5	4.0	16.5	±3.0	0：0：7：3	14.5	30	—	
32及以上(18及以下)	优	7.5	2.0	22.0	±2.0	7：3：0：0	10.5	8	10	±1.5
	一	10.5	3.0	20.0	±2.5	0：7：3：0	12.5	18	25	
	二	13.5	4.0	17.0	±3.0	0：0：7：3	14.0	28	—	

4.2 精梳涤棉混纺本色线(涤纶含量在60%及以上)的技术要求见表2。

表2 精梳涤棉混纺本色线(涤纶含量在60%及以上)的技术要求

公称线密度/tex(英制支数)	等别	单线断裂强力变异系数/% ≤	百米重量变异系数/% ≤	单线断裂强度/(cN/tex) ≥	百米重量偏差/%	十万米纱疵/(个/10^5 m) ≤	黑板棉结粒数/(粒/g) ≤	纤维含量偏差/%
6×2～7.5×2(100/2～74/2)	优	10.0	2.0	22.5	±2.0	10	8	±1.5
	一	12.0	3.0	20.5	±2.5	—	15	
	二	14.0	4.0	17.5	±3.0	—	25	
8×2～10×2(73/2～55/2)	优	9.5	2.0	23.0	±2.0	10	8	±1.5
	一	11.5	3.0	21.0	±2.5	—	15	
	二	13.5	4.0	18.0	±3.0	—	25	
11×2～13×2(54/2～45/2)	优	8.5	2.0	23.5	±2.0	10	6	±1.5
	一	10.5	3.0	21.5	±2.5	—	12	
	二	12.5	4.0	18.5	±3.0	—	20	
14×2～16×2(44/2～36/2)	优	8.0	2.0	24.0	±2.0	10	6	±1.5
	一	10.0	3.0	22.0	±2.5	—	12	
	二	12.0	4.0	19.0	±3.0	—	20	
17×2～20×2(35/2～29/2)	优	7.5	2.0	24.5	±2.0	10	6	±1.5
	一	9.5	3.0	22.5	±2.5	—	12	
	二	11.5	4.0	19.5	±3.0	—	20	
21×2～24×2(28/2～24/2)	优	7.0	2.0	25.0	±2.0	10	5	±1.5
	一	9.0	3.0	23.0	±2.5	—	10	
	二	11.0	4.0	20.0	±3.0	—	18	
25×2～30×2(23/2～19/2)	优	6.5	2.0	25.5	±2.0	10	5	±1.5
	一	8.5	3.0	23.5	±2.5	—	10	
	二	10.5	4.0	20.5	±3.0	—	18	
32×2及以上(18/2及以下)	优	6.0	2.0	26.0	±2.0	10	5	±1.5
	一	8.0	3.0	24.0	±2.5	—	10	
	二	10.0	4.0	21.0	±3.0	—	18	

4.3 精梳涤棉混纺本色纱(涤纶含量在60%以下～50%)的技术要求见表3。

表 3　精梳涤棉混纺本色纱(涤纶含量在60%以下～50%)的技术要求

公称线密度/tex(英制支数)	等别	单纱断裂强力变异系数/% ≤	百米重量变异系数/% ≤	单纱断裂强度/(cN/tex) ≥	百米重量偏差/%	条干均匀度		黑板棉结粒数/(粒/g) ≤	十万米纱疵/(个/10^5 m) ≤	纤维含量偏差/%
						黑板条干均匀度10块板比例(优：一：二：三)不低于	条干均匀度变异系数/% ≤			
6～6.5(100～85)	优	15.0	2.0	18.0	±2.0	7：3：0：0	18.5	17	10	±1.5
	一	18.0	3.0	16.0	±2.5	0：7：3：0	20.5	30	25	
	二	21.0	4.0	13.0	±3.0	0：0：7：3	22.0	45	—	
7～7.5(84～74)	优	14.5	2.0	18.0	±2.0	7：3：0：0	17.0	17	10	±1.5
	一	17.5	3.0	16.0	±2.5	0：7：3：0	19.0	30	25	
	二	20.5	4.0	13.0	±3.0	0：0：7：3	20.5	45	—	
8～10(73～55)	优	14.0	2.0	18.5	±2.0	7：3：0：0	15.5	15	10	±1.5
	一	17.0	3.0	16.5	±2.5	0：7：3：0	17.5	25	25	
	二	20.0	4.0	13.5	±3.0	0：0：7：3	19.0	40	—	
11～13(54～45)	优	12.5	2.0	19.0	±2.0	7：3：0：0	15.0	15	10	±1.5
	一	15.5	3.0	17.0	±2.5	0：7：3：0	17.0	25	25	
	二	18.5	4.0	14.0	±3.0	0：0：7：3	18.5	40	—	
14～16(44～36)	优	11.5	2.0	19.5	±2.0	7：3：0：0	13.5	15	10	±1.5
	一	14.5	3.0	17.5	±2.5	0：7：3：0	15.5	25	25	
	二	17.5	4.0	14.5	±3.0	0：0：7：3	17.0	40	—	
17～20(35～29)	优	10.5	2.0	20.0	±2.0	7：3：0：0	12.5	12	10	±1.5
	一	13.5	3.0	18.0	±2.5	0：7：3：0	14.5	22	25	
	二	16.5	4.0	15.0	±3.0	0：0：7：3	16.0	35	—	
21～24(28～24)	优	9.5	2.0	20.0	±2.0	7：3：0：0	11.5	12	10	±1.5
	一	12.5	3.0	18.0	±2.5	0：7：3：0	13.5	22	25	
	二	15.5	4.0	15.0	±3.0	0：0：7：3	15.0	35	—	
25～30(23～19)	优	8.5	2.0	20.5	±2.0	7：3：0：0	11.0	12	10	±1.5
	一	11.5	3.0	18.5	±2.5	0：7：3：0	13.0	22	25	
	二	14.5	4.0	15.5	±3.0	0：0：7：3	14.5	35	—	
32及以上(18及以下)	优	7.5	2.0	21.0	±2.0	7：3：0：0	10.5	12	10	±1.5
	一	10.5	3.0	19.0	±2.5	0：7：3：0	12.5	22	25	
	二	13.5	4.0	16.0	±3.0	0：0：7：3	14.0	35	—	

4.4 精梳涤棉混纺本色线(涤纶含量在60%以下～50%)的技术要求见表4。

表4 精梳涤棉混纺本色线(涤纶含量在60%以下～50%)的技术要求

公称线密度/tex(英制支数)	等别	单线断裂强力变异系数/% ≤	百米重量变异系数/% ≤	单线断裂强度/(cN/tex) ≥	百米重量偏差/%	十万米纱疵/(个/10^5 m) ≤	黑板棉结粒数/(粒/g) ≤	纤维含量偏差/%
6×2～7.5×2 (100/2～74/2)	优	10.0	2.0	21.5	±2.0	10	10	±1.5
	一	12.0	3.0	19.5	±2.5	—	18	
	二	14.0	4.0	16.5	±3.0	—	25	
8×2～10×2 (73/2～55/2)	优	9.5	2.0	22.0	±2.0	10	10	±1.5
	一	11.5	3.0	20.0	±2.5	—	18	
	二	13.5	4.0	17.0	±3.0	—	25	
11×2～13×2 (54/2～45/2)	优	8.5	2.0	22.5	±2.0	10	10	±1.5
	一	10.5	3.0	20.5	±2.5	—	18	
	二	12.5	4.0	17.5	±3.0	—	25	
14×2～16×2 (44/2～36/2)	优	8.0	2.0	23.0	±2.0	10	10	±1.5
	一	10.0	3.0	21.0	±2.5	—	18	
	二	12.0	4.0	18.0	±3.0	—	25	
17×2～20×2 (35/2～29/2)	优	7.5	2.0	23.5	±2.0	10	8	±1.5
	一	9.5	3.0	21.5	±2.5	—	12	
	二	11.5	4.0	18.5	±3.0	—	20	
21×2～24×2 (28/2～24/2)	优	7.0	2.0	24.0	±2.0	10	8	±1.5
	一	9.0	3.0	22.0	±2.5	—	12	
	二	11.0	4.0	19.0	±3.0	—	20	
25×2～30×2 (23/2～19/2)	优	6.5	2.0	24.5	±2.0	10	8	±1.5
	一	8.5	3.0	22.5	±2.5	—	12	
	二	10.5	4.0	19.5	±3.0	—	20	
32×2及以上 (18/2及以下)	优	6.0	2.0	25.0	±2.0	10	8	±1.5
	一	8.0	3.0	23.0	±2.5	—	12	
	二	10.0	4.0	20.0	±3.0	—	20	

4.5 分等规定

4.5.1 纱线规定以同品种一昼夜的生产量为一批，按规定的试验周期和各项试验方法进行试验，并按其结果评定纱线的品等。

4.5.2 纱线的品等分为优等、一等、二等，低于二等指标者作三等。

4.5.3 单纱以单纱断裂强力变异系数、百米重量变异系数、单纱断裂强度、百米重量偏差、条干均匀度、黑板棉结粒数、十万米纱疵、纤维含量偏差八项中最低的一项品等评定。

4.5.4 股线以单线断裂强力变异系数、百米重量变异系数、单线断裂强度、百米重量偏差、黑板棉结粒数、纤维含量偏差六项中最低的一项品等评定。优等品增加十万米纱疵考核。

4.5.5 检验单纱条干均匀度可以选用黑板条干均匀度或条干均匀度变异系数两者中的任何一种。但一经确定，不得任意变更。发生质量争议时，以条干均匀度变异系数为准。

4.6 纱线重量偏差月度累计，应按产量进行加权平均，全月生产在15批以上的品种，应控制在±0.5%及以内。

5 试验方法

5.1 试验条件

5.1.1 各项试验应在各方法标准规定的标准条件下进行。

5.1.2 如生产需要，要求迅速检验产品的质量，可采用快速试验方法，该试验可以在接近车间温湿度条件下进行。但试验地点的温湿度应保持稳定，并不得故意偏离标准条件。

5.2 试验周期

一般为两天试验一次，以一次试验为准，作为该周期内纱线的分等依据。但周期一经确定，不得任意变更，十万米纱疵、纤维含量试验周期可适当延长，但不得超过两周，捻度试验参见附录B。

5.3 试样

纱线的黑板条干均匀度、黑板棉结粒数、十万米纱疵的检验皆采用筒子纱(直接纬纱用管纱)，其他各项指标的试验均采用管纱。用户对产品质量有异议时，以成品质量检验为准。

5.4 百米重量变异系数和百米重量偏差的试验方法

5.4.1 百米重量变异系数和百米重量偏差试验方法按照GB/T 4743执行，其中百米重量变异系数采用方法1，线密度采用方法3。百米重量偏差的计算见式(1)：

$$D=\frac{m-m_{\mathrm{d}}}{m_{\mathrm{d}}}\times 100 \qquad \cdots\cdots(1)$$

式中：

D——百米重量偏差，%；

m——试样实际干燥重量，单位为克(g)；

m_{d}——试样设计干燥重量，单位为克(g)。

5.4.2 百米重量变异系数、百米重量偏差的取样数和试验次数按GB/T 398—2008中5.3.2执行。

5.5 单纱线断裂强度及单纱线断裂强力变异系数的试验方法

5.5.1 按GB/T 3916执行，单纱线断裂强度如不在标准大气条件下进行试验，其测试强力应按FZ/T 10013.1进行修正，修正系数见附录C。

5.5.2 修正单纱线断裂强力的回潮率可采用百米重量偏差试验的同一份回潮率数据，核算修正强力。但如两种试验不在同一条件下测试时，修正单纱线断裂强力回潮率应另行测试，修正单纱线断裂强力回潮率试样重量不少于50 g。

5.5.3 单纱线断裂强度及单纱线断裂强力变异系数取样数和试验次数可按GB/T 398—2008中5.4.1规定执行。

5.6 黑板条干均匀度试验方法、黑板棉结粒数的试验方法

按照GB/T 9996.2规定执行，精梳涤棉混纺本色纱用黑板条干均匀度标准样照编号见表5。

表5 黑板条干均匀度标准样照编号

纱的线密度/tex(英制支数)	标准样照编号	标准样照等别
6～10(100～55)	600	优等
	601	一等
11～20(54～29)	610	优等
	611	一等
21及以上(28及以下)	620	优等
	621	一等

5.7 条干均匀度变异系数的试验方法

按 GB/T 3292.1 执行。

5.8 十万米纱疵($A_3+B_3+C_3+D_2$)的试验方法

按 FZ/T 01050 执行。

5.9 涤棉纤维含量试验方法

按 GB/T 2910 执行,纤维含量结果以净干百分比表示。

5.10 纱线成包净重量

5.10.1 在确定纱线公定回潮率的重量时,应进行回潮率试验,然后计算公定回潮率时的重量。测试回潮率的仪器,管纱线和绞纱线用电热烘箱;筒子纱线可用电热烘箱,也可用筒子测湿仪,有争议时,以电热烘箱为准。

5.10.2 管纱线或筒子纱线的取样,每批量在 2 t 及以下,每 0.2 t 取样一个,但不得少于六个,批量在 2 t以上,其超过 2 t 的部分,每 0.5 t 取一个,取样应随机均匀,并注意生产班次的代表性。管纱线或筒子纱线采用烘箱试验方法时(筒子纱线应采取距边纱层厚度的 6 mm 以上处),可采用间接称重法或直接称重法。

5.10.2.1 间接称重法:采样前将管纱线或筒子纱线称重,然后摇取试样,采样后再将管纱线或筒子纱线称重,两次称重的差数即为试样烘前重量。然后将试样放入烘箱中烘干,称重,再计算回潮率。

5.10.2.2 直接称重法:先将筒子纱外层去除 6 mm 以上,然后剥取内层纱线(总重量不少于 150 g)将其称重,作为试样烘前重量。然后放入烘箱中,烘干称重,再计算回潮率。

5.10.3 绞纱线的取样,每批量在 2 t 及以下的,取样总重量不少于 75 g,2 t 以上取样总重量不少于 150 g。

5.10.4 烘箱法测试回潮率按照 GB/T 4743 执行。

5.10.5 筒子纱线采用测湿仪试验时,应按筒子纱线测湿仪试验方法进行,在取得筒子试样后,立即进行测试以避免回潮率变化。每月至少一次应以烘箱测试法核对回潮率的测试结果,并根据核对的数据,核正修正系数。

5.10.6 在成包过程中,如因温湿度升降而影响回潮率变化时,可按温湿度情况,分阶段进行回潮率试验,根据不同阶段的试验回潮率,分别计算不同阶段的成包公定重量,不得混淆。

5.10.7 根据实际回潮率,按式(2)计算纱线在公定回潮率时的重量。

$$m_K = m \times \frac{1+W}{1+W_1} \qquad \cdots\cdots(2)$$

式中:

m_K——纱线在公定回潮率时的重量,单位为千克(kg);

m——取样时该批纱线实际重量,单位为千克(kg);

W——公定回潮率,%;

W_1——该批纱线试样的实际回潮率,%。

5.11 试验结果的表示

一批纱线的各种试验结果是由该种试验的全部试验值的计算结果表示,各种试验结果的计算精确度,除已规定者外,按表 6 规定。

表 6 计算值的数值修约规定

项　目	小数点后有效位数
单纱线断裂强度/(cN/tex)	1
单纱线强力变异系数(CV)/%	1
百米重量变异系数(CV)/%	1

表 6（续）

项　　目	小数点后有效位数
条干均匀度变异系数(CV)/%	1
黑板条干均匀度/块	整数
黑板棉结粒数/(粒/g)	整数
十万米纱疵/(个/10^5 m)	整数
百米重量偏差/%	1
纤维含量偏差/%	1
百米重量(每批平均)/(g/100 m)	3
平均线密度/tex	1
修正强力用回潮率/%	1
折算重量用回潮率/%	2
捻系数	整数
线密度开方	2

6　检验规则

按照 FZ/T 10007 规定执行。

7　标志、包装

按照 FZ/T 10008 执行。

8　其他

用户有特殊要求者，供需双方可另定协议。

附 录 A
（规范性附录）
精梳涤棉混纺本色纱线百米重量的计算

A.1 精梳涤棉混纺本色纱线的公定回潮率按干重混纺比例，以涤纶公定回潮率0.4%和棉公定回潮率8.5%，按式(A.1)加权平均计算，计算结果修约至小数点后一位。

$$W=\frac{W_T\times P_T+W_C\times P_C}{100} \qquad \text{(A.1)}$$

式中：

W——精梳涤棉混纺本色纱线公定回潮率，%；

W_T——涤纶公定回潮率，%；

W_C——棉公定回潮率，%；

P_T——涤纶含量比例，%；

P_C——棉含量比例，%。

A.2 100 m纱线在公定回潮率时的标准重量(g)按式(A.2)计算，计算结果修约至小数点后三位。

$$m_g=\frac{T_t}{10} \qquad \text{(A.2)}$$

式中：

m_g——100 m纱线在公定回潮率时的标准重量，单位为克每百米(g/100 m)；

T_t——纱线线密度，单位为特克斯(tex)。

A.3 100 m纱线的标准干燥重量(g)按式(A.3)计算，计算结果修约到小数点后三位。

$$m_d=\frac{T_t}{10}\times\frac{100}{100+W} \qquad \text{(A.3)}$$

式中：

m_d——100 m纱线的标准干燥重量，单位为克每百米(g/100 m)；

T_t——纱线线密度，单位为特克斯(tex)；

W——公定回潮率，%。

附 录 B
（资料性附录）
纱线捻度试验的建议

B.1 纱线捻度试验的取样

各品种各机台每月至少轮试一次，试样应在各机台上均匀、随机拔取，每台不少于2个管纱，但不得在同一锭带上拔取，每管测试2次，总数不少于40次。如捻度齿轮调换或其他机械和工艺上的调整影响捻度时，都应随时试验。

B.2 纱线实际捻系数建议值

实际捻系数控制范围建议为不低于经纱320，纬纱300，针织用纱300，股线350。有特殊要求另订协议。捻度试验方法按GB/T 2543.1和GB/T 2543.2规定执行。

B.3 纱线定捻缩率

精梳涤棉混纺本色纱线的定捻缩率，应每月至少试验一次，每次试验间隔日期力求均匀。原料工艺及定捻工艺改变时应及时增加试验次数，试验时试样应从定捻前后同一成品种采取，按式(B.1)计算纱线定捻缩率。

$$T=\frac{m_{dA}-m_{dB}}{m_{dA}}\times 100 \qquad \cdots\cdots\cdots\cdots(\text{B.1})$$

式中：

T——定捻缩率，%；

m_{dA}——定捻后试样干重，单位为克每百米(g/100 m)；

m_{dB}——定捻前试样干重，单位为克每百米(g/100 m)。

附 录 C
（规范性附录）
温度与回潮率对纱线断裂强力的修正系数值

C.1 涤棉(65/35)本色单纱断裂强力的温度和回潮率修正系数见表C.1。

表 C.1 涤棉(65/35)本色单纱断裂强力的温度和回潮率修正系数

温度/℃	回潮率/%													
	1.5	1.6	1.7	1.8	1.9	2.0	2.1	2.2	2.3	2.4	2.5	2.6	2.7	2.8
5	1.078	1.069	1.060	1.052	1.044	1.036	1.029	1.022	1.015	1.008	1.002	0.996	0.990	0.984
6	1.081	1.072	1.063	1.055	1.047	1.039	1.031	1.024	1.017	1.011	1.004	0.998	0.992	0.986
7	1.084	1.075	1.066	1.058	1.049	1.042	1.034	1.027	1.020	1.013	1.007	1.001	0.995	0.989
8	1.087	1.078	1.069	1.060	1.052	1.044	1.037	1.030	1.023	1.016	1.009	1.003	0.997	0.991
9	1.090	1.081	1.072	1.063	1.055	1.047	1.040	1.032	1.025	1.019	1.012	1.006	1.000	0.994
10	1.093	1.083	1.075	1.066	1.058	1.050	1.042	1.035	1.028	1.021	1.015	1.008	1.002	0.996
11	1.096	1.086	1.078	1.069	1.061	1.053	1.045	1.038	1.031	1.024	1.017	1.011	1.005	0.999
12	1.099	1.089	1.081	1.072	1.064	1.056	1.048	1.041	1.033	1.027	1.020	1.014	1.007	1.001
13	1.102	1.093	1.084	1.075	1.067	1.059	1.051	1.043	1.036	1.029	1.023	1.016	1.010	1.004
14	1.105	1.096	1.087	1.079	1.069	1.061	1.054	1.046	1.039	1.032	1.025	1.019	1.013	1.007
15	1.108	1.099	1.090	1.081	1.072	1.064	1.056	1.049	1.042	1.035	1.028	1.021	1.015	1.009
16	1.111	1.102	1.093	1.084	1.075	1.067	1.059	1.052	1.044	1.037	1.031	1.024	1.018	1.012
17	1.114	1.105	1.096	1.087	1.078	1.070	1.062	1.055	1.047	1.040	1.033	1.027	1.021	1.014
18	1.118	1.108	1.099	1.090	1.081	1.073	1.065	1.057	1.050	1.043	1.036	1.030	1.023	1.017
19	1.121	1.111	1.102	1.093	1.084	1.076	1.068	1.060	1.053	1.046	1.039	1.032	1.026	1.020
20	1.124	1.114	1.105	1.096	1.087	1.079	1.071	1.063	1.056	1.049	1.042	1.035	1.029	1.022
21	1.127	1.117	1.108	1.099	1.090	1.082	1.074	1.066	1.059	1.051	1.044	1.038	1.031	1.025
22	1.130	1.121	1.111	1.102	1.093	1.085	1.077	1.069	1.061	1.054	1.047	1.040	1.034	1.028
23	1.134	1.124	1.114	1.105	1.096	1.088	1.080	1.072	1.064	1.057	1.050	1.043	1.037	1.030
24	1.137	1.127	1.117	1.108	1.099	1.091	1.083	1.075	1.067	1.060	1.053	1.046	1.039	1.033
25	1.140	1.130	1.121	1.111	1.103	1.094	1.086	1.078	1.070	1.063	1.056	1.049	1.042	1.036
26	1.144	1.134	1.124	1.115	1.106	1.097	1.089	1.081	1.073	1.066	1.058	1.052	1.045	1.039
27	1.147	1.137	1.127	1.118	1.109	1.100	1.092	1.084	1.076	1.068	1.061	1.054	1.048	1.041
28	1.150	1.140	1.130	1.121	1.112	1.103	1.095	1.087	1.079	1.071	1.064	1.057	1.051	1.044
29	1.154	1.143	1.134	1.124	1.115	1.106	1.098	1.090	1.082	1.074	1.067	1.060	1.053	1.047
30	1.157	1.147	1.137	1.127	1.118	1.109	1.101	1.093	1.085	1.077	1.070	1.063	1.056	1.050
31	1.160	1.150	1.140	1.131	1.121	1.113	1.104	1.096	1.088	1.080	1.073	1.066	1.059	1.053
32	1.164	1.154	1.144	1.134	1.125	1.116	1.107	1.099	1.091	1.083	1.076	1.069	1.062	1.055
33	1.167	1.157	1.147	1.137	1.129	1.119	1.110	1.102	1.094	1.086	1.079	1.072	1.065	1.058
34	1.171	1.160	1.150	1.140	1.131	1.122	1.113	1.105	1.097	1.089	1.082	1.075	1.078	1.061
35	1.174	1.164	1.154	1.144	1.134	1.125	1.117	1.108	1.110	1.092	1.085	1.078	1.071	1.064

表 C.1（续）

温度/℃	回潮率/%													
	2.9	3.0	3.1	3.2	3.3	3.4	3.5	3.6	3.7	3.8	3.9	4.0	4.1	4.2
5	0.978	0.973	0.968	0.963	0.959	0.954	0.950	0.946	0.942	0.938	0.934	0.931	0.927	0.924
6	0.981	0.976	0.970	0.966	0.961	0.956	0.952	0.948	0.944	0.940	0.936	0.933	0.930	0.926
7	0.983	0.978	0.973	0.968	0.963	0.959	0.954	0.950	0.946	0.942	0.939	0.935	0.932	0.929
8	0.986	0.980	0.975	0.970	0.966	0.961	0.957	0.952	0.948	0.945	0.941	0.937	0.934	0.931
9	0.988	0.983	0.978	0.973	0.968	0.963	0.959	0.955	0.951	0.947	0.943	0.940	0.936	0.933
10	0.991	0.985	0.980	0.975	0.970	0.966	0.961	0.957	0.953	0.949	0.945	0.942	0.938	0.935
11	0.993	0.988	0.983	0.978	0.973	0.968	0.964	0.959	0.955	0.951	0.948	0.944	0.941	0.937
12	0.996	0.990	0.985	0.980	0.975	0.970	0.966	0.962	0.958	0.954	0.950	0.946	0.943	0.940
13	0.998	0.993	0.988	0.982	0.978	0.973	0.968	0.964	0.960	0.956	0.952	0.949	0.945	0.942
14	1.001	0.995	0.990	0.985	0.980	0.975	0.971	0.966	0.962	0.958	0.955	0.951	0.947	0.944
15	1.003	0.998	0.993	0.987	0.982	0.978	0.973	0.969	0.965	0.961	0.957	0.953	0.950	0.946
16	1.006	1.000	0.995	0.990	0.985	0.980	0.976	0.971	0.967	0.963	0.959	0.956	0.952	0.949
17	1.009	1.003	0.997	0.992	0.987	0.983	0.978	0.974	0.969	0.965	0.962	0.958	0.954	0.951
18	1.011	1.006	1.000	0.995	0.990	0.985	0.981	0.976	0.972	0.968	0.964	0.960	0.957	0.953
19	1.014	1.008	1.003	0.997	0.992	0.988	0.983	0.979	0.974	0.970	0.966	0.963	0.959	0.956
20	1.016	1.011	1.005	1.000	0.995	0.990	0.985	0.981	0.977	0.973	0.969	0.965	0.961	0.958
21	1.019	1.013	1.008	1.003	0.997	0.993	0.988	0.983	0.979	0.975	0.971	0.967	0.964	0.960
22	1.022	1.016	1.010	1.005	1.000	0.995	0.990	0.986	0.982	0.977	0.974	0.970	0.966	0.963
23	1.024	1.019	1.013	1.008	1.003	0.998	0.993	0.988	0.984	0.980	0.976	0.972	0.969	0.965
24	1.027	1.021	1.016	1.010	1.005	1.000	0.995	0.991	0.987	0.982	0.978	0.975	0.971	0.967
25	1.030	1.024	1.018	1.013	1.008	1.003	0.998	0.993	0.989	0.985	0.981	0.977	0.973	0.970
26	1.032	1.027	1.021	1.016	1.010	1.005	1.000	0.996	0.991	0.987	0.983	0.979	0.976	0.972
27	1.035	1.029	1.024	1.018	1.013	1.008	1.003	0.998	0.994	0.990	0.986	0.982	0.978	0.975
28	1.038	1.032	1.026	1.021	1.016	1.010	1.006	1.001	0.997	0.992	0.988	0.984	0.981	0.977
29	1.041	1.035	1.029	1.023	1.018	1.013	1.008	1.004	0.999	0.995	0.991	0.987	0.983	0.980
30	1.043	1.037	1.032	1.026	1.021	1.016	1.011	1.006	1.002	0.997	0.993	0.989	0.986	0.982
31	1.046	1.040	1.034	1.029	1.023	1.018	1.013	1.009	1.004	1.000	0.996	0.992	0.988	0.984
32	1.049	1.043	1.037	1.032	1.026	1.021	1.016	1.011	1.007	1.002	0.998	0.994	0.991	0.987
33	1.052	1.046	1.040	1.034	1.029	1.024	1.019	1.014	1.009	1.005	1.001	0.997	0.993	0.989
34	1.055	1.049	1.043	1.037	1.032	1.026	1.021	1.017	1.012	1.008	1.003	0.999	0.996	0.992
35	1.058	1.051	1.045	1.040	1.034	1.029	1.024	1.019	1.015	1.010	1.006	1.002	0.998	0.994

表 C.1（续）

温度/℃	回潮率/%									
	4.3	4.4	4.5	4.6	4.7	4.8	4.9	5.0	5.1	5.2
5	0.921	0.918	0.916	0.913	0.911	0.908	0.906	0.904	0.902	0.901
6	0.923	0.921	0.918	0.915	0.913	0.911	0.908	0.906	0.905	0.903
7	0.926	0.923	0.920	0.917	0.915	0.913	0.910	0.908	0.907	0.905
8	0.928	0.925	0.922	0.920	0.917	0.915	0.913	0.911	0.909	0.907
9	0.930	0.927	0.924	0.922	0.919	0.917	0.915	0.913	0.911	0.909
10	0.932	0.929	0.926	0.924	0.921	0.919	0.917	0.915	0.913	0.911
11	0.934	0.931	0.929	0.926	0.924	0.921	0.919	0.917	0.915	0.913
12	0.937	0.934	0.931	0.928	0.926	0.923	0.921	0.919	0.917	0.915
13	0.939	0.936	0.933	0.930	0.928	0.926	0.923	0.921	0.919	0.918
14	0.941	0.938	0.935	0.933	0.930	0.928	0.926	0.923	0.922	0.920
15	0.943	0.940	0.938	0.935	0.932	0.930	0.928	0.926	0.924	0.922
16	0.946	0.943	0.940	0.937	0.935	0.932	0.930	0.928	0.926	0.924
17	0.948	0.945	0.942	0.939	0.937	0.934	0.932	0.930	0.928	0.926
18	0.950	0.947	0.944	0.942	0.939	0.937	0.934	0.932	0.930	0.928
19	0.952	0.949	0.947	0.944	0.941	0.939	0.937	0.934	0.932	0.931
20	0.955	0.952	0.949	0.946	0.944	0.941	0.939	0.937	0.935	0.933
21	0.957	0.954	0.951	0.948	0.946	0.943	0.941	0.939	0.937	0.935
22	0.959	0.956	0.953	0.951	0.948	0.946	0.943	0.941	0.939	0.937
23	0.962	0.959	0.956	0.953	0.950	0.948	0.946	0.943	0.941	0.940
24	0.964	0.961	0.958	0.955	0.953	0.950	0.948	0.946	0.944	0.942
25	0.967	0.963	0.960	0.958	0.955	0.952	0.950	0.948	0.946	0.944
26	0.969	0.966	0.963	0.960	0.957	0.955	0.952	0.950	0.948	0.946
27	0.971	0.968	0.965	0.962	0.960	0.957	0.955	0.953	0.951	0.949
28	0.974	0.971	0.968	0.965	0.962	0.959	0.957	0.955	0.953	0.951
29	0.976	0.973	0.970	0.967	0.964	0.962	0.959	0.957	0.955	0.953
30	0.979	0.975	0.972	0.969	0.967	0.964	0.962	0.960	0.957	0.956
31	0.981	0.978	0.975	0.972	0.969	0.967	0.964	0.962	0.960	0.958
32	0.984	0.980	0.977	0.974	0.972	0.969	0.967	0.964	0.962	0.960
33	0.986	0.983	0.980	0.977	0.974	0.971	0.969	0.967	0.965	0.963
34	0.988	0.985	0.982	0.979	0.976	0.974	0.971	0.969	0.967	0.965
35	0.991	0.988	0.985	0.982	0.979	0.976	0.974	0.971	0.969	0.967

表 C.1（续）

温度/℃	回潮率/%							
	5.3	5.4	5.5	5.6	5.7	5.8	5.9	6.0
5	0.899	0.898	0.896	0.895	0.894	0.893	0.892	0.892
6	0.901	0.900	0.898	0.897	0.896	0.895	0.894	0.894
7	0.903	0.902	0.900	0.899	0.898	0.897	0.896	0.896
8	0.905	0.904	0.903	0.901	0.900	0.899	0.898	0.898
9	0.907	0.906	0.905	0.903	0.902	0.901	0.901	0.900
10	0.910	0.908	0.907	0.905	0.904	0.903	0.903	0.902
11	0.912	0.910	0.909	0.908	0.906	0.905	0.905	0.904
12	0.914	0.912	0.911	0.910	0.909	0.908	0.907	0.906
13	0.916	0.914	0.913	0.912	0.911	0.910	0.909	0.908
14	0.918	0.917	0.915	0.914	0.913	0.912	0.911	0.910
15	0.920	0.919	0.917	0.916	0.915	0.914	0.913	0.912
16	0.922	0.921	0.919	0.918	0.917	0.916	0.915	0.914
17	0.925	0.923	0.922	0.920	0.919	0.918	0.917	0.917
18	0.927	0.925	0.924	0.922	0.921	0.920	0.919	0.919
19	0.929	0.927	0.926	0.925	0.924	0.923	0.922	0.921
20	0.931	0.930	0.928	0.927	0.926	0.925	0.924	0.923
21	0.933	0.932	0.930	0.929	0.928	0.927	0.926	0.925
22	0.936	0.934	0.933	0.931	0.930	0.929	0.928	0.927
23	0.938	0.936	0.935	0.933	0.932	0.931	0.930	0.930
24	0.940	0.938	0.937	0.936	0.935	0.933	0.933	0.932
25	0.942	0.941	0.939	0.938	0.937	0.936	0.935	0.934
26	0.945	0.943	0.941	0.940	0.939	0.938	0.937	0.936
27	0.947	0.945	0.944	0.942	0.941	0.940	0.939	0.939
28	0.949	0.948	0.946	0.945	0.943	0.942	0.942	0.941
29	0.951	0.950	0.948	0.947	0.946	0.945	0.944	0.943
30	0.954	0.952	0.951	0.949	0.948	0.947	0.946	0.945
31	0.956	0.954	0.953	0.952	0.950	0.949	0.948	0.948
32	0.958	0.957	0.955	0.954	0.953	0.952	0.951	0.950
33	0.961	0.959	0.958	0.956	0.955	0.954	0.953	0.952
34	0.963	0.961	0.960	0.959	0.957	0.956	0.955	0.954
35	0.965	0.964	0.962	0.961	0.960	0.959	0.958	0.957

C.2 涤棉(65/35)本色单根股线断裂强力的温度和回潮率修正系数见表C.2。

表 C.2 涤棉(65/35)本色单根股线断裂强力的温度和回潮率修正系数

温度/℃	回潮率/%													
	1.5	1.6	1.7	1.8	1.9	2.0	2.1	2.2	2.3	2.4	2.5	2.6	2.7	2.8
5	1.109	1.099	1.089	1.079	1.070	1.061	1.052	1.044	1.036	1.029	1.021	1.014	1.008	1.002
6	1.111	1.100	1.090	1.080	1.071	1.062	1.054	1.045	1.038	1.030	1.023	1.016	1.009	1.003
7	1.113	1.102	1.092	1.082	1.073	1.064	1.055	1.047	1.039	1.032	1.024	1.017	1.011	1.005
8	1.114	1.104	1.094	1.084	1.074	1.065	1.057	1.048	1.041	1.033	1.026	1.019	1.012	1.006
9	1.116	1.105	1.095	1.085	1.076	1.067	1.058	1.050	1.042	1.035	1.027	1.020	1.014	1.007
10	1.118	1.107	1.097	1.087	1.078	1.069	1.060	1.052	1.044	1.036	1.029	1.022	1.015	1.009
11	1.120	1.109	1.099	1.089	1.079	1.070	1.061	1.053	1.045	1.038	1.030	1.023	1.017	1.010
12	1.122	1.111	1.100	1.090	1.081	1.072	1.063	1.055	1.047	1.039	1.032	1.025	1.018	1.012
13	1.123	1.112	1.102	1.092	1.083	1.073	1.065	1.056	1.048	1.041	1.033	1.026	1.020	1.013
14	1.125	1.114	1.104	1.094	1.084	1.075	1.066	1.058	1.050	1.042	1.035	1.028	1.021	1.015
15	1.127	1.116	1.105	1.096	1.086	1.077	1.068	1.059	1.051	1.044	1.036	1.029	1.022	1.016
16	1.129	1.118	1.107	1.097	1.087	1.078	1.069	1.061	1.053	1.045	1.038	1.031	1.024	1.017
17	1.131	1.119	1.109	1.099	1.089	1.080	1.071	1.063	1.054	1.047	1.039	1.032	1.025	1.019
18	1.132	1.121	1.111	1.101	1.091	1.082	1.073	1.064	1.056	1.048	1.041	1.034	1.027	1.020
19	1.134	1.123	1.112	1.102	1.093	1.083	1.074	1.066	1.058	1.050	1.042	1.035	1.028	1.022
20	1.136	1.125	1.114	1.104	1.094	1.085	1.076	1.067	1.059	1.051	1.044	1.037	1.030	1.023
21	1.138	1.127	1.116	1.106	1.096	1.087	1.078	1.069	1.061	1.053	1.045	1.038	1.031	1.025
22	1.139	1.128	1.118	1.107	1.098	1.088	1.079	1.071	1.062	1.055	1.047	1.040	1.033	1.026
23	1.141	1.130	1.119	1.109	1.099	1.090	1.081	1.072	1.064	1.056	1.048	1.041	1.034	1.028
24	1.143	1.132	1.121	1.111	1.101	1.092	1.083	1.074	1.066	1.058	1.050	1.043	1.036	1.029
25	1.145	1.134	1.123	1.113	1.104	1.093	1.084	1.076	1.067	1.059	1.052	1.044	1.037	1.031
26	1.147	1.135	1.125	1.114	1.106	1.095	1.086	1.078	1.069	1.061	1.053	1.046	1.039	1.032
27	1.149	1.137	1.127	1.116	1.108	1.097	1.087	1.079	1.070	1.062	1.055	1.047	1.040	1.034
28	1.151	1.139	1.128	1.118	1.110	1.098	1.089	1.081	1.072	1.064	1.056	1.049	1.042	1.035
29	1.152	1.141	1.130	1.120	1.111	1.100	1.091	1.082	1.074	1.066	1.057	1.051	1.043	1.037
30	1.154	1.143	1.132	1.121	1.113	1.102	1.093	1.084	1.075	1.067	1.059	1.052	1.045	1.038
31	1.156	1.145	1.134	1.123	1.115	1.103	1.094	1.085	1.077	1.069	1.061	1.054	1.047	1.040
32	1.158	1.146	1.136	1.125	1.116	1.105	1.096	1.087	1.078	1.070	1.062	1.055	1.048	1.041
33	1.160	1.148	1.137	1.127	1.118	1.107	1.098	1.088	1.080	1.072	1.064	1.057	1.050	1.043
34	1.162	1.150	1.139	1.128	1.120	1.109	1.099	1.090	1.082	1.074	1.065	1.058	1.051	1.044
35	1.164	1.152	1.141	1.130	1.122	1.110	1.101	1.091	1.083	1.075	1.067	1.060	1.053	1.046

表 C.2（续）

温度/℃	回潮率/%													
	2.9	3.0	3.1	3.2	3.3	3.4	3.5	3.6	3.7	3.8	3.9	4.0	4.1	4.2
5	0.996	0.990	0.984	0.979	0.974	0.970	0.965	0.961	0.957	0.953	0.950	0.946	0.943	0.940
6	0.997	0.991	0.986	0.981	0.976	0.971	0.966	0.962	0.958	0.954	0.951	0.947	0.944	0.941
7	0.998	0.993	0.987	0.982	0.977	0.972	0.968	0.964	0.960	0.956	0.952	0.949	0.946	0.943
8	1.000	0.994	0.989	0.983	0.978	0.974	0.969	0.965	0.961	0.957	0.953	0.950	0.947	0.944
9	1.001	0.996	0.990	0.985	0.980	0.975	0.970	0.966	0.962	0.958	0.955	0.951	0.948	0.945
10	1.003	0.997	0.991	0.986	0.981	0.976	0.972	0.968	0.964	0.960	0.956	0.953	0.949	0.946
11	1.004	0.998	0.993	0.988	0.982	0.978	0.973	0.969	0.965	0.961	0.957	0.954	0.951	0.948
12	1.006	1.000	0.994	0.989	0.984	0.979	0.974	0.970	0.966	0.962	0.959	0.955	0.952	0.949
13	1.007	1.001	0.996	0.990	0.985	0.980	0.976	0.971	0.967	0.963	0.960	0.956	0.953	0.950
14	1.008	1.002	0.997	0.992	0.987	0.982	0.977	0.973	0.969	0.965	0.961	0.958	0.954	0.951
15	1.010	1.004	0.999	0.993	0.988	0.983	0.978	0.974	0.970	0.966	0.962	0.959	0.956	0.952
16	1.011	1.005	1.000	0.994	0.989	0.984	0.980	0.975	0.971	0.967	0.964	0.960	0.957	0.954
17	1.013	1.007	1.001	0.996	0.991	0.986	0.981	0.977	0.973	0.969	0.965	0.962	0.958	0.955
18	1.014	1.008	1.003	0.997	0.992	0.987	0.983	0.978	0.974	0.970	0.966	0.963	0.960	0.957
19	1.016	1.010	1.004	0.999	0.994	0.989	0.984	0.980	0.975	0.971	0.968	0.964	0.961	0.958
20	1.017	1.011	1.005	1.000	0.995	0.990	0.985	0.981	0.977	0.973	0.969	0.966	0.962	0.959
21	1.019	1.013	1.007	1.001	0.996	0.991	0.987	0.982	0.978	0.974	0.970	0.967	0.964	0.961
22	1.020	1.014	1.008	1.003	0.998	0.993	0.988	0.984	0.979	0.975	0.972	0.968	0.965	0.962
23	1.021	1.015	1.010	1.004	0.999	0.994	0.989	0.985	0.981	0.977	0.973	0.969	0.966	0.963
24	1.023	1.017	1.011	1.006	1.000	0.996	0.991	0.986	0.982	0.978	0.974	0.971	0.967	0.965
25	1.024	1.018	1.013	1.007	1.002	0.997	0.992	0.988	0.983	0.979	0.976	0.972	0.969	0.966
26	1.026	1.020	1.014	1.009	1.003	0.998	0.993	0.989	0.985	0.981	0.977	0.973	0.970	0.967
27	1.027	1.021	1.015	1.010	1.005	1.000	0.995	0.990	0.986	0.982	0.978	0.975	0.971	0.968
28	1.029	1.023	1.017	1.011	1.006	1.001	0.996	0.992	0.988	0.983	0.980	0.976	0.973	0.970
29	1.030	1.024	1.018	1.013	1.008	1.002	0.998	0.993	0.989	0.985	0.981	0.977	0.974	0.971
30	1.032	1.026	1.020	1.014	1.009	1.004	0.999	0.995	0.990	0.986	0.982	0.979	0.975	0.972
31	1.033	1.027	1.021	1.016	1.010	1.005	1.001	0.996	0.992	0.988	0.984	0.980	0.977	0.974
32	1.035	1.029	1.023	1.017	1.012	1.007	1.002	0.997	0.993	0.989	0.985	0.981	0.978	0.975
33	1.036	1.030	1.024	1.019	1.013	1.008	1.003	0.999	0.994	0.990	0.986	0.983	0.979	0.976
34	1.038	1.032	1.026	1.020	1.015	1.010	1.005	1.000	0.996	0.992	0.988	0.984	0.981	0.978
35	1.039	1.033	1.027	1.022	1.016	1.011	1.006	1.002	0.997	0.993	0.989	0.986	0.982	0.979

表 C.2（续）

温度/℃	回潮率/%								
	4.3	4.4	4.5	4.6	4.7	4.8	4.9	5.0	5.1
5	0.937	0.935	0.932	0.930	0.928	0.926	0.925	0.923	0.922
6	0.938	0.936	0.934	0.931	0.929	0.928	0.926	0.925	0.923
7	0.939	0.937	0.935	0.933	0.931	0.929	0.927	0.926	0.925
8	0.941	0.939	0.936	0.934	0.932	0.930	0.928	0.927	0.926
9	0.942	0.940	0.937	0.935	0.933	0.931	0.930	0.928	0.927
10	0.943	0.941	0.939	0.936	0.934	0.933	0.931	0.929	0.928
11	0.944	0.942	0.940	0.938	0.936	0.934	0.932	0.931	0.929
12	0.946	0.943	0.941	0.939	0.937	0.935	0.933	0.932	0.931
13	0.947	0.945	0.942	0.940	0.938	0.936	0.935	0.933	0.932
14	0.948	0.946	0.944	0.941	0.939	0.937	0.936	0.934	0.933
15	0.950	0.947	0.945	0.943	0.940	0.939	0.937	0.936	0.934
16	0.951	0.948	0.946	0.944	0.942	0.940	0.938	0.937	0.935
17	0.952	0.950	0.947	0.945	0.943	0.941	0.940	0.938	0.937
18	0.954	0.951	0.949	0.946	0.944	0.942	0.941	0.939	0.938
19	0.955	0.952	0.950	0.948	0.946	0.944	0.942	0.941	0.939
20	0.956	0.954	0.951	0.949	0.947	0.945	0.943	0.942	0.940
21	0.958	0.955	0.952	0.950	0.948	0.946	0.945	0.943	0.942
22	0.959	0.956	0.954	0.951	0.949	0.947	0.946	0.944	0.943
23	0.960	0.957	0.955	0.953	0.951	0.949	0.947	0.946	0.944
24	0.961	0.959	0.956	0.954	0.952	0.950	0.948	0.947	0.945
25	0.963	0.960	0.958	0.955	0.953	0.951	0.949	0.948	0.947
26	0.964	0.961	0.959	0.956	0.954	0.953	0.951	0.949	0.948
27	0.965	0.963	0.960	0.958	0.956	0.954	0.952	0.951	0.949
28	0.967	0.964	0.961	0.959	0.957	0.955	0.953	0.952	0.950
29	0.968	0.965	0.963	0.960	0.958	0.956	0.955	0.953	0.952
30	0.969	0.967	0.964	0.962	0.960	0.958	0.956	0.954	0.953
31	0.971	0.968	0.965	0.963	0.961	0.959	0.957	0.956	0.954
32	0.972	0.969	0.967	0.964	0.962	0.960	0.958	0.957	0.956
33	0.973	0.971	0.968	0.966	0.963	0.962	0.960	0.958	0.957
34	0.975	0.972	0.969	0.967	0.965	0.963	0.961	0.960	0.958
35	0.976	0.973	0.971	0.968	0.966	0.964	0.962	0.961	0.959

表 C.2（续）

温度/℃	回潮率/%								
	5.2	5.3	5.4	5.5	5.6	5.7	5.8	5.9	6.0
5	0.921	0.920	0.919	0.918	0.918	0.918	0.918	0.918	0.918
6	0.922	0.921	0.921	0.920	0.920	0.919	0.919	0.919	0.919
7	0.923	0.923	0.922	0.921	0.921	0.921	0.921	0.921	0.921
8	0.925	0.924	0.923	0.922	0.922	0.922	0.922	0.922	0.922
9	0.926	0.925	0.924	0.923	0.923	0.923	0.923	0.923	0.923
10	0.927	0.926	0.925	0.925	0.924	0.924	0.924	0.924	0.924
11	0.928	0.927	0.927	0.926	0.926	0.925	0.925	0.925	0.925
12	0.930	0.930	0.928	0.927	0.927	0.927	0.927	0.927	0.927
13	0.931	0.931	0.929	0.929	0.928	0.928	0.928	0.928	0.928
14	0.932	0.932	0.930	0.930	0.929	0.929	0.929	0.929	0.929
15	0.933	0.932	0.931	0.931	0.930	0.930	0.930	0.930	0.930
16	0.934	0.933	0.933	0.932	0.932	0.931	0.931	0.931	0.931
17	0.936	0.935	0.934	0.933	0.933	0.933	0.933	0.932	0.933
18	0.937	0.936	0.935	0.935	0.934	0.934	0.934	0.934	0.934
19	0.938	0.937	0.936	0.936	0.935	0.935	0.935	0.935	0.935
20	0.939	0.938	0.938	0.937	0.937	0.936	0.936	0.936	0.936
21	0.941	0.940	0.939	0.938	0.938	0.938	0.938	0.938	0.938
22	0.942	0.941	0.940	0.939	0.939	0.939	0.939	0.939	0.939
23	0.943	0.942	0.941	0.941	0.940	0.940	0.940	0.940	0.940
24	0.944	0.943	0.943	0.942	0.941	0.941	0.941	0.941	0.941
25	0.946	0.945	0.944	0.943	0.943	0.943	0.943	0.943	0.943
26	0.947	0.946	0.945	0.944	0.944	0.944	0.944	0.944	0.944
27	0.948	0.947	0.946	0.946	0.945	0.945	0.945	0.945	0.945
28	0.949	0.948	0.948	0.947	0.947	0.946	0.946	0.946	0.946
29	0.951	0.950	0.949	0.948	0.948	0.948	0.948	0.948	0.948
30	0.952	0.951	0.950	0.950	0.949	0.949	0.949	0.949	0.949
31	0.953	0.952	0.951	0.951	0.950	0.950	0.950	0.950	0.950
32	0.954	0.953	0.953	0.952	0.952	0.951	0.951	0.951	0.951
33	0.956	0.955	0.954	0.953	0.953	0.953	0.953	0.953	0.953
34	0.957	0.956	0.955	0.955	0.954	0.954	0.954	0.954	0.954
35	0.958	0.957	0.956	0.956	0.955	0.955	0.955	0.955	0.955

ICS 59.080.30
W 13

中华人民共和国国家标准

GB/T 5325—2009
代替 GB/T 5325—1997

精梳涤棉混纺本色布

Combed polyester/cotton grey fabrics

2009-04-21 发布　　2009-12-01 实施

中华人民共和国国家质量监督检验检疫总局
中国国家标准化管理委员会　发布

前　言

本标准代替 GB/T 5325—1997《精梳涤棉混纺本色布》。

本标准与 GB/T 5325—1997 相比主要变化如下：

——增加纤维含量偏差考核；

——取消三等品品等；

——棉结疵点格率规定加严；

——布面疵点总评分由分/m 改为分/m^2，取消幅宽分类；

——外观疵点评分由十分制改为四分制；

——横档疵点不分明显与不明显；

——取消划条量计。

本标准的附录 A、附录 B、附录 C 是规范性附录，附录 D、附录 E 是资料性附录。

本标准由中国纺织工业协会提出。

本标准由全国纺织品标准化技术委员会棉纺织印染分技术委员会(SAC/TC 209/SC 2)归口。

本标准起草单位：上海市纺织工业技术监督所。

本标准主要起草人：邵蓓华、王憬义、贺美娣。

本标准所代替标准的历次版本发布情况为：

——GB/T 5325—1985、GB/T 5325—1989、GB/T 5325—1997。

精梳涤棉混纺本色布

1 范围

本标准规定了精梳涤棉混纺本色布的分类、要求、布面疵点的评分、试验方法、检验规则和标志、包装。

本标准适用于有梭织机、无梭织机生产的涤纶混纺比在50%及以上的精梳涤棉混纺本色布。

本标准不适用于提花织物。

2 规范性引用文件

下列文件中的条款通过本标准的引用而成为本标准的条款。凡是注日期的引用文件，其随后所有的修改单(不包括勘误的内容)或修订版均不适用于本标准，然而，鼓励根据本标准达成协议的各方研究是否可使用这些文件的最新版本。凡是不注日期的引用文件，其最新版本适用于本标准。

GB/T 2910 纺织品 二组分纤维混纺产品定量化学分析方法

GB/T 3923.1 纺织品 织物拉伸性能 第1部分：断裂强力和断裂伸长的测定 条样法

GB/T 4666 纺织品 织物长度和幅宽的测定

GB/T 4668 机织物密度的测定

GB/T 8170 数值修约规则与极限数值的表示和判定

FZ/T 10004 棉及化纤纯纺、混纺本色布检验规则

FZ/T 10006 棉及化纤纯纺、混纺本色布棉结杂质疵点格率检验

FZ/T 10009 棉及化纤纯纺、混纺本色布标志与包装

FZ/T 10013.2 温度与回潮率对棉及化纤纯纺、混纺制品断裂强力的修正方法 本色布的温度与回潮率对其断裂强力的修正方法

3 分类

精梳涤棉混纺本色布的产品品种、规格分类，根据用户需要，按附录A规定。

4 要求

4.1 项目

精梳涤棉混纺本色布要求分为内在质量和外观质量两个方面，内在质量包括织物组织、纤维含量偏差、幅宽、密度、断裂强力、棉结疵点格率六项，外观质量为布面疵点一项。

4.2 分等规定

4.2.1 精梳涤棉混纺本色布的品等分为优等品、一等品、二等品，低于二等品为等外品。

4.2.2 精梳涤棉混纺本色布的评等以匹为单位，织物组织、幅宽、布面疵点按匹评等，密度、断裂强力、纤维含量偏差、棉结疵点格率按批评等，以其中最低一项品等作为该匹布的品等。

4.2.3 内在质量分等规定见表1和表2。

表 1　内在质量分等规定

项　　目	标　　准	允许偏差		
		优等品	一等品	二等品
织物组织	设计规定要求	符合设计要求	符合设计要求	不符合设计要求
纤维含量偏差/%	产品规格	±1.5		不符合一等品要求
幅宽/cm	产品规格	+1.2% −1.0%	+1.5% −1.0%	+2.0% −1.5%
密度/(根/10 cm)	产品规格	经密−1.2% 纬密−1.0%	经密−1.5% 纬密−1.0%	经密超过−1.5% 纬密超过−1.0%
断裂强力/N	按附录 A 断裂强力公式计算	经向−6% 纬向−6%	经向−8% 纬向−8%	经向超过−8% 纬向超过−8%
注：当幅宽偏差超过 1.0%时，经密允许偏差为−2.0%。				

表 2　棉结疵点格率分等规定

涤纶纤维含量/%	织物总紧度 80 及以下/%			织物总紧度 80 以上/%		
	优等品	一等品	二等品	优等品	一等品	二等品
60 及以上	3	6	超过一等品允许范围	4	8	超过一等品允许范围
50～60 以下	4	8		5	10	
注：棉结疵点格率超过表 2 规定降到二等为止。						

4.2.4　布面疵点评分限度规定见表 3。

表 3　布面疵点评分限度

单位为分每平方米

优　　等	一　　等	二　　等
0.2	0.3	0.6

4.2.5　幅宽、经纬向密度应保证成包后符合表 1 规定。

4.2.6　布面疵点评等规定

4.2.6.1　每匹布允许总评分按式(1)计算。

$$A = a \cdot L \cdot W \qquad \cdots\cdots(1)$$

式中：

A——每匹布允许总评分，单位为分每匹(分/匹)；

a——每平方米允许评分数，单位为分每平方米(分/米^2)；

L——匹长，单位为米(m)；

W——幅宽，单位为米(m)。

计算至一位小数，按 GB/T 8170 修约成整数。

4.2.6.2　一匹布中所有疵点评分加合累计超过允许总评分为降等品。

4.2.6.3　1 m 内严重疵点评 4 分为降等品。

5　布面疵点的评分

5.1　布面疵点的检验

5.1.1　检验时布面上的光照度为 400 lx±100 lx。

5.1.2　布面疵点评分以布的正面为准，平纹织物和山形斜纹织物，以交班印一面为正面，斜纹织物中纱织物以左斜(↖)为正面，线织物以右斜为(↗)为正面，破损性疵点考核严重一面。

5.2　**布面疵点评分规定**

布面疵点评分规定见表 4。

表 4　布面疵点评分规定

疵点分类		评分数			
		1	2	3	4
经向明显疵点		8 cm 及以下	8 cm 以上～16 cm	16 cm 以上～24 cm	24 cm 以上～100 cm
纬向明显疵点		8 cm 及以下	8 cm 以上～16 cm	16 cm 以上～24 cm	24 cm 以上
横档		—	—	半幅及以下	半幅以上
严重疵点	根数评分	—	—	3 根	4 根及以上
	长度评分	—	—	1 cm 以下	1 cm 及以上
注 1：布面疵点具体内容见附录 B，疵点名称说明见附录 C。 注 2：严重疵点在根数和长度评分矛盾时，从严评分。 注 3：不影响后道质量的横档疵点评分，由供需双方协定。					

5.3　**1 m 中累计评分**

1 m 中累计评分最多评 4 分。

5.4　**布面疵点的量计**

5.4.1　疵点长度以经向或纬向最大长度量计。

5.4.2　经向明显疵点及严重疵点，长度超过 1 m 的，其超过部分按表 4 再行评分。

5.4.3　断续发生的疵点，在经(纬)向 8 cm 内有两个及以上的，则按连续长度评分。

5.4.4　共断或并列(包括正反面)是包括 1 根或 2 根好纱，隔 3 根及以上的不作共断或并列(斜纹、缎纹织物以间隔一个完全组织及以内作共断或并列处理)。

5.5　**疵点评分的说明**

5.5.1　**疵点的评分起点和规定**

5.5.1.1　有两种疵点混合在一起，以严重一项评分。

5.5.1.2　边组织及距边 1 cm 内的疵点(包括边组织)不评分，但毛边、拖纱、猫耳朵、凹边、烂边、豁边、深油锈疵及评 4 分的破洞、跳花要评分，如疵点延伸在距边 1 cm 以外时应加合评分。无梭织造布布边，绞边的毛须伸出长度规定为 0.3 cm～0.8 cm。边组织有特殊要求的则按要求评分。

5.5.1.3　布面拖纱长 1 cm 以上每根评 2 分，布边拖纱长 2 cm 以上的每根评 1 分(一进一出作一根计)。

5.5.1.4　0.3 cm 以下的杂物每个评 1 分，0.3 cm 及以上杂物和金属杂物(包括瓷器)评 4 分(测量杂物粗度)。

5.5.2　**加工坯中疵点的评分**

5.5.2.1　水渍、污渍、不影响组织的浆斑不评分。

5.5.2.2　漂白坯中的筘路、筘穿错、密路、拆痕、云织减半评分。

5.5.2.3　印花坯中的星跳、密路、条干不匀减半评分，双经、筘路、筘穿错、长条影、浅油疵、单根双纬、云织、轻微针路、煤灰纱、花经、花纬不明显错纬不评分。

5.5.2.4　杂色坯不洗油的浅色油疵和油花纱不评分。

5.5.2.5　深色坯油疵、油花纱、煤灰纱、不褪色色疵不洗不评分。

5.5.2.6　加工坯距布头 5 cm 内的疵点不评分(但六大疵点应开剪)。

5.5.3　**对疵点处理的规定**

5.5.3.1　0.5 cm 以上的豁边，1 cm 及以上的破洞、烂边、稀弄，不对接轧梭，2 cm 以上的跳花等六大疵点，应在织布厂剪去。

5.5.3.2 金属杂物织入，应在织布厂挑除。

5.5.3.3 凡在织布厂能修好的疵点应修好后出厂。

5.5.4 假开剪和拼件的规定

5.5.4.1 假开剪的疵点应是评为4分或3分不可修织的疵点，假开剪后各段布都应是一等品。

5.5.4.2 凡用户允许假开剪或拼件的，可实行假开剪和拼件。假开剪和拼件，二联匹不允许超过两处、三联匹及以上不允许超过三处。

5.5.4.3 假开剪和拼件率合计不允许超过20%，其中拼件率不得超过10%。另有要求时按双方协议执行。

5.5.4.4 假开剪布应作明显标记。假开剪布应另行成包，包内附假开剪段长记录单，外包注明“假开剪”字样。

6 试验方法

6.1 试验条件

6.1.1 各项试验应在各方法标准规定的标准条件下进行。

6.1.2 快速试验：由于生产需要，要求迅速检验产品的质量，可采用快速试验的方法。快速试验可以在接近车间温湿度条件下进行，但试验地点的温湿度应保持稳定，参见附录D和附录E。

6.2 涤、棉纤维含量分析试验方法

按GB/T 2910执行(按净干重量百分率计算)。

6.3 长度测定

按GB/T 4666执行。

6.4 幅宽测定

按GB/T 4666执行。

6.5 密度测定

按GB/T 4668执行。

6.6 断裂强力测定

按GB/T 3923.1执行。

6.7 棉结杂质疵点格率检验

按FZ/T 10006执行。

7 检验规则

按FZ/T 10004执行。

8 标志和包装

按FZ/T 10009执行。

9 其他

用户对产品有特殊要求者，可由供需双方另订协议。

附 录 A
（规范性附录）
涤棉混纺本色布技术条件制定规定

A.1 涤棉混纺本色布技术条件的制定，除下列规定外，其他按 GB/T 406 附录 A 规定执行。

A.2 涤棉混纺本色纱线的公称线密度(tex)及标准干燥重量(g/100 m)，根据不同回潮率、不同混纺比例进行计算。

A.2.1 涤棉混纺纱线密度按式(A.1)计算。

$$T_t = \frac{590.5}{N_e} \times \frac{100 + W_t}{100 + W_e} \quad \cdots\cdots\cdots\cdots (A.1)$$

式中：

T_t——纱线公称线密度，单位为特克斯(tex)；

N_e——涤棉混纺纱线的英制支数；

W_t——涤棉混纺纱线的公制公定回潮率，%；

W_e——涤棉混纺纱线的英制公定回潮率，%。

A.2.2 100 m 涤棉混纺纱线的标准干燥重量按式(A.2)计算。

$$m_d = \frac{T_t}{10} \times \frac{1}{1 + W} \quad \cdots\cdots\cdots\cdots (A.2)$$

式中：

m_d——纱线的标准干燥重量，单位为克(g)；

T_t——纱线的公称线密度，单位为特克斯(tex)；

W——纱线的公定回潮率，%。

示例：

65/35 涤棉混纺纱线线密度(T_t)及公制公定回潮率(W_t)，英制公定回潮率(W_e)的计算：

$$W_t = \frac{0.4\% \times 65}{100} + \frac{8.5\% \times 35}{100} = 3.2\%$$

$$W_e = \frac{0.4\% \times 65}{100} + \frac{9.89\% \times 35}{100} = 3.72\%$$

$$T_t = \frac{590.5}{N_e} \times \frac{100 + 3.2\%}{100 + 3.72\%} = \frac{587.5}{N_e}$$

A.3 涤棉混纺本色布断裂强力标准的制定

A.3.1 断裂强力标准计算

A.3.1.1 织物的断裂强力以 5×20 cm 布条的断裂强力(N)表示。

A.3.1.2 断裂强力按式(A.3)计算。

$$Q = \frac{P_0 \cdot N \cdot K \cdot T_t}{2 \times 100} \quad \cdots\cdots\cdots\cdots (A.3)$$

式中：

Q——织物断裂强力，单位为牛顿(N)；

P_0——单根纱线一等品断裂强度，单位为厘牛顿每特克斯(cN/tex)；

N——织物中纱线标准密度，单位为根每 10 厘米(根/10 cm)；

K——织物中纱线强力的利用系数；

T_t——纱线线密度，单位为特克斯(tex)。

计算的小数不计，取整数。

A.3.2 织物中纱线强力的利用系数 K

A.3.2.1 织物中纱线强力的利用系数 K 值见表 A.1。

表 A.1　强力利用系数

织物类别			经向		纬向	
			紧度/%	利用系数 K_t	紧度/%	利用系数 K_w
平布	粗特		37～55	1.17～1.26	35～50	1.10～1.25
	中特		37～55	1.11～1.20	35～50	1.05～1.20
	细特		37～55	1.08～1.17	35～50	1.05～1.20
纱府绸	中特		62～70	1.16～1.24	33～45	1.21～1.33
	细特		62～75	1.24～1.37	33～45	1.21～1.33
线府绸			62～70	0.90～0.98	33～45	0.96～1.08
华达呢及卡其	纱	粗特	80～90	1.14～1.24	40～60	0.94～1.04
		中特及以下	80～90	1.08～1.18	40～60	0.82～0.92
	线	粗特	90～110	1.02～1.12	40～60	0.94～1.04
		中特及以下				0.86～0.96

注1：紧度在本表紧度范围内时，K 值按比例增减；小于本表紧度范围时，则按比例减小；如大于本表紧度范围时，则按最大的 K 值计算。

注2：纱线按粗细程度分为特细、细特、中特、粗特四档。

特细　10 tex 以下(60^{s} 以上)　　细特　10 tex～20 tex(60^{s}～29^{s})

中特　21 tex～32 tex(28^{s}～19^{s})　　粗特　32 tex 及以上(18^{s} 及以下)

A.4　总伸长率规定单纱为1%，股线为0。

A.5　总飞花率规定粗织物为0.6%，中细织物(包括股线织物)为0.3%。

附　录　B
（规范性附录）
各类布面疵点的具体内容

B.1　经向明显疵点

竹节、粗经、错线密度、综穿错、筘路、筘穿错、多股经、双经、并线松紧、松经、紧经、吊经、经缩波纹、断经、断疵、沉纱、星跳、跳纱、棉球、结头、边撑疵、拖纱、修正不良、错纤维、油渍、油经、锈经、锈渍、不褪色色经、不褪色色渍、水渍、污渍、浆斑、布开花、油花纱、猫耳朵、凹边、烂边、花经、长条影、极光、针路、磨痕、绞边不良、方眼、木棍皱、荷叶边。

B.2　纬向明显疵点

错纬（包括粗、细、紧、松）、条干不匀、脱纬、双纬、纬缩、毛边、云织、杂物织入、花纬、油纬、锈纬、不褪色色纬、煤灰纱、百脚、开车经缩。

B.3　横档

拆痕、稀纬、密路。

B.4　严重疵点

破洞、豁边、跳花、稀弄、经缩浪纹（三楞起算）、并列 3 根吊经、松经（包括隔开 1 根～2 根好纱的）、不对接轧梭、1 cm 及以上烂边、金属杂物织入、影响组织的浆斑、霉斑、损伤布底的修正不良、经向 8 cm 内整幅中满 10 个结头或边撑疵。

B.5　其他

B.5.1　经向疵点及纬向疵点中，有些疵点是这两类共同性的，如竹节、跳纱等，在分类中只列入经向疵点一类，如在纬向出现时，应按纬向疵点评分。

B.5.2　如在布面上出现上述未包括的疵点，按相似疵点评分。

附 录 C
(规范性附录)
疵点名称的说明

C.1 竹节:纱线上短片段的粗节。
C.2 粗经:直径偏粗长 5 cm 及以上的经纱织入布内。
C.3 错线密度:线密度用错工艺标准。
C.4 综穿错:没有按工艺要求穿综,而造成布面组织错乱。
C.5 筘路:织物经向呈现条状稀密不匀。
C.6 筘穿错:没有按工艺要求穿筘,造成布面上经纱排列不匀。
C.7 多股经:两根以上单纱合股者。
C.8 双经:单纱(线)织物中有 2 根经纱并列织入。
C.9 并线松紧:单纱加捻为股线时张力不匀。
C.10 松经:部分经纱张力松弛织入布内。
C.11 紧经:部分经纱捻度过大。
C.12 吊经:部分经纱在织物中张力过大。
C.13 经缩波纹:部分经纱受意外张力后松弛,使织物表面呈波纹状起伏不平。
C.14 断经:织物内经纱断缺。
C.15 断疵:经纱断头纱尾织入布内。
C.16 沉纱:由于提综不良,造成经纱浮在布面。
C.17 星跳:1 根经纱或纬纱跳过 2～4 根形成星点状的。
C.18 跳纱:1～2 根经纱或纬纱跳过 5 根及以上的。
C.19 棉球:纱线上的纤维呈球状。
C.20 结头:影响后工序质量的结头。
C.21 边撑疵:边撑或刺毛辊使织物中纱线起毛或轧断。
C.22 拖纱:拖在布面或布边上的未剪去纱头。
C.23 修正不良:布面被刮起毛,起皱不平,经、纬纱交叉不匀或只修不整。
C.24 错纤维:异纤维纱线织入。
C.25 油渍:织物沾油后留下的痕迹。
C.26 油经:经纱沾油后留下的痕迹。
C.27 锈经:被锈渍沾污的经纱痕迹。
C.28 锈渍:织物沾锈后留下的痕迹。
C.29 不褪色色经:被沾污而洗不清的有色经纱。
C.30 不褪色色渍:被沾污洗不清的污渍。
C.31 水渍:织物沾水后留下的痕迹。
C.32 污渍:织物沾污后留下的痕迹。
C.33 浆斑:浆块附着布面影响织物组织。
C.34 布开花:异纤维或色纤维混入纱线中织入布内。
C.35 油花纱:在纺纱过程中沾污油渍的纤维附入纱线。
C.36 猫耳朵:凸出布边 0.5 cm 及以上。
C.37 凹边:凹进布面 0.5 cm 及以上。
C.38 烂边:边组织内单断纬纱,一处断 3 根及以上的。

C.39 花经：由于配棉成分变化，使布面色泽不同。

C.40 长条影：由于不同批次纱的混入或其他因素，造成布面经向间隔的条痕。

C.41 极光：由于机械原因造成布面摩擦而留下的痕迹。

C.42 针路：由于点啄式断纬自停装置不良，造成经向密集的针痕。

C.43 磨痕：布面经向形成一直条的痕迹。

C.44 绞边不良：因绞边装置不良或绞边纱张力不匀，造成2根及以上绞边纱不交织或交织不良。

C.45 错纬：直径偏粗、偏细长5 cm及以上的纬纱、紧捻、松捻纱织入布内。

C.46 条干不匀：叠起来看前后都能与正常纱线明显划分得开的较差的纬纱条干。

C.47 脱纬：一梭口内有3根及以上的纬纱织入布内(包括连续双纬和长5 cm及以上的纬缩)。

C.48 双纬：单纬织物一梭口内有2根纬纱织入布内。

C.49 纬缩：纬纱扭结织入布内或起圈现于布面(包括经纱起圈及松纬缩三楞起算)。

C.50 毛边：由于边剪作用不良或其他原因，使纬纱不正常被带入织物内(包括距边5 cm以下的双纬和脱纬)。

C.51 云织：纬纱密度稀密相间呈规律性的段稀段密。

C.52 杂物：飞花、回丝、油花、皮质、木质、金属(包括瓷器)等杂物织入。

C.53 花纬：由于配棉成分或陈旧的纬纱，使布面色泽不同，且有1～2个分界线。

C.54 油纬：纬纱沾油或被污染。

C.55 锈纬：被锈渍沾污的纬纱痕迹。

C.56 不褪色色纬：被沾污而洗不净的有色纬纱。

C.57 煤灰纱：被空气中煤灰污染的纱(单层检验为准，对深色油卡)。

C.58 百脚：斜纹或缎纹织物一个完全组织内缺1～2根纬纱(包括多头百脚)。

C.59 开车经缩(印)：开车时部分经纱受意外张力后松弛，使织物表面呈现块状或条状的起伏不平开车痕迹。

C.60 拆痕：拆布后布面上留下的起毛痕迹和布面指浆抹水。

C.61 稀纬：经向1 cm内少2根纬纱(横贡织物稀纬少2根作1根计)。

C.62 密路：经向0.5 cm内纬密多25%以上(纬纱紧度40%以下多20%及以上的)。

C.63 破洞：3根及以上经纬纱共断或单断经、纬纱(包括隔开1～2根好纱的)，经纬纱起圈高出布面0.3 cm，反面形似破洞。

C.64 豁边：边组织内3根及以上经、纬纱共断或单断经纱(包括隔开1～2根好纱)。双边纱2根作1根计，3根及以上的有1根算1根。

C.65 跳花：3根及以上的经、纬纱相互脱离组织，包括隔开一个完全组织。

C.66 稀弄：纬密少于工艺标准较大，呈“弄”现象。

C.67 不对接轧梭：轧梭后的经纱未经对接。

C.68 霉斑：受潮后布面出现霉点(斑)。

C.69 方眼：织造时局部经纱张力过大，布面形成块状风格差异。

C.70 木棍皱：坯布经过卷布棍时，张力不当，织物在布棍中间部位处形成经向折皱。

C.71 荷叶边：布边经纱张力较小或横向拉幅过度或不足，织物边缘呈起伏波浪状。

附　录　D
（资料性附录）
用于快速测定织物断裂强力的修正

D.1　在常规试验及工厂内部质量控制检验时，可在普通大气条件下进行快速试验，然后按标准温度和回潮率的办法进行换算修正，但检验地点的温湿度应保持稳定。

D.2　断裂强力修正见式(D.1)。

$$F_X = F_S \times K_S \qquad \text{(D.1)}$$

式中：

F_X——修正后的断裂强力，单位为牛顿(N)；

F_S——实测断裂强力，单位为牛顿(N)；

K_S——强力修正系数。

D.3　涤棉混纺本色布断裂强力的修正系数按 FZ/T 10013.2 执行。

附 录 E
（资料性附录）
检 验 规 定

E.1 常规试验及内部品质控制检验

在常规试验及工厂内部品质控制检验时，可在普通大气条件下进行快速试验。

E.2 分批规定

E.2.1 以同一品种整理车间的一班或一昼夜三班的生产入库数量为一批，以一昼夜三班为一批的，如逢单班时，则并入邻近一批计算；两班生产的，则以两班为一批。

E.2.2 如一昼夜三班入库数量不满 300 匹时，可累计满 300 匹为一批，但一周累计仍不满 300 匹时，则以每周为一批（品种翻改时不受此限）。

E.2.3 分批定时点一经确定，不得在取样后加以变更。

E.3 分批检验按批评等的项目

涤棉布物理指标和棉结分批检验，按批评等。

E.4 评等依据

物理指标和棉结检验以一次检验结果为评等依据。

E.5 筘号或纬密牙轮用错的处理

经纬密度因个别机台的筘号或纬密牙轮用错，造成经、纬密度不符合规格的，该个别机台所生产的布匹，如确能划分清楚的，可将这部分布匹剔除出来作降等处理，但该批布仍应重新取样检验定等。如划不清楚并超过允许公差范围的，应全批降等。

E.6 检验周期

物理指标、棉结每批检验一次，质量稳定时，也可延长检验周期，但每周至少检验一次。如遇原料及工艺变动较大或物理指标及棉结降等时，应立即进行逐批检验，直至连续三批合格后，方可恢复原定检验周期。

E.7 取样数量

检验布样在每批涤棉本色布经整理后、成包前的布匹中随机取样，取样数量不少于总匹数的0.5%，最少不得少于 3 匹。

E.8 检验方法

E.8.1 涤棉布长度检验

采取折叠好的布匹，每 1 折为 1 m，先量折幅，然后数折数，并用钢板尺测量其余不足 1 m 的实际长度，精确至 0.01 m（以检验者指定的一边为准），不足 0.01 m 的不计。

涤棉布长度按式(E.1)计算：

$$L = l_1 \cdot a + l_2 \qquad \text{(E.1)}$$

式中：

L——每段棉布的匹长或段长，单位为米(m)；

l_1——实际折幅长度，单位为米(m)；

a——折数；

l_2——不足 1 m 的实际长度，单位为米(m)。

折幅长度的测量应将布平摊在平台上进行，用钢板尺在距布的头尾各 5 m 范围内，均匀地测量 5 个折幅(联匹布加倍)的上下两页(距边 5 cm～10 cm)，以测得的 10 个数值的算术平均值作为该匹布的实际折幅长度，测量精确至 0.1 cm，平均数值计算精确至 0.01 cm，按 GB/T 8170 修约为 0.1 cm 。

E.8.2 涤棉布幅宽检验

涤棉布幅宽检验应按匹检验，采用折叠好的布匹，将布平摊在平台上，用钢板尺均匀测量 5 处，但距布的头尾不小于 2 m，并以测得数值的算术平均值作为该匹布的幅宽平均数，计算精确至 0.01 cm，按 GB/T 8170 修约为 0.1 cm。

E.8.3 涤棉布密度检验

涤棉布密度检验应按批检验，检验密度一般用移动式织物密度镜在布匹(距布的头尾不少于 5 m)的中间部位进行。当织物密度在 100 根以下时应检验 10 cm 内的经纱或纬纱根数。织物密度在 100 根及以上时可检验 5 cm 内的经纱或纬纱根数，将结果乘 2 即得所测织物密度。检验经密应在每匹的全幅上同一纬向不同位置检验 5 处(其中 2 处应在距离布边 3 cm 处)，检验纬密应在每匹不同的五个位置。幅宽在 110 cm 及以下的棉布可每匹查经密 3 处、纬密 4 处，然后分别求出算术平均数。点数经纱或纬纱根数时，应精确至 0.5 根，经纬密的点数起讫点均以 2 根纱线间空隙的中间为标准，终点位于最后 1 根纱线上，不足 0.25 根的不计，0.25 根～0.75 根作 0.5 根计，0.75 根以上作 1 根计。密度计算精确至 0.01 根，然后按 GB/T 8170 修约为 0.1 根。在测定经密时，应同时在该处测定布幅，记录数字精确至 0.1 cm。

E.9 长度、幅宽、经纬向密度的成包要求

长度、幅宽、经纬向密度应保证成包后符合标准规定。

中华人民共和国国家标准

UDC 677.21
:001.4

GB 5705—85

纺织名词术语
（棉部分）

Textile terms and definitions
(Cotton)

本标准是对棉纺织材料及其试验、疵点、包装和验收名词术语所作的规定。

1 原料

1.1 原料名词

1.1.1 纤维

1.1.1.1 棉花 cotton

棉植物种子上的纤维、籽棉和皮棉等的统称。

1.1.1.2 籽棉 seed cotton

从棉铃中摘下的带籽的棉瓣。

1.1.1.3 皮棉 ginned lint

籽棉经轧棉机加工，除去棉籽所得的纤维。

1.1.1.4 原棉 raw cotton

供纺织厂作纺纱原料等用的皮棉。

1.1.1.5 棉花类别 types of cotton

根据棉纤维的细度、长度而分的棉花种类。有粗绒棉、细绒棉、长绒棉等。

1.1.1.6 粗绒棉 short staple cotton, Asiatic cotton

纤维粗短的棉花。弹性好，手感较滞硬，缺乏类丝光泽。一般手扯长度短于23mm，细度约2500～4000公支。

1.1.1.7 细绒棉 medium staple cotton, Upland cotton

纤维较细的棉花。手感较滑软，有类丝光泽。一般手扯长度在23～33mm，细度约4500～7000公支。

1.1.1.8 长绒棉 long staple cotton, Sea Island cotton

纤维细长的棉花。手感滑软，富于类丝光泽。一般手扯长度在33mm以上，细度在7000公支以上。海岛棉、海陆杂交棉等属于长绒棉。

1.1.1.9 棉花色泽类型 color groups of cotton

根据棉花生长情况和色泽、外观而分的棉花种类。有白棉、黄棉、灰棉等。

1.1.1.10 白棉 white cotton

棉铃生长正常，纤维大部分呈白色、乳白、呆白或略带淡黄色的棉花。

1.1.1.11 黄棉

棉铃生长期间经受霜害或由于其他原因，纤维大部分呈黄色，成熟度较差的棉花。

1.1.1.12 灰棉 gray cotton

棉铃生长或开裂时，日照不足，或受雨淋、潮湿、霉变等影响，纤维呈灰色的棉花。强力较差。

1.1.1.13 轧棉 ginning

国家标准局1985-12-05发布　　1986-09-01实施

用机械使籽棉上的纤维与棉籽分离的加工过程。

1.1.1.14 皮辊棉 roller ginned cotton

用皮辊式轧棉机加工轧得的皮棉。一般短绒及杂质含量较锯齿棉多。

1.1.1.15 锯齿棉 saw ginned cotton

用锯齿式轧棉机加工轧得的皮棉。一般短绒及杂质含量较皮辊棉少。

1.1.1.16 剥桃棉 bolly cotton, snapped cotton

从非自然开裂的棉铃中剥取的棉花。

1.1.1.17 拔杆棉

拔下棉杆后，取得的剥桃棉。

1.1.1.18 僵瓣棉 dead cotton

棉铃在生长过程中遭到霜、病虫害，形成纤维大多不成熟而僵结的棉花。

1.1.1.19 水渍棉 water packed cotton

储运中遭水浸湿过的棉花，呈淡黄或黄褐色。

1.1.1.20 火烧棉（火伤棉） fire damaged cotton

经火烧或雷击等事故后受损的棉花。

1.1.1.21 地脚棉 scavenger waste, sweepings

在收购、成包、储运过程中，落地沾污的棉花。

1.1.1.22 棉纤维 cotton fibre

生长在棉植物种子上的纤维。具有中腔和天然转曲，横截面为不规则的腰圆形。

1.1.1.23 棉短绒（棉籽绒） linters

用剥绒机从轧棉以后的棉籽表面剥下的短纤维。有头道绒、二道绒、三道绒等。可用于制造浆粕等。

1.1.1.24 一类棉短绒 first-cut linter

纤维手扯长度在13mm及以上的棉短绒。一般为头道绒。

1.1.1.25 二类棉短绒 second-cut linter

纤维手扯长度在13mm以下的棉短绒。一般为二道绒，其中长3mm及以下的纤维重量占总重的58%及以下。

1.1.1.26 三类棉短绒 third-cut linter

长3mm及以下的纤维重量占总重量58%以上的棉短绒。一般为三道绒。

1.1.2 再用棉、回花、落棉

1.1.2.1 再用棉

经处理或不经处理，再用于纺纱的落棉。

1.1.2.2 回花

成纱前各工序断头和接头摘下的半成品，以及由于不合规格或为了试验而中途取出的半成品。可混入原棉中回用，包括回卷、回条等。

1.1.2.3 皮辊花 roller lap waste

条子、粗纱或细纱断头后，由前罗拉和皮辊继续送出的须条，卷绕在上、下皮辊、绒辊、罗拉上，或由断头吸棉器所吸取。

1.1.2.4 落棉 droppings

从开清棉机或梳棉机、精梳机分离出的纤维和杂质。主要有统破籽、地弄花、车肚花、抄斩花和精梳落棉等。

1.1.2.5 统破籽 picker waste

开清棉机尘格下的所有落棉。含破籽、尘杂较多。

1.1.2.6 地弄花

原棉在开清棉机进行开松除杂过程中，由风机所吸出的短绒和尘杂。

1.1.2.7 车肚花 card waste

梳棉机车肚下的落棉。从梳棉机后车肚刺辊部分落下的称后车肚花，从前车肚锡林部下的称前车肚花。

1.1.2.8 抄斩花 card strips，strippings

梳棉机上抄针花和斩刀花两种落棉的总称。抄针花是从梳棉机锡林与道夫针布清除出来的落棉。斩刀花是梳棉机运转时从盖板上剥下来的落棉。

1.1.2.9 精梳落棉

精梳机上经梳理后分离出来的短纤维和杂质。

1.1.2.10 绒辊花（绒板花） crow waste

梳棉、精梳、并条、粗纱、细纱机等绒辊或绒板上集附的短纤维。

1.1.2.11 废棉 cotton waste

油花、地脚花以及落棉等的总称。

1.2 试验

1.2.1 棉花品级（皮棉品级） cotton grade

表示棉花品质优劣的综合性指标。系对照实物标准进行评定。目前细绒棉分为1～7级，长绒棉分为1～5级。级数愈大，品质愈差。

1.2.2 棉花品级条件 factors of cotton grade

作为评定棉花品级依据的成熟程度、色泽特征、轧工质量等条件。

1.2.3 棉花品级实物标准 physical standard for cotton grade

根据棉花品级条件，以各级籽棉为基础产生的相应的各级皮辊棉和锯齿棉实物标准。用以对照评定棉花等级。

1.2.4 吐絮 blow-of-cotton

棉铃成熟开裂，籽棉绽露于铃外。正常吐絮为籽棉等级，皮棉品质的主要条件。

1.2.5 轧工 ginning preparation

用轧棉机从籽棉轧取棉纤维的加工质量。为评定皮棉品级的主要条件之一。由皮棉中杂质、棉结、黄根、棉索、短纤维等的含量和皮棉的外观形态而定。

1.2.6 衣分 lint percentage ginning outturn

从籽棉轧下的皮棉重量占籽棉重量的百分率。

1.2.7 籽指 seed index

一百粒籽棉经轧棉后的棉籽重量克数。

1.2.8 衣指 lint index

一百粒籽棉经轧棉后的皮棉重量克数。

1.2.9 黄根率 tinged linter content

皮辊棉所含黄根重量占皮辊棉重量的百分率。

1.2.10 毛头率

从轧棉后棉籽上剥下的长度超过12mm的纤维重量占轧棉后棉籽重量的百分率。

1.2.11 剥工

用剥绒机从棉籽上剥取棉籽绒的加工质量。为棉籽绒的分级条件之一，以棉籽绒中所含棉结、棉索数量而定。

1.2.12 扦样 sampling

用工具从成批棉花中扦取供检验用的棉样。

1.2.13 成熟度 maturity

棉纤维生长成熟的程度。即棉纤维中纤维素充满和胞壁加厚的程度。成熟正常的棉纤维胞壁较厚，天然转曲较多，强力、抱合力较好。

1.2.14 成熟系数

表示棉纤维成熟度的一种指标。系根据棉纤维中腔宽度与胞壁厚度的比值订出的相应数值。比值愈小，成熟系数愈大，表示愈成熟。

1.2.15 中腔胞壁对比法

根据棉纤维中腔宽度与胞壁厚度的对比来测定成熟度的方法。

1.2.16 氢氧化钠法成熟百分率 percentage of maturity by sodium hydroxide method

表示棉纤维成熟度的一种指标。棉纤维经18%氢氧化钠溶液处理后，通过显微镜观察纤维转曲情况，测得的成熟纤维根数占观察总根数的百分率。

1.2.17 偏振光法成熟百分率 percentage of maturity by polarized-light method

表示棉纤维成熟度的一种指标。根据纤维双折射特性，通过偏振光显微镜观察不同胞壁厚度呈现的干涉色，测得的成熟纤维根数占观察总根数的百分率。

1.2.18 中腔 lumen

棉纤维生长过程中，胞壁纤维素淀积加厚，留下的纤维中间空腔。

1.2.19 天然转曲 〔natural〕convolution

棉纤维特有的近似螺旋形扭曲。是纤维生长成熟时沿螺旋形结构干缩而形成。

1.2.20 转曲度 spirality

棉纤维单位长度（1cm）的天然转曲数。一般约30～150转/cm，纤维成熟正常转曲度高，有利于纺纱工艺。

1.2.21 马克隆读数 Micronaire reading

在一种气流式细度仪的标尺上得到的读数，是表示棉纤维细度的相对值。

1.2.22 束强换算系数

由束纤维强力机测得的束纤维强力，换算为相应的单纤维强力所用的系数。

1.2.23 卜氏强力指数 Pressley index

用卜氏束纤维强力机测得的棉纤维强度。以定长纤维束（隔距为零或1/8英寸等）每毫克的断裂磅数表示（单位为磅力/毫克）。

1.2.24 手扯长度 pulling staple length

用手扯尺量的方法测得的棉纤维长度。以mm为单位，接近于主体长度。

1.2.25 长度标准棉样 standards for staple 〔of cotton〕length

以长度分析仪结合手扯方法，精确测得长度，制成具有一定长度代表性的标准棉样，用以校对长度检验结果。

1.2.26 品质长度

棉纤维长度分布中，主体长度以上的纤维平均长度。

1.2.27 基数

用罗拉式长度分析仪测试时表示棉纤维长度整齐程度的指标。为主体长度组及其邻近共5mm组纤维重量占总重的百分率。

1.2.28 长度均匀度

用来比较不同长度的棉纤维长度整齐程度的指标。它等于棉纤维主体长度与基数的乘积。

1.2.29 短绒率（短纤维率） short fibre content

棉纤维中，长度短于一定界限的短纤维重量（或根数）占纤维总重（或总根数）的百分率。

1.2.30 棉花水分 moisture in cotton

棉花中所含水的量。以含水率或回潮率表示。

1.2.31 棉花标准含水率 official moisture content of cotton

对棉花规定的含水率数值。目前规定为10%。交接贸易时，实测含水率不足或超过标准，实行重量补扣。超过最大限度（含水率达到12%以上）应作摊晒等处理。

1.2.32 机检杂质法 Shirley analyzer method

用棉花杂质分析机检验棉花杂质含量的方法。

1.2.33 手检杂质法

用手工检验棉花杂质含量的方法。

1.2.34 棉花标准含杂率 official trash content of cotton

对棉花规定的含杂率数值。目前规定皮辊棉标准含杂率为3％。锯齿棉标准含杂率为2.5％，交接贸易时，实测含杂率不足或超过标准，实行重量补扣。

1.3 杂质、疵点

1.3.1 皮棉杂质 cotton trash, foreign matter

在采摘、储运或轧棉时，混入皮棉中的非纤维物质(包括固着于其上的棉纤维)。一般在纺纱工艺中较易清除。例如棉籽、籽棉、破籽、小棉枝、碎叶、尘砂、不孕籽等。

1.3.2 皮棉疵点 cotton defect

棉花在轧棉过程中形成的，存在于纤维本身外观的病疵。一般在纺纱工艺中不易清除，例如棉结、棉索、带纤维籽屑、碎不孕籽等。

1.3.3 黄根 tinged linter

由于轧工不良而混入皮棉中的棉籽上的黄褐色底绒。

1.3.4 不孕籽

未受精的棉籽。色白，呈扁圆形，中心小粒上长有较短纤维。

1.3.5 破籽 seed coat fragment

轧碎的棉籽壳。面积在2 mm^2及以上，带有或不带有纤维。

1.3.6 带纤维籽屑 bearded motes

带有纤维的碎小破籽屑。面积在2 mm^2以下。

1.3.7 籽屑

破籽的碎屑。不带有纤维。

1.3.8 软籽表皮

未成熟棉籽的表皮。软薄呈黄褐色，一般带有底绒。

1.3.9 僵片 ginned dead cotton

从受到病虫害或未成熟的带僵籽棉轧下的僵棉片，或连有碎籽壳。

1.3.10 糟绒

从僵瓣棉轧下的极不成熟的死纤维，断碎结并而成的绒状棉片，或成发亮的薄片。

1.3.11 棉结 nep

棉纤维纠缠而成的结点。一般在染色后形成深色或浅色细点。

1.3.12 棉索（索丝） curly cotton, stringy cotton

棉纤维集紧相互纠缠呈条索状，从纵向难以扯开。

1.4 包装验收

1.4.1 铁机包 hard-pressed bale

使用铁制机械设备装压，密度较大的一种棉包。每包约150kg以上。

1.4.2 木机包 half-pressed bale

使用木结构机械设备装压，密度较小的一种棉包。每包约100kg左右。

1.4.3 散花 loose cotton

未打包而散放堆置的棉花。

1.4.4 原棉标志 mark

综合表示原棉色泽类型、轧棉方式、品级、长度的代号标志。例如长度为27mm的四级锯齿白棉，其标志为427。

1.4.5 棉花检验证书 inspection certificate for cotton

由检验机构签发的棉花品质和重量检验结果的凭证。作为验收和结价的依据。

1.4.6 合证

交接、贸易或调运时，对色泽类型、轧棉方式、品级、长度相同，含水率相差在规定范围以内的零星棉包合并在一起开具的检验证书。

1.4.7 分证

为交接、贸易或调运时需要，对同批数量较多的棉包，根据原检验结果分别开具几张检验证书。

1.4.8 重验 re-examination

皮棉经检验机构检验后，由于检验证书失效或其他原因而重行检验。

2 产品

2.1 产品名词

2.1.1 半制品

2.1.1.1 棉卷 lap

原棉经开清棉机开松、混合、去除大部分杂质后，凝聚成一定宽度和厚度的连续均匀棉层，再加压卷成的卷状物。

2.1.1.2 棉网 web

棉卷经梳棉机、精梳机等梳理、牵伸，在输出部位形成的呈薄网状的棉层。

2.1.1.3 棉条 sliver

棉纤维经梳棉机、精梳机梳理或并条机并合、牵伸、集合成的条状物。

2.1.1.4 生条 carded sliver

经梳棉机制成的棉条。其中纤维大多弯曲，不够伸直。

2.1.1.5 精梳棉条 comed sliver

经精梳机制成的棉条。其中纤维较伸直。

2.1.1.6 熟条 drawn sliver

生条或精梳棉条再经并条机并合牵伸制成的棉条。其中纤维较伸直平行。

2.1.2 纱线

2.1.2.1 本色棉纱线 grey cotton yarn

未经漂染，保持原有色泽的棉纱线。

2.1.2.2 梳棉纱（普梳棉纱、粗梳棉纱） carded cotton yarn

经梳棉工序，不经精梳工序所纺成的棉纱。

2.1.2.3 精梳棉纱 combed cotton yarn

经梳棉和精梳工序所纺成的棉纱。

2.1.2.4 半精梳棉纱 semi-combed cotton yarn

经两次梳棉或多次并条，或精梳落棉较少所纺成的棉纱。

2.1.2.5 干捻股线 dry twisted yarn

不经给湿而捻合的股线。

2.1.2.6 湿捻股线 wet twisted yarn

经给湿而捻合的股线。

2.1.2.7 特细号纱

细度在10号（tex）及以下，很细的纱。

2.1.2.8 细号纱

细度在11～20号，较细的纱。

2.1.2.9 中号纱

细度在21～31号，介于粗号纱与细号纱之间的纱。

2.1.2.10 粗号纱 coarse yarn

细度在32号及以上，较粗的纱。

2.1.3 织物

2.1.3.1 梳棉织物 carded〔yarn〕fabric

用梳棉纱线作经纬的棉织物。

2.1.3.2 精梳棉织物 combed〔yarn〕fabric

用精梳棉纱线作经纬的棉织物。

2.1.3.3 半精梳棉织物

用半精梳棉纱线作经纬；或分别用梳棉纱线，精梳棉纱线作经、纬的棉织物。

2.1.3.4 本色棉布 grey cotton cloth

由本色棉纱线织成，未经染整加工的棉布。

2.1.3.5 印染棉布

经过漂白、染色、印花、整理等部分工序或经全部印染工艺加工的棉布。

2.1.3.6 色织棉布 yarn-dyed cloth，coloured weave fabric

用有色的纱线作经纬织成的棉布。

2.1.3.7 坯布 greige goods，greige cloth

供印染加工用的本色棉布。

2.1.3.8 平布

采用平纹组织织成的棉布。

2.1.3.9 粗平布

以粗号纱作经纬织成的平布。

2.1.3.10 中平布

以中号纱作经纬织成的平布。

2.1.3.11 细平布

以细号纱作经纬织成的平布。

2.1.3.12 特细平布

以特细号纱作经纬织成的平布。

2.1.3.13 本光布

经煮练、退浆，不经丝光工艺处理的棉布。

2.1.3.14 丝光布 mercerized cotton cloth

经丝光工艺处理的棉布。

2.1.3.15 府绸 poplin

以中号、细号纱作经纬，布面经纱浮点呈颗粒状的棉织物。高经密，低纬密，经向紧度在60%以上，经纬向紧度比接近 5：3，一般均经过丝光工艺处理，具有丝绸感。

2.1.3.16 斜纹布 twills

大多采用二上一下或三上一下斜纹组织的棉织物。纹路细密清晰，经向紧度在60%以上，经纬向紧度比约为 3：2。

2.1.3.17 哔叽 cotton serge

采用二上二下斜纹组织的棉织物。经向紧度约为55～70%，经纬向紧度比约为6：5，斜纹倾斜角接近45°，经纬密较接近。

2.1.3.18 华达呢 cotton gaberdine

采用二上二下斜纹组织的棉织物。斜纹倾斜角约60°，高经密，低纬密，经向紧度约为75～95%，经纬向紧度比接近 2：1，其总紧度和斜纹倾斜角介于哔叽与卡其之间。

2.1.3.19 卡其 drills, drilling

采用斜纹组织的棉织物。经密及经向紧度较高，经纬向紧度比接近2:1，多经丝光工艺处理。采用三上一下斜纹组织的为单面卡，采用二上二下斜纹组织的为双面卡。

2.1.3.20 贡呢（贡缎） satin drill

以中号或细号纱作经纬，采用缎纹组织的棉织物。经密或纬密较密，富有光泽。分为直贡和横贡。

2.1.3.21 直贡 satin drill

采用经面缎纹组织，高经密的织物。经向紧度大于纬向紧度，经纬紧度比接近 3：2。

2.1.3.22 横贡 sateen

采用纬面缎纹组织，高纬密的棉织物。纬向紧度大于经向紧度，经纬向紧度比接近 2：3。

2.1.3.23 麻纱 dimity hair cords

以细号纱或中号纱作经纬，单双经循环间隔排列，采用变化平纹组织的棉织物。经纬密度较稀，经纬向紧度比接近 1：1，经纱捻度较高，外观呈纵向凸纹，布身爽挺似麻织物。

2.1.3.24 羽绸 satinet

以细号纱作经纬，采用缎纹组织的棉织物。经向紧度大于纬向紧度，经丝光、电光工艺处理。具有类似绸缎的光泽。

2.1.3.25 玻璃纱（巴里纱） voile

以特细号或细号纱作经纬织成的稀薄棉织物。

2.1.3.26 罗缎 tussores

用股线作经纬，以变化平纹组织织成的厚实棉织物。表面有凹凸明显的横条形织纹，较有光泽。

2.1.3.27 泡泡纱 seersucker

以中号、细号纱作经纬，利用双经轴使两组经纱张力不同织成。或在布面印上含碱印花浆，引起不同收缩，布面呈现凹凸泡泡状的平纹棉织物。

2.1.3.28 线呢 gingham

以单色股线或花色线作经纬织成的仿毛型棉织物。

2.1.3.29 灯芯绒 corduroy

以股线作经，单纱作纬，采用纬二重组织的绒类棉织物。高纬密，经过割绒，布面经向有明显凹凸绒条。

2.1.3.30 帆布 canvas, duck

用多股线作经纬织成的单层或多层平纹或斜纹织物。较厚实，根据所用股线号数和织物重量分为粗、细（或重、轻）帆布两类。

2.1.3.31 绒布 flannelette

以号数差异较大的棉纱作经纬，采用平纹或斜纹组织的棉织物。纬纱捻度较少，经刮绒后，纬纱表面拉成绒毛。有单面绒、双面绒两类。

2.1.3.32 平绒〔cotton〕velveteen

以中号纱线作经纬，另以专用的经纱、纬纱织成双层织物。经割绒后在表面形成短密绒毛的绒类棉织物。

2.1.3.33 劳动布 denim

以较粗的纱线作经纬织成的斜纹布。一般经纱线染为深蓝色，纬纱线多为本色或淡色。

2.1.3.34 棉国旗布

以中号纱作经纬，采用平纹组织，印有国旗图案的供制国旗用的印染棉布。经纬密较接近。耐气候色牢度较好。

2.2 试验

2.2.1 纱线试验

2.2.1.1 棉纱线等级 grade of cotton yarn

表示棉纱线品质的综合指标。包括品等、品级两项。

2.2.1.2 棉纱线品等指标

评定棉纱线品等的指标项目。包括品质指标、重量不匀率和重量偏差等项。

2.2.1.3 棉纱线品级指标

评定棉纱线品级的指标项目。包括条干均匀度和棉结、杂质等项。

2.2.1.4 棉纱线标准重量 conditioned weight of cotton yarn

100m的棉纱线在公定回潮率8.5%时的重量。可由纱线的公称号数计算：

$$100\text{m棉纱线标准重量（g）}=\frac{\text{棉纱线公称号数}\times 100}{1000} \quad\cdots\cdots(1)$$

2.2.1.5 棉纱线标准干重

根据公定回潮率和公称号数计算的100m棉纱线的干燥重量。

$$100\text{m棉纱线标准干重（g）}=\frac{\text{棉纱线公称号数}\times 10}{100+\text{公定回潮率}} \quad\cdots\cdots(2)$$

2.2.1.6 筒摇伸缩率

管纱长度与管纱经络筒、摇纱工序成为绞纱后长度的差数对管纱长度的百分率。

2.2.2 织物试验

2.2.2.1 棉布品等 grade of cotton cloth

根据棉布的物理指标、棉结、杂质与布面疵点相结合评定的棉布等级。

2.2.2.2 疵点格

用刻有15×15个1 cm^2小方格的玻璃板，检验棉布的棉结杂质时，其中有疵点的格子。

2.2.2.3 疵点格百分率

检验布面的棉结杂质时，其疵点格数占观察总格数的百分率。

2.2.2.4 同类布样

检验印染棉布色差疵点时，用作对比的布样，其组成纤维和织物组织与生产实样相同。

2.2.2.5 参考样

检验印染棉布色差疵点时，用作对比的布样，其组成纤维和织物组织与生产实样不同。

2.3 疵点

2.3.1 纱线疵点

2.3.1.1 少捻（弱捻、松捻） soft twist

纱线捻度低于规定范围。

2.3.1.2 多捻（强捻、紧捻） hard twist

纱线捻度高于规定范围。

2.3.1.3 粗节 thick place slubs, slugs

纱线直径粗于正常纱的节段（一般指超过规定直径2倍）。

2.3.1.4 细节 thin place

纱线直径细于正常纱的节段（一般指不到规定直径的1/2）。

2.3.1.5 煤灰纱 coal-dust stained yarn

吸附有煤灰的纱线。

2.3.1.6 杂物附入 gout

飞花、纱头等杂物缠附于纱线上。

2.3.1.7 多股

股线中单纱根数较规定为多。

2.3.1.8 缺股 deficient ply

股线中单纱根数较规定为少。

2.3.1.9 纱号错乱

生产过程中混入不同号数的纱线。

2.3.1.10 双〔根〕纱 winder doubling

筒子纱单根卷绕时，一部分误卷取两根纱。

附加说明：

本标准由中华人民共和国纺织工业部提出，由纺织工业部标准化研究所归口。

本标准由上海纺织科学研究院负责起草，由上海棉纺公司、北京棉印公司、上海纺织局计量标准所协作起草。

本标准主要起草人熊大棠、朱守恒。

ICS 59.080.20
W 10

中华人民共和国国家标准

GB/T 9996.1—2008
代替 GB/T 9996—2001

棉及化纤纯纺、混纺纱线外观质量黑板检验方法 第1部分:综合评定法

Determination of appearance quality of yarns made of cotton or man-made fibers, or their blends by winding on the black board—Part 1: Comprehensive assessment

2008-05-23 发布　　　　2008-12-01 实施

中华人民共和国国家质量监督检验检疫总局
中国国家标准化管理委员会　发布

前 言

GB/T 9996《棉及化纤纯纺、混纺纱线外观质量黑板检验方法》分为两个部分：

——第1部分：综合评定法；

——第2部分：分别评定法；

本部分为GB/T 9996的第1部分。

本部分非等效采用美国ASTM D 2255—2002《细纱外观评级方法标准》。

本部分代替GB/T 9996—2001《棉及化纤纯纺、混纺纱线外观质量黑板检验方法》。

与GB/T 9996—2001相比，本次修订将原标准规定的综合评定法作为第1部分，增加分别评定法为第2部分。

本部分与GB/T 9996—2001相比主要变化如下：

——适用范围文字排列作了调整；

——严重粗节的定义作了调整；

——原理作了适当的修改；

——附录A名称作了修改；

——原附录B、附录C合并改为附录B，名称为：黑板条干检验标准样照。

本部分的附录A、附录B为规范性附录。

本部分由中国纺织工业协会提出。

本部分由全国纺织品标准化技术委员会棉纺织印染分技术委员会归口。

本部分起草单位：上海市纺织工业技术监督所。

本部分主要起草人：周芳、邵天乐、王憬义。

本部分所代替标准的历次版本发布情况为：

——GB/T 9996—1988、GB/T 9996—2001。

棉及化纤纯纺、混纺纱线
外观质量黑板检验方法
第1部分:综合评定法

1 范围

GB/T 9996的本部分规定了黑板上显现的纱线条干均匀程度及外观质量与标准样照对比的纱线外观质量黑板检验方法。本部分用综合评定法来评定纱线黑板的外观质量。

本部分适用于棉型化纤纯纺纱线、棉型化纤与化纤混纺纱线、纯棉及棉与化纤混纺纱线的外观质量品等的评定。本部分也适用于环锭机制机织及针织用梳棉、精梳纯棉纱线、气流纺纱线外观质量品等的评定。

本部分不适用于毛纺纱线外观质量品等的评定。

2 术语和定义

下列术语和定义适用于GB/T 9996的本部分。

2.1

纱线外观 appearance of yarn

用目光直观的方法,观察按规定要求卷绕在黑板上的纱线试样所获得的一项直观效果。

2.2

粗节 thick place

纱线的片段投影宽度(以下称直径)比正常纱线直径粗(增加),其粗的程度能为一般检验人员目力所辨认者。

2.3

细节 thin place

纱线的片段直径比正常直径细,其细的程度能为一般检验人员目力所辨认者。

2.4

阴影 dull

由较多直径偏细的纱线排列在一起,使板面形成较阴暗的块状。

2.5

严重疵点 serious defect

2.5.1

严重粗节 serious thick place

直径粗于原纱1倍及以上,长5 cm及以上的粗节。

2.5.2

严重细节 serious thin place

直径细于原纱0.5倍,长10 cm及以上的细节。

2.5.3

竹节 bunchy

直径粗于原纱2倍及以上,长1.5 cm及以上的节疵。

2.6

规律性不匀 regular unevenness

纱板条干粗细不匀,并形成规律。包括一般规律性不匀和严重规律性不匀。

2.6.1

一般规律性不匀 general regular unevenness

纱板条干粗细不匀,并形成规律,占整个板面1/2及以上。

2.6.2

严重规律性不匀 serious regular unevenness

满板呈规律性不匀,其阴影深度普遍深于一等样照最深的阴影。

2.7

阴阳板 contrast area board

板面上纱线显现有明显粗细的分界线。

2.8

棉结 neps

由一根或多根纤维缠结形成的未曾分解的团粒。

2.9

大棉结 big neps

其直径超过原纱直径3倍及以上的棉结。

3 原理

在黑板绕纱密度规定的条件下,将纱线卷绕在特制的黑板上,用目光对比相应的标准样照,对纱线进行综合评定的检验方法。

4 仪器和设施

4.1 检验室

黑板条干检验室的四周应呈无反光的黑色,室内保持空气畅通,温度适当。

4.2 评等台

评等台应具有可储存样照的部位,展示标准样照和试样的框架,并具有安装光源的支架,见附录A。光源采用两条并列的青色光或白色光30 W日光灯,按附录A图A.1图示尺寸安装,灯罩横贯评等台,保证评等台框架上纱板中间的照度不低于600 lx,必要时可配用接触式调压器调节照度。

4.3 黑板

由250 mm×180 mm×2 mm的塑料板制成,板面黑度应均匀一致,表面光滑,黑板的反面两端应贴上绒布条,上下端距短边约30 mm,以便于操作和保护黑板板面。

4.4 摇黑板机

4.4.1 摇黑板机应能均匀排列纱条并能调节至规定密度,密度允差±10%。

4.4.2 摇黑板机上除游动导纱钩及保证均匀卷绕的张力装置外,不得装有任何影响棉结杂质的其他机件。

5 标准样照

5.1 标准样照按产品品种分纯棉及棉与化纤混纺,化纤纯纺及化纤与化纤混纺两大类。

5.2 标准样照按纱线线密度(tex)分组,纯棉类有6组标准样照,化纤类有5组标准样照,每组3张,分设A、B、C三等,标准样照的密度与分组见附录B。

5.3 各品种采用的标准样照具体规定见表1。

表 1 各品种采用的标准样照具体规定

<table>
<tr><td rowspan="3">产品分类</td><td colspan="4">适 用 产 品</td></tr>
<tr><td>A 等标准样照</td><td>B 等标准样照</td><td>B 等标准样照</td><td>C 等标准样照</td></tr>
<tr><td>优等条干</td><td>一等条干</td><td>优等条干</td><td>一等条干</td></tr>
<tr><td>纯棉及棉与化纤混纺</td><td colspan="2">精梳纯棉纱
精梳与化纤混纺纱
梳棉股线
棉及化纤混纺股线</td><td colspan="2">梳棉纯棉纱
梳棉与化纤混纺纱
维纶纯纺纱</td></tr>
<tr><td>化纤纯纺及化纤与化纤混纺</td><td colspan="2">化纤纯纺纱
化纤与化纤混纺股线</td><td colspan="2">化纤与化纤混纺纱</td></tr>
<tr><td colspan="5">注：精梳棉股线、纯化纤股线按 A 等标准样照评定，好于 A 等标准样照评为优等，等于 A 等标准样照评为一等，差于 A 等标准样照评为二等。</td></tr>
</table>

5.4 标准样照的尺寸为 250 mm×140 mm。

5.5 标准样照分类编号见附录 B。

6 试样准备

6.1 抽样

试样应具有代表性，应随机抽样，不得在固定机台或锭子上取样。

6.2 试样制备

每个品种的纱线每批检验一份试样，取最后成品检验(自用纬纱线取管纱，自用经纱线取筒子检验，绞纱线亦可用筒子检验)，每份试样取 10 个卷装，每个卷装摇一块纱板，共检验 10 块纱板。

7 检验步骤

7.1 调节摇黑板机的绕纱(线)间距，使之达到附录 B 所要求的绕纱(线)密度。

7.2 将所需试样摇在黑板上，绕纱(线)密度应均匀，必要时可用手工进行修整，使之排列整齐，密度一致。

7.3 选择与试样相当组别的标准样照两张，样照应垂直平齐地放入评等台的支架上。

7.4 在正常目力条件下，检验者与黑板的距离为 1 m±0.1 m，视线与纱板中心应水平。

7.5 取一块试样与标准样照对比，首先看样板总的外观情况，初步确定和哪一等别样照对比，然后再结合规定条文全面考虑，最后定等。

8 评等规定

8.1 本部分检验方法对纱线条干的评定分为四个等，即优等、一等、二等、三等。

8.2 凡生产厂正常性评等，可由经考核后合格的检验员 1 人～3 人评定。

8.3 凡属于验收和仲裁检验的评定，则应有三名合格的检验员独立评定，所评的成批等别应一致，如两名检验员检验结果一致，另一名检验员检验结果不一致时，应予审查协商，以求得一致同意的意见，否则再重新摇取该份试样进行检验。

8.4 评等时以纱板的条干总均匀度与棉杂程度对比标准样照，作为评定等别的主要依据。对比结果：好于或等于优等样照的(无大棉结)按优等评定；好于或等于一等样照的按一等评定；差于一等样照的评为二等。

8.5 黑板条干均匀度的评定规定

8.5.1 黑板上的阴影，粗节不可相互抵消，以最低一项评定。

8.5.2　黑板上的棉结杂质和条干均匀度，不可相互抵消，以最低一项评定。

8.5.3　粗节：

a）粗节部分粗于样照时，即降等；

b）粗节数量多于样照时，即降等，但普遍细、短于样照时不降；

c）粗节虽少于样照，但显著粗于样照时，即降等。

8.5.4　阴影：

a）阴影普遍深于样照时，即降等；

b）阴影深浅相当于样照，如总面积显著大于样照时，即降等；但阴影总面积虽大，而浅于样照时，不降；

c）阴影总面积虽小于样照，但显著深于样照时，即降等；

8.5.5　棉结杂质：

a）优等板中棉结杂质总数多于样照时，即降等；

b）一等板中棉结杂质总数显著多于样照时，即降等。

8.6　一等纱的大棉结数由产品标准根据需要另作规定。

8.7　严重疵点、阴阳板、一般规律性不匀评为二等，严重规律性不匀评为三等。

8.8　疑难板的掌握

8.8.1　粗节从严，阴影从宽；但针织用纱粗节从宽，阴影从严。

8.8.2　粗节粗度从严，数量从宽。

8.8.3　阴影深度从严，总面积从宽。

8.8.4　大棉结从严，总粒数从宽。

8.9　纱线粗细（线密度，tex）的掌握

纱板上的粗节、细节与标准样照对比时，检验人员应考核实际纱线的粗、细和标准样照上纱线粗、细的差异程度；评定时应掌握纱线本身的粗、细极差与标准样照上纱线粗、细极差作比较评定之。

9　试验报告

试验报告包括以下内容：

a）采用本部分方法；

b）纱线试样名称、品种、编号；

c）纱线的卷装形式；

d）纱线总的评等，其中应包括所有纱板的等别，对降等板应注明原因。

附　录　A
（规范性附录）
黑板条干检验方法的灯光设施和展示标准样照、试样的框架设施示意图

单位为毫米

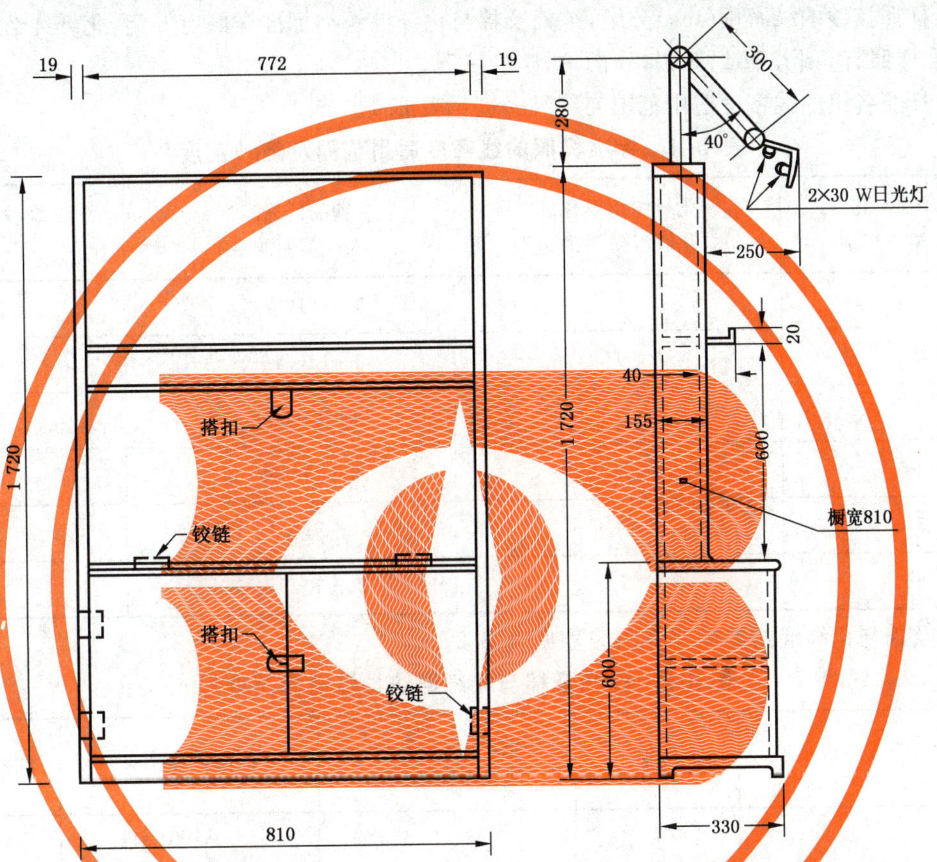

图 A.1　评定黑板条干的灯光设备和展示标准样照、试样的框架设施示意图

附　录　B
（规范性附录）
黑板条干检验标准样照

B.1　标准样照按产品品种分纯棉及棉与化纤混纺、化纤纯纺及化纤与化纤混纺两大类。

B.2　标准样照按纱的线密度(tex)分组，纯棉及棉与化纤混纺类标准样照有6组，化纤纯纺及化纤与化纤混纺标准样照有5组。每组3张，分设A、B、C三等。

B.3　标准样照各组的线密度适用范围与绕纱密度见表B.1。

表B.1　标准样照的线密度适用范围及绕纱密度

纯棉及棉与化纤混纺类的组别	化纤纯纺及化纤与化纤混纺类的组别	纱的线密度/tex(英制支数)	绕纱密度/(根/cm)
1	—	5～7(120～75)	19
2	1	8～10(74～56)	15
3	2	11～15(55～37)	13
4	3	16～20(36～29)	11
5	4	21～34(28～17)	9
6	5	36～98(16～6)	7

B.4　纯棉及棉与化纤混纺类标准样照编号见表B.2。

表B.2　纯棉及棉与化纤混纺类标准样照编号

样照品种	组别	纱的线密度/tex(英制支数)	标准样照编号	标准样照等别
纯棉及棉与化纤混纺类标准样照	1	5～7(120～75)	A1001 B1002 C1003	A等 B等 C等
	2	8～10(74～56)	A2001 B2002 C2003	A等 B等 C等
	3	11～15(55～37)	A3001 B3002 C3003	A等 B等 C等
	4	16～20(36～29)	A4001 B4002 C4003	A等 B等 C等
	5	21～34(28～17)	A5001 B5002 C5003	A等 B等 C等
	6	36～98(16～6)	A6001 B6002 C6003	A等 B等 C等

B.5 化纤纯纺及化纤与化纤混纺类标准样照编号见表 B.3。

表 B.3 化纤纯纺及化纤与化纤混纺类标准样照编号

样照品种	组别	纱的线密度/tex(英制支数)	标准样照编号	标准样照等别
化纤纯纺及化纤与化纤混纺类标准样照	1	8～10(74～56)	A1101 B1102 C1103	A 等 B 等 C 等
	2	11～15(55～37)	A2101 B2102 C2103	A 等 B 等 C 等
	3	16～20(36～29)	A3101 B3102 C3103	A 等 B 等 C 等
	4	21～34(28～17)	A4101 B4102 C4103	A 等 B 等 C 等
	5	36～98(16～6)	A5101 B5102 C5103	A 等 B 等 C 等

ICS 59.080.01
W 10

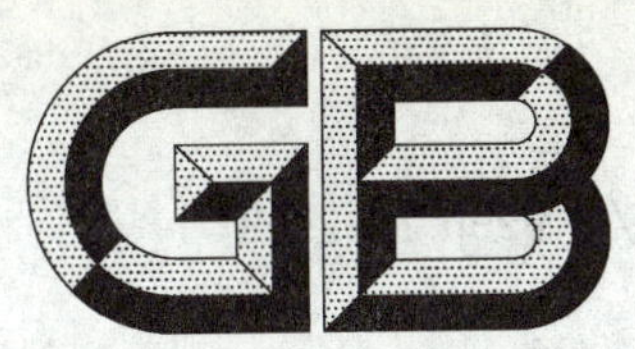

中华人民共和国国家标准

GB/T 9996.2—2008

棉及化纤纯纺、混纺纱线外观质量黑板检验方法 第2部分:分别评定法

Determination of appearance quality of yarns made of cotton or man-made fibers, or their blends by winding on the black board—Part 2: Individual assessment

2008-05-23 发布　　2008-12-01 实施

中华人民共和国国家质量监督检验检疫总局
中国国家标准化管理委员会　发布

前 言

GB/T 9996《棉及化纤纯纺、混纺纱线外观质量黑板检验方法》分为两个部分：

——第1部分：综合评定法；

——第2部分：分别评定法；

本部分为GB/T 9996的第2部分。

本部分参照GB/T 398—1993《棉本色纱线》附录A。

本部分的附录A为规范性附录。

本部分由中国纺织工业协会提出。

本部分由全国纺织品标准化技术委员会棉纺织印染分技术委员会归口。

本部分起草单位：上海市纺织工业技术监督所。

本部分主要起草人：周芳、邵天乐、王憬义。

本部分首次发布。

棉及化纤纯纺、混纺纱线
外观质量黑板检验方法
第2部分:分别评定法

1 范围

GB/T 9996 的本部分规定了黑板上显现的纱线条干均匀程度及外观质量与标准样照对比的纱线外观质量黑板检验方法,本部分用分别评定法评定纱线黑板的条干均匀度及棉结杂质总数。

本部分适用于环锭机制机织及针织用梳棉、精梳纯棉纱线,棉与化纤混纺纱线。

本部分不适用于毛纺纱线。

2 术语和定义

下列术语和定义适用于 GB/T 9996 的本部分。

2.1

纱线外观 appearance of yarn

用目光直观的方法,观察按规定要求卷绕在黑板上的纱线试样所获得的一项直观效果。

2.2

粗节 thick place

纱线的片段投影宽度(以下称直径)比正常纱线直径粗(增加),其粗的程度能为一般检验人员目力所辨认者。

2.3

细节 thin place

纱线的片段直径比正常直径细,其细的程度能为一般检验人员目力所辨认者。

2.4

阴影 dull

由较多直径偏细的纱线排列在一起,使板面形成较阴暗的块状。

2.5

严重疵点 serious defect

2.5.1

严重粗节 serious thick place

直径粗于原纱 1 倍及以上,长 5 cm 及以上的粗节。

2.5.2

严重细节 serious thin place

直径细于原纱 0.5 倍,长 10 cm 及以上的细节。

2.5.3

竹节 bunchy

直径粗于原纱 2 倍及以上,长 1.5 cm 及以上的节疵。

2.6

规律性不匀 regular unevenness

纱板条干粗细不匀,并形成规律。包括一般规律性不匀和严重规律性不匀。

2.6.1

一般规律性不匀　general regular unevenness

纱板条干粗细不匀，并形成规律，占整个板面1/2及以上。

2.6.2

严重规律性不匀　serious regular unevenness

满板呈规律性不匀，其阴影深度普遍深于一等样照最深的阴影。

2.7

阴阳板　contrast area board

板面上纱线显现有明显粗细的分界线。

2.8

棉结　neps

由一根或多根纤维缠结形成的未曾分解的团粒。

3　原理

在黑板绕纱密度规定的条件下，将纱线卷绕在特制的黑板上，用目光对比相应的标准样照，对纱线黑板条干均匀度和黑板棉结杂质分别评定的检验方法。

4　仪器和设施

4.1　检验室设施规定

4.1.1　黑板条干检验室

黑板条干检验室的四周应呈无反光的黑色，保持室内空气畅通，温度适当。

4.1.2　黑板棉结杂质检验室

黑板棉结杂质检验室要求尽量采用北向自然光源，应有较大的窗户，窗户不能设置障光物，以保持室内光线充足。

4.2　检验光照度要求

4.2.1　黑板条干检验光照度和设施要求

光源采用两条并列的青色光或白色光40 W日光灯，应保证黑板中间的光照度不低于400 lx±50 lx。评定条干的灯光设备和展示标准样照、试样的框架设施示意图见附录A中图A.1。

4.2.2　黑板棉结杂质检验光照度和设施要求

评定棉结杂质的检验一般应在不低于400 lx的照度下（最高不超过800 lx）进行，如照度低于400 lx时，应增加灯光检验设备（青色光或白色光日光灯）。光线应从左后方射入。检验面的安放角度应与水平成45°±5°的角度，检验者的影子应避免投射到黑板上。检验光源和设施安装要求示意图见附录A中图A.2。

4.3　黑板

黑板由塑料板制成，板面黑度应均匀一致，表面应光滑无光泽，黑板的反面两端应贴上绒布条，上下端距短边约30 mm，以便于操作和保护黑板板面。

黑板尺寸的规定：250 mm×220 mm×2 mm。

4.4　摇黑板机

摇黑板机应能均匀排列纱条并能调节至规定密度（相当于样照），密度允差±10%。摇黑板机上除游动导纱钩及保证均匀卷绕的张力装置外，不得装有任何影响棉结杂质的机件。

5　标准样照

5.1　标准样照按产品品种分为梳棉本色纱，精梳棉本色纱、针织用梳棉本色纱、精梳涤棉混纺本色纱共四大类。

5.2 标准样照按纱线线密度(tex)分组,梳棉本色纱有6组标准样照(见表1),精梳棉本色纱有4组标准样照(见表2),针织用梳棉本色纱有2组标准样照(见表3),精梳涤棉混纺本色纱有3组标准样照(见表4)。

表1 梳棉本色纱标准样照

品　种	组别	纱的线密度/tex(英制支数)	标准样照编号	标准样照等别
梳棉本色纱标准样照	1	8～10(70～56)	000 001	优等 一等
	2	11～15(55～37)	010 011	优等 一等
	3	16～20(36～29)	020 021	优等 一等
	4	21～30(28～19)	030 031	优等 一等
	5	32～60(18～10)	040 041	优等 一等
	6	64～192(9～3)	060 061	优等 一等

表2 精梳棉本色纱标准样照

品　种	组别	纱的线密度/tex(英制支数)	标准样照编号	标准样照等别
精梳棉本色纱标准样照	1	7.5及以下(71及以上)	200 201	优等 一等
	2	8～15(70～37)	210 211	优等 一等
	3	16～30(36～19)	220 221	优等 一等
	4	32及以上(18及以下)	230 231	优等 一等

表3 针织用梳棉本色纱标准样照

品　种	组别	纱的线密度/tex(英制支数)	标准样照编号	标准样照等别
针织用梳棉本色纱标准样照	1	20及以下(29及以上)	120 121	优等 一等
	2	21及以上(28及以下)	130 131	优等 一等

表 4 精梳涤棉混纺本色纱标准样照

品　种	组别	纱的线密度/tex(英制支数)	标准样照编号	标准样照等别
精梳涤棉混纺本色纱标准样照	1	6～10(100～55)	600 601	优等 一等
	2	11～20(54～29)	610 611	优等 一等
	3	21及以上(28及以下)	620 621	优等 一等

5.3 标准样照的尺寸为 250 mm×180 mm。

6 试样准备

6.1 抽样

试样应对全体具有代表性，应随机抽样，不得固定机台或锭子取样。

6.2 试样制备

每个品种的纱线每批检验一份试样，取最后成品检验（自用纬纱线取管纱线，自用经纱线取筒子检验，绞纱线亦可用筒子检验），每份试样取 10 个卷装，每个卷装摇一块纱板，共检验 10 块纱板。

7 检验步骤

7.1 调节摇黑板机的绕纱（线）间距，使绕纱（线）密度相当于样照。

7.2 将所需试样摇在黑板上，绕纱（线）密度应均匀，必要时可用手工进行修整，使之排列整齐，密度一致。

7.3 选择与试样相当组别的标准样照两张，样照应垂直平齐地放入评等台的支架上。

7.4 在正常目力条件下，检验者与黑板的距离为 2.5 m±0.3 m，视线与纱板中心应水平。

7.5 取一块试样与标准样照对比，首先看样板总的外观情况，初步确定和哪一等样照对比，然后再结合规定条文全面考虑，最后定等。

8 评等规定

8.1 本部分对纱线条干的评定分为四个等，即优等、一等、二等、三等。

8.2 凡生产厂正常性评等，可由经考核后合格的检验员 1 人～3 人评定。

8.3 凡属于验收和仲裁检验的评定，则应有三名合格的检验员独立评定，所评的成批等别应一致，如两名检验员检验结果一致，另一名检验员检验结果不一致时，应予审查协商，以求得一致同意的意见，否则再重新摇取该份试样进行检验。

8.4 评等时以纱板的条干总均匀度对比标准样照，作为评定品等的主要依据，对比结果好于或等于优等样照的按优等评定；好于或等于一等样照的按一等评定；差于一等样照的评为二等。严重疵点、阴阳板、一般规律性不匀评为二等，严重规律性不匀评为三等。

8.5 黑板条干均匀度的评定规定

8.5.1 黑板上的阴影、粗节不可相互抵消，以最低一项评定。

8.5.2 粗节

a) 粗节部分粗于样照时，即降等；

b) 粗节数量多于样照时，即降等，但普遍细、短于样照时不降；

c) 粗节虽少于样照,但显著粗于样照时,即降等。

8.5.3 阴影

a) 阴影普遍深于样照时,即降等;

b) 阴影深浅相当于样照,如总面积显著大于样照时,即降等;但阴影总面积虽大,而浅于样照时,不降;

c) 阴影总面积虽小于样照,但显著深于样照时,即降等。

8.5.4 严重疵点

8.5.4.1 严重粗节

直径粗于原纱1倍及以上,长5 cm 2根或长10 cm 1根。

8.5.4.2 严重细节

直径细于原纱0.5倍,长10 cm及以上的细节1根。

8.5.4.3 竹节

直径粗于原纱2倍及以上,长1.5 cm及以上的节疵1根。

8.5.5 严重规律性不匀

满板呈规律性不匀,其阴影深度普遍深于一等样照最深的阴影。

8.6 黑板棉结杂质的检验规定

8.6.1 根据纱线的分等规定,棉结和杂质应分别记录,合并计算。

8.6.2 检验时,将浅蓝色底板插入试样与黑板之间,然后用如图1所示的黑色压片压在试样上,进行正反两面的每格内的棉结杂质检验。将全部纱样检验完毕后,算出10块黑板的棉结杂质总粒数,再根据式(1)计算1 g纱线内的棉结粒数和1 g纱线内的棉结杂质粒数。检验时,要求逐格检验并不得翻拨纱线,检验者的视线与纱条成垂直线,检验距离以检验人员的目力在辨认疵点时不费力为原则。

单位为毫米

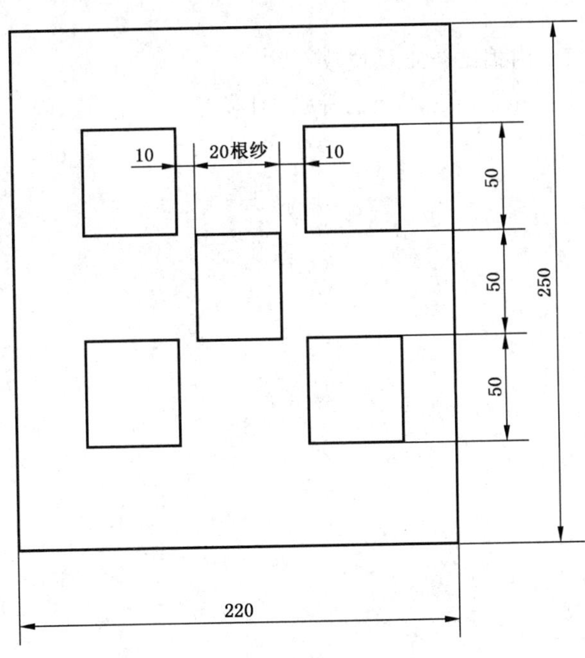

图1 用黑板检验棉结杂质的黑色压片尺寸规格示意图

$$K_g = \frac{K_m}{T_t} \times 10 \quad \cdots\cdots(1)$$

式中:

K_g——1 g纱线内棉结粒数或棉结杂质总粒数,单位为粒每克(粒/g);

K_m——棉结粒数或棉结杂质总粒数,单位为粒;

T_t——纱线公称线密度,单位为特克斯(tex)。

8.6.3 黑板棉结杂质的确定

8.6.3.1 棉结是由棉纤维、未成熟棉或僵棉因轧花或纺纱过程中处理不善集结而成。

a) 棉结不论黄色、白色、圆形、扁形、或大、或小,以检验人员的目力所能辨认者即计;

b) 纤维聚集成团,不论松散与紧密,均以棉结计;

c) 未成熟棉、僵棉形成棉结(成块、成片、成条)以棉结计;

d) 黄白纤维虽未成棉结,但形成棉索且有一部分纺缠于纱线上的以棉结计;

e) 附着棉结以棉结计;

f) 棉结上附有杂质,以棉结计,不计杂质;

g) 凡纱的条干粗节,按条干检验,不算棉结。

8.6.3.2 杂质是附有或不附有纤维(或绒毛)的籽屑、碎叶、碎枝杆、棉籽软皮、毛发及麻草等杂物。

a) 杂质不论大小以检验人员的目力所能辨认者即计;

b) 凡杂质附有纤维,一部分纺缠于纱线上的,以杂质计;

c) 凡一粒杂质破裂为数粒,而聚集在一团的,以一粒计;

d) 附着杂质以杂质计;

e) 油污、色污、虫屎及油线、色线纺入,均不算杂质。

9 试验报告

试验报告应包括以下内容:

a) 采用本部分方法;

b) 纱线试样名称、品种、编号;

c) 纱线的卷装形式;

d) 1 g 内棉结粒数和 1 g 内棉结杂质总粒数;

e) 纱线总的评等,其中应包括所有纱板的等别,对降等板应注明原因。

附 录 A
（规范性附录）
黑板检验方法的灯光设施和展示标准样照、试样的框架设施示意图

单位为毫米

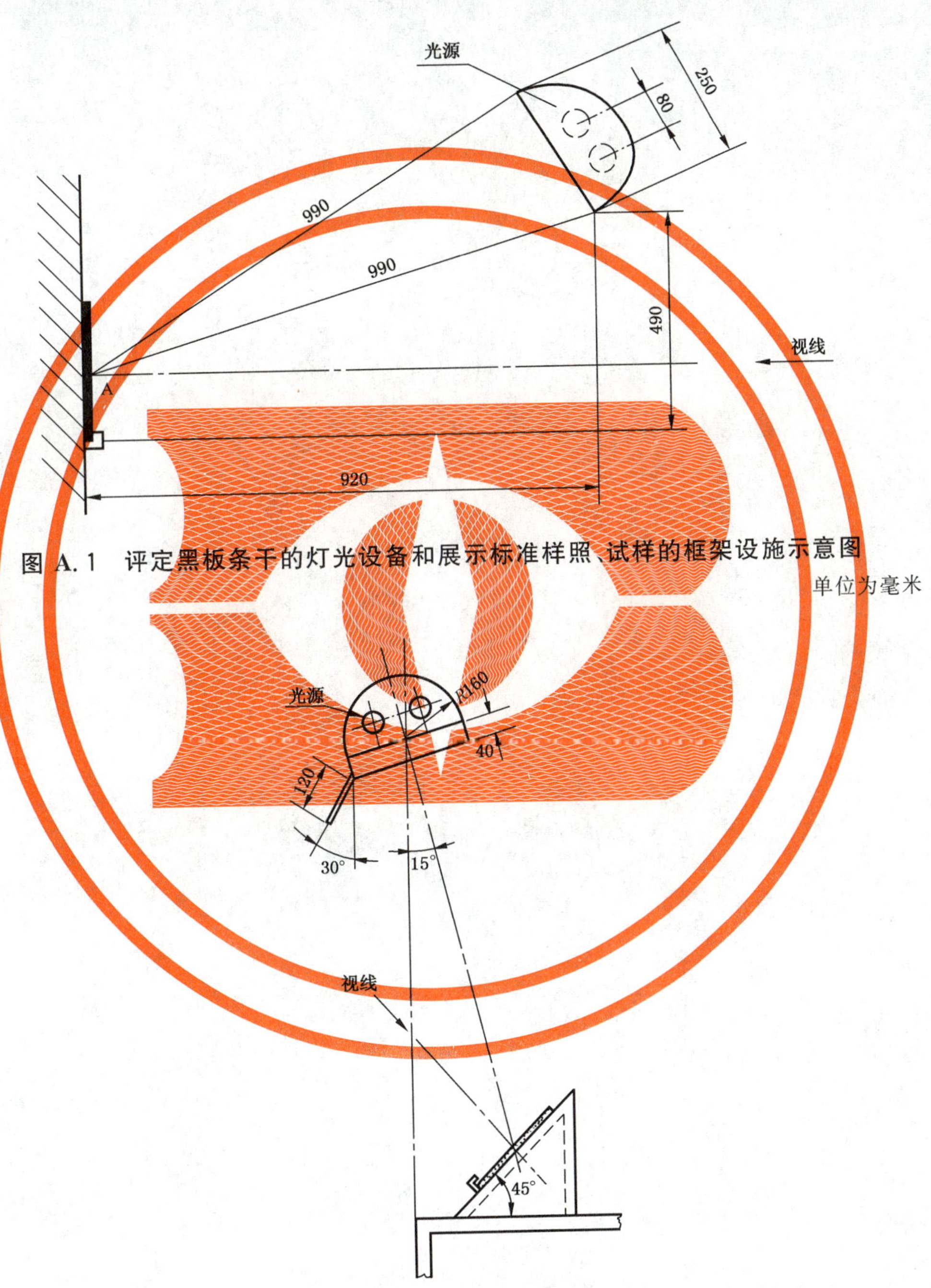

图 A.1 评定黑板条干的灯光设备和展示标准样照、试样的框架设施示意图

单位为毫米

图 A.2 评定黑板棉结杂质的灯光设备、展示试样的框架设施示意图

ICS 59.080.30
W 13

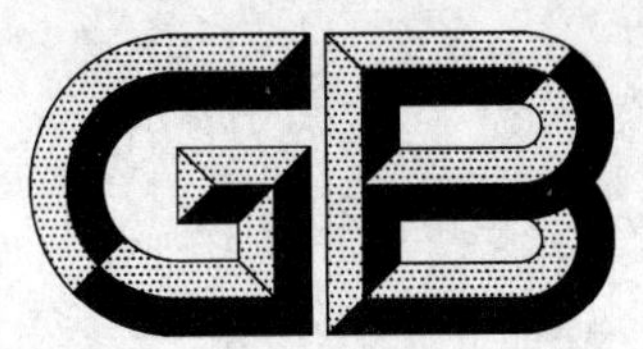

中华人民共和国国家标准

GB/T 14310—2008
代替 GB/T 14310—1993

棉本色灯芯绒

Cotton grey corduroy

2008-06-18 发布　　2009-03-01 实施

中华人民共和国国家质量监督检验检疫总局
中国国家标准化管理委员会　发布

前　言

本标准代替 GB/T 14310—1993《棉本色灯芯绒》。

本标准与 GB/T 14310—1993 相比主要变化如下：

——取消三等品品等；

——棉结杂质疵点格率比 GB/T 14310—1993 标准加严 15%；

——布面疵点总评分由分/m 改为分/m^2，取消幅宽分类；

——小疵点评分加严；

——横档疵点不分明显与不明显。

本标准的附录 B、附录 C、附录 D 为规范性附录，附录 A、附录 E、附录 F 为资料性附录。

本标准由中国纺织工业协会提出。

本标准由全国纺织品标准化技术委员会棉纺织印染分技术委员会归口。

本标准起草单位：上海市纺织工业技术监督所。

本标准主要起草人：邵蓓华。

本标准所代替标准的历次版本发布情况为：

——GBn 78～80—1980；

——GB/T 14310—1993。

棉本色灯芯绒

1 范围

本标准规定了棉本色灯芯绒的产品分类、要求、布面疵点的评分、试验方法、检验规则和标志、包装。

本标准适用于有梭织机或无梭织机生产、割绒前的棉本色灯芯绒(包括提花灯芯绒及割纬平绒类织物)。

2 规范性引用文件

下列文件中的条款通过本标准的引用而成为本标准的条款。凡是注日期的引用文件,其随后所有的修改单(不包括勘误的内容)或修订版均不适用于本标准,然而,鼓励根据本标准达成协议的各方研究是否可使用这些文件的最新版本。凡是不注日期的引用文件,其最新版本适用于本标准。

GB/T 3923.1 纺织品 织物拉伸性能 第1部分:断裂强力和断裂伸长率的测定 条样法

GB/T 4666 机织物长度的测定

GB/T 4667 机织物幅宽的测定

GB/T 4668 机织物密度的测定

GB/T 8170 数值修约规则

FZ/T 10004 棉及化纤纯纺、混纺本色布检验规则

FZ/T 10006 棉及化纤纯纺、混纺本色布棉结杂质疵点格率检验

FZ/T 10009 棉及化纤纯纺混纺本色布标志与包装

FZ/T 10013.2 温度与回潮率对棉及化纤纯纺、混纺制品断裂强力的修正方法 本色布断裂强力的修正方法

3 分类

棉本色灯芯绒的产品品种、规格分类,根据用户需要,由生产部门按附录A制定。

4 要求

4.1 项目

棉本色灯芯绒要求分为内在质量和外观质量两个方面,内在质量包括织物组织、幅宽、密度、断裂强力、棉结杂质疵点格率五项,外观质量为布面疵点一项。

4.2 分等规定

4.2.1 棉本色灯芯绒的品等分为优等品、一等品、二等品,低于二等品为等外品。

4.2.2 棉本色灯芯绒的评等以匹为单位,织物组织、幅宽、布面疵点按匹评等,密度、断裂强力、棉结杂质疵点格率按批评等,以其中最低一项品等作为该匹布的品等。

4.2.3 分等规定见表1、表2和表3。

表 1 分等规定

项目		标准	允许偏差		
			优等品	一等品	二等品
织物组织		设计规定要求	符合设计要求	符合设计要求	不符合设计要求
幅宽/cm		产品规格	+1.2% -1.0%	+1.5% -1.0%	+2.0% -1.5%
密度/(根/10 cm)	经向	产品规格	-1.2%	-1.5%	超过-1.5%
	纬向				
断裂强力/N		按附录B断裂强力公式计算	-6.0%	-8.0%	超过-8.0%
注：当幅宽偏差超过1.0%时，经密允许偏差范围为-2.0%。					

表 2 棉结杂质疵点格率规定

分类			棉结杂质疵点格率/% 不大于	
			优等品	一等品
精梳棉灯芯绒		绒纬紧度在85%以下	16	22
		绒纬紧度在85% 及以上	20	25
非精梳灯芯绒	细特	绒纬紧度在75%以上	34	42
	中特	绒纬紧度在60%以下	34	42
		绒纬紧度在60%～80%以下	38	45
		绒纬紧度 80%～100%以下	40	50
		绒纬紧度 100%～120%以下	42	55
		绒纬紧度 120%及以上	45	60
	粗特	绒纬紧度在70%～80%以下	42	55
		绒纬紧度在80%及以上	45	60
半精梳棉灯芯绒			26	34

注1：棉本色灯芯绒主要以纬纱平均线密度分类：

——细织物 11 tex～20 tex(55^{s}～29^{s})；

——中织物 21 tex～30 tex(28^{s}～19^{s})；

——粗织物 32 tex 及以上(18^{s} 及以下)。

注2：棉本色灯芯绒绒纬紧度$=\frac{\text{一完全组织绒纬根数}}{\text{一完全组织纬纱根数}}\times$纬向紧度。

注3：半精梳棉灯芯绒指纬纱是精梳棉纱，经纱是普梳棉纱。

表 3 布面疵点评分限度

单位为平均分每平方米

优等	一等	二等
0.2	0.3	0.6

4.2.4 幅宽、经纬向密度应保证成包后符合表1规定。

4.2.5 成包后长度应符合规定要求。

4.2.6 布面疵点评等规定

4.2.6.1 每匹布允许总评分按式(1)计算：

$$A = a \cdot L \cdot W \quad \cdots\cdots(1)$$

式中：

A——每匹布允许总评分，单位为分每匹(分/匹)；

a——每平方米允许评分数，单位为分每平方米(分/m^2)；

L——匹长，单位为米(m)；

W——幅宽，单位为米(m)。

计算至一位小数，按 GB/T 8170 修约成整数。

4.2.6.2 一匹布中所有疵点评分加合累计超过允许总评分为降等品。

4.2.6.3 1 m 内严重疵点评 4 分为降等品。

4.2.6.4 优等品中不允许有单个评为 4 分的疵点。

5 布面疵点的评分

5.1 布面疵点的检验

5.1.1 检验时布面上的光源照度为 400 lx±100 lx。

5.1.2 布面疵点评分以布的正面、反面分别进行评分，然后加合总分进行评等，但同一疵点不得重复评分。绒纬浮起的应为正面。破损性疵点以严重一面为准。

5.2 布面疵点评分规定

布面疵点评分规定见表 4。

表 4 布面疵点评分规定

疵点分类		评分数			
		1	2	3	4
经向明显疵点		8 cm 及以下	8 cm 以上～16 cm	16 cm 以上～24 cm	24 cm 以上～100 cm
纬向明显疵点		8 cm 及以下	8 cm 以上～16 cm	16 cm 以上～50 cm	50 cm 以上
横档		—	—	半幅及以下	半幅以上
严重疵点	根数评分	—	—	3 根	4 根及以上
	长度评分	—	—	1 cm 以下	1 cm 及以上

注 1：布面疵点具体内容见附录 C、疵点名称说明见附录 D。

注 2：严重疵点在根数和长度评分矛盾时，从严评分。

注 3：不影响后道质量的横档疵点评分，由供需双方协定。

5.3 1 m 中累计评分

1 m 中累计评分最多评 4 分。

5.4 布面疵点的量计

5.4.1 疵点长度以经向或纬向最大长度量计。

5.4.2 经向明显疵点及严重疵点，长度超过 1 m 的，其超过部分按表 4 再行评分。

5.4.3 在一条内断续发生的疵点，在经(纬)向 8 cm 内有两个及以上的，则按连续长度评分。

5.4.4 共断或并列(包括正反面)是包括 1 根或 2 根好纱，隔 3 根以上的不作共断或并列(斜纹、缎纹织物以间隔一个完全组织及以内作共断或并列处理)。

5.5 疵点评分的说明

5.5.1 疵点的评分起点和规定

5.5.1.1 有两种疵点混合在一起，以严重一项评分。

5.5.1.2 边组织及距边 0.8 cm 内的疵点(包括边组织)不评分,但毛边、拖纱、猫耳朵、凹边、烂边、豁边、深油锈疵及评 4 分的破洞、跳花要评分,如疵点延伸在距边 0.8 cm 以外时应量其全部长度评分。无梭织造布布边,绞边的毛须伸出长度规定为 0.3 cm～0.8 cm。边组织有特殊要求的则按要求评分。

5.5.1.3 布面拖纱长 1 cm 以上每根评 2 分,布边拖纱长 2 cm 以上的每根评 1 分(一进一出作一根计)。

5.5.1.4 0.3 cm 以下的杂物每个评 1 分,0.3 cm 及以上杂物和金属杂物(包括瓷器)评 4 分(测量杂物粗度)。

5.5.2 加工坯中不评分的疵点

5.5.2.1 不影响印染布质量的分散结头,底板拖纱。

5.5.2.2 印花坯中的双经、大小条、密路、花纬、云织。

5.5.2.3 深色坯中油经、油纬、油渍、花纬。

5.6 对疵点处理的规定

5.6.1 0.5 cm 以上的豁边,1 cm 及以上的破洞、烂边、稀弄,不对接轧梭,2 cm 以上的跳花等六大疵点,应在织布厂剪去。

5.6.2 金属杂物织入(包括硬性杂物织入),应在织布厂挑除。

5.6.3 凡在织布厂能修好的疵点应修好后出厂。

5.6.4 假开剪和拼件的规定

5.6.4.1 假开剪的疵点应是评为 4 分或 3 分不可修织的疵点,其疵点的加放长度按 FZ/T 10009 执行,假开剪后各段布都应是一等品。

5.6.4.2 凡用户允许假开剪或拼件,可实行假开剪和拼件。假开剪和拼件按二联匹不允许超过两处、三联匹及以上不允许超过三处。

5.6.4.3 假开剪和拼件率合计不允许超过 20%,其中拼件率不得超过 10%。另有规定按双方协议执行。

5.6.4.4 假开剪布应作明显标记。假开剪布应另行成包,包内附假开剪长度记录单,包外注明“假开剪”字样。

6 试验方法

6.1 试验条件

6.1.1 各项试验应在各方法标准规定的标准条件下进行。

6.1.2 快速试验:由于生产需要,要求迅速检验产品的质量,可采用快速试验的方法。快速试验可以在接近车间温湿度条件下进行,但试验地点的温湿度应保持稳定,按附录 E、附录 F 执行。

6.2 长度测定

按 GB/T 4666 执行。

6.3 幅宽测定

按 GB/T 4667 执行。

6.4 密度测定

按 GB/T 4668 执行。

6.5 断裂强力测定

按 GB/T 3923.1 执行。

6.6 棉结杂质疵点格率检验

按 FZ/T 10006 执行。

7 检验规则

按 FZ/T 10004 执行。

8 标志、包装

按 FZ/T 10009 执行。

9 其他

用户对产品有特殊要求者,可由供需双方另订协议。

附 录 A
（资料性附录）
棉本色灯芯绒代表性品种技术条件表

表 A.1 棉本色灯芯绒代表性品种技术条件表

编号	名称	幅宽/cm	经纬线密度/tex		总经根数	密度/（根/10 cm）		织物紧度/%				断裂强力/N（使用环锭纺纱线）		断裂强力/N（使用气流纺纱）		织物组织		
			经纱	纬纱		经纱	纬纱	经紧 E_T	纬紧 E_W	绒纬紧	总紧 E_Z	经向	纬向	经向	纬向	地组织	绒毛固结	地纬：绒纬
001	特细条灯芯绒	98	J10×2	J14.5	2 364	236	748	39.1	105.4	70.3	103.3	387	876			1/1	W	1：2
011	细条灯芯绒	98	36	36	1 618	162	570.5	36.0	126.7	84.4	117.1	421	1 628	300	1 116	1/1	W	1：2
012	细条灯芯绒	122	36	29	2 140	173	527.5	38.4	105.1	70.1	103.1	452	1 235	322	875	1/1	W	1：2
013	细条灯芯绒	89	14×2	28	2 050	227.5	531.5	44.5	104.1	69.4	102.3	445	1 202		851	1/1	W	1：2
021	中条灯芯绒	123.5	14×2	28	2 856	228	669	44.6	131.0	87.3	117.2	446	1 530		1 084	1/1	V	1：2
022	中条灯芯绒	89	14×2	28	2 050	227.5	748	44.5	146.4	97.6	125.8	445	1 723		1 220	2/1	V	1：2
031	中条灯芯绒	88.5	14×2	29	2 702	302.5	669	59.2	133.3	88.9	113.6	647	1 586		1 124	112/112	V	1：2
032	中条灯芯绒	98	14×2	29	2 912	295.5	685	57.9	136.5	91.0	115.4	628	1 627		1 152	112/112	V	1：2
033	中条灯芯绒	99	14×2	28	2 984	299	669	58.5	131.0	87.3	112.9	638	1 530		1 084	112/112	V	1：2
034	中条灯芯绒	100.5	14×2	28	3 072	303	669	59.3	131.0	87.3	112.6	649	1 530		1 084	112/112	V	1：2
035	中条灯芯绒	132	14×2	28	3 352	252	645.5	49.3	126.4	84.3	113.4	508	1 474		1 044	112/112	V	1：2
041	中条灯芯绒	98.5	48	36	2 280	229	543	58.7	120.5	80.4	108.5	832	1 546	582	1 060	1(双经)/1	W	1：2
042	中条灯芯绒	119.5	48	36	3 032	252	504	64.6	111.9	74.6	104.2	928	1 430	649	980	1(双经)/1	W	1：2
043	中条灯芯绒	98	48	36	2 514	254	527.5	65.1	117.1	78.1	106.0	936	1 499	655	1 028	1(双经)/1	W	1：2

表 A.1（续）

编号	名称	幅宽/cm	经纬线密度/tex		总经根数	密度/（根/10 cm）		织物紧度/%				断裂强力/N（使用环锭纺纱线）		断裂强力/N（使用气流纺纱）		织物组织		
			经纱	纬纱		经纱	纬纱	经紧 E_T	纬紧 E_W	绒纬紧	总紧 E_Z	经向	纬向	经向	纬向	地组织	绒毛固结	地纬：绒纬
044	中条灯芯绒	96.5	36	36	2 454	251.5	527.5	55.8	117.1	78.1	107.6	681	1 499	487	1 028	1(双经)/1	W	1∶2
045	中条灯芯绒	98	24×2	36	2 280	230	543	59.0	120.5	80.4	108.4	886	1 546		1 060	1(双经)/1	W	1∶2
051	中条灯芯绒	98	14×2	36	2 826	283.5	630	55.5	139.9	93.2	117.8	594	1 809		1 241	1/1	V	1∶2
052	9000＃粗条灯芯绒	99	14×2	28	2 226	221.5	846.5	43.4	165.7	110.5	137.2	430	1 965		1 392	112/112	V	1∶2
053	2121-4 灯芯绒	98.5	28×2	28	1 708	170	956.5	47.1	187.3	140.5	146.2	711	2 242		1 588	2/1	V	1∶3
054	粗条灯芯绒	98.5	28×2	28	1 628	161	1 134	44.6	222.0	148.0	167.6	663	2 697		1 910	2/2	V	1∶2
061	提花灯芯绒	98	14×2	28	2 280	228.5	669	44.7	131.0	87.3	117.1	448	1 530		1 084	1/1	V	1∶2
071	割绒平绒	98	J10×2	J14.5	2 874	289	1 146	47.8	161.4	121.0	132.1	501	1 375			1/1	V	1∶3

注 1：特细条灯芯绒是指 2.5 cm 内有 18 条以上；细条灯芯绒是指 2.5 cm 内有 13 条以上～18 条；中条灯芯绒是指 2.5 cm 内有 8 条～13 条；粗条灯芯绒是指 2.5 cm 内有 8 条以下。

注 2：表中断裂强力均使用一等品单纱(线)断裂强度计算而得。

附 录 B
（规范性附录）
断裂强力计算方法

B.1 织物断裂强力计算

B.1.1 织物的断裂强力以5 cm×20 cm布条的断裂强力(N)表示。

B.1.2 织物断裂强力按式B.1计算：

$$Q=\frac{P_0\times N\times K\times T}{2\times 100} \quad \cdots\cdots (B.1)$$

式中：

Q——织物断裂强力，单位为牛(N)；

P_0——单根纱线一等品断裂强度，单位为厘牛每特克斯(cN/tex)；

N——织物中纱线标准密度，单位为根每10厘米(根/10 cm)；

K——织物中纱线强力的利用系数；

T——纱线线密度，单位为特克斯(tex)。

计算的小数不计，取整数。

B.2 环锭纺棉本色纱线一等品的单纱(线)断裂强度见表B.1。

表B.1 环锭纺棉本色纱线一等品的单纱(线)断裂强度 单位为厘牛每特克斯

线密度/tex (英制支数)	梳棉纱	精梳棉纱	线密度/tex (英制支数)	梳棉股线	精梳棉股线
14～15 (43^s～37^s)	14.0	14.4	8×2～10×2 (70^s/2～56^s/2)	15.6	19.2
16～20 (36^s～29^s)	14.2	14.4	11×2～20×2 (55^s/2～29^s/2)	15.8	16.6
21～30 (28^s～19^s)	14.4	14.6	21×2～30×2 (28^s/2～19^s/2)	16.6	—
32～34 (18^s～17^s)	14.2	—	32×2～60×2 (18^s/2～10^s/2)	16.4	—
36～60 (16^s～10^s)	14.0	—	21×2～24×2 (28^s/2～24^s/2)	—	16.8
32～36 (18^s～16^s)	—	14.6			
注：本表未列数据参照GB/T 398—2008。					

B.3 气流纺本色纱一等品的单纱断裂强度见表B.2。

表 B.2　气流纺棉本色纱一等品的单纱断裂强度

单位为厘牛每特克斯

线密度/tex(英制支数)	经　纱	纬　纱
22～26(26^s～22^s)	10.8	10.4
28～31(21^s～19^s)	10.6	10.2
32～34(18^s～17^s)	10.4	10.0
36～42(16^s～14^s)	10.0	9.6
44～60(13^s～10^s)	9.8	9.4
注：本表未列数据参照 FZ/T 12001—2006。		

B.4　织物中纱线强力利用系数 K 值见表 B.3。

表 B.3　断裂强力利用系数

项　目		紧度 E/%	K 值	K 值与紧度 E(%)相关方程式
经向	线	36～62	0.837～0.984	$K_T=0.634+0.565E_T$
	纱	34～66	1.027～1.099	$K_T=0.951+0.224E_T$
纬向		90～230	1.115～1.184	$K_W=1.071+0.049E_W$

B.5　织物紧度按式(B.2)～式(B.4)计算：

$$E_Z=E_T+E_W-\frac{E_T\times E_W}{100} \quad\cdots\cdots(\text{B.2})$$

$$E_T=0.037\sqrt{T_T}\times P_T \quad\cdots\cdots(\text{B.3})$$

$$E_W=0.037\sqrt{T_W}\times P_W \quad\cdots\cdots(\text{B.4})$$

式中：

E_Z——织物总紧度，%；

E_T——织物经向紧度，%；

E_W——织物纬向紧度，%；

T_T——经纱线密度，单位为特克斯(tex)；

T_W——纬纱线密度，单位为特克斯(tex)；

P_T——经向密度，单位为根每 10 厘米(根/10 cm)；

P_W——纬向密度，单位为根每 10 厘米(根/10 cm)；

计算结果按四舍五入法，保留小数一位。

附 录 C
（规范性附录）
各类布面疵点的具体内容

C.1 经向明显疵点

竹节、粗经、断经、断疵、沉纱、松经、综穿错、星跳、经缩浪纹、结头、边撑疵、烂边、拖纱、修整不良、油渍、错线密度、猫耳朵、凹边、豁边、大小条、油经、双经、异型纤维。

C.2 纬向明显疵点

脱纬、连续双纬、百脚、跳纱、纬缩、毛边、云织、杂物织入、油纬、错纬、花型错乱、大小条、异型纤维。

C.3 横档疵点

稀纬、密路、拆痕、花纬。

C.4 严重疵点

3 根及以上的破洞、豁边、跳花，1 cm 及以上的烂边，不对接轧梭、稀弄、金属杂物织入及粗 0.3 cm 以上的杂物织入、影响组织的浆斑、霉斑、损伤布底的修正不良、花型错乱，5 cm×5 cm 内满 20 只及以上的结头。

C.5 其他

经向疵点及纬向疵点中，有些疵点是这两类共同性的，如竹节、跳纱等，在分类中只列入经向疵点一类，如在纬向出现时，应按纬向疵点评分。

如在布面上出现上述未包括的疵点，按相似疵点评分。

附 录 D
（规范性附录）
疵点名称的说明

D.1 竹节:纱线上短片段的粗节。

D.2 粗经:直经偏粗长 5 cm 及以上的经纱织入布内。

D.3 断经:织物内经纱断缺。

D.4 断疵:经纱断头纱尾织入布内。

D.5 沉纱:由于提综不良,造成经纱浮在布面。

D.6 双经:单纱(线)织物中有两根经纱并列织入。

D.7 综穿错:没有按工艺要求穿综,而造成布面组织错乱。

D.8 星跳:1 根经纱或纬纱跳过 2 根～4 根形成星点状的。

D.9 经缩浪纹:部分经纱受意外张力后松弛,使织物表面呈波纹状起伏不平。

D.10 结头:影响后工序质量的结头。

D.11 边撑疵:边撑或刺毛辊使织物中纱线起毛或轧断。

D.12 烂边:边组织内单断纬纱,一处断 3 根及以上的。

D.13 拖纱:拖在布面或布边上的未剪去纱头。

D.14 修正不良:布面被刮起毛,起皱不平,经、纬纱交叉不匀或只修不整。

D.15 油渍:织物沾油后留下的痕迹。

D.16 错线密度:线密度用错工艺标准。

D.17 猫耳朵:凸出布边 0.5 cm 及以上。

D.18 凹边:凹进布面 0.5 cm 及以上。

D.19 豁边:边组织内 3 根及以上经、纬纱共断或单断经纱(包括隔开 1 根～2 根好纱)。双边纱 2 根作 1 根计,3 根及以上的有 1 根算 1 根。

D.20 大小条:割绒导针走偏,在坯布上筘路或筘穿错形成灯条大小不一。

D.21 油经:经纱沾油后留下的痕迹。

D.22 双经:单纱(线)织物中有两根经纱并列织入。

D.23 脱纬:一梭口内有 3 根及以上的纬纱织入布内(包括连续双纬和长 5 cm 及以上的纬缩)。

D.24 双纬:单纬织物一梭口内有两根纬纱织入布内。

D.25 百脚:斜纹或缎纹织物一个完全组织内缺 1 根～2 根纬纱(包括多头百脚)。

D.26 跳纱:1 根～2 根经纱或纬纱跳过 5 根及以上的。

D.27 纬缩:纬纱扭结织入布内或起圈现于布面(包括经纱起圈及松纬缩三楞起算)。

D.28 毛边:由于边剪作用不良或其他原因,使纬纱不正常被带入织物内(包括距边 5 cm 以下的双纬和脱纬)。

D.29 杂物织入:飞花、回丝、油花、皮质、木质、金属(包括瓷器)等杂物织入。

D.30 油纬:纬纱沾油或被污染。

D.31 错纬:直径偏粗、偏细长 5 cm 及以上的纬纱、紧捻、松捻纱织入布内。

D.32 云织:纬纱密度稀密相间呈规律性的段稀段密。

D.33 异型纤维:异纤维纱线织入。

D.34 稀纬:经向 1 cm 内少 2 根纬纱(横贡织物稀纬少 2 根作 1 根计)。

D.35 密路:经向 0.5 cm 内纬密多 25%以上(纬纱紧度 40%以下多 20%及以上的)。

D.36 拆痕：拆布后布面上留下的起毛痕迹和布面揩浆抹水。

D.37 花纬：由于配棉成分或陈旧的纬纱，使布面色泽不同，且有1个～2个分界线。

D.38 破洞：3根及以上经纬纱共断或单断经、纬纱(包括隔开1根～2根好纱的)，经纬纱起圈高出布面0.3 cm，反面形似破洞。

D.39 豁边：边组织内3根及以上经、纬纱共断或单断经纱(包括隔开1根～2根好纱)。双边纱2根作1根计，3根及以上的有1根算1根。

D.40 跳花：3根及以上的经、纬纱相互脱离组织，包括隔开一个完全组织。

D.41 不对接轧梭：轧梭后的经纱未经对接。

D.42 稀弄：纬密少于工艺标准较大，呈“弄”现象。

D.43 浆斑：浆块附着布面影响织物组织。

D.44 霉斑：受潮后布面出现霉点(斑)。

附 录 E
（资料性附录）
用于快速测定织物断裂强力的修正

E.1 在常规试验及工厂内部质量控制检验或有关各方同意时，可在普通大气条件下进行快速试验，然后按标准温度和回潮率的办法进行修正，但检验地点的温湿度应保持稳定。

E.2 断裂强力修正见式(E.1)。

$$修正后的断裂强力(N) = 实测断裂强力(N) \times 断裂强力修正系数 \quad \cdots\cdots\cdots(E.1)$$

E.3 断裂强力修正系数

棉本色灯芯绒断裂强力修正系数按 FZ/T 10013.2 中棉本色布断裂强力的温度和回潮率修正系数执行。

附 录 F
（资料性附录）
检 验 规 定

F.1 在常规试验及工厂内部品质控制检验或有关各方同意时，可在普通大气条件下进行快速试验。

F.2 分批规定

F.2.1 以同一品种整理车间的一班或一昼夜三班的生产入库数量为一批，以一昼夜三班为一批的，如逢单班时，则并入邻近一批计算；两班生产的，则以两班为一批。

F.2.2 如一昼夜三班入库数量不满300匹时，可累计满300匹为一批，但一周累计仍不满300匹时，则应以每周为一批（品种翻改时不受此限）。

F.2.3 分批定时点一经确定，不得在取样后加以变更。

F.3 物理指标、棉结杂质和棉结分批检验、按批评等。

F.4 物理指标、棉结杂质以一次检验结果为评等依据。

F.5 经、纬密度因个别机台的筘号或纬密牙轮用错，造成经、纬密度不符合规格的，该个别机台所生产的布匹，如确能划分清楚的，可将这部分布匹剔除出来作降等处理，但该批布仍应重新取样检验定等。如划不清楚并超过允许公差范围的，应全批降等。

F.6 检验周期

物理指标、棉结杂质每批检验一次，质量稳定时，也可延长检验周期，但每周至少检验一次。如遇原料及工艺变动较大或物理指标及棉结杂质降等时，应立即进行逐批检验，直至连续三批合格后，方可恢复原定检验周期。

F.7 取样数量

检验布样在每批棉本色灯芯绒经整理后、成包前的布匹中随机取样，取样数量不少于总匹数的0.5%，最少不得少于3匹。

参 考 文 献

[1] GB/T 398—2008 棉本色纱线
[2] FZ/T 12001—2006 气流纺棉本色纱

ICS 59.080.30
W 10

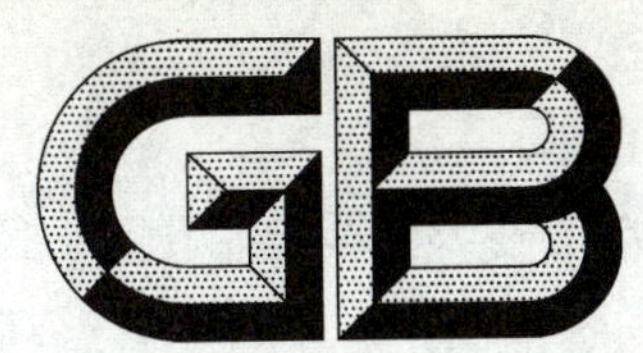

中华人民共和国国家标准

GB/T 17759—2009
代替 GB/T 17759—1999

本色布布面疵点检验方法

Method of inspection for grey fabric surface defects

2009-04-21 发布　　2009-12-01 实施

中华人民共和国国家质量监督检验检疫总局
中国国家标准化管理委员会　发布

前　言

本标准代替GB/T 17759—1999《本色布布面疵点检验方法》。

本标准与GB/T 17759—1999相比主要变化如下：

——检验条件进行了补充；

——计点法取消三等品内容；

——四分制评分法中取消划条量计方法。

本标准的附录A、附录B为规范性附录。

本标准由中国纺织工业协会提出。

本标准由全国纺织品标准化技术委员会棉纺织印染分技术委员会(SAC/TC 209/SC 2)归口。

本标准起草单位：上海市纺织工业技术监督所。

本标准主要起草人：邵蓓华、王憬义、贺美娣。

本标准所代替标准的历次版本发布情况为：

——GB/T 17759—1999。

本色布布面疵点检验方法

1 范围

本标准规定了各类本色布布面疵点检验方法的术语和定义、检验和检验报告。

本标准适用于工业用、衣着用、装饰用的机织生产的本色布布面疵点的检验。

2 规范性引用文件

下列文件中的条款通过本标准的引用而成为本标准的条款。凡是注日期的引用文件,其随后所有的修改单(不包括勘误的内容)或修订版均不适用于本标准,然而,鼓励根据本标准达成协议的各方研究是否可使用这些文件的最新版本。凡是不注日期的引用文件,其最新版本适用于本标准。

GB/T 406 棉本色布

GB/T 5325 精梳涤棉混纺本色布

FZ/T 01018 纺织品 机织物疵点术语

3 术语和定义

FZ/T 01018 确立的以及下列术语和定义适用于本标准。

3.1

评分法 point assessing

以分数值的大小来评定布面疵点的多少、轻重程度的方法,并规定一定长度内允许疵点最大的评分值。

3.2

标疵法 defect marking method

用标记来显示布面上的某些疵点的位置和数量,并规定放布来取代疵点的方法。

3.3

计点法 point counting method

以记录疵点的点数和疵点的标记数来评定布面疵点轻重程度的方法。

3.4

主要疵点 major defects

足以使最终产品定位不合格品的局部或散布性严重疵点。

3.5

次要疵点 minor defects

疵点是否使最终成品为次品的疵点,还要取决于该疵点在最终产品的位置或在加工中消失的可能性。

4 检验

4.1 检验条件

4.1.1 检验布面的光照度为 400 lx±100 lx,可采用下灯光或上灯光。

4.1.2 光源与布面距离为 1.0 m~1.2 m。

4.1.3 检验人员的视线应正视布面，眼睛与布面的距离为 55 cm～60 cm。

4.1.4 验布机的线速度不大于 20 m/min(包括手推台板)。

4.2 操作规定

4.2.1 检验以布面的正面为准，选择采用单层或双层方式，以最能显示疵点的程度为准。

4.2.2 检验布面疵点时，应将布平放在工作台上，检验人员站在工作台旁，以能清楚看到疵点为准。

4.2.3 每一个可见疵点按产品标准规定的评分法、标疵法或计点法检验。

4.2.4 对布面上所有疵点的长度测量时，均用检测合格的钢卷尺。

4.3 疵点检验方法

4.3.1 评分法

4.3.1.1 4 分制评分见表 1。

表 1 4 分制评分表

疵点分类		评分数			
		1	2	3	4
经向明显疵点		8 cm 及以下	8 cm 以上～16 cm	16 cm 以上～24 cm	24 cm 以上～100 cm
纬向明显疵点		8 cm 及以下	8 cm 以上～16 cm	16 cm 以上～24 cm	24 cm 以上
横档		—	—	半幅及以下	半幅以上
严重疵点	根数评分	—	—	3 根	4 根及以上
	长度评分	—	—	1 cm 以下	1 cm 及以上

注 1：1 m 中累计评分数最大值为 4 分。

注 2：1 m 内严重疵点评 4 分为降等品。

注 3：严重疵点在根数和长度评分矛盾时，从严评分。

4.3.1.2 10 分制评分见表 2。

表 2 10 分制评分表

疵点分类		评分数			
		1	3	5	10
经向明显疵点		5 cm 及以下	5 cm 以上～20 cm	20 cm 以上～50 cm	50 cm 以上～100 cm
纬向明显疵点		5 cm 及以下	5 cm 以上～20 cm	20 cm～半幅	半幅以上
横档	不明显	半幅及以下	半幅以上	—	—
	明显	—	—	半幅及以下	半幅以上
严重疵点	根数评分	—	—	3 根～4 根	5 根及以上
	长度评分	—	—	1 cm 以下	1 cm 及以上

注 1：1 m 中累计评分数最大值为 10 分。

注 2：横档计算条时，半幅以上为一条。

注 3：严重疵点在根数和长度评分矛盾时，从严评分。

4.3.1.3 11分制评分见表3。

表3 11分制评分表

疵点名称		评分数			
		1	3	6	11
经向疵点	错纤维、断经、沉纱、综穿错	单根，每长1 cm～5 cm； 并列2根，1 cm及以内； 高密织物，10 cm～30 cm； 卡其织物，10 cm～30 cm	并列2根断经、沉纱1 cm及以上的，每1 cm	—	—
	粗经、吊经纱、紧经纱、并线松紧、松经	粗经、并线松紧每长5.0 cm～10.0 cm； 吊经纱、紧经纱、松经1.0 cm～5.0 cm； 0.5 m内，0.5 cm～1.0 cm以内的松经，每3个	—	—	—
	双经、筘路、筘穿错、针路、花经	每100 cm； 高密织物每2根按1条计	—	—	—
	经缩	经缩波纹方眼每1.0 cm； 纬向一直条浪纹1楞	经缩浪纹1.0 cm以内； 纬向一直条浪纹2楞	1.0 cm及以上，经缩浪纹每1 cm； 纬向一直条波纹	—
纬向疵点	拆痕	—	1.0 cm～12.0 cm以下起毛或布面揩浆抹水	—	起毛或布面揩浆抹水，每条
	双纬、脱纬	分散双纬，每条	经向10 cm内满2条双纬，每条6.0 cm～12 cm以下脱纬，每条	3根～4根脱纬	5根及以上的脱纬
	密路、稀纬	分散开车稀密路，每条	—	经向1 cm内少2根，每条； 经向1 cm内少3根，纬向长1 cm～12 cm以下； 经向0.5 cm内，纬密多25%～35%以下，密路每条	0.5 m内满4条开车稀密路； 经向1.0 cm以内少3根及以上的稀纬，每条； 经向长5.0 cm以上的密路，每条； 经向0.5 cm内，纬密多35%及以上，每条
	条干不匀，云织	—	—	—	叠起来看得出，经向1.0 m及以内
	错纬	—	轻微的每3梭至2.0 cm 明显的3梭以内，每梭	—	—

表 3（续）

疵点名称		评分数			
		1	3	6	11
纬向疵点	花纬	—	—	叠起来看得出，1 m 内有 1 条～2 条交界线，每条	—
	百脚	横贡织物，每条	纬向长 1.0 cm～12 cm 以内，每条	线状的百脚，每条	锯状的百脚，每条
破损性疵点	破洞、豁边、跳花	—	—	断（跳）3 根～4 根 1.0 cm 以内	断（跳）3 根～4 根 1 cm 以上，断跳 5 根及以上
	烂边、猫耳朵	经向长 0.3 cm 以内，0.5 m 内，每 6 个	经向长 0.3 cm～0.5 cm 以内，烂边每个	凸出布边 0.3 cm 的猫耳朵，经向长 1.0 cm 及以上	经向长 0.5 cm 及以上，每个
	修整不良、霉斑	—	布面被刮起毛，每长 1.0 cm～10 cm； 布面不平，经纬交叉不匀； 每长 1.0 cm～5.0 cm	—	损伤布底，每处 霉斑，每处
密集性疵点	毛边	从边开始 6 cm 以内的脱纬，12 cm 以内的双纬，经向 10 cm 内，每 3 梭纬纱并列露出边外成须状，经向 0.5 cm 内满 6 根，每 2 根	—	—	—
	结头	经向 0.5 cm 内，分散结头，每 3 个	—	—	经向 0.5 m 内，满 20 个 经向 10 cm 内，满 10 个
	纬缩、边撑疵、棉球	经向 0.5 cm 内，每 3 个边撑疵经向10 cm 内，满 6 个，每个		纬纱起圈经向一直条，每长 0.5 cm 及以内满 4 个	经向 0.5 m 内纬缩，棉球满 20 个
	竹节	经向 0.5 m 内，满 3 节，每节	—	—	—
	星条、跳纱	1.0 cm 以下经、纬向跳纱，0.5 m 内每 6 梭，经向 10 cm 内满 6 梭，每梭，1.0 cm 及以上纬向跳纱，每梭 1.0 cm 内一直条并列经、纬向跳纱，每个	—	经向 10 cm 内满 15 个	—
	断疵、布面拖纱	每个	—	—	—
	杂物织入	粗 0.1 cm～0.2 cm，每个	粗 0.2 cm 以上～0.3 cm，每个	—	粗 0.3 cm 以上每个，金属杂物织入，每个

表 3（续）

疵点名称		评分数			
		1	3	6	11
油污疵点	浆斑、油经、流印、油纬、油花、油渍、布开花、锈经、煤灰纱、锈纬、不褪色锈渍、污渍、水渍、色渍	浅色的油纱，每长1.0 cm～10.0 cm； 深色的油纱，每长0.5 cm～5.0 cm； 浅色的油渍，0.5 cm～2.0 cm； 经向0.5 m内不到评分起点的油锈疵、褪色的色疵，每3个； 污渍、水渍、流印，每长2 cm	深色的油、锈、浆色，0.3 cm～1.0 cm	—	—

注1：0.5 m中累计评分数最大值为11分。

注2：纬向疵点长12 cm及以上作为一条。

4.3.2 标疵法

4.3.2.1 疵点标疵范围

疵点标疵范围见表4。

表 4 疵点标疵范围

序号	疵点名称和程度	标疵个数
1	5根及以上的破洞、豁边、跳花，1 cm及以上的经缩浪纹，影响组织的浆斑、霉斑，损伤布底的修正不良	1
2	经向20 cm及以内0.3 cm×3 cm及以上的块状疵点	1
3	经向20 cm及以内0.3 cm×3 cm以下的疵点满10个	1
4	经向20 cm及以内序号1、2疵点4个及以内	1

注1：0.5 cm的豁边，1 cm的破洞、烂边、稀弄，不对接轧梭，2 cm以上的跳花等六大疵点不能标疵，应开剪，金属杂物织入应剔除。

注2：标疵位置都应该在疵点存在的相应部位的布边上。

4.3.2.2 标疵放布规定：

——疵点经向长度不足5 cm的不放布；

——疵点经向长度超过5 cm至20 cm的放布15 cm。

4.3.2.3 定等规定：

——标疵数在一等品允许范围内为一等品，超过为降等品；

——幅宽狭于规定要求的为降等品。

4.3.3 计点法

4.3.3.1 在经纬向上所有的疵点都按照它们的长度计点，计点规定见表5。

表 5 计点法规定

疵点点数	1点	2点	3点	4点
疵点长度	3 cm以内	3 cm～20 cm以内	20 cm～50 cm以内	50 cm及以上
距布边12 cm以内	—	100 cm	—	—
破洞	—	—	—	1.5 cm以下

4.3.3.2 疵点的标记：

——4 点的疵点用红色；

——2 点和 3 点的疵点用绿色；

——1 点的疵点只记点数。

注：标记的颜色应用易于洗掉的染料。

4.3.3.3 一等品内不允许有红色标记。

4.3.3.4 用计点法来评定布匹的等级时，应该规定一个约定匹长中允许存在的疵点的点数和疵点的标记数。

示例(幅宽为 150 cm，布匹每 100 m 中)：一等品少于 55 个点和 22 个记号，二等品少于等于 85 个点和 35 个记号。

4.3.3.5 距布边 12 cm 以内的经向疵点每米记 2 个点，不作标记。

4.4 布面疵点的量计规定

4.4.1 疵点的长度以经向或纬向最大长度量计。各种疵点的具体内容、名称见附录 A、附录 B。

4.4.2 经向明显疵点及严重疵点，长度超过 1 m 的，其超过部分按表 1、表 2 再行评分。

4.4.3 断续发生的疵点，在经(纬)向计量范围内有两个及以上的则按连续长度评分。

4.4.4 有两个及以上经(纬)向明显疵点(包括不同名称的疵点)断续发生(间距在计量范围内)时，按程度重的全部量或分别量从轻评分。

4.4.5 主要疵点按表 1、表 2 或表 3 评分。

4.4.6 次要疵点评分可以按主要疵点评分要求酌减，按产品标准要求执行。

4.5 疵点程度的规定

4.5.1 竹节、粗经、粗纬、经缩、拆痕、修正不良、油疵等七种疵点程度按 GB/T 406 本色布布面疵点样照或 GB/T 5325 精梳涤棉本色布布面疵点样照执行。

4.5.2 稀纬、密路以叠起来看得清楚为明显，单层看得清楚，叠起来看不清楚为不明显。若发生争议时，以点根数加以区别。

5 检验报告

检验报告应包括以下内容：

a) 阐明检验是按本标准进行的、所采用的方法；

b) 被检产品的名称、规格、受检单位名称；

c) 受检产品的数量，包括段数、段长和检验结果；

d) 受检日期、检验人员签名；

e) 现场检验应说明的问题。

附 录 A
（规范性附录）
各类布面疵点的具体内容

A.1 经向明显疵点

竹节、粗经、错线密度、综穿错、筘路、筘穿错、多股经、双经、并线松紧、松经、紧经、吊经、经缩波纹、断经、断疵、沉纱、星跳、跳纱、棉球、结头、边撑疵、拖纱、修正不良、错纤维、油渍、油经、锈经、锈渍、不褪色色经、不褪色色渍、水渍、污渍、浆斑、布开花、油花纱、猫耳朵、凹边、烂边、花经、长条影、极光、针路、磨痕、绞边不良、方眼、木棍皱、荷叶边。

A.2 纬向明显疵点

错纬(包括粗、细、紧、松)、条干不匀、脱纬、双纬、纬缩、毛边、云织、杂物织入、花纬、油纬、锈纬、不褪色色纬、煤灰纱、百脚、开车经缩(印)。

A.3 横档

拆痕、稀纬、密路。

A.4 严重疵点

破洞、豁边、跳花、稀弄、经缩浪纹(三楞起算)、并列 3 根吊经、松经(包括隔开 1 根～2 根好纱的)、不对接轧梭、1 cm 及以上烂边、金属杂物织入、影响组织的浆斑、霉斑、损伤布底的修正不良、经向 8 cm 内整幅中满 10 个结头或边撑疵。

A.5 其他

A.5.1 经向疵点及纬向疵点中，有些疵点是这两类共同性的，如竹节、跳纱等，在分类中只列入经向疵点一类，如在纬向出现时，应按纬向疵点评分。

A.5.2 如在布面上出现上述未包括的疵点，按相似疵点评分。

附　录　B
（规范性附录）
疵点名称的说明

B.1　竹节：纱线上短片段的粗节。

B.2　粗经：直经偏粗长 5 cm 及以上的经纱织入布内。

B.3　错线密度：线密度用错工艺标准。

B.4　综穿错：没有按工艺要求穿综，而造成布面组织错乱。

B.5　筘路：织物经向呈现条状稀密不匀。

B.6　筘穿错：没有按工艺要求穿筘，造成布面上经纱排列不匀。

B.7　多股经：两根以上单纱合股者。

B.8　双经：单纱（线）织物中有两根经纱并列织入。

B.9　并线松紧：单纱加捻为股线时张力不匀。

B.10　松经：部分经纱张力松弛织入布内。

B.11　紧经：部分经纱捻度过大。

B.12　吊经：部分经纱在织物中张力过大。

B.13　经缩波纹：部分经纱受意外张力后松弛，使织物表面呈波纹状起伏不平。

B.14　断经：织物内经纱断缺。

B.15　断疵：经纱断头纱尾织入布内。

B.16　沉纱：由于提综不良，造成经纱浮在布面。

B.17　星跳：1 根经纱或纬纱跳过 2 根～4 根形成星点状的。

B.18　跳纱：1 根～2 根经纱或纬纱跳过 5 根及以上的。

B.19　棉球：纱线上的纤维呈球状。

B.20　结头：影响后工序质量的结头。

B.21　边撑疵：边撑或刺毛辊使织物中纱线起毛或轧断。

B.22　拖纱：拖在布面或布边上的未剪去纱头。

B.23　修正不良：布面被刮起毛，起皱不平，经、纬纱交叉不匀或只修不整。

B.24　错纤维：异纤维纱线织入。

B.25　油渍：织物沾油后留下的痕迹。

B.26　油经：经纱沾油后留下的痕迹。

B.27　锈经：被锈渍沾污的经纱痕迹。

B.28　锈渍：织物沾锈后留下的痕迹。

B.29　不褪色色经：被沾污而洗不清的有色经纱。

B.30　不褪色色渍：被沾污洗不清的污渍。

B.31　水渍：织物沾水后留下的痕迹。

B.32　污渍：织物沾污后留下的痕迹。

B.33　浆斑：浆块附着布面影响织物组织。

B.34　布开花：异纤维或色纤维混入纱线中织入布内。

B.35　油花纱：在纺纱过程中沾污油渍的纤维附入纱线。

B.36　猫耳朵：凸出布边 0.5 cm 及以上。

B.37　凹边：凹进布面 0.5 cm 及以上。

B.38　烂边：边组织内单断纬纱，一处断 3 根及以上的。

B.39　花经:由于配棉成分变化,使布面色泽不同。

B.40　长条影:由于不同批次纱的混入或其他因素,造成布面经向间隔的条痕。

B.41　极光:由于机械造成布面摩擦而留下的痕迹。

B.42　针路:由于点啄式断纬自停装置不良,造成经向密集的针痕。

B.43　磨痕:布面经向形成一直条的痕迹。

B.44　绞边不良:因绞边装置不良或绞边纱张力不匀,造成2根及以上绞边纱不交织或交织不良。

B.45　错纬:直径偏粗、偏细长5 cm及以上的纬纱、紧捻、松捻纱织入布内。

B.46　条干不匀:叠起来看前后都能与正常纱线明显划分得开的较差的纬纱条干。

B.47　脱纬:一梭口内有3根及以上的纬纱织入布内(包括连续双纬和长5 cm及以上的纬缩)。

B.48　双纬:单纬织物一梭口内有两根纬纱织入布内。

B.49　纬缩:纬纱扭结织入布内或起圈现于布面(包括经纱起圈及松纬缩三楞起算)。

B.50　毛边:由于边剪作用不良或其他原因,使纬纱不正常被带入织物内(包括距边5 cm以下的双纬和脱纬)。

B.51　云织:纬纱密度稀密相间呈规律性的段稀段密。

B.52　杂物:飞花、回丝、油花、皮质、木质、金属(包括瓷器)等杂物织入。

B.53　花纬:由于配棉成分或陈旧的纬纱,使布面色泽不同,且有1个～2个分界线。

B.54　油纬:纬纱沾油或被污染。

B.55　锈纬:被锈渍沾污的纬纱痕迹。

B.56　不褪色色纬:被沾污而洗不净的有色纬纱。

B.57　煤灰纱:被空气中煤灰污染的纱(单层检验为准,对深色油卡)。

B.58　百脚:斜纹或缎纹织物一个完全组织内缺1根～2根纬纱(包括多头百脚)。

B.59　开车经缩(印):开车时部分经纱受意外张力后松弛,使织物表面呈现块状或条状的起伏不平开车痕迹。

B.60　拆痕:拆布后布面上留下的起毛痕迹和布面揩浆抹水。

B.61　稀纬:经向1 cm内少2根纬纱(横贡织物稀纬少2根作1根计)。

B.62　密路:经向0.5 cm内纬密多25%以上(纬纱紧度40%以下多20%及以上的)。

B.63　破洞:3根及以上经纬纱共断或单断经、纬纱(包括隔开1根～2根好纱的),经纬纱起圈高出布面0.3 cm,反面形似破洞。

B.64　豁边:边组织内3根及以上经、纬纱共断或单断经纱(包括隔开1根～2根好纱)。双边纱2根作1根计,3根及以上的有1根算1根。

B.65　跳花:3根及以上的经、纬纱相互脱离组织,包括隔开一个完全组织。

B.66　稀弄:纬密少于工艺标准较大,呈"弄"现象。

B.67　不对接轧梭:轧梭后的经纱未经对接。

B.68　霉斑:受潮后布面出现霉点(斑)。

B.69　方眼:织造时局部经纱张力过大,布面形成块状风格差异。

B.70　木棍皱:坯布经过卷布棍时,张力不当,织物在布棍中间部位处形成经向折皱。

B.71　荷叶边:布边经纱张力较小或横向拉幅过度或不足,织物边缘呈起伏波浪状。

ICS 59.080.30
W 71

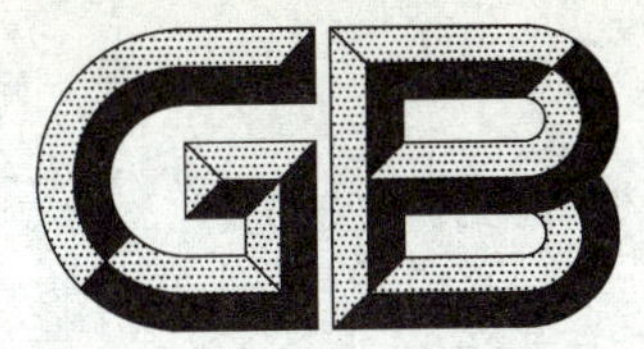

中华人民共和国国家标准

GB/T 20039—2005

涤与棉混纺色织布

Polyester/cotton yarn-dyed fabric

2005-10-19 发布　　2006-01-01 实施

中华人民共和国国家质量监督检验检疫总局
中国国家标准化管理委员会　发布

前　言

本标准根据色织布的产品特点，同时，参考美国试验与材料协会标准 ASTM D 3477—2000《男式成人及儿童衬衣用机织物性能的规格要求》和 ASTM D 4232—2001《男、女成人服装和工作服用机织物性能的规格要求》及美国《梭织物的范友生疵点分等标准》制定。

本标准的附录 A 为规范性附录，附录 B 为资料性附录。

本标准由中国纺织工业协会提出。

本标准由无锡纺织产品质量监督检验测试所归口。

本标准起草单位：无锡纺织产品质量监督检验测试所、无锡出入境检验检疫局、江苏天伦染织实业有限公司、泰州出入境检验检疫局。

本标准主要起草人：浦秋娟、侯丽萍、王纪立、仇惠娟、王向群。

本标准首次发布。

涤与棉混纺色织布

1 范围

本标准规定了涤与棉混纺色织布的产品品种规格、要求、试验方法、检验规则、标志和包装。

本标准适用于鉴定服用涤与棉各种比例混纺色织布的品质。

本标准不适用于涤与棉混纺的色织泡泡纱、色织纱罗、色织弹力布、色织纬长丝等织物。

2 规范性引用文件

下列文件中的条款通过本标准的引用而成为本标准的条款。凡是注日期的引用文件，其随后所有的修改单(不包括勘误的内容)或修订版均不适用于本标准，然而，鼓励根据本标准达成协议的各方研究是否可使用这些文件的最新版本。凡是不注日期的引用文件，其最新版本适用于本标准。

GB 250 评定变色用灰色样卡(idt ISO 105-A02)

GB 251 评定沾色用灰色样卡(idt ISO 105-A03)

GB/T 2828.1—2003/ISO 2859-1:1999 计数抽样检验程序 第1部分:按接收质量限(AQL)检索的逐批检验抽样计划

GB/T 2910 纺织品 二组分纤维混纺产品定量化学分析方法(eqv ISO 1833)

GB/T 2912.1 纺织品 甲醛的测定 第1部分:游离水解的甲醛(水萃取法)(eqv ISO/FDIS 14184-1)

GB/T 3920 纺织品 色牢度试验 耐摩擦色牢度(eqv ISO 105-X12)

GB/T 3921.3 纺织品 色牢度试验 耐洗色牢度:试验3(eqv ISO 105-C03)

GB/T 3922 纺织品耐汗渍色牢度试验方法(eqv ISO 105-E04)

GB/T 3923.1 纺织品 织物拉伸性能 第1部分:断裂强力和断裂伸长率的测定 条样法

GB/T 4667 机织物幅宽的测定

GB/T 4668 机织物密度的测定

GB/T 5033 出口产品包装用瓦楞纸箱

GB 5296.4 消费品使用说明 纺织品和服装使用说明

GB/T 6152 纺织品 色牢度试验 耐热压色牢度(eqv ISO 105-X11)

GB/T 8170 数值修约规则

GB/T 8628 纺织品 测定尺寸变化的试验中织物试样和服装的准备、标记及测量(eqv ISO 3759)

GB/T 8629 纺织品 试验用家庭洗涤和干燥程序(eqv ISO 6330)

GB/T 8630 纺织品 洗涤和干燥后尺寸变化的测定(eqv ISO 5077)

GB/T 14801 机织物与针织物纬斜和弓纬试验方法

FZ/T 01053 纺织品 纤维含量的标识

QB/T 3811 塑料打包带

3 产品品种、规格

3.1 涤与棉混纺色织布的品种、规格，根据客户合同或用户需要确定。

3.2 品种规格应包括幅宽、纱线线密度、经纬密度和纤维含量。

4 要求

4.1 项目

要求分为内在质量和外观质量两个方面。内在质量有经纬密度偏差、水洗尺寸变化、染色牢度、断裂强力、纤维含量允差、甲醛含量六项。外观质量有幅宽偏差、纬斜、色差、布面疵点评分限度四项。

4.2 分等规定

4.2.1 涤与棉混纺色织布的品等分为优等品、一等品、二等品，低于二等品的为等外品。

4.2.2 涤与棉混纺色织布的评等，内在质量按批评等，外观质量按段(匹)评等。

4.2.3 涤与棉混纺色织布，以内在质量的等级与外观质量的等级结合定等，办法见表1。

表1 分等规定

外观质量评等	内在质量评等	结合定等
优等品	优等品	优等品
优等品	一等品	一等品
优等品	二等品	二等品
一等品	优等品	一等品
一等品	一等品	一等品
一等品	二等品	二等品
二等品	优等品	二等品
二等品	一等品	二等品
二等品	二等品	等外品

4.2.4 内在质量的评等

4.2.4.1 内在质量要求见表2。

表2 内在质量要求

<table>
<tr><th colspan="3" rowspan="2">项 目</th><th colspan="3">要 求</th></tr>
<tr><th>优等品</th><th>一等品</th><th>二等品</th></tr>
<tr><td colspan="3">经纬密度偏差/(%)</td><td>−2.5</td><td>−2.5</td><td>−2.8</td></tr>
<tr><td rowspan="4">水洗尺寸变化/(%)
(经、纬向)</td><td rowspan="2">非起绒织物</td><td>棉/涤
(棉≥50%)</td><td>+0.5～−2.0</td><td>+1.0～−2.5</td><td>+1.0～−3.0</td></tr>
<tr><td>涤/棉
(涤>50%)</td><td>+0.5～−1.5</td><td>+1.0～−2.0</td><td>+1.0～−3.0</td></tr>
<tr><td rowspan="2">起绒织物</td><td>棉/涤
(棉≥50%)</td><td>+0.5～−2.5</td><td>+1.0～−3.0</td><td>+1.0～−4.0</td></tr>
<tr><td>涤/棉
(涤>50%)</td><td>+0.5～−2.0</td><td>+1.0～−2.5</td><td>+1.0～−3.0</td></tr>
</table>

表 2（续）

项目			要求		
			优等品	一等品	二等品
染色牢度/级≥	耐洗	变色	4	3—4	低于一等品极限偏差
		沾色	3—4	3	
	耐摩擦	干摩	4	3—4	
		湿摩	3	2—3	
	耐汗渍（酸、碱）	变色	3—4	3	
		沾色	3—4	3	
	耐热压	干压变色	3—4	3	
		湿压沾色	3—4	3	
断裂强力/N（经、纬向）≥		非起绒织物	190		
		起绒织物	137		
纤维含量允差(净干)/(%)			按 FZ/T 01053 要求		
甲醛含量/(mg/kg) ≤			婴幼儿类 20，直接接触皮肤类 75，非直接接触皮肤类 300		
注 1：一等品耐洗、耐摩擦色牢度允许一项低于标准半级。 注 2：断裂强力低于标准考核指标的织物按第 9 章处理。					

4.2.4.2 内在质量以最低项评等。

4.2.4.3 经大整理的织物经纬密度加工系数见附录 A。

4.2.5 外观质量的评等

4.2.5.1 外观质量的评等见表 3。

表 3 外观质量的评等规定

项目		要求		
		优等品	一等品	二等品
幅宽偏差/cm	幅宽 140 cm 及以下	+2.0 −1.0	+2.5 −1.0	+2.5 以上 −1.5
	幅宽 140 cm 以上	+2.5 −1.5	+3.0 −1.5	−2.0
纬斜/(%) ≤	有格织物	1.5	2.0	2.5
	无格织物	2.0	2.5	3.0
色差/级 ≥	左、中、右色差	4—5	4	低于一等品极限偏差
	匹(段)前、后色差	4	3—4	
	同包匹之间色差	4	3—4	
	包与包间色差	3—4	3	
布面疵点评分限度(平均)/(分/米)≤	幅宽 140 cm 及以下	0.2	0.3	0.6
	幅宽 140 cm 以上～180 cm 及以下	0.3	0.4	0.8
	幅宽 180 cm 以上	0.4	0.5	1.0

4.2.5.2 外观质量以最低项评等。

4.2.6 优等品应达到表2和表3的优等品各项质量指标。

4.2.7 一等品内若存在一处评为4分的破损性疵点或一处评为4分的横档疵点，必须具有假开剪标志(30 m及以内允许1处、60 m及以内允许2处、100 m及以内允许3处)，布头两端3 m内不允许存在一处评为4分的明显疵点。

4.3 其他要求

产品应符合国家有关纺织品强制性标准要求。

5 布面疵点评分

5.1 评分方法

5.1.1 布面疵点评分方法见表4。

表4 布面疵点评分方法

疵点分类		评分数			
		1	2	3	4
经向明显疵点		8 cm及以下	8 cm以上～16 cm	16 cm以上～24 cm	24 cm以上～100 cm
纬向明显疵点		8 cm及以下	8 cm以上～16 cm	16 cm以上～半幅	半幅以上
横档疵点		—	明显	明显与严重之间	严重
严重污渍		—	—	2.5 cm及以下	2.5 cm以上
破损性疵点(破洞、跳花)		—	—	0.5 cm及以下	0.5 cm以上
边疵	破边 豁边	经向每长 8 cm及以内	—	—	—
	针眼边(深入1.5 cm以上)	每100 cm	—	—	—
	卷边	每100 cm	—	—	—
注1：棉结、棉点疵点由供需双方协定。 注2：无边组织的织物，边组织以0.5 cm计。					

5.1.2 经向1 m内累计评分最多4分。

5.1.3 每段(匹)布允许总评分为每米允许评分数(分/m)乘以段(匹)长(m)。

5.1.4 每段(匹)布允许总评分有小数时按GB/T 8170数值修约规则修约成整数。

5.2 布面疵点的检验规定

5.2.1 布面疵点的检验条件按7.1执行。

5.2.2 检验布面疵点时，以布的正面为准，但破损性疵点以严重一面为准。正反面难以区别的织物以严重一面为准。

5.3 布面疵点的计量规定

5.3.1 疵点长度以经向或纬向最大长度计量。

5.3.2 在一条内断续发生的疵点，在经(纬)向8 cm及以内有2个及以上的疵点，则按连续长度评分。如分别量大于全部量时，则按全部量评分。

5.3.3 在经向一条内连续或断续发生的疵点，长度超过1 m的，其超过部分，按表4再行评分。

5.3.4 条的计量方法：一个或几个经(纬)向疵点，宽度在1 cm及以内的按一条评分；宽度超过1 cm的每1 cm为一条，其不足1 cm的按一条计。

5.4 疵点评分的说明

5.4.1 有两种疵点混合在一起时，以严重一项评分。

5.4.2 纬斜（包括格斜、纬条斜、纬弧、无格织物的纬斜）在1段（匹）布的两端各距布头4 m每隔三分之一段（匹）长均匀测量3处，以平均数计。

5.4.3 连续10 m以上的纬斜全段（匹）布降等。

6 试验方法

6.1 经纬纱密度的测定按GB/T 4668执行。

6.2 水洗尺寸变化的试验方法按GB/T 8628、GB/T 8629、GB/T 8630执行（其中洗涤程序为4A，干燥程序为F）。

6.3 色差的评定按GB 250执行。

6.4 沾色的评定按GB 251执行。

6.5 耐洗色牢度的试验方法按GB/T 3921.3执行。

6.6 耐摩擦色牢度的试验方法按GB/T 3920执行。

6.7 耐汗渍色牢度的试验方法按GB/T 3922执行。

6.8 耐热压色牢度的试验方法按GB/T 6152（加压温度150℃±2℃）执行。

6.9 断裂强力的测定按GB/T 3923.1执行。

6.10 纺织品二组分纤维混纺产品定量化学分析方法按GB/T 2910执行。

6.11 甲醛含量的测定按GB/T 2912.1执行。

6.12 幅宽的测定按GB/T 4667执行。

6.13 纬斜的测定按GB/T 14801执行。

7 检验规则

7.1 检验条件和方法

7.1.1 采用验布机检验时，以40 W加罩青光日光灯3支～4支，光源与布面距离为1 m～1.2 m，照度不低于750 lx。验布机上验布板的角度为45°。验布机速度一般为15 m/min～20 m/min。

7.1.2 采用台板检验时，布段（匹）应平摊桌面上，检验人员的视线应正视布面，逐幅展开，速度一般掌握在平均3 m/min～5 m/min。采用灯光以40 W加罩青光日光灯2支，光源距桌面为80 cm～90 cm，照度不低于400 lx。

7.1.3 幅宽在140 cm以上的色织布必须两人检验。

7.2 抽样方法和检验结果的评定

7.2.1 外观质量

外观质量检验按GB/T 2828.1—2003标准中正常检验一次抽样方案一般检验水平Ⅱ，接收质量限（AQL）为2.5规定进行抽样。从正常检验开始，根据检验结果执行转移规则，转移规则按GB/T 2828.1—2003中9.3执行。外观质量检验抽样方案见表5。

7.2.2 内在质量

抽样以批为单位，每批不少于三块。检验结果以全部抽验样品合格作为全批合格。如有试验结果不合格，可对该不合格项重新进行试验一次，以最终试验结果为准。

7.3 验收

生产厂根据品质检验结果定等，在交货时，收货方应立即进行验收，外观质量的检验及内在质量的试验方法可按产品标准规定执行，亦可按协议或合同规定执行。

7.4 复验

如供需双方对检验结果有异议时，可按本标准规定会同复验或委托专业检验机构进行仲裁。

表 5 外观质量检验抽样方案

单位为匹

批量 N	一般检验水平Ⅱ(正常)			一般检验水平Ⅱ(加严)			一般检验水平Ⅱ(放宽)		
	样本大小 n	接收数 Ac	拒收数 Re	样本大小 n	接收数 Ac	拒收数 Re	样本大小 n	接收数 Ac	拒收数 Re
1～15	3	0	1	3	0	1	2	0	1
16～25	5	0	1	5	0	1	2	0	1
26～50	8	0	1	8	0	1	3	0	1
51～90	13	1	2	13	0	1	5	1	2
91～150	20	1	2	20	0	1	8	1	2
151～280	32	2	3	32	1	2	13	1	2
281～500	50	3	4	50	2	3	20	2	3
501～1 200	80	5	6	80	3	4	32	3	4
1 201～3 200	125	7	8	125	5	6	50	5	6
3 201～10 000	200	10	11	200	8	9	80	6	7
10 001～35 000	315	14	15	315	12	13	125	8	9
注：每匹＝30 m。									

8 包装

8.1 包装基本要求

各类色织布的包装均应保证产品质量不受损伤，便于贮存和运输。

8.2 色织布包装和分类

8.2.1 色织布的内包装分为平幅折叠、卷筒两类。

8.2.2 色织布的外包装分为布包、纸箱、编织袋、塑料袋四类。

8.3 内包装

8.3.1 内包装形式及技术要求见表 6。

表 6 内包装形式及技术要求

内包装形式	技术要求
平幅折叠	布匹折幅每幅为 1 m，折叠时，必须布面平整，布边整齐，两端平整无折皱，采用包头式，包头长度不超过 1 m，布的正面朝里，包没折叠口，防止沾污。
卷筒	按商定长度将布匹卷绕在规定尺寸的卷轴上，平整紧密，圆筒卷装两边要整齐，两边进出差距不得超过 2 cm，无折皱，布的正面朝里。使用腰封的织物，两边腰封应对称不歪斜，腰封使用透明胶水带或胶水粘接。

8.3.2 色织布在布梢上系的吊牌，必须放在固定位置上，吊牌的内容应逐项填写清楚，字迹工整，不得涂改。

8.3.3 色织布的内包装装潢应符合要求，做到商标粘贴方正，胶水液适中不透层，印刷金印清晰不模糊。印刷位置按合同要求。

8.4 包装材料

包装材料的规格及技术要求见表 7，其他包装形式按供需双方要求自行制定。

表 7　包装材料及技术要求

材料名称	材料规格	技术要求
塑料薄膜袋	吹塑聚乙烯或聚丙烯透明薄膜袋	—
拖蜡纸	—	符合订单要求
包布	粗平布或使用性能相当的其他材料	断裂强力经向不低于 294 N,纬向不低于 196 N
纸箱	—	符合 GB/T 5033 规定
缝包线	棉线或使用性能相当的代用品	28 tex,12 股～21 股
塑料打包带	—	符合 QB/T 3811 规定
注：断裂强力试验方法按所用材料标准规定执行。		

8.5　布包包装

8.5.1　布包的内包装应是同样规格的织物。花型和颜色的搭配由供需双方商定或按要货单规定执行。布匹装入包内需排列整齐。

8.5.2　布包的捆扎方式按合同要求执行。

8.6　纸箱包装

已具有内包装的织物可用纸箱进行外包装。具体外包装形式按合约或有关协议的规定执行。

9　成包(件)规定

9.1　成包(件)时,应按产品等级分别成包。

9.2　成包重量及每件长度(段数)按客户合同规定。

9.3　如购货方对包内和批内色差另有要求,按双方协议规定执行。

10　标志

标志要求明确、清晰、耐久、便于识别。

10.1　标签

10.1.1　每匹或每段色织布成品上,均应附有标签,标签应符合 GB 5296.4 规定,格式如图 1。

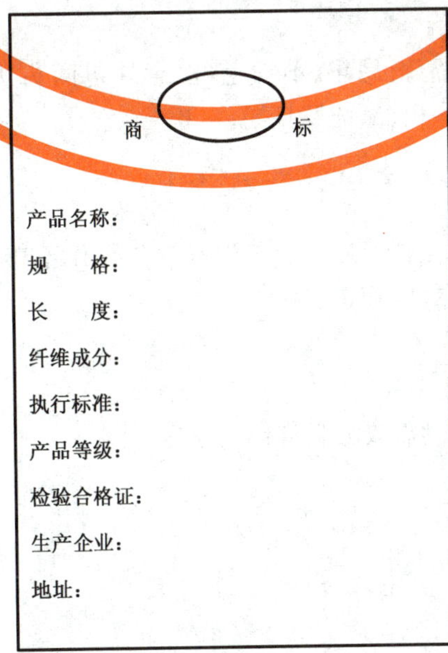

图 1

10.1.2　标签用白纸，表格线条色泽规定：优等品——紫色；一等品——红色；二等品——绿色；等外品——黑色。

10.1.3　标签应粘贴或悬挂在反面布角处。

10.1.4　每匹或每段布的正面两端布角处 5 cm 以内，应加盖清晰的厂梢印。拼匹时（拼匹应在客户允许的条件下方可进行，一般情况不得拼匹）应在两端布连接处加盖骑缝印。梢印不能渗透到布正面，并能经水洗净为宜。

10.2　拼件单

每件布包（纸箱）内必须有拼件单，格式如图 2。

××市（县）××厂

品名：　　　　　　　　　　　　　　　　（　）等品

编号	段长（米）	编号	段长（米）
1		12	
2		13	
3		14	
4		15	
5		16	
6		17	
7		18	
8		19	
9		20	
10		21	
11		22	

合计　　　　　段　　　　　米

拼件人　　　　复查人

图 2

10.3　包外标志

在外包装刷上唛头，确保标志清晰易辨、不褪色（注意外包两头所写内容一致），并注明合同号、名称、等级、色号、包号、数量、重量、体积、地址及日期。

11　运输、贮存

凡工厂交货后，因仓贮、运输、保管不良或加工生产工艺操作不善，以致影响产品质量时，供需双方应对发生问题的原因进行调查研究，以确定责任。

12　其他

用户对产品有特殊要求的，由供需双方另订协议。

附 录 A
（规范性附录）
涤与棉混纺色织布经大整理的经纬密度加工系数

A.1 密度的计算

根据产品品种规格密度，按规定的加工系数计算。

——大整理经密加工系数：1.04 。

——大整理纬密加工系数：涤棉（涤＞50％）：0.98；棉涤（棉≥50％）：0.96。

——起绒织物密度加工系数：由供需双方协定。

A.2 计算方法

标准经纱密度按式（A.1）计算：

$$D_{bt} = D_{pt} \times a \qquad \cdots\cdots\text{(A.1)}$$

式中：

D_{bt}——标准经纱密度，单位为根每10厘米（根/10 cm）；

D_{pt}——坯布规格经纱密度，单位为根每10厘米（根/10 cm）；

a——大整理经密加工系数。

标准纬纱密度按式（A.2）计算：

$$D_{bw} = D_{pw} \times b \qquad \cdots\cdots\text{(A.2)}$$

式中：

D_{bw}——标准纬纱密度，单位为根每10厘米（根/10 cm）；

D_{pw}——坯布规格纬纱密度，单位为根每10厘米（根/10 cm）；

b　大整理纬密加工系数。

附 录 B
（资料性附录）
疵点名称说明

B.1 经向明显疵点

按7.1检验条件和方法规定进行检验时，明显看得出影响外观的能按经向长度评分的疵点称经向明显疵点。

B.2 纬向明显疵点

按7.1检验条件和方法规定进行检验时，明显看得出影响外观的能按纬向长度评分的疵点称纬向明显疵点。

B.3 横档疵点

纬向呈带状或纬向密集性散布疵点横跨全幅，与正常布面的色泽有差异形成横档的称横档疵点。

B.4 破损性疵点

影响穿着牢度的破洞、跳花、轧梭等疵点。

ICS 59.080.30
W 13

中华人民共和国国家标准

GB/T 22851—2009

色织提花布

Yarn-dyed pattern fabric

2009-04-21 发布 2009-12-01 实施

中华人民共和国国家质量监督检验检疫总局
中国国家标准化管理委员会 发布

前　言

本标准的附录 A 为资料性附录。

本标准由中国纺织工业协会提出。

本标准由纺织工业色织标准化技术归口单位归口。

本标准起草单位：江阴市宏泰纺织有限公司、广东溢达纺织有限公司、江苏联发纺织股份有限公司、南通东帝纺织品有限公司、江苏省纺织产品质量监督检验测试中心。

本标准主要起草人：高晋、唐文君、陆正洪、段琦新、徐晓锋、浦秋娟。

色织提花布

1 范围

本标准规定了色织提花布的要求、布面疵点评分、试验方法、检验规则、包装、标志、贮存和运输。

本标准适用于以棉、麻或化学纤维等原料生产的各类色织提花布(包括大提花和小提花)。

2 规范性引用文件

下列文件中的条款通过本标准的引用而成为本标准的条款。凡是注日期的引用文件,其随后所有的修改单(不包括勘误的内容)或修订版均不适用于本标准,然而,鼓励根据本标准达成协议的各方研究是否可使用这些文件的最新版本。凡是不注日期的引用文件,其最新版本适用于本标准。

GB/T 250 纺织品 色牢度试验 评定变色用灰色样卡(GB/T 250—2008,ISO 105-A02:1993,IDT)

GB/T 2828.1—2003 计数抽样检验程序 第1部分:按接收质量限(AQL)检索的逐批检验抽样计划

GB/T 2910 纺织品 二组分纤维混纺产品定量化学分析方法(GB/T 2910—1997,eqv ISO 1833:1977)

GB/T 2911 纺织品 三组分纤维混纺产品定量化学分析方法(GB/T 2911—1997,eqv ISO 5088:1976)

GB/T 3917.1 纺织品 织物撕破性能 第1部分:撕破强力的测定 冲击摆锤法

GB/T 3920 纺织品 色牢度试验 耐摩擦色牢度(GB/T 3920—2008,ISO 105-X12:2001,MOD)

GB/T 3921 纺织品 色牢度试验 耐皂洗色牢度(GB/T 3921—2008,ISO 105-C10:2006,MOD)

GB/T 3922 纺织品耐汗渍色牢度试验方法(GB/T 3922—1995,eqv ISO 105-E04:1994)

GB/T 3923.1 纺织品 织物拉伸性能 第1部分:断裂强力和断裂伸长率的测定 条样法

GB/T 4667 机织物幅宽的测定

GB/T 4668 机织物密度的测定

GB/T 4802.2 纺织品 织物起毛起球性能的测定 第2部分:改型马丁代尔法

GB 5296.4 消费品使用说明 纺织品和服装使用说明

GB/T 8170 数值修约规则

GB/T 8427 纺织品 色牢度试验 耐人造光色牢度:氙弧(GB/T 8427—2008,ISO 105-B02:1994,MOD)

GB/T 8628 纺织品 测定尺寸变化的试验中织物试样和服装的准备、标记及测量(GB/T 8628—2001,eqv ISO 3759:1994)

GB/T 8629—2001 纺织品 试验用家庭洗涤和干燥程序(eqv ISO 6330:2000)

GB/T 8630 纺织品 洗涤和干燥后尺寸变化的测定

GB/T 13772.2 纺织品 机织物接缝处纱线抗滑移的测定 第2部分:定负荷法(GB/T 13772.2—2008,ISO 13936-2:2004,IDT)

GB/T 14801 机织物与针织物纬斜和弓纬试验方法

GB 18401 国家纺织产品基本安全技术规范

FZ/T 01053 纺织品 纤维含量标识

FZ/T 01057 纺织纤维鉴别试验方法

3 术语和定义

下列术语和定义适用于本标准。

3.1

色织提花布 yarn-dyed pattern fabric

采用色纱、通过不同组织变化织造的，显出条状或花状的有层次、有凹凸立体感花纹的色织布。

4 要求

4.1 质量要求

4.1.1 色织提花布的质量分为内在质量和外观质量。

4.1.2 色织提花布的内在质量要求见表1。

表1 内在质量要求

<table>
<tr><td colspan="3" rowspan="2">项 目</td><td colspan="3">要 求</td></tr>
<tr><td>优等品</td><td>一等品</td><td>二等品</td></tr>
<tr><td colspan="3">纤维含量/%</td><td colspan="3">按 FZ/T 01053 执行</td></tr>
<tr><td colspan="3">密度偏差率(经纬向)/%</td><td>−2.0</td><td>−3.0</td><td>低于一等品要求</td></tr>
<tr><td rowspan="2">水洗尺寸变化率(经纬向)/%</td><td colspan="2">150 $\mathrm{g/m^2}$ 及以下</td><td>−2.5～+1.0</td><td>−3.0～+1.5</td><td rowspan="2">低于一等品要求</td></tr>
<tr><td colspan="2">150 $\mathrm{g/m^2}$ 以上</td><td>−3.0～+1.0</td><td>−5.0～+2.0</td></tr>
<tr><td rowspan="3">断裂强力(经纬向)/N ≥</td><td colspan="2">100 $\mathrm{g/m^2}$ 及以下</td><td colspan="3">150</td></tr>
<tr><td colspan="2">100 $\mathrm{g/m^2}$ 以上～150 $\mathrm{g/m^2}$</td><td colspan="3">200</td></tr>
<tr><td colspan="2">150 $\mathrm{g/m^2}$ 以上</td><td colspan="3">250</td></tr>
<tr><td rowspan="2">撕破强力(经纬向)/N ≥</td><td colspan="2">150 $\mathrm{g/m^2}$ 及以下</td><td>9.0</td><td>7.0</td><td rowspan="2">低于一等品要求</td></tr>
<tr><td colspan="2">150 $\mathrm{g/m^2}$ 以上</td><td>15.0</td><td>12.0</td></tr>
<tr><td colspan="3">脱缝程度(经纬向)/mm ≤</td><td>5.0</td><td>6.0</td><td>低于一等品要求</td></tr>
<tr><td colspan="3">起球/级 ≥</td><td>4</td><td>3</td><td>低于一等品要求</td></tr>
<tr><td rowspan="8">染色牢度/级 ≥</td><td>耐光</td><td>变色</td><td>4</td><td>深色 4
浅色 3</td><td rowspan="3">低于一等品要求</td></tr>
<tr><td rowspan="2">耐皂洗</td><td>变色</td><td>4</td><td>3-4</td></tr>
<tr><td>沾色</td><td>3-4</td><td>3</td></tr>
<tr><td rowspan="2">耐摩擦</td><td>干摩</td><td>4</td><td>3-4</td><td>3</td></tr>
<tr><td>湿摩</td><td>3</td><td>深色 2
浅色 2-3</td><td>低于一等品要求</td></tr>
<tr><td rowspan="2">耐汗渍</td><td>变色</td><td>4</td><td>3-4</td><td>3</td></tr>
<tr><td>沾色</td><td>4</td><td>3-4</td><td>3</td></tr>
<tr><td colspan="6">注1：稀薄型织物、起绒织物、免烫织物的撕破强力和断裂强力由供需双方商定。
注2：起绒织物的起球由供需双方商定。
注3：稀薄型、特殊品种的大提花织物的脱缝程度由供需双方商定。
注4：深色、浅色的分档参照染料染色标准深度卡区分：
——耐光色牢度：≥1/12 为深色，<1/12 为浅色；
——耐摩擦色牢度：≥2/1 为深色，<2/1 为浅色。</td></tr>
</table>

4.1.3 色织提花布的外观质量要求见表 2。

表 2 外观质量要求

项目		要求		
		优等品	一等品	二等品
幅宽偏差/cm ≥	幅宽 140 cm 及以下	−1.0	−1.5	−2.0
	幅宽 140 cm 以上～180 cm	−1.5	−2.0	−2.5
	幅宽 180 cm 以上	−2.0	−3.0	−4.0
纬斜/% ≤	横条、格子织物	1.5	2.0	2.5
	其他织物	2.0	3.0	4.0
色差/级 ≥	左、中、右色差	4-5	4	低于一等品要求
	段(匹)前后色差	4	3-4	
	同包匹间色差	4	3-4	
	同批包间色差	3-4	3	
布面疵点/(平均分/m^2) ≤		0.2	0.3	0.6

4.2 分等规定

4.2.1 色织提花布的品等分为优等品、一等品、二等品,低于二等品的为等外品。

4.2.2 色织提花布的内在质量按批评等,以最低项评等。

4.2.3 色织提花布的外观质量按段(匹)评等,以最低项评等。

4.2.4 色织提花布的品等以内在质量和外观质量综合评定,按其中的最低等级定等;内在质量和外观质量均评为二等品时,综合评定为等外品。

4.2.5 一等品内不应存在一处评为 4 分的破损性疵点或横档疵点;若存在一处评为 4 分的破损性疵点或横档疵点,应具有假开剪标志(30 m 及以内允许 1 处,60 m 及以内允许 2 处,100 m 及以内允许 3 处);布头两端 3 m 内不允许存在一处评为 4 分的明显疵点。

4.2.6 连续 10 m 以上的纬斜全段(匹)布降等。

4.3 安全性能

应符合 GB 18401 的规定。

5 布面疵点评分

5.1 评分方法

5.1.1 布面疵点评分方法见表 3。

表 3 布面疵点评分方法

疵点分类	评分数			
	1	2	3	4
经向疵点(包括隐沉纱)	8 cm 及以下	8 cm 以上～16 cm	16 cm 以上～24 cm	24 cm 以上～100 cm
纬向疵点(包括抛花)	8 cm 及以下	8 cm 以上～16 cm	16 cm 以上～半幅	半幅以上
横档疵点(包括对花不准)	—	—	—	严重
严重污渍	—	—	2.5 cm 及以下	2.5 cm 以上
破损性疵点(破洞、跳花)	—	—	0.5 cm 及以下	0.5 cm 以上

表 3（续）

疵点分类		评分数			
		1	2	3	4
边疵	破边 豁边	经向每长 8 cm 及以内	—	—	—
	针眼边 （深入 1.5 cm 以上）	每 100 cm	—	—	—
	卷边	每 100 cm	—	—	—

注 1：棉结、棉点疵点由供需双方协定。

注 2：按 GB/T 250 评级，≤3-4 级为严重污渍。

注 3：无边组织的织物，边组织以 0.5 cm 计。

注 4：疵点名称说明参见附录 A。

5.1.2　经向 1 m 内累计评分最多 4 分。

5.1.3　每段(匹)布允许总评分按式(1)计算，计算结果按 GB/T 8170 修约至整数。

$$A = a \times L \times W \quad \cdots\cdots (1)$$

式中：

A——每段(匹)布允许总评分，单位为分；

a——每平方米允许评分数，单位为分每平方米(分/m^2)；

L——段(匹)长，单位为米(m)；

W——幅宽，单位为米(m)。

5.2　布面疵点的检验规定

5.2.1　布面疵点的检验条件按 7.1 执行。

5.2.2　检验布面疵点时，以布的正面为准，但破损性疵点以严重一面为准。正反面难以区别的织物以严重一面为准。有两种疵点重叠在一起时，以严重一项评分。

5.3　布面疵点的计量规定

5.3.1　疵点长度以经向或纬向最大长度计量。

5.3.2　条的计量方法：一个或几个经(纬)向疵点，宽度在 1 cm 及以内的按一条评分；宽度超过 1 cm 的每 1 cm 为一条，其不足 1 cm 的按一条计。

5.3.3　在经向一条内连续或断续发生的疵点，长度超过 1 m 的，其超过部分，按表 3 再行评分。

5.3.4　在一条内断续发生的疵点，在经(纬)向 8 cm 及以内，有 2 个及以上的疵点，按连续长度测量评分。

6　试验方法

6.1　纤维含量的测定按 GB/T 2910、GB/T 2911、FZ/T 01057 或其他相关标准执行。

6.2　密度的测定按 GB/T 4668 执行。

6.3　水洗尺寸变化率的测定按 GB/T 8628、GB/T 8629(洗涤程序：纯棉织物 2A，含蚕丝织物 7A，其他织物 4A；干燥：含蚕丝织物 A，其他织物 F)、GB/T 8630 执行。

6.4　断裂强力的测定按 GB/T 3923.1 执行。

6.5　撕破强力的测定按 GB/T 3917.1 执行。

6.6　脱缝程度的测定按 GB/T 13772.2 执行。试验条件：150 g/m^2 及以下，定负荷 80 N；150 g/m^2 以上，定负荷 120 N。

6.7 起球性能的测定按 GB/T 4802.2 执行。

6.8 耐光色牢度的测定按 GB/T 8427 方法 3 执行。

6.9 耐皂洗色牢度的测定按 GB/T 3921 方法 C(含蚕丝织物方法 A)执行。

6.10 耐摩擦色牢度的测定按 GB/T 3920 执行。

6.11 耐汗渍色牢度的测定按 GB/T 3922 执行。

6.12 幅宽的测定按 GB/T 4667 执行。

6.13 纬斜的测定按 GB/T 14801 执行。在 1 段(匹)布的两端各距布头 4 m 每隔三分之一段(匹)均匀测量 3 处,以平均数计。

6.14 色差的评定按 GB/T 250 执行。

7 检验规则

7.1 检验条件和方法

7.1.1 采用验布机检验时,以 40 W 加罩青光日光灯 3 支～4 支,光源与布面距离为 1 m～1.2 m,照度不低于 750 lx。验布机上验布板的角度为 45°。验布机速度一般为 15 m/min～20 m/min。

7.1.2 采用台板检验时,布段(匹)应平摊桌面上,检验人员的视线应正视布面,逐幅展开,速度一般掌握在平均 3 m/min～5 m/min。采用灯光以 40 W 加罩青光日光灯两支,光源距桌面为 80 cm～90 cm,照度不低于 400 lx。

7.1.3 幅宽在 140 cm 以上的色织提花布应两人检验。

7.2 抽样方法和检验结果的评定

7.2.1 外观质量检验按 GB/T 2828.1—2003 中正常检验一次抽样方案一般检验水平Ⅱ,接收质量限(AQL)为 2.5 规定抽样,具体抽样方案见表 4。

表 4 外观质量检验抽样方案

批量 N/匹	正常检验一般检验水平Ⅱ		
	样本大小 n	接收数 Ac	拒收数 Re
1～15	3	0	1
16～25	5	0	1
26～50	8	0	1
51～90	13	1	2
91～150	20	1	2
151～280	32	2	3
281～500	50	3	4
501～1 200	80	5	6
1 201～3 200	125	7	8
3 201～10 000	200	10	11
10 001～35 000	315	14	15
注:每匹=30 m。			

7.2.2 内在质量抽样以批为单位,以同一品种、规格、花型及生产工艺为一批,每批不少于三块(应包括全部色号),检验结果以全部抽验样品合格作为全批合格。如有试验结果不合格,可对该不合格项复验一次,以复验结果为准。

7.3 验收

交货时,收货方应依据本标准或双方协议、合同等规定进行验收。

7.4 复验

如供需双方对检验结果有异议时,可要求复验或委托专业检验机构进行检验。

8 包装、标志

8.1 包装

8.1.1 色织提花布的包装均应保证其质量不受损伤,便于贮存和运输。

8.1.2 色织提花布包装分内包装和外包装。

8.1.2.1 内包装分为平幅折叠、卷筒两类。内包装形式及技术要求见表5。

表5 内包装形式及技术要求

内包装形式	技术要求
平幅折叠	布匹折幅每幅为1 m(或1 yd),折叠时,应布面平整,布边整齐,两端平整无折皱,采用包头式,包头长度不超过1 m(或1 yd),布的正面朝里,包设折叠口,防止玷污
卷筒	按商定长度将布匹卷绕在规定尺寸的卷轴上,平整紧密,圆筒卷装两边要整齐,两边进出差距不得超过2 cm,无折皱,布的正面朝里。使用腰封的织物,两边腰封应对称不歪斜,腰封使用透明胶水或胶带粘接

8.1.2.2 外包装分为布包、纸箱、编织袋、塑料袋四类。包装用材料应符合相关标准规定要求,特殊包装形式按供需双方要求自行制定。

8.1.3 成包(件)时,应按产品等级分别成包,包(件)重量和数量(长度)按客户合同规定。

8.2 标志

8.2.1 标志应符合GB 5296.4规定,明确、清晰、耐久,便于识别。

8.2.2 每匹或每段色织提花布成品上,均应附有标签,样式见图1。

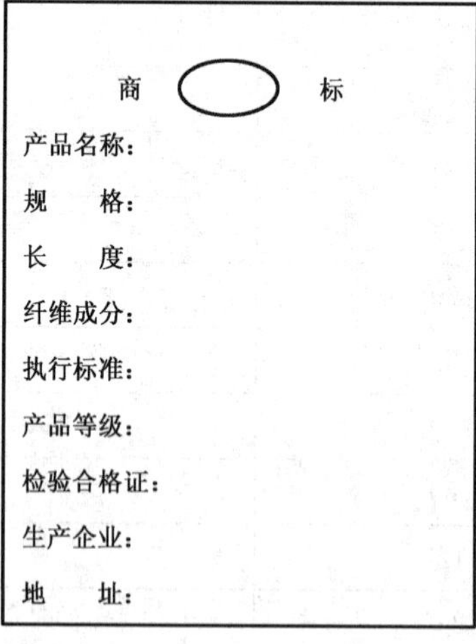

图1 包装标签

8.2.3 每匹或每段布的正面两端5 cm以内,应加盖清晰的厂梢印。拼匹时(拼匹应在客户允许的条件下方可进行,一般情况不得拼匹)应在两端布连接处加盖骑缝印。梢印不能渗透到布正面,并能经水洗净为宜。

8.2.4 每件布包(纸箱)内应有拼件单。

8.2.5 外包装上标志确保清晰易辨、不褪色,并注明名称、等级、色号、包号、数量(长度)、重量及日期等。

9 贮存、运输

包装完好的色织提花布应存放于干燥、通风、无易燃物、无污物的仓库内；运输搬运时注意防火、防潮、防污。

10 其他

用户对色织提花布有特殊要求的，由供需双方另订协议。

附 录 A
（资料性附录）
疵点名称说明

A.1 经向疵点

沿经向延伸的，明显看得出影响外观的疵点。其中“隐沉纱”是指由于提综装置不良造成经纱组织错乱的经向疵点。

A.2 纬向疵点

除横档以外，沿纬向延伸的，明显看得出影响外观的疵点。其中“抛花”是指由于纸板损坏（多孔或少孔）造成纬纱组织错乱或纬纱断续浮于布面的纬向疵点。

A.3 横档疵点

横跨织物全幅的，与正常纱线形成可见差异呈带状，并严重影响外观的单个疵点或密集型散布疵点，如稀纬、密路、拆痕、色档、皱条等。其中“对花不准”是指由于拆布后回头不清造成花型脱节、不连续的横档疵点。

A.4 破洞

三根及以上经、纬纱共断或单断经、纬纱（包括隔开1根～2根好纱）的破损。

A.5 跳花

三根及以上的经、纬纱相互脱离组织，包括隔开一个完全组织。

ICS 59.080.30
W 13

中华人民共和国国家标准

GB/T 23326—2009

不锈钢纤维与棉涤混纺电磁波屏蔽本色布

Stainless steel fibers and cotton-polyester blended grey fabric with electromagnetic shielding performance

2009-03-19 发布　　2010-01-01 实施

中华人民共和国国家质量监督检验检疫总局
中国国家标准化管理委员会　发布

前　言

本标准的附录 A、附录 B 是规范性附录，附录 C 是资料性附录。

本标准由中国纺织工业协会提出。

本标准由全国纺织品标准化技术委员会归口。

本标准起草单位：无锡纺织工业协会、无锡贝斯特纺织新材料有限公司、江苏天圣达集团有限公司。

本标准主要起草人：王纪立、王可虎、金永良、唐鹤泰。

不锈钢纤维与棉涤混纺电磁波屏蔽本色布

1 范围

本标准规定了不锈钢纤维与棉涤混纺电磁波屏蔽本色布的产品分类、要求、布面疵点的评分、试验方法、检验规则、标志和包装。

本标准适用于不锈钢纤维分别与棉、涤纶或棉涤混纺的民用电磁波屏蔽本色布。

2 规范性引用文件

下列文件中的条款通过本标准的引用而成为本标准的条款。凡是注日期的引用文件，其随后所有的修改单(不包括勘误的内容)或修订版均不适用于本标准，然而，鼓励根据本标准达成协议的各方研究是否可使用这些文件的最新版本。凡是不注日期的引用文件，其最新版本适用于本标准。

GB/T 3923.1 纺织品 织物拉伸性能 第1部分:断裂强力和断裂伸长率的测定 条样法

GB/T 4668 机织物密度的测定

GB/T 4666 纺织品 织物长度和幅宽的测定

FZ/T 10006 棉及化纤纯纺、混纺本色布棉结杂质疵点格率检验

SJ 20524 材料屏蔽效能的测量方法

3 分类

不锈钢纤维与棉涤混纺电磁波屏蔽本色布分为棉不锈钢纤维混纺电磁波屏蔽本色布、棉涤不锈钢纤维混纺电磁波屏蔽本色布、涤不锈钢纤维混纺电磁波屏蔽本色布三类。各类产品品种、规格，根据用户需要由生产部门制定。

4 要求

4.1 内在质量

内在质量按表1规定。

表1 内在质量要求

项目		要求		
		优等品	一等品	合格品
织物组织		符合设计要求	符合设计要求	符合设计要求
幅宽偏差/%		+1.5 −1.0	+1.5 −1.0	+2.0 −1.5
密度偏差/%	经密	−1.5	−1.5	超过−1.5
	纬密	−1.0	−1.0	超过−1.0
断裂强力/N ≥		250	230	210
屏蔽效能值(屏蔽率) (电磁波频率 0.01 MHz～3 000 MHz)		≥20 dB(屏蔽率 99%)		
棉结杂质疵点格率、棉结疵点格率		见表2		
注：当幅宽偏差超过1.0%时，经密允许偏差范围为−2.0%。				

表 2 棉结杂质疵点格率、棉结疵点格率要求

织物分类		棉含量在 50%及以上						棉含量在 50%以下					
		棉结杂质疵点格率/% 不大于			棉结疵点格率/% 不大于			棉结杂质疵点格率/% 不大于			棉结疵点格率/% 不大于		
		优等	一等	合格	优等	一等	合格	优等	一等	合格	优等	一等	合格
精梳织物		18	23	32	4	12	18	15	20	28	3	10	14
普梳织物	细织物	20	28	40	6	14	20	20	26	36	5	12	17
	中粗织物	25	32	45	8	16	22	23	31	43	7	14	20
	粗织物	29	37	52	9	20	28	27	36	50	8	19	27
	全线或半线织物	21	29	41	6	15	21	20	27	38	5	14	20

注 1：不锈钢纤维与棉涤混纺电磁波屏蔽本色布按经、纬纱平均线密度分类。细织物：10 tex～20 tex(60^s～29^s)；中粗织物：21 tex～32 tex(28^s～18^s)；粗织物：32 tex 以上(18^s 以下)。

注 2：$经、纬纱平均线密度=\frac{经纱线密度+纬纱线密度}{2}$

注 3：涤纶与不锈钢纤维混纺产品不考核棉结杂质疵点格率、棉结疵点格率。

4.2 外观质量

4.2.1 布面疵点评分限度见表 3。

表 3 布面疵点评分限度

布面疵点评分限度/(平均分/m²)		
优 等 品	一 等 品	合 格 品
0.30	0.40	0.70

4.2.2 每匹布允许总评分按式(1)计算，超过总评分数为降等品。

$$A = a \cdot L \cdot W \qquad \cdots\cdots(1)$$

式中：

A——每匹允许总评分，单位为分每匹(分/匹)；

a——每平方米允许评分数，单位为分每平方米(分/m^2)；

L——匹长，单位为米每匹(m/匹)；

W——幅宽，单位为米(m)。

4.2.3 1 m 内严重疵点评 4 分为降等品。

4.2.4 每百平方米内不允许有超过 3 个不可修织的评 4 分的疵点。

4.3 评等规定

织物组织、幅宽、布面疵点按匹评等，密度、断裂强力、棉结杂质疵点格率、棉结疵点格率、屏蔽效能值(屏蔽率)按批评等；其中屏蔽效能值(屏蔽率)达不到要求时，以等外品处理，其他项目以最低一项定等。

5 布面疵点评分

5.1 布面疵点的检验

5.1.1 检验时布面上的照度为 400 lx±100 lx。

5.1.2 布面疵点评分以布的正面为准，平纹织物和山形斜纹织物，以交班印一面为正面，斜纹织物中纱织物以左斜(↖)为正面，线织物以右斜(↗)为正面。

5.1.3 检验时，应将布平放在工作台上，检验人员站在工作台旁，以能清楚看出的为明显疵点。

5.2 布面疵点的评分

各类布面疵点的具体内容和疵点名称的说明见附录 A 和附录 B。布面疵点的评分规定见表 4。

表 4 布面疵点的评分规定

疵点分类		评分数			
		1	2	3	4
经向明显疵点条		8 cm 及以下	8 cm 以上～16 cm	16 cm 以上～50 cm	50 cm 以上～100 cm
纬向明显疵点条		8 cm 及以下	8 cm 以上～16 cm	16 cm 以上～50 cm	50 cm 以上
横档		—	—	半幅及以下	半幅以上
严重疵点	根数评分	—	—	3 根	4 根及以上
	长度评分	—	—	1 cm 以下	1 cm 及以上
注 1：严重疵点在根数和长度评分矛盾时，从严评分。 注 2：不影响后道质量的横档疵点评分，由供需双方协定。					

5.3 1 m 中累计评分

1 m 中累计评分最多评 4 分。

5.4 疵点评分的说明

5.4.1 下列疵点的评分起点和规定

5.4.1.1 块状疵点按经、纬向最大长度量计，从严评分。

5.4.1.2 边组织及距边 1 cm 的疵点(包括边组织)不评分，但毛边、拖纱、猫耳朵、凹边、烂边、绞边不良、豁边、深油锈疵及评 4 分的破洞、跳花要评分，如疵点延伸在距边 1 cm 外时应加合评分。无梭织造布布边，绞边的毛须伸出长度规定为 0.3 cm～0.8 cm。边组织有特殊要求的则按要求评分。

5.4.1.3 布面拖纱长 1 cm 以上每根评 2 分，布边拖纱长 2 cm 以上的每根评 1 分(一进一出作一根计)。

5.4.1.4 0.3 cm 以下杂物每个评 1 分，0.3 cm 及以上杂物和金属杂物(包括瓷器)评 4 分(测量杂物粗度)。

5.4.2 加工坯中疵点的评分

5.4.2.1 水渍、污渍、不影响组织的浆斑不评分。

5.4.2.2 漂白坯中的双经、筘路、筘穿错、密路、拆痕、云织减半评分。

5.4.2.3 印花坯中的星跳、密路、条干不匀减半评分，双经、筘路、筘穿错、长条影、浅油疵、云织、轻微针路、煤灰纱、花经、花纬不评分。

5.4.2.4 深色坯油疵、油花纱、煤炭纱、不褪色色疵不洗不评分。

5.4.2.5 加工坯距布头 5 cm 内的疵点不评分(但六大疵点应开剪)。

5.4.3 对疵点处理的规定

5.4.3.1 0.5 cm 以上的豁边，1 cm 及以上的破洞、烂边、稀弄，不对接轧梭，2 cm 以上的跳花疵点等六大疵点应剪去。

5.4.3.2 金属杂物织入，应剔除。

5.4.3.3 凡能修好的疵点应修好后出厂。

5.4.4 假开剪和拼件的规定

按供需双方协议规定执行。

6 试验方法

6.1 断裂强力测定按 GB/T 3923.1 执行。

6.2　长度和幅宽测定按 GB/T 4666 执行。

6.3　密度测定按 GB/T 4668 执行。

6.4　棉结杂质检验按 FZ/T 10006 执行。

6.5　屏蔽效能值(屏蔽率)的检测按 SJ 20524 执行。

7　检验规则

7.1　以同一品种规格的交货批作为一批。

7.2　内在质量检验数量,每批随机取样不少于三块。检验结果以全部抽验样品合格作为全批合格。如有检验结果不合格,可对该不合格项重新进行检验一次,以最终检验结果为准。

7.3　外观质量检验数量为该批产品的 5%～10%,但不少于 500 m。检验结果与原定等不符合数量在5%及以内,判全批产品合格。不符合品等数量超过 5%,全批产品判为不合格。

注：附录 C 给出了企业内部的检验规定,供参考。

8　包装和标志

8.1　产品包装方式由供需双方协定。

8.2　包装质量应符合产品防护要求,不易破损,防潮、防污,便于搬运。

8.3　包装应标明品种规格、原料成分、幅宽、长度、品等、执行标准、生产日期、生产企业名称和地址。

9　其他

用户对产品有特殊要求者,可由供需双方另订协议。

附 录 A
（规范性附录）
各类布面疵点的具体内容

A.1 经向明显疵点

竹节、粗经、错线密度、综穿错、筘路、筘穿错、多股经、双经、并线松紧、松经、紧经、吊经、经缩波纹、断经、断疵、沉纱、星跳、跳纱、棉球、结头、边撑疵、拖纱、修正不良、错纤维、油渍、油经、锈经、锈渍、不褪色色经、不褪色色渍、水渍、污渍、浆斑、布开花、油花纱、猫耳朵、凹边、烂边、花经、长条影、极光、针路、磨痕、绞边不良。

A.2 纬向明显疵点

错纬（包括粗、细、紧、松）、条干不匀、脱纬、纬缩、毛边、云织、杂物织入、花纬、油纬、锈纬、不褪色色纬、煤灰纱、双纬、百脚。

A.3 横档

拆痕、稀纬、密路、开车经缩（印）。

A.4 严重疵点

破洞、豁边、跳花、稀弄、经缩浪纹（三楞起算）、并列 3 根吊经、松经（包括隔开 1 根～2 根好纱的）、不对接轧梭、烂边、金属杂物织入、影响组织的浆斑、霉斑、损伤布底的修正不良、经向 8 cm 内整幅中满 10 个结头或边撑疵。

A.5 经向疵点及纬向疵点中，有些疵点是这两类共同性的，如竹节、跳纱等，在分类中只列入经向疵点一类，如在纬向出现时，应按纬向疵点评分。

A.6 如在布面上出现上述未包括的疵点，按相似疵点评分。

附 录 B
(规范性附录)
疵点名称的说明

B.1 破洞:2 根及以上经纬纱共断或单断经、纬纱(包括隔开 1 根～2 根好纱的),经纬纱起圈高出布面 0.3 cm 反面形似破洞。

B.2 豁边:边组织内 3 根及以上经、纬纱共断或单断经纱(包括隔开 1 根～2 根好纱)。双边纱 2 根作 1 根计,3 根及以上的有 1 根算 1 根。

B.3 跳花:3 根及以上的经、纬纱相互脱离组织,包括隔开一个完全组织。

B.4 烂边:边组织内单断纬纱,一处断 3 根的。

B.5 修正不良:布面被刮起毛,起皱不平,经、纬纱交叉不匀或只修不整。

B.6 霉斑:受潮后布面出现霉点(斑)。

B.7 毛边:由于边剪作用不良或其他原因,使纬纱不正常被带入织物内(包括距边 5 cm 以下的双纬和脱纬)。

B.8 结头:影响后工序质量的结头。

B.9 纬缩:纬纱扭结织入布内或起圈现于布面(包括经纱起圈纬缩)。

B.10 边撑疵:边撑或刺毛辊使织物中纱线起毛或轧断。

B.11 棉球:织造中纱线受摩擦后使纤维呈球状。

B.12 竹节:纱线上短片段的粗节。

B.13 星跳:1 根经纱或纬纱跳过 2 根～4 根形成星点状的。

B.14 跳纱:1 根～2 根经纱或纬纱跳过 5 根及以上的。

B.15 断疵:经纱断头纱尾织入布内。

B.16 拖纱:拖在布面或布边上未剪去的纱头。

B.17 杂物:飞花、回丝、油花、皮质、木质、金属(包括瓷器)等杂物织入。

B.18 断经:织物内经纱断缺。

B.19 沉纱:由于提综不良,造成经纱浮在布面。

B.20 综穿错:没有按工艺要求穿综,而造成布面组织错乱。

B.21 错纤维:异纤维纱线织入。

B.22 粗经:直径偏粗长 5 cm 及以上的经纱织入布内。

B.23 吊经:部分经纱在织物中张力过大。

B.24 紧经:部分经纱张力过紧或捻度过大。

B.25 松经:部分经纱张力松弛织入布内。

B.26 并线松紧:单纱加捻为股线时张力不匀。

B.27 双经:单纱(线)织物中有 2 根经纱并列织入。

B.28 筘路:织物经向呈现条状稀密不匀。

B.29 筘穿错:没有按工艺要求穿筘,造成布面上经纱排列不匀。

B.30 针路:由于点啄式断纬自停装置不良,造成经向密集的针痕。

B.31 经缩:部分经纱受意外张力后松弛,使织物表面呈现块状或条状的起伏不平。

B.32 拆痕:拆布后布面上留下的起毛痕迹和布面揩浆抹水。

B.33 双纬:单纬织物一梭口内有 2 根纬纱织入布内。

B.34 脱纬:一梭口内有 3 根及以上的纬纱织入布内(包括连续双纬及长 5 cm 的纬缩)。

B.35 煤灰纱:由于空气中的煤灰污染的纱(单层检验为准,对照深色油卡)。

B.36 密路：纬密多于工艺标准规定。

B.37 稀纬：纬密少于工艺标准规定。

B.38 条干不匀：叠起来看前后都能与正常纱线明显划分得开的较差的纬纱条干。

B.39 云织：纬纱密度稀密相间呈规律性的段稀段密。

B.40 错纬：直径偏粗、偏细长 5 cm 及以上的纬纱、紧捻、松捻纱织入布内。

B.41 花纬：由于配棉成分变化或陈旧的纬纱，使布面色泽不同，且有 1～2 个分界线。

B.42 花经：由于配棉成分变化，使布面色泽不同。

B.43 百脚：斜纹或缎纹织物一个完全组织内缺 1 根～2 根纬纱(包括多头百脚)。

B.44 水渍：织物沾水后留下的痕迹。

B.45 污渍：织物沾污后留下的痕迹。

B.46 磨痕：布面经向形成一直条的痕迹。

B.47 浆斑：浆块附着布面影响织物组织。

B.48 布开花：异纤维或色纤维混入纱线中织入布内。

B.49 宽、狭幅：幅宽度上下偏差超过标准规定。

B.50 凹边：凹进布边 0.5 cm 及以上。

B.51 猫耳朵：凸出布边 0.5 cm 及以上。

B.52 绞边不良：因绞边装置不良或绞边纱张力不匀，造成 2 根及以上绞边纱不交织或交织不良。

附　录　C
（资料性附录）
检验规定

C.1　分批规定

C.1.1　以同一品种整理车间的一班或一昼夜三班的生产入库数量为一批，以一昼夜三班为一批的，如逢单班时，则并入邻近一批计算；两班生产的，则以两班为一批。

C.1.2　如一昼夜三班入库数量不满300匹时，可累计满300匹为一批，但一周累计仍不满300匹时，则必须以每周为一批（品种翻改时不受此限）。

C.1.3　分批定时点一经确定，不得在取样后加以变更。

C.1.4　不锈钢纤维与棉涤混纺电磁波屏蔽本色布屏蔽效能值以每个合同中相同的织物组织规格、原材料、生产工艺为一大批，测量一次。

C.2　不锈钢纤维与棉涤混纺电磁波屏蔽本色布物理指标、棉结杂质和棉结分批检验，按批评等。

C.3　物理指标、棉结杂质和棉结检验以一次检验结果为评等依据。

C.4　经纬密度因个别机台的筘号或纬密牙轮用错，造成经、纬密度不符合规格的，该个别机台所生产的布匹，如确能划分清楚的，可将这部分布匹剔除出来作降等处理，但该批布仍应重新取样检验定等。如划不清楚并超过允许公差范围的，应全批降等。

C.5　检验周期

物理指标、棉结杂质每批检验一次，质量稳定时，也可延长检验周期，但每周至少检验一次。如遇原料及工艺变动较大或物理指标及棉结杂质降等时，应立即进行逐批检验，直至连续三批合格后，方可恢复原定检验周期。

C.6　取样数量

检验布样在每批棉本色布经整理后、成包前的布匹中随机取样，取样数量不少于总匹数的0.5%，最少不得少于3匹。

C.7　检验方法

C.7.1　不锈钢纤维与棉涤混纺电磁波屏蔽本色布长度检验

采取折叠好的布匹，每1折为1 m，先量折幅，然后数折数，并用钢板尺测量其余不足1 m的实际长度，精确至0.01 m（以检验者指定的一边为准），不足0.01 m的不计。

不锈钢纤维与棉涤混纺电磁波屏蔽本色布长度按式（C.1）计算：

$$L = l_1 \times a + l_2 \qquad \text{(C.1)}$$

式中：

L——每段不锈钢纤维与棉涤混纺电磁波屏蔽本色布的匹长或段长，单位为米（m）；

l_1——实际折幅长度，单位为米（m）；

a——折数；

l_2——不足1 m的实际长度，单位为米（m）。

折幅长度的测量应将布平摊在平台上进行，用钢板尺在距布的头尾各5 m范围内，均匀地测量5个折幅（联匹布加倍）的上下二页（距边5 cm～10 cm），以测得的10个数字的算术平均值，作为该匹布的实际折幅长度，测量精确至0.1 cm，平均数字计算精确至0.01 cm，修约至0.1 cm 。

C.7.2　不锈钢纤维与棉涤混纺电磁波屏蔽本色布幅宽检验

不锈钢纤维与棉涤混纺电磁波屏蔽本色布幅宽检验应按匹检验，采用折叠好的布匹，将布平摊在平台上，用钢板尺均匀测量5处，但距布的头尾不小于2 m，并以测得数字的算术平均值作为该匹布的幅宽平均数，计算精确至0.01 cm，修约至0.1 cm。

C.7.3 不锈钢纤维与棉涤混纺电磁波屏蔽本色布密度检验

不锈钢纤维与棉涤混纺电磁波屏蔽本色布密度检验应按批检验，检验密度一般用移动式织物密度镜在布匹(距布的头尾不少于 5 m)的中间部位进行。当织物密度在 100 根以下时应检验 10 cm 内的经纱或纬纱根数。织物密度在 100 根及以上时可检验 5 cm 内的经纱或纬纱根数，将结果乘 2 即得所测织物密度。检验经密必须在每匹的全幅上同一纬向不同位置检验 5 处(其中 2 处应在距离布边 3 cm 处)，检验纬密必须在每匹不同的五个位置。幅宽在 110 cm 及以下的不锈钢纤维与棉涤混纺电磁波屏蔽本色布可每匹查经密 3 处、纬密 4 处，然后分别求出算术平均数。点数经纱或纬纱根数时，须精确至 0.5 根，经纬密的点数起讫点均以 2 根纱线间空隙的中间为标准，终点位于最后 1 根纱线上，不足 0.25 根的不计，0.25 根～0.75 根作 0.5 根计，0.75 根以上作 1 根计。密度计算精确至 0.01 根，修约至 0.1 根。在测定经密时，必须同时在该处测定布幅，记录数字精确至 0.1 cm。

C.8 长度、幅宽、经纬向密度必须保证成包后符合标准规定。

ICS 59.040
W 13

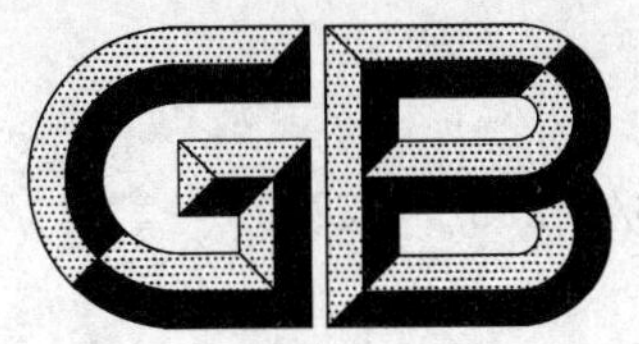

中华人民共和国国家标准

GB/T 23327—2009

机织热熔粘合衬

Woven fusible interlinings

2009-03-19 发布　　2010-01-01 实施

中华人民共和国国家质量监督检验检疫总局
中国国家标准化管理委员会　发布

前　言

本标准的附录A、附录B、附录C和附录D是规范性附录。

本标准由中国纺织工业协会提出。

本标准由全国纺织品标准化技术委员会棉纺织印染分技术委员会归口(SAC/TC 209/SC 2)。

本标准主要起草单位:宁波宜科科技实业股份有限公司、上海市纺织工业技术监督所、上海市服装研究所。

本标准主要起草人:马镜跃、贺美娣、许鉴、陈菊芳、钟定龙、董亚芳、邵天乐、王憬义。

机织热熔粘合衬

1 范围

本标准规定了机织热熔粘合衬的定义、产品分类、技术要求、试验方法、检验规则、包装及标志。

本标准适用于鉴定服装用的棉、化纤长丝、化纤纯纺及混纺机织物的各类本白、半漂、漂白和什色热熔粘合衬的质量。

本标准也适用于鉴定针织物热熔粘合衬的质量。

2 规范性引用文件

下列文件中的条款通过本标准的引用而成为本标准的条款。凡是注日期的引用文件，其随后所有的修改单(不包括勘误的内容)或修订版均不适用于本标准，然而，鼓励根据本标准达成协议的各方研究是否可使用这些文件的最新版本。凡是不注日期的引用文件，其最新版本适用于本标准。

GB/T 250 纺织品 色牢度试验 评定变色用灰色样卡

GB/T 4456 包装用聚乙烯吹塑薄膜

GB/T 4667 机织物幅宽的测定

GB/T 4669 纺织品 机织物 单位长度质量和单位面积质量的测定

GB/T 6529 纺织品 调湿和试验用标准大气

GB/T 6543 运输包装用单瓦楞纸箱和双瓦楞纸箱

GB/T 8629—2001 纺织品 试验用家庭洗涤和干燥程序

GB/T 8946 塑料编织袋

GB/T 14801 机织物与针织物纬斜和弓纬试验方法

GB 18401 国家纺织产品基本安全技术规范

FZ/T 01075—2000 服装衬布外观质量局部性疵点结辫和放尺规定

FZ/T 01085—2000 热熔粘合衬布剥离强力测试方法

FZ/T 10005 棉及化纤纯纺、混纺印染布检验规则

FZ/T 80007.3 使用粘合衬服装耐干洗测试方法

3 术语和定义

下列术语和定义适用于本标准。

3.1

衬衣衬 shirt interlining

用于衬衣领子、袖口及门襟等部位的粘合衬。

3.2

外衣衬 outerwear interlining

用于外衣前身、挂面、下摆、领子、袋盖、袖窿及袖口等部位的粘合衬。

3.3

裘皮衬 leather interlining

用于皮革、裘皮、人造革等服装的粘合衬。

3.4

丝绸衬　silk interlining

用于丝绸及仿丝绸服装的粘合衬。

4　产品分类

热熔粘合衬的产品，按服装应用、基布纤维原料、基布类别等进行分类。

5　要求

5.1　技术要求项目

技术要求分为内在质量和外观质量两个方面。内在质量包括单位面积质量、剥离强力、干热尺寸变化率、水洗尺寸变化率、粘合后洗涤外观变化、粘合后热熔胶渗胶、安全性能。外观质量包括纬斜、布面疵点（局部性疵点和散布性疵点）、每卷允许段数和段长。

5.2　内在质量

5.2.1　单位面积质量

单位面积质量允许偏差率技术要求见表1。

表1　单位面积质量允许偏差率

%

粘合衬类别	单位面积质量允许偏差率 ≥		
	优等品	一　等　品	合格品
衬衣衬、外衣衬、丝绸衬、裘皮衬	−5	−7	−8

5.2.2　剥离强力

剥离强力技术要求见表2。

表2　剥离强力技术要求

单位为牛顿

粘合衬类别		剥离强力 ≥	
		洗涤前	洗涤后
衬衣衬	纯棉、化纤纯纺及混纺机织物	15	12
	化纤长丝机织物	12	10
	化纤长丝针织物	8	6
外衣衬	纯棉、化纤纯纺及混纺机织物或针织物	10	8
	化纤长丝机织物	10	8
	化纤长丝针织物	6	4
丝绸衬		6	4
裘皮衬		8	—

5.2.3　干热尺寸变化率

干热尺寸变化率技术要求见表3。

表 3　干热尺寸变化率技术要求

%

粘合衬类别		干热尺寸变化率	
		经向	纬向
衬衣衬	纯　棉	−1.0～+0.5	−1.0～+0.5
	化纤纯纺及混纺	−1.5～+0.5	
	化纤长丝		
外衣衬	纯　棉	−1.0～+0.5	
	化纤纯纺及混纺	−1.5～+0.5	
	化纤长丝		
丝绸衬		−1.5～+0.5	
注：裘皮衬由供需双方协议商定。			

5.2.4　**水洗尺寸变化率**

水洗尺寸变化率技术要求见表 4。

表 4　水洗尺寸变化率技术要求

%

粘合衬类别		水洗尺寸变化率					
		经　向			纬　向		
		优等品	一等品	合格品	优等品	一等品	合格品
衬衣衬	纯　棉	−1.0～+0.5	−1.5～+0.5	−2.0～+0.5	−1.0～+0.5	−1.5～+0.5	−2.0～+0.5
	化纤纯纺及混纺						
	化纤长丝	−1.5～+0.5	−2.0～+0.5	−2.5～+0.5	−1.0～+0.5	−1.5～+0.5	−2.0～+0.5
外衣衬	纯　棉	−2.5～+0.5			−2.0～+0.5		
	化纤纯纺及混纺						
	化纤长丝	−2.0～+0.5			−1.5～+0.5		
丝　绸　衬		−2.0～+0.5			−1.5～+0.5		
注 1：衬衣衬和外衣衬中的纯棉、化纤纯纺及混纺为粘合衬水洗尺寸变化率；衬衣衬和外衣衬中的化纤长丝类、丝绸衬为粘合衬与面料粘合后水洗尺寸变化率。 注 2：裘皮衬由供需双方协议商定。							

5.2.5　**粘合后洗涤外观变化**

洗涤后外观变化技术要求见表 5。

表 5　粘合后洗涤外观变化技术要求

单位为级

粘合衬类别		粘合后洗涤外观等级变化 ≥					
		水　　洗			干　　洗		
		优等品	一等品	合格品	优等品	一等品	合格品
衬衣衬		4	4	3	—	—	—
外衣衬	干洗型	—	—	—	4	4	3
	耐洗型	4	4	3	4	4	3
	耐高温水洗型	4	4	3	4	4	3

表 5（续）

单位为级

粘合衬类别		粘合后洗涤外观等级变化 ≥					
		水洗			干洗		
		优等品	一等品	合格品	优等品	一等品	合格品
丝绸衬	干洗型	—	—	—	4	4	3
	耐洗型	4	4	3	4	4	3
	耐高温水洗型	4	4	3	4	4	3
注 1：裘皮衬由供需双方协议商定。 注 2：各种机织热熔粘合衬不同，所选用的试验条件不同。如用户有特殊需要，可另订协议。							

5.2.6 粘合后热熔胶渗胶

分正面渗胶和背面渗胶，按附录 A 规定执行。正面渗胶不允许，背面渗胶以不影响服装加工及使用为原则，由供需双方协议商定。

5.2.7 安全性能

安全性能技术要求按 GB 18401 执行。

5.3 外观质量

5.3.1 局部性疵点结辫和放尺规定按 FZ/T 01075 规定执行。

5.3.2 散布性疵点、局部性疵点技术要求见表 7。

5.3.3 纬斜、段数和段长技术要求见表 7。

5.3.4 明显的松、紧边、轧皱等影响布面不能平摊的，优等品、一等品不允许存在。

5.3.5 粘合衬的反面有明显通匹疵点时，需顺降一个等级。

5.4 分等规定

5.4.1 分等原则

5.4.1.1 各种机织热熔粘合衬以 100 m 为一卷，内在质量按批评等，外观质量按卷评等。

5.4.1.2 在同一批粘合衬内，内在质量按最低等级评等。

5.4.1.3 在同一卷粘合衬内，外观质量按严重一项等级评等。

5.4.1.4 各种机织热熔粘合衬质量等级分为优等品、一等品、合格品，低于合格品为不合格品。产品最终等级由内在质量的等级与外观质量的等级综合评定，按其中最低等级评定。

5.4.2 评等规定

5.4.2.1 内在质量各项技术要求评等规定见表 6。

表 6 内在质量各项技术要求评定规定

项目	优等品	一等品	合格品
单位面积质量允许偏差率	符合表 1 规定		
剥离强力	符合表 2 规定	符合表 2 规定	低于表 2 规定
干热尺寸变化率	符合表 3 规定	符合表 3 规定	低于表 3 规定
水洗尺寸变化率	符合表 4 规定		
粘合后水洗外观变化	符合表 5 规定		
粘合后干洗外观变化	符合表 5 规定		
粘合后热熔胶渗胶	符合 5.2.6 规定		
安全性能	符合 GB 18401 规定		

5.4.2.2 外观质量各项技术要求评等规定见表 7。

表 7 外观质量各项技术要求评定规定

<table>
<tr><th colspan="3">项目</th><th>优等品</th><th>一等品</th><th>合格品</th></tr>
<tr><td colspan="3">纬斜/%</td><td>衬衣衬 4 及以下
外衣衬 6 及以下</td><td>7 及以下</td><td>8 及以下</td></tr>
<tr><td rowspan="3">局部性疵点(结辫或标记)/(个/100 m)</td><td colspan="2">幅宽＜100 cm</td><td>衬衣衬 10
外衣衬 12</td><td>16</td><td>20</td></tr>
<tr><td colspan="2">幅宽 100 cm～130 cm</td><td>衬衣衬 14
外衣衬 16</td><td>20</td><td>30</td></tr>
<tr><td colspan="2">幅宽＞130 cm</td><td>18</td><td>22</td><td>32</td></tr>
<tr><td rowspan="9">散布性疵点</td><td rowspan="3">幅宽偏差/cm</td><td>幅宽≤100 cm</td><td>+2.0
−1.0</td><td>+2.0
−1.0</td><td>+3.0
−1.0</td></tr>
<tr><td>幅宽 100 cm～130 cm</td><td>+2.5
−1.5</td><td>+2.5
−1.5</td><td>+3.5
−1.5</td></tr>
<tr><td>幅宽＞130 cm</td><td>+3.0
−2.0</td><td>+3.0
−2.0</td><td>+4.0
−2.0</td></tr>
<tr><td rowspan="4">色差/级
≥</td><td>同类布样</td><td>3</td><td>3</td><td>2</td></tr>
<tr><td>参考样</td><td>2-3</td><td>2-3</td><td>1-2</td></tr>
<tr><td>箱内卷与卷</td><td>4</td><td>3-4</td><td>2-3</td></tr>
<tr><td>箱与箱</td><td>3-4</td><td>3</td><td>2</td></tr>
<tr><td rowspan="2">边疵偏差/cm</td><td>幅宽≤100 cm</td><td>1.0 及以内</td><td>1.5 及以内</td><td>2.0 及以内</td></tr>
<tr><td>幅宽＞100 cm</td><td>1.5 及以内</td><td>2.0 及以内</td><td>2.5 及以内</td></tr>
<tr><td colspan="3">每卷允许段数、段长</td><td>一剪二段
每段不低于 10 m</td><td>二剪三段
每段不低于 5 m</td><td>三剪四段
每段不低于 5 m</td></tr>
</table>

6 试验方法

6.1 幅宽按 GB/T 4667 执行。

6.2 单位面积质量按 GB/T 4669 执行,偏差率计算见式(1)。

$$\text{单位面积质量偏差率} = \frac{G_1 - G_0}{G_0} \times 100\% \quad \cdots\cdots(1)$$

式中:

G_1——单位面积质量实测值,单位为克每平方米(g/m^2);

G_0——单位面积质量标称值,单位为克每平方米(g/m^2)。

单位面积质量标称值由供需双方协议商定。

6.3 剥离强力

6.3.1 组合试样制作方法按附录 B 执行。

6.3.2 测试程序按 FZ/T 01085—2000 执行。

6.4 干热尺寸变化率按附录 C 执行。

6.5 水洗尺寸变化率

6.5.1 衬衣衬中的纯棉与化纤纯纺及混纺类粘合衬按 GB/T 8629—2001 中程序 2A 洗涤一次,化纤长丝类粘合衬按附录 D 执行。

6.5.2 外衣衬中的纯棉与化纤纯纺及混纺类粘合衬按 GB/T 8629—2001 中程序 5A 洗涤一次,化纤长丝类粘合衬按附录 D 执行。

6.5.3 丝绸衬按附录 D 执行。

6.6 粘合后水洗外观及尺寸变化率按附录 D 执行。

6.7 粘合后干洗外观及尺寸变化率

6.7.1 试样准备按第 D.4 章执行，结果评定按第 D.6 章执行。

6.7.2 干洗试验设备、试剂、操作程序按 FZ/T 80007.3 执行。

6.7.3 外衣衬干洗次数：干洗型粘合衬应洗涤五次；耐洗型粘合衬应洗涤三次；耐高温水洗型粘合衬应洗涤三次。

6.7.4 丝绸衬干洗次数：干洗型粘合衬应洗涤五次；耐洗型粘合衬应洗涤三次；耐高温水洗型粘合衬应洗涤三次。

6.8 粘合后热熔胶渗胶按附录 A 执行。

6.9 色差按 GB/T 250 执行。

6.10 纬斜按 GB/T 14801 执行。

6.11 外观质量检验方法按 FZ/T 01075—2000 执行。

7 检验规则

产品检验规则按 FZ/T 10005 执行。

8 标志与包装

8.1 标志

8.1.1 每卷成品应放入产品使用说明。使用说明中应包含制造者的名称和地址、产品名称和型号、产品色泽、生产日期、批号、卷装数量、产品的参考压烫条件、产品标准编号、产品质量等级、产品质量检验合格证明。

8.1.2 在外包装的两个侧面上，应印刷制造者的名称和地址、产品名称，在两个端面上，应印刷产品型号、产品色泽、生产日期、批号、包装数量、重量或体积、产品质量等级。印刷字体采用黑色，字号应大小适宜，字迹应清楚牢固。

8.2 包装

8.2.1 成品采用中心加硬纸芯平幅卷装，每卷长度为 100 m，外面用厚度不低于 0.04 mm 聚乙烯薄膜包装，聚乙烯薄膜的质量要求应符合 GB/T 4456 规定。

8.2.2 外包装材料为白色塑料编织袋或瓦楞纸箱。

8.2.3 塑料编织袋的质量要求应符合 GB/T 8946 规定，编织袋缝制应牢固，搭接处不小于 50 mm，针码不低于 1 针/20 mm，首尾回针打结，编织袋外面用塑料打包带打包加固。

8.2.4 瓦楞纸箱的质量要求应符合 GB/T 6543 规定，纸箱外面用锦纶胶带封口，塑料打包带打包加固。

8.2.5 每包的包装数量及特殊包装形式由供需双方协议商定。

附 录 A
（规范性附录）
粘合衬压烫粘合后热熔胶渗胶性能测试方法

A.1 范围

本附录规定了粘合衬与面料粘合后热熔胶渗胶性能的测试方法。

A.2 原理

用连续式压烫机或平板式压烫机压烫试样，测试粘合衬在适宜的温度、压力和时间作用下的热熔胶渗胶性能。

A.3 设备与用具

A.3.1 连续式压烫机和平板式压烫机，见附录B中第B.3章。

A.3.2 直尺：精度1 mm。

A.3.3 测温计或测温纸，精度1 ℃～5 ℃。

A.3.4 裁缝剪刀。

A.3.5 标准面料。

A.3.6 经熔压不影响试验结果的薄型绵纸，要求绵纸具有一定强力，纸张厚度在0.1 mm以下。

A.4 试样准备

A.4.1 在每块全幅粘合衬样品上，裁取矩形长条试样三块，长150 mm±2 mm，宽50 mm±1 mm，试样长度方向平行于粘合衬的经向，试样宽度方向平行于粘合衬的纬向。

A.4.2 每块试样应从距布边10 cm、距布端1 m以上的不同位置剪取。

A.4.3 试样上不应有明显布面疵点及漏粉、涂层不匀等影响粘合加工的疵点存在。

A.4.4 标准面料应符合附录B中第B.4章规定。裁取标准面料三块，尺寸略大于粘合衬试样，经纬向与粘合衬试样一致。

A.4.5 裁取薄型绵纸三块，尺寸与标准面料一样。

A.4.6 将裁取的粘合衬试样、标准面料和薄型绵纸置于GB/T 6529规定的标准状态下放置4 h。

A.5 操作方法

A.5.1 外衣衬和丝绸衬采用连续式压烫机压烫组合试样，衬衣衬采用平板式压烫机压烫组合试样，裘皮衬由供需双方协议商定。

A.5.2 根据不同衬布及不同标准面料调节压烫条件（参考压烫条件见附录B中B.6.4），直至达到最佳压烫效果，也可由供需双方协议商定。

A.5.3 将压烫机调节至选定的压烫条件，并用测温计或测温纸测定压烫机实际温度。

A.5.4 使用连续式压烫机压烫试样

A.5.4.1 正面渗胶：将标准面料放在准备台上，覆上粘合衬试样（涂层的一面朝下），再将薄型绵纸平放在标准面料的下面，然后将该组合好的试样放到压烫机输送胶带上，进入加热区加热及经轧辊加压后，组合试样从压烫机后面出来，稍经冷却后小心取下，在GB/T 6529规定的标准大气中放置4 h后进行测试。

A.5.4.2 背面渗胶：将标准面料放在准备台上，覆上粘合衬试样（涂层的一面朝下），再将薄型绵纸平放在粘合衬试样的上面(即平放在粘合衬试样的背面上),然后将该组合好的试样放到压烫机输送胶带上,进入加热区加热及经轧辊加压后,组合试样从压烫机后面出来,稍经冷却后小心取下,在GB/T 6529规定的标准大气中放置4 h后进行测试。

A.5.5 使用平板式压烫机压烫试样

A.5.5.1 正面渗胶:将粘合衬试样(涂层一面朝上)放在压烫机的下压板中,覆上标准面料,再将薄型绵纸平放在标准面料的上面,压烫后稍经冷却,轻轻取下组合试样,在GB/T 6529规定的标准大气中放置4 h后进行测试。

A.5.5.2 背面渗胶:将粘合衬试样(涂层一面朝上)放在压烫机的下压板中,覆上标准面料,再将薄型绵纸平放在粘合衬试样的下面(即平放在粘合衬试样的背面),压烫后稍经冷却,轻轻取下组合试样,在GB/T 6529规定的标准大气中放置4 h后进行测试。

A.6 结果评定

A.6.1 正面渗胶评定

竖向拿起压烫后的组合试样,薄型绵纸脱离标准面料即为不渗胶。反之,即为渗胶。

A.6.2 背面渗胶评定

竖向拿起压烫后的组合试样,薄型绵纸脱离粘合衬试样的背面即为不渗胶。反之,即为渗胶,渗胶程度可在剥离强力仪上进行测试。

附 录 B
（规范性附录）
组合试样制作方法

B.1 范围

本附录规定了在测试干热尺寸变化、剥离强力和水洗或干洗外观及尺寸变化时组合试样的制作方法。

B.2 原理

在合适的标准面料上，覆盖上粘合衬，置于压烫机中，在一定温度、压力和时间条件下压烫，使热熔粘合衬与面料粘合在一起。

B.3 仪器设备与用具

B.3.1 连续式压烫机

由上下加热器、输送胶带和上下轧辊等组成。加热器温度可在 0 ℃～200 ℃之间调节，温度精度在 1 ℃～5 ℃，输送胶带速度可调节，当上下轧辊压紧时，能施加一个均匀一致的压力，压力可调节，精度 0.2 kg/cm^2。

B.3.2 平板式压烫机

由上面一块平面热金属板和下面一个平面底床组成。平面热金属板的温度，可在 0 ℃～200 ℃之间调节，温度精度在 1 ℃～5 ℃，当上下压板压紧时，能施加一个均匀一致的压力。

B.3.3 合适的标记打印装置。

B.3.4 合适的面料。

B.3.5 测温计或测温纸，精度 1 ℃～5 ℃。

B.3.6 直尺，精度 1 mm。

B.3.7 裁缝剪刀。

B.3.8 经熔压不影响试验结果的矩形中孔薄型纸片，纸片厚度在 0.1 mm 以下，内孔尺寸：长 150 mm±2 mm，宽 50 mm±1 mm，外径尺寸：长约 200 mm，宽约 70 mm。

B.4 标准面料的规定

B.4.1 衬衣衬粘合用标准面料

纤维含量为 T/C(65/35)、纱线线密度为 13 tex/13 tex、织物密度为 433 根/10 cm×299 根/10 cm 的漂白或浅色细布，水洗尺寸变化率按 GB/T 8629—2001 程序 2A 测试，经纬向不大于 1%，干热尺寸变化按附录 C 测试，经纬向不大于 1%。

B.4.2 外衣衬粘合用标准面料

纯毛、毛涤和化纤平纹织物，单位面积质量 180 g/m^2 左右，水洗尺寸变化率按 GB/T 8629—2001 程序 5A 测试，经纬向不大于 1%，干热尺寸变化率按附录 C 测试，经纬向不大于 1%。制作时根据粘合衬使用范围选择面料。

B.4.3 丝绸衬粘合用标准面料

涤纶仿真丝平纹织物，单位面积 100 g/m^2 以内，水洗尺寸变化率按 GB/T 8629—2001 程序 5A 测试，经纬向不大于 1%，干热尺寸变化率按附录 C 测试，经纬向不大于 1%。

B.4.4 裘皮衬粘合用标准面料

由供需双方协议商定。

B.4.5 将剪取的面料置于GB/T 6529规定的标准状态下放置4h。

B.5 粘合衬试样准备

B.5.1 试样应从距布边0.1 m、距布端1 m以上剪取。

B.5.2 试样上不应有明显布面疵点及漏粉、涂层不匀等影响粘合加工的疵点存在。

B.5.3 将剪取的面料置于GB/T 6529规定的标准状态下放置4 h。

B.6 制作方法

B.6.1 用于洗涤后的外观及尺寸变化测定的组合试样尺寸及数量

B.6.1.1 在每块全幅粘合衬样品上，裁取一块试样，尺寸约为300 mm×300 mm。

B.6.1.2 裁取标准面料一块，尺寸略大于粘合衬试样。

B.6.2 用于剥离强力测定的组合试样尺寸及数量

B.6.2.1 在每块全幅粘合衬样品上，裁取矩形长条试样10块，长约200 mm，宽约70 mm，试样长度方向平行于粘合衬的经向，试样宽度方向平行于粘合衬的纬向。

B.6.2.2 裁取标准面料10块，尺寸略大于粘合衬试样，经纬向与粘合衬试样一致。

B.6.2.3 其中5块组合试样用于测定洗涤前剥离强力，其余5块组合试样用于测定洗涤后剥离强力。

B.6.3 外衣衬和丝绸衬采用连续式压烫机制作组合试样，衬衣衬采用平板式压烫机制作组合试样，裘皮衬由供需双方协议商定。

B.6.4 参考压烫条件

衬衣衬：温度160 ℃～170 ℃　压力0.2 MPa～0.4 MPa　时间15 s～18 s

外衣衬：温度120 ℃～150 ℃　压力0.1 MPa～0.3 MPa　时间15 s～18 s

丝绸衬：温度110 ℃～130 ℃　压力0.1 MPa～0.3 MPa　时间10 s～15 s

裘皮衬：温度120 ℃～150 ℃　压力0.1 MPa～0.3 MPa　时间15 s～18 s

B.6.5 根据不同衬布及不同标准面料调节压烫条件，直至达到最佳压烫效果，也可由供需双方协议商定。

B.6.6 将压烫机调节至选定的压烫条件，并用测温计或测温纸测定压烫机实际温度。

B.6.7 使用连续式压烫机压烫试样

B.6.7.1 将标准面料放在准备台上，覆上粘合衬试样(涂层的一面朝下)，试样与标准面料经纬向应一致。然后将该组合好的试样放到压烫机输送胶带上，进入加热区加热及经轧辊加压后，组合试样从压烫机后面出来，稍经冷却后小心取下，在GB/T 6529规定的标准大气中放置4 h，即可供各种试验用。

B.6.7.2 压烫用于剥离强力测定的组合试样时，在粘合衬试样与标准面料之间应平放上矩形中孔薄型纸片。

B.6.8 使用平板式压烫机压烫试样

B.6.8.1 将粘合衬试样(涂层一面朝上)放在压烫机下压板中，覆上合适的标准面料，压烫后，稍经冷却轻轻取下组合试样，在GB/T 6529规定的标准大气中放置4 h，即可供各种试验用。

B.6.8.2 压烫用于剥离强力测定的组合试样时，在粘合衬试样与标准面料之间应平放上矩形中孔薄型纸片。

B.6.9 仲裁试验时，按争议双方确定的压烫机类型及最佳压烫条件进行压烫、冷却。

附 录 C
（规范性附录）
干热尺寸变化率的测定

C.1 范围

本附录规定了粘合衬经干热处理后尺寸变化率的测定方法。

C.2 原理

用连续式压烫机或平板式压烫机压烫试样，测试在适宜的温度、压力和时间作用下受热变化的程度。

C.3 设备与用具

见B.3。

C.4 试样准备

C.4.1 在每块全幅粘合衬样品上，裁取一块试样，尺寸约为300 mm×300 mm。

C.4.2 试样应从距布边0.1 m、距布端1 m以上部位剪取。

C.4.3 试样上不应有明显布面疵点及漏粉、涂层不匀等影响粘合加工的疵点存在。

C.4.4 标准面料按B.4规定，尺寸略大于粘合衬试样。

C.4.5 将剪取的粘合衬试样和标准面料置于GB/T 6529规定的标准状态下放置4 h。

C.5 操作方法

C.5.1 用合适的打印装置在粘合衬试样未涂层的一面，沿经纬向各打上三组250 mm间距的标记。各组标记应离试样布边25 mm左右，每组间隔约100 mm。测量经、纬向各三组标记间的距离，精确至0.5 mm，分别取平均值。

C.5.2 压烫机类型和压烫操作方法按B.6执行。

C.5.3 对每块压烫后在标准大气中平衡4 h的组合试样，分别测量经、纬向各三对标记间的距离。测量精确至0.5 mm，分别取平均值。

C.6 结果计算

C.6.1 按式(C.1)计算粘合衬试样的干热尺寸变化率。

$$\text{干热尺寸变化率} = \frac{L_1 - L_0}{L_0} \times 100\% \quad \cdots\cdots\cdots\cdots (\text{C.1})$$

式中：

L_1——试验后的平均距离，单位为毫米(mm)；

L_0——试验前的平均距离，单位为毫米(mm)。

C.6.2 干热尺寸变化率计算结果修约到0.1%。

附　录　D
（规范性附录）
组合试样水洗后的外观及尺寸变化的测定

D.1　范围

本附录规定了粘合衬与面料粘合后的组合试样经水洗后外观变化评定和尺寸变化率的测定方法。

D.2　原理

组合试样在含有洗涤剂的一定温度水溶液中，经水洗后，用标准样照评定试样的外观变化等级，测定组合试样的尺寸稳定性。

D.3　设备与用具

D.3.1　连续式压烫机和平板式压烫机，见第B.3章。

D.3.2　全自动缩水率试验机，符合GB/T 8629—2001标准。

D.3.3　恒温烘箱：60 ℃±2 ℃。

D.3.4　直尺：精度1 mm。

D.3.5　测温计或测温纸，精度1 ℃～5 ℃。

D.3.6　裁缝剪刀。

D.3.7　标准洗涤剂。

D.3.8　标准样照。

D.3.9　标准面料。

D.3.10　合适的标记打印装置。

D.4　试样准备

D.4.1　标准面料按第B.4章。

D.4.2　粘合衬试样准备按第B.5章，同一块衬布上，取一块试样。

D.4.3　组合试样制作方法按第B.6章。

D.4.4　稀薄衬布及容易钩丝的衬布，也可用里子绸覆盖在组合试样的衬布一面，四周用包缝机缝合。

D.5　操作方法

D.5.1　组合试样水洗后尺寸变化率

D.5.1.1　在已放置平衡的组合试样的粘合衬一面，用合适的打印装置沿经纬向各打上三组250 mm间距的标记。各组标记应离试样布边25 mm左右，每组间隔约100 mm。

D.5.1.2　测量经、纬向各三组标记间的距离，精确至0.5 mm，分别取平均值。

D.5.1.3　衬衣衬按GB/T 8629—2001程序2A(60 ℃±3 ℃)洗涤一次。

D.5.1.4　外衣衬和丝绸衬按GB/T 8629—2001程序5A(40 ℃±3 ℃)洗涤一次。

D.5.1.5　干燥方法可根据组合试样的纤维性质采用GB/T 8629—2001程序C(摊平晾干)或程序F(烘箱干燥)。出现争议时，以程序C(摊平晾干)为准。

D.5.1.6　干燥后的组合试样在GB/T 6529规定的标准大气中放置4 h。

D.5.2　组合试样水洗后外观变化

D.5.2.1　衬衣衬按GB/T 8629—2001程序2A(60 ℃±3 ℃)洗涤三次。

D.5.2.2 外衣衬中的耐洗型粘合衬按 GB/T 8629—2001 程序 5A(40 ℃±3 ℃)洗涤三次，耐高温水洗型粘合衬按 GB/T 8629—2001 程序 1A(92 ℃±3 ℃)洗涤一次。

D.5.2.3 丝绸衬中的耐洗型粘合衬按 GB/T 8629—2001 程序 7A(40 ℃±3 ℃)洗涤三次，耐高温水洗型粘合衬按 GB/T 8629—2001 程序 2A(60 ℃±3 ℃)洗涤一次。

D.5.2.4 干燥方法可根据组合试样的纤维性质采用 GB/T 8629—2001 程序 C(摊平晾干)或程序 F(烘箱干燥)。出现争议时，以程序 C(摊平晾干)为准。

D.5.2.5 干燥后的组合试样在 GB/T 6529 规定的标准大气中放置 4 h。

D.6 结果评定

D.6.1 组合试样水洗尺寸变化率测定

D.6.1.1 对每块水洗后在标准大气中平衡 4 h 的组合试样，测量经、纬向各三组标记间距离，精确至 0.5 mm，分别取平均值。

D.6.1.2 按式(D.1)计算组合试样水洗尺寸变化率。

$$\text{组合试样水洗尺寸变化率} = \frac{L_1 - L_0}{L_0} \times 100\% \qquad \cdots\cdots\cdots\cdots\cdots\cdots\text{(D.1)}$$

式中：

L_1——试验后的平均距离，单位为毫米(mm)；

L_0——试验前的平均距离，单位为毫米(mm)。

组合试样水洗尺寸变化率计算结果修约到 0.1%。

D.6.2 外观变化评定

将标准样照与水洗后的组合试样放在同一平面上，并按同一经纬向排列，在标准光源箱的 D_{65} 光源照明条件下，对比标准样照，作出组合试样外观变化等级的评定。

ICS 59.080.20
W 12

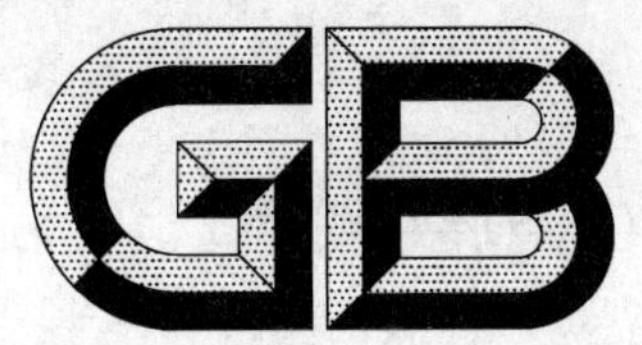

中华人民共和国国家标准

GB/T 24125—2009

不锈钢纤维与棉涤混纺本色纱线

Stainless steel fibre and cotton,polyester blended grey yarns

2009-06-15 发布 2010-01-01 实施

中华人民共和国国家质量监督检验检疫总局
中国国家标准化管理委员会 发布

前　言

本标准的附录A为规范性附录。

本标准由中国纺织工业协会提出。

本标准由全国纺织品标准化技术委员会(SAC/TC 209)归口。

本标准起草单位:无锡纺织工业协会、无锡贝斯特纺织新材料有限公司、江苏天圣达集团有限公司。

本标准主要起草人:王纪立、王可虎、金永良、唐鹤泰。

不锈钢纤维与棉涤混纺本色纱线

1 范围

本标准规定了不锈钢纤维与棉涤混纺本色纱线的产品分类、要求、试验方法、检验规则、标志和包装。

本标准适用于不锈钢纤维(净干质量百分率≤30%)与棉、涤纶混纺的牵切环锭纺机制的本色纱线。

2 规范性引用文件

下列文件中的条款通过本标准的引用而成为本标准的条款。凡是注日期的引用文件,其随后所有的修改单(不包括勘误的内容)或修订版均不适用于本标准,然而,鼓励根据本标准达成协议的各方研究是否可使用这些文件的最新版本。凡是不注日期的引用文件,其最新版本适用于本标准。

GB/T 2910.1 纺织品 定量化学分析 第1部分:试验通则

GB/T 2910.11 纺织品 定量化学分析 第11部分:纤维素纤维与聚酯纤维的混合物(硫酸法)

GB/T 3916 纺织品 卷装纱 单根纱线断裂强力和断裂伸长率的测定(GB/T 3916—1997,eqv ISO 2062:1993)

GB/T 4743 纱线线密度的测定 绞纱法

GB/T 9996.2 棉及化纤纯纺、混纺纱线外观质量黑板检验方法 第2部分:分别评定法

FZ/T 01053 纺织品 纤维含量的标识

3 产品分类和代号

3.1 产品分类

不锈钢纤维与棉涤混纺本色纱线按原料分为:棉不锈钢纤维混纺本色纱线、棉涤不锈钢纤维混纺本色纱线和涤不锈钢纤维混纺本色纱线。

3.2 产品代号

不锈钢纤维与棉涤混纺本色纱线的原料代号:棉为C,涤纶为T,不锈钢纤维为S。混纺比的写法规定为:棉含量/涤纶含量/不锈钢纤维含量。例如:棉50%、涤纶30%、不锈钢纤维20%,表示为C50/T30/S20。

4 要求

4.1 不锈钢纤维要求

服用织物纱线的不锈钢纤维的单纤维直径应在4 μm~8 μm,产业用布纱线的不锈钢纤维的单纤维直径应在4 μm~12 μm,直径偏差率不大于2.5%。体积质量为7.96 g/cm^3~8.02 g/cm^3,断裂强度为600 N/mm^2~1 250 N/mm^2,断裂伸长率≥0.8%,比电阻不大于75 μΩ·cm,无明显疵点和色差,分纤性良好。

4.2 纤维含量偏差

不锈钢纤维与棉涤混纺本色纱线的棉、涤纶纤维含量允许偏差执行FZ/T 01053,不锈钢纤维含量偏差下限不大于标称值的5%。

4.3 纱线质量要求

4.3.1 普梳棉不锈钢纤维混纺本色纱的要求见表1。

表1 普梳棉不锈钢纤维混纺本色纱的要求

公称线密度/tex（英制支数）	不锈钢纤维含量/%	等别	质量指标					
			单纱断裂强力变异系数 CV/% ≤	百米重量变异系数 CV/% ≤	黑板条干均匀度10块板比例（优：一：二：三）≥	黑板棉杂总粒数/（粒/g）≤	单纱断裂强度/（cN/tex）≥	百米重量偏差/%
14～15（43～37）	≤10	优	11.0	2.5	7：3：0：0	60	9.9	±2.5
		一	15.5	3.7	0：7：3：0	120		
		合	20.0	5.0	0：0：7：3	185		
16～20（36～29）		优	10.5	2.5	7：3：0：0	60	10.1	
		一	15.0	3.7	0：7：3：0	120		
		合	19.5	5.0	0：0：7：3	185		
21～30（28～19）		优	10.0	2.5	7：3：0：0	60	10.1	
		一	14.5	3.7	0：7：3：0	120		
		合	19.0	5.0	0：0：7：3	185		
31～34（19～17）		优	9.5	2.5	7：3：0：0	75	10.1	
		一	14.0	3.7	0：7：3：0	145		
		合	18.5	5.0	0：0：7：3	225		
14～15（43～37）	>10 ≤20	优	11.0	2.5	7：3：0：0	51	8.8	
		一	15.5	3.7	0：7：3：0	102		
		合	20.0	5.0	0：0：7：3	157		
16～20（36～29）		优	10.5	2.5	7：3：0：0	51	9.0	
		一	15.0	3.7	0：7：3：0	102		
		合	19.5	5.0	0：0：7：3	157		
21～30（28～19）		优	10.0	2.5	7：3：0：0	51	9.0	
		一	14.5	3.7	0：7：3：0	102		
		合	19.0	5.0	0：0：7：3	157		
31～34（19～17）		优	9.5	2.5	7：3：0：0	64	9.0	
		一	14.0	3.7	0：7：3：0	123		
		合	18.5	5.0	0：0：7：3	191		
14～15（43～37）	>20 ≤30	优	11.0	2.5	7：3：0：0	48	7.7	
		一	15.5	3.7	0：7：3：0	96		
		合	20.0	5.0	0：0：7：3	148		
16～20（36～29）		优	10.5	2.5	7：3：0：0	48	7.8	
		一	15.0	3.7	0：7：3：0	96		
		合	19.5	5.0	0：0：7：3	148		

表 1（续）

公称线密度/tex（英制支数）	不锈钢纤维含量/%	等别	质量指标					
			单纱断裂强力变异系数 CV/% ≤	百米重量变异系数 CV/% ≤	黑板条干均匀度 10 块板比例（优：一：二：三）≥	黑板棉杂总粒数/（粒/g）≤	单纱断裂强度/（cN/tex）≥	百米重量偏差/%
21～30（28～19）	>20 ≤30	优	10.0	2.5	7：3：0：0	48	7.8	±2.5
		一	14.5	3.7	0：7：3：0	96		
		合	19.0	5.0	0：0：7：3	148		
31～34（19～17）		优	9.5	2.5	7：3：0：0	60	7.8	
		一	14.0	3.7	0：7：3：0	116		
		合	18.5	5.0	0：0：7：3	180		

4.3.2 普梳棉不锈钢纤维混纺本色线的要求见表 2。

表 2 普梳棉不锈钢纤维混纺本色线的要求

公称线密度/tex（英制支数）	不锈钢纤维含量/%	等别	质量指标				
			单纱断裂强力变异系数 CV/% ≤	百米重量变异系数 CV/% ≤	黑板棉杂总粒数/（粒/g）≤	单线断裂强度/（cN/tex）≥	百米重量偏差/%
14×2～20×2（42/2-29/2）	≤10	优	8.5	2.0	45	11.6	±2.5
		一	12.5	3.0	90		
		合	16.5	4.0	135		
21×2～30×2（28/2～19/2）		优	8.0	2.0	45	11.6	
		一	12.0	3.0	90		
		合	16.0	4.0	135		
31×2～36×2（18/2～16/2）		优	7.5	2.0	55	11.6	
		一	11.5	3.0	105		
		合	15.5	4.0	160		
14×2～20×2（42/2～29/2）	>10 ≤20	优	8.5	2.0	38	10.3	
		一	12.5	3.0	77		
		合	16.5	4.0	115		
21×2～30×2（28/2～19/2）		优	8.0	2.0	38	10.3	
		一	12.0	3.0	77		
		合	16.0	4.0	115		
31×2～36×2（18/2～16/2）		优	7.5	2.0	47	10.3	
		一	11.5	3.0	89		
		合	15.5	4.0	136		

表 2（续）

公称线密度/tex（英制支数）	不锈钢纤维含量/%	等别	质量指标				
			单纱断裂强力变异系数 CV/% ≤	百米重量变异系数 CV/% ≤	黑板棉杂总粒数/(粒/g) ≤	单线断裂强度/(cN/tex) ≥	百米重量偏差/%
14×2～20×2 (42/2～29/2)	>20 ≤30	优	8.5	2.0	36	9.0	±2.5
		一	12.5	3.0	72		
		合	16.5	4.0	108		
21×2～30×2 (28/2～19/2)		优	8.0	2.0	36	9.0	
		一	12.0	3.0	72		
		合	16.0	4.0	108		
31×2～36×2 (18/2～16/2)		优	7.5	2.0	44	9.0	
		一	11.5	3.0	84		
		合	15.5	4.0	128		

4.3.3 精梳棉不锈钢纤维混纺本色纱的要求见表 3。

表 3 精梳棉不锈钢纤维混纺本色纱的要求

公称线密度/tex（英制支数）	不锈钢纤维含量/%	等别	质量指标					
			单纱断裂强力变异系数 CV/% ≤	百米重量变异系数 CV/% ≤	黑板条干均匀度 10 块板比例（优：一：二：三）≥	黑板棉杂总粒数/(粒/g) ≤	单纱断裂强度/(cN/tex) ≥	百米重量偏差/%
14～15 (43～37)	≤10	优	10.0	2.5	7：3：0：0	25	11.2	±2.5
		一	14.5	3.7	0：7：3：0	55		
		合	19.0	5.0	0：0：7：3	80		
16～20 (36～29)		优	9.5	2.5	7：3：0：0	25	11.2	
		一	14.0	3.7	0：7：3：0	55		
		合	18.5	5.0	0：0：7：3	80		
21～30 (28～19)		优	9.0	2.5	7：3：0：0	25	11.3	
		一	13.5	3.7	0：7：3：0	55		
		合	18.0	5.0	0：0：7：3	80		
31～36 (18～16)		优	8.5	2.5	7：3：0：0	25	11.3	
		一	13.0	3.7	0：7：3：0	55		
		合	17.5	5.0	0：0：7：3	80		
14～15 (43～37)	>10 ≤20	优	10.0	2.5	7：3：0：0	21	9.9	
		一	14.5	3.7	0：7：3：0	47		
		合	19.0	5.0	0：0：7：3	68		

表 3（续）

公称线密度/tex（英制支数）	不锈钢纤维含量/%	等别	质量指标					
			单纱断裂强力变异系数CV/% ≤	百米重量变异系数CV/% ≤	黑板条干均匀度10块板比例（优：一：二：三）≥	黑板棉杂总粒数/（粒/g）≤	单纱断裂强度/（cN/tex）≥	百米重量偏差/%
16～20（36～29）	>10 ≤20	优	9.5	2.5	7：3：0：0	21	9.9	±2.5
		一	14.0	3.7	0：7：3：0	47		
		合	18.5	5.0	0：0：7：3	68		
21～30（28～19）		优	9.0	2.5	7：3：0：0	21	10.1	
		一	13.5	3.7	0：7：3：0	47		
		合	18.0	5.0	0：0：7：3	68		
31～36（18～16）		优	8.5	2.5	7：3：0：0	21	10.1	
		一	13.0	3.7	0：7：3：0	47		
		合	17.5	5.0	0：0：7：3	68		
14～15（43～37）	>20 ≤30	优	10.0	2.5	7：3：0：0	20	8.7	
		一	14.5	3.7	0：7：3：0	44		
		合	19.0	5.0	0：0：7：3	64		
16～20（36～29）		优	9.5	2.5	7：3：0：0	20	8.7	
		一	14.0	3.7	0：7：3：0	44		
		合	18.5	5.0	0：0：7：3	64		
21～30（28～19）		优	9.0	2.5	7：3：0：0	20	8.8	
		一	13.5	3.7	0：7：3：0	44		
		合	18.0	5.0	0：0：7：3	64		
31～36（18～16）		优	8.5	2.5	7：3：0：0	20	8.8	
		一	13.0	3.7	0：7：3：0	44		
		合	17.5	5.0	0：0：7：3	64		

4.3.4 精梳棉不锈钢纤维混纺本色线的要求见表 4。

表 4 精梳棉不锈钢纤维混纺本色线的要求

公称线密度/tex（英制支数）	不锈钢纤维含量/%	等别	质量指标				
			单纱断裂强力变异系数CV/% ≤	百米重量变异系数CV/% ≤	黑板棉杂总粒数/（粒/g）≤	单线断裂强度/（cN/tex）≥	百米重量偏差/%
14×2～20×2（42/2～29/2）	≤10	优	8.0	2.0	20	13.4	±2.5
		一	12.0	3.0	40		
		合	16.0	4.0	55		

表 4（续）

公称线密度/tex（英制支数）	不锈钢纤维含量/%	等别	质量指标				
			单纱断裂强力变异系数 CV/% ≤	百米重量变异系数 CV/% ≤	黑板棉杂总粒数/（粒/g）≤	单线断裂强度/（cN/tex）≥	百米重量偏差/%
21×2～30×2（28/2～19/2）	≤10	优	7.5	2.0	20	13.4	±2.5
		一	11.5	3.0	40		
		合	15.5	4.0	55		
31×2～36×2（18/2～16/2）		优	7.0	2.0	24	13.4	
		一	11.0	3.0	48		
		合	15.0	4.0	66		
14×2～20×2（42/2～29/2）	>10 ≤20	优	8.0	2.0	17	11.9	
		一	12.0	3.0	34		
		合	16.0	4.0	47		
21×2～30×2（28/2～19/2）		优	7.5	2.0	17	11.9	
		一	11.5	3.0	34		
		合	15.5	4.0	47		
31×2～36×2（18/2～16/2）		优	7.0	2.0	20	11.9	
		一	11.0	3.0	41		
		合	15.0	4.0	56		
14×2～20×2（42/2～29/2）	>20 ≤30	优	8.0	2.0	16	10.4	
		一	12.0	3.0	32		
		合	16.0	4.0	44		
21×2～30×2（28/2～19/2）		优	7.5	2.0	16	10.4	
		一	11.5	3.0	32		
		合	15.5	4.0	44		
31×2～36×2（18/2～16/2）		优	7.0	2.0	19	10.4	
		一	11.0	3.0	38		
		合	15.0	4.0	52		

4.3.5 针织用普梳棉不锈钢纤维混纺本色纱的要求见表 5。

表 5 针织用普梳棉不锈钢纤维混纺本色纱的要求

公称线密度/tex（英制支数）	不锈钢纤维含量/%	等别	质量指标					
			单纱断裂强力变异系数 CV/% ≤	百米重量变异系数 CV/% ≤	黑板条干均匀度 10 块板比例（优：一：二：三）≥	黑板棉杂总粒数/（粒/g）≤	单纱断裂强度/（cN/tex）≥	百米重量偏差/%
14～15（43～37）	≤10	优	10.0	2.3	7：3：0：0	45	9.9	±2.5
		一	14.5	3.5	0：7：3：0	85		
		合	19.0	5.0	0：0：7：3	125		

表 5（续）

公称线密度/tex（英制支数）	不锈钢纤维含量/%	等别	质量指标					
			单纱断裂强力变异系数 CV/% ≤	百米重量变异系数 CV/% ≤	黑板条干均匀度 10 块板比例（优：一：二：三）≥	黑板棉杂总粒数/（粒/g）≤	单纱断裂强度/（cN/tex）≥	百米重量偏差/%
16～20（36～29）	≤10	优	9.5	2.3	7：3：0：0	45	10.1	±2.5
		一	14.0	3.5	0：7：3：0	85		
		合	18.5	5.0	0：0：7：3	125		
21～30（28～19）		优	9.0	2.3	7：3：0：0	45	10.1	
		一	13.5	3.5	0：7：3：0	85		
		合	18.0	5.0	0：0：7：3	125		
31～34（18～17）		优	9.0	2.3	7：3：0：0	50	10.1	
		一	13.5	3.5	0：7：3：0	90		
		合	18.0	5.0	0：0：7：3	135		
14～15（43～37）	＞10 ≤20	优	10.0	2.3	7：3：0：0	38	8.8	
		一	14.5	3.5	0：7：3：0	72		
		合	19.0	5.0	0：0：7：3	106		
16～20（36～29）		优	9.5	2.3	7：3：0：0	38	9.0	
		一	14.0	3.5	0：7：3：0	72		
		合	18.5	5.0	0：0：7：3	106		
21～30（28～19）		优	9.0	2.3	7：3：0：0	38	9.0	
		一	13.5	3.5	0：7：3：0	72		
		合	18.0	5.0	0：0：7：3	106		
31～34（18～17）		优	9.0	2.3	7：3：0：0	43	9.0	
		一	13.5	3.5	0：7：3：0	77		
		合	18.0	5.0	0：0：7：3	115		
14～15（43～37）	＞20 ≤30	优	10.0	2.3	7：3：0：0	36	7.7	
		一	14.5	3.5	0：7：3：0	68		
		合	19.0	5.0	0：0：7：3	100		
16～20（36～29）		优	9.5	2.3	7：3：0：0	36	7.8	
		一	14.0	3.5	0：7：3：0	68		
		合	18.5	5.0	0：0：7：3	100		
21～30（28～19）		优	9.0	2.3	7：3：0：0	36	7.8	
		一	13.5	3.5	0：7：3：0	68		
		合	18.0	5.0	0：0：7：3	100		
31～34（18～17）		优	9.0	2.3	7：3：0：0	40	7.8	
		一	13.5	3.5	0：7：3：0	72		
		合	18.0	5.0	0：0：7：3	108		

4.3.6 针织用精梳棉不锈钢纤维混纺本色纱的要求见表6。

表6 针织用精梳棉不锈钢纤维混纺本色纱的要求

公称线密度/tex（英制支数）	不锈钢纤维含量/%	等别	质量指标					
			单纱断裂强力变异系数CV/% ≤	百米重量变异系数CV/% ≤	黑板条干均匀度10块板比例（优：一：二：三）≥	黑板棉杂总粒数/（粒/g）≤	单纱断裂强度/（cN/tex）≥	百米重量偏差/%
14～15（43～37）	≤10	优	9.5	2.3	7：3：0：0	20	11.2	±2.5
		一	14.0	3.5	0：7：3：0	50		
		合	18.5	5.0	0：0：7：3	75		
16～20（36～29）		优	9.0	2.3	7：3：0：0	20	11.2	
		一	13.5	3.5	0：7：3：0	50		
		合	18.0	5.0	0：0：7：3	75		
21～30（28～19）		优	8.5	2.3	7：3：0：0	20	11.3	
		一	13.0	3.5	0：7：3：0	50		
		合	17.5	5.0	0：0：7：3	75		
31～36（18～16）		优	8.0	2.3	7：3：0：0	20	11.3	
		一	12.5	3.5	0：7：3：0	50		
		合	17.0	5.0	0：0：7：3	75		
14～15（43～37）	＞10 ≤20	优	9.5	2.3	7：3：0：0	17	9.9	
		一	14.0	3.5	0：7：3：0	43		
		合	18.5	5.0	0：0：7：3	64		
16～20（36～29）		优	9.0	2.3	7：3：0：0	17	9.9	
		一	13.5	3.5	0：7：3：0	43		
		合	18.0	5.0	0：0：7：3	64		
21～30（28～19）		优	8.5	2.3	7：3：0：0	17	10.1	
		一	13.0	3.5	0：7：3：0	43		
		合	17.5	5.0	0：0：7：3	64		
31～36（18～16）		优	8.0	2.3	7：3：0：0	17	10.1	
		一	12.5	3.5	0：7：3：0	43		
		合	17.0	5.0	0：0：7：3	64		
14～15（43～37）	＞20 ≤30	优	9.5	2.3	7：3：0：0	16	8.7	
		一	14.0	3.5	0：7：3：0	40		
		合	18.5	5.0	0：0：7：3	60		
16～20（36～29）		优	9.0	2.3	7：3：0：0	16	8.7	
		一	13.5	3.5	0：7：3：0	40		
		合	18.0	5.0	0：0：7：3	60		

表 6（续）

公称线密度/tex（英制支数）	不锈钢纤维含量/%	等别	质量指标					
			单纱断裂强力变异系数 CV/% ≤	百米重量变异系数 CV/% ≤	黑板条干均匀度10块板比例（优：一：二：三）≥	黑板棉杂总粒数/（粒/g）≤	单纱断裂强度/（cN/tex）≥	百米重量偏差/%
21～30（28～19）	>20 ≤30	优	8.5	2.3	7:3:0:0	16	8.8	±2.5
		一	13.0	3.5	0:7:3:0	40		
		合	17.5	5.0	0:0:7:3	60		
31～36（18～16）		优	8.0	2.3	7:3:0:0	16	8.8	
		一	12.5	3.5	0:7:3:0	40		
		合	17.0	5.0	0:0:7:3	60		

4.3.7 普梳棉涤不锈钢纤维混纺本色纱的要求见表 7。

表 7 普梳棉涤不锈钢纤维混纺本色纱的要求

公称线密度/tex（英制支数）	不锈钢纤维含量/%	等别	质量指标					
			单纱断裂强力变异系数 CV/% ≤	百米重量变异系数 CV/% ≤	黑板条干均匀度10块板比例（优：一：二：三）≥	黑板棉杂总粒数/（粒/g）≤	单纱断裂强度/（cN/tex）≥	百米重量偏差/%
14～16（44～36）	≤10	优	14.5	2.5	7:3:0:0	30	11.7	±2.5
		一	18.5	3.7	0:7:3:0	60		
		合	22.5	5.0	0:0:7:3	90		
17～20（36～29）		优	14.0	2.5	7:3:0:0	30	12.1	
		一	18.0	3.7	0:7:3:0	60		
		合	22.0	5.0	0:0:7:3	90		
21～24（28～24）		优	13.5	2.5	7:3:0:0	30	12.4	
		一	17.5	3.7	0:7:3:0	60		
		合	21.5	5.0	0:0:7:3	90		
25～36（23～19）		优	13.0	2.5	7:3:0:0	30	12.8	
		一	17.0	3.7	0:7:3:0	60		
		合	21.0	5.0	0:0:7:3	90		
14～16（44～36）	>10 ≤20	优	14.5	2.5	7:3:0:0	23	10.4	
		一	18.5	3.7	0:7:3:0	45		
		合	22.5	5.0	0:0:7:3	68		
17～20（36～29）		优	14.0	2.5	7:3:0:0	23	10.7	
		一	18.0	3.7	0:7:3:0	45		
		合	22.0	5.0	0:0:7:3	68		

表 7（续）

公称线密度/tex（英制支数）	不锈钢纤维含量/%	等别	质量指标					
			单纱断裂强力变异系数 CV/% ≤	百米重量变异系数 CV/% ≤	黑板条干均匀度 10 块板比例（优：一：二：三）≥	黑板棉杂总粒数/（粒/g）≤	单纱断裂强度/（cN/tex）≥	百米重量偏差/%
21～24（28～24）	>10 ≤20	优	13.5	2.5	7：3：0：0	23	11.0	±2.5
		一	17.5	3.7	0：7：3：0	45		
		合	21.5	5.0	0：0：7：3	68		
25～36（23～19）		优	13.0	2.5	7：3：0：0	23	11.4	
		一	17.0	3.7	0：7：3：0	45		
		合	21.0	5.0	0：0：7：3	68		
14～16（44～36）	>20 ≤30	优	14.5	2.5	7：3：0：0	22	9.1	
		一	18.5	3.7	0：7：3：0	43		
		合	22.5	5.0	0：0：7：3	65		
17～20（36～29）		优	14.0	2.5	7：3：0：0	22	9.4	
		一	18.0	3.7	0：7：3：0	43		
		合	22.0	5.0	0：0：7：3	65		
21～24（28～24）		优	13.5	2.5	7：3：0：0	22	9.7	
		一	17.5	3.7	0：7：3：0	43		
		合	21.5	5.0	0：0：7：3	65		
25～36（23～19）		优	13.0	2.5	7：3：0：0	22	9.9	
		一	17.0	3.7	0：7：3：0	43		
		合	21.0	5.0	0：0：7：3	65		

4.3.8 普梳棉涤不锈钢纤维混纺本色线的要求见表 8。

表 8 普梳棉涤不锈钢纤维混纺本色线的要求

公称线密度/tex（英制支数）	不锈钢纤维含量/%	等别	质量指标				
			单纱断裂强力变异系数 CV/% ≤	百米重量变异系数 CV/% ≤	黑板棉杂总粒数/（粒/g）≤	单线断裂强度/（cN/tex）≥	百米重量偏差/%
14×2～16×2（44/2～36/2）	≤10	优	10.5	2.0	25	14.7	±2.5
		一	13.0	3.0	40		
		合	16.0	4.0	70		
17×2～20×2（35/2～29/2）		优	10.0	2.0	25	14.9	
		一	12.5	3.0	40		
		合	15.5	4.0	70		

表 8（续）

公称线密度/tex（英制支数）	不锈钢纤维含量/%	等别	质量指标 单纱断裂强力变异系数CV/% ≤	百米重量变异系数CV/% ≤	黑板棉杂总粒数/(粒/g) ≤	单线断裂强度/(cN/tex) ≥	百米重量偏差/%
21×2～24×2 (28/2～24/2)	≤10	优	9.5	2.0	25	15.2	±2.5
		一	12.0	3.0	40		
		合	15.0	4.0	70		
25×2～36×2 (23/2～19/2)		优	9.0	2.0	25	15.2	
		一	11.5	3.0	40		
		合	14.5	4.0	70		
14×2～16×2 (44/2～36/2)	>10 ≤20	优	10.5	2.0	19	13.0	
		一	13.0	3.0	30		
		合	16.0	4.0	53		
17×2～20×2 (35/2～29/2)		优	10.0	2.0	19	13.2	
		一	12.5	3.0	30		
		合	15.5	4.0	53		
21×2～24×2 (28/2～24/2)		优	9.5	2.0	19	13.5	
		一	12.0	3.0	30		
		合	15.0	4.0	53		
25×2～36×2 (23/2～19/2)		优	9.0	2.0	19	13.5	
		一	11.5	3.0	30		
		合	14.5	4.0	53		
14×2～16×2 (44/2～36/2)	>20 ≤30	优	10.5	2.0	18	11.4	
		一	13.0	3.0	29		
		合	16.0	4.0	50		
17×2～20×2 (35/2～29/2)		优	10.0	2.0	18	11.6	
		一	12.5	3.0	29		
		合	15.5	4.0	50		
21×2～24×2 (28/2～24/2)		优	9.5	2.0	18	11.8	
		一	12.0	3.0	29		
		合	15.0	4.0	50		
25×2～36×2 (23/2～19/2)		优	9.0	2.0	18	11.8	
		一	11.5	3.0	29		
		合	14.5	4.0	50		

4.3.9 精梳棉涤不锈钢纤维混纺本色纱的要求见表9。

表9 精梳棉涤不锈钢纤维混纺本色纱的要求

公称线密度/tex（英制支数）	不锈钢纤维含量/%	等别	质量指标					
			单纱断裂强力变异系数CV/% ≤	百米重量变异系数CV/% ≤	黑板条干均匀度10块板比例（优：一：二：三）≥	黑板棉杂总粒数/（粒/g）≤	单纱断裂强度/（cN/tex）≥	百米重量偏差/%
14～16（44～36）	≤10	优	14.5	2.5	7:3:0:0	16	12.2	±2.5
		一	17.8	3.5	0:7:3:0	28		
		合	20.3	4.5	0:0:7:3	40		
17～20（35～29）		优	14.0	2.5	7:3:0:0	14	12.4	
		一	17.3	3.5	0:7:3:0	26		
		合	19.8	4.5	0:0:7:3	38		
21～24（28～24）		优	13.3	2.5	7:3:0:0	14	12.9	
		一	16.8	3.5	0:7:3:0	26		
		合	19.3	4.5	0:0:7:3	38		
25～30（23～19）		优	12.8	2.5	7:3:0:0	14	13.5	
		一	16.3	3.5	0:7:3:0	26		
		合	18.8	4.5	0:0:7:3	38		
31及以上（18及以下）		优	12.0	2.5	7:3:0:0	13	14.3	
		一	15.5	3.5	0:7:3:0	25		
		合	18.0	4.5	0:0:7:3	37		
14～16（44～36）	>10 ≤20	优	14.5	2.5	7:3:0:0	12	10.8	
		一	17.8	3.5	0:7:3:0	21		
		合	20.3	4.5	0:0:7:3	30		
17～20（35～29）		优	14.0	2.5	7:3:0:0	11	11.0	
		一	17.3	3.5	0:7:3:0	20		
		合	19.8	4.5	0:0:7:3	29		
21～24（28～24）		优	13.3	2.5	7:3:0:0	11	11.5	
		一	16.8	3.5	0:7:3:0	20		
		合	19.3	4.5	0:0:7:3	29		
25～30（23～19）		优	12.8	2.5	7:3:0:0	11	12.0	
		一	16.3	3.5	0:7:3:0	20		
		合	18.8	4.5	0:0:7:3	29		
31及以上（18及以下）		优	12.0	2.5	7:3:0:0	10	12.7	
		一	15.5	3.5	0:7:3:0	19		
		合	18.0	4.5	0:0:7:3	28		

表 9（续）

公称线密度/tex（英制支数）	不锈钢纤维含量/%	等别	质量指标					
			单纱断裂强力变异系数 CV/% ≤	百米重量变异系数 CV/% ≤	黑板条干均匀度 10 块板比例（优：一：二：三） ≥	黑板棉杂总粒数/（粒/g） ≤	单纱断裂强度/（cN/tex） ≥	百米重量偏差/%
14～16（44～36）	>20 ≤30	优	14.5	2.5	7：3：0：0	12	9.5	±2.5
		一	17.8	3.5	0：7：3：0	20		
		合	20.3	4.5	0：0：7：3	29		
17～20（35～29）		优	14.0	2.5	7：3：0：0	10	9.6	
		一	17.3	3.5	0：7：3：0	19		
		合	19.8	4.5	0：0：7：3	27		
21～24（28～24）		优	13.3	2.5	7：3：0：0	10	10.0	
		一	16.8	3.5	0：7：3：0	19		
		合	19.3	4.5	0：0：7：3	27		
25～30（23～19）		优	12.8	2.5	7：3：0：0	10	10.5	
		一	16.3	3.5	0：7：3：0	19		
		合	18.8	4.5	0：0：7：3	27		
31 及以上（18 及以下）		优	12.0	2.5	7：3：0：0	9	11.1	
		一	15.5	3.5	0：7：3：0	18		
		合	18.0	4.5	0：0：7：3	27		

4.3.10 精梳棉涤不锈钢纤维混纺本色线的要求见表 10。

表 10 精梳棉涤不锈钢纤维混纺本色线的要求

公称线密度/tex（英制支数）	不锈钢纤维含量/%	等别	质量指标				
			单纱断裂强力变异系数 CV/% ≤	百米重量变异系数 CV/% ≤	黑板棉杂总粒数/（粒/g） ≤	单线断裂强度/（cN/tex） ≥	百米重量偏差/%
14×2～16×2（44/2～36/2）	≤10	优	9.3	2.0	11	15.3	±2.5
		一	11.5	3.0	18		
		合	14.0	4.0	28		
17×2～20×2（35/2～29/2）		优	9.0	2.0	11	15.8	
		一	11.3	3.0	17		
		合	13.8	4.0	28		
21×2～24×2（28/2～24/2）		优	8.3	2.0	11	16.4	
		一	10.8	3.0	17		
		合	13.3	4.0	28		

表 10（续）

公称线密度/tex（英制支数）	不锈钢纤维含量/%	等别	质量指标				
			单纱断裂强力变异系数CV/% ≤	百米重量变异系数CV/% ≤	黑板棉杂总粒数/（粒/g） ≤	单线断裂强度/（cN/tex） ≥	百米重量偏差/%
25×2～30×2（23/2～19/2）	≤10	优	8.3	2.0	11	17.1	±2.5
		一	10.8	3.0	17		
		合	13.3	4.0	28		
31×2 及以上（18/2 及以上）		优	7.8	2.0	9	18.2	
		一	10.3	3.0	16		
		合	12.8	4.0	26		
14×2～16×2（44/2～36/2）	>10 ≤20	优	9.3	2.0	8	13.6	
		一	11.5	3.0	13		
		合	14.0	4.0	21		
17×2～20×2（35/2～29/2）		优	9.0	2.0	8	14.0	
		一	11.3	3.0	13		
		合	13.8	4.0	21		
21×2～24×2（28/2～24/2）		优	8.3	2.0	8	14.6	
		一	10.8	3.0	13		
		合	13.3	4.0	21		
25×2～30×2（23/2～19/2）		优	8.3	2.0	8	15.2	
		一	10.8	3.0	13		
		合	13.3	4.0	21		
31×2 及以上（18/2 及以上）		优	7.8	2.0	7	16.2	
		一	10.3	3.0	12		
		合	12.8	4.0	20		
14×2～16×2（44/2～36/2）	>20 ≤30	优	9.3	2.0	8	11.9	
		一	11.5	3.0	13		
		合	14.0	4.0	20		
17×2～20×2（35/2～29/2）		优	9.0	2.0	8	12.3	
		一	11.3	3.0	12		
		合	13.8	4.0	20		
21×2～24×2（28/2～24/2）		优	8.3	2.0	8	12.8	
		一	10.8	3.0	12		
		合	13.3	4.0	20		

表 10（续）

公称线密度/tex（英制支数）	不锈钢纤维含量/%	等别	质量指标				
			单纱断裂强力变异系数 CV/% ≤	百米重量变异系数 CV/% ≤	黑板棉杂总粒数/(粒/g) ≤	单线断裂强度/(cN/tex) ≥	百米重量偏差/%
25×2～30×2（23/2～19/2）	>20 ≤30	优	8.3	2.0	8	13.3	±2.5
		一	10.8	3.0	12		
		合	13.3	4.0	20		
31×2 及以上（18/2 及以上）		优	7.8	2.0	6	14.1	
		一	10.3	3.0	11		
		合	12.8	4.0	19		

4.3.11 涤不锈钢纤维混纺本色纱的要求见表 11。

表 11 涤不锈钢纤维混纺本色纱的要求

公称线密度/tex（英制支数）	不锈钢纤维含量/%	等别	质量指标				
			单纱断裂强力变异系数 CV/% ≤	百米重量变异系数 CV/% ≤	黑板条干均匀度 10 块板比例（优：一：二：三）≥	单纱断裂强度/(cN/tex) ≥	百米重量偏差/%
14～16（43～36）	≤10	优	12.5	2.5	7：3：0：0	24.3	±2.5
		一	15.5	3.5	0：7：3：0	20.7	
		合	20.5	4.5	0：0：7：3	18.0	
17～20（35～29）		优	12.0	2.5	7：3：0：0	25.2	
		一	15.0	3.5	0：7：3：0	21.6	
		合	20.0	4.5	0：0：7：3	18.9	
21～24（28～24）		优	11.5	2.5	7：3：0：0	26.1	
		一	14.5	3.5	0：7：3：0	22.5	
		合	19.5	4.5	0：0：7：3	19.8	
25～30（23～19）		优	11.0	2.5	7：3：0：0	27.0	
		一	14.0	3.5	0：7：3：0	23.4	
		合	19.0	4.5	0：0：7：3	20.7	
31～36（18～16）		优	10.5	2.5	7：3：0：0	27.9	
		一	13.5	3.5	0：7：3：0	24.3	
		合	18.5	4.5	0：0：7：3	21.6	
14～16（43～36）	>10 ≤20	优	12.5	2.5	7：3：0：0	21.6	
		一	15.5	3.5	0：7：3：0	18.4	
		合	20.5	4.5	0：0：7：3	16.0	

表 11（续）

公称线密度/tex（英制支数）	不锈钢纤维含量/%	等别	质量指标				
			单纱断裂强力变异系数 CV/% ≤	百米重量变异系数 CV/% ≤	黑板条干均匀度10块板比例（优：一：二：三）≥	单纱断裂强度/（cN/tex）≥	百米重量偏差/%
17～20（35～29）	>10 ≤20	优	12.0	2.5	7：3：0：0	22.4	±2.5
		一	15.0	3.5	0：7：3：0	19.2	
		合	20.0	4.5	0：0：7：3	16.8	
21～24（28～24）		优	11.5	2.5	7：3：0：0	23.2	
		一	14.5	3.5	0：7：3：0	20.0	
		合	19.5	4.5	0：0：7：3	17.6	
25～30（23～19）		优	11.0	2.5	7：3：0：0	24.0	
		一	14.0	3.5	0：7：3：0	20.8	
		合	19.0	4.5	0：0：7：3	18.4	
31～36（18～16）		优	10.5	2.5	7：3：0：0	24.8	
		一	13.5	3.5	0：7：3：0	21.6	
		合	18.5	4.5	0：0：7：3	19.2	
14～16（43～36）	>20 ≤30	优	12.5	2.5	7：3：0：0	18.9	
		一	15.5	3.5	0：7：3：0	16.1	
		合	20.5	4.5	0：0：7：3	14.0	
17～20（35～29）		优	12.0	2.5	7：3：0：0	19.6	
		一	15.0	3.5	0：7：3：0	16.8	
		合	20.0	4.5	0：0：7：3	14.7	
21～24（28～24）		优	11.5	2.5	7：3：0：0	20.3	
		一	14.5	3.5	0：7：3：0	17.5	
		合	19.5	4.5	0：0：7：3	15.4	
25～30（23～19）		优	11.0	2.5	7：3：0：0	21.0	
		一	14.0	3.5	0：7：3：0	18.2	
		合	19.0	4.5	0：0：7：3	16.1	
31～36（18～16）		优	10.5	2.5	7：3：0：0	21.7	
		一	13.5	3.5	0：7：3：0	18.9	
		合	18.5	4.5	0：0：7：3	16.8	

4.3.12 涤不锈钢纤维混纺本色线的要求见表12。

表12 涤不锈钢纤维混纺本色线的要求

公称线密度/tex（英制支数）	不锈钢纤维含量/%	等别	质量指标			
			单纱断裂强力变异系数CV/% ≤	百米重量变异系数CV/% ≤	单线断裂强度/(cN/tex) ≥	百米重量偏差/%
14×2～16×2（44/2～36/2）	≤10	优	8.5	2.2	27.9	±2.5
		一	11.0	3.2	24.3	
		合	14.0	4.2	20.7	
17×2～20×2（35/2～29/2）		优	8.0	2.2	28.8	
		一	10.5	3.2	25.2	
		合	13.5	4.2	21.6	
21×2～24×2（28/2～24/2）		优	8.0	2.2	29.7	
		一	10.5	3.2	26.1	
		合	13.5	4.2	22.5	
25×2～30×2（23/2～19/2）		优	7.5	2.2	29.7	
		一	10.0	3.2	26.1	
		合	13.0	4.2	22.5	
31×2～36×2（18/2～16/2）		优	7.0	2.2	30.6	
		一	9.5	3.2	27.0	
		合	12.5	4.2	23.4	
14×2～16×2（44/2～36/2）	>10 ≤20	优	8.5	2.2	24.8	
		一	11.0	3.2	21.6	
		合	14.0	4.2	18.4	
17×2～20×2（35/2～29/2）		优	8.0	2.2	25.6	
		一	10.5	3.2	22.4	
		合	13.5	4.2	19.2	
21×2～24×2（28/2～24/2）		优	8.0	2.2	26.4	
		一	10.5	3.2	23.2	
		合	13.5	4.2	20.0	
25×2～30×2（23/2～19/2）		优	7.5	2.2	26.4	
		一	10.0	3.2	23.2	
		合	13.0	4.2	20.0	
31×2～36×2（18/2～16/2）		优	7.0	2.2	27.2	
		一	9.5	3.2	24.0	
		合	12.5	4.2	20.8	

表 12（续）

公称线密度/tex（英制支数）	不锈钢纤维含量/%	等别	质量指标			
			单纱断裂强力变异系数 CV/% ≤	百米重量变异系数 CV/% ≤	单线断裂强度/(cN/tex) ≥	百米重量偏差/%
14×2～16×2（44/2～36/2）	>20 ≤30	优	8.5	2.2	21.7	±2.5
		一	11.0	3.2	18.9	
		合	14.0	4.2	16.1	
17×2～20×2（35/2～29/2）		优	8.0	2.2	22.4	
		一	10.5	3.2	19.6	
		合	13.5	4.2	16.8	
21×2～24×2（28/2～24/2）		优	8.0	2.2	23.1	
		一	10.5	3.2	20.3	
		合	13.5	4.2	17.5	
25×2～30×2（23/2～19/2）		优	7.5	2.2	23.1	
		一	10.0	3.2	20.3	
		合	13.0	4.2	17.5	
31×2～36×2（18/2～16/2）		优	7.0	2.2	23.8	
		一	9.5	3.2	21.0	
		合	12.5	4.2	18.2	

注：各类纱线的实际捻系数控制范围为 280～340。

4.4 产品分等

4.4.1 以同一品种规格的交货批为一批进行试验，按表 1～表 12 中项目的最低一项定等。

4.4.2 纱线等级分为优等品、一等品和合格品，低于合格品者为等外品。

4.4.3 不锈钢纤维含量达不到要求为等外品。

5 试验方法

5.1 纤维含量试验按附录 A 执行。

5.2 单纱(线)断裂强度及单纱(线)断裂强力变异系数的试验方法按 GB/T 3916 执行。

5.3 百米重量变异系数、百米重量偏差按照 GB/T 4743 执行。

5.4 黑板条干均匀度、一克内棉结杂质总粒数按 GB/T 9996.2 执行。

5.5 纱线公定重量的测定和计算按以下方法执行：

按 GB/T 4743 测定纱线的实际回潮率，并按式(1)计算公定重量。其中，不锈钢纤维与棉涤混纺本色纱线的公定回潮率，以棉公定回潮率 8.5%、涤纶公定回潮率 0.4%和不锈钢纤维公定回潮率 0.0%按式(2)计算，保留小数一位。

$$公定回潮率重量 = 实际重量 \times \frac{100 + 公定回潮率(\%)}{100 + 实际回潮率(\%)} \quad \cdots\cdots(1)$$

$$W = \frac{W_c \times P_c + W_T \times P_T + W_S \times P_S}{100} \quad \cdots\cdots(2)$$

式中：

W——公定回潮率，%；

W_c——棉公定回潮率，%；

W_T——涤纶公定回潮率，%；

W_S——不锈钢纤维公定回潮率，%；

P_c——棉含量比例，%；

P_T——涤纶含量比例，%；

P_S——不锈钢纤维含量比例，%。

5.6 结果的修约

纱线的各种试验结果修约按表13规定。

表13 试验结果的数字修约规定

项目	要求小数点后有效位数
单纱(线)断裂强度/(cN/tex)	1
单纱(线)断裂强力变异系数(CV)/%	1
百米重量变异系数(CV)/%	1
黑板条干均匀度/块	整数
一克内棉结杂质总粒数/(粒/g)	整数
百米重量偏差/%	1
百米重量(每批平均)/(g/100 m)	3
平均特克斯数/tex	1
折算重量用回潮率/%	2
捻系数	整数

6 检验规则

6.1 以同一品种规格的交货批作为一批。

6.2 随机取样，取样数量和各项物理指标的试验按产品标准规定执行。

6.3 每批产品重量，500 kg及以下取2包称重，超过加倍取样。

6.4 如果有不合格项，允许重新取样对不合格项进行复验一次，以复验结果判定。

7 标志、包装

7.1 产品定重包装，每包重量由供需双方协定。

7.2 包装质量应符合产品防护要求，不易破损，防潮、防污，便于搬运。

7.3 包装应标明品种、原料成分、代号、纱支、重量、品等、执行标准、生产日期、生产企业名称和地址。

附 录 A
（规范性附录）
纤维含量试验

A.1 试验通则

试验通则按 GB/T 2910.1 执行。

A.2 不锈钢纤维与棉混纺本色纱线的含量分析（75%硫酸法）

按 GB/T 2910.11 执行，其中，不锈钢纤维为不溶性纤维，净干质量百分率按 GB/T 2910.1 计算，d 值按式（A.1）求得：

$$d = \frac{m_0}{m_1} \qquad \cdots\cdots\cdots\cdots (A.1)$$

式中：

m_0——纯不锈钢纤维试剂处理前的质量，单位为克（g）；

m_1——纯不锈钢纤维试剂处理后的质量，单位为克（g）；

d——不锈钢纤维质量修正系数。

在没有纯不锈钢纤维试样时，$d=1.0$。

A.3 不锈钢纤维与涤纶混纺本色纱线的含量分析（浓硫酸法，$\rho=1.84$ g/mL）

样品经预处理及准备后，准确称量 1 g 左右，精确至 0.1 mg，放入 250 mL 玻璃烧杯中，按 1 g 试样：100 mL 浓硫酸的比例加入 23 ℃～25 ℃浓硫酸，用振荡器剧烈振荡至少 10 min，溶解聚酯纤维。将其通过称量过的砂芯坩埚抽吸过滤后，依次用等量、同温的浓硫酸及足量的水冲洗砂芯坩埚上的残余部分。然后将其移至另一个容量为 250 mL 以上的烧杯中，按 1 g 试样：50 mL 稀氨水（约 1%）的比例加入稀氨水浸泡中和，再将其通过砂芯坩埚抽吸过滤，砂芯坩埚上的残余部分用水洗净。将砂芯坩埚及残余纤维烘干、冷却、称量。净干质量百分率按 GB/T 2910.1 计算，其中 d 值按式（A.1）求得。

A.4 不锈钢纤维与棉、涤混纺本色纱线的含量分析（75%硫酸法和浓硫酸法）

取二个试样，第一个试样按 A.2 用 75%硫酸法将棉纤维溶解，剩余的不溶纤维为涤纶纤维和不锈钢纤维。第二个试样按 A.3 用浓硫酸法（$\rho=1.84$ g/mL）将棉纤维和涤纶纤维溶解，剩余的不溶纤维为不锈钢纤维。对第一个试样不溶纤维称重，从溶解失重算出棉纤维的百分含量。对第二个试样的不溶纤维称重，算出不锈钢纤维百分含量。涤纶纤维含量可从差值中求出。

净干质量百分率按公式（A.2）、（A.3）和（A.4）计算。

$$p_1 = 100 - (p_2 + p_3) \qquad \cdots\cdots\cdots\cdots (A.2)$$

$$p_2 = 100 \times \frac{d_1 r_1}{m_1} - \frac{d_1}{d_2} \times p_3 \qquad \cdots\cdots\cdots\cdots (A.3)$$

$$p_3 = \frac{d_3 r_2}{m_2} \times 100 \qquad \cdots\cdots\cdots\cdots (A.4)$$

式中：

p_1——棉纤维的净干含量百分率，%；

p_2——涤纶纤维的净干含量百分率，%；

p_3——不锈钢纤维的净干含量百分率，%；

m_1——第一个试样经预处理后干质量，单位为克(g)；

m_2——第二个试样经预处理后干质量，单位为克(g)；

r_1——第一个试样经75%硫酸法处理，不溶的涤纶和不锈钢纤维的干质量，单位为克(g)；

r_2——第二个试样经第二种试剂(浓硫酸法)处理，不溶的不锈钢纤维的干质量，单位为克(g)；

d_1——涤纶纤维在75%硫酸中的质量损失修正系数，$d_1=1.0$；

d_2——不锈钢纤维在75%硫酸中的质量损失修正系数，按式(A.1)求得；

d_3——不锈钢纤维在浓硫酸中的质量损失修正系数，按式(A.1)求得。

在没有纯不锈钢纤维试样时，$d_2=1.0$，$d_3=1.0$。

ICS 59.080.20
W 12

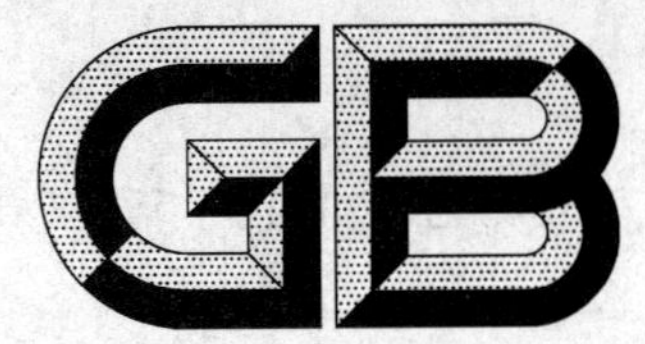

中华人民共和国国家标准

GB/T 24345—2009

机织用筒子染色纱线

Package dyed yarns for woven

2009-09-30 发布

2010-02-01 实施

中华人民共和国国家质量监督检验检疫总局
中国国家标准化管理委员会 发布

前　言

本标准由中国纺织工业协会提出。

本标准由全国纺织品标准化技术委员会(SAC/TC 209)归口。

本标准起草单位:绍兴国周针织科技有限公司、浙江方圆检测集团股份有限公司、绍兴金渔印染有限公司。

本标准主要起草人:金国周、陈钢、任洁芳、王仁海、陈国江。

机织用筒子染色纱线

1 范围

本标准规定了机织用筒子染色纱线的要求、试验方法、检验规则、标志、包装、运输和贮存。

本标准适用于采用筒子染色工艺染色的机织用棉、再生纤维素纤维、合成纤维等的纯纺及混纺纱线。

2 规范性引用文件

下列文件中的条款通过本标准的引用而成为本标准的条款。凡是注日期的引用文件，其随后所有的修改单(不包括勘误的内容)或修订版均不适用于本标准，然而，鼓励根据本标准达成协议的各方研究是否可使用这些文件的最新版本。凡是不注日期的引用文件，其最新版本适用于本标准。

GB/T 250 纺织品 色牢度试验 评定变色用灰色样卡

GB/T 2910(所有部分) 纺织品 定量化学分析

GB/T 2912.1 纺织品 甲醛的测定 第1部分:游离和水解的甲醛(水萃取法)

GB/T 3291.1 纺织材料性能和试验术语 第1部分:纤维和纱线

GB/T 3292.1 纺织品 纱条条干不匀试验方法 第1部分:电容法

GB/T 3916 纺织品 卷装纱 单根纱线断裂强力和断裂伸长率的测定

GB/T 3920 纺织品 色牢度试验 耐摩擦色牢度

GB/T 3921—2008 纺织品 色牢度试验 耐皂洗色牢度

GB/T 3922 纺织品耐汗渍色牢度试验方法

GB/T 4743 纺织品 卷装纱 绞纱法线密度的测定

GB/T 5713 纺织品 色牢度试验 耐水色牢度

GB/T 5718 纺织品 色牢度试验 耐干热(热压除外)色牢度

GB/T 7573 纺织品 水萃取液 pH 值的测定

GB/T 8427—2008 纺织品 色牢度试验 耐人造光色牢度:氙弧

GB/T 14343 化学纤维 长丝线密度试验方法

GB/T 14344 化学纤维 长丝拉伸性能试验方法

GB/T 14346 化学纤维长丝电子条干不匀率试验方法

GB/T 17592 纺织品 禁用偶氮染料的测定

GB 18401 国家纺织产品基本安全技术规范

FZ/T 01053 纺织品 纤维含量的标识

3 术语和定义

GB/T 3291.1 中确立的以及下列术语和定义适用于本标准。

3.1

筒差 **color difference between bobbins**

同一缸次筒子纱之间的色差，以级别表示。

3.2

层差 color difference between bobbin's layers

筒子纱外层、中层与内层之间的色差，以级别表示。

3.3

样差 color difference between specimens

染色纱线与确认样之间的色差，以级别表示。

3.4

缸差 dye lot

不同缸次筒子纱之间的色差，以级别表示。

4 要求

4.1 染色纱线的质量等级分为优等品、一等品、合格品。

4.2 染色纱线的技术指标包括内在质量(见表1)和外观质量(见表2)。

表1

<table>
<tr><th colspan="4">项 目</th><th>优等品</th><th>一等品</th><th>合格品</th></tr>
<tr><td colspan="4">纤维含量/%</td><td colspan="3">按 FZ/T 01053 规定执行</td></tr>
<tr><td colspan="4">甲醛含量/(mg/kg)</td><td colspan="3" rowspan="3">按 GB 18401 规定执行</td></tr>
<tr><td colspan="4">pH 值</td></tr>
<tr><td colspan="4">可分解芳香胺染料/(mg/kg)</td></tr>
<tr><td rowspan="19">染色牢度/级
≥</td><td rowspan="8">耐皂洗色牢度</td><td rowspan="2">纯棉纱线</td><td>变色</td><td>4</td><td>3-4</td><td>3</td></tr>
<tr><td>沾色</td><td>4</td><td>3-4</td><td>3</td></tr>
<tr><td rowspan="2">再生纤维素纤维纱线</td><td>变色</td><td>4</td><td>3-4</td><td>3</td></tr>
<tr><td>沾色</td><td>4</td><td>3-4</td><td>3-4</td></tr>
<tr><td rowspan="2">合成纤维纯纺纱线</td><td>变色</td><td>4</td><td>3-4</td><td>3-4</td></tr>
<tr><td>沾色</td><td>4</td><td>3-4</td><td>3-4</td></tr>
<tr><td rowspan="2">涤棉、涤粘混纺纱线</td><td>变色</td><td>4</td><td>3-4</td><td>3-4</td></tr>
<tr><td>沾色</td><td>4</td><td>3-4</td><td>3-4</td></tr>
<tr><td rowspan="4">耐干热色牢度</td><td rowspan="2">合成纤维纯纺纱线</td><td>变色</td><td>4</td><td>3-4</td><td>3</td></tr>
<tr><td>沾色</td><td>4</td><td>3-4</td><td>3</td></tr>
<tr><td rowspan="2">涤棉、涤粘混纺纱线</td><td>变色</td><td>4</td><td>3-4</td><td>3-4</td></tr>
<tr><td>沾色</td><td>4</td><td>3-4</td><td>3-4</td></tr>
<tr><td rowspan="2">耐水色牢度</td><td colspan="2">变色</td><td>4</td><td>3-4</td><td>3</td></tr>
<tr><td colspan="2">沾色</td><td>3-4</td><td>3-4</td><td>3</td></tr>
<tr><td rowspan="2">耐摩擦色牢度</td><td colspan="2">干摩</td><td>4</td><td>3-4</td><td>3</td></tr>
<tr><td colspan="2">湿摩</td><td>3</td><td>2-3</td><td>2-3</td></tr>
<tr><td rowspan="2">耐汗渍色牢度</td><td colspan="2">变色</td><td>4</td><td>3-4</td><td>3</td></tr>
<tr><td colspan="2">沾色</td><td>3-4</td><td>3-4</td><td>3</td></tr>
<tr><td>耐光色牢度</td><td colspan="2">变色</td><td>4</td><td>3-4</td><td>3</td></tr>
</table>

表 1（续）

项　目		优等品	一等品	合格品
单纱(丝、线)断裂强力降低率[a]/%　≤	纯棉纱线	15	20	25
	再生纤维素纤维纱线	15	18	22
	合成纤维纯纺纱线	8	12	16
	涤棉、涤粘混纺纱线	15	18	20
百米重量偏差百分率/%		±5	±6	±7
单纱(丝、线)断裂强度[b]/(cN/tex)		本色纱线标准值×85%		
百米重量变异系数[b]/%　≤		本色纱线标准值+1		
条干均匀度变异系数[b]/%　≤		本色纱线标准值+1		
断裂强力变异系数[b]/%　≤		本色纱线标准值+1.5		
注：本色纱线标准值参照有关国家标准或行业标准中的规定。				
[a] 仅考核加工纱。 [b] 仅考核贸易纱。				

表 2

项　目	优等品	一等品	合格品
样差、缸差/级　≥	4	3-4	3-4
染色均匀度(筒差、层差)/级　≥	4-5	4	3-4
色花	不允许	不允许	轻微(色差 4 级以上)允许
污渍	表面不允许	表面不允许	表面轻微(色差 4 级以上)允许
成型不良	不允许	不影响正常使用，每批次<3%	不影响正常使用
蛛网(攀头>2.5cm)	不允许	不允许	大端头 3 根以下攀头
飞花	不允许	不允许	不允许
异色和异型纤维	不允许	不允许	不允许
注：飞花以粗于原纱 1/3 者计。			

5　试验方法

5.1　耐皂洗色牢度

合成纤维纯纺纱线(锦纶除外)、纯棉纱线、涤棉混纺纱线按 GB/T 3921—2008 方法 C(3)规定执行，其他纱线按 GB/T 3921—2008 方法 A(1)规定执行。

5.2　耐汗渍色牢度

按 GB/T 3922 规定执行。

5.3　耐水色牢度

按 GB/T 5713 规定执行。

5.4　耐摩擦色牢度

按 GB/T 3920 规定执行。

5.5　耐干热色牢度

按 GB/T 5718 规定执行，合成纤维纯纺纱线(锦纶除外)温度 180 ℃，其他纱线温度 150 ℃。

5.6 耐光色牢度

按 GB/T 8427—2008 方法 3 规定执行。

5.7 甲醛含量试验

按 GB/T 2912.1 规定执行。

5.8 pH 值试验

按 GB/T 7573 规定执行。

5.9 可分解芳香胺染料试验

按 GB/T 17592 规定执行。

5.10 纤维含量试验

按 GB/T 2910 等规定执行。

5.11 单纱(丝、线)断裂强力降低率、单纱(丝、线)断裂强度、变异系数

按 GB/T 3916、GB/T 14344 的规定执行,并按式(1)计算断裂强力降低率,结果保留一位小数。

$$V_L = \frac{L_1 - L_2}{L_1} \times 100\% \qquad \cdots\cdots(1)$$

式中:

V_L——断裂强力降低率,%;

L_1——染前单纱(丝、线)断裂强力,单位为厘牛顿(cN);

L_2——染后单纱(丝、线)断裂强力,单位为厘牛顿(cN)。

5.12 百米重量变异系数、百米重量偏差

按 GB/T 4743、GB/T 14343 的规定执行,并按式(2)计算百米重量偏差百分率,结果保留一位小数。

$$V_m = \frac{m_1 - m_2}{m_1} \times 100\% \qquad \cdots\cdots(2)$$

式中:

V_m——百米重量偏差百分率,%;

m_1——染前纱线干燥重量,单位为克每百米(g/100 m);

m_2——染后纱线干燥重量,单位为克每百米(g/100 m)。

5.13 条干均匀度变异系数

按 GB/T 3292.1、GB/T 14346 的规定执行。

5.14 外观质量

5.14.1 样差、缸差:采用目视检测。自然光源应取晴天北空光,标准光源为 D_{65},600 lx 以上照度。入射光与样品成 45°,观测者视线与样品基本垂直。结果按 GB/T 250 的要求评定。

5.14.2 染色均匀度:取同一筒色纱的内、中、外层或多层及同缸 4 筒以上的色纱织成袜筒,按 GB/T 250 评定。

5.14.3 色花:以层差袜片和络筒成型后目测,结果按表 2 符合项定等。

5.14.4 污渍、成型、蛛网、飞花:以络筒成型后目测,结果按表 2 符合项定等。

6 检验规则

6.1 组批

同品种、同生产批号的产品为一批。

6.2 抽样

采用随机抽样方法,批量在 2 t 以下者取 2 包(箱),2 t 及以上者取总包(箱)数的 3%,最多不超过 10 包(箱)。

百米重量偏差百分率、单纱(丝、线)断裂强度、百米重量变异系数、条干均匀度变异系数和断裂强力变异系数项目以均匀等量为原则,按相应产品标准规定样品的数量从抽取的批样中抽取。

纤维含量、甲醛含量、pH 值、可分解芳香胺染料、染色牢度任取一筒作为样品进行检测。

外观质量对批样逐筒进行检测,任取一筒检测样差、缸差。

6.3 结果判定

6.3.1 根据表 1、表 2 的项目,检验结果按批评等,内在质量以最低一项定等;外观质量以筒为单位,允许不合格筒数占批样总数的百分率不超过 5.4%;结合两者质量按最低等级定等。

6.3.2 如果对检验结果有异议,允许在已抽取的样品中重新检测,复验结果按 6.3.1 判定。

7 标志、包装、运输和贮存

7.1 标志

包装均应标明品种、公称线密度、成分、色别、重量、生产批号、缸号、生产日期、制造商名称和地址、执行标准、质量等级,并标明所符合的 GB 18401 安全类别。

7.2 包装

每只筒子纱用塑袋包装后,按要求用编织袋或纸箱包装。

7.3 运输

产品装箱运输应防潮、防火、防污染。

7.4 贮存

产品应存放在阴凉、通风、干燥、清洁的库房内,并防蛀、防霉。

8 其他

如有特殊要求,按双方合同协议规定执行。

参 考 文 献

[1] GB/T 398 棉本色纱线
[2] GB/T 5324 精梳涤棉混纺本色纱线
[3] GB/T 8960 涤纶牵伸丝
[4] GB/T 14460 涤纶低弹丝
[5] GB/T 16603 锦纶牵伸丝
[6] FZ/T 12003 粘纤本色纱线
[7] FZ/T 12004 涤粘混纺本色纱线
[8] FZ/T 12005 普梳涤与棉混纺本色纱线
[9] FZ/T 12006 精梳棉涤混纺本色纱线
[10] FZ/T 12007 棉维混纺本色纱线
[11] FZ/T 12008 维纶本色纱线
[12] FZ/T 12009 腈纶本色纱
[13] FZ/T 32005 苎麻棉混纺本色纱线
[14] FZ/T 32009 亚麻粘胶混纺本色纱
[15] FZ/T 54007 锦纶弹力丝

ICS 59.080.30
W 59

中华人民共和国国家标准

GB/T 28188—2011

纺织品　马尾衬布回弹性的测定 环状挂重法

Textiles—Determination of elasticity of horsetail hair interlining—Loop with hanging weight

2011-12-30 发布　　　　2012-09-01 实施

中华人民共和国国家质量监督检验检疫总局
中国国家标准化管理委员会　发布

前　言

本标准按照 GB/T 1.1—2009 给出的规则起草。

本标准由中国纺织工业协会提出。

本标准由全国纺织品标准化技术委员会基础标准分技术委员会(SAC/TC 209/SC 1)归口。

本标准起草单位:河北华龙马尾衬布有限公司、纺织工业标准化研究所。

本标准主要起草人:滑均凯、郑宇英、彭亚卿。

纺织品　马尾衬布回弹性的测定　环状挂重法

1　范围

本标准规定了采用环状挂重法测定马尾衬布回弹性的方法。

本标准适用于以棉或涤棉纱为经纱、以单根马尾纱为纬纱交织而成的纯棉马尾衬布和涤棉马尾衬布。

本标准也适用于马尾包芯纱衬布。

2　规范性引用文件

下列文件对于本文件的应用是必不可少的。凡是注日期的引用文件，仅注日期的版本适用于本文件。凡是不注日期的引用文件，其最新版本(包括所有的修改单)适用于本文件。

GB/T 3291.3　纺织　纺织材料性能和试验术语　第3部分：通用

GB/T 6529　纺织品　调湿和试验用标准大气

3　术语和定义

GB/T 3291.3 界定的术语和定义适用于本文件。为了便于使用，以下重复列出了 GB/T 3291.3 中的一些术语和定义。

3.1

回弹性　elasticity

材料除去造成变形的外力后，力图恢复其本身原有尺寸和形状的特性。

[GB/T 3291.3—1997，定义 2.98]

3.2

急弹性变形　immediate elastic deformation

材料在除去外力后瞬时恢复的变形，即基本上与时间无关的可恢复的变形。

[GB/T 3291.3—1997，定义 2.93]

3.3

缓弹性变形　delay elastic deformation

材料在除去外力后，经一定时间回复的变形。

[GB/T 3291.3—1997，定义 2.97]

4　原理

将条形试样对弯成环状，开口端夹紧并悬挂于横杆上，下端施加重力作用，使其发生变形。测量去除外力后试样环直径的变化，计算急弹性变形率和缓弹性变形率。

5　装置

5.1　夹持器，用于夹持试样，并可悬挂。

5.2 挂重物，包括挂钩的总质量为 30 g，挂钩杆的直径不超过 3 mm。
5.3 钢尺，分度值为 0.5 mm。
5.4 计时器，分度值为 1 s。

6 调湿与标准大气

6.1 调湿与试验用标准大气采用 GB/T 6529 规定的标准大气。
6.2 应在裁剪试样前按 GB/T 6529 规定的方法和要求对样品进行调湿平衡。

7 取样和试样准备

7.1 选取有代表性样品，样品应平整，不能有影响试验结果的疵点。
7.2 在距布边至少 10 cm 的区域内随机裁取 5 块矩形试样，样品的幅宽方向(即纬纱方向)为试样的长度方向。每块试样的长度为 220 mm，宽度含 40 根马尾纱。两边分别拆去 5 根，使最终试样有效宽度含 30 根马尾纱。
7.3 在试样上标记出夹持线和测量线。距试样两侧 5 mm 处为夹持线，距试样两侧 72 mm 处为试样环短径的测量线，如图 1 所示。

单位为毫米

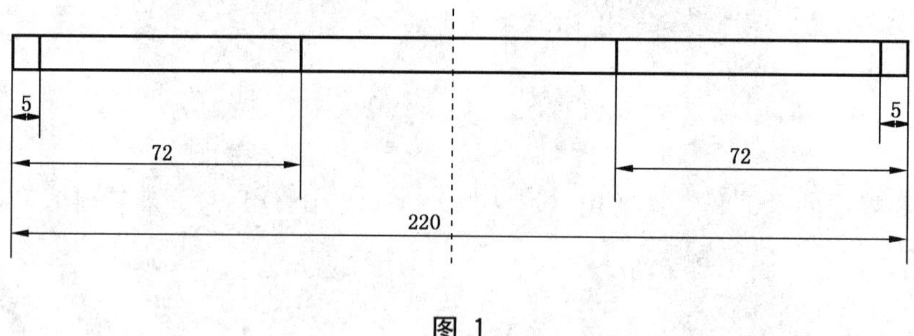

图 1

8 步骤

8.1 将裁好并标记的试样沿长度方向两端对弯，使两侧的夹持线平齐，并用夹持器(5.1)将试样于夹持线处夹好。
8.2 悬挂夹持器，用钢板尺(5.3)测量标记测量线的两点，并记录其距离，作为挂重前试样环的短径 L_b (见图 2)。

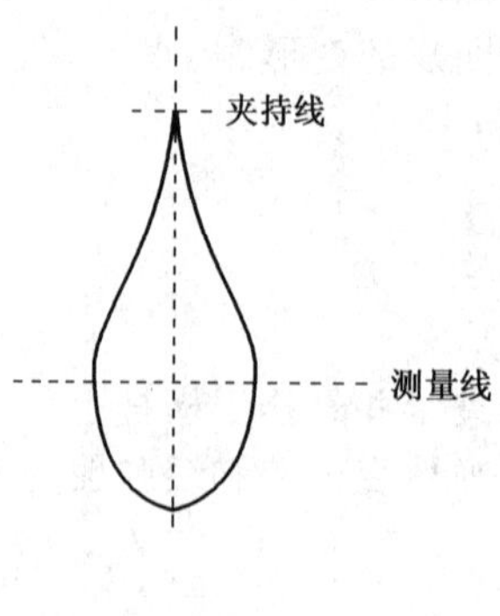

图 2

8.3 将 30 g 挂重物(5.2)悬挂于试样环下端的中心处。应避免挂重物大幅摆动，确保试样除受挂重物的重力作用外不受其他外力影响。此时开始计时。

8.4 悬挂挂重物 30 min 后,测量并记录试样环标记处的短径 L_a。

8.5 将挂重物轻轻取下,立即测量并记录试样环标记处的短径 L_i。

8.6 从取下挂重物时开始计时,试样回复 30 min 后,测量并记录试样环标记处的短径 L_d。

9 计算与结果表示

按式(1)和式(2)分别计算急弹性变形率 D_i(%)和缓弹性变形率 D_d(%)。测定结果以 5 个试样的平均值表示,修约至 0.1%。

$$D_i = \frac{L_i - L_a}{L_b - L_a} \times 100 \quad \cdots\cdots(1)$$

$$D_d = \frac{L_d - L_a}{L_b - L_a} \times 100 \quad \cdots\cdots(2)$$

式中:

L_b——未加挂重物前的试样环标记处的短径,单位为毫米(mm);

L_a——加上 30 g 挂重物 30 min 后的试样环标记处的短径,单位为毫米(mm);

L_i——卸除挂重物后立即测量的试样环标记处的短径,单位为毫米(mm);

L_d——卸除挂重物 30 min 后的试样环标记处的短径,单位为毫米(mm)。

10 报告

试验报告应包括以下内容:

a) 阐明试验是按本标准进行的;

b) 样品的详细描述;

c) 试验日期;

d) 急弹性变形率和缓弹性变形率;

e) 任何偏离本标准的细节及异常现象。

ICS 59.080.30
W 59

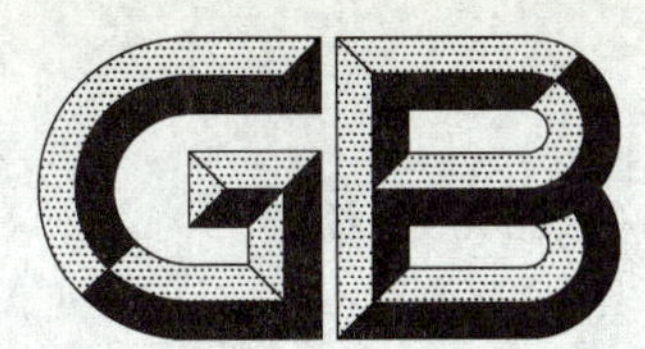

中华人民共和国国家标准

GB/T 28460—2012

马尾衬布

Horsetail hair interlining

2012-06-29 发布 2012-12-01 实施

中华人民共和国国家质量监督检验检疫总局
中国国家标准化管理委员会 发布

前　言

本标准按照 GB/T 1.1—2009 给出的规则起草。

本标准由中国纺织工业联合会提出。

本标准由全国纺织品标准化技术委员会(SAC/TC 209)归口。

本标准起草单位:河北华龙马尾衬布有限公司、纺织工业标准化研究所。

本标准主要起草人:彭亚卿、徐路、滑均凯。

马 尾 衬 布

1 范围

本标准规定了马尾衬布的要求、试验方法、检验规则、包装和标志及其他要求。

本标准适用于以棉或涤棉纱为经纱、以单根马尾为纬纱交织而成的纯棉马尾衬布和涤棉马尾衬布。

2 规范性引用文件

下列文件对于本文件的应用是必不可少的。凡是注日期的引用文件,仅注日期的版本适用于本文件。凡是不注日期的引用文件,其最新版本(包括所有的修改单)适用于本文件。

GB/T 3923.1 纺织品 织物拉伸性能 第1部分:断裂强力和断裂伸长率的测定 条样法

GB/T 4666 纺织品 织物长度和幅宽的测定

GB/T 4668 机织物密度的测定

GB/T 8628 纺织品 测定尺寸变化的试验中织物试样和服装的准备、标记和测量

GB/T 8630 纺织品 洗涤和干燥后尺寸变化的测定

GB/T 8631 纺织品 织物因冷水浸渍而引起的尺寸变化的测定

GB/T 13772.3 纺织品 机织物接缝处纱线抗滑移的测定 第3部分:针夹法

GB/T 14801 机织物与针织物纬斜和弓纬试验方法

GB 18401 国家纺织产品基本安全技术规范

GB/T 19981.2 纺织品 织物和服装的专业维护、干洗和湿洗 第2部分:使用四氯乙烯干洗和整烫时性能试验的程序

GB/T 28188 纺织品 马尾衬布回弹性的测定 环状挂重法

3 要求

3.1 产品分类

马尾衬布按经纱原料分类,经纱为纯棉纱的为纯棉马尾衬布,经纱为涤棉混纺纱的为涤棉马尾衬布。

3.2 产品分等

产品的品等按内在质量和外观质量的检验结果评定,并以其中较低一项定等,分为一等品和合格品,低于合格品者为不合格品。其中,内在质量和外观质量分别以其最低一项定等。

3.3 技术要求

3.3.1 内在质量

马尾衬布的内在质量应符合表1的要求。

表 1 内在质量要求

项目		要求	
		一等品	合格品
pH(甲醛)		符合 GB 18401 的要求	
断裂强力/N ≥	经向	涤棉 800,纯棉 600	涤棉 650,纯棉 450
	纬向	250	200
断裂伸长率/% ≤	经向	涤棉 18,纯棉 8	涤棉 17,纯棉 7
	纬向	10	8
经纱滑移量/mm ≤		6	7
织物密度偏差/(根/10 cm)	经纱	±10	±20
	纬纱	±5	±10
水浸尺寸变化率/%	经向	−1.0~0	−1.5~0
	纬向	−0.3~0	−0.6~0
干洗尺寸变化率/%	经向	−0.3~0	−0.5~0
	纬向	−0.3~0	−0.5~0
回弹性/%	急弹性变形率	80	75
	缓弹性变形率	88	85

3.3.2 外观质量

马尾衬布的外观质量应符合表 2 的要求。外观质量按卷评定,以 50 m 为计量单位,不定长包装或其他定长包装的,按比例增加或减少。

表 2 外观质量要求

项目	要求	
	一等品	合格品
纬斜/% ≤	2.5	4.0
幅宽偏差/cm	−0.2	−0.5
线状疵点[a]/(个/50 m) ≤	3	5
条状疵点[b]/(个/50 m) ≤	3	5
马尾疵点[c]/(个/50 m) ≤	30	50
破洞[d]/(个/50 m) ≤	2	5
跳纱[e]/(个/50 m) ≤	30	50
松边、紧边、破边、折皱	不允许	不允许明显的
每卷允许段数及段长	两段,每段不低于 10 m	三段,每段不低于 5 m

[a] 线状疵点:宽度<0.1 cm,长度>1 cm 的疵点。

[b] 条状疵点:宽度>0.1 cm,长度>1 cm 的疵点。

[c] 马尾没有平直的排在经纱之间,弓出布面成为≤0.2 cm 的点状或成为>0.2 cm 的环状。

[d] 经纬共断 2 根纱以上,且<0.3 cm。

[e] 1 根~2 根经(纬)纱线不按组织起伏跳过 5 根及以上纬(经)纱。

4 试验方法

4.1 断裂强力和断裂伸长率的测定按 GB/T 3923.1 执行。

4.2 经纱滑移量的测定按 GB/T 13772.3 执行，定负荷值为 100 N。

4.3 织物密度的测定按 GB/T 4668 执行。

4.4 冷水浸渍尺寸变化率的测定按 GB/T 8631 执行。

4.5 干洗尺寸变化率的测定按 GB/T 8628 和 GB/T 8630 执行，采用 GB/T 19981.2 中的正常材料干洗程序。

4.6 回弹性的测定按 GB/T 28188 执行。

4.7 纬斜的测定按 GB/T 14801 执行。

4.8 幅宽的测定按 GB/T 4666 执行，以协议值或标称值作为基准值计算幅宽偏差率，以百分率表示，精确至 0.1%。

4.9 外观疵点检验以产品正面为主。检验应在水平检验台上进行，采用正常白昼北光或日光灯照明，台面照度不低于 750 lx，目光与台面距离 60 cm 左右。

5 检验规则

5.1 抽样

以交货批号的同一品种、同一规格、同一色别的产品作为检验批。内在质量和外观质量的检验抽样方案分别见表 3 和表 4。

表 3 内在质量检验抽样方案

单位为卷

批量 N	样本量 n	接收数 Ac	拒收数 Re
≤50	2	0	1
51～500	3	0	1
≥501	5	1	2

表 4 外观质量检验抽样方案

单位为卷

批量 N	样本量 n	接收数 Ac	拒收数 Re
≤15	2	0	1
16～25	3	0	1
26～90	5	1	2
91～150	8	1	2
151～280	13	2	3
281～500	20	3	4
≥501	32	5	6

5.2 内在质量的判定

按3.3.1对批样的每个样本进行内在质量测定，符合3.3.1相应品等要求的，则为内在质量合格，否则为不合格。如果所有样本的内在质量合格，或不合格样本数不超过表3的接收数Ac，则该批产品内在质量合格。如果不合格样本数达到了表3的拒收数Re，则该批产品质量不合格。

5.3 外观质量的判定

按3.3.2对批样的每个样本进行外观质量评定，符合3.3.2相应品等要求的，则为外观质量合格，否则为不合格。如果所有样本的外观质量合格，或不合格样本数不超过表4的接收数Ac，则该批产品外观质量合格。如果不合格样本数达到了表4的拒收数Re，则该批产品质量不合格。

5.4 结果判定

按5.2和5.3判定，若均为合格，则该批产品合格。

6 包装和标志

6.1 产品按卷包装，卷长根据协议或合同规定。

6.2 应保证在储运中产品的包装不破损，产品不沾污、不受潮。

6.3 产品的包装上应标明下列内容：

a) 产品名称和类型；

b) 产品主要规格(例如：幅宽、密度)；

c) 颜色；

d) 执行的标准编号；

e) 生产企业名称和地址。

7 其他要求

供需双方另有要求，可按合同或协议执行。

ICS 59.080.01
W 10

中华人民共和国国家标准

GB/T 28465—2012

服装衬布检验规则

Inspection rules for garment interlinings

2012-06-29 发布　　2012-12-01 实施

中华人民共和国国家质量监督检验检疫总局
中国国家标准化管理委员会　发布

前　言

本标准按照 GB/T 1.1—2009 给出的规则起草。

本标准由中国纺织工业联合会提出。

本标准由全国纺织品标准化技术委员会棉纺织印染分技术委员会(SAC/TC 209/SC 2)归口。

本标准起草单位:维柏思特衬布(南通)有限公司、上海市纺织工业技术监督所、南通海汇服装辅料有限公司、浙江金三发粘合衬有限公司、中国产业用纺织品行业协会、上海市服装研究所。

本标准主要起草人:沈荣、张宝庆、曹平、严华荣、李桂梅、赵鲁江、姜倩、许鉴。

服装衬布检验规则

1 范围

本标准规定了各种材质的机织、针织、非织造服装衬布的验收、检验项目和试验方法、抽样方法和检验结果的评定及复验。

本标准适用于各种材质的机织、针织、非织造服装衬布的质量验收和复验。

2 规范性引用文件

下列文件对于本文件的应用是必不可少的。凡是注日期的引用文件,仅注日期的版本适用于本文件。凡是不注日期的引用文件,其最新版本(包括所有的修改单)适用于本文件。

FZ/T 01074 服装衬产品标识

3 验收

3.1 供货方根据检验结果,出具产品检验合格证。根据产品标准,收货方对该产品的质量、包装和标记的内容进行验收,并将验收结果及时通知供货方,供货方在15天内或双方约定时间内没有答复,应以收货方验收结果为准。

3.2 收货方如因条件限制,未在收到货物后15天内或双方约定时间内通知供货方验收结果,即按供货方检验结果收货。

4 检验项目和试验方法

检验和试验的类别、项目、方法均按相应产品标准的规定执行。凡有合约或供货协议的产品按其规定执行。产品质量标识的检验按 FZ/T 01074 规定执行。

5 抽样方法和检验结果的评定

5.1 外观质量

5.1.1 验收时根据批量大小,确定抽样数量及合格判定数,见表1。

表1 外观质量检验抽样规定

单位为卷

批量范围 N	样本大小 n	合格判定数 Ac	不合格判定数 Re
1~15	2	0	1
16~50	3	0	1
51~150	5	0	1
151~500	8	0	1

表 1（续）

单位为卷

批量范围 N	样本大小 n	合格判定数 Ac	不合格判定数 Re
501～3 200	13	1	2
3 200 以上	20	1	2
注：当批量范围小于样本大小时，全数检验。			

5.1.2　按产品标准中外观疵点评定要求，若抽样中发现不符合品等数小于或等于合格判定数，则判该批产品为合格；若抽样中发现不符合品等数等于或大于不合格判定数，则判该批产品为不合格。

5.2　理化性能

5.2.1　理化性能的抽验要求

理化性能按产品标准的考核项目要求，以供货批为单位，数量在 20 000 m 以内，抽样数量不得少于两块，每增加 10 000 m，抽样数量增加一块，分别在不同卷中抽验。每块抽样长度为不低于 1 m，在离卷头 1 m 以上剪取。

5.2.2　理化性能的结果判定

5.2.2.1　产品标准的考核项目中，服装衬剥离强力、组合试样水洗后外观变化及尺寸变化率、组合试样干洗后外观变化及尺寸变化率、组合试样干热尺寸变化率指标检测有一个样品不合格的，应在不合格卷中重新抽样，并从其他卷中再抽样，对不合格项目进行复验检测，最终结果以第二次检测为依据，若有指标不合格则判定该批产品不合格。

5.2.2.2　理化性能其他指标以全部抽验样品试验结果的平均值作为该批产品的试验结果，平均值合格则全批合格；平均值不合格则全批不合格。

5.3　包装和标志

包装和标志按相应标准执行，如不符合要求为不合格。

5.4　长度

5.4.1　每卷衬布实测长度误差在该卷衬布明示长度－0.2％范围内（弹性衬在－0.3％范围内），判该卷衬布长度验收合格。

5.4.2　长度抽样按表 1 执行。若抽样样本中发现长度短于标准规定的公差范围的卷数，小于或等于合格判定数，且平均每卷衬布实测长度大于或等于平均每卷衬布明示长度，则判该批产品长度为合格；若抽样样本中发现长度短于标准规定的公差范围的卷数，等于或大于不合格判定数，或平均每卷衬布实测长度小于平均每卷衬布明示长度，则判该批产品长度不合格。

5.5　拼件率

按供需双方协议规定，如不符合要求为不合格。

6　复验

6.1　如检验结果判定该批产品不合格，供需双方有异议时，可以会同复验或委托专业检验机构进行检测。复验以一次为准，凡判定合格的应作全批合格。

6.2　复验或委托专业检验机构进行检测的一切费用由责任方负责。

7　其他

7.1　服装衬发生贮存变质，经查明原因，应由责任方负责处理。

7.2　供货方交货后，如因收货方运输、贮藏、保管不良使产品质量受到影响时，应由收货方负责。

ICS 59.080.20
W 12

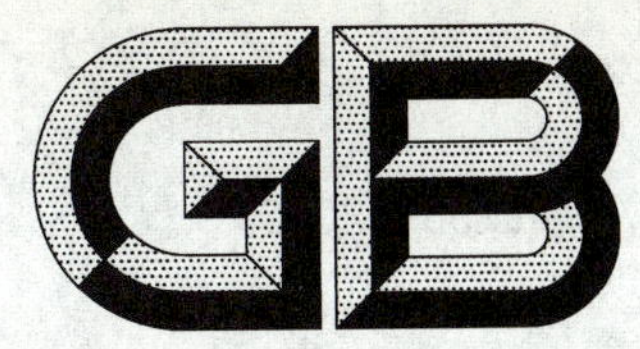

中华人民共和国国家标准

GB/T 29258—2012

精梳棉粘混纺本色纱线

Combed cotton/viscose blended grey yarns

2012-12-31 发布　　2013-06-01 实施

中华人民共和国国家质量监督检验检疫总局
中国国家标准化管理委员会　发布

前言

本标准按照 GB/T 1.1—2009 给出的规则起草。

本标准由中国纺织工业联合会提出。

本标准由全国纺织品标准化技术委员会棉纺织印染分技术委员会(SAC/TC 209/SC 2)归口。

本标准由南通双弘纺织有限公司负责起草。

本标准由浙江春江轻纺集团有限责任公司、青岛纺联控股集团有限公司参加起草。

本标准主要起草人:吉宜军、吴加顺、陈乃英、李军华、乐荣庆。

精梳棉粘混纺本色纱线

1 范围

本标准规定了棉与粘胶(棉型短纤维)混纺,棉混用比例在50%及以上的精梳棉粘混纺本色纱线产品的分类、标记、要求、试验方法、检验规则和标志、包装。

本标准适用于环锭纺(含紧密纺、赛络纺)精梳棉粘混纺本色纱线(包括针织用纱和机织用纱),不适用于特种用途精梳棉粘混纺本色纱线。

2 规范性引用文件

下列文件对于本文件的应用是必不可少的。凡是注日期的引用文件,仅注日期的版本适用于本文件。凡是不注日期的引用文件,其最新版本(包括所有的修改单)适用于本文件。

GB/T 398 棉本色纱线

GB/T 2543.1 纺织品 纱线捻度的测定 第1部分:直接计数法

GB/T 2910.6 纺织品 定量化学分析 第6部分:粘胶纤维、某些铜氨纤维、莫代尔纤维或莱赛尔纤维与棉的混合物(甲酸/氯化锌法)

GB/T 3292.1 纺织品 纱线条干不匀试验方法 第1部分:电容法

GB/T 3916 纺织品 卷装纱 单根纱线断裂强力和断裂伸长率的测定

GB/T 4743—2009 纺织品 卷装纱 绞纱法线密度的测定

GB/T 9996.2 棉及化纤纯纺、混纺纱线外观质量黑板检验方法 第2部分:分别评定法

FZ/T 01050 纺织品 纱线疵点的分级与检验方法 电容式

FZ/T 01086 纺织品 纱线毛羽测定方法 投影计数法

FZ/T 10007 棉及化纤纯纺、混纺本色纱线检验规则

FZ/T 10008 棉及化纤纯纺、混纺本色纱线标志与包装

FZ/T 12018—2009 精梳棉本色紧密纺纱线

3 分类、标记

3.1 精梳棉粘混纺本色纱线产品以不同纺纱方法、混纺比及线密度分类。

3.2 精梳棉粘混纺本色纱线原料代号棉为C,粘胶为R。

3.3 产品混纺比以净干质量结合公定回潮率计算,具体表示为棉含量/粘胶含量。

3.4 在线密度前标明纱线的生产工艺过程代号、原料代号及混纺比。

示例:精梳棉粘混纺本色纱线密度为13.0 tex,含量为棉55%,粘胶45%,应写为J C/R 55/45 13.0 tex。

注:线密度采用特克斯(tex)制,如采用英制支数时需换算,换算常数为590.5。

4 要求

4.1 项目

4.1.1 精梳棉粘混纺本色纱的技术要求包括单纱断裂强力变异系数、线密度变异系数、单纱断裂强度、

线密度偏差率、条干均匀度、千米纱疵(细节、粗节、棉结)、十万米纱疵及纤维含量偏差八项指标。

4.1.2 精梳棉粘混纺本色线的技术要求包括单线断裂强力变异系数、线密度变异系数、单线断裂强度、线密度偏差率、条干均匀度变异系数、捻度变异系数及纤维含量偏差七项指标。

4.1.3 紧密纺、赛络纺纱(线)的技术要求中优等品增加毛羽指标。

4.2 分等规定

4.2.1 同一原料、同一工艺单连续生产的同一规格的产品作为一个或多个检验批。按规定的各项试验方法进行试验,并按其结果评定精梳棉粘混纺本色纱线的产品质量等级。

4.2.2 产品质量等级分为优等品、一等品、二等品,低于二等品为等外品。

4.2.3 精梳棉粘混纺本色纱线产品质量等级根据产品规格以考核项目中最低一项进行评等。

4.2.4 检验单纱条干均匀度可选用黑板条干均匀度或条干均匀度变异系数两者中的任何一种,毛羽可选用毛羽指数 H 或 2 mm 毛羽指数两者中的任何一种。但上述项目一经确定,不得任意变更,条干均匀度发生争议时,以条干均匀度变异系数为准。

4.3 技术要求

4.3.1 环锭纺精梳棉粘混纺本色纱(棉含量在50%及以上至70%)的技术要求见表1。

表 1 环锭纺精梳棉粘混纺本色纱(棉含量在50%及以上至70%)的技术要求

公称线密度/tex	等级	单纱断裂强力变异系数/% ≤	线密度变异系数/% ≤	单纱断裂强度[a]/(cN/tex) ≥	线密度偏差率/%	条干均匀度		千米棉结 +200%[b]/(个/km) ≤	十万米纱疵/(个/10^5 m) ≤
						黑板条干均匀度 10块板比例 (优:一:二:等外) 不低于	条干均匀度变异系数/% ≤		
8.1~11.0	优	11.0	2.0	12.0	±2.0	7:3:0:0	16.0	200	12
	一	13.5	3.0	10.6	±2.5	0:7:3:0	18.0	360	25
	二	16.5	4.0	8.6	±3.0	0:0:7:3	20.0	—	—
11.1~13.0	优	10.0	2.0	12.2	±2.0	7:3:0:0	15.0	120	8
	一	12.5	3.0	10.8	±2.5	0:7:3:0	17.0	240	15
	二	15.5	4.0	8.8	±3.0	0:0:7:3	19.0	—	—
13.1~16.0	优	9.5	2.0	12.4	±2.0	7:3:0:0	14.0	70	8
	一	12.0	3.0	11.0	±2.5	0:7:3:0	16.0	160	15
	二	15.0	4.0	9.0	±3.0	0:0:7:3	18.0	—	—
16.1~20.0	优	9.0	2.0	12.6	±2.0	7:3:0:0	13.0	40	8
	一	11.5	3.0	11.2	±2.5	0:7:3:0	15.0	120	15
	二	14.5	4.0	9.2	±3.0	0:0:7:3	17.0	—	—
20.1~24.0	优	8.5	2.0	12.8	±2.0	7:3:0:0	12.0	28	8
	一	11.0	3.0	11.4	±2.5	0:7:3:0	14.0	75	15
	二	14.0	4.0	9.4	±3.0	0:0:7:3	16.0	—	—
24.1~31.0	优	8.0	2.0	13.2	±2.0	7:3:0:0	11.0	20	8
	一	10.5	3.0	11.8	±2.5	0:7:3:0	13.0	60	15
	二	13.5	4.0	9.8	±3.0	0:0:7:3	15.0	—	—

表 1（续）

公称线密度/tex	等级	单纱断裂强力变异系数/% ≤	线密度变异系数/% ≤	单纱断裂强度[a]/(cN/tex) ≥	线密度偏差率/%	条干均匀度		千米棉结+200%[b]/(个/km) ≤	十万米纱疵/(个/10⁵ m) ≤
						黑板条干均匀度10块板比例(优：一：二：等外)不低于	条干均匀度变异系数/% ≤		
31.1～37.0	优	7.5	2.0	13.6	±2.0	7：3：0：0	10.0	13	5
	一	10.0	3.0	12.2	±2.5	0：7：3：0	12.0	38	10
	二	13.0	4.0	10.2	±3.0	0：0：7：3	14.0	—	—

[a] 机织用纱单纱断裂强度在本表数值基础上加 0.6 cN/tex。

[b] 环锭纺千米纱疵仅考核棉结。

4.3.2 环锭纺精梳棉粘混纺本色线(棉含量在 50%及以上至 70%)的技术要求见表 2。

表 2 环锭纺精梳棉粘混纺本色线(棉含量在 50%及以上至 70%)的技术要求

公称线密度/tex	等级	单线断裂强力变异系数/% ≤	线密度变异系数/% ≤	单线断裂强度/(cN/tex) ≥	线密度偏差率/%	条干均匀度变异系数/% ≤	捻度变异系数/% ≤
8.1×2～11.0×2	优	8.5	1.5	12.8	±2.0	11.5	5.0
	一	10.5	2.5	11.4	±2.5	13.5	—
	二	13.5	3.5	9.4	±3.0	—	—
11.1×2～13.0×2	优	8.0	1.5	13.0	±2.0	11.0	5.0
	一	10.0	2.5	11.6	±2.5	13.0	—
	二	13.0	3.5	9.6	±3.0	—	—
13.1×2～16.0×2	优	7.5	1.5	13.2	±2.0	10.5	5.0
	一	9.5	2.5	11.8	±2.5	12.5	—
	二	12.5	3.5	9.8	±3.0	—	—
16.1×2～20.0×2	优	7.0	1.5	13.4	±2.0	10.0	5.0
	一	9.0	2.5	12.0	±2.5	12.0	—
	二	12.0	3.5	10.0	±3.0	—	—
20.1×2～24.0×2	优	7.0	1.5	13.6	±2.0	9.5	5.0
	一	9.0	2.5	12.2	±2.5	11.5	—
	二	12.0	3.5	10.2	±3.0	—	—
24.1×2～31.0×2	优	6.5	1.5	14.0	±2.0	9.0	5.0
	一	8.5	2.5	12.6	±2.5	11.0	—
	二	11.5	3.5	10.6	±3.0	—	—
31.1×2～37.0×2	优	6.0	1.5	14.4	±2.0	8.5	5.0
	一	8.0	2.5	13.0	±2.5	10.5	—
	二	11.0	3.5	11.0	±3.0	—	—

4.3.3 环锭纺精梳棉粘混纺本色纱(棉含量在70%以上)的技术要求见表3。

表3 环锭纺精梳棉粘混纺本色纱(棉含量在70%以上)的技术要求

公称线密度/tex	等级	单纱断裂强力变异系数/% ≤	线密度变异系数/% ≤	单纱断裂强度[a]/(cN/tex) ≥	线密度偏差率/%	条干均匀度		千米棉结+200%[b]/(个/km) ≤	十万米纱疵/(个/10^5 m) ≤
						黑板条干均匀度10块板比例(优:一:二:等外)不低于	条干均匀度变异系数/% ≤		
8.1~11.0	优	11.0	2.0	13.0	±2.0	7:3:0:0	16.0	220	12
	一	13.5	3.0	11.6	±2.5	0:7:3:0	18.0	380	25
	二	16.5	4.0	9.6	±3.0	0:0:7:3	20.0	—	—
11.1~13.0	优	10.0	2.0	13.2	±2.0	7:3:0:0	15.0	130	8
	一	12.5	3.0	11.8	±2.5	0:7:3:0	17.0	250	15
	二	15.5	4.0	9.8	±3.0	0:0:7:3	19.0	—	—
13.1~16.0	优	9.5	2.0	13.4	±2.0	7:3:0:0	14.0	80	8
	一	12.0	3.0	12.0	±2.5	0:7:3:0	16.0	170	15
	二	15.0	4.0	10.0	±3.0	0:0:7:3	18.0	—	—
16.1~20.0	优	9.0	2.0	13.6	±2.0	7:3:0:0	13.0	45	8
	一	11.5	3.0	12.2	±2.5	0:7:3:0	15.0	130	15
	二	14.5	4.0	10.2	±3.0	0:0:7:3	17.0	—	—
20.1~24.0	优	8.5	2.0	13.8	±2.0	7:3:0:0	12.0	35	8
	一	11.0	3.0	12.4	±2.5	0:7:3:0	14.0	80	15
	二	14.0	4.0	10.4	±3.0	0:0:7:3	16.0	—	—
24.1~31.0	优	8.0	2.0	14.2	±2.0	7:3:0:0	11.0	24	8
	一	10.5	3.0	12.8	±2.5	0:7:3:0	13.0	65	15
	二	13.5	4.0	10.8	±3.0	0:0:7:3	15.0	—	—
31.1~37.0	优	7.5	2.0	14.6	±2.0	7:3:0:0	10.0	15	5
	一	10.0	3.0	13.2	±2.5	0:7:3:0	12.0	40	10
	二	13.0	4.0	11.2	±3.0	0:0:7:3	14.0	—	—

[a] 机织用纱单纱断裂强度在本表数值基础上加0.6 cN/tex。

[b] 环锭纺千米纱疵仅考核棉结。

4.3.4 环锭纺精梳棉粘混纺本色线(棉含量在70%以上)的技术要求见表4。

表 4　环锭纺精梳棉粘混纺本色线(棉含量在 70%以上)的技术要求

公称线密度/tex	等级	单线断裂强力变异系数/% ≤	线密度变异系数/% ≤	单线断裂强度/(cN/tex) ≥	线密度偏差率/%	条干均匀度变异系数/% ≤	捻度变异系数/% ≤
8.1×2～11.0×2	优	8.5	1.5	13.8	±2.0	11.5	5.0
	一	10.5	2.5	12.4	±2.5	13.5	—
	二	13.5	3.5	10.4	±3.0	—	—
11.1×2～13.0×2	优	8.0	1.5	14.0	±2.0	11.0	5.0
	一	10.0	2.5	12.6	±2.5	13.0	—
	二	13.0	3.5	10.6	±3.0	—	—
13.1×2～16.0×2	优	7.5	1.5	14.2	±2.0	10.5	5.0
	一	9.5	2.5	12.8	±2.5	12.5	—
	二	12.5	3.5	10.8	±3.0	—	—
16.1×2～20.0×2	优	7.0	1.5	14.4	±2.0	10.0	5.0
	一	9.0	2.5	13.0	±2.5	12.0	—
	二	12.0	3.5	11.0	±3.0	—	—
20.1×2～24.0×2	优	7.0	1.5	14.6	±2.0	9.5	5.0
	一	9.0	2.5	13.2	±2.5	11.5	—
	二	12.0	3.5	11.2	±3.0	—	—
24.1×2～31.0×2	优	6.5	1.5	15.0	±2.0	9.0	5.0
	一	8.5	2.5	13.6	±2.5	11.0	—
	二	11.5	3.5	11.6	±3.0	—	—
31.1×2～37.0×2	优	6.0	1.5	15.4	±2.0	8.5	5.0
	一	8.0	2.5	14.0	±2.5	10.5	—
	二	11.0	3.5	12.0	±3.0	—	—

4.3.5　紧密纺、赛络纺精梳棉粘混纺本色纱(棉含量在 50%及以上至 70%)的技术要求见表 5。

表 5 紧密纺、赛络纺精梳棉粘混纺本色纱(棉含量在 50%及以上至 70%)的技术要求

公称线密度[a]/tex	等级	单纱断裂强力变异系数/% ≤	线密度变异系数/% ≤	单纱断裂强度[b]/(cN/tex) ≥	线密度偏差率/%	条干均匀度		纱疵 ≤							毛羽	
						黑板条干均匀度 10 块板比例(优:一:二:等外)不低于	条干均匀度变异系数[c]/% ≤	千米纱疵[d]/(个/km)						十万米纱疵/(个/10^5 m)	毛羽指数 H ≤	2 mm 毛羽指数/(根/10 m) ≤
								细节(-50%)		粗节(+50%)		棉结(+200%)				
								紧密纺	赛络纺	紧密纺	赛络纺	紧密纺	赛络纺			
6.1~7.0	优	12.0	2.0	12.6	±2.0	7:3:0:0	17.0	180	—	300	—	460	—	10	2.6	180
	一	14.5	3.0	11.2	±2.5	0:7:3:0	19.0	340	—	480	—	740	—	20	—	—
	二	17.5	4.0	9.2	±3.0	0:0:7:3	21.0	—	—	—	—	—	—	—	—	—
7.1~8.0	优	11.5	2.0	12.6	±2.0	7:3:0:0	16.0	60	—	190	—	220	—	10	2.8	200
	一	14.0	3.0	11.2	±2.5	0:7:3:0	18.0	120	—	320	—	400	—	20	—	—
	二	17.0	4.0	9.2	±3.0	0:0:7:3	20.0	—	—	—	—	—	—	—	—	—
8.1~11.0	优	10.5	2.0	12.8	±2.0	7:3:0:0	15.0	25	130	100	175	140	160	10	3.0	220
	一	13.0	3.0	11.4	±2.5	0:7:3:0	17.0	50	220	160	240	300	320	20	—	—
	二	16.0	4.0	9.4	±3.0	0:0:7:3	19.0	—	—	—	—	—	—	—	—	—
11.1~13.0	优	9.5	2.0	13.0	±2.0	7:3:0:0	14.0	15	80	50	90	80	90	6	3.2	240
	一	12.0	3.0	11.6	±2.5	0:7:3:0	16.0	35	120	100	140	180	200	12	—	—
	二	15.0	4.0	9.6	±3.0	0:0:7:3	18.0	—	—	—	—	—	—	—	—	—
13.1~16.0	优	9.0	2.0	13.2	±2.0	7:3:0:0	13.0	6	12	25	40	60	65	6	3.6	260
	一	11.5	3.0	11.8	±2.5	0:7:3:0	15.0	10	22	60	75	140	150	12	—	—
	二	14.5	4.0	9.8	±3.0	0:0:7:3	17.0	—	—	—	—	—	—	—	—	—
16.1~20.0	优	8.5	2.0	13.4	±2.0	7:3:0:0	12.0	4	4	15	20	30	35	6	4.0	280
	一	11.0	3.0	12.0	±2.5	0:7:3:0	14.0	7	7	35	45	100	110	12	—	—
	二	14.0	4.0	10.0	±3.0	0:0:7:3	16.0	—	—	—	—	—	—	—	—	—

表 5（续）

公称线密度[a]/tex	等级	单纱断裂强力变异系数/% ≤	线密度变异系数/% ≤	单纱断裂强度[b]/(cN/tex) ≥	线密度偏差率/%	条干均匀度		纱疵 ≤							毛羽	
						黑板条干均匀度 10 块板比例（优：一：二：等外） 不低于	条干均匀度变异系数[c]/% ≤	千米纱疵[d]/(个/km)						十万米纱疵/(个/10^5 m)	毛羽指数 H ≤	2 mm 毛羽指数/(根/10 m) ≤
								细节(−50%)		粗节(+50%)		棉结(+200%)				
								紧密纺	赛络纺	紧密纺	赛络纺	紧密纺	赛络纺			
20.1～24.0	优	8.0	2.0	13.6	±2.0	7：3：0：0	11.0	3	3	10	12	20	25	6	4.4	320
	一	10.5	3.0	12.2	±2.5	0：7：3：0	13.0	5	5	20	30	60	65	12	—	—
	二	13.5	4.0	10.2	±3.0	0：0：7：3	15.0	—	—	—	—	—	—	—	—	—
24.1～31.0	优	7.5	2.0	14.0	±2.0	7：3：0：0	10.0	2	2	6	8	15	18	6	5.0	360
	一	10.0	3.0	12.6	±2.5	0：7：3：0	12.0	3	3	12	20	50	55	12	—	—
	二	13.0	4.0	10.6	±3.0	0：0：7：3	14.0	—	—	—	—	—	—	—	—	—
31.1～37.0	优	7.0	2.0	14.4	±2.0	7：3：0：0	9.0	1	1	5	6	10	12	4	5.6	420
	一	9.5	3.0	13.0	±2.5	0：7：3：0	11.0	2	2	10	15	30	35	8	—	—
	二	12.5	4.0	11.0	±3.0	0：0：7：3	13.0	—	—	—	—	—	—	—	—	—

[a] 8.0 tex 及以下赛络纺不考核。

[b] 赛络纺单纱断裂强度在本表数值上减 0.4 cN/tex，其机织用纱单纱断裂强度仍按本表中数值考核。紧密纺机织用纱单纱断裂强度在本表数值上增加 0.4 cN/tex。

[c] 赛络纺条干均匀度变异系数技术要求在本表数值上加 0.5。

[d] 紧密纺、赛络纺针织用纱考核细节、粗节和棉结，机织用纱仅考核棉结。

4.3.6 紧密纺、赛络纺精梳棉粘混纺本色线(棉含量在50%及以上至70%)的技术要求见表6。

表6 紧密纺、赛络纺精梳棉粘混纺本色线(棉含量在50%及以上至70%)的技术要求

公称线密度/tex	等级	单线断裂强力变异系数/% ≤	线密度变异系数/% ≤	单线断裂强度[a]/(cN/tex) ≥	线密度偏差率/%	条干均匀度变异系数[b]/% ≤	毛羽		捻度变异系数/% ≤
							毛羽指数 H ≤	2 mm 毛羽指数/(根/10 m) ≤	
6.1×2~8.0×2	优	8.5	1.5	13.6	±2.0	12.0	3.8	230	5.0
	一	10.5	2.5	12.2	±2.5	14.0	—	—	—
	二	13.5	3.5	10.2	±3.0	—	—	—	—
8.1×2~11.0×2	优	8.0	1.5	13.8	±2.0	11.0	4.2	260	5.0
	一	10.0	2.5	12.4	±2.5	13.0	—	—	—
	二	13.0	3.5	10.4	±3.0	—	—	—	—
11.1×2~13.0×2	优	7.5	1.5	14.0	±2.0	10.5	4.6	290	5.0
	一	9.5	2.5	12.6	±2.5	12.5	—	—	—
	二	12.5	3.5	10.6	±3.0	—	—	—	—
13.1×2~16.0×2	优	7.0	1.5	14.2	±2.0	10.0	4.8	330	5.0
	一	9.0	2.5	12.8	±2.5	12.0	—	—	—
	二	12.0	3.5	10.8	±3.0	—	—	—	—
16.1×2~20.0×2	优	6.5	1.5	14.4	±2.0	9.5	5.2	390	5.0
	一	8.5	2.5	13.0	±2.5	11.5	—	—	—
	二	11.5	3.5	11.0	±3.0	—	—	—	—
20.1×2~24.0×2	优	6.5	1.5	14.6	±2.0	9.0	5.6	450	5.0
	一	8.5	2.5	13.2	±2.5	11.0	—	—	—
	二	11.5	3.5	11.2	±3.0	—	—	—	—
24.1×2~31.0×2	优	6.0	1.5	15.0	±2.0	8.5	6.2	510	5.0
	一	8.0	2.5	13.6	±2.5	10.5	—	—	—
	二	11.0	3.5	11.6	±3.0	—	—	—	—
31.1×2~37.0×2	优	5.5	1.5	15.4	±2.0	8.0	6.8	580	5.0
	一	7.5	2.5	14.0	±2.5	10.0	—	—	—
	二	10.5	3.5	12.0	±3.0	—	—	—	—

[a] 赛络纺单纱断裂强度技术要求在本表数值上减0.4 cN/tex。

[b] 赛络纺条干均匀度变异系数技术要求在本表数值上加0.5。

4.3.7 紧密纺、赛络纺精梳棉粘混纺本色纱(棉含量在70%以上)的技术要求见表7。

表 7　紧密纺、赛络纺精梳棉粘混纺本色纱(棉含量在 70%以上)的技术要求

公称线密度[a]/tex	等级	单纱断裂强力变异系数/% ≤	线密度变异系数/% ≤	单纱断裂强度[b]/(cN/tex) ≥	线密度偏差率/%	条干均匀度：黑板条干均匀度10块板比例(优：一：二：等外)不低于	条干均匀度：条干均匀度变异系数[c]/% ≤	纱疵 ≤：千米纱疵[d]/(个/km)：细节(−50%)：紧密纺	细节(−50%)：赛络纺	粗节(+50%)：紧密纺	粗节(+50%)：赛络纺	棉结(+200%)：紧密纺	棉结(+200%)：赛络纺	十万米纱疵/(个/10^5 m)	毛羽：毛羽指数 H ≤	毛羽：2 mm 毛羽指数/(根/10 m) ≤
6.1～7.0	优	12.0	2.0	13.6	±2.0	7：3：0：0	17.0	210	—	320	—	600	—	10	2.8	200
	一	14.5	3.0	12.2	±2.5	0：7：3：0	19.0	400	—	500	—	860	—	20	—	—
	二	17.5	4.0	10.2	±3.0	0：0：7：3	21.0	—	—	—	—	—	—	—	—	—
7.1～8.0	优	11.5	2.0	13.6	±2.0	7：3：0：0	16.0	70	—	210	—	260	—	10	3.0	220
	一	14.0	3.0	12.2	±2.5	0：7：3：0	18.0	130	—	340	—	440	—	20	—	—
	二	17.0	4.0	10.2	±3.0	0：0：7：3	20.0	—	—	—	—	—	—	—	—	—
8.1～11.0	优	10.5	2.0	13.8	±2.0	7：3：0：0	15.0	30	150	110	215	160	180	10	3.2	260
	一	13.0	3.0	12.4	±2.5	0：7：3：0	17.0	55	260	170	320	320	340	20	—	—
	二	16.0	4.0	10.4	±3.0	0：0：7：3	19.0	—	—	—	—	—	—	—	—	—
11.1～13.0	优	9.5	2.0	14.0	±2.0	7：3：0：0	14.0	20	90	60	105	90	100	6	3.4	280
	一	12.0	3.0	12.6	±2.5	0：7：3：0	16.0	40	140	110	160	190	210	12	—	—
	二	15.0	4.0	10.6	±3.0	0：0：7：3	18.0	—	—	—	—	—	—	—	—	—
13.1～16.0	优	9.0	2.0	14.2	±2.0	7：3：0：0	13.0	8	14	30	45	70	75	6	3.8	300
	一	11.5	3.0	12.8	±2.5	0：7：3：0	15.0	12	25	70	80	150	160	12	—	—
	二	14.5	4.0	10.8	±3.0	0：0：7：3	17.0	—	—	—	—	—	—	—	—	—
16.1～20.0	优	8.5	2.0	14.4	±2.0	7：3：0：0	12.0	5	5	20	25	35	40	6	4.2	320
	一	11.0	3.0	13.0	±2.5	0：7：3：0	14.0	8	8	40	50	110	120	12	—	—
	二	14.0	4.0	11.0	±3.0	0：0：7：3	16.0	—	—	—	—	—	—	—	—	—

表 7（续）

公称线密度[a]/tex	等级	单纱断裂强力变异系数/% ≤	线密度变异系数/% ≤	单纱断裂强度[b]/(cN/tex) ≥	线密度偏差率/%	条干均匀度		纱疵 ≤							毛羽	
						黑板条干均匀度10块板比例(优：一：二：等外)不低于	条干均匀度变异系数[c]/% ≤	千米纱疵[d]/(个/km)						十万米纱疵/(个/10^5 m)	毛羽指数 H ≤	2 mm毛羽指数/(根/10 m) ≤
								细节(−50%)		粗节(+50%)		棉结(+200%)				
								紧密纺	赛络纺	紧密纺	赛络纺	紧密纺	赛络纺			
20.1～24.0	优	8.0	2.0	14.6	±2.0	7：3：0：0	11.0	4	4	15	18	25	30	6	4.6	360
	一	10.5	3.0	13.2	±2.5	0：7：3：0	13.0	6	6	25	35	65	70	12	—	—
	二	13.5	4.0	11.2	±3.0	0：0：7：3	15.0	—	—	—	—	—	—	—	—	—
24.1～31.0	优	7.5	2.0	15.0	±2.0	7：3：0：0	10.0	3	3	10	12	20	22	6	5.2	400
	一	10.0	3.0	13.6	±2.5	0：7：3：0	12.0	4	4	16	24	55	60	12	—	—
	二	13.0	4.0	11.6	±3.0	0：0：7：3	14.0	—	—	—	—	—	—	—	—	—
31.1～37.0	优	7.0	2.0	15.4	±2.0	7：3：0：0	9.0	2	2	6	8	12	14	4	5.8	460
	一	9.5	3.0	14.0	±2.5	0：7：3：0	11.0	3	3	12	18	35	38	8	—	—
	二	12.5	4.0	12.0	±3.0	0：0：7：3	13.0	—	—	—	—	—	—	—	—	—

[a] 8.0 tex及以下赛络纺不考核。

[b] 赛络纺单纱断裂强度在本表数值上减0.4 cN/tex，其机织用纱单纱断裂强度仍按本表中数值考核。紧密纺机织用纱单纱断裂强度在本表数值上增加0.4 cN/tex。

[c] 赛络纺条干均匀度变异系数技术要求在本表数值上加0.5。

[d] 紧密纺、赛络纺针织用纱考核细节、粗节和棉结，机织用纱仅考核棉结。

4.3.8 紧密纺、赛络纺精梳棉粘混纺本色线(棉含量在70%以上)的技术要求见表8。

表8 紧密纺、赛络纺精梳棉粘混纺本色线(棉含量在70%以上)的技术要求

公称线密度/tex	等级	单线断裂强力变异系数/% ≤	线密度变异系数/% ≤	单线断裂强度[a]/(cN/tex) ≥	线密度偏差率/%	条干均匀度变异系数[b]/% ≤	毛羽		捻度变异系数/% ≤
							毛羽指数 H ≤	2 mm 毛羽指数/(根/10 m) ≤	
6.1×2~8.0×2	优	8.5	1.5	14.6	±2.0	12.0	4.0	250	5.0
	一	10.5	2.5	13.2	±2.5	14.0	—	—	—
	二	13.5	3.5	11.2	±3.0	—	—	—	—
8.1×2~11.0×2	优	8.0	1.5	14.8	±2.0	11.0	4.4	280	5.0
	一	10.0	2.5	13.4	±2.5	13.0	—	—	—
	二	13.0	3.5	11.4	±3.0	—	—	—	—
11.1×2~13.0×2	优	7.5	1.5	15.0	±2.0	10.5	4.8	310	5.0
	一	9.5	2.5	13.6	±2.5	12.5	—	—	—
	二	12.5	3.5	11.6	±3.0	—	—	—	—
13.1×2~16.0×2	优	7.0	1.5	15.2	±2.0	10.0	5.0	360	5.0
	一	9.0	2.5	13.8	±2.5	12.0	—	—	—
	二	12.0	3.5	11.8	±3.0	—	—	—	—
16.1×2~20.0×2	优	6.5	1.5	15.4	±2.0	9.5	5.4	420	5.0
	一	8.5	2.5	14.0	±2.5	11.5	—	—	—
	二	11.5	3.5	12.0	±3.0	—	—	—	—
20.1×2~24.0×2	优	6.5	1.5	15.6	±2.0	9.0	5.8	480	5.0
	一	8.5	2.5	14.2	±2.5	11.0	—	—	—
	二	11.5	3.5	12.2	±3.0	—	—	—	—
24.1×2~31.0×2	优	6.0	1.5	16.0	±2.0	8.5	6.4	550	5.0
	一	8.0	2.5	14.6	±2.5	10.5	—	—	—
	二	11.0	3.5	12.6	±3.0	—	—	—	—
31.1×2~37.0×2	优	5.5	1.5	16.4	±2.0	8.0	7.0	620	5.0
	一	7.5	2.5	15.0	±2.5	10.0	—	—	—
	二	10.5	3.5	13.0	±3.0	—	—	—	—

[a] 赛络纺单纱断裂强度技术要求在本表数值上减0.4 cN/tex。

[b] 赛络纺条干均匀度变异系数技术要求在本表数值上加0.5。

4.3.9 纤维含量偏差

精梳棉粘混纺本色纱线的纤维含量允许偏差为±1.5%,例如J C/R 55/45精梳棉粘混纺本色纱线,则允许含量为:棉56.5%~53.5%,粘胶43.5%~46.5%。纤维含量偏差超过±1.5%时,评该批产品为等外品。

5 试验方法

5.1 试验条件

各项试验应在各方法标准规定的标准条件下进行。

5.2 取样规定

从检验批中随机抽取20个筒子,各项目所需样品数量及试验次数按表9规定。

表9 精梳棉粘混纺本色纱线各项目样品数量及试验次数

项目	筒子数/个	每筒试验次数	总次数
线密度变异系数	20	1	20
线密度偏差率	20	1	20
单纱(线)断裂强度	20	5	100
单纱(线)断裂强力变异系数	20	5	100
条干均匀度变异系数、千米纱疵	10	1	10
黑板条干均匀度	10	1	10
十万米纱疵	6	—	1
毛羽指数 H	10	1	10
2 mm毛羽指数	10	10	100
捻度变异系数	20	2	40
纤维含量偏差	10	—	1

注1:若检验批中的筒子数小于20个,则全部抽取作为样品。

注2:线密度变异系数、线密度偏差率、单纱(线)断裂强度、单纱(线)断裂强力变异系数、条干均匀度变异系数、千米纱疵、毛羽、捻度变异数可进行在线产品取样,具体取样规定参见附录A,用户对产品质量有异议时,以成品质量检验为准。

5.3 线密度变异系数、线密度偏差率试验

摇取绞纱长度应按GB/T 4743—2009规定执行,其中线密度变异系数采用程序1,线密度采用程序3。公称线密度100 m标准质量和标准干燥质量按附录B计算,线密度偏差率应将烘干后的绞纱折算至100 m质量,并按式(1)计算:

$$D=\frac{m-m_d}{m_d}\times 100\% \qquad (1)$$

式中:

D ——线密度偏差率,%;

m ——"100 m"试样实际干燥质量,单位为克(g);

m_d ——"100 m"试样标准干燥质量,单位为克(g)。

5.4 单纱(线)断裂强度及单纱(线)断裂强力变异系数试验

按GB/T 3916规定执行。

5.5 条干均匀度变异系数及千米纱疵试验

按 GB/T 3292.1 规定执行。

5.6 黑板条干均匀度试验

按 GB/T 9996.2 规定执行，精梳棉粘混纺本色纱用黑板条干均匀度标准样照编号见表 10。

表 10 黑板条干均匀度标准样照编号

纱的线密度/tex	标准样照编号	标准样照等别
6.1～11.0	600 601	优等 一等
11.1～20.0	610 611	优等 一等
20.1 及以上	620 621	优等 一等

5.7 十万米纱疵试验

按 FZ/T 01050 规定执行，十万米纱疵结果用 $A_3+B_3+C_3+D_2$ 之和表示。

5.8 毛羽试验

毛羽指数 H 值试验方法按 FZ/T 12018—2009 中附录 A 规定执行，2 mm 毛羽指数试验方法按 FZ/T 01086 规定执行。

5.9 纤维含量偏差试验

按 GB/T 2910.6 规定执行，纤维含量结果以净干质量结合公定回潮率计算的公定质量百分率表示。

5.10 捻度试验

按 GB/T 2543.1 规定执行。

5.11 纱线成包净重

按 GB/T 398 规定执行。

5.12 试验结果的表示

一批纱线的各种试验结果是由该种试验的全部试验值的计算结果表示，各种试验结果的计算精确度，除已规定者外，按表 11 规定执行。

表 11 计算值的数值修约规定

项　　目	要求小数点后有效位数
线密度变异系数/%	1
线密度偏差率/%	1
百米质量(每批平均)/(g/100 m)	3

表 11（续）

项　　目	要求小数点后有效位数
单纱(线)断裂强度/(cN/tex)	1
单纱(线)强力变异系数/%	1
条干均匀度变异系数/%	1
千米纱疵/(个/km)	整数
十万米纱疵/(个/10^5 m)	整数
毛羽指数 *H*	1
2 mm 毛羽指数/(根/10 m)	整数
平均线密度/tex	1
折算质量用回潮率/%	2
捻度变异系数	1
线密度开方	2

6　检验规则

按 FZ/T 10007 规定执行。

7　标志、包装

按 FZ/T 10008 规定执行。

8　其他

用户对产品有特殊要求者，生产厂与用户可另订协议。

附 录 A
（资料性附录）
在线产品取样及试验

A.1 在线产品取样周期及卷装形式

A.1.1 一般两天取样试验一次，但周期一经确定，不得任意变更。十万米纱疵、纤维含量偏差试验周期可适当延长，但不得超过两周。

A.1.2 取样的卷装形式为管纱。

A.2 在线产品试验条件、取样数及试验次数

A.2.1 各项试验应在各方法标准规定的条件下进行，如生产需要，可以在接近车间温湿度条件下进行，但试验地点的温湿度应稳定，并不得故意偏离标准条件。

A.2.2 在线产品取样数见表A.1。

表 A.1 在线产品取样数

生产同一品种的开台数	1	2	3	4	5	6	7	8～9	10	11～14	15	16～29	30及以上
每机台上采取管纱数	30	15	10	7～8	6	5	4～5	3～4	3	2～3	2	1～2	1
总管纱数	30	30	30	30	30	30	30	30	30	30	30	30	30

A.2.3 线密度变异系数、线密度偏差率试验，每份试样30个管纱，每管摇取1缕，总数为30次(开台数在5台及以下的产品，线密度变异系数、线密度偏差率试验可相应减少拔管数，拔取15个管纱，每管摇取2缕)。

A.2.4 单纱(线)断裂强度及单纱(线)断裂强力变异系数试验，单纱每份试样30个管纱，每管测试2次，总数为60次(开台数在5台及以下者，可每份试样15个管纱，每管测试4次)，若为股线，每份试样为15个管纱，每管测2次，总数为30次。采用全自动纱线强力试验仪的取样数，纱线均为20个管纱，每管测5次，总数为100次。

A.2.5 条干均匀度变异系数、千米纱疵、毛羽需在各机台随机抽取10个管纱，除2 mm毛羽指数试验总次数为100次，其余为10次。

A.2.6 股线捻度变异系数需在各机台随机拔取20个管纱，每管测试2次，总数40次。

附　录　B
（规范性附录）
精梳棉粘混纺本色纱线百米质量的计算

B.1　精梳棉粘混纺本色纱线的公定回潮率可按干重混纺比例计算，也可按公定质量混纺比例计算，见式(B.1)和式(B.2)，计算结果修约至小数点后一位。其中粘胶公定回潮率为13.0%，棉公定回潮率为8.5%。

a)　以干重混纺比例计算公定回潮率，以百分率表示：

$$W = \frac{W_C \times A_C + W_R \times A_R}{100} \qquad \text{(B.1)}$$

b)　以公定质量混纺比例计算公定回潮率，以百分率表示：

$$W = \frac{B_C W_C/(1 + W_C/100) + B_R W_R/(1 + W_R/100)}{B_C/(1 + W_C/100) + B_R/(1 + W_R/100)} \qquad \text{(B.2)}$$

式中：

W ——公定回潮率，%；

W_C、W_R——棉、粘胶公定回潮率，%；

A_C、A_R——棉、粘胶干燥质量混纺百分比例；

B_C、B_R——棉、粘胶公定质量混纺百分比例。

B.2　100 m纱线在公定回潮率时的标准质量按式(B.3)计算，计算结果修约至小数点后三位。

$$m_g = \frac{T_t}{10} \qquad \text{(B.3)}$$

式中：

m_g ——100 m纱线在公定回潮率的标准质量，单位为克(g)；

T_t ——纱线的公称线密度，单位为特克斯(tex)。

B.3　100 m纱线标准干燥质量按式(B.4)计算，计算结果修约至小数点后三位。

$$m_d = \frac{T_t}{10} \times \frac{100}{100 + W} \qquad \text{(B.4)}$$

式中：

m_d ——100 m纱线标准干燥质量，单位为克(g)；

T_t ——纱线的公称线密度，单位为特克斯(tex)；

W ——公定回潮率，%。

ICS 59.080.01
W 10

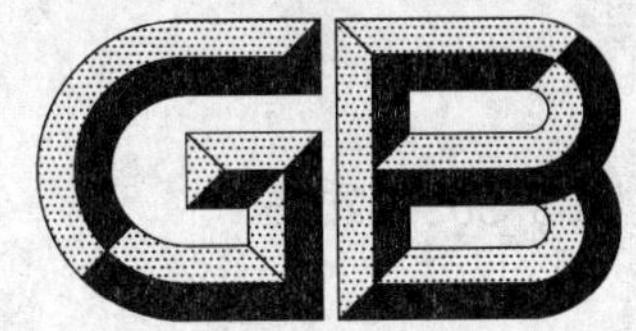

中华人民共和国国家标准

GB/T 31903—2015

服装衬布产品命名规则、标志和包装

Rules of product naming、marking and packing for garment interlinings

2015-09-11 发布　　2016-04-01 实施

中华人民共和国国家质量监督检验检疫总局
中国国家标准化管理委员会　发布

前言

本标准按照GB/T 1.1—2009给出的规则起草。

本标准由中国纺织工业联合会提出。

本标准由全国纺织品标准化技术委员会棉纺织印染分技术委员会(TC 209/SC 2)归口。

本标准起草单位:维柏思特衬布(南通)有限公司、南通海汇科技发展有限公司、上海市纺织工业技术监督所、中国产业用纺织品行业协会、上海天强纺织有限公司、浙江越大实业集团有限公司、上海市服装研究所。

本标准主要起草人:沈荣、张桂健、曹平、张宝庆、李桂梅、李孟、屠关华、施琴。

服装衬布产品命名
规则、标志和包装

1 范围

本标准规定了服装衬布产品的术语和定义、命名规则、标志和包装。

本标准适用于各种材质的机织类、针织类、非织造类服装衬布。

2 规范性引用文件

下列文件对于本文件的应用是必不可少的。凡是注日期的引用文件，仅注日期的版本适用于本文件。凡是不注日期的引用文件，其最新版本(包括所有的修改单)适用于本文件。

GB/T 4456 包装用聚乙烯吹塑薄膜

GB 5296.4 消费品使用说明 第4部分：纺织品和服装

GB/T 6543 运输包装用单瓦楞纸箱和双瓦楞纸箱

GB/T 8946 塑料编织袋通用技术要求

GB/T 21244 纸芯

QB/T 3811 塑料打包带

3 术语和定义

下列术语和定义适用于本文件。

3.1

基布 base fabric

底布经整理后，用于制造服装衬布用的织物。

3.2

粘合衬 fusible interlinings

基布经热熔胶涂布加工后制成的服装衬布。

3.3

机织树脂衬 resin-finished interlinings of woven fabrics

由棉、化纤纯纺或混纺纱，经机织制成基布，并经树脂整理后的服装衬布。

3.4

机织树脂黑炭衬 resin-finished interlinings with hair of woven fabrics

由棉、化纤、羊毛纯纺或混纺作经纱，由化纤与牦牛毛或其他动物毛混纺作纬纱，经机织制成基布，并经树脂整理制成的服装衬布。

3.5

衬衫衬 shirt interlinings

用于衬衫领子、袖头及门襟等部位的服装衬布。

3.6

外衣衬　outwear interlinings

用于外衣前身、挂面、下摆、领子、袋盖、袖窿及袖头等部位的服装衬布。

3.7

裘皮衬　fur interlinings

用于皮革、裘皮、人造革等服装的服装衬布。

3.8

丝绸衬　silk interlinings

用于丝绸及仿丝绸服装的服装衬布。

4　命名规则

4.1　命名规则的内容

4.1.1　产品命名内容:应包括基布纤维类别、基布织造类别、服装衬布应用类别、产品的单位面积质量四大类,按顺序构成,分别用英文字母和阿拉伯数字标识。

4.1.2　产品命名顺序:由三部分组成。第一部分表示基布纤维类别,用英文字母表示;第二部分为两位阿拉伯数字,分别表示基布织造类别、服装衬布应用类别;第三部分为三位阿拉伯数字,表示服装衬布单位面积质量,与第二部分用短划线"—"连接。命名其他内容可按需要,排列在本标准标识代号的后面,用短划线"—"连接。

4.2　命名标识代号

4.2.1　命名标识代号第一部分为英文字母,表示基布纤维类别,按表1。

表1　基布纤维类别命名代号

基布纤维类别	棉	粘胶	涤纶	锦纶	氨纶	维纶	大麻	亚麻	苎麻	丝	羊毛
命名代号	C	R	T	N	P_u	V	H	F	R_a	S	W
注1:一个英文字母,表示基布由单一纤维构成。 注2:两个及以上英文字母,表示基布是由两种及以上纤维混纺或交织制成的基布,以纤维含量比例高低顺序排列。											

4.2.2　命名标识代号第二部分为二位阿拉伯数字,分别表示基布织造类别、服装衬布应用类别。其中,第一位阿拉伯数字表示基布织造类别,按表2;第二位阿拉伯数字表示服装衬布应用类别,按表3。

表2　基布织造类别的命名代号

基布织造类别	命名代号
机织布	1
针织布	2
非织造布	3
其他	0

表3　服装衬布应用类别的命名代号

服装衬布应用类别	命名代号
衬衫衬	1
外衣衬	2
丝绸衬	3
裘皮衬	4
其他	0

4.2.3　命名标识代号第三部分为三位阿拉伯数字，与第二部分用短划线"-"连接，表示服装衬布产品的单位面积质量，产品的单位面积质量用整数表示，如果服装衬布的单位面积质量为二位数，则三位数的第一位为0。

4.2.4　企业按需要另设的产品命名代号，例如，胶粉类别、色别、手感、幅宽、耐洗性能等，可排列在本标准标识代号的后面，与本标准产品命名之间，用短划线"—"连接。

4.2.5　企业现行的产品命名标识，可接在本标准规定的产品命名代号后，并加括号予以区分。

4.3　产品标识的示例

4.3.1　NT33-020 表示锦涤非织造丝绸衬，单位面积质量 20 g/m²。

4.3.2　C11-138 表示全棉机织衬衫衬，单位面积质量 138 g/m²。

4.3.3　TR22-124 表示涤粘针织外衣衬，单位面积质量 124 g/m²。

5　标志

5.1　标志的要求

服装衬布的标志明确、清楚、耐久、便于识别，并在质量、数量等方面与内装物相符。

5.2　包内标志

5.2.1　每段服装衬布离布端 5 cm 内，反面加盖品等印记，打在衬上的印记，应使用易于洗掉的色料。

5.2.2　每卷成品应附有产品使用说明书，应符合 GB 5296.4 规定，格式宜按表4。

5.2.3　产品使用说明书印刷字体采用黑色，字号大小适宜，字迹清楚。

5.3　包外标志

外包装应使用中文，印刷制造者的名称和地址、产品名称，在两个端面上，应印刷产品型号、产品色泽、生产日期、批号、包装数量、质量或体积、产品质量等级。印刷字体采用黑色，字号大小适宜，字迹清楚牢固。

表 4　产品使用说明书

制造者名称			地　址		
产品名称			批　号		
幅宽/cm		卷长/m		等　别	
成　分		含　量		规格/(g/m^2)	
产品执行标准				检验员	
维护方法				安全类别	
参考使用条件	热熔胶种类	压烫温度/℃	压烫压强/MPa	压烫时间/s	
参考洗涤方式					
水洗/℃	"√"指标	干洗	"√"指标	酵素洗	"√"指标
40		耐干洗		轻度酵素洗	
60		一般干洗		中度酵素洗	
90		不耐干洗		重度酵素洗	
不耐水洗				石磨酵素洗	
产品使用范围：					

6　包装

6.1　包装的要求

服装衬布的包装，应保证产品质量不受损失，外观整洁，并适于储存和运输。

6.2　包装材料

6.2.1　卷装衬布中心采用纸芯，质量要求应符合 GB/T 21244 规定。

6.2.2　外面用厚度 0.03 mm～0.05 mm 聚乙烯薄膜包装，聚乙烯薄膜的质量要求应符合 GB /T 4456 规定。

6.2.3　外包装材料为白色塑料编织袋或瓦楞纸箱。

6.2.4　塑料编织袋的质量要求应符合 GB/T 8946 规定，编织袋缝制应牢固，搭接处不小于 50 mm，针码不低于 1 针/20 mm，首尾回针打结；编织袋外面用塑料打包带打包加固，塑料打包带的质量要求应符合 QB/T 3811 规定。

6.2.5　瓦楞纸箱的质量要求应符合 GB/T 6543 规定，瓦楞纸箱外面用胶带封口，塑料打包带打包加固。

6.3　包装方式、规格

6.3.1　成品采用中心加硬纸芯平幅卷装，特殊包装形式由供需双方协议商定。

6.3.2　服装衬布每卷长度为 100 m，或由供需双方协商决定。每卷衬布实测长度误差在该卷衬布明示长度－0.2％范围内（弹性衬在－0.3％范围内）。

6.3.3 每包的包装数量由供需双方协议商定,包装体积根据包装数量确定。

6.3.4 服装衬布成包时,实际回潮率不得超过表5规定,采用其他纤维的服装衬布,可由供需双方协议商定。

表5 服装衬布允许最高实际回潮率

衬布纤维类别	回潮率 %
纯 棉	9.5
粘胶纤维	16.0
棉 涤	7.0
涤 粘	7.0

6.3.5 拼件成包规定:拼件时应颜色、门幅、点型一致才能拼件。

7 其他

如对标志、包装有特殊需要,由供需双方另订协议。

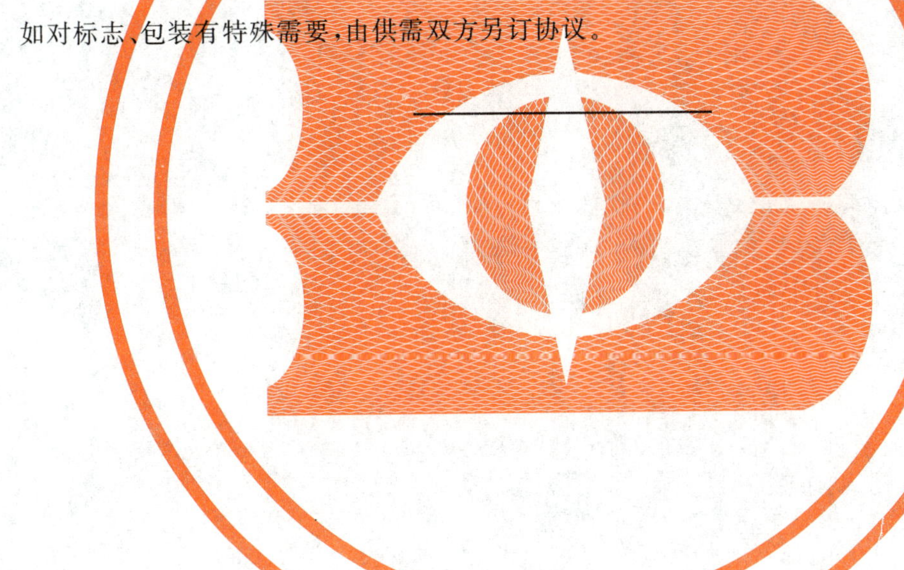

ICS 59.080.99
W 13

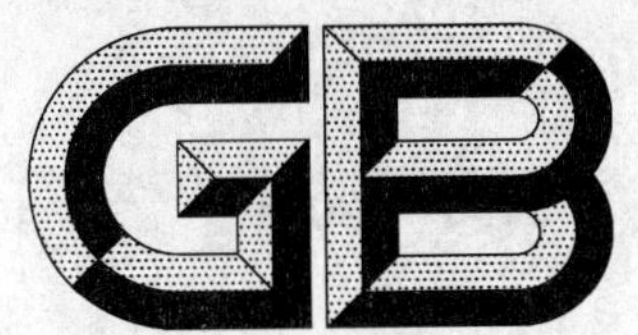

中华人民共和国国家标准

GB/T 31904—2015

非织造粘合衬

Adhesive-bonded nonwoven interlinings

2015-09-11 发布　　2016-04-01 实施

中华人民共和国国家质量监督检验检疫总局
中国国家标准化管理委员会　发布

前　言

本标准按照GB/T 1.1—2009给出的规则起草。

本标准由中国纺织工业联合会提出。

本标准由全国纺织品标准化技术委员会棉纺织印染分技术委员会(TC 209/SC 2)归口。

本标准起草单位：浙江金三发粘合衬有限公司、杭州盛荷非织造布有限公司、上海天洋热熔粘接材料股份有限公司、南通江淮衬布有限公司、上海市纺织工业技术监督所、中国产业用纺织品行业协会、希雅图(上海)新材料科技股份有限公司、宁波经济技术开发区索科纺织品有限公司、上海市服装研究所。

本标准主要起草人：严华荣、王爱琴、梁东富、李哲龙、刘建、张宝庆、李桂梅、马建军、李启涵、虞康伟、周双喜。

非织造粘合衬

1 范围

本标准规定了非织造粘合衬的术语和定义、产品分类、技术要求、试验方法、检验规则及包装和标志。

本标准适用于服装用经热风、热轧或浸渍工艺生产的各类本白、增白、有色非织造粘合衬。

2 规范性引用文件

下列文件对于本文件的应用是必不可少的。凡是注日期的引用文件,仅注日期的版本适用于本文件。凡是不注日期的引用文件,其最新版本(包括所有的修改单)适用于本文件。

GB/T 250 纺织品 色牢度试验 评定变色用灰色样卡

GB/T 4666 纺织品 织物长度和幅宽的测定

GB/T 6529 纺织品 调湿和试验用标准大气

GB/T 8170 数值修约规则与极限数值的表示和判定

GB/T 8629—2001 纺织品 试验用家庭洗涤和干燥程序

GB 18401 国家纺织产品基本安全技术规范

GB/T 24218.1 纺织品 非织造布试验方法 第1部分:单位面积质量的测定

GB/T 28465 服装衬布检验规则

FZ/T 01074 服装衬产品标识

FZ/T 01075 服装衬外观疵点检验方法

FZ/T 01076 热熔粘合衬尺寸变化组合试样制作方法

FZ/T 01081 热熔粘合衬热熔胶涂布量和涂布均匀性试验方法

FZ/T 01082 热熔粘合衬干热尺寸变化试验方法

FZ/T 01083 热熔粘合衬干洗后的外观及尺寸变化试验方法

FZ/T 01084 热熔粘合衬水洗后的外观及尺寸变化试验方法

FZ/T 01085 热熔粘合衬剥离强力试验方法

FZ/T 01110 粘合衬粘合压烫后的渗胶试验方法

FZ/T 60031 服装用衬经蒸汽熨烫后尺寸变化试验方法

FZ/T 60034 粘合衬掉粉试验方法

3 术语和定义

下列术语和定义适用于本文件。

3.1

非织造粘合衬 adhesive-bonded nonwoven interlinings

以原色短纤维梳理成网,热轧、热风或浸渍工艺粘结为基布,经涂层等后整理加工而成的粘合衬。

3.2

组合试样 assembly sample

粘合衬与标准面料粘合压烫后的试样。

4 产品分类

4.1 非织造粘合衬按基布纤维，可分为涤纶、锦纶、锦涤等非织造粘合衬。

4.2 非织造粘合衬按用途，可分为丝绸衬、裘皮衬、外衣衬、衬衫衬。

5 技术要求

5.1 分等规定

5.1.1 产品的品等分为优等品、一等品、合格品，低于合格品的为不合格品。

5.1.2 产品的评等分为理化性能和外观质量两个方面。理化性能包括单位面积质量偏差率、剥离强力、水洗尺寸变化率、组合试样干热尺寸变化率、组合试样经蒸汽熨烫后尺寸变化率、组合试样洗涤后外观变化、涂布量偏差率、组合试样热熔胶渗胶、安全性能。外观质量包括布面疵点(局部性疵点和散布性疵点)、每卷允许段数和段长。

5.1.3 非织造粘合衬以 100 m 为一卷，理化性能按批评等，外观质量按卷评等，综合评等按其中最低的等级评定。

5.1.4 在同一卷粘合衬内，有两项及以上理化性能同时降等时，以最低一项评等；有两项及以上外观质量同时存在时，按严重一项评等。

5.1.5 在同一卷粘合衬内，同时存在局部性和散布性疵点时，先计算局部性疵点的评定等级，再结合散布性疵点逐级降等，作为该卷粘合衬的外观质量的等级。

5.2 理化性能

5.2.1 产品的安全性能应符合 GB 18401 的规定。

5.2.2 产品的理化性能分等规定按表 1。

表 1 理化性能分等规定

项 目			优等品	一等品	合格品
单位面积质量偏差率/%		按设计规定	±5.0	±7.0	±8.0
剥离强力[a]/N	衬衫衬	水洗或干洗前	≥12.0	≥10.0	≥8.0
		水洗或干洗后	≥10.0	≥8.0	≥6.0
	外衣衬	水洗或干洗前	≥10.0	≥8.0	≥6.0
		水洗或干洗后	≥8.0	≥6.0	≥4.0
	丝绸衬	水洗或干洗前	≥6.0	≥5.0	≥4.0
		水洗或干洗后	≥4.0	≥3.0	≥2.0
	裘皮衬	水洗或干洗前	≥6.0	≥5.0	≥4.0
水洗尺寸变化率/%	纵向	涤纶	≥−1.0	≥−1.3	≥−2.0
		锦涤、锦纶	≥−1.5	≥−2.0	≥−2.0
	横向	涤纶	≥−0.8	≥−1.0	≥−1.5
		锦涤、锦纶	≥−0.8	≥−1.0	≥−1.5

表 1（续）

<table>
<tr><th colspan="2">项 目</th><th>优等品</th><th>一等品</th><th>合格品</th></tr>
<tr><td rowspan="2">组合试样干热尺寸变化率/%</td><td>纵向</td><td>≥−1.3</td><td>≥−1.5</td><td>≥−2.0</td></tr>
<tr><td>横向</td><td>≥−0.8</td><td>≥−1.0</td><td>≥−1.5</td></tr>
<tr><td rowspan="2">组合试样经蒸汽熨烫后尺寸变化率[b]/%</td><td>纵向</td><td>≥−0.8</td><td>≥−1.0</td><td>≥−1.5</td></tr>
<tr><td>横向</td><td>≥−0.8</td><td>≥−1.0</td><td>≥−1.5</td></tr>
<tr><td colspan="2">组合试样洗涤后外观变化[c]/级</td><td>≥4</td><td>≥4</td><td>≥3</td></tr>
<tr><td colspan="2">涂布量偏差率/%</td><td>±10.0</td><td>±12.0</td><td>±15.0</td></tr>
<tr><td colspan="2">组合试样热熔胶渗胶</td><td>正面渗胶不允许</td><td>正面渗胶不允许</td><td>正面渗胶不允许</td></tr>
<tr><td colspan="5">注 1：非织造粘合衬的单位面积质量标准值根据各种基布的品种规格标准，供需双方协议商定。
注 2：非织造粘合衬的横向断裂强力、手感作为内控项目，用户需要另订协议，其要求参见附录 A。</td></tr>
<tr><td colspan="5">[a] 除耐干洗衬外，均测定水洗后剥离强力；如粘合衬剥离强力试验时，粘合衬布撕破，则视为剥离强力合格。
[b] 组合试样经蒸汽熨烫后尺寸变化率适合于耐干洗、耐水洗的粘合衬。
[c] 裘皮衬不考核组合试样洗涤外观变化，衬衫衬考核组合试样水洗后外观变化，干洗型外衣衬、丝绸衬考核组合试样干洗后外观变化，耐洗型外衣衬、丝绸衬考核组合试样水洗、干洗后外观变化。</td></tr>
</table>

5.3 外观质量

5.3.1 散布性疵点采用以疵点程度不同逐级降等的办法。

5.3.2 轻微疵点和不影响服装外观的疵点，不予评定。

5.3.3 疵点的轻微与明显的区分，按 GB/T 250 以单层检验评定，3-4 级及以上为轻微；3 级及以下为明显；或在距离布面 60 cm 可见的疵点为明显疵点。

5.3.4 未列入本标准的疵点，按相似疵点进行评定。

5.3.5 非织造粘合衬的外观质量分等规定按表 2。

表 2 外观质量分等规定

<table>
<tr><th colspan="2">项 目</th><th>单位</th><th>优等品</th><th>一等品</th><th>合格品</th></tr>
<tr><td rowspan="9">局部性疵点</td><td>漏点（连续 3 点或直径小于 1 cm）</td><td>处/100 m^2</td><td>≤5</td><td>≤5</td><td>≤15</td></tr>
<tr><td>杂质、异物（1 mm^2～3 mm^2）</td><td>处/100 m^2</td><td>≤5</td><td>≤5</td><td>≤15</td></tr>
<tr><td>褶皱，宽 2 mm</td><td>m/100 m^2</td><td>≤10</td><td>≤20</td><td>≤30</td></tr>
<tr><td>卷边不齐</td><td>m/100 m</td><td>≤5</td><td>≤6</td><td>≤8</td></tr>
<tr><td>切边不良</td><td>cm/100 m</td><td>≤10</td><td>≤20</td><td>≤40</td></tr>
<tr><td>掉粉</td><td>—</td><td colspan="3">按 FZ/T 60034 执行</td></tr>
<tr><td>油污、污渍、浆斑、虫迹</td><td>—</td><td>不允许</td><td>不允许</td><td>不允许</td></tr>
<tr><td>色纤维</td><td>—</td><td>不允许</td><td>不允许</td><td>不明显</td></tr>
<tr><td>明显折边、紧边、边扎破</td><td>—</td><td>不允许</td><td>不允许</td><td>不允许</td></tr>
</table>

表 2 (续)

<table>
<tr><th colspan="4">项 目</th><th>单位</th><th>优等品</th><th>一等品</th><th>合格品</th></tr>
<tr><td rowspan="5">散布性疵点</td><td colspan="3">幅宽偏差</td><td>cm</td><td>－1.0～＋2.0</td><td>－1.5～＋2.0</td><td>－2.0～＋2.0</td></tr>
<tr><td rowspan="4">色差</td><td colspan="2">同类布样</td><td>级</td><td>≥3</td><td>≥3</td><td>≥2-3</td></tr>
<tr><td colspan="2">参考样</td><td>级</td><td>≥2-3</td><td>≥2-3</td><td>≥2</td></tr>
<tr><td rowspan="2">包装</td><td>箱内卷与卷</td><td>级</td><td>≥4</td><td>≥3-4</td><td>—</td></tr>
<tr><td>箱与箱</td><td>级</td><td>≥3-4</td><td>≥3</td><td>—</td></tr>
<tr><td colspan="5">每卷允许段数和段长</td><td>一剪二段
每段不低于 10 m</td><td>二剪三段
每段不低于 5 m</td><td>三剪四段
每段不低于 5 m</td></tr>
</table>

6 试验方法

6.1 单位面积质量试验方法按 GB/T 24218.1 执行，单位面积质量偏差率计算按式(1)，计算结果按 GB/T 8170 修约至小数点后一位。

$$G=\frac{m_1-m_0}{m_0}\times 100\% \quad \cdots\cdots(1)$$

式中：

G ——单位面积质量偏差率；

m_1 ——单位面积质量实测值，单位为克每平方米(g/m^2)；

m_0 ——单位面积质量标称值，单位为克每平方米(g/m^2)。

6.2 剥离强力试验方法按 FZ/T 01085 执行。

6.3 水洗尺寸变化率试验方法如下：

——试样准备：距布边 10 cm，距布端 1 m 以上剪取试样一块，尺寸为 500 mm×500 mm。试样上不得有污渍、色渍、油渍、折痕及漏粉、涂层不匀等影响粘合加工的外观疵点存在，将剪取的试样置于 GB/T 6529 规定的标准状态下放置 4 h，用合适的打印装置在试样未涂层的一面，沿纵、横向各打上三对 400 mm 间距的标记。各组标记应离试样布边 25 mm 左右，每组间隔约 200 mm±10 mm，见图 1。

——标准面料准备：按 FZ/T 01076 选择标准面料，距布边 10 cm，距布端 1 m 以上剪取标准面料两块，尺寸略大于试样。

——将两块标准面料覆盖在粘合衬试样的两面，四周用包缝机将两层标准面料缝合，按 GB/T 8629—2001 中程序仿手洗洗涤一次。

——洗涤程序结束，取出缝合的试样，拆除缝线，再取出粘合衬试样，按 GB/T 8629—2001 程序 C(摊平晾干)或程序 F(烘箱干燥)处理，出现争议时，以程序 C(摊平晾干)为准。并置于 GB/T 6529规定的标准大气中平衡 4 h。

——测量纵、横向每个方向上三组数据，测量精确至 0.5 mm，分别取平均值 L_1，单位为毫米。纵、横向水洗尺寸变化率分别按式(2)计算，计算结果按 GB/T 8170 修约至小数点后一位。以负号(—)表示尺寸减少(收缩)，以正号(+)表示尺寸增大(伸长)。

$$C=\frac{L_1-L_0}{L_0}\times 100\% \quad \cdots\cdots(2)$$

式中：

C ——纵、横向水洗尺寸变化率；

L_0 ——试验前基准标记线之间的平均距离，单位为毫米(mm)；

L_1 ——试验后基准标记线之间的平均距离，单位为毫米(mm)。

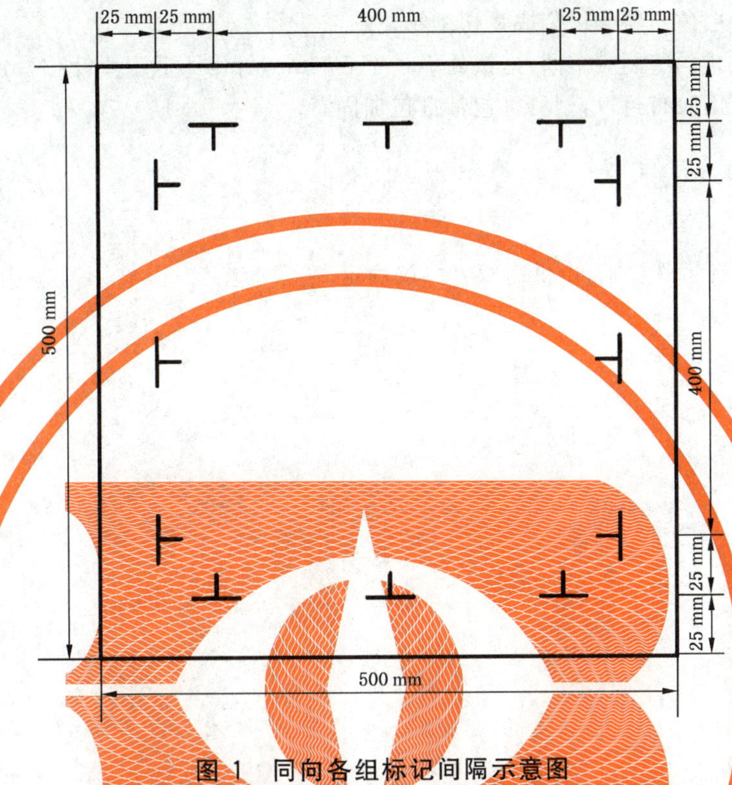

图1 同向各组标记间隔示意图

6.4 组合试样干热尺寸变化率试验方法按 FZ/T 01082 执行。

6.5 组合试样经蒸汽熨烫后尺寸变化率试验方法按 FZ/T 60031 执行。

6.6 组合试样洗涤后外观变化试验方法按 FZ/T 01083、FZ/T 01084 执行。

6.7 涂布量偏差率试验方法按 FZ/T 01081 执行。

6.8 组合试样热熔胶渗胶试验方法按 FZ/T 01110 执行。

6.9 掉粉检验方法按 FZ/T 60034 执行。

6.10 幅宽检验方法按 GB/T 4666 执行。

6.11 色差检验方法按 GB/T 250 执行。

6.12 外观质量局部性疵点检验方法按 FZ/T 01075 执行。

7 检验规则

产品检验规则按 GB/T 28465 执行。

8 包装和标志

8.1 标志

8.1.1 每卷成品放入产品质量标识，符合 FZ/T 01074 规定。

8.1.2 在外包装的两个侧面上，应印刷生产企业的名称和地址、产品名称、产品型号、产品执行标准、产品颜色、生产日期、批号、包装数量、重量或体积、产品质量等级。字号大小适宜，字迹清楚牢固。

8.2 包装

8.2.1 成品采用中心加硬纸芯平幅卷装，每卷长度为100 m，外面用厚度0.03 mm～0.05 mm的聚乙烯薄膜包装。

8.2.2 外包装材料为白色塑料编织袋或瓦楞纸箱。

8.2.3 防水塑料编织袋的缝制应牢固，搭接处不小于50 mm，针码不低于1针/20 mm，首尾回针打结。

8.2.4 瓦楞纸箱外面用胶带封口，塑料打包带打包加固。

9 其他

特殊品种或用户有特殊要求，由供需双方协议商定。

附 录 A
（资料性附录）
内控指标的技术要求

A.1 非织造粘合衬的横向断裂强力、手感作为内控项目，用户需要另订协议。

A.2 非织造粘合衬的横向断裂强力考核参考值见表 A.1。

表 A.1 横向断裂强力技术要求

项目		优等品	一等品	合格品
横向断裂强力 N	丝绸衬	≥2.5	≥1.5	
	外衣衬	≥2.5	≥2.0	
	衬衫衬	≥3.5	≥3.0	
	裘皮衬	≥3.5	≥3.0	

A.3 非织造粘合衬的手感以企业生产标样为准，用户根据需要，确定手感标样，并在协议中注明。

A.4 断裂强力试验方法按 GB/T 24218.3 执行。

参 考 文 献

[1] GB/T 24218.3 纺织品 非织造布试验方法 第3部分:断裂强力和断裂伸长率的测定(条样法)

中华人民共和国行业标准

棉纺织产品折标准品用电计算导则

FZ/T 01001—91

Guides for Calculating Electricity Consumption of Unit Cotton textile Product.Converted to Standard Product.

1 主题内容与适用范围

本标准规定了棉纺织企业生产的棉纺织产品折标准品用电单耗的定义、分类和计算的基本方法。

本标准适用于棉纺织企业以环锭纺有梭织机生产的棉纺织产品折标准品用电单耗的计算，其计算结果可作为衡量企业之间产品用电水平和分析比较的依据。

2 棉纺织产品折标准品用电单耗的定义

棉纺织产品折标准品用电单耗，是以企业生产用电量和各种棉纱、棉线、棉布的实际产量按工序对标准品用电折合率，折合成标准品产量所计算的产品单位产量电耗(简称产品用电单耗)。

3 棉纺织产品折标准品用电单耗的分类

棉纺织产品折标准品用电单耗分棉纱、棉线和棉布三大类，并分别计算全厂生产、基本生产、空调、其他辅助和各工序折标准品用电单耗。

4 棉纺织企业用电的划分

4.1 棉纺织企业用电量划分为全厂生产用电、其他生产用电、非生产和生活用电、基建用电四类。

4.2 全厂生产用电

指生产棉纱、棉线、棉布所耗用的全部电量。分为基本生产用电、空调用电和其他辅助用电三项。

4.2.1 基本生产用电

指直接用于产品生产过程的用电量。

4.2.1.1 生产车间各工序主机的动力用电。

4.2.1.2 直接用于生产的电加热和空压机用电，与主机直接配套使用的装置以及车间内运输设备的用电，如清棉、梳棉及其他工序滤尘设备、前纺及细纱断头吸棉装置、废棉处理机、落纱机、巡回座车、吹吸风机、电动机冷却装置、调浆设备、机台上的微机控制装置等用电。

4.2.1.3 平揩车检修的空运转、试纺试织等用电。

4.2.2 空调用电

指基本生产车间所用的空调、给湿、制冷系统，以及制冷用蒸汽应分摊的锅炉及其他装置用电。

4.2.3 其他辅助用电

指生产车间、辅助车间、厂区路灯、办公室的照明用电，为生产服务的保全保养室、试验室、修机间、锅炉房、皮辊间、筒管间，梭子间、消防室、仓库、汽车间、微机房，以及间接用于生产的空压机等用电。

4.3 其他生产用电

指不属于棉纱、棉线、棉布范围的其他产品用电，以及多种经营，综合利用、对外服务、对外加工、付产品加工用电，自备发电厂厂用电，裕压发电机用电，转售电，自来水、深井水以外的企业自行造水的抽

中华人民共和国纺织工业部 1991-02-11 批准　　1992-01-01 实施

水及过滤用电，污水处理用电等。

4.4 非生产和生活用电

指企业系统内的住宅、俱乐部、图书馆、食堂、医务室、托儿所、浴室、理发室、冷饮室、生活供汽、供水以及其他分摊的非生产和生活等用电。

4.5 基建用电

指列入基建或技术改造项目的土建、设备安装和新设备校车等用电。

5 棉纺织产品折标准品用电计算范围

5.1 企业电量以企业本部在报告期内实际消耗的电量为准，包括外购电量、自备发电量、裕压发电供本厂自用的电量，不包括独立核算的联办厂的电量。

5.2 棉纺织产品折标准品用电单耗计算范围，以全厂生产用电为限，不包括其他生产用电非生产和生活用电，以及基建用电。

6 企业电量的计量和分摊

6.1 企业电量应按用电计算要求和计量法规，安装电表计量，定期抄表结算，用电结算日期应与企业产量结算盘存日期相一致。

6.2 变压器及线路损耗的分摊

6.2.1 企业总电量，高压供电的企业以进户表总电量计算，低压供电和高供低量的企业以进户表总电量加上供电部门附加的变压器损耗电量计算。

6.2.2 企业的变压器及线路损耗电量，以企业总电量与分表电量和之差计算。

6.2.3 企业的变压器及线路损耗电量，按电量比例摊入全厂生产用电，其他生产用电、非生产和生活用电以及基建用电。

6.2.4 摊入全厂生产用电中的变压器及线路损耗电量，按各工序生产用电比例全部摊入各工序的其他辅助用电，基本生产及空调用电不分摊变压器及线路损耗电量。

6.3 企业各类电量的计量和分摊

6.3.1 基本生产用电

基本生产用电分前纺、精梳、细纱、并筒、捻线、烧毛、摇成、准备、织布、整理十个计算工序，安装电表计量，直接或归并记入有关工序。

6.3.2 空调及其他辅助用电

空调及其他辅助用电分前纺—细纱、精梳、并筒、捻线、织布五个计算工序，风机水泵和单独供冷的制冷用电直接装表记入各工序。集中供冷的制冷用电，按直接计量以外的各工序基本生产电量乘以表A12，各工序制冷用电系数之积的比例分摊至有关工序。其他辅助用电中的照明、试验室、保全保养、皮辊、筒管、梭子间等用电，直接计量归入各相应工序，共用的其他辅助用电如修机间、锅炉房按下列比例分摊。

6.3.2.1 锅炉用电，按用汽比例分别摊入空调取暖或制冷用电及其他用汽部门。

6.3.2.2 供水用电，按各部门用水比例分摊。

6.3.2.3 修机间，对外制造加工的，按工时比例或实测用电单耗摊入其他生产用电，其余按基本生产电量或工时比例摊入各工序其他辅助用电。

6.3.2.4 其他不能分清部门的其他辅助用电，按各工序基本生产用电比例分摊。

6.3.2.5 烧毛、摇成的空调及其他辅助用电按前纺—细纱、精梳、捻线、并筒四个工序基本生产用电比例摊入各该工序。

6.3.3 其他生产、非生产和生活、基建用电以及新型纺纱机、织布机、引进新设备用电能直接计量的，按计量数计入各项目，共用的按6.3.2条分摊。

7 各工序折标准品产量的计算

7.1 棉纱、棉线、棉布的标准品

7.1.1 棉纱以27.8 tex(21英支)纯棉经纱为标准品。

7.1.2 棉线以27.8×2 tex(21/2英支)的纯棉经线为标准品。

7.1.3 棉布以经号29 tex、纬号29 tex,经密236根/10厘米,纬密236根/10厘米,幅宽96.5厘米(英制经20英支、纬20英文、经密60根/英寸、纬密60根/英寸,幅宽38英寸),总经根数2 292根的纯棉市布为标准品。

7.2 棉纱、棉线、棉布各工序折合标准品产量,分别按各种产品在各工序的实际产量乘以各产品各工序用电折合率之和计算。

$$Psi=\sum(Piz\times Siz) \quad \cdots\cdots(1)$$

式中:Psi——i工序折标准品产量(纱线 t、布100 m);

Piz——i工序z产品的实际产量(纱线 t、布100 m);

Siz——i工序z产品的用电折合率。

7.3 各产品各工序实际产量的计算

7.3.1 生产比较正常的企业,按各产品入库产量计算

$$Piz=Pz \quad \cdots\cdots(2)$$

式中:Piz——见公式(1);

Pz——z产品的入库产量(纱线 t、布100 m)。

7.3.2 品种及车间半制品变化较大的企业,按各产品主机以后盘存量调整入库产量计算

$$Piz=Pz+Iz_2-Iz_1 \quad \cdots\cdots(3)$$

式中:Piz——见公式(1);

Pz——见公式(2);

Iz_2——z产品主要工序(细纱、布机)以后期末盘存量(纱线 t、布100 m);

Iz_1——z产品主要工序(细纱、布机)以后期初盘存量(纱线 t、布100 m)。

7.3.3 棉纱、棉线、棉布部分工序产品委托他厂加工或代他厂加工的以入库产量加上代他厂加工产量减去他厂代加工产量计算。

7.4 计算产量的单位,棉纱、棉线为吨,取三位小数;棉布为百米,取二位小数。

7.5 各工序各产品用电折合率

各产品用电折合率为该产品在该工序耗电定额与标准品在该工序耗电定额之比按各产品规定工艺及用电折合率公式计算或查表而得。

8 棉纺织产品折标准品用电单耗的计算

8.1 棉纱、棉线、棉布折标准品用电单耗的单位,棉纱、棉线以kW·h/t表示,取二位小数。棉布以kW·h/100 m表示,取三位小数。

8.2 基本生产各工序折标准品用电单耗的计算

基本生产各工序用电单耗棉纱、棉线分前纺、细纱、精梳、并筒、捻线、烧毛、摇成七个工序。棉布分准备、织布、整理三个工序,按下式计算:

$$Dgi=\frac{Egi}{Psi} \quad \cdots\cdots(4)$$

式中：Dgi——i 工序基本生产折标准品用电单耗(纱线 kW·h/t,布 kW·h/100 m)；

Egi——i 工序基本生产用电量(kW·h)；

Psi——见公式(1)。

8.3 棉纱、棉线、棉布折标准品基本生产用电单耗的计算

棉纱、棉线、棉布折标准品基本生产用电单耗按下式计算：

$$Dg_{纱} = Dg_{前} + Dg_{细} \quad \cdots\cdots(5)$$

$$Dg_{线} = Dg_{捻} + Dg_{并} \times 0.5 \quad \cdots\cdots(6)$$

$$Dg_{布} = Dg_{准} + Dg_{织} + Dg_{整} \quad \cdots\cdots(7)$$

式中：$Dg_{纱}$、$Dg_{前}$、$Dg_{细}$——棉纱、前纺、细纱折标准品基本生产用电单耗(kW·h/t)；

$Dg_{线}$、$Dg_{捻}$、$Dg_{并}$——棉线、捻线、并筒折标准品基本生产用电单耗(kW·h/t)；

$Dg_{布}$、$Dg_{准}$、$Dg_{织}$、$Dg_{整}$——棉布、准备、织布、整理折标准品基本生产用电单耗(kW·h/100 m)。

8.4 棉纱、棉线、棉布空调、其他辅助折标准品用电单耗的计算

棉纱、棉线划分为前纺—细纱、精梳、捻线、并筒四个计算工序。

棉布的准备、织布、整理的空调及其他辅助用电合并为棉布计算。按下式计算：

$$Dk_{纱} = \frac{Ek_{前} + Ek_{细}}{Ps_{细}} \quad \cdots\cdots(8)$$

$$Df_{纱} = \frac{Ef_{前} + Ef_{细}}{Ps_{细}} \quad \cdots\cdots(9)$$

$$Dk_{线} = \frac{Ek_{捻}}{Ps_{捻}} + \frac{Ek_{并}}{Ps_{并}} \times 0.5 \quad \cdots\cdots(10)$$

$$Df_{线} = \frac{Ef_{捻}}{Ps_{捻}} + \frac{Ef_{并}}{Ps_{并}} \times 0.5 \quad \cdots\cdots(11)$$

$$Dk_{布} = \frac{Ek_{准} + Ek_{织} + Ek_{整}}{Ps_{织}} \quad \cdots\cdots(12)$$

$$Df_{布} = \frac{Ef_{准} + Ef_{织} + Ef_{整}}{Ps_{织}} \quad \cdots\cdots(13)$$

$$Dk_{精} = \frac{Ek_{精}}{Ps_{精}} \quad \cdots\cdots(14)$$

$$Df_{精} = \frac{Ef_{精}}{Ps_{精}} \quad \cdots\cdots(15)$$

式中：

$Dk_{纱}$、$Dk_{线}$、$Dk_{精}$——棉纱、棉线、精梳空调折标准品用电单耗(kW·h/t)；

$Df_{纱}$、$Df_{线}$、$Df_{精}$——棉纱、棉线、精梳其他辅助折标准品用电单耗(kW·h/t)；

$Dk_{布}$、$Df_{布}$——棉布空调,其他辅助折标准品用电单耗(kW·h/100 m)；

$Ek_{前}$、$Ek_{细}$、$Ek_{捻}$、$Ek_{并}$、$Ek_{精}$、$Ek_{准}$、$Ek_{织}$、$Ek_{整}$——前纺、细纱、捻线、并筒、精梳、准备、织布、整理空调用电量(kW·h)；

$Ef_{前}$、$Ef_{细}$、$Ef_{捻}$、$Ef_{并}$、$Ef_{精}$、$Ef_{准}$、$Ef_{织}$、$Ef_{整}$——前纺、细纱、捻线、并筒、精梳、准备、织布、整理其他辅助用电量(kW·h)；

$Ps_{细}$、$Ps_{捻}$、$Ps_{并}$、$Ps_{精}$——细纱、捻线、并筒、精梳折标准品产量(t)；

$Ps_{织}$——织布折标准品产量(100 m)。

8.5 棉纱、棉线、棉布全厂生产折标准品用电单耗的计算

棉纱、棉线、棉布全厂生产折标准品用电单耗按下式计算：

$$D_{纱} = Dg_{纱} + Dk_{纱} + Df_{纱} \quad \cdots\cdots(16)$$

$$D_{线} = Dg_{线} + Dk_{线} + Df_{线} \quad \cdots\cdots(17)$$

$$D_{布} = Dg_{布} + Dk_{布} + Df_{布} \quad \cdots\cdots(18)$$

式中：$D_{纱}$、$D_{线}$——棉纱、棉线全厂生产折标准品用电单耗(kW·h/t)；

$D_{布}$——棉布全厂生产折标准品用电单耗(kW·h/100 m)。

9 节电量及节电率的计算

9.1 节电量的计算：

$$\Delta E = \sum[Psi \times (Dni - Di)] \quad \cdots\cdots(19)$$

式中：ΔE——对定额或上年同期节电量(kW·h)；

Psi——见公式(1)；

Dni——i 工序定额或上年同期折标准品用电单耗(纱线 kW·h/t，布 kW·h/100 m)；

Di——i 工序本期折标准品用电单耗(纱线 kW·h/t，布 kW·h/100 m)。

9.2 节电率的计算：

$$\Delta e = \frac{\Delta E}{E + \Delta E} \times 100\% \quad \cdots\cdots(20)$$

式中：Δe——节电率(%)；

ΔE——见公式(19)；

E——本期实际电量(kW·h)。

9.3 节电量及节电率公式中 ΔE 及 Δe 计算结果＋号为节约，－号为超耗。

附 录 A
棉纱线各工序用电折合率的计算
（补充件）

A1 前纺用电折合率的计算

A1.1 前纺用电折合率见表 A13《前纺工序折合率》。

A1.2 表 A13 中未列化纤混纺及其他纱线前纺用电折合率计算

$$S1aj = S1cj \times C1a \qquad \cdots\cdots (A1)$$

式中：$S1aj$——前纺 j tex a 种化纤混纺及其他纱线用电折合率；

$S1cj$——前纺 j tex 纯棉前纺折合率；

$C1a$——前纺 a 种化纤混纺及其他纱线折合系数。

A1.3 化纤及其他纱线对纯棉前纺折合系数见表 A1。

表 A1 化纤及其他纱线对纯棉前纺折合系数

类别	产品类型	折合系数
标准品	纯棉纱	1
化纤、混纺纱	纯维	1.10
	纯涤、中长纱、涤粘、涤富	1
	纯腈及混纺	0.98
	丙纶及混纺、维棉	1.05
	粘胶纤维、人造棉、人造毛	0.87
	非精梳 棉 35% 涤 65%混纺	1.04
	人棉 50% 棉 50% 混纺	0.94
	精梳棉 35% 涤 65% 混纺	1.13
	精梳棉 50% 涤 50% 混纺	1.14
	表中未列的合成纤维纯纺与合成纤维混纺	1
	T/CJ 中 涤纶部分	1.11
	T/CJ 中 精梳棉部分	1.17
	T/C 普涤中涤纶部分	1.06
其他棉纱	低级棉、副牌棉纱	1.10
	精梳棉棉纱	1.23
	烧毛纱	1.04
	烧毛线	1.02
	麻涤、麻棉(无开松工序)	1.16
	麻涤、麻棉(有开松工序)	1.23
	和用 30%含什 5%及以上并经过预处理的原棉	1.02

A1.4 表 A1 中未列各种混纺比例的混纺纱的前纺用电折合系数计算

$$C1a = \sum (C1x \times Kx) \qquad \cdots\cdots (A2)$$

式中：$C1a$——见公式(A1)；

$C1x$——x 种纯棉或化纤折合系数；

Kx——x 种纯棉或化纤混纺比例。

A1.4.1 Kx 的计算，涤棉混纺按公定重量混纺比例，其他纱按干重混纺比例。

A1.4.2 涤棉干重混纺比例与公定重量混纺比例对照表见表 A2。

表 A2 涤棉干重混纺比例与公定重量比例对照

干重混纺比例%		公定重量混纺比例%	
棉(KC)	涤(KT)	棉(KdC)	涤(KdT)
75	25	76.4	23.6
70	30	71.6	28.4
65	35	66.7	33.3
60	40	61.8	38.2
55	45	56.9	43.1
50	50	52	48
45	55	46.9	53.1
40	60	41.9	58.1
35	65	36.8	63.2
30	70	31.7	68.3

A1.4.3 表 A2 未列的比例，按下式计算：

$$KdC = \frac{KC \times 1.085}{KT \times 1.004 + KC \times 1.085} \qquad \cdots\cdots (A3)$$

式中：KdC——公定重量原棉混纺比例；

KC——原棉干重混纺比例；

KT——涤纶干重混纺比例。

$$KdT = \frac{KT \times 1.004}{KT \times 1.004 + KC \times 1.085} \qquad \cdots\cdots (A4)$$

式中：KdT——公定重量涤纶混纺比例；

KC——见公式(A3)；

KT——见公式(A3)。

A1.5 包芯纱前纺用电折合率

$$S1pj = S1pj' \times Kpc \qquad \cdots\cdots (A5)$$

式中：$S1pj$——包芯纱 j tex 前纺用电折合率；

$S1pj'$——包芯纱折算 tex 前纺用电折合率；

Kpc——包芯纱纯棉干重混纺比例。

包芯纱折算 tex 数的计算

$$Pj' = Pj \times Kpc \qquad \cdots\cdots (A6)$$

式中：Pj'——包芯纱折算 tex 数；

Pj——包芯纱细纱 tex 数；

Kpc——见公式(A5)。

A1.6 本标准未列的大类新产品，特殊产品前纺用电折合率可按类似大类产品归类，或以工艺参数按下列前纺用电折合率公式计算，并须经过省市一级主管部门批准。

$$S1aj=\left[85\times\frac{12}{Re}\times\frac{420}{Ge}+177\times\frac{Rcy}{340}\times\frac{25}{Rdf}\times\frac{22}{Gc}+33\times\frac{20}{Gd}\times\frac{Nd}{2}+45\times\left(\frac{6.2}{Gf_2}\right)^{1.5}\times\frac{Atf}{100}\right]\div 340 \qquad (A7)$$

式中：$S1aj$——前纺用电折合率；

Re——棉卷罗拉速度(r/min)；

Ge——棉卷定量(g/m)；

Rcy——锡林速度(r/min)；

Rdf——道夫速度(r/min)；

Gc——梳棉定量(g/5 m)；

Gd——并条定量(g/5 m)；

Nd——并条道数；

Gf_2——单程粗纱定量(g/10 m)；

Atf——单程粗纱捻系数。

A1.7 经过二道粗纱的产品按下式计算：

$$S1aj=\left\{85\times\frac{12}{Rc}\times\frac{420}{Gc}+177\times\frac{Rcy}{340}\times\frac{25}{Rdf}\times\frac{22}{Gc}+33\times\frac{20}{Gd}\times\frac{Nd}{2}+45\times\left[\left(\frac{6.2}{Gf_2}\right)^{1.5}\times\frac{Atf}{100}+\left(\frac{6.2}{Gf_1}\right)^{1.5}\times\frac{Atf_1}{100}\right]\right\}\div 340 \qquad (A8)$$

式中：$S1aj$、Rc、Ge、Rcy、Rdf、Gc、Nd、Gf_2、Atf 见公式(A7)；

Gf_1——头粗定量(g/10 m)；

Atf_1——头粗捻系数。

A2 精梳用电折合率的计算

A2.1 精梳工序包括预并条、条卷机、精梳机三个工序。

A2.2 计算精梳折合率时，可查表 A14《精梳车间工序折合率》。

A2.3 表 A14 中未列的混纺纱线折合率计算。

A2.3.1 涤棉混纺纱精梳用电折合率的计算：

$$S_2aj=S_2cj\times KdC \qquad (A9)$$

式中：S_2aj——j tex 涤棉混纺精梳工序折合率；

S_2cj——j tex 纯棉精梳工序折合率；

KdC——见公式(A3)。

A2.3.2 包芯纱精梳用电折合率的计算：

$$S_2pj=S_2pj'\times Kpc \qquad (A10)$$

式中：S_2pj——包芯纱精梳工序折合率；

S_2pj'——包芯纱折算 tex 精梳工序折合率；

Kpc——见公式(A5)。

A3 细纱用电折合率的计算

A3.1 各种纱细纱用电折合率查表 A15—A28,并按查表折合率乘以调整系数,按下式计算:

$$S_3aj = S_3aj' \times C_3r \times C_3h \times C_3at \quad \cdots\cdots\cdots\cdots (A11)$$

式中:S_3aj——细纱 a 类 j tex 产品用电折合率;

S_3aj'——细纱 a 类 j tex 产品查表折合率;

C_3r——细纱钢领系数;

C_3h——细纱升降动程系数;

C_3at——细纱捻系数系数。

A3.1.1 钢领系数($C3r$)

按各 tex 纱实际钢领直径查表 A3 得钢领系数。

表 A3 各 tex 纱各种不同钢领直径的钢领系数

类别	钢领直径 mm(英寸) tex(英制支数)	32 $(1\frac{1}{4})$	35 $(1\frac{3}{8})$	38 $(1\frac{1}{2})$	42 $(1\frac{5}{8})$	45 $(1\frac{3}{4})$	50 (2)
经纱、间接纬纱、转捻纱	192—30.7(3—19)	—	0.85	0.90	0.95	1.00	1.10
	30.6—20(19.1—29.2)	—	0.90	0.95	1.00	1.05	1.15
	19.9—9.5(29.3—61)	0.90	0.95	1.00	1.05	1.10	1.20
	9.4—8.0(62—73)	0.95	1.00	1.05	1.10	1.15	1.25
	7.9 以下(74 以上)	1.00	1.035	1.07	1.105	1.14	1.21
直接纬纱	8.0 以上(73 以下)	0.95	1.00	1.05	1.10	—	—
	7.9 以下(74 以上)	1.00	1.035	1.07	1.105	—	

A3.1.2 升降动程系数($C3h$)

按各 tex 纱实际动程查表 A4 得升降动程系数。

表 A4 各 tex 纱各种不同实际动程的升降动程系数

升降动程 mm(英寸)	127 (5)	140 $(5\frac{1}{2})$	152 (6)	165 $(6\frac{1}{2})$	178 (7)	190 $(7\frac{1}{2})$	203 (8)
折合系数	0.95	0.975	1.00	1.025	1.05	1.075	1.12

A3.1.3 一个品种用二种及以上钢领及升降动程的按下式计算钢领,升降动程的系数

$$C3r = \frac{\sum(C3r' \times Mr')}{\sum Mr'} \quad \cdots\cdots\cdots\cdots (A12)$$

式中:$C3r$——见公式(A11);

$C3r'$——各种不同钢领系数;

Mr'——各种不同钢领开台数。

$$C3h = \frac{\sum(C3h' \times Mh')}{\sum Mh'} \quad \cdots\cdots\cdots\cdots (A13)$$

式中：$C3h$——见公式(A11)；

$C3h'$——各种不同升降动程系数；

Mh'——各种不同升降动程开台数。

A3.1.4 捻系数系数($C3at$)

各类各 tex 细纱实际捻系数，按当月或上月试验月报数据为准，超过上限或低于下限时，按表 A5 所列规定上下限数以下列公式调整细纱用电折合率。

$$C3at = \frac{A3t}{A3tn} \quad \cdots\cdots(A14)$$

式中：$C3at$——见公式(A11)；

$A3t$——实际捻系数；

$A3tn$——规定上(下)限捻系数。$A3t > A3tn$，$A3tn$ 用上限，$A3t < A3tn$，$A3tn$ 用下限。

表 A5 各类棉纱规定上(下)限捻系数

类　别	上限	下限
纯棉经纬纱、纯棉精梳经纬纱、涤棉经纬纱、转捻、纬筒	360	300
纯维、中长、腈纶、腈棉、粘纤经纬纱、转捻、纬筒	310	260
纯涤经纬纱、转捻、纬筒	345	280
维棉、棉粘、丙纶及混纺、人造毛经纬纱、转捻、纬筒	340	280
低级棉经纬纱、转捻、纬筒	380	340
麻棉、麻涤经纬纱、转捻、纬筒	450	370

除上述几点外，其他工艺因素变化，不能调整折合率。

A3.1.5 纬线、针织线、起绒线的转捻纱与经纱或经线转捻纱规格通用的；实际捻系数在 345 以上的；售纱中经纬纱通用的；细纱用电折合率均按经纱用电折合率计算。

A3.1.6 针织纱、起绒纬纱规格的售筒及售绞纱以及喷气织机箭杆织机用的纬筒，按间接纬纱用电折合率计算。

A3.1.7 普通针织汗衫纱，捻系数在 345 及以上的，按纯棉经纱用电折合率计算，精梳汗衫纱捻系数在 328 及以上的，按精梳经纱用电折合率计算。

A3.2 表 A15—表 A28 中未列产品细纱用电折合率的计算

A3.2.1 各种不同规格纯棉、化纤混纺纱用电折合率按下式计算：

$$S3aj = S3cj \times C3a \quad \cdots\cdots(A15)$$

式中：$S3aj$——a 类 j tex 不同规格纯棉化纤混纺纱用电折合率；

$S3cj$——j tex 纯棉经纱用电折合率；

$C3a$——a 类不同规格纯棉化纤混纺纱对纯棉经纱折合系数。

A3.2.2 表中未列 tex 数的纯棉经纱用电折合率按下式计算：

$$S3cj = \frac{Rjs'}{16\ 000} \times \left(\frac{27.8}{\text{tex}}\right)^{1.5} \times \frac{A3t'}{350} \times \left(0.5\frac{\text{tex}}{27.8} + 0.5\right) \times C3r \times C3at \times C3h \quad \cdots\cdots(A16)$$

式中：$S3cj$——见公式(A15)；

Rjs'——j tex 纱规定锭速(r/min)；

tex——j tex 纱 tex 数；

$A3t'$——j tex 纱规定 tex 制捻系数；

$C3r$——见公式(A11)；

$C3h$——见公式(A11)；

$C3at$——见公式(A11)。

A3.2.3　各种不同规格纯棉、化纤混纺纱对纯棉经纱折合系数计算。

各种不同规格纯棉、化纤、混纺纱对纯棉经纱折合系数见表 A6。

A3.2.4　表 A6 中未列化纤及混纺纱对纯棉经纱折合系数参考下列公式计算后，报省市一级主管部门批准。

$$C3x = \frac{Rjs \times A3t}{Rjs' \times A3t'} \qquad \cdots\cdots (A17)$$

式中：$C3x$——x 类产品对纯棉经纱折合系数；

Rjs——x 类产品 j tex 纱的实际锭速(r/min)；

$A3t$——见公式(A14)；

Rjs'、$A3t'$——见公式(A16)。

A4　捻线用电折合率的计算

A4.1　各种捻线用电折合率查表 A29，并按查表折合率乘以调整系数，按下式计算：

$$S4aj = S4aj' \times C4r \times C4h \times C4at \times C4d \qquad \cdots\cdots (A18)$$

式中：$S4aj$——a 类 j tex 捻线用电折合率；

$S4aj'$——a 类 j tex 查表双股线捻线折合率；

$C4r$——钢领系数；

$C4h$——升降动程系数；

$C4at$——捻系数系数；

$C4d$——股数系数。

表 A6　细纱各品种规格纯棉纱和化纤混纺纱对纯棉经纱折合系数

规格＼品种	普通纯棉纱	精梳棉纱	纯维	中长	腈纶	粘纤	纯涤	维棉	棉粘	涤棉	棉麻涤麻	腈棉	丙纶及混纺	人造毛	涤粘	包芯纱
经纱、经线、转捻纱	1.00	0.95	0.90	0.80	0.74	0.84	0.87	0.96	0.96	1.00	1.00	0.78	0.82	1.00	0.89	0.95
纬线、针织线、起绒线转捻纱	0.98	0.93	0.90	0.80	0.74	0.84	0.87	0.94	0.94	0.98	0.98	0.78	0.82	0.98	0.89	0.95
间接纬纱、针织纱、起绒纱	0.94	0.92	0.90	0.80	0.74	0.84	0.87	0.92	0.92	0.98	0.94	0.78	0.82	0.98	0.89	0.95
直接纬纱 192—30.7 tex(3—19 英支)	0.80	0.78	0.77	0.68	0.63	0.71	0.74	0.78	0.78	0.83	0.80	0.66	0.70	0.83	0.76	0.81
直接纬纱 30.6—20 tex(19.1—29.2 英支)	0.85	0.83	0.81	0.72	0.67	0.76	0.78	0.83	0.83	0.88	0.85	0.70	0.74	0.88	0.80	0.86
直接纬纱 19.9—9.5 tex(29.3—61 英支)	0.89	0.87	0.86	0.76	0.70	0.80	0.83	0.87	0.87	0.93	0.89	0.74	0.78	0.93	0.85	0.90
直接纬纱 9.4 tex 以下(62 英支以上)	0.94	0.92	0.90	0.80	0.74	0.84	0.87	0.92	0.92	0.98	0.94	0.78	0.82	0.98	0.89	0.95
副牌棉纱	同 tex 棉纱折合率×1.00															
纸级棉纱	同 tex 棉纱折合率×1.05															
烧毛纱	同 tex 棉纱折合率×1.04															
烧毛线	同 tex 转捻纱折合率×1.02															

A4.1.1 钢领直径系数($C4r$)

按各 tex 实际钢领直径查表 A7 得钢领系数。

表 A7 棉线各种不同钢领直径的钢领系数

钢领直径 mm (英寸)		35 (1⅜)	38 (1½)	42 (1⅝)	45 (1¾)	50.8 (2)
折合系数	经线	—	0.90	0.95	1.00	1.10
	纬线	0.95	1.00	1.05	1.10	1.20

A4.1.2 升降动程系数($C4h$)

按各 tex 数实际动程查表 A8 得升降动程系数。

表 A8 棉线各种不同实际动程的升降动程系数

升降动程 mm (英寸)	152 (6)	165 (6½)	180(178) (7)	190 (7½)	205 (8)
折合系数	0.95	0.975	1.00	1.025	1.05

一个品种二种及以上钢领及升降动程的折合系数按开台数加权平均计算。

A4.1.3 捻系数系数($C4at$)

各种棉线实际捻系数超过表 A9 的上限或低于下限时,按查表折合率乘以捻系数系数进行调整。

$$C4at=\frac{A4t}{A4tn} \qquad \cdots\cdots(A19)$$

式中:$C4at$——捻系数系数;

$A4t$——实际捻系数;

$A4tn$——规定上(下)限捻系数。

$A4t>A4tn$,$A4tn$ 用上限,$A4t<A4tn$,$A4tn$ 用下限。

表 A9 棉线规定上下限捻系数

类　别	上限	下限
纯棉、麻棉、涤棉经线	450	418
纯绵、麻棉、直接纬线、间接纬线	405	376
纯棉精梳经线、维棉、纯涤、棉粘、丙纶及混纺、人造毛经纬线	428	397
纯棉精梳间接纬线、直接纬线、纯维、粘纤中长、腈纶及腈纶混纺经纬线	383	355
涤棉直接纬线、间接纬线	441	414

A4.1.4 股数系数($C4d$)

按股数与双股数的比例计算

股　数　3　4　5

股数系数　2/3　1/2　2/5

A4.2 表 A29 中未列纯棉经线捻线用电折合率的计算按下式计算:

$$S4cj=\frac{27.8\times 2}{\text{tex}\times d} \qquad \cdots\cdots(A20)$$

式中:$S4cj$——j tex 纯棉经线捻线用电折合率;

tex——j tex 纯棉经线细纱 tex 数;

d——捻线股数。

A4.2.1 各种不同规格纯棉、化纤混纺线用电折合率计算按下式计算：

$$S4aj' = S4cj \times C4a \quad \cdots\cdots(A21)$$

式中：$S4aj'$——见公式(A18)；

$S4cj$——见公式(A20)；

$C4a$——a 类品种对纯棉经线折合系数。

A4.2.2 各品种规格捻线对纯棉经线折合系数($C4a$)见表 A10。

表 A10 各品种规格捻线对纯棉经线折合系数

品 种 规 格	经线	间接纬线	直接纬线
纯棉、麻棉	1	0.90	0.81
精梳	0.95	0.86	0.77
涤棉	1	0.98	0.83
涤粘、维棉、纯涤、棉粘、丙纶及混纺、人造毛	0.95	0.95	0.86
纯维、粘纤、中长、腈纶及腈纶混纺	0.85	0.85	0.77

A5 并筒、烧毛、摇成用电折合率的计算

A5.1 并纱、线筒用电折合率的计算

并纱、线筒用电折合率查表 A30。

表中未列的按下式计算：

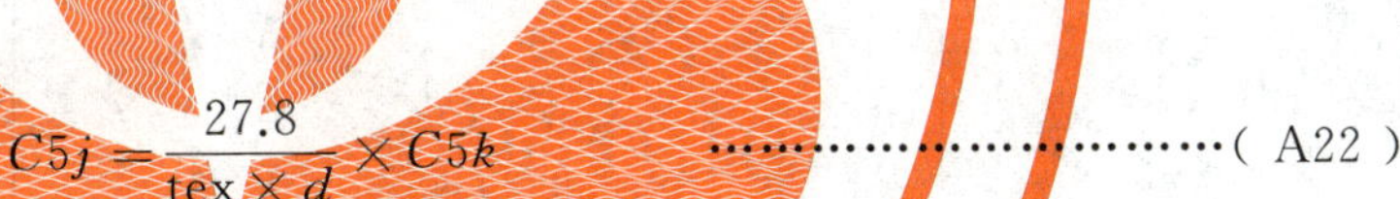

$$C5j = \frac{27.8}{\text{tex} \times d} \times C5k \quad \cdots\cdots(A22)$$

式中：$C5j$——j tex 并纱、线筒用电折合率；

tex——j tex 并纱、线筒细纱 tex 数；

d——见公式(A20)；

$C5k$——并筒加工系数。

A5.2 并筒加工系数，是按纱线在并筒工序经过几道筒子或并筒工序折成单筒计算的系数，见表 A11。

表 A11 并筒加工系数

加工方法	并筒加工系数	二股线加工系数	三股线加工系数
单筒	1	1	1
并纱—(捻线)	1/股数	0.5	1/3
并纱—(捻线)—线筒	2/股数	1	2/3
单筒—并纱—(捻线)	1+1/股数	1.5	4/3
单筒—并纱—(捻线)—线筒	1+2/股数	2	5/3

A5.3 烧毛、摇成用电折合率

烧毛、摇成用电折合率查表 A31。

表中未列的按下式计算：

$$C6jC7j = \frac{27.8}{tex \times d} \quad \cdots\cdots (A23)$$

式中：$C6j$——j tex 烧毛用电折合率；

$C7j$——j tex 摇成用电折合率；

tex——j tex 烧毛、摇成细纱 tex 数；

d——见公式(A20)。

A6　烧毛纱线修正系数

烧毛工序以前前纺、精梳、细纱、并筒、捻线用电折合率按各工序用电折合率乘以烧毛修正系数，纱为 1.04，线为 1.02。

表 A12　制冷用电分配系数

室外湿球温度 ℃	纺部系数	织部系数	精梳系数	并筒系数
20	1	—	—	1.2
20.5		—	7.01	
21		—	4.25	
21.5		—	3.34	
22		0.10	2.85	
22.5		0.40	2.30	
23		0.55	2.08	
23.5		0.63	1.84	
24		0.65	1.74	
24.5		0.67	1.73	
25		0.67	1.73	
25.5		0.70	1.71	
26		0.75	1.69	
26.5		0.80	1.69	
27		0.85	1.69	
27.5		0.90	1.68	
28		0.95	1.68	
28.5		1.00	1.68	
29		1.00	1.68	
29.5		1.00	1.68	
30		1.00	1.68	
30.5		1.00	1.68	

表 A13　前纺工序折合率

tex(英制支数)	1. 纯棉纱 2. 纯涤 3. 合成纤维与棉混纺 4. 其他合成纤维及混纺	中长涤粘涤富	纯维	纯腈及混纺	丙纶及混纺维棉	非精梳棉 35%涤 65%混纺	1. 人造棉 2. 人造毛 3. 粘胶纤维	人棉 50%棉 50%混纺	精梳棉 50%涤 50%混纺	精梳棉 35%涤 65%混纺	低级棉副牌棉	麻涤麻棉混纺（无开松工序）	精梳棉棉纱、麻涤、麻棉混纺(有开松工序)
	(1)	(2)	(3)	(4)	(5)	(6)	(7)	(8)	(9)	(10)	(11)	(12)	(13)
25.4及以上(23 及以下)	1.000 0	1.000 0	1.100 0	0.980 0	1.050 0	1.040 0	0.870 0	0.940 0	1.140 0	1.130 0	1.100 0	1.160 0	1.230 0
25.3—20(24—29)	1.046 2	1.046 2	1.150 8	1.025 3	1.098 5	1.088 0	0.910 2	0.983 4	1.192 7	1.182 2	1.150 8	1.213 6	1.286 8
19.9—16.7(30—35)	1.117 6	1.117 6	1.229 4	1.095 2	1.173 5	1.162 3	0.972 3	1.050 5	1.274 1	1.262 9	1.229 4	1.296 4	1.374 6
16.6—14.2(36—41)	1.187 4	1.187 4	1.306 1	1.163 7	1.246 8	1.234 9	1.033 0	1.116 2	1.353 6	1.341 8	1.306 1	1.377 4	1.460 5
14.1—12(42—48)	1.239 7	1.239 7	1.363 7	1.214 9	1.301 7	1.289 3	1.078 5	1.165 3	1.413 3	1.400 9	1.363 7	1.438 1	1.524 8
11.9—9.5(49—61)	1.495 3	1.495 3	1.644 8	1.465 4	1.570 1	1.555 1	1.300 9	1.405 6	1.704 6	1.689 7	1.644 8	1.734 6	1.839 2
9.4—7.4(62—79)	1.695 3	1.695 3	1.864 8	1.361 4	1.780 1	1.763 1	1.474 9	1.593 6	1.932 6	1.915 7	1.854 8	1.966 5	2.085 2
7.3—6(80—100)	2.135 0	2.135 0	2.348 5	2.092 3	2.241 8	2.220 4	1.857 5	2.006 9	2.433 9	2.412 6	2.348 5	3.476 6	2.626 1
5.8及以下(101 及以上)	2.426 3	2.426 3	2.668 9	2.377 8	2.547 6	2.523 4	2.110 9	2.280 7	2.766 0	2.741 7	2.668 9	2.814 5	2.984 3

表 A14　精梳车间工序折合率

tex(英制支数)	各种纯棉纱及混纺纱经过精梳工序棉干重百分比										
	100%	75%	70%	65%	60%	55%	50%	45%	40%	35%	30%
25.4及以上(23 及以下)	1.000 0	0.764 0	0.716 0	0.667 0	0.618 0	0.569 0	0.520 0	0.469 0	0.419 0	0.368 0	0.317 0
25.3～20(24～29)	1.023 5	0.782 0	0.732 8	0.682 7	0.632 5	0.582 4	0.532 2	0.480 0	0.428 8	0.376 6	0.324 4
19.9～16.7(30～35)	1.097 9	0.838 8	0.786 1	0.732 3	0.678 5	0.624 7	0.570 9	0.514 9	0.460 0	0.404 0	0.348 0
16.5～14.2(36～41)	1.120 8	0.856 3	0.802 5	0.747 6	0.692 7	0.637 7	0.582 8	0.525 7	0.469 6	0.412 5	0.355 3
14.1～12(42～48)	1.324 3	1.011 8	0.948 2	0.883 3	0.818 4	0.753 5	0.688 6	0.621 1	0.554 9	0.487 3	0.419 8
11.9～9.5(49～61)	1.362 5	1.041 0	0.975 6	0.908 8	0.842 0	0.775 3	0.708 5	0.639 0	0.570 9	0.501 4	0.431 9
9.4～7.4(62～79)	1.425 8	1.089 3	1.020 9	0.951 0	0.881 1	0.811 3	0.741 4	0.668 7	0.597 4	0.524 7	0.452 0
7.3～6(80～100)	1.695 0	1.295 0	1.213 6	1.130 6	1.047 5	0.964 5	0.881 4	0.795 0	0.710 2	0.623 8	0.537 3
5.8及以下(101 及以上)	1.928 4	1.473 3	1.380 7	1.286 2	1.191 8	1.097 3	1.002 8	0.904 4	0.808 0	0.709 7	0.611 3

表 A15 纽纱、纯棉各号经、纬、转捻折合率

tex(英制支数)		$\left(\frac{27.8}{tex}\right)^{1.5}$	$0.5\frac{tex}{27.8}+0.5$	捻系数 350	锭速 16 000	钢领系数		折合率			
						直径 mm (吋)	系数	经纱、经线转捻纱	纬线、针织线、起绒线的转捻纱	直接纬纱	间接纬纱
		(1)	(2)	(3)	(4)	(5)	(6)	(1)×(2)×(3)×(4)×(6)=(7)	(7)×0.98=(8)	(9)	(7)×0.94=(10)
192	(3)	0.055 1	3.953 2	0.985 9	0.525 1	$15\left(1\frac{3}{4}\right)$	1.05	0.118 4	0.116 0	0.094 7	0.111 3
144	(4)	0.084 8	3.089 9		0.578 0			0.156 8	0.153 7	0.125 4	0.147 4
120(116.5)	(5)	0.116 4	2.597 1		0.620 1			0.194 1	0.190 2	0.156 3	0.182 5
96	(6)	0.155 8	2.226 5		0.661 6			0.237 6	0.232 8	0.190 1	0.223 3
80(83.3)	(7)	0.192 8	1.998 2		0.693 6			0.276 6	0.271 1	0.221 3	0.260 0
72	(8)	0.239 9	1.795 0		0.723 2			0.324 6	0.318 1	0.259 7	0.305 1
64	(9)	0.286 3	1.651 1		0.757 3			0.370 6	0.363 2	0.296 5	0.348 4
58	(10)	0.331 8	1.543 2		0.782 6			0.414 8	0.406 5	0.331 8	0.389 9
52(53)	(11)	0.379 9	1.453 2		0.806 5			0.460 9	0.451 7	0.368 7	0.433 2
48	(12)	0.440 8	1.363 3		0.833 6			0.518 6	0.508 2	0.414 9	0.487 5
44(44.9)	(13)	0.487 2	1.307 6		0.852 9			0.562 5	0.551 3	0.450 0	0.528 8
42(41.6)	(14)	0.546 3	1.248 2		0.885 0			0.624 7	0.612 2	0.499 8	0.587 2
38(38.9)	(15)	0.604 1	1.199 6		0.910 0			0.682 7	0.669 0	0.546 2	0.641 7
36	(16)	0.678 6	1.147 5		0.943 3			0.760 4	0.745 2	0.608 3	0.714 8
34	(17)	0.739 3	1.111 5		0.957 0			0.814 1	0.797 8	0.661 3	0.765 3
32	(18)	0.809 7	1.075 5	1.000 0	0.970 8			0.887 7	0.869 9	0.710 2	0.834 4
30.7	(19)	0.861 7	1.052 2		0.981 0			0.933 9	0.915 2	0.747 1	0.877 9
29	(20)	0.938 0	1.021 6		0.990 0	$42\left(1\frac{5}{8}\right)$	1.00	0.949 3	0.930 3	0.806 9	0.892 3
28(27.8)	(21)	1.000 0	1.000 0		1.000 0			1.000 0	0.980 0	0.850 0	0.940 0
27	(21.5)	1.044 8	0.985 6		1.005 0			1.034 9	1.014 2	0.879 7	0.972 8
26(26.5)	(22)	1.074 5	0.976 8		1.007 0			1.056 7	1.035 6	0.898 2	0.993 3
25(25.4)	(23)	1.145 0	0.956 8		1.010 0			1.106 5	1.084 4	0.940 5	1.040 1
24	(24)	1.246 7	0.931 7		1.015 0			1.179 0	1.155 4	1.002 2	0.108 3
23(23.3)	(25)	1.333 3	0.919 1		1.020 0			1.221 8	1.197 4	1.038 5	1.148 5
22(22.4)	(26)	1.382 6	0.902 9		1.025 0			1.279 6	1.254 0	1.087 7	1.202 8

表 A15（续）

tex（英制支数）	精梳细纱折合率				低级棉			
	经纱、经线转捻纱	纬线、针织线、起绒线的转纱线	直接纬纱	间接纬纱	经纱、经线转捻纱	纬线、针织线、起绒线的转捻纱	直接纬纱	间接纬纱
	(7)×0.95=(11)	(7)×0.93=(12)	(13)	(7)×0.92=(14)	(7)×1.05=(15)	(8)×1.05=(16)	(9)×1.05=(17)	(10)×1.05=(18)
192 (3)	—	—	—	—	—	—	—	—
144 (4)	—	—	—	—	—	—	—	—
120(116.6) (5)	—	—	—	—	—	—	—	—
96 (6)	—	—	—	—	—	—	—	—
80(83.3) (7)	—	—	—	—	—	—	—	—
72 (8)	—	—	—	—	—	—	—	—
64 (9)	—	—	—	—	—	—	—	—
58 (10)	—	—	—	—	0.435 5	0.426 8	0.348 1	0.409 4
52(53) (11)	—	—	—	—	0.483 9	0.474 3	0.387 1	0.454 9
48 (12)	—	—	—	—	0.544 5	0.533 6	0.435 6	0.511 9
44(44.9) (13)	—	—	—	—	0.590 6	0.578 9	0.472 5	0.555 2
42(41.6) (14)	—	—	—	—	0.655 9	0.642 8	0.524 8	0.616 6
38(38.9) (15)	—	—	—	—	0.716 8	0.702 5	0.573 5	0.673 8
36 (16)	—	—	—	—	0.798 4	0.782 5	0.638 7	0.750 5
34 (17)	—	—	—	—	0.854 8	0.837 7	0.683 9	0.803 6
32 (18)	—	—	—	—	0.932 1	0.913 4	0.745 7	0.876 1
30.7 (19)	—	—	—	—	0.980 6	0.961 0	0.784 5	0.921 8
29 (20)	0.901 8	0.882 8	0.787 9	0.873 4	0.996 8	0.976 8	0.847 2	0.936 9
28(27.8) (21)	0.950 0	0.930 0	0.830 0	0.920 0	1.050 0	1.029 0	0.892 5	0.987 0
27 (21.5)	0.983 2	0.962 5	0.859 0	0.952 1	1.086 6	1.064 9	0.923 7	1.021 4
26(26.5) (22)	1.003 9	0.982 7	0.877 1	0.972 2	1.109 5	1.084 7	0.943 1	1.043 0
25(25.4) (23)	1.051 2	1.029 0	0.918 4	1.018 0	1.161 8	1.138 6	0.987 6	1.092 1
24 (24)	1.120 1	1.096 5	0.978 6	1.084 7	1.238 0	1.213 2	1.052 3	1.163 7
23(23.3) (25)	1.160 7	1.136 3	1.014 1	1.124 1	1.282 9	1.257 3	1.090 4	1.205 9
22(22.4) (26)	1.215 6	1.190 0	1.062 1	1.177 2	1.343 6	1.316 7	1.142 1	1.252 9

表 A15（续）

tex（英制支数）	$\left(\frac{27.8}{tex}\right)^{1.5}$	$0.5\frac{tex}{27.8}+0.5$	$\frac{捻系数}{350}$	$\frac{锭速}{16\ 000}$	钢领系数		折合率			
					直径 mm（吋）	系数	经纱、经线转捻纱	纬线、针织线、起绒线的转捻纱	直接纬纱	间接纬纱
	(1)	(2)	(3)	(4)	(5)	(6)	(1)×(2)×(3)×(4)×(6)=(7)	(7)×0.98=(8)	(9)	(7)×0.94=(10)
21(20.8) (28)	1.545 2	0.874 1	1.000 0	1.030 0	$12\left(1\frac{5}{8}\right)$	1.00	1.391 2	1.363 4	1.182 5	1.307 7
20 (29)	1.638 8	0.859 7		1.040 0			1.465 2	1.435 9	1.245 4	1.377 3
19.5 (30)	1.702 2	0.850 7		1.070 0	$38\left(1\frac{1}{2}\right)$	0.95	1.472 0	1.442 6	1.310 1	1.383 7
19 (31)	1.769 9	0.841 7					1.514 3	1.484 0	1.347 7	1.423 4
18 (32)	1.919 4	0.823 7					1.607 1	1.575 0	1.430 3	1.510 7
17 (34)	2.091 2	0.805 8					1.712 9	1.678 6	1.524 5	1.610 1
16 (36)	2.290 3	0.787 8	1.014 1				1.859 9	1.822 7	1.655 3	1.748 3
15(15.3) (38)	2.449 2	0.775 2					1.957 2	1.918 1	1.741 9	1.839 8
15 (39)	2.523 1	0.769 8					2.002 2	1.962 2	1.782 0	1.882 1
14.5 (40)	2.654 7	0.760 8					2.082 0	2.040 4	1.853 0	1.957 1
14(13.9) (42)	2.828 1	0.750 0		1.060 0			2.166 3	2.123 0	1.928 0	2.036 3
13(13.3) (44)	3.022 0	0.739 2					2.281 2	2.235 6	2.030 3	2.144 3
13 (45)	3.127 2	0.733 8					2.343 4	2.296 5	2.085 6	2.202 8
12.7 (46)	3.238 6	0.728 4					2.409 0	2.360 8	2.144 0	2.264 5
12 (48)	3.526 1	0.715 3					2.553 2	2.502 1	2.272 3	2.400 0
12(11.7) (50)	3.662 6	0.710 4		1.050 0			2.632 0	2.579 4	2.342 5	2.474 1
11.2 (52)	3.910 6	0.701 4					2.774 6	2.719 1	2.469 4	2.608 1
11 (53)	4.017 7	0.697 8					2.836 0	2.779 3	2.524 0	2.665 8
10.8 (54)	4.129 8	0.694 2		1.040 0			2.872 4	2.815 0	2.556 4	2.700 1
11(10.6) (55)	4.247 3	0.690 6					2.938 8	2.880 0	2.615 5	2.762 5
10.4 (56)	4.370 4	0.687 1					3.008 7	2.948 5	2.677 7	2.828 2
10.1 (58)	4.566 5	0.681 7		1.030 0			3.089 0	3.027 2	2.749 2	2.903 7
9.9 (59)	4.705 6	0.678 1					3.166 3	3.103 0	2.818 0	2.976 3
10(9.7) (60)	4.851 9	0.674 5		1.020 0			3.215 9	3.151 6	2.862 2	3.022 9
9.5 (61)	5.005 9	0.670 9					3.300 2	3.234 2	2.937 2	3.102 2

表 A15（续）

tex（英制支数）		精梳细纱折合率				低级棉			
		经纱、经线转捻纱	纬线、针织线、起绒线的转捻纱	直接纬纱	间接纬纱	经纱、经线转捻纱	纬线、针织线、起绒线的转捻纱	直接纬纱	间接纬纱
		(7)×0.95=(11)	(7)×0.93=(12)	(13)	(7)×0.92=(14)	(7)×1.05=(15)	(8)×1.05=(16)	(9)×1.05=(17)	(10)×1.05=(18)
21(20.8)	(28)	1.321 6	1.293 8	1.154 7	1.279 9	1.460 8	1.431 6	1.241 6	1.373 1
20	(29)	1.391 9	1.362 6	1.216 1	1.348 0	1.538 5	1.507 7	1.307 7	1.446 2
19.5	(30)	1.398 4	1.389 0	1.280 6	1.354 2	1.545 6	1.514 7	1.375 6	1.452 9
19	(31)	1.438 6	1.408 3	1.317 4	1.393 2	1.590 0	1.558 2	1.415 1	1.494 6
18	(32)	1.526 7	1.494 6	1.398 2	1.478 5	1.687 5	1.653 8	1.501 8	1.586 2
17	(34)	1.627 3	1.593 0	1.490 2	1.575 9	1.798 5	1.762 5	1.600 7	1.690 6
16	(36)	1.766 9	1.729 7	1.618 1	1.711 1	1.952 8	1.913 8	1.738 1	1.835 7
15(15.3)	(38)	1.859 3	1.820 2	1.702 8	1.800 6	—	—	—	—
15	(39)	1.902 1	1.862 0	1.741 9	1.842 0	—	—	—	—
14.5	(40)	1.977 9	1.936 3	1.811 3	1.915 4	—	—	—	—
14(13.9)	(42)	2.058 0	2.014 7	1.884 7	1.993 0	—	—	—	—
13(13.3)	(44)	2.167 1	2.121 5	1.984 6	2.098 7	—	—	—	—
13	(45)	2.226 2	2.179 4	2.038 8	2.155 9	—	—	—	—
12.7	(46)	2.288 6	2.240 4	2.095 8	2.216 3	—	—	—	—
12	(48)	2.425 5	2.374 5	2.221 3	2.348 9	—	—	—	—
12(11.7)	(50)	2.500 4	2.447 8	2.289 8	2.421 4	—	—	—	—
11.2	(52)	2.635 0	2.589 4	2.413 9	2.552 6	—	—	—	—
11	(53)	2.694 2	2.637 5	2.467 3	2.609 1	—	—	—	—
10.8	(54)	2.728 8	2.671 3	2.499 0	2.642 6	—	—	—	—
11(10.6)	(55)	2.791 9	2.733 1	2.556 8	2.703 7	—	—	—	—
10.4	(56)	2.858 3	2.798 1	2.617 6	2.768 0	—	—	—	—
10.1	(58)	2.934 6	2.872 8	2.687 4	2.841 9	—	—	—	—
9.9	(59)	3.008 0	2.944 7	2.754 7	2.913 0	—	—	—	—
10(9.7)	(60)	3.055 1	2.990 8	2.797 8	2.958 5	—	—	—	—
9.5	(61)	3.135 2	3.069 2	2.871 2	3.036 2	—	—	—	—

表 A15（续）

tex(英制支数)		$\left(\frac{27.8}{tex}\right)^{1.5}$	$0.5\frac{tex}{27.8}+0.5$	捻系数/350	锭速/16 000	钢领系数 直径 mm（吋）	钢领系数 系数	折合率 经纱、经线转捻纱	折合率 纬线、针织线、起绒线的转捻纱	折合率 直接纬纱	折合率 间接纬纱
		(1)	(2)	(3)	(4)	(5)	(6)	(1)×(2)×(3)×(4)×(6)=(7)	(7)0.98=(8)	(9)	(7)×0.94=(10)
9.3	(63)	5.168 2	0.667 3	1.014 1				3.210 6	3.146 4	3.618 0	3.018 0
9.1	(64)	5.339 6	0.663 7					3.299 2	3.233 2	3.101 2	3.101 2
8.5	(69)	5.914 8	0.652 9			$35\left(1\frac{3}{8}\right)$	0.90	3.595 1	3.523 2	3.379 4	3.379 4
8.3	(70)	6.129 9	0.649 3					3.756 8	3.681 7	3.531 4	3.531 4
8	(73)	6.477 9	0.643 9	1.028 2				3.937 1	3.858 4	3.700 9	3.700 9
7.9	(74)	6.601 3	0.642 1					3.978 5	3.899 0	3.665 1	3.665 1
7.5	(78)	7.136 3	0.634 9		1.020 0			4.252 8	4.167 7	3.917 7	3.917 7
7.5(7.3)	(80)	7.431 6	0.631 3					4.494 5	4.404 6	4.140 3	4.140 3
7	(83)	7.914 4	0.625 9					4.745 6	4.650 7	4.371 6	4.371 6
7(6.9)	(84)	8.087 1	0.624 1					4.835 2	4.738 5	4.545 2	4.545 2
6.5	(90)	8.845 0	0.616 9					5.227 3	5.122 8	4.815 4	4.815 4
6	(97)	9.973 3	0.607 9					5.808 1	5.691 9	5.350 4	5.350 4
6(5.8)	(100)	10.493 6	0.604 3			$32\left(1\frac{1}{4}\right)$	0.895	6.074 9	5.953 4	5.596 2	5.596 2
5.7	(102)	10.771 0	0.602 5	1.049 4				6.095 0	5.973 1	5.729 3	5.729 3
5.5	(106)	11.363 8	0.598 9					6.392 1	6.264 2	5.888 4	5.888 4
5.5(5.3)	(110)	12.013 1	0.595 3					6.655 8	6.522 6	6.131 3	6.131 3
5	(117)	13.110 3	0.589 9		1.000 0			7.263 6	7.118 3	6.691 2	6.691 2
5(4.9)	(120)	13.513 7	0.588 1					7.464 3	7.315 0	6.876 1	6.876 1
4.5	(130)	15.355 0	0.580 9					8.377 5	8.210 0	7.717 4	7.717 4
3.9	(150)	19.031 4	0.570 1					10.190 3	9.986 5	9.387 3	9.387 3

表 A15（续）

tex（英制支数）		精梳细纱折合率				低级棉			
		经纱、经线转捻纱	纬线、针织线、起绒线的转捻纱	直接纬纱	间接纬纱	经纱	转捻纱	直接纬纱	间接纬纱
		(7)×0.95=(11)	(7)×0.93=(12)	(13)	(7)×0.92=(14)	(7)×1.05=(15)	(8)×1.05=(16)	(9)×1.05=(17)	(10)×1.05=(18)
9.3	(63)	3.050 1	2.985 9	2.953 8	2.953 8	—	—	—	—
9.1	(64)	3.134 2	3.068 3	3.035 3	3.035 3	—	—	—	—
8.5	(69)	3.415 3	3.343 4	3.307 5	3.307 5	—	—	—	—
8.3	(70)	3.569 0	3.493 8	3.456 3	3.456 3	—	—	—	—
8	(73)	3.740 2	3.661 5	3.622 1	3.622 1	—	—	—	—
7.9	(74)	3.779 7	3.700 1	3.660 3	3.660 3	—	—	—	—
7.5	(78)	4.040 2	3.955 1	3.912 6	3.912 6	—	—	—	—
7.5(7.3)	(80)	4.269 8	4.179 9	4.134 9	4.134 9	—	—	—	—
7	(83)	4.508 3	4.413 4	4.366 0	4.366 0	—	—	—	—
7(6.9)	(84)	4.593 4	4.496 7	4.448 4	4.448 4	—	—	—	—
6.5	(90)	4.965 9	4.861 4	4.809 1	4.809 1	—	—	—	—
6	(97)	5.517 7	5.401 5	5.343 5	5.343 5	—	—	—	—
6(5.8)	(100)	5.771 2	5.649 7	5.588 9	5.588 9	—	—	—	—
5.7	(102)	5.790 3	5.668 4	5.607 4	5.607 4	—	—	—	—
5.5	(106)	6.072 5	5.944 7	5.880 7	5.880 7	—	—	—	—
5.5(5.3)	(110)	6.323 0	6.189 9	6.123 3	6.123 3	—	—	—	—
5	(117)	6.900 4	6.755 1	6.682 5	6.682 5	—	—	—	—
5(4.9)	(120)	7.091 1	6.941 8	6.867 2	6.867 2	—	—	—	—
4.5	(130)	7.958 5	7.791 1	7.707 3	7.707 3	—	—	—	—
3.9	(150)	9.680 8	9.477 0	9.375 1	9.375 1	—	—	—	—

表 A16　细纱麻棉折合率

tex(英制支数)		纯棉经纱			麻棉混纺					
		钢领系数		折合率	经纱、经线转捻纱	纬线、针织线、起绒线的转捻纱	间接纬纱	直接纬纱		
		直径 mm(吋)	系数					钢领直径 mm(吋)	折合系数	折合率
甲		乙	丙	(1)	(1)×1.00=(2)	(1)×0.98=(3)	(1)×0.94=(4)	(5)	(6)	(1)×(6)=(7)
117.5	(5)	$45\left(1\frac{3}{4}\right)$	1.05	0.192 6	0.192 6	0.188 7	0.181 0	$35\left(1\frac{3}{8}\right)$	0.80	0.154 1
97.9	(6)			0.232 7	0.232 7	0.228 0	0.218 7			0.186 2
83.9	(7)			0.274 4	0.274 4	0.268 9	0.257 9			0.219 5
73.5	(8)			0.317 3	0.317 3	0.311 0	0.298 3			0.253 8
65.3	(9)			0.362 3	0.362 3	0.355 1	0.340 6			0.289 8
58.8	(10)			0.408 3	0.408 3	0.400 1	0.383 8			0.326 6
53.4	(11)			0.456 8	0.456 8	0.447 7	0.429 4			0.365 4
49	(12)			0.505 8	0.505 8	0.495 7	0.475 5			0.404 6
42	(14)			0.619 3	0.619 3	0.606 9	0.582 1			0.495 4
36.7	(16)			0.760 4	0.760 4	0.745 2	0.714 8			0.608 3
32.6	(18)			0.872 0	0.872 0	0.854 6	0.819 7			0.697 6
29.4	(20)	$42\left(1\frac{5}{8}\right)$	1.00	0.936 5	0.936 5	0.917 8	0.880 3		0.85	0.796 0
28(27.8)	(21)			1.000 0	1.000 0	0.980 0	0.940 0			0.850 0
26.7	(22)			1.048 7	1.048 7	1.027 7	0.985 8			0.891 4
24.5	(24)			1.154 0	1.154 0	1.130 9	1.084 8			0.980 9
22.6	(26)			1.267 7	1.267 7	1.242 3	1.191 6			1.077 5
21	(28)			1.376 9	1.376 9	1.349 4	1.294 3			1.170 4
19.6	(30)	$38\left(1\frac{1}{2}\right)$	0.95	1.463 8	1.463 8	1.434 5	1.376 0		0.89	1.302 8
18.4	(32)			1.568 5	1.568 5	1.537 1	1.474 4			1.396 0
17(17.3)	(34)			1.679 7	1.679 7	1.646 1	1.578 9			1.494 9
16.3	(36)			1.821 2	1.821 2	1.784 8	1.711 9			1.620 9
14.7	(40)			2.049 3	2.049 3	2.008 3	1.926 3			1.823 9
14	(42)			2.148 3	2.148 3	2.105 3	2.019 4			1.912 0
10.7	(55)			2.905 3	2.905 3	2.847 2	2.731 0			2.585 7
10(9.8)	(60)			3.175 2	3.175 2	3.111 7	2.984 7			2.825 9

表 A17　细纱化纤纯维折合率

tex（英制支数）	纯棉经纱			纯维			
	钢领系数		折合率	经纱转捻纱、间接纬纱	直接纬纱		
	直径 mm（吋）	系数			钢领直径 mm（吋）	折合系数	折合率
甲	乙	丙	(1)	(1)×0.9=(2)	(3)	(4)	(1)×(4)=(5)
118.1　(5)	$45\left(1\frac{3}{4}\right)$	1.05	0.191 5	0.172 4	$35\left(1\frac{3}{8}\right)$	0.77	0.147 5
98.4　(6)			0.231 6	0.208 4			0.178 3
88(84.4)　(7)			0.273 8	0.246 4			0.210 8
73.8　(8)			0.318 5	0.286 7			0.245 2
59.1　(10)			0.405 9	0.365 3			0.312 5
49.2　(12)			0.503 4	0.453 1			0.387 6
42　(14)			0.619 3	0.557 4			0.476 9
36(37)　(16)			0.741 3	0.667 2			0.570 8
32.8　(18)	$42\left(1\frac{5}{8}\right)$	1.00	0.866 9	0.780 2		0.81	0.567 5
30(29.5)　(20)			0.933 4	0.840 1			0.756 1
28　(21)			0.992 9	0.893 6			0.804 2
27　(22)			1.034 9	0.931 4			0.838 3
25.7　(23)			1.093 3	0.984 0			0.885 6
25(24.6)　(24)			1.149 1	1.034 2			0.930 8
23(22.7)　(26)			1.261 8	1.135 6			1.022 1
21.1　(28)			1.370 0	1.233 0			1.109 7
19.7　(30)	$38\left(1\frac{1}{2}\right)$	0.95	1.455 8	1.310 2		0.86	1.252 0
19　(31)			1.514 3	1.362 9			1.302 3
18(18.5)　(32)			1.559 2	1.403 3			1.340 9
17.4　(34)			1.668 7	1.501 8			1.435 1
15.4　(35)			1.808 7	1.627 8			1.555 5
14.8　(40)			2.033 3	1.830 0			1.748 6
14　(42)			2.148 3	1.933 5			1.847 5
11.8　(50)			2.605 2	2.344 7			2.240 5
10(9.8)　(60)			3.175 2	2.857 7			2.730 7

表 A18　细纱化纤中长折合率

tex（英制支数）		纯棉经纱 钢领系数 直径 mm(吋)	纯棉经纱 钢领系数 系数	纯棉经纱 折合率	中长 经纱转捻纱、间接纬纱	中长 直接纬纱 钢领直径 mm(吋)	中长 直接纬纱 折合系数	中长 直接纬纱 折合率
甲		乙	丙	(1)	(1)×0.80＝(2)	(3)	(4)	(1)×(4)＝(5)
118.1	(5)	$45\left(1\frac{3}{4}\right)$	1.05	0.191 5	0.153 2	$35\left(1\frac{3}{8}\right)$	0.63	0.130 2
98.4	(6)			0.231 6	0.185 3			0.157 5
88(84.4)	(7)			0.273 8	0.210 0			0.186 2
73.8	(8)			0.318 5	0.254 8			0.216 6
59.1	(10)			0.405 9	0.324 7			0.276 0
49.2	(12)			0.503 4	0.402 7			0.342 3
42	(14)			0.619 3	0.495 4			0.421 1
36(37)	(16)			0.741 3	0.593 0			0.504 1
32.8	(18)			0.866 9	0.693 5			0.589 5
30(29.5)	(20)	$42\left(1\frac{5}{8}\right)$	1.00	0.933 4	0.746 7		0.72	0.672 0
28	(21)			0.992 9	0.794 3			0.714 9
27	(22)			1.034 9	0.827 9			0.745 1
25.7	(23)			1.093 3	0.874 6			0.787 2
25(24.6)	(24)			1.149 1	0.919 3			0.827 4
23(22.7)	(26)			1.261 8	1.009 4			0.908 5
21.1	(28)			1.370 0	1.096 0			0.986 4
19.7	(30)	$38\left(1\frac{1}{2}\right)$	0.95	1.455 8	1.164 6		0.76	1.106 4
19	(31)			1.514 3	1.211 4			1.150 9
18(18.5)	(32)			1.559 2	1.247 4			1.185 0
17.4	(34)			1.668 7	1.335 0			1.268 2

表 A18(续)

tex(英制支数)		纯棉经纱			中长			
		钢领系数		折合率	经纱转捻纱、间接纬纱	直接纬纱		
		直径 mm(吋)	系数			钢领直径 mm(吋)	折合系数	折合率
甲		乙	丙	(1)	(1)×0.80=(2)	(3)	(4)	(1)×(4)=(5)
16.4	(36)	$38\left(1\frac{1}{2}\right)$	0.95	1.808 7	1.447 0	$35\left(1\frac{3}{8}\right)$	0.76	1.374 6
14.8	(40)			2.033 3	1.626 6			1.545 3
14	(42)			2.148 3	1.718 6			1.632 7
11.8	(50)			2.605 2	2.084 2			1.980 0
10(9.8)	(60)			3.175 2	2.540 2			2.413 2

表 A19 细纱化纤腈纶折合率

tex(英制支数)		纯棉经纱			腈纶			
		钢领系数		折合率	经纱、转捻纱、间接纬纱	直接纬纱		
		直径 mm(吋)	系数			钢领直径 mm(吋)	折合系数	折合率
甲		乙	丙	(1)	(1)×0.74=(2)	(3)	(4)	(1)×(4)=(5)
118.1	(5)	$45\left(1\frac{3}{4}\right)$	1.05	0.191 5	0.141 7	$35\left(1\frac{3}{8}\right)$	0.63	0.120 6
98.4	(6)			0.231 6	0.171 4			0.145 9
88(84.4)	(7)			0.273 8	0.202 6			0.172 5
73.8	(8)			0.318 5	0.235 7			0.200 7
59.1	(10)			0.405 9	0.300 4			0.255 7
49.2	(12)			0.503 4	0.372 5			0.317 1
42	(14)			0.619 3	0.458 3			0.390 2
36(37)	(16)			0.741 3	0.548 6			0.467 0

表 A19(续)

tex(英制支数)		纯棉经纱			腈纶			
		钢领系数		折合率	经纱、转捻纱、间接纬纱	直接纬纱		
		直径 mm(吋)	系数			钢领直径 mm(吋)	折合系数	折合率
甲		乙	丙	(1)	(1)×0.74=(2)	(3)	(4)	(1)×(4)=(5)
32.8	(18)	$45\left(1\frac{3}{4}\right)$	1.05	0.866 9	0.641 5	$35\left(1\frac{3}{8}\right)$	0.63	0.546 1
30(29.5)	(20)	$42\left(1\frac{5}{8}\right)$	1.00	0.933 4	0.690 7		0.67	0.525 4
28	(21)			0.992 9	0.734 7			0.665 2
27	(22)			1.034 9	0.765 8			0.693 4
25.7	(23)			1.093 3	0.809 0			0.732 5
25(24.6)	(24)			1.149 1	0.850 3			0.769 9
23(22.7)	(26)			1.261 8	0.933 7			0.845 4
21.1	(28)			1.370 0	1.013 8			0.917 9
19.7	(30)			1.455 8	1.077 3			1.019 1
19	(31)	$38\left(1\frac{1}{2}\right)$	0.95	1.514 3	1.120 6		0.70	1.060 0
18(18.5)	(32)			1.559 2	1.153 8			1.091 4
17.4	(34)			1.668 7	1.234 8			1.168 1
16.4	(36)			1.808 7	1.338 4			1.266 1
14.8	(40)			2.033 3	1.504 6			1.423 3
14	(42)			2.148 3	1.589 7			1.503 8
11.8	(50)			2.605 2	1.927 8			1.823 6
10(9.8)	(60)			3.175 2	2.349 6			2.222 6

表 A20　细纱化纤纯涤折合率

tex(英制支数)	纯棉经纱			纯涤			
	钢领系数		折合率	经纱、转捻纱、间接纬纱	直接纬纱		
	直径 mm(吋)	系数			钢领直径 mm(吋)	折合系数	折合率
甲	乙	丙	(1)	(1)×0.87=(2)	(3)	(4)	(1)×(4)=(5)
118.1　(5)	$45\left(1\frac{3}{4}\right)$	1.05	0.191 5	0.166 6	$35\left(1\frac{3}{8}\right)$	0.74	0.141 7
98.4　(6)			0.231 6	0.201 5			0.171 4
88(84.4)　(7)			0.273 8	0.238 2			0.202 6
73.8　(8)			0.318 5	0.277 1			0.235 7
59.1　(10)			0.405 9	0.353 1			0.300 4
49.2　(12)			0.503 4	0.438 0			0.372 5
42　(14)			0.619 3	0.538 8			0.458 3
36(37)　(16)			0.741 3	0.644 9			0.548 6
32.8　(18)			0.866 9	0.754 2			0.644 5
30(29.5)　(20)	$42\left(1\frac{5}{8}\right)$	1.00	0.933 4	0.812 1		0.78	0.728 1
28　(21)			0.992 9	0.863 8			0.774 5
27　(22)			1.034 9	0.900 4			0.807 2
25.7　(23)			1.093 3	0.951 2			0.852 8
25(24.6)　(24)			1.149 1	0.999 7			0.896 3
23(22.7)　(26)			1.261 8	1.097 8			0.984 2
21.1　(28)			1.370 0	1.191 9			1.068 6
19.7　(30)	$38\left(1\frac{1}{2}\right)$	0.95	1.455 8	1.266 5		0.83	1.208 3
19　(31)			1.514 3	1.317 4			1.256 9
18(18.5)　(32)			1.559 2	1.356 5			1.294 1
17.4　(34)			1.668 7	1.451 8			1.385 0

表 A20(续)

tex(英制支数)	纯棉经纱			纯涤			
	钢领系数		折合率	经纱、转捻纱、间接纬纱	直接纬纱		
	直径 mm(吋)	系数			钢领直径 mm(吋)	折合系数	折合率
甲	乙	丙	(1)	(1)×0.87=(2)	(3)	(4)	(1)×(4)=(5)
16.4 (36)	$38\left(1\frac{1}{2}\right)$	0.95	1.808 7	1.573 6	$35\left(1\frac{3}{8}\right)$	0.83	1.501 2
14.8 (40)			2.033 3	1.769 0			1.687 6
14 (42)			2.148 3	1.889 0			1.783 1
11.8 (50)			2.605 2	2.266 5			2.162 3
10(9.8) (60)			3.175 2	2.762 4			2.635 1

表 A21 细纱化纤粘纤折合率

tex(英制支数)	纯棉经纱			粘纤			
	钢领系数		折合率	经纱、转捻纱、间接纬纱	直接纬纱		
	直径 mm(吋)	系数			钢领直径 mm(吋)	折合系数	折合率
甲	乙	丙	(1)	(1)×0.84=(2)	(3)	(4)	(1)×(4)=(5)
118.1 (5)	$45\left(1\frac{3}{4}\right)$	1.05	0.191 5	0.160 9	$35\left(1\frac{3}{8}\right)$	0.71	0.136 0
98.4 (6)			0.231 6	0.194 5			0.164 4
88(84.4) (7)			0.273 8	0.230 0			0.194 4
73.8 (8)			0.318 5	0.267 5			0.226 1
59.1 (10)			0.405 9	0.341 0			0.288 2
49.2 (12)			0.503 4	0.422 9			0.357 4
42 (14)			0.619 3	0.520 2			0.439 7
36(37) (16)			0.741 3	0.622 7			0.526 3
32.8 (18)			0.866 9	0.728 2			0.615 5

表 A21（续）

tex$\left(\begin{matrix}英制\\支数\end{matrix}\right)$		纯棉经纱			粘纤			
		钢领系数		折合率	经纱、转捻纱、间接纬纱	直接纬纱		
		直径 mm（吋）	系数			钢领直径 mm（吋）	折合系数	折合率
甲		乙	丙	(1)	(1)×0.84=(2)	(3)	(4)	(1)×(4)=(5)
30(29)	(20)			0.933 4	0.784 1			0.709 4
28	(21)			0.992 9	0.834 0			0.754 6
27	(22)			1.034 9	0.869 3			0.786 5
25.7	(23)	$42\left(1\frac{5}{8}\right)$	1.00	1.093 3	0.918 4		0.76	0.830 9
25(24.6)	(24)			1.149 1	0.965 2			0.873 3
23(22.7)	(26)			1.261 8	1.059 9			0.959 0
21.1	(28)			1.370 0	1.150 8			1.041 2
19.7	(30)			1.455 8	1.222 9			1.164 6
19	(31)			1.514 3	1.272 0	$35\left(1\frac{3}{8}\right)$		1.211 4
18(18.5)	(32)			1.559 2	1.309 7			1.247 4
17.4	(34)			1.668 7	1.401 7			1.335 0
16.4	(36)	$38\left(1\frac{1}{2}\right)$	0.95	1.808 7	1.519 3		0.80	1.447 0
14.8	(40)			2.033 3	1.708 0			1.626 6
14	(42)			2.148 3	1.804 6			1.718 6
11.8	(50)			2.605 2	2.188 4			2.084 2
10(9.8)	(60)			3.175 2	2.667 2			2.540 2

表 A22　细纱化纤维棉折合率

tex(英制支数)	纯棉经纱			维棉					
	钢领系数		折合率	经纱、经线转捻纱	纬线、针织线、起绒线的转捻线	间接纬纱	直接纬纱		
	直径 mm(吋)	系数					钢领直径 mm(吋)	折合系数	折合率
甲	乙	丙	(1)	(1)×0.96=(2)	(1)×0.94=(3)	(1)×0.92=(4)	(5)	(6)	(1)×(6)=(7)
42 (14)	$45\left(1\frac{3}{4}\right)$	1.05	0.619 3	0.594 5	0.582 1	0.569 8	$35\left(1\frac{3}{8}\right)$	0.78	0.483 1
36.7 (16)			0.746 9	0.717 0	0.702 1	0.687 1			0.582 6
32.6 (18)			0.872 0	0.837 1	0.819 7	0.802 2			0.680 2
30.9 (19)			0.928 1	0.891 0	0.872 4	0.858 9			0.723 9
29.4 (20)	$42\left(1\frac{5}{8}\right)$	1.00	0.936 5	0.899 0	0.883 3	0.861 6		0.83	0.777 3
28 (21)			0.992 9	0.953 2	0.953 3	0.913 5			0.824 1
27.8 (21)			1.000 0	0.960 0	0.940 0	0.920 0			0.830 0
25.6 (23)			1.097 7	1.053 8	1.031 8	1.009 9			0.911 1
21 (28)			1.376 9	1.321 8	1.294 3	1.266 7			1.142 8
19.6 (30)	$38\left(1\frac{1}{2}\right)$	0.95	1.463 8	1.405 2	1.376 0	1.346 7		0.87	1.273 5
18.4 (32)			1.568 5	1.505 8	1.474 4	1.443 0			1.364 6
17 (34)			1.679 7	1.612 5	1.578 9	1.545 3			1.461 3
16.8 (35)			1.735 7	1.666 3	1.631 6	1.596 8			1.510 1
16.3 (36)			1.821 2	1.748 4	1.711 9	1.675 5			1.584 4
15.4 (38)			1.942 6	1.864 9	1.826 0	1.787 2			1.690 1
14.7 (40)			2.049 3	1.967 3	1.926 3	1.885 4			1.782 9
14 (42)			2.148 3	2.062 4	2.019 4	1.976 4			1.869 0
13.4 (44)			2.261 2	2.170 8	2.125 5	2.080 3			1.967 2
13 (45)			2.343 4	2.249 7	2.202 8	2.155 9			2.038 8

表 A22(续)

tex(英制支数)	纯棉经纱			维棉					
	钢领系数		折合率	经纱、经线转捻纱	纬线、针织线、起绒线的转捻线	间接纬纱	直接纬纱		
	直径 mm(吋)	系数					钢领直径 mm(吋)	折合系数	折合率
甲	乙	丙	(1)	(1)×0.96=(2)	(1)×0.94=(3)	(1)×0.92=(4)	(5)	(6)	(1)×(6)=(7)
12.2 (48)	$38\left(1\frac{1}{2}\right)$	0.95	2.503 2	2.403 1	2.353 0	2.302 9	$35\left(1\frac{3}{8}\right)$	0.87	2.177 8
10(9.8) (60)			3.175 2	3.048 2	2.984 7	2.921 2			2.762 4
9 (65)	$35\left(1\frac{3}{8}\right)$	0.90	3.345 2	3.211 4	3.144 5	3.077 6		0.92	3.077 6
8.4 (70)			3.700 1	3.552 1	3.478 1	3.404 1			3.404 1
7.9 (74)	$32\left(1\frac{1}{4}\right)$	0.895	3.978 6	3.819 6	3.739 9	3.660 3	$32\left(1\frac{1}{4}\right)$		3.660 3
7.3 (80)			4.494 5	4.314 7	4.224 8	4.134 9			4.134 9

表 A23　细纱化纤棉粘折合率

tex(英制支数)	纯棉经纱			棉粘					
	钢领系数		折合率	经纱、经线转捻纱	纬线、针织线、起绒线的转捻线	间接纬纱	直接纬纱		
	直径 mm(吋)	系数					钢领直径 mm(吋)	折合系数	折合率
甲	乙	丙	(1)	(1)×0.96=(2)	(1)×0.94=(3)	(1)×0.92=(4)	(5)	(6)	(1)×(6)=(7)
117 (5)	$45\left(1\frac{3}{4}\right)$	1.05	0.193 4	0.185 7	0.181 8	0.177 9	$35\left(1\frac{3}{8}\right)$	0.78	0.150 9
97.5 (6)			0.233 9	0.224 5	0.219 9	0.215 2			0.182 4
83.5 (7)			0.275 9	0.264 9	0.259 3	0.253 8			0.215 2
73.1 (8)			0.319 7	0.306 9	0.300 5	0.294 1			0.249 4
58.5 (10)			0.410 8	0.394 4	0.386 2	0.377 9			0.320 4
48.7 (12)			0.509 6	0.489 2	0.479 0	0.468 8			0.397 5

表 A23（续）

tex(英制支数)	纯棉经纱			棉粘					
	钢领系数		折合率	经纱、经线转捻纱	纬线、针织线、起绒线的转捻线	间接纬纱	直接纬纱		
	直径 mm（吋）	系数					钢领直径 mm（吋）	折合系数	折合率
甲	乙	丙	(1)	(1)×0.96=(2)	(1)×0.94=(3)	(1)×0.92=(4)	(5)	(6)	(1)×(6)=(7)
41.8 (14)			0.622 0	0.597 1	0.584 7	0.572 2			0.485 2
36.6 (16)	$45\left(1\frac{3}{4}\right)$	1.05	0.748 8	0.718 8	0.703 9	0.688 9		0.78	0.584 1
32.5 (18)			0.874 5	0.839 5	0.822 0	0.804 5			0.682 1
29.2 (20)			0.942 9	0.905 2	0.886 3	0.867 5			0.782 6
28(27.8) (21)			1.000 0	0.960 0	0.940 0	0.920 0			0.830 0
26.6 (22)			1.052 6	1.010 5	0.989 4	0.968 4			0.873 7
25.4 (23)	$42\left(1\frac{5}{8}\right)$	1.00	1.106 5	1.062 2	1.040 1	1.018 0		0.83	0.918 4
24.4 (24)			1.158 8	1.112 4	1.089 3	1.066 1			0.961 8
22.5 (26)			1.273 6	1.222 7	1.197 2	1.171 7			1.057 1
20.9 (28)			1.384 0	1.328 6	1.301 0	1.273 3	$35\left(1\frac{3}{8}\right)$		1.148 7
19.5 (30)			1.472 0	1.413 1	1.383 7	1.354 2			1.280 6
18.9 (31)			1.523 0	1.462 1	1.431 6	1.401 2			1.325 0
18(18.3) (32)			1.578 0	1.514 9	1.483 3	1.451 8			1.372 9
17.2 (34)			1.690 6	1.623 0	1.589 2	1.555 4			1.470 8
16.2 (36)	$38\left(1\frac{1}{2}\right)$	0.95	1.833 9	1.760 5	1.723 9	1.687 2		0.87	1.595 5
14.6 (40)			2.065 5	1.982 9	1.941 6	1.990 3			1.797 0
13.9 (42)			2.166 3	2.079 6	2.036 3	1.993 0			1.884 7
11.7 (50)			2.632 0	2.526 7	2.474 1	2.421 4			2.289 8
10(9.7) (60)			3.215 9	3.087 3	3.022 9	2.958 6			2.797 8

表 A24 细纱化纤涤棉折合率

tex（英制支数）		纯棉经纱 钢领系数 直径 mm(吋)	系数	折合率	涤棉混纺 经纱、经线转捻纱	纬线、针织线、起绒线的转捻纱间接纬纱	直接纬纱 钢领直径 mm(吋)	折合系数	折合率
甲		乙	丙	(1)	(1)×1.00=(2)	(1)×0.98=(3)	(4)	(5)	(1)×(5)=(6)
42	(14)	$45\left(1\frac{3}{4}\right)$	1.05	0.619 3	0.619 3	0.606 9	$35\left(1\frac{3}{8}\right)$	0.83	0.514 0
36.7	(16)			0.746 9	0.746 9	0.732 0			0.619 9
32.6	(18)			0.872 0	0.872 0	0.854 6			0.723 8
30.9	(19)			0.928 1	0.928 1	0.909 5			0.770 3
29.4	(20)	$42\left(1\frac{5}{8}\right)$	1.00	0.936 5	0.936 5	0.917 8		0.88	0.824 1
28	(21)			0.992 9	0.992 9	0.973 0			0.873 8
27.8	(21)			1.000 0	1.000 0	0.980 0			0.880 0
25.6	(23)			1.097 7	1.097 7	1.075 7			0.966 0
21	(28)	$38\left(1\frac{1}{2}\right)$	0.95	1.376 9	1.376 9	1.349 4		0.93	1.211 7
19.6	(30)			1.463 8	1.463 8	1.434 5			1.361 3
18.4	(32)			1.568 5	1.568 5	1.537 1			1.458 7
17	(34)			1.679 7	1.679 7	1.646 1			1.562 1
16.8	(35)			1.735 7	1.735 7	1.701 0			1.614 2
16.3	(36)			1.821 2	1.821 2	1.784 8			1.693 7
15.4	(38)			1.942 6	1.942 6	1.903 7			1.806 6
14.7	(40)			2.049 3	2.049 3	2.008 3			1.905 8
14	(42)			2.148 3	2.148 3	2.105 3			1.997 9
13.4	(44)			2.261 2	2.261 2	2.216 0			2.102 9
13	(45)			2.343 4	2.343 4	2.296 5			2.179 4

表 A24(续)

tex(英制支数)		纯棉经纱			涤棉混纺				
		钢领系数		折合率	经纱、经线转捻纱	纬线、针织线、起绒线的转捻纱间接纬纱	直接纬纱		
		直径 mm(吋)	系数				钢领直径 mm(吋)	折合系数	折合率
甲		乙	丙	(1)	(1)×1.00=(2)	(1)×0.98=(3)	(4)	(5)	(1)×(5)=(6)
12.2	(48)	$38(1\frac{1}{2})$	0.95	2.503 2	2.503 2	2.453 1	$35(1\frac{3}{8})$	0.93	2.328 0
10(9.8)	(60)			3.175 2	3.175 2	3.111 7			2.952 9
9	(65)	$35(1\frac{3}{8})$	0.90	3.345 2	3.345 2	3.278 3		0.98	3.278 3
8.4	(70)			3.700 1	3.700 1	3.626 1			3.626 1
7.9	(74)	$32(1\frac{1}{4})$	0.895	3.978 6	3.978 6	3.899 0	$32(1\frac{1}{4})$		3.899 0
7.3	(80)			4.494 5	4.494 5	4.404 6			4.404 6

表 A25　细纱化纤腈棉折合率

tex(英制支数)		纯棉经纱			腈　　棉			
		钢领系数		折合率	经纱、转捻纱、间接纬纱	直接纬纱		
		直径 mm(吋)	系数			钢领直径 mm(吋)	折合系数	折合率
甲		乙	丙	(1)	(1)×0.78=(2)	(3)	(4)	(1)×(4)=(5)
42	(14)	$45(1\frac{3}{4})$	1.05	0.619 3	0.483 1	$35(1\frac{3}{8})$	0.66	0.408 7
36.7	(16)			0.746 9	0.582 6			0.493 0
32.6	(18)			0.872 0	0.680 2			0.575 5
20.9	(19)			0.928 1	0.723 9			0.612 5
20.4	(20)	$42(1\frac{5}{8})$	1.00	0.936 5	0.730 5		0.70	0.655 6
28	(21)			0.992 9	0.774 5			0.695 0

表 A25(续)

tex(英制支数)		纯棉经纱			腈 棉			
		钢领系数		折合率	经纱、转捻纱、间接纬纱	直接纬纱		
		直径 mm(吋)	系数			钢领直径 mm(吋)	折合系数	折合率
甲		乙	丙	(1)	(1)×0.78=(2)	(3)	(4)	(1)×(4)=(5)
27.8	(21)	$42\left(1\frac{5}{8}\right)$	1.00	1.000 0	0.780 0	$35\left(1\frac{3}{8}\right)$	0.70	0.700 0
25.0	(23)			1.097 7	0.856 2			0.768 4
21	(28)	$38\left(1\frac{1}{2}\right)$	0.95	1.376 9	1.074 0		0.74	0.963 8
19.6	(30)			1.463 8	1.141 8			1.083 2
18.4	(32)			1.568 5	1.223 4			1.160 7
17	(34)			1.679 7	1.310 2			1.243 0
16.8	(35)			1.735 7	1.353 8			1.284 4
16.3	(36)			1.821 2	1.420 5			1.347 7
15.4	(38)			1.942 6	1.515 2			1.437 5
14.7	(40)			2.049 3	1.598 5			1.516 5
14	(42)			2.148 3	1.675 7			1.589 7
13.4	(44)			2.261 2	1.763 7			1.673 3
13	(45)			2.343 4	1.827 9			1.734 1
12.2	(48)			2.503 2	1.952 5			1.852 4
10(9.8)	(60)			3.175 2	2.476 7			2.349 6
0	(65)	$35\left(1\frac{3}{8}\right)$	0.90	3.345 2	2.609 3		0.78	2.609 3
0.4	(70)			3.700 1	2.886 1			2.886 1
7.9	(74)	$32\left(1\frac{1}{4}\right)$	0.895	3.978 6	3.103 3	$32\left(1\frac{1}{4}\right)$		3.103 3
7.3	(80)			4.494 5	3.505 7			3.505 7

表 A26　细纱化纤丙纶及混纺折合率

tex（英制支数）		纯棉经纱			丙纶及混纺			
		钢领系数		折合率	经纱、转捻纱、间接纬纱	直接纬纱		
		直径 mm(吋)	系数			钢领直径 mm(吋)	折合系数	折合率
甲		乙	丙	(1)	(1)×0.82=(2)	(3)	(4)	(1)×(4)=(5)
118.1	(5)	$45\left(1\frac{3}{4}\right)$	1.05	0.191 5	0.157 0	$35\left(1\frac{3}{8}\right)$	0.70	0.134 1
98.4	(6)			0.231 6	0.189 9			0.162 1
88(84.4)	(7)			0.273 8	0.224 5			0.191 7
73.8	(8)			0.318 5	0.261 2			0.223 0
59.1	(10)			0.405 9	0.332 8			0.284 1
49.2	(12)			0.503 4	0.412 8			0.352 4
42	(14)			0.619 3	0.507 8			0.433 5
36(37)	(16)			0.741 3	0.607 9			0.518 9
32.8	(18)			0.866 9	0.710 9			0.606 8
30(29.5)	(20)	$42\left(1\frac{5}{8}\right)$	1.00	0.933 4	0.765 4		0.74	0.690 7
28	(21)			0.992 9	0.814 2			0.734 7
27	(22)			1.034 9	0.848 6			0.765 8
25.7	(23)			1.093 3	0.896 5			0.809 0
25(24.6)	(24)			1.149 1	0.942 3			0.850 3
23(22.7)	(26)			1.261 8	1.034 7			0.933 7
21.1	(28)			1.370 0	1.123 4			1.013 8
19.7	(30)	$38\left(1\frac{1}{2}\right)$	0.95	1.455 8	1.193 8		0.78	1.135 5
19	(31)			1.514 3	1.241 7			1.181 2
18(18.5)	(32)			1.559 2	1.278 5			1.216 2
17.4	(34)			1.668 7	1.368 3			1.301 6

表 A26(续)

tex(英制支数)	纯棉经纱			丙纶及混纺			
	钢领系数		折合率	经纱、转捻纱、间接纬纱	直接纬纱		
	直径 mm(吋)	系数			钢领直径 mm(吋)	折合系数	折合率
甲	乙	丙	(1)	(1)×0.82=(20)	(3)	(4)	(1)×(4)=(5)
16.4 (36)	$38\left(1\frac{1}{2}\right)$	0.95	1.808 7	1.483 1	$35\left(1\frac{3}{8}\right)$	0.78	1.410 8
14.8 (40)			2.033 3	1.667 3			1.586 0
14 (42)			2.148 9	1.761 6			1.675 7
11.8 (50)			2.605 2	2.136 3			2.032 1
10(9.8) (60)			3.175 2	2.603 7			2.476 7

表 A27　细纱化纤人造毛折合率

tex(英制支数)	纯棉经纱			人造毛				
	钢领系数		折合率	经纱、经线转捻纱	纬线、针织线、起绒线的转捻纱、间接纬纱	直接纬纱		
	直径 mm(吋)	系数				钢领直径 mm(吋)	折合系数	折合率
甲	乙	丙	(1)	(1)×1.00=(2)	(1)×0.98=(3)	(4)	(5)	(1)×(5)=(6)
118.1 (5)	$45\left(1\frac{3}{4}\right)$	1.05	0.191 5	0.191 5	0.187 7	$35\left(1\frac{3}{8}\right)$	0.83	0.158 9
98.4 (6)			0.231 6	0.231 6	0.227 0			0.192 2
88(84.4) (7)			0.273 8	0.273 8	0.268 3			0.227 3
73.8 (8)			0.318 5	0.318 5	0.312 1			0.264 4
59.1 (10)			0.405 9	0.405 9	0.397 8			0.336 9
49.2 (12)			0.503 4	0.503 4	0.493 3			0.417 8
42 (14)			0.619 3	0.619 3	0.606 9			0.514 0
36(37) (16)			0.741 3	0.741 3	0.726 5			0.615 3

表 A27（续）

tex（英制支数）		纯棉经纱 钢领系数 直径 mm（吋）	纯棉经纱 钢领系数 系数	纯棉经纱 折合率	人造毛 经纱 经线转捻纱	人造毛 纬线、针织线、起绒线的转捻纱、间接纬纱	人造毛 直接纬纱 钢领直径 mm（吋）	人造毛 直接纬纱 折合系数	人造毛 直接纬纱 折合率
甲		乙	丙	(1)	(1)×1.00=(2)	(1)×0.98=(3)	(4)	(5)	(1)×(5)=(6)
32.8	(18)	$45\left(1\frac{3}{4}\right)$	1.05	0.866 9	0.866 9	0.849 6		0.83	0.719 5
30(29.5)	(20)			0.933 4	0.933 4	0.914 7			0.821 4
28	(21)			0.992 9	0.992 9	0.973 0			0.873 8
27	(22)			1.034 9	1.034 9	1.014 2			0.910 7
25.7	(23)	$42\left(1\frac{5}{8}\right)$	1.00	1.093 3	1.093 3	1.071 4		0.88	0.962 1
25(24.6)	(24)			1.149 1	1.149 1	1.126 1			1.011 2
23(22.7)	(26)			1.261 8	1.261 8	1.236 6			1.110 4
21.1	(28)			1.370 0	1.370 0	1.342 6			1.205 6
19.7	(30)			1.455 8	1.455 8	1.426 7	$35\left(1\frac{3}{8}\right)$		1.353 9
19	(31)			1.514 3	1.514 3	1.484 0			1.408 3
18(18.5)	(32)			1.559 2	1.559 2	1.528 0			1.450 1
17.4	(34)			1.668 7	1.668 7	1.635 3			1.551 9
16.4	(36)	$38\left(1\frac{1}{2}\right)$	0.95	1.808 7	1.808 7	1.772 5		0.93	1.682 1
14.8	(40)			2.033 3	2.033 3	1.992 6			1.891 0
14	(42)			2.148 3	2.148 3	2.105 3			1.097 9
11.8	(50)			2.605 2	2.605 2	2.553 1			2.422 8
10(9.8)	(60)			3.175 2	3.175 2	3.111 7			2.952 9

表 A28　细纱化纤涤粘折合率

<table>
<tr><th rowspan="2" colspan="2">tex(英制支数)</th><th colspan="3">纯 棉 经 纱</th><th colspan="4">涤　　粘(38 mm 以下)</th></tr>
<tr><th colspan="2">钢领系数</th><th rowspan="2">折合率</th><th rowspan="2">经纱、转捻纱、间接纬纱</th><th colspan="3">直接纬纱</th></tr>
<tr><th colspan="2"></th><th>直径 mm(吋)</th><th>系数</th><th>钢领直径 mm(吋)</th><th>折合系数</th><th>折合率</th></tr>
<tr><th colspan="2">甲</th><th>乙</th><th>丙</th><th>(1)</th><th>(1)×0.89=(2)</th><th>(3)</th><th>(4)</th><th>(1)×(4)=(5)</th></tr>
<tr><td>118.1</td><td>(5)</td><td rowspan="9">$45\left(1\frac{3}{4}\right)$</td><td rowspan="9">1.05</td><td>0.191 5</td><td>0.170 4</td><td rowspan="20">$35\left(1\frac{3}{8}\right)$</td><td rowspan="9">0.76</td><td>0.145 5</td></tr>
<tr><td>98.4</td><td>(6)</td><td>0.231 6</td><td>0.206 1</td><td>0.176 0</td></tr>
<tr><td>88(84.4)</td><td>(7)</td><td>0.273 8</td><td>0.243 7</td><td>0.208 1</td></tr>
<tr><td>73.8</td><td>(8)</td><td>0.318 5</td><td>0.283 5</td><td>0.242 1</td></tr>
<tr><td>59.1</td><td>(10)</td><td>0.405 9</td><td>0.361 3</td><td>0.308 5</td></tr>
<tr><td>49.2</td><td>(12)</td><td>0.503 4</td><td>0.448 0</td><td>0.382 6</td></tr>
<tr><td>42</td><td>(14)</td><td>0.619 3</td><td>0.551 2</td><td>0.470 7</td></tr>
<tr><td>36(37)</td><td>(16)</td><td>0.741 3</td><td>0.659 8</td><td>0.563 4</td></tr>
<tr><td>32.8</td><td>(18)</td><td>0.866 9</td><td>0.771 5</td><td>0.658 8</td></tr>
<tr><td>30(29.5)</td><td>(20)</td><td rowspan="7">$42\left(1\frac{5}{8}\right)$</td><td rowspan="7">1.00</td><td>0.933 4</td><td>0.830 7</td><td rowspan="7">0.80</td><td>0.746 7</td></tr>
<tr><td>28</td><td>(21)</td><td>0.992 9</td><td>0.883 7</td><td>0.794 3</td></tr>
<tr><td>27</td><td>(22)</td><td>1.034 9</td><td>0.921 1</td><td>0.827 9</td></tr>
<tr><td>25.7</td><td>(23)</td><td>1.093 3</td><td>0.973 0</td><td>0.874 6</td></tr>
<tr><td>25(24.6)</td><td>(24)</td><td>1.149 1</td><td>1.022 7</td><td>0.919 3</td></tr>
<tr><td>23(22.7)</td><td>(26)</td><td>1.261 8</td><td>1.123 0</td><td>1.009 4</td></tr>
<tr><td>21.1</td><td>(28)</td><td>1.370 0</td><td>1.219 3</td><td>1.096 0</td></tr>
<tr><td>19.7</td><td>(30)</td><td rowspan="4">$38\left(1\frac{1}{2}\right)$</td><td rowspan="4">0.95</td><td>1.455 8</td><td>1.295 7</td><td rowspan="4">0.85</td><td>1.237 4</td></tr>
<tr><td>19</td><td>(31)</td><td>1.514 3</td><td>1.347 7</td><td>1.287 2</td></tr>
<tr><td>18(18.5)</td><td>(32)</td><td>1.559 2</td><td>1.387 7</td><td>1.325 3</td></tr>
<tr><td>17.4</td><td>(34)</td><td>1.668 7</td><td>1.485 1</td><td>1.418 4</td></tr>
</table>

表 A28(续)

tex(英制支数)		纯棉经纱			涤粘(38 mm 以下)			
		钢领系数		折合率	经纱、转捻纱、间接纬纱	直接纬纱		
		直径 mm(吋)	系数			钢领直径 mm(吋)	折合系数	折合率
甲		乙	丙	(1)	(1)×0.89=(2)	(3)	(4)	(1)×(4)=(5)
10.4	(36)	$38\left(1\frac{1}{2}\right)$	0.95	1.808 7	1.609 7	$35\left(1\frac{3}{8}\right)$	0.85	1.537 4
14.8	(40)			2.083 3	1.809 6			1.728 3
14	(42)			2.148 3	1.912 0			1.826 1
11.8	(50)			2.605 2	2.318 6			2.214 4
10(9.8)	(60)			3.175 2	2.825 9			2.698 0

表 A29 捻线折合率

tex(英制支数)		普通棉线(纯棉)麻棉混纺			精梳棉线			涤棉线		维棉、纯涤、棉粘、涤粘、人造毛、丙纶及混纺		纯维、粘纤、中长、腈纶及腈纶混纺	
		经线(包括涤棉经线)	直接纬线	间接纬线	经线	直接纬线	间接纬线	间接纬线	直接纬线	经线间接纬线	直接纬线	经线间接纬线	直接纬线
		(1)	(1)×0.81=(2)	(1)×0.9=(3)	(1)×0.95=(4)	(1)×0.77=(5)	(1)×0.86=(6)	(1)×0.98=(7)	(1)×0.88=(8)	(1)×0.95=(9)	(1)×0.86=(10)	(1)×0.85=(11)	(1)×0.77=(12)
144×2	(4/2)	0.193 1	0.156 4	0.173 8	0.183 4	0.148 7	0.166 1	0.189 2	0.169 9	0.183 4	0.166 1	0.164 1	0.148 7
116.5×2	(5/2)	0.238 6	0.193 3	0.214 7	0.226 7	0.183 7	0.205 1	0.233 8	0.210 0	0.226 7	0.205 1	0.202 8	0.183 7
96×2	(6/2)	0.289 6	0.234 6	0.260 6	0.275 1	0.223 0	0.249 1	0.283 8	0.254 8	0.275 1	0.249 1	0.246 2	0.223 0
80(83.3)×2	(7/2)	0.333 7	0.270 3	0.300 3	0.317 0	0.256 9	0.287 0	0.327 0	0.293 7	0.317 0	0.287 0	0.283 6	0.256 9
72×2	(8/2)	0.386 1	0.312 7	0.347 5	0.366 8	0.297 3	0.332 0	0.378 4	0.339 8	0.366 8	0.332 0	0.328 2	0.297 3
64×2	(9/2)	0.434 4	0.351 9	0.391 0	0.412 7	0.334 5	0.373 6	0.425 7	0.382 3	0.112 7	0.373 6	0.369 2	0.334 6

表 A29（续）

tex（英制支数）		普通棉线（纯棉）麻棉混纺			精梳棉线			涤棉线		维棉、纯涤、棉粘、涤粘、人造毛、丙纶及混纺		纯维、粘纤、中长、腈纶及腈纶混纺	
		经线（包括涤棉经线）	直接纬线	间接纬线	经线	直接纬线	间接纬线	间接纬线	直接纬线	经线间接纬线	直接纬线	经线间接纬线	直接纬线
		(1)	(1)×0.81=(2)	(1)×0.9=(3)	(1)×0.95=(4)	(1)×0.77=(5)	(1)×0.86=(6)	(1)×0.98=(7)	(1)×0.88=(8)	(1)×0.95=(9)	(1)×0.86=(10)	(1)×0.85=(11)	(1)×0.77=(12)
58×2	(10/2)	0.479 3	0.388 2	0.431 4	0.455 3	0.369 1	0.412 2	0.469 7	0.421 8	0.455 3	0.412 2	0.407 4	0.369 1
53×2	(11/2)	0.525 4	0.424 8	0.472 1	0.498 3	0.403 9	0.451 1	0.514 0	0.461 6	0.498 3	0.451 1	0.445 8	0.403 9
48×2	(12/2)	0.579 2	0.469 2	0.521 3	0.550 2	0.446 0	0.498 1	0.567 6	0.509 6	0.550 2	0.498 1	0.492 3	0.446 0
44.9×2	(13/2)	0.619 2	0.501 6	0.557 3	0.588 2	0.476 8	0.532 5	0.606 8	0.544 9	0.588 2	0.532 5	0.526 3	0.476 8
42(41.6)×2	(14/2)	0.668 3	0.541 3	0.601 5	0.634 9	0.514 6	0.574 7	0.654 8	0.588 1	0.634 9	0.574 7	0.568 1	0.514 6
38.9×2	(15/2)	0.714 7	0.578 9	0.643 2	0.679 0	0.550 3	0.614 6	0.700 4	0.628 9	0.679 0	0.614 6	0.607 5	0.550 3
36×2	(16/2)	0.772 2	0.625 5	0.695 0	0.733 6	0.594 6	0.664 1	0.756 7	0.665 9	0.733 6	0.664 1	0.656 4	0.594 6
34×2	(17/2)	0.817 6	0.662 3	0.735 8	0.776 7	0.629 6	0.703 1	0.801 2	0.719 5	0.776 7	0.703 1	0.695 0	0.629 6
32×2	(18/2)	0.868 8	0.703 7	0.781 9	0.825 4	0.669 0	0.747 2	0.851 4	0.764 5	0.825 4	0.747 2	0.738 5	0.669 0
30.7×2	(19/2)	0.905 5	0.733 5	0.815 0	0.860 2	0.697 2	0.778 7	0.887 4	0.796 8	0.860 2	0.778 7	0.769 7	0.697 2
29×2	(20/2)	0.958 8	0.776 5	0.862 7	0.910 7	0.738 1	0.824 4	0.939 4	0.843 6	0.910 7	0.824 4	0.814 8	0.738 1
28(27.8)×2	(21/2)	1.000 0	0.810 0	0.900 0	0.950 0	0.770 0	0.860 0	0.980 0	0.880 0	0.950 0	0.860 0	0.850 0	0.770 0
27×2	(21.5/2)	1.029 6	0.834 0	0.926 6	0.978 1	0.792 8	0.885 5	1.009 0	0.906 0	0.978 1	0.885 5	0.875 2	0.792 8
26.5×2	(22/2)	1.049 1	0.849 8	0.944 2	0.996 6	0.807 8	0.902 2	1.028 1	0.923 2	0.996 6	0.902 2	0.891 7	0.807 8
25(25.4)×2	(23/2)	1.094 5	0.886 5	0.985 1	1.039 8	0.842 8	0.941 3	1.072 6	0.963 2	1.039 8	0.941 3	0.930 2	0.842 8
24×2	(24/2)	1.158 3	0.938 2	1.042 5	1.100 4	0.891 9	0.996 1	1.135 1	1.019 3	1.100 4	0.996 1	0.984 6	0.891 9
23.3×2	(25/2)	1.193 1	0.966 4	1.073 8	1.133 4	0.918 7	1.026 1	1.169 2	1.049 9	1.133 4	1.026 1	1.014 1	0.918 7

表 A29(续)

tex(英制支数)		普通棉线(纯棉)麻棉混纺			精梳棉线			涤棉线		维棉、纯涤、棉粘、涤粘、人造毛、丙纶及混纺		纯维、粘纤、中长、腈纶及腈纶混纺	
		经线(包括涤棉经线)	直接纬线	间接纬线	经线	直接纬线	间接纬线	间接纬线	直接纬线	经线间接纬线	直接纬线	经线间接纬线	直接纬线
		(1)	(1)×0.81 =(2)	(1)×0.9 =(3)	(1)×0.95 =(4)	(1)×0.77 =(5)	(1)×0.86 =(6)	(1)×0.98 =(7)	(1)×0.88 =(8)	(1)×0.95 =(9)	(1)×0.86 =(10)	(1)×0.85 =(11)	(1)×0.77 =(12)
22(22.4)×2	(26/2)	1.241 1	1.005 3	1.117 0	1.179 0	0.955 6	1.067 3	1.216 3	1.092 2	1.179 0	1.067 3	1.054 9	0.955 6
21(20.8)×2	(28/2)	1.336 5	1.082 6	1.202 9	1.269 7	1.029 1	1.149 4	1.309 8	1.176 1	1.269 7	1.149 4	1.136 0	1.029 1
20×2	(29/2)	1.390 0	1.125 9	1.251 0	1.320 5	1.070 3	1.195 4	1.362 2	1.223 2	1.320 5	1.195 4	1.181 5	1.070 3
19.5×2	(30/2)	1.425 6	1.154 7	1.283 0	1.354 3	1.097 7	1.226 0	1.397 1	1.254 5	1.354 3	1.226 0	1.211 8	1.097 7
19×2	(31/2)	1.463 2	1.185 2	1.316 9	1.390 0	1.126 7	1.258 4	1.433 9	1.287 6	1.390 0	1.258 4	1.243 7	1.126 7
18×2	(32/2)	1.544 4	1.251 0	1.390 0	1.467 2	1.189 2	1.328 2	1.513 5	1.359 1	1.467 2	1.328 2	1.312 7	1.189 2
17×2	(34/2)	1.635 3	1.324 6	1.471 8	1.553 5	1.259 2	1.406 4	1.602 6	1.439 1	1.553 5	1.406 4	1.390 0	1.259 2
16×2	(36/2)	1.737 5	1.407 4	1.563 8	1.650 6	1.337 9	1.494 3	1.702 8	1.529 0	1.650 6	1.494 3	1.476 9	1.337 0
15(15.3)×2	(38/2)	1.817 0	1.471 8	1.635 3	1.726 2	1.399 1	1.562 6	1.780 7	1.599 0	1.726 2	1.562 6	1.544 5	1.399 1
15×2	(39/2)	1.853 3	1.501 2	1.668 0	1.760 6	1.427 0	1.593 8	1.816 2	1.630 9	1.760 6	1.593 8	1.575 3	1.427 0
14.5×2	(40/2)	1.917 2	1.552 9	1.725 5	1.821 3	1.476 2	1.648 8	1.878 9	1.687 1	1.821 3	1.648 8	1.629 6	1.476 2
14(13.9)×2	(42/2)	2.000 0	1.620 0	1.800 0	1.900 0	1.540 0	1.720 0	1.960 0	1.760 0	1.900 0	1.720 0	1.700 0	1.540 0
13(13.3)×2	(44/2)	2.090 2	1.693 1	1.881 2	1.985 7	1.609 5	1.797 6	2.048 4	1.839 4	1.985 7	1.797 6	1.776 7	1.609 5
13×2	(45/2)	2.138 5	1.732 2	1.924 7	2.031 6	1.646 6	1.839 1	2.095 7	1.881 9	2.031 6	1.839 1	1.817 7	1.646 6
12.7×2	(46/2)	2.189 0	1.773 1	1.970 1	2.079 6	1.685 5	1.882 5	2.145 2	1.926 3	2.079 6	1.882 5	1.860 7	1.685 5
12×2	(48/2)	2.316 7	1.876 5	2.085 0	2.200 9	1.783 9	1.992 4	2.270 4	2.038 7	2.200 9	1.992 4	1.969 2	1.783 9
12(11.7)×2	(50/2)	2.376 1	1.924 6	2.138 5	2.257 3	1.829 6	2.043 4	2.328 6	2.091 0	2.257 3	2.043 4	2.019 7	1.829 6

表 A29(续)

tex(英制支数)		普通棉线(纯棉)麻棉混纺			精梳棉线			涤棉线		维棉、纯涤、棉粘、涤粘、人造毛、丙纶及混纺		纯维、粘纤、中长、腈纶及腈纶混纺	
		经线(包括涤棉经线)	直接纬线	间接纬线	经线	直接纬线	间接纬线	间接纬线	直接纬线	经线间接纬线	直接纬线	经线间接纬线	直接纬线
		(1)	(1)×0.81=(2)	(1)×0.9=(3)	(1)×0.95=(4)	(1)×0.77=(5)	(1)×0.86=(6)	(1)×0.98=(7)	(1)×0.88=(8)	(1)×0.95=(9)	(1)×0.86=(10)	(1)×0.85=(11)	(1)×0.77=(12)
11.2×2	(52/2)	2.482 1	2.010 5	2.233 9	2.358 0	1.911 2	2.134 6	2.432 5	2.842 0	2.358 0	2.134 6	2.109 8	1.911 2
11×2	(53/2)	2.527 3	2.047 1	2.274 6	2.400 9	1.946 0	2.173 5	2.476 8	2.224 0	2.400 9	2.173 5	2.148 2	1.946 0
10.8×2	(54/2)	2.574 1	2.085 0	2.316 7	2.445 4	1.982 1	2.213 7	2.522 6	2.265 2	2.445 4	2.213 7	2.188 0	1.982 1
10.6×2	(55/2)	2.622 6	2.124 3	2.360 3	2.491 5	2.019 4	2.255 4	2.570 1	2.307 9	2.491 5	2.255 4	2.229 2	2.019 4
10.4×2	(56/2)	2.073 1	2.165 2	2.405 8	2.539 4	2.058 3	2.298 9	2.619 6	2.352 3	2.539 4	2.298 9	2.272 1	2.058 3
10.1×2	(58/2)	2.752 5	2.229 5	2.477 2	2.614 9	2.119 4	2.367 2	2.697 5	2.422 2	2.614 9	2.367 2	2.234 0	2.119 4
9.9×2	(59/2)	2.808 1	2.274 6	2.527 3	2.667 7	2.162 2	2.415 0	2.751 9	2.471 1	2.667 7	2.415 0	2.386 9	2.162 2
10(9.7)×2	(60/2)	2.866 0	2.321 5	2.579 4	2.722 7	2.206 8	2.464 8	2.808 7	2.522 1	2.722 7	2.464 8	2.436 1	2.206 8
9.5×2	(61/2)	2.926 3	2.370 3	2.633 7	2.780 0	2.253 3	2.516 6	2.867 8	2.575 1	2.780 0	2.516 6	2.487 4	2.253 3
9.3×2	(63/2)	2.989 2	2.421 3	2.690 3	2.839 7	2.301 7	2.570 7	2.929 4	2.630 5	2.839 7	2.570 7	2.540 8	2.301 7
9.1×2	(64/2)	3.054 9	2.474 5	2.749 4	2.902 2	2.352 2	2.627 2	2.993 8	2.688 3	2.902 2	2.627 2	2.596 7	2.352 3
8.5×2	(69/2)	3.270 6	2.649 2	2.943 5	3.107 1	2.518 4	2.812 7	3.205 2	2.878 1	3.107 1	2.812 7	2.780 0	2.518 4
8.3×2	(70/2)	3.349 4	2.713 0	3.014 5	3.181 9	2.579 0	2.880 5	3.282 4	2.947 5	3.181 9	2.880 5	2.847 0	2.579 0
8×2	(73/2)	3.475 0	2.814 8	3.127 5	3.301 3	2.675 8	2.988 5	3.405 5	3.058 0	3.301 3	2.988 5	2.953 8	2.675 8
7.9×2	(74/2)	3.519 0	2.850 4	3.167 1	3.343 1	2.709 6	3.026 3	3.448 6	3.096 7	3.343 1	3.026 3	2.991 2	2.709 6
7.5×2	(78/2)	3.706 7	3.002 4	3.336 0	3.521 4	2.854 2	3.187 8	3.632 6	3.261 9	3.521 4	3.187 8	3.150 7	2.854 2
7.5(7.3)×2	(80/2)	3.808 2	3.084 6	3.427 4	3.617 8	2.932 3	3.275 1	3.732 0	3.351 2	3.617 8	3.275 1	3.237 0	2.932 3

表 A29（续）

tex(英制支数)	普通棉线(纯棉)麻棉混纺			精梳棉线			涤棉线		维棉、纯涤、棉粘、涤粘、人造毛、丙纶及混纺		纯维、粘纤、中长、腈纶及腈纶混纺	
	经线(包括涤棉经线)	直接纬线	间接纬线	经线	直接纬线	间接纬线	间接纬线	直接纬线	经线间接纬线	直接纬线	经线间接纬线	直接纬线
	(1)	(1)×0.81=(2)	(1)×0.9=(3)	(1)×0.95=(4)	(1)×0.77=(5)	(1)×0.86=(6)	(1)×0.98=(7)	(1)×0.88=(8)	(1)×0.95=(9)	(1)×0.86=(10)	(1)×0.85=(11)	(1)×0.77=(12)
7×2 (83/2)	3.971 4	3.216 8	3.574 3	3.772 8	3.058 0	3.415 4	3.892 0	3.494 8	3.772 8	3.415 4	3.375 7	3.058 0
7(6.9)×2 (84/2)	4.029 0	3.263 5	3.626 1	3.827 6	3.102 3	3.464 9	3.948 4	3.545 5	3.827 6	3.464 9	3.424 7	3.102 3
6.5×2 (90/2)	4.276 9	3.464 3	3.849 2	4.063 1	3.293 2	3.678 1	4.191 4	3.763 7	4.063 1	3.678 1	3.635 4	3.293 2
6×2 (97/2)	4.633 3	3.753 0	4.170 0	4.401 6	3.567 6	3.984 6	4.540 6	4.077 3	4.401 6	3.981 6	3.938 3	3.567 6
6(5.8)×2 (100/2)	4.793 1	3.882 4	4.313 8	4.553 4	3.690 7	4.122 1	4.697 2	4.217 9	4.553 4	4.122 1	4.074 1	3.690 7
5.7×2 (102/2)	4.877 2	3.950 5	4.389 5	4.633 3	3.755 4	4.194 4	4.779 7	4.291 9	4.633 3	4.194 4	4.145 6	3.755 4
5.5×2 (106/2)	5.054 5	4.094 1	4.549 1	4.801 8	3.892 0	4.346 9	4.953 4	4.448 0	4.801 8	4.346 9	4.296 3	3.892 0
5.3×2 (110/2)	5.245 3	4.248 7	4.120 8	4.983 0	4.038 9	4.511 0	5.140 4	4.615 9	4.983 0	4.511 0	4.458 5	4.038 9
5×2 (117/2)	5.560 0	4.503 6	5.004 0	5.282 0	4.281 2	4.781 6	5.448 8	4.892 8	5.282 0	4.781 6	4.726 0	4.281 2
5(4.9)×2 (120/2)	5.673 5	4.595 5	5.106 2	5.389 8	4.368 6	4.879 2	5.560 0	4.992 7	5.389 8	4.879 2	4.822 5	4.368 6
4.5×2 (130/2)	6.177 8	5.004 0	5.560 0	5.868 9	4.756 9	5.312 9	6.054 2	5.436 5	5.868 9	5.312 9	5.251 1	4.756 9
3.9×2 (150/2)	7.128 2	5.773 8	6.415 4	6.771 8	5.488 7	6.130 3	6.985 6	6.272 8	6.771 8	6.130 3	6.059 0	5.488 7

表 A30 并纱、线筒折合率

tex(英制支数)	单筒	双股线				三股线			
		并纱	并纱、线筒	单筒、并纱	单筒、并纱、线筒	并纱	并纱、线筒	单筒、并纱	单筒、并纱、线筒
	(1)	(1)×0.5=(2)	(1)×1=(3)	(1)×1.5=(4)	(1)×2=(5)	(1)×1÷3=(6)	(1)×2÷3=(7)	(1)×4÷3=(8)	(1)×5÷3=(9)
192 (3)	0.144 8	0.072 4	0.144 8	0.217 2	0.289 6	0.048 3	0.096 5	0.193 1	0.241 3
144 (4)	0.193 1	0.096 6	0.193 1	0.239 7	0.386 2	0.064 4	0.128 7	0.257 5	0.321 8

表 A30(续)

tex(英制支数)	单筒	双股线				三股线			
		并纱	并纱、线筒	单筒、并纱	单筒、并纱、线筒	并纱	并纱、线筒	单筒、并纱	单筒、并纱、线筒
	(1)	(1)×0.5=(2)	(1)×1=(3)	(1)×1.5=(4)	(1)×2=(5)	(1)×1÷3=(6)	(1)×2÷3=(7)	(1)×4÷3=(8)	(1)×5÷3=(9)
120 (5)	0.231 7	0.115 9	0.231 7	0.347 6	0.463 4	0.077 2	0.154 5	0.308 9	0.386 2
96 (6)	0.289 6	0.144 8	0.289 6	0.434 4	0.579 2	0.096 5	0.193 1	0.386 1	0.482 7
80(83.3) (7)	0.333 7	0.166 9	0.333 7	0.500 6	0.667 4	0.111 2	0.222 5	0.444 9	0.556 2
72 (8)	0.386 1	0.193 1	0.386 1	0.579 2	0.772 2	0.128 7	0.257 4	0.514 8	0.643 5
64 (9)	0.434 4	0.217 2	0.434 4	0.651 6	0.868 8	0.144 8	0.289 6	0.579 2	0.724 0
58 (10)	0.479 3	0.239 7	0.479 3	0.719 0	0.958 6	0.159 8	0.319 5	0.639 1	0.798 8
53 (11)	0.524 5	0.262 3	0.524 5	0.786 8	1.049 0	0.174 8	0.349 7	0.699 3	0.874 2
48 (12)	0.579 2	0.289 6	0.579 2	0.868 8	1.158 4	0.193 1	0.886 1	0.772 3	0.965 3
44(45) (13)	0.617 8	0.308 9	0.617 8	0.926 7	1.235 6	0.205 9	0.411 9	0.823 7	1.029 7
42(41.6) (14)	0.668 3	0.334 2	0.668 3	1.002 5	1.336 6	0.222 8	0.445 5	0.891 1	1.113 8
38(39) (15)	0.712 8	0.356 4	0.712 8	1.069 2	1.425 6	0.237 6	0.475 2	0.950 4	1.188 0
36 (16)	0.772 2	0.386 1	0.772 2	1.158 3	1.544 4	0.257 4	0.514 8	1.029 6	1.287 0
34 (17)	0.817 6	0.408 8	0.817 6	1.226 4	1.635 2	0.272 5	0.545 1	1.090 1	1.362 7
32 (18)	0.868 8	0.434 4	0.868 8	1.303 2	1.737 6	0.299 6	0.579 2	1.158 4	1.448 0
30.7 (19)	0.905 5	0.452 8	0.905 5	1.358 3	1.811 0	0.301 8	0.603 7	1.207 3	1.509 2
29 (20)	0.958 6	0.479 3	0.958 6	1.437 9	1.917 2	0.319 5	0.639 1	1.278 1	1.597 7
28(27.8) (21)	1.000 0	0.500 0	1.000 0	1.500 0	2.000 0	0.333 3	0.666 7	1.333 3	1.666 7
27 (21.5)	1.029 6	0.514 8	1.029 6	1.544 4	2.059 2	0.343 2	0.686 4	1.372 8	1.716 0
26 (22)	1.069 2	0.534 6	1.069 2	1.603 8	2.138 4	0.356 4	0.712 8	1.425 6	1.782 0
25(25.4) (23)	1.094 5	0.547 3	1.094 5	1.641 8	2.189 0	0.364 8	0.729 7	1.459 3	1.824 2
24 (24)	1.158 3	0.579 2	1.158 3	1.737 5	2.316 6	0.386 1	0.772 2	1.544 4	1.930 5
23 (25)	1.208 7	0.604 4	1.208 7	1.813 1	2.417 4	0.402 9	0.805 8	1.611 6	2.014 5
22(22.4) (26)	1.241 1	0.620 6	1.241 1	1.861 7	2.482 2	0.413 7	0.827 4	1.654 8	2.068 5
21(20.8) (28)	1.336 5	0.668 3	1.336 5	2.004 8	2.673 0	0.445 5	0.891 0	1.782 0	2.227 6
20 (29)	1.390 0	0.695 0	1.390 0	2.085 0	2.780 0	0.463 3	0.926 7	1.853 3	2.316 7

表 A30(续)

tex(英制支数)	单筒	双股线				三股线			
		并纱	并纱、线筒	单筒、并纱	单筒、并纱、线筒	并纱	并纱、线筒	单筒、并线	单筒、并纱、线筒
	(1)	(1)×0.5=(2)	(1)×1=(3)	(1)×1.5=(4)	(1)×2=(5)	(1)×1÷3=(6)	(1)×2÷3=(7)	(1)×4÷3=(8)	(1)×5÷3=(9)
19.5 (30)	1.425 6	0.712 8	1.425 6	2.138 4	2.851 2	0.476 2	0.950 4	1.900 8	2.376 0
18 (32)	1.544 4	0.772 2	1.544 4	2.316 6	3.088 8	0.514 8	1.029 6	2.059 2	2.574 0
17 (34)	1.635 3	0.817 7	1.635 3	2.453 0	3.270 6	0.545 1	1.090 2	2.180 4	2.725 5
16 (36)	1.737 5	0.868 8	1.737 5	2.606 3	3.475 0	0.579 2	1.158 3	2.316 7	2.895 8
15(15.3) (38)	1.817 0	0.908 5	1.817 0	2.725 5	3.634 0	0.605 7	1.211 3	2.422 7	3.028 3
14.5 (40)	1.917 2	0.958 6	1.917 2	2.875 8	3.834 4	0.639 1	1.278 1	2.556 3	3.195 3
14(13.9) (42)	2.000 0	1.000 0	2.000 0	3.000 0	4.000 0	0.666 7	1.333 3	2.666 7	3.333 3
13(13.3) (44)	2.090 2	1.045 1	2.090 2	3.135 3	4.180 4	0.696 7	1.393 5	2.786 0	3.483 7
13 (45)	2.138 5	1.069 3	2.138 5	3.207 8	4.277 0	0.712 8	1.425 7	2.851 3	3.564 2
12.7 (46)	2.189 0	1.094 5	2.189 0	3.283 5	4.378 0	0.729 7	1.459 3	2.918 7	3.648 3
12 (48)	2.316 7	1.158 4	2.316 7	3.475 1	4.633 4	0.772 2	1.544 5	3.088 0	3.861 2
12(11.7) (50)	2.376 1	1.188 1	2.376 1	3.564 2	4.752 2	0.792 0	1.584 1	3.168 1	3.960 2
11 (53)	2.527 3	1.263 7	2.527 3	3.791 0	5.054 6	0.842 4	1.684 9	3.369 7	4.212 2
10 (58)	2.780 0	1.390 0	2.780 0	4.170 0	5.560 0	0.926 7	1.853 3	3.706 7	4.633 3
10(9.7) (60)	2.866 0	1.433 0	2.866 0	4.299 0	5.732 0	0.955 3	1.910 7	3.821 3	4.776 7
9 (65)	3.088 9	1.544 5	3.088 9	4.633 4	6.177 8	1.029 6	2.059 3	4.118 5	5.148 2
8.5 (69)	3.270 6	1.635 3	3.270 6	4.905 9	6.541 2	1.090 2	2.180 4	4.360 8	5.451 0
8.3 (70)	3.349 4	1.674 7	3.349 4	5.024 1	6.698 8	1.116 5	2.232 9	4.465 9	5.582 3
7.5(7.3) (80)	3.808 2	1.004 1	3.808 2	5.712 3	7.616 4	1.269 4	2.538 8	5.077 6	6.347 0
7(6.9) (84)	4.029 0	2.014 5	4.029 0	6.043 5	8.058 0	1.343 0	2.686 0	5.372 0	6.715 0
6.5 (90)	4.276 9	2.138 5	4.276 9	6.415 4	8.553 8	1.425 6	2.851 3	5.702 5	7.128 2
6(5.8) (100)	4.793 1	2.396 6	4.793 1	7.189 7	9.586 2	1.597 7	3.195 4	6.390 8	7.988 5
5(4.9) (120)	5.673 5	2.836 8	5.673 5	8.510 3	11.347 0	1.891 2	3.782 3	7.564 7	9.455 8
4.5 (130)	6.177 8	3.088 9	6.177 8	9.266 7	12.355 6	2.059 3	4.118 5	8.237 1	10.296 3
4 (150)	6.950 0	3.475 0	6.950 0	10.425 0	13.900 0	2.316 7	4.633 3	9.266 7	11.583 3

表 A31　烧毛、摇成折合率

tex(英制支数)		单纱	股线折合率		tex(英制支数)		单纱	股线折合率	
			双股	三股				双股	三股
		(1)	(1)×0.5=(2)	(1)÷3=(3)			(1)	(1)×0.5=(2)	(1)÷3=(3)
192	(3)	0.144 8	0.072 4	0.048 3	26	(22)	1.069 2	0.534 6	0.356 4
144	(4)	0.193 1	0.096 6	0.064 4	25(25.4)	(23)	1.094 5	0.547 3	0.364 8
120	(5)	0.231 7	0.115 9	0.077 2	24	(24)	1.158 3	0.579 2	0.386 1
96	(6)	0.289 6	0.144 8	0.096 5	23	(25)	1.208 7	0.604 4	0.402 9
80(83.3)	(7)	0.333 7	0.166 9	0.111 2	22(22.4)	(26)	1.241 1	0.620 6	0.413 7
72	(8)	0.386 1	0.193 1	0.128 7					
64	(9)	0.434 4	0.217 2	0.144 8	21(20.8)	(28)	1.336 5	0.668 3	0.445 5
58	(10)	0.479 3	0.239 7	0.159 8	20	(29)	1.390 0	0.695 0	0.463 3
53	(11)	0.524 5	0.262 3	0.174 8	19.5	(30)	1.425 6	0.712 8	0.475 2
48	(12)	0.579 2	0.289 6	0.193 1	18	(32)	1.544 4	0.772 2	0.614 8
44(45)	(13)	0.617 8	0.308 9	0.205 9	17	(34)	1.635 3	0.817 7	0.545 1
42(41.6)	(14)	0.668 3	0.334 2	0.222 8	16	(36)	1.737 5	0.868 8	0.579 2
38(39)	(15)	0.712 8	0.366 4	0.237 6	15(15.3)	(38)	1.817 0	0.908 5	0.605 7
36	(16)	0.772 2	0.386 1	0.257 4	14.5	(40)	1.917 2	0.958 6	0.639 1
34	(17)	0.817 6	0.408 8	0.272 5	14(13.9)	(42)	2.000 0	1.000 0	0.666 7
32	(18)	0.868 8	0.434 4	0.289 6					
30.7	(19)	0.905 5	0.452 8	0.301 8	13(13.3)	(44)	2.090 2	1.045 1	0.696 7
29	(20)	0.958 6	0.479 3	0.319 5	13	(45)	2.138 5	1.069 3	0.712 8
28(27.8)	(21)	1.000 0	0.500 0	0.333 3	13(12.7)	(46)	2.189 0	1.094 5	0.729 7
27	(21.5)	1.029 6	0.514 8	0.343 2	12	(48)	2.316 7	1.158 4	0.772 2

表 A31(续)

tex(英支)		单　纱	股线折合率	
			双　股	三　股
		(1)	(1)×0.5=(2)	(1)÷3=(3)
12(11.7)	(50)	2.376 1	1.188 1	0.792 0
11	(53)	2.527 3	1.263 7	0.842 3
10	(58)	2.780 0	1.390 0	0.926 7
10(9.7)	(60)	2.866 0	1.433 0	0.955 3
9	(65)	3.088 9	1.544 5	1.029 6
8.5	(69)	3.270 6	1.635 3	1.090 2
8.3	(70)	3.349 4	1.674 7	1.116 5
7.5(7.3)	(80)	3.808 2	1.904 1	1.269 4
7(6.9)	(84)	4.029 0	2.014 5	1.343 0
6.5	(90)	4.276 9	2.138 5	1.425 6
6(5.8)	(100)	4.793 1	2.396 6	1.597 7
5(4.9)	(120)	5.673 5	2.836 8	1.891 2
4.5	(130)	6.177 8	3.088 9	2.059 3
4	(150)	6.950 0	3.475 0	2.316 7
—	—	—	—	—
—	—	—	—	—

附　录　B
棉布用电折合率的计算
（补充件）

B1　准备用电折合率的计算

B1.1　$$S8=0.4\times\frac{m}{2\,292}+0.6\times\frac{m}{2\,292}\times\frac{tex\times d}{29}\times Cs+e\times0.1\times\frac{b\times Pw}{96.5\times236} \quad\cdots\cdots(B1)$$

式中：$S8$——准备用电折合率：

m——总经根数；

tex——经纱细纱 tex 数；

d——经线股数；

Cs——浆纱机幅宽系数；

e——络纬系数，经过络纬的 e 为 1，不经过络纬的 e 为 0；

b——布幅宽度(cm)；

Pw——纬密(根/10 cm)。

浆纱机幅度 1 800 mm 及以上 Cs 为 1.1，1 800 mm 以下 Cs 为 1。

B1.2　有部分工序委托外厂加工或代加工的产品准备用电折合率的计算

$$S8=a\times\frac{m}{2\,292}+b\times\frac{m}{2\,292}\times\frac{tex\times d}{29}\times Cs+e\times0.1\times\frac{b\times Pw}{96.5\times236} \quad\cdots\cdots(B2)$$

式中：a、b 系数值；

由他厂代浆纱产品　$a=0.50$　$b=0$；

代他厂浆纱产品　$a=0$　$b=0.60$；

直接用纺厂筒子纱整经产品 $a=0.16$　$b=0.60$；

$S8$、m、tex、d、Cs、b、Pw——见公式(B1)。

B2　织布用电折合率的计算

$$S9=\frac{Pw}{236}\times\left(0.94+0.06\times\frac{m}{2\,292}\times\frac{tex\times d}{29}\right)\times Cm\times Cv\times Cg \quad\cdots\cdots(B3)$$

式中：　$S9$——织布用电折合率；

Cm——织机筘幅系数；

Cv——织机速度系数；

Cg——织机紧密度系数；

Pw、m、tex、d——见公式(B1)。

英制公式：

$$S9=\frac{Pw}{60}\times\left(0.94+0.06\times\frac{m}{2\,292}\times\frac{20}{Ne/d}\right)\times Cm\times Cv\times Cg \quad\cdots\cdots(B4)$$

式中：　Pw——纬密(根/英寸)；

Ne——经纱英制支数；

m、d、Cm、Cv、Cg——见公式(B1)。

B2.1　织机筘幅系数(Cm)的计算

织机筘幅系数(Cm)以 1511 型 112 cm(44 英寸)织布机为标准。

B2.1.1 1511 型织机筘幅系数的计算：

$$Cm=\frac{Wk+19}{44+19}\times 0.5+\left(0.07+0.3\frac{Wk}{44}\right)\times 0.5 \quad \cdots\cdots(B5)$$

式中：Cm——1511 型织机筘幅系数；

Wk——筘幅（英寸）。

B2.1.2 1515 型织机筘幅系数的计算：

$$Cm'=Di\times 0.5+\frac{Wk}{44}\times 0.5 \quad \cdots\cdots(B6)$$

式中：Cm'——1515 型织机筘幅系数；

Di——投梭用电比；

Wk——见公式(B5)。

1515 型各种不同织机 Di 的计算：

142 cm(56 英寸)～155 cm(61 英寸)：$Di=1.2540$

157 cm(62 英寸)～200 cm(79 英寸)：$Di=1.2857$

203 cm(80 英寸)～226 cm(89 英寸)：$Di=1.5714$

230 cm(90 英寸)～251 cm(99 英寸)：$Di=1.7302$

255 cm(100 英寸)及以上： $Di=1.8889$

根据以上公式计算 1511 型及 1515 型各种不同筘幅织机系数见表 B1。

表 B1 现行各种机型筘幅织机系数

机型 / 织机筘幅 cm(英寸)	1511 型	1515 型	说明
112(44)	1.000 0	—	其他织机： 在左列机型系数基础上多臂织机再乘以 1.06，大提花织机再乘以 1.08、1511 型112 cm (44 英寸)改喷气织机再乘以 1.10。
127(50)	1.068 1	—	
132(52)	1.090 8	—	
135(53)	1.102 1	—	
137(54)	1.113 6	—	
142(56)	1.136 1	1.263 4	
152(60)	1.181 5	1.308 8	
157(62)	1.204 2	1.347 4	
160(63)	1.215 6	1.358 8	
170(67)	1.260 9	1.404 2	
173(68)	1.272 3	1.415 6	
178(70)	1.295 0	1.438 3	
183(72)	1.317 3	1.461 0	
190(75)	—	1.495 1	

表 B1(续)

织机筘幅 cm(英寸) \ 机型	1511 型	1515 型	说明
203(80)	—	1.694 8	其他织机： 在左列机型系数基础上多臂织机再乘以 1.06，大提花织机再乘以 1.08、1511 型112 cm (44 英寸)改喷气织机再乘以 1.10。
230(90)	—	1.887 8	
255(100)	—	2.080 8	
280(110)	—	2.194 5	
285(112)	—	2.217 2	
300(118)	—	2.285 4	
320(126)	—	2.376 3	
340(134)	—	2.467 2	
360(142)	—	2.558 1	
380(150)	—	2.649 0	

1511 型包括 GA611 型

1515 型包括 GA615 型

B2.2 织机速度系数(Cv)的计算

$$Cv=\frac{R}{Rn} \quad \cdots\cdots\cdots\cdots\cdots\cdots (B7)$$

式中：Cv——织机速度系数；

R——实际车速(高于上限)(r/min)；

Rn——规定上限车速(r/min)。

凡实际车速低于规定车速的不予折算。多臂织机、大提花织机、1511 型 44(英寸)改喷气织机，不考虑织机速度系数。规定上限车速见表 B2。

表 B2 规定上限车速

公称筘幅宽度 cm(英寸)	规定上限车速(r/min)	公称筘幅宽度 cm(英寸)	规定上限车速(r/min)
112(44)	215	183(72)	165
127(50)	207	190(75)	160
132(52)	204	203(80)	158
135(53)	202	230(90)	155
137(54)	200	255(100)	145
142(56)	197	280(110)	137
152(60)	192	285(112)	135
157(62)	187	300(118)	129
160(63)	185	320(126)	122
170(67)	176	340(134)	116
173(68)	175	360(142)	110
178(70)	170	380(150)	105

B2.3 织物紧密度系数(Cg)的计算

B2.3.1 织物组织系数(Cf)的计算

$$Cf=\frac{Tj+Tw}{Rj\times Rw} \quad \cdots\cdots(B8)$$

式中:Cf——织物组织系数;

Tj——完全组织内经向经纬纱交织点数;

Tw——完全组织内纬向经纬纱交织点数;

Rj——完全组织内经纱(线)根数;

Rw——完全组织内纬纱(线)根数。

按 B8 公式计算得:平纹为 1,1/2 斜纹为 0.667,1/3、2/3,卡其哔叽为 0.5,五枚缎纹为 0.4。

B2.3.2 织物相对紧密度(H)的计算

$$H=Pj\times Pw\times\sqrt{\text{tex}j\times\text{tex}w}\times\frac{1}{236\times236\times29}\times Cf \quad \cdots\cdots(B9)$$

式中:H——织物相对紧密度;

Pj——经密(根/10 cm);

Pw——见公式(B1);

$\text{tex}j$——经纱线 tex 数;

$\text{tex}w$——纬纱线 tex 数;

Cf——见公式(B8)。

英制:

$$H=\frac{Pj'\times Pw'}{\sqrt{Nj\times Nw}}\times\frac{20}{60\times60}\times Cf \quad \cdots\cdots(B10)$$

式中:Pj'——英制经密(根/英寸);

Pw'——英制纬密(根/英寸);

Nj——经纱线支数;

Nw——纬纱线支数;

Cf——见公式(B8)。

B2.3.3 织物紧密度系数(Cg)查表 B3

表 B3 织物紧密度系数(Cg)

织物相对紧密度	织物紧密度系数	织物相对紧密度	织物紧密度系数
1.599 以上	1.07	0.70—1.299	1.00
1.50—1.599	1.06	0.50—0.699	0.98
1.40—1.499	1.04	0.50 以下	0.96
1.30—1.399	1.02	—	—

B3 整理用电折合率(S10)的计算

幅宽 250 cm 以下各种品种 S10 作 1,250 cm 及以上双幅织物 S10 按 2 计算。

附 录 C
棉纺织产品混合用电单耗和其他产品用电单耗的计算
(参考件)

C1 棉纱线、棉布混合用电单耗的计算

C1.1 混合产品用电单耗,分棉纱线和棉布混合用电单耗。计算范围包括常规设备、新型纺机、织机、引进设备生产的全部产品的用电量和产量,并分别计算全厂生产和基本生产用电单耗。

C1.2 棉纱线全厂生产和基本生产混合用电单耗的计算

$$Uy=\frac{Ey+Eyg1-Eyg2}{Py} \qquad \cdots\cdots(C1)$$

式中:Uy——棉纱线全厂生产混合用电单耗(kW·h/t);
Ey——本期棉纱线全厂生产用电量(kW·h);
$Eyg1$——棉纱线期初在产品用电量(kW·h);
$Eyg2$——棉纱线期末在产品用电量(kW·h);
Py——本期绵纱线混合入库产量(t)。

$$Uyg=\frac{Eyg+Eyg1-Eyg2}{Py} \qquad \cdots\cdots(C2)$$

式中: Uyg——棉纱线基本生产混合用电单耗(kW·h/t);
Eyg——本期绵纱线基本生产用电量(kW·h);
$Eyg1$、$Eyg2$、Py——见公式(C1)。

C1.3 棉布全厂生产和基本生产混合用电单耗的计算

$$Uc=\frac{Ec+Ecg1-Ecg2}{Pc} \qquad \cdots\cdots(C3)$$

式中:Uc——棉布全厂生产混合用电单耗(kW·h/100 m);
Ec——本期棉布全厂生产用电量(kW·h);
$Ecg1$——棉布期初在产品用电量(kW·h);
$Ecg2$——棉布期末在产品用电量(kW·h);
Pc——本期棉布混合入库产量(100 m)。

$$Ucg=\frac{Ecg+Ecg1-Ecg2}{Pc} \qquad \cdots\cdots(C4)$$

式中: Ucg——棉布基本生产混合用电单耗(kW·h/100 m);
Ecg——本期棉布基本生产用电量(kW·h);
$Ecg1$、$Ecg2$、Pc——见公式(C3)。

C1.4 生产比较正常的企业,一般可以不考虑期初、期末在产品用电量。

C2 其他产品用电单耗的计算

棉纱、棉线、棉布以外的其他纺织产品如针织、服装、化纤等均应计算其混合或大类产品的用电单耗,并填报用电报表。

附加说明：

本标准由中华人民共和国纺织工业部提出。

本标准由上海市纺织工业局负责起草。

本标准主要起草人：

王家瑚

陈秀芳

郭纪春

舒蕙心

马云龙

许国璋

前　　言

本标准对纯棉产品的标志的图案做了详尽的要求和说明。

本标准在使用时应结合相应的管理办法。

本标准由中国纺织总会科技发展部提出。

本标准由全国发展标准化技术委员会基础标准分技术委员会归口。

本标准起草单位:国家棉纺织品质量监督检验中心。

本标准主要起草人:刘延蔚、王敏珠。

中华人民共和国纺织行业标准

纯　棉　产　品　的　标　志

FZ/T 01049—1997

Mark of pure cotton products

1　范围

本标准规定了纯棉产品的标志的图案及其要求，为标识高品质的纯棉产品提供了标志依据及使用说明。

本标准适用于各种高品质的纯棉产品。

2　引用标准

下列标准所包含的条文，通过在本标准中引用而构成为本标准的条文。本标准出版时，所示版本均为有效。所有标准都会被修订，使用本标准的各方应探讨使用下列标准最新版本的可能性。

GB 8685—88　纺织品和服装使用说明的图形符号

3　标志的要求及图案

3.1　标志的要求

符合相应的产品标准及有关文件所规定的棉纤维含量和质量要求的纯棉产品的标志。

3.2　标志的图案（见图1）

图1

3.3　图案的放置

图案可以用织造、印刷方法制作，若制成标签，可根据需要以缝合、悬挂的方式，附在纯棉产品的明显的部位，或与产品商标并排放置。

3.4　图案的尺寸

图案的尺寸可根据实际需要等比例放大或缩小，不得变形。

3.5　图案的颜色

图案以黑白色组成，图案的底色为白色，图形为黑色。

4　标志的使用

4.1　本标志按照“证明商标”注册管理使用。

4.2　按照相应的管理办法规定的内容申请配挂本标志。

中国纺织总会1997-05-26批准　　1998-01-01实施

5 补充说明

当图案标志不能满足需要时，可配合 GB 8685 一起使用。

ICS 59.080.01
W 10

中华人民共和国纺织行业标准

FZ/T 01074—2010
代替 FZ/T 01074—2000

服装衬产品标识

Identification of interlinings for garments

2010-08-16 发布　　　　2010-12-01 实施

中华人民共和国工业和信息化部　发布

前　言

本标准是对 FZ/T 01074—2000《服装用热熔粘合衬布产品标记及质量标识的规定》的修订。

本标准代替 FZ/T 01074—2000，与 FZ/T 01074—2000 相比，主要修改了以下内容：

——将标准名称改为《服装衬产品标识》；

——产品标识顺序、基布材质调整；

——产品标识删除热熔胶种类、涂布工艺方法；

——基布类别调整为机织布、针织粘合衬、非织造布、其他类；

——删除质量标识的规定。

本标准由中国纺织工业协会提出。

本标准由全国纺织品标准化技术委员会棉纺织印染分技术委员会(SAC/TC 209/SC 2)归口。

本标准起草单位：上海市纺织工业技术监督所、宁波保税区崇光纺织品有限公司、南通海汇服装辅料有限公司、中国产业用纺织品行业协会、上海市服装研究所。

本标准主要起草人：张宝庆、李启涵、曹平、李瓒、聂雅渊。

本标准所代替标准的历次版本发布情况为：

——GB/T 11389—1989；

——FZ/T 01074—1999、FZ/T 01074—2000。

服装衬产品标识

1 范围

本标准规定了服装衬的产品标识的原则、产品标识的代号。

本标准适用于服装衬的产品标识。

2 术语和定义

下列术语和定义适用于本标准。

2.1

基布 base fabric

俗称底布，制造服装衬用的产品。

2.2

热熔粘合衬 fusible interlinings

基布经整理后并经热熔胶涂布加工后制成的粘合衬。

2.3

机织树脂衬 resin-finished interlinings of woven fabrics

由棉、化纤纯纺或混纺纱，经机织成基布，并经树脂整理后的服装衬。

2.4

机织树脂黑炭衬 resin-finished interlinings with hair of woven fabrics

由棉、化纤、羊毛纯纺或混纺作经纱，由化纤与牦牛毛或其他动物毛混纺作纬纱，经机织成基布，并经树脂整理制成的服装衬。

2.5

衬衫衬 shirt interlinings

用于衬衫领子、袖头及门襟等部位的服装衬。

2.6

外衣衬 outerwear interlinings

用于外衣前身、挂面、下摆、领子、袋盖、袖窿及袖头等部位的服装衬。

2.7

裘皮衬 leather interlinings

用于皮革、裘皮、人造革等服装的服装衬。

2.8

丝绸衬 silk interlinings

用于丝绸及仿丝绸服装的服装衬。

3 产品标识的原则

3.1 产品标识应包括：基布纤维类别、基布组织类别、服装衬类别、产品的单位面积质量四大类，按顺序构成，分别用英文字母和阿拉伯数字标识。

3.2 产品标识第一部分为英文字母，表示基布纤维类别（见表1）。

表 1 基布材质类别标识代号

基布材质	棉	粘胶	涤纶	锦纶	氨纶	维纶	大麻	亚麻	苎麻	丝	羊毛
标记代号	C	R	T	N	P_u	V	H	F	R_a	S	W
注 1：一个英文字母，表示基布由单一纤维构成。 注 2：两个及以上英文字母，表示基布是由两种及以上纤维混纺或交织制成的。以纤维比例高的标记代号字母写在前，比例低的标记代号字母写在后。											

3.3 产品标识第二部分为两位阿拉伯数字，分别表示基布组织类别、服装衬类别。其中，第一位阿拉伯数字表示基布组织类别(见表 2)，如：机织布、针织布、非织造布等；第二位阿拉伯数字表示服装衬类别(见表 3)，如：衬衫衬、外衣衬等。

表 2 基布组织类别的标识代号

基 布 类 别	标 识 代 号
机织布	1
针织布	2
非织造布	3
其他类	0
注：机织树脂衬、机织树脂黑炭衬的基布为机织布，标识代号为 1。	

表 3 服装衬类别的标识代号

服装衬类别	标 识 代 号
衬衫衬	1
外衣衬	2
丝绸衬	3
裘皮衬	4

3.4 产品标识第三部分为三位阿拉伯数字与第二部分用短划“-”连接，表示服装衬产品的单位面积质量，产品的单位面积质量用整数表示，如果服装衬的单位面积质量为两位数，则三位数的第一位为 0。

3.5 产品标识的其他内容

3.5.1 本标准规定的产品标识为基本内容，各产品均应采用，以便识别。

3.5.2 除本标准规定的产品标识外，企业可按需要另设产品标识代号，例如：色别、手感、幅宽、耐洗性能等。企业设置的产品标识代号，排列在本标准标识代号的后面，与本标准产品标记之间，用短划线“-”连接。

3.5.3 企业现行的产品标识，可接在本标准规定的产品标识代号后，并加括号予以区分。

4 产品标识的代号

4.1 基布纤维类别

基布纤维类别的标识代号见表 1。

4.2 基布组织类别

基布组织类别的标识代号见表 2。

4.3 服装衬类别

服装衬类别的标识代号见表 3。

5 产品标识的举例

5.1 锦涤非织造丝绸衬的产品标识见表4。

表4 锦涤非织造丝绸衬的产品标识

产品标识	产品标识的代号含义	命 名
NT 3 3 - 020	产品的单位面积质量 20 g/m^2 服装衬类别为丝绸衬 基布类别为非织造布 产品的基布材质为锦涤混合	锦涤非织造丝绸衬 20 g/m^2

5.2 全棉机织衬衫衬的产品标识见表5。

表5 全棉机织衬衫衬的产品标识

产品标识	产品标识的代号含义	命 名
C 1 1 - 138	产品的单位面积质量 138 g/m^2 服装衬类别为衬衫衬 基布类别为机织布 产品的基布材质为100%棉	全棉机织衬衫衬 138 g/m^2

5.3 涤粘针织外衣衬的产品标识见表6。

表6 涤粘针织外衣衬的产品标识

产品标识	产品标识的代号含义	命 名
TR 2 2 - 124	产品的单位面积质量 124 g/m^2 服装衬类别为外衣衬 基布类别为针织布 产品的基布材质为涤粘	涤粘针织外衣衬 124 g/m^2

ICS 59.080.01
W 10

中华人民共和国纺织行业标准

FZ/T 01075—2010
代替 FZ/T 01075—2000

服装衬外观疵点检验方法

Inspection method for surface detects on garment interlinings

2010-08-16 发布　　2010-12-01 实施

中华人民共和国工业和信息化部　发布

前　言

本标准是对 FZ/T 01075—2000《服装衬布外观质量局部性疵点结辩和放尺规定》的修订。

本标准代替 FZ/T 01075—2000，与 FZ/T 01075—2000 相比，主要修改了以下内容：

——将标准名称改为《服装衬外观疵点检验方法》；

——对涂层过量、涂层不匀定性定量规范；

——删除了深、中、浅色的定义，增加了结粉的定义；

——调整检验条件、标疵放尺规定；

——增加散布性疵点的检验方法、量计规定、第 6 章检验报告；

——二等品调整为合格品。

本标准由中国纺织工业协会提出。

本标准由全国纺织品标准化技术委员会棉纺织印染分技术委员会(SAC/TC 209/SC 2)归口。

本标准起草单位：上海市纺织工业技术监督所、维柏斯特衬布(南通)有限公司、南通海汇服装辅料有限公司、浙江金三发粘合衬有限公司、中国产业用纺织品行业协会、上海市服装研究所。

本标准主要起草人：张宝庆、沈荣、曹平、严华荣、李桂梅、聂雅渊、赵鲁江。

本标准所代替标准的历次版本发布情况为：

——GB/T 11393—1989；

——FZ/T 01075—1999、FZ/T 01075—2000。

服装衬外观疵点检验方法

1 范围

本标准规定了服装衬的外观疵点的术语和定义、检验、检验方法、检验报告。

本标准适用于各种材质的机织衬和针织衬外观疵点的检验。

本标准也适用于非织造粘合衬外观疵点的检验。

2 规范性引用文件

下列文件中的条款通过本标准的引用而成为本标准的条款。凡是注日期的引用文件，其随后所有的修改单(不包括勘误的内容)或修订版均不适用于本标准，然而，鼓励根据本标准达成协议的各方研究是否可使用这些文件的最新版本。凡是不注日期的引用文件，其最新版本适用于本标准。

GB/T 250 纺织品 色牢度试验 评定变色用灰色样卡

3 术语和定义

下列术语和定义适用于本标准。

3.1

结辫(或贴标) label

疵点结辫(或疵点贴标)的简称，是纺织成品在外观质量检验时，对外观疵点作出标记(用穿线或贴标办法)的一种方法。

3.2

放尺 length to give

标疵放尺的简称，也叫放码，是指纺织成品因有疵点而加放长度。

3.3

线状疵点 line defect

沿经(纵)向或纬(横)向伸延的、宽度不超过 0.3 cm 的疵点。

3.4

条状疵点 strip defect

沿经(纵)向或纬(横)向伸延的、宽度超过 0.3 cm(包括块状)的疵点。

3.5

破损 damaging

经、纬(纵、横)向断 2 根及以上纱或 0.2 cm^2 及以上的破洞，距边 2 cm 以上的破边，0.3 cm 以上的跳花等。

3.6

织疵 weaving defects

坯布织造造成的疵点，如双纬、纬缩、稀密路、杂物织入等。

3.7

包缝头 overseam

在生产加工过程中，用包缝机将布匹连接起来的接缝。

3.8

斑渍　dirt

油渍、污渍、色渍、水渍、锈渍、浆斑等。

3.9

漏粉、漏点　coating missing

涂胶过程中，粘合衬的局部区域，热熔胶点型没有转移到底布上，出现缺点露底，称漏点（衬衫衬1点以上不允许，其他衬2点以上不允许。）；热熔胶未完全转移到布面上，粉点缺损，称漏粉。

3.10

涂层过量　over-coating

粘合衬的局部区域，热熔胶的涂胶量明显高于热熔胶的正常涂胶量（热熔胶的单位面积涂胶量比规定热熔胶单位面积的涂胶量差异12%以上）。

3.11

涂层不匀　coating uneveness

粘合衬左中右或前后的涂胶量相差明显（以涂胶量偏差率±12%以上为准）。

3.12

结粉

涂胶过程中，热熔胶转移到布面上，粘积在一起的明显胶点。

4　检验

4.1　检验条件

4.1.1　检验设备为验布机。

4.1.2　采用灯光检验。含荧光剂的机织粘合衬、针织粘合衬和非织造粘合衬，采用40 W紫光灯管3支～4支；深色外衣衬采用40 W青光日光灯管2支，照度不低于400 lx；其余采用40 W青光日光灯管3支～4支，照度不低于750 lx。

4.1.3　检验光源与布面距离为1 m～1.2 m。

4.2　操作规定

4.2.1　服装衬采用验布机平幅验布打卷的方法。抽查或验收，采用验布机或将服装衬平摊在桌面上进行。

4.2.2　检验时，检验人员的视线应正视布面，眼睛与布面的距离为60 cm左右。其中粘合衬的检验，可以正视，也可以斜视布面。

4.2.3　检验粘合衬时，规定涂胶的一面为正面。

5　疵点检验方法

5.1　局部性疵点检验方法

5.1.1　疵点结辫方法

5.1.1.1　不同疵点的结辫，采用布边穿不同颜色线或做标志，以示区别。轻微疵点（选用粘合衬使用的标准面料覆盖后看不见的疵点）和不影响服装外观的疵点，不作结辫。

5.1.1.2　漂白，浅、中色衬的结辫规定见表1。

表1　漂白和浅、中色衬的结辫规定

序号	疵点名称和程度	结辫个数
1	疵点长度在0.3 cm～5 cm的破洞、漏粉和漏点、结粉	1
2	在经（纵）向20 cm及以内，疵点长度0.5 cm以上的线状、条状、斑渍、织疵以及深入布边2 cm以上的荷叶边、破边等疵点	1

表 1（续）

序号	疵点名称和程度	结辫个数
3	在经(纵)向 20 cm 及以内，疵点长度 0.5 cm 及以内的疵点累计 3 只的	1
注 1：超过结辫范围的疵点应开剪。 注 2：涂层过量、涂层不匀应开剪后出厂。 注 3：经、纬(纵、横)向轻微或明显的连续性线状疵点；经、纬(纵、横)向宽 0.3 cm～5 cm 的轻微连续性条状疵点；除破边和布边无涂布外，距边 4 cm 及以内的连续性疵点，降等限度为合格品。		

5.1.1.3 本白和深色衬的结辫规定见表 2。

表 2 本白和深色衬的结辫规定

序号	疵点名称和程度	结辫个数
1	疵点长度在 0.5 cm～5 cm 的破洞、漏粉和漏点、结粉	1
2	在经(纵)向 20 cm 及以内，疵点长度 3 cm 以上的明显条状、斑渍、织疵以及深入布边 2 cm 以上的荷叶边、破边等疵点	1
3	在经(纵)向 20 cm 及以内，疵点长度 3 cm 及以内的疵点累计 3 只的	1
注 1：超过结辫范围的疵点应开剪。 注 2：涂层过量、涂层不匀应开剪后出厂。 注 3：经、纬(纵、横)向的轻微条状疵点或明显连续性线状疵点；宽度 4 cm 及以内的明显连续性条状疵点，降等限度为合格品。		

5.1.2 **标疵放尺规定**

5.1.2.1 经(纵)向疵点长度超过 5 cm 至 20 cm 的，加放长度 10 cm，经(纵)向疵点长度不足 5 cm 的，不放尺。

5.1.2.2 每只包缝头，加放长度 20 cm。

5.1.2.3 拼匹接头一只，加放长度 20 cm。

5.1.3 **疵点的轻微与明显的区分**

5.1.3.1 漂白衬疵点的轻微与明显的区分，按 GB/T 250 以单层检验评定：4 级及以上为轻微，3-4 级及以下为明显，或在距离布面 60 cm 可见的疵点为明显疵点。

5.1.3.2 本白、浅色、中色、深色衬疵点的轻微与明显的区分，按 GB/T 250 以单层检验评定：3-4 级及以上为轻微，3 级及以下为明显，或在距离布面 60 cm 可见的疵点为明显疵点。

5.2 **散布性疵点的检验方法**

散布性疵点检验方法可按其程度的轻重，影响外观的总体效果，结合产品标准降等处理。

5.3 **量计规定**

5.3.1 疵点长度按经、纬(纵、横)向的累计长度量计，在各种疵点同时存在时，应分别量计，重叠疵点按严重的量计。

5.3.2 对服装衬上所有疵点的长度测量时均用检测合格的钢卷尺，准确度为±1.0 mm。

5.3.3 未列入本标准的疵点，按相似疵点进行结辫、放尺、开剪和降等。特殊品种或用户有特殊要求，由供需双方协议商定。

6 检验报告

检验报告应包括以下内容：

a) 检验依据本标准的编号(FZ/T 01075—2010)；

b） 受检产品的详细描述，如品种规格、批号、受检单位名称；

c） 受检产品的数量、检验结果；

d） 现场检验应说明的问题；

e） 检验日期与检验人员等。

ICS 59.080.01
W 10

中华人民共和国纺织行业标准

FZ/T 01076—2010
代替 FZ/T 01076—2000

热熔粘合衬尺寸变化组合试样制作方法

Making method for composite specimen of dimensional change of fusible interlinings

2010-08-16 发布 2010-12-01 实施

中华人民共和国工业和信息化部 发布

前　言

本标准是对 FZ/T 01076—2000《服装用热熔粘合衬组合试样制作方法》的修订。

本标准代替 FZ/T 01076—2000，与 FZ/T 01076—2000 相比，主要修改了以下内容：

——将标准名称改为《热熔粘合衬尺寸变化组合试样制作方法》；

——压烫设备调整；

——压烫条件调整；

——标准面料调整；

——增加连续式压烫机组合试样制作方法。

本标准由中国纺织工业协会提出。

本标准由全国纺织品标准化技术委员会棉纺织印染分技术委员会(SAC/TC 209/SC 2)归口。

本标准起草单位：上海市纺织工业技术监督所、浙江金三发粘合衬有限公司、维柏斯特衬布(南通)有限公司、中国产业用纺织品行业协会、上海市服装研究所。

本标准主要起草人：张宝庆、严华荣、顾晓燕、李桂梅、聂雅渊、钱九如。

本标准所代替标准的历次版本发布情况为：

——GB/T 11394—1989；

——FZ/T 01076—1999、FZ/T 01076—2000。

热熔粘合衬尺寸变化组合试样制作方法

1 范围

本标准规定了在测试热熔粘合衬干热尺寸变化、水洗或干洗后的外观及尺寸变化时组合试样的制作方法。

本标准适用于各类棉及化纤纯纺、混纺的机织物、针织物和非织造布的热熔粘合衬进行各种试验时组合试样的制作,其他类似粘合衬也可参照采用。

2 规范性引用文件

下列文件中的条款通过本标准的引用而成为本标准的条款。凡是注日期的引用文件,其随后所有的修改单(不包括勘误的内容)或修订版均不适用于本标准,然而,鼓励根据本标准达成协议的各方研究是否可使用这些文件的最新版本。凡是不注日期的引用文件,其最新版本适用于本标准。

GB/T 5326 精梳涤棉混纺印染布

GB/T 6529 纺织品 调湿和试验用标准大气

GB/T 8629—2001 纺织品 试验用家庭洗涤和干燥程序

GB/T 17253 合成纤维丝织物

FZ/T 01082 热熔粘合衬干热尺寸变化试验方法

FZ/T 24002 精梳毛织品

FZ/T 24003 粗梳毛织品

FZ/T 24004 精梳低含毛混纺及纯化纤毛织品

3 原理

在热熔粘合衬涂有热熔胶的一面,覆盖上合适的标准面料,置于压烫机中,在一定的温度、压力和时间条件下压烫,使热熔粘合衬与面料粘合在一起。

4 设备和用具

4.1 压烫机

4.1.1 连续式压烫机:由上下加热器、输送带和上下轧辊等组成。

4.1.2 平板式压烫机:由上面一块平面热金属板和下面一个平面底床组成。

4.1.3 压烫机温度可在 0 ℃～200 ℃之间调节,温度准确度在±2 ℃;压烫机压强可调节,能施加一个均匀一致的压力,压强可在 0 MPa～1.00 MPa 之间调节,压强准确度为±0.02 MPa。

4.2 合适的标记打印装置。

4.3 标准面料。

4.4 测温计:合适的、能够测量连续式或平板式压烫机的测温计,准确度±2 ℃。

4.5 裁剪刀。

4.6 直尺,准确度±0.5 mm。

5 标准面料准备

5.1 衬衫衬粘合用的标准面料:技术要求符合 GB/T 5326 有关规定,水洗尺寸变化率按 GB/T 8629—2001 程序 2 A 测试,干热尺寸变化率按 FZ/T 01082 测试,具体要求见表 1。

表 1　标准面料质量要求

<table>
<tr><th rowspan="2">粘合衬类别</th><th rowspan="2">材　料</th><th rowspan="2">单位面积质量/(g/m²)</th><th colspan="2">水洗尺寸变化率/%</th><th colspan="2">干热尺寸变化率/%</th></tr>
<tr><th>经向</th><th>纬向</th><th>经向</th><th>纬向</th></tr>
<tr><td>衬衫衬</td><td>T 65/C 35 漂白或浅色细纺</td><td>90～95</td><td rowspan="3">−1.0～+0.5</td><td rowspan="3">−1.0～+0.5</td><td rowspan="3">−1.0～+0.5</td><td rowspan="3">−1.0～+0.5</td></tr>
<tr><td>外衣衬</td><td>全羊毛、毛涤、化纤仿毛平纹织物</td><td>170～180</td></tr>
<tr><td>丝绸衬</td><td>涤纶仿真丝平纹织物</td><td>95～100</td></tr>
<tr><td colspan="7">注 1：裘皮衬粘合用的标准面料，由供需双方协议商定。
注 2：面料有特殊要求者，由供需双方协议商定。</td></tr>
</table>

5.2　外衣衬粘合用的标准面料：全羊毛织物技术要求符合 FZ/T 24002 或 FZ/T 24003 有关规定，毛涤混纺织物、化纤仿毛织物技术要求符合 FZ/T 24004 有关规定，水洗尺寸变化率按 GB/T 8629—2001 程序 5 A 测试，干热尺寸变化率按 FZ/T 01082 测试，具体要求见表 1。

5.3　丝绸衬粘合用的标准面料：技术要求符合 GB/T 17253 有关规定，水洗尺寸变化率按 GB/T 8629—2001 程序 5 A 测试，干热尺寸变化率按 FZ/T 01082 测试，具体要求见表 1。

5.4　面料上不得有污渍、色渍、油渍及其他影响粘合加工的外观疵点存在。

5.5　面料应从距布边 10 cm，距布端 1 m 以上取样。

5.6　将剪取的面料置于 GB/T 6529 规定的标准状态下放置 4 h。

6　试样准备

6.1　试样应从距布边 10 cm，距布端 1 m 以上剪取。

6.2　试样上不得有污渍、色渍、油渍、拆痕及漏粉、涂层不匀等影响粘合加工的外观疵点存在。

6.3　将剪取的试样置于 GB/T 6529 规定的标准状态下放置 4 h。

7　组合试样的制作过程

7.1　根据不同试验的要求，按规定块数剪取试样(300 mm×300 mm)和标准面料(面料尺寸略大于试样)。用合适的打印装置(见 4.2)在试样未涂层的一面，沿经、纬(纵、横)向各打上三对 250 mm 间距的标记。各组标记须离试样布边 25 mm 左右，每组间隔约 100 mm±10 mm，见图 1。

7.2　根据粘合衬类别，选择压烫条件见表 2。

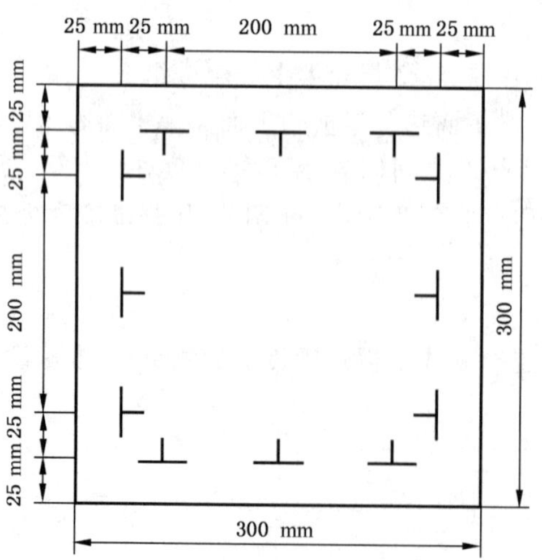

图 1　同向各组标记间隔示意图

表 2　粘合衬压烫条件

粘合衬类别	压烫温度/℃	压烫压强/MPa	压烫时间/s
衬衫衬	160～170	0.2～0.4	15～18
外衣衬	120～150	0.1～0.3	15～18
丝绸衬	110～130	0.1～0.3	10～15
裘皮衬	120～150	0.1～0.3	15～18
注：常用压强单位换算，1 MPa=10.2 kg/cm^2。			

7.3　组合试样制作方法

7.3.1　使用连续式压烫机压烫试样时，将标准面料放在准备台上，覆上粘合衬试样(涂层的一面朝下)，试样与标准面料经、纬(纵、横)向应一致。

7.3.2　使用平板式压烫机压烫试样时，将粘合衬试样放在下面，涂有热熔胶的一面朝上，标准面料在上，标准面料与粘合衬试样的经、纬(纵、横)向应保持一致。

7.4　根据不同粘合衬及不同面料调节压烫条件，直至达到最佳压烫效果，也可由供需双方协议商定。

7.5　调节压烫机(见 4.1)至需要的操作条件。

7.6　用测温计(见 4.4)测定并调整压烫机温度，然后，对组合试样进行压烫。

7.7　轻轻取下压烫的组合试样，在 GB/T 6529 规定的标准状态下放置 4 h，即可供各种试验应用。

7.8　仲裁试验时，按争议双方确定的压烫机类型及最佳压烫条件，进行压烫、冷却。

ICS 59.080.01
W 10

中华人民共和国纺织行业标准

FZ/T 01077—2009
代替 FZ/T 01077—2000

织物氯损强力试验方法

Testing method for strength due to chlorine damage for textile fabrics

2010-01-20 发布 2010-06-01 实施

中华人民共和国工业和信息化部 发布

前言

本标准代替 FZ/T 01077—2000《织物氯损强力试验方法》。与前版标准相比，主要修改了以下内容：

——明确 7.1.1 中规定水位的数值；

——调整热压温度为 180 ℃±2 ℃；

——将前版第 7 章有关计算内容，调整至本版第 8 章；

——增加试样调湿处理要求；

——将前版标准中“氯损强力”改为用“氯损强力下降率”表示；

——细化附录 A 淀粉指示剂滴定方法。

本标准的附录 A 为规范性附录。

本标准由中国纺织工业协会提出。

本标准由全国纺织品标准化技术委员会棉纺织印染分技术委员会归口。

本标准起草单位：上海市服装研究所、圣山集团有限公司、上海市纺织工业技术监督所。

本标准主要起草人：陈璐、许伟中、张宝庆、聂雅渊。

本标准所代替标准的历次版本发布情况为：

——GB/T 11395—1989、FZ/T 01077—1999、FZ/T 01077—2000。

织物氯损强力试验方法

1 范围

本标准规定了织物因氯漂而引起强力潜在损伤的试验方法。

本标准适用于织物经氯漂后断裂强力潜在损伤的程度测定。

2 规范性引用文件

下列文件中的条款通过本标准的引用而成为本标准的条款。凡是注日期的引用文件，其随后所有的修改单(不包括勘误的内容)或修订版均不适用于本标准，然而，鼓励根据本标准达成协议的各方研究是否可使用这些文件的最新版本。凡是不注日期的引用文件，其最新版本适用于本标准。

GB/T 3923.1 纺织品 织物拉伸性能 第1部分:断裂强力和断裂伸长率的测定 条样法

GB/T 6152 纺织品 色牢度试验 耐热压色牢度

GB/T 6529 纺织品 调湿和试验用标准大气

GB/T 8170 数值修约规则与极限数值的表示和判定

GB/T 8629 纺织品 试验用家庭洗涤和干燥程序

3 原理

试样在洗衣机中经氯漂、清洗，晾干，并经热板压烫。分别测试压烫前后试样的断裂强力，计算损伤程度。

4 设备和用具

4.1 熨烫升华色牢度仪:技术参数符合 GB/T 6152 的规定。

4.2 洗衣机。

4.3 合适的滴定装置和器具。

4.4 酸度计:精度±0.1。

4.5 等速伸长型拉力试验机，应符合下列要求:

——试验机的牵引速度为 100 mm/min±10 mm/min。

——所用测试仪精度为±1.0%，测力传感器量程为 0 N～100 N。

5 试剂准备

5.1 含有效氯约为 50 g/L 次氯酸钠备用液(见附录 A)。

5.2 碳酸氢钠或碳酸钠溶液。

5.3 10%碘化钾溶液、10%硫酸溶液、淀粉指示剂、0.1 mol/L 硫代硫酸钠溶液。

5.4 次氯酸钠溶液的制备

5.4.1 按附录 A 规定方法测定次氯酸钠备用液的有效氯浓度。

5.4.2 含有效氯(g/L)的次氯酸钠溶液体积按式(1)计算，计算结果按 GB/T 8170 修约成整数。

$$V = \frac{45\,000}{c} \qquad \cdots\cdots(1)$$

式中:

V——需要的备用液体积，单位为毫升(mL);

c——按附录A测定的备用液有效氯浓度，单位为克每升(g/L)。

6 试样准备

6.1 试样应无折皱、污迹、色迹等疵点。避免在布边或布端剪取试样，试样应具有代表性。

6.2 将试样裁剪成经(纵)向长至少700 mm、纬(横)向宽至少400 mm，并在试样经向两端做好标记。

7 操作程序

7.1 洗涤处理

7.1.1 在洗衣机中加水约45 L，加入一定量的次氯酸钠备用液，使洗涤液含有效氯浓度为1 g/L，并用碳酸氢钠或碳酸钠溶液调节洗涤液pH为9.5±0.1，将试样和经过煮漂的棉陪衬布分别揉成球状，放洗衣机内，浴比为1∶50。

7.1.2 启动洗衣机。试样在30 ℃±2 ℃的洗涤液中洗涤12 min，然后排尽洗涤液；注入清水约45 L，清洗3 min，排液；再注入清水约45 L，清洗2 min，排液。

7.1.3 将试样脱水3 min左右，使含水率在50%～100%之间，取出，在室内晾干。

7.1.4 将试样置于GB/T 6529规定的标准大气中平衡4 h。

7.2 热压处理

7.2.1 将经过氯漂的试样沿经(纵)向剪成两组，每组五块，每块长约300 mm，宽约30 mm，拆去两边边纱，使试样宽度为25 mm。

7.2.2 将经过氯漂的试样沿纬(横)向剪成两组，每组五块，每块长约300 mm，宽约30 mm，拆去两边边纱，使试样宽度为25 mm。

7.2.3 根据GB/T 6152中的操作程序，将一组试样分别放在规定设备上热压，热压温度为180 ℃±2 ℃，热压时间为30 s，试样热压方向见图1。

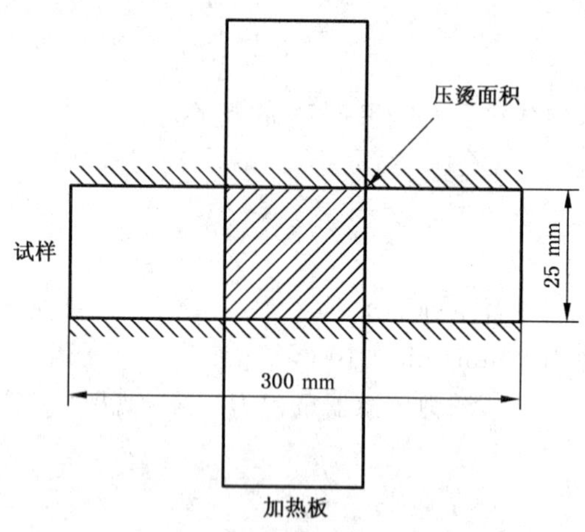

图1 试样压烫方向示意图

7.3 强力测试

按GB/T 3923.1规定，在等速伸长(CRE)试验仪上分别测试经压烫和未经压烫两组试样的断裂强力。

8 结果计算

8.1 未经热压处理试样的经(纵)向或纬(横)向平均断裂强力 F_A，经热压处理试样的经(纵)向或纬(横)向平均断裂强力 F_B 按式(2)、(3)分别计算，计算结果按GB/T 8170修约至小数点后一位。

$$F_A = \frac{F_{A1} + F_{A2} + F_{A3} + F_{A4} + F_{A5}}{5} \quad \cdots\cdots(2)$$

$$F_B = \frac{F_{B1} + F_{B2} + F_{B3} + F_{B4} + F_{B5}}{5} \quad \cdots\cdots(3)$$

式中：

F_A——未经热压处理试样的经(纵)向或纬(横)向平均断裂强力，单位为牛顿(N)；

F_B——经热压处理试样的经(纵)向或纬(横)向平均断裂强力，单位为牛顿(N)。

8.2 试样的氯损强力下降率按式(4)计算，计算结果按 GB/T 8170 修约至小数点后一位。

$$F = \frac{F_A - F_B}{F_A} \times 100\% \quad \cdots\cdots(4)$$

式中：

F——氯损强力下降率，%。

8.3 以氯漂处理后试样的热压前后强力下降值对未经热压试样强力比值的百分率，表示织物由于氯漂后残留氯引起的经(纵)向或纬(横)向断裂强力的氯损程度。

9 试验报告

试验报告应包括以下内容：

a) 试验所依据标准的编号(即 FZ/T 01077—2009)；

b) 试样的详细描述，如品种规格、批号、生产日期等；

c) 试验相关参数，如热压温度、热压时间等；

d) 试验用织物断裂强力试验机类型；

e) 试样热压前后平均断裂强力和氯损强力下降率；

f) 任何偏离标准的细节及试验中的异常现象；

g) 试验日期与试验者等。

附 录 A
（规范性附录）
次氯酸钠备用液有效氯浓度的测定

A.1 次氯酸钠备用液的标定

A.1.1 移取 200 mL 次氯酸钠备用液至 1 L 标准容量瓶中，用蒸馏水稀释至 1 000 mL，摇动容量瓶，使其混和均匀。

A.1.2 移取上述均匀混合液 25 mL 至三角烧瓶中，加入 25 mL 蒸馏水稀释。

A.1.3 加入 5 mL 10%碘化钾溶液。

A.1.4 加入 10 mL 10%硫酸溶液，充分混合，用 0.1 mol/L 硫代硫酸钠滴定该溶液至棕色几乎消失。

A.1.5 加入 5 g/L 淀粉指示剂 3 mL，继续滴定至无色终点，记录硫代硫酸钠的耗用数。

A.2 次氯酸钠备用液有效氯的计算

次氯酸钠备用液有效氯浓度计算按式（A.1），计算结果按 GB/T 8170 修约至小数点后一位。

$$c = V_1 \times 7.1 \qquad \text{(A.1)}$$

式中：

c——次氯酸钠备用液有效氯浓度，单位为克每升（g/L）；

V_1——耗用硫代硫酸钠的体积，单位为毫升（mL）。

ICS 59.080.01
W 10

中华人民共和国纺织行业标准

FZ/T 01078—2009
代替 FZ/T 01078—2000

织物吸氯泛黄试验方法

Testing method for yellowing due to chlorine for textile fabrics

2010-01-20 发布　　　　2010-06-01 实施

中华人民共和国工业和信息化部　发布

前　言

本标准代替 FZ/T 01078—2000《织物吸氯泛黄试验方法》。与前版标准相比，主要修改了以下内容：

——调整前版标准中有效氯需用量、浴比；

——将前版 7.2 试样测试有关内容调整至本版第 8 章；

——细化附录 A 淀粉指示剂滴定方法。

本标准的附录 A 为规范性附录。

本标准由中国纺织工业协会提出。

本标准由全国纺织品标准化技术委员会棉纺织印染分技术委员会归口。

本标准起草单位：上海市服装研究所、浙江金三发新纺织集团有限公司、浙江盛邦化纤有限公司、上海市纺织工业技术监督所。

本标准主要起草人：陈璐、严华荣、罗冬英、张宝庆、聂雅渊。

本标准所代替标准的历次版本发布情况为：

——GB/T 11396—1989、FZ/T 01078—1999、FZ/T 01078—2000。

织物吸氯泛黄试验方法

1 范围

本标准规定了织物因氯漂而引起泛黄的试验方法。

本标准适用于织物因氯漂后的残留氯所引起泛黄的程度测定。

2 规范性引用文件

下列文件中的条款通过本标准的引用而成为本标准的条款。凡是注日期的引用文件，其随后所有的修改单(不包括勘误的内容)或修订版均不适用于本标准，然而，鼓励根据本标准达成协议的各方研究是否可使用这些文件的最新版本。凡是不注日期的引用文件，其最新版本适用于本标准。

GB/T 250 纺织品 色牢度试验 评定变色用灰色样卡

GB/T 8170 数值修约规则与极限数值的表示和判定

GB/T 8424.2 纺织品 色牢度试验 相对白度的仪器评定方法

GB/T 8629 纺织品 试验用家庭洗涤和干燥程序

FZ/T 01047 目测评定纺织品色牢度用标准光源条件

3 原理

试样在洗衣机中经氯漂、清洗，晾干后与原样对比，评定织物泛黄程度。

4 设备和用具

4.1 洗衣机。

4.2 合适的滴定装置和玻璃器具。

4.3 酸度计：精度±0.1。

4.4 GB/T 250 评定变色用灰色样卡。

5 试剂准备

5.1 含有效氯约为 50 g/L 的次氯酸钠备用液(见附录 A)。

5.2 碳酸氢钠或碳酸钠溶液。

5.3 10%碘化钾溶液、10%硫酸溶液、淀粉指示剂、0.1 mol/L 硫代硫酸钠溶液。

5.4 次氯酸钠溶液的制备

5.4.1 按附录 A 规定方法测定次氯酸钠备用液的有效氯浓度。

5.4.2 含有效氯(g/L)的次氯酸钠溶液体积按式(1)计算，计算结果按 GB/T 8170 修约成整数。

$$V=\frac{45\ 000}{c} \qquad \cdots\cdots(1)$$

式中：

V——需要的次氯酸钠备用液体积，单位为毫升(mL)；

c——按附录 A 测定的备用液有效氯浓度，单位为克每升(g/L)。

6 试样准备

6.1 试样应无折皱、污迹、色迹等疵点。避免在布边或布端剪取试样，试样应具有代表性。

6.2 将试样裁剪成经(纵)向长至少700 mm、纬(横)向宽至少200 mm,并在试样经向两端做好标记。

7 操作程序

7.1 在洗衣机中加水约45 L,加入一定量的次氯酸钠备用液,使洗涤液含有效氯浓度为1 g/L,用碳酸氢钠或碳酸钠溶液调节洗涤液pH为9.5±0.1,将试样和经过煮炼漂白的棉陪衬布分别揉成球状,放入洗衣机内,浴比为1∶50。

7.2 启动洗衣机。试样在30 ℃±2 ℃的洗涤液中洗涤12 min,然后排尽洗涤液;注入清水约45 L,清洗3 min,排液;再注入清水约45 L,清洗2 min,排液。

7.3 将试样脱水3 min左右,使含水率在50%～100%之间,取出,在室内晾干。

8 结果评定

8.1 使用仪器评级:将处理前后的试样,按GB/T 8424.2规定评定,以试样的白度值和色光指数表示该试样的吸氯泛黄程度。

8.2 采用目测评级:将处理前后的试样,在FZ/T 01047所规定的标准光源条件或北向自然光下进行目测对比,按GB/T 250评级,以处理前后试样的色差级数表示该试样的吸氯泛黄程度。

9 试验报告

试验报告应包括以下内容:

a) 试验所依据标准的编号(即FZ/T 01078—2009);

b) 试样的详细描述,如品种规格、批号、生产日期等;

c) 使用仪器或灰卡评定的试样吸氯泛黄程度;

d) 任何偏离标准的细节及试验中的异常现象;

e) 试验日期与试验者等。

附 录 A
（规范性附录）
次氯酸钠备用液有效氯浓度的测定

A.1 次氯酸钠备用液的标定

A.1.1 移取 200 mL 次氯酸钠备用液至 1 L 标准容量瓶中，用蒸馏水稀释至 1 000 mL，摇动容量瓶，使其混和均匀。

A.1.2 移取上述均匀混合液 25 mL 至三角烧瓶中，加入 25 mL 蒸馏水稀释。

A.1.3 加入 5 mL 10%碘化钾溶液。

A.1.4 加入 10 mL 10%硫酸溶液，充分混合，用 0.1 mol/L 硫代硫酸钠滴定该溶液至棕色几乎消失。

A.1.5 加入 5 g/L 淀粉指示剂 3 mL，继续滴定至无色终点，记录硫代硫酸钠的耗用数。

A.2 次氯酸钠备用液有效氯的计算

次氯酸钠备用液有效氯浓度计算按式(A.1)，计算结果按 GB/T 8170 修约至小数点后一位。

$$c = V_1 \times 7.1 \qquad \cdots\cdots (A.1)$$

式中：

c——次氯酸钠备用液有效氯浓度，单位为克每升(g/L)；

V_1——耗用硫代硫酸钠的体积，单位为毫升(mL)。

ICS 59.080.01
W 10

中华人民共和国纺织行业标准

FZ/T 01079—2009
代替 FZ/T 01079—2000

织物烫焦试验方法

Testing method for scorch for textile fabrics

2010-01-20 发布　　2010-06-01 实施

中华人民共和国工业和信息化部　发布

前　言

本标准代替 FZ/T 01079—2000《织物烫焦试验方法》。与前版标准相比，主要修改了以下内容：

——调整前版标准中浴比；

——加热设备改用恒温水浴锅；

——烫焦样卡改用评定变色用灰色样卡；

——细化附录 A 中淀粉指示剂滴定方法；

——取消附录 B。

本标准的附录 A 为规范性附录。

本标准由中国纺织工业协会提出。

本标准由全国纺织品标准化技术委员会棉纺织印染分技术委员会归口。

本标准起草单位：上海市服装研究所、浙江盛邦化纤有限公司、浙江越大实业集团有限公司、上海市纺织工业技术监督所。

本标准主要起草人：陈 璐、罗冬英、张留喜、张宝庆、聂雅渊、吴雅萍。

本标准所代替标准的历次版本发布情况为：

——GB/T 11397—1989、FZ/T 01079—1999、FZ/T 01079—2000。

织物烫焦试验方法

1 范围

本标准规定了织物熨烫时因残留氯而引起泛黄的试验方法。

本标准适用于各种织物的烫焦程度的测定。

2 规范性引用文件

下列文件中的条款通过本标准的引用而成为本标准的条款。凡是注日期的引用文件，其随后所有的修改单(不包括勘误的内容)或修订版均不适用于本标准，然而，鼓励根据本标准达成协议的各方研究是否可使用这些文件的最新版本。凡是不注日期的引用文件，其最新版本适用于本标准。

GB/T 250 纺织品 色牢度试验 评定变色用灰色样卡

GB/T 5718 纺织品 色牢度试验 耐干热(热压除外)色牢度

GB/T 6152 纺织品 色牢度试验 耐热压色牢度

GB/T 8170 数值修约规则与极限数值的表示和判定

FZ/T 01047 目测评定纺织品色牢度用标准光源条件

3 原理

试样在规定浓度的次氯酸钠溶液中处理、清洗，放在加热板中间压烫，观察试样的烫焦程度，并进行评级。

4 设备和用具

4.1 熨烫升华色牢度仪：技术参数符合 GB/T 6152 的规定。

4.2 酸度计：精度±0.1。

4.3 轧车：实验室用。

4.4 恒温水浴锅。

4.5 合适的滴定装置和玻璃器皿。

4.6 秒表。

4.7 蒸馏水。

4.8 GB/T 250 评定变色用灰色样卡。

5 试剂准备

5.1 含有效氯约为 50 g/L 的次氯酸钠备用液(见附录 A)。

5.2 碳酸氢钠或碳酸钠溶液。

5.3 10%碘化钾溶液、10%硫酸溶液、淀粉指示剂、0.1 mol/L 硫代硫酸钠溶液。

5.4 预湿溶液和清洗溶液：采用 pH 值为 6～7 的蒸馏水，每克试样约需耗用 350 mL 蒸馏水。

5.5 次氯酸钠溶液的制备

5.5.1 按附录 A 规定方法测定次氯酸钠备用液的有效氯浓度。

5.5.2 含有效氯(2.5 g/L)的次氯酸钠溶液体积按式(1)计算，计算结果按 GB/T 8170 修约成整数。

$$V = \frac{1\,000 \times 2.5}{c} \qquad \cdots\cdots (1)$$

式中：

V——需要的备用液体积，单位为毫升(mL)；

c——按附录A测得的备用液有效氯浓度，单位为克每升(g/L)。

5.5.3 在适量的蒸馏水中，加入一定量的次氯酸钠备用液。需要时可用碳酸氢钠或碳酸钠溶液调节pH值至9.5±0.1，然后加蒸馏水至1 L，便得到需用的含有效氯为2.5 g/L的次氯酸钠溶液，并再次检查pH值。

6 试样准备

6.1 试样应无折皱、污迹、色迹等疵点。避免在布边或布端剪取试样，试样应具有代表性。

6.2 剪取两块80 mm×250 mm的试样，长的方向与经(纵)向平行，一块留作原样，一块进行氯化处理。先称质量，精确至克。

7 操作程序

7.1 预湿处理

按浴比1∶50量取预湿溶液(见5.4)倒入烧杯中，置于恒温水溶锅上加热至70 ℃± 3 ℃，将试样放入预湿溶液中，并不断加以搅拌，3 min后，取出试样，在轧车上轧去多余水分，冷却至室温。

7.2 氯化处理

按浴比1∶50量取含有效氯2.5 g/L的次氯酸钠溶液(见5.5.2)，加热至25 ℃±2 ℃，放入预湿处理过的试样(见7.1)，并不断加以搅拌，15 min后，取出试样，在轧车上尽可能地轧去多余溶液，注意保持试样平整，不起皱。

7.3 清洗处理

按浴比1∶50量取清洗溶液(见5.4)倒入烧杯中，加热至25 ℃左右。将经过次氯酸钠处理的试样放入清洗溶液中，连续而缓和地搅动试样，2 min后，取出试样，在轧车上轧去多余水分。

重复上述清洗过程五次，每次清洗均采用新鲜清洗溶液。

7.4 干燥处理

将清洗轧平后的试样，悬挂在室内空气中晾干，不能用烫平方法。

7.5 压烫处理

按GB/T 5718中的熨烫升华色牢度仪使用方法，保证两块加热板表面清洁、接触均匀。将氯化处理前后的两块试样按图1所示方式置于加热板中间，试样长度方向与加热板长方向相垂直，并能使试样的中间部分得到加热，热压温度180 ℃±2 ℃，热压时间30 s。

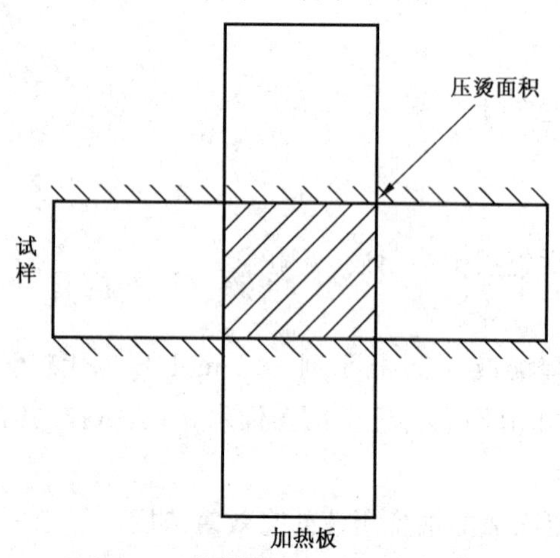

图1 试样压烫方向示意图

8 结果评定

8.1 评定条件

在 FZ/T 01047 所规定的标准光源条件或北向自然光下进行目测对比。

8.2 评定方法

将压烫后的两块试样与评定变色用灰色样卡(见 4.8)置于同一平面上，在规定光源条件下，评定每块试样的正反面，将烫焦严重的一面作为评级依据。

8.3 评定级数

以最接近样卡的级数作为确定烫焦试样的级数。凡烫焦程度轻于或等于样卡 5 级的定为 5 级，轻于或等于样卡 4 级的定为 4 级，依次类推。凡烫焦程度等于或重于 1 级的定为 1 级。

9 试验报告

试验报告应包括以下内容：

a) 试验所依据标准的编号(即 FZ/T 01079—2009)；

b) 试样的详细描述，如品种规格、批号、生产日期等；

c) 试样的烫焦评定级数；

d) 任何偏离标准的细节及试验中的异常现象；

e) 试验日期与试验者等。

附 录 A
（规范性附录）
次氯酸钠备用液有效氯浓度的测定

A.1 次氯酸钠备用液的标定

A.1.1 移取200 mL次氯酸钠备用液至1 L标准容量瓶中，用蒸馏水稀释至1 000 mL，摇动容量瓶，使其混和均匀。

A.1.2 移取上述均匀混合液25 mL至三角烧瓶中，加入25 mL蒸馏水稀释。

A.1.3 加入5 mL10%碘化钾溶液。

A.1.4 加入10 mL10%硫酸溶液，充分混合，用0.1 mol/L硫代硫酸钠滴定该溶液至棕色几乎消失。

A.1.5 加入5 g/L淀粉指示剂3 mL，继续滴定至无色终点，记录硫代硫酸钠的耗用数。

A.2 次氯酸钠备用液有效氯的计算

次氯酸钠备用液有效氯浓度计算按式(A.1)，计算结果按GB/T 8170修约至小数点后一位。

$$c = V_1 \times 7.1 \tag{A.1}$$

式中：

c——次氯酸钠备用液有效氯浓度，单位为克每升(g/L)；

V_1——耗用硫代硫酸钠的体积，单位为毫升(mL)。

ICS 59.080.01
W 10

中华人民共和国纺织行业标准

FZ/T 01080—2009
代替 FZ/T 01080—2000

树脂整理织物交联程度试验方法　染色法

Testing method for the degree of crosslinkage for resin-finished fabrics—Dyeing method

2010-01-20 发布　　2010-06-01 实施

中华人民共和国工业和信息化部　发布

前　言

本标准代替 FZ/T 01080—2000《树脂整理织物交联程度的测定　染色法》。与前版标准相比，主要修改了以下内容：

——将标准名称改为《树脂整理织物交联程度试验方法　染色法》；

——调整标准的适用范围；

——调整热压温度为 180 ℃±2 ℃；

——增加试样调湿处理要求。

本标准由中国纺织工业协会提出。

本标准由全国纺织品标准化技术委员会棉纺织印染分技术委员会归口。

本标准起草单位：上海市服装研究所、圣山集团有限公司、维柏思特衬布(南通)有限公司、上海市纺织工业技术监督所。

本标准主要起草人：陈璐、许伟中、赵鲁江、张宝庆、聂雅渊。

本标准所代替标准的历次版本发布情况为：

——GB/T 11398—1989、FZ/T 01080—1999、FZ/T 01080—2000。

树脂整理织物交联程度试验方法 染色法

1 范围

本标准规定了采用染色法测定经树脂整理后织物树脂交联程度的试验方法。

本标准适用于天然纤维纯纺及其与化学纤维混纺的树脂整理本色、漂白、色织物的树脂交联程度的测定。

本标准也适用于天然纤维纯纺及其与化学纤维混纺的树脂整理染色织物的树脂交联程度的测定。

2 规范性引用文件

下列文件中的条款通过本标准的引用而成为本标准的条款。凡是注日期的引用文件，其随后所有的修改单(不包括勘误的内容)或修订版均不适用于本标准，然而，鼓励根据本标准达成协议的各方研究是否可使用这些文件的最新版本。凡是不注日期的引用文件，其最新版本适用于本标准。

GB/T 250 纺织品 色牢度试验 评定变色用灰色样卡

GB/T 6152 纺织品 色牢度试验 耐热压色牢度

GB/T 6529 纺织品 调湿和试验用标准大气

FZ/T 01047 目测评定纺织品色牢度用标准光源条件

3 原理

树脂整理后的织物试样经树脂交联指示剂染色、清洗、干燥，根据色相变化及压烫前后试样的色差大小，评定树脂交联程度。

4 设备和用具

4.1 熨烫升华色牢度仪：技术参数符合 GB/T 6152 规定。

4.2 天平秤：感量为 0.001 g。

4.3 电炉：功率 1 000 W。

4.4 HI-2 号树脂交联指示剂。

4.5 量筒：容量 100 mL。

4.6 烧杯：容量 250 mL。

4.7 圆头玻璃棒。

4.8 蒸馏水。

4.9 滤纸。

4.10 GB/T 250 评定变色用灰色样卡。

5 试剂准备

在天平秤(见 4.2)上准确称取 HI-2 号树脂交联指示剂若干克，每克树脂交联指示剂加蒸馏水 200 mL，用圆头玻璃棒搅拌至完全溶解，配制成 0.5%浓度的染液，待用。

6 试样准备

6.1 要求试样无折皱、污迹、色迹等疵点，避免在布边或布端取样，试样应具有代表性。

6.2 白色织物：直接从经树脂整理后的白色织物上剪取 50 mm×50 mm 试样一块。

6.3 有色织物：取与有色织物相同组织规格的纯棉白色织物 1 m 左右，接在待树脂整理的染色织物中间，按正常树脂整理工艺进行加工，取下该块白色织物，然后从该布样上剪取 50 mm×50 mm 试样一块。

6.4 将试样置于 GB/T 6529 规定的标准大气中平衡 4 h。

6.5 按 GB/T 6152 中熨烫仪使用方法，将试样一半面积置于加热板中间，热压温度 180 ℃±2 ℃，热压时间 1 min，冷却待用。

7 操作程序

7.1 准确称取待染试样质量，按 1∶60 浴比准确量取已配制的染液倒入烧杯中，将烧杯置于电炉上加热至沸。

7.2 把压烫后的试样投入刚煮沸的染液中，用圆头玻璃棒不断翻动试样，以保证染色均匀一致，沸染 2 min。

7.3 染毕，倒去染液，用 60 ℃左右热水，按浴比 1∶100 清洗染样两次，再用冷水充分清洗染样至无浮色。

7.4 将染色清洗后的试样，夹在两片滤纸中间，吸干水分，然后将试样悬挂晾干。

7.5 为保证试验的重现性，染液只能使用一次。

8 结果评定

8.1 试样染色后的颜色呈红棕色或偏黄色表示试样交联充分；颜色呈草绿色表示试样部分交联；颜色呈绿色表示试样未交联。

8.2 压烫与未压烫试样之间无色差，颜色呈红棕色或偏黄色，表示试样交联充分；色差显著，表示交联不完全；颜色呈绿色表示试样未交联。

8.3 在 FZ/T 01047 规定的标准光源或北向自然光下，用灰色样卡评定试样的色差程度，以表示试样的交联程度。

9 试验报告

试验报告应包括以下项目：

a) 试验所依据标准的编号(即 FZ/T 01080—2009)；

b) 试样的详细描述，如品种规格、批号、生产日期等；

c) 试验相关参数，如热压温度、热压时间等；

d) 以色光或色差级别表示试样的交联程度；

e) 任何偏离标准的细节及试验中的异常现象；

f) 试验日期与试验者等。

ICS 59.080.01
W 10

中华人民共和国纺织行业标准

FZ/T 01081—2009
代替 FZ/T 01081—2000

热熔粘合衬
热熔胶涂布量和涂布均匀性试验方法

Testing method for coating weight and uniform for fusible interlinings

2010-01-20 发布　　2010-06-01 实施

中华人民共和国工业和信息化部　发布

前　言

本标准代替 FZ/T 01081—2000《热熔粘合衬热熔胶涂布量和涂布均匀性的测定》。与前版标准相比，主要修改了以下内容：

——将标准名称改为《热熔粘合衬热熔胶涂布量和涂布均匀性试验方法》；

——增加第 8 章中计算过程；

——用规范符号表示计算结果；

——将前版标准中“涂布均匀性”改为用“涂布量偏差率”表示。

本标准由中国纺织工业协会提出。

本标准由全国纺织品标准化技术委员会棉纺织印染分技术委员会归口。

本标准起草单位：上海市纺织工业技术监督所、中国产业用纺织品行业协会、上海天洋热熔胶有限公司、江苏省启东市鑫鑫粘合剂有限公司、上海市服装研究所。

本标准主要起草人：张宝庆、李桂梅、李哲龙、郁忠、陈璐。

本标准所代替标准的历次版本发布情况为：

——GB/T 11399—1989、FZ/T 01081—1999、FZ/T 01081—2000。

热熔粘合衬
热熔胶涂布量和涂布均匀性试验方法

1 范围

本标准规定了热熔粘合衬热熔胶涂布量和涂布均匀性的试验方法。

本标准适用于各种材质的机织物、针织物和非织造布为基布的热熔粘合衬热熔胶的涂布量和涂布均匀性的测定。

本标准不适用于基布不耐溶剂萃取而导致显著影响试验结果的热熔粘合衬热熔胶的涂布量和涂布均匀性的测定。

2 规范性引用文件

下列文件中的条款通过本标准的引用而成为本标准的条款。凡是注日期的引用文件，其随后所有的修改单(不包括勘误的内容)或修订版均不适用于本标准，然而，鼓励根据本标准达成协议的各方研究是否可使用这些文件的最新版本。凡是不注日期的引用文件，其最新版本适用于本标准。

GB/T 6529 纺织品 调湿和试验用标准大气

GB/T 8170 数值修约规则与极限数值的表示和判定

3 原理

各种热熔胶在不同有机溶剂中具有一定的溶解性，利用这一特性，对于某种热熔粘合衬的热熔胶，采用合适的有机溶剂，将热熔胶溶解并与基布分离。

4 设备和用具

4.1 蒸馏回流冷凝器。

4.2 水浴锅。

4.3 分析天平：感量为 0.001 g。

4.4 三角烧瓶：500 mL。

4.5 合适的划样器或裁剪刀。

5 试剂准备

5.1 聚酰胺(PA)热熔胶：甲醇(分析纯)。

5.2 聚乙烯(PE)热熔胶：二氯苯或四氯乙烯(分析纯)。

5.3 聚酯(PES)热熔胶：三氯乙烯(分析纯)。

5.4 乙烯-乙酸乙烯酯(EVA)及其皂化物(EVA-L)热熔胶：三氯乙烯(分析纯)。

5.5 两种热熔胶：用两种能溶解的溶剂，分别溶解。

5.6 以上各种溶剂均为有毒液体，其中甲醇为易燃品，要采取预防措施，必须在通风橱内使用。

5.7 新型的热熔胶可选用相应合适的溶剂。

6 试样准备

6.1 试样应从距边 10 cm、距布端 1 m 以上处剪取。试样不得有影响试验结果的疵点存在。

6.2 按 GB/T 6529 规定调湿至恒重。

6.3 用划样器或剪刀沿试样纬(横)向左、中、右各取一块,每块试样面积为 100 cm^2,如图 1、图 2。

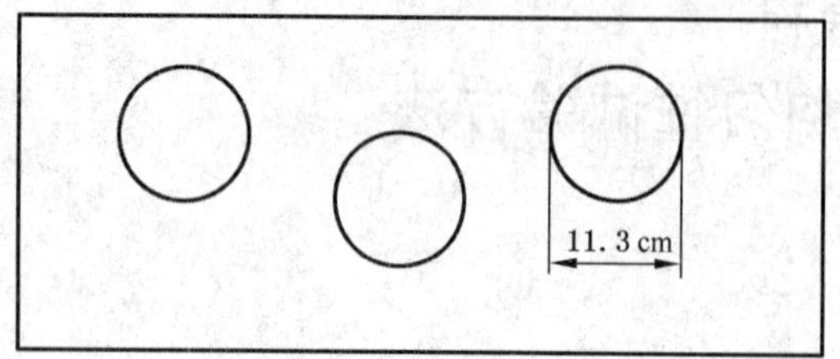

图 1 划样器法

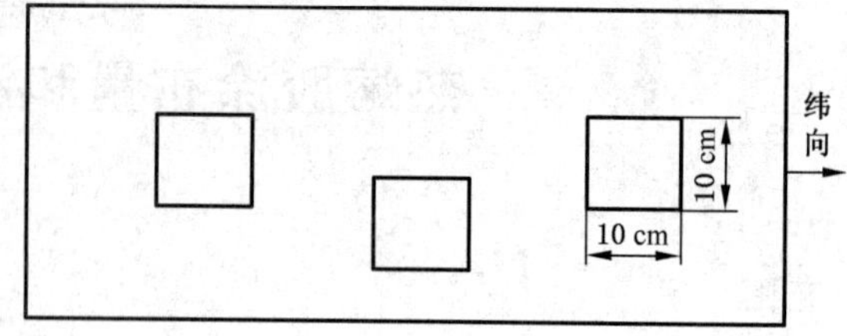

图 2 剪刀法

7 操作程序

7.1 将恒重的试样用分析天平称量,记录质量为 m_{A1}、m_{A2}、m_{A3}。

7.2 按第 5 章选用合适的溶剂,倒入三角烧瓶内,将试样放入(浸没试样即可),上装回流冷凝管,接通水源,于水浴锅内加热至沸。

7.3 沸煮 10 min~15 min,等热熔胶全部脱落后,将基布取出,冲洗、烘干、冷却,按 GB/T 6529 规定调湿至恒重称量,记录质量为 m_{B1}、m_{B2}、m_{B3}。

8 结果计算

8.1 涂布后试验前、后三块试样的平均质量计算按式(1)、式(2),计算结果按 GB/T 8170 修约至小数点后一位。

$$m_A = \frac{m_{A1} + m_{A2} + m_{A3}}{3} \quad \cdots\cdots(1)$$

$$m_B = \frac{m_{B1} + m_{B2} + m_{B3}}{3} \quad \cdots\cdots(2)$$

式中:

m_A——涂布后试验前三块试样的平均质量,单位为克(g);

m_B——剥落试样涂布热熔胶后三块基布的平均质量,单位为克(g)。

8.2 热熔胶涂布量计算按式(3)、式(4),计算结果按 GB/T 8170 修约至小数点后一位。

$$m_T = (m_A - m_B) \times 100 \quad \cdots\cdots(3)$$

$$m_{Ti} = (m_{Ai} - m_{Bi}) \times 100 \quad \cdots\cdots(4)$$

式中:

m_T——热熔胶平均涂布量,单位为克每平方米(g/m^2);

m_{Ti}——试样的个别热熔胶涂布量,单位为克每平方米(g/m^2)。

8.3 试样不同位置的涂布量偏差率计算按式(5),计算结果按 GB/T 8170 修约至小数点后一位。

$$\overline{m_{Ti}} = \frac{m_{Ti} - m_T}{m_T} \times 100\% \quad \cdots\cdots(5)$$

式中:

$\overline{m_{Ti}}$——试样的个别热熔胶涂布量偏差率,%。

9 试验报告

试验报告应包括以下内容:

a) 试验所依据标准的编号(即 FZ/T 01081—2009);

b) 试样的详细描述,如品种规格、批号、生产日期等;

c) 试验相关参数,如热熔胶种类、有机溶剂类别、试验温度、时间等;

d) 热熔胶涂布量、热熔胶涂布量偏差率；
e) 任何偏离标准的细节及试验中的异常现象；
f) 试验日期与试验者等。

ICS 59.080.01
W 10

中华人民共和国纺织行业标准

FZ/T 01082—2009
代替 FZ/T 01082—2000

热熔粘合衬干热尺寸变化试验方法

Testing method for heat dimensional change of fusible interlinings

2010-01-20 发布　　2010-06-01 实施

中华人民共和国工业和信息化部　发布

前　言

本标准代替 FZ/T 01082—2000《服装用热熔粘合衬布干热尺寸变化的测定》。与前版标准相比，主要修改了以下内容：

——将标准名称改为《热熔粘合衬干热尺寸变化试验方法》；

——压烫设备作了调整；

——将前版标准中第 4 章、第 5 章部分内容作了调整；

——将前版标准中“干热尺寸变化”改为用“干热尺寸变化率”表示。

本标准由中国纺织工业协会提出。

本标准由全国纺织品标准化技术委员会棉纺织印染分技术委员会归口。

本标准起草单位：上海市服装研究所、绍兴县荣士达衬布有限公司、安徽润维无纺布有限公司、上海市纺织工业技术监督所、中国产业用纺织品行业协会。

本标准主要起草人：陈璐、穆昆林、朱广明、张宝庆、聂雅渊、李瓒。

本标准所代替标准的历次版本发布情况为：

——GB/T 11400—1989、FZ/T 01082—1999、FZ/T 01082—2000。

热熔粘合衬干热尺寸变化试验方法

1 范围

本标准规定了热熔粘合衬经热处理后尺寸变化的试验方法。

本标准适用于各种材质的机织物、针织物和非织造布经热熔胶涂布制成粘合衬后与面料粘合时产生的干热尺寸变化的测定。

2 规范性引用文件

下列文件中的条款通过本标准的引用而成为本标准的条款。凡是注日期的引用文件,其随后所有的修改单(不包括勘误的内容)或修订版均不适用于本标准,然而,鼓励根据本标准达成协议的各方研究是否可使用这些文件的最新版本。凡是不注日期的引用文件,其最新版本适用于本标准。

GB/T 6529 纺织品 调湿和试验用标准大气

GB/T 8170 数值修约规则与极限数值的表示和判定

FZ/T 01076 服装用热熔粘合衬组合试样制作方法

3 原理

用连续式压烫机或平板压烫机压烫试样,测试试样在规定的温度、压力和时间作用下受热变化的程度。

4 设备和用具

4.1 压烫机:符合 FZ/T 01076 的规定。

4.2 合适的标记打印装置。

4.3 直尺:精度 0.5 mm。

4.4 合适的面料。

4.5 裁剪刀。

5 试样准备

5.1 按 FZ/T 01076 的规定,剪取粘合衬试样两块(一块留作备样),粘合衬试样尺寸为 300 mm×300 mm。

5.2 按 FZ/T 01076 的规定,剪取标准面料一块,标准面料尺寸略大于粘合衬试样尺寸。

5.3 用合适的标记打印装置(见 4.2)在试样的经、纬(纵、横)向各打三对 250 mm 间距的标记,各组标记应距试样布边 25 mm 左右,同向各组标记间隔为 100 mm±10 mm,见图 1。

单位为毫米

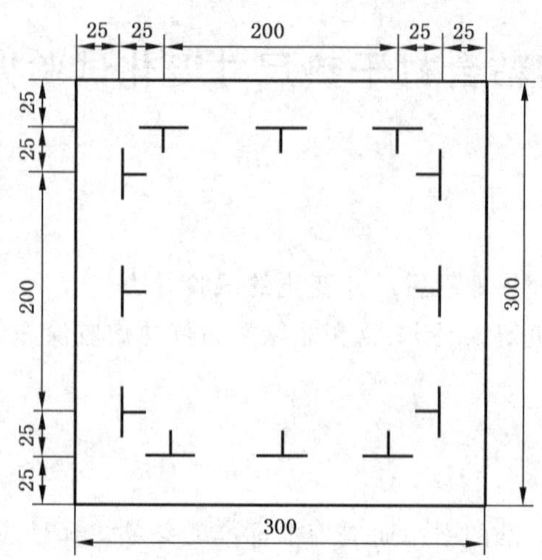

图 1 同向各组标记间隔示意图

6 操作程序

6.1 组合试样

6.1.1 外衣衬和丝绸衬采用连续式压烫机制作组合试样，衬衫衬采用平板式压烫机制作组合试样，裘皮衬由供需双方协议商定。

6.1.2 使用连续式压烫机压烫试样时，将标准面料放在准备台上，覆上粘合衬试样（涂层的一面朝下），试样与标准面料经、纬（纵、横）向应保持一致。

6.1.3 使用平板式压烫机压烫试样时，将粘合衬试样放在下面，涂有热熔胶的一面朝上，标准面料在上，标准面料与粘合衬试样的经、纬（纵、横）向应保持一致。

6.2 将组合试样按 FZ/T 01076 规定的压烫条件压烫后，稍经冷却小心取下，置于 GB/T 6529 规定的标准大气中平衡 4 h。

6.3 分别测量试样上经、纬（纵、横）向各三对标记间的距离，精确至 0.5 mm。

7 结果计算

7.1 计算试验前后试样经、纬（纵、横）向的平均距离，以毫米表示，计算结果按 GB/T 8170 修约至小数点后一位。

7.2 经、纬（纵、横）向干热尺寸变化率分别按式（1）计算，计算结果按 GB/T 8170 修约至小数点后一位。

$$L = \frac{L_1 - L_0}{L_0} \times 100\% \qquad \cdots\cdots(1)$$

式中：

L——经、纬（纵、横）向干热尺寸变化率，%；

L_0——试验前基准标记线之间的平均距离，单位为毫米（mm）；

L_1——试验后基准标记线之间的平均距离，单位为毫米（mm）。

8 试验报告

试验报告应包括以下内容：

a） 试验所依据标准的编号（即 FZ/T 01082—2009）；

b） 试样的详细描述，如品种规格、批号、生产日期等；

c) 试验相关参数，如压烫温度、压强、时间、压烫机类型等；

d) 干热尺寸变化率；

e) 任何偏离标准的细节及试验中的异常现象；

f) 试验日期与试验者等。

ICS 59.080.01
W 10

中华人民共和国纺织行业标准

FZ/T 01083—2009
代替 FZ/T 01083—2000

热熔粘合衬
干洗后的外观及尺寸变化试验方法

Testing method for surface appearance and dimensional change on dry cleaning for fusible interlinings

2010-01-20 发布

2010-06-01 实施

中华人民共和国工业和信息化部　　发布

前　言

本标准代替 FZ/T 01083—2000《热熔粘合衬布干洗后的外观及尺寸变化的测定》。与前版标准相比，主要修改了以下内容：

——将标准名称改为《热熔粘合衬干洗后的外观及尺寸变化试验方法》；

——增加烃类溶剂；

——删除前版标准附录 A，将清洗系数 g 归入本版第 4 章；

——干洗程序按 FZ/T 80007.3 执行；

——调整外观评定的方法；

——将前版标准中“尺寸变化”改为用“尺寸变化率”表示。

本标准由中国纺织工业协会提出。

本标准由全国纺织品标准化技术委员会棉纺织印染分技术委员会归口。

本标准起草单位：上海市服装研究所、浙江金三发粘合衬有限公司、中国产业用纺织品行业协会、上海市纺织工业技术监督所。

本标准主要起草人：陈璐、严华荣、李瓒、张宝庆、聂雅渊。

本标准所代替标准的历次版本发布情况为：

——GB/T 11401—1989、FZ/T 01083—1999、FZ/T 01083—2000。

热熔粘合衬
干洗后的外观及尺寸变化试验方法

1 范围

本标准规定了与服装面料粘合的粘合衬经干洗后外观变化的评定和尺寸变化测定的试验方法。

本标准适用于各种材质的机织物、针织物和非织造布为基布的各类热熔粘合衬经干洗后外观变化和尺寸变化的测定。

2 规范性引用文件

下列文件中的条款通过本标准的引用而成为本标准的条款。凡是注日期的引用文件，其随后所有的修改单(不包括勘误的内容)或修订版均不适用于本标准，然而，鼓励根据本标准达成协议的各方研究是否可使用这些文件的最新版本。凡是不注日期的引用文件，其最新版本适用于本标准。

GB/T 6529 纺织品 调湿和试验用标准大气

GB/T 8170 数值修约规则与极限数值的表示和判定

FZ/T 01047 目测评定纺织品色牢度用标准光源条件

FZ/T 01076 服装用热熔粘合衬组合试样制作方法

FZ/T 80007.3 使用粘合衬服装耐干洗测试方法

3 原理

与服装面料粘合的组合试样，在四氯乙烯溶剂或烃类溶剂中进行干洗后，用标准样照评定试样外观变化的等级，测定粘合衬与服装面料粘合后的尺寸稳定性。

4 设备和用具

4.1 干洗机

4.1.1 实验室用小型干洗机：由不锈钢材料制成，筒高 330 mm，直径 222 mm，容积约为 11.4 L，安装在一根与干洗筒垂直轴呈 50°±2°的斜轴上，以 43 r/min～50 r/min 的速度绕轴转动，干洗机的盖子应保证操作时干洗剂不泄漏。

4.1.2 程控全自动全封闭干洗机：旋转笼的直径为 600 mm～1 080 mm，深度不小于 300 mm，装有 3～4 个键槽，其转速产生的清洗系数 g 在 0.5～0.8 之间。按式(1)计算清洗系数 g，计算结果按 GB/T 8170修约至小数点后一位。

$$g = 5.6n^2 d \times 10^{-7} \qquad (1)$$

式中：

n——干洗机每分钟的转数，单位为转每分钟(r/min)；

d——干洗机转筒的直径，单位为毫米(mm)。

4.1.3 实验室用小型干洗机可作为常规试验用，程控全自动全封闭干洗机作仲裁试验用。

4.2 压烫机：符合 FZ/T 01076 的规定。

4.3 合适的标记打印装置。

4.4 直尺：精度 0.5 mm。

4.5 合适的面料。

4.6　标准样照。

5　试剂准备

5.1　四氯乙烯溶剂

5.1.1　四氯乙烯。

5.1.2　去水山梨糖醇月桂酸酯。

注：四氯乙烯为有毒物品，必须采取有效的预防措施，如在通风良好的条件下使用，避免用手直接与溶液接触等。

5.2　烃类溶剂

5.2.1　用于干洗的 HCS 为脂族或异脂和环脂，闪点大于等于 38 ℃，沸点 150 ℃～210 ℃。

5.2.2　去污剂：椰油脂肪酸乙二醇酰胺。

6　试样准备

6.1　按 FZ/T 01076 的规定，准备粘合衬试样和标准面料。粘合衬试样尺寸为 300 mm×300 mm，标准面料尺寸略大于粘合衬试样。

6.2　用合适的标记打印装置(见 4.3)在试样的经、纬(纵、横)向各打三对 250 mm 间距的标记，各组标记应距试样布边 25 mm 左右，同向各组标记间隔为 100 mm±10 mm，见图 1。

单位为毫米

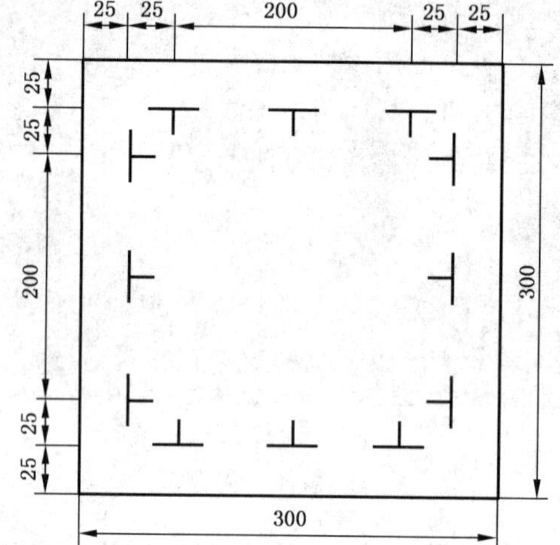

图 1　同向各组标记间隔示意图

6.3　一般机织物的组合试样制作：剪取粘合衬试样一块，剪取标准面料一块，按 FZ/T 01076 的规定，制备组合试样。

6.4　非织造布的组合试样制作：剪取粘合衬试样一块，剪取标准面料两块，一块粘合衬试样与一块标准面料按 FZ/T 01076 制作成组合试样，另一块标准面料覆盖在已制作成组合试样的衬面，四周用包缝机将两层面料缝合，缝线的缩率应不影响试验结果。

6.5　稀薄织物或针织物为基布的组合试样制作：剪取粘合衬试样一块，剪取标准面料三块，按 6.3 制作成组合试样，用两块标准面料覆盖在已制作成组合试样的两面，四周用包缝机将两层面料缝合。

6.6　将组合试样置于 GB/T 6529 规定的标准大气中平衡 4 h。

7　操作程序

7.1　试验室用小型干洗机方法

7.1.1　将 3.8 L 四氯乙烯溶剂，加入 60 mL 去水山梨糖醇月桂酸酯和 4 mL 水混合，倒入干洗筒内。

注：烃类溶剂用量建议参照四氯乙烯溶剂的用量。

7.1.2　称量组合试样 225 g，如果组合试样不足，则以与试样织物相类似的织物作为陪衬布补足到 225 g。

7.1.3　将组合试样 225 g 放入干洗筒内，加盖，启动程序按钮，室温下干洗 15 min，取出组合试样，脱液。

7.1.4　将组合试样悬挂晾干。

7.1.5　按 7.1.1～7.1.4 步骤重复数次后，置组合试样于平台上，用手摊平。

7.1.6　重复洗涤次数：干洗型粘合衬应洗涤五次；耐洗型粘合衬、耐高温水洗型粘合衬应洗涤三次。

7.1.7　将试样置于 GB/T 6529 规定的标准大气中平衡 4 h。

7.2　程控全自动封闭干洗机方法

7.2.1　操作程序按 FZ/T 80007.3 执行。

7.2.2　外衣衬、丝绸衬干洗次数：干洗型粘合衬应洗涤五次；耐洗型粘合衬、耐高温水洗型粘合衬应洗涤三次。

7.2.3　待干洗、烘干完成规定的重复次数后，置组合试样于平台上，用手摊平。

7.2.4　将组合试样置于 GB/T 6529 规定的标准大气中平衡 4 h。

8　结果评定

8.1　外观变化评定

将样照和组合试样置于合适角度的同一平面上，并按同一经、纬(纵、横)向排列，在 FZ/T 01047 所规定的标准光源条件或北向自然光下进行目测对比，评定组合试样外观变化等级。

8.2　尺寸变化率测定

8.2.1　对每块试验前的组合试样，测量经、纬(纵、横)向每个方向上三组数据，精确至 0.5 mm，分别取平均值 L_0，单位为毫米，计算结果按 GB/T 8170 修约至小数点后一位。

8.2.2　对每块干洗、晾干、调湿试验后的组合试样，测量经、纬(纵、横)向每个方向上三组数据，精确至 0.5 mm，分别取平均值 L_1，单位为毫米，计算结果按 GB/T 8170 修约至小数点后一位。

8.2.3　经、纬(纵、横)向干洗尺寸变化率分别按式(1)计算，计算结果按 GB/T 8170 修约至小数点后一位。

$$L = \frac{L_1 - L_0}{L_0} \times 100\% \qquad \cdots\cdots\cdots\cdots(1)$$

式中：

L——经、纬(纵、横)向干洗尺寸变化率，%；

L_0——试验前基准标记线之间的平均距离，单位为毫米(mm)；

L_1——试验后基准标记线之间的平均距离，单位为毫米(mm)。

9　试验报告

试验报告应包括以下内容：

a）试验所依据标准的编号(即 FZ/T 01083—2009)；

b）试样的详细描述，如品种规格、批号、生产日期等；

c）试验相关参数，如干洗设备类型、干洗剂、洗涤次数、干燥方式等；

d）干洗尺寸变化率和干洗后外观变化等级；

e）任何偏离标准的细节及试验中的异常现象；

f）试验日期与试验者等。

ICS 59.080.01
W 10

中华人民共和国纺织行业标准

FZ/T 01084—2009
代替 FZ/T 01084—2000

热熔粘合衬
水洗后的外观及尺寸变化试验方法

Testing method for surface
appearance and dimensional change after washing for fusible interlinings

2010-01-20 发布　　2010-06-01 实施

中华人民共和国工业和信息化部　发布

前　言

本标准代替 FZ/T 01084—2000《热熔粘合衬布水洗后的外观及尺寸变化的测定》。与前版相比，主要修改了以下内容：

——将标准名称改为《热熔粘合衬水洗后的外观及尺寸变化试验方法》；

——调整洗涤剂按 GB/T 8629 规定；

——调整洗涤程序；

——调整外观评定的方法；

——将前版标准中“尺寸变化”改为用“尺寸变化率”表示；

——取消了附录 A。

本标准由中国纺织工业协会提出。

本标准由全国纺织品标准化技术委员会棉纺织印染分技术委员会归口。

本标准起草单位：上海市服装研究所、南通海汇服装辅料有限公司、绍兴县荣士达衬布有限公司、中国产业用纺织品行业协会、上海市纺织工业技术监督所。

本标准主要起草人：陈璐、曹平、许文雅、李桂梅、张宝庆、聂雅渊。

本标准所代替标准的历次版本发布情况为：

——GB/T 11401.2—1989、FZ/T 01084—1999、FZ/T 01084—2000。

热熔粘合衬
水洗后的外观及尺寸变化试验方法

1 范围

本标准规定了与服装面料粘合的粘合衬经水洗后外观变化的评定和尺寸变化测定的试验方法。

本标准适用于各种材质的的机织物、针织物和非织造布为基布的各类热熔粘合衬水洗后外观变化和尺寸变化的测定。

本标准不适用于非热熔粘合衬水洗后外观变化和尺寸变化的测定。

2 规范性引用文件

下列文件中的条款通过本标准的引用而成为本标准的条款。凡是注日期的引用文件,其随后所有的修改单(不包括勘误的内容)或修订版均不适用于本标准,然而,鼓励根据本标准达成协议的各方研究是否可使用这些文件的最新版本。凡是不注日期的引用文件,其最新版本适用于本标准。

GB/T 6529 纺织品 调湿和试验用标准大气

GB/T 8170 数值修约规则与极限数值的表示和判定

GB/T 8629—2001 纺织品 试验用家庭洗涤和干燥程序

FZ/T 01047 目测评定纺织品色牢度用标准光源条件

FZ/T 01076 服装用热熔粘合衬组合试样制作方法

3 原理

与服装面料粘合的粘合衬,在含有洗涤剂的一定温度水溶液中进行水洗后,用标准样照评定试样外观变化的等级,测定粘合衬与服装面料粘合后的尺寸稳定性。

4 设备和用具

4.1 洗衣机:技术参数符合 GB/T 8629 的规定。

4.2 恒温烘箱:保持温度为 60 ℃±2 ℃。

4.3 合适的标记打印装置。

4.4 直尺:精度 0.5 mm。

4.5 合适的洗涤剂:符合 GB/T 8629 规定。

4.6 标准样照。

5 试样准备

5.1 按 FZ/T 01076 的规定,准备粘合衬试样和标准面料。粘合衬试样尺寸为 300 mm×300 mm,标准面料尺寸略大于粘合衬试样。

5.2 用合适的标记打印装置(见 4.3)在试样的经、纬(纵、横)向各打三对 250 mm 间距的标记,各组标记应距试样布边 25 mm 左右,同向各组标记间隔为 100 mm±10 mm,见图 1。

单位为毫米

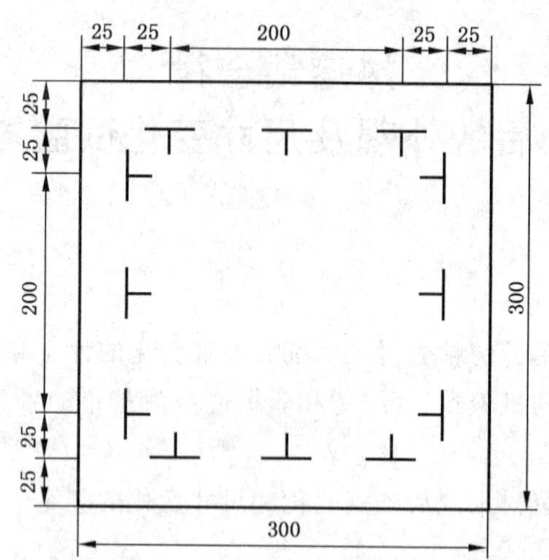

图 1 同向各组标记间隔示意图

5.3 一般机织物的组合试样制作：剪取粘合衬试样一块，剪取标准面料一块，按 FZ/T 01076 的规定，制备组合试样。

5.4 非织造布的组合试样制作：剪取粘合衬试样一块，剪取标准面料两块，一块粘合衬试样与一块标准面料按 FZ/T 01076 制作成组合试样，另一块标准面料覆盖在已制作成组合试样的衬面，四周用包缝机将两层面料缝合，缝线的缩率应不影响试验结果。

5.5 稀薄织物或针织物为基布的组合试样制作：剪取粘合衬试样一块，剪取标准面料三块，按 5.3 制作成组合试样，用两块标准面料覆盖在已制作成组合试样的两面，四周用包缝机将两层面料缝合。

5.6 将组合试样置于 GB/T 6529 规定的标准大气中平衡 4 h。

6 操作程序

6.1 组合试样水洗后尺寸变化率的洗涤程序：衬衫衬按 GB/T 8629—2001 程序 2A 洗涤，外衣衬和丝绸衬按 GB/T 8629—2001 程序 5A 洗涤。

6.2 组合试样水洗后外观变化的洗涤程序：衬衫衬按 GB/T 8629—2001 程序 2A 洗涤三次；外衣衬中的耐洗型粘合衬按 GB/T 8629—2001 程序 5A 洗涤三次，耐高温水洗型粘合衬按 GB/T 8629—2001 程序 1A 洗涤一次；丝绸衬中的耐洗型粘合衬按 GB/T 8629—2001 程序 7A 洗涤三次，耐高温水洗型粘合衬按 GB/T 8629—2001 程序 2A 洗涤一次。

6.3 将准备好的组合试样装入洗衣机，按 GB/T 8629—2001 规定，放入足够重量的增重陪试织物与洗涤剂，选择程序，开始洗涤。

6.4 洗涤程序的最后一次脱水工序结束之后，取出组合试样，保持组合试样不变形。按 GB/T 8629—2001 程序 C(摊平晾干)或程序 F(烘箱干燥)处理，拆除组合试样的缝线。

6.5 将试样置于 GB/T 6529 规定的标准大气中平衡 4 h。

7 结果评定

7.1 外观变化评定

将样照与组合试样放在同一平面上，并按同一经、纬(纵、横)向排列，在 FZ/T 01047 所规定的标准光源条件或北向自然光下进行目测对比，评定组合试样外观变化等级。

7.2 尺寸变化率测定

7.2.1 对每块试验前的组合试样，测量经、纬(纵、横)向每个方向上三组数据，测量精确至 0.5 mm，分别取平均值 L_0，单位为毫米，计算结果按 GB/T 8170 修约至小数点后一位。

7.2.2 对每块水洗、干燥、调湿试验后的组合试样，测量经、纬(纵、横)向每个方向上三组数据，测量精确至 0.5 mm，分别取平均值 L_1，单位为毫米，计算结果按 GB/T 8170 修约至小数点后一位。

7.2.3 经、纬(纵、横)向水洗尺寸变化率分别按式(1)计算，计算结果按 GB/T 8170 修约至小数点后一位。

$$L = \frac{L_1 - L_0}{L_0} \times 100\% \qquad \cdots\cdots(1)$$

式中：

L——经、纬(纵、横)向水洗尺寸变化率，%；

L_0——试验前基准标记线之间的平均距离，单位为毫米(mm)；

L_1——试验后基准标记线之间的平均距离，单位为毫米(mm)。

8 试验报告

试验报告应包括以下内容：

a) 试验所依据标准的编号(即 FZ/T 01084—2009)；

b) 试样的详细描述，如品种规格、批号、生产日期等；

c) 试验相关参数，如洗涤程序、温度、次数、干燥方式等；

d) 水洗尺寸变化率和洗后外观变化等级；

e) 任何偏离标准的细节及试验中的异常现象；

f) 试验日期与试验者等。

前言

本标准代替FZ/T 01085—2000《热熔粘合衬布剥离强力测试方法》。与FZ/T 01085—2000相比，主要修改了以下内容：

——将标准名称改为《热熔粘合衬剥离强力试验方法》；

——新增剥离长度的定义，剥离强力的计算方法；

——调整了设备与用具部分的内容；

——测试剥离强力程序增加预备试验及不良试验处理原则；

——将前版标准中第7章“测试程序”调整为本版第7章“操作程序”、第8章“计算结果”；

——将前版标准中第8章“测试报告”调整为本版第9章“测试报告”。

本标准由中国纺织工业协会提出。

本标准由全国纺织品标准化技术委员会棉纺织印染分技术委员会归口。

本标准起草单位：上海市纺织工业技术监督所、中国产业用纺织品行业协会、上海天洋热熔胶有限公司、南通海汇服装辅料有限公司、安徽润维无纺布有限公司、绍兴县荣士达衬布有限公司、上海市服装研究所。

本标准主要起草人：张宝庆、李桂梅、李哲龙、曹平、朱广明、唐国华、陈璐。

本标准所代替标准的历次版本发布情况为：

——GB/T 11402—1989、FZ/T 01085—1999、FZ/T 01085—2000。

热熔粘合衬剥离强力试验方法

1 范围

本标准规定了热熔粘合衬与服装面料粘合后剥离强力的试验方法。

本标准适用于各种材质的机织物、针织物和非织造布为基布的热熔粘合衬的剥离强力的测定。

2 规范性引用文件

下列文件中的条款通过本标准的引用而成为本标准的条款。凡是注日期的引用文件，其随后所有的修改单(不包括勘误的内容)或修订版均不适用于本标准，然而，鼓励根据本标准达成协议的各方研究是否可使用这些文件的最新版本。凡是不注日期的引用文件，其最新版本适用于本标准。

GB/T 6529 纺织品 调湿和试验用标准大气

GB/T 8170 数值修约规则与极限数值的表示和判定

FZ/T 01076 服装用热熔粘合衬组合试样制作方法

FZ/T 01083 热熔粘合衬干洗后的外观及尺寸变化试验方法

FZ/T 01084 热熔粘合衬水洗后的外观及尺寸变化试验方法

3 术语和定义

下列术语和定义适用于本标准。

3.1

剥离强力 adhesion

反映粘合衬与服装面料粘合程度的物理指标，用将其剥离过程中所需的力表示。

3.2

剥离长度 peeled off length

热熔粘合衬与被粘合面料剥离时，粘合部位分开的长度。

4 原理

热熔粘合衬与服装面料，在一定的温度压力和时间条件下进行压烫，利用热熔胶的粘力与服装面料发生粘合，剥离强力是指热熔粘合衬与被粘合面料剥离时所需的力。剥离过程中，所需的剥离力值为随机变量，受力曲线如图1。记录粘合衬与面料剥离过程中受力曲线图上各峰值，并计算这些峰值的平均值和离散系数。用平均值反映粘合的牢固程度，用离散系数反映粘合的均匀程度。

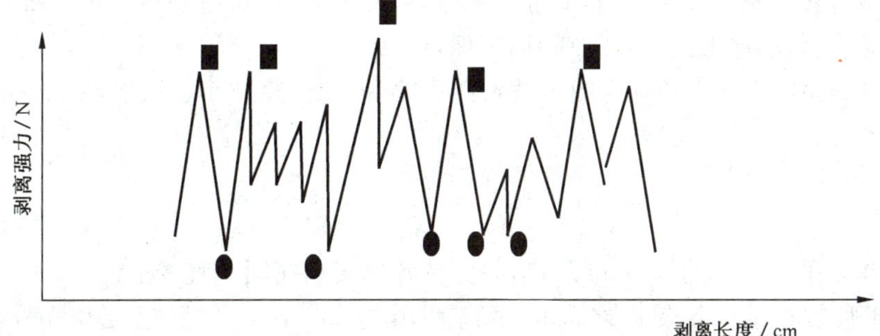

■极大值

●极小值

图1 剥离强力曲线图

5 设备和用具

5.1 压烫机:符合 FZ/T 01076 规定。

5.2 等速伸长型拉力试验机,应符合下列要求:

——试验机的牵引速度为 100 mm/min±10 mm/min。

——所用测试仪准确度±2.0%,测力传感器量程为 0 N～100 N。

5.3 合适的面料。

5.4 裁剪刀。

5.5 选用经熔压不影响试验结果的薄型设定尺寸纸框,纸片厚度为 0.1 mm 以下,具体形状及建议尺寸见图 2,其中框内宽度 50 mm,框内长度不低于 110 mm。

单位为毫米

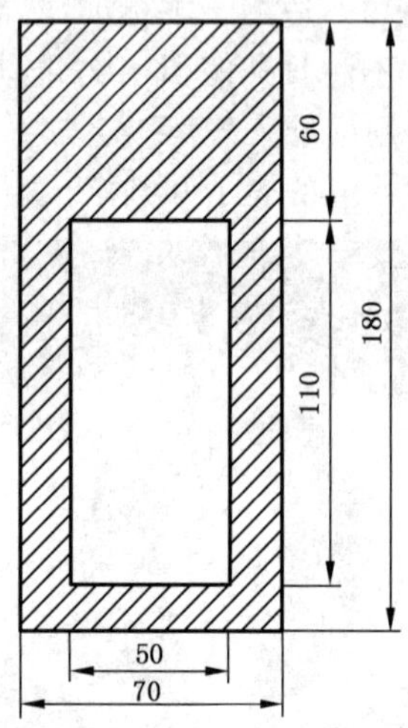

图 2 试样纸框尺寸

6 试样准备

6.1 按 FZ/T 01076 的规定,沿经(纵)向剪取粘合衬试样 10 块,粘合衬试样尺寸为 200 mm×70 mm。

6.2 按 FZ/T 01076 的规定,沿经(纵)向剪取标准面料 10 块,标准面料尺寸略大于粘合衬试样尺寸。

6.3 按 FZ/T 01076 的规定,将图 2 所示纸片放在标准面料与粘合衬试样之间。

6.3.1 使用连续式压烫机压烫试样时,将标准面料放在准备台上,覆上粘合衬试样(涂层的一面朝下),试样与标准面料经纬(纵横)向应保持一致。

6.3.2 使用平板式压烫机压烫试样时,将粘合衬试样放在下面,涂有热熔胶的一面朝上,标准面料在上,标准面料与粘合衬试样的经、纬(纵、横)向应保持一致。

6.4 将组合试样按 FZ/T 01076 规定的压烫条件压烫后,稍经冷却小心取下,置于 GB/T 6529 规定的标准大气中平衡 4 h。

7 操作程序

7.1 在试样一端以手工剥开约 50 mm 裂口,并保持各剥离点在同一直线上。

7.2 将拉力试验机的上、下夹钳之间的距离调节为 50 mm,牵引速度调节为 100 mm/min±10 mm/min。

7.3 预备试验:通过少量的预备试验,来选择适宜的强力范围。对于已有经验数据的产品,则可以免去预测程序。

7.4 正式试验:将准备好的试样一端中的标准面料端与粘合衬试样端分别夹入拉力机的两只夹钳,使剥离线位于两夹钳二分之一处,试样长度方向与夹钳垂直。启动拉力机,经 5 s 后开始采集数据,记录拉伸 100 mm 剥离长度内的各个峰值。

7.5 夹钳返回起始位置,取下试样按 7.1~7.3 重复进行另一组试样测试,共测试五组试样,计算五次测试结果的平均值。

7.6 干洗或水洗后剥离强力测试,将其余五块未剥开裂口的组合试样按 FZ/T 01083 或 FZ/T 01084 中规定洗涤干燥后,按 GB/T 6529 规定进行调湿处理,按本标准中 7.1~7.5 程序进行剥离强力测试,然后计算水洗或干洗后剥离强力五次测试结果的平均值。

7.7 在剥离强力测试过程中,如因试样从夹钳中滑出,或试样在剥离口延长线上呈不规则断裂等原因,而导致试验结果有显著变化时,则应剔除此次试验数据,并在原样上重新裁取试样,进行试验。

7.8 试验中若发生粘合衬经纱(纵向)或纬纱(横向)断裂现象,则记作"粘合衬撕破"。若撕破现象发生在一个试样时,则应剔除该试验结果;若两个及两个以上试样均发生撕破现象,则试样的剥离强力应记作"粘合衬撕破"。

8 结果计算

8.1 每块试样在剥离试验时的记录如图 1 所示,测定 100 mm 剥离长度内的平均剥离强力,或至少取五个极大值和五个极小值的平均值。

8.2 试样每次试验的平均剥离强力按式(1)或式(2)计算,单位为牛顿,最后,取五次平均剥离强力的平均值为试样的剥离强力,计算结果按 GB/T 8170 修约至小数点后一位。

$$\bar{F} = \frac{\sum F_i}{n} \qquad \cdots\cdots(1)$$

$$\bar{F} = \frac{\sum F_{10}}{10} \qquad \cdots\cdots(2)$$

式中:

$\bar{F}$——平均剥离强力,单位为牛顿(N);

$\sum F_i$——100 mm 剥离长度内的剥离强力峰值的总和,单位为牛顿(N);

n——100 mm 剥离长度内出现峰值的次数;

$\sum F_{10}$——五个极大值和五个极小值的总和,单位为牛顿(N)。

8.3 试样剥离强力的离散系数按式(3)和式(4)计算,计算结果按 GB/T 8170 修约至小数点后一位。

$$S = \sqrt{\sum_{i=1}^{n} \frac{(F_i - \bar{F})^2}{n-1}} \qquad \cdots\cdots(3)$$

$$C = \frac{S}{\bar{F}} \qquad \cdots\cdots(4)$$

式中:

S——标准差;

F_i——100 mm 剥离长度内的个别剥离强力的峰值,单位为牛顿(N);

C——剥离强力的离散系数。

8.4 洗涤后剥离强力的下降率按式(5)计算,计算结果按 GB/T 8170 修约至小数点后一位。

$$F = \frac{\bar{F}_0 - \bar{F}_1}{\bar{F}_0} \times 100\% \qquad \cdots\cdots(5)$$

式中:

F——剥离强力的下降率,%;

$\bar{F}_0$——水洗或干洗前平均剥离强力,单位为牛顿(N);

$\bar{F}_1$——水洗或干洗后平均剥离强力,单位为牛顿(N)。

9 试验报告

试验报告应包括以下内容：

a) 试验所依据标准的编号(即 FZ/T 01085—2009)；

b) 试样的详细描述，如品种规格、批号、生产日期等；

c) 试验相关参数，如压烫温度、压力、时间等；

d) 试验用织物断裂强力试验机类型；

e) 水洗或干洗前后剥离强力平均值、离散系数、剥离强力下降率；

f) 任何偏离本标准的细节及试验中的异常现象；

g) 试验日期与试验者等。

ICS 59.080.01
W 01

中华人民共和国纺织行业标准

FZ/T 01109—2011

环锭纺纯棉纱生产用电计算方法

Method for the calculation of productive power for ring-spinning cotton yarns

2011-12-20 发布　　2012-07-01 实施

中华人民共和国工业和信息化部　发布

前　言

本标准按照GB/T 1.1—2009给出的规则起草。

本标准由中国纺织工业协会提出。

本标准由全国纺织品标准化技术委员会棉纺织印染分技术委员会(SAC/TC 209/SC 2)归口。

本标准起草单位:帛方纺织有限公司、宁波百隆纺织有限公司、石家庄常山纺织股份有限公司、淄博兰雁集团有限责任公司、三阳纺织有限公司、上海市纺织工业技术监督所、中国棉纺织行业协会。

本标准主要起草人:王洪法、卫国、梁淑花、宋桂玲、叶戬春、王憬义、蔡吉朝、李伟杰、景慎全。

环锭纺纯棉纱生产用电计算方法

1 范围

本标准规定了棉纺企业生产的纯棉纱产品折标准品单位产量电耗的术语和定义、环锭纺纯棉纱生产工序和计算方法。

本标准适用于棉纺企业以环锭纺生产的纯棉纱产品折标准品单位产量电耗的计算,其计算结果可作为衡量企业之间产品用电水平和分析比较的依据。本标准不适用于其他新型纺纱生产的产品。

本标准未作统一规定的产品品种由各省、市、自治区自行规定。

2 术语和定义

下列术语和定义适用于本文件。

2.1

棉纺生产用电 power for cotton spinning production

除基建用电、生活用电等非生产用电外,用于棉纱生产过程的用电量,单位为千瓦时(kW·h)。

2.2

基本生产用电 power for essential production

直接用于产品生产过程的用电量,分为前纺用电、细纱用电、自动络筒用电三个基本生产用电。

2.3

纯棉纱标准品 standard cotton grey yarns

以普梳纯棉纱 14.6 tex(40 s)、精梳纯棉纱 14.6 tex(40 s)分别作为普梳纯棉纱、精梳纯棉纱标准品。

2.4

用电折合率 conversion factor of electricity consumption

为该产品在该工序单位产量电耗与标准品在该工序单位产量电耗之比。

2.5

折标准品单位产量电耗 conversion of standard electricity consumption for per unit output

以企业生产用电量和各种棉纱的实际产量按工序对标准品用电折合率,折合成标准品产量所计算的产品单位产量电耗(或称"产品用电单耗")。

3 环锭纺纯棉纱生产工序

环锭纺纯棉纱加工工艺分普梳、精梳。各工艺工序如下:

——普梳纯棉纱工序:前纺(清花、梳棉、并条、粗纱)、细纱、自动络筒。

——精梳纯棉纱工序:前纺(清梳联、预并条、条并卷、精梳、并条、粗纱)、细纱、自动络筒。

4 环锭纺纯棉纱折标准品用电单耗计算方法

4.1 环锭纺纯棉纱折标准品用电单耗计算范围

折标准品用电单耗计算范围以生产用电为限,其包括了基本生产用电,空调(滤尘)及其他辅助用电

(空压机、照明用电等)。

注:全年空调及其他辅助用电比例参见附录A。

4.2 环锭纺纯棉纱各工序折标准品产量的计算

4.2.1 棉纱各工序折合标准品产量,分别按各种产品在各工序的实际产量乘以各产品工序用电折合率(具体值见附录B)之和计算,见式(1):

$$P_{si}=\sum(P_{iz}\times S_{iz}) \quad\cdots\cdots(1)$$

式中:

P_{si}——i 工序折标准品产量,单位为吨(t);

P_{iz}——i 工序 z 产品的实际产量,单位为吨(t);

S_{iz}——i 工序 z 产品的用电折合率。

4.2.2 各产品各工序实际产量按各产品入库产量计算,见式(2):

$$P_{iz}=P_z \quad\cdots\cdots(2)$$

式中:

P_z——z 产品的入库产量,单位为吨(t)。

4.2.3 品种及车间半制品变化较大的企业,按各产品主机以后盘存量调整入库产量计算,见式(3)。

$$P_{iz}=P_z+I_{z_2}-I_{z_1} \quad\cdots\cdots(3)$$

式中:

I_{z_2}——z 产品主要工序(细纱)以后期末盘存量,单位为吨(t);

I_{z_1}——z 产品主要工序(细纱)以后期初盘存量,单位为吨(t)。

4.2.4 计算产量的单位,棉纱为吨,取三位小数。

注:入库产量以该品种在公定回潮率时的重量计算。

4.3 环锭纺纯棉纱折标准品用电单耗的计算

4.3.1 折标准品用电单耗的单位,棉纱以kW·h/t表示,取两位小数。

4.3.2 基本生产各工序折标准品用电单耗按式(4)计算:

$$D_{gi}=\frac{E_{gi}}{P_{si}} \quad\cdots\cdots(4)$$

式中:

D_{gi}——i 工序基本生产折标准品用电单耗,单位为千瓦时每吨(kW·h/t);

E_{gi}——i 工序基本生产用电量,单位为千瓦时(kW·h)。

4.3.3 棉纱折标准品基本生产用电单耗按式(5)计算:

$$D_{g_{纱}}=D_{g_{前}}+D_{g_{细}}+D_{g_{络}} \quad\cdots\cdots(5)$$

式中:

$D_{g_{纱}}$——棉纱折标准品基本生产用电单耗,单位为千瓦时每吨(kW·h/t);

$D_{g_{前}}$——前纺折标准品基本生产用电单耗,单位为千瓦时每吨(kW·h/t);

$D_{g_{细}}$——细纱折标准品基本生产用电单耗,单位为千瓦时每吨(kW·h/t);

$D_{g_{络}}$——络筒折标准品基本生产用电单耗,单位为千瓦时每吨(kW·h/t)。

4.3.4 棉纱空调、其他辅助折标准品用电单耗按式(6)、式(7)计算:

$$D_{k纱}=\frac{E_{k_{前}}+E_{k_{细}}}{P_{s_{细}}}+\frac{E_{k_{自}}}{P_{s_{自}}} \quad\cdots\cdots(6)$$

$$D_{f_{纱}}=\frac{E_{f_{前}}+E_{f_{细}}}{P_{s_{细}}}+\frac{E_{f_{自}}}{P_{s_{自}}} \quad\cdots\cdots(7)$$

式中：

$D_{k_{纱}}$ ——棉纱空调折标准品用电单耗，单位为千瓦时每吨(kW·h/t)；

$E_{k_{前}}$、$E_{k_{细}}$、$E_{k_{自}}$——前纺、细纱、自动络筒空调用电量，单位千瓦时(kW·h)；

$D_{f_{纱}}$ ——棉纱其他辅助折标准品用电单耗，单位为千瓦时每吨(kW·h/t)；

$E_{f_{前}}$、$E_{f_{细}}$、$E_{f_{自}}$——前纺、细纱、自动络筒辅助用电量，单位为千瓦时(kW·h)；

$P_{s_{细}}$ ——细纱折标准品产量，单位为吨(t)；

$P_{s_{自}}$ ——自动络筒折标准品产量，单位为吨(t)。

4.3.5 棉纱生产折标准品用电单耗按式(8)计算：

$$D_{纱}=D_{g_{纱}}+D_{k_{纱}}+D_{f_{纱}} \quad \cdots\cdots(8)$$

式中：

$D_{纱}$——棉纱生产折标准品用电单耗，单位为千瓦时每吨(kW·h/t)。

4.4 环锭纺纯棉纱线各工序装机容量示例及其棉纱生产折标准品用电单耗水平

见附录C。

附　录　A
（资料性附录）
全年空调及其他辅助用电比例

全年空调及其他辅助用电占生产用电的比例见表A.1。

表A.1　全年空调及其他辅助用电占生产用电的比例

部门	生产车间			
	空调(滤尘)	照明及其他	空压机	合计
棉纺	15%	8%	3.5%	26.5%
注：根据外界因素变化，空调用电比例可波动至25%。				

附　录　B
（规范性附录）
棉纱各工序用电折合率

B.1　前纺工序

前纺纯棉纱用电折合率见表 B.1。

表 B.1　前纺纯棉纱用电折合率

普梳纯棉纱		精梳纯棉纱	
公称线密度 tex(英制支数)	折合率	公称线密度 tex(英制支数)	折合率
27.8(21)	0.920 6	19.4(30)	0.850 2
24.3(24)	0.933 1	18.2(32)	0.880 2
22.4(26)	0.941 5	14.6(40)	1.000 0
20.8(28)	0.949 8	11.7(50)	1.149 8
19.4(30)	0.958 2	9.7(60)	1.299 6
18.2(32)	0.966 6	8.3(70)	1.449 4
17.2(34)	0.974 9	7.3(80)	1.599 2
16.2(36)	0.983 3	6.5(90)	1.749 0
15.3(38)	0.991 6	5.8(100)	1.898 8
14.6(40)	1.000 0	4.9(120)	2.198 4
9.7(60)	1.083 6	4.2(140)	2.498 0

注：未列出线密度在表格范围内的可用相邻数按线性推算。当线密度超出表格范围，生产企业可根据该线密度在该工序的用电单耗与 14.6 tex(40 s)在该工序的用电单耗之比推算出折合率，如不生产 14.6 tex(40 s)规格的，可与表中其他线密度对比，推算出以 14.6 tex(40 s)为标准品的折合率。

B.2　细纱工序

细纱纯棉纱用电折合率见表 B.2。

表 B.2　细纱纯棉纱用电折合率

普梳纯棉纱		精梳纯棉纱	
公称线密度 tex(英制支数)	折合率	公称线密度 tex(英制支数)	折合率
27.8(21)	0.540 3	19.4(30)	0.679 8
24.3(24)	0.615 0	18.2(32)	0.743 9

表 B.2（续）

普梳纯棉纱		精梳纯棉纱	
公称线密度 tex(英制支数)	折合率	公称线密度 tex(英制支数)	折合率
22.4(26)	0.664 7	14.6(40)	1.000 0
20.8(28)	0.714 5	11.7(50)	1.320 0
19.4(30)	0.764 3	9.7(60)	1.640 1
18.2(32)	0.814 1	8.3(70)	1.960 2
17.2(34)	0.863 8	7.3(80)	2.280 3
16.2(36)	0.913 6	6.5(90)	2.600 4
15.3(38)	0.963 4	5.8(100)	2.920 5
14.6(40)	1.000 0	4.9(120)	3.560 7
9.7(60)	1.511 0	4.2(140)	4.200 9
注：未列出线密度在表格范围内的可用相邻数按线性推算。当线密度超出表格范围，生产企业可根据该线密度在该工序的用电单耗与 14.6 tex(40 s)在该工序的用电单耗之比推算出折合率，如不生产 14.6 tex(40 s)规格的，可与表中其他线密度对比，推算出以 14.6 tex(40 s)为标准品的折合率。			

B.3 络筒工序（自动络筒）

自动络筒纯棉纱用电折合率见表 B.3。

表 B.3 自动络筒纯棉纱用电折合率

普梳纯棉纱		精梳纯棉纱	
公称线密度 tex(英制支数)	折合率	公称线密度 tex(英制支数)	折合率
27.8(21)	0.696 4	19.4(30)	0.572 5
24.3(24)	0.744 3	18.2(32)	0.658 0
22.4(26)	0.776 3	14.6(40)	1.000 0
20.8(28)	0.808 2	11.7(50)	1.427 5
19.4(30)	0.840 2	9.7(60)	1.855 0
18.2(32)	0.872 2	8.3(70)	2.282 5
17.2(34)	0.904 1	7.3(80)	2.710 0
16.2(36)	0.936 1	6.5(90)	3.137 5
15.3(38)	0.968 0	5.8(100)	3.565 0
14.6(40)	1.000 0	4.9(120)	4.420 0
9.7(60)	1.319 6	4.2(140)	5.275 0
注：未列出线密度在表格范围内的可用相邻数按线性推算。当线密度超出表格范围，生产企业可根据该线密度在该工序的用电单耗与 14.6 tex(40 s)在该工序的用电单耗之比推算出折合率，如不生产 14.6 tex(40 s)规格的，可与表中其他线密度对比，推算出以 14.6 tex(40 s)为标准品的折合率。			

附 录 C
（资料性附录）
各流程装机容量示例及其用电单耗水平

C.1 各工序装机容量示例

C.1.1 普梳纯棉纱各流程装机容量见表C.1。

表 C.1 普梳纯棉纱各流程装机容量

单位为千瓦

流程		装机容量
前纺	清花	73.32
	梳棉	5.37
	并条	6.45
	粗纱	16.62
细纱		23.63
自动络筒		29.55

C.1.2 精梳纯棉纱各流程装机容量见表C.2。

表 C.2 精梳纯棉纱各流程装机容量

单位为千瓦

流程		装机容量
前纺	清梳联	163.40
	预并条	3.72
	条并卷	13.20
	精梳	7.00
	并条	6.45
	粗纱	16.62
细纱		23.63
自动络筒		29.55

C.2 纯棉纱生产折标准品用电单耗水平

纯棉纱生产折标准品用电单耗水平见表C.3。

表 C.3　纯棉纱生产折标准品用电单耗水平

单位为千瓦时每吨

标准品	一般水平	较好水平	优秀水平
普梳 14.6 tex(40 s)	≥4 400	3 600～4 400	≤3 600
精梳 14.6 tex(40 s)	≥5 300	4 200～5 300	≤4 200
注：该水平值为生产企业全年平均值。			

ICS 59.080.01
W 10

中华人民共和国纺织行业标准

FZ/T 01110—2011

粘合衬粘合压烫后的渗胶试验方法

Testing method for adhesive penetration of interlining after pressing

2011-12-20 发布 2012-07-01 实施

中华人民共和国工业和信息化部 发布

前　言

本标准按照 GB/T 1.1—2009 给出的规则起草。

本标准由中国纺织工业协会提出。

本标准由全国纺织品标准化技术委员会棉纺织印染分技术委员会(SAC/TC 209/SC 2)归口。

本标准起草单位:维柏思特衬布(南通)有限公司、上海市纺织工业技术监督所、上海天洋热熔胶有限公司、长兴三伟热熔胶有限公司、中国产业用纺织品行业协会、上海市服装研究所。

本标准主要起草人:沈荣、张宝庆、李哲龙、殷伟乔、李桂梅、黄俊、朱万育、施琴。

粘合衬粘合压烫后的渗胶试验方法

1 范围

本标准规定了粘合衬与面料粘合后热熔胶渗胶的试验方法。

本标准适用于对各种材质的机织物、针织物和非织造布为基布的热熔粘合衬粘合压烫后渗胶的测定。

2 规范性引用文件

下列文件对于本文件的应用是必不可少的。凡是注日期的引用文件,仅注日期的版本适用于本文件。凡是不注日期的引用文件,其最新版本(包括所有的修改单)适用于本文件。

GB/T 6529 纺织品 调湿和试验用标准大气

FZ/T 01076 热熔粘合衬尺寸变化组合试样制作方法

3 原理

采用连续式压烫机或平板式压烫机压烫组合试样时,粘合衬在适宜的温度、压力和时间作用下,热熔胶在面料正面或粘合衬背面的渗透状况。

4 设备和用具

4.1 压烫机:压烫机可升温至 200 ℃,温度准确度在±2 ℃;压烫机能施加一个均匀一致的压力,压强可在 0.00~1.00 MPa 之间调节,压强准确度为±0.02 MPa。压烫机分为连续式压烫机和平板式压烫机:

a) 连续式压烫机:由上下加热器、输送带和上下轧辊等组成。

b) 平板式压烫机:由上面一块平面热金属板和下面一个平面底床组成。

4.2 测温计:符合计量标准,能够测量连续式或平板式压烫机的温度,准确度±2 ℃。

4.3 薄型棉纸:15 g/m^2~20 g/m^2。

4.4 标准面料:符合 FZ/T 01076 规定。

4.5 钢尺:准确度±0.5 mm。

4.6 裁剪刀。

5 试样准备

5.1 在每块全幅粘合衬样品上,裁取矩形试样三块,长 150 mm±2 mm,宽 50 mm±1 mm,试样长度方向平行于粘合衬的经(纵)向,试样宽度方向平行于粘合衬的纬(横)向。

5.2 每块试样应从距布边 10 cm、距布端 100 cm 以上的不同位置剪取。

5.3 试样上不应有明显布面疵点及漏粉、涂层不匀等影响粘合加工的疵点存在。

5.4 裁取标准面料三块,尺寸略大于粘合衬试样,经(纵)向、纬(横)向与粘合衬试样一致。

5.5 裁取薄型棉纸三块，尺寸略大于标准面料。

5.6 将裁取的粘合衬试样、标准面料和薄型棉纸置于 GB/T 6529 规定的标准大气中放置 4 h。

6 操作程序

6.1 按 FZ/T 01076 规定，选择压烫条件见表 1，也可由供需双方协议商定。

表 1 粘合衬压烫条件

粘合衬类别	压烫温度 ℃	压烫压强 MPa	压烫时间 s
衬衫衬	160～170	0.2～0.4	15～18
外衣衬	120～150	0.1～0.3	15～18
丝绸衬	110～130	0.1～0.3	10～15
裘皮衬	120～150	0.1～0.3	15～18
注 1：压强单位换算，1 MPa= 10.2 kg/cm^2。 注 2：以粘合后剥离强力达到产品标准的要求，为渗胶测试的实际压烫条件。			

6.2 将压烫机调节至选定的压烫条件，并用测温计测定压烫机实际温度。

6.3 使用连续式压烫机或平板式压烫机压烫试样，正面渗胶与背面渗胶的操作过程如下：

a) 正面渗胶：将标准面料、粘合衬试样、薄型棉纸按图 1 组合，然后将该组合好的试样用压烫机进行粘合压烫，稍经冷却后小心取下，在 GB/T 6529 规定的标准大气中放置 4 h 后进行评定。

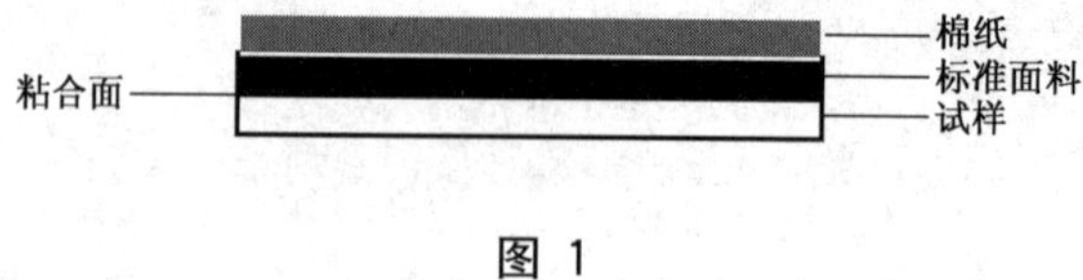

图 1

b) 背面渗胶：将标准面料、粘合衬试样、薄型棉纸按图 2 组合，然后将该组合好的试样用压烫机进行粘合压烫，稍经冷却后小心取下，在 GB/T 6529 规定的标准大气中放置 4 h 后进行评定。

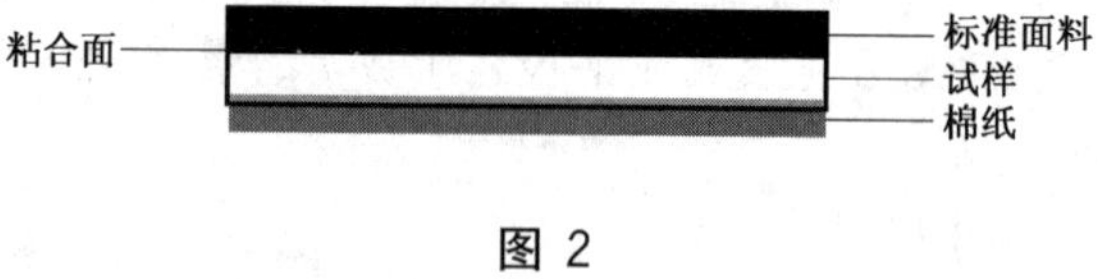

图 2

7 结果评定

7.1 正面渗胶评定：竖向拿起压烫后的组合试样，薄型棉纸脱离标准面料且面料表面无胶点渗出即为不渗胶。反之，即为渗胶。

7.2 背面渗胶评定：竖向拿起压烫后的组合试样，薄型棉纸脱离粘合衬试样的背面即为不渗胶。反之，即为渗胶。

8 试验报告

试验报告应包括以下内容：

a） 试验依据的标准编号(FZ/T 01110—2011)；

b） 试样的详细描述，如品种规格、批号、生产日期等；

c） 试验相关参数，如压烫温度、压强、时间等；

d） 正面渗胶、背面渗胶结果评定；

e） 任何偏离本标准的细节及试验中的异常现象；

f） 试验日期与试验者等。

ICS 59.080.01
W 10

中华人民共和国纺织行业标准

FZ/T 01111—2011

粘合衬酵素洗后的外观及尺寸变化试验方法

Testing method for appearance and dimensional change of adhesive-bonded interlinings after enzyme washing

2011-12-20 发布　　2012-07-01 实施

中华人民共和国工业和信息化部　发布

前　言

本标准按照 GB/T 1.1—2009 给出的规则起草。

本标准由中国纺织工业协会提出。

本标准由全国纺织品标准化技术委员会棉纺织印染分技术委员会(SAC/TC 209/SC 2)归口。

本标准起草单位:维柏思特衬布(南通)有限公司、上海天洋热熔胶有限公司、长兴三伟热熔胶有限公司、上海市纺织工业技术监督所、中国产业用纺织品行业协会、上海市服装研究所。

本标准主要起草人:沈荣、李哲龙、赵峰、张宝庆、李桂梅、张俭、朱万育、徐彦宁。

粘合衬酵素洗后的外观及尺寸变化试验方法

1 范围

本标准规定了粘合衬与面料粘合的组合试样，经酵素洗后外观变化评定和尺寸变化测定的试验方法。

本标准适用于各种材质的机织物、针织物和非织造布为基布的各类粘合衬经酵素洗后外观变化和尺寸变化的测定。

本标准不适用于非粘合衬酵素洗后外观变化和尺寸变化的测定。

2 规范性引用文件

下列文件对于本文件的应用是必不可少的。凡是注日期的引用文件，仅注日期的版本适用于本文件。凡是不注日期的引用文件，其最新版本(包括所有的修改单)适用于本文件。

GB/T 6529 纺织品 调湿和试验用标准大气

GB/T 8170 数值修约规则与极限数值的表示和判定

GB/T 8629—2001 纺织品 试验用家庭洗涤和干燥程序

FZ/T 01047 目测评定纺织品色牢度用标准光源条件

FZ/T 01076—2010 热熔粘合衬尺寸变化组合试样制作方法

FZ/T 13001 色织牛仔布

QB/T 2323 工业洗衣机

QB/T 2583 纤维素酶制剂

3 原理

粘合衬与面料粘合后的组合试样在一定温度、pH值的纤维素酶(俗称酵素)水溶液中，经过洗涤处理后，用粘合衬洗涤后外观变化评定样照对比试样外观变化等级，测定组合试样的尺寸稳定性。

4 设备和用具

4.1 连续式压烫机或平板式压烫机，符合FZ/T 01076—2010中4.1的要求。

4.2 工业洗衣机：技术参数符合QB/T 2323的规定，推荐用量10 kg。

4.3 恒温烘箱：保持温度为60 ℃±2 ℃。

4.4 直尺：准确度0.5 mm。

4.5 测温计：准确度±1 ℃。

4.6 裁剪刀。

4.7 组合试样洗涤后外观变化评定样照。

4.8 标准面料：330 g/m^2～340 g/m^2 的纯棉斜纹色织牛仔布，符合 FZ/T 13001 一等品的要求。面料有特殊要求者，由供需双方协议商定。

4.9 浮石：直径 1 cm～7 cm。

4.10 合适的标记打印装置。

4.11 pH 计或 pH 精密试纸。

4.12 天平：分度值为 1 g。

5 试剂准备

5.1 纤维素酶（酵素）类型：酸性纤维素酶（液体酶制剂或固体酶制剂）和中性纤维素酶（液体酶制剂或固体酶制剂），符合 QB/T 2583 的要求。

5.2 酵素洗分轻度酵素洗、中度酵素洗、重度酵素洗、石磨酵素洗，纤维素酶（酵素）用量见表 1。

表 1 纤维素酶（酵素）用量

酵素洗类别	总酶活力	纤维素酶用量（相对于试样加增重陪试物总质量的用量）
轻度酵素洗	酸性纤维素酶 10 000 U/g(CMCA-DNS)	0.5%
	中性纤维素酶 5 000 U/g(CMCA-DNS)	1.0%
中度酵素洗	酸性纤维素酶 10 000 U/g(CMCA-DNS)	1.0%
	中性纤维素酶 5 000 U/g(CMCA-DNS)	2.0%
重度酵素洗及石磨酵素洗	酸性纤维素酶 10 000 U/g(CMCA-DNS)	1.5%
	中性纤维素酶 5 000 U/g(CMCA-DNS)	3.0%

5.3 纤维素酶（酵素）水溶液的制备：参照产品的使用要求，将纤维素酶按所需用量溶解于水中，然后用冰醋酸或醋酸钠调节至所需 pH 值范围（用 pH 计或 pH 精密试纸测定），即可制得试验用纤维素酶（酵素）水溶液。

6 试样准备

6.1 开放式的组合试样制作：剪取粘合衬试样一块，剪取标准面料一块，按 FZ/T 01076 的规定（勿打印间距的标记），制备组合试样。

6.2 封闭式组合试样制作：剪取粘合衬试样一块，剪取标准面料二块，一块粘合衬试样与一块标准面料按 FZ/T 01076 的规定（勿打印间距的标记），制作成组合试样。

6.3 将组合试样置于 GB/T 6529 规定的标准大气中平衡 4 h 后，用合适的标记打印装置（见 4.10）在组合试样衬布一面的经、纬（纵、横）向各打三对 250 mm 间距的标记，各组标记应距试样布边 25 mm 左右，同向各组标记间隔为 100 mm±10 mm，见图 1。开放式的组合试样即可供试验应用。

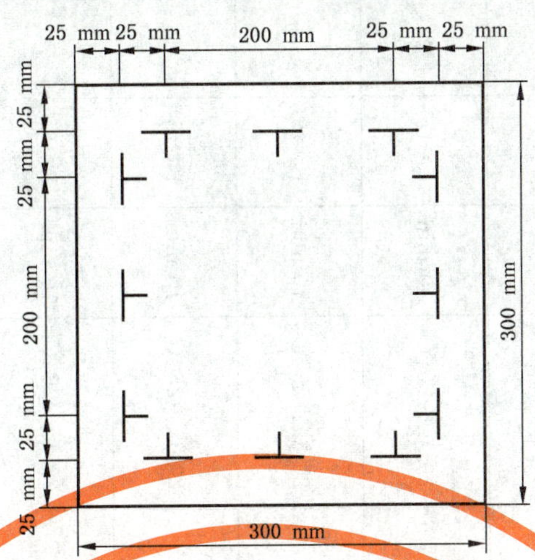

图1　同向各组标记间隔示意图

6.4　封闭式组合试样需将另一块标准面料覆盖在已制作成组合试样的衬面，四周用包缝机将两层面料缝合，即可供试验应用。

7　操作程序

7.1　酵素洗工艺流程：酵素洗→灭活→漂洗。酵素洗、灭活和漂洗工艺条件见表2。

7.2　试样称量（确保试样干质量不得低于5 kg，若试样干质量低于5 kg时，则加增重陪试物补至5 kg）。

7.3　按表2，根据试样量和浴比将所需水加入洗衣机内。

7.4　按表1，用天平秤取酸性纤维素酶或中性纤维素酶（石磨酵素洗同时秤取浮石）放入洗衣机内。

7.5　将洗涤溶液加热至所需温度，也可直接配制成所需温度的溶液进行洗涤。

7.6　将试样和增重陪试织物装入洗衣机内，按表2选择酵素洗工艺，启动洗衣机进行酵素洗，洗涤结束，排尽洗涤液。

7.7　按表2进行酵素的灭活处理，灭活结束，排尽洗涤液。

7.8　按表2进行连续两次漂洗。

7.9　待最后一次漂洗液排尽后，进行脱水3 min，取出组合试样，保持组合试样不变形。按GB/T 8629—2001程序C（摊平晾干）或程序F（烘箱干燥）处理，拆除组合试样的缝线。

7.10　将干燥后的组合试样置于GB/T 6529规定的标准大气中平衡4 h。

表 2　酵素洗、灭活和漂洗工艺条件

程序编号	洗涤方式	酵素洗					灭活				漂洗			
		温度	pH 值	时间	浴比	浮石量	温度	pH 值	时间	浴比	温度	时间	浴比	次数
A1	轻度酵素洗（酸性纤维素酶）	50 ℃±5 ℃	4.5～5.5	30 min	1∶15	—	80 ℃～85 ℃	9.0～9.5	15 min	1∶15	20 ℃～25 ℃	10 min	1:15	2
A2	轻度酵素洗（中性纤维素酶）	50 ℃±5 ℃	6.0～8.0	30 min	1∶15	—	80 ℃～85 ℃	9.0～9.5	15 min	1∶15	20 ℃～25 ℃	10 min	1∶15	2
B1	中度酵素洗（酸性纤维素酶）	50 ℃±5 ℃	4.5～5.5	45 min	1∶15	—	80 ℃～85 ℃	9.0～9.5	15 min	1∶15	20 ℃～25 ℃	10 min	1∶15	2
B2	中度酵素洗（中性纤维素酶）	50 ℃±5 ℃	6.0～8.0	45 min	1∶15	—	80 ℃～85 ℃	9.0～9.5	15 min	1∶15	20 ℃～25 ℃	10 min	1∶15	2
C1	重度酵素洗（酸性纤维素酶）	50 ℃±5 ℃	4.5～5.5	60 min	1∶15	—	80 ℃～85 ℃	9.0～9.5	15 min	1∶15	20 ℃～25 ℃	10 min	1∶15	2
C2	重度酵素洗（中性纤维素酶）	50 ℃±5 ℃	6.0～8.0	60 min	1∶15	—	80 ℃～85 ℃	9.0～9.5	15 min	1∶15	20 ℃～25 ℃	10 min	1∶15	2
D1	石磨酵素洗（酸性纤维素酶）	50 ℃±5 ℃	4.5～5.5	60 min	1∶15	≤0.5 kg	80 ℃～85 ℃	9.0～9.5	15 min	1∶15	20 ℃～25 ℃	10 min	1∶15	2
D2	石磨酵素洗（中性纤维素酶）	50 ℃±5 ℃	6.0～8.0	60 min	1∶15	≤0.5 kg	80 ℃～85 ℃	9.0～9.5	15 min	1∶15	20 ℃～25 ℃	10 min	1∶15	2

注 1：浮石用量按每千克布样量需要 0～0.5 kg 计算或根据泛旧程度，由供需双方协议商定。

注 2：灭活水溶液用碳酸钠调节 pH 值。

8 结果评定

8.1 外观变化评定

将评定样照与组合试样放在同一平面上，并按同一经、纬(纵、横)向排列，在 FZ/T 01047 所规定的标准光源条件或北向自然光下进行目测对比，观察组合试样有否表面不平整、起泡起皱、组合试样开裂、粘合衬脱落等状况，综合评定组合试样外观变化等级。

8.2 尺寸变化率测定

8.2.1 对每块试验前、调湿试验后的组合试样，测量经、纬(纵、横)向每个方向上三组数据，测量精确至 0.5 mm，分别取平均值 L_0，单位为毫米，计算结果按 GB/T 8170 修约至小数点后一位。

8.2.2 对每块酵素洗、调湿试验后的组合试样，测量经、纬(纵、横)向每个方向上三组数据，测量精确至 0.5 mm，分别取平均值 L_1，单位为毫米，计算结果按 GB/T 8170 修约至小数点后一位。

8.2.3 经(纵)向、纬(横)向酵素洗后尺寸变化率分别按式(1)计算，计算结果按 GB/T 8170 修约至小数点后一位。

$$L=\frac{L_1-L_0}{L_0}\times 100 \qquad \cdots\cdots(1)$$

式中：

L ——粘合衬经(纵)向、纬(横)向酵素洗尺寸变化率，%；

L_0——试验前基准标记线之间的平均距离，单位为毫米(mm)；

L_1——试验后基准标记线之间的平均距离，单位为毫米(mm)。

9 试验报告

试验报告应包括以下内容：

a) 试验所依据标准的编号(即 FZ/T 01111—2011)；
b) 试样的详细描述，如品种、规格、批号、生产日期等；
c) 试验相关参数，如温度、pH 值、浴比、时间、干燥方式以及组合试样方法等；
d) 纤维素酶(酵素)、浮石规格、用量等；
e) 酵素洗尺寸变化率和洗后外观变化等级；
f) 任何偏离标准的细节及试验中的异常现象；
g) 试验日期与试验者等。

ICS 59.080.01
W 10

中华人民共和国纺织行业标准

FZ/T 07001—2013

棉纺织行业综合能耗计算导则

Calculation directives for comprehensive energy consumption of cotton spinning and weaving industries

2013-10-17 发布　　2014-03-01 实施

中华人民共和国工业和信息化部　　发布

前　言

本标准按照 GB/T 1.1—2009 给出的规则起草。

本标准由中国纺织工业联合会提出。

本标准由全国纺织品标准化技术委员会(SAC/TC 209)归口。

本标准起草单位:郑州宏大纺纱新技术咨询有限公司、深圳市华测检测有限公司、宏太(中国)有限公司、常熟鼓风机有限公司、山西鸿基科技股份有限公司。

本标准主要起草人:程晧、邱华、王伟民、王立新、赵东兵、田海营、朱平、郭勇、刘学敏、徐江、章宗浩。

棉纺织行业综合能耗计算导则

1 范围

本标准规定了棉纺织企业在生产过程中，单位产量、单位增加值及单位产值综合能耗的定义、计算边界和计算方法。

本标准适用于棉纺织企业的耗能管理和行业内能效对标。

2 规范性引用文件

下列文件对于本文件的应用是必不可少的。凡是注日期的引用文件，仅注日期的版本适用于本文件。凡是不注日期的引用文件，其最新版本（包括所有的修改单）适用于本文件。

GB/T 2589 综合能耗计算通则

GB 17167 用能单位能源计量器具配备和管理通则

3 术语和定义

下列术语和定义适用于本文件。

3.1

统计报告期 statistics of the reporting period

企业进行能耗统计的时间周期，以日、周、月、季、年为统计单位。

3.2

企业综合能耗 comprehensive energy consumption of enterprises

企业统计报告期内，主要生产系统、辅助生产系统和附属生产系统实际消耗的各种能源实物量，按规定的计算方法和单位分别折算后的总和。

3.3

企业单位产值综合能耗 comprehensive energy consumption per unit output value of enterprises

企业统计报告期内，企业综合能耗与生产总产值的比值。

3.4

企业单位增加值综合能耗 comprehensive energy consumption per unit added value of enterprises

企业统计报告期内，企业综合能耗与工业增加值的比值。

3.5

企业单位产量综合能耗 comprehensive energy consumption per unit production

企业生产该品种的能耗总量与该产品合格品总量的比值。

3.6

企业工业总产值 industrial output value of enterprises

在统计报告期内不再进行加工，经检验、包装入库的成品价值，对外加工费收入，自制半成品在产品期末初差额价值，出售废料价值之和。采用“工厂法”计算。

3.7

企业工业增加值 industrial added value of enterprises

企业全部生产活动的总成果扣除了在生产过程中消耗或转移的物质产品和劳务价值后的余额；是

企业生产过程中新增加的价值。

4 分类

综合能耗分为四类:企业综合能耗、企业单位产量综合能耗、企业单位产值综合能耗、企业单位增加值综合能耗。

5 计算边界

5.1 企业综合能耗

5.1.1 企业综合能耗计算范围应以所确定的用能单位的边界(或体系、界区)为界,界内所消耗及输出的各种能源,包括:主要生产系统用能、辅助生产系统用能、附属生产系统用能。

5.1.2 主要生产系统用能,也称为生产系统用能,指生产车间或生产装置的用能。

5.1.3 辅助生产系统用能,指为主要生产系统服务的动力、供电、供水、供风、采暖、制冷、仪表等辅助设备用能。

5.1.4 附属生产系统用能,指生产指挥系统(厂部)和用能单位内为生产服务的部门用能,如浴室、机修部门、食堂、保健站、倒班休息室等。

5.1.5 企业实际消耗的各类能源是用于生产活动中的各类能源,不包括日常生活及其他作业用能。

5.1.6 日常生活用能是企业系统内的宿舍、学校、文化娱乐、医院、商业服务和托儿幼教等方面用能。

5.1.7 其他作业用能是企业系统内批准的基建、技改项目、防汛及非纺织生产用能等。

5.2 纺纱部分综合能耗

棉纺织企业在统计报告期内,从原棉投入开始至成品纱线入库止,各生产工序的生产系统用能、辅助生产系统用能和附属生产系统用能总量。

5.3 机织部分综合能耗

棉纺织企业在统计报告期内,从棉纱投入开始至成品坯布入库止,各生产工序的生产系统用能、辅助生产系统用能和附属生产系统用能总量。

6 计算

6.1 企业综合能耗

企业综合能耗计算见式(1)。

$$E = EY + EC \qquad \cdots\cdots (1)$$

式中:

E ——棉纺织企业综合能耗,单位为千克标准煤(kgce);

EY——企业纺纱部分的综合能耗,单位为千克标准煤(kgce);

EC——企业机织部分的综合能耗,单位为千克标准煤(kgce)。

6.2 企业总产值

企业总产值计算见式(2)。

$$G = GY + GC \qquad \cdots\cdots (2)$$

式中：

G ——企业总产值，单位为万元；

GY——企业纺纱部分纱(线)的总产值，单位为万元；

GC——企业机织部分坯布的总产值，单位为万元。

6.3 企业单位产值综合能耗

企业单位产值综合能耗的计算见式(3)。

$$E_g = \frac{E}{G} \quad \cdots\cdots(3)$$

式中：

E_g ——单位产值综合能耗，单位为千克标准煤每万元(kgce/万元)；

E ——棉纺织企业综合能耗，单位为千克标准煤(kgce)；

G ——统计报告期内产出的总产值，单位为万元。

6.4 企业单位增加值综合能耗

企业单位增加值综合能耗的计算见式(4)。

$$E_i = \frac{E}{GDP} \quad \cdots\cdots(4)$$

式中：

E_i ——企业单位增加值综合能耗，单位为千克标准煤每万元(kgce/万元)；

E ——棉纺织企业综合能耗，单位为千克标准煤(kgce)；

GDP——统计报告期企业的工业增加值，单位为万元。

6.5 企业纺纱部分能耗

6.5.1 企业纺纱部分综合能耗

企业纺纱部分综合能耗计算见式(5)。

$$EY = \sum_{j=1}^{m} EY_j \quad \cdots\cdots(5)$$

式中：

EY ——统计报告期内企业生产的各种纱(线)的综合能耗的总和，单位为千克标准煤(kgce)；

EY_j ——统计报告期内第 j 种纱(线)的综合能耗，单位为千克标准煤(kgce)；

m ——统计报告期内企业生产的纱(线)品种数量。

6.5.2 第 j 种纱(线)的综合能耗

第 j 种纱(线)的综合能耗计算见式(6)。

$$EY_j = \sum_{i=1}^{n} EY_{ji} + EYS_j \quad \cdots\cdots(6)$$

式中：

EY_j ——统计报告期内第 j 种纱(线)的综合能耗，单位为千克标准煤(kgce)；

EY_{ji} ——第 j 种纱(线)第 i 道工序的综合能耗，单位为千克标准煤(kgce)；

EYS_j ——统计报告期内企业生产第 j 种纱(线)附属生产系统分摊的综合能耗，单位为千克标准煤(kgce)，计算见式(B.13)；

n ——统计报告期内企业生产第 j 种纱(线)的生产工序数。

6.5.3 第 j 种纱(线)第 i 道工序的综合能耗

第 j 种纱(线)第 i 道工序的综合能耗计算见式(7)。

$$EY_{ji}=E_{oi}+EYA_{i} \qquad \cdots\cdots(7)$$

式中:

E_{oi} ——统计报告期内工序工艺综合能耗,单位为千克标准煤(kgce);

EYA_{i} ——统计报告期内企业生产第 j 种纱(线)工序的辅助综合能耗,单位为千克标准煤(kgce)计算见式(B.11)。

6.5.4 第 j 种纱(线)第 i 道工序的单位产量综合能耗

第 j 种纱(线)第 i 道工序的单位产量综合能耗计算见式(8)。

$$EY_{\mathrm{p}ji}=\frac{EY_{ji}}{PY_{i}} \qquad \cdots\cdots(8)$$

式中:

$EY_{\mathrm{p}ji}$——第 j 种纱(线)第 i 道工序的单位产量综合能耗,单位为千克标准煤(kgce);

EY_{ji} ——第 j 种纱(线)第 i 道工序的综合能耗,单位为千克标准煤(kgce);

PY_{i} ——第 i 道工序的合格品产量。

6.5.5 纱(线)单位产量综合能耗

纱(线)单位产量综合能耗的计算见式(9)。

$$EY_{\mathrm{p}j}=\frac{EY_{j}}{PY_{j}} \qquad \cdots\cdots(9)$$

式中:

$EY_{\mathrm{p}j}$——统计报告期内第 j 种纱(线)单位产量综合能耗,单位为千克标准煤(kgce);

EY_{j} ——统计报告期内第 j 种纱(线)的综合能耗,单位为千克标准煤(kgce);

PY_{j} ——统计报告期内第 j 种纱(线)合格产品的产量,单位为千克(kg)。

6.6 企业织造部分能耗

6.6.1 企业织造部分综合能耗

企业织造部分综合能耗计算见式(10)。

$$EC=\sum_{j=1}^{m}EC_{j} \qquad \cdots\cdots(10)$$

式中:

EC ——统计报告期内企业生产的各种坯布的综合能耗的总和,单位为千克标准煤(kgce);

EC_{j} ——统计报告期内第 j 种坯布的综合能耗,单位为千克标准煤(kgce);

m ——统计报告期内企业生产的坯布品种数量。

6.6.2 第 j 种坯布的综合能耗

第 j 种坯布的综合能耗计算见式(11)。

$$EC_{j}=\sum_{i=1}^{n}EC_{ji}+ECS_{j} \qquad \cdots\cdots(11)$$

式中:

EC_{j} ——统计报告期内第 j 种坯布的综合能耗,单位为千克标准煤(kgce);

EC_{ji} ——第 j 种坯布第 i 道工序的综合能耗,单位为千克标准煤(kgce);

ECS_j ——统计报告期内企业生产第 j 种坯布附属生产系统分摊的综合能耗,单位为千克标准煤(kgce),计算见式(B.14);

n ——统计报告期内企业生产第 j 种坯布的生产工序数。

6.6.3 第 j 种坯布第 i 道工序的综合能耗

第 j 种坯布第 i 道工序的综合能耗计算见式(12)。

$$EC_{ji}=E_{oi}+ECA_i \quad \cdots\cdots(12)$$

式中:

E_{oi} ——统计报告期内工序工艺综合能耗,单位为千克标准煤(kgce);

ECA_i——统计报告期内企业生产第 j 种坯布的辅助综合能耗,单位为千克标准煤(kgce),计算见式(B.12);

6.6.4 第 j 种坯布第 i 道工序的单位产量综合能耗

第 j 种坯布第 i 道工序的单位产量综合能耗计算见式(13)。

$$EC_{pji}=\frac{EC_{ji}}{PC_i} \quad \cdots\cdots(13)$$

式中:

EC_{pji}——第 j 种坯布第 i 道工序的单位产量综合能耗,单位为千克标准煤(kgce);

EC_{ji} ——第 j 种坯布第 i 道工序的综合能耗,单位为千克标准煤(kgce);

PC_i ——第 i 道工序的合格品产量。

6.6.5 第 j 种坯布单位产量综合能耗

第 j 种坯布单位产量综合能耗的计算见式(14)。

$$EC_{\text{IV}j}=\frac{EC_j}{PC_j} \quad \cdots\cdots(14)$$

式中:

EC_{pj}——统计报告期内第 j 种坯布单位产量综合能耗,单位为千克标准煤(kgce);

EC_j ——统计报告期内第 j 种坯布的综合能耗,单位为千克标准煤(kgce);

PC_j ——统计报告期内第 j 种坯布合格产品的产量,单位为千克(kg)。

7 相关参数的计算及查询

7.1 棉纺织企业各工序能耗计算方法按附录 A 的规定。

7.2 棉纺织企业各工序能耗分摊计算方法按附录 B 的规定。

7.3 棉纺织企业蒸汽能耗计算方法按附录 C 的规定。

7.4 棉纺织企业冷却水能耗计算方法按附录 D 的规定。

7.5 棉纺织企业空压站能耗计算方法按附录 E 的规定。

7.6 棉纺织企业生产工艺流程分类参照附录 F。

7.7 符号规范体系表参照附录 G。

7.8 棉纺织企业各类常用能源热值折算参照附录 H。

7.9 各工序计量器具标准配置见附录 I。

7.10 各工序温湿度标准要求见附录 J。

附　录　A
（规范性附录）
棉纺织企业各工序能耗计算方法

A.1　第 j 种产品第 i 道工序工艺能耗

第 j 种产品第 i 道工序工艺能耗计算见式(A.1)。

$$E_{oi}=U_p\times k_p+U_s\times k_s+U_g\times k_g+U_w\times k_w+U_{sw}\times k_{sw}+U_{pp}\times k_{pp} \quad \cdots\cdots\cdots(A.1)$$

式中：

E_{oi} ——第 j 种产品第 i 道工序工艺(统计报告期内)综合能耗，单位为千克标准煤(kgce)；

U_p ——第 j 种产品第 i 道工序工艺(统计报告期内)耗电量，单位为千瓦时(kW·h)；

U_s ——第 j 种产品第 i 道工序工艺(统计报告期内)耗蒸汽量，单位为千克(kg)；

U_g ——第 j 种产品第 i 道工序工艺(统计报告期内)耗燃气量，单位为立方米(m^3)；

U_w ——第 j 种产品第 i 道工序工艺(统计报告期内)耗新鲜水量，单位为吨(t)；

U_{sw} ——第 j 种产品第 i 道工序工艺(统计报告期内)耗软化水量，单位为吨(t)；

U_{pp} ——第 j 种产品第 i 道工序工艺(统计报告期内)耗压缩空气量，单位为标准状态立方米[m^3(ANR)]；

k_p ——第 i 道工序工艺(统计报告期内)耗电量折算系数；

k_s ——第 i 道工序工艺(统计报告期内)耗蒸汽量折算系数，计算见式(C.5)；

k_g ——第 i 道工序工艺(统计报告期内)耗燃气量折算系数；

k_w ——第 i 道工序工艺(统计报告期内)耗新鲜水量折算系数；

k_{sw} ——第 i 道工序工艺(统计报告期内)耗软化水量折算系数；

k_{pp} ——第 i 道工序工艺(统计报告期内)耗压缩空气量折算系数，计算见式(E.5)。

A.2　第 j 种产品第 i 道工序照明分摊综合能耗

第 j 种产品第 i 道工序照明分摊综合能耗计算见式 A.2。

$$E_{li}=L_p\times k_p \quad \cdots\cdots\cdots(A.2)$$

式中：

E_{li}——第 j 种产品第 i 道工序照明(统计报告期内)分摊综合能耗，单位为千克标准煤(kgce)；

L_p——第 j 种产品第 i 道工序照明(统计报告期内)分摊耗电量，单位为千瓦时(kW·h)。

A.3　第 j 种产品第 i 道工序空调分摊综合能耗

第 j 种产品第 i 道工序空调分摊综合能耗计算见式(A.3)。

$$E_{ai}=A_p\times k_p+A_s\times k_s+A_w\times k_w+A_{cw}\times k_{cw} \quad \cdots\cdots\cdots(A.3)$$

式中：

E_{ai}——第 j 种产品第 i 道工序空调(统计报告期内)分摊综合能耗，单位为千克标准煤(kgce)；

A_p——第 j 种产品第 i 道工序空调(统计报告期内)分摊耗电量，单位为千瓦时(kW·h)；

A_s——第 j 种产品第 i 道工序空调(统计报告期内)分摊耗蒸汽量，单位为千克(kg)；

A_{w}——第 j 种产品第 i 道工序空调(统计报告期内)分摊耗新鲜水量,单位为吨(t);

A_{cw}——第 j 种产品第 i 道工序空调(统计报告期内)分摊耗冷却水量,单位为吨(t);

k_{w} ——第 i 道工序空调(统计报告期内)分摊耗水量的折算系数;

k_{cw}——第 i 道工序空调(统计报告期内)分摊耗冷水量的折算系数,计算见式(D.2)。

附　录　B
（规范性附录）
棉纺织企业各工序能耗分摊计算方法

B.1　第 j 种产品第 i 道工序分摊照明能耗计算

B.1.1　第 j 种产品第 i 道工序照明分摊用电量计算见式(B.1)。

$$L_p = L_u \times Q_j \quad \cdots\cdots(B.1)$$

式中：

L_u——本工序统计报告期内单机台照明用电量，单位为千瓦时(kW·h)；

Q_j——本工序统计报告期内生产第 j 种产品投入设备数量，单位为台(套)。

B.1.2　单机台照明分摊用电量计算见式(B.2)。

$$L_u = \frac{L}{Q} \quad \cdots\cdots(B.2)$$

式中：

L——本工序统计报告期内照明用电总量，单位为千瓦时(kW·h)；

Q——本工序统计报告期内设备总数量，单位为台(套)。

B.2　第 j 种产品第 i 道工序分摊空调能耗计算

B.2.1　第 j 种产品第 i 道工序空调(统计报告期内)分摊耗电量

B.2.1.1　第 j 种产品第 i 道工序空调(统计报告期内)分摊耗电量计算见式(B.3)。

$$A_p = A_{pu} \times Q_j \quad \cdots\cdots(B.3)$$

式中：

A_{pu}——本工序统计报告期内单机台空调用电量，单位为千瓦时(kW·h)。

B.2.1.2　第 i 道工序单台设备分摊空调(统计报告期内)耗电量计算见式(B.4)。

$$A_{pu} = \frac{A_{pi}}{Q} \quad \cdots\cdots(B.4)$$

式中：

A_{pi}——第 i 道工序空调的总用电量，单位为千瓦时(kW·h)。

B.2.2　第 j 种产品第 i 道工序空调(统计报告期内)分摊耗蒸汽量

B.2.2.1　第 j 种产品第 i 道工序空调(统计报告期内)分摊耗蒸汽量计算见式(B.5)。

$$A_s = A_{su} \times Q_j \quad \cdots\cdots(B.5)$$

式中：

A_s——第 i 道工序空调(统计报告期内)分摊耗蒸汽量，单位为千克(kg)；

A_{su}——本工序统计报告期内单机台空调耗蒸汽量，单位为千克(kg)。

B.2.2.2　第 i 道工序单台设备分摊空调(统计报告期内)耗蒸汽量计算见式(B.6)。

$$A_{su} = \frac{A_{si}}{Q} \quad \cdots\cdots(B.6)$$

式中：

A_{si}——第 i 道工序空调的总用蒸汽量，单位为千克(kg)。

B.2.3 第 j 种产品第 i 道工序空调(统计报告期内)分摊耗水量

B.2.3.1 第 j 种产品第 i 道工序空调(统计报告期内)分摊耗水量计算见式(B.7)。

$$A_{w} = A_{wu} \times Q_{j} \quad \cdots\cdots(B.7)$$

式中：

A_{w} ——第 i 道工序空调(统计报告期内)分摊耗水量，单位为立方米(m^3)；

A_{wu} ——本工序统计报告期内单机台空调耗水量，单位为立方米(m^3)。

B.2.3.2 第 i 道工序单台设备分摊空调(统计报告期内)耗水量计算见式(B.8)。

$$A_{wu} = \frac{A_{wi}}{Q} \quad \cdots\cdots(B.8)$$

式中：

A_{wi}——第 i 道工序空调的总用水量，单位为立方米(m^3)。

B.2.4 第 j 种产品第 i 道工序空调(统计报告期内)分摊耗冷水量

B.2.4.1 第 j 种产品第 i 道工序空调(统计报告期内)分摊耗冷水量计算见式(B.9)。

$$A_{cw} = A_{cwu} \times Q_{j} \quad \cdots\cdots(B.9)$$

式中：

A_{cw} ——第 i 道工序空调(统计报告期内)分摊耗冷水量，单位为立方米(m^3)；

A_{cwu} ——本工序统计报告期内单机台空调耗冷水量，单位为立方米(m^3)。

B.2.4.2 第 i 道工序单台设备分摊空调(统计报告期内)耗冷水量计算见式(B.10)。

$$A_{cwu} = \frac{A_{cwl}}{Q} \quad \cdots\cdots(B.10)$$

式中：

A_{cwi}——第 i 道工序空调的总用冷水量，单位为立方米(m^3)。

B.3 辅助生产系统能耗计算方法

B.3.1 棉纺企业第 j 种纱(线)第 i 道工序辅助生产系统综合能耗计算见式(B.11)。

$$EYA_{i} = E_{ai} + E_{li} \quad \cdots\cdots(B.11)$$

式中：

EYA_{i}——统计报告期内企业生产第 j 种纱(线)工序的辅助综合能耗，单位为千克标准煤(kgce)；

E_{ai} ——第 j 种产品第 i 道工序空调(统计报告期内)分摊综合能耗，单位为千克标准煤(kgce)；

E_{li} ——第 j 种产品第 i 道工序照明(统计报告期内)分摊综合能耗，单位为千克标准煤(kgce)。

B.3.2 棉织企业第 j 种坯布第 i 道工序辅助生产系统综合能耗计算见式(B.12)。

$$ECA_{i} = E_{ai} + E_{li} \quad \cdots\cdots(B.12)$$

式中：

ECA_{i}——统计报告期内企业生产第 j 种坯布第 i 道工序的辅助综合能耗，单位为千克标准煤(kgce)。

B.4 附属生产系统能耗分摊计算方法

B.4.1 棉纺企业第 j 种纱(线)附属生产系统综合能耗分摊计算见式(B.13)。

$$EYS_j = EA \times RY_j \tag{B.13}$$

式中：

EYS_j ——统计报告期内第 j 种纱线分摊附属生产系统综合能耗，单位为千克标准煤(kgce)；

EA ——统计报告期内附属生产系统能耗，单位为千克标准煤(kgce)；

RY_j ——统计报告期内生产第 j 种纱线的细纱(转杯纺)规模占该企业总规模的比例。

B.4.2 棉织企业第 j 种坯布附属生产系统综合能耗分摊计算见式(B.14)。

$$ECS_j = EA \times RC_j \tag{B.14}$$

式中：

ECS_j ——统计报告期内第 j 种坯布分摊附属生产系统综合能耗，单位为千克标准煤(kgce)；

RC_j ——统计报告期内生产第 j 种坯布的织机规模占该企业织机总规模的比例。

B.4.3 棉纺织企业附属生产系统综合能耗计算见式(B.15)。

$$EA = EA_c \times k_c + EA_g \times k_g + EA_p \times k_p + EA_s \times k_s + EA_w \times k_w \tag{B.15}$$

式中：

EA_c ——统计报告期内附属生产系统耗原煤量，单位为千克(kg)；

EA_g ——统计报告期内附属生产系统耗燃气量，单位为千克(kg)；

EA_p ——统计报告期内附属生产系统耗电量，单位为千瓦时(kW·h)；

EA_s ——统计报告期内附属生产系统耗蒸汽量，单位为千克(kg)；

EA_w ——统计报告期内附属生产系统耗水量，单位为立方米(m^3)；

k_c ——原煤折标煤系数；

k_g ——燃气折标煤系数；

k_p ——电折标煤系数；

k_s ——蒸汽折算系数；

k_w ——水折标煤系数。

附　录　C
（规范性附录）
棉纺织企业蒸汽能耗计算方法

C.1　蒸汽综合能耗

C.1.1　蒸汽综合能耗计算见式(C.1)。

$$ES = ES_{b} + ES_{s} \quad \cdots\cdots\cdots\cdots(C.1)$$

式中：

ES　——企业蒸汽综合能耗，单位为千克标准煤(kgce)；

ES_{b} ——企业外购蒸汽的综合能耗，单位为千克标准煤(kgce)；

ES_{s} ——企业自产蒸汽的综合能耗，单位为千克标准煤(kgce)。

C.1.2　企业外购蒸汽的综合能耗计算见式(C.2)。

$$ES_{b} = U_{bs} \times k_{bs} \quad \cdots\cdots\cdots\cdots(C.2)$$

式中：

U_{bs}——企业外购蒸汽量，单位为千克(kg)；

k_{bs}——外购蒸汽折算系数。

C.1.3　企业自产蒸汽的综合能耗计算见式(C.3)。

$$ES_{s} = US_{c} \times k_{c} + US_{o} \times k_{o} + US_{g} \times k_{g} + US_{p} \times k_{p} + US_{w} \times k_{w} \quad \cdots\cdots(C.3)$$

式中：

US_{c}——企业自产蒸汽消耗的原煤量，单位为千克(kg)；

US_{o}——企业自产蒸汽消耗的燃油量，单位为千克(kg)；

US_{g}——企业自产蒸汽消耗的燃气量，单位为千克(kg)；

US_{p}——企业自产蒸汽用电量，单位为千瓦时(kW·h)；

US_{w}——企业自产蒸汽用水量，单位为千克(kg)；

k_{c}　——原煤折标煤系数；

k_{o}　——燃油折标煤系数；

k_{g}　——燃气折标煤系数；

k_{p}　——电折标煤系数；

k_{w}　——水折标煤系数。

C.2　企业自产蒸汽热值折算系数

企业自产蒸汽热值折算系数计算见式(C.4)。

$$k_{ss} = \frac{ES_{s}}{U_{ss}} \quad \cdots\cdots\cdots\cdots(C.4)$$

式中：

k_{ss} ——企业自产蒸汽折算系数；

U_{ss} ——企业自产蒸汽量，单位为千克(kg)。

C.3　蒸汽热值折算系数

蒸汽热值折算系数计算见式(C.5)。

$$k_s = \frac{ES}{U_{bs} + U_{ss}} \qquad \cdots\cdots (C.5)$$

式中：

k_s ——蒸汽热值折算系数；

U_{ss} ——企业自产蒸汽量，单位为千克(kg)。

附　录　D
（规范性附录）
棉纺织企业冷却水能耗计算方法

D.1　企业制冷站综合能耗计算见式(D.1)。

$$EF = UF_s \times k_s + UF_o \times k_o + UF_g \times k_g + UF_p \times k_p + UF_w \times k_w \quad \cdots\cdots\cdots\cdots (D.1)$$

式中：

EF ——企业制冷站综合能耗，单位为千克标准煤(kgce)；

UF_s ——企业制冷站消耗的蒸汽量，单位为千克(kg)；

k_s ——蒸汽热值折算系数，计算见式(C.5)；

UF_o ——企业制冷站消耗的燃油量，单位为千克(kg)；

k_o ——燃油折标煤系数；

UF_g ——企业制冷站消耗的燃气量，单位为千克(kg)；

k_g ——燃气折标煤系数；

UF_p ——企业制冷站用电量，单位为千瓦时(kW·h)；

k_p ——电折标煤系数；

UF_w ——企业制冷站用水量，单位为千克(kg)；

k_w ——水折标煤系数。

D.2　企业自制冷却水热值折算系数计算见式(D.2)。

$$k_{cw} = \frac{EF}{UF} \quad \cdots\cdots\cdots\cdots (D.2)$$

式中：

k_{cw} ——企业自制冷却水折算系数；

UF ——企业自制冷却水量，单位为千克(kg)。

附 录 E
（规范性附录）
棉纺织企业空压站能耗计算方法

E.1 空压站综合能耗计算见式(E.1)。

$$EP = EP_b + EP_s \qquad \cdots\cdots(E.1)$$

式中：

EP ——企业空压站综合能耗，单位为千克标准煤(kgce)；

EP_b ——企业外购压缩空气的综合能耗，单位为千克标准煤(kgce)；

EP_s ——企业自产压缩空气的综合能耗，单位为千克标准煤(kgce)。

E.1.1 企业外购压缩空气的综合能耗计算见式(E.2)。

$$EP_b = UP_b \times k_{pb} \qquad \cdots\cdots(E.2)$$

式中：

UP_b——企业外购压缩空气量，单位为标准状态立方米[m^3(ANR)]；

注：标准状态是指绝对压力 100 kPa，温度 20 ℃，相对湿度 65%的状态。

k_{pb} ——外购压缩空气折算系数。

E.1.2 企业空压综合能耗计算见式(E.3)。

$$EP_s = UF_s \times k_s + UP_o \times k_o + UP_g \times k_g + UP_p \times k_p + UP_w \times k_w \qquad \cdots\cdots(E.3)$$

式中：

UF_s ——企业空压站消耗的蒸汽量，单位为千克(kg)；

k_s ——蒸汽热值折算系数，计算见式(C.5)；

UP_o ——企业空压站消耗的燃油量，单位为千克(kg)；

k_o ——燃油折标煤系数；

UP_g ——企业空压站消耗的燃气量，单位为千克(kg)；

k_g ——燃气折标煤系数；

UP_p ——企业空压站用电量，单位为千瓦时(kW·h)；

k_p ——电折标煤系数；

UP_w ——企业空压站用水量，单位为千克(kg)；

k_w ——水折标煤系数。

E.2 企业自制压缩空气热值折算系数计算见式(E.4)。

$$k_{ps} = \frac{EP}{UP_s} \qquad \cdots\cdots(E.4)$$

式中：

k_{ps} ——企业自制压缩空气热值折算系数；

UP_s ——企业自制压缩空气量，单位为标准状态立方米[m^3(ANR)]。

E.3 压缩空气综合热值折算系数计算见式(E.5)。

$$k_{pp} = \frac{EP}{UP_b + UP_s} \qquad \cdots\cdots(E.5)$$

式中：

k_{pp}——压缩空气综合热值折算系数 。

附 录 F
（资料性附录）
棉纺织企业生产工艺流程分类

F.1 精梳环锭纺工艺流程

F.1.1 精梳纯棉环锭纺纱工艺流程。

F.1.2 精梳混纺环锭纺纱工艺流程。

F.1.3 精梳纯棉紧密纺纱工艺流程。

F.1.4 精梳混纺紧密纺纱工艺流程。

F.2 普梳环锭纺工艺流程

F.2.1 普梳纯棉环锭纺纱工艺流程。

F.2.2 普梳混纺环锭纺纱工艺流程。

F.2.3 普梳纯棉紧密纺纱工艺流程。

F.2.4 普梳混纺紧密纺纱工艺流程。

F.3 精梳转杯纺工艺流程

F.3.1 精梳纯棉转杯纺纱工艺流程。

F.3.2 精梳混纺转杯纺纱工艺流程。

F.3.3 精梳纯棉转杯纺纱工艺流程。

F.3.4 精梳混纺转杯纺纱工艺流程。

F.4 普梳转杯纺工艺流程

F.4.1 普梳纯棉转杯纺纱工艺流程。

F.4.2 普梳混纺转杯纺纱工艺流程。

F.4.3 普梳纯棉转杯纺纱工艺流程。

F.4.4 普梳混纺转杯纺纱工艺流程。

F.5 精梳涡流纺工艺流程

F.5.1 精梳纯棉涡流纺纱工艺流程。

F.5.2 精梳混纺涡流纺纱工艺流程。

F.5.3 精梳纯棉涡流纺纱工艺流程。

F.5.4 精梳混纺涡流纺纱工艺流程。

F.6 织造工艺流程

F.6.1 络筒→整经→短纤浆纱机→穿经→织造。

F.6.2 长丝筒子→整经→单轴浆丝→并轴→穿经→织造。

F.6.3 长丝筒子→整浆联合→并轴→穿经→织造。

F.6.4 长丝筒子→整经→并轴浆丝→穿经→织造。

F.6.5 长丝筒子→分条整经→倒轴→浆丝→穿经→织造。

F.6.6 短纤色纱筒子→分条整经→倒轴→浆纱→穿经→织造。

F.6.7 短纤色纱筒子→分条整浆(联合)→倒轴→穿经→织造。

F.6.8 短纤色纱筒子→分批整经→并轴浆纱→穿经→织造。

F.6.9 筒子→整经→浆染联合→穿经→织造。

附　录　G
（资料性附录）
符号规范体系表

符号规范体系表见表 G.1。

表 G.1　符号规范体系表

编号	符号	参数名称	英文符号释义
1	A_{cw}	第 i 道工序空调(统计报告期内)分摊耗冷却水量	cold water
2	A_{cwi}	第 i 道工序空调(统计报告期内)耗冷却水总量	cold water
3	A_{cwu}	本工序统计报告期内单机台空调耗冷却水量	unit
4	A_{p}	第 i 道工序空调(统计报告期内)分摊耗电量	air condition power
5	A_{pi}	第 i 道工序空调(统计报告期内)的总耗电量	air condition power
6	A_{pu}	本工序统计报告期内单机台空调用电量	unit
7	A_{s}	第 i 道工序空调(统计报告期内)分摊耗蒸汽量	steam
8	A_{si}	第 i 道工序空调(统计报告期内)耗蒸汽总量	steam
9	A_{su}	本工序统计报告期内单机台空调用蒸汽量	unit
10	A_{w}	第 i 道工序空调(统计报告期内)分摊耗新鲜水量	water
11	A_{wi}	第 i 道工序空调(统计报告期内)总耗新鲜水量	water
12	A_{wu}	本工序统计报告期内单机台空调耗新鲜水量	unit
13	C	坯布	cloth
14	E	棉纺织企业综合能耗	energy
15	EA	附属生产系统综合能耗	adjunctive product
16	E_{ai}	第 j 种产品第 i 道工序空调分摊综合能耗	air condition
17	EA_{c}	附属生产系统耗原煤量	coal
18	EA_{g}	附属生产系统耗燃气量	gas
19	EA_{s}	附属生产系统耗蒸汽量	steam
20	EA_{p}	附属生产系统耗电量	power
21	EA_{w}	附属生产系统耗水量	water
22	EC	机织部分的综合能耗	cloth
23	ECA_{i}	第 j 种坯布第 i 道工序的辅助综合能耗	auxiliary
24	EC_{j}	第 j 种坯布的综合能耗	cloth
25	EC_{ji}	第 j 种坯布第 i 道工序的工艺综合能耗	cloth
26	EC_{pj}	第 j 种坯布单位产量综合能耗	per
27	EC_{pji}	第 j 种坯布第 i 道工序的单位产量综合能耗	per
28	ECS_{j}	第 j 种坯布附属生产系统分摊的综合能耗	subsidiary
29	EF	制冷站综合能耗	frost
30	E_{g}	单位产值综合能耗	gain
31	E_{i}	单位增加值能耗	increase
32	E_{li}	工序照明分摊综合能耗	light

表 G.1(续)

编号	符号	参数名称	英文符号释义
33	E_{oi}	第 j 种产品第 i 道工序工艺(统计报告期内)综合能耗	energy
34	EP	空压站综合能耗	compress
35	EP_b	外购压缩空气的综合能耗	buy
36	EP_s	自产压缩空气的综合能耗	self
37	ES	蒸汽综合能耗	steam
38	ES_b	外购蒸汽的综合能耗	buy
39	ES_s	自产蒸汽的综合能耗	self
40	EY	纺纱部分的综合能耗	yarn
41	EYA_i	第 j 种纱(线)第 i 道工序的辅助综合能耗	auxiliary
42	EY_j	第 j 种纱(线)的综合能耗	yarn
43	EY_{ji}	第 j 种纱(线)第 i 道工序的工艺综合能耗	yarn
44	EY_{pj}	第 j 种纱(线)单位产量综合能耗	per
45	EY_{pji}	第 j 种纱(线)第 i 道工序的单位产量综合能耗	per
46	EYS_j	第 j 种纱(线)附属生产系统分摊的综合能耗	subsidiary
47	G	企业总产值	gross
48	GY	纺纱部分的总产值	yarn
49	GC	机织部分的总产值	cloth
50	GDP	工业增加值	domestic product
51	k_c	原煤折标煤系数	coal
52	k_{cw}	冷却水折标煤系数	cold water
53	k_g	燃气折标煤系数	gas
54	k_o	燃油折标煤系数	oil
55	k_p	电折标煤系数	power
56	k_{pb}	外购压缩空气折算系数	compress buy
57	k_{ps}	自产压缩空气折算系数	self
58	k_{pp}	压缩空气综合热值折算系数	compress
59	k_s	蒸汽综合热值折算系数	convert coefficient
60	k_{sb}	外购蒸汽折标煤系数	buy steam
61	k_{ss}	企业自产蒸汽折算系数	self
62	k_w	新鲜水折标煤系数	water
63	L	本工序统计报告期内照明用电总量	light
64	L_p	第 j 种产品第 i 道工序照明(统计报告期内)分摊耗电量	power
65	L_u	本工序统计报告期内单机台照明用电量	unit
66	m	产品(纱线或坯布)的品种数量	—
67	n	生产产品(纱线或坯布)的工序数	—
68	PC_i	统计报告期内第 i 道工序的合格品产量	product
69	PC_j	统计报告期内第 j 种坯布合格产品的产量	cloth
70	PY_i	统计报告期内第 i 道工序的合格品产量	yarn

表 G.1（续）

编号	符号	参数名称	英文符号释义
71	PY_j	统计报告期内第 j 种纱（线）合格产品的产量	yarn
72	Q	统计报告期内设备台（套）总数量	quantity
73	Q_j	统计报告期内投入生产第 j 种产品投入设备台（套）数量	quantity
74	RC_j	第 j 种坯布的织机规模占该企业织机总规模的比例	ratio
75	RY_j	第 j 种纱线的细纱（转杯纺）规模占该企业总规模的比例	yarn
76	U_{bs}	外购蒸汽量	buy steam
77	U_g	第 i 道工序工艺（统计报告期内）耗燃气量	gas
78	UF	制冷站自制冷却水量	cold water
79	UF_g	制冷站消耗的燃气量	gas
80	UF_o	制冷站消耗的燃油量	oil
81	UF_p	制冷站用电量	power
82	UF_s	制冷站消耗的蒸汽量	steam
83	UF_w	制冷站用水量	water
84	U_p	第 i 道工序工艺（统计报告期内）耗电量	power
85	U_{pp}	第 i 道工序工艺（统计报告期内）耗压缩空气量	compower
86	UP_b	外购压缩空气量	buy
87	UP_g	空压站消耗的燃气量	gas
88	UP_s	自制压缩空气量	self
89	UP_o	空压站消耗的外购蒸汽量	steam
90	UP_p	空压站用电量	power
91	UP_w	空压站用水量	water
92	U_s	第 i 道工序工艺（统计报告期内）耗蒸汽量	steam
93	U_{ss}	自产蒸汽量	self
94	U_{sw}	第 i 道工序工艺（统计报告期内）耗软化水量	soft water
95	US_c	自产蒸汽消耗的原煤量	coal
96	US_g	自产蒸汽消耗的燃气量	gas
97	US_o	自产蒸汽消耗的燃油量	oil
98	US_p	自产蒸汽用电量	power
99	US_w	自产蒸汽用水量	water
100	U_w	第 i 道工序工艺（统计报告期内）耗新鲜水量	water
101	Y	纱线	yarn

附　录　H
（资料性附录）
棉纺织企业各类常用能源热值折算

H.1　一次能源平均低位发热量，热值折算见表 H.1。

表 H.1　一次能源平均低位发热量热值折算表

名称	单位	燃料低位发热量 MJ(kcal)	折算标准煤系数
原煤	kg	20 908 kJ/kg(5 000 kcal/kg)	0.714 3 kgce/kg
原油	kg	41 816 kJ/kg(10 000 kcal/kg)	1.428 6 kgce/kg
油田天然气	m^3	38 931 kJ/m^3(9 310 kcal/m^3)	1.330 0 kgce/m^3
气田天然气	m^3	35 544 kJ/m^3(8 500 kcal/m^3)	1.214 3 kgce/m^3
注：原煤应采用认可单位的实测数据，或采用供应单位提供的数据。			

H.2　二次能源平均当量值和等价值折算见表 H.2。

表 H.2　二次能源平均当量值和等价值折算表

名称		单位	能源当量热值		能源等价热值	
			热值/kJ(kcal)	折算标准煤系数	热值/kJ(kcal)	折算标准煤系数[蒸汽热焓(kJ)]
蒸汽		kg	—	—	—	29 271×0.7
电		kW·h	3 596.176(860)	0.122 9	11 825.565(2 828)	0.404 0
城市煤气		m^3	16 726.400(4 000)	0.571 4	32 198.320(7 700)	1.100 0
石油制品	柴油	kg	42 652.320(10 200)	1.457 1	46 917.552(11 220)	1.602 9
	煤油	kg	43 070.480(10 300)	1.471 4	47 377.528(11 330)	1.618 6
	重油	kg	41 816.000(10 000)	1.428 5	45 997.600(11 000)	1.571 4
	渣油	kg	37 634.400(9 000)	1.285 7	41 397.840(9 900)	1.414 3
	汽油	kg	43 070.480(10 300)	1.417 4	47 377.528(11 330)	1.618 6
	液化石油气	kg	50 179.200(12 000)	1.714 3	55 197.120(13 200)	1.885 7
注1：蒸汽计量点在厂区热力站，热焓根据压力、温度查表(蒸汽 1 kcal=4.186 8 kJ)。 注2：自发电耗用能量已在企业能耗中计算，自发自用部分在总用电量中减去，自用余额外售部分在企业综合能耗中剔除，电的等价值同外供电。 注3：自制水煤气按实耗能源计算，加温热载体等耗用能源量，按其燃料热值折算标煤。						

H.3　能耗工质能源等价值折算见表 H.3。

表 H.3 能耗工质能源等价值折算表

名称	单位	能源等价值	
		单位耗能工质耗能量	折算标准煤系数
新鲜水	t	2.51 MJ/t(600 kcal/t)	0.085 7 kgce/t
软化水	t	14.23 MJ/t(3 400 kcal/t)	0.485 7 kgce/t
压缩空气	m^3	1.17 MJ/m^3(280 kcal/m^3)	0.040 0 kgce/m^3
注：自制水(包括抽江、河水、深井水)的用电，已在总用电量中计算，不再重复计算电及水耗量。			

附 录 I
（规范性附录）
各工序计量器具标准配置

各工序计量器具标准配置见表 I.1。

表 I.1 各工序计量器具标准配置

工序名称	电表	水表	蒸汽流量表	燃气计量	压缩空气计量表	产量计量表	温湿度表	称重地磅	配置要求
企业	总表	总表	总表	总表	总表	总系统	室外	总磅	在线计量
清花工序	每套	—	—	—	—	每套	安装	工序	在线计量
清花除尘	每套	—	—	—	—	—	—	—	在线计量
梳棉工序	每组	—	—	—	—	每台	安装	工序	在线计量
梳棉除尘	每套	—	—	—	—	—	—	—	在线计量
并条	每台	—	—	—	—	每台	安装	前纺工序	在线计量
条卷	每台					每台	安装		在线计量
并卷	每台					每台	安装		在线计量
精梳	每套	—	—	—	—	每台	安装		在线计量
粗纱	每台	—	—	—	—	每台	安装		在线计量
细纱	每台	—	—	—	—	每台	安装	工序	在线计量
络筒	每台	—	—	—	每台	每台	安装	工序	在线计量
并纱	每台	—	—	—	—	每台	安装	工序	在线计量
捻线	每台	—	—	—	—	每台	安装		在线计量
摇纱	每台	—	—	—	—	每台			在线计量
丝光(烧毛)	每台	每台	—	每台	—	每台	安装	工序	在线计量
成包	工序	—	—	—	—	—	安装	工序	在线计量
准备络筒	工序	—	—	—	—	每台	安装	—	在线计量
整经	每台	—	—	—	—	每台	安装	工序	在线计量
浆纱	每台	每台	每台	—	—	每台	安装	工序	在线计量
穿扣	工序		—	—	—	—	安装	—	在线计量
卷纬	工序		—	—	—	每台	安装	—	在线计量
织造	每组	每组	—	—	每组	每台	安装	工序	在线计量
整理	每组		—	—	—	每台	安装	—	在线计量
成包	工序		—	—	—	工序	安装	工序	在线计量
空调	每套	每套	每套	每套	—	—	安装	—	在线计量
锅炉房	每台	每台	每台	每台	—	—	—	工序	在线计量
空压站	每套	每套	—	—	每套	—	安装	—	在线计量

表 I.1(续)

工序名称	电表	水表	蒸汽流量表	燃气计量	压缩空气计量表	产量计量表	温湿度表	称重地磅	配置要求
空压机	每台	—	—	—	每台	—	—	—	在线计量
冷干机	每台	—	—	—	—	—	—	—	在线计量
冷却水泵	每台	每套	—	—	—	—	—	—	在线计量
冷却系统	每套	每套	每套	—	—	—	—	—	在线计量
制冷站	每套	每套	每套	每套	—	—	安装	—	在线计量
制冷机组	每台	每台	每台	每台	每台	—	—	—	在线计量
水泵房	每套	每套	—	—	—	—	—	—	在线计量
办公楼	每栋	每栋	每栋	每栋	—	—	安装	—	在线计量
宿舍楼	每栋	每栋	每栋	每栋	—	—	安装	—	在线计量
餐厅	每个	每个	每个	每个	—	—	安装	每个	在线计量
路灯	每套	—	—	—	—	—	—	—	在线计量

附　录　J
（规范性附录）
各工序温湿度标准要求

各工序温湿度标准要求见表J.1、表J.2。

表J.1　纯棉、涤棉混纺各工序温湿度标准要求

工序	纯棉						涤棉混纺					
	冬季			夏季			冬季			夏季		
	t_d (℃)	Φ_d (%)	d_d (g/kg)	t_S (℃)	Φ_S (%)	d_S (g/kg)	t_d (℃)	Φ_d (%)	d_d (g/kg)	t_S (℃)	Φ_S (%)	d_S (g/kg)
清棉	21～24	53～58	8.5～11.2	28～31	56～52	13.5～17.8	19～22	62～67	8.5～11.2	26～29.5	63～68	13.5～17.8
梳棉	22～25	51～56	8.5～11.2	29～32	53～58	13.5～17.8	20～23	58～63	8.5～11.2	27～30	60～65	13.5～17.8
精梳	20～23	58～63	8.5～11.2	27～30	60～65	13.5～17.8	—	—	—	—	—	—
并粗	20～23	58～63	8.5～11.2	27～30	60～65	13.5～17.8	21～24	53～58	8.5～11.2	27～30	56～62	13.5～17.8
细纱	23～26	54～59	9.5～12.5	30～33	57～62	15.8～20.4	23.5～26.5	52～57	9.5～12.5	30～33	55～60	15.8～20.4
络筒	21～24	62～67	9.5～12.5	28～31	65～70	15.8～20.4	21～24	62～67	9.5～12.5	28～31	65～70	15.8～20.4
捻线	19～22	70～75	9.5～12.5	26.8～30	70～75	15.8～20.4	19～22	70～75	9.5～12.5	26.8～30	70～75	15.8～20.4
摇纱整经	20～23	65～70	9.5～12.5	28～31	65～70	15.8～20.4	20～23	65～70	9.5～12.5	28～31	65～70	15.8～20.4
浆纱	22～25	60～65	—	30～33	60～65	—	22～25	60～65	—	30～33	60～65	—
穿筘	20～23	65～70	9.5～12.5	28～31	65～70	15.8～20.4	20～23	65～70	9.5～12.5	28～31	65～70	15.8～20.4
织造	21～24	70～75	11～14.5	28～31	73～78	17.8～22.6	22～25	66～71	11～14.5	29～32	70～75	17.8～22.6
小包整理	20～23	58～63	8.5～11.2	27～30	60～65	13.5～17.8	20～23	58～63	8.5～11.2	27～30	60～65	13.5～17.8
注：表中 t_d、t_S 为干球温度(℃)；Φ_d、Φ_S 为相对湿度(%)；d_d、d_S 为含湿量(g/kg)。												

表J.2　麻棉、维棉混纺及涤粘、涤腈混纺各工序温湿度标准要求

工序	麻棉、维棉混纺						涤粘、涤腈混纺					
	冬季			夏季			冬季			夏季		
	t_d (℃)	Φ_d (%)	d_d (g/kg)	t_S (℃)	Φ_S (%)	d_S (g/kg)	t_d (℃)	Φ_d (%)	d_d (g/kg)	t_S (℃)	Φ_S (%)	d_S (g/kg)
清棉	19～22	62～67	8.5～11.2	26～29.5	63～68	13.5～17.8	19～22	62～67	8.5～11.2	26～29.5	63～68	13.5～17.8
梳棉	20～23	58～63	8.5～11.2	27～30	60～65	13.5～17.8	20～23	58～63	8.5～11.2	27～30	60～65	13.5～17.8
并粗	20～23	58～63	8.5～11.2	27～30	60～65	13.5～17.8	21～24	53～58	8.5～11.2	28～31	56～62	13.5～17.8
细纱	23～26	54～59	9.5～12.5	30～33	57～62	15.8～20.4	23.5～26.5	52～57	9.5～12.5	30.5～33.5	55～60	15.8～20.4
络筒	21～24	62～67	9.5～12.5	28～31	65～70	15.8～20.4	21～24	62～67	9.5～12.5	28～31	65～70	15.8～20.4
捻线	19～22	70～75	9.5～12.5	26.8～30	70～75	15.8～20.4	19～22	70～75	9.5～12.5	26.8～30	70～75	15.8～20.4

表 J.2（续）

工序	麻棉、维棉混纺						涤粘、涤腈混纺					
	冬季			夏季			冬季			夏季		
	t_d (℃)	Φ_d (%)	d_d (g/kg)	t_S (℃)	Φ_S (%)	d_S (g/kg)	t_d (℃)	Φ_d (%)	d_d (g/kg)	t_S (℃)	Φ_S (%)	d_S (g/kg)
摇纱整经	20～23	65～70	9.5～12.5	28～31	65～70	15.8～20.4	20～23	65～70	9.5～12.5	28～31	65～70	15.8～20.4
浆纱	22～25	60～65	—	30～33	60～65	—	22～25	60～65	—	30～33	60～65	—
穿筘	20～23	65～70	9.5～12.5	28～31	65～70	15.8～20.4	20～23	65～70	9.5～12.5	28～31	65～70	15.8～20.4
织造	22～25	66～71	11～14.5	28～31	73～78	17.8～22.6	21～24	70～75	11～14.5	29～32	70～75	17.8～22.6
小包整理	20～23	58～63	8.5～11.2	27～30	60～65	13.5～17.8	20～23	58～63	8.5～11.2	27～30	60～65	13.5～17.8

注：表中 t_d、t_S 为干球温度(℃)；Φ_d、Φ_S 为相对湿度(%)；d_d、d_S 为含湿量(g/kg)。

ICS 59.060.01
W 10

中华人民共和国纺织行业标准

FZ/T 10001—2006
代替 FZ/T 10001—1992

气流纱捻度的测定 退捻加捻法

Test twist in single open-end yarn by the untwist-retwist method

2006-05-25 发布 2007-01-01 实施

中华人民共和国国家发展和改革委员会 发布

前　言

本标准代替 FZ/T 10001—1992《气流纱捻度的测定　退捻加捻法》。

本标准参考美国试验与材料协会标准 ASTM D1422—1999《单纱捻度试验方法　退捻加捻法》修订，本标准与 ASTM D1422—1999 的一致性程度为非等效。

本标准与 FZ/T 10001—1992 比较有以下变化：

本标准规定采用一次退捻加捻法测定气流纱的捻度。

——将 FZ/T 10001—1992 中原三次退捻法测定方法删除。

——将试样长度修订为 250 mm，允许伸长修订为 3 mm。

本标准的附录 A 是规范性附录。

本标准由中国纺织工业协会提出。

本标准由上海市纺织工业技术监督所归口。

本标准起草单位：上海市纺织工业技术监督所。

本标准主要起草人：陆肇基、周芳、邵天乐。

本标准所代替标准的历次版本发布情况为：

——FZ/T 10001—1992。

气流纱捻度的测定　退捻加捻法

1　范围

本标准规定了用一次退捻加捻法测定气流纺纱捻度的方法。

本标准适用于测定气流纺纱的捻度。

2　规范性引用文件

下列文件中的条款通过本标准的引用而成为本标准的条款。凡是注日期的引用文件，其随后所有的修改单(不包括勘误的内容)或修订版均不适用于本标准，然而，鼓励根据本标准达成协议的各方研究是否可使用这些文件的最新版本。凡是不注日期的引用文件，其最新版本适用于本标准。

GB 6529　纺织品的调湿和试验用标准大气

3　术语和定义

下列术语和定义适用于本标准。

3.1

捻度

纱线沿轴向一定长度内的捻回数。捻度以每米的捻回数(捻/m)表示，亦可表示为 10 cm 的捻回数(捻/10 cm)。

3.2

名义捻度

对纱线预定的捻度，或名义上的捻度。

3.3

捻系数

结合细度表示纱线加捻程度的相对数值。

当捻度用每米捻度数表示时，用式(1)计算：

$$K_1 = T_1(\rho_l/1\,000)^{1/2} \tag{1}$$

当捻度用 10 cm 捻度数表示时，用式(2)计算：

$$K_2 = T_2(\rho_l)^{1/2} \tag{2}$$

$$K_1 = K_2 \times 0.316 \tag{3}$$

式中：

K_1——捻度以捻/m 表示的捻系数；

K_2——捻度以捻/10 cm 表示的捻系数；

T_1——捻度，以每米的捻回数(捻/m)表示；

T_2——捻度，以 10 cm 的捻回数(捻/10 cm)表示；

ρ_l——纱的线密度，单位为特克斯(tex)。

3.4

捻向

加捻后，单纱中的纤维对轴心呈现的倾斜方向。以大写字母 S、Z 表示。

3.5

允许伸长

用退捻加捻法测定短纤维单纱捻度时，为防止纤维滑移，移动装置上的掣子所限定的伸长值。

4 原理

一次退捻加捻法：在规定的条件下，夹住已知长度纱线的两端，经退捻和反向加捻后回复到起始长度所需的捻回数。

5 仪器设备

5.1 捻度试验仪

5.1.1 捻度试验仪应具有一对夹钳。其中一个夹钳为“回转夹钳”，可绕轴正反旋转，并和转数器相连接；另一夹钳为“移动夹钳”，位于回转夹钳的延伸轴线上，可在 250 mm～500 mm 范围内调节。夹钳口不得有缝隙。

5.1.2 仪器应具有预加张力的装置，装卸方便。

5.1.3 仪器应具有测量试样长度的装置，其精确度为±0.5 mm。

5.1.4 仪器应具有捻数显示装置，其精度为个位数。

5.2 对于绞纱试样，备有绞纱引出装置。

6 标准大气

6.1 试样的调湿应在 GB 6529 中的温带标准大气三级标准，即温度 20℃±2℃，相对湿度为 65%±5% 的条件下暴露 24 h，并保持标准大气恒定，直到试验完毕。

6.2 快速试验可以在一般温湿度条件下进行，也不必将试样存放在标准大气条件下达到平衡，但试验地点的温湿度必须稳定。

7 样品

7.1 样品根据试验性质按下列方法之一取得：

a) 工厂日常试验，可从纺纱机台上有代表性地（指同品种各机台均匀抽取）、随机地（指锭位、卷装大小不固定）抽取；

b) 交货检验或监督检验应按有关产品标准中验收规格或按附录 A 中规定的方法；

c) 委托检验按来样检验。

7.2 批量样品按 7.1 中 a)、b)、c)的规定取出。

7.3 实验室卷装样品应按 A.2 从批量样品中抽取。

8 试样

8.1 试样长度

气流纱的试样长度为 250 mm。

8.2 选样

8.2.1 卷装纱引出应避免意外张力，通常从卷装的尾端引出试样。在其他情况下，可从卷装的侧面引出。为了避免不良纱段，应将卷装的始端与末端各舍弃数米长。

8.2.2 如果从同一个卷装中取两个及以上的试样时，各个试样之间至少有 1 m 以上的随机间隔，如果从同一个卷装中取 5 个以上的试样时，则应把试样分组，每组不得超过 5 个，各组之间有数米的间隔。

8.3 试样数量

8.3.1 按照产品标准中规定的试样数量测定。

8.3.2 若产品标准没有规定时，则可根据产品的捻度变异系数和捻度测试精度规定，按8.3.3或8.3.4给出的方法求得试样数量。

8.3.3 如有离散性特征数，各类纱捻度的测试精度规定为±3%，在±95%概率下，按公式$n=0.427CV^2$计算试样数，式中CV是试验结果的变异系数，它是以往同类材料大量试验统计数。

8.3.4 如无离散性特征数或有争议的情况下，表1列出假设性变异系数计算出试样数量。

表1 无离散性特征数的情况下确定试样数

试样长度/mm	假定变异系数	测定次数 n
250	8	30

9 程序

9.1 捻向的测定

在一定条件下，施加S捻回，纱线若缩短，则为S捻；纱线若伸长，则为Z捻。反之亦然。

9.2 测定参数

9.2.1 试验前，检查仪器各部分是否正常(包括机身水平)。按表2规定调节好夹钳距离、允许伸长和预加张力。

表2 捻度测定参数

方　法	预加张力/(cN/tex)	试样长度/mm	允许伸长/mm
一次退捻加捻法	0.5±0.1	250	3

9.2.2 采用的回转夹钳转速为：1 500 r/min±200 r/min。

9.3 捻度的测定

9.3.1 试验时，先弃去样品始端原纱数米，在不使试样受到意外伸长和退捻的条件下，将试样的一端夹入移动夹钳内，夹紧夹钳，再将另一端引入回转夹钳的中心位置，使纱线受到初张力后牵引指针对准标尺零位线，夹紧夹钳，切断多余纱尾，使计数器复"0"，然后进行反向退捻加捻直到指针复回零位为止，记录计数器上数字。

9.3.2 每个样品按规定试验次数取样，各试样之间应有1 m以上的随机相隔。

9.3.3 使计数器复"0"，重复以上操作，直至试样全部试验完毕。

10 试验数据的计算和表示

试样长度为250 mm，则从计数器上记录的数值乘以2，即得每米捻回数，乘以0.2，即得10 cm捻回数。

11 试验报告

试验报告包括以下内容：

a) 注明试验采用本标准进行；

b) 样品的材料类别、名称、品种、编号；

c) 每个卷装纱的平均捻度，捻/m或捻/10 cm(精确到三位有效数)；

d) 整批卷装纱的平均捻度,捻/m 或捻/10 cm(精确到三位有效数);

e) 试样的捻向,“S”或“Z”;

f) 试样数量;

g) 捻度变异系数(%)(如需要,则提供,精确到小数点后一位);

h) 捻系数(如需要,则提供,精确到三位有效数);

i) 试验用仪器型号;

j) 试验用标准大气;

k) 注明任何偏离本标准的异常情况;

l) 试验者。

附　录　A
（规范性附录）
抽　样　程　序

A.1　大样品(从一次装运的货中或一批中采取的箱数)

按照表 A.1 抽取由一箱或多箱组成的大样品，作为被检验的这批的代表。

表 A.1　大样品的抽取量

在批内的箱数	随机选取的最少箱数
3 及以下	1
4～10	2
11～30	3
31～75	4
76 及以上	5

要注意在运输途中已受损或受潮的包装箱不能被抽取为大样品。

A.2　实验样品卷装数

从大样品中采取 10 个及以上的纱卷作为实验室样品卷装，采取时应从这些箱子的上、中、下层和这些层中间和边上随机采取。并且从各箱中取出相同的或尽可能接近的卷装数，然后从实验室样品的各卷装中，取出相同的或尽可能接近的试样数。

注：如果从机织物或针织物中采取样品，样品大小应能提供充分数目的试样，抽取试样时，应注意纱线上捻度不能有变化。当试验机织物中纱线，经纱试样应从织物的不同经纱中采取，纬纱试样应从能代表尽可能多的纡管的纬纱中采取。如果采用特殊的采样方法，应在报告中说明。

前　言

本标准是对FZ/T 10002—1993《色织牛仔布布面疵点评分方法》的修订，是FZ/T 13001—2001《色织牛仔布》的配套标准，在疵点评分规定等方面参照美国利惠(Levis)牛仔布标准。

本标准对FZ/T 10002—1993做了以下修改，评分标准加严：

1. "1"分疵点均为"0"起点。

2. 合并"纬向严重疵点"及"纬向明显疵点"两个项目，改为"纬向明显疵点"，按原"纬向严重疵点"评分标准。

3. 对第6章疵点评分说明做了较大的删改。

本标准从实施之日起，代替FZ/T 10002—1993。

本标准由原国家纺织工业局提出。

本标准由色织标准化技术归口单位无锡纺织产品质量监督检验测试所归口并起草。

中华人民共和国纺织行业标准

FZ/T 10002—2001

色织牛仔布布面疵点评分方法

代替 FZ/T 10002—1993

Method of rank score for yarn-dyed denim surface defects

1 范围

本标准规定了色织牛仔布布面疵点评分方法。

本标准适用于色织牛仔布布面疵点的检验。

2 引用标准

下列标准所包含的条文，通过在本标准中引用而构成为本标准的条文。本标准出版时，所示版本均为有效。所有标准都会被修订，使用本标准的各方应探讨使用下列标准最新版本的可能性。

GB 250—1995 评定变色用灰色样卡

GB/T 286—1988 色织布检验规则

3 布面疵点评分规定

3.1 布面疵点评分见表1。

表1 布面疵点评分规定

疵点 \ 评分数，分	1	2	3	4
经向明显疵点	8.0 cm 以内	8.1～16 cm	16.1～24.0 cm	24.1～100 cm
纬向明显疵点	8.0 cm 以内	8.1～16 cm	16.1 cm～半幅	半幅以上
横档疵点	—	—	明显	严重
破损性疵点	—	—	0.5 cm 及以下	0.5 cm 以上～2.5 cm
严重污渍	—	0.5 cm～2.5 cm	—	2.5 cm 以上

注

1 距边 0.5 cm 以内的破损性疵点按经向明显疵点评分。

2 除破损性疵点外，距边 1.5 cm 以内的边疵不严重影响外观的不评分，严重影响外观的按表1经向明显疵点减半评分。

3.2 允许评分数的规定

3.2.1 每段(匹)布允许总评分按式(1)：

每段(匹)布允许总评分＝每米允许评分数(分/m)×段(匹)长(m) ……………（1）

每段(匹)布允许总评分有小数时取舍成整数。

3.2.2 外观疵点测量方法，以经向或纬向的最大长度评分，凡产生不同疵点混合在一起时，以严重一项评分。

3.2.3 经向1 m内累计评分最多4分。

中国纺织工业协会 2001-04-23 批准　　　　2001-10-01 实施

4 布面疵点的检验规定

4.1 布面疵点检验条件按 GB/T 286—1988 中的 2.1 执行。

4.2 检验布面疵点时，以布的正面为准，但破损性疵点以严重一面为准。

5 布面疵点的计量规定

5.1 相邻的 1～2 根纱线上断续发生的疵点，在经(纬)向 8 cm 内有 2 个及以上的疵点，则按连续长度评分，如分别量大于全部量时，则按全部量评分。

5.2 明显块状疵点按条评分。条的计量方法：一个或几个经(纬)向疵点，宽度在 1 cm 及以内的按一条评分，宽度超过 1 cm 的每 1 cm 为一条，其不足 1 cm 的按一条计。

6 疵点评分的说明

6.1 一等品布的两端各 3 m 内不允许有一处 4 分的疵点存在。

6.2 不影响水洗服装外观的水渍不评分。

6.3 粗度在 0.3 cm 以上的杂物织入评 4 分。

ICS 59.080.01
W 10

中华人民共和国纺织行业标准

FZ/T 10004—2008
代替 FZ/T 10004—1993

棉及化纤纯纺、混纺本色布检验规则

Inspection rules for gray fabrics of cotton, man-made fibres or their blends

2008-02-01 发布 2008-07-01 实施

中华人民共和国国家发展和改革委员会 发布

前 言

本标准代替 FZ/T 10004—1993《棉及化纤纯纺、混纺本色布检验规则》。

本标准与 FZ/T 10004—1993 相比主要变化如下：

——增加检验规则条款，抽样和判定列入检验规则内容；

——原检验结果评定改为不合格品的处理。

本标准由中国纺织工业协会提出。

本标准由全国纺织品标准化技术委员会棉纺织印染分会归口。

本标准起草单位：上海市纺织工业技术监督所、鲁泰纺织股份有限公司。

本标准所代替标准的历次版本发布情况为：

——GB 410—1978；

——FZ/T 10004—1993。

棉及化纤纯纺、混纺本色布检验规则

1 范围

本标准规定了棉及化纤纯纺、混纺本色布的检验项目、检验方法、检验规则、不合格品处理及复验。

本标准适用于供需双方或受委托的检验机构对棉及化纤纯纺、混纺本色布品质的验收和复验。

2 规范性引用文件

下列文件中的条款通过本标准的引用而成为本标准的条款。凡是注日期的引用文件，其随后所有的修改单(不包括勘误的内容)或修订版均不适用于本标准，然而，鼓励根据本标准达成协议的各方研究是否可使用这些文件的最新版本。凡是不注日期的引用文件，其最新版本适用于本标准。

GB/T 3923.1 纺织品 织物拉伸性能 第1部分：断裂强力和断裂伸长的测定 条样法

GB/T 4666 机织物长度的测定

GB/T 4667 机织物幅宽的测定

GB/T 4668 机织物密度的测定

FZ/T 10006 棉及化纤纯纺、混纺本色布棉结杂质疵点格率检验

FZ/T 10009 棉及化纤纯纺、混纺本色布包装与标志

3 检验项目

检验项目为各项产品标准中规定的检验项目，如内在质量包括物理指标、棉结杂质疵点格率、棉结疵点格率；外观质量包括幅宽偏差、布面疵点评分，同时对长度和标志、包装进行检验。

4 检验方法

4.1 内在质量和外观质量按产品标准中规定的方法进行试验和检验。

4.2 密度检验按 GB/T 4668 执行。

4.3 断裂强力检验按 GB/T 3923.1 执行。

4.4 棉结杂质疵点格率检验按 FZ/T 10006 执行。

4.5 幅宽检验按 GB/T 4667 执行。

4.6 长度检验按 GB/T 4666 执行。

4.7 标志、包装检验按 FZ/T 10009 执行。

5 检验规则

5.1 抽样

5.1.1 同一品种、原料、规格及同一工艺生产的产品作为一个检验批。

5.1.2 内在质量和外观质量的样本均应从检验批中随机抽查。

5.1.3 内在质量检验抽样以批为单位，每批不少于三块。

5.1.4 外观质量检验抽样见表1。

表1 外观质量检验抽样规定

单位为匹

批量范围 N	样本大小 n	合格判定数 Ac	不合格判定数 Re
1～15	3	0	1
16～50	5	0	1

表 1（续）

单位为匹

批量范围 N	样本大小 n	合格判定数 Ac	不合格判定数 Re
51～150	20	1	2
151～280	32	2	3
281～500	50	3	4
501～1 200	80	5	6
1 201～3 200	125	7	8
3 201～10 000	200	10	11

5.1.5　当样本量 n 大于批量 N 时，实施全检，合格判定数 Ac 为 0。

5.1.6　长度检验抽样抽查检验批总数的 5%～10%。

5.1.7　监督抽样、质量仲裁、合同协议等对抽样方案另有规定的，按相关规定执行。

5.2　**判定**

5.2.1　内在质量的判定

按产品标准中内在质量评定要求，如果所有样本的物理指标、棉结杂质疵点格率、棉结疵点格率等均质量合格，则该批产品内在质量合格。如果其中有一项不符品等，则该批产品质量不合格。

5.2.2　外观质量的判定

按产品标准中外观疵点评定要求，如果所有样本的外观质量合格，或不合格样本数不超过表 1 的合格判定数 Ac，则该批产品外观质量合格。如果不合格样本数达到了表 1 的不合格判定数 Re，则该批产品质量不合格。

6　不合格品的处理

6.1　物理指标及棉结杂质中有一项不符品等，则该检查批判为不符品等，供货方应予全部调换或按品等差价赔偿。

6.2　外观疵点检验结果，若在样本中发现不合格品数小于或等于合格判定数，则判该批为合格，但已发现的不合格品应由供货方负责予以调换；若在样本中发现不合格品数大于合格判定数，则该批判为不合格，全部由供货方重新整理后交收货方第二次验收或按该检查批全部降等，赔偿其品等差价。

6.3　包装和标志如不符合要求，供货方应负责调换或重新进行包装和标志。

6.4　长度：在检查段数时应保持段长记录单及梢印的完整，拆除布包一端捆包绳清点段数。如已拆除全部捆包绳，供货方对缺段不再负责。如发现缺段、缺折幅者按实际数量补差，不折合全批计算。总长度短于或长于规定时，折合全部赔偿或折价。

6.5　因供货方的金属杂物疵点造成印染布降等，在 1 500 m 及以下的由供货方全部负责印染成品差价，1 500 m 以上的供货方最多负责 1 500 m 印染成品差价。

6.6　加工坯布的假开剪率及拼件率按供需双方协议规定，如发现超过，其超过部分应调换或降等处理。

6.7　通匹条花，凡是不过缝头而头尾能并合的由供货方负责。

6.8　供货方无法检验的错纤维、裙子皱等疵点，经加工后造成印染布降等的，收货方在成品车间发现后应及时通知供货方，由供货方负责印染布降等的全部差价。如不及时通知供货方，根据具体情况，供需双方协商处理。

6.9　凡染疵评分已降等的，虽为供货方疵点，不再赔偿。

7　复验

7.1　交货后，收货方应及时进行验收，如不验收应按供货方检验结果收货。收货方在检验后应把验收结果及时通知供货方，一星期后供货方没有答复，应按收货方验收结果处理。

7.2　验收不合格，如供需双方有异议时，应会同按第 4 章、第 5 章进行复验。

7.3　供需双方对复验结果仍不能达成一致意见，可委托专职检验机构进行仲裁。

7.4　复验所需一切费用由责任方负责。

ICS 59.080.01
W 10

中华人民共和国纺织行业标准

FZ/T 10006—2008
代替 FZ/T 10006—1993

棉及化纤纯纺、混纺本色布棉结杂质疵点格率检验

Inspection of neps and trashes for gray fabrics of cotton, man-made fibres or their blends

2008-02-01 发布 2008-07-01 实施

中华人民共和国国家发展和改革委员会 发布

前　言

本标准代替FZ/T 10006—1993《棉及化纤纯纺、混纺本色布棉结杂质疵点格率检验》。

本标准与FZ/T 10006—1993相比主要变化如下：

——增加了规范性引用文件；

——将“用具”改为“检验条件”。

本标准的附录A为规范性附录。

本标准由中国纺织工业协会提出。

本标准由全国纺织品标准化技术委员会棉纺织印染分会归口。

本标准起草单位：上海市纺织工业技术监督所。

本标准主要起草人：邵蓓华。

本标准所代替标准的历次版本发布情况为：

——FZ/T 10006—1993。

棉及化纤纯纺、混纺本色布棉结杂质疵点格率检验

1 范围

本标准规定了棉结杂质疵点格率的检验方法。

本标准适用于棉及化纤纯纺、混纺本色机织物的检验。

2 规范性引用文件

下列文件中的条款通过本标准的引用而成为本标准的条款，凡是注日期的引用文件，其随后所有的修改单(不包括勘误的内容)或修订版均不适用于本标准。然而，鼓励根据本标准达成协议的各方研究是否可使用这些文件的最新版本。凡是不注日期的引用文件，其最新版本适用于本标准。

GB/T 8170 数值修约规则

3 术语和定义

下列术语和定义适用于本标准。

3.1

疵点格 defect square

有棉结、杂质的方格。

3.2

疵点格率 the percentage of defect squares

织物表面在规定面积中棉结杂质疵点格数和棉结疵点格数与取样总格数的比率。

3.3

棉结 neps

由棉纤维、未成熟棉或僵棉，因轧花或纺织工艺过程处理不善集结成团的(不论松紧)。

3.4

杂质 trash

是附有或不附有松纤维(或绒花)的籽屑、碎叶、碎枝杆、棉籽软皮、麻草、木屑、织入布内的异纤维及淀粉类等。

4 检验条件

4.1 日光灯照明装置，照度为 400 lx±100 lx。

4.2 工作台，台上装置长 1 000 mm～1 800 mm、宽 220 mm，倾斜角度 25.5°的斜面板，斜面台的装置规定见图 1。

单位为毫米

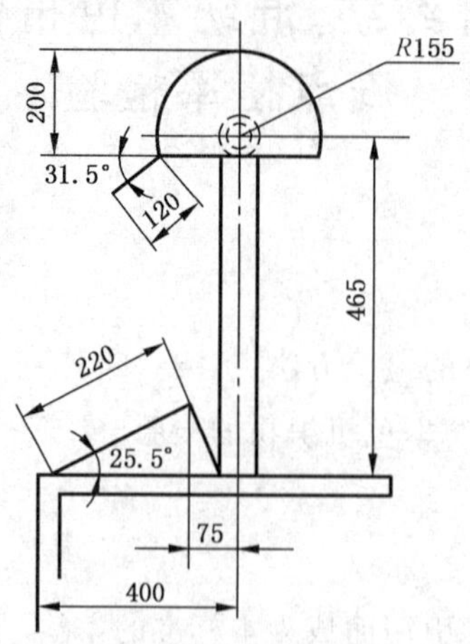

图1 斜面台

4.3 15 cm×15 cm 的玻璃板,玻璃板下面刻有225个方格,每格面积为 1 cm^2。

5 检验方法

5.1 使织物松弛在温湿度较稳定的普通大气中。

5.2 将随机取得的样布的正面放在斜面板上。

5.3 开启照明灯。

5.4 将 15 cm×15 cm 的玻璃板置于每匹不同折幅、不同经向处,检验四处(检验位置应在距布的头尾至少 5 m,距布边至少 5 cm 的范围内)。

5.5 在玻璃板上,用不同标记点数棉结、杂质。

5.6 在 225 cm^2 的玻璃板上清点织物表面的棉结、杂质所占格数。

6 检验结果计算

棉结、杂质合并检验,棉结疵点格应分别统计。最后将所取样的疵点格相加,与所有取样的总格数相比,得出百分率,即为疵点格率。疵点格率按式(1)、式(2)计算。

$$P_t = \frac{D}{n \times 4 \times 225} \times 100 \qquad (1)$$

式中:

P_t——棉结、杂质疵点格率,%;

D——疵点格总数,单位为个;

n——匹数,单位为个。

计算精确至 0.1%,按 GB/T 8170 修约为 1%。

$$P_n = \frac{N}{n \times 4 \times 225} \times 100 \qquad (2)$$

式中:

P_n——棉结疵点格率,%;

N——棉结总格数,单位为个;

n——匹数,单位为个。

计算精确至 0.1%,按 GB/T 8170 修约为 1%。

7 检验报告

检验报告应包括以下内容：

a) 说明检验是按本标准进行的；

b) 试样的品种规格；

c) 检验周期；

d) 取样数量；

e) 检验方法；

f) 各次测定数值及平均值；

g) 与本标准不一致的细节。

附　录　A
（规范性附录）
棉结、杂质疵点的规定

A.1　疵点格的确定

A.1.1　格内有棉结、杂质，不论大小和数量多少(1粒或1粒以上)，即为一个疵点格。

A.1.2　棉结、杂质在2格的线上时，若2格均已为疵点格，仍算2个疵点格；2格中1格为疵点格，1格为空格，仍算1个疵点格；2格均为空格，则线上的棉结、杂质算1个疵点格。

A.1.3　棉结、杂质在4格的交叉点上时，若4格均已为疵点格，仍算4个疵点格；4格中任意1个、2个或3个已为疵点格，仍算1个、2个或3个疵点格；4格均为空格，则交叉点上的棉结、杂质算1个疵点格。

A.1.4　1个或1条杂质延及数格时，只算1格，如延及的格子是疵点格，则不再计入。

A.2　棉结的确定

A.2.1　棉结不论大小、形状、色泽以检验者一般目力所能辨认的为准。

A.2.2　棉结上附有杂质的，只算棉结，不算杂质。

A.2.3　细纱接头、布机接头、飞花织入或附着、经缩、纬缩和松股(指股线织物)不算棉结。

A.2.4　细纱接头、粗节纱及竹节纱的交织或并织凸出点不算结，但附有棉结的算棉结。

A.3　杂质的确定

A.3.1　杂质以检验者一般目力一看即能辨认为准。

A.3.2　杂质下有松纤维附于布面但不成团的只算杂质。

A.3.3　油污纱、色纱及黄棉纺入纱身的均不算杂质。

A.3.4　附着的杂质仍以杂质计。

ICS 59.080.01
W 10

中华人民共和国纺织行业标准

FZ/T 10007—2008
代替 FZ/T 10007—1993

棉及化纤纯纺、混纺本色纱线检验规则

Inspection rules for gray yarns of cotton, man-made fibres or their blends

2008-02-01 发布　　2008-07-01 实施

中华人民共和国国家发展和改革委员会　发布

前　言

本标准代替 FZ/T 10007—1993《棉及化纤纯纺、混纺本色纱线检验规则》。

本标准与 FZ/T 10007—1993 相比主要变化如下：

——增加引用标准；

——在检验方法中列出各项指标的检验方法；

——抽样方法单列一章；

——检验评定单列一章。

本标准的附录 A 为规范性附录。

本标准由中国纺织工业协会提出。

本标准由全国纺织标准化技术委员会棉纺织印染分会归口。

本标准起草单位：上海市纺织工业技术监督所、鲁泰纺织股份有限公司。

本标准由全国纺织标准化技术委员会棉纺织印染分会负责解释。

本标准所代替标准的历次版本发布情况为：

——GB 405—1978；

——FZ/T 10007—1993。

棉及化纤纯纺、混纺本色纱线检验规则

1 范围

本标准规定了棉及化纤纯纺、混纺本色纱线的验收、检验项目、检验方法、抽样方法、检验评定及复验要求。

本标准适用于收付双方或受委托的检验机构对棉及化纤纯纺、混纺本色纱线品质的验收和复验。

2 规范性引用文件

下列文件中的条款通过本标准的引用而成为本标准的条款，凡是注日期的引用文件，其随后所有的修改单(不包括勘误的内容)或修订版均不适用于本标准，然而，鼓励根据本标准达成协议的各方研究是否可使用这些文件的最新版本。凡是不注日期的引用文件，其最新版本适用于本标准。

GB/T 398 棉本色纱线

GB/T 2543.1 纺织品 纱线捻度的测定 第1部分：直接计数法

GB/T 2543.2 纺织品 纱线捻度的测定 第2部分：退捻加捻法

GB/T 3292 纺织品 纱条条干不匀试验方法 电容法

GB/T 3916 纺织品 卷装纱 单根纱线断裂强力和断裂伸长率的测定

GB/T 4743 纱线线密度的测定 绞纱法

GB/T 9996 棉及化纤纯纺、混纺纱线外观质量黑板检验方法

FZ/T 01050 纺织品 纱线疵点的分级与检验方法 电容式

FZ/T 10006 棉及化纤纯纺、混纺本色布棉结杂质疵点格率检验

FZ/T 10008 棉及化纤纯纺、混纺本色纱线标志与包装

3 验收

3.1 供货方根据产品检验结果，出具产品说明书，收货方应根据该产品的标准及协议核对说明书和包装标志的内容进行验收。

3.2 收货方如因条件限制，收货时不能进行验收，即应按供货方产品说明书收货。

4 检验项目

检验项目包括各产品标准(或协议)技术要求的规定和成包净重量的检验，收货方在使用过程中可以对纱疵和纱线成形外观进行检验。

5 检验方法

5.1 对产品标准中技术要求各项指标的检验。

5.1.1 单纱(线)断裂强力及单纱(线)断裂强力变异系数按 GB/T 3916 执行。

5.1.2 黑板条干均匀度、1 g 内棉结粒数、1 g 内棉结杂质总粒数按 GB/T 9996 执行。

5.1.3 纱线捻度按 GB/T 2543.1～2543.2 执行。

5.1.4 条干均匀度变异系数按 GB/T 3292 执行。

5.1.5 纱线线密度、百米重量变异系数、百米重量偏差按 GB/T 4743 执行。

其中百米重量变异系数采用程序1、线密度采用程序3，百米重量偏差按式(1)计算：

$$D=\frac{m-m_0}{m_0}\times 100 \qquad \cdots\cdots(1)$$

式中：

D——百米重量偏差，%；

m——试样实际干燥重量，单位为克每一百米(g/100 m)；

m_0——试样设计干燥重量，单位为克每一百米(g/100 m)。

5.1.6 十万米纱疵按 FZ/T 01050 执行。

5.1.7 标志、包装按 FZ/T 10008 执行。

5.2 成包净重量偏差按 GB/T 398 执行。

5.3 纱疵按附录 A 执行。

5.4 纱线成形外观检验按双方协议执行。

6 抽样方法

6.1 产品标准(或协议)中技术要求各项指标检验取样以均匀、随机为原则。批量在 2 t 及以下时，筒子和绞纱最少抽取 3 包(箱)，2 t 以上时加倍。试样按该产品标准(或协议)规定取样。

6.2 成包净重量的检验数量在 2 t 以下的取 2 包(箱)，2 t 及以上的取总包(箱)数的 5%，最多不超过 15 包(箱)。

7 检验评定

7.1 经过热定捻的纱线(定捻温度在 40℃及以上者)，其单纱(线)断裂强度按规定的指标减少 5%交接验收。

7.2 在筒子纱线成包净重量检验中，回潮率遇有电热烘箱与筒子测湿仪不一致时，以电热烘箱测得回潮率为准。

7.3 各类纱线不按生产批验收时，百米重量变异系数应按相应标准规定加大 0.4 评定品等。

7.4 烧毛纱线重量偏差范围按相应标准规定的绝对值加大 0.5 评定品等。

7.5 成包净重量的检验以公定回潮率时的重量为准，当实际回潮率超过或不足公定回潮率时，应折算成公定回潮率时的实际重量。筒子纱线成包净重量允许偏差为－0.2%以内，绞纱线成包净重量(去除特克斯系列差异对重量的影响后)允许偏差－0.5%以内，超过允许偏差时，应补偿全部差数。

7.6 纱线使用前和使用过程中如发现有影响加工、成品质量的疵点，经双方研究，确由供货方造成，则绞纱以大绞、筒子纱以个为起点，均可由原供货方予以调换或折价补偿。

7.7 供货方应经常主动了解纱疵对收货方产品质量的影响；收货方应加强质量分析，及时反映纱疵情况。如由于纱疵造成收货方产品大量降等时，供货方应承担相应责任。

7.8 在纱线上或坯布上无法发现的特殊质量问题(如错纤维混入等)造成印染等成品大量降等时，经共同分析，确由供货方造成的应由供货方承担责任，负责印染等成品降等差价损失，或双方协商处理。

8 复验

8.1 纱线在交接验收中如有异议，双方可会同进行复验，或委托专业检验机构进行仲裁检验，复验和仲裁检验均以一次为准。

8.2 要求复验的产品应是同一交货批、同一品种、同一等级的产品，并仅限于出厂一年内未经加工或使用的整包产品。

8.3 要求复验时，应保留要求复验数量的全部，但为了不影响加工企业的生产，质量指标的复验最少应保留要求复验数量的 20%，绞纱不得少于 3 个整包(中包或大包)，筒子纱不得少于 6 包(箱)。但要求复验成包净重量时，则应保留要求复验数量的全部。

8.4 供货方接到提请复验的通知后，应立即前往处理，时间不得超过两周，否则供货方应承担相应责任。

8.5 复验所发生的一切费用由责任方承担。

8.6 如因收货方运输或保管不良，以致造成产品质量受到影响或发生变化时，不得提出复验或赔偿的要求。

附　录　A
（规范性附录）
纱疵验收暂行规定

A.1　纱疵采取从后道产品检验。

A.2　本色布用纱线纱疵检验和处理办法规定如下：

a）在本色布上暂检验粗经、粗纬、竹节纱和条干不匀四个重点纱疵。

b）本色布的外观疵点按 FZ/T 10006 检验，凡粗经、粗纬、竹节纱和条干不匀疵点一处降等的，即作为纱疵降等布。于验布后、修织前进行记录统计。

c）粗经、粗纬、竹节纱和条干不匀的一次性降等布合计匹数占同一品种全月总检验量的 2%以上时，纱线供货方应承担纱疵降等布的降等差价损失。

d）收货方应认真做好纱疵降等布的记录统计工作。凡日常性少量的纱疵降等，应按期通知供货方；突发性纱疵降等，应及时通知供货方，并保留纱疵降等布，共同分析。

e）已降为二等及以下的纱线，供货方不再负责纱疵所造成的降等责任。

A.3　针织用纱线纱疵检验和处理办法规定如下：

a）针织用纱线的纱疵包括大杂质、大棉结、竹节纱、细纱、粗纱、大结头、飞花附着等。

b）针织用纱线的纱疵检验，在针织坯布的布面上进行，计数一定重量布面上的纱疵个数。检验数量与处理办法由供需双方商议决定。

ICS 59.080.20
W 08

中华人民共和国纺织行业标准

FZ/T 10008—2009
代替 FZ/T 10008—1996

棉及化纤纯纺、混纺本色纱线标志与包装

Marking and packing of grey pure cotton, pure chemical fibre spun yarn and blended yarn

2009-11-17 发布　　2010-04-01 实施

中华人民共和国工业和信息化部　发布

前　言

本标准代替 FZ/T 10008—1996《棉及化纤纯纺、混纺本色纱线标志与包装》。

本标准与 FZ/T 10008—1996 相比主要有以下变化：

——增加了毛重、净重的术语和定义；

——修改了标志的内容；

——修改了包装的内容；

——补充了品种代号。

本标准由中国纺织工业协会提出。

本标准由全国纺织品标准化技术委员会棉纺织印染分技术委员会(SAC/TC 209/SC 2)归口。

本标准起草单位：上海市纺织工业技术监督所。

本标准主要起草人：王憬义、邵天乐。

本标准所代替标准的历次版本发布情况为：

——ZB W 08001—1985；

——FZ/T 10008—1996。

棉及化纤纯纺、混纺本色纱线标志与包装

1 范围

本标准规定了棉及化纤纯纺、混纺本色纱线的术语和定义、标志、包装。

本标准适用于棉及化纤纯纺、混纺本色纱线。

2 术语和定义

下列术语和定义适用于本标准。

2.1

毛重 gross weight

纱线及其包装物的重量之和。

2.2

净重 net weight

毛重扣减包装物重量后的重量。

3 标志

3.1 纱线的标志应明确、清楚、耐久、易于识别，并在质量、数量等方面与内装物相符。

3.2 纱线的标志分为刷唛和标签两种。

3.3 纱线标志应注明的内容

3.3.1 制造者信息

应注明产品制造者的完整名称和地址。

3.3.2 产品品名或规格

产品品名或规格的标注应符合国家标准、行业标准的规定，应标明纱线的原料成分、纤维含量、公称线密度等。

3.3.3 产品标准编号

应标明所执行的产品国家标准、行业标准或企业标准的编号。

3.3.4 产品质量等级

产品标准中明确规定质量(品质)等级的产品，应按有关产品标准的规定标明产品质量等级。

3.3.5 毛重和体积

为满足运输需要，可标明毛重和体积。

3.3.6 净重

应标明最小包装的纱线净重。

3.3.7 生产批号或成包日期

为防止混批使用引起质量问题，应标明生产批号或成包日期。

3.4 纱线品种规格的代号标注规定

3.4.1 纱线的生产工艺过程代号及原料代号放在最前面，其次是纱线的混纺比，用途代号在线密度后面，卷装形式放在最后。如精梳涤棉混纺 13 tex 筒子纬纱用代号标注为：JT/C 65/35 13 tex WD。

3.4.2 纱线主要品种的代号和示例见表 1。

表 1 主要品种代号及示例

类别	序号	品种	代号	举例
按不同原料分	1	棉	C	C 13tex
	2	涤纶	T	T 14tex
	3	粘纤	R	R 18tex
	4	腈纶	A	A 19tex
	5	锦纶	N	N 18tex
	6	维纶	V	V 19tex
	7	氨纶	Pu	—
按不同混纺比分	8	涤棉 65/35 混纺纱	T/C 65/35	T/C 65/35 13tex
	9	涤棉 50/50 混纺纱	T/C 50/50	T/C 50/50 18tex
	10	棉涤 55/45 混纺纱	C/T 55/45	C/T 55/45 28tex
	11	棉氨纶包芯本色纱	C/Pu 93/7	C/Pu 93/7 13tex(44.4dtex)
按不同工艺分	12	精梳纱线	J	J10texW J7tex×2 T
	13	烧毛纱线	G	G10tex×2
	14	气流纺纱	0E	0E36tex
按不同用途分	15	经纱线	T	28tex T、14tex×2 T
	16	纬纱线	W	28tex W、14tex×2 W
	17	针织用纱线	K	10tex K、7tex×2 K
	18	起绒用纱	Q	96tex Q
按卷装形式分	19	绞纱线	R	28tex R、14tex×2 R
	20	筒子纱线	D	20tex D、14tex×2 D

4 包装

4.1 包装要求

包装应保证其产品质量不受损坏，并适于防潮、储存和运输。包装材料的规格和要求应与包装产品相适应。

4.2 包装方式

包装方式见表 2。

表 2 包装方式及技术要求

类别	包装方式	技术要求
筒子纱线	塑料编织袋或布袋包装	捆扎紧牢，筒子纱线不外露
	纸箱包装	按协议规定
	托盘包装	按协议规定
绞纱线	布包绳捆包装	包装应完整严密，绞纱线应排列整齐、不外露
	铁皮紧压包装	

4.3 包装材料

4.3.1 筒子纱线包装材料：筒子纱线包装塑料袋，袋皮（布包或塑料编织袋），打包绳，筒子包内衬垫用的衬纸、塑料薄膜等。纸箱按协议规定。

4.3.2 绞纱线包装材料：绞纱线包内衬垫用的衬纸，包皮布，捆扎线、绳，竹片，打包铁皮带，缝包线等。

4.4 包装规格

4.4.1 筒子纱线的包装规格

4.4.1.1　筒子纱线的包装规格分为定重量包装和定个数包装两种。

4.4.1.2　筒子纱线定重量包装分为定重量成包和定重量成箱。

4.4.1.2.1　筒子纱线定重量成包:按公定回潮率时的净重量确定,每包净重 25 kg 或 20 kg。也可按协议规定。

4.4.1.2.2　筒子纱线定重量成箱:按公定回潮率时的净重量确定,每箱净重按协议规定。

4.4.1.3　筒子纱线定个数成包:根据包装大小和筒子尺寸,规定每包的筒子纱线的个数装包称重,折合为公定回潮率时的净重量收付。

4.4.2　绞纱线的包装规格

4.4.2.1　绞纱线的包装分为小包、中包、大包三种。

4.4.2.2　每小包净重 5 kg,每小包分为 100 个单绞。每个单绞公称重量为 50 g,但根据不同线密度可以摇成 1/4 绞重 12.5 g,1/2 绞重 25 g,双绞重 100 g,四绞重 200 g,或其他重量不等的小绞。小包体积以不大于 0.012 m^3 为标准,其各边长度基本上控制在长 30.5 cm,宽 23.5 cm,高于 16 cm 左右,绞纱线应经羊角撴绞,排列整齐,打成小包,在条件不具备的情况下,暂可用手挽。绞纱线应排列整齐,打成小包。

4.4.2.3　每 20 小包为一中包,重量为 100 kg。体积以不大于 0.22 m^3 为标准,其各边长度基本上控制在长 97 cm,宽 34 cm,高 68 cm 左右。

4.4.2.4　每 40 小包为一大包,重量为 200 kg。

4.4.2.5　绞纱线包装公称重量按公称线密度和公定回潮率确定,其体积可根据收付双方协议增减。

4.4.3　筒子纱线和绞纱线按公定回潮率时的净重量成包,其换算见式(1),计算结果修约至小数后两位:

$$m_k = m \times \frac{100+W}{100+W_1} \qquad (1)$$

式中:

m_k——纱线在公定回潮率时的净重,单位为千克(kg);

m——取样时该批纱线实际回潮率时的净重,单位为千克(kg);

W——纱线的公定回潮率,%;

W_1——该批纱线试样的实际回潮率,%。

4.5　成包回潮率

纯棉纱线成包时实际回潮率最高不得超过 10.5%,纯粘胶纱线成包时实际回潮率最高不得超过 16%。其他品种纱线成包时,实际回潮率最高不得超过的范围,由供需双方协商决定,成包时,实际回潮率超过最高指标时,应另行堆放,采取相应措施防止霉烂变质。

5　其他

如对标志、包装有特殊要求的,由供需双方另订协议。

ICS 59.080.30
W 08

中华人民共和国纺织行业标准

FZ/T 10009—2009
代替 FZ/T 10009—1996

棉及化纤纯纺、混纺本色布标志与包装

Marking and packing for gray pure cotton, pure chemical or blended fabric

2009-11-17 发布　　2010-04-01 实施

中华人民共和国工业和信息化部　发布

前 言

本标准代替 FZ/T 10009—1996《棉及化纤纯纺、混纺本色布标志与包装》。

本标准与 FZ/T 10009—1996 相比主要有以下变化：

——标准格式按照 GB/T 1.1、GB/T 1.2 的要求编写；

——增加新的包装材料及其技术要求；

——取消简装包、平装包和精包装的分类；

——零布成包段长规定取消幅宽范围。

本标准由中国纺织工业协会提出。

本标准由全国纺织品标准化技术委员会棉纺织印染分技术委员会(SAC/TC 209/SC 2)归口。

本标准起草单位：上海市纺织工业技术监督所。

本标准主要起草人：邵蓓华。

本标准所代替标准的历次版本发布情况为：

——ZB W 08002—1985；

——FZ/T 10009—1996。

棉及化纤纯纺、混纺本色布标志与包装

1 范围

本标准规定了棉及化纤纯纺、混纺机织生产的本色布的标志、包装。

本标准适用于棉及化纤纯纺、混纺机织生产的本色布(不包括产业用布)。

2 规范性引用文件

下列文件中的条款通过本标准的引用而成为本标准的条款。凡是注日期的引用文件，其随后所有的修改单(不包括勘误的内容)或修订版均不适用于本标准，然而，鼓励根据本标准达成协议的各方研究是否可使用这些文件的最新版本。凡是不注日期的引用文件，其最新版本适用于本标准。

GB/T 4456 包装用聚乙烯吹塑薄膜

GB/T 5033 出口产品包装用瓦楞纸箱

GB/T 8946 塑料编织袋

QB/T 3516 牛皮纸

QB/T 3811 塑料打包带

3 标志

3.1 标志要求

本色布的标志应明确、清楚、耐久、便于识别，并在质量、数量等方面与内装物相符。

3.2 本色布的标志

3.2.1 包内标志

3.2.1.1 市销布的标志

3.2.1.1.1 每段布应在布正面两端 5 cm 处加盖梢印。

3.2.1.1.2 包内说明书见表 1。

表 1 包内说明书

(注册商标)	(厂　名)			
	品　名		品　等	
	经/纬纱线线密度/tex		纤维含量	
	经/纬密度/(根/10 cm)		实际长度/m	
	幅宽/cm			
产品标准编号				

3.2.1.2 加工坯布的标志

每段布上布端 5 cm 内，加盖品等印记(一等品可不盖印记)，打在布上的印记，应用易于洗掉的染料。

3.2.2 包外标志

包外标志应在包的两端刷唛，具体内容见表 2。

表 2 布包两端刷唛要求

地区		厂名	
商标		品名	
品等		加工类别	
段数/段 总长度/m 成包重量/kg 成包日期 年 月 日			切勿受潮
注 1：拼件、大小零布的段长记录单，放在包装的一端。 注 2：品名应标明布的纤维类别或混纺比例。			

4 包装

4.1 本色布的包装要求

棉及化纤纯纺、混纺本色布的包装，应保证产品质量不受损伤，外观整洁，并适于储存和运输。

4.2 包装材料

包装材料及技术要求见表 3。

表 3 包装材料技术要求

材料名称	材料规格	技术要求	备注
包皮布	粗平布、塑料编织袋、纸箱	粗平布经、纬向断裂强力一般均不低于 294 N；塑料编织袋按 GB/T 8946 规定执行；纸箱按 GB/T 5033 规定执行	三种材料的选择由供需双方协议规定
牛皮纸	60 g/m^2～80 g/m^2	按 QB/T 3516 规定执行	出口包装用 80 g/m^2
塑料薄膜	吹塑聚乙烯或聚丙烯薄膜厚度 0.03 mm～0.05 mm	按 GB/T 4456 规定执行	—
拖蜡纸	—	—	按供需双方协议规定
捆扎绳	聚丙烯带宽 150 mm～200 mm	应保证捆扎牢度，捆扎绳断裂强力不低于 932 N	可用牢度相当的代用品
塑料打包带	—	按 QB/T 3811 规定执行	—
捆扎铁皮带	20 号	防锈处理	或用牢度相当的丙纶带及其他代用品
缝包线	28 tex×(12～21)棉股线	—	出口包装用 21 股线，也可用牢度相当的代用品

4.3 包装方式

包装方式及技术要求见表 4。

表 4　包装方式技术要求

包装类型	叠布方法	技术要求
折叠包装	每一折幅为 1 m(或 1 yd),折叠为对折、三折或四折	包外加包皮布。预压力后捆扎,打包紧度以插不进手为准。包外覆盖完整、严密。成包后,包布搭头处应叠盖 10 cm,包头应缝牢。针距不得超过 5 cm
卷筒包装	平幅或双折,反面在外	卷紧,中间布不得折皱,外套织物袋,接头处缝严密

4.4　包装规格

4.4.1　棉及化纤纯纺、混纺本色布的成包重量一般不得超过 100 kg,或由供需双方协商决定。

4.4.2　成包体积根据织物紧度和成包重量确定。

4.4.3　棉及化纤纯纺、混纺本色布成包时,实际回潮率不得超过表 5 规定范围。如有特殊情况,可由供需双方协商决定。

表 5　棉及化纤纯纺、混纺本色布允许最高实际回潮率

织物类别	回潮率/% ≤
粘纤纯纺布	16
棉粘混纺布	16
棉维混纺布	9.5
纯棉布	9.5
涤棉混纺布	7
涤粘混纺布	7

4.4.4　坯布段长公差:二联匹落布段长为±1 m;三联匹及以上落布段长为−1 m～+2 m。

4.4.5　凡印染成品允许拼件或假开剪者,坯布可实行假开剪成包。

4.4.5.1　假开剪的布,应符合标准落布段长规定范围,不符合标准落布段长范围的不准假开剪。

4.4.5.2　假开剪的疵点应是评为 4 分或 3 分及不可修织的疵点,假开剪后各段布都应是一等品。

4.4.5.3　假开剪的处数,二联匹落布段长允许两处,三联匹及以上落布段长允许三处。处与处之间相距不小于 20 m,距布头或布尾不小于 10 m。幅宽在 150 cm 及以上的布匹假开剪的间距可由供需双方协商。

4.4.5.4　假开剪疵点的长度,不得超过 50 cm(条干不匀以一只纬纱所织的长度为限)。

4.4.5.5　每个假开剪疵点不到 10 cm 的扣除 10 cm,超过 10 cm 的按实际长度扣除,按墨印长度交货者,假开剪疵点不再扣除长度。

4.4.5.6　假开剪疵点处应作明显的标志。假开剪布另行成包,并作出标志。

4.4.5.7　假开剪率按式(1)计算:

$$K = \frac{K_1}{Z} \times 100 \qquad (1)$$

式中:

K——假开剪率,%;

K_1——该品种假开剪包数,单位为包;

Z——该品种本色布总包数,单位为包。

4.4.6 拼件成包规定

4.4.6.1 市销布拼件段数，为一包布规定匹数的110%，不足一段的作一段计，除允许一段段长在10 m～19.9 m外，其余各段应在20 m及以上。

4.4.6.2 加工坯布拼件：凡加工后，允许拼件的，可实行拼件。其段数为每包规定落布段数的200%。除允许一段在10 m～19.9 m外，其余各段应在20 m及以上。

4.4.6.3 拼件布每包应有段长记录单，记录单放在第一段布折叠处中间部位。

4.4.6.4 加工拼件布，不允许有假开剪布。

4.4.6.5 本色布拼件率按式(2)计算：

$$P = \frac{P_1}{Z} \times 100 \qquad \cdots\cdots(2)$$

式中：

P——本色布拼件率，%；

P_1——该品种本色布拼件包数，单位为包；

Z——该品种本色布总包数，单位为包。

4.4.7 凡印染加工允许短于标准落布段长的，可根据需求方要求的段长另行成包。

4.4.8 印染加工坯布可采用联匹混等成包的办法，具体办法由供需双方商定。

4.4.9 零布成包规定

4.4.9.1 零布成包段长规定见表6。

表6 零布成包段长规定

零布段长/m				
大零	中零	小零	疵零	角布
10以上	5～9.9	1～4.9	0.2～0.9	0.2以下

4.4.9.2 大零布根据品等成包，超过20 m但不足匹长，又不符合拼件要求的，亦按大零布处理。中零布成包限于一等品，小零布不允许有六大疵点，疵布不受疵零布长度限制。

5 其他

如对标志、包装有特殊要求的，由供需双方另订协议。

ICS 59.080.01
W 10

中华人民共和国纺织行业标准

FZ/T 10013.1—2011
代替 FZ/T 10013.1—1999

温度与回潮率对棉及化纤纯纺、混纺制品断裂强力的修正方法 本色纱线及染色加工线断裂强力的修正方法

Corrected method for breaking strength of pure and blended products of cotton, chemical fibres to temperature and regain—Corrected method for breaking strength of grey yarns, dyed and finished yarns

2011-05-18 发布　　2011-08-01 实施

中华人民共和国工业和信息化部　发布

前　言

FZ/T 10013《温度与回潮率对棉及化纤纯纺、混纺制品断裂强力的修正方法》分为三个部分：

——本色纱线及染色加工线断裂强力的修正方法；

——本色布断裂强力的修正方法；

——印染布断裂强力的修正方法。

本部分为 FZ/T 10013 的第 1 部分。

本部分按照 GB/T 1.1—2009 给出的规则起草。

本部分代替 FZ/T 10013.1—1999《温度与回潮率对棉及化纤纯纺、混纺制品断裂强力的修正方法　本色纱线及染色加工线断裂强力的修正方法》，主要修改了以下内容：

——对强力修正系数作了编辑性的修正。

本部分由中国纺织工业协会提出。

本部分由全国纺织品标准化技术委员会棉纺织印染分技术委员会(SAC/TC 209/SC 2)归口。

本部分起草单位：上海市纺织工业技术监督所、百隆东方有限公司、中国棉纺织行业协会、上海市服装研究所。

本部分主要起草人：杨卫新、王憬义、叶戬春、曹燕春、王宏明。

本部分所代替标准的历次版本发布情况为：

——ZB W 04006.1—1989；

——FZ/T 10013.1—1999。

温度与回潮率对棉及化纤纯纺、混纺制品断裂强力的修正方法 本色纱线及染色加工线断裂强力的修正方法

1 范围

FZ/T 10013的本部分规定了温度与回潮率对棉及化纤纯纺、混纺纱线断裂强力的修正方法，并给出了不同温度和回潮率条件下的断裂强力修正系数。

本部分适用于本色棉纱线、混纺纱线、气流纺纱及染色加工线在非标准大气条件下或在平衡时间不符合标准规定的条件下，对所测得的断裂强力的修正。

本部分不适用于其他原料所纺制的纱线。

2 原理

2.1 在各种不同温度及回潮率条件下测得纱线的断裂强力，按本部分提供的换算关系和修正系数值，计算出相当于标准大气条件下的纱线断裂强力，及修正强力。

2.2 各种修正系数值是根据各种纱线在不同温湿度条件下实测的强力数据，用数理统计方法——最小二乘法，计算温度及回潮率两个因子对纱线断裂强力的关系，得到温度与回潮率对纱线断裂强力的修正系数值。

3 换算关系

修正强力的计算如式(1)：

$$P_0 = K \times P \quad \cdots\cdots (1)$$

式中：

P_0——修正强力(相当于在标准大气条件下的纱线断裂强力)，单位为厘牛(cN)；

P——在非标准大气条件下测得的纱线断裂强力，单位为厘牛(cN)；

K——温度与回潮率对纱线断裂强力的修正系数(对于不同的纱线，其数值是不同的)。

4 换算方法

4.1 步骤

4.1.1 按照规定的测试方法，获得纱线的实测断裂强力值 P，并记录下此时样品所处的环境温度值 t(℃)。

4.1.2 按照规定的方法测出纱线的回潮率值 W(%)。

4.1.3 根据所得到的纱线实测回潮率值 W 和纱线断裂强力测试时的温度值 t，查表求得温度与回潮率对纱线断裂强力的修正系数 K，修正系数 K 见附录A。

4.2 举例

已知：13 tex本色涤棉(65/35)纱的实测断裂强力 P=250 cN，实测回潮率为3.0%，断裂强力测试

时的环境温度为 21 ℃。

根据已知条件：W=3.0%、t=21 ℃，查表 A.9 后，得：K=1.013。

则 $P_0=KP=1.013\times250=253.25$ cN。

即：该涤棉纱修正后的断裂强力为 253.25 cN。

附 录 A
（规范性附录）
温度与回潮率对纱线断裂强力的修正系数值

A.1 棉本色纱线

A.1.1 棉本色纱绞纱断裂强力的温度和回潮率修正系数见表 A.1。

A.1.2 棉本色纱绞线断裂强力的温度和回潮率修正系数见表 A.2。

A.1.3 气流纺棉本色纱

A.1.3.1 气流纺棉本色纱单纱断裂强力的温度和回潮率修正系数见表 A.3。

A.1.3.2 气流纺棉本色纱绞纱断裂强力的温度和回潮率修正系数见表 A.4。

A.1.4 棉漂白线(2×2 复捻线)断裂强力的温度和回潮率修正系数见表 A.5。

A.1.5 棉漂白线(3 股线)断裂强力的温度和回潮率修正系数见表 A.6。

A.1.6 黑色棉线(2×3 复捻线)断裂强力的温度和回潮率修正系数见表 A.7。

A.1.7 丝光漂白棉线(3 股线)断裂强力的温度和回潮率修正系数见表 A.8。

A.2 棉与化纤混纺本色纱线

A.2.1 涤棉(65/35)本色纱单纱断裂强力的温度和回潮率修正系数见表 A.9。

A.2.2 涤棉(65/35)本色纱单根股线断裂强力的温度和回潮率修正系数见表 A.10。

A.2.3 棉维(50/50)本色纱单纱断裂强力的温度和回潮率修正系数见表 A.11。

A.2.4 棉丙(50/50)本色纱单纱断裂强力的温度和回潮率修正系数见表 A.12。

A.2.5 棉粘(50/50)本色纱单纱断裂强力的温度和回潮率修正系数见表 A.13。

A.3 化纤混纺本色纱线

A.3.1 涤粘(65/35)中长本色纱单纱断裂强力的温度和回潮率修正系数见表 A.14。

A.3.2 涤粘(65/35)中长本色纱单根股线断裂强力的温度和回潮率修正系数见表 A.15。

A.3.3 涤粘(65/35)中长本色纱绞纱断裂强力的温度和回潮率修正系数见表 A.16。

A.3.4 涤粘(65/35)中长本色纱绞线断裂强力的温度和回潮率修正系数见表 A.17。

A.3.5 粘胶本色纱绞纱断裂强力的温度和回潮率修正系数见表 A.18。

A.3.6 粘胶本色纱绞线断裂强力的温度和回潮率修正系数见表 A.19。

A.4 其他

凡混纺产品，混纺比在上述修正系数表所规定的混纺比±5%以内者均可引用。

表 A.1 棉本色纱线纱断裂强力的温度和回潮率修正系数

温度/℃	回潮率/%													
	4.0	4.1	4.2	4.3	4.4	4.5	4.6	4.7	4.8	4.9	5.0	5.1	5.2	5.3
5	1.233	1.222	1.212	1.203	1.193	1.184	1.175	1.166	1.157	1.149	1.141	1.133	1.125	1.118
6	1.234	1.224	1.214	1.204	1.194	1.185	1.176	1.167	1.159	1.150	1.142	1.134	1.126	1.119
7	1.235	1.225	1.215	1.205	1.196	1.186	1.177	1.168	1.160	1.151	1.143	1.135	1.127	1.120
8	1.237	1.227	1.217	1.207	1.197	1.188	1.179	1.170	1.161	1.153	1.145	1.137	1.129	1.121
9	1.239	1.229	1.219	1.209	1.199	1.190	1.181	1.172	1.163	1.155	1.147	1.138	1.131	1.123
10	1.242	1.232	1.221	1.211	1.202	1.192	1.183	1.174	1.166	1.157	1.149	1.141	1.133	1.125
11	1.245	1.234	1.224	1.214	1.205	1.195	1.186	1.177	1.168	1.160	1.151	1.143	1.135	1.128
12	1.248	1.238	1.227	1.217	1.208	1.198	1.189	1.180	1.171	1.162	1.154	1.146	1.138	1.130
13	1.252	1.241	1.231	1.221	1.211	1.201	1.192	1.183	1.174	1.166	1.157	1.149	1.141	1.133
14	1.255	1.245	1.235	1.224	1.215	1.205	1.196	1.187	1.178	1.169	1.161	1.152	1.144	1.136
15	1.260	1.249	1.239	1.228	1.219	1.209	1.200	1.190	1.182	1.173	1.164	1.156	1.148	1.140
16	1.265	1.254	1.243	1.233	1.223	1.213	1.204	1.195	1.186	1.177	1.168	1.160	1.152	1.144
17	1.270	1.259	1.248	1.238	1.228	1.218	1.209	1.199	1.190	1.181	1.173	1.164	1.156	1.148
18	1.275	1.264	1.254	1.243	1.233	1.223	1.214	1.204	1.195	1.186	1.177	1.169	1.161	1.152
19	1.281	1.270	1.259	1.249	1.238	1.228	1.219	1.209	1.200	1.191	1.182	1.174	1.165	1.157
20	1.287	1.276	1.265	1.255	1.244	1.234	1.225	1.215	1.206	1.197	1.188	1.179	1.171	1.162
21	1.294	1.283	1.272	1.261	1.251	1.241	1.231	1.221	1.212	1.202	1.194	1.185	1.176	1.168
22	1.301	1.290	1.279	1.268	1.257	1.247	1.237	1.227	1.218	1.209	1.200	1.191	1.182	1.174
23	1.309	1.298	1.286	1.275	1.265	1.254	1.244	1.234	1.225	1.215	1.206	1.197	1.188	1.180
24	1.317	1.305	1.294	1.283	1.272	1.262	1.251	1.241	1.232	1.222	1.213	1.204	1.195	1.187
25	1.327	1.314	1.302	1.291	1.280	1.270	1.259	1.249	1.239	1.230	1.220	1.211	1.202	1.194
26	1.335	1.323	1.311	1.300	1.289	1.278	1.267	1.257	1.247	1.237	1.228	1.219	1.210	1.201
27	1.344	1.332	1.320	1.309	1.298	1.287	1.276	1.266	1.256	1.246	1.236	1.227	1.218	1.209
28	1.355	1.342	1.330	1.318	1.307	1.296	1.285	1.275	1.264	1.254	1.245	1.235	1.226	1.217
29	1.365	1.353	1.341	1.328	1.317	1.306	1.295	1.284	1.274	1.263	1.254	1.244	1.235	1.226
30	1.377	1.364	1.351	1.339	1.328	1.316	1.305	1.294	1.284	1.273	1.263	1.253	1.244	1.235
31	1.389	1.376	1.363	1.351	1.339	1.327	1.316	1.305	1.294	1.283	1.273	1.263	1.254	1.244
32	1.401	1.388	1.375	1.362	1.350	1.339	1.327	1.316	1.305	1.294	1.284	1.274	1.264	1.254
33	1.414	1.401	1.388	1.375	1.363	1.351	1.339	1.327	1.316	1.305	1.295	1.285	1.275	1.265
34	1.428	1.415	1.401	1.388	1.375	1.363	1.351	1.340	1.328	1.317	1.307	1.296	1.286	1.276
35	1.443	1.429	1.415	1.402	1.389	1.377	1.364	1.353	1.341	1.330	1.319	1.308	1.298	1.288

表 A.1（续）

温度/℃	回潮率/%													
	5.4	5.5	5.6	5.7	5.8	5.9	6.0	6.1	6.2	6.3	6.4	6.5	6.6	6.7
5	1.110	1.103	1.096	1.089	1.082	1.075	1.069	1.063	1.056	1.050	1.044	1.039	1.033	1.028
6	1.111	1.104	1.097	1.090	1.083	1.076	1.070	1.064	1.057	1.051	1.045	1.040	1.034	1.029
7	1.112	1.105	1.098	1.091	1.084	1.078	1.071	1.065	1.059	1.052	1.047	1.041	1.035	1.030
8	1.114	1.106	1.099	1.092	1.086	1.079	1.072	1.066	1.060	1.054	1.048	1.042	1.036	1.031
9	1.116	1.108	1.101	1.094	1.087	1.081	1.074	1.068	1.061	1.055	1.049	1.044	1.038	1.032
10	1.118	1.110	1.103	1.096	1.089	1.083	1.076	1.070	1.063	1.057	1.051	1.045	1.040	1.034
11	1.120	1.113	1.105	1.098	1.091	1.085	1.078	1.072	1.065	1.059	1.053	1.048	1.042	1.036
12	1.123	1.115	1.108	1.101	1.094	1.087	1.081	1.074	1.068	1.062	1.056	1.050	1.044	1.038
13	1.126	1.118	1.111	1.104	1.097	1.090	1.083	1.077	1.070	1.064	1.058	1.052	1.047	1.041
14	1.129	1.121	1.114	1.107	1.100	1.093	1.086	1.080	1.073	1.067	1.061	1.055	1.049	1.044
15	1.132	1.125	1.117	1.110	1.103	1.096	1.089	1.083	1.077	1.070	1.064	1.058	1.052	1.047
16	1.136	1.128	1.121	1.114	1.107	1.100	1.093	1.086	1.080	1.074	1.068	1.062	1.056	1.050
17	1.140	1.132	1.125	1.118	1.111	1.104	1.097	1.090	1.084	1.077	1.071	1.065	1.059	1.053
18	1.145	1.137	1.129	1.122	1.115	1.108	1.101	1.094	1.088	1.081	1.075	1.069	1.063	1.057
19	1.149	1.141	1.134	1.126	1.119	1.112	1.105	1.099	1.092	1.085	1.079	1.073	1.067	1.061
20	1.154	1.146	1.139	1.131	1.124	1.117	1.110	1.103	1.097	1.090	1.084	1.078	1.072	1.066
21	1.160	1.152	1.144	1.137	1.129	1.122	1.115	1.108	1.102	1.095	1.089	1.082	1.076	1.070
22	1.166	1.158	1.150	1.142	1.135	1.128	1.120	1.113	1.107	1.100	1.094	1.087	1.081	1.075
23	1.172	1.164	1.156	1.148	1.141	1.133	1.126	1.119	1.112	1.106	1.099	1.093	1.086	1.080
24	1.178	1.170	1.162	1.154	1.147	1.139	1.132	1.125	1.118	1.111	1.105	1.098	1.092	1.086
25	1.185	1.177	1.169	1.161	1.153	1.146	1.138	1.131	1.124	1.117	1.111	1.104	1.098	1.092
26	1.192	1.184	1.176	1.168	1.160	1.153	1.145	1.138	1.131	1.124	1.117	1.111	1.104	1.098
27	1.200	1.192	1.183	1.175	1.167	1.160	1.152	1.145	1.138	1.131	1.124	1.117	1.111	1.104
28	1.208	1.200	1.191	1.183	1.175	1.167	1.160	1.152	1.145	1.138	1.131	1.124	1.118	1.111
29	1.217	1.208	1.199	1.191	1.183	1.175	1.168	1.160	1.153	1.145	1.138	1.132	1.125	1.118
30	1.226	1.217	1.208	1.200	1.192	1.184	1.176	1.168	1.161	1.153	1.146	1.139	1.133	1.126
31	1.235	1.226	1.217	1.209	1.201	1.192	1.184	1.177	1.169	1.162	1.155	1.148	1.141	1.134
32	1.245	1.236	1.227	1.218	1.210	1.202	1.194	1.186	1.178	1.171	1.163	1.156	1.149	1.142
33	1.255	1.246	1.237	1.228	1.220	1.211	1.203	1.195	1.187	1.180	1.172	1.165	1.158	1.151
34	1.266	1.257	1.248	1.239	1.230	1.221	1.213	1.205	1.197	1.189	1.182	1.174	1.167	1.160
35	1.278	1.268	1.259	1.250	1.241	1.232	1.224	1.215	1.207	1.200	1.192	1.184	1.177	1.170

表 A.1（续）

温度/℃	回潮率/%													
	6.8	6.9	7.0	7.1	7.2	7.3	7.4	7.5	7.6	7.7	7.8	7.9	8.0	8.1
5	1.022	1.017	1.012	1.007	1.002	0.997	0.992	0.988	0.983	0.979	0.975	0.970	0.966	0.962
6	1.023	1.018	1.013	1.008	1.003	0.998	0.993	0.989	0.984	0.980	0.976	0.971	0.967	0.963
7	1.024	1.019	1.014	1.009	1.004	0.999	0.994	0.990	0.985	0.981	0.977	0.972	0.968	0.964
8	1.026	1.020	1.015	1.010	1.005	1.000	0.996	0.991	0.986	0.982	0.978	0.974	0.969	0.965
9	1.027	1.022	1.017	1.011	1.006	1.002	0.997	0.992	0.988	0.983	0.979	0.975	0.971	0.967
10	1.029	1.023	1.018	1.013	1.008	1.003	0.999	0.994	0.989	0.985	0.981	0.976	0.972	0.968
11	1.031	1.025	1.020	1.015	1.010	1.005	1.000	0.996	0.991	0.987	0.983	0.978	0.974	0.970
12	1.033	1.028	1.022	1.017	1.012	1.007	1.003	0.998	0.993	0.989	0.985	0.980	0.976	0.972
13	1.035	1.030	1.025	1.020	1.015	1.010	1.005	1.000	0.995	0.991	0.987	0.982	0.978	0.974
14	1.038	1.033	1.027	1.022	1.017	1.012	1.007	1.003	0.998	0.994	0.989	0.985	0.981	0.977
15	1.041	1.036	1.030	1.025	1.020	1.015	1.010	1.005	1.001	0.996	0.992	0.987	0.983	0.979
16	1.044	1.039	1.034	1.028	1.023	1.018	1.013	1.008	1.004	0.999	0.995	0.990	0.986	0.982
17	1.048	1.042	1.037	1.032	1.027	1.022	1.016	1.011	1.007	1.002	0.998	0.994	0.989	0.985
18	1.052	1.046	1.041	1.035	1.030	1.025	1.020	1.015	1.010	1.006	1.001	0.997	0.993	0.988
19	1.056	1.050	1.044	1.039	1.034	1.029	1.024	1.019	1.014	1.010	1.005	1.000	0.996	0.992
20	1.060	1.054	1.049	1.043	1.038	1.033	1.028	1.023	1.018	1.013	1.009	1.004	1.000	0.996
21	1.064	1.059	1.053	1.048	1.042	1.037	1.032	1.027	1.022	1.017	1.013	1.009	1.004	1.000
22	1.069	1.064	1.058	1.052	1.047	1.042	1.037	1.032	1.027	1.022	1.017	1.013	1.008	1.004
23	1.074	1.069	1.063	1.057	1.052	1.047	1.042	1.037	1.032	1.027	1.022	1.017	1.013	1.009
24	1.080	1.074	1.068	1.063	1.057	1.052	1.047	1.042	1.037	1.032	1.027	1.022	1.018	1.014
25	1.086	1.080	1.074	1.068	1.063	1.057	1.052	1.047	1.042	1.037	1.032	1.028	1.023	1.019
26	1.092	1.086	1.080	1.074	1.069	1.063	1.058	1.053	1.048	1.043	1.038	1.033	1.028	1.024
27	1.098	1.092	1.086	1.080	1.075	1.069	1.064	1.059	1.054	1.049	1.044	1.039	1.034	1.030
28	1.105	1.099	1.093	1.087	1.081	1.076	1.070	1.065	1.060	1.055	1.050	1.045	1.040	1.035
29	1.112	1.106	1.100	1.094	1.088	1.082	1.077	1.072	1.066	1.061	1.056	1.051	1.046	1.042
30	1.120	1.113	1.107	1.101	1.095	1.090	1.084	1.079	1.073	1.068	1.063	1.058	1.053	1.048
31	1.128	1.121	1.115	1.109	1.103	1.097	1.091	1.086	1.080	1.075	1.070	1.065	1.060	1.055
32	1.136	1.129	1.123	1.117	1.111	1.105	1.099	1.093	1.088	1.083	1.077	1.072	1.067	1.062
33	1.144	1.138	1.131	1.125	1.119	1.113	1.107	1.102	1.096	1.091	1.085	1.080	1.075	1.070
34	1.153	1.147	1.140	1.134	1.128	1.122	1.116	1.110	1.104	1.099	1.093	1.088	1.083	1.078
35	1.163	1.156	1.143	1.143	1.137	1.131	1.125	1.119	1.113	1.107	1.102	1.097	1.091	1.086

表 A.1（续）

温度/℃	回潮率/%													
	8.2	8.3	8.4	8.5	8.6	8.7	8.8	8.9	9.0	9.1	9.2	9.3	9.4	9.5
5	0.958	0.955	0.951	0.947	0.944	0.940	0.937	0.933	0.930	0.927	0.924	0.921	0.918	0.915
6	0.959	0.956	0.952	0.948	0.945	0.941	0.938	0.934	0.931	0.928	0.925	0.922	0.919	0.916
7	0.960	0.957	0.953	0.949	0.946	0.942	0.939	0.935	0.932	0.929	0.926	0.923	0.920	0.917
8	0.961	0.958	0.954	0.950	0.947	0.943	0.940	0.936	0.933	0.930	0.927	0.924	0.921	0.918
9	0.962	0.959	0.955	0.951	0.948	0.944	0.941	0.937	0.934	0.931	0.928	0.925	0.922	0.919
10	0.964	0.960	0.956	0.953	0.949	0.945	0.942	0.939	0.935	0.932	0.929	0.926	0.923	0.920
11	0.966	0.962	0.958	0.955	0.951	0.947	0.944	0.941	0.937	0.934	0.931	0.928	0.925	0.922
12	0.968	0.964	0.960	0.957	0.953	0.949	0.946	0.943	0.939	0.936	0.933	0.930	0.927	0.924
13	0.970	0.966	0.962	0.959	0.955	0.951	0.948	0.945	0.941	0.938	0.935	0.932	0.929	0.926
14	0.972	0.968	0.964	0.961	0.957	0.953	0.950	0.947	0.943	0.940	0.937	0.934	0.931	0.928
15	0.975	0.971	0.967	0.964	0.960	0.956	0.952	0.949	0.946	0.943	0.939	0.936	0.933	0.930
16	0.978	0.974	0.970	0.966	0.963	0.959	0.955	0.952	0.949	0.945	0.942	0.939	0.936	0.933
17	0.981	0.977	0.973	0.969	0.966	0.962	0.958	0.955	0.952	0.948	0.945	0.942	0.939	0.936
18	0.984	0.980	0.976	0.972	0.969	0.965	0.961	0.958	0.955	0.951	0.948	0.945	0.942	0.939
19	0.988	0.984	0.980	0.976	0.972	0.968	0.964	0.961	0.958	0.954	0.951	0.948	0.945	0.942
20	0.992	0.988	0.984	0.980	0.976	0.972	0.968	0.965	0.961	0.958	0.954	0.951	0.948	0.945
21	0.996	0.992	0.988	0.984	0.980	0.976	0.972	0.969	0.965	0.962	0.958	0.955	0.952	0.949
22	1.000	0.996	0.992	0.988	0.984	0.980	0.976	0.973	0.969	0.966	0.962	0.959	0.956	0.953
23	1.004	1.000	0.996	0.992	0.988	0.984	0.980	0.977	0.973	0.970	0.966	0.963	0.960	0.957
24	1.009	1.005	1.001	0.997	0.993	0.989	0.985	0.981	0.978	0.974	0.970	0.967	0.964	0.961
25	1.014	1.010	1.006	1.002	0.998	0.994	0.990	0.986	0.983	0.979	0.975	0.972	0.969	0.966
26	1.019	1.015	1.011	1.007	1.003	0.999	0.995	0.991	0.988	0.984	0.980	0.977	0.974	0.971
27	1.025	1.021	1.016	1.012	1.008	1.004	1.000	0.996	0.993	0.989	0.985	0.982	0.979	0.976
28	1.031	1.027	1.022	1.018	1.014	1.010	1.006	1.002	0.998	0.994	0.991	0.989	0.984	0.981
29	1.037	1.033	1.028	1.024	1.020	1.016	1.012	1.008	1.004	1.000	0.997	0.993	0.990	0.987
30	1.044	1.039	1.035	1.030	1.026	1.022	1.018	1.014	1.010	1.006	1.003	0.999	0.996	0.993
31	1.050	1.046	1.041	1.037	1.033	1.028	1.024	1.020	1.017	1.013	1.009	1.005	1.002	0.999
32	1.058	1.053	1.049	1.044	1.040	1.035	1.031	1.027	1.023	1.020	1.016	1.012	1.009	1.005
33	1.065	1.060	1.056	1.051	1.047	1.042	1.038	1.034	1.030	1.027	1.023	1.019	1.016	1.012
34	1.073	1.068	1.064	1.059	1.055	1.050	1.046	1.042	1.038	1.034	1.030	1.026	1.023	1.019
35	1.081	1.076	1.072	1.067	1.063	1.058	1.054	1.050	1.046	1.042	1.038	1.034	1.030	1.027

表 A.1(续)

温度/℃	回潮率/%													
	9.6	9.7	9.8	9.9	10.0	10.1	10.2	10.3	10.4	10.5	10.6	10.7	10.8	10.9
5	0.912	0.909	0.907	0.904	0.901	0.899	0.897	0.894	0.892	0.890	0.888	0.886	0.884	0.882
6	0.913	0.910	0.908	0.905	0.902	0.900	0.898	0.895	0.893	0.891	0.889	0.887	0.884	0.883
7	0.914	0.911	0.909	0.906	0.903	0.901	0.899	0.896	0.894	0.892	0.889	0.887	0.885	0.883
8	0.915	0.912	0.910	0.907	0.904	0.902	0.900	0.897	0.895	0.893	0.890	0.888	0.886	0.884
9	0.916	0.913	0.911	0.908	0.905	0.903	0.901	0.898	0.896	0.894	0.892	0.889	0.887	0.885
10	0.917	0.914	0.912	0.909	0.907	0.904	0.902	0.900	0.897	0.895	0.893	0.891	0.889	0.887
11	0.919	0.916	0.914	0.911	0.909	0.906	0.904	0.901	0.899	0.896	0.894	0.892	0.890	0.888
12	0.921	0.918	0.915	0.913	0.910	0.908	0.905	0.903	0.901	0.898	0.896	0.894	0.892	0.890
13	0.923	0.920	0.917	0.915	0.912	0.910	0.907	0.905	0.902	0.900	0.898	0.896	0.894	0.892
14	0.925	0.922	0.919	0.917	0.914	0.912	0.909	0.907	0.904	0.902	0.900	0.898	0.896	0.894
15	0.927	0.924	0.921	0.919	0.916	0.914	0.911	0.909	0.906	0.904	0.902	0.900	0.898	0.896
16	0.930	0.927	0.924	0.922	0.919	0.916	0.914	0.912	0.909	0.907	0.904	0.902	0.900	0.898
17	0.933	0.930	0.927	0.924	0.922	0.919	0.917	0.914	0.912	0.910	0.907	0.905	0.903	0.901
18	0.936	0.933	0.930	0.927	0.925	0.922	0.919	0.917	0.915	0.912	0.910	0.908	0.906	0.904
19	0.939	0.936	0.933	0.930	0.928	0.925	0.922	0.920	0.918	0.915	0.913	0.911	0.909	0.907
20	0.942	0.939	0.936	0.933	0.931	0.928	0.926	0.923	0.921	0.918	0.916	0.914	0.912	0.910
21	0.946	0.943	0.940	0.937	0.934	0.932	0.929	0.927	0.924	0.922	0.919	0.917	0.915	0.913
22	0.950	0.947	0.944	0.941	0.938	0.936	0.933	0.931	0.928	0.926	0.923	0.921	0.919	0.916
23	0.954	0.951	0.948	0.945	0.942	0.940	0.937	0.934	0.932	0.929	0.927	0.925	0.923	0.920
24	0.958	0.955	0.952	0.949	0.946	0.944	0.941	0.938	0.936	0.933	0.931	0.929	0.927	0.924
25	0.962	0.959	0.956	0.953	0.951	0.948	0.945	0.942	0.940	0.938	0.935	0.933	0.931	0.928
26	0.967	0.964	0.961	0.958	0.956	0.953	0.950	0.947	0.945	0.942	0.940	0.937	0.935	0.933
27	0.972	0.969	0.966	0.963	0.961	0.958	0.955	0.952	0.950	0.947	0.945	0.942	0.940	0.938
28	0.977	0.974	0.971	0.968	0.966	0.963	0.960	0.957	0.955	0.952	0.950	0.947	0.945	0.943
29	0.983	0.980	0.977	0.974	0.971	0.968	0.965	0.962	0.960	0.957	0.955	0.952	0.950	0.948
30	0.989	0.986	0.983	0.980	0.977	0.974	0.971	0.968	0.965	0.963	0.960	0.958	0.955	0.953
31	0.995	0.992	0.989	0.986	0.983	0.980	0.977	0.974	0.971	0.969	0.966	0.964	0.961	0.959
32	1.002	0.999	0.995	0.992	0.989	0.986	0.983	0.980	0.978	0.975	0.972	0.970	0.967	0.965
33	1.009	1.005	1.002	0.999	0.995	0.992	0.990	0.987	0.984	0.981	0.978	0.976	0.974	0.971
34	1.016	1.012	1.009	1.006	1.002	0.999	0.996	0.993	0.991	0.988	0.985	0.983	0.980	0.978
35	1.023	1.020	1.016	1.013	1.010	1.006	1.003	1.001	0.998	0.995	0.992	0.990	0.987	0.985

表 A.1（续）

温度/℃	回潮率/%													
	11.0	11.1	11.2	11.3	11.4	11.5	11.6	11.7	11.8	11.9	12.0	12.1	12.2	12.3
5	0.880	0.878	0.876	0.874	0.873	0.871	0.870	0.868	0.867	0.865	0.864	0.862	0.861	0.860
6	0.881	0.879	0.877	0.875	0.874	0.872	0.870	0.869	0.867	0.866	0.864	0.863	0.862	0.861
7	0.881	0.880	0.878	0.876	0.874	0.873	0.871	0.869	0.868	0.867	0.865	0.864	0.862	0.861
8	0.882	0.881	0.879	0.877	0.875	0.874	0.872	0.870	0.869	0.867	0.866	0.865	0.863	0.862
9	0.883	0.882	0.880	0.878	0.876	0.875	0.873	0.871	0.870	0.868	0.867	0.866	0.864	0.863
10	0.885	0.883	0.881	0.879	0.877	0.876	0.874	0.872	0.871	0.870	0.868	0.867	0.865	0.864
11	0.886	0.884	0.882	0.880	0.879	0.877	0.875	0.874	0.872	0.871	0.870	0.868	0.867	0.866
12	0.888	0.886	0.884	0.882	0.880	0.879	0.877	0.876	0.874	0.873	0.871	0.870	0.869	0.867
13	0.890	0.888	0.886	0.884	0.882	0.881	0.879	0.877	0.876	0.875	0.873	0.872	0.870	0.869
14	0.892	0.890	0.888	0.886	0.884	0.883	0.881	0.879	0.878	0.876	0.875	0.874	0.872	0.871
15	0.894	0.892	0.890	0.888	0.886	0.885	0.883	0.881	0.880	0.878	0.877	0.876	0.874	0.873
16	0.896	0.894	0.892	0.890	0.888	0.887	0.885	0.884	0.882	0.880	0.879	0.878	0.876	0.875
17	0.899	0.897	0.895	0.893	0.891	0.889	0.888	0.886	0.884	0.883	0.881	0.880	0.879	0.877
18	0.902	0.900	0.898	0.896	0.894	0.892	0.891	0.889	0.887	0.886	0.884	0.883	0.882	0.880
19	0.905	0.903	0.901	0.899	0.897	0.895	0.894	0.892	0.890	0.889	0.887	0.886	0.885	0.883
20	0.908	0.906	0.904	0.902	0.900	0.898	0.897	0.895	0.893	0.892	0.890	0.889	0.888	0.886
21	0.911	0.909	0.907	0.905	0.903	0.902	0.900	0.898	0.896	0.895	0.893	0.892	0.891	0.889
22	0.914	0.912	0.910	0.908	0.906	0.905	0.903	0.901	0.900	0.898	0.897	0.895	0.894	0.893
23	0.918	0.916	0.914	0.912	0.910	0.909	0.907	0.905	0.904	0.902	0.901	0.899	0.898	0.896
24	0.922	0.920	0.918	0.916	0.914	0.913	0.911	0.909	0.908	0.906	0.904	0.903	0.902	0.900
25	0.926	0.924	0.922	0.920	0.919	0.917	0.915	0.913	0.912	0.910	0.908	0.907	0.906	0.904
26	0.931	0.929	0.926	0.924	0.923	0.921	0.919	0.917	0.916	0.914	0.912	0.911	0.910	0.908
27	0.936	0.934	0.931	0.929	0.928	0.926	0.924	0.922	0.920	0.919	0.917	0.915	0.914	0.913
28	0.941	0.939	0.936	0.934	0.932	0.931	0.929	0.927	0.925	0.924	0.922	0.920	0.919	0.918
29	0.946	0.944	0.941	0.939	0.937	0.936	0.934	0.932	0.930	0.929	0.927	0.925	0.924	0.922
30	0.951	0.949	0.946	0.944	0.942	0.941	0.939	0.937	0.935	0.934	0.932	0.930	0.929	0.927
31	0.957	0.955	0.952	0.950	0.948	0.946	0.944	0.942	0.941	0.939	0.938	0.936	0.934	0.933
32	0.963	0.961	0.958	0.956	0.954	0.952	0.950	0.948	0.947	0.945	0.943	0.942	0.940	0.939
33	0.969	0.967	0.964	0.962	0.960	0.958	0.956	0.954	0.953	0.951	0.949	0.948	0.946	0.945
34	0.975	0.973	0.971	0.969	0.967	0.965	0.962	0.960	0.959	0.957	0.955	0.954	0.952	0.951
35	0.982	0.980	0.978	0.975	0.973	0.971	0.969	0.967	0.965	0.964	0.962	0.960	0.959	0.957

表 A.1（续）

温度/℃	回潮率/%								
	12.4	12.5	12.6	12.7	12.8	12.9	13.0	13.1	13.2
5	0.859	0.858	0.856	0.855	0.854	0.853	0.852	0.852	0.851
6	0.859	0.858	0.857	0.856	0.855	0.854	0.853	0.852	0.851
7	0.860	0.859	0.858	0.857	0.856	0.855	0.854	0.853	0.852
8	0.861	0.860	0.859	0.858	0.857	0.856	0.855	0.854	0.853
9	0.862	0.861	0.860	0.859	0.858	0.857	0.856	0.855	0.854
10	0.863	0.862	0.861	0.860	0.859	0.858	0.857	0.856	0.855
11	0.865	0.863	0.862	0.861	0.860	0.859	0.858	0.858	0.857
12	0.866	0.865	0.864	0.863	0.862	0.861	0.860	0.859	0.858
13	0.868	0.867	0.866	0.865	0.863	0.862	0.861	0.860	0.859
14	0.870	0.869	0.868	0.866	0.865	0.864	0.863	0.863	0.862
15	0.872	0.871	0.870	0.868	0.867	0.866	0.865	0.865	0.864
16	0.874	0.873	0.872	0.871	0.870	0.869	0.868	0.867	0.866
17	0.876	0.875	0.874	0.873	0.872	0.871	0.870	0.869	0.868
18	0.879	0.878	0.877	0.876	0.875	0.874	0.872	0.872	0.871
19	0.882	0.881	0.880	0.879	0.878	0.877	0.874	0.875	0.874
20	0.885	0.884	0.883	0.882	0.881	0.880	0.879	0.878	0.877
21	0.888	0.887	0.886	0.885	0.884	0.883	0.882	0.881	0.880
22	0.892	0.890	0.889	0.888	0.887	0.886	0.885	0.884	0.883
23	0.895	0.894	0.893	0.892	0.891	0.890	0.889	0.888	0.887
24	0.898	0.897	0.896	0.895	0.894	0.893	0.892	0.891	0.890
25	0.902	0.901	0.900	0.899	0.898	0.897	0.896	0.895	0.894
26	0.907	0.905	0.904	0.903	0.902	0.901	0.900	0.899	0.898
27	0.912	0.910	0.909	0.908	0.907	0.906	0.905	0.904	0.903
28	0.916	0.915	0.914	0.913	0.911	0.910	0.909	0.908	0.907
29	0.921	0.920	0.919	0.917	0.916	0.915	0.914	0.913	0.912
30	0.926	0.925	0.924	0.922	0.921	0.920	0.919	0.918	0.917
31	0.931	0.930	0.929	0.928	0.926	0.925	0.924	0.923	0.922
32	0.937	0.936	0.935	0.933	0.932	0.931	0.930	0.929	0.928
33	0.943	0.942	0.941	0.939	0.938	0.937	0.936	0.935	0.934
34	0.949	0.948	0.947	0.945	0.944	0.943	0.942	0.941	0.940
35	0.956	0.954	0.953	0.952	0.950	0.949	0.948	0.947	0.946

表 A.1（续）

温度/℃	回潮率/%							
	13.3	13.4	13.5	13.6	13.7	13.8	13.9	14.0
5	0.850	0.849	0.849	0.848	0.848	0.847	0.846	0.846
6	0.851	0.850	0.849	0.849	0.848	0.848	0.847	0.847
7	0.852	0.851	0.850	0.850	0.849	0.848	0.848	0.847
8	0.852	0.852	0.851	0.850	0.850	0.849	0.849	0.848
9	0.853	0.853	0.852	0.851	0.851	0.850	0.850	0.849
10	0.854	0.854	0.853	0.852	0.852	0.852	0.851	0.850
11	0.856	0.855	0.854	0.854	0.853	0.853	0.852	0.852
12	0.857	0.857	0.856	0.855	0.855	0.854	0.854	0.853
13	0.859	0.858	0.858	0.857	0.857	0.856	0.855	0.855
14	0.861	0.860	0.860	0.859	0.858	0.858	0.857	0.857
15	0.863	0.862	0.862	0.861	0.860	0.860	0.859	0.859
16	0.865	0.865	0.864	0.863	0.863	0.862	0.862	0.861
17	0.867	0.867	0.866	0.866	0.865	0.865	0.864	0.863
18	0.870	0.869	0.869	0.868	0.867	0.867	0.866	0.866
19	0.873	0.872	0.872	0.871	0.870	0.870	0.869	0.869
20	0.876	0.875	0.875	0.874	0.873	0.873	0.872	0.872
21	0.879	0.878	0.878	0.877	0.876	0.876	0.875	0.875
22	0.882	0.882	0.881	0.880	0.880	0.879	0.878	0.878
23	0.886	0.885	0.884	0.884	0.883	0.883	0.882	0.882
24	0.889	0.889	0.888	0.887	0.887	0.886	0.886	0.885
25	0.893	0.892	0.892	0.891	0.891	0.890	0.889	0.889
26	0.897	0.897	0.896	0.895	0.895	0.894	0.894	0.893
27	0.902	0.901	0.900	0.900	0.899	0.898	0.898	0.897
28	0.906	0.906	0.905	0.904	0.904	0.903	0.902	0.902
29	0.911	0.910	0.910	0.909	0.908	0.908	0.907	0.907
30	0.916	0.915	0.915	0.914	0.913	0.913	0.912	0.912
31	0.921	0.921	0.920	0.919	0.919	0.918	0.917	0.917
32	0.927	0.926	0.925	0.925	0.924	0.924	0.923	0.922
33	0.933	0.932	0.931	0.930	0.930	0.929	0.929	0.928
34	0.939	0.938	0.937	0.936	0.936	0.935	0.935	0.934
35	0.945	0.944	0.944	0.943	0.942	0.941	0.941	0.940

表 A.2 棉本色纱绞线断裂强力的温度和回潮率修正系数

温度/℃	回潮率/%													
	4.1	4.2	4.3	4.4	4.5	4.6	4.7	4.8	4.9	5.0	5.1	5.2	5.3	5.4
5	1.214	1.206	1.198	1.190	1.183	1.175	1.168	1.161	1.154	1.147	1.141	1.134	1.128	1.122
6	1.212	1.204	1.196	1.188	1.181	1.173	1.166	1.159	1.152	1.145	1.139	1.132	1.126	1.120
7	1.210	1.202	1.194	1.186	1.179	1.171	1.164	1.157	1.150	1.144	1.137	1.131	1.125	1.118
8	1.208	1.200	1.192	1.185	1.177	1.170	1.163	1.156	1.149	1.142	1.136	1.129	1.123	1.117
9	1.207	1.199	1.191	1.183	1.176	1.169	1.162	1.155	1.148	1.141	1.135	1.128	1.122	1.116
10	1.206	1.198	1.190	1.182	1.175	1.168	1.161	1.154	1.147	1.140	1.134	1.127	1.121	1.115
11	1.205	1.197	1.189	1.182	1.174	1.167	1.160	1.153	1.146	1.139	1.133	1.127	1.120	1.114
12	1.205	1.197	1.189	1.181	1.174	1.166	1.159	1.152	1.146	1.139	1.133	1.126	1.120	1.114
13	1.204	1.196	1.189	1.181	1.174	1.166	1.159	1.152	1.145	1.139	1.132	1.126	1.120	1.114
14	1.204	1.197	1.189	1.181	1.174	1.166	1.159	1.152	1.146	1.139	1.132	1.126	1.120	1.114
15	1.205	1.197	1.189	1.181	1.174	1.167	1.160	1.153	1.146	1.139	1.133	1.126	1.120	1.114
16	1.206	1.198	1.190	1.182	1.175	1.167	1.160	1.153	1.146	1.140	1.133	1.127	1.120	1.115
17	1.207	1.199	1.191	1.183	1.176	1.168	1.161	1.154	1.147	1.141	1.134	1.128	1.121	1.116
18	1.208	1.200	1.192	1.184	1.177	1.169	1.162	1.155	1.148	1.142	1.135	1.129	1.122	1.117
19	1.209	1.201	1.193	1.186	1.178	1.171	1.164	1.157	1.150	1.143	1.137	1.130	1.124	1.118
20	1.211	1.203	1.195	1.187	1.180	1.172	1.165	1.158	1.151	1.145	1.138	1.132	1.125	1.119
21	1.213	1.205	1.197	1.189	1.182	1.174	1.167	1.160	1.153	1.147	1.140	1.134	1.127	1.121
22	1.215	1.207	1.199	1.192	1.184	1.177	1.169	1.162	1.155	1.149	1.142	1.136	1.129	1.123
23	1.218	1.210	1.202	1.194	1.187	1.179	1.172	1.165	1.158	1.151	1.144	1.138	1.131	1.125
24	1.221	1.213	1.205	1.197	1.189	1.182	1.175	1.168	1.161	1.154	1.147	1.141	1.134	1.128
25	1.224	1.216	1.208	1.200	1.192	1.185	1.178	1.171	1.163	1.157	1.150	1.144	1.137	1.131
26	1.228	1.220	1.212	1.204	1.196	1.188	1.181	1.174	1.167	1.160	1.153	1.147	1.140	1.134
27	1.232	1.224	1.215	1.207	1.200	1.192	1.185	1.177	1.170	1.163	1.157	1.150	1.143	1.137
28	1.236	1.228	1.219	1.211	1.204	1.196	1.188	1.181	1.174	1.167	1.160	1.154	1.147	1.141
29	1.241	1.232	1.224	1.216	1.208	1.200	1.193	1.185	1.178	1.171	1.164	1.158	1.151	1.145
30	1.245	1.237	1.229	1.221	1.213	1.205	1.197	1.190	1.183	1.176	1.169	1.162	1.155	1.149
31	1.251	1.242	1.234	1.226	1.218	1.210	1.202	1.195	1.187	1.180	1.173	1.166	1.160	1.153
32	1.256	1.248	1.239	1.231	1.223	1.215	1.207	1.200	1.192	1.185	1.178	1.171	1.165	1.158
33	1.262	1.254	1.245	1.237	1.228	1.220	1.213	1.205	1.198	1.190	1.183	1.176	1.170	1.163
34	1.269	1.260	1.251	1.243	1.234	1.226	1.219	1.211	1.203	1.196	1.189	1.182	1.175	1.168
35	1.275	1.266	1.258	1.249	1.241	1.233	1.225	1.217	1.209	1.202	1.195	1.188	1.181	1.174

表 A.2（续）

温度/℃	回潮率/%													
	5.5	5.6	5.7	5.8	5.9	6.0	6.1	6.2	6.3	6.4	6.5	6.6	6.7	6.8
5	1.116	1.110	1.104	1.099	1.093	1.088	1.082	1.077	1.072	1.067	1.063	1.058	1.053	1.049
6	1.114	1.108	1.102	1.097	1.091	1.086	1.081	1.076	1.071	1.066	1.061	1.056	1.052	1.047
7	1.112	1.107	1.101	1.095	1.090	1.084	1.079	1.074	1.069	1.064	1.059	1.055	1.050	1.046
8	1.111	1.105	1.100	1.094	1.088	1.083	1.078	1.073	1.068	1.063	1.058	1.054	1.049	1.045
9	1.110	1.104	1.099	1.093	1.087	1.082	1.077	1.072	1.067	1.062	1.057	1.053	1.048	1.044
10	1.109	1.103	1.098	1.092	1.087	1.081	1.076	1.071	1.066	1.061	1.056	1.052	1.047	1.043
11	1.108	1.103	1.097	1.091	1.086	1.081	1.075	1.070	1.065	1.061	1.056	1.051	1.047	1.042
12	1.108	1.102	1.097	1.091	1.086	1.080	1.075	1.070	1.065	1.060	1.055	1.051	1.046	1.042
13	1.108	1.102	1.096	1.091	1.085	1.080	1.075	1.070	1.065	1.060	1.055	1.051	1.046	1.042
14	1.108	1.102	1.096	1.091	1.085	1.080	1.075	1.070	1.065	1.060	1.055	1.051	1.046	1.042
15	1.108	1.102	1.097	1.091	1.086	1.080	1.075	1.070	1.065	1.060	1.056	1.051	1.046	1.042
16	1.109	1.103	1.097	1.092	1.086	1.081	1.076	1.071	1.066	1.061	1.056	1.051	1.047	1.043
17	1.110	1.104	1.098	1.092	1.087	1.082	1.077	1.072	1.067	1.062	1.057	1.052	1.048	1.043
18	1.111	1.105	1.099	1.093	1.088	1.083	1.078	1.073	1.068	1.063	1.058	1.053	1.049	1.044
19	1.112	1.106	1.100	1.095	1.089	1.084	1.079	1.074	1.069	1.064	1.059	1.054	1.050	1.045
20	1.113	1.108	1.102	1.096	1.091	1.085	1.080	1.075	1.070	1.065	1.060	1.056	1.051	1.047
21	1.115	1.109	1.104	1.098	1.092	1.087	1.082	1.077	1.072	1.067	1.062	1.057	1.053	1.048
22	1.117	1.111	1.105	1.100	1.094	1.089	1.084	1.079	1.074	1.069	1.064	1.059	1.054	1.050
23	1.119	1.113	1.108	1.102	1.096	1.091	1.086	1.081	1.076	1.071	1.066	1.061	1.056	1.052
24	1.122	1.116	1.110	1.104	1.099	1.093	1.088	1.083	1.078	1.073	1.068	1.063	1.059	1.054
25	1.125	1.119	1.113	1.107	1.102	1.096	1.091	1.086	1.080	1.075	1.071	1.066	1.061	1.057
26	1.128	1.122	1.116	1.110	1.105	1.099	1.094	1.088	1.083	1.078	1.073	1.069	1.064	1.059
27	1.131	1.125	1.119	1.113	1.108	1.102	1.097	1.091	1.086	1.081	1.076	1.072	1.067	1.062
28	1.135	1.128	1.123	1.117	1.111	1.105	1.100	1.095	1.090	1.085	1.080	1.075	1.070	1.065
29	1.138	1.132	1.126	1.120	1.115	1.109	1.104	1.098	1.093	1.088	1.083	1.078	1.073	1.069
30	1.142	1.136	1.130	1.124	1.119	1.113	1.108	1.102	1.097	1.092	1.087	1.082	1.077	1.072
31	1.147	1.141	1.135	1.129	1.123	1.117	1.112	1.106	1.101	1.096	1.091	1.086	1.081	1.076
32	1.152	1.145	1.139	1.133	1.127	1.122	1.116	1.111	1.105	1.100	1.095	1.090	1.085	1.080
33	1.157	1.150	1.144	1.138	1.132	1.126	1.121	1.115	1.110	1.105	1.099	1.094	1.089	1.085
34	1.162	1.155	1.149	1.143	1.137	1.131	1.126	1.120	1.115	1.109	1.104	1.099	1.094	1.089
35	1.167	1.161	1.155	1.149	1.143	1.137	1.131	1.125	1.120	1.114	1.109	1.105	1.099	1.094

表 A.2（续）

温度/℃	回潮率/%													
	6.9	7.0	7.1	7.2	7.3	7.4	7.5	7.6	7.7	7.8	7.9	8.0	8.1	8.2
5	1.044	1.040	1.036	1.032	1.028	1.024	1.020	1.016	1.013	1.009	1.005	1.002	0.999	0.995
6	1.043	1.038	1.034	1.030	1.026	1.022	1.018	1.015	1.011	1.007	1.004	1.001	0.997	0.994
7	1.041	1.037	1.033	1.029	1.025	1.021	1.017	1.013	1.010	1.006	1.003	0.999	0.996	0.993
8	1.040	1.036	1.032	1.028	1.024	1.020	1.016	1.012	1.009	1.005	1.002	0.998	0.995	0.992
9	1.039	1.035	1.031	1.027	1.023	1.019	1.015	1.011	1.008	1.004	1.001	0.997	0.994	0.991
10	1.038	1.034	1.030	1.026	1.022	1.018	1.014	1.011	1.007	1.003	1.000	0.997	0.993	0.990
11	1.038	1.034	1.029	1.025	1.021	1.018	1.014	1.010	1.006	1.003	0.999	0.996	0.993	0.990
12	1.037	1.033	1.029	1.025	1.021	1.017	1.013	1.010	1.006	1.003	0.999	0.996	0.992	0.989
13	1.037	1.033	1.029	1.025	1.021	1.017	1.013	1.010	1.006	1.002	0.999	0.996	0.992	0.989
14	1.037	1.033	1.029	1.025	1.021	1.017	1.013	1.010	1.006	1.002	0.999	0.996	0.992	0.989
15	1.038	1.033	1.029	1.025	1.021	1.017	1.014	1.010	1.006	1.003	0.999	0.996	0.993	0.989
16	1.038	1.034	1.030	1.026	1.022	1.018	1.014	1.010	1.007	1.003	1.000	0.996	0.993	0.990
17	1.039	1.035	1.030	1.026	1.022	1.019	1.015	1.011	1.007	1.004	1.000	0.997	0.994	0.990
18	1.040	1.036	1.031	1.027	1.023	1.019	1.016	1.012	1.008	1.005	1.001	0.998	0.995	0.991
19	1.041	1.037	1.032	1.028	1.024	1.020	1.017	1.013	1.009	1.006	1.002	0.999	0.996	0.992
20	1.042	1.038	1.034	1.030	1.026	1.022	1.018	1.014	1.011	1.007	1.003	1.000	0.997	0.993
21	1.044	1.039	1.035	1.031	1.027	1.023	1.019	1.016	1.012	1.008	1.005	1.001	0.998	0.995
22	1.045	1.041	1.037	1.033	1.029	1.025	1.021	1.017	1.014	1.010	1.007	1.003	1.000	0.996
23	1.047	1.043	1.039	1.035	1.031	1.027	1.023	1.019	1.015	1.012	1.008	1.005	1.002	0.998
24	1.050	1.045	1.041	1.037	1.033	1.029	1.025	1.021	1.018	1.014	1.010	1.007	1.004	1.000
25	1.052	1.048	1.043	1.039	1.035	1.031	1.027	1.024	1.020	1.016	1.013	1.009	1.006	1.002
26	1.055	1.050	1.046	1.042	1.038	1.034	1.030	1.026	1.022	1.019	1.015	1.012	1.008	1.005
27	1.058	1.053	1.049	1.045	1.041	1.037	1.033	1.029	1.025	1.021	1.018	1.014	1.011	1.007
28	1.061	1.056	1.052	1.048	1.044	1.040	1.036	1.032	1.028	1.024	1.021	1.017	1.014	1.010
29	1.064	1.060	1.055	1.051	1.047	1.043	1.039	1.035	1.031	1.027	1.024	1.020	1.017	1.013
30	1.068	1.063	1.059	1.054	1.050	1.046	1.042	1.038	1.034	1.031	1.027	1.023	1.020	1.017
31	1.072	1.067	1.063	1.058	1.054	1.050	1.046	1.042	1.038	1.034	1.031	1.027	1.024	1.020
32	1.076	1.071	1.067	1.062	1.058	1.054	1.050	1.046	1.042	1.038	1.034	1.031	1.027	1.024
33	1.080	1.075	1.071	1.066	1.062	1.058	1.054	1.050	1.046	1.042	1.038	1.035	1.031	1.028
34	1.085	1.080	1.075	1.071	1.067	1.062	1.058	1.054	1.050	1.046	1.043	1.039	1.035	1.032
35	1.089	1.085	1.080	1.076	1.071	1.067	1.063	1.059	1.055	1.051	1.047	1.043	1.040	1.036

表 A.2（续）

温度/℃	回潮率/%													
	8.3	8.4	8.5	8.6	8.7	8.8	8.9	9.0	9.1	9.2	9.3	9.4	9.5	9.6
5	0.992	0.989	0.986	0.983	0.980	0.977	0.975	0.972	0.969	0.967	0.964	0.962	0.960	0.957
6	0.991	0.988	0.985	0.982	0.979	0.976	0.973	0.971	0.968	0.965	0.963	0.961	0.958	0.956
7	0.990	0.987	0.983	0.981	0.978	0.975	0.972	0.969	0.967	0.964	0.962	0.959	0.957	0.955
8	0.989	0.986	0.982	0.980	0.977	0.974	0.971	0.968	0.966	0.963	0.961	0.958	0.956	0.954
9	0.988	0.985	0.981	0.979	0.976	0.973	0.970	0.968	0.965	0.962	0.960	0.958	0.955	0.953
10	0.987	0.984	0.981	0.978	0.975	0.972	0.969	0.967	0.964	0.962	0.959	0.957	0.955	0.952
11	0.986	0.983	0.980	0.977	0.975	0.972	0.969	0.966	0.964	0.961	0.959	0.956	0.954	0.952
12	0.986	0.983	0.980	0.977	0.974	0.971	0.969	0.966	0.963	0.961	0.958	0.956	0.954	0.952
13	0.986	0.983	0.980	0.977	0.974	0.971	0.969	0.966	0.963	0.961	0.958	0.956	0.954	0.951
14	0.986	0.983	0.980	0.977	0.974	0.971	0.969	0.966	0.963	0.961	0.958	0.956	0.954	0.952
15	0.986	0.983	0.980	0.977	0.974	0.972	0.969	0.966	0.964	0.961	0.959	0.956	0.954	0.952
16	0.987	0.984	0.981	0.978	0.975	0.972	0.969	0.967	0.964	0.962	0.959	0.957	0.954	0.952
17	0.987	0.984	0.981	0.978	0.975	0.973	0.970	0.967	0.965	0.962	0.960	0.957	0.955	0.953
18	0.988	0.985	0.982	0.979	0.976	0.973	0.971	0.968	0.965	0.963	0.960	0.958	0.956	0.953
19	0.989	0.986	0.983	0.980	0.977	0.974	0.972	0.969	0.966	0.964	0.961	0.959	0.957	0.954
20	0.990	0.987	0.984	0.981	0.978	0.976	0.973	0.970	0.968	0.965	0.963	0.960	0.958	0.955
21	0.992	0.989	0.986	0.983	0.980	0.977	0.974	0.971	0.969	0.966	0.964	0.961	0.959	0.957
22	0.993	0.990	0.987	0.984	0.981	0.978	0.976	0.973	0.970	0.968	0.965	0.963	0.961	0.958
23	0.995	0.992	0.989	0.986	0.983	0.980	0.977	0.975	0.972	0.969	0.967	0.965	0.962	0.960
24	0.997	0.994	0.991	0.988	0.985	0.982	0.979	0.977	0.974	0.971	0.969	0.966	0.964	0.962
25	0.999	0.996	0.993	0.990	0.987	0.984	0.981	0.979	0.976	0.973	0.971	0.968	0.966	0.964
26	1.002	0.998	0.995	0.992	0.989	0.987	0.984	0.981	0.978	0.976	0.973	0.971	0.968	0.966
27	1.004	1.001	0.998	0.995	0.992	0.989	0.986	0.983	0.981	0.978	0.976	0.973	0.971	0.968
28	1.007	1.004	1.001	0.998	0.995	0.992	0.989	0.986	0.983	0.981	0.978	0.976	0.973	0.971
29	1.010	1.007	1.004	1.001	0.998	0.995	0.992	0.989	0.986	0.984	0.981	0.979	0.976	0.974
30	1.013	1.010	1.007	1.004	1.001	0.998	0.995	0.992	0.989	0.987	0.984	0.982	0.979	0.977
31	1.017	1.013	1.010	1.007	1.004	1.001	0.998	0.995	0.993	0.990	0.987	0.985	0.982	0.980
32	1.020	1.017	1.014	1.011	1.008	1.005	1.002	0.999	0.996	0.994	0.991	0.988	0.986	0.983
33	1.024	1.021	1.018	1.015	1.012	1.009	1.006	1.003	1.000	0.997	0.995	0.992	0.990	0.987
34	1.028	1.025	1.022	1.019	1.016	1.013	1.010	1.007	1.004	1.001	0.999	0.996	0.993	0.991
35	1.033	1.030	1.026	1.023	1.020	1.017	1.014	1.011	1.008	1.005	1.003	1.000	0.998	0.995

表 A.2（续）

温度/℃	回潮率/%													
	9.7	9.8	9.9	10.0	10.1	10.2	10.3	10.4	10.5	10.6	10.7	10.8	10.9	11.0
5	0.955	0.953	0.951	0.949	0.947	0.945	0.943	0.941	0.939	0.938	0.936	0.934	0.933	0.931
6	0.954	0.952	0.949	0.947	0.945	0.944	0.942	0.940	0.938	0.936	0.935	0.933	0.932	0.930
7	0.952	0.950	0.948	0.946	0.944	0.942	0.941	0.939	0.937	0.935	0.934	0.932	0.931	0.929
8	0.951	0.949	0.947	0.945	0.943	0.941	0.940	0.938	0.936	0.934	0.933	0.931	0.930	0.928
9	0.951	0.949	0.946	0.944	0.942	0.941	0.939	0.937	0.935	0.934	0.932	0.930	0.929	0.927
10	0.950	0.948	0.946	0.944	0.942	0.940	0.938	0.936	0.935	0.933	0.931	0.930	0.928	0.927
11	0.950	0.947	0.945	0.943	0.941	0.939	0.938	0.936	0.934	0.932	0.931	0.929	0.928	0.926
12	0.949	0.947	0.945	0.943	0.941	0.939	0.937	0.936	0.934	0.932	0.931	0.929	0.927	0.926
13	0.949	0.947	0.945	0.943	0.941	0.939	0.937	0.935	0.934	0.932	0.930	0.929	0.927	0.926
14	0.949	0.947	0.945	0.943	0.941	0.939	0.937	0.935	0.934	0.932	0.930	0.929	0.927	0.926
15	0.949	0.947	0.945	0.943	0.941	0.939	0.938	0.936	0.934	0.932	0.931	0.929	0.928	0.926
16	0.950	0.948	0.946	0.944	0.942	0.940	0.938	0.936	0.934	0.933	0.931	0.929	0.928	0.926
17	0.950	0.948	0.946	0.944	0.942	0.940	0.938	0.937	0.935	0.933	0.932	0.930	0.929	0.927
18	0.951	0.949	0.947	0.945	0.943	0.941	0.939	0.937	0.936	0.934	0.932	0.931	0.929	0.928
19	0.952	0.950	0.948	0.946	0.944	0.942	0.940	0.938	0.937	0.935	0.933	0.932	0.930	0.929
20	0.953	0.951	0.949	0.947	0.945	0.943	0.941	0.939	0.938	0.936	0.934	0.933	0.931	0.930
21	0.955	0.952	0.950	0.948	0.946	0.944	0.942	0.941	0.939	0.937	0.936	0.934	0.932	0.931
22	0.956	0.954	0.952	0.950	0.948	0.946	0.944	0.942	0.940	0.939	0.937	0.935	0.934	0.932
23	0.958	0.955	0.953	0.951	0.949	0.947	0.945	0.944	0.942	0.940	0.939	0.937	0.935	0.934
24	0.960	0.957	0.955	0.953	0.951	0.949	0.947	0.945	0.944	0.942	0.940	0.939	0.937	0.936
25	0.962	0.959	0.957	0.955	0.953	0.951	0.949	0.947	0.946	0.944	0.942	0.941	0.939	0.938
26	0.964	0.962	0.960	0.958	0.955	0.953	0.951	0.950	0.948	0.946	0.944	0.943	0.941	0.940
27	0.966	0.964	0.962	0.960	0.958	0.956	0.954	0.952	0.950	0.948	0.947	0.945	0.943	0.942
28	0.969	0.967	0.964	0.962	0.960	0.958	0.956	0.954	0.953	0.951	0.949	0.948	0.946	0.944
29	0.972	0.969	0.967	0.965	0.963	0.961	0.959	0.957	0.955	0.954	0.952	0.950	0.949	0.947
30	0.975	0.972	0.970	0.968	0.966	0.964	0.962	0.960	0.958	0.956	0.955	0.953	0.951	0.950
31	0.978	0.975	0.973	0.971	0.969	0.967	0.965	0.963	0.961	0.959	0.958	0.956	0.955	0.953
32	0.981	0.979	0.977	0.974	0.972	0.970	0.968	0.966	0.965	0.963	0.961	0.959	0.958	0.956
33	0.985	0.982	0.980	0.978	0.976	0.974	0.972	0.970	0.968	0.966	0.965	0.963	0.961	0.960
34	0.989	0.986	0.984	0.982	0.980	0.978	0.976	0.974	0.972	0.970	0.968	0.967	0.965	0.963
35	0.993	0.990	0.988	0.986	0.984	0.982	0.980	0.978	0.976	0.974	0.972	0.971	0.969	0.967

表 A.2（续）

温度/℃	回潮率/%													
	11.1	11.2	11.3	11.4	11.5	11.6	11.7	11.8	11.9	12.0	12.1	12.2	12.3	12.4
5	0.930	0.929	0.927	0.926	0.925	0.924	0.923	0.921	0.920	0.920	0.919	0.918	0.917	0.916
6	0.929	0.927	0.926	0.925	0.924	0.922	0.921	0.920	0.919	0.918	0.917	0.916	0.916	0.915
7	0.928	0.926	0.925	0.924	0.923	0.921	0.920	0.919	0.918	0.917	0.916	0.915	0.915	0.914
8	0.927	0.925	0.924	0.923	0.922	0.920	0.919	0.918	0.917	0.916	0.915	0.914	0.914	0.913
9	0.926	0.925	0.923	0.922	0.921	0.920	0.918	0.917	0.916	0.915	0.915	0.914	0.913	0.912
10	0.925	0.924	0.923	0.921	0.920	0.919	0.918	0.917	0.916	0.915	0.914	0.913	0.912	0.912
11	0.925	0.923	0.922	0.921	0.920	0.919	0.917	0.916	0.915	0.914	0.914	0.913	0.912	0.911
12	0.925	0.923	0.922	0.921	0.919	0.918	0.917	0.916	0.915	0.914	0.913	0.912	0.912	0.911
13	0.924	0.923	0.922	0.921	0.919	0.918	0.917	0.916	0.915	0.914	0.913	0.912	0.911	0.911
14	0.924	0.923	0.922	0.921	0.919	0.918	0.917	0.916	0.915	0.914	0.913	0.912	0.912	0.911
15	0.925	0.923	0.922	0.921	0.920	0.918	0.917	0.916	0.915	0.914	0.913	0.913	0.912	0.911
16	0.925	0.924	0.922	0.921	0.920	0.919	0.918	0.917	0.916	0.915	0.914	0.913	0.912	0.911
17	0.926	0.924	0.923	0.922	0.920	0.919	0.918	0.917	0.916	0.915	0.914	0.913	0.913	0.912
18	0.926	0.925	0.924	0.922	0.921	0.920	0.919	0.918	0.917	0.916	0.915	0.914	0.913	0.913
19	0.927	0.926	0.925	0.923	0.922	0.921	0.920	0.919	0.918	0.917	0.916	0.915	0.914	0.913
20	0.928	0.927	0.926	0.924	0.923	0.922	0.921	0.920	0.919	0.918	0.917	0.916	0.915	0.914
21	0.930	0.928	0.927	0.926	0.924	0.923	0.922	0.921	0.920	0.919	0.918	0.917	0.916	0.916
22	0.931	0.930	0.928	0.927	0.926	0.925	0.923	0.922	0.921	0.920	0.919	0.919	0.918	0.917
23	0.932	0.931	0.930	0.928	0.927	0.926	0.925	0.924	0.923	0.922	0.921	0.920	0.919	0.919
24	0.934	0.933	0.931	0.930	0.929	0.928	0.927	0.926	0.925	0.924	0.923	0.922	0.921	0.920
25	0.936	0.935	0.933	0.932	0.931	0.930	0.929	0.928	0.927	0.926	0.925	0.924	0.923	0.922
26	0.938	0.937	0.935	0.934	0.933	0.932	0.931	0.930	0.929	0.928	0.927	0.926	0.925	0.924
27	0.941	0.939	0.938	0.936	0.935	0.934	0.933	0.932	0.931	0.930	0.929	0.928	0.927	0.926
28	0.943	0.942	0.940	0.939	0.938	0.936	0.935	0.934	0.933	0.932	0.931	0.930	0.929	0.929
29	0.946	0.944	0.943	0.942	0.940	0.939	0.938	0.937	0.936	0.935	0.934	0.933	0.932	0.931
30	0.948	0.947	0.946	0.944	0.943	0.942	0.941	0.940	0.939	0.938	0.937	0.936	0.935	0.934
31	0.951	0.950	0.949	0.947	0.946	0.945	0.944	0.943	0.942	0.941	0.940	0.939	0.938	0.937
32	0.955	0.953	0.952	0.951	0.949	0.948	0.947	0.946	0.945	0.944	0.943	0.942	0.941	0.940
33	0.958	0.957	0.955	0.954	0.953	0.951	0.950	0.949	0.948	0.947	0.946	0.945	0.944	0.943
34	0.962	0.960	0.959	0.958	0.956	0.955	0.954	0.953	0.952	0.951	0.950	0.949	0.948	0.947
35	0.966	0.964	0.963	0.961	0.960	0.959	0.958	0.956	0.955	0.954	0.953	0.952	0.951	0.951

表 A.2（续）

温度/℃	回潮率/%							
	12.5	12.6	12.7	12.8	12.9	13.0	13.1	13.2
5	0.915	0.915	0.914	0.914	0.913	0.913	0.912	0.912
6	0.914	0.914	0.913	0.912	0.912	0.911	0.911	0.910
7	0.913	0.912	0.912	0.911	0.911	0.910	0.910	0.909
8	0.912	0.912	0.911	0.910	0.910	0.909	0.909	0.908
9	0.911	0.911	0.910	0.910	0.909	0.909	0.908	0.908
10	0.911	0.910	0.910	0.909	0.908	0.908	0.908	0.907
11	0.910	0.910	0.909	0.909	0.908	0.908	0.907	0.907
12	0.910	0.909	0.909	0.908	0.908	0.907	0.907	0.906
13	0.910	0.909	0.909	0.908	0.908	0.907	0.907	0.906
14	0.910	0.909	0.909	0.908	0.908	0.907	0.907	0.906
15	0.910	0.910	0.909	0.908	0.908	0.907	0.907	0.907
16	0.911	0.910	0.909	0.909	0.908	0.908	0.907	0.907
17	0.911	0.910	0.910	0.909	0.909	0.908	0.908	0.907
18	0.912	0.911	0.911	0.910	0.909	0.909	0.909	0.908
19	0.913	0.912	0.911	0.911	0.910	0.910	0.909	0.909
20	0.914	0.913	0.912	0.912	0.911	0.911	0.910	0.910
21	0.915	0.914	0.914	0.913	0.913	0.912	0.912	0.911
22	0.916	0.916	0.915	0.914	0.914	0.913	0.913	0.913
23	0.918	0.917	0.916	0.916	0.915	0.915	0.914	0.914
24	0.919	0.919	0.918	0.918	0.917	0.917	0.916	0.916
25	0.921	0.921	0.920	0.919	0.919	0.918	0.918	0.918
26	0.923	0.923	0.922	0.921	0.921	0.920	0.920	0.920
27	0.926	0.925	0.924	0.924	0.923	0.923	0.922	0.922
28	0.928	0.927	0.927	0.926	0.925	0.925	0.925	0.924
29	0.931	0.930	0.929	0.929	0.928	0.928	0.927	0.927
30	0.933	0.933	0.932	0.931	0.931	0.930	0.930	0.929
31	0.936	0.936	0.935	0.934	0.934	0.933	0.933	0.932
32	0.939	0.939	0.938	0.937	0.937	0.936	0.936	0.935
33	0.943	0.942	0.941	0.941	0.940	0.940	0.939	0.939
34	0.946	0.945	0.945	0.944	0.944	0.943	0.943	0.942
35	0.950	0.949	0.948	0.948	0.947	0.947	0.946	0.946

表 A.2（续）

温度/℃	回潮率/%							
	13.3	13.4	13.5	13.6	13.7	13.8	13.9	14.0
5	0.911	0.911	0.911	0.911	0.910	0.910	0.910	0.910
6	0.910	0.910	0.910	0.909	0.909	0.909	0.909	0.909
7	0.909	0.909	0.909	0.908	0.908	0.908	0.908	0.908
8	0.908	0.908	0.908	0.907	0.907	0.907	0.907	0.907
9	0.907	0.907	0.907	0.907	0.907	0.906	0.906	0.906
10	0.907	0.907	0.906	0.906	0.906	0.906	0.906	0.906
11	0.906	0.906	0.906	0.906	0.906	0.905	0.905	0.905
12	0.906	0.906	0.906	0.905	0.905	0.905	0.905	0.905
13	0.906	0.906	0.905	0.905	0.905	0.905	0.905	0.905
14	0.906	0.906	0.906	0.905	0.905	0.905	0.905	0.905
15	0.906	0.906	0.906	0.905	0.905	0.905	0.905	0.905
16	0.907	0.906	0.906	0.906	0.906	0.906	0.906	0.906
17	0.907	0.907	0.907	0.906	0.906	0.906	0.906	0.906
18	0.908	0.908	0.907	0.907	0.907	0.907	0.907	0.907
19	0.909	0.908	0.908	0.908	0.908	0.908	0.908	0.908
20	0.910	0.909	0.909	0.909	0.909	0.909	0.909	0.909
21	0.911	0.911	0.910	0.910	0.910	0.910	0.910	0.910
22	0.912	0.912	0.912	0.912	0.911	0.911	0.911	0.911
23	0.914	0.913	0.913	0.913	0.913	0.913	0.913	0.913
24	0.915	0.915	0.915	0.915	0.914	0.914	0.914	0.914
25	0.917	0.917	0.917	0.916	0.916	0.916	0.916	0.916
26	0.919	0.919	0.919	0.918	0.918	0.918	0.918	0.918
27	0.921	0.921	0.921	0.921	0.921	0.920	0.920	0.920
28	0.924	0.923	0.923	0.923	0.923	0.923	0.923	0.923
29	0.926	0.926	0.926	0.925	0.925	0.925	0.925	0.925
30	0.929	0.929	0.928	0.928	0.928	0.928	0.928	0.928
31	0.932	0.932	0.931	0.931	0.931	0.931	0.931	0.931
32	0.935	0.935	0.934	0.934	0.934	0.934	0.934	0.934
33	0.938	0.938	0.938	0.938	0.937	0.937	0.937	0.937
34	0.942	0.942	0.941	0.941	0.941	0.941	0.941	0.941
35	0.946	0.945	0.945	0.945	0.945	0.944	0.944	0.944

表 A.3　气流纺棉本色纱单纱断裂强力的温度和回潮率修正系数

温度/℃	回潮率/%													
	4.1	4.2	4.3	4.4	4.5	4.6	4.7	4.8	4.9	5.0	5.1	5.2	5.3	5.4
10	1.090	1.085	1.080	1.075	1.071	1.066	1.062	1.057	1.053	1.049	1.045	1.041	1.037	1.033
11	1.093	1.088	1.083	1.078	1.074	1.069	1.065	1.060	1.056	1.052	1.048	1.044	1.040	1.036
12	1.097	1.092	1.087	1.084	1.077	1.073	1.068	1.064	1.059	1.055	1.051	1.047	1.043	1.039
13	1.101	1.096	1.091	1.086	1.081	1.077	1.072	1.068	1.063	1.059	1.055	1.051	1.047	1.043
14	1.105	1.100	1.095	1.090	1.086	1.081	1.076	1.072	1.068	1.063	1.059	1.055	1.051	1.047
15	1.111	1.105	1.100	1.095	1.091	1.086	1.081	1.077	1.072	1.068	1.064	1.061	1.056	1.052
16	1.116	1.111	1.106	1.101	1.096	1.091	1.087	1.082	1.077	1.073	1.069	1.065	1.061	1.057
17	1.122	1.117	1.112	1.107	1.102	1.097	1.092	1.088	1.083	1.079	1.074	1.070	1.066	1.062
18	1.129	1.124	1.118	1.113	1.108	1.103	1.099	1.094	1.089	1.085	1.081	1.076	1.072	1.068
19	1.136	1.131	1.125	1.120	1.115	1.110	1.105	1.101	1.096	1.092	1.087	1.083	1.079	1.074
20	1.144	1.138	1.133	1.128	1.123	1.118	1.113	1.108	1.103	1.099	1.094	1.090	1.086	1.081
21	1.152	1.147	1.141	1.136	1.131	1.126	1.121	1.116	1.111	1.106	1.102	1.097	1.093	1.089
22	1.161	1.155	1.150	1.145	1.139	1.134	1.129	1.124	1.119	1.115	1.110	1.105	1.101	1.097
23	1.171	1.165	1.159	1.154	1.148	1.143	1.138	1.133	1.128	1.123	1.119	1.114	1.110	1.105
24	1.181	1.175	1.169	1.164	1.158	1.153	1.148	1.143	1.138	1.133	1.128	1.123	1.119	1.114
25	1.192	1.186	1.180	1.174	1.169	1.163	1.158	1.153	1.148	1.143	1.138	1.133	1.129	1.124
26	1.203	1.197	1.191	1.186	1.180	1.175	1.169	1.164	1.159	1.154	1.149	1.144	1.139	1.134
27	1.216	1.201	1.204	1.198	1.192	1.186	1.181	1.175	1.170	1.165	1.160	1.155	1.150	1.146
28	1.229	1.223	1.217	1.211	1.205	1.199	1.193	1.188	1.182	1.177	1.172	1.167	1.162	1.157
29	1.243	1.237	1.230	1.224	1.219	1.213	1.207	1.201	1.195	1.190	1.185	1.180	1.175	1.170
30	1.258	1.252	1.245	1.234	1.233	1.227	1.221	1.215	1.209	1.204	1.198	1.193	1.188	1.183
31	1.274	1.267	1.261	1.254	1.248	1.242	1.236	1.230	1.224	1.218	1.213	1.207	1.202	1.197
32	1.291	1.284	1.277	1.271	1.264	1.258	1.252	1.246	1.240	1.234	1.228	1.223	1.217	1.212
33	1.309	1.302	1.295	1.288	1.281	1.275	1.269	1.262	1.256	1.250	1.244	1.239	1.233	1.228
34	1.328	1.321	1.314	1.307	1.300	1.293	1.287	1.280	1.274	1.268	1.262	1.256	1.250	1.245
35	1.349	1.341	1.334	1.326	1.319	1.312	1.306	1.299	1.293	1.286	1.280	1.274	1.268	1.263

表 A.3（续）

温度/℃	回潮率/%													
	5.5	5.6	5.7	5.8	5.9	6.0	6.1	6.2	6.3	6.4	6.5	6.6	6.7	6.8
10	1.029	1.025	1.022	1.018	1.015	1.012	1.008	1.005	1.002	0.999	0.996	0.993	0.990	0.987
11	1.032	1.028	1.025	1.021	1.018	1.014	1.011	1.008	1.005	1.002	0.999	0.996	0.993	0.990
12	1.035	1.032	1.028	1.024	1.021	1.018	1.014	1.011	1.008	1.005	1.002	0.999	0.996	0.993
13	1.039	1.035	1.032	1.028	1.025	1.021	1.018	1.014	1.011	1.008	1.005	1.002	0.999	0.996
14	1.043	1.039	1.036	1.032	1.029	1.025	1.022	1.018	1.015	1.012	1.009	1.006	1.003	1.000
15	1.048	1.044	1.040	1.036	1.033	1.029	1.026	1.023	1.019	1.016	1.013	1.010	1.007	1.004
16	1.053	1.049	1.045	1.041	1.038	1.034	1.031	1.027	1.024	1.021	1.018	1.015	1.012	1.009
17	0.058	1.054	1.050	1.047	1.043	1.040	1.036	1.033	1.029	1.026	1.023	1.020	1.017	1.014
18	1.064	1.060	1.056	1.052	1.049	1.045	1.042	1.038	1.035	1.032	1.028	1.025	1.022	1.019
19	1.070	1.066	1.062	1.059	1.055	1.051	1.048	1.044	1.041	1.038	1.034	1.031	1.028	1.025
20	1.077	1.073	1.069	1.065	1.062	1.058	1.054	1.051	1.047	1.044	1.041	1.038	1.034	1.031
21	1.085	1.081	1.077	1.073	1.069	1.065	1.061	1.058	1.054	1.054	1.048	1.044	1.041	1.038
22	1.093	1.088	1.084	1.080	1.077	1.073	1.069	1.065	1.062	1.058	1.055	1.052	1.049	1.045
23	1.101	1.097	1.093	1.089	1.085	1.081	1.077	1.073	1.070	1.066	1.063	1.060	1.056	1.053
24	1.110	1.106	1.102	1.098	1.094	1.090	1.086	1.082	1.078	1.075	1.071	1.068	1.065	1.061
25	1.120	1.115	1.111	1.107	1.103	1.099	1.095	1.091	1.088	1.084	1.080	1.077	1.074	1.070
26	1.130	1.126	1.121	1.117	1.113	1.109	1.105	1.101	1.097	1.094	1.090	1.086	1.083	1.080
27	1.141	1.136	1.132	1.128	1.123	1.119	1.115	1.111	1.108	1.104	1.100	1.097	1.093	1.090
28	1.153	1.148	1.143	1.139	1.135	1.131	1.126	1.122	1.119	1.115	1.111	1.107	1.104	1.100
29	1.165	1.160	1.156	1.151	1.147	1.142	1.138	1.134	1.130	1.126	1.122	1.119	1.115	1.112
30	1.178	1.173	1.169	1.164	1.159	1.155	1.151	1.147	1.143	1.139	1.135	1.131	1.127	1.123
31	1.192	1.187	1.182	1.178	1.173	1.169	1.164	1.160	1.156	1.152	1.148	1.144	1.140	1.136
32	1.207	1.202	1.197	1.192	1.187	1.183	1.178	1.174	1.170	1.165	1.161	1.157	1.153	1.150
33	1.223	1.217	1.212	1.207	1.203	1.199	1.193	1.189	1.184	1.180	1.176	1.172	1.168	1.164
34	1.239	1.234	1.229	1.224	1.219	1.214	1.209	1.205	1.200	1.196	1.191	1.187	1.183	1.179
35	1.257	1.252	1.246	1.240	1.236	1.231	1.226	1.221	1.217	1.212	1.208	1.203	1.199	1.195

表 A.3（续）

温度/℃	回潮率/%													
	6.9	7.0	7.1	7.2	7.3	7.4	7.5	7.6	7.7	7.8	7.9	8.0	8.1	8.2
10	0.985	0.982	0.979	0.977	0.974	0.972	0.969	0.967	0.965	0.963	0.961	0.958	0.956	0.954
11	0.987	0.985	0.982	0.979	0.977	0.974	0.972	0.970	0.967	0.965	0.963	0.961	0.959	0.957
12	0.990	0.988	0.985	0.982	0.980	0.977	0.975	0.973	0.970	0.968	0.966	0.964	0.962	0.960
13	0.994	0.991	0.988	0.986	0.983	0.981	0.978	0.976	0.974	0.971	0.969	0.967	0.965	0.963
14	0.997	0.995	0.992	0.989	0.987	0.984	0.982	0.979	0.977	0.975	0.973	0.971	0.968	0.966
15	1.001	0.999	0.996	0.993	0.991	0.988	0.986	0.983	0.981	0.979	0.977	0.974	0.972	0.970
16	1.006	1.003	1.000	0.998	0.995	0.993	0.990	0.988	0.985	0.983	0.981	0.979	0.977	0.975
17	1.011	1.008	1.006	1.003	1.000	0.998	0.995	0.993	0.990	0.988	0.986	0.983	0.981	0.979
18	1.016	1.014	1.011	1.008	1.005	1.003	1.000	0.998	0.995	0.993	0.991	0.989	0.986	0.984
19	1.022	1.019	1.016	1.014	1.011	1.008	1.006	1.003	1.001	0.999	0.996	0.994	0.992	0.990
20	1.028	1.025	1.023	1.020	1.017	1.015	1.012	1.009	1.007	1.005	1.002	1.000	0.998	0.996
21	1.035	1.032	1.029	1.026	1.024	1.021	1.018	1.016	1.013	1.011	1.009	1.006	1.004	1.002
22	1.042	1.039	1.036	1.034	1.031	1.028	1.025	1.023	1.020	1.018	1.016	1.013	1.011	1.009
23	1.050	1.047	1.044	1.041	1.038	1.036	1.033	1.030	1.028	1.025	1.023	1.020	1.018	1.016
24	1.058	1.055	1.052	1.049	1.046	1.044	1.041	1.038	1.036	1.033	1.031	1.028	1.026	1.023
25	1.067	1.064	1.061	1.059	1.055	1.052	1.049	1.047	1.044	1.041	1.039	1.037	1.034	1.032
26	1.076	1.073	1.070	1.067	1.064	1.061	1.058	1.056	1.053	1.050	1.048	1.045	1.043	1.040
27	1.086	1.083	1.080	1.077	1.074	1.071	1.068	1.065	1.063	1.060	1.057	1.055	1.052	1.050
28	1.097	1.094	1.090	1.087	1.084	1.081	1.078	1.075	1.073	1.070	1.067	1.065	1.062	1.060
29	1.108	1.105	1.101	1.098	1.095	1.092	1.089	1.086	1.084	1.081	1.078	1.075	1.073	1.070
30	1.120	1.116	1.113	1.110	1.107	1.103	1.100	1.097	1.095	1.092	1.089	1.086	1.084	1.081
31	1.133	1.129	1.126	1.122	1.119	1.116	1.113	1.110	1.107	1.104	1.101	1.098	1.095	1.093
32	1.146	1.142	1.139	1.135	1.132	1.129	1.126	1.122	1.119	1.117	1.114	1.111	1.108	1.105
33	1.160	1.156	1.153	1.149	1.146	1.142	1.139	1.136	1.133	1.130	1.127	1.124	1.121	1.118
34	1.175	1.171	1.168	1.164	1.160	1.157	1.154	1.150	1.147	1.144	1.141	1.138	1.135	1.132
35	1.191	1.187	1.183	1.180	1.176	1.172	1.169	1.166	1.162	1.159	1.156	1.153	1.150	1.147

表 A.3（续）

温度/℃	回潮率/%													
	8.3	8.4	8.5	8.6	8.7	8.8	8.9	9.0	9.1	9.2	9.3	9.4	9.5	9.6
10	0.952	0.951	0.949	0.947	0.945	0.944	0.942	0.941	0.939	0.938	0.936	0.935	0.934	0.932
11	0.955	0.953	0.951	0.949	0.948	0.946	0.945	0.943	0.941	0.940	0.939	0.937	0.936	0.935
12	0.958	0.956	0.954	0.952	0.951	0.949	0.947	0.946	0.944	0.943	0.941	0.940	0.939	0.937
13	0.961	0.959	0.957	0.955	0.954	0.952	0.950	0.949	0.947	0.946	0.944	0.943	0.942	0.940
14	0.964	0.963	0.961	0.959	0.957	0.955	0.954	0.952	0.951	0.949	0.948	0.946	0.945	0.944
15	0.968	0.966	0.965	0.963	0.961	0.959	0.958	0.956	0.954	0.953	0.951	0.950	0.949	0.947
16	0.973	0.971	0.969	0.967	0.965	0.963	0.962	0.960	0.959	0.957	0.956	0.954	0.953	0.952
17	0.977	0.975	0.973	0.971	0.970	0.968	0.966	0.965	0.963	0.962	0.960	0.959	0.957	0.956
18	0.982	0.980	0.978	0.976	0.975	0.973	0.971	0.970	0.968	0.966	0.965	0.963	0.962	0.961
19	0.988	0.986	0.984	0.982	0.980	0.978	0.976	0.975	0.973	0.972	0.970	0.969	0.967	0.966
20	0.993	0.991	0.989	0.988	0.986	0.984	0.982	0.981	0.979	0.977	0.976	0.974	0.973	0.972
21	1.000	0.998	0.996	0.994	0.992	0.990	0.988	0.987	0.985	0.983	0.982	0.980	0.979	0.978
22	1.006	1.004	1.002	1.000	0.999	0.997	0.995	0.993	0.992	0.990	0.988	0.987	0.985	0.984
23	1.014	1.012	1.010	1.008	1.006	1.004	1.002	1.000	0.998	0.997	0.995	0.994	0.992	0.991
24	1.021	1.019	1.017	1.015	1.013	1.011	1.009	1.008	1.006	1.004	1.003	1.001	1.000	0.998
25	1.030	1.027	1.025	1.023	1.021	1.019	1.017	1.016	1.014	1.012	1.011	1.009	1.007	1.006
26	1.038	1.036	1.034	1.032	1.030	1.028	1.026	1.024	1.022	1.021	1.019	1.017	1.016	1.014
27	1.047	1.045	1.043	1.041	1.039	1.037	1.035	1.033	1.031	1.029	1.028	1.026	1.025	1.023
28	1.057	1.055	1.053	1.051	1.048	1.046	1.044	1.043	1.041	1.039	1.037	1.036	1.034	1.032
29	1.068	1.065	1.063	1.061	1.059	1.057	1.055	1.053	1.051	1.049	1.047	1.046	1.044	1.042
30	1.079	1.076	1.074	1.072	1.070	1.067	1.065	1.063	1.061	1.060	1.058	1.056	1.054	1.053
31	1.090	1.088	1.086	1.083	1.081	1.079	1.077	1.075	1.073	1.071	1.069	1.067	1.066	1.064
32	1.103	1.100	1.098	1.095	1.093	1.091	1.089	1.087	1.085	1.083	1.081	1.079	1.077	1.076
33	1.116	1.113	1.111	1.108	1.106	1.104	1.102	1.100	1.097	1.095	1.094	1.092	1.090	1.088
34	1.130	1.127	1.125	1.122	1.120	1.117	1.115	1.113	1.111	1.114	1.107	1.105	1.103	1.101
35	1.144	1.142	1.139	1.137	1.134	1.132	1.130	1.127	1.125	1.123	1.121	1.119	1.117	1.115

表 A.3（续）

温度/℃	回潮率/%													
	9.7	9.8	9.9	10.0	10.1	10.2	10.3	10.4	10.5	10.6	10.7	10.8	10.9	11.0
10	0.931	0.930	0.929	0.928	0.927	0.926	0.925	0.924	0.923	0.922	0.922	0.921	0.921	0.920
11	0.933	0.932	0.931	0.930	0.929	0.928	0.927	0.926	0.925	0.925	0.924	0.923	0.922	0.922
12	0.936	0.935	0.934	0.933	0.932	0.931	0.930	0.929	0.928	0.927	0.927	0.926	0.925	0.925
13	0.939	0.938	0.937	0.936	0.935	0.934	0.933	0.932	0.931	0.930	0.930	0.929	0.928	0.927
14	0.942	0.941	0.940	0.939	0.938	0.937	0.936	0.935	0.934	0.934	0.933	0.932	0.931	0.931
15	0.946	0.945	0.944	0.943	0.942	0.941	0.940	0.939	0.938	0.937	0.936	0.936	0.935	0.934
16	0.950	0.949	0.948	0.947	0.946	0.945	0.944	0.943	0.942	0.941	0.940	0.939	0.939	0.938
17	0.955	0.953	0.952	0.951	0.950	0.949	0.948	0.947	0.946	0.945	0.945	0.944	0.943	0.943
18	0.959	0.958	0.957	0.956	0.955	0.954	0.953	0.952	0.951	0.950	0.949	0.948	0.948	0.947
19	0.965	0.963	0.962	0.961	0.960	0.959	0.958	0.957	0.956	0.955	0.955	0.954	0.953	0.952
20	0.970	0.969	0.968	0.967	0.966	0.965	0.963	0.962	0.961	0.961	0.960	0.959	0.958	0.958
21	0.976	0.975	0.974	0.973	0.971	0.970	0.969	0.968	0.967	0.967	0.966	0.965	0.964	0.964
22	0.983	0.981	0.980	0.979	0.978	0.977	0.976	0.975	0.974	0.973	0.972	0.971	0.970	0.970
23	0.989	0.988	0.987	0.986	0.985	0.984	0.982	0.981	0.980	0.980	0.979	0.978	0.977	0.977
24	0.997	0.995	0.994	0.993	0.992	0.991	0.990	0.989	0.988	0.987	0.986	0.985	0.984	0.984
25	1.005	1.003	1.002	1.001	1.000	0.998	0.997	0.996	0.995	0.994	0.994	0.993	0.992	0.991
26	1.013	1.011	1.010	1.009	1.008	1.007	1.005	1.004	1.003	1.003	1.002	1.001	1.000	0.999
27	1.022	1.020	1.019	1.018	1.016	1.015	1.014	1.013	1.012	1.011	1.010	1.009	1.008	1.008
28	1.031	1.030	1.028	1.027	1.026	1.024	1.023	1.022	1.021	1.020	1.019	1.018	1.018	1.017
29	1.041	1.039	1.038	1.037	1.035	1.034	1.033	1.032	1.031	1.030	1.029	1.028	1.027	1.026
30	1.051	1.050	1.048	1.047	1.046	1.045	1.043	1.042	1.041	1.040	1.039	1.038	1.037	1.037
31	1.062	1.061	1.059	1.058	1.057	1.056	1.054	1.053	1.052	1.051	1.050	1.049	1.048	1.047
32	1.074	1.073	1.071	1.070	1.068	1.067	1.066	1.065	1.064	1.063	1.062	1.061	1.060	1.059
33	1.087	1.085	1.083	1.082	1.081	1.079	1.078	1.077	1.076	1.075	1.074	1.073	1.072	1.071
34	1.100	1.098	1.097	1.095	1.094	1.092	1.091	1.090	1.089	1.088	1.087	1.086	1.085	1.084
35	1.114	1.112	1.110	1.109	1.108	1.106	1.105	1.104	1.102	1.101	1.100	1.099	1.098	1.097

表 A.3（续）

温度/℃	回潮率/%									
	11.1	11.2	11.3	11.4	11.5	11.6	11.7	11.8	11.9	12.0
10	0.919	0.918	0.918	0.918	0.917	0.917	0.916	0.916	0.916	0.916
11	0.921	0.921	0.920	0.920	0.919	0.919	0.919	0.918	0.918	0.918
12	0.924	0.923	0.923	0.922	0.922	0.922	0.921	0.921	0.921	0.921
13	0.927	0.926	0.926	0.925	0.925	0.925	0.924	0.924	0.924	0.924
14	0.930	0.930	0.929	0.929	0.928	0.928	0.928	0.927	0.927	0.927
15	0.934	0.933	0.933	0.932	0.932	0.931	0.931	0.931	0.931	0.930
16	0.938	0.937	0.937	0.936	0.936	0.935	0.935	0.935	0.935	0.934
17	0.942	0.941	0.941	0.940	0.940	0.940	0.939	0.935	0.939	0.939
18	0.947	0.946	0.946	0.945	0.945	0.944	0.944	0.944	0.943	0.943
19	0.952	0.951	0.951	0.950	0.950	0.949	0.949	0.949	0.948	0.948
20	0.957	0.957	0.956	0.956	0.955	0.955	0.954	0.954	0.954	0.954
21	0.963	0.962	0.962	0.961	0.961	0.961	0.960	0.960	0.960	0.960
22	0.969	0.969	0.968	0.968	0.967	0.967	0.966	0.966	0.966	0.966
23	0.976	0.975	0.975	0.974	0.974	0.973	0.973	0.972	0.972	0.972
24	0.983	0.982	0.982	0.981	0.981	0.980	0.980	0.980	0.979	0.979
25	0.991	0.990	0.989	0.989	0.988	0.988	0.988	0.987	0.987	0.987
26	0.999	0.998	0.997	0.997	0.996	0.996	0.996	0.995	0.995	0.995
27	1.007	1.006	1.006	1.005	1.005	1.004	1.004	1.003	1.003	1.003
28	1.016	1.016	1.015	1.014	1.014	1.013	1.013	1.012	1.012	1.012
29	1.026	1.025	1.025	1.024	1.024	1.023	1.023	1.022	1.022	1.022
30	1.036	1.035	1.035	1.034	1.034	1.033	1.033	1.032	1.032	1.032
31	1.047	1.046	1.045	1.045	1.044	1.044	1.043	1.043	1.043	1.043
32	1.058	1.057	1.057	1.056	1.056	1.055	1.055	1.054	1.054	1.054
33	1.070	1.069	1.069	1.068	1.068	1.067	1.067	1.066	1.066	1.066
34	1.083	1.082	1.082	1.081	1.080	1.080	1.079	1.079	1.079	1.078
35	1.096	1.096	1.095	1.094	1.094	1.093	1.093	1.092	1.092	1.092

表 A.4 气流纺棉本色纱绞纱断裂强力的温度和回潮率修正系数

温度/℃	回潮率/%													
	4.1	4.2	4.3	4.4	4.5	4.6	4.7	4.8	4.9	5.0	5.1	5.2	5.3	5.4
10	1.206	1.197	1.188	1.180	1.172	1.164	1.156	1.148	1.141	1.134	1.126	1.120	1.113	1.106
11	1.206	1.197	1.189	1.180	1.172	1.164	1.156	1.148	1.141	1.134	1.127	1.120	1.113	1.106
12	1.207	1.198	1.189	1.181	1.173	1.165	1.157	1.149	1.142	1.134	1.127	1.120	1.114	1.107
13	1.208	1.199	1.191	1.182	1.174	1.166	1.158	1.150	1.143	1.136	1.128	1.122	1.115	1.108
14	1.210	1.201	1.193	1.184	1.176	1.168	1.160	1.152	1.145	1.137	1.130	1.123	1.116	1.110
15	1.213	1.204	1.195	1.187	1.178	1.170	1.162	1.154	1.147	1.140	1.132	1.125	1.119	1.112
16	1.216	1.207	1.198	1.190	1.181	1.173	1.165	1.157	1.150	1.142	1.135	1.128	1.121	1.115
17	1.220	1.211	1.202	1.193	1.185	1.176	1.168	1.161	1.153	1.146	1.138	1.131	1.124	1.118
18	1.224	1.215	1.206	1.197	1.189	1.180	1.172	1.165	1.157	1.149	1.142	1.135	1.128	1.121
19	1.229	1.220	1.211	1.202	1.193	1.185	1.177	1.169	1.161	1.154	1.146	1.139	1.132	1.126
20	1.235	1.225	1.216	1.207	1.199	1.190	1.182	1.174	1.166	1.159	1.151	1.144	1.137	1.130
21	1.241	1.232	1.222	1.213	1.205	1.196	1.188	1.180	1.172	1.164	1.157	1.150	1.142	1.135
22	1.248	1.238	1.229	1.220	1.211	1.203	1.194	1.186	1.178	1.170	1.163	1.156	1.148	1.141
23	1.256	1.246	1.237	1.227	1.218	1.210	1.201	1.193	1.185	1.177	1.170	1.162	1.155	1.148
24	1.264	1.254	1.245	1.235	1.226	1.218	1.209	1.201	1.193	1.185	1.177	1.169	1.162	1.155
25	1.273	1.263	1.254	1.244	1.235	1.226	1.217	1.209	1.201	1.193	1.185	1.177	1.170	1.162
26	1.283	1.273	1.263	1.254	1.244	1.235	1.226	1.218	1.209	1.201	1.193	1.186	1.178	1.171
27	1.294	1.284	1.274	1.264	1.254	1.245	1.236	1.228	1.219	1.211	1.203	1.195	1.187	1.180
28	1.305	1.295	1.285	1.275	1.265	1.256	1.247	1.238	1.229	1.221	1.213	1.205	1.197	1.189
29	1.318	1.307	1.297	1.287	1.277	1.268	1.258	1.249	1.240	1.232	1.233	1.215	1.207	1.200
30	1.331	1.321	1.310	1.300	1.290	1.280	1.271	1.261	1.252	1.244	1.235	1.227	1.219	1.211
31	1.346	1.335	1.324	1.314	1.303	1.293	1.284	1.274	1.265	1.256	1.247	1.239	1.231	1.223
32	1.361	1.350	1.339	1.328	1.318	1.308	1.298	1.288	1.279	1.270	1.261	1.252	1.244	1.235
33	1.378	1.366	1.355	1.344	1.333	1.323	1.313	1.303	1.294	1.284	1.275	1.266	1.258	1.249
34	1.396	1.384	1.372	1.361	1.350	1.339	1.329	1.319	1.309	1.300	1.290	1.281	1.272	1.264
35	1.415	1.403	1.391	1.379	1.368	1.357	1.346	1.336	1.326	1.316	1.307	1.297	1.288	1.279

表 A.4（续）

温度/℃	回潮率/%													
	5.5	5.6	5.7	5.8	5.9	6.0	6.1	6.2	6.3	6.4	6.5	6.6	6.7	6.8
10	1.100	1.093	1.087	1.081	1.076	1.070	1.064	1.059	1.054	1.048	1.043	1.039	1.034	1.029
11	1.100	1.094	1.088	1.082	1.076	1.070	1.064	1.059	1.054	1.049	1.044	1.039	1.034	1.029
12	1.101	1.094	1.088	1.082	1.076	1.071	1.065	1.060	1.054	1.049	1.044	1.039	1.034	1.030
13	1.102	1.095	1.089	1.083	1.077	1.072	1.066	1.061	1.055	1.050	1.045	1.040	1.035	1.031
14	1.103	1.097	1.091	1.085	1.079	1.073	1.068	1.062	1.057	1.052	1.047	1.042	1.037	1.032
15	1.105	1.099	1.093	1.087	1.081	1.075	1.070	1.064	1.059	1.054	1.049	1.044	1.039	1.034
16	1.108	1.102	1.095	1.089	1.083	1.078	1.072	1.067	1.061	1.056	1.051	1.046	1.041	1.036
17	1.111	1.105	1.098	1.092	1.086	1.081	1.075	1.069	1.064	1.059	1.054	1.049	1.044	1.039
18	1.115	1.108	1.102	1.096	1.090	1.084	1.078	1.073	1.067	1.062	1.057	1.052	1.047	1.042
19	1.119	1.112	1.106	1.100	1.094	1.088	1.082	1.077	1.071	1.066	1.061	1.056	1.051	1.046
20	1.124	1.117	1.111	1.104	1.098	1.092	1.087	1.081	1.075	1.070	1.065	1.060	1.055	1.050
21	1.129	1.122	1.116	1.109	1.103	1.097	1.091	1.086	1.080	1.075	1.069	1.064	1.059	1.054
22	1.134	1.128	1.121	1.115	1.109	1.103	1.097	1.091	1.085	1.080	1.075	1.069	1.064	1.059
23	1.141	1.134	1.127	1.121	1.115	1.109	1.103	1.097	1.091	1.086	1.080	1.075	1.070	1.065
24	1.148	1.141	1.134	1.128	1.121	1.115	1.109	1.103	1.098	1.092	1.087	1.081	1.076	1.071
25	1.155	1.148	1.142	1.135	1.129	1.122	1.116	1.110	1.104	1.099	1.093	1.088	1.083	1.078
26	1.163	1.156	1.150	1.143	1.136	1.130	1.124	1.118	1.112	1.106	1.101	1.095	1.090	1.085
27	1.172	1.165	1.158	1.151	1.145	1.138	1.132	1.126	1.120	1.114	1.109	1.103	1.098	1.092
28	1.182	1.175	1.168	1.161	1.154	1.147	1.141	1.135	1.129	1.123	1.117	1.111	1.106	1.101
29	1.192	1.185	1.178	1.171	1.164	1.157	1.151	1.144	1.138	1.132	1.126	1.120	1.115	1.109
30	1.203	1.196	1.188	1.181	1.174	1.167	1.161	1.154	1.148	1.142	1.136	1.130	1.124	1.119
31	1.215	1.207	1.200	1.192	1.185	1.178	1.172	1.165	1.159	1.153	1.147	1.141	1.135	1.129
32	1.227	1.220	1.212	1.205	1.197	1.190	1.184	1.177	1.170	1.164	1.158	1.152	1.146	1.140
33	1.241	1.233	1.225	1.218	1.210	1.203	1.196	1.189	1.183	1.176	1.170	1.164	1.158	1.152
34	1.255	1.247	1.239	1.232	1.224	1.217	1.209	1.202	1.196	1.189	1.183	1.176	1.170	1.164
35	1.271	1.262	1.254	1.246	1.239	1.231	1.224	1.217	1.210	1.203	1.196	1.190	1.183	1.177

表 A.4（续）

温度/℃	回潮率/%													
	6.9	7.0	7.1	7.2	7.3	7.4	7.5	7.6	7.7	7.8	7.9	8.0	8.1	8.2
10	1.024	1.020	1.016	1.011	1.007	1.003	0.999	0.996	0.992	0.988	0.985	0.981	0.978	0.974
11	1.025	1.020	1.016	1.012	1.007	1.003	0.999	0.996	0.992	0.988	0.985	0.981	0.978	0.974
12	1.025	1.021	1.016	1.012	1.008	1.004	1.000	0.996	0.992	0.989	0.985	0.982	0.978	0.975
13	1.026	1.022	1.017	1.013	1.009	1.005	1.001	0.997	0.993	0.990	0.986	0.983	0.979	0.976
14	1.028	1.023	1.019	1.014	1.010	1.006	1.002	0.998	0.995	0.991	0.987	0.984	0.981	0.977
15	1.029	1.025	1.021	1.016	1.012	1.008	1.004	1.000	0.996	0.993	0.989	0.986	0.982	0.979
16	1.032	1.027	1.023	1.018	1.014	1.010	1.006	1.002	0.998	0.995	0.991	0.988	0.984	0.981
17	1.034	1.030	1.025	1.021	1.017	1.013	1.009	1.005	1.001	0.997	0.994	0.990	0.987	0.983
18	1.037	1.033	1.028	1.024	1.020	1.016	1.012	1.008	1.004	1.000	0.997	0.993	0.990	0.986
19	1.041	1.036	1.032	1.028	1.023	1.019	1.015	1.011	1.007	1.004	1.000	0.996	0.993	0.989
20	1.045	1.040	1.036	1.032	1.027	1.023	1.019	1.015	1.011	1.007	1.004	1.000	0.996	0.993
21	1.050	1.045	1.040	1.036	1.032	1.027	1.023	1.019	1.015	1.011	1.008	1.004	1.001	0.997
22	1.055	1.050	1.045	1.041	1.036	1.032	1.028	1.024	1.020	1.016	1.012	1.009	1.005	1.002
23	1.060	1.055	1.051	1.046	1.042	1.037	1.033	1.029	1.025	1.021	1.017	1.014	1.010	1.007
24	1.066	1.061	1.056	1.052	1.047	1.043	1.039	1.035	1.031	1.027	1.023	1.019	1.015	1.012
25	1.073	1.068	1.063	1.058	1.054	1.049	1.045	1.041	1.037	1.033	1.029	1.025	1.021	1.018
26	1.080	1.075	1.070	1.065	1.060	1.056	1.052	1.047	1.043	1.039	1.035	1.032	1.028	1.024
27	1.087	1.082	1.077	1.072	1.068	1.063	1.059	1.055	1.050	1.046	1.042	1.038	1.035	1.031
28	1.095	1.090	1.085	1.080	1.076	1.071	1.067	1.062	1.058	1.054	1.050	1.046	1.042	1.038
29	1.104	1.099	1.094	1.089	1.084	1.080	1.075	1.071	1.066	1.062	1.058	1.054	1.050	1.046
30	1.114	1.108	1.103	1.098	1.093	1.089	1.084	1.079	1.075	1.071	1.067	1.063	1.059	1.055
31	1.124	1.118	1.113	1.108	1.103	1.098	1.093	1.089	1.084	1.080	1.076	1.072	1.068	1.064
32	1.134	1.129	1.124	1.118	1.113	1.108	1.104	1.099	1.094	1.090	1.086	1.081	1.077	1.074
33	1.146	1.140	1.135	1.130	1.125	1.119	1.115	1.110	1.105	1.101	1.096	1.092	1.088	1.084
34	1.158	1.153	1.147	1.142	1.136	1.131	1.126	1.121	1.117	1.112	1.107	1.103	1.099	1.095
35	1.171	1.165	1.160	1.154	1.149	1.144	1.139	1.134	1.129	1.124	1.119	1.115	1.111	1.106

表 A.4（续）

温度/℃	回潮率/%													
	8.3	8.4	8.5	8.6	8.7	8.8	8.9	9.0	9.1	9.2	9.3	9.4	9.5	9.6
10	0.971	0.968	0.965	0.962	0.959	0.956	0.954	0.951	0.949	0.946	0.944	0.941	0.939	0.937
11	0.971	0.968	0.965	0.962	0.959	0.956	0.954	0.951	0.949	0.946	0.944	0.941	0.939	0.937
12	0.971	0.969	0.966	0.963	0.960	0.957	0.954	0.952	0.949	0.947	0.944	0.942	0.940	0.937
13	0.973	0.970	0.967	0.964	0.961	0.958	0.955	0.953	0.950	0.948	0.945	0.943	0.941	0.938
14	0.974	0.971	0.968	0.965	0.962	0.959	0.956	0.954	0.951	0.949	0.946	0.944	0.942	0.939
15	0.976	0.973	0.969	0.967	0.964	0.961	0.958	0.955	0.953	0.950	0.948	0.946	0.943	0.941
16	0.978	0.975	0.971	0.969	0.966	0.963	0.960	0.957	0.955	0.952	0.950	0.948	0.945	0.943
17	0.980	0.977	0.974	0.971	0.968	0.965	0.962	0.960	0.957	0.955	0.952	0.950	0.947	0.945
18	0.983	0.980	0.977	0.974	0.971	0.968	0.965	0.962	0.960	0.957	0.955	0.952	0.950	0.948
19	0.986	0.983	0.980	0.977	0.974	0.971	0.968	0.965	0.963	0.960	0.958	0.955	0.953	0.951
20	0.990	0.987	0.983	0.980	0.977	0.974	0.972	0.969	0.966	0.964	0.961	0.959	0.956	0.954
21	0.994	0.991	0.987	0.984	0.981	0.978	0.976	0.973	0.970	0.968	0.965	0.963	0.960	0.958
22	0.998	0.995	0.992	0.989	0.986	0.983	0.980	0.977	0.974	0.972	0.969	0.967	0.964	0.962
23	1.003	1.000	0.997	0.994	0.991	0.988	0.985	0.982	0.979	0.976	0.974	0.971	0.969	0.967
24	1.008	1.003	1.002	0.999	0.996	0.993	0.990	0.987	0.984	0.981	0.979	0.976	0.974	0.972
25	1.014	1.011	1.008	1.004	1.001	0.998	0.995	0.992	0.990	0.987	0.984	0.982	0.979	0.977
26	1.021	1.018	1.014	1.011	1.007	1.004	1.001	0.998	0.996	0.993	0.990	0.988	0.985	0.982
27	1.028	1.025	1.021	1.017	1.014	1.011	1.008	1.005	1.002	0.999	0.997	0.994	0.991	0.989
28	1.035	1.032	1.028	1.024	1.021	1.018	1.015	1.012	1.009	1.006	1.004	1.001	0.998	0.996
29	1.043	1.040	1.036	1.032	1.029	1.026	1.022	1.019	1.017	1.014	1.011	1.008	1.006	1.003
30	1.051	1.048	1.044	1.040	1.037	1.034	1.031	1.027	1.024	1.022	1.019	1.016	1.013	1.011
31	1.060	1.057	1.053	1.049	1.046	1.042	1.039	1.036	1.033	1.030	1.027	1.024	1.022	1.019
32	1.070	1.066	1.062	1.059	1.055	1.052	1.048	1.045	1.042	1.039	1.036	1.033	1.031	1.028
33	1.080	1.076	1.072	1.069	1.066	1.062	1.058	1.055	1.052	1.049	1.046	1.043	1.040	1.037
34	1.091	1.087	1.083	1.080	1.076	1.072	1.069	1.065	1.062	1.059	1.056	1.053	1.050	1.048
35	1.102	1.098	1.094	1.091	1.087	1.083	1.080	1.076	1.073	1.070	1.067	1.064	1.061	1.058

表 A.4（续）

温度/℃	回潮率/%													
	9.7	9.8	9.9	10.0	10.1	10.2	10.3	10.4	10.5	10.6	10.7	10.8	10.9	11.0
10	0.935	0.933	0.931	0.929	0.927	0.925	0.923	0.922	0.920	0.919	0.917	0.916	0.914	0.913
11	0.935	0.933	0.931	0.929	0.927	0.925	0.923	0.922	0.920	0.919	0.917	0.916	0.915	0.914
12	0.935	0.933	0.931	0.929	0.928	0.926	0.924	0.922	0.921	0.919	0.918	0.916	0.915	0.914
13	0.936	0.934	0.932	0.930	0.928	0.927	0.925	0.923	0.922	0.920	0.919	0.917	0.916	0.914
14	0.937	0.935	0.933	0.931	0.929	0.928	0.926	0.924	0.923	0.921	0.920	0.918	0.917	0.916
15	0.939	0.937	0.935	0.933	0.931	0.929	0.927	0.926	0.924	0.923	0.921	0.920	0.918	0.917
16	0.941	0.939	0.937	0.935	0.933	0.931	0.929	0.928	0.926	0.924	0.923	0.921	0.920	0.919
17	0.943	0.941	0.939	0.937	0.935	0.933	0.931	0.929	0.928	0.926	0.925	0.924	0.922	0.921
18	0.946	0.943	0.941	0.940	0.938	0.936	0.934	0.932	0.931	0.929	0.928	0.926	0.925	0.923
19	0.949	0.946	0.944	0.942	0.940	0.939	0.937	0.935	0.934	0.932	0.930	0.929	0.928	0.926
20	0.952	0.950	0.948	0.946	0.944	0.942	0.940	0.938	0.937	0.935	0.934	0.932	0.931	0.929
21	0.956	0.954	0.952	0.950	0.948	0.946	0.944	0.942	0.940	0.939	0.937	0.936	0.934	0.933
22	0.960	0.958	0.955	0.954	0.952	0.950	0.948	0.946	0.944	0.943	0.941	0.940	0.938	0.937
23	0.964	0.962	0.960	0.958	0.956	0.954	0.952	0.950	0.949	0.947	0.946	0.944	0.943	0.941
24	0.969	0.967	0.965	0.963	0.961	0.959	0.957	0.955	0.954	0.952	0.950	0.949	0.947	0.946
25	0.975	0.972	0.970	0.968	0.966	0.964	0.962	0.960	0.959	0.957	0.955	0.954	0.952	0.951
26	0.980	0.978	0.976	0.974	0.972	0.970	0.968	0.966	0.964	0.963	0.961	0.960	0.958	0.957
27	0.987	0.984	0.982	0.980	0.978	0.976	0.974	0.972	0.970	0.969	0.967	0.966	0.964	0.962
28	0.993	0.991	0.989	0.987	0.985	0.983	0.981	0.979	0.977	0.975	0.974	0.972	0.970	0.969
29	1.001	0.998	0.996	0.994	0.992	0.990	0.988	0.986	0.984	0.982	0.980	0.979	0.977	0.976
30	1.008	1.006	1.004	1.002	0.999	0.997	0.995	0.993	0.991	0.990	0.988	0.986	0.985	0.983
31	1.017	1.014	1.012	1.010	1.007	1.005	1.003	1.001	0.999	0.998	0.996	0.994	0.993	0.991
32	1.026	1.023	1.021	1.018	1.016	1.014	1.012	1.010	1.008	1.006	1.004	1.003	1.001	0.999
33	1.035	1.032	1.030	1.028	1.025	1.023	1.021	1.019	1.017	1.015	1.013	1.012	1.010	1.008
34	1.045	1.042	1.040	1.038	1.035	1.033	1.031	1.029	1.027	1.025	1.023	1.021	1.019	1.018
35	1.056	1.053	1.050	1.048	1.046	1.043	1.041	1.039	1.037	1.035	1.033	1.031	1.030	1.028

表 A.4（续）

温度/℃	回潮率/%									
	11.1	11.2	11.3	11.4	11.5	11.6	11.7	11.8	11.9	12.0
10	0.912	0.911	0.910	0.909	0.908	0.907	0.906	0.905	0.904	0.903
11	0.912	0.911	0.910	0.909	0.908	0.907	0.906	0.905	0.904	0.904
12	0.912	0.911	0.910	0.909	0.908	0.907	0.906	0.905	0.905	0.904
13	0.913	0.912	0.911	0.910	0.909	0.908	0.907	0.906	0.906	0.905
14	0.914	0.913	0.912	0.911	0.910	0.909	0.908	0.907	0.907	0.906
15	0.916	0.915	0.913	0.912	0.911	0.910	0.910	0.909	0.908	0.907
16	0.918	0.916	0.915	0.914	0.913	0.912	0.912	0.911	0.910	0.909
17	0.920	0.918	0.917	0.916	0.915	0.914	0.914	0.913	0.912	0.911
18	0.922	0.921	0.920	0.919	0.918	0.917	0.916	0.915	0.914	0.914
19	0.925	0.924	0.923	0.922	0.921	0.920	0.919	0.918	0.917	0.916
20	0.928	0.927	0.926	0.925	0.924	0.923	0.922	0.921	0.920	0.919
21	0.932	0.930	0.929	0.928	0.927	0.926	0.925	0.924	0.924	0.923
22	0.936	0.934	0.933	0.932	0.931	0.930	0.929	0.928	0.928	0.927
23	0.940	0.939	0.938	0.936	0.935	0.934	0.934	0.933	0.932	0.931
24	0.945	0.943	0.942	0.941	0.940	0.939	0.938	0.937	0.936	0.936
25	0.950	0.948	0.947	0.946	0.945	0.944	0.943	0.942	0.941	0.941
26	0.955	0.954	0.953	0.952	0.951	0.949	0.949	0.948	0.947	0.946
27	0.961	0.960	0.959	0.958	0.956	0.955	0.954	0.953	0.952	0.952
28	0.968	0.966	0.965	0.964	0.963	0.962	0.961	0.960	0.959	0.958
29	0.975	0.973	0.972	0.971	0.970	0.969	0.968	0.967	0.966	0.965
30	0.982	0.980	0.979	0.978	0.977	0.976	0.975	0.974	0.973	0.972
31	0.990	0.988	0.987	0.986	0.985	0.984	0.982	0.981	0.980	0.980
32	0.998	0.997	0.995	0.994	0.993	0.992	0.991	0.990	0.989	0.988
33	1.007	1.005	1.004	1.002	1.001	1.000	0.999	0.998	0.997	0.997
34	1.016	1.015	1.014	1.012	1.011	1.010	1.009	1.008	1.007	1.006
35	1.026	1.025	1.024	1.022	1.021	1.021	1.019	1.018	1.017	1.016

表 A.5 棉漂白线(2×2 复捻线)断裂强力的温度和回潮率修正系数

温度/℃	回潮率/%													
	5.0	5.1	5.2	5.3	5.4	5.5	5.6	5.7	5.8	5.9	6.0	6.1	6.2	6.3
5	0.968	0.968	0.968	0.967	0.967	0.967	0.967	0.966	0.966	0.966	0.965	0.965	0.965	0.964
6	0.971	0.971	0.971	0.970	0.970	0.970	0.969	0.969	0.969	0.969	0.968	0.968	0.968	0.967
7	0.974	0.974	0.973	0.973	0.973	0.973	0.972	0.972	0.972	0.971	0.971	0.971	0.970	0.970
8	0.977	0.977	0.976	0.976	0.976	0.975	0.975	0.975	0.975	0.974	0.974	0.974	0.973	0.973
9	0.980	0.980	0.979	0.979	0.979	0.978	0.978	0.978	0.977	0.977	0.977	0.977	0.976	0.976
10	0.983	0.983	0.982	0.982	0.982	0.981	0.981	0.981	0.980	0.980	0.980	0.979	0.979	0.979
11	0.986	0.986	0.985	0.985	0.985	0.984	0.984	0.984	0.983	0.983	0.983	0.982	0.982	0.982
12	0.989	0.988	0.988	0.988	0.987	0.987	0.987	0.987	0.986	0.986	0.986	0.985	0.985	0.985
13	0.992	0.991	0.991	0.991	0.990	0.990	0.990	0.990	0.989	0.989	0.989	0.988	0.988	0.988
14	0.995	0.994	0.994	0.994	0.993	0.993	0.993	0.993	0.992	0.992	0.992	0.991	0.991	0.991
15	0.998	0.997	0.997	0.997	0.996	0.996	0.996	0.996	0.995	0.995	0.995	0.994	0.994	0.994
16	1.001	1.000	1.000	1.000	0.999	0.999	0.999	0.999	0.998	0.998	0.998	0.997	0.997	0.997
17	1.004	1.004	1.003	1.003	1.003	1.002	1.002	1.002	1.001	1.001	1.001	1.000	1.000	1.000
18	1.007	1.007	1.006	1.006	1.006	1.005	1.005	1.005	1.004	1.004	1.004	1.003	1.003	1.003
19	1.010	1.010	1.009	1.009	1.009	1.008	1.008	1.008	1.007	1.007	1.007	1.006	1.006	1.006
20	1.013	1.013	1.012	1.012	1.012	1.011	1.011	1.011	1.011	1.010	1.010	1.010	1.009	1.009
21	1.016	1.016	1.015	1.015	1.015	1.015	1.014	1.014	1.014	1.013	1.013	1.013	1.012	1.012
22	1.019	1.019	1.019	1.018	1.018	1.018	1.017	1.017	1.017	1.017	1.016	1.016	1.015	1.015
23	1.023	1.022	1.022	1.021	1.021	1.021	1.021	1.020	1.020	1.020	1.019	1.019	1.019	1.018
24	1.026	1.025	1.025	1.025	1.024	1.024	1.024	1.023	1.023	1.023	1.022	1.022	1.022	1.021
25	1.029	1.029	1.028	1.028	1.028	1.027	1.027	1.027	1.026	1.026	1.026	1.025	1.025	1.023
26	1.032	1.032	1.031	1.031	1.031	1.030	1.030	1.030	1.030	1.029	1.029	1.028	1.028	1.028
27	1.035	1.035	1.035	1.034	1.034	1.034	1.033	1.033	1.033	1.033	1.032	1.032	1.031	1.031
28	1.039	1.038	1.038	1.038	1.037	1.037	1.037	1.036	1.036	1.036	1.035	1.035	1.035	1.034
29	1.042	1.041	1.041	1.041	1.041	1.040	1.040	1.040	1.039	1.039	1.039	1.038	1.038	1.038
30	1.045	1.045	1.044	1.044	1.044	1.044	1.043	1.043	1.043	1.042	1.042	1.042	1.041	1.041
31	1.049	1.048	1.048	1.047	1.047	1.047	1.047	1.046	1.046	1.046	1.045	1.045	1.045	1.044
32	1.052	1.051	1.051	1.051	1.051	1.050	1.050	1.050	1.049	1.049	1.048	1.048	1.048	1.048
33	1.055	1.055	1.055	1.054	1.054	1.054	1.053	1.053	1.053	1.052	1.052	1.052	1.051	1.051
34	1.059	1.058	1.058	1.058	1.057	1.057	1.057	1.056	1.056	1.056	1.055	1.055	1.055	1.054
35	1.062	1.062	1.061	1.061	1.061	1.060	1.060	1.060	1.059	1.059	1.059	1.058	1.058	1.058

表 A.5（续）

温度/℃	回潮率/%													
	6.4	6.5	6.6	6.7	6.8	6.9	7.0	7.1	7.2	7.3	7.4	7.5	7.6	7.7
5	0.964	0.964	0.964	0.963	0.963	0.963	0.962	0.962	0.962	0.961	0.961	0.961	0.961	0.960
6	0.967	0.967	0.966	0.966	0.966	0.965	0.965	0.965	0.965	0.964	0.964	0.964	0.963	0.963
7	0.970	0.970	0.969	0.969	0.969	0.968	0.968	0.968	0.967	0.967	0.967	0.967	0.966	0.966
8	0.973	0.972	0.972	0.972	0.972	0.971	0.971	0.971	0.970	0.970	0.970	0.969	0.969	0.969
9	0.976	0.975	0.975	0.975	0.974	0.974	0.974	0.973	0.973	0.973	0.973	0.972	0.972	0.972
10	0.978	0.978	0.978	0.978	0.977	0.977	0.977	0.976	0.976	0.976	0.975	0.975	0.975	0.975
11	0.981	0.981	0.981	0.981	0.980	0.980	0.980	0.979	0.979	0.979	0.978	0.978	0.978	0.977
12	0.984	0.984	0.984	0.983	0.983	0.983	0.982	0.982	0.982	0.981	0.981	0.981	0.981	0.980
13	0.987	0.987	0.987	0.986	0.986	0.986	0.985	0.985	0.985	0.984	0.984	0.984	0.984	0.983
14	0.990	0.990	0.990	0.989	0.989	0.989	0.988	0.988	0.988	0.987	0.987	0.987	0.987	0.986
15	0.993	0.993	0.993	0.992	0.992	0.992	0.991	0.991	0.991	0.990	0.990	0.990	0.989	0.989
16	0.996	0.996	0.996	0.995	0.995	0.995	0.994	0.994	0.994	0.993	0.993	0.993	0.992	0.992
17	0.999	0.999	0.999	0.998	0.998	0.998	0.997	0.997	0.997	0.996	0.996	0.996	0.995	0.995
18	1.002	1.002	1.002	1.001	1.001	1.001	1.000	1.000	1.000	0.999	0.999	0.999	0.999	0.998
19	1.006	1.005	1.005	1.005	1.004	1.004	1.003	1.003	1.003	1.002	1.002	1.002	1.002	1.001
20	1.009	1.008	1.008	1.008	1.007	1.007	1.007	1.006	1.006	1.006	1.005	1.005	1.005	1.004
21	1.012	1.011	1.011	1.011	1.010	1.010	1.010	1.009	1.009	1.009	1.008	1.008	1.008	1.007
22	1.015	1.014	1.014	1.014	1.014	1.013	1.013	1.012	1.012	1.012	1.011	1.011	1.011	1.010
23	1.018	1.018	1.017	1.017	1.017	1.016	1.016	1.016	1.015	1.015	1.015	1.014	1.014	1.014
24	1.021	1.021	1.020	1.020	1.020	1.019	1.019	1.019	1.018	1.018	1.018	1.017	1.017	1.017
25	1.024	1.024	1.024	1.023	1.023	1.023	1.022	1.022	1.022	1.021	1.021	1.021	1.020	1.020
26	1.028	1.027	1.027	1.026	1.026	1.026	1.025	1.025	1.025	1.024	1.024	1.024	1.023	1.023
27	1.031	1.030	1.030	1.030	1.029	1.029	1.029	1.028	1.028	1.028	1.027	1.027	1.027	1.026
28	1.034	1.034	1.033	1.033	1.033	1.032	1.032	1.032	1.031	1.031	1.030	1.030	1.030	1.029
29	1.037	1.037	1.036	1.036	1.036	1.035	1.035	1.035	1.034	1.034	1.034	1.033	1.033	1.033
30	1.041	1.040	1.040	1.039	1.039	1.039	1.038	1.038	1.038	1.037	1.037	1.037	1.036	1.036
31	1.044	1.043	1.043	1.043	1.042	1.042	1.042	1.041	1.041	1.041	1.040	1.040	1.040	1.039
32	1.047	1.047	1.046	1.046	1.046	1.045	1.045	1.045	1.044	1.044	1.043	1.043	1.043	1.043
33	1.051	1.050	1.050	1.049	1.049	1.049	1.048	1.048	1.048	1.047	1.047	1.046	1.046	1.046
34	1.054	1.053	1.053	1.053	1.053	1.052	1.052	1.051	1.051	1.051	1.050	1.050	1.050	1.049
35	1.057	1.057	1.056	1.056	1.056	1.055	1.055	1.055	1.054	1.054	1.053	1.053	1.053	1.052

表 A.5（续）

温度/℃	回潮率/%													
	7.8	7.9	8.0	8.1	8.2	8.3	8.4	8.5	8.6	8.7	8.8	8.9	9.0	9.1
5	0.960	0.960	0.959	0.959	0.959	0.958	0.958	0.958	0.958	0.957	0.957	0.957	0.956	0.956
6	0.963	0.962	0.962	0.962	0.962	0.961	0.961	0.961	0.960	0.960	0.960	0.959	0.959	0.959
7	0.966	0.965	0.965	0.965	0.964	0.964	0.964	0.964	0.963	0.963	0.963	0.962	0.962	0.962
8	0.968	0.968	0.968	0.968	0.967	0.967	0.967	0.966	0.966	0.966	0.965	0.965	0.965	0.965
9	0.971	0.971	0.971	0.970	0.970	0.970	0.969	0.969	0.969	0.969	0.968	0.968	0.968	0.967
10	0.974	0.974	0.974	0.973	0.973	0.973	0.972	0.972	0.972	0.971	0.971	0.971	0.971	0.970
11	0.977	0.977	0.976	0.976	0.976	0.975	0.975	0.975	0.975	0.974	0.974	0.974	0.973	0.973
12	0.980	0.980	0.979	0.979	0.979	0.978	0.978	0.978	0.978	0.977	0.977	0.977	0.976	0.976
13	0.983	0.983	0.982	0.982	0.982	0.981	0.981	0.981	0.980	0.980	0.980	0.979	0.979	0.979
14	0.986	0.986	0.985	0.985	0.985	0.984	0.984	0.984	0.983	0.983	0.983	0.982	0.982	0.982
15	0.989	0.989	0.988	0.988	0.988	0.987	0.987	0.987	0.986	0.986	0.986	0.985	0.985	0.985
16	0.992	0.991	0.991	0.991	0.991	0.990	0.990	0.990	0.989	0.989	0.989	0.988	0.988	0.988
17	0.995	0.994	0.994	0.994	0.994	0.993	0.993	0.993	0.992	0.992	0.992	0.991	0.991	0.991
18	0.998	0.998	0.997	0.997	0.997	0.996	0.996	0.996	0.995	0.995	0.995	0.994	0.994	0.994
19	1.001	1.001	1.000	1.000	1.000	0.999	0.999	0.999	0.998	0.998	0.998	0.997	0.997	0.997
20	1.004	1.004	1.003	1.003	1.003	1.002	1.002	1.002	1.001	1.001	1.001	1.000	1.000	1.000
21	1.007	1.007	1.006	1.006	1.006	1.005	1.005	1.005	1.004	1.004	1.004	1.003	1.003	1.002
22	1.010	1.010	1.009	1.009	1.009	1.008	1.008	1.008	1.007	1.007	1.007	1.006	1.006	1.006
23	1.013	1.013	1.013	1.012	1.012	1.012	1.011	1.011	1.011	1.010	1.010	1.010	1.009	1.009
24	1.016	1.016	1.016	1.015	1.015	1.015	1.014	1.014	1.014	1.013	1.013	1.013	1.012	1.012
25	1.020	1.019	1.019	1.019	1.018	1.018	1.018	1.017	1.017	1.017	1.016	1.016	1.015	1.015
26	1.023	1.022	1.022	1.022	1.021	1.021	1.021	1.020	1.020	1.020	1.019	1.019	1.019	1.018
27	1.026	1.026	1.025	1.025	1.025	1.024	1.024	1.023	1.023	1.023	1.022	1.022	1.022	1.021
28	1.029	1.029	1.028	1.028	1.028	1.027	1.027	1.027	1.026	1.026	1.026	1.025	1.025	1.025
29	1.032	1.032	1.032	1.031	1.031	1.031	1.030	1.030	1.030	1.029	1.029	1.028	1.028	1.028
30	1.036	1.035	1.035	1.035	1.034	1.034	1.034	1.033	1.033	1.033	1.032	1.032	1.031	1.031
31	1.039	1.039	1.038	1.038	1.038	1.037	1.037	1.036	1.036	1.036	1.035	1.035	1.035	1.034
32	1.042	1.042	1.041	1.041	1.041	1.040	1.040	1.040	1.039	1.039	1.039	1.038	1.038	1.038
33	1.045	1.045	1.045	1.044	1.044	1.044	1.043	1.043	1.043	1.042	1.042	1.042	1.041	1.041
34	1.049	1.049	1.048	1.048	1.047	1.047	1.047	1.046	1.046	1.046	1.045	1.045	1.045	1.044
35	1.052	1.052	1.051	1.051	1.051	1.050	1.050	1.050	1.049	1.049	1.049	1.048	1.048	1.047

表 A.5（续）

温度/℃	回潮率/%													
	9.2	9.3	9.4	9.5	9.6	9.7	9.8	9.9	10.0	10.1	10.2	10.3	10.4	10.5
5	0.956	0.955	0.955	0.955	0.955	0.954	0.954	0.954	0.953	0.953	0.953	0.952	0.952	0.952
6	0.959	0.958	0.958	0.958	0.957	0.957	0.957	0.956	0.956	0.956	0.956	0.955	0.955	0.955
7	0.961	0.961	0.961	0.961	0.960	0.960	0.960	0.959	0.959	0.959	0.958	0.958	0.958	0.958
8	0.964	0.964	0.964	0.963	0.963	0.963	0.962	0.962	0.962	0.962	0.961	0.961	0.961	0.960
9	0.967	0.967	0.966	0.966	0.966	0.966	0.965	0.965	0.965	0.964	0.964	0.964	0.963	0.963
10	0.970	0.970	0.969	0.969	0.969	0.968	0.968	0.968	0.967	0.967	0.967	0.966	0.966	0.966
11	0.973	0.972	0.972	0.972	0.972	0.971	0.971	0.971	0.970	0.970	0.970	0.969	0.969	0.969
12	0.976	0.975	0.975	0.975	0.974	0.974	0.974	0.974	0.973	0.973	0.973	0.972	0.972	0.972
13	0.979	0.978	0.978	0.978	0.977	0.977	0.977	0.976	0.976	0.976	0.975	0.975	0.975	0.975
14	0.981	0.981	0.981	0.981	0.980	0.980	0.980	0.979	0.979	0.979	0.978	0.978	0.978	0.977
15	0.984	0.984	0.984	0.983	0.983	0.983	0.982	0.982	0.982	0.982	0.981	0.981	0.981	0.980
16	0.987	0.987	0.987	0.986	0.986	0.986	0.985	0.985	0.985	0.985	0.984	0.984	0.984	0.983
17	0.990	0.990	0.990	0.989	0.989	0.989	0.988	0.988	0.988	0.988	0.987	0.987	0.987	0.986
18	0.993	0.993	0.993	0.992	0.992	0.992	0.991	0.991	0.991	0.991	0.990	0.990	0.990	0.989
19	0.996	0.996	0.996	0.995	0.995	0.995	0.994	0.994	0.994	0.994	0.993	0.993	0.993	0.992
20	0.999	0.999	0.999	0.998	0.998	0.998	0.997	0.997	0.997	0.997	0.996	0.996	0.996	0.995
21	1.002	1.002	1.002	1.001	1.001	1.001	1.000	1.000	1.000	1.000	0.999	0.999	0.999	0.998
22	1.005	1.005	1.005	1.005	1.004	1.004	1.004	1.003	1.003	1.003	1.002	1.002	1.002	1.001
23	1.009	1.008	1.008	1.008	1.007	1.007	1.007	1.006	1.006	1.006	1.005	1.005	1.005	1.004
24	1.012	1.011	1.011	1.011	1.010	1.010	1.010	1.009	1.009	1.009	1.008	1.008	1.008	1.007
25	1.015	1.014	1.014	1.014	1.013	1.013	1.013	1.013	1.012	1.012	1.012	1.011	1.011	1.011
26	1.018	1.018	1.017	1.017	1.017	1.016	1.016	1.016	1.015	1.015	1.015	1.014	1.014	1.014
27	1.021	1.021	1.021	1.020	1.020	1.020	1.019	1.019	1.018	1.018	1.018	1.017	1.017	1.017
28	1.024	1.024	1.024	1.023	1.023	1.023	1.022	1.022	1.022	1.021	1.021	1.021	1.020	1.020
29	1.027	1.027	1.027	1.026	1.026	1.026	1.025	1.025	1.025	1.024	1.024	1.024	1.023	1.023
30	1.031	1.030	1.030	1.030	1.029	1.029	1.029	1.028	1.028	1.028	1.027	1.027	1.027	1.026
31	1.034	1.034	1.033	1.033	1.033	1.032	1.032	1.032	1.031	1.031	1.031	1.030	1.030	1.029
32	1.037	1.037	1.037	1.036	1.036	1.036	1.035	1.035	1.034	1.034	1.034	1.033	1.033	1.033
33	1.041	1.040	1.040	1.039	1.039	1.039	1.038	1.038	1.038	1.037	1.037	1.037	1.036	1.036
34	1.044	1.044	1.043	1.043	1.042	1.042	1.042	1.041	1.041	1.041	1.040	1.040	1.040	1.039
35	1.047	1.047	1.046	1.046	1.046	1.045	1.045	1.045	1.044	1.044	1.044	1.043	1.043	1.043

表 A.5（续）

温度/℃	回潮率/%													
	10.6	10.7	10.8	10.9	11.0	11.1	11.2	11.3	11.4	11.5	11.6	11.7	11.8	11.9
5	0.952	0.951	0.951	0.951	0.951	0.950	0.950	0.950	0.949	0.949	0.949	0.948	0.948	0.948
6	0.954	0.954	0.954	0.954	0.953	0.953	0.953	0.952	0.952	0.952	0.952	0.951	0.951	0.951
7	0.957	0.957	0.957	0.956	0.956	0.956	0.955	0.955	0.955	0.955	0.954	0.954	0.954	0.953
8	0.960	0.960	0.959	0.959	0.959	0.959	0.958	0.958	0.958	0.957	0.957	0.957	0.956	0.956
9	0.963	0.963	0.962	0.962	0.962	0.961	0.961	0.961	0.960	0.960	0.960	0.960	0.959	0.959
10	0.966	0.965	0.965	0.965	0.964	0.964	0.964	0.964	0.963	0.963	0.963	0.962	0.962	0.962
11	0.969	0.968	0.968	0.968	0.967	0.967	0.967	0.966	0.966	0.966	0.966	0.965	0.965	0.965
12	0.971	0.971	0.971	0.970	0.970	0.970	0.970	0.969	0.969	0.969	0.968	0.968	0.968	0.967
13	0.974	0.974	0.974	0.973	0.973	0.973	0.972	0.972	0.972	0.972	0.971	0.971	0.971	0.970
14	0.977	0.977	0.976	0.976	0.976	0.976	0.975	0.975	0.975	0.974	0.974	0.974	0.973	0.973
15	0.980	0.980	0.979	0.979	0.979	0.979	0.978	0.978	0.978	0.977	0.977	0.977	0.976	0.976
16	0.983	0.983	0.983	0.982	0.982	0.981	0.981	0.981	0.981	0.980	0.980	0.980	0.979	0.979
17	0.986	0.986	0.985	0.985	0.985	0.984	0.984	0.984	0.983	0.983	0.983	0.983	0.982	0.982
18	0.989	0.989	0.988	0.988	0.988	0.987	0.987	0.987	0.986	0.986	0.986	0.985	0.985	0.985
19	0.992	0.992	0.991	0.991	0.991	0.990	0.990	0.990	0.989	0.989	0.989	0.988	0.988	0.988
20	0.995	0.995	0.994	0.994	0.994	0.993	0.993	0.993	0.992	0.992	0.992	0.991	0.991	0.991
21	0.998	0.998	0.997	0.997	0.997	0.996	0.996	0.996	0.995	0.995	0.995	0.994	0.994	0.994
22	1.001	1.001	1.000	1.000	1.000	0.999	0.999	0.999	0.998	0.998	0.998	0.997	0.997	0.997
23	1.004	1.004	1.003	1.003	1.003	1.002	1.002	1.002	1.001	1.001	1.001	1.000	1.000	1.000
24	1.007	1.007	1.006	1.006	1.006	1.005	1.005	1.005	1.005	1.004	1.004	1.004	1.003	1.003
25	1.010	1.010	1.010	1.009	1.009	1.008	1.008	1.008	1.008	1.007	1.007	1.007	1.006	1.006
26	1.013	1.013	1.013	1.012	1.012	1.012	1.011	1.011	1.011	1.010	1.010	1.010	1.009	1.009
27	1.016	1.016	1.016	1.015	1.015	1.015	1.014	1.014	1.014	1.013	1.013	1.013	1.012	1.012
28	1.020	1.019	1.019	1.019	1.018	1.018	1.018	1.017	1.017	1.017	1.016	1.016	1.016	1.015
29	1.023	1.022	1.022	1.022	1.021	1.021	1.021	1.020	1.020	1.020	1.019	1.019	1.019	1.018
30	1.026	1.026	1.025	1.025	1.025	1.024	1.024	1.023	1.023	1.023	1.022	1.022	1.022	1.022
31	1.029	1.029	1.028	1.028	1.028	1.027	1.027	1.027	1.026	1.026	1.026	1.025	1.025	1.025
32	1.032	1.032	1.032	1.031	1.031	1.031	1.030	1.030	1.030	1.029	1.029	1.029	1.028	1.028
33	1.036	1.035	1.035	1.035	1.034	1.034	1.034	1.033	1.033	1.033	1.032	1.032	1.032	1.031
34	1.039	1.039	1.038	1.038	1.038	1.037	1.037	1.037	1.036	1.036	1.035	1.035	1.035	1.034
35	1.042	1.042	1.042	1.041	1.041	1.040	1.040	1.040	1.039	1.039	1.039	1.038	1.038	1.038

表 A.5（续）

温度/℃	回潮率/%										
	12.0	12.1	12.2	12.3	12.4	12.5	12.6	12.7	12.8	12.9	13.0
5	0.948	0.947	0.947	0.947	0.946	0.946	0.946	0.946	0.945	0.945	0.945
6	0.950	0.950	0.950	0.949	0.949	0.949	0.949	0.948	0.948	0.948	0.947
7	0.953	0.953	0.953	0.952	0.952	0.952	0.951	0.951	0.951	0.950	0.950
8	0.956	0.956	0.955	0.955	0.955	0.954	0.954	0.954	0.953	0.953	0.953
9	0.959	0.958	0.958	0.958	0.957	0.957	0.957	0.957	0.956	0.956	0.956
10	0.961	0.961	0.961	0.961	0.960	0.960	0.960	0.959	0.959	0.959	0.959
11	0.964	0.964	0.964	0.963	0.963	0.963	0.963	0.962	0.962	0.962	0.961
12	0.967	0.967	0.967	0.966	0.966	0.966	0.965	0.965	0.965	0.964	0.964
13	0.970	0.970	0.969	0.969	0.969	0.968	0.968	0.968	0.967	0.967	0.967
14	0.973	0.973	0.972	0.972	0.972	0.971	0.971	0.971	0.970	0.970	0.970
15	0.976	0.975	0.975	0.975	0.974	0.974	0.974	0.974	0.973	0.973	0.973
16	0.979	0.978	0.978	0.978	0.977	0.977	0.977	0.976	0.976	0.976	0.976
17	0.982	0.981	0.981	0.981	0.980	0.980	0.980	0.979	0.979	0.979	0.978
18	0.985	0.984	0.984	0.984	0.983	0.983	0.983	0.982	0.982	0.982	0.981
19	0.987	0.987	0.987	0.987	0.986	0.986	0.986	0.985	0.985	0.985	0.984
20	0.990	0.990	0.990	0.990	0.989	0.989	0.989	0.988	0.988	0.988	0.987
21	0.993	0.993	0.993	0.993	0.992	0.992	0.992	0.991	0.991	0.991	0.990
22	0.996	0.996	0.996	0.995	0.995	0.995	0.994	0.994	0.994	0.993	0.993
23	0.999	0.999	0.999	0.998	0.998	0.998	0.997	0.997	0.997	0.996	0.996
24	1.003	1.002	1.002	1.002	1.001	1.001	1.001	1.000	1.000	1.000	0.999
25	1.006	1.005	1.005	1.005	1.004	1.004	1.004	1.003	1.003	1.003	1.002
26	1.009	1.008	1.008	1.008	1.007	1.007	1.007	1.006	1.006	1.006	1.005
27	1.012	1.011	1.011	1.011	1.010	1.010	1.010	1.009	1.009	1.009	1.008
28	1.015	1.015	1.014	1.014	1.014	1.013	1.013	1.013	1.012	1.012	1.012
29	1.018	1.018	1.017	1.017	1.017	1.016	1.016	1.016	1.015	1.015	1.015
30	1.021	1.021	1.021	1.020	1.020	1.020	1.019	1.019	1.019	1.018	1.018
31	1.024	1.024	1.024	1.023	1.023	1.023	1.022	1.022	1.022	1.021	1.021
32	1.028	1.027	1.027	1.027	1.026	1.026	1.025	1.025	1.025	1.024	1.024
33	1.031	1.030	1.030	1.030	1.029	1.029	1.029	1.028	1.028	1.028	1.027
34	1.034	1.034	1.033	1.033	1.033	1.032	1.032	1.032	1.031	1.031	1.031
35	1.037	1.037	1.037	1.036	1.036	1.036	1.035	1.035	1.034	1.034	1.034

表 A.5（续）

温度/℃	回潮率/%									
	13.1	13.2	13.3	13.4	13.5	13.6	13.7	13.8	13.9	14.0
5	0.944	0.944	0.944	0.943	0.943	0.943	0.943	0.942	0.942	0.942
6	0.947	0.947	0.947	0.946	0.946	0.946	0.945	0.945	0.945	0.945
7	0.950	0.950	0.949	0.949	0.948	0.948	0.948	0.948	0.947	0.947
8	0.952	0.952	0.952	0.952	0.951	0.951	0.951	0.950	0.950	0.950
9	0.955	0.955	0.955	0.954	0.954	0.954	0.954	0.953	0.953	0.953
10	0.958	0.958	0.958	0.957	0.957	0.957	0.956	0.956	0.956	0.956
11	0.961	0.961	0.960	0.960	0.960	0.960	0.959	0.959	0.959	0.958
12	0.964	0.964	0.963	0.963	0.963	0.962	0.962	0.962	0.961	0.961
13	0.967	0.966	0.966	0.966	0.965	0.965	0.965	0.964	0.964	0.964
14	0.970	0.969	0.969	0.969	0.968	0.968	0.968	0.967	0.967	0.967
15	0.972	0.972	0.972	0.971	0.971	0.971	0.971	0.970	0.970	0.970
16	0.975	0.975	0.975	0.974	0.974	0.974	0.973	0.973	0.973	0.973
17	0.978	0.978	0.977	0.977	0.977	0.977	0.976	0.976	0.976	0.975
18	0.981	0.981	0.980	0.980	0.980	0.980	0.979	0.979	0.979	0.978
19	0.984	0.984	0.983	0.983	0.983	0.982	0.982	0.982	0.981	0.981
20	0.987	0.987	0.986	0.986	0.986	0.985	0.985	0.985	0.984	0.984
21	0.990	0.990	0.989	0.989	0.989	0.988	0.988	0.988	0.987	0.987
22	0.993	0.993	0.992	0.992	0.992	0.991	0.991	0.991	0.990	0.990
23	0.996	0.996	0.995	0.995	0.995	0.994	0.994	0.994	0.993	0.993
24	0.999	0.999	0.998	0.998	0.998	0.997	0.997	0.997	0.996	0.996
25	1.002	1.002	1.001	1.001	1.001	1.000	1.000	0.999	0.999	0.999
26	1.005	1.005	1.004	1.004	1.004	1.003	1.003	1.003	1.002	1.002
27	1.008	1.008	1.007	1.007	1.007	1.006	1.006	1.006	1.005	1.005
28	1.011	1.011	1.010	1.010	1.010	1.010	1.009	1.009	1.009	1.008
29	1.014	1.014	1.014	1.013	1.013	1.013	1.012	1.012	1.012	1.011
30	1.017	1.017	1.017	1.016	1.016	1.016	1.015	1.015	1.015	1.015
31	1.021	1.020	1.020	1.020	1.019	1.019	1.019	1.018	1.018	1.018
32	1.024	1.024	1.023	1.023	1.022	1.022	1.022	1.021	1.021	1.021
33	1.027	1.027	1.026	1.026	1.026	1.025	1.025	1.025	1.024	1.024
34	1.030	1.030	1.029	1.029	1.029	1.028	1.028	1.028	1.027	1.027
35	1.033	1.033	1.033	1.032	1.032	1.032	1.031	1.031	1.031	1.030

表 A.6 棉漂白线(3股线)断裂强力的温度和回潮率修正系数

温度/℃	回潮率/%													
	4.1	4.2	4.3	4.4	4.5	4.6	4.7	4.8	4.9	5.0	5.1	5.2	5.3	5.4
5	1.184	1.177	1.170	1.164	1.157	1.151	1.145	1.139	1.133	1.127	1.121	1.115	1.110	1.104
6	1.185	1.178	1.171	1.164	1.158	1.151	1.145	1.139	1.133	1.127	1.121	1.116	1.110	1.105
7	1.185	1.178	1.171	1.165	1.158	1.152	1.146	1.139	1.133	1.128	1.122	1.116	1.111	1.105
8	1.185	1.179	1.172	1.165	1.159	1.152	1.146	1.140	1.134	1.128	1.122	1.117	1.111	1.106
9	1.186	1.179	1.172	1.166	1.159	1.153	1.146	1.140	1.134	1.128	1.123	1.117	1.111	1.106
10	1.186	1.179	1.173	1.166	1.160	1.153	1.147	1.141	1.135	1.129	1.123	1.117	1.112	1.106
11	1.187	1.180	1.173	1.166	1.160	1.153	1.147	1.141	1.135	1.129	1.124	1.118	1.112	1.107
12	1.187	1.180	1.173	1.167	1.160	1.154	1.148	1.141	1.135	1.130	1.124	1.118	1.113	1.107
13	1.188	1.181	1.174	1.167	1.161	1.154	1.148	1.142	1.136	1.130	1.124	1.118	1.113	1.107
14	1.188	1.181	1.174	1.168	1.161	1.155	1.148	1.142	1.136	1.130	1.125	1.119	1.113	1.108
15	1.189	1.182	1.175	1.168	1.162	1.155	1.149	1.143	1.137	1.131	1.125	1.119	1.114	1.108
16	1.189	1.182	1.175	1.168	1.162	1.156	1.149	1.143	1.137	1.131	1.125	1.120	1.114	1.109
17	1.189	1.182	1.176	1.169	1.162	1.156	1.150	1.143	1.137	1.131	1.126	1.120	1.114	1.109
18	1.190	1.183	1.176	1.169	1.163	1.156	1.150	1.144	1.138	1.132	1.126	1.120	1.115	1.109
19	1.190	1.183	1.176	1.170	1.163	1.157	1.150	1.144	1.138	1.132	1.126	1.121	1.115	1.110
20	1.191	1.184	1.177	1.170	1.164	1.157	1.151	1.145	1.139	1.133	1.127	1.121	1.116	1.110
21	1.191	1.184	1.177	1.171	1.164	1.158	1.151	1.145	1.139	1.133	1.127	1.122	1.116	1.110
22	1.192	1.185	1.178	1.171	1.164	1.158	1.151	1.145	1.139	1.133	1.128	1.122	1.116	1.111
23	1.192	1.185	1.178	1.171	1.165	1.158	1.152	1.146	1.140	1.134	1.128	1.122	1.117	1.111
24	1.192	1.185	1.179	1.172	1.165	1.159	1.152	1.146	1.140	1.134	1.128	1.123	1.117	1.112
25	1.193	1.186	1.179	1.172	1.166	1.159	1.153	1.147	1.141	1.135	1.129	1.123	1.118	1.112
26	1.193	1.186	1.179	1.173	1.166	1.160	1.153	1.147	1.141	1.135	1.129	1.123	1.118	1.112
27	1.194	1.187	1.180	1.173	1.167	1.160	1.153	1.148	1.141	1.135	1.130	1.124	1.118	1.113
28	1.194	1.187	1.180	1.174	1.167	1.161	1.154	1.148	1.142	1.136	1.130	1.124	1.119	1.113
29	1.195	1.188	1.181	1.174	1.167	1.161	1.154	1.148	1.142	1.136	1.130	1.125	1.119	1.114
30	1.195	1.188	1.181	1.174	1.168	1.161	1.155	1.149	1.143	1.137	1.131	1.125	1.119	1.114
31	1.196	1.189	1.182	1.175	1.168	1.162	1.155	1.149	1.143	1.137	1.131	1.125	1.120	1.114
32	1.196	1.189	1.182	1.175	1.169	1.162	1.156	1.150	1.143	1.137	1.132	1.126	1.120	1.115
33	1.196	1.189	1.182	1.176	1.169	1.163	1.156	1.150	1.144	1.138	1.132	1.126	1.121	1.115
34	1.197	1.190	1.183	1.176	1.170	1.163	1.157	1.150	1.144	1.138	1.132	1.127	1.121	1.115
35	1.197	1.190	1.183	1.177	1.170	1.163	1.157	1.151	1.145	1.139	1.133	1.127	1.121	1.116

表 A.6(续)

温度/℃	回潮率/%													
	5.5	5.6	5.7	5.8	5.9	6.0	6.1	6.2	6.3	6.4	6.5	6.6	6.7	6.8
5	1.099	1.094	1.089	1.084	1.079	1.074	1.069	1.065	1.060	1.056	1.051	1.047	1.043	1.039
6	1.099	1.094	1.089	1.084	1.079	1.074	1.070	1.065	1.061	1.056	1.052	1.047	1.043	1.039
7	1.100	1.095	1.090	1.085	1.080	1.075	1.070	1.065	1.061	1.056	1.052	1.048	1.044	1.039
8	1.100	1.095	1.090	1.085	1.080	1.075	1.070	1.066	1.061	1.057	1.052	1.048	1.044	1.040
9	1.101	1.095	1.090	1.085	1.080	1.075	1.071	1.066	1.062	1.057	1.053	1.048	1.044	1.040
10	1.101	1.096	1.091	1.086	1.081	1.076	1.071	1.066	1.062	1.057	1.053	1.049	1.045	1.040
11	1.101	1.096	1.091	1.086	1.081	1.076	1.071	1.067	1.062	1.058	1.053	1.049	1.045	1.041
12	1.102	1.096	1.091	1.086	1.081	1.077	1.072	1.067	1.063	1.058	1.054	1.049	1.045	1.041
13	1.102	1.097	1.092	1.087	1.082	1.077	1.072	1.068	1.063	1.059	1.054	1.050	1.046	1.041
14	1.102	1.097	1.092	1.087	1.082	1.077	1.073	1.068	1.063	1.059	1.054	1.050	1.046	1.042
15	1.103	1.098	1.092	1.087	1.082	1.078	1.073	1.068	1.064	1.059	1.055	1.051	1.046	1.042
16	1.103	1.098	1.093	1.088	1.083	1.078	1.073	1.069	1.064	1.060	1.055	1.051	1.047	1.042
17	1.104	1.098	1.093	1.088	1.083	1.078	1.074	1.069	1.064	1.060	1.056	1.051	1.047	1.043
18	1.104	1.099	1.094	1.089	1.084	1.079	1.074	1.069	1.065	1.060	1.056	1.052	1.047	1.043
19	1.104	1.099	1.094	1.089	1.084	1.079	1.074	1.070	1.065	1.061	1.056	1.052	1.048	1.044
20	1.105	1.099	1.094	1.089	1.084	1.079	1.075	1.070	1.065	1.061	1.057	1.052	1.048	1.044
21	1.105	1.100	1.095	1.090	1.085	1.080	1.075	1.070	1.066	1.061	1.057	1.053	1.049	1.044
22	1.105	1.100	1.095	1.090	1.085	1.080	1.075	1.071	1.066	1.062	1.057	1.053	1.049	1.045
23	1.106	1.101	1.095	1.090	1.085	1.081	1.076	1.071	1.066	1.062	1.058	1.053	1.049	1.045
24	1.106	1.101	1.096	1.091	1.086	1.081	1.076	1.071	1.067	1.062	1.058	1.054	1.050	1.045
25	1.107	1.101	1.096	1.091	1.086	1.081	1.076	1.072	1.067	1.063	1.058	1.054	1.050	1.046
26	1.107	1.102	1.097	1.091	1.086	1.082	1.077	1.072	1.068	1.063	1.059	1.054	1.050	1.046
27	1.107	1.102	1.097	1.092	1.087	1.082	1.077	1.073	1.068	1.063	1.059	1.055	1.051	1.046
28	1.108	1.102	1.097	1.092	1.087	1.082	1.078	1.073	1.068	1.064	1.059	1.055	1.051	1.047
29	1.108	1.103	1.098	1.093	1.088	1.083	1.078	1.073	1.069	1.064	1.060	1.055	1.051	1.047
30	1.109	1.103	1.098	1.093	1.088	1.083	1.078	1.074	1.069	1.064	1.060	1.056	1.052	1.047
31	1.109	1.104	1.098	1.093	1.088	1.083	1.079	1.074	1.069	1.065	1.060	1.056	1.052	1.048
32	1.109	1.104	1.099	1.094	1.089	1.084	1.079	1.074	1.070	1.065	1.061	1.056	1.052	1.048
33	1.110	1.104	1.099	1.094	1.089	1.084	1.079	1.075	1.070	1.065	1.061	1.057	1.053	1.048
34	1.110	1.105	1.100	1.094	1.089	1.085	1.080	1.075	1.070	1.066	1.061	1.057	1.053	1.049
35	1.110	1.105	1.100	1.095	1.090	1.085	1.080	1.075	1.071	1.066	1.062	1.057	1.053	1.049

表 A.6（续）

温度/℃	回潮率/%													
	6.9	7.0	7.1	7.2	7.3	7.4	7.5	7.6	7.7	7.8	7.9	8.0	8.1	8.2
5	1.035	1.031	1.027	1.023	1.019	1.016	1.012	1.009	1.005	1.002	0.999	0.995	0.992	0.989
6	1.035	1.031	1.027	1.023	1.020	1.016	1.013	1.009	1.006	1.002	0.999	0.996	0.993	0.989
7	1.035	1.031	1.028	1.024	1.020	1.016	1.013	1.009	1.006	1.003	0.999	0.996	0.993	0.990
8	1.036	1.032	1.028	1.024	1.020	1.017	1.013	1.010	1.006	1.003	1.000	0.996	0.993	0.990
9	1.036	1.032	1.028	1.024	1.021	1.017	1.013	1.010	1.007	1.003	1.000	0.997	0.993	0.990
10	1.036	1.032	1.029	1.025	1.021	1.017	1.014	1.010	1.007	1.003	1.000	0.997	0.994	0.991
11	1.037	1.033	1.029	1.025	1.021	1.018	1.014	1.011	1.007	1.004	1.000	0.997	0.994	0.991
12	1.037	1.033	1.029	1.025	1.022	1.018	1.014	1.011	1.007	1.004	1.001	0.998	0.994	0.991
13	1.037	1.033	1.030	1.026	1.022	1.018	1.015	1.011	1.008	1.004	1.001	0.998	0.995	0.992
14	1.038	1.034	1.030	1.026	1.022	1.019	1.015	1.012	1.008	1.005	1.001	0.998	0.995	0.992
15	1.038	1.034	1.030	1.026	1.023	1.019	1.015	1.012	1.008	1.005	1.002	0.998	0.995	0.992
16	1.038	1.034	1.031	1.027	1.023	1.019	1.016	1.012	1.009	1.005	1.002	0.999	0.996	0.992
17	1.039	1.035	1.031	1.027	1.023	1.020	1.016	1.013	1.009	1.006	1.002	0.999	0.996	0.993
18	1.039	1.035	1.031	1.027	1.024	1.020	1.016	1.013	1.009	1.006	1.003	0.999	0.996	0.993
19	1.039	1.035	1.032	1.028	1.024	1.020	1.017	1.013	1.010	1.006	1.003	1.000	0.996	0.993
20	1.040	1.036	1.032	1.028	1.024	1.021	1.017	1.013	1.010	1.007	1.003	1.000	0.997	0.994
21	1.040	1.036	1.032	1.028	1.025	1.021	1.017	1.014	1.010	1.007	1.004	1.000	0.997	0.994
22	1.040	1.036	1.033	1.029	1.025	1.021	1.018	1.014	1.011	1.007	1.004	1.001	0.997	0.994
23	1.041	1.037	1.033	1.029	1.025	1.022	1.018	1.014	1.011	1.008	1.004	1.001	0.998	0.995
24	1.041	1.037	1.033	1.029	1.026	1.022	1.018	1.015	1.011	1.008	1.005	1.001	0.998	0.995
25	1.041	1.037	1.034	1.030	1.026	1.022	1.019	1.015	1.012	1.008	1.005	1.002	0.998	0.995
26	1.042	1.038	1.034	1.030	1.026	1.023	1.019	1.015	1.012	1.008	1.005	1.002	0.999	0.996
27	1.042	1.038	1.034	1.030	1.027	1.023	1.019	1.016	1.012	1.009	1.005	1.002	0.999	0.996
28	1.042	1.038	1.035	1.031	1.027	1.023	1.020	1.016	1.013	1.009	1.006	1.002	0.999	0.996
29	1.043	1.039	1.035	1.031	1.027	1.024	1.020	1.016	1.013	1.009	1.006	1.003	1.000	0.996
30	1.043	1.039	1.035	1.031	1.028	1.024	1.020	1.017	1.013	1.010	1.006	1.003	1.000	0.997
31	1.043	1.039	1.036	1.032	1.028	1.024	1.021	1.017	1.013	1.010	1.007	1.003	1.000	0.997
32	1.044	1.040	1.036	1.032	1.028	1.024	1.021	1.017	1.014	1.010	1.007	1.004	1.001	0.997
33	1.044	1.040	1.036	1.032	1.029	1.025	1.021	1.018	1.014	1.011	1.007	1.004	1.001	0.998
34	1.044	1.040	1.037	1.033	1.029	1.025	1.022	1.018	1.014	1.011	1.008	1.004	1.001	0.998
35	1.045	1.041	1.037	1.033	1.029	1.025	1.022	1.018	1.015	1.011	1.008	1.005	1.001	0.998

表 A.6（续）

温度/℃	回潮率/%													
	8.3	8.4	8.5	8.6	8.7	8.8	8.9	9.0	9.1	9.2	9.3	9.4	9.5	9.6
5	0.986	0.983	0.980	0.977	0.975	0.972	0.969	0.966	0.964	0.961	0.959	0.957	0.954	0.952
6	0.986	0.983	0.980	0.978	0.975	0.972	0.969	0.967	0.964	0.962	0.959	0.957	0.954	0.952
7	0.987	0.984	0.981	0.978	0.975	0.972	0.970	0.967	0.964	0.962	0.959	0.957	0.955	0.952
8	0.987	0.984	0.981	0.978	0.975	0.973	0.970	0.967	0.965	0.962	0.960	0.957	0.955	0.953
9	0.987	0.984	0.981	0.978	0.976	0.973	0.970	0.968	0.965	0.963	0.960	0.958	0.955	0.953
10	0.988	0.985	0.982	0.979	0.976	0.973	0.971	0.968	0.965	0.963	0.960	0.958	0.956	0.953
11	0.988	0.985	0.982	0.979	0.976	0.974	0.971	0.968	0.966	0.963	0.961	0.958	0.956	0.954
12	0.988	0.985	0.982	0.979	0.977	0.974	0.971	0.968	0.966	0.963	0.961	0.959	0.956	0.954
13	0.988	0.985	0.983	0.980	0.977	0.974	0.971	0.969	0.966	0.964	0.961	0.959	0.956	0.954
14	0.989	0.986	0.983	0.980	0.977	0.974	0.972	0.969	0.966	0.964	0.961	0.959	0.957	0.954
15	0.989	0.986	0.983	0.980	0.977	0.975	0.972	0.969	0.967	0.964	0.962	0.959	0.957	0.955
16	0.989	0.986	0.983	0.981	0.978	0.975	0.972	0.970	0.967	0.965	0.962	0.960	0.957	0.955
17	0.990	0.987	0.984	0.981	0.978	0.975	0.973	0.970	0.967	0.965	0.962	0.960	0.958	0.955
18	0.990	0.987	0.984	0.981	0.978	0.975	0.973	0.970	0.968	0.965	0.963	0.960	0.958	0.956
19	0.990	0.987	0.984	0.981	0.979	0.976	0.973	0.971	0.968	0.965	0.963	0.961	0.958	0.956
20	0.991	0.988	0.985	0.982	0.979	0.976	0.973	0.971	0.968	0.966	0.963	0.961	0.958	0.956
21	0.991	0.988	0.985	0.982	0.979	0.976	0.974	0.971	0.969	0.966	0.964	0.961	0.959	0.956
22	0.991	0.988	0.985	0.982	0.980	0.977	0.974	0.971	0.969	0.966	0.964	0.961	0.959	0.957
23	0.992	0.989	0.986	0.983	0.980	0.977	0.974	0.972	0.969	0.967	0.964	0.962	0.959	0.957
24	0.992	0.989	0.986	0.983	0.980	0.977	0.975	0.972	0.969	0.967	0.964	0.962	0.960	0.957
25	0.992	0.989	0.986	0.983	0.980	0.978	0.975	0.972	0.970	0.967	0.965	0.962	0.960	0.958
26	0.992	0.989	0.986	0.984	0.981	0.978	0.975	0.973	0.970	0.967	0.965	0.963	0.960	0.958
27	0.993	0.990	0.987	0.984	0.981	0.978	0.976	0.973	0.970	0.968	0.965	0.963	0.960	0.958
28	0.993	0.990	0.987	0.984	0.981	0.979	0.976	0.973	0.971	0.968	0.966	0.963	0.961	0.958
29	0.993	0.990	0.987	0.984	0.982	0.979	0.976	0.973	0.971	0.968	0.966	0.963	0.961	0.958
30	0.994	0.991	0.988	0.985	0.982	0.979	0.976	0.974	0.971	0.969	0.966	0.964	0.961	0.959
31	0.994	0.991	0.988	0.985	0.982	0.979	0.977	0.974	0.971	0.969	0.966	0.964	0.962	0.959
32	0.994	0.991	0.988	0.985	0.983	0.980	0.977	0.974	0.972	0.969	0.967	0.964	0.962	0.960
33	0.995	0.992	0.989	0.986	0.983	0.980	0.977	0.975	0.972	0.969	0.967	0.965	0.962	0.960
34	0.995	0.992	0.989	0.986	0.983	0.980	0.978	0.975	0.972	0.970	0.967	0.965	0.962	0.960
35	0.995	0.992	0.989	0.986	0.983	0.981	0.978	0.975	0.973	0.970	0.968	0.965	0.963	0.960

表 A.6（续）

温度/℃	回潮率/%													
	9.7	9.8	9.9	10.0	10.1	10.2	10.3	10.4	10.5	10.6	10.7	10.8	10.9	11.0
5	0.950	0.947	0.945	0.943	0.941	0.939	0.937	0.935	0.933	0.932	0.930	0.928	0.926	0.925
6	0.950	0.948	0.946	0.943	0.941	0.939	0.937	0.936	0.934	0.932	0.930	0.928	0.927	0.925
7	0.950	0.948	0.946	0.944	0.942	0.940	0.938	0.936	0.934	0.932	0.930	0.929	0.927	0.925
8	0.950	0.948	0.946	0.944	0.942	0.940	0.938	0.936	0.934	0.932	0.931	0.929	0.927	0.926
9	0.951	0.949	0.946	0.944	0.942	0.940	0.938	0.936	0.934	0.933	0.931	0.929	0.927	0.926
10	0.951	0.949	0.947	0.945	0.942	0.940	0.939	0.937	0.935	0.933	0.931	0.929	0.928	0.926
11	0.951	0.949	0.947	0.945	0.943	0.941	0.939	0.937	0.935	0.933	0.931	0.930	0.928	0.927
12	0.952	0.949	0.947	0.945	0.943	0.941	0.939	0.937	0.935	0.933	0.932	0.930	0.928	0.927
13	0.952	0.950	0.947	0.945	0.943	0.941	0.939	0.937	0.936	0.934	0.932	0.930	0.929	0.927
14	0.952	0.950	0.948	0.946	0.944	0.942	0.940	0.938	0.936	0.934	0.932	0.930	0.929	0.927
15	0.952	0.950	0.948	0.946	0.944	0.942	0.940	0.938	0.936	0.934	0.933	0.931	0.929	0.928
16	0.953	0.950	0.948	0.946	0.944	0.942	0.940	0.938	0.936	0.935	0.933	0.931	0.929	0.928
17	0.953	0.951	0.949	0.946	0.944	0.942	0.940	0.939	0.937	0.935	0.933	0.931	0.930	0.928
18	0.953	0.951	0.949	0.947	0.945	0.943	0.941	0.939	0.937	0.935	0.933	0.932	0.930	0.929
19	0.954	0.951	0.949	0.947	0.945	0.943	0.941	0.939	0.937	0.935	0.934	0.932	0.930	0.929
20	0.954	0.952	0.949	0.947	0.945	0.943	0.941	0.939	0.937	0.936	0.934	0.932	0.930	0.929
21	0.954	0.952	0.950	0.948	0.946	0.944	0.942	0.940	0.938	0.936	0.934	0.932	0.931	0.929
22	0.954	0.952	0.950	0.948	0.946	0.944	0.942	0.940	0.938	0.936	0.934	0.933	0.931	0.930
23	0.955	0.952	0.950	0.948	0.946	0.944	0.942	0.940	0.938	0.936	0.935	0.933	0.931	0.930
24	0.955	0.953	0.951	0.948	0.946	0.944	0.942	0.940	0.939	0.937	0.935	0.933	0.932	0.930
25	0.955	0.953	0.951	0.949	0.947	0.945	0.943	0.941	0.939	0.937	0.935	0.933	0.932	0.930
26	0.956	0.953	0.951	0.949	0.947	0.945	0.943	0.941	0.939	0.937	0.935	0.934	0.932	0.931
27	0.956	0.954	0.951	0.949	0.947	0.945	0.943	0.941	0.939	0.937	0.936	0.934	0.932	0.931
28	0.956	0.954	0.952	0.950	0.947	0.945	0.943	0.942	0.940	0.938	0.936	0.934	0.933	0.931
29	0.956	0.954	0.952	0.950	0.948	0.946	0.944	0.942	0.940	0.938	0.936	0.935	0.933	0.931
30	0.957	0.954	0.952	0.950	0.948	0.946	0.944	0.942	0.940	0.938	0.937	0.935	0.933	0.932
31	0.957	0.955	0.953	0.950	0.948	0.946	0.944	0.942	0.940	0.938	0.937	0.935	0.933	0.932
32	0.957	0.955	0.953	0.951	0.949	0.947	0.945	0.943	0.941	0.939	0.937	0.935	0.934	0.932
33	0.958	0.955	0.953	0.951	0.949	0.947	0.945	0.943	0.941	0.939	0.937	0.936	0.934	0.933
34	0.958	0.956	0.953	0.951	0.949	0.947	0.945	0.943	0.941	0.939	0.938	0.936	0.934	0.933
35	0.958	0.956	0.954	0.952	0.949	0.947	0.945	0.943	0.942	0.940	0.938	0.936	0.934	0.933

表 A.6（续）

温度/℃	回潮率/%													
	11.1	11.2	11.3	11.4	11.5	11.6	11.7	11.8	11.9	12.0	12.1	12.2	12.3	12.4
5	0.923	0.922	0.920	0.919	0.917	0.916	0.915	0.913	0.912	0.911	0.910	0.909	0.907	0.906
6	0.923	0.922	0.920	0.919	0.918	0.916	0.915	0.914	0.912	0.911	0.910	0.909	0.908	0.907
7	0.924	0.922	0.921	0.919	0.918	0.916	0.915	0.914	0.913	0.911	0.910	0.909	0.908	0.907
8	0.924	0.922	0.921	0.919	0.918	0.917	0.915	0.914	0.913	0.912	0.910	0.909	0.908	0.907
9	0.924	0.923	0.921	0.920	0.918	0.917	0.916	0.914	0.913	0.912	0.911	0.910	0.908	0.907
10	0.925	0.923	0.921	0.920	0.919	0.917	0.916	0.915	0.913	0.912	0.911	0.910	0.909	0.908
11	0.925	0.923	0.922	0.920	0.919	0.917	0.916	0.915	0.914	0.912	0.911	0.910	0.909	0.908
12	0.925	0.924	0.922	0.921	0.919	0.918	0.916	0.915	0.914	0.913	0.911	0.910	0.909	0.908
13	0.925	0.924	0.922	0.921	0.919	0.918	0.917	0.915	0.914	0.913	0.912	0.911	0.910	0.909
14	0.926	0.924	0.923	0.921	0.920	0.918	0.917	0.916	0.914	0.913	0.912	0.911	0.910	0.909
15	0.926	0.924	0.923	0.921	0.920	0.919	0.917	0.916	0.915	0.913	0.912	0.911	0.910	0.909
16	0.926	0.925	0.923	0.922	0.920	0.919	0.917	0.916	0.915	0.914	0.913	0.911	0.910	0.909
17	0.926	0.925	0.923	0.922	0.920	0.919	0.918	0.916	0.915	0.914	0.913	0.912	0.911	0.910
18	0.927	0.925	0.924	0.922	0.921	0.919	0.918	0.917	0.915	0.914	0.913	0.912	0.911	0.910
19	0.927	0.925	0.924	0.922	0.921	0.920	0.918	0.917	0.916	0.914	0.913	0.912	0.911	0.910
20	0.927	0.926	0.924	0.923	0.921	0.920	0.919	0.917	0.916	0.915	0.914	0.912	0.911	0.910
21	0.927	0.926	0.924	0.923	0.921	0.920	0.919	0.917	0.916	0.915	0.914	0.913	0.912	0.911
22	0.928	0.926	0.925	0.923	0.922	0.920	0.919	0.918	0.916	0.915	0.914	0.913	0.912	0.911
23	0.928	0.926	0.925	0.923	0.922	0.921	0.919	0.918	0.917	0.916	0.914	0.913	0.912	0.911
24	0.928	0.927	0.925	0.924	0.922	0.921	0.920	0.918	0.917	0.916	0.915	0.913	0.912	0.911
25	0.929	0.927	0.925	0.924	0.923	0.921	0.920	0.919	0.917	0.916	0.915	0.914	0.913	0.912
26	0.929	0.927	0.926	0.924	0.923	0.921	0.920	0.919	0.918	0.916	0.915	0.914	0.913	0.912
27	0.929	0.928	0.926	0.925	0.923	0.922	0.920	0.919	0.918	0.917	0.915	0.914	0.913	0.912
28	0.929	0.928	0.926	0.925	0.923	0.922	0.921	0.919	0.918	0.917	0.916	0.914	0.913	0.912
29	0.930	0.928	0.927	0.925	0.924	0.922	0.921	0.920	0.918	0.917	0.916	0.915	0.914	0.913
30	0.930	0.928	0.927	0.925	0.924	0.922	0.921	0.920	0.919	0.917	0.916	0.915	0.914	0.913
31	0.930	0.929	0.927	0.926	0.924	0.923	0.921	0.920	0.919	0.918	0.916	0.915	0.914	0.913
32	0.930	0.929	0.927	0.926	0.924	0.923	0.922	0.921	0.919	0.918	0.917	0.916	0.914	0.913
33	0.931	0.929	0.928	0.926	0.925	0.923	0.922	0.921	0.919	0.918	0.917	0.916	0.915	0.914
34	0.931	0.929	0.928	0.926	0.925	0.924	0.922	0.921	0.920	0.918	0.917	0.916	0.915	0.914
35	0.931	0.930	0.928	0.927	0.925	0.924	0.922	0.921	0.920	0.919	0.917	0.916	0.915	0.914

表 A.6（续）

温度/℃	回潮率/%							
	12.5	12.6	12.7	12.8	12.9	13.0	13.1	13.2
5	0.905	0.904	0.904	0.903	0.902	0.901	0.900	0.899
6	0.906	0.905	0.904	0.903	0.902	0.901	0.900	0.900
7	0.906	0.905	0.904	0.903	0.902	0.901	0.901	0.900
8	0.906	0.905	0.904	0.903	0.903	0.902	0.901	0.900
9	0.906	0.905	0.905	0.904	0.903	0.902	0.901	0.900
10	0.907	0.906	0.905	0.904	0.903	0.902	0.901	0.901
11	0.907	0.906	0.905	0.904	0.903	0.902	0.902	0.901
12	0.907	0.906	0.905	0.904	0.904	0.903	0.902	0.901
13	0.908	0.907	0.906	0.905	0.904	0.903	0.902	0.901
14	0.908	0.907	0.906	0.905	0.904	0.903	0.902	0.902
15	0.908	0.907	0.906	0.905	0.904	0.903	0.903	0.902
16	0.908	0.907	0.906	0.905	0.905	0.904	0.903	0.902
17	0.909	0.908	0.907	0.906	0.905	0.904	0.903	0.902
18	0.909	0.908	0.907	0.906	0.905	0.904	0.903	0.903
19	0.909	0.908	0.907	0.906	0.905	0.904	0.904	0.903
20	0.909	0.908	0.907	0.906	0.906	0.905	0.904	0.903
21	0.910	0.909	0.908	0.907	0.906	0.905	0.904	0.903
22	0.910	0.909	0.908	0.907	0.906	0.905	0.904	0.904
23	0.910	0.909	0.908	0.907	0.906	0.906	0.905	0.904
24	0.910	0.909	0.908	0.907	0.907	0.906	0.905	0.904
25	0.911	0.910	0.909	0.908	0.907	0.906	0.905	0.904
26	0.911	0.910	0.909	0.908	0.907	0.906	0.905	0.905
27	0.911	0.910	0.909	0.908	0.907	0.907	0.906	0.905
28	0.911	0.910	0.909	0.908	0.908	0.907	0.906	0.905
29	0.912	0.911	0.910	0.909	0.908	0.907	0.906	0.905
30	0.912	0.911	0.910	0.909	0.908	0.907	0.906	0.906
31	0.912	0.911	0.910	0.909	0.908	0.908	0.907	0.906
32	0.912	0.911	0.910	0.909	0.909	0.908	0.907	0.906
33	0.913	0.912	0.911	0.910	0.909	0.908	0.907	0.907
34	0.913	0.912	0.911	0.910	0.909	0.908	0.908	0.907
35	0.913	0.912	0.911	0.910	0.909	0.909	0.908	0.907

表 A.6（续）

温度/℃	回潮率/%							
	13.3	13.4	13.5	13.6	13.7	13.8	13.9	14.0
5	0.899	0.898	0.897	0.897	0.896	0.896	0.895	0.895
6	0.899	0.898	0.898	0.897	0.897	0.896	0.896	0.895
7	0.899	0.899	0.898	0.897	0.897	0.896	0.896	0.895
8	0.899	0.899	0.898	0.898	0.897	0.897	0.896	0.896
9	0.900	0.899	0.898	0.898	0.897	0.897	0.896	0.896
10	0.900	0.899	0.899	0.898	0.898	0.897	0.897	0.896
11	0.900	0.900	0.899	0.898	0.898	0.897	0.897	0.896
12	0.900	0.900	0.899	0.899	0.898	0.898	0.897	0.897
13	0.901	0.900	0.899	0.899	0.898	0.898	0.897	0.897
14	0.901	0.900	0.900	0.899	0.899	0.898	0.898	0.897
15	0.901	0.901	0.900	0.899	0.899	0.898	0.898	0.897
16	0.901	0.901	0.900	0.900	0.899	0.899	0.898	0.898
17	0.902	0.901	0.900	0.900	0.899	0.899	0.898	0.898
18	0.902	0.901	0.901	0.900	0.900	0.899	0.899	0.898
19	0.902	0.902	0.901	0.900	0.900	0.899	0.899	0.898
20	0.903	0.902	0.901	0.901	0.900	0.900	0.899	0.899
21	0.903	0.902	0.901	0.901	0.900	0.900	0.899	0.899
22	0.903	0.902	0.902	0.901	0.901	0.900	0.900	0.899
23	0.903	0.903	0.902	0.901	0.901	0.900	0.900	0.899
24	0.904	0.903	0.902	0.902	0.901	0.901	0.900	0.900
25	0.904	0.903	0.902	0.902	0.901	0.901	0.900	0.900
26	0.904	0.903	0.903	0.902	0.902	0.901	0.901	0.900
27	0.904	0.904	0.903	0.902	0.902	0.901	0.901	0.900
28	0.905	0.904	0.903	0.903	0.902	0.902	0.901	0.901
29	0.905	0.904	0.903	0.903	0.902	0.902	0.901	0.901
30	0.905	0.904	0.904	0.903	0.903	0.902	0.902	0.901
31	0.905	0.905	0.904	0.903	0.903	0.902	0.902	0.901
32	0.906	0.905	0.904	0.904	0.903	0.903	0.902	0.902
33	0.906	0.905	0.904	0.904	0.903	0.903	0.902	0.902
34	0.906	0.905	0.905	0.904	0.904	0.903	0.903	0.902
35	0.906	0.906	0.905	0.904	0.904	0.903	0.903	0.902

表 A.7 黑色棉线(2×3 复捻线)断裂强力的温度和回潮率修正系数

温度/℃	回潮率/%													
	4.1	4.2	4.3	4.4	4.5	4.6	4.7	4.8	4.9	5.0	5.1	5.2	5.3	5.4
5	1.180	1.174	1.168	1.162	1.156	1.151	1.145	1.140	1.135	1.129	1.124	1.119	1.114	1.109
6	1.180	1.174	1.168	1.162	1.156	1.151	1.145	1.140	1.135	1.129	1.124	1.119	1.114	1.109
7	1.180	1.174	1.168	1.162	1.156	1.151	1.145	1.140	1.135	1.129	1.124	1.119	1.114	1.109
8	1.180	1.174	1.168	1.162	1.156	1.151	1.145	1.140	1.135	1.129	1.124	1.119	1.114	1.109
9	1.180	1.174	1.168	1.162	1.156	1.151	1.145	1.140	1.135	1.129	1.124	1.119	1.114	1.109
10	1.181	1.175	1.169	1.163	1.157	1.152	1.146	1.141	1.136	1.130	1.125	1.120	1.115	1.110
11	1.182	1.176	1.170	1.164	1.158	1.152	1.146	1.141	1.136	1.131	1.126	1.121	1.116	1.111
12	1.183	1.177	1.171	1.165	1.159	1.153	1.147	1.142	1.137	1.132	1.127	1.122	1.117	1.112
13	1.185	1.179	1.173	1.167	1.161	1.155	1.149	1.143	1.138	1.133	1.128	1.123	1.118	1.113
14	1.187	1.181	1.175	1.169	1.163	1.157	1.152	1.146	1.141	1.135	1.130	1.125	1.120	1.115
15	1.190	1.184	1.178	1.172	1.165	1.159	1.154	1.148	1.143	1.138	1.132	1.127	1.122	1.117
16	1.192	1.186	1.180	1.174	1.168	1.162	1.156	1.150	1.145	1.140	1.135	1.130	1.125	1.120
17	1.196	1.190	1.184	1.178	1.171	1.165	1.159	1.153	1.148	1.143	1.138	1.132	1.127	1.122
18	1.199	1.193	1.187	1.181	1.175	1.169	1.163	1.157	1.151	1.146	1.141	1.136	1.131	1.126
19	1.203	1.197	1.191	1.185	1.178	1.172	1.166	1.160	1.155	1.150	1.145	1.139	1.134	1.129
20	1.207	1.201	1.195	1.189	1.182	1.176	1.170	1.164	1.159	1.154	1.149	1.144	1.138	1.133
21	1.212	1.205	1.199	1.193	1.187	1.181	1.175	1.169	1.163	1.158	1.153	1.148	1.143	1.137
22	1.217	1.210	1.204	1.198	1.192	1.186	1.180	1.174	1.168	1.163	1.158	1.153	1.147	1.141
23	1.223	1.216	1.210	1.204	1.197	1.191	1.185	1.179	1.173	1.168	1.162	1.157	1.152	1.146
24	1.229	1.222	1.215	1.209	1.203	1.197	1.191	1.185	1.179	1.173	1.168	1.163	1.158	1.152
25	1.235	1.228	1.221	1.215	1.209	1.203	1.197	1.191	1.185	1.179	1.174	1.169	1.163	1.157
26	1.242	1.235	1.228	1.221	1.216	1.210	1.204	1.198	1.192	1.186	1.180	1.175	1.169	1.163
27	1.250	1.243	1.236	1.229	1.223	1.216	1.210	1.204	1.198	1.192	1.186	1.181	1.175	1.169
28	1.257	1.250	1.243	1.236	1.230	1.223	1.217	1.211	1.205	1.199	1.194	1.188	1.182	1.176
29	1.265	1.258	1.251	1.244	1.238	1.231	1.225	1.219	1.213	1.207	1.201	1.195	1.189	1.184
30	1.274	1.267	1.260	1.253	1.247	1.240	1.234	1.227	1.221	1.215	1.209	1.203	1.197	1.191
31	1.284	1.277	1.270	1.263	1.256	1.249	1.242	1.235	1.229	1.223	1.217	1.211	1.205	1.199
32	1.294	1.287	1.280	1.273	1.265	1.258	1.251	1.244	1.238	1.232	1.226	1.220	1.214	1.208
33	1.304	1.296	1.289	1.282	1.275	1.268	1.261	1.254	1.248	1.242	1.236	1.230	1.224	1.218
34	1.315	1.307	1.300	1.293	1.286	1.279	1.272	1.265	1.258	1.252	1.245	1.239	1.233	1.227
35	1.327	1.319	1.311	1.304	1.297	1.290	1.283	1.276	1.269	1.263	1.256	1.250	1.244	1.238

表 A.7（续）

温度/℃	回潮率/%													
	5.5	5.6	5.7	5.8	5.9	6.0	6.1	6.2	6.3	6.4	6.5	6.6	6.7	6.8
5	1.104	1.109	1.095	1.090	1.086	1.081	1.077	1.072	1.068	1.064	1.060	1.056	1.052	1.048
6	1.104	1.109	1.095	1.090	1.086	1.081	1.077	1.072	1.068	1.064	1.060	1.056	1.052	1.048
7	1.104	1.109	1.095	1.090	1.086	1.081	1.077	1.072	1.068	1.064	1.060	1.056	1.052	1.048
8	1.104	1.109	1.095	1.090	1.086	1.081	1.077	1.072	1.068	1.064	1.060	1.056	1.052	1.048
9	1.104	1.109	1.095	1.090	1.086	1.081	1.077	1.072	1.069	1.064	1.060	1.056	1.052	1.048
10	1.105	1.100	1.096	1.091	1.087	1.082	1.078	1.073	1.069	1.065	1.061	1.057	1.053	1.049
11	1.106	1.101	1.097	1.092	1.088	1.083	1.078	1.074	1.070	1.066	1.062	1.058	1.054	1.050
12	1.107	1.102	1.098	1.093	1.089	1.084	1.080	1.075	1.071	1.067	1.063	1.059	1.055	1.051
13	1.108	1.103	1.099	1.094	1.090	1.085	1.081	1.076	1.072	1.068	1.064	1.060	1.056	1.052
14	1.110	1.105	1.100	1.096	1.091	1.087	1.083	1.078	1.074	1.070	1.066	1.062	1.058	1.054
15	1.112	1.107	1.102	1.098	1.093	1.089	1.085	1.080	1.076	1.072	1.068	1.064	1.060	1.056
16	1.115	1.110	1.105	1.101	1.096	1.091	1.087	1.083	1.078	1.074	1.070	1.066	1.062	1.058
17	1.118	1.113	1.108	1.104	1.099	1.094	1.090	1.086	1.081	1.076	1.072	1.068	1.064	1.061
18	1.121	1.116	1.111	1.107	1.102	1.097	1.093	1.088	1.084	1.079	1.075	1.071	1.067	1.063
19	1.124	1.119	1.114	1.110	1.105	1.100	1.096	1.092	1.087	1.083	1.079	1.075	1.071	1.067
20	1.128	1.123	1.118	1.113	1.108	1.104	1.100	1.095	1.091	1.087	1.082	1.078	1.074	1.070
21	1.132	1.127	1.122	1.117	1.112	1.108	1.104	1.099	1.095	1.091	1.086	1.082	1.078	1.074
22	1.136	1.131	1.126	1.121	1.116	1.112	1.108	1.104	1.099	1.095	1.090	1.086	1.082	1.078
23	1.141	1.135	1.131	1.126	1.121	1.117	1.112	1.108	1.103	1.099	1.094	1.090	1.086	1.082
24	1.146	1.141	1.136	1.131	1.126	1.122	1.117	1.113	1.108	1.104	1.099	1.095	1.091	1.087
25	1.152	1.147	1.142	1.137	1.132	1.127	1.123	1.118	1.114	1.109	1.104	1.100	1.096	1.092
26	1.158	1.153	1.148	1.143	1.138	1.133	1.128	1.123	1.119	1.115	1.110	1.106	1.102	1.098
27	1.164	1.159	1.154	1.149	1.144	1.139	1.134	1.129	1.125	1.120	1.116	1.111	1.107	1.103
28	1.171	1.166	1.161	1.156	1.151	1.146	1.141	1.136	1.131	1.126	1.122	1.117	1.113	1.109
29	1.178	1.173	1.168	1.163	1.158	1.153	1.148	1.143	1.138	1.134	1.129	1.124	1.120	1.116
30	1.186	1.181	1.175	1.170	1.165	1.160	1.155	1.150	1.145	1.140	1.136	1.131	1.126	1.122
31	1.194	1.189	1.183	1.178	1.173	1.168	1.163	1.158	1.153	1.148	1.143	1.138	1.133	1.129
32	1.203	1.197	1.191	1.186	1.181	1.176	1.171	1.166	1.161	1.156	1.151	1.146	1.141	1.137
33	1.212	1.206	1.200	1.195	1.190	1.185	1.179	1.174	1.169	1.164	1.159	1.154	1.149	1.145
34	1.221	1.215	1.210	1.204	1.199	1.194	1.188	1.183	1.178	1.173	1.168	1.163	1.158	1.154
35	1.232	1.226	1.220	1.214	1.208	1.203	1.198	1.193	1.188	1.183	1.177	1.173	1.168	1.163

表 A.7（续）

温度/℃	回潮率/%													
	6.9	7.0	7.1	7.2	7.3	7.4	7.5	7.6	7.7	7.8	7.9	8.0	8.1	8.2
5	1.044	1.041	1.037	1.034	1.031	1.027	1.024	1.021	1.018	1.015	1.012	1.008	1.005	1.002
6	1.044	1.041	1.037	1.034	1.031	1.027	1.024	1.021	1.018	1.015	1.012	1.008	1.005	1.002
7	1.044	1.041	1.037	1.034	1.031	1.027	1.024	1.021	1.018	1.015	1.012	1.008	1.005	1.002
8	1.044	1.041	1.037	1.034	1.031	1.027	1.024	1.021	1.018	1.015	1.012	1.008	1.005	1.002
9	1.044	1.041	1.037	1.034	1.031	1.027	1.024	1.021	1.018	1.015	1.012	1.009	1.006	1.003
10	1.045	1.042	1.038	1.034	1.031	1.028	1.025	1.022	1.019	1.016	1.013	1.009	1.006	1.003
11	1.046	1.043	1.039	1.036	1.032	1.029	1.026	1.022	1.019	1.016	1.013	1.010	1.007	1.004
12	1.047	1.044	1.040	1.037	1.033	1.030	1.027	1.023	1.020	1.017	1.014	1.011	1.008	1.005
13	1.049	1.045	1.041	1.038	1.034	1.031	1.028	1.025	1.021	1.018	1.015	1.012	1.009	1.006
14	1.050	1.047	1.043	1.040	1.036	1.033	1.030	1.027	1.023	1.020	1.017	1.014	1.011	1.008
15	1.052	1.049	1.046	1.042	1.039	1.035	1.031	1.028	1.024	1.021	1.018	1.015	1.012	1.010
16	1.054	1.051	1.047	1.044	1.040	1.036	1.033	1.030	1.026	1.023	1.020	1.017	1.014	1.012
17	1.057	1.054	1.050	1.047	1.043	1.039	1.036	1.033	1.029	1.026	1.023	1.020	1.017	1.015
18	1.059	1.056	1.052	1.049	1.045	1.041	1.038	1.035	1.031	1.028	1.025	1.022	1.019	1.017
19	1.063	1.059	1.055	1.052	1.048	1.045	1.041	1.038	1.034	1.031	1.028	1.025	1.022	1.020
20	1.066	1.063	1.059	1.056	1.052	1.049	1.045	1.042	1.038	1.034	1.031	1.028	1.025	1.023
21	1.070	1.066	1.062	1.058	1.055	1.051	1.048	1.045	1.042	1.038	1.035	1.032	1.029	1.026
22	1.074	1.071	1.067	1.063	1.059	1.055	1.052	1.049	1.045	1.042	1.039	1.036	1.033	1.030
23	1.078	1.075	1.070	1.066	1.062	1.058	1.056	1.053	1.049	1.046	1.043	1.040	1.037	1.034
24	1.083	1.079	1.075	1.071	1.068	1.064	1.061	1.058	1.054	1.050	1.047	1.044	1.041	1.038
25	1.088	1.084	1.080	1.076	1.073	1.069	1.066	1.062	1.058	1.054	1.051	1.048	1.045	1.042
26	1.094	1.090	1.086	1.082	1.078	1.074	1.071	1.067	1.063	1.059	1.056	1.053	1.050	1.047
27	1.099	1.095	1.091	1.087	1.083	1.079	1.076	1.072	1.069	1.065	1.062	1.059	1.056	1.052
28	1.105	1.101	1.097	1.093	1.089	1.085	1.082	1.078	1.075	1.071	1.067	1.064	1.061	1.057
29	1.112	1.108	1.104	1.100	1.096	1.092	1.088	1.084	1.080	1.077	1.073	1.070	1.067	1.063
30	1.118	1.114	1.110	1.106	1.102	1.098	1.095	1.091	1.087	1.083	1.080	1.077	1.074	1.070
31	1.125	1.121	1.117	1.113	1.109	1.105	1.101	1.097	1.093	1.089	1.086	1.083	1.080	1.076
32	1.133	1.129	1.125	1.121	1.117	1.113	1.109	1.105	1.101	1.097	1.093	1.090	1.086	1.083
33	1.141	1.137	1.132	1.128	1.124	1.120	1.116	1.112	1.108	1.104	1.101	1.098	1.094	1.090
34	1.149	1.145	1.141	1.137	1.133	1.129	1.125	1.121	1.117	1.113	1.109	1.106	1.102	1.098
35	1.158	1.154	1.149	1.145	1.141	1.137	1.133	1.129	1.125	1.121	1.117	1.114	1.110	1.107

表 A.7（续）

温度/℃	回潮率/%													
	8.3	8.4	8.5	8.6	8.7	8.8	8.9	9.0	9.1	9.2	9.3	9.4	9.5	9.6
5	0.999	0.996	0.994	0.991	0.988	0.985	0.983	0.981	0.979	0.976	0.974	0.971	0.969	0.967
6	0.999	0.996	0.994	0.991	0.988	0.985	0.983	0.981	0.979	0.976	0.974	0.971	0.969	0.967
7	0.999	0.996	0.994	0.991	0.988	0.985	0.983	0.981	0.979	0.976	0.974	0.971	0.969	0.967
8	0.999	0.996	0.994	0.991	0.988	0.985	0.983	0.981	0.979	0.976	0.974	0.971	0.969	0.967
9	1.000	0.997	0.994	0.992	0.989	0.987	0.984	0.981	0.979	0.976	0.974	0.971	0.969	0.967
10	1.000	0.997	0.995	0.992	0.989	0.987	0.984	0.982	0.979	0.977	0.974	0.972	0.970	0.968
11	1.001	0.998	0.995	0.992	0.989	0.987	0.984	0.982	0.980	0.978	0.975	0.973	0.971	0.969
12	1.002	0.999	0.996	0.993	0.990	0.988	0.985	0.983	0.981	0.979	0.976	0.974	0.972	0.970
13	1.003	1.000	0.998	0.995	0.992	0.990	0.987	0.985	0.982	0.980	0.977	0.975	0.973	0.971
14	1.005	1.002	0.999	0.996	0.993	0.991	0.988	0.986	0.983	0.981	0.978	0.976	0.974	0.972
15	1.007	1.004	1.001	0.998	0.995	0.993	0.990	0.988	0.985	0.983	0.980	0.978	0.976	0.974
16	1.009	1.006	1.003	1.000	0.997	0.995	0.992	0.990	0.987	0.985	0.982	0.980	0.978	0.976
17	1.011	1.008	1.005	1.002	0.999	0.997	0.994	0.992	0.989	0.987	0.984	0.982	0.980	0.978
18	1.014	1.011	1.008	1.005	1.002	1.000	0.997	0.994	0.991	0.989	0.986	0.984	0.982	0.980
19	1.017	1.013	1.010	1.007	1.004	1.002	0.999	0.997	0.994	0.992	0.989	0.987	0.986	0.983
20	1.019	1.016	1.013	1.010	1.007	1.005	1.002	1.000	0.997	0.995	0.992	0.990	0.988	0.986
21	1.023	1.020	1.017	1.014	1.011	1.008	1.005	1.003	1.000	0.998	0.995	0.993	0.991	0.989
22	1.026	1.023	1.020	1.017	1.014	1.012	1.009	1.007	1.004	1.002	0.999	0.997	0.994	0.992
23	1.030	1.027	1.024	1.021	1.018	1.016	1.013	1.011	1.008	1.006	1.003	1.001	0.998	0.996
24	1.035	1.032	1.029	1.026	1.023	1.020	1.017	1.015	1.012	1.010	1.007	1.005	1.002	1.000
25	1.039	1.036	1.033	1.030	1.027	1.024	1.021	1.019	1.016	1.014	1.011	1.009	1.006	1.004
26	1.044	1.041	1.038	1.035	1.032	1.029	1.026	1.024	1.021	1.018	1.016	1.013	1.011	1.008
27	1.049	1.046	1.043	1.040	1.037	1.034	1.031	1.029	1.026	1.023	1.021	1.018	1.016	1.013
28	1.054	1.051	1.048	1.045	1.042	1.039	1.036	1.034	1.031	1.029	1.026	1.023	1.021	1.018
29	1.060	1.057	1.054	1.051	1.048	1.045	1.042	1.040	1.037	1.034	1.031	1.029	1.026	1.024
30	1.066	1.063	1.060	1.057	1.054	1.051	1.048	1.046	1.043	1.040	1.037	1.035	1.032	1.030
31	1.073	1.070	1.067	1.064	1.061	1.058	1.055	1.052	1.049	1.046	1.043	1.041	1.038	1.036
32	1.080	1.077	1.074	1.071	1.068	1.065	1.062	1.059	1.056	1.053	1.050	1.048	1.045	1.043
33	1.087	1.084	1.081	1.078	1.075	1.072	1.069	1.066	1.063	1.060	1.057	1.055	1.052	1.050
34	1.095	1.092	1.089	1.086	1.082	1.079	1.076	1.073	1.070	1.067	1.064	1.062	1.059	1.057
35	1.103	1.100	1.097	1.094	1.090	1.087	1.084	1.081	1.078	1.075	1.072	1.070	1.067	1.065

表 A.7（续）

温度/℃	回潮率/%													
	9.7	9.8	9.9	10.0	10.1	10.2	10.3	10.4	10.5	10.6	10.7	10.8	10.9	11.0
5	0.965	0.962	0.960	0.958	0.956	0.954	0.952	0.950	0.948	0.947	0.946	0.944	0.942	0.941
6	0.965	0.962	0.960	0.958	0.956	0.954	0.952	0.950	0.948	0.947	0.946	0.944	0.942	0.941
7	0.965	0.962	0.960	0.958	0.956	0.954	0.952	0.950	0.948	0.947	0.946	0.944	0.942	0.941
8	0.965	0.962	0.960	0.958	0.956	0.954	0.952	0.950	0.949	0.948	0.946	0.945	0.943	0.941
9	0.965	0.962	0.960	0.958	0.957	0.955	0.953	0.952	0.949	0.948	0.946	0.945	0.943	0.941
10	0.966	0.963	0.961	0.959	0.957	0.955	0.953	0.952	0.950	0.948	0.946	0.945	0.943	0.941
11	0.967	0.964	0.962	0.960	0.958	0.956	0.954	0.952	0.951	0.949	0.947	0.946	0.944	0.942
12	0.968	0.965	0.963	0.961	0.959	0.957	0.955	0.953	0.951	0.950	0.948	0.947	0.945	0.943
13	0.969	0.966	0.964	0.962	0.960	0.958	0.956	0.954	0.953	0.951	0.949	0.948	0.946	0.944
14	0.970	0.967	0.965	0.963	0.961	0.959	0.958	0.956	0.954	0.952	0.950	0.949	0.947	0.945
15	0.972	0.969	0.967	0.965	0.963	0.961	0.959	0.957	0.955	0.954	0.952	0.951	0.949	0.947
16	0.974	0.971	0.969	0.967	0.965	0.963	0.961	0.959	0.957	0.956	0.954	0.952	0.950	0.949
17	0.976	0.973	0.971	0.969	0.967	0.965	0.963	0.961	0.959	0.958	0.956	0.954	0.953	0.951
18	0.978	0.975	0.973	0.971	0.969	0.967	0.965	0.963	0.962	0.960	0.958	0.957	0.955	0.953
19	0.981	0.978	0.976	0.974	0.972	0.970	0.968	0.966	0.964	0.962	0.961	0.959	0.957	0.955
20	0.984	0.981	0.979	0.977	0.975	0.973	0.971	0.969	0.967	0.965	0.963	0.962	0.960	0.958
21	0.987	0.984	0.982	0.980	0.978	0.976	0.974	0.972	0.970	0.968	0.966	0.965	0.963	0.961
22	0.990	0.987	0.985	0.983	0.981	0.979	0.977	0.975	0.973	0.971	0.970	0.968	0.966	0.964
23	0.994	0.991	0.989	0.987	0.985	0.983	0.981	0.979	0.977	0.975	0.973	0.972	0.970	0.968
24	0.998	0.995	0.993	0.991	0.989	0.987	0.985	0.983	0.981	0.979	0.977	0.975	0.974	0.972
25	1.001	0.999	0.997	0.995	0.993	0.991	0.989	0.987	0.985	0.983	0.981	0.980	0.978	0.976
26	1.005	1.003	1.001	0.999	0.997	0.995	0.993	0.991	0.989	0.987	0.985	0.983	0.982	0.980
27	1.010	1.008	1.006	1.004	1.002	1.000	0.998	0.996	0.994	0.992	0.990	0.988	0.986	0.984
28	1.015	1.013	1.011	1.009	1.007	1.005	1.003	1.001	0.999	0.997	0.995	0.993	0.991	0.989
29	1.021	1.019	1.017	1.015	1.012	1.010	1.008	1.006	1.004	1.002	1.000	0.998	0.996	0.994
30	1.027	1.024	1.022	1.020	1.017	1.015	1.013	1.011	1.009	1.007	1.006	1.004	1.002	1.000
31	1.033	1.030	1.028	1.026	1.023	1.021	1.019	1.017	1.015	1.013	1.011	1.009	1.008	1.006
32	1.040	1.037	1.035	1.033	1.030	1.028	1.026	1.024	1.022	1.020	1.018	1.016	1.014	1.012
33	1.047	1.044	1.041	1.039	1.036	1.034	1.032	1.030	1.028	1.026	1.024	1.022	1.020	1.018
34	1.054	1.051	1.048	1.046	1.043	1.041	1.039	1.037	1.035	1.033	1.031	1.029	1.027	1.025
35	1.062	1.059	1.056	1.054	1.051	1.049	1.047	1.044	1.042	1.040	1.038	1.036	1.034	1.032

表 A.7（续）

温度/℃	回潮率/%													
	11.1	11.2	11.3	11.4	11.5	11.6	11.7	11.8	11.9	12.0	12.1	12.2	12.3	12.4
5	0.939	0.938	0.936	0.935	0.933	0.932	0.931	0.930	0.928	0.927	0.926	0.924	0.923	0.922
6	0.939	0.938	0.936	0.935	0.933	0.932	0.931	0.930	0.928	0.927	0.926	0.924	0.923	0.922
7	0.939	0.938	0.936	0.935	0.933	0.932	0.931	0.930	0.928	0.927	0.926	0.924	0.923	0.922
8	0.939	0.938	0.936	0.935	0.933	0.932	0.931	0.930	0.928	0.927	0.926	0.924	0.923	0.922
9	0.939	0.938	0.936	0.935	0.933	0.932	0.931	0.930	0.928	0.927	0.926	0.924	0.923	0.922
10	0.940	0.938	0.937	0.935	0.934	0.932	0.931	0.930	0.928	0.927	0.926	0.925	0.924	0.923
11	0.940	0.939	0.937	0.936	0.935	0.933	0.932	0.930	0.929	0.928	0.927	0.926	0.924	0.923
12	0.941	0.940	0.938	0.937	0.936	0.934	0.933	0.931	0.930	0.929	0.927	0.926	0.925	0.924
13	0.942	0.941	0.939	0.938	0.937	0.935	0.934	0.932	0.931	0.930	0.928	0.927	0.926	0.925
14	0.944	0.942	0.941	0.939	0.938	0.936	0.935	0.933	0.932	0.931	0.930	0.929	0.928	0.927
15	0.945	0.944	0.942	0.941	0.939	0.938	0.936	0.935	0.934	0.933	0.931	0.930	0.929	0.928
16	0.947	0.946	0.944	0.942	0.941	0.940	0.938	0.937	0.935	0.934	0.933	0.932	0.931	0.930
17	0.949	0.948	0.946	0.944	0.943	0.941	0.940	0.939	0.937	0.936	0.935	0.934	0.933	0.932
18	0.951	0.950	0.948	0.947	0.945	0.944	0.942	0.941	0.940	0.939	0.938	0.937	0.935	0.934
19	0.954	0.952	0.951	0.949	0.948	0.946	0.945	0.943	0.942	0.941	0.940	0.938	0.936	0.936
20	0.957	0.955	0.953	0.952	0.950	0.949	0.947	0.946	0.945	0.944	0.942	0.941	0.940	0.939
21	0.959	0.958	0.956	0.955	0.953	0.952	0.950	0.949	0.948	0.947	0.945	0.944	0.943	0.942
22	0.963	0.961	0.959	0.958	0.957	0.955	0.953	0.952	0.951	0.950	0.948	0.947	0.946	0.945
23	0.966	0.965	0.963	0.961	0.960	0.958	0.957	0.955	0.954	0.953	0.952	0.950	0.949	0.948
24	0.970	0.968	0.967	0.965	0.964	0.962	0.961	0.959	0.958	0.957	0.955	0.954	0.953	0.952
25	0.974	0.972	0.971	0.969	0.968	0.966	0.964	0.963	0.962	0.961	0.959	0.958	0.957	0.956
26	0.978	0.977	0.975	0.973	0.972	0.970	0.969	0.967	0.966	0.965	0.963	0.962	0.961	0.960
27	0.983	0.981	0.979	0.978	0.976	0.975	0.973	0.972	0.970	0.969	0.968	0.966	0.965	0.964
28	0.988	0.986	0.984	0.983	0.981	0.980	0.978	0.976	0.975	0.974	0.973	0.971	0.970	0.969
29	0.993	0.991	0.989	0.988	0.986	0.984	0.983	0.981	0.980	0.979	0.978	0.976	0.975	0.974
30	0.998	0.996	0.995	0.993	0.991	0.990	0.988	0.986	0.985	0.984	0.983	0.981	0.980	0.979
31	1.004	1.002	1.000	0.999	0.997	0.995	0.994	0.992	0.991	0.990	0.988	0.987	0.986	0.984
32	1.010	1.008	1.006	1.005	1.003	1.001	1.000	0.998	0.997	0.996	0.994	0.993	0.991	0.990
33	1.016	1.015	1.013	1.011	1.009	1.008	1.006	1.005	1.003	1.002	1.000	0.999	0.997	0.996
34	1.023	1.021	1.019	1.018	1.016	1.014	1.013	1.011	1.009	1.008	1.007	1.005	1.004	1.003
35	1.030	1.028	1.026	1.025	1.023	1.021	1.020	1.018	1.016	1.015	1.014	1.012	1.011	1.010

表 A.7（续）

温度/℃	回潮率/%							
	12.5	12.6	12.7	12.8	12.9	13.0	13.1	13.2
5	0.921	0.920	0.919	0.918	0.917	0.916	0.915	0.915
6	0.921	0.920	0.919	0.918	0.917	0.916	0.915	0.915
7	0.921	0.920	0.919	0.918	0.917	0.916	0.915	0.915
8	0.921	0.920	0.919	0.918	0.917	0.916	0.915	0.915
9	0.921	0.921	0.920	0.919	0.918	0.917	0.916	0.915
10	0.922	0.921	0.920	0.919	0.918	0.917	0.916	0.915
11	0.922	0.922	0.921	0.920	0.919	0.918	0.917	0.916
12	0.923	0.922	0.921	0.920	0.919	0.918	0.917	0.917
13	0.924	0.923	0.922	0.921	0.920	0.919	0.919	0.918
14	0.926	0.925	0.924	0.923	0.922	0.921	0.920	0.919
15	0.927	0.926	0.925	0.924	0.923	0.922	0.921	0.921
16	0.929	0.928	0.927	0.926	0.925	0.924	0.923	0.922
17	0.931	0.930	0.929	0.928	0.927	0.926	0.925	0.924
18	0.933	0.932	0.931	0.930	0.929	0.928	0.927	0.926
19	0.935	0.934	0.933	0.932	0.931	0.930	0.930	0.929
20	0.938	0.937	0.936	0.935	0.934	0.933	0.932	0.931
21	0.941	0.940	0.939	0.938	0.937	0.936	0.935	0.934
22	0.944	0.943	0.942	0.941	0.940	0.939	0.938	0.937
23	0.947	0.946	0.945	0.944	0.943	0.942	0.941	0.940
24	0.951	0.950	0.949	0.948	0.947	0.946	0.945	0.944
25	0.955	0.954	0.952	0.951	0.950	0.949	0.948	0.948
26	0.959	0.958	0.956	0.955	0.954	0.953	0.952	0.952
27	0.963	0.962	0.961	0.960	0.959	0.958	0.957	0.956
28	0.968	0.967	0.965	0.964	0.963	0.962	0.961	0.960
29	0.973	0.972	0.970	0.969	0.968	0.967	0.966	0.965
30	0.978	0.977	0.975	0.974	0.973	0.972	0.971	0.971
31	0.983	0.982	0.981	0.980	0.979	0.978	0.977	0.976
32	0.989	0.988	0.987	0.986	0.985	0.984	0.983	0.982
33	0.995	0.994	0.993	0.992	0.991	0.990	0.989	0.988
34	1.002	1.001	0.999	0.998	0.997	0.996	0.995	0.994
35	1.008	1.007	1.006	1.005	1.004	1.003	1.002	1.001

表 A.7（续）

温度/℃	回潮率/%							
	13.3	13.4	13.5	13.6	13.7	13.8	13.9	14.0
5	0.914	0.913	0.913	0.912	0.911	0.911	0.910	0.909
6	0.914	0.913	0.913	0.912	0.911	0.911	0.910	0.909
7	0.914	0.913	0.913	0.912	0.911	0.911	0.910	0.909
8	0.914	0.913	0.913	0.912	0.911	0.911	0.910	0.909
9	0.914	0.913	0.913	0.912	0.911	0.911	0.910	0.910
10	0.915	0.914	0.913	0.912	0.912	0.911	0.911	0.910
11	0.915	0.914	0.914	0.913	0.912	0.912	0.911	0.911
12	0.916	0.915	0.914	0.914	0.913	0.913	0.912	0.911
13	0.917	0.916	0.916	0.915	0.914	0.914	0.913	0.912
14	0.918	0.917	0.917	0.916	0.915	0.915	0.915	0.914
15	0.920	0.919	0.918	0.917	0.917	0.916	0.916	0.915
16	0.921	0.921	0.920	0.919	0.919	0.918	0.918	0.917
17	0.923	0.923	0.922	0.921	0.920	0.920	0.919	0.919
18	0.925	0.925	0.924	0.923	0.923	0.922	0.921	0.921
19	0.928	0.927	0.926	0.925	0.925	0.924	0.923	0.923
20	0.930	0.930	0.929	0.928	0.927	0.927	0.926	0.926
21	0.933	0.932	0.932	0.931	0.930	0.930	0.929	0.928
22	0.936	0.935	0.935	0.934	0.933	0.933	0.932	0.931
23	0.939	0.939	0.938	0.937	0.937	0.936	0.935	0.935
24	0.943	0.942	0.941	0.941	0.940	0.939	0.938	0.938
25	0.947	0.946	0.945	0.944	0.944	0.943	0.942	0.942
26	0.951	0.950	0.949	0.948	0.948	0.947	0.946	0.946
27	0.955	0.954	0.954	0.953	0.952	0.951	0.950	0.950
28	0.960	0.959	0.958	0.957	0.957	0.956	0.955	0.955
29	0.964	0.964	0.963	0.962	0.961	0.961	0.960	0.959
30	0.970	0.969	0.968	0.967	0.966	0.966	0.965	0.965
31	0.975	0.974	0.973	0.972	0.972	0.971	0.970	0.970
32	0.981	0.980	0.979	0.978	0.978	0.977	0.976	0.976
33	0.987	0.986	0.985	0.984	0.984	0.983	0.982	0.982
34	0.993	0.992	0.991	0.990	0.990	0.989	0.988	0.988
35	1.000	0.999	0.998	0.997	0.997	0.996	0.995	0.994

表 A.8 丝光漂白棉线(3股线)断裂强力的温度和回潮率修正系数

温度/℃	回潮率/%													
	5.5	5.6	5.7	5.8	5.9	6.0	6.1	6.2	6.3	6.4	6.5	6.6	6.7	6.8
5	1.033	1.033	1.033	1.033	1.033	1.032	1.032	1.032	1.032	1.032	1.032	1.031	1.031	1.031
6	1.031	1.031	1.031	1.031	1.031	1.031	1.030	1.030	1.030	1.030	1.030	1.030	1.029	1.029
7	1.029	1.029	1.029	1.029	1.029	1.029	1.028	1.028	1.028	1.028	1.028	1.028	1.027	1.027
8	1.027	1.027	1.027	1.027	1.027	1.027	1.026	1.026	1.026	1.026	1.026	1.026	1.025	1.025
9	1.025	1.025	1.025	1.025	1.025	1.025	1.025	1.024	1.024	1.024	1.024	1.024	1.024	1.023
10	1.024	1.023	1.023	1.023	1.023	1.023	1.023	1.022	1.022	1.022	1.022	1.022	1.022	1.021
11	1.022	1.021	1.021	1.021	1.021	1.021	1.021	1.021	1.020	1.020	1.020	1.020	1.020	1.020
12	1.020	1.020	1.019	1.019	1.019	1.019	1.019	1.019	1.018	1.018	1.018	1.018	1.018	1.018
13	1.018	1.018	1.017	1.017	1.017	1.017	1.017	1.017	1.017	1.016	1.016	1.016	1.016	1.016
14	1.016	1.016	1.016	1.015	1.015	1.015	1.015	1.015	1.015	1.014	1.014	1.014	1.014	1.014
15	1.014	1.014	1.014	1.014	1.013	1.013	1.013	1.013	1.013	1.013	1.012	1.012	1.012	1.012
16	1.012	1.012	1.012	1.012	1.011	1.011	1.011	1.011	1.011	1.011	1.011	1.010	1.010	1.010
17	1.010	1.010	1.010	1.010	1.010	1.009	1.009	1.009	1.009	1.009	1.009	1.009	1.008	1.008
18	1.008	1.008	1.008	1.008	1.008	1.008	1.007	1.007	1.007	1.007	1.007	1.007	1.006	1.006
19	1.006	1.006	1.006	1.006	1.006	1.006	1.006	1.005	1.005	1.005	1.005	1.005	1.005	1.004
20	1.005	1.004	1.004	1.004	1.004	1.004	1.004	1.004	1.003	1.003	1.003	1.003	1.003	1.003
21	1.003	1.003	1.002	1.002	1.002	1.002	1.002	1.002	1.002	1.001	1.001	1.001	1.001	1.001
22	1.001	1.001	1.001	1.000	1.000	1.000	1.000	1.000	1.000	1.000	0.999	0.999	0.999	0.999
23	0.999	0.999	0.999	0.999	0.998	0.998	0.998	0.998	0.998	0.998	0.998	0.997	0.997	0.997
24	0.997	0.997	0.997	0.997	0.997	0.996	0.996	0.996	0.996	0.996	0.996	0.996	0.995	0.995
25	0.995	0.995	0.995	0.995	0.995	0.995	0.995	0.994	0.994	0.994	0.994	0.994	0.994	0.993
26	0.994	0.993	0.993	0.993	0.993	0.993	0.993	0.993	0.992	0.992	0.992	0.992	0.992	0.992
27	0.992	0.992	0.991	0.991	0.991	0.991	0.991	0.991	0.991	0.990	0.990	0.990	0.990	0.990
28	0.990	0.990	0.990	0.990	0.989	0.989	0.989	0.989	0.989	0.989	0.988	0.988	0.988	0.988
29	0.988	0.988	0.988	0.988	0.988	0.987	0.987	0.987	0.987	0.987	0.987	0.987	0.986	0.986
30	0.986	0.986	0.986	0.986	0.986	0.986	0.986	0.985	0.985	0.985	0.985	0.985	0.985	0.984
31	0.985	0.984	0.984	0.984	0.984	0.984	0.984	0.984	0.983	0.983	0.983	0.983	0.983	0.983
32	0.983	0.983	0.983	0.982	0.982	0.982	0.982	0.982	0.982	0.981	0.981	0.981	0.981	0.981
33	0.981	0.981	0.981	0.981	0.980	0.980	0.980	0.980	0.980	0.980	0.980	0.979	0.979	0.979
34	0.979	0.979	0.979	0.979	0.979	0.979	0.978	0.978	0.978	0.978	0.978	0.978	0.978	0.977
35	0.978	0.977	0.977	0.977	0.977	0.977	0.977	0.976	0.976	0.976	0.976	0.976	0.976	0.976

表 A.8（续）

温度/℃	回潮率/%													
	6.9	7.0	7.1	7.2	7.3	7.4	7.5	7.6	7.7	7.8	7.9	8.0	8.1	8.2
5	1.031	1.031	1.031	1.030	1.030	1.030	1.030	1.030	1.030	1.030	1.029	1.029	1.029	1.029
6	1.029	1.029	1.029	1.029	1.028	1.028	1.028	1.028	1.028	1.028	1.027	1.027	1.027	1.027
7	1.027	1.027	1.027	1.027	1.026	1.026	1.026	1.026	1.026	1.026	1.025	1.025	1.025	1.025
8	1.025	1.025	1.025	1.025	1.025	1.024	1.024	1.024	1.024	1.024	1.024	1.023	1.023	1.023
9	1.023	1.023	1.023	1.023	1.023	1.022	1.022	1.022	1.022	1.022	1.022	1.021	1.021	1.021
10	1.021	1.021	1.021	1.021	1.021	1.020	1.020	1.020	1.020	1.020	1.020	1.020	1.019	1.019
11	1.019	1.019	1.019	1.019	1.019	1.019	1.018	1.018	1.018	1.018	1.018	1.018	1.017	1.017
12	1.017	1.017	1.017	1.017	1.017	1.017	1.017	1.016	1.016	1.016	1.016	1.016	1.016	1.015
13	1.016	1.015	1.015	1.015	1.015	1.015	1.015	1.014	1.014	1.014	1.014	1.014	1.014	1.014
14	1.014	1.014	1.013	1.013	1.013	1.013	1.013	1.013	1.012	1.012	1.012	1.012	1.012	1.012
15	1.012	1.012	1.011	1.011	1.011	1.011	1.011	1.011	1.011	1.010	1.010	1.010	1.010	1.010
16	1.010	1.010	1.010	1.009	1.009	1.009	1.009	1.009	1.009	1.009	1.008	1.008	1.008	1.008
17	1.008	1.008	1.008	1.008	1.007	1.007	1.007	1.007	1.007	1.007	1.006	1.006	1.006	1.006
18	1.006	1.006	1.006	1.006	1.006	1.005	1.005	1.005	1.005	1.005	1.005	1.004	1.004	1.004
19	1.004	1.004	1.004	1.004	1.004	1.004	1.003	1.003	1.003	1.003	1.003	1.003	1.002	1.002
20	1.002	1.002	1.002	1.002	1.002	1.002	1.002	1.001	1.001	1.001	1.001	1.001	1.001	1.000
21	1.001	1.000	1.000	1.000	1.000	1.000	1.000	1.000	0.999	0.999	0.999	0.999	0.999	0.999
22	0.999	0.999	0.998	0.998	0.998	0.998	0.998	0.998	0.998	0.997	0.997	0.997	0.997	0.997
23	0.997	0.997	0.997	0.996	0.996	0.996	0.996	0.996	0.996	0.996	0.995	0.995	0.995	0.995
24	0.995	0.995	0.995	0.995	0.995	0.994	0.994	0.994	0.994	0.994	0.994	0.993	0.993	0.993
25	0.993	0.993	0.993	0.993	0.993	0.993	0.992	0.992	0.992	0.992	0.992	0.992	0.991	0.991
26	0.991	0.991	0.991	0.991	0.991	0.991	0.991	0.990	0.990	0.990	0.990	0.990	0.990	0.990
27	0.990	0.990	0.989	0.989	0.989	0.989	0.989	0.989	0.988	0.998	0.988	0.988	0.988	0.988
28	0.988	0.988	0.988	0.987	0.987	0.987	0.987	0.987	0.987	0.987	0.986	0.986	0.986	0.986
29	0.986	0.986	0.986	0.986	0.985	0.985	0.985	0.985	0.985	0.985	0.985	0.984	0.984	0.984
30	0.984	0.984	0.984	0.984	0.984	0.984	0.983	0.983	0.983	0.983	0.983	0.983	0.983	0.982
31	0.983	0.982	0.982	0.982	0.982	0.982	0.982	0.981	0.981	0.981	0.981	0.981	0.981	0.981
32	0.981	0.981	0.980	0.980	0.980	0.980	0.980	0.980	0.980	0.979	0.979	0.979	0.979	0.979
33	0.979	0.979	0.979	0.979	0.978	0.978	0.978	0.978	0.978	0.978	0.978	0.977	0.977	0.977
34	0.977	0.977	0.977	0.977	0.977	0.976	0.976	0.976	0.976	0.976	0.976	0.976	0.975	0.975
35	0.975	0.975	0.975	0.975	0.975	0.975	0.975	0.974	0.974	0.974	0.974	0.974	0.974	0.974

表 A.8（续）

温度/℃	回潮率/%													
	8.3	8.4	8.5	8.6	8.7	8.8	8.9	9.0	9.1	9.2	9.3	9.4	9.5	9.6
5	1.029	1.029	1.028	1.028	1.028	1.028	1.028	1.028	1.027	1.027	1.027	1.027	1.027	1.027
6	1.027	1.027	1.026	1.026	1.026	1.026	1.026	1.026	1.025	1.025	1.025	1.025	1.025	1.025
7	1.025	1.025	1.024	1.024	1.024	1.024	1.024	1.024	1.024	1.023	1.023	1.023	1.023	1.023
8	1.023	1.023	1.023	1.022	1.022	1.022	1.022	1.022	1.022	1.021	1.021	1.021	1.021	1.021
9	1.021	1.021	1.021	1.020	1.020	1.020	1.020	1.020	1.020	1.020	1.019	1.019	1.019	1.019
10	1.019	1.019	1.019	1.019	1.018	1.018	1.018	1.018	1.018	1.018	1.017	1.017	1.017	1.017
11	1.017	1.017	1.017	1.017	1.017	1.016	1.016	1.016	1.016	1.016	1.016	1.015	1.015	1.015
12	1.015	1.015	1.015	1.015	1.015	1.014	1.014	1.014	1.014	1.014	1.014	1.013	1.013	1.013
13	1.013	1.013	1.013	1.013	1.013	1.013	1.012	1.012	1.012	1.012	1.012	1.012	1.011	1.011
14	1.011	1.011	1.011	1.011	1.011	1.011	1.011	1.010	1.010	1.010	1.010	1.010	1.010	1.009
15	1.010	1.009	1.009	1.009	1.009	1.009	1.009	1.008	1.008	1.008	1.008	1.008	1.008	1.008
16	1.008	1.008	1.007	1.007	1.007	1.007	1.007	1.007	1.006	1.006	1.006	1.006	1.006	1.006
17	1.006	1.006	1.006	1.005	1.005	1.005	1.005	1.005	1.005	1.004	1.004	1.004	1.004	1.004
18	1.004	1.004	1.004	1.004	1.003	1.003	1.003	1.003	1.003	1.003	1.002	1.002	1.002	1.002
19	1.002	1.002	1.002	1.002	1.002	1.001	1.001	1.001	1.001	1.001	1.001	1.000	1.000	1.000
20	1.000	1.000	1.000	1.000	1.000	1.000	0.999	0.999	0.999	0.999	0.999	0.999	0.998	0.998
21	0.998	0.998	0.998	0.998	0.998	0.998	0.998	0.997	0.997	0.997	0.997	0.997	0.997	0.996
22	0.997	0.996	0.996	0.996	0.996	0.996	0.996	0.996	0.995	0.995	0.995	0.995	0.995	0.995
23	0.995	0.995	0.995	0.994	0.994	0.994	0.994	0.994	0.994	0.993	0.993	0.993	0.993	0.993
24	0.993	0.993	0.993	0.993	0.992	0.992	0.992	0.992	0.992	0.992	0.991	0.991	0.991	0.991
25	0.991	0.991	0.991	0.991	0.991	0.990	0.990	0.990	0.990	0.990	0.990	0.990	0.989	0.989
26	0.989	0.989	0.989	0.989	0.989	0.989	0.988	0.988	0.988	0.988	0.988	0.988	0.988	0.987
27	0.988	0.987	0.987	0.987	0.987	0.987	0.987	0.987	0.986	0.986	0.986	0.986	0.986	0.986
28	0.986	0.986	0.985	0.985	0.985	0.985	0.985	0.985	0.985	0.984	0.984	0.984	0.984	0.984
29	0.984	0.984	0.984	0.984	0.983	0.983	0.983	0.983	0.983	0.983	0.983	0.982	0.982	0.982
30	0.982	0.982	0.982	0.982	0.982	0.981	0.981	0.981	0.981	0.981	0.981	0.981	0.980	0.980
31	0.980	0.980	0.980	0.980	0.980	0.980	0.980	0.979	0.979	0.979	0.979	0.979	0.979	0.979
32	0.979	0.979	0.978	0.978	0.978	0.978	0.978	0.978	0.978	0.977	0.977	0.977	0.977	0.977
33	0.977	0.977	0.977	0.976	0.976	0.976	0.976	0.976	0.976	0.976	0.975	0.975	0.975	0.975
34	0.975	0.975	0.975	0.975	0.975	0.974	0.974	0.974	0.974	0.974	0.974	0.974	0.973	0.973
35	0.973	0.973	0.973	0.973	0.973	0.973	0.973	0.972	0.972	0.972	0.972	0.972	0.972	0.972

表 A.8（续）

温度/℃	回潮率/%													
	9.7	9.8	9.9	10.0	10.1	10.2	10.3	10.4	10.5	10.6	10.7	10.8	10.9	11.0
5	1.026	1.026	1.026	1.026	1.026	1.026	1.025	1.025	1.025	1.025	1.025	1.025	1.024	1.024
6	1.024	1.024	1.024	1.024	1.024	1.024	1.024	1.023	1.023	1.023	1.023	1.023	1.023	1.022
7	1.023	1.022	1.022	1.022	1.022	1.022	1.022	1.021	1.021	1.021	1.021	1.021	1.021	1.020
8	1.021	1.020	1.020	1.020	1.020	1.020	1.020	1.020	1.019	1.019	1.019	1.019	1.019	1.019
9	1.019	1.019	1.018	1.018	1.018	1.018	1.018	1.018	1.017	1.017	1.017	1.017	1.017	1.017
10	1.017	1.017	1.016	1.016	1.016	1.016	1.016	1.016	1.016	1.015	1.015	1.015	1.015	1.015
11	1.015	1.015	1.015	1.014	1.014	1.014	1.014	1.014	1.014	1.013	1.013	1.013	1.013	1.013
12	1.013	1.013	1.013	1.013	1.012	1.012	1.012	1.012	1.012	1.012	1.011	1.011	1.011	1.011
13	1.011	1.011	1.011	1.011	1.011	1.010	1.010	1.010	1.010	1.010	1.010	1.009	1.009	1.009
14	1.009	1.009	1.009	1.009	1.009	1.008	1.008	1.008	1.008	1.008	1.008	1.008	1.007	1.007
15	1.007	1.007	1.007	1.007	1.007	1.007	1.006	1.006	1.006	1.006	1.006	1.006	1.006	1.005
16	1.006	1.005	1.005	1.005	1.005	1.005	1.005	1.004	1.004	1.004	1.004	1.004	1.004	1.004
17	1.004	1.004	1.003	1.003	1.003	1.003	1.003	1.003	1.002	1.002	1.002	1.002	1.002	1.002
18	1.002	1.002	1.002	1.001	1.001	1.001	1.001	1.001	1.001	1.000	1.000	1.000	1.000	1.000
19	1.000	1.000	1.000	1.000	0.999	0.999	0.999	0.999	0.999	0.999	0.998	0.998	0.998	0.998
20	0.998	0.998	0.998	0.998	0.998	0.997	0.997	0.997	0.997	0.997	0.997	0.996	0.996	0.996
21	0.996	0.996	0.996	0.996	0.996	0.996	0.995	0.995	0.995	0.995	0.995	0.995	0.994	0.994
22	0.994	0.994	0.994	0.994	0.994	0.994	0.994	0.993	0.993	0.993	0.993	0.993	0.993	0.993
23	0.993	0.993	0.992	0.992	0.992	0.992	0.992	0.992	0.991	0.991	0.991	0.991	0.991	0.991
24	0.991	0.991	0.991	0.990	0.990	0.990	0.990	0.990	0.990	0.990	0.989	0.989	0.989	0.989
25	0.989	0.989	0.989	0.989	0.988	0.988	0.988	0.988	0.988	0.988	0.988	0.987	0.987	0.987
26	0.987	0.987	0.987	0.987	0.987	0.987	0.986	0.986	0.986	0.986	0.986	0.986	0.985	0.985
27	0.985	0.985	0.985	0.985	0.985	0.985	0.985	0.984	0.984	0.984	0.984	0.984	0.984	0.984
28	0.984	0.984	0.983	0.983	0.983	0.983	0.983	0.983	0.983	0.982	0.982	0.982	0.982	0.982
29	0.982	0.982	0.982	0.981	0.981	0.981	0.981	0.981	0.981	0.981	0.980	0.980	0.980	0.980
30	0.980	0.980	0.980	0.980	0.980	0.979	0.979	0.979	0.979	0.979	0.979	0.979	0.978	0.978
31	0.978	0.978	0.978	0.978	0.978	0.978	0.977	0.977	0.977	0.977	0.977	0.977	0.977	0.976
32	0.977	0.976	0.976	0.976	0.976	0.976	0.976	0.976	0.975	0.975	0.975	0.975	0.975	0.975
33	0.975	0.975	0.975	0.974	0.974	0.974	0.974	0.974	0.974	0.974	0.973	0.973	0.973	0.973
34	0.973	0.973	0.973	0.973	0.973	0.972	0.972	0.972	0.972	0.972	0.972	0.972	0.971	0.971
35	0.971	0.971	0.971	0.971	0.971	0.971	0.971	0.970	0.970	0.970	0.970	0.970	0.970	0.969

表 A.8（续）

温度/℃	回潮率/%													
	11.1	11.2	11.3	11.4	11.5	11.6	11.7	11.8	11.9	12.0	12.1	12.2	12.3	12.4
5	1.024	1.024	1.024	1.024	1.024	1.023	1.023	1.023	1.023	1.023	1.023	1.022	1.022	1.022
6	1.022	1.022	1.022	1.022	1.022	1.021	1.021	1.021	1.021	1.021	1.021	1.020	1.020	1.020
7	1.020	1.020	1.020	1.020	1.020	1.020	1.019	1.019	1.019	1.019	1.019	1.019	1.018	1.018
8	1.018	1.018	1.018	1.018	1.018	1.018	1.017	1.017	1.017	1.017	1.017	1.017	1.016	1.016
9	1.016	1.016	1.016	1.016	1.016	1.016	1.016	1.015	1.015	1.015	1.015	1.015	1.015	1.014
10	1.015	1.014	1.014	1.014	1.014	1.014	1.014	1.013	1.013	1.013	1.013	1.013	1.013	1.013
11	1.013	1.013	1.012	1.012	1.012	1.012	1.012	1.012	1.011	1.011	1.011	1.011	1.011	1.011
12	1.011	1.011	1.011	1.010	1.010	1.010	1.010	1.010	1.010	1.009	1.009	1.009	1.009	1.009
13	1.009	1.009	1.009	1.008	1.008	1.008	1.008	1.008	1.008	1.008	1.007	1.007	1.007	1.007
14	1.007	1.007	1.007	1.007	1.006	1.006	1.006	1.006	1.006	1.006	1.006	1.005	1.005	1.005
15	1.005	1.005	1.005	1.005	1.005	1.004	1.004	1.004	1.004	1.004	1.004	1.004	1.003	1.003
16	1.003	1.003	1.003	1.003	1.003	1.003	1.002	1.002	1.002	1.002	1.002	1.002	1.002	1.001
17	1.002	1.001	1.001	1.001	1.001	1.001	1.001	1.000	1.000	1.000	1.000	1.000	1.000	1.000
18	1.000	1.000	0.999	0.999	0.999	0.999	0.999	0.999	0.998	0.998	0.998	0.998	0.998	0.998
19	0.998	0.998	0.998	0.997	0.997	0.997	0.997	0.997	0.997	0.996	0.996	0.996	0.996	0.996
20	0.996	0.996	0.996	0.996	0.995	0.995	0.995	0.995	0.995	0.995	0.994	0.994	0.994	0.994
21	0.994	0.994	0.994	0.994	0.994	0.993	0.993	0.993	0.993	0.993	0.993	0.993	0.992	0.992
22	0.992	0.992	0.992	0.992	0.992	0.992	0.991	0.991	0.991	0.991	0.991	0.991	0.991	0.990
23	0.991	0.990	0.990	0.990	0.990	0.990	0.990	0.990	0.989	0.989	0.989	0.989	0.989	0.989
24	0.989	0.989	0.988	0.988	0.988	0.988	0.988	0.988	0.988	0.987	0.987	0.987	0.987	0.987
25	0.987	0.987	0.987	0.987	0.986	0.986	0.986	0.986	0.986	0.986	0.985	0.985	0.985	0.985
26	0.985	0.985	0.985	0.985	0.985	0.984	0.984	0.984	0.984	0.984	0.984	0.984	0.983	0.983
27	0.983	0.983	0.983	0.983	0.983	0.983	0.982	0.982	0.982	0.982	0.982	0.982	0.982	0.981
28	0.982	0.981	0.981	0.981	0.981	0.981	0.981	0.981	0.980	0.980	0.980	0.980	0.980	0.980
29	0.980	0.980	0.980	0.979	0.979	0.979	0.979	0.979	0.979	0.979	0.978	0.978	0.978	0.978
30	0.978	0.978	0.978	0.978	0.977	0.977	0.977	0.977	0.977	0.977	0.977	0.976	0.976	0.976
31	0.976	0.976	0.976	0.976	0.976	0.976	0.975	0.975	0.975	0.975	0.975	0.975	0.975	0.974
32	0.975	0.974	0.974	0.974	0.974	0.974	0.974	0.974	0.973	0.973	0.973	0.973	0.973	0.973
33	0.973	0.973	0.972	0.972	0.972	0.972	0.972	0.972	0.972	0.972	0.971	0.971	0.971	0.971
34	0.971	0.971	0.971	0.971	0.971	0.970	0.970	0.970	0.970	0.970	0.970	0.969	0.969	0.969
35	0.969	0.969	0.969	0.969	0.969	0.969	0.968	0.968	0.968	0.968	0.968	0.968	0.968	0.967

表 A.8（续）

温度/℃	回潮率/%										
	12.5	12.6	12.7	12.8	12.9	13.0	13.1	13.2	13.3	13.4	13.5
5	1.022	1.022	1.022	1.021	1.021	1.021	1.021	1.021	1.021	1.020	1.020
6	1.020	1.020	1.020	1.020	1.019	1.019	1.019	1.019	1.019	1.019	1.018
7	1.018	1.018	1.018	1.018	1.017	1.017	1.017	1.017	1.017	1.017	1.016
8	1.016	1.016	1.016	1.016	1.016	1.015	1.015	1.015	1.015	1.015	1.015
9	1.014	1.014	1.014	1.014	1.014	1.013	1.013	1.013	1.013	1.013	1.013
10	1.012	1.012	1.012	1.012	1.012	1.012	1.011	1.011	1.011	1.011	1.011
11	1.010	1.010	1.010	1.010	1.010	1.010	1.010	1.009	1.009	1.009	1.009
12	1.009	1.008	1.008	1.008	1.008	1.008	1.008	1.008	1.007	1.007	1.007
13	1.007	1.007	1.006	1.006	1.006	1.006	1.006	1.006	1.006	1.005	1.005
14	1.005	1.005	1.005	1.004	1.004	1.004	1.004	1.004	1.004	1.003	1.003
15	1.003	1.003	1.003	1.003	1.002	1.002	1.002	1.002	1.002	1.002	1.001
16	1.001	1.001	1.001	1.001	1.001	1.000	1.000	1.000	1.000	1.000	1.000
17	0.999	0.999	0.999	0.999	0.999	0.999	0.998	0.998	0.998	0.998	0.998
18	0.998	0.997	0.997	0.997	0.997	0.997	0.997	0.996	0.996	0.996	0.996
19	0.996	0.996	0.995	0.995	0.995	0.995	0.995	0.995	0.994	0.994	0.994
20	0.994	0.994	0.994	0.993	0.993	0.993	0.993	0.993	0.993	0.992	0.992
21	0.992	0.992	0.992	0.992	0.991	0.991	0.991	0.991	0.991	0.991	0.991
22	0.990	0.990	0.990	0.990	0.990	0.989	0.989	0.989	0.989	0.989	0.989
23	0.988	0.988	0.988	0.988	0.988	0.988	0.988	0.987	0.987	0.987	0.987
24	0.987	0.987	0.986	0.986	0.986	0.986	0.986	0.986	0.985	0.985	0.985
25	0.985	0.985	0.985	0.984	0.984	0.984	0.984	0.984	0.984	0.984	0.983
26	0.983	0.983	0.983	0.983	0.982	0.982	0.982	0.982	0.982	0.982	0.982
27	0.981	0.981	0.981	0.981	0.981	0.981	0.980	0.980	0.980	0.980	0.980
28	0.980	0.979	0.979	0.979	0.979	0.979	0.979	0.979	0.978	0.978	0.978
29	0.978	0.978	0.977	0.977	0.977	0.977	0.977	0.977	0.977	0.976	0.976
30	0.976	0.976	0.976	0.976	0.975	0.975	0.975	0.975	0.975	0.975	0.975
31	0.974	0.974	0.974	0.974	0.974	0.974	0.973	0.973	0.973	0.973	0.973
32	0.973	0.972	0.972	0.972	0.972	0.972	0.972	0.972	0.971	0.971	0.971
33	0.971	0.971	0.970	0.970	0.970	0.970	0.970	0.970	0.970	0.969	0.969
34	0.969	0.969	0.969	0.969	0.968	0.968	0.968	0.968	0.968	0.968	0.968
35	0.967	0.967	0.967	0.967	0.967	0.967	0.966	0.966	0.966	0.966	0.966

表 A.8（续）

温度/℃	回潮率/%									
	13.6	13.7	13.8	13.9	14.0	14.1	14.2	14.3	14.4	14.5
5	1.020	1.020	1.020	1.020	1.019	1.019	1.019	1.019	1.019	1.019
6	1.018	1.018	1.018	1.018	1.018	1.017	1.017	1.017	1.017	1.017
7	1.016	1.016	1.016	1.016	1.016	1.016	1.015	1.015	1.015	1.015
8	1.014	1.014	1.014	1.014	1.014	1.014	1.013	1.013	1.013	1.013
9	1.013	1.012	1.012	1.012	1.012	1.012	1.012	1.011	1.011	1.011
10	1.011	1.010	1.010	1.010	1.010	1.010	1.010	1.010	1.009	1.009
11	1.009	1.009	1.008	1.008	1.008	1.008	1.008	1.008	1.008	1.007
12	1.007	1.007	1.007	1.006	1.006	1.006	1.006	1.006	1.006	1.006
13	1.005	1.005	1.005	1.005	1.004	1.004	1.004	1.004	1.004	1.004
14	1.003	1.003	1.003	1.003	1.003	1.002	1.002	1.002	1.002	1.002
15	1.001	1.001	1.001	1.001	1.001	1.001	1.000	1.000	1.000	1.000
16	1.000	0.999	0.999	0.999	0.999	0.999	0.999	0.998	0.998	0.998
17	0.998	0.998	0.997	0.997	0.997	0.997	0.997	0.997	0.996	0.996
18	0.996	0.996	0.996	0.995	0.995	0.995	0.995	0.995	0.995	0.994
19	0.994	0.994	0.994	0.994	0.993	0.993	0.993	0.993	0.993	0.993
20	0.992	0.992	0.992	0.992	0.992	0.991	0.991	0.991	0.991	0.991
21	0.990	0.990	0.990	0.990	0.990	0.990	0.989	0.989	0.989	0.989
22	0.989	0.988	0.988	0.988	0.988	0.988	0.988	0.988	0.987	0.987
23	0.987	0.987	0.986	0.986	0.986	0.986	0.986	0.986	0.986	0.985
24	0.985	0.985	0.985	0.985	0.984	0.984	0.984	0.984	0.984	0.984
25	0.983	0.983	0.983	0.983	0.983	0.982	0.982	0.982	0.982	0.982
26	0.981	0.981	0.981	0.981	0.981	0.981	0.981	0.980	0.980	0.980
27	0.980	0.980	0.979	0.979	0.979	0.979	0.979	0.979	0.978	0.978
28	0.978	0.978	0.978	0.977	0.977	0.977	0.977	0.977	0.977	0.977
29	0.976	0.976	0.976	0.976	0.976	0.975	0.975	0.975	0.975	0.975
30	0.974	0.974	0.974	0.974	0.974	0.974	0.974	0.973	0.973	0.973
31	0.973	0.973	0.972	0.972	0.972	0.972	0.972	0.972	0.971	0.971
32	0.971	0.971	0.971	0.970	0.970	0.970	0.970	0.970	0.970	0.970
33	0.969	0.969	0.969	0.969	0.969	0.968	0.968	0.968	0.968	0.968
34	0.967	0.967	0.967	0.967	0.967	0.967	0.967	0.966	0.966	0.966
35	0.966	0.966	0.965	0.965	0.965	0.965	0.965	0.965	0.965	0.964

表 A.9 涤棉(65/35)本色纱单纱断裂强力的温度和回潮率修正系数

温度/℃	回潮率/%													
	1.5	1.6	1.7	1.8	1.9	2.0	2.1	2.2	2.3	2.4	2.5	2.6	2.7	2.8
5	1.078	1.069	1.060	1.052	1.044	1.036	1.029	1.022	1.015	1.008	1.002	0.996	0.990	0.984
6	1.081	1.072	1.063	1.055	1.047	1.039	1.031	1.024	1.017	1.011	1.004	0.998	0.992	0.986
7	1.084	1.075	1.066	1.058	1.049	1.042	1.034	1.027	1.020	1.013	1.007	1.001	0.995	0.989
8	1.087	1.078	1.069	1.060	1.052	1.044	1.037	1.030	1.023	1.016	1.009	1.003	0.997	0.991
9	1.090	1.081	1.072	1.063	1.055	1.047	1.040	1.032	1.025	1.019	1.012	1.006	1.000	0.994
10	1.093	1.083	1.075	1.066	1.058	1.050	1.042	1.035	1.028	1.021	1.015	1.008	1.002	0.996
11	1.096	1.086	1.078	1.069	1.061	1.053	1.045	1.038	1.031	1.024	1.017	1.011	1.005	0.999
12	1.099	1.089	1.081	1.072	1.064	1.056	1.048	1.041	1.033	1.027	1.020	1.014	1.007	1.001
13	1.102	1.093	1.084	1.075	1.067	1.059	1.051	1.043	1.036	1.029	1.023	1.016	1.010	1.004
14	1.105	1.096	1.087	1.079	1.069	1.061	1.054	1.046	1.039	1.032	1.025	1.019	1.013	1.007
15	1.108	1.099	1.090	1.081	1.072	1.064	1.056	1.049	1.042	1.035	1.028	1.021	1.015	1.009
16	1.111	1.102	1.093	1.084	1.075	1.067	1.059	1.052	1.044	1.037	1.031	1.024	1.018	1.012
17	1.114	1.105	1.096	1.087	1.078	1.070	1.062	1.055	1.047	1.040	1.033	1.027	1.021	1.014
18	1.118	1.108	1.099	1.090	1.081	1.073	1.065	1.057	1.050	1.043	1.036	1.030	1.023	1.017
19	1.121	1.111	1.102	1.093	1.084	1.076	1.068	1.060	1.053	1.046	1.039	1.032	1.026	1.020
20	1.124	1.114	1.105	1.096	1.087	1.079	1.071	1.063	1.056	1.049	1.042	1.035	1.029	1.022
21	1.127	1.117	1.108	1.099	1.090	1.082	1.074	1.066	1.059	1.051	1.044	1.038	1.031	1.025
22	1.130	1.121	1.111	1.102	1.093	1.085	1.077	1.069	1.061	1.054	1.047	1.040	1.034	1.028
23	1.134	1.124	1.114	1.105	1.096	1.088	1.080	1.072	1.064	1.057	1.050	1.043	1.037	1.030
24	1.137	1.127	1.117	1.108	1.099	1.091	1.083	1.075	1.067	1.060	1.053	1.046	1.039	1.033
25	1.140	1.130	1.121	1.111	1.103	1.094	1.086	1.078	1.070	1.063	1.056	1.049	1.042	1.036
26	1.144	1.134	1.124	1.115	1.106	1.097	1.089	1.081	1.073	1.066	1.058	1.052	1.045	1.039
27	1.147	1.137	1.127	1.118	1.109	1.100	1.092	1.084	1.076	1.068	1.061	1.054	1.048	1.041
28	1.150	1.140	1.130	1.121	1.112	1.103	1.095	1.087	1.079	1.071	1.064	1.057	1.051	1.044
29	1.154	1.143	1.134	1.124	1.115	1.106	1.098	1.090	1.082	1.074	1.067	1.060	1.053	1.047
30	1.157	1.147	1.137	1.127	1.118	1.109	1.101	1.093	1.085	1.077	1.070	1.063	1.056	1.050
31	1.160	1.150	1.140	1.131	1.121	1.113	1.104	1.096	1.088	1.080	1.073	1.066	1.059	1.053
32	1.164	1.154	1.144	1.134	1.125	1.116	1.107	1.099	1.091	1.083	1.076	1.069	1.062	1.055
33	1.167	1.157	1.147	1.137	1.129	1.119	1.110	1.102	1.094	1.086	1.079	1.072	1.065	1.058
34	1.171	1.160	1.150	1.140	1.131	1.122	1.113	1.105	1.097	1.089	1.082	1.075	1.078	1.061
35	1.174	1.164	1.154	1.144	1.134	1.125	1.117	1.108	1.110	1.092	1.085	1.078	1.071	1.064

表 A.9（续）

温度/℃	回潮率/%													
	2.9	3.0	3.1	3.2	3.3	3.4	3.5	3.6	3.7	3.8	3.9	4.0	4.1	4.2
5	0.978	0.973	0.968	0.963	0.959	0.954	0.950	0.946	0.942	0.938	0.934	0.931	0.927	0.924
6	0.981	0.976	0.970	0.966	0.961	0.956	0.952	0.948	0.944	0.940	0.936	0.933	0.930	0.926
7	0.983	0.978	0.973	0.968	0.963	0.959	0.954	0.950	0.946	0.942	0.939	0.935	0.932	0.929
8	0.986	0.980	0.975	0.970	0.966	0.961	0.957	0.952	0.948	0.945	0.941	0.937	0.934	0.931
9	0.988	0.983	0.978	0.973	0.968	0.963	0.959	0.955	0.951	0.947	0.943	0.940	0.936	0.933
10	0.991	0.985	0.980	0.975	0.970	0.966	0.961	0.957	0.953	0.949	0.945	0.942	0.938	0.935
11	0.993	0.988	0.983	0.978	0.973	0.968	0.964	0.959	0.955	0.951	0.948	0.944	0.941	0.937
12	0.996	0.990	0.985	0.980	0.975	0.970	0.966	0.962	0.958	0.954	0.950	0.946	0.943	0.940
13	0.998	0.993	0.988	0.982	0.978	0.973	0.968	0.964	0.960	0.956	0.952	0.949	0.945	0.942
14	1.001	0.995	0.990	0.985	0.980	0.975	0.971	0.966	0.962	0.958	0.955	0.951	0.947	0.944
15	1.003	0.998	0.993	0.987	0.982	0.978	0.973	0.969	0.965	0.961	0.957	0.953	0.950	0.946
16	1.006	1.000	0.995	0.990	0.985	0.980	0.976	0.971	0.967	0.963	0.959	0.956	0.952	0.949
17	1.009	1.003	0.997	0.992	0.987	0.983	0.978	0.974	0.969	0.965	0.962	0.958	0.954	0.951
18	1.011	1.006	1.000	0.995	0.990	0.985	0.981	0.976	0.972	0.968	0.964	0.960	0.957	0.953
19	1.014	1.008	1.003	0.997	0.992	0.988	0.983	0.979	0.974	0.970	0.966	0.963	0.959	0.956
20	1.016	1.011	1.005	1.000	0.995	0.990	0.985	0.981	0.977	0.973	0.969	0.965	0.961	0.958
21	1.019	1.013	1.008	1.003	0.997	0.993	0.988	0.983	0.979	0.975	0.971	0.967	0.964	0.960
22	1.022	1.016	1.010	1.005	1.000	0.995	0.990	0.986	0.982	0.977	0.974	0.970	0.966	0.963
23	1.024	1.019	1.013	1.008	1.003	0.998	0.993	0.988	0.984	0.980	0.976	0.972	0.969	0.965
24	1.027	1.021	1.016	1.010	1.005	1.000	0.995	0.991	0.987	0.982	0.978	0.975	0.971	0.967
25	1.030	1.024	1.018	1.013	1.008	1.003	0.998	0.993	0.989	0.985	0.981	0.977	0.973	0.970
26	1.032	1.027	1.021	1.016	1.010	1.005	1.000	0.996	0.991	0.987	0.983	0.979	0.976	0.972
27	1.035	1.029	1.024	1.018	1.013	1.008	1.003	0.998	0.994	0.990	0.986	0.982	0.978	0.975
28	1.038	1.032	1.026	1.021	1.016	1.010	1.006	1.001	0.997	0.992	0.988	0.984	0.981	0.977
29	1.041	1.035	1.029	1.023	1.018	1.013	1.008	1.004	0.999	0.995	0.991	0.987	0.983	0.980
30	1.043	1.037	1.032	1.026	1.021	1.016	1.011	1.006	1.002	0.997	0.993	0.989	0.986	0.982
31	1.046	1.040	1.034	1.029	1.023	1.018	1.013	1.009	1.004	1.000	0.996	0.992	0.988	0.984
32	1.049	1.043	1.037	1.032	1.026	1.021	1.016	1.011	1.007	1.002	0.998	0.994	0.991	0.987
33	1.052	1.046	1.040	1.034	1.029	1.024	1.019	1.014	1.009	1.005	1.001	0.997	0.993	0.989
34	1.055	1.049	1.043	1.037	1.032	1.026	1.021	1.017	1.012	1.008	1.003	0.999	0.996	0.992
35	1.058	1.051	1.045	1.040	1.034	1.029	1.024	1.019	1.015	1.010	1.006	1.002	0.998	0.994

表 A.9(续)

温度/℃	回潮率/%									
	4.3	4.4	4.5	4.6	4.7	4.8	4.9	5.0	5.1	5.2
5	0.921	0.918	0.916	0.913	0.911	0.908	0.906	0.904	0.902	0.901
6	0.923	0.921	0.918	0.915	0.913	0.911	0.908	0.906	0.905	0.903
7	0.926	0.923	0.920	0.917	0.915	0.913	0.910	0.908	0.907	0.905
8	0.928	0.925	0.922	0.920	0.917	0.915	0.913	0.911	0.909	0.907
9	0.930	0.927	0.924	0.922	0.919	0.917	0.915	0.913	0.911	0.909
10	0.932	0.929	0.926	0.924	0.921	0.919	0.917	0.915	0.913	0.911
11	0.934	0.931	0.929	0.926	0.924	0.921	0.919	0.917	0.915	0.913
12	0.937	0.934	0.931	0.928	0.926	0.923	0.921	0.919	0.917	0.915
13	0.939	0.936	0.933	0.930	0.928	0.926	0.923	0.921	0.919	0.918
14	0.941	0.938	0.935	0.933	0.930	0.928	0.926	0.923	0.922	0.920
15	0.943	0.940	0.938	0.935	0.932	0.930	0.928	0.926	0.924	0.922
16	0.946	0.943	0.940	0.937	0.935	0.932	0.930	0.928	0.926	0.924
17	0.948	0.945	0.942	0.939	0.937	0.934	0.932	0.930	0.928	0.926
18	0.950	0.947	0.944	0.942	0.939	0.937	0.934	0.932	0.930	0.928
19	0.952	0.949	0.947	0.944	0.941	0.939	0.937	0.934	0.932	0.931
20	0.955	0.952	0.949	0.946	0.944	0.941	0.939	0.937	0.935	0.933
21	0.957	0.954	0.951	0.948	0.946	0.943	0.941	0.939	0.937	0.935
22	0.959	0.956	0.953	0.951	0.948	0.946	0.943	0.941	0.939	0.937
23	0.962	0.959	0.956	0.953	0.950	0.948	0.946	0.943	0.941	0.940
24	0.964	0.961	0.958	0.955	0.953	0.950	0.948	0.946	0.944	0.942
25	0.967	0.963	0.960	0.958	0.955	0.952	0.950	0.948	0.946	0.944
26	0.969	0.966	0.963	0.960	0.957	0.955	0.952	0.950	0.948	0.946
27	0.971	0.968	0.965	0.962	0.960	0.957	0.955	0.953	0.951	0.949
28	0.974	0.971	0.968	0.965	0.962	0.959	0.957	0.955	0.953	0.951
29	0.976	0.973	0.970	0.967	0.964	0.962	0.959	0.957	0.955	0.953
30	0.979	0.975	0.972	0.969	0.967	0.964	0.962	0.960	0.957	0.956
31	0.981	0.978	0.975	0.972	0.969	0.967	0.964	0.962	0.960	0.958
32	0.984	0.980	0.977	0.974	0.972	0.969	0.967	0.964	0.962	0.960
33	0.986	0.983	0.980	0.977	0.974	0.971	0.969	0.967	0.965	0.963
34	0.988	0.985	0.982	0.979	0.976	0.974	0.971	0.969	0.967	0.965
35	0.991	0.988	0.985	0.982	0.979	0.976	0.974	0.971	0.969	0.967

表 A.9（续）

温度/℃	回潮率/%								
	5.3	5.4	5.5	5.6	5.7	5.8	5.9	6.0	
5	0.899	0.898	0.896	0.895	0.894	0.893	0.892	0.892	
6	0.901	0.900	0.898	0.897	0.896	0.895	0.894	0.894	
7	0.903	0.902	0.900	0.899	0.898	0.897	0.896	0.896	
8	0.905	0.904	0.903	0.901	0.900	0.899	0.898	0.898	
9	0.907	0.906	0.905	0.903	0.902	0.901	0.901	0.900	
10	0.910	0.908	0.907	0.905	0.904	0.903	0.903	0.902	
11	0.912	0.910	0.909	0.908	0.906	0.905	0.905	0.904	
12	0.914	0.912	0.911	0.910	0.909	0.908	0.907	0.906	
13	0.916	0.914	0.913	0.912	0.911	0.910	0.909	0.908	
14	0.918	0.917	0.915	0.914	0.913	0.912	0.911	0.910	
15	0.920	0.919	0.917	0.916	0.915	0.914	0.913	0.912	
16	0.922	0.921	0.919	0.918	0.917	0.916	0.915	0.914	
17	0.925	0.923	0.922	0.920	0.919	0.918	0.917	0.917	
18	0.927	0.925	0.924	0.922	0.921	0.920	0.919	0.919	
19	0.929	0.927	0.926	0.925	0.924	0.923	0.922	0.921	
20	0.931	0.930	0.928	0.927	0.926	0.925	0.924	0.923	
21	0.933	0.932	0.930	0.929	0.928	0.927	0.926	0.925	
22	0.936	0.934	0.933	0.931	0.930	0.929	0.928	0.927	
23	0.938	0.936	0.935	0.933	0.932	0.931	0.930	0.930	
24	0.940	0.938	0.937	0.936	0.935	0.933	0.933	0.932	
25	0.942	0.941	0.939	0.938	0.937	0.936	0.935	0.934	
26	0.945	0.943	0.941	0.940	0.939	0.938	0.937	0.936	
27	0.947	0.945	0.944	0.942	0.941	0.940	0.939	0.939	
28	0.949	0.948	0.946	0.945	0.943	0.942	0.942	0.941	
29	0.951	0.950	0.948	0.947	0.946	0.945	0.944	0.943	
30	0.954	0.952	0.951	0.949	0.948	0.947	0.946	0.945	
31	0.956	0.954	0.953	0.952	0.950	0.949	0.948	0.948	
32	0.958	0.957	0.955	0.954	0.953	0.952	0.951	0.950	
33	0.961	0.959	0.958	0.956	0.955	0.954	0.953	0.952	
34	0.963	0.961	0.960	0.959	0.957	0.956	0.955	0.954	
35	0.965	0.964	0.962	0.961	0.960	0.959	0.958	0.957	

表 A.10　涤棉(65/35)本色纱单根股线断裂强力的温度和回潮率修正系数

温度/℃	回潮率/%													
	1.5	1.6	1.7	1.8	1.9	2.0	2.1	2.2	2.3	2.4	2.5	2.6	2.7	2.8
5	1.109	1.099	1.089	1.079	1.070	1.061	1.052	1.044	1.036	1.029	1.021	1.014	1.008	1.002
6	1.111	1.100	1.090	1.080	1.071	1.062	1.054	1.045	1.038	1.030	1.023	1.016	1.009	1.003
7	1.113	1.102	1.092	1.082	1.073	1.064	1.055	1.047	1.039	1.032	1.024	1.017	1.011	1.005
8	1.114	1.104	1.094	1.084	1.074	1.065	1.057	1.048	1.041	1.033	1.026	1.019	1.012	1.006
9	1.116	1.105	1.095	1.085	1.076	1.067	1.058	1.050	1.042	1.035	1.027	1.020	1.014	1.007
10	1.118	1.107	1.097	1.087	1.078	1.069	1.060	1.052	1.044	1.036	1.029	1.022	1.015	1.009
11	1.120	1.109	1.099	1.089	1.079	1.070	1.061	1.053	1.045	1.038	1.030	1.023	1.017	1.010
12	1.122	1.111	1.100	1.090	1.081	1.072	1.063	1.055	1.047	1.039	1.032	1.025	1.018	1.012
13	1.123	1.112	1.102	1.092	1.083	1.073	1.065	1.056	1.048	1.041	1.033	1.026	1.020	1.013
14	1.125	1.114	1.104	1.094	1.084	1.075	1.066	1.058	1.050	1.042	1.035	1.028	1.021	1.015
15	1.127	1.116	1.105	1.096	1.086	1.077	1.068	1.059	1.051	1.044	1.036	1.029	1.022	1.016
16	1.129	1.118	1.107	1.097	1.087	1.078	1.069	1.061	1.053	1.045	1.038	1.031	1.024	1.017
17	1.131	1.119	1.109	1.099	1.089	1.080	1.071	1.063	1.054	1.047	1.039	1.032	1.025	1.019
18	1.132	1.121	1.111	1.101	1.091	1.082	1.073	1.064	1.056	1.048	1.041	1.034	1.027	1.020
19	1.134	1.123	1.112	1.102	1.093	1.083	1.074	1.066	1.058	1.050	1.042	1.035	1.028	1.022
20	1.136	1.125	1.114	1.104	1.094	1.085	1.076	1.067	1.059	1.051	1.044	1.037	1.030	1.023
21	1.138	1.127	1.116	1.106	1.096	1.087	1.078	1.069	1.061	1.053	1.045	1.038	1.031	1.025
22	1.139	1.128	1.118	1.107	1.098	1.088	1.079	1.071	1.062	1.055	1.047	1.040	1.033	1.026
23	1.141	1.130	1.119	1.109	1.099	1.090	1.081	1.072	1.064	1.056	1.048	1.041	1.034	1.028
24	1.143	1.132	1.121	1.111	1.101	1.092	1.083	1.074	1.066	1.058	1.050	1.043	1.036	1.029
25	1.145	1.134	1.123	1.113	1.104	1.093	1.084	1.076	1.067	1.059	1.052	1.044	1.037	1.031
26	1.147	1.135	1.125	1.114	1.106	1.095	1.086	1.078	1.069	1.061	1.053	1.046	1.039	1.032
27	1.149	1.137	1.127	1.116	1.108	1.097	1.087	1.079	1.070	1.062	1.055	1.047	1.040	1.034
28	1.151	1.139	1.128	1.118	1.110	1.098	1.089	1.081	1.072	1.064	1.056	1.049	1.042	1.035
29	1.152	1.141	1.130	1.120	1.111	1.100	1.091	1.082	1.074	1.066	1.057	1.051	1.043	1.037
30	1.154	1.143	1.132	1.121	1.113	1.102	1.093	1.084	1.075	1.067	1.059	1.052	1.045	1.038
31	1.156	1.145	1.134	1.123	1.115	1.103	1.094	1.085	0.077	1.069	1.061	1.054	1.047	1.040
32	1.158	1.146	1.136	1.125	1.116	1.105	1.096	1.087	1.078	1.070	1.062	1.055	1.048	1.041
33	1.160	1.148	1.137	1.127	1.118	1.107	1.098	1.088	1.080	1.072	1.064	1.057	1.050	1.043
34	1.162	1.150	1.139	1.128	1.120	1.109	1.099	1.090	1.082	1.074	1.065	1.058	1.051	1.044
35	1.164	1.152	1.141	1.130	1.122	1.110	1.101	1.091	1.083	1.075	1.067	1.060	1.053	1.046

表 A.10（续）

温度/℃	回潮率/%													
	2.9	3.0	3.1	3.2	3.3	3.4	3.5	3.6	3.7	3.8	3.9	4.0	4.1	4.2
5	0.996	0.990	0.984	0.979	0.974	0.970	0.965	0.961	0.957	0.953	0.950	0.946	0.943	0.940
6	0.997	0.991	0.986	0.981	0.976	0.971	0.966	0.962	0.958	0.954	0.951	0.947	0.944	0.941
7	0.998	0.993	0.987	0.982	0.977	0.972	0.968	0.964	0.960	0.956	0.952	0.949	0.946	0.943
8	1.000	0.994	0.989	0.983	0.978	0.974	0.969	0.965	0.961	0.957	0.953	0.950	0.947	0.944
9	1.001	0.996	0.990	0.985	0.980	0.975	0.970	0.966	0.962	0.958	0.955	0.951	0.948	0.945
10	1.003	0.997	0.991	0.986	0.981	0.976	0.972	0.968	0.964	0.960	0.956	0.953	0.949	0.946
11	1.004	0.998	0.993	0.988	0.982	0.978	0.973	0.969	0.965	0.961	0.957	0.954	0.951	0.948
12	1.006	1.000	0.994	0.989	0.984	0.979	0.974	0.970	0.966	0.962	0.959	0.955	0.952	0.949
13	1.007	1.001	0.996	0.990	0.985	0.980	0.976	0.971	0.967	0.963	0.960	0.956	0.953	0.950
14	1.008	1.002	0.997	0.992	0.987	0.982	0.977	0.973	0.969	0.965	0.961	0.958	0.954	0.951
15	1.010	1.004	0.999	0.993	0.988	0.983	0.978	0.974	0.970	0.966	0.962	0.959	0.956	0.952
16	1.011	1.005	1.000	0.994	0.989	0.984	0.980	0.975	0.971	0.967	0.964	0.960	0.957	0.954
17	1.013	1.007	1.001	0.996	0.991	0.986	0.981	0.977	0.973	0.969	0.965	0.962	0.958	0.955
18	1.014	1.008	1.003	0.997	0.992	0.987	0.983	0.978	0.974	0.970	0.966	0.963	0.960	0.957
19	1.016	1.010	1.004	0.999	0.994	0.989	0.984	0.980	0.975	0.971	0.968	0.964	0.961	0.958
20	1.017	1.011	1.005	1.000	0.995	0.990	0.985	0.981	0.977	0.973	0.969	0.966	0.962	0.959
21	1.019	1.013	1.007	1.001	0.996	0.991	0.987	0.982	0.978	0.974	0.970	0.967	0.964	0.961
22	1.020	1.014	1.008	1.003	0.998	0.993	0.988	0.984	0.979	0.975	0.972	0.968	0.965	0.962
23	1.021	1.015	1.010	1.004	0.999	0.994	0.989	0.985	0.981	0.977	0.973	0.969	0.966	0.963
24	1.023	1.017	1.011	1.006	1.000	0.996	0.991	0.986	0.982	0.978	0.974	0.971	0.967	0.965
25	1.024	1.018	1.013	1.007	1.002	0.997	0.992	0.988	0.983	0.979	0.976	0.972	0.969	0.966
26	1.026	1.020	1.014	1.009	1.003	0.998	0.993	0.989	0.985	0.981	0.977	0.973	0.970	0.967
27	1.027	1.021	1.015	1.010	1.005	1.000	0.995	0.990	0.986	0.982	0.978	0.975	0.971	0.968
28	1.029	1.023	1.017	1.011	1.006	1.001	0.996	0.992	0.988	0.983	0.980	0.976	0.973	0.970
29	1.030	1.024	1.018	1.013	1.008	1.002	0.998	0.993	0.989	0.985	0.981	0.977	0.974	0.971
30	1.032	1.026	1.020	1.014	1.009	1.004	0.999	0.995	0.990	0.986	0.982	0.979	0.975	0.972
31	1.033	1.027	1.021	1.016	1.010	1.005	1.001	0.996	0.992	0.988	0.984	0.980	0.977	0.974
32	1.035	1.029	1.023	1.017	1.012	1.007	1.002	0.997	0.993	0.989	0.985	0.981	0.978	0.975
33	1.036	1.030	1.024	1.019	1.013	1.008	1.003	0.999	0.994	0.990	0.986	0.983	0.979	0.976
34	1.038	1.032	1.026	1.020	1.015	1.010	1.005	1.000	0.996	0.992	0.988	0.984	0.981	0.978
35	1.039	1.033	1.027	1.022	1.016	1.011	1.006	1.002	0.997	0.993	0.989	0.986	0.982	0.979

表 A.10（续）

温度/℃	回潮率/%								
	4.3	4.4	4.5	4.6	4.7	4.8	4.9	5.0	5.1
5	0.937	0.935	0.932	0.930	0.928	0.926	0.925	0.923	0.922
6	0.938	0.936	0.934	0.931	0.929	0.928	0.926	0.925	0.923
7	0.939	0.937	0.935	0.933	0.931	0.929	0.927	0.926	0.925
8	0.941	0.939	0.936	0.934	0.932	0.930	0.928	0.927	0.926
9	0.942	0.940	0.937	0.935	0.933	0.931	0.930	0.928	0.927
10	0.943	0.941	0.939	0.936	0.934	0.933	0.931	0.929	0.928
11	0.944	0.942	0.940	0.938	0.936	0.934	0.932	0.931	0.929
12	0.946	0.943	0.941	0.939	0.937	0.935	0.933	0.932	0.931
13	0.947	0.945	0.942	0.940	0.938	0.936	0.935	0.933	0.932
14	0.948	0.946	0.944	0.941	0.939	0.937	0.936	0.934	0.933
15	0.950	0.947	0.945	0.943	0.940	0.939	0.937	0.936	0.934
16	0.951	0.948	0.946	0.944	0.942	0.940	0.938	0.937	0.935
17	0.952	0.950	0.947	0.945	0.943	0.941	0.940	0.938	0.937
18	0.954	0.951	0.949	0.946	0.944	0.942	0.941	0.939	0.938
19	0.955	0.952	0.950	0.948	0.946	0.944	0.942	0.941	0.939
20	0.956	0.954	0.951	0.949	0.947	0.945	0.943	0.942	0.940
21	0.958	0.955	0.952	0.950	0.948	0.946	0.945	0.943	0.942
22	0.959	0.956	0.954	0.951	0.949	0.947	0.946	0.944	0.943
23	0.960	0.957	0.955	0.953	0.951	0.949	0.947	0.946	0.944
24	0.961	0.959	0.956	0.954	0.952	0.950	0.948	0.947	0.945
25	0.963	0.960	0.958	0.955	0.953	0.951	0.949	0.948	0.947
26	0.964	0.961	0.959	0.956	0.954	0.953	0.951	0.949	0.948
27	0.965	0.963	0.960	0.958	0.956	0.954	0.952	0.951	0.949
28	0.967	0.964	0.961	0.959	0.957	0.955	0.953	0.952	0.950
29	0.968	0.965	0.963	0.960	0.958	0.956	0.955	0.953	0.952
30	0.969	0.967	0.964	0.962	0.960	0.958	0.956	0.954	0.953
31	0.971	0.968	0.965	0.963	0.961	0.959	0.957	0.956	0.954
32	0.972	0.969	0.967	0.964	0.962	0.960	0.958	0.957	0.956
33	0.973	0.971	0.968	0.966	0.963	0.962	0.960	0.958	0.957
34	0.975	0.972	0.969	0.967	0.965	0.963	0.961	0.960	0.958
35	0.976	0.973	0.971	0.968	0.966	0.964	0.962	0.961	0.959

表 A.10（续）

温度/℃	回潮率/%								
	5.2	5.3	5.4	5.5	5.6	5.7	5.8	5.9	6.0
5	0.921	0.920	0.919	0.918	0.918	0.918	0.918	0.918	0.918
6	0.922	0.921	0.921	0.920	0.920	0.919	0.919	0.919	0.919
7	0.923	0.923	0.922	0.921	0.921	0.921	0.921	0.921	0.921
8	0.925	0.924	0.923	0.922	0.922	0.922	0.922	0.922	0.922
9	0.926	0.925	0.924	0.923	0.923	0.923	0.923	0.923	0.923
10	0.927	0.926	0.925	0.925	0.924	0.924	0.924	0.924	0.924
11	0.928	0.927	0.927	0.926	0.926	0.925	0.925	0.925	0.925
12	0.930	0.930	0.928	0.927	0.927	0.927	0.927	0.927	0.927
13	0.931	0.931	0.929	0.929	0.928	0.928	0.928	0.928	0.928
14	0.932	0.932	0.930	0.930	0.929	0.929	0.929	0.929	0.929
15	0.933	0.932	0.931	0.931	0.930	0.930	0.930	0.930	0.930
16	0.934	0.933	0.933	0.932	0.932	0.931	0.931	0.931	0.931
17	0.936	0.935	0.934	0.933	0.933	0.933	0.933	0.932	0.932
18	0.937	0.936	0.935	0.935	0.934	0.934	0.934	0.934	0.934
19	0.938	0.937	0.936	0.936	0.935	0.935	0.935	0.935	0.935
20	0.939	0.938	0.938	0.937	0.937	0.936	0.936	0.936	0.936
21	0.941	0.940	0.939	0.938	0.938	0.938	0.938	0.938	0.938
22	0.942	0.941	0.940	0.939	0.939	0.939	0.939	0.939	0.939
23	0.943	0.942	0.941	0.941	0.940	0.940	0.940	0.940	0.940
24	0.944	0.943	0.943	0.942	0.941	0.941	0.941	0.941	0.941
25	0.946	0.945	0.944	0.943	0.943	0.943	0.943	0.943	0.943
26	0.947	0.946	0.945	0.944	0.944	0.944	0.944	0.944	0.944
27	0.948	0.947	0.946	0.946	0.945	0.945	0.945	0.945	0.945
28	0.949	0.948	0.948	0.947	0.947	0.946	0.946	0.946	0.946
29	0.951	0.950	0.949	0.948	0.948	0.948	0.948	0.948	0.948
30	0.952	0.951	0.950	0.950	0.949	0.949	0.949	0.949	0.949
31	0.953	0.952	0.951	0.951	0.950	0.950	0.950	0.950	0.950
32	0.954	0.953	0.953	0.952	0.952	0.951	0.951	0.951	0.951
33	0.956	0.955	0.954	0.953	0.953	0.953	0.953	0.953	0.953
34	0.957	0.956	0.955	0.955	0.954	0.954	0.954	0.954	0.954
35	0.958	0.957	0.956	0.956	0.955	0.955	0.955	0.955	0.955

表 A.11 棉维(50/50)本色纱单纱断裂强力的温度和回潮率修正系数

温度/℃	回潮率/%													
	3.5	3.6	3.7	3.8	3.9	4.0	4.1	4.2	4.3	4.4	4.5	4.6	4.7	4.8
5	1.092	1.086	1.081	1.076	1.071	1.066	1.061	1.057	1.052	1.048	1.044	1.039	1.035	1.031
6	1.092	1.086	1.081	1.076	1.071	1.066	1.061	1.057	1.052	1.048	1.044	1.039	1.035	1.031
7	1.092	1.087	1.081	1.076	1.071	1.066	1.062	1.057	1.053	1.048	1.044	1.040	1.036	1.032
8	1.093	1.087	1.082	1.077	1.072	1.067	1.062	1.057	1.053	1.049	1.044	1.040	1.036	1.032
9	1.093	1.088	1.083	1.078	1.073	1.068	1.063	1.058	1.054	1.049	1.045	1.041	1.037	1.033
10	1.094	1.089	1.084	1.078	1.073	1.069	1.064	1.059	1.055	1.050	1.046	1.042	1.038	1.034
11	1.096	1.090	1.085	1.080	1.075	1.070	1.065	1.060	1.056	1.051	1.047	1.043	1.039	1.035
12	1.097	1.092	1.086	1.081	1.076	1.071	1.066	1.062	1.057	1.053	1.048	1.044	1.040	1.036
13	1.099	1.093	1.088	1.083	1.078	1.073	1.068	1.063	1.059	1.054	1.050	1.046	1.042	1.038
14	1.101	1.095	1.090	1.085	1.080	1.075	1.070	1.065	1.061	1.056	1.052	1.048	1.043	1.039
15	1.103	1.098	1.092	1.087	1.082	1.077	1.072	1.067	1.063	1.058	1.054	1.050	1.046	1.042
16	1.106	1.100	1.095	1.090	1.085	1.080	1.075	1.070	1.065	1.061	1.056	1.052	1.048	1.044
17	1.109	1.103	1.098	1.092	1.087	1.082	1.077	1.073	1.068	1.063	1.059	1.055	1.051	1.046
18	1.112	1.106	1.101	1.096	1.090	1.085	1.080	1.076	1.071	1.066	1.062	1.058	1.053	1.049
19	1.115	1.110	1.104	1.099	1.094	1.089	1.084	1.079	1.074	1.070	1.065	1.061	1.056	1.052
20	1.119	1.113	1.108	1.103	1.097	1.092	1.087	1.082	1.078	1.073	1.068	1.064	1.060	1.056
21	1.123	1.118	1.112	1.107	1.101	1.096	1.091	1.086	1.081	1.077	1.072	1.068	1.064	1.059
22	1.128	1.122	1.116	1.111	1.105	1.100	1.095	1.090	1.085	1.081	1.076	1.072	1.067	1.063
23	1.132	1.126	1.121	1.115	1.110	1.105	1.100	1.095	1.090	1.085	1.080	1.076	1.072	1.067
24	1.137	1.131	1.126	1.121	1.115	1.109	1.104	1.099	1.094	1.090	1.085	1.080	1.076	1.072
25	1.143	1.137	1.131	1.125	1.120	1.115	1.109	1.104	1.099	1.095	1.090	1.085	1.081	1.077
26	1.148	1.142	1.136	1.131	1.125	1.120	1.115	1.110	1.105	1.100	1.095	1.090	1.086	1.081
27	1.154	1.148	1.142	1.137	1.131	1.126	1.120	1.115	1.110	1.105	1.100	1.096	1.091	1.087
28	1.161	1.155	1.149	1.143	1.137	1.132	1.126	1.121	1.116	1.111	1.106	1.102	1.097	1.093
29	1.167	1.161	1.155	1.149	1.144	1.138	1.133	1.127	1.122	1.117	1.112	1.108	1.103	1.098
30	1.174	1.168	1.162	1.156	1.150	1.145	1.139	1.134	1.129	1.124	1.119	1.114	1.109	1.105
31	1.182	1.176	1.169	1.163	1.158	1.152	1.146	1.141	1.136	1.131	1.126	1.121	1.116	1.111
32	1.190	1.184	1.177	1.171	1.165	1.160	1.154	1.148	1.143	1.138	1.133	1.128	1.123	1.118
33	1.198	1.192	1.185	1.179	1.173	1.167	1.162	1.156	1.151	1.146	1.140	1.135	1.130	1.126
34	1.207	1.200	1.194	1.188	1.182	1.176	1.170	1.164	1.159	1.154	1.148	1.143	1.138	1.134
35	1.216	1.210	1.203	1.197	1.191	1.184	1.179	1.173	1.167	1.162	1.157	1.152	1.147	1.142

表 A.11（续）

温度/℃	回潮率/%													
	4.9	5.0	5.1	5.2	5.3	5.4	5.5	5.6	5.7	5.8	5.9	6.0	6.1	6.2
5	1.028	1.024	1.020	1.016	1.013	1.010	1.006	1.003	1.000	0.997	0.994	0.991	0.988	0.986
6	1.028	1.024	1.020	1.017	1.013	1.010	1.006	1.003	1.000	0.997	0.994	0.991	0.988	0.986
7	1.028	1.024	1.020	1.017	1.013	1.010	1.007	1.003	1.000	0.997	0.994	0.991	0.989	0.986
8	1.028	1.024	1.021	1.017	1.014	1.010	1.007	1.004	1.001	0.998	0.995	0.992	0.989	0.986
9	1.029	1.025	1.021	1.018	1.014	1.011	1.008	1.004	1.001	0.998	0.995	0.992	0.990	0.987
10	1.030	1.026	1.022	1.019	1.015	1.012	1.008	1.005	1.002	0.999	0.996	0.993	0.990	0.988
11	1.031	1.027	1.023	1.020	1.016	1.013	1.009	1.006	1.003	1.000	0.997	0.994	0.991	0.989
12	1.032	1.028	1.025	1.021	1.018	1.014	1.011	1.008	1.004	1.001	0.998	0.995	0.993	0.990
13	1.034	1.030	1.026	1.023	1.019	1.016	1.012	1.009	1.006	1.003	1.000	0.997	0.994	0.991
14	1.035	1.032	1.028	1.024	1.021	1.017	1.014	1.011	1.008	1.005	1.002	0.999	0.996	0.993
15	1.038	1.034	1.030	1.026	1.023	1.019	1.016	1.013	1.010	1.006	1.003	1.001	0.998	0.995
16	1.040	1.036	1.032	1.029	1.025	1.022	1.018	1.015	1.012	1.009	1.006	1.003	1.000	0.997
17	1.042	1.039	1.035	1.031	1.028	1.024	1.021	1.017	1.014	1.011	1.008	1.005	1.002	0.999
18	1.045	1.041	1.038	1.034	1.030	1.027	1.023	1.020	1.017	1.014	1.011	1.008	1.005	1.002
19	1.048	1.044	1.041	1.037	1.033	1.030	1.026	1.023	1.020	1.017	1.014	1.011	1.008	1.005
20	1.052	1.048	1.044	1.040	1.036	1.033	1.029	1.026	1.023	1.020	1.017	1.014	1.011	1.008
21	1.055	1.051	1.047	1.044	1.040	1.036	1.033	1.029	1.026	1.023	1.020	1.017	1.014	1.011
22	1.059	1.055	1.051	1.047	1.044	1.040	1.037	1.033	1.030	1.027	1.024	1.021	1.018	1.015
23	1.063	1.059	1.055	1.051	1.048	1.044	1.041	1.037	1.034	1.031	1.027	1.024	1.021	1.018
24	1.068	1.064	1.060	1.056	1.052	1.048	1.045	1.041	1.038	1.035	1.032	1.028	1.025	1.023
25	1.072	1.068	1.064	1.060	1.056	1.053	1.049	1.046	1.042	1.039	1.036	1.033	1.030	1.027
26	1.077	1.073	1.069	1.065	1.061	1.058	1.054	1.051	1.047	1.044	1.041	1.037	1.034	1.032
27	1.083	1.078	1.074	1.070	1.066	1.063	1.059	1.056	1.052	1.049	1.045	1.042	1.039	1.036
28	1.088	1.084	1.080	1.076	1.072	1.068	1.064	1.061	1.057	1.054	1.051	1.048	1.044	1.040
29	1.094	1.090	1.086	1.082	1.078	1.074	1.070	1.067	1.063	1.060	1.056	1.053	1.050	1.046
30	1.100	1.096	1.092	1.088	1.084	1.080	1.076	1.072	1.069	1.065	1.062	1.059	1.056	1.053
31	1.107	1.103	1.098	1.094	1.090	1.086	1.082	1.079	1.075	1.072	1.068	1.065	1.062	1.059
32	1.114	1.109	1.105	1.101	1.097	1.093	1.089	1.085	1.082	1.078	1.075	1.071	1.068	1.065
33	1.121	1.117	1.112	1.108	1.104	1.100	1.096	1.092	1.089	1.085	1.081	1.078	1.075	1.072
34	1.129	1.124	1.120	1.116	1.111	1.107	1.103	1.100	1.096	1.092	1.089	1.085	1.082	1.079
35	1.137	1.132	1.128	1.123	1.119	1.115	1.111	1.107	1.103	1.100	1.096	1.093	1.089	1.086

表 A.11(续)

温度/℃	回潮率/%													
	6.3	6.4	6.5	6.6	6.7	6.8	6.9	7.0	7.1	7.2	7.3	7.4	7.5	7.6
5	0.983	0.981	0.978	0.976	0.973	0.971	0.969	0.967	0.965	0.963	0.961	0.959	0.958	0.956
6	0.983	0.981	0.978	0.976	0.973	0.971	0.969	0.967	0.965	0.963	0.961	0.959	0.958	0.956
7	0.983	0.981	0.978	0.976	0.973	0.971	0.969	0.967	0.965	0.963	0.961	0.959	0.958	0.956
8	0.984	0.981	0.979	0.976	0.974	0.972	0.970	0.968	0.965	0.964	0.962	0.960	0.958	0.957
9	0.984	0.982	0.979	0.977	0.975	0.972	0.970	0.968	0.966	0.964	0.962	0.960	0.959	0.957
10	0.985	0.982	0.980	0.978	0.975	0.973	0.971	0.969	0.967	0.965	0.963	0.961	0.960	0.958
11	0.986	0.984	0.981	0.979	0.976	0.974	0.972	0.970	0.968	0.966	0.964	0.962	0.961	0.959
12	0.987	0.985	0.982	0.980	0.978	0.975	0.973	0.971	0.969	0.967	0.965	0.963	0.962	0.960
13	0.988	0.986	0.984	0.981	0.979	0.977	0.975	0.973	0.970	0.969	0.966	0.965	0.963	0.961
14	0.990	0.988	0.985	0.983	0.980	0.978	0.976	0.974	0.972	0.970	0.968	0.966	0.965	0.963
15	0.992	0.990	0.987	0.985	0.982	0.980	0.978	0.976	0.974	0.972	0.970	0.968	0.966	0.965
16	0.994	0.992	0.989	0.987	0.985	0.982	0.980	0.978	0.976	0.974	0.972	0.970	0.968	0.967
17	0.996	0.994	0.992	0.989	0.987	0.984	0.982	0.980	0.978	0.976	0.974	0.972	0.971	0.969
18	0.999	0.997	0.994	0.992	0.989	0.987	0.985	0.983	0.981	0.979	0.977	0.975	0.973	0.971
19	1.002	1.000	0.997	0.994	0.992	0.990	0.988	0.985	0.983	0.981	0.979	0.978	0.976	0.974
20	1.005	1.003	1.000	0.998	0.995	0.993	0.991	0.988	0.986	0.984	0.982	0.981	0.979	0.977
21	1.008	1.006	1.003	1.001	0.998	0.996	0.994	0.992	0.989	0.987	0.985	0.984	0.982	0.980
22	1.012	1.010	1.007	1.004	1.002	0.999	0.997	0.995	0.993	0.991	0.989	0.987	0.985	0.983
23	1.015	1.013	1.010	1.008	1.005	1.003	1.001	0.999	0.996	0.994	0.992	0.991	0.989	0.987
24	1.020	1.017	1.014	1.012	1.009	1.007	1.005	1.002	1.000	0.998	0.996	0.994	0.992	0.991
25	1.024	1.021	1.019	1.016	1.013	1.011	1.009	1.006	1.004	1.002	1.000	0.998	0.997	0.995
26	1.029	1.026	1.023	1.020	1.018	1.015	1.013	1.011	1.009	1.007	1.005	1.003	1.001	0.999
27	1.033	1.031	1.028	1.025	1.023	1.020	1.018	1.016	1.013	1.011	1.009	1.007	1.005	1.003
28	1.037	1.035	1.033	1.030	1.028	1.025	1.023	1.021	1.018	1.016	1.014	1.012	1.010	1.008
29	1.043	1.041	1.038	1.035	1.033	1.030	1.028	1.026	1.023	1.021	1.019	1.017	1.015	1.013
30	1.049	1.047	1.044	1.041	1.039	1.036	1.034	1.031	1.029	1.027	1.024	1.023	1.021	1.019
31	1.055	1.053	1.050	1.046	1.044	1.041	1.039	1.037	1.035	1.033	1.030	1.029	1.026	1.024
32	1.062	1.059	1.056	1.053	1.051	1.048	1.045	1.043	1.041	1.039	1.036	1.035	1.032	1.030
33	1.068	1.065	1.063	1.060	1.057	1.054	1.052	1.050	1.047	1.045	1.042	1.041	1.039	1.036
34	1.075	1.072	1.070	1.067	1.064	1.061	1.059	1.056	1.054	1.052	1.049	1.047	1.045	1.043
35	1.082	1.080	1.077	1.074	1.071	1.068	1.066	1.063	1.061	1.059	1.056	1.054	1.052	1.050

表 A.11（续）

温度/℃	回潮率/%													
	7.7	7.8	7.9	8.0	8.1	8.2	8.3	8.4	8.5	8.6	8.7	8.8	8.9	9.0
5	0.954	0.953	0.952	0.950	0.949	0.948	0.946	0.945	0.944	0.943	0.942	0.941	0.941	0.940
6	0.954	0.953	0.952	0.950	0.949	0.948	0.946	0.945	0.944	0.943	0.942	0.941	0.941	0.940
7	0.954	0.953	0.952	0.950	0.949	0.948	0.946	0.945	0.944	0.943	0.942	0.941	0.941	0.940
8	0.955	0.953	0.952	0.951	0.949	0.948	0.947	0.946	0.945	0.943	0.942	0.942	0.941	0.940
9	0.956	0.954	0.953	0.951	0.950	0.949	0.947	0.946	0.945	0.944	0.943	0.942	0.942	0.941
10	0.956	0.955	0.953	0.952	0.951	0.949	0.948	0.947	0.946	0.945	0.944	0.943	0.942	0.942
11	0.957	0.956	0.954	0.953	0.952	0.950	0.949	0.948	0.947	0.946	0.945	0.944	0.943	0.943
12	0.958	0.957	0.955	0.954	0.953	0.951	0.950	0.949	0.948	0.947	0.946	0.945	0.944	0.944
13	0.960	0.958	0.957	0.955	0.954	0.953	0.951	0.950	0.949	0.948	0.947	0.946	0.946	0.945
14	0.961	0.960	0.958	0.957	0.956	0.954	0.953	0.952	0.951	0.950	0.949	0.948	0.947	0.947
15	0.963	0.961	0.960	0.959	0.957	0.956	0.955	0.954	0.953	0.952	0.951	0.950	0.949	0.948
16	0.965	0.963	0.962	0.961	0.959	0.958	0.957	0.956	0.955	0.954	0.953	0.952	0.951	0.950
17	0.967	0.965	0.964	0.963	0.961	0.960	0.959	0.958	0.957	0.956	0.955	0.954	0.953	0.952
18	0.970	0.968	0.967	0.965	0.964	0.963	0.961	0.960	0.959	0.958	0.957	0.956	0.955	0.955
19	0.972	0.971	0.969	0.968	0.966	0.965	0.964	0.963	0.962	0.961	0.960	0.959	0.958	0.957
20	0.975	0.973	0.972	0.971	0.969	0.968	0.967	0.966	0.965	0.963	0.962	0.961	0.961	0.960
21	0.978	0.976	0.975	0.974	0.972	0.971	0.970	0.969	0.968	0.966	0.965	0.964	0.964	0.963
22	0.982	0.980	0.978	0.977	0.976	0.974	0.973	0.972	0.971	0.970	0.969	0.968	0.967	0.966
23	0.985	0.983	0.982	0.981	0.979	0.978	0.976	0.975	0.974	0.973	0.972	0.971	0.970	0.970
24	0.989	0.987	0.986	0.984	0.983	0.982	0.980	0.979	0.978	0.977	0.976	0.975	0.974	0.973
25	0.993	0.991	0.990	0.988	0.987	0.986	0.984	0.983	0.982	0.981	0.980	0.979	0.978	0.977
26	0.997	0.995	0.994	0.993	0.991	0.990	0.988	0.987	0.986	0.985	0.984	0.983	0.982	0.981
27	1.002	1.000	0.998	0.997	0.996	0.994	0.993	0.992	0.991	0.989	0.988	0.987	0.987	0.986
28	1.007	1.005	1.003	1.002	1.000	0.999	0.997	0.996	0.995	0.994	0.993	0.992	0.991	0.990
29	1.012	1.010	1.008	1.007	1.005	1.004	1.002	1.001	1.000	0.999	0.998	0.997	0.996	0.995
30	1.017	1.015	1.013	1.012	1.011	1.009	1.008	1.007	1.005	1.004	1.003	1.002	1.001	1.000
31	1.023	1.021	1.019	1.018	1.016	1.015	1.013	1.012	1.011	1.010	1.009	1.008	1.007	1.006
32	1.029	1.027	1.025	1.024	1.022	1.021	1.019	1.018	1.017	1.015	1.014	1.013	1.012	1.012
33	1.035	1.033	1.031	1.030	1.028	1.027	1.025	1.024	1.023	1.022	1.020	1.019	1.018	1.018
34	1.041	1.039	1.037	1.036	1.035	1.033	1.031	1.030	1.029	1.028	1.027	1.026	1.025	1.024
35	1.048	1.046	1.045	1.043	1.041	1.040	1.038	1.037	1.036	1.035	1.033	1.032	1.031	1.031

表 A.11（续）

温度/℃	回潮率/%									
	9.1	9.2	9.3	9.4	9.5	9.6	9.7	9.8	9.9	10.0
5	0.939	0.939	0.938	0.938	0.937	0.937	0.936	0.936	0.936	0.936
6	0.939	0.939	0.938	0.938	0.937	0.937	0.936	0.936	0.936	0.936
7	0.939	0.939	0.938	0.938	0.937	0.937	0.937	0.936	0.936	0.936
8	0.939	0.939	0.938	0.938	0.938	0.937	0.937	0.936	0.936	0.936
9	0.940	0.940	0.939	0.939	0.938	0.938	0.937	0.937	0.937	0.937
10	0.941	0.940	0.940	0.939	0.939	0.938	0.938	0.938	0.938	0.938
11	0.942	0.941	0.941	0.940	0.940	0.939	0.939	0.939	0.938	0.938
12	0.943	0.942	0.942	0.941	0.941	0.940	0.940	0.940	0.940	0.940
13	0.944	0.944	0.943	0.943	0.942	0.942	0.941	0.941	0.941	0.941
14	0.946	0.945	0.944	0.943	0.944	0.943	0.943	0.943	0.942	0.942
15	0.948	0.947	0.946	0.946	0.945	0.945	0.945	0.944	0.944	0.944
16	0.950	0.949	0.948	0.948	0.947	0.947	0.947	0.946	0.946	0.946
17	0.952	0.951	0.950	0.950	0.949	0.949	0.949	0.948	0.948	0.948
18	0.954	0.953	0.953	0.952	0.952	0.951	0.951	0.951	0.950	0.950
19	0.956	0.956	0.955	0.955	0.954	0.954	0.954	0.953	0.953	0.953
20	0.959	0.959	0.958	0.958	0.957	0.957	0.957	0.956	0.956	0.956
21	0.962	0.962	0.961	0.961	0.960	0.960	0.960	0.959	0.959	0.959
22	0.965	0.965	0.964	0.964	0.963	0.963	0.962	0.962	0.962	0.962
23	0.969	0.968	0.967	0.967	0.967	0.966	0.966	0.966	0.965	0.965
24	0.973	0.972	0.971	0.971	0.970	0.970	0.970	0.970	0.969	0.969
25	0.977	0.976	0.975	0.975	0.974	0.974	0.973	0.973	0.973	0.973
26	0.981	0.980	0.979	0.979	0.978	0.978	0.977	0.977	0.977	0.977
27	0.985	0.984	0.983	0.983	0.983	0.982	0.981	0.981	0.981	0.981
28	0.990	0.989	0.988	0.988	0.987	0.987	0.986	0.986	0.986	0.986
29	0.995	0.994	0.993	0.993	0.992	0.992	0.991	0.991	0.991	0.991
30	1.000	0.999	0.998	0.998	0.997	0.997	0.996	0.996	0.996	0.996
31	1.005	1.004	1.003	1.003	1.003	1.002	1.002	1.001	1.001	1.001
32	1.011	1.010	1.009	1.009	1.008	1.008	1.007	1.007	1.007	1.007
33	1.017	1.016	1.015	1.015	1.014	1.014	1.013	1.013	1.013	1.013
34	1.023	1.022	1.022	1.021	1.021	1.020	1.020	1.019	1.019	1.019
35	1.030	1.029	1.028	1.028	1.027	1.027	1.026	1.026	1.026	1.026

表 A.12 棉丙(50/50)本色纱单纱断裂强力的温度和回潮率修正系数

温度/℃	回潮率/%													
	2.5	2.6	2.7	2.8	2.9	3.0	3.1	3.2	3.3	3.4	3.5	3.6	3.7	3.8
10	1.091	1.084	1.076	1.069	1.062	1.055	1.048	1.042	1.036	1.030	1.024	1.019	1.013	1.008
11	1.091	1.084	1.076	1.069	1.062	1.055	1.048	1.042	1.036	1.030	1.024	1.019	1.013	1.008
12	1.091	1.084	1.076	1.069	1.062	1.055	1.048	1.042	1.036	1.030	1.024	1.019	1.013	1.008
13	1.092	1.085	1.077	1.069	1.062	1.056	1.049	1.043	1.037	1.031	1.025	1.020	1.014	1.009
14	1.093	1.087	1.078	1.071	1.063	1.057	1.050	1.044	1.038	1.032	1.026	1.021	1.015	1.010
15	1.095	1.088	1.080	1.072	1.065	1.058	1.051	1.045	1.039	1.033	1.027	1.022	1.016	1.011
16	1.097	1.090	1.082	1.074	1.067	1.060	1.053	1.047	1.041	1.035	1.029	1.024	1.018	1.013
17	1.100	1.083	1.084	1.077	1.070	1.063	1.056	1.050	1.043	1.037	1.031	1.026	1.020	1.015
18	1.103	1.096	1.087	1.080	1.073	1.066	1.058	1.052	1.046	1.040	1.034	1.029	1.023	1.018
19	1.106	1.099	1.091	1.083	1.076	1.069	1.062	1.056	1.049	1.043	1.037	1.032	1.026	1.021
20	1.110	1.102	1.094	1.087	1.080	1.073	1.066	1.059	1.053	1.047	1.041	1.035	1.030	1.024
21	1.114	1.106	1.098	1.091	1.084	1.077	1.070	1.063	1.057	1.051	1.045	1.039	1.034	1.028
22	1.119	1.111	1.103	1.096	1.088	1.081	1.074	1.068	1.061	1.055	1.049	1.043	1.038	1.032
23	1.125	1.116	1.108	1.101	1.094	1.087	1.080	1.073	1.066	1.060	1.054	1.048	1.042	1.037
24	1.131	1.122	1.114	1.107	1.099	1.092	1.085	1.078	1.071	1.065	1.059	1.053	1.048	1.042
25	1.138	1.129	1.121	1.113	1.105	1.098	1.091	1.084	1.077	1.071	1.065	1.059	1.053	1.048
26	1.145	1.136	1.127	1.120	1.112	1.105	1.098	1.091	1.084	1.078	1.071	1.065	1.060	1.054
27	1.152	1.143	1.135	1.127	1.119	1.112	1.105	1.098	1.091	1.084	1.078	1.072	1.066	1.060
28	1.161	1.152	1.143	1.135	1.127	1.120	1.112	1.105	1.098	1.092	1.085	1.079	1.073	1.067
29	1.170	1.161	1.151	1.144	1.136	1.128	1.120	1.113	1.106	1.100	1.093	1.087	1.081	1.075
30	1.179	1.170	1.161	1.153	1.145	1.137	1.129	1.122	1.115	1.108	1.101	1.095	1.089	1.083
31	1.190	1.180	1.171	1.163	1.155	1.147	1.139	1.131	1.124	1.117	1.110	1.104	1.098	1.091
32	1.201	1.191	1.181	1.173	1.165	1.157	1.149	1.141	1.134	1.127	1.120	1.113	1.107	1.101
33	1.212	1.202	1.192	1.184	1.176	1.168	1.160	1.152	1.144	1.137	1.130	1.123	1.117	1.110
34	1.225	1.214	1.205	1.196	1.187	1.179	1.171	1.163	1.155	1.148	1.141	1.134	1.128	1.121
35	1.238	1.228	1.218	1.209	1.200	1.192	1.183	1.175	1.167	1.160	1.153	1.146	1.139	1.132

表 A.12（续）

温度/℃	回潮率/%													
	3.9	4.0	4.1	4.2	4.3	4.4	4.5	4.6	4.7	4.8	4.9	5.0	5.1	5.2
10	1.003	0.998	0.994	0.989	0.985	0.980	0.976	0.972	0.969	0.965	0.962	0.958	0.955	0.952
11	1.003	0.998	0.994	0.989	0.985	0.980	0.976	0.972	0.969	0.965	0.962	0.958	0.955	0.952
12	1.003	0.998	0.994	0.989	0.985	0.981	0.976	0.972	0.969	0.965	0.962	0.958	0.955	0.952
13	1.004	0.999	0.994	0.990	0.985	0.981	0.977	0.973	0.970	0.966	0.962	0.959	0.956	0.953
14	1.005	1.000	0.995	0.991	0.986	0.982	0.978	0.974	0.971	0.967	0.963	0.960	0.957	0.954
15	1.006	1.001	0.996	0.992	0.988	0.984	0.979	0.975	0.972	0.968	0.964	0.961	0.958	0.955
16	1.008	1.003	0.998	0.994	0.989	0.985	0.981	0.977	0.973	0.970	0.966	0.963	0.959	0.956
17	1.010	1.005	1.000	0.996	0.991	0.987	0.983	0.979	0.975	0.972	0.968	0.965	0.961	0.958
18	1.013	1.008	1.003	0.998	0.994	0.990	0.986	0.982	0.978	0.974	0.970	0.967	0.964	0.961
19	1.016	1.011	1.006	1.001	0.997	0.993	0.988	0.984	0.980	0.977	0.973	0.970	0.966	0.963
20	1.019	1.014	1.009	1.004	1.001	0.996	0.991	0.987	0.984	0.980	0.976	0.973	0.969	0.966
21	1.023	1.018	1.013	1.008	1.004	0.999	0.995	0.991	0.987	0.983	0.979	0.976	0.973	0.970
22	1.027	1.022	1.017	1.012	1.008	1.003	0.999	0.995	0.991	0.987	0.983	0.980	0.976	0.973
23	1.032	1.026	1.022	1.017	1.012	1.008	1.003	0.999	0.995	0.991	0.987	0.984	0.980	0.977
24	1.037	1.031	1.027	1.022	1.017	1.013	1.008	1.004	1.000	0.996	0.992	0.989	0.985	0.982
25	1.042	1.037	1.032	1.027	1.022	1.018	1.013	1.009	1.005	1.001	0.997	0.994	0.990	0.987
26	1.048	1.043	1.038	1.033	1.028	1.024	1.019	1.015	1.011	1.007	1.003	0.999	0.995	0.992
27	1.055	1.049	1.044	1.039	1.034	1.030	1.025	1.021	1.017	1.013	1.009	1.005	1.001	0.998
28	1.062	1.056	1.051	1.046	1.041	1.036	1.032	1.027	1.023	1.019	1.015	1.011	1.007	1.004
29	1.069	1.063	1.058	1.053	1.048	1.043	1.039	1.034	1.030	1.026	1.022	1.018	1.014	1.011
30	1.077	1.071	1.066	1.061	1.056	1.051	1.046	1.042	1.037	1.033	1.029	1.025	1.022	1.018
31	1.086	1.080	1.074	1.069	1.064	1.059	1.054	1.049	1.045	1.041	1.037	1.033	1.029	1.026
32	1.095	1.089	1.083	1.078	1.073	1.068	1.063	1.057	1.054	1.050	1.045	1.041	1.037	1.034
33	1.105	1.099	1.093	1.088	1.082	1.077	1.072	1.067	1.063	1.059	1.054	1.050	1.046	1.043
34	1.115	1.109	1.103	1.098	1.092	1.087	1.082	1.077	1.073	1.068	1.064	1.060	1.056	1.052
35	1.126	1.120	1.114	1.108	1.103	1.098	1.093	1.088	1.083	1.078	1.074	1.070	1.066	1.062

表 A.12(续)

温度/℃	回潮率/%													
	5.3	5.4	5.5	5.6	5.7	5.8	5.9	6.0	6.1	6.2	6.3	6.4	6.5	6.6
10	0.949	0.946	0.943	0.941	0.938	0.936	0.934	0.931	0.929	0.928	0.926	0.924	0.922	0.921
11	0.949	0.946	0.943	0.941	0.938	0.936	0.934	0.931	0.929	0.928	0.926	0.924	0.922	0.921
12	0.949	0.946	0.943	0.941	0.938	0.936	0.934	0.931	0.929	0.928	0.926	0.924	0.923	0.921
13	0.950	0.947	0.944	0.942	0.939	0.937	0.934	0.932	0.930	0.928	0.926	0.925	0.923	0.922
14	0.951	0.948	0.945	0.943	0.940	0.938	0.935	0.933	0.931	0.929	0.927	0.926	0.924	0.922
15	0.952	0.949	0.946	0.944	0.941	0.939	0.936	0.934	0.932	0.930	0.928	0.927	0.925	0.924
16	0.953	0.950	0.947	0.945	0.942	0.940	0.938	0.936	0.934	0.932	0.930	0.928	0.927	0.925
17	0.955	0.952	0.949	0.947	0.944	0.942	0.940	0.938	0.936	0.934	0.932	0.930	0.929	0.927
18	0.958	0.955	0.952	0.949	0.946	0.944	0.942	0.940	0.938	0.936	0.934	0.932	0.931	0.929
19	0.960	0.957	0.954	0.952	0.949	0.947	0.945	0.942	0.940	0.938	0.936	0.935	0.933	0.932
20	0.963	0.960	0.957	0.955	0.952	0.950	0.947	0.945	0.943	0.941	0.939	0.938	0.936	0.934
21	0.967	0.964	0.961	0.958	0.955	0.953	0.950	0.948	0.946	0.944	0.942	0.941	0.939	0.937
22	0.970	0.967	0.964	0.962	0.959	0.957	0.954	0.952	0.950	0.948	0.946	0.944	0.943	0.941
23	0.974	0.971	0.968	0.966	0.963	0.961	0.958	0.956	0.954	0.952	0.950	0.948	0.947	0.945
24	0.979	0.976	0.973	0.970	0.968	0.965	0.962	0.960	0.958	0.956	0.954	0.952	0.951	0.949
25	0.984	0.981	0.978	0.975	0.972	0.970	0.967	0.965	0.963	0.961	0.959	0.957	0.955	0.953
26	0.989	0.986	0.983	0.981	0.978	0.975	0.972	0.970	0.968	0.966	0.964	0.962	0.960	0.958
27	0.995	0.992	0.989	0.986	0.983	0.981	0.978	0.976	0.973	0.971	0.969	0.968	0.966	0.964
28	1.001	0.998	0.995	0.992	0.989	0.987	0.984	0.982	0.979	0.977	0.975	0.974	0.972	0.970
29	1.007	1.004	1.001	0.999	0.996	0.993	0.990	0.988	0.985	0.983	0.981	0.980	0.978	0.976
30	1.015	1.012	1.008	1.005	1.003	1.000	0.997	0.995	0.993	0.990	0.988	0.986	0.985	0.983
31	1.022	1.019	1.016	1.013	1.010	1.007	1.004	1.002	1.000	0.998	0.996	0.994	0.992	0.990
32	1.030	1.027	1.024	1.021	1.018	1.015	1.012	1.010	1.007	1.005	1.003	1.001	1.000	0.998
33	1.039	1.036	1.033	1.030	1.027	1.024	1.020	1.018	1.016	1.014	1.012	1.010	1.008	1.006
34	1.048	1.045	1.042	1.039	1.035	1.032	1.029	1.027	1.024	1.022	1.020	1.018	1.017	1.015
35	1.058	1.055	1.051	1.048	1.045	1.042	1.039	1.037	1.034	1.032	1.029	1.027	1.026	1.024

表 A.12（续）

温度/℃	回潮率/%													
	6.7	6.8	6.9	7.0	7.1	7.2	7.3	7.4	7.5	7.6	7.7	7.8	7.9	8.0
10	0.920	0.918	0.917	0.916	0.915	0.914	0.914	0.913	0.912	0.912	0.912	0.911	0.911	0.911
11	0.920	0.918	0.917	0.916	0.915	0.914	0.914	0.913	0.912	0.912	0.912	0.911	0.911	0.911
12	0.920	0.918	0.917	0.916	0.915	0.914	0.914	0.913	0.912	0.912	0.912	0.912	0.911	0.911
13	0.921	0.919	0.918	0.917	0.916	0.915	0.915	0.914	0.913	0.913	0.913	0.912	0.912	0.912
14	0.921	0.920	0.919	0.918	0.916	0.916	0.916	0.915	0.914	0.914	0.914	0.913	0.913	0.913
15	0.923	0.921	0.920	0.919	0.917	0.917	0.917	0.916	0.915	0.915	0.915	0.914	0.914	0.914
16	0.924	0.923	0.921	0.920	0.919	0.919	0.918	0.917	0.917	0.916	0.916	0.916	0.915	0.915
17	0.926	0.925	0.923	0.922	0.921	0.920	0.920	0.919	0.918	0.918	0.918	0.918	0.917	0.917
18	0.928	0.927	0.925	0.924	0.923	0.922	0.922	0.921	0.920	0.920	0.920	0.920	0.920	0.920
19	0.930	0.929	0.928	0.927	0.925	0.924	0.924	0.923	0.923	0.922	0.922	0.922	0.922	0.922
20	0.933	0.932	0.931	0.929	0.928	0.928	0.927	0.926	0.926	0.925	0.925	0.925	0.924	0.924
21	0.936	0.935	0.934	0.933	0.932	0.931	0.930	0.929	0.929	0.928	0.928	0.928	0.927	0.927
22	0.940	0.939	0.938	0.937	0.935	0.934	0.933	0.932	0.932	0.932	0.931	0.931	0.931	0.931
23	0.943	0.942	0.941	0.940	0.939	0.938	0.937	0.936	0.936	0.936	0.935	0.935	0.935	0.935
24	0.947	0.946	0.945	0.944	0.943	0.942	0.941	0.940	0.940	0.940	0.939	0.939	0.939	0.939
25	0.951	0.950	0.949	0.948	0.947	0.947	0.946	0.945	0.945	0.944	0.944	0.944	0.943	0.943
26	0.956	0.955	0.954	0.953	0.952	0.952	0.951	0.950	0.950	0.949	0.949	0.949	0.948	0.948
27	0.962	0.961	0.960	0.959	0.958	0.957	0.956	0.955	0.955	0.954	0.954	0.954	0.953	0.953
28	0.968	0.967	0.966	0.965	0.964	0.963	0.962	0.961	0.961	0.960	0.960	0.960	0.959	0.959
29	0.974	0.973	0.972	0.971	0.970	0.969	0.968	0.967	0.967	0.966	0.966	0.966	0.966	0.966
30	0.981	0.980	0.979	0.977	0.976	0.975	0.975	0.974	0.973	0.973	0.972	0.972	0.972	0.972
31	0.988	0.987	0.986	0.984	0.983	0.982	0.982	0.981	0.980	0.980	0.979	0.978	0.978	0.978
32	0.996	0.995	0.994	0.992	0.991	0.990	0.990	0.989	0.988	0.988	0.987	0.986	0.986	0.986
33	1.004	1.003	1.002	1.000	0.999	0.998	0.998	0.997	0.996	0.996	0.995	0.994	0.994	0.994
34	1.013	1.012	1.010	1.009	1.008	1.007	1.006	1.005	1.004	1.004	1.003	1.003	1.003	1.003
35	1.022	1.020	1.019	1.018	1.017	1.016	1.015	1.014	1.013	1.013	1.012	1.012	1.012	1.012

表 A.13 棉粘(50/50)本色纱单纱断裂强力的温度和回潮率修正系数

温度/℃	回潮率/%													
	7.1	7.2	7.3	7.4	7.5	7.6	7.7	7.8	7.9	8.0	8.1	8.2	8.3	8.4
5	0.893	0.894	0.895	0.896	0.897	0.898	0.898	0.899	0.900	0.901	0.902	0.903	0.904	0.905
6	0.897	0.898	0.899	0.900	0.901	0.902	0.903	0.904	0.905	0.905	0.906	0.907	0.908	0.909
7	0.901	0.902	0.903	0.904	0.905	0.906	0.907	0.908	0.909	0.910	0.911	0.912	0.913	0.913
8	0.906	0.907	0.908	0.909	0.910	0.910	0.911	0.912	0.913	0.914	0.915	0.916	0.917	0.918
9	0.910	0.911	0.912	0.913	0.914	0.915	0.916	0.917	0.918	0.919	0.920	0.920	0.921	0.922
10	0.914	0.915	0.916	0.917	0.918	0.919	0.920	0.921	0.922	0.923	0.924	0.925	0.926	0.927
11	0.919	0.920	0.921	0.922	0.923	0.924	0.925	0.926	0.927	0.928	0.928	0.929	0.930	0.931
12	0.923	0.924	0.925	0.926	0.927	0.928	0.929	0.930	0.931	0.932	0.933	0.934	0.935	0.936
13	0.928	0.929	0.930	0.931	0.932	0.933	0.934	0.935	0.936	0.937	0.938	0.939	0.940	0.941
14	0.932	0.933	0.934	0.935	0.936	0.937	0.938	0.939	0.940	0.941	0.942	0.943	0.944	0.945
15	0.937	0.938	0.939	0.940	0.941	0.942	0.943	0.944	0.945	0.946	0.947	0.948	0.949	0.950
16	0.942	0.943	0.944	0.945	0.946	0.947	0.948	0.949	0.951	0.951	0.952	0.953	0.954	0.955
17	0.946	0.947	0.948	0.949	0.950	0.951	0.952	0.953	0.954	0.955	0.956	0.957	0.958	0.959
18	0.951	0.952	0.953	0.954	0.955	0.956	0.957	0.958	0.959	0.960	0.961	0.962	0.963	0.964
19	0.956	0.957	0.958	0.959	0.960	0.961	0.962	0.963	0.964	0.965	0.966	0.967	0.968	0.969
20	0.961	0.962	0.963	0.964	0.965	0.966	0.967	0.968	0.969	0.970	0.971	0.972	0.973	0.974
21	0.965	0.967	0.968	0.969	0.970	0.971	0.972	0.973	0.974	0.975	0.976	0.977	0.978	0.979
22	0.970	0.971	0.973	0.974	0.975	0.976	0.977	0.978	0.979	0.980	0.981	0.982	0.983	0.984
23	0.975	0.976	0.978	0.979	0.980	0.981	0.982	0.983	0.984	0.985	0.986	0.987	0.988	0.989
24	0.980	0.981	0.983	0.984	0.985	0.986	0.987	0.988	0.989	0.990	0.991	0.992	0.993	0.995
25	0.985	0.987	0.988	0.989	0.990	0.991	0.992	0.993	0.994	0.995	0.997	0.998	0.999	1.000
26	0.991	0.992	0.993	0.994	0.995	0.996	0.997	0.998	1.000	1.001	1.002	1.003	1.004	1.005
27	0.996	0.997	0.998	0.999	1.000	1.001	1.003	1.004	1.005	1.006	1.007	1.008	1.009	1.010
28	1.001	1.002	1.003	1.004	1.006	1.007	1.008	1.009	1.010	1.011	1.012	1.014	1.015	1.016
29	1.006	1.007	1.009	1.010	1.011	1.012	1.013	1.014	1.016	1.017	1.018	1.019	1.020	1.021
30	1.012	1.013	1.014	1.015	1.016	1.017	1.019	1.020	1.021	1.022	1.023	1.024	1.026	1.027
31	1.017	1.018	1.019	1.021	1.022	1.023	1.024	1.025	1.026	1.028	1.029	1.030	1.031	1.032
32	1.022	1.024	1.025	1.026	1.027	1.028	1.030	1.031	1.032	1.033	1.034	1.036	1.037	1.038
33	1.028	1.029	1.030	1.032	1.033	1.034	1.035	1.036	1.038	1.039	1.040	1.041	1.042	1.044
34	1.034	1.035	1.036	1.037	1.038	1.040	1.041	1.042	1.043	1.045	1.046	1.047	1.048	1.049
35	1.039	1.040	1.042	1.043	1.044	1.045	1.047	1.048	1.049	1.050	1.052	1.053	1.054	1.055

表 A.13（续）

温度/℃	回潮率/%													
	8.5	8.6	8.7	8.8	8.9	9.0	9.1	9.2	9.3	9.4	9.5	9.6	9.7	9.8
5	0.906	0.907	0.907	0.908	0.909	0.910	0.911	0.912	0.913	0.914	0.914	0.915	0.916	0.917
6	0.910	0.911	0.912	0.913	0.914	0.914	0.915	0.916	0.917	0.918	0.919	0.920	0.921	0.921
7	0.914	0.915	0.916	0.917	0.918	0.919	0.920	0.921	0.921	0.922	0.923	0.924	0.925	0.926
8	0.919	0.920	0.921	0.921	0.922	0.923	0.924	0.925	0.926	0.927	0.928	0.929	0.930	0.930
9	0.923	0.924	0.925	0.926	0.927	0.928	0.929	0.930	0.930	0.931	0.932	0.933	0.934	0.935
10	0.928	0.929	0.930	0.930	0.931	0.932	0.933	0.934	0.935	0.936	0.937	0.938	0.939	0.940
11	0.932	0.933	0.934	0.935	0.936	0.937	0.938	0.939	0.940	0.941	0.942	0.942	0.943	0.944
12	0.937	0.938	0.939	0.940	0.941	0.942	0.942	0.943	0.944	0.945	0.946	0.947	0.948	0.949
13	0.941	0.942	0.943	0.944	0.945	0.946	0.947	0.948	0.949	0.950	0.951	0.952	0.953	0.954
14	0.946	0.947	0.948	0.949	0.950	0.951	0.952	0.953	0.954	0.955	0.956	0.957	0.958	0.958
15	0.951	0.952	0.953	0.954	0.956	0.956	0.957	0.958	0.959	0.960	0.961	0.961	0.962	0.963
16	0.956	0.957	0.958	0.959	0.960	0.961	0.962	0.962	0.963	0.964	0.965	0.966	0.967	0.968
17	0.960	0.961	0.962	0.963	0.964	0.965	0.966	0.967	0.968	0.969	0.970	0.971	0.972	0.973
18	0.965	0.966	0.967	0.968	0.969	0.970	0.971	0.972	0.973	0.974	0.975	0.976	0.977	0.978
19	0.970	0.971	0.972	0.973	0.974	0.975	0.976	0.977	0.978	0.979	0.980	0.981	0.982	0.983
20	0.975	0.976	0.977	0.978	0.979	0.980	0.981	0.982	0.983	0.984	0.985	0.986	0.987	0.988
21	0.980	0.981	0.982	0.983	0.984	0.985	0.986	0.987	0.988	0.989	0.990	0.991	0.992	0.993
22	0.985	0.986	0.987	0.988	0.989	0.991	0.992	0.993	0.994	0.995	0.996	0.997	0.998	0.999
23	0.990	0.991	0.993	0.994	0.995	0.996	0.997	0.998	0.999	1.000	1.001	1.002	1.003	1.004
24	0.996	0.997	0.998	0.999	1.000	1.001	1.002	1.003	1.004	1.005	1.006	1.007	1.008	1.009
25	1.001	1.002	1.003	1.004	1.005	1.006	1.007	1.008	1.009	1.010	1.012	1.013	1.014	1.015
26	1.006	1.007	1.008	1.009	1.010	1.012	1.013	1.014	1.015	1.016	1.017	1.018	1.019	1.020
27	1.011	1.013	1.014	1.015	1.016	1.017	1.018	1.019	1.020	1.021	1.022	1.023	1.025	1.026
28	1.017	1.018	1.019	1.020	1.021	1.022	1.024	1.025	1.026	1.027	1.028	1.029	1.030	1.031
29	1.022	1.023	1.025	1.026	1.027	1.028	1.029	1.030	1.031	1.032	1.033	1.035	1.036	1.037
30	1.028	1.029	1.030	1.031	1.032	1.034	1.035	1.036	1.037	1.038	1.039	1.040	1.041	1.042
31	1.033	1.035	1.036	1.037	1.038	1.039	1.040	1.041	1.043	1.044	1.045	1.046	1.047	1.048
32	1.039	1.040	1.041	1.043	1.044	1.045	1.046	1.047	1.048	1.049	1.051	1.052	1.053	1.054
33	1.045	1.046	1.047	1.048	1.049	1.051	1.052	1.053	1.054	1.055	1.056	1.058	1.059	1.060
34	1.051	1.052	1.053	1.054	1.055	1.056	1.058	1.059	1.060	1.061	1.062	1.063	1.065	1.066
35	1.056	1.058	1.059	1.060	1.061	1.062	1.064	1.065	1.066	1.067	1.068	1.069	1.071	1.072

表 A.13（续）

温度/℃	回潮率/%													
	9.9	10.0	10.1	10.2	10.3	10.4	10.5	10.6	10.7	10.8	10.9	11.0	11.1	11.2
5	0.918	0.919	0.919	0.920	0.921	0.922	0.923	0.924	0.925	0.925	0.926	0.927	0.928	0.929
6	0.922	0.923	0.924	0.925	0.926	0.926	0.927	0.928	0.929	0.930	0.931	0.932	0.932	0.933
7	0.927	0.928	0.928	0.929	0.930	0.931	0.932	0.933	0.934	0.934	0.935	0.936	0.937	0.938
8	0.931	0.932	0.933	0.934	0.935	0.936	0.936	0.937	0.938	0.939	0.940	0.941	0.942	0.942
9	0.936	0.937	0.938	0.938	0.939	0.940	0.941	0.942	0.943	0.944	0.945	0.945	0.946	0.947
10	0.940	0.941	0.942	0.943	0.944	0.945	0.946	0.947	0.948	0.948	0.949	0.950	0.951	0.952
11	0.945	0.946	0.947	0.948	0.949	0.950	0.950	0.951	0.952	0.953	0.954	0.955	0.956	0.957
12	0.950	0.951	0.952	0.953	0.953	0.954	0.955	0.956	0.957	0.958	0.959	0.960	0.961	0.961
13	0.955	0.956	0.957	0.957	0.958	0.959	0.960	0.961	0.962	0.963	0.964	0.965	0.965	0.966
14	0.959	0.960	0.961	0.962	0.963	0.964	0.965	0.966	0.967	0.968	0.969	0.969	0.970	0.971
15	0.964	0.965	0.966	0.967	0.968	0.969	0.970	0.971	0.972	0.973	0.974	0.974	0.975	0.976
16	0.969	0.970	0.971	0.972	0.973	0.974	0.975	0.976	0.977	0.978	0.979	0.979	0.980	0.981
17	0.974	0.975	0.976	0.977	0.978	0.979	0.980	0.981	0.982	0.983	0.984	0.984	0.985	0.986
18	0.979	0.980	0.981	0.982	0.983	0.984	0.985	0.986	0.987	0.988	0.989	0.990	0.991	0.991
19	0.984	0.985	0.986	0.987	0.988	0.989	0.990	0.991	0.992	0.993	0.994	0.995	0.996	0.997
20	0.989	0.990	0.991	0.992	0.993	0.994	0.995	0.996	0.997	0.998	0.999	1.000	1.001	1.002
21	0.994	0.995	0.996	0.997	0.998	0.999	1.000	1.001	1.002	1.003	1.004	1.005	1.006	1.007
22	1.000	1.001	1.002	1.003	1.004	1.005	1.006	1.007	1.008	1.009	1.010	1.011	1.012	1.013
23	1.005	1.006	1.007	1.008	1.009	1.010	1.011	1.012	1.013	1.014	1.015	1.016	1.017	1.018
24	1.010	1.011	1.012	1.013	1.014	1.015	1.016	1.017	1.018	1.019	1.020	1.021	1.022	1.023
25	1.016	1.017	1.018	1.019	1.020	1.021	1.022	1.023	1.024	1.025	1.026	1.027	1.028	1.029
26	1.021	1.022	1.023	1.024	1.025	1.026	1.027	1.028	1.029	1.030	1.032	1.033	1.034	1.035
27	1.027	1.028	1.029	1.030	1.031	1.032	1.033	1.034	1.035	1.036	1.037	1.038	1.039	1.040
28	1.032	1.033	1.034	1.035	1.037	1.038	1.039	1.040	1.041	1.042	1.043	1.044	1.045	1.046
29	1.038	1.039	1.040	1.041	1.042	1.043	1.044	1.045	1.046	1.048	1.049	1.050	1.051	1.052
30	1.044	1.045	1.046	1.047	1.048	1.049	1.050	1.051	1.052	1.053	1.054	1.055	1.056	1.058
31	1.049	1.050	1.052	1.053	1.054	1.055	1.056	1.057	1.058	1.059	1.060	1.061	1.062	1.063
32	1.055	1.056	1.057	1.058	1.060	1.061	1.062	1.063	1.064	1.065	1.066	1.067	1.068	1.069
33	1.061	1.062	1.063	1.064	1.066	1.067	1.068	1.069	1.070	1.071	1.072	1.073	1.074	1.075
34	1.067	1.068	1.069	1.070	1.072	1.073	1.074	1.075	1.076	1.077	1.078	1.079	1.080	1.082
35	1.073	1.074	1.075	1.076	1.078	1.079	1.080	1.081	1.082	1.083	1.084	1.086	1.087	1.088

表 A.13（续）

温度/℃	回潮率/%													
	11.3	11.4	11.5	11.6	11.7	11.8	11.9	12.0	12.1	12.2	12.3	12.4	12.5	12.6
5	0.929	0.930	0.931	0.932	0.933	0.933	0.934	0.935	0.936	0.937	0.937	0.938	0.939	0.940
6	0.934	0.935	0.936	0.936	0.937	0.938	0.939	0.940	0.940	0.941	0.942	0.943	0.944	0.944
7	0.939	0.939	0.940	0.941	0.942	0.943	0.943	0.944	0.945	0.946	0.947	0.947	0.948	0.949
8	0.943	0.944	0.945	0.946	0.947	0.947	0.948	0.949	0.950	0.951	0.951	0.952	0.953	0.954
9	0.948	0.949	0.950	0.950	0.951	0.952	0.953	0.954	0.955	0.955	0.956	0.957	0.958	0.959
10	0.953	0.954	0.954	0.955	0.956	0.957	0.958	0.959	0.959	0.960	0.961	0.962	0.963	0.963
11	0.957	0.958	0.959	0.960	0.961	0.962	0.963	0.963	0.964	0.965	0.966	0.967	0.968	0.968
12	0.962	0.963	0.964	0.965	0.966	0.967	0.967	0.968	0.969	0.970	0.971	0.972	0.972	0.973
13	0.967	0.968	0.969	0.970	0.971	0.972	0.972	0.973	0.974	0.975	0.976	0.977	0.977	0.978
14	0.972	0.973	0.974	0.975	0.976	0.977	0.977	0.978	0.979	0.980	0.981	0.982	0.983	0.983
15	0.977	0.978	0.979	0.980	0.981	0.982	0.982	0.983	0.984	0.985	0.986	0.987	0.988	0.988
16	0.982	0.983	0.984	0.985	0.986	0.987	0.988	0.988	0.989	0.990	0.991	0.992	0.993	0.994
17	0.987	0.988	0.989	0.990	0.991	0.992	0.993	0.994	0.994	0.995	0.996	0.997	0.998	0.999
18	0.992	0.993	0.994	0.995	0.996	0.997	0.998	0.999	1.000	1.001	1.001	1.002	1.003	1.004
19	0.998	0.999	0.999	1.000	1.001	1.002	1.003	1.004	1.005	1.006	1.007	1.008	1.009	1.009
20	1.003	1.004	1.005	1.006	1.007	1.008	1.008	1.009	1.010	1.011	1.012	1.013	1.014	1.015
21	1.008	1.009	1.010	1.011	1.012	1.013	1.014	1.015	1.016	1.017	1.018	1.018	1.019	1.020
22	1.014	1.014	1.015	1.016	1.017	1.018	1.019	1.020	1.021	1.022	1.023	1.024	1.025	1.026
23	1.019	1.020	1.021	1.022	1.023	1.024	1.025	1.026	1.027	1.028	1.028	1.029	1.030	1.031
24	1.024	1.025	1.026	1.027	1.028	1.029	1.030	1.031	1.032	1.033	1.034	1.035	1.036	1.037
25	1.030	1.031	1.032	1.033	1.034	1.035	1.036	1.037	1.038	1.039	1.040	1.041	1.042	1.043
26	1.036	1.037	1.038	1.039	1.040	1.041	1.042	1.043	1.043	1.044	1.045	1.046	1.047	1.048
27	1.041	1.042	1.043	1.044	1.045	1.046	1.047	1.048	1.049	1.050	1.051	1.052	1.053	1.054
28	1.047	1.048	1.049	1.050	1.051	1.052	1.053	1.054	1.055	1.056	1.057	1.058	1.059	1.060
29	1.053	1.054	1.055	1.056	1.057	1.058	1.059	1.060	1.061	1.062	1.063	1.064	1.065	1.066
30	1.059	1.060	1.061	1.062	1.063	1.064	1.065	1.066	1.067	1.068	1.069	1.070	1.071	1.072
31	1.065	1.066	1.067	1.068	1.069	1.070	1.071	1.072	1.073	1.074	1.075	1.076	1.077	1.078
32	1.070	1.072	1.073	1.074	1.075	1.076	1.077	1.078	1.079	1.080	1.081	1.082	1.083	1.084
33	1.077	1.078	1.079	1.080	1.081	1.082	1.084	1.084	1.085	1.086	1.087	1.088	1.089	1.090
34	1.083	1.084	1.085	1.086	1.087	1.088	1.089	1.090	1.091	1.092	1.093	1.095	1.096	1.097
35	1.089	1.090	1.091	1.092	1.093	1.094	1.095	1.097	1.098	1.099	1.100	1.101	1.102	1.103

表 A.13（续）

温度/℃	回潮率/%													
	12.7	12.8	12.9	13.0	13.1	13.2	13.3	13.4	13.5	13.6	13.7	13.8	13.9	14.0
5	0.940	0.941	0.942	0.943	0.943	0.944	0.945	0.946	0.946	0.947	0.948	0.949	0.949	0.950
6	0.945	0.946	0.947	0.947	0.948	0.949	0.950	0.950	0.951	0.952	0.953	0.953	0.954	0.955
7	0.950	0.951	0.951	0.952	0.953	0.954	0.954	0.955	0.956	0.957	0.957	0.958	0.959	0.960
8	0.955	0.955	0.956	0.957	0.958	0.958	0.959	0.960	0.961	0.962	0.962	0.963	0.964	0.965
9	0.959	0.960	0.961	0.962	0.963	0.963	0.964	0.965	0.966	0.966	0.967	0.968	0.969	0.969
10	0.964	0.965	0.966	0.967	0.967	0.968	0.969	0.970	0.971	0.971	0.972	0.973	0.974	0.974
11	0.969	0.970	0.971	0.972	0.972	0.973	0.974	0.975	0.976	0.976	0.977	0.978	0.979	0.979
12	0.974	0.975	0.976	0.977	0.977	0.978	0.979	0.980	0.981	0.981	0.982	0.983	0.984	0.985
13	0.979	0.980	0.981	0.982	0.982	0.983	0.984	0.985	0.986	0.986	0.987	0.988	0.989	0.990
14	0.984	0.985	0.986	0.987	0.988	0.988	0.989	0.990	0.991	0.992	0.992	0.993	0.994	0.995
15	0.989	0.990	0.991	0.992	0.993	0.994	0.994	0.995	0.996	0.997	0.998	0.998	0.999	1.000
16	0.994	0.995	0.996	0.997	0.998	0.999	1.000	1.000	1.001	1.002	1.003	1.004	1.004	1.005
17	1.000	1.001	1.001	1.002	1.003	1.004	1.005	1.006	1.006	1.007	1.008	1.009	1.010	1.011
18	1.005	1.006	1.007	1.008	1.008	1.009	1.010	1.011	1.012	1.013	1.014	1.014	1.015	1.016
19	1.010	1.011	1.012	1.013	1.014	1.015	1.016	1.016	1.017	1.018	1.019	1.020	1.021	1.021
20	1.016	1.017	1.017	1.018	1.019	1.020	1.021	1.022	1.023	1.024	1.024	1.025	1.026	1.027
21	1.021	1.022	1.023	1.024	1.025	1.026	1.026	1.027	1.028	1.029	1.030	1.031	1.032	1.033
22	1.027	1.028	1.028	1.029	1.030	1.031	1.032	1.033	1.034	1.035	1.036	1.036	1.037	1.038
23	1.032	1.033	1.034	1.035	1.036	1.037	1.038	1.039	1.039	1.040	1.041	1.042	1.043	1.044
24	1.038	1.039	1.040	1.041	1.042	1.042	1.043	1.044	1.045	1.046	1.047	1.048	1.049	1.050
25	1.044	1.044	1.045	1.046	1.047	1.048	1.049	1.050	1.051	1.052	1.053	1.054	1.055	1.055
26	1.049	1.050	1.051	1.052	1.053	1.054	1.055	1.056	1.057	1.058	1.059	1.060	1.060	1.061
27	1.055	1.056	1.057	1.058	1.059	1.060	1.061	1.062	1.063	1.064	1.065	1.065	1.066	1.067
28	1.061	1.062	1.063	1.064	1.065	1.066	1.067	1.068	1.069	1.070	1.071	1.071	1.072	1.073
29	1.067	1.068	1.069	1.070	1.071	1.072	1.073	1.074	1.075	1.076	1.077	1.078	1.078	1.079
30	1.073	1.074	1.075	1.076	1.077	1.078	1.079	1.080	1.081	1.082	1.083	1.084	1.085	1.085
31	1.079	1.080	1.081	1.082	1.083	1.084	1.085	1.086	1.087	1.088	1.089	1.090	1.091	1.092
32	1.085	1.086	1.087	1.088	1.089	1.090	1.091	1.092	1.093	1.094	1.095	1.096	1.097	1.098
33	1.091	1.092	1.093	1.094	1.095	1.096	1.097	1.098	1.099	1.100	1.101	1.102	1.103	1.104
34	1.098	1.099	1.100	1.101	1.102	1.103	1.104	1.105	1.106	1.107	1.108	1.109	1.110	1.111
35	1.104	1.105	1.106	1.107	1.108	1.109	1.110	1.111	1.112	1.113	1.114	1.115	1.116	1.117

表 A.13(续)

温度/℃	回潮率/%													
	14.1	14.2	14.3	14.4	14.5	14.6	14.7	14.8	14.9	15.0	15.1	15.2	15.3	15.4
5	0.951	0.952	0.952	0.953	0.954	0.954	0.955	0.956	0.956	0.957	0.958	0.959	0.959	0.960
6	0.956	0.956	0.957	0.958	0.958	0.959	0.960	0.961	0.961	0.962	0.963	0.963	0.964	0.965
7	0.960	0.961	0.962	0.963	0.963	0.964	0.965	0.965	0.966	0.967	0.968	0.968	0.969	0.970
8	0.965	0.966	0.967	0.968	0.968	0.969	0.970	0.970	0.971	0.972	0.973	0.973	0.974	0.975
9	0.970	0.971	0.972	0.972	0.973	0.974	0.975	0.975	0.976	0.977	0.978	0.978	0.979	0.980
10	0.975	0.976	0.977	0.977	0.978	0.979	0.980	0.980	0.981	0.982	0.983	0.983	0.984	0.985
11	0.980	0.981	0.982	0.982	0.983	0.984	0.985	0.985	0.986	0.987	0.988	0.988	0.989	0.990
12	0.985	0.986	0.987	0.988	0.988	0.989	0.990	0.991	0.991	0.992	0.993	0.994	0.994	0.995
13	0.990	0.991	0.992	0.993	0.993	0.994	0.995	0.996	0.997	0.997	0.998	0.999	0.999	1.000
14	0.996	0.996	0.997	0.998	0.999	0.999	1.000	1.001	1.002	1.003	1.003	1.004	1.005	1.005
15	1.001	1.002	1.002	1.003	1.004	1.005	1.006	1.006	1.007	1.008	1.009	1.009	1.010	1.011
16	1.006	1.007	1.008	1.008	1.009	1.010	1.011	1.012	1.012	1.013	1.014	1.015	1.015	1.016
17	1.011	1.012	1.013	1.014	1.015	1.015	1.016	1.017	1.018	1.019	1.019	1.020	1.021	1.022
18	1.017	1.018	1.018	1.019	1.020	1.021	1.022	1.023	1.023	1.024	1.025	1.026	1.026	1.027
19	1.022	1.023	1.024	1.025	1.026	1.026	1.027	1.028	1.029	1.030	1.030	1.031	1.032	1.033
20	1.028	1.029	1.029	1.030	1.031	1.032	1.033	1.034	1.034	1.035	1.036	1.037	1.038	1.038
21	1.033	1.034	1.035	1.036	1.037	1.038	1.038	1.039	1.040	1.041	1.042	1.042	1.043	1.044
22	1.039	1.040	1.041	1.042	1.042	1.043	1.044	1.045	1.046	1.047	1.047	1.048	1.049	1.050
23	1.045	1.046	1.046	1.047	1.048	1.049	1.050	1.051	1.052	1.052	1.053	1.054	1.055	1.056
24	1.051	1.051	1.052	1.053	1.054	1.055	1.056	1.057	1.057	1.058	1.059	1.060	1.061	1.062
25	1.056	1.057	1.058	1.059	1.060	1.061	1.062	1.062	1.063	1.064	1.065	1.066	1.067	1.067
26	1.062	1.063	1.064	1.065	1.066	1.067	1.068	1.068	1.069	1.070	1.071	1.072	1.073	1.074
27	1.068	1.069	1.070	1.071	1.072	1.073	1.074	1.074	1.075	1.076	1.077	1.078	1.079	1.080
28	1.074	1.075	1.076	1.077	1.078	1.079	1.080	1.081	1.081	1.082	1.083	1.084	1.085	1.086
29	1.080	1.081	1.082	1.083	1.084	1.085	1.086	1.087	1.088	1.088	1.089	1.090	1.091	1.092
30	1.086	1.087	1.088	1.089	1.090	1.091	1.092	1.093	1.094	1.095	1.096	1.097	1.097	1.098
31	1.093	1.094	1.095	1.096	1.096	1.097	1.098	1.099	1.100	1.101	1.102	1.103	1.104	1.105
32	1.099	1.100	1.101	1.102	1.103	1.104	1.105	1.106	1.107	1.107	1.108	1.109	1.110	1.111
33	1.105	1.106	1.107	1.108	1.109	1.110	1.111	1.112	1.113	1.114	1.115	1.116	1.117	1.118
34	1.112	1.113	1.114	1.115	1.116	1.117	1.118	1.119	1.120	1.120	1.121	1.122	1.123	1.124
35	1.118	1.119	1.120	1.121	1.122	1.123	1.124	1.125	1.126	1.127	1.128	1.129	1.130	1.131

表 A.13（续）

温度/℃	回潮率/%													
	15.5	15.6	15.7	15.8	15.9	16.0	16.1	16.2	16.3	16.4	16.5	16.6	16.7	16.8
5	0.961	0.961	0.962	0.963	0.963	0.964	0.964	0.965	0.966	0.966	0.967	0.968	0.968	0.969
6	0.965	0.966	0.967	0.967	0.968	0.969	0.969	0.970	0.971	0.971	0.972	0.973	0.973	0.974
7	0.970	0.971	0.972	0.972	0.973	0.974	0.974	0.975	0.976	0.976	0.977	0.978	0.978	0.979
8	0.975	0.976	0.977	0.977	0.978	0.979	0.979	0.980	0.981	0.981	0.982	0.983	0.983	0.984
9	0.980	0.981	0.982	0.982	0.983	0.984	0.984	0.985	0.986	0.986	0.987	0.988	0.988	0.989
10	0.985	0.986	0.987	0.987	0.988	0.989	0.990	0.990	0.991	0.992	0.992	0.993	0.994	0.994
11	0.991	0.991	0.992	0.993	0.993	0.994	0.995	0.995	0.996	0.997	0.997	0.998	0.999	0.999
12	0.996	0.996	0.997	0.998	0.999	0.999	1.000	1.001	1.001	1.002	1.003	1.003	1.004	1.005
13	1.001	1.002	1.002	1.003	1.004	1.005	1.005	1.006	1.007	1.007	1.008	1.009	1.009	1.010
14	1.006	1.007	1.008	1.008	1.009	1.010	1.011	1.011	1.012	1.013	1.013	1.014	1.015	1.015
15	1.012	1.012	1.013	1.014	1.014	1.015	1.016	1.017	1.017	1.018	1.019	1.019	1.020	1.021
16	1.017	1.018	1.018	1.019	1.020	1.021	1.021	1.022	1.023	1.024	1.024	1.025	1.026	1.026
17	1.022	1.023	1.024	1.025	1.025	1.026	1.027	1.028	1.028	1.029	1.030	1.030	1.031	1.032
18	1.028	1.029	1.029	1.030	1.031	1.032	1.032	1.033	1.034	1.035	1.035	1.036	1.037	1.038
19	1.034	1.034	1.035	1.036	1.037	1.037	1.038	1.039	1.040	1.040	1.041	1.042	1.042	1.043
20	1.039	1.040	1.041	1.041	1.042	1.043	1.044	1.045	1.045	1.046	1.047	1.047	1.048	1.049
21	1.045	1.046	1.046	1.047	1.048	1.049	1.050	1.050	1.051	1.052	1.053	1.053	1.054	1.055
22	1.051	1.051	1.052	1.053	1.054	1.055	1.055	1.056	1.057	1.058	1.058	1.059	1.060	1.061
23	1.056	1.057	1.058	1.059	1.060	1.060	1.061	1.062	1.063	1.064	1.064	1.065	1.066	1.067
24	1.062	1.063	1.064	1.065	1.066	1.066	1.067	1.068	1.069	1.070	1.070	1.071	1.072	1.073
25	1.068	1.069	1.070	1.071	1.072	1.072	1.073	1.074	1.075	1.076	1.076	1.077	1.078	1.079
26	1.074	1.075	1.076	1.077	1.078	1.078	1.079	1.080	1.081	1.082	1.082	1.083	1.084	1.085
27	1.080	1.081	1.082	1.083	1.084	1.085	1.085	1.086	1.087	1.088	1.089	1.089	1.090	1.091
28	1.087	1.087	1.088	1.089	1.090	1.091	1.092	1.092	1.093	1.094	1.095	1.096	1.097	1.097
29	1.093	1.094	1.095	1.095	1.096	1.097	1.098	1.099	1.100	1.100	1.101	1.102	1.103	1.104
30	1.099	1.100	1.101	1.102	1.103	1.103	1.104	1.105	1.106	1.107	1.108	1.108	1.109	1.110
31	1.106	1.106	1.107	1.108	1.109	1.110	1.111	1.112	1.112	1.113	1.114	1.115	1.116	1.117
32	1.112	1.113	1.114	1.115	1.116	1.116	1.117	1.118	1.119	1.120	1.121	1.121	1.122	1.123
33	1.119	1.119	1.120	1.121	1.122	1.123	1.124	1.125	1.125	1.126	1.127	1.128	1.129	1.130
34	1.125	1.126	1.127	1.128	1.129	1.130	1.131	1.131	1.132	1.133	1.134	1.135	1.136	1.137
35	1.132	1.133	1.134	1.135	1.135	1.136	1.137	1.138	1.139	1.140	1.141	1.142	1.143	1.143

表 A.13（续）

温度/℃	回潮率/%													
	16.9	17.0	17.1	17.2	17.3	17.4	17.5	17.6	17.7	17.8	17.9	18.0	18.1	18.2
5	0.969	0.970	0.971	0.971	0.972	0.973	0.973	0.974	0.974	0.975	0.975	0.976	0.977	0.977
6	0.974	0.975	0.976	0.976	0.977	0.978	0.978	0.979	0.979	0.980	0.980	0.981	0.981	0.982
7	0.979	0.980	0.981	0.981	0.982	0.983	0.983	0.984	0.984	0.985	0.986	0.986	0.987	0.987
8	0.985	0.985	0.986	0.986	0.987	0.988	0.988	0.989	0.989	0.990	0.991	0.991	0.992	0.992
9	0.990	0.990	0.991	0.992	0.992	0.993	0.993	0.994	0.995	0.995	0.996	0.996	0.997	0.998
10	0.995	0.995	0.996	0.997	0.997	0.998	0.999	0.999	1.000	1.000	1.001	1.002	1.002	1.003
11	1.000	1.001	1.001	1.002	1.003	1.003	1.004	1.005	1.005	1.006	1.006	1.007	1.008	1.008
12	1.005	1.006	1.007	1.007	1.008	1.009	1.009	1.010	1.010	1.011	1.012	1.012	1.013	1.014
13	1.011	1.011	1.012	1.013	1.013	1.014	1.015	1.015	1.016	1.016	1.017	1.018	1.018	1.019
14	1.016	1.017	1.017	1.018	1.019	1.019	1.020	1.021	1.021	1.022	1.023	1.023	1.024	1.024
15	1.022	1.022	1.023	1.024	1.024	1.025	1.026	1.026	1.027	1.027	1.028	1.029	1.029	1.030
16	1.027	1.028	1.028	1.029	1.030	1.030	1.031	1.032	1.032	1.033	1.034	1.034	1.035	1.036
17	1.033	1.033	1.034	1.035	1.035	1.036	1.037	1.037	1.038	1.039	1.039	1.040	1.041	1.041
18	1.038	1.039	1.040	1.040	1.041	1.042	1.042	1.043	1.044	1.044	1.045	1.046	1.046	1.047
19	1.044	1.045	1.045	1.046	1.047	1.047	1.048	1.049	1.049	1.050	1.051	1.051	1.052	1.053
20	1.050	1.050	1.051	1.052	1.052	1.053	1.054	1.055	1.055	1.056	1.057	1.057	1.058	1.059
21	1.055	1.056	1.057	1.058	1.058	1.059	1.060	1.060	1.061	1.062	1.063	1.063	1.064	1.065
22	1.061	1.062	1.063	1.064	1.064	1.065	1.066	1.066	1.067	1.068	1.068	1.069	1.070	1.070
23	1.067	1.068	1.069	1.070	1.070	1.071	1.072	1.072	1.073	1.074	1.074	1.075	1.076	1.077
24	1.073	1.074	1.075	1.076	1.076	1.077	1.078	1.078	1.079	1.080	1.081	1.081	1.082	1.083
25	1.079	1.080	1.081	1.082	1.082	1.083	1.084	1.085	1.085	1.086	1.087	1.087	1.088	1.089
26	1.086	1.086	1.087	1.088	1.089	1.089	1.090	1.091	1.092	1.092	1.093	1.094	1.094	1.095
27	1.092	1.093	1.093	1.094	1.095	1.096	1.096	1.097	1.098	1.099	1.099	1.100	1.101	1.101
28	1.098	1.099	1.100	1.100	1.101	1.102	1.103	1.103	1.104	1.105	1.106	1.106	1.107	1.108
29	1.104	1.105	1.106	1.107	1.108	1.108	1.109	1.110	1.111	1.111	1.112	1.113	1.114	1.114
30	1.111	1.112	1.113	1.113	1.114	1.115	1.116	1.116	1.117	1.118	1.119	1.119	1.120	1.121
31	1.117	1.118	1.119	1.120	1.121	1.121	1.122	1.123	1.124	1.125	1.125	1.126	1.127	1.128
32	1.124	1.125	1.126	1.126	1.127	1.128	1.129	1.130	1.130	1.131	1.132	1.133	1.134	1.134
33	1.131	1.132	1.132	1.133	1.134	1.135	1.136	1.136	1.137	1.138	1.139	1.140	1.140	1.141
34	1.137	1.138	1.139	1.140	1.141	1.142	1.142	1.143	1.144	1.145	1.146	1.146	1.147	1.148
35	1.144	1.145	1.146	1.147	1.148	1.148	1.149	1.150	1.151	1.152	1.153	1.153	1.154	1.155

表 A.13（续）

温度/℃	回潮率/%							
	18.3	18.4	18.5	18.6	18.7	18.8	18.9	19.0
5	0.978	0.978	0.979	0.979	0.980	0.980	0.981	0.981
6	0.983	0.983	0.984	0.984	0.985	0.985	0.986	0.987
7	0.988	0.988	0.989	0.989	0.990	0.991	0.991	0.992
8	0.993	0.994	0.994	0.995	0.995	0.996	0.996	0.997
9	0.998	0.999	0.999	1.000	1.000	1.001	1.002	1.002
10	1.003	1.004	1.005	1.005	1.006	1.006	1.007	1.007
11	1.009	1.009	1.010	1.010	1.011	1.012	1.012	1.013
12	1.014	1.015	1.015	1.016	1.016	1.017	1.018	1.018
13	1.020	1.020	1.021	1.021	1.022	1.023	1.023	1.024
14	1.025	1.026	1.026	1.027	1.027	1.028	1.029	1.029
15	1.031	1.031	1.032	1.032	1.033	1.034	1.034	1.035
16	1.036	1.037	1.037	1.038	1.039	1.039	1.040	1.040
17	1.042	1.042	1.043	1.044	1.044	1.045	1.046	1.046
18	1.048	1.048	1.049	1.049	1.050	1.051	1.051	1.052
19	1.053	1.054	1.055	1.055	1.056	1.057	1.057	1.058
20	1.059	1.060	1.061	1.061	1.062	1.062	1.063	1.064
21	1.065	1.066	1.066	1.067	1.068	1.068	1.069	1.070
22	1.071	1.072	1.072	1.073	1.074	1.074	1.075	1.076
23	1.077	1.078	1.079	1.079	1.080	1.081	1.081	1.082
24	1.083	1.084	1.085	1.085	1.086	1.087	1.087	1.088
25	1.090	1.090	1.091	1.092	1.092	1.093	1.094	1.094
26	1.096	1.097	1.097	1.098	1.099	1.099	1.100	1.101
27	1.102	1.103	1.104	1.104	1.105	1.106	1.106	1.107
28	1.109	1.109	1.110	1.111	1.111	1.112	1.113	1.113
29	1.115	1.116	1.117	1.117	1.118	1.119	1.119	1.120
30	1.122	1.122	1.123	1.124	1.125	1.125	1.126	1.127
31	1.128	1.129	1.130	1.130	1.131	1.132	1.133	1.133
32	1.135	1.136	1.137	1.137	1.138	1.139	1.139	1.140
33	1.142	1.143	1.143	1.144	1.145	1.146	1.146	1.147
34	1.149	1.149	1.150	1.151	1.152	1.152	1.153	1.154
35	1.156	1.156	1.157	1.158	1.159	1.159	1.160	1.161

表 A.14　涤粘(65/35)中长本色纱单纱断裂强力的温度和回潮率修正系数

温度/℃	回潮率/%													
	3.1	3.2	3.3	3.4	3.5	3.6	3.7	3.8	3.9	4.0	4.1	4.2	4.3	4.4
5	0.913	0.914	0.915	0.916	0.917	0.918	0.919	0.919	0.920	0.921	0.922	0.923	0.924	0.925
6	0.917	0.918	0.919	0.920	0.921	0.922	0.923	0.923	0.924	0.925	0.926	0.927	0.928	0.929
7	0.921	0.922	0.923	0.924	0.925	0.926	0.927	0.928	0.928	0.929	0.930	0.931	0.932	0.933
8	0.925	0.926	0.927	0.928	0.929	0.930	0.931	0.932	0.933	0.934	0.934	0.935	0.936	0.937
9	0.929	0.930	0.931	0.932	0.933	0.934	0.935	0.936	0.937	0.938	0.939	0.940	0.941	0.942
10	0.933	0.934	0.935	0.936	0.937	0.938	0.939	0.940	0.941	0.942	0.943	0.944	0.945	0.946
11	0.937	0.938	0.939	0.940	0.941	0.942	0.943	0.944	0.945	0.946	0.947	0.948	0.949	0.950
12	0.942	0.943	0.943	0.944	0.945	0.946	0.947	0.948	0.949	0.950	0.951	0.952	0.953	0.954
13	0.946	0.947	0.948	0.949	0.950	0.951	0.952	0.953	0.954	0.955	0.956	0.957	0.958	0.959
14	0.950	0.951	0.952	0.953	0.954	0.955	0.956	0.957	0.958	0.959	0.960	0.961	0.962	0.963
15	0.954	0.955	0.956	0.957	0.958	0.959	0.960	0.961	0.962	0.963	0.964	0.965	0.966	0.967
16	0.959	0.960	0.961	0.962	0.963	0.964	0.965	0.966	0.967	0.968	0.969	0.970	0.971	0.972
17	0.963	0.964	0.965	0.966	0.967	0.968	0.969	0.970	0.971	0.972	0.973	0.974	0.975	0.976
18	0.967	0.968	0.970	0.971	0.972	0.973	0.974	0.975	0.976	0.977	0.978	0.979	0.980	0.981
19	0.972	0.973	0.974	0.975	0.976	0.977	0.978	0.978	0.980	0.981	0.982	0.983	0.985	0.986
20	0.976	0.977	0.979	0.980	0.981	0.982	0.983	0.984	0.985	0.986	0.987	0.988	0.989	0.990
21	0.981	0.982	0.983	0.984	0.985	0.986	0.987	0.988	0.989	0.991	0.992	0.993	0.994	0.995
22	0.986	0.987	0.988	0.989	0.990	0.991	0.992	0.993	0.994	0.995	0.996	0.997	0.999	1.000
23	0.990	0.991	0.992	0.993	0.995	0.996	0.997	0.998	0.999	1.000	1.001	1.002	1.003	1.004
24	0.995	0.996	0.997	0.998	0.999	1.000	1.001	1.003	1.004	1.005	1.006	1.007	1.008	1.009
25	1.000	1.001	1.002	1.003	1.004	1.005	1.006	1.007	1.008	1.010	1.011	1.012	1.013	1.014
26	1.004	1.005	1.007	1.008	1.009	1.010	1.011	1.012	1.013	1.014	1.016	1.017	1.018	1.019
27	1.009	1.010	1.011	1.013	1.014	1.015	1.016	1.017	1.018	1.019	1.020	1.022	1.023	1.024
28	1.014	1.015	1.016	1.017	1.019	1.020	1.021	1.022	1.023	1.024	1.025	1.027	1.028	1.029
29	1.019	1.020	1.021	1.022	1.023	1.025	1.026	1.027	1.028	1.029	1.030	1.032	1.033	1.034
30	1.024	1.025	1.026	1.027	1.028	1.030	1.031	1.032	1.033	1.034	1.035	1.037	1.038	1.039
31	1.029	1.030	1.031	1.032	1.034	1.035	1.036	1.037	1.038	1.039	1.041	1.042	1.043	1.044
32	1.034	1.035	1.036	1.037	1.039	1.040	1.041	1.042	1.043	1.045	1.046	1.047	1.048	1.049
33	1.039	1.040	1.041	1.043	1.044	1.045	1.046	1.047	1.049	1.050	1.051	1.052	1.053	1.055
34	1.044	1.045	1.047	1.048	1.049	1.050	1.051	1.053	1.054	1.055	1.056	1.057	1.059	1.060
35	1.049	1.051	1.052	1.053	1.054	1.055	1.057	1.058	1.059	1.060	1.062	1.063	1.064	1.065

表 A.14（续）

温度/℃	回潮率/%													
	4.5	4.6	4.7	4.8	4.9	5.0	5.1	5.2	5.3	5.4	5.5	5.6	5.7	5.8
5	0.926	0.927	0.928	0.929	0.930	0.931	0.932	0.933	0.934	0.935	0.935	0.936	0.937	0.938
6	0.930	0.931	0.932	0.933	0.934	0.935	0.936	0.937	0.938	0.939	0.940	0.941	0.942	0.943
7	0.934	0.935	0.936	0.937	0.938	0.939	0.940	0.941	0.942	0.943	0.944	0.945	0.946	0.947
8	0.938	0.939	0.940	0.941	0.942	0.943	0.944	0.945	0.946	0.947	0.948	0.949	0.950	0.951
9	0.943	0.943	0.944	0.945	0.946	0.947	0.948	0.949	0.950	0.951	0.952	0.953	0.954	0.955
10	0.947	0.948	0.949	0.950	0.951	0.952	0.953	0.954	0.955	0.956	0.957	0.958	0.959	0.960
11	0.951	0.952	0.953	0.954	0.955	0.956	0.957	0.958	0.959	0.960	0.961	0.962	0.963	0.964
12	0.955	0.956	0.957	0.958	0.959	0.960	0.961	0.962	0.963	0.964	0.965	0.966	0.968	0.969
13	0.960	0.961	0.962	0.963	0.964	0.965	0.966	0.967	0.968	0.969	0.970	0.971	0.972	0.973
14	0.964	0.965	0.966	0.967	0.968	0.969	0.970	0.971	0.972	0.973	0.974	0.975	0.976	0.978
15	0.969	0.970	0.971	0.972	0.973	0.974	0.975	0.976	0.977	0.978	0.979	0.980	0.981	0.982
16	0.973	0.974	0.975	0.976	0.977	0.978	0.979	0.980	0.981	0.982	0.983	0.985	0.986	0.987
17	0.978	0.979	0.980	0.981	0.982	0.983	0.984	0.985	0.986	0.987	0.988	0.989	0.990	0.991
18	0.982	0.983	0.984	0.985	0.986	0.987	0.988	0.989	0.991	0.992	0.993	0.994	0.995	0.996
19	0.987	0.988	0.989	0.990	0.991	0.992	0.993	0.994	0.995	0.996	0.997	0.998	1.000	1.001
20	0.991	0.992	0.993	0.995	0.996	0.997	0.998	0.999	1.000	1.001	1.002	1.003	1.004	1.006
21	0.996	0.997	0.998	0.999	1.000	1.001	1.003	1.004	1.005	1.006	1.007	1.008	1.009	1.010
22	1.001	1.002	1.003	1.004	1.005	1.006	1.007	1.008	1.010	1.011	1.012	1.013	1.014	1.015
23	1.005	1.007	1.008	1.009	1.010	1.011	1.012	1.013	1.014	1.016	1.017	1.018	1.019	1.020
24	1.010	1.011	1.013	1.014	1.015	1.016	1.017	1.018	1.019	1.020	1.022	1.023	1.024	1.025
25	1.015	1.016	1.017	1.019	1.020	1.021	1.022	1.023	1.024	1.025	1.027	1.028	1.029	1.030
26	1.020	1.021	1.022	1.024	1.025	1.026	1.027	1.028	1.029	1.030	1.032	1.033	1.034	1.035
27	1.025	1.026	1.027	1.029	1.030	1.031	1.032	1.033	1.034	1.036	1.037	1.038	1.039	1.040
28	1.030	1.031	1.032	1.034	1.035	1.036	1.037	1.038	1.039	1.041	1.042	1.043	1.044	1.045
29	1.035	1.036	1.037	1.039	1.040	1.041	1.042	1.043	1.045	1.046	1.047	1.048	1.049	1.051
30	1.040	1.041	1.043	1.044	1.045	1.046	1.047	1.048	1.050	1.051	1.052	1.054	1.055	1.056
31	1.045	1.047	1.048	1.049	1.050	1.051	1.053	1.054	1.055	1.056	1.058	1.059	1.060	1.061
32	1.051	1.052	1.053	1.054	1.055	1.057	1.058	1.059	1.060	1.062	1.063	1.064	1.065	1.067
33	1.056	1.057	1.058	1.060	1.061	1.062	1.063	1.064	1.066	1.067	1.068	1.069	1.071	1.072
34	1.061	1.062	1.064	1.065	1.066	1.067	1.069	1.070	1.071	1.072	1.074	1.075	1.076	1.077
35	1.067	1.068	1.069	1.070	1.072	1.073	1.074	1.075	1.076	1.078	1.079	1.080	1.082	1.083

表 A.14（续）

温度/℃	回潮率/%													
	5.9	6.0	6.1	6.2	6.3	6.4	6.5	6.6	6.7	6.8	6.9	7.0	7.1	7.2
5	0.939	0.940	0.941	0.942	0.943	0.944	0.945	0.946	0.947	0.948	0.949	0.950	0.951	0.952
6	0.944	0.945	0.945	0.946	0.947	0.948	0.949	0.950	0.951	0.952	0.953	0.954	0.955	0.956
7	0.948	0.949	0.950	0.951	0.952	0.953	0.954	0.955	0.956	0.957	0.958	0.959	0.960	0.961
8	0.952	0.953	0.954	0.955	0.956	0.957	0.958	0.959	0.960	0.961	0.962	0.963	0.964	0.965
9	0.956	0.957	0.958	0.959	0.960	0.961	0.962	0.963	0.964	0.965	0.967	0.968	0.969	0.970
10	0.961	0.962	0.963	0.964	0.965	0.966	0.967	0.968	0.969	0.970	0.971	0.972	0.973	0.974
11	0.965	0.966	0.967	0.968	0.969	0.970	0.971	0.972	0.973	0.974	0.975	0.977	0.978	0.979
12	0.970	0.971	0.972	0.973	0.974	0.975	0.976	0.977	0.978	0.979	0.980	0.981	0.982	0.983
13	0.974	0.975	0.976	0.977	0.978	0.979	0.980	0.981	0.982	0.983	0.985	0.986	0.987	0.988
14	0.979	0.980	0.981	0.982	0.983	0.984	0.985	0.986	0.987	0.988	0.989	0.990	0.991	0.992
15	0.983	0.984	0.985	0.986	0.987	0.989	0.990	0.991	0.992	0.993	0.994	0.995	0.996	0.997
16	0.988	0.989	0.990	0.991	0.992	0.993	0.994	0.995	0.996	0.997	0.999	1.000	1.001	1.002
17	0.992	0.993	0.995	0.996	0.997	0.998	0.999	1.000	1.001	1.002	1.003	1.004	1.006	1.007
18	0.997	0.998	0.999	1.000	1.001	1.003	1.004	1.005	1.006	1.007	1.008	1.009	1.010	1.011
19	1.002	1.003	1.004	1.005	1.006	1.007	1.008	1.009	1.011	1.012	1.013	1.014	1.015	1.016
20	1.007	1.008	1.009	1.010	1.011	1.012	1.013	1.014	1.016	1.017	1.018	1.019	1.020	1.021
21	1.011	1.013	1.014	1.015	1.016	1.017	1.018	1.019	1.021	1.022	1.023	1.024	1.025	1.026
22	1.016	1.017	1.019	1.020	1.021	1.022	1.023	1.024	1.025	1.027	1.028	1.029	1.030	1.031
23	1.021	1.022	1.024	1.025	1.026	1.027	1.028	1.029	1.030	1.032	1.033	1.034	1.035	1.036
24	1.026	1.027	1.029	1.030	1.031	1.032	1.033	1.034	1.036	1.037	1.038	1.039	1.040	1.041
25	1.031	1.032	1.034	1.035	1.036	1.037	1.038	1.039	1.041	1.042	1.043	1.044	1.045	1.047
26	1.036	1.038	1.039	1.040	1.041	1.042	1.043	1.045	1.046	1.047	1.048	1.049	1.051	1.052
27	1.041	1.043	1.044	1.045	1.046	1.047	1.049	1.050	1.051	1.052	1.053	1.055	1.056	1.057
28	1.047	1.048	1.049	1.050	1.051	1.052	1.054	1.055	1.056	1.058	1.059	1.060	1.061	1.062
29	1.052	1.053	1.054	1.055	1.057	1.058	1.059	1.060	1.062	1.063	1.064	1.065	1.067	1.068
30	1.057	1.058	1.060	1.061	1.062	1.063	1.065	1.066	1.067	1.068	1.070	1.071	1.072	1.073
31	1.062	1.064	1.065	1.066	1.067	1.068	1.070	1.071	1.072	1.074	1.075	1.076	1.078	1.079
32	1.068	1.069	1.070	1.071	1.073	1.074	1.075	1.077	1.078	1.079	1.080	1.082	1.083	1.084
33	1.073	1.075	1.076	1.077	1.078	1.079	1.081	1.082	1.083	1.085	1.086	1.087	1.089	1.090
34	1.079	1.080	1.081	1.082	1.084	1.085	1.087	1.088	1.089	1.090	1.092	1.093	1.094	1.096
35	1.084	1.086	1.087	1.088	1.089	1.091	1.092	1.093	1.095	1.096	1.097	1.099	1.100	1.101

表 A.14（续）

温度/℃	回潮率/%								
	7.3	7.4	7.5	7.6	7.7	7.8	7.9	8.0	8.1
5	0.953	0.954	0.955	0.956	0.957	0.958	0.959	0.960	0.961
6	0.957	0.958	0.959	0.960	0.961	0.962	0.963	0.965	0.966
7	0.962	0.963	0.964	0.965	0.966	0.967	0.968	0.969	0.970
8	0.966	0.967	0.968	0.969	0.970	0.971	0.972	0.973	0.974
9	0.971	0.972	0.973	0.974	0.975	0.976	0.977	0.978	0.979
10	0.975	0.976	0.977	0.978	0.979	0.980	0.981	0.982	0.984
11	0.980	0.981	0.982	0.983	0.984	0.985	0.986	0.987	0.988
12	0.984	0.985	0.986	0.987	0.989	0.990	0.991	0.992	0.993
13	0.989	0.990	0.991	0.992	0.993	0.994	0.995	0.996	0.998
14	0.994	0.995	0.996	0.997	0.998	0.999	1.000	1.001	1.002
15	0.998	0.999	1.000	1.001	1.003	1.004	1.005	1.006	1.007
16	1.003	1.004	1.005	1.006	1.007	1.009	1.010	1.011	1.012
17	1.008	1.009	1.010	1.011	1.012	1.013	1.014	1.016	1.017
18	1.013	1.014	1.015	1.016	1.017	1.018	1.019	1.021	1.022
19	1.017	1.019	1.020	1.021	1.022	1.023	1.024	1.026	1.027
20	1.022	1.024	1.025	1.026	1.027	1.028	1.029	1.031	1.032
21	1.027	1.029	1.030	1.031	1.032	1.033	1.034	1.036	1.037
22	1.032	1.034	1.035	1.036	1.037	1.038	1.040	1.041	1.042
23	1.038	1.039	1.040	1.041	1.042	1.043	1.045	1.046	1.047
24	1.043	1.044	1.045	1.046	1.047	1.049	1.050	1.051	1.052
25	1.048	1.049	1.050	1.051	1.053	1.054	1.055	1.056	1.058
26	1.053	1.054	1.056	1.057	1.058	1.059	1.060	1.062	1.063
27	1.058	1.060	1.061	1.062	1.063	1.065	1.066	1.067	1.068
28	1.064	1.065	1.066	1.067	1.069	1.070	1.071	1.072	1.074
29	1.069	1.070	1.072	1.073	1.074	1.075	1.077	1.078	1.079
30	1.075	1.076	1.077	1.078	1.080	1.081	1.082	1.083	1.085
31	1.080	1.081	1.083	1.084	1.085	1.086	1.088	1.089	1.090
32	1.086	1.087	1.088	1.090	1.091	1.092	1.093	1.095	1.096
33	1.091	1.093	1.094	1.095	1.096	1.098	1.099	1.100	1.102
34	1.097	1.098	1.100	1.101	1.102	1.104	1.105	1.106	1.108
35	1.103	1.104	1.105	1.107	1.108	1.109	1.111	1.112	1.113

表 A.14（续）

温度/℃	回潮率/%								
	8.2	8.3	8.4	8.5	8.6	8.7	8.8	8.9	9.0
5	0.962	0.963	0.964	0.965	0.966	0.967	0.968	0.969	0.970
6	0.967	0.968	0.969	0.970	0.971	0.972	0.973	0.974	0.975
7	0.971	0.972	0.973	0.974	0.975	0.976	0.977	0.978	0.979
8	0.975	0.977	0.978	0.979	0.980	0.981	0.982	0.983	0.984
9	0.980	0.981	0.982	0.983	0.984	0.985	0.986	0.987	0.989
10	0.985	0.986	0.987	0.988	0.989	0.990	0.991	0.992	0.993
11	0.989	0.990	0.991	0.992	0.994	0.995	0.996	0.997	0.998
12	0.994	0.995	0.996	0.997	0.998	0.999	1.000	1.002	1.003
13	0.999	1.000	1.001	1.002	1.003	1.004	1.005	1.006	1.007
14	1.003	1.004	1.006	1.007	1.008	1.009	1.010	1.011	1.012
15	1.008	1.009	1.010	1.012	1.013	1.014	1.015	1.016	1.017
16	1.013	1.014	1.015	1.016	1.018	1.019	1.020	1.021	1.022
17	1.018	1.019	1.020	1.021	1.022	1.024	1.025	1.026	1.027
18	1.023	1.024	1.025	1.026	1.027	1.029	1.030	1.031	1.032
19	1.028	1.029	1.030	1.031	1.032	1.034	1.035	1.036	1.037
20	1.033	1.034	1.035	1.036	1.038	1.039	1.040	1.041	1.042
21	1.038	1.039	1.040	1.042	1.043	1.044	1.045	1.046	1.047
22	1.043	1.044	1.045	1.047	1.048	1.049	1.050	1.052	1.053
23	1.048	1.049	1.051	1.052	1.053	1.054	1.056	1.057	1.058
24	1.054	1.055	1.056	1.057	1.058	1.060	1.061	1.062	1.063
25	1.059	1.060	1.061	1.063	1.064	1.065	1.066	1.067	1.069
26	1.064	1.065	1.067	1.068	1.069	1.070	1.072	1.073	1.074
27	1.070	1.071	1.072	1.073	1.075	1.076	1.077	1.078	1.080
28	1.075	1.076	1.078	1.079	1.080	1.081	1.083	1.084	1.085
29	1.081	1.082	1.083	1.084	1.086	1.087	1.088	1.090	1.091
30	1.086	1.087	1.089	1.090	1.091	1.093	1.094	1.095	1.097
31	1.092	1.093	1.094	1.096	1.097	1.098	1.100	1.101	1.102
32	1.097	1.099	1.100	1.101	1.103	1.104	1.105	1.107	1.108
33	1.103	1.104	1.106	1.107	1.108	1.110	1.111	1.113	1.114
34	1.109	1.110	1.112	1.113	1.114	1.116	1.117	1.118	1.120
35	1.115	1.116	1.118	1.119	1.120	1.122	1.123	1.124	1.126

表 A.15 涤粘(65/35)中长本色纱单根股线断裂强力的温度和回潮率修正系数

温度/℃	回潮率/%													
	3.1	3.2	3.3	3.4	3.5	3.6	3.7	3.8	3.9	4.0	4.1	4.2	4.3	4.4
5	0.950	0.951	0.952	0.952	0.953	0.954	0.955	0.956	0.957	0.958	0.959	0.960	0.961	0.962
6	0.950	0.951	0.952	0.953	0.953	0.954	0.955	0.956	0.957	0.958	0.959	0.960	0.961	0.962
7	0.950	0.951	0.952	0.953	0.954	0.955	0.956	0.957	0.958	0.959	0.960	0.961	0.962	0.963
8	0.951	0.952	0.953	0.954	0.955	0.955	0.956	0.957	0.958	0.959	0.960	0.961	0.962	0.963
9	0.952	0.953	0.954	0.954	0.955	0.956	0.957	0.958	0.959	0.960	0.961	0.962	0.963	0.964
10	0.953	0.954	0.955	0.956	0.956	0.957	0.958	0.959	0.960	0.961	0.962	0.963	0.964	0.965
11	0.954	0.955	0.956	0.957	0.958	0.959	0.960	0.961	0.962	0.962	0.963	0.965	0.966	0.967
12	0.956	0.957	0.957	0.958	0.959	0.960	0.961	0.962	0.963	0.964	0.965	0.966	0.967	0.968
13	0.957	0.958	0.959	0.960	0.961	0.962	0.963	0.964	0.965	0.966	0.967	0.968	0.969	0.970
14	0.959	0.960	0.961	0.962	0.963	0.964	0.965	0.966	0.967	0.968	0.969	0.970	0.971	0.972
15	0.962	0.962	0.963	0.964	0.965	0.966	0.967	0.968	0.969	0.970	0.971	0.972	0.973	0.974
16	0.964	0.965	0.966	0.967	0.967	0.968	0.969	0.970	0.971	0.972	0.973	0.974	0.976	0.977
17	0.967	0.967	0.968	0.969	0.970	0.971	0.972	0.973	0.974	0.975	0.976	0.977	0.978	0.979
18	0.969	0.970	0.971	0.972	0.973	0.974	0.975	0.976	0.977	0.978	0.979	0.980	0.981	0.982
19	0.973	0.973	0.974	0.975	0.976	0.977	0.978	0.979	0.980	0.981	0.982	0.983	0.984	0.986
20	0.976	0.977	0.978	0.979	0.980	0.981	0.982	0.983	0.984	0.985	0.986	0.987	0.988	0.989
21	0.980	0.980	0.981	0.982	0.983	0.984	0.985	0.986	0.987	0.988	0.989	0.990	0.992	0.993
22	0.983	0.984	0.985	0.986	0.987	0.988	0.989	0.990	0.991	0.992	0.993	0.994	0.996	0.997
23	0.988	0.988	0.989	0.990	0.991	0.992	0.993	0.994	0.995	0.996	0.998	0.999	1.000	1.001
24	0.992	0.993	0.994	0.995	0.996	0.997	0.998	0.999	1.000	1.001	1.002	1.003	1.004	1.005
25	0.997	0.998	0.999	0.999	1.000	1.001	1.002	1.004	1.005	1.006	1.007	1.008	1.009	1.010
26	1.002	1.003	1.003	1.004	1.005	1.006	1.007	1.008	1.010	1.011	1.012	1.013	1.014	1.015
27	1.007	1.008	1.009	1.010	1.011	1.012	1.013	1.014	1.015	1.016	1.017	1.018	1.019	1.021
28	1.012	1.013	1.014	1.015	1.016	1.017	1.018	1.019	1.021	1.022	1.023	1.024	1.025	1.026
29	1.018	1.019	1.020	1.021	1.022	1.023	1.024	1.025	1.026	1.028	1.029	1.030	1.031	1.032
30	1.024	1.025	1.026	1.027	1.028	1.029	1.031	1.032	1.033	1.034	1.035	1.036	1.037	1.039
31	1.031	1.032	1.033	1.034	1.035	1.036	1.037	1.038	1.039	1.040	1.042	1.043	1.044	1.045
32	1.038	1.039	1.040	1.041	1.042	1.043	1.044	1.045	1.046	1.047	1.049	1.050	1.051	1.052
33	1.045	1.046	1.047	1.048	1.049	1.050	1.051	1.052	1.054	1.055	1.056	1.057	1.059	1.060
34	1.052	1.053	1.055	1.056	1.057	1.058	1.059	1.060	1.061	1.062	1.064	1.065	1.066	1.068
35	1.060	1.061	1.062	1.063	1.065	1.066	1.067	1.068	1.069	1.071	1.072	1.073	1.074	1.076

表 A.15（续）

温度/℃	回潮率/%													
	4.5	4.6	4.7	4.8	4.9	5.0	5.1	5.2	5.3	5.4	5.5	5.6	5.7	5.8
5	0.963	0.964	0.965	0.967	0.968	0.969	0.970	0.971	0.973	0.974	0.975	0.976	0.978	0.979
6	0.963	0.965	0.966	0.967	0.968	0.969	0.970	0.972	0.973	0.974	0.975	0.977	0.978	0.979
7	0.964	0.965	0.966	0.967	0.968	0.970	0.971	0.972	0.973	0.974	0.976	0.977	0.978	0.980
8	0.965	0.966	0.967	0.968	0.969	0.970	0.971	0.973	0.974	0.975	0.976	0.978	0.979	0.980
9	0.965	0.966	0.968	0.969	0.970	0.971	0.972	0.974	0.975	0.976	0.977	0.979	0.980	0.981
10	0.966	0.968	0.969	0.970	0.971	0.972	0.973	0.975	0.976	0.977	0.978	0.980	0.981	0.982
11	0.968	0.969	0.970	0.971	0.972	0.974	0.975	0.976	0.977	0.978	0.980	0.981	0.982	0.984
12	0.969	0.970	0.972	0.973	0.974	0.975	0.976	0.978	0.979	0.980	0.981	0.983	0.984	0.985
13	0.971	0.972	0.973	0.974	0.976	0.977	0.978	0.979	0.981	0.982	0.983	0.985	0.986	0.987
14	0.973	0.974	0.975	0.976	0.978	0.979	0.980	0.981	0.983	0.984	0.985	0.987	0.988	0.989
15	0.975	0.976	0.978	0.979	0.980	0.981	0.982	0.984	0.985	0.986	0.988	0.989	0.990	0.992
16	0.978	0.979	0.980	0.981	0.982	0.984	0.985	0.986	0.987	0.989	0.990	0.991	0.993	0.994
17	0.980	0.982	0.983	0.984	0.985	0.986	0.988	0.989	0.990	0.991	0.993	0.994	0.996	0.997
18	0.983	0.985	0.986	0.987	0.988	0.989	0.991	0.992	0.993	0.995	0.996	0.997	0.999	1.000
19	0.987	0.988	0.989	0.990	0.991	0.993	0.994	0.995	0.997	0.998	0.999	1.001	1.002	1.003
20	0.990	0.991	0.992	0.994	0.995	0.996	0.997	0.999	1.000	1.001	1.003	1.004	1.005	1.007
21	0.994	0.995	0.996	0.997	0.999	1.000	1.001	1.003	1.004	1.005	1.007	1.008	1.009	1.011
22	0.998	0.999	1.000	1.001	1.003	1.004	1.005	1.007	1.008	1.009	1.011	1.012	1.013	1.015
23	1.002	1.003	1.004	1.006	1.007	1.008	1.009	1.011	1.012	1.014	1.015	1.016	1.018	1.019
24	1.007	1.008	1.009	1.010	1.012	1.013	1.014	1.015	1.017	1.018	1.020	1.021	1.022	1.024
25	1.011	1.013	1.014	1.015	1.016	1.018	1.019	1.020	1.022	1.023	1.024	1.026	1.027	1.029
26	1.016	1.018	1.019	1.020	1.022	1.023	1.024	1.026	1.027	1.028	1.030	1.031	1.033	1.034
27	1.022	1.023	1.024	1.026	1.027	1.028	1.030	1.031	1.032	1.034	1.035	1.037	1.038	1.040
28	1.028	1.029	1.030	1.031	1.033	1.034	1.035	1.037	1.038	1.040	1.041	1.043	1.044	1.046
29	1.034	1.035	1.036	1.037	1.039	1.040	1.042	1.043	1.044	1.046	1.047	1.049	1.050	1.052
30	1.040	1.041	1.043	1.044	1.045	1.047	1.048	1.049	1.051	1.052	1.054	1.055	1.057	1.059
31	1.047	1.048	1.049	1.051	1.052	1.053	1.055	1.056	1.058	1.059	1.061	1.062	1.064	1.065
32	1.054	1.055	1.056	1.058	1.059	1.061	1.062	1.063	1.065	1.066	1.068	1.070	1.071	1.073
33	1.061	1.062	1.064	1.065	1.067	1.068	1.070	1.071	1.073	1.074	1.076	1.077	1.079	1.080
34	1.069	1.070	1.072	1.073	1.074	1.076	1.077	1.079	1.080	1.082	1.084	1.085	1.087	1.088
35	1.077	1.078	1.080	1.081	1.083	1.084	1.086	1.087	1.089	1.090	1.092	1.094	1.095	1.097

表 A.15（续）

温度/℃	回潮率/%													
	5.9	6.0	6.1	6.2	6.3	6.4	6.5	6.6	6.7	6.8	6.9	7.0	7.1	7.2
5	0.981	0.982	0.983	0.985	0.986	0.988	0.989	0.991	0.992	0.994	0.995	0.997	0.999	1.000
6	0.981	0.982	0.983	0.985	0.986	0.988	0.989	0.991	0.992	0.994	0.996	0.997	0.999	1.001
7	0.981	0.983	0.984	0.985	0.987	0.988	0.990	0.991	0.993	0.995	0.996	0.998	0.999	1.001
8	0.982	0.983	0.985	0.986	0.988	0.989	0.990	0.992	0.994	0.995	0.997	0.998	1.000	1.002
9	0.983	0.984	0.986	0.987	0.988	0.990	0.991	0.993	0.995	0.996	0.998	0.999	1.001	1.003
10	0.984	0.985	0.987	0.988	0.990	0.991	0.993	0.994	0.996	0.997	0.999	1.001	1.002	1.004
11	0.985	0.987	0.988	0.990	0.991	0.992	0.994	0.996	0.997	0.999	1.000	1.002	1.004	1.005
12	0.987	0.988	0.990	0.991	0.993	0.994	0.996	0.997	0.999	1.000	1.002	1.004	1.005	1.007
13	0.989	0.990	0.991	0.993	0.994	0.996	0.997	0.999	1.001	1.002	1.004	1.005	1.007	1.009
14	0.991	0.992	0.994	0.995	0.997	0.998	1.000	1.001	1.003	1.004	1.006	1.008	1.009	1.011
15	0.993	0.994	0.996	0.997	0.999	1.000	1.002	1.004	1.005	1.007	1.008	1.010	1.012	1.013
16	0.996	0.997	0.999	1.000	1.001	1.003	1.005	1.006	1.008	1.009	1.011	1.013	1.014	1.016
17	0.998	1.000	1.001	1.003	1.004	1.006	1.007	1.009	1.011	1.012	1.014	1.016	1.017	1.019
18	1.001	1.003	1.004	1.006	1.007	1.009	1.011	1.012	1.014	1.015	1.017	1.019	1.020	1.022
19	1.005	1.006	1.008	1.009	1.011	1.012	1.014	1.016	1.017	1.019	1.020	1.022	1.024	1.026
20	1.008	1.010	1.011	1.013	1.014	1.016	1.018	1.019	1.021	1.022	1.024	1.026	1.028	1.029
21	1.012	1.014	1.015	1.017	1.018	1.020	1.021	1.023	1.025	1.026	1.028	1.030	1.032	1.033
22	1.016	1.018	1.019	1.021	1.022	1.024	1.026	1.027	1.029	1.031	1.032	1.034	1.036	1.038
23	1.021	1.022	1.024	1.025	1.027	1.028	1.030	1.032	1.033	1.035	1.037	1.039	1.040	1.042
24	1.025	1.027	1.028	1.030	1.032	1.033	1.035	1.037	1.038	1.040	1.042	1.044	1.045	1.047
25	1.030	1.032	1.033	1.035	1.037	1.038	1.040	1.041	1.043	1.045	1.047	1.049	1.051	1.052
26	1.036	1.037	1.039	1.040	1.042	1.044	1.045	1.047	1.049	1.051	1.052	1.054	1.056	1.058
27	1.041	1.043	1.044	1.046	1.048	1.049	1.051	1.053	1.055	1.056	1.058	1.060	1.062	1.064
28	1.047	1.049	1.050	1.052	1.054	1.055	1.057	1.059	1.061	1.062	1.064	1.066	1.068	1.070
29	1.054	1.055	1.057	1.058	1.060	1.062	1.063	1.065	1.067	1.069	1.071	1.073	1.075	1.076
30	1.060	1.062	1.063	1.065	1.067	1.068	1.070	1.072	1.074	1.076	1.077	1.079	1.081	1.083
31	1.067	1.069	1.070	1.072	1.074	1.076	1.077	1.079	1.081	1.083	1.085	1.087	1.089	1.091
32	1.074	1.076	1.078	1.079	1.081	1.083	1.085	1.087	1.088	1.090	1.092	1.094	1.096	1.098
33	1.082	1.084	1.086	1.087	1.089	1.091	1.093	1.095	1.096	1.098	1.100	1.102	1.104	1.106
34	1.090	1.092	1.094	1.095	1.097	1.099	1.101	1.103	1.105	1.107	1.109	1.111	1.113	1.115
35	1.099	1.100	1.102	1.104	1.106	1.108	1.100	1.111	1.113	1.115	1.117	1.119	1.122	1.124

表 A.15（续）

温度/℃	回潮率/%								
	7.3	7.4	7.5	7.6	7.7	7.8	7.9	8.0	8.1
5	1.002	1.004	1.006	1.007	1.009	1.011	1.013	1.015	1.016
6	1.002	1.004	1.006	1.007	1.009	1.011	1.013	1.015	1.017
7	1.003	1.004	1.006	1.008	1.010	1.012	1.013	1.015	1.017
8	1.003	1.005	1.007	1.009	1.010	1.012	1.014	1.016	1.018
9	1.004	1.006	1.008	1.010	1.011	1.013	1.015	1.017	1.019
10	1.006	1.007	1.009	1.011	1.013	1.014	1.016	1.018	1.020
11	1.007	1.009	1.010	1.012	1.014	1.016	1.018	1.020	1.022
12	1.009	1.010	1.012	1.014	1.016	1.018	1.019	1.021	1.023
13	1.011	1.012	1.014	1.016	1.018	1.019	1.021	1.023	1.025
14	1.013	1.014	1.016	1.018	1.020	1.022	1.024	1.026	1.027
15	1.015	1.017	1.019	1.021	1.022	1.024	1.026	1.028	1.030
16	1.018	1.020	1.021	1.023	1.025	1.027	1.029	1.031	1.033
17	1.021	1.022	1.024	1.026	1.028	1.030	1.032	1.034	1.036
18	1.024	1.026	1.028	1.029	1.031	1.033	1.035	1.037	1.039
19	1.027	1.029	1.031	1.033	1.035	1.037	1.039	1.041	1.043
20	1.031	1.033	1.035	1.037	1.039	1.040	1.042	1.044	1.046
21	1.035	1.037	1.039	1.041	1.043	1.045	1.047	1.049	1.051
22	1.040	1.042	1.043	1.045	1.047	1.049	1.051	1.053	1.055
23	1.044	1.046	1.048	1.050	1.052	1.054	1.056	1.058	1.060
24	1.049	1.051	1.053	1.055	1.057	1.059	1.061	1.063	1.065
25	1.054	1.056	1.058	1.060	1.062	1.064	1.066	1.068	1.070
26	1.060	1.062	1.064	1.066	1.068	1.070	1.072	1.074	1.076
27	1.066	1.068	1.070	1.072	1.074	1.076	1.078	1.080	1.082
28	1.072	1.074	1.076	1.078	1.080	1.082	1.084	1.086	1.088
29	1.078	1.080	1.082	1.084	1.087	1.089	1.091	1.093	1.095
30	1.085	1.087	1.089	1.091	1.094	1.096	1.098	1.100	1.102
31	1.093	1.095	1.097	1.099	1.101	1.103	1.105	1.108	1.110
32	1.100	1.102	1.104	1.107	1.109	1.111	1.113	1.115	1.118
33	1.108	1.110	1.113	1.115	1.117	1.119	1.121	1.124	1.125
34	1.117	1.119	1.121	1.123	1.126	1.128	1.130	1.133	1.134
35	1.126	1.128	1.130	1.132	1.135	1.137	1.139	1.142	1.144

表 A.15（续）

温度/℃	回潮率/%								
	8.2	8.3	8.4	8.5	8.6	8.7	8.8	8.9	9.0
5	1.018	1.020	1.022	1.024	1.026	1.028	1.031	1.033	1.035
6	1.019	1.021	1.022	1.025	1.027	1.029	1.031	1.033	1.035
7	1.019	1.021	1.023	1.025	1.027	1.029	1.031	1.033	1.035
8	1.020	1.022	1.024	1.026	1.028	1.030	1.032	1.034	1.036
9	1.021	1.023	1.025	1.027	1.029	1.031	1.033	1.035	1.037
10	1.022	1.024	1.026	1.028	1.030	1.032	1.034	1.036	1.038
11	1.023	1.025	1.027	1.029	1.031	1.034	1.036	1.038	1.040
12	1.025	1.027	1.029	1.032	1.033	1.035	1.037	1.040	1.042
13	1.027	1.029	1.031	1.033	1.035	1.037	1.040	1.042	1.044
14	1.029	1.031	1.033	1.035	1.038	1.040	1.042	1.044	1.046
15	1.032	1.034	1.036	1.038	1.040	1.042	1.044	1.046	1.049
16	1.035	1.037	1.039	1.041	1.043	1.045	1.047	1.049	1.052
17	1.038	1.040	1.042	1.044	1.046	1.048	1.050	1.052	1.055
18	1.041	1.043	1.045	1.047	1.049	1.051	1.054	1.056	1.058
19	1.045	1.047	1.049	1.051	1.053	1.055	1.057	1.060	1.062
20	1.048	1.051	1.053	1.055	1.057	1.059	1.061	1.063	1.066
21	1.053	1.055	1.057	1.059	1.061	1.063	1.066	1.068	1.070
22	1.057	1.059	1.061	1.063	1.066	1.068	1.070	1.072	1.075
23	1.062	1.064	1.066	1.068	1.071	1.073	1.075	1.077	1.080
24	1.067	1.069	1.071	1.073	1.076	1.078	1.080	1.082	1.085
25	1.072	1.075	1.077	1.079	1.081	1.083	1.086	1.088	1.091
26	1.078	1.080	1.082	1.085	1.087	1.089	1.092	1.094	1.096
27	1.084	1.086	1.089	1.091	1.093	1.096	1.098	1.100	1.103
28	1.091	1.093	1.095	1.097	1.100	1.102	1.104	1.107	1.109
29	1.097	1.100	1.102	1.104	1.107	1.109	1.111	1.114	1.116
30	1.105	1.107	1.109	1.111	1.114	1.116	1.119	1.121	1.124
31	1.112	1.114	1.117	1.119	1.122	1.124	1.127	1.129	1.132
32	1.120	1.122	1.125	1.127	1.130	1.132	1.135	1.137	1.140
33	1.128	1.131	1.133	1.136	1.138	1.141	1.143	1.146	1.149
34	1.137	1.140	1.142	1.145	1.147	1.150	1.152	1.155	1.158
35	1.147	1.149	1.151	1.154	1.157	1.159	1.162	1.165	1.167

表 A.16　涤粘(65/35)中长本色纱绞纱断裂强力的温度和回潮率修正系数

温度/℃	回潮率/%													
	3.1	3.2	3.3	3.4	3.5	3.6	3.7	3.8	3.9	4.0	4.1	4.2	4.3	4.4
5	0.933	0.933	0.933	0.934	0.934	0.935	0.935	0.935	0.936	0.936	0.937	0.937	0.938	0.938
6	0.936	0.937	0.937	0.937	0.938	0.938	0.939	0.939	0.939	0.940	0.940	0.941	0.941	0.942
7	0.940	0.940	0.941	0.941	0.941	0.942	0.942	0.943	0.943	0.944	0.944	0.944	0.945	0.945
8	0.943	0.944	0.944	0.945	0.945	0.946	0.946	0.946	0.947	0.947	0.948	0.948	0.949	0.949
9	0.947	0.947	0.948	0.948	0.949	0.949	0.950	0.950	0.951	0.951	0.951	0.952	0.952	0.953
10	0.951	0.951	0.952	0.952	0.953	0.953	0.953	0.954	0.954	0.955	0.955	0.956	0.956	0.957
11	0.955	0.955	0.955	0.955	0.956	0.957	0.957	0.957	0.958	0.958	0.959	0.959	0.960	0.960
12	0.958	0.959	0.959	0.960	0.960	0.961	0.961	0.961	0.962	0.962	0.963	0.963	0.964	0.964
13	0.962	0.963	0.963	0.963	0.964	0.964	0.965	0.965	0.966	0.966	0.967	0.967	0.967	0.968
14	0.966	0.966	0.967	0.967	0.968	0.968	0.969	0.969	0.970	0.970	0.970	0.971	0.971	0.972
15	0.970	0.970	0.971	0.971	0.972	0.972	0.972	0.973	0.973	0.973	0.974	0.975	0.975	0.976
16	0.974	0.974	0.975	0.975	0.975	0.976	0.976	0.977	0.977	0.978	0.978	0.979	0.979	0.980
17	0.978	0.978	0.978	0.979	0.979	0.980	0.980	0.981	0.981	0.982	0.982	0.983	0.983	0.984
18	0.982	0.982	0.982	0.983	0.983	0.984	0.984	0.985	0.985	0.986	0.986	0.987	0.987	0.988
19	0.986	0.986	0.986	0.987	0.987	0.988	0.988	0.989	0.989	0.990	0.990	0.991	0.991	0.992
20	0.990	0.990	0.990	0.991	0.991	0.992	0.992	0.993	0.993	0.994	0.994	0.995	0.995	0.996
21	0.994	0.994	0.995	0.995	0.995	0.996	0.996	0.997	0.997	0.998	0.998	0.999	0.999	1.000
22	0.998	0.998	0.999	0.999	1.000	1.000	1.001	1.001	1.001	1.002	1.002	1.003	1.003	1.004
23	1.002	1.002	1.003	1.003	1.004	1.004	1.005	1.005	1.006	1.006	1.007	1.007	1.008	1.008
24	1.006	1.006	1.007	1.007	1.008	1.008	1.009	1.009	1.010	1.010	1.011	1.011	1.012	1.012
25	1.010	1.011	1.011	1.012	1.012	1.012	1.013	1.014	1.014	1.015	1.015	1.016	1.016	1.017
26	1.014	1.015	1.015	1.016	1.016	1.017	1.017	1.018	1.018	1.019	1.019	1.020	1.020	1.021
27	1.019	1.019	1.020	1.020	1.021	1.021	1.022	1.022	1.023	1.023	1.024	1.024	1.025	1.025
28	1.023	1.023	1.024	1.024	1.025	1.025	1.026	1.026	1.027	1.028	1.028	1.029	1.029	1.029
29	1.027	1.028	1.028	1.029	1.029	1.030	1.030	1.031	1.031	1.032	1.032	1.033	1.033	1.034
30	1.032	1.032	1.033	1.033	1.034	1.034	1.035	1.035	1.036	1.036	1.037	1.037	1.038	1.038
31	1.036	1.036	1.037	1.037	1.038	1.038	1.039	1.040	1.040	1.041	1.041	1.042	1.042	1.043
32	1.040	1.040	1.041	1.042	1.043	1.043	1.044	1.044	1.045	1.045	1.046	1.046	1.047	1.047
33	1.045	1.045	1.046	1.046	1.047	1.047	1.048	1.049	1.049	1.050	1.050	1.051	1.051	1.052
34	1.049	1.050	1.050	1.051	1.052	1.052	1.053	1.053	1.054	1.054	1.055	1.055	1.056	1.056
35	1.054	1.055	1.055	1.056	1.056	1.057	1.057	1.058	1.058	1.059	1.059	1.060	1.060	1.061

表 A.16（续）

温度/℃	回潮率/%													
	4.5	4.6	4.7	4.8	4.9	5.0	5.1	5.2	5.3	5.4	5.5	5.6	5.7	5.8
5	0.938	0.939	0.939	0.940	0.940	0.941	0.941	0.941	0.942	0.942	0.943	0.943	0.944	0.944
6	0.942	0.942	0.943	0.943	0.943	0.944	0.945	0.945	0.945	0.946	0.946	0.947	0.947	0.948
7	0.946	0.946	0.947	0.947	0.947	0.948	0.948	0.949	0.949	0.950	0.950	0.950	0.951	0.951
8	0.949	0.950	0.950	0.951	0.951	0.952	0.952	0.952	0.953	0.953	0.954	0.954	0.955	0.955
9	0.953	0.954	0.954	0.954	0.954	0.955	0.956	0.956	0.957	0.957	0.958	0.958	0.958	0.959
10	0.957	0.957	0.958	0.958	0.958	0.959	0.960	0.960	0.960	0.961	0.961	0.962	0.962	0.963
11	0.961	0.961	0.962	0.962	0.962	0.963	0.963	0.964	0.964	0.965	0.965	0.966	0.966	0.966
12	0.965	0.965	0.965	0.966	0.966	0.967	0.967	0.968	0.968	0.969	0.969	0.969	0.970	0.970
13	0.968	0.969	0.969	0.970	0.970	0.971	0.971	0.972	0.972	0.972	0.973	0.973	0.974	0.974
14	0.972	0.973	0.973	0.974	0.974	0.975	0.975	0.975	0.976	0.976	0.977	0.977	0.978	0.978
15	0.976	0.977	0.977	0.978	0.978	0.978	0.979	0.979	0.980	0.980	0.981	0.981	0.982	0.982
16	0.980	0.981	0.981	0.981	0.981	0.982	0.983	0.983	0.984	0.984	0.985	0.985	0.986	0.986
17	0.984	0.985	0.985	0.985	0.985	0.986	0.987	0.987	0.988	0.988	0.989	0.989	0.990	0.990
18	0.988	0.989	0.989	0.989	0.989	0.990	0.991	0.991	0.992	0.992	0.993	0.993	0.994	0.994
19	0.992	0.993	0.993	0.993	0.994	0.994	0.995	0.995	0.996	0.996	0.997	0.997	0.998	0.998
20	0.996	0.997	0.997	0.998	0.998	0.999	0.999	1.000	1.000	1.000	1.001	1.001	1.002	1.002
21	1.000	1.001	1.001	1.002	1.002	1.003	1.003	1.004	1.004	1.005	1.005	1.006	1.006	1.007
22	1.004	1.005	1.005	1.006	1.006	1.007	1.007	1.008	1.008	1.009	1.009	1.010	1.010	1.011
23	1.009	1.009	1.010	1.010	1.010	1.011	1.012	1.012	1.013	1.013	1.013	1.014	1.014	1.015
24	1.013	1.013	1.014	1.014	1.014	1.015	1.016	1.016	1.017	1.017	1.018	1.018	1.019	1.019
25	1.017	1.018	1.018	1.018	1.019	1.020	1.020	1.021	1.021	1.022	1.022	1.023	1.023	1.024
26	1.021	1.022	1.022	1.023	1.023	1.024	1.024	1.025	1.025	1.026	1.026	1.027	1.027	1.028
27	1.026	1.026	1.027	1.027	1.027	1.028	1.029	1.029	1.030	1.030	1.031	1.031	1.032	1.032
28	1.030	1.030	1.031	1.031	1.032	1.033	1.033	1.034	1.034	1.035	1.035	1.036	1.036	1.037
29	1.034	1.035	1.035	1.036	1.036	1.037	1.037	1.038	1.038	1.039	1.040	1.040	1.041	1.041
30	1.039	1.039	1.040	1.040	1.040	1.041	1.042	1.042	1.043	1.043	1.044	1.045	1.045	1.046
31	1.043	1.044	1.044	1.045	1.045	1.046	1.046	1.047	1.047	1.048	1.049	1.049	1.050	1.050
32	1.048	1.048	1.049	1.049	1.049	1.050	1.051	1.051	1.052	1.053	1.053	1.054	1.054	1.055
33	1.052	1.053	1.053	1.054	1.054	1.055	1.056	1.056	1.057	1.057	1.058	1.058	1.059	1.059
34	1.057	1.057	1.058	1.058	1.058	1.060	1.060	1.061	1.061	1.062	1.062	1.063	1.063	1.064
35	1.062	1.062	1.063	1.063	1.063	1.064	1.065	1.065	1.066	1.066	1.067	1.067	1.068	1.068

表 A.16（续）

温度/℃	回潮率/%													
	5.9	6.0	6.1	6.2	6.3	6.4	6.5	6.6	6.7	6.8	6.9	7.0	7.1	7.2
5	0.944	0.945	0.945	0.946	0.946	0.947	0.947	0.947	0.948	0.948	0.949	0.949	0.950	0.950
6	0.948	0.948	0.949	0.949	0.950	0.950	0.951	0.951	0.952	0.952	0.952	0.953	0.953	0.954
7	0.952	0.952	0.953	0.953	0.954	0.954	0.954	0.955	0.955	0.956	0.956	0.957	0.957	0.957
8	0.956	0.956	0.956	0.957	0.957	0.958	0.958	0.959	0.959	0.959	0.960	0.960	0.961	0.961
9	0.959	0.960	0.960	0.961	0.961	0.962	0.962	0.962	0.963	0.963	0.964	0.964	0.965	0.965
10	0.963	0.964	0.964	0.964	0.965	0.965	0.966	0.966	0.967	0.967	0.968	0.968	0.968	0.969
11	0.967	0.967	0.968	0.968	0.969	0.969	0.970	0.970	0.971	0.971	0.972	0.972	0.972	0.973
12	0.971	0.971	0.972	0.972	0.973	0.973	0.974	0.974	0.974	0.975	0.975	0.976	0.976	0.977
13	0.975	0.975	0.976	0.976	0.977	0.977	0.977	0.978	0.978	0.979	0.979	0.980	0.980	0.981
14	0.979	0.979	0.980	0.980	0.980	0.981	0.981	0.982	0.982	0.983	0.983	0.984	0.984	0.985
15	0.983	0.983	0.984	0.984	0.984	0.985	0.985	0.986	0.986	0.987	0.987	0.988	0.988	0.989
16	0.987	0.987	0.988	0.988	0.988	0.989	0.989	0.990	0.990	0.991	0.991	0.992	0.992	0.993
17	0.991	0.991	0.992	0.992	0.993	0.993	0.993	0.993	0.994	0.995	0.995	0.996	0.996	0.997
18	0.995	0.995	0.996	0.996	0.997	0.997	0.998	0.998	0.998	0.999	0.999	1.000	1.000	1.001
19	0.999	0.999	1.000	1.001	1.002	1.002	1.002	1.002	1.003	1.003	1.004	1.004	1.005	1.005
20	1.003	1.003	1.004	1.004	1.005	1.005	1.006	1.006	1.007	1.007	1.008	1.008	1.009	1.009
21	1.007	1.008	1.008	1.009	1.009	1.010	1.010	1.011	1.011	1.012	1.012	1.012	1.013	1.013
22	1.011	1.012	1.012	1.013	1.013	1.014	1.014	1.015	1.015	1.016	1.016	1.017	1.017	1.018
23	1.015	1.016	1.016	1.017	1.017	1.018	1.018	1.019	1.019	1.020	1.020	1.021	1.021	1.022
24	1.020	1.020	1.021	1.021	1.022	1.022	1.023	1.023	1.024	1.024	1.025	1.025	1.026	1.026
25	1.024	1.025	1.025	1.026	1.026	1.027	1.027	1.028	1.028	1.029	1.029	1.030	1.030	1.031
26	1.028	1.029	1.029	1.030	1.030	1.031	1.031	1.032	1.032	1.033	1.034	1.034	1.035	1.035
27	1.033	1.033	1.034	1.034	1.035	1.035	1.036	1.036	1.037	1.037	1.038	1.038	1.039	1.039
28	1.037	1.038	1.038	1.039	1.039	1.040	1.040	1.041	1.041	1.042	1.043	1.043	1.043	1.044
29	1.042	1.042	1.043	1.043	1.044	1.044	1.045	1.045	1.046	1.046	1.047	1.047	1.048	1.048
30	1.046	1.047	1.047	1.048	1.048	1.049	1.049	1.050	1.050	1.051	1.052	1.052	1.052	1.053
31	1.051	1.051	1.052	1.052	1.053	1.053	1.054	1.055	1.055	1.056	1.056	1.057	1.057	1.058
32	1.055	1.056	1.056	1.057	1.057	1.058	1.058	1.059	1.060	1.060	1.061	1.061	1.062	1.062
33	1.060	1.060	1.061	1.061	1.062	1.062	1.063	1.063	1.064	1.065	1.066	1.066	1.066	1.067
34	1.064	1.065	1.066	1.066	1.067	1.067	1.068	1.068	1.069	1.069	1.070	1.070	1.071	1.071
35	1.069	1.069	1.070	1.071	1.071	1.072	1.072	1.073	1.074	1.074	1.075	1.075	1.076	1.076

表 A.16（续）

温度/℃	回潮率/%								
	7.3	7.4	7.5	7.6	7.7	7.8	7.9	8.0	8.1
5	0.950	0.951	0.951	0.952	0.952	0.953	0.953	0.953	0.954
6	0.954	0.955	0.955	0.955	0.956	0.956	0.957	0.957	0.958
7	0.958	0.958	0.959	0.959	0.960	0.960	0.961	0.961	0.961
8	0.962	0.962	0.963	0.963	0.963	0.964	0.964	0.965	0.965
9	0.966	0.966	0.966	0.967	0.967	0.968	0.968	0.969	0.969
10	0.969	0.970	0.970	0.971	0.971	0.972	0.972	0.973	0.973
11	0.973	0.974	0.974	0.975	0.975	0.976	0.976	0.976	0.977
12	0.977	0.978	0.978	0.979	0.979	0.980	0.980	0.980	0.981
13	0.981	0.982	0.982	0.983	0.983	0.983	0.984	0.984	0.985
14	0.985	0.986	0.986	0.987	0.987	0.987	0.988	0.988	0.989
15	0.989	0.990	0.990	0.991	0.991	0.992	0.992	0.992	0.993
16	0.993	0.994	0.994	0.995	0.995	0.996	0.996	0.997	0.997
17	0.997	0.998	0.998	0.999	0.999	1.000	1.000	1.001	1.001
18	1.001	1.002	1.002	1.003	1.003	1.004	1.004	1.005	1.005
19	1.006	1.006	1.007	1.007	1.007	1.008	1.008	1.009	1.009
20	1.010	1.010	1.011	1.011	1.012	1.012	1.013	1.013	1.014
21	1.014	1.014	1.015	1.015	1.016	1.016	1.017	1.017	1.018
22	1.018	1.019	1.019	1.020	1.020	1.021	1.021	1.022	1.022
23	1.022	1.023	1.023	1.024	1.024	1.025	1.025	1.026	1.026
24	1.027	1.027	1.028	1.028	1.029	1.029	1.030	1.030	1.031
25	1.031	1.032	1.032	1.033	1.033	1.034	1.034	1.035	1.035
26	1.036	1.036	1.037	1.037	1.038	1.038	1.039	1.039	1.040
27	1.040	1.040	1.041	1.042	1.042	1.043	1.043	1.044	1.044
28	1.044	1.045	1.046	1.046	1.047	1.047	1.048	1.048	1.049
29	1.049	1.049	1.050	1.051	1.051	1.052	1.052	1.053	1.053
30	1.054	1.054	1.054	1.055	1.056	1.056	1.057	1.057	1.058
31	1.058	1.059	1.059	1.060	1.060	1.061	1.061	1.062	1.062
32	1.063	1.063	1.064	1.064	1.065	1.065	1.066	1.067	1.067
33	1.067	1.068	1.069	1.069	1.070	1.070	1.071	1.071	1.072
34	1.072	1.073	1.073	1.074	1.074	1.075	1.075	1.076	1.076
35	1.077	1.077	1.078	1.079	1.079	1.080	1.080	1.081	1.081

表 A.16（续）

温度/℃	回潮率/%								
	8.2	8.3	8.4	8.5	8.6	8.7	8.8	8.9	9.0
5	0.954	0.955	0.955	0.956	0.956	0.957	0.957	0.957	0.958
6	0.958	0.959	0.959	0.959	0.960	0.960	0.961	0.961	0.962
7	0.962	0.962	0.963	0.963	0.964	0.964	0.965	0.965	0.965
8	0.966	0.966	0.967	0.967	0.968	0.968	0.968	0.969	0.969
9	0.970	0.970	0.970	0.971	0.971	0.972	0.972	0.973	0.973
10	0.973	0.974	0.974	0.975	0.975	0.976	0.976	0.977	0.977
11	0.977	0.978	0.978	0.979	0.979	0.980	0.980	0.981	0.981
12	0.981	0.982	0.982	0.983	0.983	0.984	0.984	0.985	0.985
13	0.985	0.986	0.986	0.987	0.987	0.988	0.988	0.989	0.989
14	0.989	0.990	0.990	0.991	0.991	0.992	0.992	0.993	0.993
15	0.993	0.994	0.994	0.995	0.995	0.996	0.996	0.997	0.997
16	0.997	0.998	0.998	0.999	0.999	1.000	1.000	1.001	1.001
17	1.002	1.002	1.003	1.003	1.004	1.004	1.004	1.005	1.005
18	1.006	1.006	1.007	1.007	1.008	1.008	1.009	1.009	1.010
19	1.010	1.010	1.011	1.011	1.012	1.012	1.013	1.013	1.014
20	1.014	1.015	1.015	1.016	1.016	1.017	1.017	1.018	1.018
21	1.018	1.019	1.019	1.020	1.020	1.021	1.021	1.022	1.022
22	1.023	1.023	1.024	1.024	1.025	1.025	1.026	1.026	1.027
23	1.027	1.027	1.028	1.029	1.029	1.030	1.030	1.031	1.031
24	1.031	1.032	1.032	1.033	1.033	1.034	1.034	1.035	1.035
25	1.036	1.036	1.037	1.037	1.038	1.038	1.039	1.039	1.040
26	1.040	1.041	1.041	1.042	1.042	1.043	1.043	1.044	1.044
27	1.045	1.045	1.046	1.046	1.047	1.047	1.048	1.048	1.049
28	1.049	1.050	1.050	1.051	1.051	1.052	1.052	1.053	1.053
29	1.054	1.054	1.055	1.055	1.056	1.056	1.057	1.057	1.058
30	1.058	1.059	1.059	1.060	1.060	1.061	1.062	1.062	1.062
31	1.063	1.064	1.064	1.065	1.065	1.066	1.066	1.067	1.067
32	1.068	1.068	1.069	1.069	1.070	1.070	1.071	1.071	1.072
33	1.072	1.073	1.073	1.074	1.074	1.075	1.076	1.076	1.077
34	1.077	1.078	1.078	1.079	1.079	1.080	1.081	1.081	1.081
35	1.082	1.083	1.083	1.084	1.084	1.085	1.085	1.086	1.086

表 A.17 涤粘(65/35)中长本色纱绞线断裂强力的温度和回潮率修正系数

温度/℃	回潮率/%													
	3.1	3.2	3.3	3.4	3.5	3.6	3.7	3.8	3.9	4.0	4.1	4.2	4.3	4.4
5	0.916	0.919	0.921	0.923	0.925	0.927	0.929	0.931	0.934	0.935	0.937	0.939	0.941	0.943
6	0.919	0.921	0.923	0.926	0.928	0.930	0.932	0.934	0.936	0.938	0.940	0.942	0.944	0.946
7	0.921	0.924	0.926	0.928	0.930	0.932	0.935	0.937	0.939	0.941	0.943	0.945	0.946	0.948
8	0.924	0.926	0.928	0.931	0.933	0.935	0.937	0.939	0.941	0.943	0.945	0.947	0.949	0.951
9	0.926	0.929	0.931	0.933	0.935	0.938	0.940	0.942	0.944	0.946	0.948	0.950	0.952	0.954
10	0.929	0.931	0.934	0.936	0.938	0.940	0.942	0.944	0.947	0.949	0.951	0.953	0.954	0.956
11	0.932	0.934	0.936	0.938	0.941	0.943	0.945	0.947	0.949	0.951	0.953	0.955	0.957	0.959
12	0.934	0.936	0.939	0.941	0.943	0.945	0.948	0.950	0.952	0.954	0.956	0.958	0.960	0.962
13	0.937	0.939	0.941	0.944	0.946	0.948	0.950	0.952	0.955	0.957	0.959	0.961	0.963	0.965
14	0.939	0.942	0.944	0.946	0.949	0.951	0.953	0.955	0.957	0.959	0.961	0.963	0.965	0.967
15	0.942	0.944	0.947	0.949	0.951	0.953	0.956	0.958	0.960	0.962	0.964	0.966	0.968	0.970
16	0.945	0.947	0.949	0.952	0.954	0.956	0.958	0.961	0.963	0.965	0.967	0.969	0.971	0.973
17	0.947	0.950	0.952	0.954	0.957	0.959	0.961	0.963	0.965	0.968	0.970	0.972	0.974	0.976
18	0.950	0.952	0.955	0.957	0.959	0.962	0.964	0.966	0.968	0.970	0.972	0.974	0.976	0.978
19	0.952	0.955	0.957	0.960	0.962	0.964	0.967	0.969	0.971	0.973	0.975	0.977	0.979	0.981
20	0.955	0.958	0.960	0.962	0.965	0.967	0.969	0.972	0.974	0.976	0.978	0.980	0.982	0.984
21	0.958	0.960	0.963	0.965	0.968	0.970	0.972	0.974	0.977	0.979	0.981	0.983	0.985	0.987
22	0.961	0.963	0.966	0.968	0.970	0.973	0.975	0.977	0.979	0.982	0.984	0.986	0.988	0.990
23	0.963	0.966	0.968	0.971	0.973	0.975	0.978	0.980	0.982	0.984	0.987	0.989	0.991	0.993
24	0.966	0.969	0.971	0.974	0.976	0.978	0.981	0.983	0.985	0.987	0.990	0.992	0.994	0.996
25	0.969	0.971	0.974	0.976	0.979	0.981	0.983	0.986	0.988	0.990	0.992	0.995	0.997	0.999
26	0.972	0.974	0.977	0.979	0.982	0.984	0.986	0.989	0.991	0.993	0.995	0.997	1.000	1.002
27	0.974	0.977	0.980	0.982	0.984	0.987	0.989	0.991	0.994	0.996	0.998	1.000	1.003	1.005
28	0.977	0.980	0.982	0.985	0.987	0.990	0.992	0.994	0.997	0.999	1.001	1.003	1.006	1.008
29	0.980	0.983	0.985	0.988	0.990	0.993	0.995	0.997	1.000	1.002	1.004	1.006	1.008	1.011
30	0.983	0.986	0.988	0.991	0.993	0.996	0.998	1.000	1.003	1.005	1.007	1.009	1.012	1.014
31	0.986	0.988	0.991	0.994	0.996	0.999	1.001	1.003	1.006	1.008	1.010	1.012	1.015	1.017
32	0.989	0.991	0.994	0.996	0.999	1.001	1.004	1.006	1.009	1.011	1.013	1.015	1.018	1.020
33	0.992	0.994	0.997	0.999	1.002	1.004	1.007	1.009	1.012	1.014	1.016	1.018	1.021	1.023
34	0.994	0.997	1.000	1.002	1.005	1.007	1.010	1.012	1.015	1.017	1.019	1.022	1.024	1.026
35	0.997	1.000	1.003	1.005	1.008	1.010	1.013	1.015	1.018	1.020	1.022	1.025	1.027	1.029

表 A.17（续）

温度/℃	回潮率/%													
	4.5	4.6	4.7	4.8	4.9	5.0	5.1	5.2	5.3	5.4	5.5	5.6	5.7	5.8
5	0.945	0.947	0.948	0.950	0.952	0.953	0.955	0.956	0.958	0.959	0.960	0.962	0.963	0.964
6	0.947	0.949	0.951	0.953	0.954	0.956	0.957	0.959	0.960	0.962	0.963	0.964	0.966	0.967
7	0.950	0.952	0.954	0.955	0.957	0.958	0.960	0.962	0.963	0.964	0.966	0.967	0.968	0.970
8	0.953	0.955	0.956	0.958	0.960	0.961	0.963	0.964	0.966	0.967	0.969	0.970	0.971	0.972
9	0.955	0.957	0.959	0.961	0.962	0.964	0.966	0.967	0.969	0.970	0.971	0.973	0.974	0.975
10	0.958	0.960	0.962	0.963	0.965	0.967	0.968	0.970	0.971	0.973	0.974	0.976	0.977	0.978
11	0.961	0.963	0.964	0.966	0.968	0.969	0.971	0.973	0.974	0.976	0.977	0.978	0.980	0.981
12	0.964	0.965	0.967	0.969	0.971	0.972	0.974	0.975	0.977	0.978	0.980	0.981	0.983	0.984
13	0.966	0.968	0.970	0.972	0.973	0.975	0.977	0.978	0.980	0.981	0.983	0.984	0.985	0.987
14	0.969	0.971	0.973	0.974	0.976	0.978	0.980	0.981	0.983	0.984	0.986	0.987	0.988	0.990
15	0.972	0.974	0.976	0.977	0.979	0.981	0.982	0.984	0.985	0.987	0.988	0.990	0.991	0.992
16	0.975	0.977	0.978	0.980	0.982	0.984	0.985	0.987	0.988	0.990	0.991	0.993	0.994	0.995
17	0.978	0.979	0.981	0.983	0.985	0.986	0.988	0.990	0.991	0.993	0.994	0.996	0.997	0.998
18	0.980	0.982	0.984	0.986	0.988	0.989	0.991	0.993	0.994	0.996	0.997	0.999	1.000	1.001
19	0.983	0.985	0.987	0.989	0.990	0.992	0.994	0.996	0.997	0.999	1.000	1.002	1.003	1.004
20	0.986	0.988	0.990	0.992	0.993	0.995	0.997	0.998	1.000	1.002	1.003	1.004	1.006	1.007
21	0.989	0.991	0.993	0.995	0.996	0.998	1.000	1.001	1.003	1.005	1.006	1.007	1.009	1.010
22	0.992	0.994	0.996	0.998	0.999	1.001	1.003	1.004	1.006	1.007	1.009	1.010	1.012	1.013
23	0.995	0.997	0.999	1.000	1.002	1.004	1.006	1.007	1.009	1.011	1.012	1.013	1.015	1.016
24	0.998	1.000	1.002	1.003	1.005	1.007	1.009	1.010	1.012	1.013	1.015	1.016	1.018	1.019
25	1.001	1.003	1.005	1.006	1.008	1.010	1.012	1.013	1.015	1.017	1.018	1.020	1.021	1.022
26	1.004	1.006	1.007	1.009	1.011	1.013	1.015	1.016	1.018	1.020	1.021	1.023	1.024	1.025
27	1.007	1.009	1.011	1.012	1.014	1.016	1.018	1.019	1.021	1.023	1.024	1.026	1.027	1.029
28	1.010	1.012	1.014	1.015	1.017	1.019	1.021	1.023	1.024	1.026	1.027	1.029	1.030	1.032
29	1.013	1.015	1.017	1.018	1.020	1.022	1.024	1.026	1.027	1.029	1.031	1.032	1.033	1.035
30	1.016	1.018	1.020	1.022	1.023	1.025	1.027	1.029	1.030	1.032	1.034	1.035	1.037	1.038
31	1.019	1.021	1.023	1.025	1.027	1.028	1.030	1.032	1.034	1.035	1.037	1.038	1.040	1.041
32	1.022	1.024	1.026	1.028	1.030	1.032	1.033	1.035	1.037	1.038	1.040	1.042	1.043	1.044
33	1.025	1.027	1.029	1.031	1.033	1.035	1.036	1.038	1.040	1.042	1.043	1.045	1.046	1.048
34	1.028	1.030	1.032	1.034	1.036	1.038	1.040	1.041	1.043	1.045	1.046	1.048	1.050	1.051
35	1.031	1.033	1.035	1.037	1.039	1.041	1.043	1.045	1.046	1.048	1.050	1.051	1.053	1.054

表 A.17（续）

温度/℃	回潮率/%													
	5.9	6.0	6.1	6.2	6.3	6.4	6.5	6.6	6.7	6.8	6.9	7.0	7.1	7.2
5	0.965	0.966	0.968	0.969	0.970	0.971	0.971	0.972	0.973	0.974	0.975	0.975	0.976	0.976
6	0.968	0.969	0.970	0.971	0.972	0.973	0.974	0.975	0.976	0.977	0.977	0.978	0.979	0.979
7	0.971	0.972	0.973	0.974	0.975	0.976	0.977	0.978	0.979	0.979	0.980	0.981	0.981	0.982
8	0.974	0.975	0.976	0.977	0.978	0.979	0.980	0.981	0.982	0.982	0.983	0.984	0.984	0.985
9	0.976	0.978	0.979	0.980	0.981	0.982	0.983	0.984	0.984	0.985	0.986	0.987	0.987	0.988
10	0.979	0.980	0.982	0.983	0.984	0.986	0.986	0.986	0.987	0.988	0.989	0.989	0.990	0.991
11	0.982	0.983	0.984	0.986	0.987	0.988	0.988	0.989	0.990	0.991	0.992	0.992	0.993	0.994
12	0.985	0.986	0.987	0.988	0.989	0.990	0.991	0.992	0.993	0.994	0.995	0.995	0.996	0.997
13	0.988	0.989	0.990	0.991	0.992	0.993	0.994	0.995	0.996	0.997	0.998	0.998	0.999	0.999
14	0.991	0.992	0.993	0.994	0.995	0.996	0.997	0.998	0.999	1.000	1.001	1.001	1.002	1.002
15	0.994	0.995	0.996	0.997	0.998	0.999	1.000	1.001	1.002	1.003	1.003	1.004	1.005	1.005
16	0.997	0.998	0.999	1.000	1.001	1.002	1.003	1.004	1.005	1.006	1.006	1.007	1.008	1.008
17	1.000	1.001	1.002	1.003	1.004	1.005	1.006	1.007	1.008	1.009	1.009	1.010	1.011	1.011
18	1.003	1.004	1.005	1.006	1.007	1.008	1.009	1.010	1.011	1.012	1.012	1.013	1.014	1.014
19	1.005	1.007	1.008	1.009	1.010	1.011	1.012	1.013	1.014	1.015	1.015	1.016	1.017	1.017
20	1.008	1.010	1.011	1.012	1.013	1.014	1.015	1.016	1.017	1.018	1.019	1.019	1.020	1.021
21	1.011	1.013	1.014	1.015	1.016	1.017	1.018	1.019	1.020	1.021	1.022	1.022	1.023	1.024
22	1.015	1.016	1.017	1.018	1.019	1.020	1.021	1.022	1.023	1.024	1.025	1.025	1.026	1.027
23	1.018	1.019	1.020	1.021	1.022	1.023	1.024	1.025	1.026	1.027	1.028	1.028	1.029	1.030
24	1.021	1.022	1.023	1.024	1.025	1.026	1.027	1.028	1.029	1.030	1.031	1.032	1.032	1.033
25	1.024	1.025	1.026	1.027	1.028	1.030	1.031	1.032	1.032	1.033	1.034	1.035	1.036	1.036
26	1.027	1.028	1.029	1.031	1.032	1.033	1.034	1.035	1.036	1.036	1.037	1.038	1.039	1.039
27	1.030	1.031	1.033	1.034	1.035	1.036	1.037	1.038	1.039	1.040	1.040	1.041	1.042	1.043
28	1.033	1.034	1.036	1.037	1.038	1.039	1.040	1.041	1.042	1.043	1.044	1.044	1.045	1.046
29	1.036	1.038	1.039	1.040	1.041	1.042	1.043	1.044	1.045	1.046	1.047	1.048	1.048	1.049
30	1.039	1.041	1.042	1.043	1.044	1.045	1.046	1.047	1.048	1.049	1.050	1.051	1.052	1.052
31	1.043	1.044	1.045	1.046	1.048	1.049	1.050	1.051	1.052	1.053	1.053	1.054	1.055	1.056
32	1.046	1.047	1.048	1.050	1.051	1.052	1.053	1.054	1.055	1.056	1.057	1.057	1.058	1.059
33	1.049	1.050	1.052	1.053	1.054	1.055	1.056	1.057	1.058	1.059	1.060	1.061	1.061	1.062
34	1.052	1.054	1.055	1.056	1.057	1.059	1.060	1.061	1.062	1.062	1.063	1.064	1.065	1.065
35	1.056	1.057	1.058	1.060	1.061	1.062	1.063	1.064	1.065	1.066	1.067	1.067	1.068	1.069

表 A.17（续）

温度/℃	回潮率/%										
	7.3	7.4	7.5	7.6	7.7	7.8	7.9	8.0	8.1	8.2	8.3
5	0.977	0.977	0.978	0.978	0.978	0.979	0.979	0.979	0.979	0.979	0.979
6	0.980	0.980	0.981	0.981	0.981	0.981	0.982	0.982	0.982	0.982	0.982
7	0.983	0.983	0.983	0.984	0.984	0.984	0.985	0.985	0.985	0.985	0.985
8	0.985	0.986	0.986	0.987	0.987	0.987	0.987	0.988	0.988	0.988	0.988
9	0.988	0.989	0.989	0.990	0.990	0.990	0.990	0.990	0.991	0.991	0.991
10	0.991	0.992	0.992	0.992	0.993	0.993	0.993	0.993	0.994	0.994	0.994
11	0.994	0.995	0.995	0.995	0.996	0.996	0.996	0.996	0.996	0.997	0.997
12	0.997	0.998	0.998	0.998	0.999	0.999	0.999	0.999	0.999	0.999	0.999
13	1.000	1.000	1.001	1.001	1.002	1.002	1.002	1.002	1.002	1.002	1.002
14	1.003	1.003	1.004	1.004	1.005	1.005	1.005	1.005	1.005	1.005	1.005
15	1.006	1.006	1.007	1.007	1.008	1.008	1.008	1.008	1.008	1.008	1.008
16	1.009	1.009	1.010	1.010	1.011	1.011	1.011	1.011	1.011	1.011	1.011
17	1.012	1.012	1.013	1.013	1.014	1.014	1.014	1.014	1.014	1.014	1.014
18	1.015	1.015	1.016	1.016	1.017	1.017	1.017	1.017	1.017	1.018	1.018
19	1.018	1.019	1.019	1.019	1.020	1.020	1.020	1.020	1.020	1.021	1.021
20	1.021	1.022	1.022	1.022	1.023	1.023	1.023	1.023	1.023	1.024	1.024
21	1.024	1.025	1.025	1.026	1.026	1.026	1.026	1.026	1.027	1.027	1.027
22	1.027	1.028	1.028	1.029	1.029	1.029	1.029	1.030	1.030	1.030	1.030
23	1.030	1.031	1.031	1.032	1.032	1.032	1.033	1.033	1.033	1.033	1.033
24	1.033	1.034	1.034	1.035	1.035	1.036	1.036	1.036	1.036	1.036	1.036
25	1.037	1.037	1.038	1.038	1.038	1.039	1.039	1.039	1.039	1.039	1.039
26	1.040	1.040	1.041	1.041	1.042	1.042	1.042	1.042	1.042	1.043	1.043
27	1.043	1.044	1.044	1.044	1.045	1.045	1.045	1.046	1.046	1.046	1.046
28	1.046	1.047	1.047	1.048	1.048	1.048	1.049	1.049	1.049	1.049	1.049
29	1.050	1.050	1.051	1.051	1.051	1.052	1.052	1.052	1.052	1.052	1.052
30	1.053	1.053	1.054	1.054	1.055	1.055	1.055	1.055	1.055	1.056	1.056
31	1.056	1.057	1.057	1.058	1.058	1.058	1.058	1.059	1.059	1.059	1.059
32	1.059	1.060	1.060	1.061	1.061	1.062	1.062	1.062	1.062	1.062	1.062
33	1.063	1.063	1.064	1.064	1.065	1.065	1.065	1.065	1.065	1.065	1.065
34	1.066	1.067	1.067	1.068	1.068	1.068	1.068	1.069	1.069	1.069	1.069
35	1.069	1.070	1.070	1.071	1.071	1.072	1.072	1.072	1.072	1.072	1.072

表 A.18　粘胶本色纱绞纱断裂强力的温度和回潮率修正系数

回潮率/%	温度/℃																				
	15	16	17	18	19	20	21	22	23	24	25	26	27	28	29	30	31	32	33	34	35
9.0	0.877	0.879	0.882	0.884	0.886	0.889	0.892	0.896	0.900	0.904	0.908	0.912	0.918	0.924	0.932	0.937	0.944	0.951	0.960	0.968	0.978
9.1	0.879	0.881	0.884	0.886	0.888	0.891	0.894	0.898	0.902	0.906	0.911	0.914	0.920	0.927	0.934	0.939	0.946	0.953	0.962	0.970	0.980
9.2	0.882	0.884	0.887	0.889	0.891	0.894	0.897	0.901	0.906	0.909	0.914	0.917	0.924	0.930	0.937	0.942	0.949	0.956	0.966	0.974	0.983
9.3	0.884	0.886	0.889	0.891	0.893	0.896	0.900	0.903	0.908	0.911	0.916	0.919	0.926	0.932	0.939	0.944	0.952	0.959	0.968	0.976	0.986
9.4	0.887	0.889	0.892	0.894	0.896	0.899	0.902	0.906	0.911	0.914	0.919	0.922	0.929	0.935	0.942	0.948	0.955	0.962	0.971	0.979	0.989
9.5	0.889	0.891	0.894	0.896	0.898	0.901	0.905	0.908	0.913	0.916	0.921	0.924	0.931	0.937	0.944	0.950	0.957	0.964	0.973	0.981	0.991
9.6	0.892	0.894	0.897	0.898	0.901	0.904	0.908	0.911	0.916	0.919	0.924	0.928	0.934	0.940	0.947	0.953	0.960	0.967	0.976	0.984	0.994
9.7	0.894	0.896	0.899	0.900	0.903	0.906	0.910	0.913	0.918	0.921	0.926	0.930	0.936	0.942	0.949	0.955	0.962	0.969	0.978	0.987	0.997
9.8	0.897	0.899	0.902	0.903	0.906	0.909	0.913	0.916	0.921	0.924	0.929	0.933	0.939	0.945	0.953	0.958	0.965	0.973	0.982	0.990	1.000
9.9	0.900	0.902	0.905	0.905	0.909	0.912	0.916	0.919	0.924	0.928	0.932	0.936	0.942	0.948	0.956	0.961	0.968	0.976	0.985	0.993	1.003
10.0	0.902	0.904	0.907	0.908	0.911	0.914	0.918	0.921	0.926	0.930	0.934	0.938	0.944	0.950	0.958	0.963	0.971	0.978	0.987	0.995	1.005
10.1	0.905	0.907	0.910	0.911	0.914	0.917	0.921	0.924	0.929	0.932	0.937	0.941	0.947	0.954	0.961	0.966	0.974	0.981	0.990	0.999	1.009
10.2	0.908	0.910	0.913	0.914	0.917	0.920	0.924	0.927	0.932	0.936	0.940	0.944	0.950	0.957	0.964	0.970	0.977	0.984	0.994	1.002	1.012
10.3	0.910	0.912	0.915	0.916	0.919	0.922	0.926	0.929	0.934	0.938	0.942	0.946	0.952	0.959	0.966	0.972	0.979	0.986	0.996	1.004	1.014
10.4	0.913	0.915	0.918	0.919	0.922	0.925	0.929	0.932	0.937	0.941	0.945	0.949	0.956	0.962	0.969	0.975	0.982	0.990	0.999	1.007	1.018
10.5	0.916	0.918	0.920	0.922	0.925	0.928	0.932	0.935	0.940	0.944	0.948	0.952	0.959	0.965	0.972	0.978	0.986	0.993	1.002	1.010	1.021
10.6	0.918	0.920	0.922	0.924	0.927	0.930	0.934	0.937	0.942	0.946	0.950	0.954	0.961	0.967	0.975	0.980	0.988	0.995	1.004	1.013	1.023
10.7	0.921	0.923	0.926	0.927	0.930	0.933	0.937	0.940	0.945	0.949	0.954	0.957	0.964	0.970	0.978	0.983	0.991	0.998	1.008	1.016	1.026
10.8	0.924	0.926	0.928	0.930	0.933	0.936	0.940	0.943	0.948	0.952	0.957	0.960	0.967	0.973	0.981	0.986	0.994	1.002	1.011	1.019	1.030

表 A.18（续）

回潮率/%	温度/℃																				
	15	16	17	18	19	20	21	22	23	24	25	26	27	28	29	30	31	32	33	34	35
10.9	0.926	0.928	0.930	0.932	0.935	0.938	0.942	0.945	0.950	0.954	0.959	0.962	0.969	0.976	0.983	0.989	0.996	1.004	1.013	1.021	1.032
11.0	0.929	0.931	0.933	0.935	0.938	0.941	0.945	0.948	0.953	0.957	0.962	0.965	0.972	0.979	0.986	0.992	0.999	1.007	1.016	1.025	1.035
11.1	0.932	0.934	0.936	0.938	0.941	0.944	0.948	0.952	0.956	0.960	0.965	0.968	0.975	0.982	0.989	0.995	1.002	1.010	1.020	1.028	1.038
11.2	0.935	0.936	0.939	0.941	0.944	0.947	0.951	0.954	0.959	0.963	0.968	0.972	0.978	0.985	0.992	0.998	1.006	1.013	1.023	1.031	1.042
11.3	0.938	0.940	0.942	0.944	0.947	0.950	0.954	0.958	0.962	0.966	0.971	0.975	0.981	0.988	0.996	1.001	1.009	1.016	1.026	1.034	1.045
11.4	0.940	0.942	0.944	0.946	0.949	0.952	0.956	0.960	0.964	0.968	0.973	0.977	0.983	0.990	0.998	1.003	1.011	1.019	1.028	1.037	1.047
11.5	0.942	0.944	0.947	0.949	0.952	0.955	0.959	0.963	0.967	0.971	0.976	0.980	0.986	0.993	1.001	1.006	1.014	1.022	1.031	1.040	1.050
11.6	0.946	0.947	0.950	0.952	0.955	0.958	0.962	0.966	0.970	0.974	0.979	0.983	0.990	0.996	1.004	1.010	1.017	1.025	1.036	1.043	1.054
11.7	0.948	0.950	0.953	0.955	0.958	0.961	0.965	0.969	0.973	0.977	0.982	0.986	0.993	0.999	1.007	1.013	1.020	1.028	1.038	1.046	1.057
11.8	0.951	0.953	0.956	0.958	0.961	0.964	0.968	0.972	0.976	0.980	0.985	0.989	0.996	1.002	1.010	1.016	1.024	1.031	1.041	1.050	1.060
11.9	0.954	0.956	0.959	0.961	0.964	0.967	0.971	0.975	0.980	0.983	0.988	0.992	0.999	1.006	1.013	1.019	1.027	1.035	1.044	1.053	1.064
12.0	0.957	0.959	0.962	0.964	0.967	0.970	0.974	0.978	0.983	0.986	0.991	0.995	1.002	1.009	1.016	1.022	1.030	1.038	1.048	1.056	1.067
12.1	0.960	0.962	0.965	0.967	0.970	0.973	0.977	0.981	0.986	0.990	0.994	0.998	1.005	1.012	1.020	1.026	1.033	1.041	1.051	1.060	1.070
12.2	0.963	0.965	0.968	0.970	0.973	0.976	0.980	0.984	0.989	0.992	0.997	1.001	1.008	1.015	1.023	1.029	1.036	1.044	1.054	1.063	1.074
12.3	0.965	0.967	0.971	0.972	0.975	0.978	0.982	0.986	0.991	0.995	1.000	1.003	1.010	1.017	1.025	1.031	1.039	1.046	1.056	1.065	1.076
12.4	0.969	0.971	0.974	0.976	0.979	0.982	0.986	0.990	0.995	0.999	1.003	1.008	1.014	1.021	1.029	1.035	1.042	1.051	1.060	1.069	1.080
12.5	0.972	0.974	0.977	0.979	0.982	0.985	0.990	0.993	0.998	1.002	1.007	1.011	1.018	1.024	1.032	1.038	1.046	1.054	1.064	1.073	1.084
12.6	0.975	0.977	0.980	0.982	0.985	0.988	0.992	0.996	1.001	1.005	1.010	1.014	1.021	1.028	1.035	1.041	1.049	1.057	1.067	1.076	1.087
12.7	0.978	0.980	0.983	0.985	0.988	0.991	0.995	0.999	1.004	1.008	1.013	1.017	1.024	1.031	1.038	1.044	1.052	1.060	1.070	1.079	1.090

表 A.18（续）

回潮率/%	温度/℃																				
	15	16	17	18	19	20	21	22	23	24	25	26	27	28	29	30	31	32	33	34	35
12.8	0.981	0.983	0.986	0.988	0.991	0.994	0.998	1.002	1.007	1.011	1.016	1.020	1.027	1.033	1.042	1.048	1.056	1.064	1.074	1.082	1.093
12.9	0.984	0.986	0.989	0.991	0.994	0.997	1.001	1.005	1.010	1.014	1.019	1.023	1.030	1.037	1.045	1.051	1.059	1.067	1.077	1.086	1.097
13.0	0.987	0.989	0.992	0.994	0.997	1.000	1.004	1.008	1.013	1.017	1.022	1.026	1.033	1.040	1.048	1.054	1.062	1.070	1.080	1.089	1.100
13.1	0.990	0.992	0.995	0.997	1.000	1.003	1.007	1.011	1.016	1.020	1.025	1.029	1.036	1.043	1.051	1.057	1.065	1.073	1.083	1.092	1.103
13.2	0.993	0.995	0.998	1.000	1.003	1.006	1.010	1.014	1.019	1.023	1.028	1.032	1.039	1.046	1.054	1.060	1.068	1.076	1.086	1.096	1.107
13.3	0.996	0.998	1.001	1.003	1.006	1.009	1.013	1.017	1.022	1.026	1.031	1.035	1.042	1.049	1.057	1.063	1.072	1.080	1.090	1.099	1.110
13.4	1.000	1.002	1.005	1.007	1.010	1.013	1.017	1.021	1.026	1.030	1.035	1.039	1.046	1.054	1.062	1.068	1.076	1.084	1.094	1.103	1.114
13.5	1.003	1.005	1.008	1.010	1.013	1.016	1.020	1.024	1.029	1.033	1.038	1.042	1.050	1.057	1.065	1.071	1.079	1.087	1.097	1.106	1.118
13.6	1.006	1.008	1.011	1.013	1.016	1.019	1.023	1.027	1.032	1.036	1.041	1.045	1.053	1.060	1.068	1.074	1.082	1.090	1.100	1.110	1.121
13.7	1.009	1.011	1.014	1.016	1.019	1.022	1.026	1.030	1.035	1.039	1.044	1.048	1.056	1.063	1.071	1.077	1.085	1.094	1.104	1.113	1.124
13.8	1.013	1.015	1.018	1.020	1.023	1.026	1.030	1.034	1.039	1.043	1.048	1.053	1.060	1.067	1.075	1.081	1.090	1.098	1.108	1.117	1.129
13.9	1.016	1.018	1.021	1.023	1.026	1.029	1.033	1.037	1.042	1.046	1.052	1.056	1.063	1.070	1.078	1.084	1.093	1.101	1.111	1.120	1.132
14.0	1.018	1.021	1.024	1.026	1.029	1.032	1.036	1.040	1.045	1.050	1.055	1.059	1.066	1.073	1.082	1.088	1.096	1.104	1.114	1.124	1.135
14.1	1.022	1.025	1.028	1.030	1.033	1.036	1.040	1.044	1.049	1.054	1.059	1.063	1.070	1.077	1.086	1.092	1.100	1.108	1.119	1.128	1.140
14.2	1.025	1.028	1.031	1.033	1.036	1.039	1.043	1.047	1.052	1.057	1.062	1.066	1.073	1.080	1.089	1.095	1.103	1.112	1.122	1.131	1.143
14.3	1.028	1.030	1.034	1.036	1.039	1.042	1.046	1.050	1.056	1.060	1.065	1.069	1.076	1.084	1.092	1.098	1.107	1.115	1.125	1.135	1.146
14.4	1.032	1.034	1.038	1.040	1.043	1.046	1.050	1.054	1.060	1.064	1.069	1.073	1.080	1.088	1.096	1.102	1.111	1.119	1.130	1.139	1.151
14.5	1.035	1.037	1.041	1.043	1.046	1.049	1.053	1.057	1.063	1.067	1.072	1.076	1.084	1.091	1.099	1.106	1.114	1.122	1.133	1.142	1.154
14.6	1.039	1.041	1.044	1.047	1.050	1.053	1.057	1.061	1.067	1.071	1.076	1.080	1.088	1.095	1.104	1.110	1.118	1.127	1.137	1.147	1.158

表 A.18（续）

回潮率/%	温度/℃																				
	15	16	17	18	19	20	21	22	23	24	25	26	27	28	29	30	31	32	33	34	35
14.7	1.042	1.044	1.048	1.050	1.053	1.056	1.060	1.064	1.070	1.074	1.079	1.083	1.091	1.098	1.107	1.113	1.121	1.130	1.140	1.150	1.162
14.8	1.046	1.048	1.052	1.054	1.057	1.060	1.064	1.068	1.074	1.078	1.083	1.088	1.095	1.102	1.111	1.117	1.126	1.134	1.145	1.154	1.166
14.9	1.049	1.051	1.054	1.057	1.060	1.063	1.067	1.072	1.077	1.081	1.086	1.091	1.098	1.106	1.114	1.120	1.129	1.137	1.148	1.158	1.169
15.0	1.053	1.055	1.058	1.060	1.064	1.067	1.071	1.076	1.081	1.085	1.090	1.095	1.102	1.110	1.118	1.125	1.133	1.142	1.152	1.162	1.174
15.1	1.056	1.058	1.061	1.064	1.067	1.070	1.074	1.078	1.084	1.088	1.094	1.098	1.105	1.113	1.121	1.128	1.136	1.145	1.156	1.165	1.177
15.2	1.060	1.062	1.065	1.068	1.071	1.074	1.078	1.082	1.088	1.092	1.098	1.102	1.109	1.117	1.126	1.132	1.140	1.149	1.160	1.170	1.181
15.3	1.063	1.065	1.068	1.070	1.074	1.077	1.084	1.086	1.091	1.095	1.101	1.105	1.112	1.120	1.129	1.135	1.144	1.152	1.163	1.173	1.185
15.4	1.067	1.069	1.072	1.074	1.078	1.081	1.086	1.090	1.095	1.099	1.105	1.109	1.117	1.124	1.133	1.139	1.148	1.157	1.167	1.177	1.189
15.5	1.071	1.073	1.076	1.078	1.082	1.085	1.089	1.094	1.099	1.103	1.109	1.113	1.121	1.128	1.137	1.143	1.152	1.161	1.172	1.182	1.194
15.6	1.074	1.076	1.079	1.081	1.085	1.088	1.092	1.097	1.102	1.106	1.112	1.116	1.124	1.132	1.140	1.147	1.155	1.164	1.175	1.185	1.197
15.7	1.078	1.080	1.083	1.085	1.089	1.092	1.096	1.101	1.106	1.110	1.116	1.120	1.128	1.136	1.144	1.151	1.160	1.168	1.179	1.189	1.201
15.8	1.082	1.084	1.087	1.089	1.093	1.096	1.100	1.105	1.110	1.115	1.120	1.124	1.132	1.140	1.149	1.155	1.164	1.173	1.184	1.194	1.206
15.9	1.086	1.088	1.091	1.094	1.097	1.100	1.104	1.109	1.114	1.119	1.124	1.129	1.136	1.144	1.153	1.159	1.168	1.177	1.188	1.198	1.210
16.0	1.089	1.091	1.094	1.096	1.100	1.103	1.107	1.112	1.117	1.122	1.127	1.132	1.139	1.147	1.156	1.162	1.171	1.180	1.191	1.201	1.213
16.1	1.093	1.095	1.098	1.100	1.104	1.107	1.111	1.116	1.121	1.126	1.131	1.136	1.144	1.151	1.160	1.167	1.176	1.184	1.196	1.206	1.218
16.2	1.096	1.099	1.102	1.104	1.108	1.111	1.115	1.120	1.125	1.130	1.135	1.140	1.148	1.155	1.164	1.171	1.180	1.189	1.200	1.210	1.222
16.3	1.100	1.103	1.106	1.108	1.112	1.115	1.119	1.124	1.129	1.134	1.140	1.144	1.152	1.160	1.168	1.175	1.184	1.193	1.204	1.214	1.226
16.4	1.104	1.107	1.110	1.112	1.116	1.119	1.123	1.128	1.134	1.138	1.144	1.148	1.156	1.164	1.173	1.179	1.188	1.197	1.208	1.218	1.231
16.5	1.108	1.111	1.114	1.116	1.120	1.123	1.127	1.132	1.138	1.142	1.148	1.152	1.160	1.168	1.177	1.184	1.193	1.201	1.213	1.223	1.235

表 A.18（续）

回潮率/%	温度/℃																				
	15	16	17	18	19	20	21	22	23	24	25	26	27	28	29	30	31	32	33	34	35
16.6	1.112	1.115	1.118	1.120	1.124	1.127	1.132	1.136	1.142	1.146	1.152	1.156	1.164	1.172	1.181	1.188	1.197	1.206	1.217	1.227	1.240
16.7	1.116	1.118	1.122	1.124	1.128	1.131	1.136	1.140	1.146	1.150	1.156	1.160	1.168	1.176	1.185	1.192	1.201	1.210	1.221	1.232	1.244
16.8	1.120	1.122	1.126	1.128	1.132	1.135	1.140	1.144	1.150	1.154	1.160	1.164	1.172	1.180	1.189	1.196	1.205	1.214	1.226	1.236	1.248
16.9	1.124	1.126	1.130	1.132	1.136	1.139	1.144	1.148	1.154	1.158	1.164	1.169	1.176	1.184	1.194	1.200	1.210	1.219	1.230	1.240	1.253
17.0	1.128	1.130	1.134	1.136	1.140	1.143	1.148	1.152	1.158	1.162	1.168	1.173	1.180	1.189	1.198	1.205	1.214	1.223	1.234	1.245	1.257
17.1	1.132	1.134	1.138	1.140	1.144	1.147	1.152	1.156	1.162	1.166	1.172	1.177	1.185	1.193	1.202	1.209	1.218	1.227	1.239	1.249	1.262
17.2	1.136	1.138	1.142	1.144	1.148	1.151	1.156	1.160	1.166	1.170	1.176	1.181	1.189	1.197	1.206	1.213	1.222	1.231	1.243	1.253	1.266
17.3	1.140	1.142	1.146	1.148	1.152	1.155	1.160	1.164	1.170	1.175	1.180	1.185	1.193	1.201	1.210	1.217	1.227	1.236	1.247	1.258	1.270
17.4	1.144	1.146	1.150	1.152	1.156	1.157	1.164	1.168	1.174	1.179	1.184	1.189	1.197	1.205	1.215	1.222	1.231	1.240	1.252	1.262	1.275
17.5	1.149	1.151	1.155	1.157	1.160	1.164	1.169	1.173	1.179	1.184	1.190	1.194	1.202	1.210	1.220	1.227	1.236	1.245	1.257	1.268	1.280
17.6	1.153	1.155	1.159	1.161	1.164	1.168	1.173	1.177	1.183	1.188	1.194	1.198	1.206	1.215	1.224	1.231	1.240	1.250	1.261	1.272	1.285
17.7	1.157	1.160	1.163	1.165	1.168	1.172	1.177	1.181	1.187	1.192	1.198	1.202	1.211	1.219	1.228	1.235	1.245	1.254	1.266	1.276	1.289
17.8	1.161	1.164	1.166	1.169	1.172	1.176	1.181	1.185	1.191	1.196	1.202	1.206	1.215	1.223	1.232	1.240	1.249	1.258	1.270	1.281	1.294
17.9	1.166	1.168	1.172	1.174	1.177	1.181	1.186	1.190	1.196	1.201	1.207	1.212	1.220	1.228	1.238	1.245	1.254	1.264	1.275	1.286	1.299
18.0	1.170	1.173	1.176	1.178	1.181	1.185	1.190	1.194	1.200	1.205	1.211	1.216	1.224	1.232	1.242	1.249	1.258	1.268	1.280	1.290	1.304
18.1	1.174	1.177	1.180	1.183	1.186	1.190	1.195	1.200	1.205	1.210	1.216	1.221	1.229	1.238	1.247	1.254	1.264	1.273	1.285	1.296	1.309
18.2	1.178	1.181	1.184	1.187	1.190	1.194	1.199	1.203	1.210	1.214	1.220	1.225	1.233	1.242	1.251	1.258	1.268	1.278	1.290	1.300	1.313
18.3	1.182	1.185	1.188	1.191	1.194	1.198	1.203	1.208	1.214	1.218	1.224	1.229	1.238	1.246	1.256	1.263	1.272	1.282	1.294	1.305	1.318
18.4	1.187	1.190	1.193	1.196	1.199	1.203	1.208	1.213	1.219	1.223	1.229	1.234	1.243	1.251	1.261	1.268	1.278	1.287	1.299	1.310	1.323
18.5	1.192	1.195	1.198	1.201	1.204	1.208	1.213	1.218	1.224	1.228	1.235	1.239	1.248	1.256	1.266	1.273	1.283	1.292	1.305	1.316	1.329
18.6	1.196	1.199	1.202	1.205	1.208	1.212	1.217	1.222	1.228	1.233	1.239	1.244	1.252	1.260	1.270	1.277	1.287	1.297	1.309	1.320	1.333
18.7	1.201	1.204	1.207	1.210	1.213	1.217	1.222	1.227	1.233	1.238	1.244	1.249	1.257	1.266	1.275	1.283	1.292	1.302	1.314	1.325	1.339
18.8	1.205	1.208	1.211	1.214	1.217	1.221	1.226	1.231	1.237	1.242	1.248	1.253	1.261	1.270	1.280	1.287	1.297	1.306	1.319	1.330	1.343
18.9	1.210	1.212	1.216	1.217	1.222	1.226	1.231	1.236	1.242	1.247	1.253	1.258	1.266	1.275	1.285	1.292	1.302	1.312	1.324	1.335	1.349
19.0	1.215	1.217	1.221	1.224	1.227	1.231	1.236	1.241	1.247	1.252	1.258	1.263	1.272	1.280	1.290	1.297	1.307	1.317	1.329	1.340	1.354

表 A.19　粘胶本色纱绞线断裂强力的温度和回潮率修正系数

回潮率/%	温度/℃																				
	15	16	17	18	19	20	21	22	23	24	25	26	27	28	29	30	31	32	33	34	35
9.0	0.877	0.880	0.882	0.884	0.886	0.889	0.892	0.894	0.898	0.900	0.904	0.908	0.912	0.916	0.921	0.926	0.932	0.937	0.943	0.949	0.956
9.1	0.879	0.882	0.884	0.886	0.888	0.891	0.894	0.896	0.900	0.902	0.906	0.910	0.914	0.919	0.923	0.928	0.934	0.939	0.945	0.952	0.959
9.2	0.882	0.885	0.887	0.889	0.892	0.894	0.897	0.899	0.903	0.906	0.909	0.913	0.917	0.922	0.926	0.932	0.936	0.942	0.948	0.955	0.962
9.3	0.884	0.887	0.889	0.891	0.893	0.896	0.899	0.901	0.905	0.908	0.911	0.915	0.919	0.924	0.928	0.934	0.938	0.944	0.951	0.957	0.964
9.4	0.887	0.890	0.892	0.894	0.896	0.899	0.902	0.904	0.908	0.911	0.914	0.918	0.922	0.927	0.931	0.937	0.942	0.948	0.954	0.960	0.967
9.5	0.889	0.892	0.894	0.896	0.898	0.901	0.904	0.906	0.910	0.913	0.916	0.920	0.924	0.929	0.933	0.939	0.944	0.950	0.956	0.962	0.969
9.6	0.892	0.895	0.897	0.898	0.901	0.904	0.907	0.909	0.913	0.916	0.919	0.923	0.928	0.932	0.936	0.942	0.947	0.953	0.959	0.965	0.973
9.7	0.894	0.897	0.899	0.900	0.903	0.906	0.909	0.911	0.915	0.918	0.921	0.925	0.930	0.934	0.939	0.944	0.949	0.955	0.961	0.968	0.975
9.8	0.897	0.900	0.902	0.904	0.906	0.909	0.912	0.914	0.918	0.921	0.924	0.928	0.933	0.937	0.942	0.947	0.953	0.958	0.964	0.971	0.978
9.9	0.900	0.903	0.905	0.906	0.909	0.912	0.915	0.917	0.921	0.924	0.928	0.931	0.936	0.940	0.945	0.950	0.956	0.961	0.968	0.974	0.981
10.0	0.902	0.905	0.907	0.908	0.911	0.914	0.917	0.919	0.923	0.926	0.930	0.933	0.938	0.942	0.947	0.952	0.958	0.963	0.970	0.976	0.983
10.1	0.905	0.908	0.910	0.911	0.914	0.917	0.920	0.922	0.926	0.929	0.932	0.936	0.941	0.945	0.950	0.955	0.961	0.966	0.973	0.979	0.987
10.2	0.908	0.910	0.913	0.914	0.917	0.920	0.923	0.926	0.929	0.932	0.936	0.939	0.944	0.948	0.953	0.959	0.964	0.970	0.976	0.982	0.990
10.3	0.910	0.913	0.915	0.916	0.919	0.922	0.925	0.928	0.931	0.934	0.938	0.941	0.946	0.950	0.955	0.961	0.966	0.972	0.978	0.985	0.992
10.4	0.913	0.916	0.918	0.919	0.922	0.925	0.928	0.930	0.934	0.937	0.940	0.944	0.949	0.954	0.958	0.964	0.969	0.975	0.981	0.988	0.995
10.5	0.916	0.919	0.920	0.922	0.925	0.928	0.931	0.934	0.937	0.940	0.944	0.947	0.952	0.957	0.961	0.967	0.972	0.978	0.985	0.991	0.998
10.6	0.918	0.921	0.922	0.924	0.927	0.930	0.933	0.936	0.939	0.942	0.946	0.950	0.954	0.959	0.963	0.969	0.975	0.980	0.987	0.993	1.001
10.7	0.921	0.924	0.926	0.927	0.930	0.933	0.936	0.938	0.942	0.945	0.949	0.952	0.957	0.962	0.966	0.972	0.978	0.983	0.990	0.996	1.004
10.8	0.924	0.927	0.928	0.930	0.933	0.936	0.939	0.942	0.945	0.948	0.952	0.956	0.960	0.965	0.970	0.975	0.981	0.986	0.993	1.000	1.007

表 A.19（续）

回潮率/%	温度/℃																				
	15	16	17	18	19	20	21	22	23	24	25	26	27	28	29	30	31	32	33	34	35
10.9	0.926	0.929	0.930	0.932	0.935	0.938	0.941	0.944	0.947	0.950	0.954	0.958	0.962	0.967	0.972	0.977	0.983	0.989	0.995	1.002	1.009
11.0	0.929	0.932	0.933	0.935	0.938	0.941	0.944	0.947	0.950	0.953	0.957	0.961	0.965	0.970	0.975	0.980	0.986	0.992	0.998	1.005	1.012
11.1	0.932	0.934	0.936	0.938	0.941	0.944	0.947	0.950	0.953	0.956	0.960	0.964	0.968	0.973	0.978	0.984	0.989	0.995	1.002	1.008	1.016
11.2	0.935	0.938	0.939	0.941	0.944	0.947	0.950	0.953	0.956	0.959	0.963	0.967	0.972	0.976	0.981	0.987	0.992	0.998	1.005	1.011	1.019
11.3	0.938	0.940	0.942	0.944	0.947	0.950	0.953	0.956	0.960	0.962	0.966	0.970	0.975	0.979	0.984	0.990	0.996	1.001	1.008	1.015	1.022
11.4	0.940	0.942	0.944	0.946	0.949	0.952	0.955	0.958	0.962	0.964	0.968	0.972	0.977	0.982	0.986	0.992	0.998	1.003	1.010	1.017	1.024
11.5	0.942	0.945	0.947	0.949	0.952	0.955	0.958	0.961	0.964	0.967	0.971	0.975	0.980	0.986	0.989	0.995	1.001	1.006	1.013	1.020	1.027
11.6	0.946	0.948	0.950	0.952	0.955	0.958	0.961	0.964	0.968	0.970	0.974	0.978	0.983	0.988	0.992	0.998	1.004	1.010	1.016	1.023	1.031
11.7	0.948	0.951	0.953	0.955	0.958	0.961	0.964	0.967	0.971	0.973	0.977	0.981	0.986	0.991	0.996	1.001	1.007	1.013	1.020	1.026	1.034
11.8	0.951	0.954	0.956	0.958	0.961	0.964	0.967	0.970	0.974	0.976	0.980	0.984	0.989	0.994	0.999	1.004	1.010	1.016	1.023	1.030	1.037
11.9	0.954	0.957	0.959	0.961	0.964	0.967	0.970	0.973	0.977	0.980	0.983	0.987	0.992	0.997	1.002	1.008	1.013	1.019	1.026	1.032	1.040
12.0	0.957	0.960	0.962	0.964	0.967	0.970	0.973	0.976	0.980	0.983	0.986	0.990	0.995	1.000	1.005	1.011	1.016	1.022	1.029	1.036	1.044
12.1	0.960	0.963	0.965	0.967	0.970	0.973	0.976	0.979	0.983	0.986	0.990	0.994	0.998	1.003	1.008	1.014	1.020	1.026	1.032	1.039	1.047
12.2	0.963	0.966	0.968	0.970	0.973	0.976	0.979	0.982	0.986	0.989	0.992	0.996	1.001	1.006	1.011	1.017	1.023	1.029	1.036	1.042	1.050
12.3	0.965	0.968	0.970	0.972	0.975	0.978	0.981	0.984	0.988	0.991	0.995	0.998	1.003	1.008	1.013	1.019	1.025	1.031	1.038	1.044	1.052
12.4	0.969	0.972	0.974	0.976	0.979	0.982	0.985	0.988	0.992	0.995	0.999	1.003	1.008	1.012	1.017	1.023	1.029	1.035	1.042	1.049	1.057
12.5	0.972	0.975	0.977	0.979	0.982	0.985	0.988	0.991	0.995	0.998	1.002	1.006	1.011	1.016	1.020	1.026	1.032	1.038	1.045	1.052	1.060
12.6	0.975	0.978	0.980	0.982	0.985	0.988	0.991	0.994	0.998	1.001	1.005	1.009	1.014	1.019	1.024	1.029	1.035	1.041	1.048	1.055	1.063
12.7	0.978	0.981	0.983	0.985	0.988	0.991	0.994	0.997	1.001	1.004	1.008	1.012	1.017	1.022	1.027	1.033	1.038	1.044	1.051	1.058	1.066

表 A.19（续）

回潮率/%	温度/℃																				
	15	16	17	18	19	20	21	22	23	24	25	26	27	28	29	30	31	32	33	34	35
12.8	0.981	0.984	0.986	0.988	0.991	0.994	0.997	1.000	1.004	1.007	1.011	1.015	1.020	1.025	1.030	1.036	1.042	1.048	1.055	1.062	1.070
12.9	0.984	0.987	0.989	0.991	0.994	0.997	1.000	1.003	1.007	1.010	1.014	1.018	1.023	1.028	1.033	1.039	1.045	1.051	1.058	1.065	1.073
13.0	0.987	0.990	0.992	0.994	0.997	1.000	1.003	1.006	1.010	1.013	1.017	1.021	1.026	1.031	1.036	1.042	1.048	1.054	1.061	1.068	1.076
13.1	0.990	0.993	0.995	0.997	1.000	1.003	1.006	1.009	1.013	1.016	1.020	1.024	1.029	1.034	1.039	1.045	1.051	1.057	1.064	1.071	1.079
13.2	0.993	0.996	0.998	1.000	1.003	1.006	1.009	1.012	1.016	1.019	1.023	1.027	1.032	1.037	1.042	1.048	1.054	1.060	1.067	1.074	1.082
13.3	0.996	0.999	1.001	1.003	1.006	1.009	1.012	1.015	1.019	1.022	1.026	1.030	1.035	1.040	1.045	1.051	1.057	1.064	1.070	1.078	1.086
13.4	1.000	1.003	1.005	1.007	1.010	1.013	1.016	1.019	1.023	1.026	1.030	1.034	1.039	1.044	1.049	1.056	1.062	1.068	1.075	1.082	1.090
13.5	1.003	1.006	1.008	1.010	1.013	1.016	1.019	1.022	1.026	1.029	1.033	1.037	1.042	1.047	1.052	1.059	1.065	1.071	1.078	1.085	1.093
13.6	1.006	1.009	1.011	1.013	1.016	1.019	1.022	1.025	1.029	1.032	1.036	1.040	1.045	1.050	1.056	1.062	1.068	1.074	1.081	1.088	1.096
13.7	1.009	1.012	1.014	1.016	1.019	1.022	1.025	1.028	1.032	1.035	1.039	1.043	1.048	1.054	1.059	1.065	1.071	1.077	1.084	1.091	1.100
13.8	1.013	1.016	1.018	1.020	1.023	1.026	1.029	1.032	1.036	1.039	1.043	1.048	1.053	1.058	1.063	1.069	1.075	1.081	1.088	1.096	1.104
13.9	1.016	1.019	1.021	1.023	1.026	1.029	1.032	1.035	1.039	1.042	1.046	1.050	1.056	1.061	1.066	1.072	1.078	1.084	1.092	1.099	1.107
14.0	1.018	1.022	1.024	1.026	1.029	1.032	1.035	1.038	1.042	1.045	1.050	1.054	1.059	1.064	1.069	1.075	1.082	1.088	1.095	1.102	1.110
14.1	1.023	1.026	1.028	1.030	1.033	1.036	1.039	1.042	1.046	1.049	1.054	1.058	1.063	1.068	1.073	1.080	1.086	1.092	1.099	1.106	1.115
14.2	1.025	1.027	1.031	1.033	1.036	1.039	1.042	1.045	1.049	1.052	1.057	1.061	1.066	1.071	1.076	1.083	1.089	1.095	1.102	1.110	1.118
14.3	1.028	1.032	1.034	1.036	1.039	1.042	1.045	1.048	1.052	1.056	1.060	1.064	1.069	1.074	1.080	1.086	1.092	1.098	1.106	1.113	1.121
14.4	1.032	1.036	1.038	1.040	1.043	1.046	1.049	1.052	1.056	1.060	1.064	1.068	1.073	1.078	1.084	1.090	1.096	1.102	1.110	1.117	1.125
14.5	1.035	1.038	1.041	1.043	1.046	1.049	1.052	1.055	1.059	1.063	1.067	1.071	1.076	1.082	1.087	1.093	1.099	1.106	1.113	1.120	1.129
14.6	1.039	1.042	1.044	1.047	1.050	1.053	1.056	1.059	1.064	1.067	1.071	1.075	1.080	1.086	1.091	1.097	1.104	1.110	1.118	1.125	1.133

表 A.19（续）

回潮率/%	温度/℃																				
	15	16	17	18	19	20	21	22	23	24	25	26	27	28	29	30	31	32	33	34	35
14.7	1.042	1.045	1.048	1.050	1.053	1.056	1.059	1.062	1.067	1.070	1.074	1.078	1.083	1.089	1.094	1.100	1.107	1.113	1.120	1.128	1.136
14.8	1.046	1.049	1.052	1.054	1.057	1.060	1.063	1.066	1.071	1.074	1.078	1.082	1.088	1.093	1.098	1.104	1.111	1.117	1.125	1.132	1.140
14.9	1.049	1.052	1.054	1.057	1.060	1.063	1.066	1.069	1.074	1.077	1.081	1.085	1.091	1.096	1.101	1.108	1.114	1.120	1.128	1.135	1.144
15.0	1.053	1.056	1.058	1.060	1.064	1.067	1.070	1.073	1.078	1.081	1.085	1.089	1.095	1.100	1.105	1.112	1.118	1.125	1.132	1.140	1.148
15.1	1.056	1.059	1.061	1.064	1.067	1.070	1.073	1.076	1.081	1.084	1.088	1.092	1.098	1.103	1.108	1.115	1.121	1.128	1.135	1.143	1.151
15.2	1.060	1.063	1.065	1.068	1.071	1.074	1.077	1.080	1.085	1.088	1.092	1.096	1.102	1.107	1.113	1.119	1.126	1.132	1.140	1.147	1.156
15.3	1.063	1.066	1.068	1.070	1.074	1.077	1.080	1.083	1.088	1.091	1.095	1.100	1.105	1.110	1.116	1.122	1.129	1.135	1.143	1.150	1.159
15.4	1.067	1.070	1.072	1.074	1.078	1.081	1.084	1.087	1.092	1.095	1.099	1.104	1.109	1.114	1.120	1.126	1.133	1.139	1.147	1.154	1.163
15.5	1.071	1.074	1.076	1.078	1.082	1.085	1.088	1.091	1.096	1.099	1.103	1.108	1.113	1.119	1.124	1.130	1.137	1.144	1.151	1.159	1.167
15.6	1.074	1.077	1.079	1.081	1.085	1.088	1.091	1.094	1.099	1.102	1.106	1.111	1.116	1.122	1.127	1.134	1.140	1.147	1.154	1.162	1.171
15.7	1.078	1.081	1.083	1.085	1.089	1.092	1.095	1.098	1.103	1.106	1.110	1.115	1.120	1.126	1.131	1.138	1.144	1.151	1.159	1.166	1.175
15.8	1.082	1.085	1.087	1.089	1.093	1.096	1.099	1.102	1.107	1.110	1.115	1.119	1.124	1.130	1.135	1.142	1.149	1.155	1.163	1.170	1.179
15.9	1.086	1.089	1.091	1.093	1.097	1.100	1.103	1.107	1.111	1.114	1.119	1.123	1.129	1.134	1.140	1.146	1.153	1.159	1.167	1.175	1.184
16.0	1.089	1.092	1.094	1.096	1.100	1.103	1.106	1.110	1.114	1.117	1.122	1.126	1.132	1.137	1.143	1.149	1.156	1.162	1.170	1.178	1.187
16.1	1.093	1.096	1.098	1.100	1.104	1.107	1.110	1.114	1.118	1.121	1.126	1.130	1.136	1.141	1.147	1.153	1.160	1.167	1.174	1.182	1.191
16.2	1.096	1.100	1.102	1.104	1.108	1.111	1.114	1.118	1.122	1.125	1.130	1.134	1.140	1.145	1.151	1.158	1.164	1.171	1.179	1.186	1.195
16.3	1.100	1.104	1.106	1.108	1.112	1.115	1.118	1.122	1.126	1.129	1.134	1.138	1.144	1.150	1.155	1.162	1.168	1.175	1.183	1.191	1.200
16.4	1.104	1.108	1.110	1.112	1.116	1.119	1.122	1.126	1.130	1.134	1.138	1.142	1.148	1.154	1.159	1.166	1.173	1.179	1.187	1.195	1.204
16.5	1.108	1.112	1.114	1.116	1.120	1.123	1.126	1.130	1.131	1.138	1.142	1.146	1.152	1.158	1.163	1.170	1.177	1.184	1.192	1.199	1.208

表 A.19（续）

回潮率/%	温度/℃																				
	15	16	17	18	19	20	21	22	23	24	25	26	27	28	29	30	31	32	33	34	35
16.6	1.112	1.116	1.118	1.120	1.124	1.127	1.130	1.134	1.138	1.142	1.146	1.151	1.156	1.162	1.168	1.174	1.181	1.188	1.196	1.204	1.213
16.7	1.116	1.120	1.122	1.124	1.128	1.131	1.134	1.138	1.142	1.146	1.150	1.155	1.160	1.166	1.172	1.178	1.185	1.192	1.200	1.208	1.217
16.8	1.120	1.124	1.126	1.128	1.132	1.135	1.138	1.142	1.146	1.150	1.154	1.159	1.164	1.170	1.176	1.183	1.189	1.196	1.204	1.212	1.221
16.9	1.124	1.128	1.130	1.132	1.136	1.139	1.142	1.146	1.150	1.154	1.158	1.163	1.169	1.174	1.180	1.187	1.194	1.200	1.208	1.216	1.226
17.0	1.128	1.132	1.134	1.136	1.140	1.143	1.146	1.150	1.154	1.158	1.162	1.167	1.173	1.178	1.184	1.191	1.198	1.205	1.213	1.221	1.230
17.1	1.132	1.136	1.138	1.140	1.144	1.147	1.150	1.154	1.158	1.162	1.166	1.171	1.177	1.182	1.188	1.195	1.202	1.209	1.217	1.225	1.234
17.2	1.136	1.139	1.142	1.144	1.148	1.151	1.154	1.158	1.162	1.166	1.170	1.175	1.181	1.187	1.192	1.199	1.206	1.213	1.221	1.229	1.238
17.3	1.140	1.143	1.146	1.148	1.152	1.155	1.158	1.162	1.167	1.170	1.175	1.179	1.185	1.191	1.196	1.204	1.210	1.217	1.225	1.234	1.243
17.4	1.144	1.147	1.150	1.152	1.156	1.159	1.162	1.166	1.170	1.174	1.179	1.183	1.189	1.195	1.201	1.208	1.215	1.222	1.230	1.238	1.247
17.5	1.149	1.152	1.155	1.157	1.160	1.164	1.167	1.171	1.176	1.179	1.184	1.188	1.194	1.200	1.206	1.213	1.220	1.227	1.235	1.243	1.252
17.6	1.153	1.156	1.159	1.161	1.164	1.168	1.172	1.175	1.180	1.183	1.188	1.192	1.198	1.204	1.210	1.217	1.224	1.231	1.239	1.247	1.257
17.7	1.157	1.160	1.163	1.165	1.168	1.172	1.176	1.179	1.184	1.187	1.192	1.197	1.202	1.208	1.214	1.221	1.228	1.235	1.243	1.252	1.261
17.8	1.161	1.164	1.166	1.169	1.172	1.176	1.180	1.183	1.188	1.191	1.196	1.201	1.206	1.212	1.218	1.225	1.232	1.240	1.248	1.256	1.265
17.9	1.166	1.169	1.172	1.174	1.177	1.181	1.184	1.188	1.193	1.196	1.201	1.206	1.212	1.218	1.224	1.231	1.238	1.245	1.253	1.261	1.270
18.0	1.170	1.173	1.176	1.178	1.181	1.185	1.188	1.192	1.197	1.200	1.205	1.210	1.216	1.222	1.228	1.235	1.242	1.249	1.257	1.266	1.275
18.1	1.174	1.178	1.180	1.183	1.186	1.190	1.194	1.197	1.202	1.205	1.210	1.215	1.221	1.227	1.233	1.240	1.247	1.254	1.262	1.271	1.280
18.2	1.178	1.182	1.184	1.187	1.190	1.194	1.198	1.201	1.206	1.210	1.214	1.219	1.225	1.231	1.237	1.244	1.251	1.258	1.267	1.275	1.285
18.3	1.182	1.186	1.188	1.191	1.194	1.198	1.202	1.205	1.210	1.214	1.218	1.223	1.229	1.235	1.241	1.248	1.256	1.263	1.271	1.279	1.289
18.4	1.187	1.191	1.193	1.196	1.199	1.203	1.207	1.210	1.215	1.219	1.223	1.228	1.234	1.240	1.246	1.254	1.261	1.268	1.276	1.285	1.294

表 A.19（续）

回潮率/%	温度/℃																				
	15	16	17	18	19	20	21	22	23	24	25	26	27	28	29	30	31	32	33	34	35
18.5	1.192	1.196	1.198	1.200	1.204	1.208	1.211	1.215	1.220	1.224	1.228	1.233	1.239	1.245	1.251	1.259	1.266	1.273	1.282	1.290	1.300
18.6	1.196	1.200	1.202	1.205	1.208	1.212	1.216	1.219	1.224	1.228	1.233	1.237	1.244	1.250	1.256	1.263	1.270	1.277	1.286	1.294	1.304
18.7	1.201	1.205	1.207	1.210	1.213	1.217	1.221	1.224	1.229	1.233	1.238	1.242	1.249	1.255	1.261	1.268	1.275	1.283	1.291	1.300	1.309
18.8	1.205	1.209	1.211	1.214	1.217	1.221	1.225	1.228	1.233	1.237	1.242	1.247	1.253	1.259	1.265	1.272	1.280	1.287	1.295	1.304	1.314
18.9	1.210	1.214	1.216	1.219	1.222	1.226	1.230	1.233	1.238	1.242	1.247	1.252	1.258	1.264	1.270	1.277	1.285	1.292	1.301	1.309	1.319
19.0	1.215	1.219	1.221	1.224	1.227	1.231	1.235	1.238	1.243	1.247	1.252	1.256	1.262	1.269	1.275	1.283	1.290	1.297	1.306	1.315	1.324

ICS 59.080.01
W 10

中华人民共和国纺织行业标准

FZ/T 10013.2—2011
代替 FZ/T 10013.2—1999

温度与回潮率对棉及化纤纯纺、混纺制品断裂强力的修正方法 本色布断裂强力的修正方法

Corrected method for breaking strength of pure and blended products of cotton, chemical fibres to temperature and regain—Corrected method for breaking strength of grey fabrics

2011-05-18 发布　　2011-08-01 实施

中华人民共和国工业和信息化部　发布

前　言

FZ/T 10013《温度与回潮率对棉及化纤纯纺、混纺制品断裂强力的修正方法》分为三个部分：

——本色纱线及染色加工线断裂强力的修正方法；

——本色布断裂强力的修正方法；

——印染布断裂强力的修正方法。

本部分为 FZ/T 10013 的第 2 部分。

本部分按照 GB/T 1.1—2009 给出的规则起草。

本部分是对 FZ/T 10013.2—1999《温度与回潮率对棉及化纤纯纺、混纺制品断裂强力的修正方法　本色布断裂强力的修正方法》的修订，主要修改了以下内容：

——对强力修正系数作了编辑性的修正。

本部分由中国纺织工业协会提出。

本部分由全国纺织品标准化技术委员会棉纺织印染分技术委员会(SAC/TC 209/SC 2)归口。

本部分起草单位：上海市纺织工业技术监督所、鲁丰织染有限公司、中国棉纺织行业协会、上海市服装研究所。

本部分主要起草人：张宝庆、张战旗、王克莉、秦威。

本部分所代替标准的历次版本发布情况为：

——ZB W 04006.2—1989；

——FZ/T 10013.2—1999。

温度与回潮率对棉及化纤纯纺、混纺制品断裂强力的修正方法 本色布断裂强力的修正方法

1 范围

FZ/T 10013 的本部分规定了温度与回潮率对棉及化纤纯纺、混纺本色布断裂强力的修正方法，并给出了不同温度和回潮率条件下的断裂强力的修正系数。

本部分适用于棉本色布、棉与化纤混纺本色布、化纤本色布、化纤与化纤混纺本色布及帆布在非标准大气条件下或在平衡时间不符合标准规定的条件下，对所测得的断裂强力的修正。

本部分不适用于其他原料所织造的本色布。

2 原理

2.1 在各种不同温度及回潮率条件下测得本色布断裂强力，按本部分提供的换算关系和修正系数值，计算出相当于标准大气条件下的本色布断裂强力，即本色布的修正强力。

2.2 各种修正系数值系根据各种本色布在不同温湿度条件下实测的强力数据，用数理统计方法——最小二乘法，计算温度及回潮率两个因子对本色布断裂强力的关系，得到温度与回潮率对本色布断裂强力的修正系数值。

3 换算关系

本色布的修正断裂强力与本色布实测断裂强力、修正系数的换算关系见式(1)，计算的小数不计，取整数。

$$P_0 = K \times P \qquad (1)$$

式中：

P_0——本色布的修正强力(相当于在标准大气条件下本色布的断裂强力)，单位为牛顿(N)；

P ——在非标准大气条件下测得的本色布断裂强力，单位为牛顿(N)；

K ——温度与回潮率对本色布断裂强力的修正系数。

4 换算方法

4.1 步骤

4.1.1 按照规定的测试方法，获得本色布的实测断裂强力值 P，单位为牛顿(N)，并记录下此时样品所处的环境温度值 t，单位为摄氏度(℃)。

4.1.2 按照规定的方法，测出本色布的回潮率值 W(%)。

4.1.3 根据所得到的本色布实测回潮率值 W 和本色布断裂强力测试时的温度值 t，查表求得本色布断裂强力的修正系数 K，见附录 A。

4.1.4 将所得到的本色布断裂强力的修正系数 K 值和实测断裂强力值 P 代入式(1)，即可得到修正后

的本色布断裂强力值 P_0。

4.2 举例

已知：13.1 tex/13.1 tex 涤棉(65/35)本色布的实测断裂强力 P_0 为 600 N，实测回潮率 W 为3.0%，测试断裂强力时的环境温度为 t 为 21 ℃。

根据已知条件：$W=3.0\%$、$t=21$ ℃，查表 A.2 后，得 $K=1.012$。

则 $P_0=K\times P=1.012\times600=607$ N。

即：该涤棉本色布修正后的断裂强力为 607 N。

附 录 A
（规范性附录）
温度与回潮率对本色布断裂强力的修正系数值

A.1 棉本色布断裂强力的温度和回潮率修正系数按表 A.1。

A.2 涤棉(65/35)本色布断裂强力的温度和回潮率修正系数按表 A.2。

A.3 棉维(50/50)本色布断裂强力的温度和回潮率修正系数按表 A.3。

A.4 棉丙(50/50)本色布断裂强力的温度和回潮率修正系数按表 A.4。

A.5 棉粘(50/50)本色布断裂强力的温度和回潮率修正系数按表 A.5。

A.6 粘胶本色布断裂强力的温度和回潮率修正系数按表 A.6。

A.7 棉本色帆布断裂强力的温度和回潮率修正系数按表 A.7。

A.8 维纶本色帆布断裂强力的温度和回潮率修正系数按表 A.8。

A.9 涤粘(65/35)中长本色布断裂强力的温度和回潮率修正系数按表 A.9。

A.10 凡混纺产品，混纺比在上述修正系数表中所规定的混纺比±5%以内者均可引用。

表 A.1 棉本色布断裂强力的温度和回潮率修正系数

温度 ℃	回潮率 %												
	4.1	4.2	4.3	4.4	4.5	4.6	4.7	4.8	4.9	5.0	5.1	5.2	5.3
5	1.120	1.115	1.110	1.104	1.099	1.094	1.089	1.084	1.079	1.074	1.070	1.065	1.061
6	1.123	1.118	1.112	1.107	1.102	1.096	1.091	1.087	1.082	1.077	1.072	1.068	1.063
7	1.126	1.120	1.115	1.109	1.104	1.099	1.094	1.089	1.084	1.079	1.075	1.070	1.066
8	1.129	1.123	1.117	1.112	1.107	1.102	1.096	1.092	1.087	1.082	1.077	1.073	1.068
9	1.131	1.126	1.120	1.115	1.109	1.104	1.099	1.094	1.089	1.084	1.080	1.075	1.071
10	1.134	1.128	1.123	1.117	1.112	1.107	1.102	1.097	1.092	1.087	1.082	1.077	1.073
11	1.137	1.131	1.125	1.120	1.115	1.109	1.104	1.099	1.094	1.089	1.085	1.080	1.075
12	1.139	1.134	1.128	1.123	1.117	1.112	1.107	1.102	1.097	1.092	1.087	1.082	1.078
13	1.142	1.136	1.131	1.125	1.120	1.115	1.109	1.104	1.099	1.094	1.090	1.085	1.080
14	1.145	1.139	1.133	1.128	1.123	1.117	1.112	1.107	1.102	1.097	1.092	1.087	1.083
15	1.148	1.142	1.136	1.131	1.125	1.120	1.115	1.109	1.104	1.099	1.095	1.090	1.085
16	1.150	1.145	1.139	1.133	1.128	1.122	1.117	1.112	1.107	1.102	1.097	1.092	1.088
17	1.153	1.147	1.142	1.136	1.131	1.125	1.120	1.115	1.110	1.105	1.100	1.095	1.090
18	1.156	1.150	1.144	1.139	1.133	1.128	1.123	1.117	1.112	1.107	1.102	1.097	1.093
19	1.159	1.153	1.147	1.142	1.136	1.131	1.125	1.120	1.115	1.110	1.105	1.100	1.095
20	1.162	1.156	1.150	1.144	1.139	1.133	1.128	1.123	1.117	1.112	1.107	1.103	1.098
21	1.165	1.159	1.153	1.147	1.141	1.136	1.131	1.125	1.120	1.115	1.110	1.105	1.100
22	1.168	1.162	1.156	1.150	1.144	1.139	1.133	1.128	1.123	1.118	1.113	1.108	1.103
23	1.170	1.164	1.158	1.153	1.147	1.141	1.136	1.131	1.125	1.120	1.115	1.110	1.106
24	1.173	1.167	1.161	1.156	1.150	1.144	1.139	1.133	1.128	1.123	1.118	1.113	1.108
25	1.176	1.170	1.164	1.158	1.153	1.147	1.142	1.136	1.131	1.126	1.121	1.116	1.111
26	1.179	1.173	1.167	1.161	1.155	1.150	1.144	1.139	1.134	1.128	1.123	1.118	1.113
27	1.182	1.176	1.170	1.164	1.158	1.153	1.147	1.142	1.136	1.131	1.126	1.121	1.116
28	1.185	1.179	1.173	1.167	1.161	1.155	1.150	1.144	1.139	1.134	1.129	1.124	1.119
29	1.188	1.182	1.176	1.170	1.164	1.158	1.153	1.147	1.142	1.136	1.131	1.126	1.121
30	1.191	1.185	1.179	1.173	1.167	1.161	1.155	1.150	1.145	1.139	1.134	1.129	1.124
31	1.194	1.188	1.182	1.176	1.170	1.164	1.158	1.153	1.147	1.142	1.137	1.132	1.127
32	1.197	1.191	1.185	1.179	1.173	1.167	1.161	1.156	1.150	1.145	1.139	1.134	1.129
33	1.200	1.194	1.188	1.182	1.176	1.170	1.164	1.158	1.153	1.148	1.142	1.137	1.132
34	1.203	1.197	1.191	1.184	1.178	1.173	1.167	1.161	1.156	1.150	1.145	1.140	1.135
35	1.206	1.200	1.194	1.187	1.181	1.176	1.170	1.164	1.159	1.153	1.148	1.143	1.137

表 A.1（续）

温度 ℃	回潮率 %												
	5.4	5.5	5.6	5.7	5.8	5.9	6.0	6.1	6.2	6.3	6.4	6.5	6.6
5	1.057	1.052	1.048	1.044	1.040	1.036	1.032	1.028	1.025	1.021	1.017	1.014	1.011
6	1.059	1.055	1.050	1.046	1.042	1.038	1.034	1.031	1.027	1.023	1.020	1.016	1.013
7	1.061	1.057	1.053	1.049	1.045	1.041	1.037	1.033	1.029	1.025	1.022	1.018	1.015
8	1.064	1.059	1.055	1.051	1.047	1.043	1.039	1.035	1.031	1.028	1.024	1.021	1.017
9	1.066	1.062	1.057	1.053	1.049	1.045	1.041	1.037	1.034	1.030	1.026	1.023	1.019
10	1.068	1.064	1.060	1.056	1.052	1.047	1.044	1.040	1.036	1.032	1.029	1.025	1.021
11	1.071	1.067	1.062	1.058	1.054	1.050	1.046	1.042	1.038	1.034	1.031	1.027	1.024
12	1.073	1.069	1.065	1.060	1.056	1.052	1.048	1.044	1.040	1.037	1.033	1.029	1.026
13	1.076	1.071	1.067	1.063	1.059	1.055	1.050	1.047	1.043	1.039	1.035	1.032	1.028
14	1.078	1.074	1.069	1.065	1.061	1.057	1.053	1.049	1.045	1.041	1.038	1.034	1.030
15	1.081	1.076	1.072	1.068	1.063	1.059	1.055	1.051	1.047	1.044	1.040	1.036	1.033
16	1.083	1.079	1.074	1.070	1.066	1.062	1.058	1.054	1.050	1.046	1.042	1.038	1.035
17	1.086	1.081	1.077	1.072	1.068	1.064	1.060	1.056	1.052	1.048	1.044	1.041	1.037
18	1.088	1.084	1.079	1.075	1.071	1.066	1.062	1.058	1.054	1.050	1.047	1.043	1.039
19	1.091	1.086	1.082	1.077	1.073	1.069	1.065	1.061	1.057	1.053	1.049	1.045	1.042
20	1.093	1.089	1.084	1.080	1.075	1.071	1.067	1.063	1.059	1.055	1.051	1.048	1.044
21	1.096	1.091	1.087	1.082	1.078	1.074	1.070	1.065	1.061	1.058	1.054	1.050	1.046
22	1.098	1.094	1.089	1.085	1.080	1.076	1.072	1.068	1.064	1.060	1.056	1.052	1.049
23	1.101	1.096	1.092	1.087	1.083	1.079	1.074	1.070	1.066	1.062	1.058	1.055	1.051
24	1.103	1.099	1.094	1.090	1.085	1.081	1.077	1.073	1.069	1.065	1.061	1.057	1.053
25	1.106	1.101	1.097	1.092	1.088	1.084	1.079	1.075	1.071	1.067	1.063	1.059	1.056
26	1.109	1.104	1.099	1.095	1.090	1.086	1.082	1.078	1.074	1.070	1.066	1.062	1.058
27	1.111	1.106	1.102	1.097	1.093	1.088	1.084	1.080	1.076	1.072	1.068	1.064	1.060
28	1.114	1.109	1.104	1.100	1.095	1.091	1.087	1.083	1.078	1.074	1.070	1.067	1.063
29	1.116	1.112	1.107	1.102	1.098	1.094	1.089	1.085	1.081	1.077	1.073	1.069	1.065
30	1.119	1.114	1.110	1.105	1.100	1.096	1.092	1.088	1.083	1.079	1.075	1.071	1.068
31	1.122	1.117	1.112	1.108	1.103	1.099	1.094	1.090	1.086	1.082	1.078	1.074	1.070
32	1.124	1.120	1.115	1.110	1.106	1.101	1.097	1.093	1.088	1.084	1.080	1.076	1.072
33	1.127	1.122	1.117	1.113	1.108	1.104	1.099	1.095	1.091	1.087	1.083	1.079	1.075
34	1.130	1.125	1.120	1.115	1.111	1.106	1.102	1.098	1.093	1.089	1.085	1.081	1.077
35	1.132	1.128	1.123	1.118	1.113	1.109	1.104	1.100	1.096	1.092	1.088	1.084	1.080

表 A.1(续)

温度 ℃	回潮率 %												
	6.7	6.8	6.9	7.0	7.1	7.2	7.3	7.4	7.5	7.6	7.7	7.8	7.9
5	1.007	1.004	1.001	0.997	0.994	0.991	0.988	0.985	0.983	0.980	0.977	0.974	0.972
6	1.009	1.006	1.003	1.000	0.996	0.993	0.990	0.988	0.985	0.982	0.979	0.976	0.974
7	1.011	1.008	1.005	1.002	0.999	0.996	0.993	0.990	0.987	0.984	0.981	0.978	0.976
8	1.014	1.010	1.007	1.004	1.001	0.998	0.995	0.992	0.989	0.986	0.983	0.980	0.978
9	1.016	1.012	1.009	1.006	1.003	1.000	0.997	0.994	0.991	0.988	0.985	0.983	0.980
10	1.018	1.015	1.011	1.008	1.005	1.002	0.999	0.996	0.993	0.990	0.987	0.985	0.982
11	1.020	1.017	1.014	1.010	1.007	1.004	1.001	0.998	0.995	0.992	0.989	0.987	0.984
12	1.022	1.019	1.016	1.012	1.009	1.006	1.003	1.000	0.997	0.994	0.991	0.989	0.986
13	1.025	1.021	1.018	1.015	1.011	1.008	1.005	1.002	0.999	0.996	0.994	0.991	0.988
14	1.027	1.023	1.020	1.017	1.014	1.010	1.007	1.004	1.001	0.998	0.996	0.993	0.990
15	1.029	1.026	1.022	1.019	1.016	1.013	1.009	1.006	1.003	1.001	0.998	0.995	0.992
16	1.031	1.028	1.024	1.021	1.018	1.015	1.012	1.009	1.006	1.003	1.000	0.997	0.994
17	1.034	1.030	1.027	1.023	1.020	1.017	1.014	1.011	1.008	1.005	1.002	0.999	0.996
18	1.036	1.032	1.029	1.026	1.022	1.019	1.016	1.013	1.010	1.007	1.004	1.001	0.998
19	1.038	1.035	1.031	1.028	1.025	1.021	1.018	1.015	1.012	1.009	1.006	1.003	1.001
20	1.040	1.037	1.033	1.030	1.027	1.024	1.020	1.017	1.014	1.011	1.008	1.006	1.003
21	1.043	1.039	1.036	1.032	1.029	1.026	1.023	1.019	1.016	1.013	1.011	1.008	1.005
22	1.045	1.041	1.038	1.035	1.031	1.028	1.025	1.022	1.019	1.016	1.013	1.010	1.007
23	1.047	1.044	1.040	1.037	1.034	1.030	1.027	1.024	1.021	1.018	1.015	1.012	1.009
24	1.050	1.046	1.043	1.039	1.036	1.032	1.029	1.026	1.023	1.020	1.017	1.014	1.011
25	1.052	1.048	1.045	1.041	1.038	1.035	1.032	1.028	1.025	1.022	1.019	1.016	1.013
26	1.054	1.051	1.047	1.044	1.040	1.037	1.034	1.031	1.027	1.024	1.021	1.019	1.016
27	1.057	1.053	1.050	1.046	1.043	1.039	1.036	1.033	1.030	1.027	1.024	1.021	1.018
28	1.059	1.055	1.052	1.048	1.045	1.042	1.038	1.035	1.032	1.029	1.026	1.023	1.020
29	1.061	1.058	1.054	1.051	1.047	1.044	1.041	1.037	1.034	1.031	1.028	1.025	1.022
30	1.064	1.060	1.057	1.053	1.050	1.046	1.043	1.040	1.036	1.033	1.030	1.027	1.024
31	1.066	1.063	1.059	1.055	1.052	1.049	1.045	1.042	1.039	1.036	1.033	1.030	1.027
32	1.069	1.065	1.061	1.058	1.054	1.051	1.048	1.044	1.041	1.038	1.035	1.032	1.029
33	1.071	1.067	1.064	1.060	1.057	1.053	1.050	1.047	1.043	1.040	1.037	1.034	1.031
34	1.073	1.070	1.066	1.062	1.059	1.056	1.052	1.049	1.046	1.042	1.039	1.036	1.033
35	1.076	1.072	1.068	1.065	1.061	1.058	1.055	1.051	1.048	1.045	1.042	1.039	1.036

表 A.1（续）

温度 ℃	回潮率 %												
	8.0	8.1	8.2	8.3	8.4	8.5	8.6	8.7	8.8	8.9	9.0	9.1	9.2
5	0.969	0.967	0.964	0.962	0.960	0.957	0.955	0.953	0.951	0.949	0.947	0.945	0.943
6	0.971	0.969	0.966	0.964	0.962	0.959	0.957	0.955	0.953	0.951	0.948	0.946	0.945
7	0.973	0.971	0.968	0.966	0.963	0.961	0.959	0.957	0.955	0.952	0.950	0.948	0.946
8	0.975	0.973	0.970	0.968	0.965	0.963	0.961	0.959	0.956	0.954	0.952	0.950	0.948
9	0.977	0.975	0.972	0.970	0.967	0.965	0.963	0.961	0.958	0.956	0.954	0.952	0.950
10	0.979	0.977	0.974	0.972	0.969	0.967	0.965	0.963	0.960	0.958	0.956	0.954	0.952
11	0.981	0.979	0.976	0.974	0.971	0.969	0.967	0.965	0.962	0.960	0.958	0.956	0.954
12	0.983	0.981	0.978	0.976	0.973	0.971	0.969	0.966	0.964	0.962	0.960	0.958	0.956
13	0.985	0.983	0.980	0.978	0.975	0.973	0.971	0.968	0.966	0.964	0.962	0.960	0.958
14	0.987	0.985	0.982	0.980	0.977	0.975	0.973	0.970	0.968	0.966	0.964	0.962	0.960
15	0.990	0.987	0.984	0.982	0.979	0.977	0.975	0.972	0.970	0.968	0.966	0.964	0.962
16	0.992	0.989	0.986	0.984	0.981	0.979	0.977	0.974	0.972	0.970	0.968	0.966	0.964
17	0.994	0.991	0.988	0.986	0.984	0.981	0.979	0.976	0.974	0.972	0.970	0.968	0.966
18	0.996	0.993	0.991	0.988	0.986	0.983	0.981	0.978	0.976	0.974	0.972	0.970	0.968
19	0.998	0.995	0.993	0.990	0.988	0.985	0.983	0.981	0.978	0.976	0.974	0.972	0.970
20	1.000	0.997	0.995	0.992	0.990	0.987	0.985	0.983	0.980	0.978	0.976	0.974	0.972
21	1.002	0.999	0.997	0.994	0.992	0.989	0.987	0.985	0.982	0.980	0.978	0.976	0.974
22	1.004	1.002	0.999	0.996	0.994	0.991	0.989	0.987	0.984	0.982	0.980	0.978	0.976
23	1.006	1.004	1.001	0.998	0.996	0.993	0.991	0.989	0.986	0.984	0.982	0.980	0.978
24	1.009	1.006	1.003	1.001	0.998	0.996	0.993	0.991	0.988	0.986	0.984	0.982	0.980
25	1.011	1.008	1.005	1.003	1.000	0.998	0.995	0.993	0.991	0.988	0.986	0.984	0.982
26	1.013	1.010	1.007	1.005	1.002	1.000	0.997	0.995	0.993	0.990	0.988	0.986	0.984
27	1.015	1.012	1.010	1.007	1.004	1.002	0.999	0.997	0.995	0.992	0.990	0.988	0.986
28	1.017	1.014	1.012	1.009	1.007	1.004	1.002	0.999	0.997	0.995	0.992	0.990	0.988
29	1.019	1.017	1.014	1.011	1.009	1.006	1.004	1.001	0.999	0.997	0.994	0.992	0.990
30	1.022	1.019	1.016	1.013	1.011	1.008	1.006	1.003	1.001	0.999	0.996	0.994	0.992
31	1.024	1.021	1.018	1.016	1.013	1.010	1.008	1.006	1.003	1.001	0.999	0.996	0.994
32	1.026	1.023	1.020	1.018	1.015	1.013	1.010	1.008	1.005	1.003	1.001	0.998	0.996
33	1.028	1.025	1.023	1.020	1.017	1.015	1.012	1.010	1.007	1.005	1.003	1.001	0.998
34	1.031	1.028	1.025	1.022	1.020	1.017	1.014	1.012	1.010	1.007	1.005	1.003	1.001
35	1.033	1.030	1.027	1.024	1.022	1.019	1.017	1.014	1.012	1.009	1.007	1.005	1.003

表 A.1（续）

温度 ℃	回潮率 %												
	9.3	9.4	9.5	9.6	9.7	9.8	9.9	10.0	10.1	10.2	10.3	10.4	10.5
5	0.941	0.939	0.937	0.935	0.934	0.932	0.930	0.929	0.927	0.926	0.924	0.923	0.922
6	0.943	0.941	0.939	0.937	0.936	0.934	0.932	0.931	0.929	0.928	0.926	0.925	0.923
7	0.945	0.943	0.941	0.939	0.937	0.936	0.934	0.932	0.931	0.929	0.928	0.927	0.925
8	0.946	0.945	0.943	0.941	0.939	0.938	0.936	0.934	0.933	0.931	0.930	0.928	0.927
9	0.948	0.946	0.945	0.943	0.941	0.939	0.938	0.936	0.935	0.933	0.932	0.930	0.929
10	0.950	0.948	0.947	0.945	0.943	0.941	0.940	0.938	0.936	0.935	0.933	0.932	0.931
11	0.952	0.950	0.948	0.947	0.945	0.943	0.942	0.940	0.938	0.937	0.935	0.934	0.933
12	0.954	0.952	0.950	0.949	0.947	0.945	0.943	0.942	0.940	0.938	0.937	0.936	0.934
13	0.956	0.954	0.952	0.950	0.949	0.947	0.945	0.944	0.942	0.941	0.939	0.938	0.936
14	0.958	0.956	0.954	0.952	0.951	0.949	0.947	0.946	0.944	0.942	0.941	0.939	0.938
15	0.960	0.958	0.956	0.954	0.952	0.951	0.949	0.947	0.946	0.944	0.943	0.941	0.940
16	0.962	0.960	0.958	0.956	0.954	0.953	0.951	0.949	0.948	0.946	0.945	0.943	0.942
17	0.964	0.962	0.960	0.958	0.956	0.955	0.953	0.951	0.950	0.948	0.947	0.945	0.944
18	0.966	0.964	0.962	0.960	0.958	0.957	0.955	0.953	0.952	0.950	0.948	0.947	0.946
19	0.968	0.966	0.964	0.962	0.960	0.958	0.957	0.955	0.953	0.952	0.950	0.949	0.947
20	0.970	0.968	0.966	0.964	0.962	0.960	0.959	0.957	0.955	0.954	0.952	0.951	0.949
21	0.972	0.970	0.968	0.966	0.964	0.962	0.961	0.959	0.957	0.956	0.954	0.953	0.951
22	0.974	0.972	0.970	0.968	0.966	0.964	0.963	0.961	0.959	0.958	0.956	0.955	0.953
23	0.976	0.974	0.972	0.970	0.968	0.966	0.965	0.963	0.961	0.960	0.958	0.957	0.955
24	0.978	0.976	0.974	0.972	0.970	0.968	0.967	0.965	0.963	0.962	0.960	0.959	0.957
25	0.980	0.978	0.976	0.974	0.972	0.970	0.969	0.967	0.965	0.964	0.962	0.960	0.959
26	0.982	0.980	0.978	0.976	0.974	0.972	0.971	0.969	0.967	0.966	0.964	0.962	0.961
27	0.984	0.982	0.980	0.978	0.976	0.974	0.972	0.971	0.969	0.967	0.966	0.964	0.963
28	0.986	0.984	0.982	0.980	0.978	0.976	0.975	0.973	0.971	0.969	0.968	0.966	0.965
29	0.988	0.986	0.984	0.982	0.980	0.978	0.977	0.975	0.973	0.971	0.970	0.968	0.967
30	0.990	0.988	0.986	0.984	0.982	0.980	0.979	0.977	0.975	0.973	0.972	0.970	0.969
31	0.992	0.990	0.988	0.986	0.984	0.982	0.981	0.979	0.977	0.975	0.974	0.972	0.971
32	0.994	0.992	0.990	0.988	0.986	0.984	0.983	0.981	0.979	0.977	0.976	0.974	0.973
33	0.996	0.994	0.992	0.990	0.988	0.986	0.985	0.983	0.981	0.980	0.978	0.976	0.975
34	0.998	0.996	0.994	0.992	0.990	0.989	0.987	0.985	0.983	0.982	0.980	0.978	0.977
35	1.000	0.998	0.996	0.994	0.992	0.991	0.989	0.987	0.985	0.984	0.982	0.980	0.979

表 A.1（续）

温度 ℃	回潮率 %												
	10.6	10.7	10.8	10.9	11.0	11.1	11.2	11.3	11.4	11.5	11.6	11.7	11.8
5	0.920	0.919	0.918	0.917	0.915	0.914	0.913	0.912	0.911	0.910	0.909	0.909	0.908
6	0.922	0.921	0.920	0.918	0.917	0.916	0.915	0.914	0.913	0.912	0.911	0.910	0.909
7	0.924	0.923	0.921	0.920	0.919	0.918	0.917	0.916	0.915	0.914	0.913	0.912	0.911
8	0.926	0.924	0.923	0.922	0.921	0.920	0.919	0.918	0.917	0.916	0.915	0.914	0.913
9	0.928	0.926	0.925	0.924	0.923	0.921	0.920	0.919	0.918	0.917	0.916	0.916	0.915
10	0.929	0.928	0.927	0.926	0.924	0.923	0.922	0.921	0.920	0.919	0.918	0.917	0.916
11	0.931	0.930	0.929	0.927	0.926	0.925	0.924	0.923	0.922	0.921	0.920	0.919	0.918
12	0.933	0.932	0.930	0.929	0.928	0.927	0.926	0.925	0.924	0.923	0.922	0.921	0.920
13	0.935	0.934	0.932	0.931	0.930	0.929	0.928	0.927	0.926	0.925	0.924	0.923	0.922
14	0.937	0.935	0.934	0.933	0.932	0.931	0.929	0.928	0.927	0.926	0.925	0.925	0.924
15	0.939	0.937	0.936	0.935	0.934	0.932	0.931	0.930	0.929	0.928	0.927	0.926	0.925
16	0.940	0.939	0.938	0.937	0.935	0.934	0.933	0.932	0.931	0.930	0.929	0.928	0.927
17	0.942	0.941	0.940	0.938	0.937	0.936	0.935	0.934	0.933	0.932	0.931	0.930	0.929
18	0.944	0.943	0.942	0.940	0.939	0.938	0.937	0.936	0.935	0.934	0.933	0.932	0.931
19	0.946	0.945	0.943	0.942	0.941	0.940	0.939	0.938	0.937	0.936	0.935	0.934	0.933
20	0.948	0.947	0.945	0.944	0.943	0.942	0.941	0.939	0.938	0.937	0.936	0.935	0.935
21	0.950	0.949	0.947	0.946	0.945	0.944	0.942	0.941	0.940	0.939	0.938	0.937	0.936
22	0.952	0.950	0.949	0.948	0.947	0.945	0.944	0.943	0.942	0.941	0.940	0.939	0.938
23	0.954	0.952	0.951	0.951	0.949	0.947	0.946	0.945	0.944	0.943	0.942	0.941	0.940
24	0.956	0.954	0.953	0.952	0.950	0.949	0.948	0.947	0.946	0.945	0.944	0.943	0.942
25	0.958	0.956	0.955	0.954	0.952	0.951	0.950	0.949	0.948	0.947	0.946	0.945	0.944
26	0.960	0.958	0.957	0.956	0.954	0.953	0.952	0.951	0.950	0.949	0.948	0.947	0.946
27	0.961	0.960	0.959	0.957	0.956	0.955	0.954	0.953	0.952	0.951	0.950	0.949	0.948
28	0.963	0.962	0.961	0.959	0.958	0.957	0.956	0.955	0.954	0.952	0.952	0.951	0.950
29	0.965	0.964	0.963	0.961	0.960	0.959	0.958	0.957	0.955	0.954	0.953	0.952	0.952
30	0.967	0.966	0.965	0.963	0.962	0.961	0.960	0.958	0.957	0.956	0.955	0.954	0.953
31	0.969	0.968	0.967	0.965	0.964	0.963	0.962	0.960	0.959	0.958	0.957	0.956	0.955
32	0.971	0.970	0.969	0.967	0.966	0.965	0.964	0.962	0.961	0.960	0.959	0.958	0.957
33	0.973	0.972	0.971	0.969	0.968	0.967	0.966	0.964	0.963	0.962	0.961	0.960	0.959
34	0.975	0.974	0.973	0.971	0.970	0.969	0.967	0.966	0.965	0.964	0.963	0.962	0.961
35	0.977	0.976	0.975	0.973	0.972	0.971	0.969	0.968	0.967	0.966	0.965	0.964	0.963

表 A.1（续）

温度 ℃	回潮率 %												
	11.9	12.0	12.1	12.2	12.3	12.4	12.5	12.6	12.7	12.8	12.9	13.0	13.1
5	0.907	0.906	0.905	0.905	0.904	0.904	0.903	0.902	0.902	0.901	0.901	0.901	0.900
6	0.909	0.908	0.907	0.906	0.906	0.905	0.905	0.904	0.904	0.903	0.903	0.902	0.902
7	0.910	0.910	0.909	0.908	0.908	0.907	0.906	0.906	0.905	0.905	0.904	0.904	0.904
8	0.912	0.911	0.911	0.910	0.909	0.909	0.908	0.908	0.907	0.907	0.906	0.906	0.905
9	0.914	0.913	0.912	0.912	0.911	0.910	0.910	0.909	0.909	0.908	0.908	0.908	0.907
10	0.916	0.915	0.914	0.913	0.913	0.912	0.912	0.911	0.911	0.910	0.910	0.909	0.909
11	0.917	0.917	0.916	0.915	0.915	0.914	0.913	0.913	0.912	0.912	0.911	0.911	0.911
12	0.919	0.918	0.918	0.917	0.916	0.916	0.915	0.915	0.914	0.914	0.913	0.913	0.912
13	0.921	0.920	0.920	0.919	0.918	0.918	0.917	0.916	0.916	0.915	0.915	0.915	0.914
14	0.923	0.922	0.921	0.921	0.920	0.919	0.919	0.918	0.918	0.917	0.917	0.916	0.916
15	0.925	0.924	0.923	0.922	0.922	0.921	0.921	0.920	0.919	0.919	0.919	0.918	0.918
16	0.926	0.926	0.925	0.924	0.924	0.923	0.922	0.922	0.921	0.921	0.920	0.920	0.920
17	0.928	0.927	0.927	0.926	0.925	0.925	0.924	0.924	0.923	0.923	0.922	0.922	0.921
18	0.930	0.929	0.929	0.928	0.927	0.927	0.926	0.925	0.925	0.924	0.924	0.924	0.923
19	0.932	0.931	0.930	0.930	0.929	0.928	0.928	0.927	0.927	0.926	0.926	0.925	0.925
20	0.934	0.933	0.932	0.931	0.931	0.930	0.930	0.929	0.928	0.928	0.928	0.927	0.927
21	0.936	0.935	0.934	0.933	0.933	0.932	0.931	0.931	0.930	0.930	0.929	0.929	0.929
22	0.937	0.937	0.936	0.935	0.934	0.934	0.933	0.933	0.932	0.932	0.931	0.931	0.930
23	0.939	0.939	0.938	0.937	0.936	0.936	0.935	0.935	0.934	0.933	0.933	0.933	0.932
24	0.941	0.940	0.940	0.939	0.938	0.938	0.937	0.936	0.936	0.935	0.935	0.934	0.934
25	0.943	0.942	0.941	0.941	0.940	0.939	0.939	0.938	0.938	0.937	0.937	0.936	0.936
26	0.945	0.944	0.943	0.943	0.942	0.941	0.941	0.940	0.940	0.939	0.939	0.938	0.938
27	0.947	0.946	0.945	0.945	0.944	0.943	0.943	0.942	0.941	0.941	0.940	0.940	0.940
28	0.949	0.948	0.947	0.946	0.946	0.945	0.944	0.944	0.943	0.943	0.942	0.942	0.942
29	0.951	0.950	0.949	0.948	0.948	0.947	0.946	0.946	0.945	0.945	0.944	0.944	0.943
30	0.953	0.952	0.951	0.950	0.950	0.949	0.948	0.948	0.947	0.947	0.946	0.946	0.945
31	0.955	0.954	0.953	0.952	0.951	0.951	0.950	0.950	0.949	0.948	0.948	0.948	0.947
32	0.956	0.956	0.955	0.954	0.953	0.953	0.952	0.951	0.951	0.950	0.950	0.949	0.949
33	0.958	0.958	0.957	0.956	0.955	0.955	0.954	0.953	0.953	0.952	0.952	0.951	0.951
34	0.960	0.959	0.959	0.958	0.957	0.957	0.956	0.955	0.955	0.954	0.954	0.953	0.953
35	0.962	0.961	0.961	0.960	0.959	0.958	0.958	0.957	0.957	0.956	0.956	0.955	0.955

表 A.1（续）

温度 ℃	回潮率 %								
	13.2	13.3	13.4	13.5	13.6	13.7	13.8	13.9	14.0
5	0.900	0.900	0.899	0.899	0.899	0.899	0.899	0.899	0.899
6	0.902	0.901	0.901	0.901	0.901	0.901	0.901	0.901	0.901
7	0.903	0.903	0.903	0.903	0.903	0.902	0.902	0.902	0.902
8	0.905	0.905	0.905	0.904	0.904	0.904	0.904	0.904	0.904
9	0.907	0.907	0.906	0.906	0.906	0.906	0.906	0.906	0.906
10	0.909	0.908	0.908	0.908	0.908	0.908	0.908	0.907	0.907
11	0.910	0.910	0.910	0.910	0.910	0.909	0.909	0.909	0.909
12	0.912	0.912	0.912	0.911	0.911	0.911	0.911	0.911	0.911
13	0.914	0.914	0.913	0.913	0.913	0.913	0.913	0.913	0.913
14	0.916	0.915	0.915	0.915	0.915	0.915	0.915	0.915	0.914
15	0.917	0.917	0.917	0.917	0.917	0.916	0.916	0.916	0.916
16	0.919	0.919	0.919	0.919	0.918	0.918	0.918	0.918	0.918
17	0.921	0.921	0.921	0.920	0.920	0.920	0.920	0.920	0.920
18	0.923	0.923	0.922	0.922	0.922	0.922	0.922	0.922	0.922
19	0.925	0.924	0.924	0.924	0.924	0.924	0.924	0.923	0.923
20	0.926	0.926	0.926	0.926	0.926	0.925	0.925	0.925	0.925
21	0.928	0.928	0.928	0.928	0.927	0.927	0.927	0.927	0.927
22	0.930	0.930	0.930	0.929	0.929	0.929	0.929	0.929	0.929
23	0.932	0.932	0.931	0.931	0.931	0.931	0.931	0.931	0.931
24	0.934	0.933	0.933	0.933	0.933	0.933	0.933	0.933	0.933
25	0.936	0.935	0.935	0.935	0.935	0.935	0.934	0.934	0.934
26	0.937	0.937	0.937	0.937	0.937	0.936	0.936	0.936	0.936
27	0.939	0.939	0.939	0.939	0.938	0.938	0.938	0.938	0.938
28	0.941	0.941	0.941	0.940	0.940	0.940	0.940	0.940	0.940
29	0.943	0.943	0.943	0.942	0.942	0.942	0.942	0.942	0.942
30	0.945	0.945	0.944	0.944	0.944	0.944	0.944	0.944	0.944
31	0.947	0.947	0.946	0.946	0.946	0.946	0.946	0.946	0.946
32	0.949	0.948	0.948	0.948	0.948	0.948	0.948	0.948	0.947
33	0.951	0.950	0.950	0.950	0.950	0.950	0.949	0.949	0.949
34	0.953	0.952	0.952	0.952	0.952	0.951	0.951	0.951	0.951
35	0.955	0.954	0.954	0.954	0.954	0.953	0.953	0.953	0.953

表 A.2 涤棉(65/35)本色布断裂强力的温度和回潮率修正系数

温度 ℃	回潮率 %											
	1.8	1.9	2.0	2.1	2.2	2.3	2.4	2.5	2.6	2.7	2.8	2.9
5	1.024	1.018	1.013	1.007	1.002	0.997	0.992	0.987	0.982	0.978	0.974	0.969
6	1.027	1.022	1.016	1.010	1.005	1.000	0.995	0.990	0.985	0.981	0.976	0.972
7	1.031	1.025	1.019	1.014	1.008	1.003	0.998	0.993	0.988	0.984	0.979	0.975
8	1.034	1.028	1.022	1.017	1.011	1.006	1.001	0.996	0.991	0.987	0.982	0.978
9	1.037	1.031	1.025	1.020	1.014	1.009	1.004	0.999	0.994	0.989	0.985	0.981
10	1.040	1.034	1.028	1.023	1.017	1.012	1.007	1.002	0.997	0.992	0.988	0.983
11	1.043	1.037	1.032	1.026	1.020	1.015	1.010	1.005	1.000	0.995	0.991	0.986
12	1.047	1.041	1.035	1.029	1.024	1.018	1.013	1.008	1.003	0.998	0.994	0.989
13	1.050	1.044	1.038	1.032	1.027	1.021	1.016	1.011	1.006	1.001	0.997	0.992
14	1.053	1.047	1.041	1.035	1.030	1.024	1.019	1.014	1.009	1.004	1.000	0.995
15	1.057	1.050	1.044	1.039	1.033	1.028	1.022	1.017	1.012	1.007	1.003	0.998
16	1.060	1.054	1.048	1.042	1.036	1.031	1.025	1.020	1.015	1.010	1.006	1.001
17	1.063	1.057	1.051	1.045	1.039	1.034	1.029	1.023	1.018	1.013	1.009	1.004
18	1.067	1.060	1.054	1.048	1.043	1.037	1.032	1.026	1.021	1.016	1.012	1.007
19	1.070	1.064	1.058	1.052	1.046	1.040	1.035	1.030	1.025	1.020	1.015	1.010
20	1.073	1.067	1.061	1.055	1.049	1.044	1.038	1.033	1.028	1.023	1.018	1.013
21	1.077	1.071	1.064	1.058	1.053	1.047	1.041	1.036	1.031	1.026	1.021	1.016
22	1.080	1.074	1.068	1.062	1.056	1.050	1.045	1.039	1.034	1.029	1.024	1.019
23	1.084	1.077	1.071	1.065	1.059	1.053	1.048	1.042	1.037	1.032	1.027	1.022
24	1.087	1.081	1.075	1.068	1.063	1.057	1.051	1.046	1.040	1.035	1.030	1.026
25	1.091	1.084	1.078	1.072	1.066	1.060	1.054	1.049	1.044	1.039	1.034	1.029
26	1.095	1.088	1.082	1.075	1.069	1.063	1.058	1.052	1.047	1.042	1.037	1.032
27	1.098	1.091	1.085	1.079	1.073	1.067	1.061	1.056	1.050	1.045	1.040	1.035
28	1.102	1.095	1.089	1.082	1.076	1.070	1.065	1.059	1.054	1.048	1.043	1.038
29	1.105	1.099	1.092	1.086	1.080	1.074	1.068	1.062	1.057	1.052	1.046	1.042
30	1.109	1.102	1.096	1.089	1.083	1.077	1.071	1.066	1.060	1.055	1.050	1.045
31	1.113	1.106	1.099	1.093	1.087	1.081	1.075	1.069	1.064	1.058	1.053	1.048
32	1.116	1.110	1.103	1.096	1.090	1.084	1.078	1.073	1.067	1.062	1.056	1.051
33	1.120	1.113	1.107	1.100	1.094	1.088	1.082	1.076	1.070	1.065	1.060	1.055
34	1.124	1.117	1.110	1.104	1.097	1.094	1.085	1.079	1.074	1.068	1.063	1.058
35	1.128	1.121	1.114	1.107	1.101	1.095	1.089	1.083	1.077	1.072	1.066	1.061

表 A.2（续）

温度 ℃	回潮率 %											
	3.0	3.1	3.2	3.3	3.4	3.5	3.6	3.7	3.8	3.9	4.0	4.1
5	0.965	0.961	0.957	0.953	0.950	0.946	0.943	0.939	0.936	0.933	0.930	0.927
6	0.968	0.964	0.960	0.956	0.952	0.949	0.945	0.942	0.939	0.936	0.933	0.930
7	0.971	0.967	0.963	0.959	0.955	0.952	0.948	0.945	0.941	0.939	0.935	0.932
8	0.973	0.969	0.965	0.961	0.958	0.954	0.951	0.947	0.944	0.941	0.938	0.935
9	0.976	0.972	0.968	0.964	0.961	0.957	0.953	0.950	0.947	0.944	0.941	0.938
10	0.979	0.975	0.971	0.967	0.963	0.960	0.956	0.953	0.949	0.946	0.943	0.940
11	0.982	0.978	0.974	0.970	0.966	0.962	0.959	0.956	0.952	0.949	0.946	0.943
12	0.985	0.981	0.977	0.973	0.969	0.965	0.962	0.958	0.955	0.952	0.949	0.946
13	0.988	0.984	0.980	0.976	0.972	0.968	0.964	0.961	0.958	0.954	0.951	0.948
14	0.991	0.987	0.982	0.978	0.975	0.971	0.967	0.964	0.960	0.957	0.954	0.951
15	0.994	0.989	0.985	0.981	0.977	0.974	0.970	0.967	0.963	0.960	0.957	0.954
16	0.997	0.992	0.988	0.984	0.980	0.977	0.973	0.969	0.966	0.963	0.959	0.956
17	1.000	0.995	0.991	0.987	0.983	0.979	0.976	0.972	0.969	0.965	0.962	0.959
18	1.003	0.998	0.994	0.990	0.986	0.982	0.979	0.975	0.972	0.968	0.965	0.962
19	1.006	1.001	0.997	0.993	0.989	0.985	0.981	0.978	0.974	0.971	0.968	0.965
20	1.009	1.004	1.000	0.996	0.992	0.988	0.984	0.981	0.977	0.974	0.971	0.967
21	1.012	1.007	1.003	0.999	0.995	0.991	0.987	0.984	0.980	0.977	0.973	0.970
22	1.015	1.010	1.006	1.002	0.998	0.994	0.990	0.986	0.983	0.980	0.976	0.973
23	1.018	1.013	1.009	1.005	1.001	0.997	0.993	0.989	0.986	0.982	0.979	0.976
24	1.021	1.017	1.012	1.008	1.004	1.000	0.996	0.992	0.989	0.985	0.982	0.979
25	1.024	1.020	1.015	1.011	1.007	1.003	0.999	0.995	0.991	0.988	0.985	0.982
26	1.027	1.023	1.018	1.014	1.010	1.006	1.002	0.998	0.994	0.991	0.988	0.984
27	1.030	1.026	1.021	1.017	1.013	1.009	1.005	1.001	0.997	0.994	0.991	0.987
28	1.034	1.029	1.024	1.020	1.016	1.012	1.008	1.004	1.000	0.997	0.994	0.990
29	1.037	1.032	1.028	1.023	1.019	1.015	1.011	1.007	1.003	1.000	0.997	0.993
30	1.040	1.035	1.031	1.026	1.022	1.018	1.014	1.010	1.006	1.003	1.000	0.996
31	1.043	1.039	1.034	1.030	1.025	1.021	1.017	1.013	1.009	1.006	1.003	0.999
32	1.046	1.042	1.037	1.033	1.029	1.024	1.020	1.016	1.012	1.009	1.006	1.002
33	1.050	1.045	1.040	1.036	1.032	1.027	1.023	1.019	1.016	1.012	1.009	1.005
34	1.053	1.048	1.044	1.039	1.035	1.031	1.027	1.023	1.019	1.015	1.012	1.008
35	1.056	1.052	1.047	1.042	1.038	1.034	1.030	1.026	1.022	1.018	1.015	1.011

表 A.2（续）

温度 ℃	回潮率 %											
	4.2	4.3	4.4	4.5	4.6	4.7	4.8	4.9	5.0	5.1	5.2	5.3
5	0.924	0.922	0.919	0.917	0.914	0.912	0.910	0.908	0.906	0.904	0.902	0.900
6	0.927	0.924	0.922	0.919	0.917	0.915	0.912	0.910	0.908	0.906	0.904	0.903
7	0.930	0.927	0.924	0.922	0.919	0.917	0.915	0.913	0.911	0.909	0.907	0.905
8	0.932	0.929	0.927	0.924	0.922	0.920	0.917	0.915	0.913	0.911	0.909	0.908
9	0.935	0.932	0.929	0.927	0.924	0.922	0.920	0.918	0.916	0.914	0.912	0.910
10	0.937	0.935	0.932	0.929	0.927	0.925	0.922	0.920	0.918	0.916	0.914	0.913
11	0.940	0.937	0.935	0.932	0.930	0.927	0.925	0.923	0.921	0.919	0.917	0.915
12	0.943	0.940	0.937	0.935	0.932	0.930	0.928	0.925	0.923	0.921	0.919	0.918
13	0.945	0.943	0.940	0.937	0.935	0.932	0.930	0.928	0.926	0.924	0.922	0.920
14	0.948	0.945	0.942	0.940	0.937	0.935	0.933	0.930	0.928	0.926	0.924	0.923
15	0.951	0.948	0.945	0.943	0.940	0.938	0.935	0.933	0.931	0.929	0.927	0.925
16	0.953	0.951	0.948	0.945	0.943	0.940	0.938	0.936	0.934	0.932	0.930	0.928
17	0.956	0.953	0.951	0.948	0.945	0.943	0.941	0.938	0.936	0.934	0.932	0.930
18	0.959	0.956	0.953	0.951	0.948	0.946	0.943	0.941	0.939	0.937	0.935	0.933
19	0.962	0.959	0.956	0.953	0.951	0.948	0.946	0.944	0.941	0.939	0.937	0.936
20	0.964	0.961	0.959	0.956	0.953	0.951	0.949	0.946	0.944	0.942	0.940	0.938
21	0.967	0.964	0.961	0.959	0.956	0.954	0.951	0.949	0.947	0.945	0.943	0.941
22	0.970	0.967	0.964	0.961	0.959	0.956	0.954	0.952	0.949	0.947	0.945	0.943
23	0.973	0.970	0.967	0.964	0.962	0.959	0.957	0.954	0.952	0.950	0.948	0.946
24	0.976	0.973	0.970	0.967	0.964	0.962	0.959	0.957	0.955	0.953	0.951	0.949
25	0.978	0.975	0.973	0.970	0.967	0.965	0.962	0.960	0.958	0.955	0.953	0.951
26	0.981	0.978	0.975	0.973	0.970	0.967	0.965	0.963	0.960	0.958	0.956	0.954
27	0.984	0.981	0.978	0.975	0.973	0.970	0.968	0.965	0.963	0.961	0.959	0.957
28	0.987	0.984	0.981	0.978	0.976	0.973	0.971	0.968	0.966	0.964	0.962	0.960
29	0.990	0.987	0.984	0.981	0.978	0.976	0.973	0.971	0.969	0.966	0.964	0.962
30	0.993	0.990	0.987	0.984	0.981	0.979	0.976	0.974	0.971	0.969	0.967	0.965
31	0.996	0.993	0.990	0.987	0.984	0.982	0.979	0.977	0.974	0.972	0.970	0.968
32	0.999	0.996	0.993	0.990	0.987	0.985	0.982	0.979	0.977	0.975	0.973	0.971
33	1.002	0.999	0.996	0.993	0.990	0.987	0.985	0.982	0.980	0.978	0.976	0.974
34	1.005	1.002	0.999	0.996	0.993	0.990	0.988	0.985	0.983	0.981	0.978	0.976
35	1.008	1.005	1.002	0.999	0.996	0.993	0.991	0.988	0.986	0.983	0.981	0.979

表 A.2（续）

温度 ℃	回潮率 %											
	5.4	5.5	5.6	5.7	5.8	5.9	6.0	6.1	6.2	6.3	6.4	6.5
5	0.899	0.897	0.896	0.894	0.893	0.892	0.891	0.889	0.888	0.888	0.887	0.886
6	0.901	0.899	0.898	0.897	0.895	0.894	0.893	0.892	0.891	0.890	0.889	0.888
7	0.903	0.902	0.900	0.899	0.898	0.896	0.895	0.894	0.893	0.892	0.891	0.891
8	0.906	0.904	0.903	0.901	0.900	0.899	0.898	0.897	0.896	0.895	0.894	0.893
9	0.908	0.907	0.905	0.904	0.903	0.901	0.900	0.899	0.898	0.897	0.896	0.895
10	0.911	0.909	0.908	0.906	0.905	0.904	0.903	0.901	0.900	0.900	0.899	0.898
11	0.913	0.912	0.910	0.909	0.907	0.906	0.905	0.904	0.903	0.902	0.901	0.900
12	0.916	0.914	0.913	0.911	0.910	0.909	0.907	0.906	0.905	0.904	0.903	0.903
13	0.918	0.917	0.915	0.914	0.912	0.911	0.910	0.909	0.908	0.907	0.906	0.905
14	0.921	0.919	0.918	0.916	0.915	0.914	0.912	0.911	0.910	0.909	0.908	0.908
15	0.923	0.922	0.920	0.919	0.917	0.916	0.915	0.914	0.913	0.912	0.911	0.910
16	0.926	0.924	0.923	0.921	0.920	0.919	0.917	0.916	0.915	0.914	0.913	0.913
17	0.929	0.927	0.925	0.924	0.922	0.921	0.920	0.919	0.918	0.917	0.916	0.915
18	0.931	0.929	0.928	0.926	0.925	0.924	0.922	0.921	0.920	0.919	0.918	0.918
19	0.934	0.932	0.930	0.929	0.928	0.926	0.925	0.924	0.923	0.922	0.921	0.920
20	0.936	0.935	0.933	0.932	0.930	0.929	0.928	0.926	0.925	0.924	0.923	0.923
21	0.939	0.937	0.936	0.934	0.933	0.931	0.930	0.929	0.928	0.927	0.926	0.925
22	0.942	0.940	0.938	0.937	0.935	0.934	0.933	0.932	0.931	0.929	0.929	0.928
23	0.944	0.943	0.941	0.939	0.938	0.937	0.935	0.934	0.933	0.932	0.931	0.930
24	0.947	0.945	0.944	0.942	0.941	0.939	0.938	0.937	0.936	0.935	0.934	0.933
25	0.950	0.948	0.946	0.945	0.943	0.942	0.941	0.939	0.938	0.937	0.936	0.936
26	0.952	0.951	0.949	0.947	0.946	0.944	0.943	0.942	0.941	0.940	0.939	0.938
27	0.955	0.953	0.952	0.950	0.949	0.947	0.946	0.945	0.944	0.943	0.942	0.941
28	0.958	0.956	0.954	0.953	0.951	0.950	0.949	0.947	0.946	0.945	0.944	0.943
29	0.960	0.959	0.957	0.955	0.954	0.953	0.951	0.950	0.949	0.948	0.947	0.946
30	0.963	0.961	0.960	0.958	0.957	0.955	0.954	0.953	0.952	0.951	0.950	0.949
31	0.966	0.964	0.963	0.961	0.959	0.958	0.957	0.955	0.954	0.953	0.952	0.951
32	0.969	0.967	0.965	0.964	0.962	0.961	0.959	0.958	0.957	0.956	0.955	0.954
33	0.972	0.970	0.968	0.966	0.964	0.963	0.962	0.961	0.960	0.959	0.958	0.957
34	0.974	0.973	0.971	0.969	0.967	0.966	0.965	0.964	0.963	0.961	0.961	0.960
35	0.977	0.975	0.974	0.972	0.970	0.969	0.968	0.966	0.965	0.964	0.963	0.962

表 A.2（续）

温度 ℃	回潮率 %									
	6.6	6.7	6.8	6.9	7.0	7.1	7.2	7.3	7.4	7.5
5	0.885	0.885	0.884	0.884	0.884	0.883	0.883	0.883	0.883	0.883
6	0.888	0.887	0.887	0.886	0.886	0.886	0.885	0.885	0.885	0.885
7	0.890	0.890	0.889	0.889	0.888	0.888	0.888	0.888	0.888	0.888
8	0.892	0.892	0.891	0.891	0.891	0.890	0.890	0.890	0.890	0.890
9	0.895	0.894	0.894	0.893	0.893	0.893	0.892	0.892	0.892	0.892
10	0.897	0.897	0.896	0.896	0.895	0.895	0.895	0.895	0.895	0.895
11	0.900	0.899	0.899	0.898	0.898	0.897	0.897	0.897	0.897	0.897
12	0.902	0.901	0.901	0.900	0.900	0.900	0.900	0.900	0.900	0.900
13	0.904	0.904	0.903	0.903	0.903	0.902	0.902	0.902	0.902	0.902
14	0.907	0.906	0.906	0.905	0.905	0.905	0.905	0.904	0.904	0.904
15	0.909	0.909	0.908	0.908	0.907	0.907	0.907	0.907	0.907	0.907
16	0.912	0.911	0.911	0.910	0.910	0.910	0.909	0.909	0.909	0.909
17	0.914	0.914	0.913	0.913	0.912	0.912	0.912	0.912	0.912	0.912
18	0.917	0.916	0.916	0.915	0.915	0.915	0.914	0.914	0.914	0.914
19	0.919	0.919	0.918	0.918	0.917	0.917	0.917	0.917	0.917	0.917
20	0.922	0.921	0.921	0.920	0.920	0.920	0.919	0.919	0.919	0.919
21	0.924	0.924	0.923	0.923	0.922	0.922	0.922	0.922	0.922	0.922
22	0.927	0.926	0.926	0.925	0.925	0.925	0.924	0.924	0.924	0.924
23	0.930	0.929	0.928	0.928	0.928	0.927	0.927	0.927	0.927	0.927
24	0.932	0.932	0.931	0.931	0.930	0.930	0.930	0.929	0.929	0.929
25	0.935	0.934	0.934	0.933	0.933	0.932	0.932	0.932	0.932	0.932
26	0.937	0.937	0.936	0.936	0.935	0.935	0.935	0.935	0.935	0.935
27	0.940	0.939	0.939	0.938	0.938	0.938	0.937	0.937	0.937	0.937
28	0.943	0.942	0.941	0.941	0.941	0.940	0.940	0.940	0.940	0.940
29	0.945	0.945	0.944	0.944	0.943	0.943	0.943	0.943	0.943	0.943
30	0.948	0.947	0.947	0.946	0.946	0.946	0.945	0.945	0.945	0.945
31	0.951	0.950	0.949	0.949	0.949	0.948	0.948	0.948	0.948	0.948
32	0.953	0.953	0.952	0.952	0.951	0.951	0.951	0.951	0.951	0.951
33	0.956	0.955	0.955	0.954	0.954	0.954	0.953	0.953	0.953	0.953
34	0.959	0.958	0.958	0.957	0.957	0.956	0.956	0.956	0.956	0.956
35	0.962	0.961	0.960	0.960	0.959	0.959	0.959	0.959	0.959	0.959

表 A.3 棉维(50/50)本色布断裂强力的温度和回潮率修正系数

温度 ℃	回潮率 %												
	3.5	3.6	3.7	3.8	3.9	4.0	4.1	4.2	4.3	4.4	4.5	4.6	4.7
5	1.013	1.011	1.008	1.006	1.004	1.002	0.999	0.997	0.995	0.993	0.991	0.989	0.986
6	1.016	1.014	1.012	1.010	1.007	1.005	1.002	1.000	0.998	0.996	0.994	0.992	0.989
7	1.020	1.018	1.015	1.013	1.010	1.008	1.006	1.004	1.001	0.999	0.997	0.995	0.993
8	1.023	1.021	1.018	1.016	1.013	1.011	1.009	1.007	1.004	1.002	1.000	0.998	0.996
9	1.026	1.024	1.021	1.019	1.017	1.015	1.012	1.010	1.007	1.005	1.003	1.001	0.999
10	1.030	1.028	1.025	1.023	1.020	1.018	1.015	1.013	1.011	1.009	1.006	1.004	1.002
11	1.033	1.031	1.028	1.026	1.023	1.021	1.018	1.016	1.014	1.012	1.009	1.007	1.005
12	1.036	1.034	1.031	1.029	1.026	1.024	1.022	1.020	1.017	1.015	1.013	1.011	1.008
13	1.040	1.038	1.035	1.033	1.030	1.028	1.025	1.023	1.020	1.018	1.016	1.014	1.012
14	1.043	1.041	1.038	1.036	1.033	1.031	1.028	1.026	1.024	1.022	1.019	1.017	1.015
15	1.047	1.045	1.042	1.040	1.037	1.035	1.032	1.030	1.027	1.025	1.022	1.020	1.018
16	1.050	1.048	1.045	1.043	1.040	1.038	1.035	1.033	1.030	1.028	1.026	1.024	1.021
17	1.054	1.051	1.048	1.046	1.043	1.041	1.038	1.036	1.034	1.032	1.029	1.027	1.025
18	1.057	1.055	1.052	1.050	1.047	1.045	1.042	1.040	1.037	1.035	1.032	1.030	1.028
19	1.061	1.058	1.055	1.053	1.050	1.048	1.045	1.043	1.041	1.039	1.036	1.034	1.031
20	1.064	1.062	1.059	1.057	1.054	1.052	1.049	1.047	1.044	1.042	1.039	1.037	1.035
21	1.068	1.065	1.062	1.060	1.057	1.055	1.052	1.050	1.047	1.045	1.043	1.041	1.038
22	1.071	1.069	1.066	1.064	1.061	1.059	1.056	1.054	1.051	1.049	1.046	1.044	1.042
23	1.075	1.073	1.070	1.067	1.064	1.062	1.059	1.057	1.054	1.052	1.050	1.048	1.045
24	1.079	1.076	1.073	1.071	1.068	1.066	1.063	1.061	1.058	1.056	1.053	1.051	1.048
25	1.082	1.080	1.077	1.075	1.072	1.069	1.066	1.064	1.061	1.059	1.057	1.055	1.052
26	1.086	1.084	1.081	1.078	1.075	1.073	1.070	1.068	1.065	1.063	1.060	1.058	1.055
27	1.090	1.087	1.084	1.082	1.079	1.077	1.074	1.072	1.069	1.067	1.064	1.062	1.059
28	1.094	1.091	1.088	1.086	1.083	1.080	1.077	1.075	1.072	1.070	1.067	1.065	1.062
29	1.097	1.095	1.092	1.089	1.086	1.084	1.081	1.079	1.076	1.074	1.071	1.069	1.066
30	1.101	1.099	1.096	1.093	1.090	1.088	1.085	1.082	1.079	1.077	1.074	1.072	1.070
31	1.105	1.102	1.099	1.097	1.094	1.091	1.088	1.086	1.083	1.081	1.078	1.076	1.073
32	1.109	1.106	1.103	1.101	1.098	1.095	1.092	1.090	1.087	1.085	1.082	1.080	1.077
33	1.113	1.110	1.107	1.104	1.101	1.099	1.096	1.094	1.091	1.089	1.086	1.084	1.081
34	1.117	1.114	1.111	1.108	1.105	1.103	1.100	1.097	1.094	1.092	1.089	1.087	1.084
35	1.121	1.118	1.115	1.112	1.109	1.107	1.104	1.101	1.098	1.096	1.093	1.091	1.088

表 A.3（续）

温度 ℃	回潮率 %												
	4.8	4.9	5.0	5.1	5.2	5.3	5.4	5.5	5.6	5.7	5.8	5.9	6.0
5	0.984	0.982	0.981	0.979	0.977	0.975	0.973	0.971	0.970	0.968	0.966	0.964	0.963
6	0.987	0.985	0.984	0.982	0.980	0.978	0.976	0.974	0.973	0.971	0.969	0.967	0.966
7	0.991	0.989	0.987	0.985	0.983	0.981	0.979	0.977	0.976	0.974	0.972	0.970	0.969
8	0.994	0.992	0.990	0.988	0.986	0.984	0.982	0.980	0.979	0.977	0.975	0.973	0.972
9	0.997	0.995	0.993	0.991	0.989	0.987	0.985	0.983	0.982	0.980	0.978	0.976	0.975
10	1.000	0.998	0.996	0.994	0.992	0.990	0.988	0.986	0.985	0.983	0.981	0.979	0.978
11	1.003	1.001	0.999	0.997	0.995	0.993	0.991	0.989	0.988	0.986	0.984	0.982	0.981
12	1.006	1.004	1.002	1.000	0.998	0.996	0.994	0.992	0.991	0.989	0.987	0.985	0.984
13	1.010	1.007	1.005	1.003	1.001	0.999	0.998	0.996	0.994	0.992	0.990	0.988	0.987
14	1.013	1.011	1.009	1.007	1.005	1.003	1.001	0.999	0.997	0.995	0.993	0.991	0.990
15	1.016	1.014	1.012	1.010	1.008	1.006	1.004	1.002	1.000	0.998	0.997	0.995	0.993
16	1.019	1.017	1.015	1.013	1.011	1.009	1.007	1.005	1.003	1.001	1.000	0.998	0.996
17	1.023	1.020	1.018	1.016	1.014	1.012	1.010	1.008	1.006	1.004	1.003	1.001	0.999
18	1.026	1.024	1.022	1.019	1.017	1.015	1.013	1.011	1.010	1.008	1.006	1.004	1.002
19	1.029	1.027	1.025	1.023	1.021	1.019	1.017	1.015	1.013	1.011	1.009	1.007	1.006
20	1.033	1.030	1.028	1.026	1.024	1.022	1.020	1.018	1.016	1.014	1.012	1.010	1.009
21	1.036	1.034	1.032	1.029	1.027	1.025	1.023	1.021	1.019	1.017	1.016	1.014	1.012
22	1.040	1.037	1.035	1.033	1.031	1.029	1.027	1.025	1.023	1.021	1.019	1.017	1.015
23	1.043	1.040	1.038	1.036	1.034	1.032	1.030	1.028	1.026	1.024	1.022	1.020	1.018
24	1.046	1.044	1.042	1.040	1.038	1.035	1.033	1.031	1.029	1.027	1.025	1.023	1.022
25	1.050	1.047	1.045	1.043	1.041	1.039	1.037	1.035	1.033	1.031	1.029	1.027	1.025
26	1.053	1.051	1.049	1.046	1.044	1.042	1.040	1.038	1.036	1.034	1.032	1.030	1.028
27	1.057	1.054	1.052	1.050	1.048	1.046	1.044	1.041	1.039	1.037	1.035	1.033	1.032
28	1.060	1.058	1.056	1.053	1.051	1.049	1.047	1.045	1.043	1.041	1.039	1.037	1.035
29	1.064	1.061	1.059	1.057	1.055	1.052	1.050	1.048	1.046	1.044	1.042	1.040	1.038
30	1.068	1.065	1.063	1.060	1.058	1.056	1.054	1.052	1.050	1.048	1.046	1.044	1.042
31	1.071	1.069	1.067	1.064	1.062	1.060	1.058	1.055	1.053	1.051	1.049	1.047	1.045
32	1.075	1.072	1.070	1.068	1.066	1.063	1.061	1.059	1.057	1.055	1.053	1.051	1.049
33	1.079	1.076	1.074	1.071	1.069	1.067	1.065	1.062	1.061	1.059	1.057	1.054	1.052
34	1.082	1.079	1.077	1.075	1.073	1.070	1.068	1.066	1.064	1.062	1.060	1.058	1.056
35	1.086	1.083	1.081	1.078	1.076	1.074	1.072	1.069	1.067	1.065	1.063	1.061	1.059

表 A.3（续）

温度 ℃	回潮率 %												
	6.1	6.2	6.3	6.4	6.5	6.6	6.7	6.8	6.9	7.0	7.1	7.2	7.3
5	0.961	0.960	0.958	0.957	0.955	0.954	0.952	0.951	0.949	0.948	0.946	0.945	0.944
6	0.964	0.963	0.961	0.960	0.958	0.957	0.955	0.954	0.952	0.951	0.949	0.948	0.946
7	0.967	0.966	0.964	0.963	0.961	0.960	0.958	0.957	0.955	0.954	0.952	0.951	0.949
8	0.970	0.969	0.967	0.966	0.964	0.963	0.961	0.960	0.958	0.957	0.955	0.954	0.952
9	0.973	0.972	0.970	0.968	0.966	0.965	0.963	0.962	0.961	0.960	0.958	0.957	0.955
10	0.976	0.975	0.973	0.971	0.969	0.968	0.966	0.965	0.963	0.962	0.961	0.960	0.958
11	0.979	0.978	0.976	0.974	0.972	0.971	0.969	0.968	0.966	0.965	0.964	0.963	0.961
12	0.982	0.981	0.979	0.977	0.975	0.974	0.972	0.971	0.969	0.968	0.966	0.965	0.964
13	0.985	0.984	0.982	0.980	0.978	0.977	0.975	0.974	0.972	0.971	0.969	0.968	0.967
14	0.988	0.987	0.985	0.983	0.981	0.980	0.978	0.977	0.975	0.974	0.972	0.971	0.970
15	0.991	0.990	0.988	0.986	0.984	0.983	0.981	0.980	0.978	0.977	0.975	0.974	0.973
16	0.994	0.993	0.991	0.990	0.988	0.986	0.984	0.983	0.981	0.980	0.978	0.977	0.976
17	0.997	0.996	0.994	0.993	0.991	0.989	0.987	0.986	0.984	0.983	0.981	0.980	0.979
18	1.000	0.999	0.997	0.996	0.994	0.993	0.991	0.989	0.987	0.986	0.985	0.984	0.982
19	1.004	1.002	1.000	0.999	0.997	0.996	0.994	0.993	0.991	0.990	0.988	0.987	0.985
20	1.007	1.005	1.003	1.002	1.000	0.999	0.997	0.996	0.994	0.993	0.991	0.990	0.988
21	1.010	1.009	1.007	1.005	1.003	1.002	1.000	0.999	0.997	0.996	0.994	0.993	0.991
22	1.013	1.012	1.010	1.008	1.006	1.005	1.003	1.002	1.000	0.999	0.997	0.996	0.994
23	1.016	1.015	1.013	1.012	1.010	1.008	1.006	1.005	1.003	1.002	1.000	0.999	0.997
24	1.020	1.018	1.016	1.015	1.013	1.011	1.009	1.008	1.006	1.005	1.003	1.002	1.000
25	1.023	1.021	1.019	1.018	1.016	1.015	1.013	1.011	1.009	1.008	1.006	1.005	1.003
26	1.026	1.025	1.023	1.021	1.019	1.018	1.016	1.015	1.013	1.012	1.010	1.009	1.007
27	1.030	1.028	1.026	1.025	1.023	1.021	1.019	1.018	1.016	1.015	1.013	1.012	1.010
28	1.033	1.031	1.029	1.028	1.026	1.024	1.022	1.021	1.019	1.018	1.016	1.015	1.013
29	1.036	1.035	1.033	1.031	1.029	1.028	1.026	1.025	1.023	1.021	1.019	1.018	1.016
30	1.040	1.038	1.036	1.035	1.033	1.031	1.029	1.028	1.026	1.025	1.023	1.022	1.020
31	1.043	1.041	1.040	1.038	1.036	1.034	1.032	1.031	1.029	1.028	1.026	1.025	1.023
32	1.047	1.045	1.043	1.041	1.039	1.038	1.036	1.034	1.032	1.031	1.029	1.028	1.026
33	1.050	1.048	1.046	1.045	1.043	1.041	1.039	1.038	1.036	1.035	1.033	1.031	1.029
34	1.054	1.052	1.050	1.048	1.046	1.045	1.043	1.041	1.039	1.038	1.036	1.035	1.033
35	1.057	1.055	1.053	1.052	1.050	1.048	1.046	1.045	1.043	1.041	1.039	1.038	1.036

表 A.3（续）

温度 ℃	回潮率 %												
	7.4	7.5	7.6	7.7	7.8	7.9	8.0	8.1	8.2	8.3	8.4	8.5	8.6
5	0.943	0.941	0.940	0.939	0.938	0.936	0.935	0.934	0.933	0.932	0.931	0.930	0.929
6	0.945	0.944	0.943	0.942	0.941	0.939	0.938	0.937	0.936	0.935	0.934	0.933	0.932
7	0.948	0.947	0.945	0.944	0.943	0.942	0.941	0.940	0.939	0.938	0.937	0.935	0.934
8	0.951	0.950	0.948	0.947	0.946	0.945	0.944	0.942	0.941	0.940	0.939	0.938	0.937
9	0.954	0.952	0.951	0.950	0.949	0.948	0.947	0.945	0.944	0.943	0.942	0.941	0.940
10	0.957	0.955	0.954	0.953	0.951	0.950	0.949	0.948	0.947	0.946	0.945	0.944	0.943
11	0.960	0.958	0.957	0.956	0.954	0.953	0.952	0.951	0.950	0.949	0.948	0.947	0.946
12	0.963	0.961	0.960	0.959	0.957	0.956	0.955	0.954	0.953	0.952	0.951	0.949	0.948
13	0.966	0.964	0.963	0.962	0.960	0.959	0.958	0.957	0.956	0.954	0.953	0.952	0.951
14	0.969	0.967	0.965	0.964	0.963	0.962	0.961	0.960	0.958	0.957	0.956	0.955	0.954
15	0.972	0.970	0.968	0.967	0.966	0.965	0.964	0.963	0.961	0.960	0.959	0.958	0.957
16	0.975	0.973	0.972	0.970	0.969	0.968	0.967	0.965	0.964	0.963	0.962	0.961	0.960
17	0.978	0.976	0.975	0.973	0.972	0.971	0.970	0.968	0.967	0.966	0.965	0.964	0.963
18	0.981	0.979	0.977	0.976	0.975	0.974	0.973	0.971	0.970	0.969	0.968	0.967	0.966
19	0.984	0.982	0.980	0.979	0.978	0.977	0.976	0.974	0.973	0.972	0.971	0.970	0.969
20	0.987	0.985	0.983	0.982	0.981	0.980	0.979	0.977	0.976	0.975	0.974	0.973	0.972
21	0.990	0.988	0.986	0.985	0.984	0.983	0.982	0.980	0.979	0.978	0.977	0.976	0.975
22	0.993	0.991	0.989	0.988	0.987	0.986	0.985	0.983	0.982	0.981	0.980	0.979	0.978
23	0.996	0.994	0.993	0.992	0.990	0.989	0.988	0.987	0.985	0.984	0.983	0.982	0.981
24	0.999	0.997	0.996	0.995	0.993	0.992	0.991	0.990	0.988	0.987	0.986	0.985	0.984
25	1.002	1.001	0.999	0.998	0.997	0.995	0.994	0.993	0.991	0.990	0.989	0.988	0.987
26	1.006	1.004	1.003	1.001	0.999	0.998	0.997	0.996	0.994	0.993	0.992	0.991	0.990
27	1.009	1.007	1.005	1.004	1.002	1.001	1.000	0.999	0.998	0.997	0.995	0.994	0.993
28	1.012	1.010	1.008	1.007	0.006	1.005	1.003	1.002	1.001	1.000	0.998	0.997	0.996
29	1.015	1.013	1.012	1.011	1.009	1.008	1.006	1.005	1.004	1.003	1.001	1.000	0.999
30	1.019	1.017	1.015	1.014	1.013	1.011	1.009	1.008	1.007	1.006	1.005	1.004	1.003
31	1.022	1.020	1.018	1.017	1.016	1.014	1.013	1.012	1.010	1.009	1.008	1.007	1.006
32	1.025	1.023	1.021	1.021	1.019	1.018	1.016	1.015	1.013	1.012	1.011	1.010	1.009
33	1.028	1.026	1.025	1.024	1.023	1.021	1.020	1.018	1.017	1.016	1.014	1.013	1.012
34	1.032	1.030	1.028	1.027	1.026	1.024	1.023	1.021	1.020	1.019	1.017	1.016	1.015
35	1.035	1.033	1.031	1.030	1.029	1.027	1.026	1.025	1.023	1.022	1.021	1.020	1.019

表 A.3（续）

温度 ℃	回潮率 %												
	8.7	8.8	8.9	9.0	9.1	9.2	9.3	9.4	9.5	9.6	9.7	9.8	9.9
5	0.928	0.927	0.926	0.925	0.924	0.924	0.923	0.922	0.921	0.920	0.920	0.919	0.918
6	0.931	0.930	0.929	0.928	0.927	0.926	0.925	0.925	0.924	0.923	0.922	0.922	0.921
7	0.934	0.933	0.932	0.931	0.930	0.929	0.928	0.927	0.927	0.926	0.925	0.924	0.924
8	0.936	0.935	0.934	0.933	0.933	0.932	0.931	0.930	0.929	0.928	0.928	0.927	0.926
9	0.939	0.938	0.937	0.936	0.935	0.934	0.934	0.933	0.932	0.931	0.931	0.930	0.929
10	0.942	0.941	0.940	0.939	0.938	0.937	0.936	0.936	0.935	0.934	0.933	0.933	0.932
11	0.945	0.944	0.943	0.942	0.941	0.940	0.939	0.938	0.938	0.937	0.936	0.935	0.935
12	0.947	0.946	0.946	0.945	0.944	0.943	0.942	0.941	0.940	0.939	0.939	0.938	0.937
13	0.950	0.949	0.948	0.947	0.947	0.946	0.945	0.944	0.943	0.942	0.942	0.941	0.940
14	0.953	0.952	0.951	0.950	0.949	0.948	0.948	0.947	0.946	0.945	0.944	0.944	0.943
15	0.956	0.955	0.954	0.953	0.952	0.951	0.950	0.950	0.949	0.948	0.947	0.946	0.946
16	0.959	0.958	0.957	0.956	0.955	0.954	0.953	0.952	0.952	0.951	0.950	0.949	0.949
17	0.962	0.961	0.960	0.959	0.958	0.957	0.956	0.955	0.954	0.954	0.953	0.952	0.951
18	0.965	0.964	0.963	0.962	0.961	0.960	0.959	0.958	0.957	0.957	0.956	0.955	0.954
19	0.968	0.967	0.966	0.965	0.964	0.963	0.962	0.961	0.960	0.960	0.959	0.958	0.957
20	0.971	0.970	0.969	0.968	0.967	0.966	0.965	0.964	0.963	0.962	0.962	0.961	0.960
21	0.974	0.973	0.972	0.971	0.970	0.969	0.968	0.967	0.966	0.965	0.964	0.964	0.963
22	0.977	0.976	0.975	0.974	0.973	0.972	0.971	0.970	0.969	0.968	0.967	0.967	0.966
23	0.980	0.979	0.978	0.977	0.976	0.975	0.974	0.973	0.972	0.971	0.970	0.969	0.969
24	0.983	0.982	0.981	0.980	0.979	0.978	0.977	0.976	0.975	0.974	0.973	0.973	0.972
25	0.986	0.985	0.984	0.983	0.982	0.981	0.980	0.979	0.978	0.977	0.976	0.976	0.975
26	0.989	0.988	0.987	0.986	0.985	0.984	0.983	0.982	0.981	0.980	0.979	0.979	0.978
27	0.992	0.991	0.990	0.989	0.988	0.987	0.986	0.985	0.984	0.983	0.982	0.982	0.981
28	0.995	0.994	0.993	0.992	0.991	0.990	0.989	0.988	0.987	0.986	0.985	0.985	0.984
29	0.998	0.997	0.996	0.995	0.994	0.993	0.992	0.991	0.990	0.990	0.989	0.988	0.987
30	1.001	1.000	0.999	0.998	0.997	0.996	0.995	0.994	0.993	0.992	0.992	0.991	0.990
31	1.005	1.003	1.002	1.001	1.000	0.999	0.998	0.997	0.996	0.996	0.995	0.994	0.993
32	1.008	1.007	1.006	1.004	1.003	1.002	1.001	1.001	1.000	0.999	0.998	0.997	0.996
33	1.011	1.010	1.009	1.008	1.007	1.006	1.005	1.004	1.003	1.002	1.001	1.000	0.999
34	1.014	1.013	1.012	1.011	1.010	1.009	1.008	1.007	1.006	1.005	1.004	1.003	1.003
35	1.017	1.016	1.015	1.014	1.013	1.012	1.011	1.010	1.009	1.008	1.007	1.007	1.006

表 A.3（续）

温度 ℃	回潮率 %												
	10.0	10.1	10.2	10.3	10.4	10.5	10.6	10.7	10.8	10.9	11.0	11.1	11.2
5	0.918	0.917	0.916	0.916	0.915	0.915	0.914	0.914	0.913	0.913	0.912	0.912	0.911
6	0.920	0.920	0.919	0.918	0.918	0.917	0.917	0.916	0.916	0.915	0.915	0.914	0.914
7	0.923	0.922	0.921	0.921	0.920	0.920	0.920	0.919	0.918	0.918	0.917	0.917	0.916
8	0.925	0.925	0.924	0.924	0.923	0.923	0.922	0.922	0.921	0.921	0.920	0.920	0.919
9	0.929	0.928	0.927	0.926	0.926	0.925	0.925	0.924	0.924	0.923	0.923	0.922	0.922
10	0.931	0.930	0.930	0.929	0.929	0.928	0.928	0.927	0.927	0.926	0.926	0.925	0.925
11	0.934	0.933	0.933	0.932	0.931	0.931	0.930	0.930	0.929	0.929	0.928	0.928	0.927
12	0.937	0.936	0.935	0.934	0.934	0.933	0.933	0.932	0.932	0.931	0.931	0.930	0.930
13	0.940	0.939	0.938	0.937	0.937	0.936	0.936	0.935	0.935	0.934	0.934	0.933	0.933
14	0.942	0.941	0.941	0.940	0.940	0.939	0.939	0.938	0.938	0.937	0.937	0.936	0.936
15	0.945	0.944	0.944	0.943	0.942	0.942	0.941	0.941	0.940	0.940	0.939	0.939	0.938
16	0.948	0.947	0.946	0.946	0.945	0.945	0.944	0.943	0.943	0.942	0.942	0.941	0.941
17	0.951	0.950	0.949	0.949	0.948	0.947	0.947	0.946	0.946	0.945	0.945	0.944	0.944
18	0.954	0.953	0.952	0.951	0.951	0.950	0.950	0.949	0.949	0.948	0.948	0.947	0.947
19	0.957	0.956	0.955	0.954	0.954	0.953	0.953	0.952	0.952	0.951	0.951	0.950	0.950
20	0.959	0.959	0.958	0.957	0.957	0.956	0.956	0.955	0.954	0.954	0.953	0.953	0.952
21	0.962	0.961	0.961	0.960	0.960	0.959	0.959	0.958	0.957	0.957	0.956	0.956	0.955
22	0.965	0.964	0.964	0.963	0.962	0.962	0.962	0.961	0.960	0.960	0.959	0.959	0.958
23	0.968	0.967	0.967	0.966	0.965	0.965	0.964	0.964	0.963	0.963	0.962	0.962	0.961
24	0.971	0.970	0.970	0.969	0.968	0.968	0.967	0.966	0.966	0.965	0.965	0.964	0.964
25	0.974	0.973	0.973	0.972	0.971	0.971	0.970	0.969	0.969	0.968	0.968	0.967	0.967
26	0.977	0.976	0.976	0.975	0.974	0.974	0.973	0.972	0.972	0.971	0.971	0.970	0.970
27	0.980	0.979	0.979	0.978	0.977	0.977	0.976	0.975	0.975	0.974	0.974	0.973	0.973
28	0.983	0.982	0.982	0.981	0.980	0.980	0.979	0.978	0.978	0.977	0.977	0.976	0.976
29	0.986	0.985	0.985	0.984	0.983	0.983	0.982	0.981	0.981	0.980	0.980	0.979	0.979
30	0.989	0.988	0.988	0.987	0.986	0.986	0.985	0.984	0.984	0.983	0.983	0.982	0.982
31	0.992	0.992	0.991	0.990	0.989	0.989	0.988	0.988	0.987	0.986	0.986	0.985	0.985
32	0.995	0.995	0.994	0.993	0.992	0.992	0.991	0.991	0.990	0.989	0.989	0.988	0.988
33	0.999	0.998	0.997	0.996	0.995	0.995	0.994	0.994	0.993	0.993	0.992	0.992	0.991
34	1.002	1.001	1.000	0.999	0.999	0.998	0.997	0.997	0.996	0.996	0.995	0.995	0.994
35	1.005	1.004	1.003	1.003	1.002	1.001	1.001	1.000	0.999	0.999	0.998	0.998	0.997

表 A.3（续）

温度 ℃	回潮率 %								
	11.3	11.4	11.5	11.6	11.7	11.8	11.9	12.0	12.1
5	0.911	0.910	0.910	0.910	0.909	0.909	0.909	0.909	0.908
6	0.913	0.913	0.913	0.912	0.912	0.912	0.912	0.911	0.911
7	0.916	0.916	0.915	0.915	0.915	0.914	0.914	0.914	0.914
8	0.919	0.918	0.918	0.918	0.917	0.917	0.917	0.917	0.916
9	0.921	0.921	0.920	0.920	0.920	0.920	0.919	0.919	0.919
10	0.924	0.924	0.923	0.923	0.923	0.922	0.922	0.922	0.922
11	0.927	0.926	0.926	0.926	0.925	0.925	0.925	0.925	0.924
12	0.929	0.929	0.929	0.928	0.928	0.928	0.928	0.927	0.927
13	0.932	0.932	0.932	0.931	0.931	0.931	0.930	0.930	0.930
14	0.935	0.935	0.934	0.934	0.934	0.933	0.933	0.933	0.933
15	0.938	0.937	0.937	0.937	0.936	0.936	0.936	0.936	0.935
16	0.941	0.940	0.940	0.939	0.939	0.939	0.939	0.938	0.938
17	0.943	0.943	0.943	0.942	0.942	0.942	0.941	0.941	0.941
18	0.946	0.946	0.945	0.945	0.945	0.944	0.944	0.944	0.944
19	0.949	0.949	0.948	0.948	0.948	0.947	0.947	0.947	0.946
20	0.952	0.951	0.951	0.951	0.950	0.950	0.950	0.950	0.949
21	0.955	0.954	0.954	0.954	0.953	0.953	0.953	0.953	0.952
22	0.958	0.957	0.957	0.956	0.956	0.956	0.956	0.955	0.955
23	0.961	0.960	0.960	0.959	0.959	0.959	0.958	0.958	0.958
24	0.963	0.963	0.963	0.962	0.962	0.962	0.961	0.961	0.961
25	0.966	0.966	0.966	0.965	0.965	0.965	0.964	0.964	0.964
26	0.969	0.969	0.969	0.968	0.968	0.968	0.967	0.967	0.967
27	0.972	0.972	0.972	0.971	0.971	0.971	0.970	0.970	0.970
28	0.975	0.975	0.974	0.974	0.974	0.973	0.973	0.973	0.973
29	0.978	0.978	0.978	0.977	0.977	0.977	0.976	0.976	0.976
30	0.981	0.981	0.981	0.980	0.980	0.980	0.979	0.979	0.979
31	0.984	0.984	0.984	0.983	0.983	0.983	0.982	0.982	0.982
32	0.987	0.987	0.987	0.986	0.986	0.986	0.985	0.985	0.985
33	0.991	0.990	0.990	0.989	0.989	0.989	0.988	0.988	0.988
34	0.994	0.993	0.993	0.992	0.992	0.992	0.991	0.991	0.991
35	0.997	0.996	0.996	0.996	0.995	0.995	0.994	0.994	0.994

表 A.4 棉丙(50/50)本色布断裂强力的温度和回潮率修正系数

温度 ℃	回潮率 %													
	2.5	2.6	2.7	2.8	2.9	3.0	3.1	3.2	3.3	3.4	3.5	3.6	3.7	3.8
5	0.989	0.985	0.980	0.976	0.971	0.967	0.963	0.959	0.955	0.951	0.948	0.944	0.940	0.937
6	0.995	0.990	0.986	0.981	0.977	0.972	0.968	0.964	0.960	0.956	0.953	0.949	0.945	0.942
7	1.001	0.996	0.991	0.987	0.982	0.978	0.974	0.970	0.966	0.962	0.958	0.954	0.950	0.947
8	1.007	1.002	0.997	0.992	0.988	0.983	0.979	0.975	0.971	0.967	0.963	0.959	0.956	0.952
9	1.012	1.007	1.003	0.998	0.993	0.989	0.985	0.980	0.976	0.972	0.969	0.965	0.961	0.957
10	1.018	1.013	1.008	1.004	0.999	0.995	0.990	0.986	0.982	0.978	0.974	0.970	0.966	0.963
11	1.024	1.019	1.014	1.009	1.005	1.000	0.996	0.992	0.987	0.983	0.979	0.975	0.972	0.968
12	1.030	1.025	1.020	1.015	1.011	1.006	1.002	0.997	0.993	0.989	0.985	0.981	0.977	0.973
13	1.036	1.031	1.026	1.021	1.017	1.012	1.007	1.003	0.999	0.995	0.990	0.986	0.983	0.979
14	1.043	1.037	1.032	1.027	1.022	1.018	1.013	1.009	1.004	1.000	0.996	0.992	0.988	0.984
15	1.049	1.044	1.038	1.033	1.028	1.024	1.019	1.015	1.010	1.006	1.002	0.998	0.994	0.990
16	1.055	1.050	1.045	1.040	1.035	1.030	1.025	1.021	1.016	1.012	1.008	1.004	1.000	0.996
17	1.062	1.056	1.051	1.046	1.041	1.036	1.031	1.027	1.022	1.018	1.013	1.009	1.005	1.001
18	1.068	1.063	1.057	1.052	1.047	1.042	1.037	1.033	1.028	1.024	1.019	1.015	1.011	1.007
19	1.075	1.069	1.064	1.058	1.053	1.048	1.044	1.039	1.034	1.030	1.025	1.021	1.017	1.013
20	1.081	1.076	1.070	1.065	1.060	1.055	1.050	1.045	1.040	1.036	1.031	1.027	1.023	1.019
21	1.088	1.082	1.077	1.071	1.066	1.061	1.056	1.051	1.047	1.042	1.038	1.033	1.029	1.025
22	1.095	1.089	1.084	1.078	1.073	1.068	1.063	1.058	1.053	1.048	1.044	1.039	1.035	1.031
23	1.102	1.096	1.090	1.085	1.079	1.074	1.069	1.064	1.059	1.055	1.050	1.045	1.041	1.037
24	1.109	1.103	1.097	1.092	1.086	1.081	1.076	1.071	1.066	1.061	1.056	1.052	1.047	1.043
25	1.116	1.110	1.104	1.098	1.093	1.088	1.082	1.077	1.072	1.067	1.063	1.058	1.054	1.049
26	1.123	1.117	1.111	1.105	1.100	1.094	1.089	1.084	1.079	1.074	1.069	1.065	1.060	1.056
27	1.130	1.124	1.118	1.112	1.107	1.101	1.096	1.091	1.086	1.081	1.076	1.071	1.067	1.062
28	1.138	1.131	1.125	1.119	1.114	1.108	1.103	1.097	1.092	1.087	1.082	1.078	1.073	1.069
29	1.145	1.139	1.133	1.127	1.121	1.115	1.110	1.104	1.099	1.094	1.089	1.084	1.080	1.075
30	1.153	1.146	1.140	1.134	1.128	1.122	1.117	1.111	1.106	1.101	1.096	1.091	1.086	1.082
31	1.160	1.154	1.148	1.141	1.135	1.130	1.124	1.119	1.113	1.108	1.103	1.098	1.093	1.089
32	1.168	1.161	1.155	1.149	1.143	1.137	1.131	1.126	1.120	1.115	1.110	1.105	1.100	1.095
33	1.176	1.169	1.163	1.157	1.150	1.145	1.139	1.133	1.128	1.122	1.117	1.112	1.107	1.102
34	1.184	1.177	1.171	1.164	1.158	1.152	1.146	1.141	1.135	1.130	1.124	1.119	1.114	1.109
35	1.192	1.185	1.179	1.172	1.166	1.160	1.154	1.148	1.142	1.137	1.132	1.126	1.121	1.116

表 A.4（续）

温度 ℃	回潮率 %													
	3.9	4.0	4.1	4.2	4.3	4.4	4.5	4.6	4.7	4.8	4.9	5.0	5.1	5.2
5	0.934	0.930	0.927	0.924	0.921	0.918	0.915	0.912	0.910	0.907	0.905	0.902	0.900	0.897
6	0.939	0.935	0.932	0.929	0.926	0.923	0.920	0.917	0.914	0.912	0.909	0.907	0.904	0.902
7	0.944	0.940	0.937	0.934	0.931	0.928	0.925	0.922	0.919	0.917	0.914	0.911	0.909	0.907
8	0.949	0.945	0.942	0.939	0.936	0.933	0.930	0.927	0.924	0.921	0.919	0.916	0.914	0.911
9	0.954	0.950	0.947	0.944	0.941	0.938	0.935	0.932	0.929	0.926	0.924	0.921	0.919	0.916
10	0.959	0.956	0.952	0.949	0.946	0.943	0.940	0.937	0.934	0.931	0.929	0.926	0.923	0.921
11	0.964	0.961	0.957	0.954	0.951	0.948	0.945	0.942	0.939	0.936	0.934	0.931	0.928	0.926
12	0.970	0.966	0.963	0.960	0.956	0.953	0.950	0.947	0.944	0.941	0.939	0.936	0.933	0.931
13	0.975	0.972	0.968	0.965	0.961	0.958	0.955	0.952	0.949	0.946	0.944	0.941	0.938	0.936
14	0.981	0.977	0.974	0.970	0.967	0.964	0.960	0.957	0.954	0.952	0.949	0.946	0.943	0.941
15	0.986	0.983	0.979	0.976	0.972	0.969	0.966	0.963	0.960	0.957	0.954	0.951	0.948	0.946
16	0.992	0.988	0.985	0.981	0.978	0.974	0.971	0.968	0.965	0.962	0.959	0.956	0.954	0.951
17	0.998	0.994	0.990	0.987	0.983	0.980	0.977	0.973	0.970	0.967	0.965	0.962	0.959	0.956
18	1.003	0.999	0.996	0.992	0.989	0.985	0.982	0.979	0.976	0.973	0.970	0.967	0.964	0.962
19	1.009	1.005	1.001	0.998	0.994	0.991	0.988	0.984	0.981	0.978	0.975	0.972	0.970	0.967
20	1.015	1.011	1.007	1.004	1.000	0.997	0.993	0.990	0.987	0.984	0.981	0.978	0.975	0.972
21	1.021	1.017	1.013	1.009	1.006	1.002	0.999	0.996	0.992	0.989	0.986	0.983	0.980	0.978
22	1.027	1.023	1.019	1.015	1.012	1.008	1.005	1.001	0.998	0.995	0.992	0.989	0.986	0.983
23	1.033	1.029	1.025	1.021	1.017	1.014	1.010	1.007	1.004	1.001	0.998	0.995	0.992	0.989
24	1.039	1.035	1.031	1.027	1.023	1.020	1.016	1.013	1.010	1.006	1.003	1.000	0.997	0.994
25	1.045	1.041	1.037	1.033	1.029	1.026	1.022	1.019	1.015	1.012	1.009	1.006	1.003	1.000
26	1.052	1.047	1.043	1.039	1.036	1.032	1.028	1.025	1.021	1.018	1.015	1.012	1.008	1.006
27	1.058	1.054	1.050	1.046	1.042	1.038	1.034	1.031	1.027	1.024	1.021	1.018	1.014	1.012
28	1.064	1.060	1.056	1.052	1.048	1.044	1.040	1.037	1.033	1.030	1.027	1.024	1.021	1.018
29	1.071	1.067	1.062	1.058	1.054	1.050	1.047	1.043	1.040	1.036	1.033	1.030	1.027	1.024
30	1.077	1.073	1.069	1.065	1.061	1.057	1.053	1.049	1.046	1.042	1.039	1.036	1.033	1.030
31	1.084	1.080	1.075	1.071	1.067	1.063	1.059	1.056	1.052	1.049	1.045	1.042	1.039	1.036
32	1.091	1.086	1.082	1.078	1.074	1.070	1.066	1.062	1.058	1.055	1.052	1.048	1.045	1.042
33	1.098	1.093	1.089	1.085	1.080	1.076	1.072	1.069	1.065	1.061	1.058	1.055	1.051	1.048
34	1.105	1.100	1.096	1.091	1.087	1.083	1.079	1.075	1.071	1.068	1.064	1.061	1.058	1.054
35	1.112	1.107	1.103	1.098	1.094	1.090	1.086	1.082	1.078	1.074	1.071	1.067	1.064	1.061

表 A.4（续）

温度 ℃	回潮率 %													
	5.3	5.4	5.5	5.6	5.7	5.8	5.9	6.0	6.1	6.2	6.3	6.4	6.5	6.6
5	0.895	0.893	0.891	0.889	0.887	0.885	0.883	0.881	0.880	0.878	0.877	0.875	0.874	0.872
6	0.900	0.898	0.895	0.893	0.891	0.889	0.888	0.886	0.884	0.882	0.881	0.879	0.878	0.877
7	0.904	0.902	0.900	0.898	0.896	0.894	0.892	0.890	0.889	0.887	0.885	0.884	0.882	0.881
8	0.909	0.907	0.905	0.903	0.901	0.899	0.897	0.895	0.893	0.892	0.890	0.888	0.887	0.885
9	0.914	0.912	0.909	0.907	0.905	0.903	0.901	0.900	0.898	0.896	0.894	0.893	0.891	0.890
10	0.919	0.916	0.914	0.912	0.910	0.908	0.906	0.904	0.902	0.901	0.899	0.897	0.896	0.894
11	0.924	0.921	0.919	0.917	0.915	0.913	0.911	0.909	0.907	0.905	0.904	0.902	0.900	0.899
12	0.929	0.926	0.924	0.922	0.920	0.918	0.916	0.914	0.912	0.910	0.908	0.907	0.905	0.904
13	0.933	0.931	0.929	0.927	0.924	0.922	0.920	0.918	0.917	0.915	0.913	0.911	0.910	0.908
14	0.938	0.936	0.934	0.931	0.929	0.927	0.925	0.923	0.921	0.920	0.918	0.916	0.915	0.913
15	0.943	0.941	0.939	0.936	0.934	0.932	0.930	0.928	0.926	0.924	0.923	0.921	0.919	0.918
16	0.949	0.946	0.944	0.942	0.939	0.937	0.935	0.933	0.931	0.929	0.928	0.926	0.924	0.923
17	0.954	0.951	0.949	0.947	0.944	0.942	0.940	0.938	0.936	0.934	0.933	0.931	0.929	0.928
18	0.959	0.956	0.954	0.952	0.949	0.947	0.945	0.943	0.941	0.939	0.938	0.936	0.934	0.933
19	0.964	0.962	0.959	0.957	0.955	0.952	0.950	0.948	0.946	0.944	0.943	0.941	0.939	0.938
20	0.970	0.967	0.965	0.962	0.960	0.958	0.956	0.954	0.952	0.950	0.948	0.946	0.944	0.943
21	0.975	0.972	0.970	0.968	0.965	0.963	0.961	0.959	0.957	0.955	0.953	0.951	0.949	0.948
22	0.981	0.978	0.975	0.973	0.971	0.968	0.966	0.964	0.962	0.960	0.958	0.956	0.955	0.953
23	0.986	0.983	0.981	0.978	0.976	0.974	0.972	0.969	0.967	0.965	0.963	0.962	0.960	0.958
24	0.992	0.989	0.986	0.984	0.982	0.979	0.977	0.975	0.973	0.971	0.969	0.967	0.965	0.964
25	0.997	0.995	0.992	0.990	0.987	0.985	0.983	0.980	0.978	0.976	0.974	0.972	0.971	0.969
26	1.003	1.000	0.998	0.995	0.993	0.990	0.988	0.986	0.984	0.982	0.980	0.978	0.976	0.974
27	1.009	1.006	1.003	1.001	0.998	0.996	0.994	0.991	0.989	0.987	0.985	0.983	0.981	0.980
28	1.015	1.012	1.009	1.007	1.004	1.002	0.999	0.997	0.995	0.993	0.991	0.989	0.987	0.985
29	1.021	1.018	1.015	1.012	1.010	1.007	1.005	1.003	1.001	0.999	0.997	0.995	0.993	0.991
30	1.027	1.024	1.021	1.018	1.016	1.013	1.011	1.009	1.006	1.004	1.002	1.000	0.998	0.997
31	1.033	1.030	1.027	1.024	1.022	1.019	1.017	1.014	1.012	1.010	1.008	1.006	1.004	1.002
32	1.039	1.036	1.033	1.030	1.028	1.025	1.023	1.020	1.018	1.016	1.014	1.012	1.010	1.008
33	1.045	1.042	1.039	1.036	1.034	1.031	1.029	1.026	1.024	1.022	1.020	1.018	1.016	1.014
34	1.051	1.048	1.045	1.043	1.040	1.037	1.035	1.032	1.030	1.028	1.026	1.024	1.022	1.020
35	1.058	1.055	1.052	1.049	1.046	1.044	1.041	1.039	1.036	1.034	1.032	1.030	1.028	1.026

表 A.4（续）

温度 ℃	回潮率 %													
	6.7	6.8	6.9	7.0	7.1	7.2	7.3	7.4	7.5	7.6	7.7	7.8	7.9	8.0
5	0.871	0.870	0.868	0.867	0.866	0.865	0.864	0.863	0.862	0.862	0.861	0.860	0.860	0.859
6	0.875	0.874	0.873	0.872	0.870	0.869	0.868	0.868	0.867	0.866	0.865	0.864	0.864	0.863
7	0.880	0.878	0.877	0.876	0.875	0.874	0.873	0.872	0.871	0.870	0.869	0.869	0.868	0.867
8	0.884	0.883	0.882	0.880	0.879	0.878	0.877	0.876	0.875	0.875	0.874	0.873	0.872	0.872
9	0.889	0.887	0.886	0.885	0.884	0.883	0.882	0.881	0.880	0.879	0.878	0.878	0.877	0.876
10	0.893	0.892	0.890	0.889	0.888	0.887	0.886	0.885	0.884	0.883	0.883	0.882	0.881	0.881
11	0.898	0.896	0.895	0.894	0.893	0.892	0.891	0.890	0.889	0.888	0.887	0.886	0.886	0.885
12	0.902	0.901	0.900	0.898	0.897	0.896	0.895	0.894	0.893	0.892	0.892	0.891	0.890	0.890
13	0.907	0.906	0.904	0.903	0.902	0.901	0.900	0.899	0.898	0.897	0.896	0.895	0.895	0.894
14	0.912	0.910	0.909	0.908	0.907	0.905	0.904	0.903	0.902	0.902	0.901	0.900	0.899	0.899
15	0.917	0.915	0.914	0.912	0.911	0.910	0.909	0.908	0.907	0.906	0.905	0.905	0.904	0.903
16	0.921	0.920	0.919	0.917	0.916	0.915	0.914	0.913	0.912	0.911	0.910	0.910	0.909	0.908
17	0.926	0.925	0.923	0.922	0.921	0.920	0.919	0.918	0.917	0.916	0.915	0.914	0.913	0.913
18	0.931	0.930	0.928	0.927	0.926	0.925	0.924	0.923	0.921	0.921	0.920	0.919	0.918	0.918
19	0.936	0.935	0.933	0.932	0.931	0.930	0.928	0.927	0.926	0.925	0.925	0.924	0.923	0.922
20	0.941	0.940	0.938	0.937	0.936	0.934	0.933	0.932	0.931	0.930	0.930	0.929	0.928	0.927
21	0.946	0.945	0.943	0.942	0.941	0.940	0.938	0.937	0.936	0.935	0.935	0.934	0.933	0.932
22	0.951	0.950	0.948	0.947	0.946	0.945	0.943	0.942	0.941	0.940	0.940	0.939	0.938	0.937
23	0.957	0.955	0.954	0.952	0.951	0.950	0.949	0.948	0.946	0.946	0.945	0.944	0.943	0.942
24	0.962	0.960	0.959	0.958	0.956	0.955	0.954	0.953	0.952	0.951	0.950	0.949	0.948	0.948
25	0.967	0.966	0.964	0.963	0.961	0.960	0.959	0.958	0.957	0.956	0.955	0.954	0.953	0.953
26	0.973	0.971	0.970	0.968	0.967	0.966	0.964	0.963	0.962	0.961	0.960	0.959	0.959	0.958
27	0.978	0.976	0.975	0.974	0.972	0.971	0.970	0.969	0.967	0.966	0.966	0.965	0.964	0.963
28	0.984	0.982	0.980	0.979	0.978	0.976	0.975	0.974	0.973	0.972	0.971	0.970	0.969	0.968
29	0.989	0.988	0.986	0.985	0.983	0.982	0.981	0.979	0.978	0.977	0.976	0.976	0.975	0.974
30	0.995	0.993	0.992	0.990	0.989	0.987	0.986	0.985	0.984	0.983	0.982	0.981	0.980	0.979
31	1.001	0.999	0.997	0.996	0.994	0.993	0.992	0.990	0.989	0.988	0.987	0.986	0.986	0.985
32	1.006	1.005	1.003	1.001	1.000	0.999	0.997	0.996	0.995	0.994	0.993	0.992	0.991	0.990
33	1.012	1.010	1.009	1.007	1.006	1.004	1.003	1.002	1.001	1.000	0.999	0.998	0.997	0.996
34	1.018	1.016	1.015	1.013	1.012	1.010	1.009	1.008	1.006	1.005	1.004	1.004	1.003	1.002
35	1.024	1.022	1.021	1.019	1.017	1.016	1.015	1.013	1.012	1.011	1.010	1.009	1.008	1.008

表 A.5　棉粘(50/50)本色布断裂强力的温度和回潮率修正系数

温度 ℃	回潮率 %													
	7.1	7.2	7.3	7.4	7.5	7.6	7.7	7.8	7.9	8.0	8.1	8.2	8.3	8.4
5	0.900	0.901	0.902	0.903	0.905	0.906	0.907	0.908	0.909	0.910	0.911	0.913	0.914	0.915
6	0.903	0.904	0.906	0.907	0.908	0.909	0.910	0.911	0.913	0.914	0.915	0.916	0.917	0.918
7	0.907	0.908	0.909	0.910	0.911	0.912	0.914	0.915	0.916	0.917	0.918	0.919	0.920	0.922
8	0.910	0.911	0.912	0.913	0.915	0.916	0.917	0.918	0.919	0.920	0.922	0.923	0.924	0.925
9	0.913	0.914	0.916	0.917	0.918	0.919	0.920	0.922	0.923	0.924	0.925	0.926	0.927	0.929
10	0.917	0.918	0.919	0.920	0.921	0.923	0.924	0.925	0.926	0.927	0.929	0.930	0.931	0.932
11	0.920	0.921	0.922	0.924	0.925	0.926	0.927	0.928	0.930	0.931	0.932	0.933	0.934	0.936
12	0.923	0.925	0.926	0.927	0.928	0.930	0.931	0.932	0.933	0.934	0.936	0.937	0.938	0.939
13	0.927	0.928	0.929	0.931	0.932	0.933	0.934	0.935	0.937	0.938	0.939	0.940	0.941	0.943
14	0.930	0.932	0.933	0.934	0.935	0.937	0.938	0.939	0.940	0.941	0.943	0.944	0.945	0.946
15	0.934	0.935	0.936	0.938	0.939	0.940	0.941	0.943	0.944	0.945	0.946	0.947	0.949	0.950
16	0.937	0.939	0.940	0.941	0.942	0.944	0.945	0.946	0.947	0.949	0.950	0.951	0.952	0.954
17	0.941	0.942	0.944	0.945	0.946	0.947	0.949	0.950	0.951	0.952	0.954	0.955	0.956	0.957
18	0.945	0.946	0.947	0.948	0.950	0.951	0.952	0.953	0.955	0.956	0.957	0.958	0.960	0.961
19	0.948	0.949	0.951	0.952	0.953	0.955	0.956	0.957	0.958	0.960	0.961	0.962	0.963	0.965
20	0.952	0.953	0.954	0.956	0.957	0.958	0.960	0.961	0.962	0.963	0.965	0.966	0.967	0.968
21	0.956	0.957	0.958	0.959	0.961	0.962	0.963	0.965	0.966	0.967	0.968	0.970	0.971	0.972
22	0.959	0.961	0.962	0.963	0.964	0.966	0.967	0.968	0.970	0.971	0.972	0.974	0.975	0.976
23	0.963	0.964	0.966	0.967	0.968	0.970	0.971	0.972	0.973	0.975	0.976	0.977	0.979	0.980
24	0.967	0.968	0.969	0.971	0.972	0.973	0.975	0.976	0.977	0.979	0.980	0.981	0.983	0.984
25	0.970	0.972	0.973	0.975	0.976	0.977	0.979	0.980	0.981	0.982	0.984	0.985	0.986	0.988
26	0.974	0.976	0.977	0.978	0.980	0.981	0.982	0.984	0.985	0.986	0.988	0.989	0.990	0.992
27	0.978	0.980	0.981	0.982	0.984	0.985	0.986	0.988	0.989	0.990	0.992	0.993	0.994	0.996
28	0.982	0.983	0.985	0.986	0.988	0.989	0.990	0.992	0.993	0.994	0.996	0.997	0.998	1.000
29	0.986	0.987	0.989	0.990	0.991	0.993	0.994	0.996	0.997	0.998	1.000	1.001	1.002	1.004
30	0.990	0.991	0.993	0.994	0.995	0.997	0.998	1.000	1.001	1.002	1.004	1.005	1.006	1.008
31	0.994	0.995	0.997	0.998	0.999	1.001	1.002	1.004	1.005	1.006	1.008	1.009	1.011	1.012
32	0.998	0.999	1.001	1.002	1.003	1.005	1.006	1.008	1.009	1.010	1.012	1.013	1.015	1.016
33	1.002	1.003	1.005	1.006	1.008	1.009	1.010	1.012	1.013	1.014	1.016	1.017	1.019	1.020
34	1.006	1.007	1.009	1.010	1.012	1.013	1.014	1.016	1.017	1.019	1.020	1.022	1.023	1.024
35	1.010	1.011	1.013	1.014	1.016	1.017	1.019	1.020	1.022	1.023	1.024	1.026	1.027	1.029

表 A.5（续）

温度 ℃	回潮率 %													
	8.5	8.6	8.7	8.8	8.9	9.0	9.1	9.2	9.3	9.4	9.5	9.6	9.7	9.8
5	0.916	0.917	0.918	0.919	0.920	0.922	0.923	0.924	0.925	0.926	0.927	0.928	0.929	0.930
6	0.919	0.920	0.922	0.923	0.924	0.925	0.926	0.927	0.928	0.929	0.930	0.932	0.933	0.934
7	0.923	0.924	0.925	0.926	0.927	0.928	0.930	0.931	0.932	0.933	0.934	0.935	0.936	0.937
8	0.926	0.927	0.928	0.930	0.931	0.932	0.933	0.934	0.935	0.936	0.938	0.939	0.940	0.941
9	0.930	0.931	0.932	0.933	0.934	0.935	0.937	0.938	0.939	0.940	0.941	0.942	0.943	0.944
10	0.933	0.934	0.936	0.937	0.938	0.939	0.940	0.941	0.942	0.944	0.945	0.946	0.947	0.948
11	0.937	0.938	0.939	0.940	0.941	0.943	0.944	0.945	0.946	0.947	0.948	0.949	0.951	0.952
12	0.940	0.941	0.943	0.944	0.945	0.946	0.947	0.948	0.950	0.951	0.952	0.953	0.954	0.955
13	0.944	0.945	0.946	0.947	0.949	0.950	0.951	0.952	0.953	0.954	0.956	0.957	0.958	0.959
14	0.947	0.949	0.950	0.951	0.952	0.953	0.955	0.956	0.957	0.958	0.959	0.960	0.962	0.963
15	0.951	0.952	0.953	0.955	0.956	0.957	0.958	0.959	0.961	0.962	0.963	0.964	0.965	0.967
16	0.955	0.956	0.957	0.958	0.960	0.961	0.962	0.963	0.964	0.966	0.967	0.968	0.969	0.970
17	0.958	0.960	0.961	0.962	0.963	0.965	0.966	0.967	0.968	0.969	0.971	0.972	0.973	0.974
18	0.962	0.963	0.965	0.966	0.967	0.968	0.970	0.971	0.972	0.973	0.974	0.976	0.977	0.978
19	0.966	0.967	0.968	0.970	0.971	0.972	0.973	0.975	0.976	0.977	0.978	0.979	0.981	0.982
20	0.970	0.971	0.972	0.973	0.975	0.976	0.977	0.978	0.980	0.981	0.982	0.983	0.985	0.986
21	0.974	0.975	0.976	0.977	0.979	0.980	0.981	0.982	0.984	0.985	0.986	0.987	0.988	0.990
22	0.977	0.979	0.980	0.981	0.982	0.984	0.985	0.986	0.987	0.989	0.990	0.991	0.992	0.994
23	0.981	0.982	0.984	0.985	0.986	0.988	0.989	0.990	0.991	0.993	0.994	0.995	0.996	0.998
24	0.985	0.986	0.988	0.989	0.990	0.992	0.993	0.994	0.995	0.997	0.998	0.999	1.000	1.002
25	0.989	0.990	0.992	0.993	0.994	0.996	0.997	0.998	0.999	1.001	1.002	1.003	1.004	1.006
26	0.993	0.994	0.996	0.997	0.998	1.000	1.001	1.002	1.003	1.005	1.006	1.007	1.009	1.010
27	0.997	0.998	1.000	1.001	1.002	1.004	1.005	1.006	1.008	1.009	1.010	1.011	1.013	1.014
28	1.001	1.002	1.004	1.005	1.006	1.008	1.009	1.010	1.012	1.013	1.014	1.016	1.017	1.018
29	1.005	1.006	1.008	1.009	1.010	1.012	1.013	1.014	1.016	1.017	1.018	1.020	1.021	1.022
30	1.009	1.011	1.012	1.013	1.015	1.016	1.017	1.019	1.020	1.021	1.023	1.024	1.025	1.027
31	1.013	1.015	1.016	1.017	1.019	1.020	1.021	1.023	1.024	1.025	1.027	1.028	1.029	1.031
32	1.017	1.019	1.020	1.022	1.023	1.024	1.026	1.027	1.028	1.030	1.031	1.032	1.034	1.035
33	1.022	1.023	1.024	1.026	1.027	1.029	1.030	1.031	1.033	1.034	1.035	1.037	1.038	1.039
34	1.026	1.027	1.029	1.030	1.031	1.033	1.034	1.036	1.037	1.038	1.040	1.041	1.042	1.044
35	1.030	1.032	1.033	1.034	1.036	1.037	1.039	1.040	1.041	1.043	1.044	1.046	1.047	1.048

表 A.5（续）

温度 ℃	回潮率 %													
	9.9	10.0	10.1	10.2	10.3	10.4	10.5	10.6	10.7	10.8	10.9	11.0	11.1	11.2
5	0.931	0.932	0.933	0.935	0.936	0.937	0.938	0.939	0.940	0.941	0.942	0.943	0.944	0.945
6	0.935	0.936	0.937	0.938	0.939	0.940	0.941	0.942	0.943	0.944	0.946	0.947	0.948	0.949
7	0.938	0.939	0.941	0.942	0.943	0.944	0.945	0.946	0.947	0.948	0.949	0.950	0.951	0.952
8	0.942	0.943	0.944	0.945	0.946	0.947	0.948	0.950	0.951	0.952	0.953	0.954	0.955	0.956
9	0.946	0.947	0.948	0.949	0.950	0.951	0.952	0.953	0.954	0.955	0.956	0.958	0.959	0.960
10	0.949	0.950	0.951	0.952	0.954	0.955	0.956	0.957	0.958	0.959	0.960	0.961	0.962	0.964
11	0.953	0.954	0.955	0.956	0.957	0.958	0.959	0.961	0.962	0.963	0.964	0.965	0.966	0.967
12	0.956	0.958	0.959	0.960	0.961	0.962	0.963	0.964	0.965	0.967	0.968	0.969	0.970	0.971
13	0.960	0.961	0.962	0.964	0.965	0.966	0.967	0.968	0.969	0.970	0.971	0.973	0.974	0.975
14	0.964	0.965	0.966	0.967	0.968	0.970	0.971	0.972	0.973	0.974	0.975	0.976	0.978	0.979
15	0.968	0.969	0.970	0.971	0.972	0.973	0.975	0.976	0.977	0.978	0.979	0.980	0.982	0.983
16	0.971	0.973	0.974	0.975	0.976	0.977	0.978	0.980	0.981	0.982	0.983	0.984	0.985	0.987
17	0.975	0.976	0.978	0.979	0.980	0.981	0.982	0.983	0.985	0.986	0.987	0.988	0.989	0.990
18	0.979	0.980	0.982	0.983	0.984	0.985	0.986	0.987	0.989	0.990	0.991	0.992	0.993	0.994
19	0.983	0.984	0.985	0.987	0.988	0.989	0.990	0.991	0.992	0.994	0.995	0.996	0.997	0.998
20	0.987	0.988	0.989	0.991	0.992	0.993	0.994	0.995	0.996	0.998	0.999	1.000	1.001	1.002
21	0.991	0.992	0.993	0.995	0.996	0.997	0.998	0.999	1.001	1.002	1.003	1.004	1.005	1.007
22	0.995	0.996	0.997	0.999	1.000	1.001	1.002	1.003	1.005	1.006	1.007	1.008	1.009	1.011
23	0.999	1.000	1.001	1.003	1.004	1.005	1.006	1.007	1.009	1.010	1.011	1.012	1.014	1.015
24	1.003	1.004	1.005	1.007	1.008	1.009	1.010	1.012	1.013	1.014	1.015	1.016	1.018	1.019
25	1.007	1.008	1.009	1.011	1.012	1.013	1.014	1.016	1.017	1.018	1.019	1.021	1.022	1.023
26	1.011	1.012	1.014	1.015	1.016	1.017	1.019	1.020	1.021	1.022	1.024	1.025	1.026	1.027
27	1.015	1.017	1.018	1.019	1.020	1.022	1.023	1.024	1.025	1.027	1.028	1.029	1.030	1.032
28	1.019	1.021	1.022	1.023	1.025	1.026	1.027	1.028	1.030	1.031	1.032	1.033	1.035	1.036
29	1.024	1.025	1.026	1.027	1.029	1.030	1.031	1.033	1.034	1.035	1.036	1.038	1.039	1.040
30	1.028	1.029	1.030	1.032	1.033	1.034	1.036	1.037	1.038	1.039	1.041	1.042	1.043	1.045
31	1.032	1.033	1.035	1.036	1.037	1.039	1.040	1.041	1.043	1.044	1.045	1.046	1.048	1.049
32	1.036	1.038	1.039	1.040	1.042	1.043	1.044	1.046	1.047	1.048	1.050	1.051	1.052	1.054
33	1.041	1.042	1.043	1.045	1.046	1.047	1.049	1.050	1.051	1.053	1.054	1.055	1.057	1.058
34	1.045	1.047	1.048	1.049	1.051	1.052	1.053	1.055	1.056	1.057	1.059	1.060	1.061	1.063
35	1.050	1.051	1.052	1.054	1.055	1.056	1.058	1.059	1.060	1.062	1.063	1.064	1.066	1.067

表 A.5（续）

温度 ℃	回潮率 %													
	11.3	11.4	11.5	11.6	11.7	11.8	11.9	12.0	12.1	12.2	12.3	12.4	12.5	12.6
5	0.946	0.947	0.948	0.949	0.950	0.951	0.952	0.953	0.954	0.955	0.956	0.957	0.958	0.959
6	0.950	0.951	0.952	0.953	0.954	0.955	0.956	0.957	0.958	0.959	0.960	0.961	0.962	0.963
7	0.953	0.954	0.956	0.957	0.958	0.959	0.960	0.961	0.962	0.963	0.964	0.965	0.966	0.967
8	0.957	0.958	0.959	0.960	0.961	0.962	0.963	0.964	0.965	0.966	0.967	0.968	0.969	0.970
9	0.961	0.962	0.963	0.964	0.965	0.966	0.967	0.968	0.969	0.970	0.971	0.972	0.973	0.974
10	0.965	0.966	0.967	0.968	0.969	0.970	0.971	0.972	0.973	0.974	0.975	0.976	0.977	0.978
11	0.968	0.969	0.970	0.972	0.973	0.974	0.975	0.976	0.977	0.978	0.979	0.980	0.981	0.982
12	0.972	0.973	0.974	0.975	0.976	0.977	0.979	0.980	0.981	0.982	0.983	0.984	0.985	0.986
13	0.976	0.977	0.978	0.979	0.980	0.981	0.982	0.984	0.985	0.986	0.987	0.988	0.989	0.990
14	0.980	0.981	0.982	0.983	0.984	0.985	0.986	0.988	0.989	0.990	0.991	0.992	0.993	0.994
15	0.984	0.985	0.986	0.987	0.988	0.989	0.990	0.991	0.992	0.994	0.995	0.996	0.997	0.998
16	0.988	0.989	0.990	0.991	0.992	0.993	0.994	0.995	0.996	0.998	0.999	1.000	1.001	1.002
17	0.992	0.993	0.994	0.995	0.996	0.997	0.998	0.999	1.000	1.002	1.003	1.004	1.005	1.006
18	0.996	0.997	0.998	0.999	1.000	1.001	1.002	1.004	1.005	1.006	1.007	1.008	1.009	1.010
19	1.000	1.001	1.002	1.003	1.004	1.005	1.006	1.008	1.009	1.010	1.011	1.012	1.013	1.014
20	1.004	1.005	1.006	1.007	1.008	1.009	1.010	1.012	1.013	1.014	1.015	1.016	1.017	1.018
21	1.008	1.009	1.010	1.011	1.012	1.013	1.015	1.016	1.017	1.018	1.019	1.020	1.021	1.022
22	1.012	1.013	1.014	1.015	1.016	1.017	1.019	1.020	1.021	1.022	1.023	1.024	1.026	1.027
23	1.016	1.017	1.018	1.019	1.021	1.022	1.023	1.024	1.025	1.026	1.028	1.029	1.030	1.031
24	1.020	1.021	1.023	1.024	1.025	1.026	1.027	1.029	1.030	1.031	1.032	1.033	1.034	1.035
25	1.024	1.025	1.027	1.028	1.029	1.030	1.032	1.033	1.034	1.035	1.036	1.037	1.038	1.040
26	1.029	1.030	1.031	1.032	1.033	1.035	1.036	1.037	1.038	1.039	1.041	1.042	1.043	1.044
27	1.033	1.034	1.035	1.036	1.038	1.039	1.040	1.041	1.043	1.044	1.045	1.046	1.047	1.049
28	1.037	1.038	1.040	1.041	1.042	1.043	1.045	1.046	1.047	1.048	1.049	1.050	1.052	1.053
29	1.042	1.043	1.044	1.045	1.046	1.048	1.049	1.050	1.051	1.053	1.054	1.055	1.056	1.057
30	1.046	1.047	1.048	1.050	1.051	1.052	1.053	1.055	1.056	1.057	1.058	1.059	1.061	1.062
31	1.050	1.052	1.053	1.054	1.055	1.057	1.058	1.059	1.060	1.062	1.063	1.064	1.065	1.066
32	1.055	1.056	1.057	1.059	1.060	1.061	1.062	1.064	1.065	1.066	1.067	1.069	1.070	1.071
33	1.059	1.061	1.062	1.063	1.064	1.066	1.067	1.069	1.070	1.071	1.072	1.073	1.075	1.076
34	1.064	1.065	1.067	1.068	1.069	1.071	1.072	1.073	1.074	1.075	1.077	1.078	1.079	1.080
35	1.069	1.070	1.071	1.073	1.074	1.075	1.076	1.077	1.079	1.080	1.081	1.082	1.084	1.085

表 A.5（续）

温度 ℃	回潮率 %													
	12.7	12.8	12.9	13.0	13.1	13.2	13.3	13.4	13.5	13.6	13.7	13.8	13.9	14.0
5	0.960	0.961	0.962	0.963	0.964	0.965	0.966	0.967	0.968	0.969	0.969	0.970	0.971	0.972
6	0.964	0.965	0.966	0.967	0.968	0.969	0.970	0.970	0.971	0.972	0.973	0.974	0.975	0.976
7	0.968	0.969	0.970	0.970	0.971	0.972	0.973	0.974	0.975	0.976	0.977	0.978	0.979	0.980
8	0.971	0.972	0.973	0.974	0.975	0.976	0.977	0.978	0.979	0.980	0.981	0.982	0.983	0.984
9	0.975	0.976	0.977	0.978	0.979	0.980	0.981	0.982	0.983	0.984	0.985	0.986	0.987	0.988
10	0.979	0.980	0.981	0.982	0.983	0.984	0.985	0.986	0.987	0.988	0.989	0.990	0.991	0.992
11	0.983	0.984	0.985	0.986	0.987	0.988	0.989	0.990	0.991	0.992	0.993	0.994	0.995	0.996
12	0.987	0.988	0.989	0.990	0.991	0.992	0.993	0.994	0.995	0.996	0.997	0.998	0.999	1.000
13	0.991	0.992	0.993	0.994	0.995	0.996	0.997	0.998	0.999	1.000	1.001	1.002	1.003	1.004
14	0.995	0.996	0.997	0.998	0.999	1.000	1.001	1.002	1.003	1.004	1.005	1.006	1.007	1.008
15	0.999	1.000	1.001	1.002	1.003	1.004	1.005	1.006	1.007	1.008	1.009	1.010	1.011	1.012
16	1.003	1.004	1.005	1.006	1.007	1.008	1.009	1.010	1.011	1.012	1.013	1.014	1.015	1.016
17	1.007	1.008	1.009	1.010	1.011	1.012	1.013	1.014	1.015	1.016	1.017	1.018	1.019	1.020
18	1.011	1.012	1.013	1.014	1.015	1.016	1.017	1.018	1.019	1.020	1.021	1.022	1.023	1.024
19	1.015	1.016	1.017	1.018	1.019	1.020	1.021	1.023	1.024	1.025	1.026	1.027	1.028	1.029
20	1.019	1.020	1.022	1.023	1.024	1.025	1.026	1.027	1.028	1.029	1.030	1.031	1.032	1.033
21	1.024	1.025	1.026	1.027	1.028	1.029	1.030	1.031	1.032	1.033	1.034	1.035	1.036	1.037
22	1.028	1.029	1.030	1.031	1.032	1.033	1.034	1.035	1.036	1.037	1.039	1.040	1.041	1.042
23	1.032	1.033	1.034	1.035	1.036	1.037	1.039	1.040	1.041	1.042	1.043	1.044	1.045	1.046
24	1.036	1.038	1.039	1.040	1.041	1.042	1.043	1.044	1.045	1.046	1.047	1.048	1.049	1.051
25	1.041	1.042	1.043	1.044	1.045	1.046	1.047	1.048	1.050	1.051	1.052	1.053	1.054	1.055
26	1.045	1.046	1.047	1.048	1.050	1.051	1.052	1.053	1.054	1.055	1.056	1.057	1.058	1.059
27	1.050	1.051	1.052	1.053	1.054	1.055	1.056	1.057	1.059	1.060	1.061	1.062	1.063	1.064
28	1.054	1.055	1.056	1.057	1.059	1.060	1.061	1.062	1.063	1.064	1.065	1.067	1.068	1.069
29	1.059	1.060	1.061	1.062	1.063	1.064	1.065	1.066	1.068	1.069	1.070	1.071	1.072	1.073
30	1.063	1.064	1.065	1.066	1.068	1.069	1.070	1.071	1.072	1.073	1.075	1.076	1.077	1.078
31	1.068	1.069	1.070	1.071	1.072	1.073	1.075	1.076	1.077	1.078	1.079	1.080	1.081	1.083
32	1.072	1.074	1.075	1.076	1.077	1.078	1.079	1.080	1.082	1.083	1.084	1.085	1.086	1.087
33	1.077	1.078	1.079	1.080	1.082	1.083	1.084	1.085	1.086	1.088	1.089	1.090	1.091	1.092
34	1.081	1.083	1.084	1.085	1.086	1.088	1.089	1.090	1.091	1.092	1.094	1.095	1.096	1.097
35	1.086	1.088	1.089	1.090	1.091	1.092	1.094	1.095	1.096	1.097	1.098	1.100	1.101	1.102

表 A.5（续）

温度 ℃	回潮率 %													
	14.1	14.2	14.3	14.4	14.5	14.6	14.7	14.8	14.9	15.0	15.1	15.2	15.3	15.4
5	0.973	0.974	0.975	0.976	0.977	0.978	0.978	0.979	0.980	0.981	0.982	0.983	0.984	0.985
6	0.977	0.978	0.979	0.980	0.981	0.981	0.982	0.983	0.984	0.985	0.986	0.987	0.988	0.988
7	0.981	0.982	0.983	0.984	0.984	0.985	0.986	0.987	0.988	0.989	0.990	0.991	0.992	0.992
8	0.985	0.986	0.987	0.987	0.988	0.989	0.990	0.991	0.992	0.993	0.994	0.995	0.996	0.996
9	0.989	0.990	0.991	0.991	0.992	0.993	0.994	0.995	0.996	0.997	0.998	0.999	1.000	1.000
10	0.993	0.994	0.994	0.995	0.996	0.997	0.998	0.999	1.000	1.001	1.002	1.003	1.004	1.004
11	0.997	0.998	0.999	0.999	1.000	1.001	1.002	1.003	1.004	1.005	1.006	1.007	1.008	1.009
12	1.001	1.002	1.003	1.003	1.004	1.005	1.006	1.007	1.008	1.009	1.010	1.011	1.012	1.013
13	1.005	1.006	1.007	1.008	1.009	1.010	1.010	1.011	1.012	1.013	1.014	1.015	1.016	1.017
14	1.009	1.010	1.011	1.012	1.013	1.014	1.015	1.015	1.016	1.017	1.018	1.019	1.020	1.021
15	1.013	1.014	1.015	1.016	1.017	1.018	1.019	1.020	1.021	1.022	1.022	1.023	1.024	1.025
16	1.017	1.018	1.019	1.020	1.021	1.022	1.023	1.024	1.025	1.026	1.027	1.028	1.029	1.029
17	1.021	1.022	1.023	1.024	1.025	1.026	1.027	1.028	1.029	1.030	1.031	1.032	1.033	1.034
18	1.025	1.026	1.027	1.028	1.029	1.030	1.031	1.032	1.033	1.034	1.035	1.036	1.037	1.038
19	1.030	1.031	1.032	1.033	1.034	1.035	1.036	1.037	1.038	1.039	1.040	1.041	1.042	1.042
20	1.034	1.035	1.036	1.037	1.038	1.039	1.040	1.041	1.042	1.043	1.044	1.045	1.046	1.047
21	1.038	1.039	1.040	1.041	1.042	1.043	1.044	1.045	1.046	1.047	1.048	1.049	1.050	1.051
22	1.043	1.044	1.045	1.046	1.047	1.048	1.049	1.050	1.051	1.052	1.053	1.054	1.055	1.056
23	1.047	1.048	1.049	1.050	1.051	1.052	1.053	1.054	1.055	1.056	1.057	1.058	1.059	1.060
24	1.052	1.053	1.054	1.055	1.056	1.057	1.058	1.059	1.060	1.061	1.062	1.063	1.064	1.065
25	1.056	1.057	1.058	1.059	1.060	1.061	1.062	1.063	1.064	1.065	1.066	1.067	1.068	1.069
26	1.061	1.062	1.063	1.064	1.065	1.066	1.067	1.068	1.069	1.070	1.071	1.072	1.073	1.074
27	1.065	1.066	1.067	1.068	1.069	1.070	1.072	1.073	1.074	1.075	1.076	1.077	1.078	1.079
28	1.070	1.071	1.072	1.073	1.074	1.075	1.076	1.077	1.078	1.079	1.080	1.081	1.082	1.083
29	1.074	1.076	1.077	1.078	1.079	1.080	1.081	1.082	1.083	1.084	1.085	1.086	1.087	1.088
30	1.079	1.080	1.081	1.082	1.083	1.085	1.086	1.087	1.088	1.089	1.090	1.091	1.092	1.093
31	1.084	1.085	1.086	1.087	1.088	1.089	1.090	1.091	1.093	1.094	1.095	1.096	1.097	1.098
32	1.089	1.090	1.091	1.092	1.093	1.094	1.095	1.096	1.097	1.098	1.100	1.101	1.102	1.103
33	1.093	1.095	1.096	1.097	1.098	1.099	1.100	1.101	1.102	1.103	1.104	1.106	1.107	1.108
34	1.098	1.099	1.100	1.102	1.103	1.104	1.105	1.106	1.107	1.108	1.109	1.111	1.112	1.113
35	1.103	1.104	1.105	1.107	1.108	1.109	1.110	1.111	1.112	1.113	1.114	1.116	1.117	1.118

表 A.5（续）

温度 ℃	回潮率 %													
	15.5	15.6	15.7	15.8	15.9	16.0	16.1	16.2	16.3	16.4	16.5	16.6	16.7	16.8
5	0.985	0.986	0.987	0.988	0.989	0.989	0.990	0.991	0.992	0.993	0.993	0.994	0.995	0.996
6	0.989	0.990	0.991	0.992	0.993	0.993	0.994	0.995	0.996	0.997	0.997	0.998	0.999	1.000
7	0.993	0.994	0.995	0.996	0.997	0.997	0.998	0.999	1.000	1.001	1.002	1.002	1.003	1.004
8	0.997	0.998	0.999	1.000	1.001	1.001	1.002	1.003	1.004	1.005	1.006	1.006	1.007	1.008
9	1.001	1.002	1.003	1.004	1.005	1.006	1.006	1.007	1.008	1.009	1.010	1.010	1.011	1.012
10	1.005	1.006	1.007	1.008	1.009	1.010	1.010	1.011	1.012	1.013	1.014	1.015	1.015	1.016
11	1.009	1.010	1.011	1.012	1.013	1.014	1.015	1.015	1.016	1.017	1.018	1.019	1.020	1.020
12	1.014	1.014	1.015	1.016	1.017	1.018	1.019	1.020	1.020	1.021	1.022	1.023	1.024	1.025
13	1.018	1.019	1.019	1.020	1.021	1.022	1.023	1.024	1.025	1.026	1.026	1.027	1.028	1.029
14	1.022	1.023	1.024	1.025	1.025	1.026	1.027	1.028	1.029	1.030	1.031	1.031	1.032	1.033
15	1.026	1.027	1.028	1.029	1.030	1.031	1.032	1.032	1.033	1.034	1.035	1.036	1.037	1.037
16	1.030	1.031	1.032	1.033	1.034	1.035	1.036	1.037	1.038	1.038	1.039	1.040	1.041	1.042
17	1.035	1.036	1.037	1.037	1.038	1.039	1.040	1.041	1.042	1.043	1.044	1.045	1.045	1.046
18	1.039	1.040	1.041	1.042	1.043	1.044	1.045	1.045	1.046	1.047	1.048	1.049	1.050	1.051
19	1.043	1.044	1.045	1.046	1.047	1.048	1.049	1.050	1.051	1.052	1.053	1.053	1.054	1.055
20	1.048	1.049	1.050	1.051	1.052	1.053	1.053	1.054	1.055	1.056	1.057	1.058	1.059	1.060
21	1.052	1.053	1.054	1.055	1.056	1.057	1.058	1.059	1.060	1.061	1.062	1.062	1.063	1.064
22	1.057	1.058	1.059	1.060	1.061	1.062	1.062	1.063	1.064	1.065	1.066	1.067	1.068	1.069
23	1.061	1.062	1.063	1.064	1.065	1.066	1.067	1.068	1.069	1.070	1.071	1.072	1.073	1.073
24	1.066	1.067	1.068	1.069	1.070	1.071	1.072	1.073	1.074	1.074	1.075	1.076	1.077	1.078
25	1.070	1.071	1.072	1.073	1.074	1.075	1.076	1.077	1.078	1.079	1.080	1.081	1.082	1.083
26	1.075	1.076	1.077	1.078	1.079	1.080	1.081	1.082	1.083	1.084	1.085	1.086	1.087	1.087
27	1.080	1.081	1.082	1.083	1.084	1.085	1.086	1.087	1.088	1.089	1.090	1.090	1.091	1.092
28	1.085	1.086	1.087	1.088	1.089	1.090	1.090	1.091	1.092	1.093	1.094	1.095	1.096	1.097
29	1.089	1.090	1.091	1.092	1.093	1.094	1.095	1.096	1.097	1.098	1.099	1.100	1.101	1.102
30	1.094	1.095	1.096	1.097	1.098	1.099	1.100	1.101	1.102	1.103	1.104	1.105	1.106	1.107
31	1.099	1.100	1.101	1.102	1.103	1.104	1.105	1.106	1.107	1.108	1.109	1.110	1.111	1.112
32	1.104	1.105	1.106	1.107	1.108	1.109	1.110	1.111	1.112	1.113	1.114	1.115	1.116	1.117
33	1.109	1.110	1.111	1.112	1.113	1.114	1.115	1.116	1.117	1.118	1.119	1.120	1.121	1.122
34	1.114	1.115	1.116	1.117	1.118	1.119	1.120	1.121	1.122	1.123	1.124	1.125	1.126	1.127
35	1.119	1.120	1.121	1.122	1.123	1.124	1.125	1.126	1.127	1.128	1.129	1.130	1.131	1.132

表 A.5（续）

温度 ℃	回潮率 %										
	16.9	17.0	17.1	17.2	17.3	17.4	17.5	17.6	17.7	17.8	17.9
5	0.997	0.997	0.998	0.999	1.000	1.000	1.001	1.002	1.003	1.003	1.004
6	1.001	1.001	1.002	1.003	1.004	1.004	1.005	1.006	1.007	1.007	1.008
7	1.005	1.005	1.006	1.007	1.008	1.008	1.009	1.010	1.011	1.011	1.012
8	1.009	1.010	1.010	1.011	1.012	1.013	1.013	1.014	1.015	1.016	1.016
9	1.013	1.014	1.014	1.015	1.016	1.017	1.017	1.018	1.019	1.020	1.020
10	1.017	1.018	1.019	1.019	1.020	1.021	1.022	1.022	1.023	1.024	1.025
11	1.021	1.022	1.023	1.024	1.024	1.025	1.026	1.027	1.027	1.028	1.029
12	1.025	1.026	1.027	1.028	1.029	1.029	1.030	1.031	1.032	1.032	1.033
13	1.030	1.031	1.031	1.032	1.033	1.034	1.034	1.035	1.036	1.037	1.038
14	1.034	1.035	1.036	1.036	1.037	1.038	1.039	1.040	1.040	1.041	1.042
15	1.038	1.039	1.040	1.041	1.042	1.042	1.043	1.044	1.045	1.046	1.046
16	1.043	1.044	1.044	1.045	1.046	1.047	1.048	1.048	1.049	1.050	1.051
17	1.047	1.048	1.049	1.050	1.050	1.051	1.052	1.053	1.054	1.054	1.055
18	1.052	1.052	1.053	1.054	1.055	1.056	1.056	1.057	1.058	1.059	1.060
19	1.056	1.057	1.058	1.059	1.059	1.060	1.061	1.062	1.063	1.063	1.064
20	1.061	1.061	1.062	1.063	1.064	1.065	1.065	1.066	1.067	1.068	1.069
21	1.065	1.066	1.067	1.068	1.069	1.069	1.070	1.071	1.072	1.073	1.073
22	1.070	1.071	1.071	1.072	1.073	1.074	1.075	1.076	1.077	1.077	1.078
23	1.074	1.075	1.076	1.077	1.078	1.079	1.079	1.080	1.081	1.082	1.083
24	1.079	1.080	1.081	1.082	1.083	1.083	1.084	1.085	1.086	1.087	1.088
25	1.084	1.085	1.086	1.086	1.087	1.088	1.089	1.090	1.091	1.092	1.092
26	1.088	1.089	1.090	1.091	1.092	1.093	1.094	1.095	1.096	1.096	1.097
27	1.093	1.094	1.095	1.096	1.097	1.098	1.099	1.100	1.100	1.101	1.102
28	1.098	1.099	1.100	1.101	1.102	1.103	1.103	1.104	1.105	1.106	1.107
29	1.103	1.104	1.105	1.106	1.107	1.108	1.108	1.109	1.110	1.111	1.112
30	1.108	1.109	1.110	1.111	1.112	1.113	1.113	1.114	1.115	1.116	1.117
31	1.113	1.114	1.115	1.116	1.117	1.118	1.118	1.119	1.120	1.121	1.122
32	1.118	1.119	1.120	1.121	1.122	1.123	1.123	1.124	1.125	1.126	1.127
33	1.123	1.124	1.125	1.126	1.127	1.128	1.129	1.130	1.131	1.131	1.132
34	1.128	1.129	1.130	1.131	1.132	1.133	1.134	1.135	1.136	1.137	1.138
35	1.133	1.134	1.135	1.136	1.137	1.138	1.139	1.140	1.141	1.142	1.143

表 A.5（续）

温度 ℃	回潮率 %										
	18.0	18.1	18.2	18.3	18.4	18.5	18.6	18.7	18.8	18.9	19.0
5	1.005	1.005	1.006	1.007	1.007	1.008	1.009	1.009	1.010	1.011	1.011
6	1.009	1.009	1.010	1.011	1.012	1.012	1.013	1.014	1.014	1.015	1.015
7	1.013	1.014	1.014	1.015	1.016	1.016	1.017	1.018	1.018	1.019	1.020
8	1.017	1.018	1.018	1.019	1.020	1.021	1.021	1.022	1.023	1.023	1.024
9	1.021	1.022	1.023	1.023	1.024	1.025	1.025	1.026	1.027	1.027	1.028
10	1.025	1.026	1.027	1.028	1.028	1.029	1.030	1.030	1.031	1.032	1.032
11	1.030	1.030	1.031	1.032	1.033	1.033	1.034	1.035	1.035	1.036	1.037
12	1.034	1.035	1.035	1.036	1.037	1.038	1.038	1.039	1.040	1.040	1.041
13	1.038	1.039	1.040	1.041	1.041	1.042	1.043	1.043	1.044	1.045	1.045
14	1.043	1.043	1.044	1.045	1.046	1.046	1.047	1.048	1.049	1.049	1.050
15	1.047	1.048	1.049	1.049	1.050	1.051	1.051	1.052	1.053	1.054	1.054
16	1.052	1.052	1.053	1.054	1.055	1.055	1.056	1.057	1.057	1.058	1.059
17	1.056	1.057	1.058	1.058	1.059	1.060	1.061	1.061	1.062	1.063	1.063
18	1.061	1.061	1.062	1.063	1.064	1.064	1.065	1.066	1.067	1.067	1.068
19	1.065	1.066	1.067	1.067	1.068	1.069	1.070	1.070	1.071	1.072	1.073
20	1.070	1.070	1.071	1.072	1.073	1.074	1.074	1.075	1.076	1.077	1.077
21	1.074	1.075	1.076	1.077	1.077	1.078	1.079	1.080	1.080	1.081	1.082
22	1.079	1.080	1.081	1.081	1.082	1.083	1.084	1.084	1.085	1.086	1.087
23	1.084	1.085	1.085	1.086	1.087	1.088	1.088	1.089	1.090	1.091	1.092
24	1.088	1.089	1.090	1.091	1.092	1.092	1.093	1.094	1.095	1.096	1.096
25	1.093	1.094	1.095	1.096	1.097	1.097	1.098	1.099	1.100	1.100	1.101
26	1.098	1.099	1.100	1.101	1.101	1.102	1.103	1.104	1.105	1.105	1.106
27	1.103	1.104	1.105	1.105	1.106	1.107	1.108	1.109	1.110	1.110	1.111
28	1.108	1.109	1.110	1.110	1.111	1.112	1.113	1.114	1.115	1.115	1.116
29	1.113	1.114	1.115	1.115	1.116	1.117	1.118	1.119	1.120	1.120	1.121
30	1.118	1.119	1.120	1.120	1.121	1.122	1.123	1.124	1.125	1.125	1.126
31	1.123	1.124	1.125	1.126	1.126	1.127	1.128	1.129	1.130	1.131	1.131
32	1.128	1.129	1.130	1.131	1.132	1.132	1.133	1.134	1.135	1.136	1.137
33	1.133	1.134	1.135	1.136	1.137	1.138	1.138	1.139	1.140	1.141	1.142
34	1.138	1.139	1.140	1.141	1.142	1.143	1.144	1.145	1.145	1.146	1.147
35	1.144	1.145	1.145	1.146	1.147	1.148	1.149	1.150	1.151	1.152	1.152

表 A.6　粘胶本色布断裂强力的温度和回潮率修正系数

温度 ℃	回潮率 %													
	9.1	9.2	9.3	9.4	9.5	9.6	9.7	9.8	9.9	10.0	10.1	10.2	10.3	10.4
5	0.738	0.741	0.744	0.747	0.750	0.753	0.756	0.760	0.763	0.766	0.769	0.772	0.775	0.778
6	0.742	0.745	0.748	0.751	0.755	0.758	0.761	0.764	0.767	0.770	0.774	0.777	0.780	0.783
7	0.746	0.749	0.753	0.756	0.759	0.762	0.765	0.768	0.772	0.775	0.778	0.781	0.785	0.788
8	0.751	0.754	0.757	0.760	0.763	0.766	0.770	0.773	0.776	0.780	0.783	0.786	0.789	0.793
9	0.755	0.758	0.761	0.765	0.768	0.771	0.774	0.778	0.781	0.784	0.787	0.791	0.794	0.797
10	0.759	0.763	0.766	0.769	0.772	0.776	0.779	0.782	0.786	0.789	0.792	0.796	0.799	0.802
11	0.764	0.767	0.770	0.774	0.777	0.780	0.784	0.787	0.790	0.794	0.797	0.801	0.804	0.807
12	0.768	0.772	0.775	0.778	0.782	0.785	0.788	0.792	0.795	0.799	0.802	0.805	0.809	0.812
13	0.773	0.776	0.780	0.783	0.786	0.790	0.793	0.796	0.800	0.804	0.807	0.810	0.814	0.817
14	0.777	0.781	0.784	0.788	0.791	0.795	0.798	0.802	0.805	0.809	0.812	0.816	0.819	0.823
15	0.782	0.786	0.789	0.793	0.796	0.799	0.803	0.807	0.810	0.814	0.817	0.821	0.824	0.828
16	0.787	0.790	0.794	0.797	0.801	0.804	0.808	0.811	0.815	0.819	0.822	0.826	0.829	0.833
17	0.792	0.795	0.799	0.802	0.806	0.809	0.813	0.817	0.820	0.824	0.827	0.831	0.835	0.839
18	0.796	0.800	0.804	0.807	0.811	0.814	0.818	0.822	0.825	0.829	0.833	0.836	0.840	0.844
19	0.801	0.805	0.809	0.812	0.816	0.820	0.823	0.827	0.831	0.834	0.838	0.842	0.846	0.849
20	0.806	0.810	0.814	0.817	0.821	0.825	0.829	0.832	0.836	0.840	0.844	0.847	0.851	0.855
21	0.811	0.815	0.819	0.823	0.826	0.830	0.834	0.838	0.841	0.845	0.849	0.853	0.857	0.861
22	0.816	0.820	0.824	0.828	0.832	0.835	0.839	0.843	0.847	0.851	0.855	0.859	0.862	0.866
23	0.822	0.825	0.829	0.833	0.837	0.841	0.845	0.848	0.852	0.856	0.860	0.864	0.868	0.872
24	0.827	0.831	0.835	0.838	0.842	0.846	0.850	0.854	0.858	0.862	0.866	0.870	0.874	0.878
25	0.832	0.836	0.840	0.844	0.848	0.852	0.856	0.860	0.864	0.868	0.872	0.876	0.880	0.884
26	0.837	0.841	0.845	0.849	0.853	0.857	0.861	0.865	0.869	0.874	0.878	0.882	0.886	0.890
27	0.843	0.847	0.851	0.855	0.859	0.863	0.867	0.871	0.875	0.879	0.884	0.888	0.892	0.896
28	0.848	0.852	0.856	0.861	0.865	0.869	0.873	0.877	0.881	0.885	0.890	0.894	0.898	0.902
29	0.854	0.858	0.862	0.866	0.870	0.875	0.879	0.883	0.887	0.891	0.896	0.900	0.904	0.909
30	0.859	0.864	0.868	0.872	0.876	0.880	0.885	0.889	0.893	0.898	0.902	0.906	0.911	0.915
31	0.865	0.869	0.874	0.878	0.882	0.886	0.891	0.895	0.899	0.904	0.908	0.913	0.917	0.921
32	0.871	0.875	0.880	0.884	0.888	0.893	0.897	0.901	0.906	0.910	0.915	0.919	0.924	0.928
33	0.877	0.881	0.886	0.890	0.894	0.899	0.903	0.908	0.912	0.917	0.921	0.925	0.930	0.935
34	0.883	0.887	0.892	0.896	0.900	0.905	0.909	0.914	0.918	0.923	0.928	0.932	0.937	0.941
35	0.889	0.893	0.898	0.903	0.907	0.911	0.916	0.920	0.925	0.930	0.934	0.939	0.944	0.948

表 A.6（续）

温度 ℃	回潮率 %													
	10.5	10.6	10.7	10.8	10.9	11.0	11.1	11.2	11.3	11.4	11.5	11.6	11.7	11.8
5	0.782	0.785	0.788	0.791	0.794	0.798	0.801	0.804	0.807	0.810	0.814	0.817	0.820	0.824
6	0.786	0.790	0.793	0.796	0.799	0.802	0.806	0.809	0.812	0.816	0.819	0.822	0.825	0.829
7	0.791	0.794	0.798	0.801	0.804	0.807	0.811	0.814	0.817	0.821	0.824	0.827	0.831	0.834
8	0.796	0.799	0.803	0.806	0.809	0.812	0.816	0.819	0.823	0.826	0.829	0.833	0.836	0.839
9	0.801	0.804	0.807	0.811	0.814	0.818	0.821	0.824	0.828	0.831	0.835	0.838	0.841	0.845
10	0.806	0.809	0.812	0.816	0.819	0.823	0.826	0.830	0.833	0.836	0.840	0.844	0.847	0.850
11	0.811	0.814	0.818	0.821	0.824	0.828	0.831	0.835	0.838	0.842	0.845	0.849	0.852	0.856
12	0.816	0.819	0.823	0.826	0.830	0.833	0.837	0.840	0.844	0.847	0.851	0.854	0.858	0.862
13	0.821	0.824	0.828	0.831	0.835	0.838	0.842	0.846	0.849	0.853	0.856	0.860	0.864	0.867
14	0.826	0.830	0.833	0.837	0.840	0.844	0.848	0.851	0.855	0.858	0.862	0.866	0.869	0.873
15	0.831	0.835	0.839	0.842	0.846	0.849	0.853	0.857	0.860	0.864	0.868	0.872	0.875	0.879
16	0.837	0.840	0.844	0.848	0.851	0.855	0.859	0.862	0.866	0.870	0.874	0.878	0.881	0.885
17	0.842	0.846	0.850	0.853	0.857	0.861	0.864	0.868	0.872	0.876	0.880	0.883	0.887	0.891
18	0.848	0.851	0.855	0.859	0.863	0.866	0.870	0.874	0.878	0.882	0.886	0.889	0.893	0.897
19	0.853	0.857	0.861	0.865	0.868	0.872	0.876	0.880	0.884	0.888	0.892	0.896	0.899	0.903
20	0.859	0.863	0.866	0.870	0.874	0.878	0.882	0.886	0.890	0.894	0.898	0.902	0.906	0.910
21	0.865	0.868	0.872	0.876	0.880	0.884	0.888	0.892	0.896	0.900	0.904	0.908	0.912	0.916
22	0.870	0.874	0.878	0.882	0.886	0.890	0.894	0.898	0.902	0.906	0.910	0.914	0.918	0.923
23	0.876	0.880	0.884	0.888	0.892	0.896	0.900	0.904	0.908	0.913	0.917	0.921	0.925	0.929
24	0.882	0.886	0.890	0.894	0.898	0.902	0.907	0.911	0.915	0.919	0.923	0.927	0.932	0.936
25	0.888	0.892	0.896	0.900	0.905	0.909	0.913	0.917	0.921	0.925	0.930	0.934	0.938	0.943
26	0.894	0.898	0.903	0.907	0.911	0.915	0.919	0.924	0.928	0.932	0.936	0.941	0.945	0.949
27	0.900	0.905	0.909	0.913	0.917	0.921	0.926	0.930	0.934	0.939	0.943	0.948	0.952	0.956
28	0.907	0.911	0.915	0.919	0.924	0.928	0.933	0.937	0.941	0.946	0.950	0.955	0.959	0.963
29	0.913	0.917	0.922	0.926	0.930	0.935	0.939	0.944	0.948	0.953	0.957	0.962	0.966	0.971
30	0.919	0.924	0.928	0.933	0.937	0.942	0.946	0.950	0.955	0.960	0.964	0.969	0.973	0.975
31	0.926	0.930	0.935	0.939	0.944	0.948	0.953	0.957	0.962	0.967	0.971	0.976	0.981	0.985
32	0.932	0.937	0.942	0.946	0.951	0.955	0.960	0.965	0.969	0.974	0.979	0.983	0.988	0.993
33	0.939	0.944	0.948	0.953	0.958	0.962	0.967	0.972	0.976	0.981	0.986	0.991	0.996	1.001
34	0.946	0.951	0.955	0.960	0.965	0.969	0.974	0.979	0.984	0.989	0.993	0.998	1.003	1.008
35	0.953	0.958	0.962	0.967	0.972	0.977	0.982	0.987	0.991	0.996	1.001	1.006	1.011	1.016

表 A.6（续）

温度 ℃	回潮率 %													
	11.9	12.0	12.1	12.2	12.3	12.4	12.5	12.6	12.7	12.8	12.9	13.0	13.1	13.2
5	0.827	0.830	0.833	0.837	0.840	0.843	0.847	0.850	0.853	0.856	0.860	0.863	0.866	0.870
6	0.832	0.835	0.839	0.842	0.845	0.849	0.852	0.855	0.859	0.862	0.866	0.869	0.872	0.876
7	0.837	0.841	0.844	0.848	0.851	0.854	0.858	0.861	0.864	0.868	0.871	0.875	0.878	0.882
8	0.843	0.846	0.850	0.853	0.856	0.860	0.863	0.867	0.870	0.874	0.877	0.881	0.884	0.888
9	0.848	0.852	0.855	0.859	0.862	0.866	0.869	0.873	0.876	0.880	0.883	0.887	0.890	0.894
10	0.854	0.857	0.861	0.864	0.868	0.871	0.875	0.879	0.882	0.886	0.889	0.893	0.896	0.900
11	0.859	0.863	0.867	0.870	0.874	0.877	0.881	0.884	0.888	0.892	0.895	0.899	0.902	0.906
12	0.865	0.869	0.872	0.876	0.880	0.883	0.887	0.890	0.894	0.898	0.901	0.905	0.909	0.912
13	0.871	0.875	0.878	0.882	0.886	0.889	0.893	0.897	0.900	0.904	0.908	0.911	0.915	0.919
14	0.877	0.881	0.884	0.888	0.892	0.895	0.899	0.903	0.907	0.910	0.914	0.918	0.922	0.925
15	0.883	0.887	0.890	0.894	0.898	0.902	0.905	0.909	0.913	0.917	0.920	0.924	0.928	0.932
16	0.889	0.893	0.896	0.900	0.904	0.908	0.912	0.915	0.919	0.923	0.927	0.931	0.935	0.939
17	0.895	0.899	0.903	0.906	0.910	0.914	0.918	0.922	0.926	0.930	0.934	0.938	0.942	0.945
18	0.901	0.905	0.909	0.913	0.917	0.921	0.925	0.929	0.932	0.936	0.940	0.944	0.948	0.952
19	0.907	0.911	0.915	0.919	0.923	0.927	0.931	0.935	0.939	0.943	0.947	0.951	0.955	0.959
20	0.914	0.918	0.922	0.926	0.930	0.934	0.938	0.942	0.946	0.950	0.954	0.958	0.962	0.967
21	0.920	0.923	0.928	0.932	0.937	0.941	0.945	0.949	0.953	0.957	0.961	0.965	0.970	0.974
22	0.927	0.931	0.935	0.939	0.943	0.947	0.952	0.956	0.960	0.964	0.968	0.973	0.977	0.981
23	0.933	0.937	0.942	0.946	0.950	0.954	0.959	0.963	0.967	0.971	0.976	0.980	0.984	0.988
24	0.940	0.944	0.949	0.953	0.957	0.961	0.966	0.970	0.974	0.979	0.983	0.987	0.992	0.996
25	0.947	0.951	0.955	0.960	0.964	0.969	0.973	0.977	0.982	0.986	0.990	0.995	0.999	1.004
26	0.954	0.958	0.963	0.967	0.971	0.976	0.980	0.985	0.989	0.994	0.998	1.003	1.007	1.012
27	0.961	0.965	0.970	0.974	0.979	0.983	0.988	0.992	0.997	1.001	1.006	1.010	1.015	1.019
28	0.968	0.972	0.977	0.982	0.986	0.991	0.995	1.000	1.004	1.009	1.013	1.018	1.023	1.027
29	0.975	0.980	0.984	0.989	0.994	0.998	1.003	1.007	1.012	1.017	1.021	1.026	1.031	1.036
30	0.983	0.987	0.992	0.997	1.001	1.006	1.011	1.015	1.020	1.025	1.030	1.034	1.039	1.044
31	0.990	0.995	0.999	1.004	1.009	1.014	1.018	1.023	1.028	1.033	1.038	1.043	1.047	1.052
32	0.998	1.002	1.007	1.012	1.017	1.022	1.026	1.031	1.036	1.041	1.046	1.051	1.056	1.061
33	1.005	1.010	1.015	1.020	1.025	1.030	1.035	1.040	1.045	1.050	1.055	1.060	1.065	1.070
34	1.013	1.018	1.023	1.028	1.033	1.038	1.043	1.048	1.053	1.058	1.063	1.068	1.073	1.078
35	1.021	1.026	1.031	1.036	1.041	1.046	1.051	1.056	1.062	1.067	1.072	1.077	1.082	1.087

表 A.6（续）

温度 ℃	回潮率 %													
	13.3	13.4	13.5	13.6	13.7	13.8	13.9	14.0	14.1	14.2	14.3	14.4	14.5	14.6
5	0.873	0.876	0.880	0.883	0.886	0.890	0.893	0.897	0.900	0.903	0.907	0.910	0.913	0.917
6	0.879	0.882	0.886	0.889	0.893	0.896	0.899	0.903	0.906	0.910	0.913	0.916	0.920	0.923
7	0.885	0.888	0.892	0.895	0.899	0.902	0.906	0.909	0.912	0.916	0.919	0.923	0.926	0.930
8	0.891	0.894	0.898	0.901	0.905	0.908	0.912	0.915	0.919	0.922	0.926	0.929	0.933	0.936
9	0.897	0.901	0.904	0.908	0.911	0.915	0.918	0.922	0.925	0.929	0.932	0.936	0.940	0.943
10	0.903	0.907	0.910	0.914	0.918	0.921	0.925	0.928	0.932	0.936	0.939	0.943	0.946	0.950
11	0.910	0.913	0.917	0.921	0.924	0.928	0.931	0.935	0.939	0.942	0.946	0.950	0.953	0.957
12	0.916	0.920	0.923	0.927	0.931	0.934	0.938	0.942	0.946	0.949	0.953	0.957	0.960	0.964
13	0.923	0.926	0.930	0.934	0.937	0.941	0.945	0.949	0.952	0.956	0.960	0.964	0.967	0.971
14	0.929	0.933	0.937	0.940	0.944	0.948	0.952	0.956	0.960	0.963	0.967	0.971	0.975	0.979
15	0.936	0.940	0.943	0.947	0.951	0.955	0.959	0.963	0.967	0.970	0.974	0.978	0.982	0.986
16	0.943	0.946	0.950	0.954	0.958	0.962	0.966	0.970	0.974	0.978	0.982	0.986	0.990	0.993
17	0.949	0.953	0.957	0.961	0.965	0.969	0.973	0.977	0.981	0.985	0.989	0.993	0.997	1.001
18	0.956	0.960	0.964	0.968	0.972	0.976	0.980	0.985	0.989	0.993	0.997	1.001	1.005	1.009
19	0.963	0.967	0.972	0.976	0.980	0.984	0.988	0.992	0.996	1.002	1.004	1.008	1.013	1.017
20	0.971	0.975	0.979	0.983	0.987	0.991	0.995	1.000	1.004	1.008	1.012	1.016	1.021	1.025
21	0.978	0.982	0.986	0.990	0.995	0.999	1.003	1.007	1.012	1.016	1.020	1.024	1.029	1.033
22	0.985	0.990	0.994	0.998	1.002	1.007	1.011	1.015	1.019	1.024	1.028	1.032	1.037	1.041
23	0.993	0.997	1.001	1.006	1.010	1.014	1.019	1.023	1.028	1.032	1.036	1.041	1.045	1.049
24	1.000	1.005	1.009	1.014	1.018	1.022	1.027	1.031	1.036	1.040	1.045	1.049	1.054	1.058
25	1.008	1.013	1.017	1.022	1.026	1.031	1.035	1.040	1.044	1.049	1.053	1.058	1.062	1.067
26	1.016	1.021	1.025	1.030	1.034	1.039	1.043	1.048	1.052	1.057	1.062	1.066	1.071	1.075
27	1.024	1.029	1.033	1.038	1.042	1.047	1.052	1.056	1.061	1.066	1.070	1.075	1.080	1.084
28	1.032	1.037	1.041	1.046	1.051	1.056	1.060	1.065	1.070	1.074	1.079	1.084	1.089	1.093
29	1.040	1.045	1.050	1.055	1.059	1.064	1.069	1.074	1.079	1.083	1.088	1.093	1.098	1.103
30	1.049	1.054	1.058	1.063	1.068	1.073	1.078	1.083	1.088	1.092	1.097	1.102	1.107	1.112
31	1.057	1.062	1.067	1.072	1.077	1.082	1.087	1.092	1.097	1.102	1.107	1.112	1.117	1.122
32	1.066	1.071	1.076	1.081	1.086	1.091	1.096	1.101	1.106	1.111	1.116	1.121	1.126	1.131
33	1.075	1.080	1.085	1.090	1.095	1.100	1.105	1.110	1.115	1.121	1.126	1.131	1.136	1.141
34	1.084	1.089	1.094	1.099	1.104	1.109	1.115	1.120	1.125	1.130	1.136	1.141	1.146	1.151
35	1.093	1.098	1.103	1.108	1.114	1.119	1.124	1.130	1.135	1.140	1.146	1.151	1.156	1.162

表 A.6（续）

温度 ℃	回潮率 %													
	14.7	14.8	14.9	15.0	15.1	15.2	15.3	15.4	15.5	15.6	15.7	15.8	15.9	16.0
5	0.920	0.923	0.927	0.930	0.933	0.937	0.940	0.943	0.947	0.950	0.953	0.957	0.960	0.963
6	0.927	0.930	0.933	0.937	0.940	0.944	0.947	0.950	0.954	0.957	0.961	0.964	0.967	0.971
7	0.933	0.937	0.940	0.943	0.947	0.950	0.954	0.957	0.961	0.964	0.968	0.971	0.974	0.978
8	0.940	0.943	0.947	0.950	0.954	0.957	0.961	0.964	0.968	0.971	0.975	0.978	0.982	0.985
9	0.947	0.950	0.954	0.957	0.961	0.965	0.968	0.972	0.975	0.979	0.982	0.986	0.989	0.993
10	0.954	0.957	0.961	0.964	0.968	0.972	0.975	0.979	0.982	0.986	0.990	0.993	0.997	1.000
11	0.961	0.964	0.968	0.972	0.975	0.979	0.983	0.986	0.990	0.994	0.997	1.001	1.005	1.008
12	0.968	0.972	0.975	0.979	0.983	0.986	0.990	0.994	0.998	1.001	1.005	1.009	1.012	1.016
13	0.975	0.979	0.983	0.986	0.990	0.994	0.998	1.001	1.005	1.009	1.013	1.016	1.020	1.024
14	0.982	0.986	0.990	0.994	0.998	1.002	1.005	1.009	1.013	1.017	1.021	1.024	1.028	1.032
15	0.990	0.994	0.998	1.002	1.005	1.009	1.013	1.017	1.021	1.025	1.029	1.033	1.036	1.040
16	0.997	1.001	1.005	1.009	1.013	1.017	1.021	1.025	1.029	1.033	1.037	1.041	1.045	1.049
17	1.005	1.009	1.013	1.017	1.021	1.025	1.029	1.033	1.037	1.041	1.045	1.049	1.053	1.057
18	1.013	1.017	1.021	1.025	1.029	1.033	1.037	1.041	1.045	1.050	1.054	1.058	1.062	1.066
19	1.021	1.025	1.029	1.033	1.037	1.042	1.046	1.050	1.054	1.058	1.062	1.066	1.070	1.075
20	1.029	1.033	1.037	1.042	1.046	1.050	1.054	1.058	1.063	1.067	1.071	1.075	1.079	1.084
21	1.037	1.041	1.046	1.050	1.054	1.058	1.063	1.067	1.071	1.076	1.080	1.084	1.088	1.093
22	1.045	1.050	1.054	1.058	1.063	1.067	1.071	1.076	1.080	1.084	1.089	1.093	1.097	1.102
23	1.054	1.058	1.063	1.067	1.071	1.076	1.080	1.085	1.089	1.094	1.098	1.102	1.107	1.111
24	1.062	1.067	1.071	1.076	1.080	1.085	1.089	1.094	1.098	1.103	1.107	1.112	1.116	1.121
25	1.071	1.076	1.080	1.085	1.089	1.094	1.099	1.103	1.108	1.112	1.117	1.121	1.126	1.130
26	1.080	1.085	1.089	1.094	1.099	1.103	1.108	1.112	1.117	1.122	1.127	1.131	1.136	1.140
27	1.089	1.094	1.098	1.103	1.108	1.113	1.117	1.122	1.127	1.131	1.136	1.141	1.146	1.150
28	1.098	1.103	1.108	1.113	1.117	1.122	1.127	1.132	1.137	1.141	1.146	1.151	1.156	1.161
29	1.108	1.112	1.117	1.122	1.127	1.132	1.137	1.142	1.147	1.152	1.156	1.161	1.166	1.171
30	1.117	1.122	1.127	1.132	1.137	1.142	1.147	1.152	1.157	1.162	1.167	1.172	1.177	1.182
31	1.127	1.132	1.137	1.142	1.147	1.152	1.157	1.162	1.167	1.172	1.177	1.182	1.188	1.193
32	1.136	1.142	1.147	1.152	1.157	1.162	1.167	1.172	1.178	1.183	1.188	1.193	1.198	1.204
33	1.147	1.152	1.157	1.162	1.167	1.173	1.178	1.183	1.188	1.194	1.199	1.204	1.209	1.215
34	1.157	1.162	1.167	1.173	1.178	1.183	1.189	1.194	1.199	1.205	1.210	1.216	1.221	1.226
35	1.167	1.172	1.178	1.183	1.189	1.194	1.200	1.205	1.211	1.216	1.221	1.227	1.232	1.238

表 A.6（续）

温度 ℃	回潮率 %													
	16.1	16.2	16.3	16.4	16.5	16.6	16.7	16.8	16.9	17.0	17.1	17.2	17.3	17.4
5	0.967	0.970	0.973	0.977	0.980	0.983	0.987	0.990	0.993	0.996	1.000	1.003	1.006	1.009
6	0.974	0.977	0.981	0.984	0.987	0.991	0.994	0.997	1.001	1.004	1.007	1.011	1.014	1.017
7	0.981	0.985	0.988	0.992	0.995	0.998	1.002	1.005	1.008	1.012	1.015	1.019	1.022	1.025
8	0.989	0.992	0.996	0.999	1.003	1.006	1.009	1.013	1.016	1.020	1.023	1.027	1.030	1.033
9	0.996	1.000	1.003	1.007	1.010	1.014	1.017	1.021	1.024	1.028	1.031	1.035	1.038	1.042
10	1.004	1.008	1.011	1.015	1.018	1.022	1.025	1.029	1.032	1.036	1.040	1.043	1.046	1.050
11	1.012	1.015	1.019	1.023	1.026	1.030	1.033	1.037	1.041	1.044	1.048	1.051	1.055	1.058
12	1.020	1.023	1.027	1.031	1.034	1.038	1.042	1.045	1.049	1.053	1.056	1.060	1.063	1.067
13	1.028	1.031	1.035	1.039	1.043	1.046	1.050	1.054	1.058	1.061	1.065	1.069	1.072	1.076
14	1.036	1.040	1.044	1.047	1.051	1.055	1.059	1.062	1.066	1.070	1.074	1.077	1.081	1.085
15	1.044	1.048	1.052	1.056	1.060	1.063	1.067	1.071	1.075	1.079	1.083	1.086	1.090	1.094
16	1.053	1.057	1.060	1.064	1.068	1.072	1.076	1.080	1.084	1.088	1.092	1.096	1.099	1.103
17	1.061	1.065	1.069	1.073	1.077	1.081	1.085	1.089	1.093	1.097	1.101	1.105	1.108	1.113
18	1.070	1.074	1.078	1.082	1.086	1.090	1.094	1.098	1.102	1.106	1.110	1.114	1.118	1.122
19	1.079	1.083	1.087	1.091	1.095	1.099	1.103	1.108	1.112	1.116	1.120	1.124	1.128	1.132
20	1.088	1.092	1.096	1.100	1.105	1.109	1.113	1.117	1.121	1.125	1.130	1.134	1.138	1.142
21	1.097	1.101	1.105	1.110	1.114	1.118	1.122	1.127	1.131	1.135	1.139	1.144	1.148	1.152
22	1.106	1.110	1.115	1.119	1.124	1.128	1.132	1.137	1.141	1.145	1.149	1.154	1.158	1.162
23	1.116	1.120	1.124	1.129	1.133	1.138	1.142	1.147	1.151	1.155	1.160	1.164	1.168	1.173
24	1.125	1.130	1.134	1.139	1.143	1.148	1.152	1.157	1.161	1.166	1.170	1.175	1.179	1.183
25	1.135	1.140	1.144	1.149	1.153	1.158	1.163	1.167	1.172	1.176	1.181	1.185	1.190	1.194
26	1.145	1.150	1.154	1.159	1.164	1.168	1.173	1.178	1.182	1.187	1.191	1.196	1.201	1.205
27	1.155	1.160	1.165	1.169	1.174	1.179	1.184	1.188	1.193	1.198	1.202	1.207	1.212	1.217
28	1.166	1.170	1.175	1.180	1.185	1.190	1.194	1.199	1.204	1.209	1.214	1.218	1.223	1.228
29	1.176	1.181	1.186	1.191	1.196	1.201	1.205	1.210	1.215	1.220	1.225	1.230	1.235	1.240
30	1.187	1.192	1.197	1.202	1.207	1.212	1.217	1.222	1.227	1.232	1.237	1.242	1.247	1.252
31	1.198	1.203	1.208	1.213	1.218	1.223	1.228	1.233	1.238	1.243	1.248	1.254	1.259	1.264
32	1.209	1.214	1.219	1.224	1.230	1.235	1.240	1.245	1.250	1.255	1.261	1.266	1.271	1.276
33	1.220	1.225	1.231	1.236	1.241	1.246	1.252	1.257	1.263	1.268	1.273	1.278	1.283	1.289
34	1.232	1.237	1.242	1.248	1.253	1.258	1.264	1.269	1.275	1.280	1.285	1.291	1.296	1.302
35	1.243	1.249	1.254	1.260	1.265	1.271	1.276	1.282	1.287	1.293	1.298	1.304	1.309	1.315

表 A.6（续）

温度 ℃	回潮率 %													
	17.5	17.6	17.7	17.8	17.9	18.0	18.1	18.2	18.3	18.4	18.5	18.6	18.7	18.8
5	1.013	1.016	1.019	1.022	1.025	1.028	1.032	1.035	1.038	1.041	1.044	1.047	1.050	1.053
6	1.020	1.024	1.027	1.030	1.033	1.037	1.040	1.043	1.046	1.049	1.053	1.056	1.059	1.062
7	1.028	1.032	1.035	1.038	1.042	1.045	1.048	1.051	1.055	1.058	1.061	1.064	1.067	1.071
8	1.037	1.040	1.043	1.047	1.050	1.053	1.057	1.060	1.063	1.067	1.070	1.073	1.076	1.079
9	1.045	1.048	1.052	1.055	1.059	1.062	1.065	1.069	1.072	1.075	1.079	1.082	1.085	1.088
10	1.053	1.057	1.060	1.064	1.067	1.071	1.074	1.077	1.081	1.084	1.088	1.091	1.094	1.098
11	1.062	1.066	1.069	1.073	1.076	1.080	1.083	1.086	1.090	1.093	1.097	1.100	1.104	1.107
12	1.071	1.074	1.078	1.081	1.085	1.089	1.092	1.096	1.099	1.103	1.106	1.110	1.113	1.116
13	1.080	1.083	1.087	1.091	1.094	1.098	1.101	1.105	1.109	1.112	1.116	1.119	1.123	1.126
14	1.089	1.092	1.096	1.100	1.103	1.107	1.111	1.114	1.118	1.122	1.125	1.129	1.132	1.136
15	1.098	1.102	1.105	1.109	1.113	1.117	1.120	1.124	1.128	1.131	1.135	1.139	1.142	1.146
16	1.107	1.111	1.115	1.119	1.122	1.126	1.130	1.134	1.138	1.141	1.145	1.149	1.152	1.156
17	1.117	1.120	1.124	1.128	1.132	1.136	1.140	1.144	1.147	1.151	1.155	1.159	1.163	1.166
18	1.126	1.130	1.134	1.138	1.142	1.146	1.150	1.154	1.158	1.162	1.165	1.169	1.173	1.177
19	1.136	1.140	1.144	1.148	1.152	1.156	1.160	1.164	1.168	1.172	1.176	1.180	1.184	1.188
20	1.146	1.150	1.154	1.158	1.162	1.166	1.171	1.175	1.179	1.183	1.187	1.191	1.195	1.199
21	1.156	1.160	1.165	1.169	1.173	1.177	1.181	1.185	1.189	1.193	1.197	1.202	1.206	1.210
22	1.167	1.171	1.175	1.179	1.184	1.188	1.192	1.196	1.200	1.205	1.209	1.213	1.217	1.221
23	1.177	1.182	1.186	1.190	1.194	1.199	1.203	1.207	1.212	1.216	1.220	1.224	1.228	1.233
24	1.188	1.192	1.196	1.201	1.205	1.210	1.214	1.218	1.223	1.227	1.232	1.236	1.240	1.244
25	1.199	1.203	1.208	1.212	1.217	1.221	1.225	1.230	1.234	1.239	1.243	1.248	1.252	1.256
26	1.210	1.214	1.219	1.224	1.228	1.233	1.237	1.242	1.246	1.251	1.255	1.260	1.264	1.269
27	1.221	1.226	1.230	1.235	1.240	1.244	1.249	1.254	1.258	1.263	1.267	1.272	1.276	1.281
28	1.233	1.237	1.242	1.247	1.252	1.256	1.261	1.266	1.270	1.275	1.280	1.285	1.289	1.294
29	1.245	1.249	1.254	1.259	1.264	1.269	1.273	1.278	1.283	1.288	1.292	1.297	1.302	1.307
30	1.256	1.261	1.266	1.271	1.276	1.281	1.286	1.291	1.296	1.301	1.305	1.310	1.315	1.320
31	1.269	1.274	1.279	1.284	1.289	1.294	1.299	1.304	1.309	1.314	1.319	1.324	1.329	1.333
32	1.281	1.286	1.291	1.297	1.302	1.307	1.312	1.317	1.322	1.327	1.332	1.337	1.342	1.347
33	1.294	1.299	1.304	1.310	1.315	1.320	1.325	1.330	1.336	1.341	1.346	1.351	1.356	1.361
34	1.307	1.312	1.318	1.323	1.328	1.334	1.339	1.344	1.349	1.355	1.360	1.365	1.370	1.376
35	1.320	1.326	1.331	1.336	1.342	1.347	1.353	1.358	1.364	1.369	1.374	1.380	1.385	1.390

表 A.6（续）

温度 ℃	回潮率 %											
	18.9	19.0	19.1	19.2	19.3	19.4	19.5	19.6	19.7	19.8	19.9	20.0
5	1.056	1.059	1.062	1.065	1.068	1.071	1.074	1.077	1.080	1.083	1.086	1.089
6	1.065	1.068	1.071	1.074	1.077	1.080	1.083	1.086	1.089	1.092	1.095	1.098
7	1.074	1.077	1.080	1.083	1.086	1.089	1.092	1.095	1.098	1.101	1.104	1.107
8	1.083	1.086	1.089	1.092	1.095	1.098	1.101	1.104	1.108	1.111	1.114	1.117
9	1.092	1.095	1.098	1.101	1.104	1.108	1.111	1.114	1.117	1.120	1.123	1.126
10	1.101	1.104	1.108	1.111	1.114	1.117	1.120	1.124	1.127	1.130	1.133	1.136
11	1.110	1.114	1.117	1.120	1.124	1.127	1.130	1.133	1.136	1.140	1.143	1.146
12	1.120	1.123	1.127	1.130	1.133	1.137	1.140	1.143	1.147	1.150	1.153	1.156
13	1.130	1.133	1.136	1.140	1.143	1.147	1.150	1.153	1.157	1.160	1.163	1.167
14	1.139	1.143	1.146	1.150	1.153	1.157	1.160	1.164	1.167	1.170	1.174	1.177
15	1.149	1.153	1.157	1.160	1.164	1.167	1.171	1.174	1.178	1.181	1.184	1.188
16	1.160	1.163	1.167	1.171	1.174	1.178	1.181	1.185	1.188	1.192	1.195	1.199
17	1.170	1.174	1.177	1.181	1.185	1.188	1.192	1.196	1.199	1.203	1.206	1.210
18	1.181	1.184	1.188	1.192	1.196	1.199	1.203	1.207	1.210	1.214	1.218	1.221
19	1.191	1.195	1.199	1.203	1.207	1.211	1.214	1.218	1.222	1.225	1.229	1.233
20	1.202	1.206	1.210	1.214	1.218	1.222	1.226	1.230	1.233	1.237	1.241	1.245
21	1.214	1.218	1.222	1.226	1.230	1.234	1.237	1.241	1.245	1.249	1.253	1.257
22	1.225	1.229	1.233	1.237	1.241	1.245	1.249	1.253	1.257	1.261	1.265	1.269
23	1.237	1.241	1.245	1.249	1.253	1.257	1.261	1.265	1.269	1.273	1.277	1.281
24	1.249	1.253	1.257	1.261	1.265	1.270	1.274	1.278	1.282	1.286	1.290	1.294
25	1.261	1.265	1.269	1.273	1.278	1.282	1.286	1.290	1.294	1.299	1.303	1.307
26	1.273	1.277	1.282	1.286	1.290	1.295	1.299	1.303	1.308	1.312	1.316	1.320
27	1.286	1.290	1.294	1.299	1.303	1.308	1.312	1.316	1.321	1.325	1.329	1.334
28	1.298	1.303	1.307	1.312	1.316	1.321	1.325	1.330	1.334	1.339	1.343	1.348
29	1.311	1.316	1.321	1.325	1.330	1.334	1.339	1.344	1.348	1.353	1.357	1.361
30	1.325	1.329	1.334	1.339	1.344	1.348	1.353	1.358	1.362	1.367	1.371	1.376
31	1.338	1.343	1.348	1.353	1.358	1.362	1.367	1.372	1.376	1.381	1.386	1.391
32	1.352	1.357	1.362	1.367	1.372	1.377	1.382	1.386	1.391	1.396	1.401	1.405
33	1.366	1.371	1.376	1.381	1.386	1.391	1.396	1.401	1.406	1.411	1.416	1.421
34	1.381	1.386	1.391	1.396	1.401	1.406	1.411	1.417	1.422	1.427	1.432	1.437
35	1.396	1.401	1.406	1.411	1.417	1.422	1.427	1.432	1.437	1.442	1.447	1.453

表 A.7　棉本色帆布断裂强力的温度和回潮率修正系数

温度 ℃	回潮率 %													
	5.1	5.2	5.3	5.4	5.5	5.6	5.7	5.8	5.9	6.0	6.1	6.2	6.3	6.4
5	1.136	1.130	1.123	1.117	1.110	1.104	1.098	1.092	1.087	1.081	1.075	1.070	1.065	1.060
6	1.137	1.131	1.124	1.117	1.111	1.105	1.099	1.093	1.087	1.082	1.076	1.071	1.066	1.060
7	1.138	1.131	1.125	1.118	1.112	1.106	1.100	1.094	1.088	1.082	1.077	1.071	1.066	1.061
8	1.139	1.132	1.125	1.119	1.113	1.106	1.100	1.095	1.089	1.083	1.078	1.072	1.067	1.062
9	1.140	1.133	1.126	1.120	1.113	1.107	1.101	1.095	1.089	1.084	1.078	1.073	1.068	1.062
10	1.140	1.134	1.127	1.120	1.114	1.108	1.102	1.096	1.090	1.085	1.079	1.074	1.068	1.063
11	1.141	1.134	1.128	1.121	1.115	1.109	1.103	1.097	1.091	1.085	1.080	1.074	1.069	1.064
12	1.142	1.135	1.128	1.122	1.116	1.109	1.103	1.097	1.092	1.086	1.080	1.075	1.070	1.064
13	1.143	1.136	1.129	1.123	1.116	1.110	1.104	1.098	1.092	1.087	1.081	1.076	1.070	1.065
14	1.143	1.137	1.130	1.123	1.117	1.111	1.105	1.099	1.093	1.087	1.082	1.076	1.071	1.066
15	1.144	1.137	1.131	1.124	1.118	1.112	1.106	1.100	1.094	1.088	1.082	1.077	1.072	1.066
16	1.145	1.138	1.132	1.125	1.119	1.112	1.106	1.100	1.094	1.089	1.083	1.078	1.072	1.067
17	1.146	1.139	1.132	1.126	1.119	1.113	1.107	1.101	1.095	1.089	1.084	1.078	1.073	1.068
18	1.147	1.140	1.133	1.127	1.120	1.114	1.108	1.102	1.096	1.090	1.085	1.079	1.074	1.069
19	1.147	1.141	1.134	1.127	1.121	1.115	1.108	1.102	1.097	1.091	1.085	1.080	1.074	1.069
20	1.148	1.141	1.135	1.128	1.122	1.115	1.109	1.103	1.097	1.092	1.086	1.080	1.075	1.070
21	1.149	1.142	1.135	1.129	1.122	1.116	1.110	1.104	1.098	1.092	1.087	1.081	1.076	1.071
22	1.150	1.143	1.136	1.130	1.123	1.117	1.111	1.105	1.099	1.093	1.087	1.082	1.077	1.071
23	1.151	1.144	1.137	1.130	1.124	1.118	1.111	1.105	1.100	1.094	1.088	1.083	1.077	1.072
24	1.151	1.144	1.138	1.131	1.125	1.118	1.112	1.106	1.100	1.094	1.089	1.083	1.078	1.073
25	1.152	1.145	1.138	1.132	1.125	1.119	1.113	1.107	1.101	1.095	1.090	1.084	1.079	1.073
26	1.153	1.146	1.139	1.133	1.126	1.120	1.114	1.108	1.102	1.096	1.090	1.085	1.079	1.074
27	1.154	1.147	1.140	1.133	1.127	1.121	1.114	1.108	1.102	1.097	1.091	1.085	1.080	1.075
28	1.155	1.148	1.141	1.134	1.128	1.121	1.115	1.109	1.103	1.097	1.092	1.086	1.081	1.075
29	1.155	1.148	1.142	1.135	1.129	1.122	1.116	1.110	1.104	1.098	1.092	1.087	1.081	1.076
30	1.156	1.149	1.142	1.136	1.129	1.123	1.117	1.111	1.105	1.099	1.093	1.088	1.082	1.077
31	1.157	1.150	1.143	1.137	1.130	1.124	1.117	1.111	1.105	1.100	1.094	1.088	1.083	1.077
32	1.158	1.151	1.144	1.137	1.131	1.124	1.118	1.112	1.106	1.100	1.095	1.089	1.084	1.078
33	1.159	1.152	1.145	1.138	1.132	1.125	1.119	1.113	1.107	1.101	1.095	1.090	1.084	1.079
34	1.159	1.152	1.146	1.139	1.132	1.126	1.120	1.114	1.108	1.102	1.096	1.090	1.085	1.080
35	1.160	1.153	1.146	1.140	1.133	1.127	1.120	1.114	1.108	1.102	1.097	1.091	1.086	1.080

表 A.7（续）

温度 ℃	回潮率 %													
	6.5	6.6	6.7	6.8	6.9	7.0	7.1	7.2	7.3	7.4	7.5	7.6	7.7	7.8
5	1.055	1.050	1.045	1.040	1.036	1.031	1.027	1.022	1.018	1.014	1.010	1.006	1.002	0.998
6	1.055	1.050	1.046	1.041	1.036	1.032	1.027	1.023	1.019	1.015	1.011	1.007	1.003	0.999
7	1.056	1.051	1.046	1.041	1.037	1.032	1.028	1.024	1.019	1.015	1.011	1.007	1.003	1.000
8	1.057	1.052	1.047	1.042	1.038	1.033	1.029	1.024	1.020	1.016	1.012	1.008	1.004	1.000
9	1.057	1.052	1.048	1.043	1.038	1.034	1.029	1.025	1.021	1.016	1.012	1.008	1.005	1.001
10	1.058	1.053	1.048	1.043	1.039	1.034	1.030	1.025	1.021	1.017	1.013	1.009	1.005	1.001
11	1.059	1.054	1.049	1.044	1.039	1.035	1.030	1.026	1.022	1.017	1.014	1.010	1.006	1.002
12	1.059	1.054	1.050	1.045	1.040	1.036	1.031	1.027	1.022	1.018	1.014	1.010	1.006	1.003
13	1.060	1.055	1.050	1.045	1.041	1.036	1.032	1.027	1.023	1.019	1.015	1.011	1.007	1.003
14	1.061	1.056	1.051	1.046	1.041	1.037	1.032	1.028	1.024	1.020	1.015	1.011	1.008	1.004
15	1.061	1.056	1.051	1.047	1.042	1.037	1.033	1.029	1.024	1.020	1.016	1.012	1.008	1.004
16	1.062	1.057	1.052	1.047	1.043	1.038	1.034	1.029	1.025	1.021	1.017	1.012	1.009	1.005
17	1.063	1.058	1.053	1.048	1.043	1.039	1.034	1.030	1.026	1.021	1.017	1.013	1.009	1.006
18	1.063	1.058	1.053	1.049	1.044	1.039	1.035	1.031	1.026	1.022	1.018	1.014	1.010	1.006
19	1.064	1.059	1.054	1.049	1.045	1.040	1.036	1.031	1.027	1.022	1.019	1.015	1.011	1.007
20	1.065	1.060	1.055	1.050	1.045	1.041	1.036	1.032	1.028	1.023	1.019	1.015	1.011	1.007
21	1.065	1.060	1.055	1.051	1.046	1.041	1.037	1.032	1.028	1.024	1.020	1.016	1.012	1.008
22	1.066	1.061	1.056	1.051	1.047	1.042	1.038	1.033	1.029	1.025	1.020	1.016	1.012	1.009
23	1.067	1.062	1.057	1.052	1.047	1.043	1.038	1.034	1.029	1.025	1.021	1.017	1.013	1.009
24	1.067	1.062	1.057	1.053	1.048	1.043	1.039	1.034	1.030	1.026	1.022	1.017	1.014	1.010
25	1.068	1.063	1.058	1.053	1.049	1.044	1.039	1.035	1.031	1.026	1.022	1.018	1.014	1.010
26	1.069	1.064	1.059	1.054	1.049	1.045	1.040	1.036	1.031	1.027	1.023	1.019	1.015	1.011
27	1.070	1.064	1.059	1.055	1.050	1.045	1.041	1.036	1.032	1.028	1.024	1.020	1.016	1.012
28	1.070	1.065	1.060	1.055	1.051	1.046	1.041	1.037	1.033	1.028	1.024	1.020	1.016	1.012
29	1.071	1.066	1.061	1.056	1.051	1.047	1.042	1.038	1.033	1.029	1.025	1.021	1.017	1.013
30	1.072	1.066	1.062	1.057	1.052	1.047	1.043	1.038	1.034	1.030	1.025	1.021	1.017	1.014
31	1.072	1.067	1.062	1.057	1.053	1.048	1.043	1.039	1.035	1.030	1.026	1.022	1.018	1.014
32	1.073	1.068	1.063	1.058	1.053	1.049	1.044	1.040	1.035	1.031	1.027	1.022	1.019	1.015
33	1.074	1.069	1.064	1.059	1.054	1.049	1.045	1.040	1.036	1.032	1.027	1.023	1.019	1.015
34	1.074	1.069	1.064	1.059	1.055	1.050	1.045	1.041	1.036	1.032	1.028	1.024	1.020	1.016
35	1.075	1.070	1.065	1.060	1.055	1.051	1.046	1.041	1.037	1.033	1.029	1.025	1.021	1.017

表 A.7（续）

温度 ℃	回潮率 %													
	7.9	8.0	8.1	8.2	8.3	8.4	8.5	8.6	8.7	8.8	8.9	9.0	9.1	9.2
5	0.995	0.991	0.988	0.984	0.981	0.977	0.974	0.971	0.968	0.965	0.962	0.959	0.957	0.954
6	0.995	0.992	0.988	0.985	0.981	0.978	0.975	0.972	0.969	0.966	0.963	0.960	0.957	0.954
7	0.996	0.992	0.989	0.985	0.982	0.979	0.975	0.972	0.969	0.966	0.963	0.960	0.958	0.955
8	0.996	0.993	0.989	0.986	0.982	0.979	0.976	0.973	0.970	0.967	0.964	0.961	0.958	0.955
9	0.997	0.993	0.990	0.986	0.983	0.980	0.977	0.973	0.970	0.967	0.964	0.962	0.959	0.956
10	0.998	0.994	0.990	0.987	0.984	0.980	0.977	0.974	0.971	0.968	0.965	0.962	0.959	0.957
11	0.998	0.995	0.991	0.988	0.984	0.981	0.978	0.975	0.971	0.968	0.965	0.963	0.960	0.957
12	0.999	0.995	0.992	0.988	0.985	0.981	0.978	0.975	0.972	0.969	0.966	0.963	0.960	0.958
13	0.999	0.996	0.992	0.989	0.985	0.982	0.979	0.976	0.973	0.970	0.967	0.964	0.961	0.958
14	1.000	0.996	0.993	0.989	0.986	0.983	0.979	0.976	0.973	0.970	0.967	0.964	0.961	0.959
15	1.001	0.997	0.993	0.990	0.987	0.983	0.980	0.977	0.974	0.971	0.968	0.965	0.962	0.959
16	1.001	0.998	0.994	0.991	0.987	0.984	0.981	0.977	0.974	0.971	0.968	0.965	0.963	0.960
17	1.002	0.998	0.995	0.991	0.988	0.984	0.981	0.978	0.975	0.972	0.969	0.966	0.963	0.960
18	1.002	0.999	0.995	0.992	0.988	0.985	0.982	0.979	0.975	0.972	0.969	0.967	0.964	0.961
19	1.003	0.999	0.996	0.992	0.989	0.986	0.982	0.979	0.976	0.973	0.970	0.967	0.964	0.961
20	1.004	1.000	0.996	0.993	0.989	0.986	0.983	0.980	0.977	0.974	0.971	0.968	0.965	0.962
21	1.004	1.001	0.997	0.993	0.990	0.987	0.983	0.980	0.977	0.974	0.971	0.968	0.965	0.963
22	1.005	1.001	0.998	0.994	0.991	0.987	0.984	0.981	0.978	0.975	0.972	0.969	0.966	0.963
23	1.005	1.002	0.998	0.995	0.991	0.988	0.985	0.981	0.978	0.975	0.972	0.969	0.966	0.964
24	1.006	1.002	0.999	0.995	0.992	0.988	0.985	0.982	0.979	0.976	0.973	0.970	0.967	0.964
25	1.007	1.003	0.999	0.996	0.992	0.989	0.986	0.983	0.979	0.976	0.973	0.970	0.968	0.965
26	1.007	1.004	1.000	0.996	0.993	0.990	0.986	0.983	0.980	0.977	0.974	0.971	0.968	0.965
27	1.008	1.004	1.001	0.997	0.994	0.990	0.987	0.984	0.981	0.978	0.975	0.972	0.969	0.966
28	1.009	1.005	1.001	0.998	0.994	0.991	0.988	0.984	0.981	0.978	0.975	0.972	0.969	0.966
29	1.009	1.005	1.002	0.998	0.995	0.991	0.988	0.985	0.982	0.979	0.976	0.973	0.970	0.967
30	1.010	1.006	1.002	0.999	0.995	0.992	0.989	0.985	0.982	0.979	0.976	0.973	0.970	0.968
31	1.010	1.007	1.003	0.999	0.996	0.993	0.989	0.986	0.983	0.980	0.977	0.974	0.971	0.968
32	1.011	1.007	1.004	1.000	0.997	0.993	0.990	0.987	0.983	0.980	0.977	0.974	0.972	0.969
33	1.012	1.008	1.004	1.001	0.997	0.994	0.990	0.987	0.984	0.981	0.978	0.975	0.972	0.969
34	1.012	1.008	1.005	1.001	0.998	0.994	0.991	0.988	0.985	0.982	0.979	0.976	0.973	0.970
35	1.013	1.009	1.005	1.002	0.998	0.995	0.992	0.988	0.985	0.982	0.979	0.976	0.973	0.970

表 A.7（续）

温度 ℃	回潮率 %													
	9.3	9.4	9.5	9.6	9.7	9.8	9.9	10.0	10.1	10.2	10.3	10.4	10.5	10.6
5	0.951	0.949	0.946	0.944	0.941	0.939	0.937	0.934	0.932	0.930	0.928	0.926	0.924	0.922
6	0.952	0.949	0.947	0.944	0.942	0.939	0.937	0.935	0.933	0.931	0.929	0.927	0.925	0.923
7	0.952	0.950	0.947	0.945	0.942	0.940	0.938	0.935	0.933	0.931	0.929	0.927	0.925	0.923
8	0.953	0.950	0.948	0.945	0.943	0.940	0.938	0.936	0.934	0.932	0.930	0.928	0.926	0.924
9	0.953	0.951	0.948	0.946	0.943	0.941	0.939	0.936	0.934	0.932	0.930	0.928	0.926	0.924
10	0.954	0.951	0.949	0.946	0.944	0.942	0.939	0.937	0.935	0.933	0.931	0.929	0.927	0.925
11	0.954	0.952	0.949	0.947	0.944	0.942	0.940	0.938	0.935	0.933	0.931	0.929	0.927	0.925
12	0.955	0.952	0.950	0.947	0.945	0.943	0.940	0.938	0.936	0.934	0.932	0.930	0.928	0.926
13	0.956	0.953	0.950	0.948	0.945	0.943	0.941	0.939	0.936	0.934	0.932	0.930	0.928	0.926
14	0.956	0.953	0.951	0.948	0.946	0.944	0.941	0.939	0.937	0.935	0.933	0.931	0.929	0.927
15	0.957	0.954	0.951	0.949	0.947	0.944	0.942	0.940	0.937	0.935	0.933	0.931	0.929	0.928
16	0.957	0.955	0.952	0.949	0.947	0.945	0.942	0.940	0.938	0.936	0.934	0.932	0.930	0.928
17	0.958	0.955	0.953	0.950	0.948	0.945	0.943	0.941	0.939	0.936	0.934	0.932	0.930	0.929
18	0.958	0.956	0.953	0.950	0.948	0.946	0.943	0.941	0.939	0.937	0.935	0.933	0.931	0.929
19	0.959	0.956	0.954	0.951	0.949	0.946	0.944	0.942	0.940	0.937	0.935	0.933	0.931	0.930
20	0.959	0.957	0.954	0.952	0.949	0.947	0.945	0.942	0.940	0.938	0.936	0.934	0.932	0.930
21	0.960	0.957	0.955	0.952	0.950	0.947	0.945	0.943	0.941	0.939	0.936	0.935	0.933	0.931
22	0.960	0.958	0.955	0.953	0.950	0.948	0.946	0.943	0.941	0.939	0.937	0.935	0.933	0.931
23	0.961	0.958	0.956	0.953	0.951	0.948	0.946	0.944	0.942	0.940	0.938	0.936	0.934	0.932
24	0.962	0.959	0.956	0.954	0.951	0.949	0.947	0.944	0.942	0.940	0.938	0.936	0.934	0.932
25	0.962	0.959	0.957	0.954	0.952	0.950	0.947	0.945	0.943	0.941	0.939	0.937	0.935	0.933
26	0.963	0.960	0.957	0.955	0.952	0.950	0.948	0.946	0.943	0.941	0.939	0.937	0.935	0.933
27	0.963	0.961	0.958	0.955	0.953	0.951	0.948	0.946	0.944	0.942	0.940	0.938	0.936	0.934
28	0.964	0.961	0.959	0.956	0.954	0.951	0.949	0.947	0.944	0.942	0.940	0.938	0.936	0.934
29	0.964	0.962	0.959	0.957	0.954	0.952	0.949	0.947	0.945	0.943	0.941	0.939	0.937	0.935
30	0.965	0.962	0.960	0.957	0.955	0.952	0.950	0.948	0.945	0.943	0.941	0.939	0.937	0.935
31	0.965	0.963	0.960	0.958	0.956	0.953	0.950	0.948	0.946	0.944	0.942	0.940	0.938	0.936
32	0.966	0.963	0.961	0.959	0.957	0.954	0.951	0.949	0.947	0.945	0.942	0.940	0.938	0.936
33	0.967	0.964	0.961	0.959	0.957	0.954	0.952	0.949	0.947	0.945	0.943	0.941	0.939	0.937
34	0.967	0.964	0.962	0.960	0.958	0.955	0.952	0.950	0.948	0.946	0.943	0.942	0.940	0.937
35	0.968	0.965	0.962	0.960	0.958	0.956	0.953	0.950	0.948	0.946	0.944	0.942	0.940	0.938

表 A.7（续）

温度 ℃	回潮率 %													
	10.7	10.8	10.9	11.0	11.1	11.2	11.3	11.4	11.5	11.6	11.7	11.8	11.9	12.0
5	0.921	0.919	0.917	0.915	0.914	0.912	0.911	0.909	0.908	0.907	0.905	0.904	0.903	0.902
6	0.921	0.919	0.918	0.916	0.914	0.913	0.911	0.910	0.909	0.907	0.906	0.905	0.904	0.902
7	0.922	0.920	0.918	0.916	0.915	0.913	0.912	0.910	0.909	0.908	0.906	0.905	0.904	0.903
8	0.922	0.920	0.919	0.917	0.915	0.914	0.912	0.911	0.910	0.908	0.907	0.906	0.905	0.903
9	0.923	0.921	0.919	0.918	0.916	0.914	0.913	0.911	0.910	0.909	0.907	0.906	0.905	0.904
10	0.923	0.921	0.920	0.918	0.916	0.915	0.913	0.912	0.911	0.909	0.908	0.907	0.906	0.904
11	0.924	0.922	0.920	0.919	0.917	0.915	0.914	0.912	0.911	0.910	0.908	0.907	0.906	0.905
12	0.924	0.922	0.921	0.919	0.917	0.916	0.914	0.913	0.912	0.910	0.909	0.908	0.907	0.905
13	0.925	0.923	0.921	0.920	0.918	0.916	0.915	0.913	0.912	0.911	0.909	0.908	0.907	0.906
14	0.925	0.923	0.922	0.920	0.918	0.917	0.915	0.914	0.913	0.911	0.910	0.909	0.908	0.906
15	0.926	0.924	0.922	0.921	0.919	0.917	0.916	0.914	0.913	0.912	0.910	0.909	0.908	0.907
16	0.926	0.924	0.923	0.921	0.919	0.918	0.916	0.915	0.914	0.912	0.911	0.910	0.909	0.907
17	0.927	0.925	0.923	0.922	0.920	0.918	0.917	0.915	0.914	0.913	0.911	0.910	0.909	0.908
18	0.927	0.925	0.924	0.922	0.920	0.919	0.917	0.916	0.915	0.913	0.912	0.911	0.910	0.908
19	0.928	0.926	0.924	0.923	0.921	0.919	0.918	0.916	0.915	0.914	0.912	0.911	0.910	0.909
20	0.928	0.926	0.925	0.923	0.921	0.920	0.918	0.917	0.916	0.914	0.913	0.912	0.911	0.909
21	0.929	0.927	0.925	0.924	0.922	0.920	0.919	0.917	0.916	0.915	0.913	0.912	0.911	0.910
22	0.929	0.928	0.926	0.924	0.922	0.921	0.919	0.918	0.917	0.915	0.914	0.913	0.912	0.910
23	0.930	0.928	0.926	0.925	0.923	0.921	0.920	0.918	0.917	0.916	0.914	0.913	0.912	0.911
24	0.931	0.929	0.927	0.925	0.924	0.922	0.920	0.919	0.918	0.916	0.915	0.914	0.913	0.911
25	0.931	0.929	0.927	0.926	0.924	0.922	0.921	0.919	0.918	0.917	0.915	0.914	0.913	0.912
26	0.932	0.930	0.928	0.926	0.925	0.923	0.921	0.920	0.919	0.917	0.916	0.915	0.914	0.912
27	0.932	0.930	0.928	0.927	0.925	0.923	0.922	0.920	0.919	0.918	0.916	0.915	0.914	0.913
28	0.933	0.931	0.929	0.927	0.926	0.924	0.922	0.921	0.920	0.918	0.917	0.916	0.915	0.913
29	0.933	0.931	0.929	0.928	0.926	0.924	0.923	0.922	0.920	0.919	0.917	0.916	0.915	0.914
30	0.934	0.932	0.930	0.928	0.927	0.925	0.923	0.922	0.921	0.919	0.918	0.917	0.916	0.914
31	0.934	0.932	0.931	0.929	0.927	0.926	0.924	0.923	0.921	0.920	0.918	0.917	0.916	0.915
32	0.935	0.933	0.931	0.929	0.928	0.926	0.924	0.923	0.922	0.920	0.919	0.918	0.917	0.915
33	0.936	0.934	0.932	0.930	0.928	0.927	0.925	0.924	0.922	0.921	0.919	0.918	0.917	0.916
34	0.937	0.934	0.932	0.930	0.929	0.927	0.926	0.924	0.923	0.921	0.920	0.919	0.918	0.916
35	0.937	0.935	0.933	0.931	0.929	0.928	0.926	0.925	0.923	0.922	0.920	0.919	0.918	0.917

表 A.7（续）

温度 ℃	回潮率 %									
	12.1	12.2	12.3	12.4	12.5	12.6	12.7	12.8	12.9	13.0
5	0.901	0.900	0.899	0.898	0.897	0.896	0.895	0.895	0.894	0.893
6	0.901	0.900	0.899	0.898	0.897	0.897	0.896	0.895	0.894	0.894
7	0.902	0.901	0.900	0.899	0.898	0.897	0.896	0.896	0.895	0.894
8	0.902	0.901	0.900	0.899	0.898	0.898	0.897	0.896	0.895	0.895
9	0.903	0.902	0.901	0.900	0.899	0.898	0.897	0.897	0.896	0.895
10	0.903	0.902	0.901	0.900	0.899	0.899	0.898	0.897	0.896	0.896
11	0.904	0.903	0.902	0.901	0.900	0.899	0.898	0.898	0.897	0.896
12	0.904	0.903	0.902	0.901	0.900	0.900	0.899	0.898	0.897	0.897
13	0.905	0.904	0.903	0.902	0.901	0.900	0.899	0.899	0.898	0.897
14	0.905	0.904	0.903	0.902	0.901	0.901	0.900	0.899	0.898	0.898
15	0.906	0.905	0.904	0.903	0.902	0.901	0.900	0.900	0.899	0.898
16	0.906	0.905	0.904	0.903	0.902	0.902	0.901	0.900	0.899	0.899
17	0.907	0.906	0.905	0.904	0.903	0.902	0.901	0.901	0.900	0.899
18	0.907	0.906	0.905	0.904	0.903	0.903	0.902	0.901	0.900	0.900
19	0.908	0.907	0.906	0.905	0.904	0.903	0.902	0.901	0.901	0.900
20	0.908	0.907	0.906	0.905	0.904	0.904	0.903	0.902	0.901	0.901
21	0.909	0.908	0.907	0.906	0.905	0.904	0.903	0.902	0.902	0.901
22	0.909	0.908	0.907	0.906	0.905	0.905	0.904	0.903	0.902	0.902
23	0.910	0.909	0.908	0.907	0.906	0.905	0.904	0.903	0.903	0.902
24	0.910	0.909	0.908	0.907	0.906	0.905	0.905	0.904	0.903	0.903
25	0.911	0.910	0.909	0.908	0.907	0.906	0.905	0.904	0.904	0.903
26	0.911	0.910	0.909	0.908	0.907	0.906	0.906	0.905	0.904	0.904
27	0.912	0.911	0.910	0.909	0.908	0.907	0.906	0.905	0.905	0.904
28	0.912	0.911	0.910	0.909	0.908	0.907	0.907	0.906	0.905	0.905
29	0.913	0.912	0.911	0.910	0.909	0.908	0.907	0.906	0.906	0.905
30	0.913	0.912	0.911	0.910	0.909	0.908	0.908	0.907	0.906	0.906
31	0.914	0.913	0.912	0.911	0.910	0.909	0.908	0.907	0.907	0.906
32	0.914	0.913	0.912	0.911	0.910	0.909	0.909	0.908	0.907	0.907
33	0.915	0.914	0.913	0.912	0.911	0.910	0.909	0.908	0.908	0.907
34	0.915	0.914	0.913	0.912	0.911	0.910	0.910	0.909	0.908	0.908
35	0.916	0.915	0.914	0.913	0.912	0.911	0.910	0.909	0.909	0.908

表 A.8 维纶本色帆布断裂强力的温度和回潮率修正系数

温度 ℃	回潮率 %													
	2.6	2.7	2.8	2.9	3.0	3.1	3.2	3.3	3.4	3.5	3.6	3.7	3.8	3.9
5	0.867	0.870	0.873	0.875	0.878	0.881	0.884	0.887	0.890	0.893	0.896	0.899	0.902	0.905
6	0.870	0.873	0.876	0.879	0.882	0.885	0.888	0.890	0.893	0.896	0.899	0.902	0.905	0.908
7	0.874	0.876	0.879	0.882	0.885	0.888	0.891	0.894	0.897	0.900	0.903	0.906	0.909	0.912
8	0.877	0.880	0.883	0.886	0.889	0.892	0.895	0.897	0.900	0.903	0.906	0.909	0.912	0.916
9	0.880	0.883	0.886	0.889	0.892	0.895	0.898	0.901	0.904	0.907	0.910	0.913	0.916	0.919
10	0.884	0.887	0.890	0.893	0.896	0.899	0.902	0.905	0.908	0.911	0.914	0.917	0.920	0.923
11	0.887	0.890	0.893	0.896	0.899	0.902	0.905	0.908	0.911	0.914	0.917	0.921	0.924	0.927
12	0.891	0.894	0.897	0.900	0.903	0.906	0.909	0.912	0.915	0.918	0.921	0.924	0.927	0.931
13	0.894	0.897	0.900	0.903	0.906	0.909	0.913	0.916	0.919	0.922	0.925	0.928	0.931	0.934
14	0.898	0.901	0.904	0.907	0.910	0.913	0.916	0.919	0.922	0.926	0.929	0.932	0.935	0.938
15	0.901	0.904	0.908	0.911	0.914	0.917	0.920	0.923	0.926	0.929	0.933	0.936	0.939	0.942
16	0.905	0.908	0.911	0.914	0.917	0.921	0.924	0.927	0.930	0.933	0.936	0.940	0.943	0.946
17	0.909	0.912	0.915	0.918	0.921	0.924	0.927	0.931	0.934	0.937	0.940	0.944	0.947	0.950
18	0.912	0.915	0.919	0.922	0.925	0.928	0.931	0.934	0.938	0.941	0.944	0.947	0.951	0.954
19	0.916	0.919	0.922	0.925	0.929	0.932	0.935	0.938	0.942	0.945	0.948	0.951	0.955	0.958
20	0.920	0.923	0.926	0.929	0.932	0.936	0.939	0.942	0.946	0.949	0.952	0.955	0.959	0.962
21	0.923	0.927	0.930	0.933	0.936	0.940	0.943	0.946	0.949	0.953	0.956	0.959	0.963	0.966
22	0.927	0.930	0.934	0.937	0.940	0.944	0.947	0.950	0.953	0.957	0.960	0.964	0.967	0.970
23	0.931	0.934	0.938	0.941	0.944	0.947	0.951	0.954	0.957	0.961	0.964	0.968	0.971	0.975
24	0.935	0.938	0.941	0.945	0.948	0.951	0.955	0.958	0.962	0.965	0.968	0.972	0.975	0.979
25	0.939	0.942	0.945	0.949	0.952	0.955	0.959	0.962	0.966	0.969	0.973	0.976	0.979	0.983
26	0.943	0.946	0.949	0.953	0.956	0.959	0.963	0.966	0.970	0.973	0.977	0.980	0.984	0.987
27	0.947	0.950	0.953	0.957	0.960	0.964	0.967	0.970	0.974	0.977	0.981	0.984	0.988	0.992
28	0.951	0.954	0.957	0.961	0.964	0.968	0.971	0.975	0.978	0.982	0.985	0.989	0.992	0.996
29	0.955	0.958	0.961	0.965	0.968	0.972	0.975	0.979	0.982	0.986	0.990	0.993	0.997	1.000
30	0.959	0.962	0.965	0.969	0.972	0.976	0.980	0.983	0.987	0.990	0.994	0.997	1.001	1.005
31	0.963	0.966	0.970	0.973	0.977	0.980	0.984	0.987	0.991	0.995	0.998	1.002	1.006	1.009
32	0.967	0.970	0.974	0.977	0.981	0.984	0.988	0.992	0.995	0.999	1.003	1.006	1.010	1.014
33	0.971	0.974	0.978	0.982	0.985	0.989	0.992	0.996	1.000	1.003	1.007	1.011	1.015	1.018
34	0.975	0.979	0.982	0.986	0.989	0.993	0.997	1.000	1.004	1.008	1.012	1.015	1.019	1.023
35	0.979	0.983	0.987	0.990	0.994	0.997	1.001	1.005	1.009	1.012	1.016	1.020	1.024	1.028

表 A.8（续）

温度 ℃	回潮率 %													
	4.0	4.1	4.2	4.3	4.4	4.5	4.6	4.7	4.8	4.9	5.0	5.1	5.2	5.3
5	0.908	0.911	0.914	0.917	0.920	0.923	0.926	0.929	0.932	0.935	0.938	0.941	0.944	0.947
6	0.911	0.914	0.917	0.920	0.923	0.926	0.929	0.933	0.936	0.939	0.942	0.945	0.948	0.951
7	0.915	0.918	0.921	0.924	0.927	0.930	0.933	0.936	0.939	0.943	0.946	0.949	0.952	0.955
8	0.919	0.922	0.925	0.928	0.931	0.934	0.937	0.940	0.943	0.947	0.950	0.953	0.956	0.959
9	0.922	0.925	0.928	0.932	0.935	0.938	0.941	0.944	0.947	0.951	0.954	0.957	0.960	0.963
10	0.926	0.929	0.932	0.935	0.939	0.942	0.945	0.948	0.951	0.955	0.958	0.961	0.964	0.968
11	0.930	0.933	0.936	0.939	0.942	0.946	0.949	0.952	0.955	0.959	0.962	0.965	0.968	0.972
12	0.934	0.937	0.940	0.943	0.946	0.950	0.953	0.956	0.959	0.963	0.966	0.969	0.973	0.976
13	0.938	0.941	0.944	0.947	0.950	0.954	0.957	0.960	0.963	0.967	0.970	0.973	0.977	0.980
14	0.941	0.945	0.948	0.951	0.954	0.958	0.961	0.964	0.968	0.971	0.974	0.978	0.981	0.984
15	0.945	0.949	0.952	0.955	0.958	0.962	0.965	0.968	0.972	0.975	0.978	0.982	0.985	0.989
16	0.949	0.953	0.956	0.959	0.962	0.966	0.969	0.973	0.976	0.979	0.983	0.986	0.990	0.993
17	0.953	0.957	0.960	0.963	0.967	0.970	0.973	0.977	0.980	0.984	0.987	0.990	0.994	0.997
18	0.957	0.961	0.964	0.967	0.971	0.974	0.978	0.981	0.984	0.988	0.991	0.995	0.998	1.002
19	0.961	0.965	0.968	0.972	0.975	0.978	0.982	0.985	0.989	0.992	0.996	0.999	1.003	1.006
20	0.965	0.969	0.972	0.976	0.979	0.983	0.986	0.989	0.993	0.996	1.000	1.004	1.007	1.011
21	0.970	0.973	0.976	0.980	0.983	0.987	0.990	0.994	0.997	1.001	1.004	1.008	1.012	1.015
22	0.974	0.977	0.981	0.984	0.988	0.991	0.995	0.998	1.002	1.005	1.009	1.012	1.016	1.020
23	0.978	0.981	0.985	0.988	0.992	0.995	0.999	1.003	1.006	1.010	1.013	1.017	1.021	1.024
24	0.982	0.986	0.989	0.993	0.996	1.000	1.003	1.007	1.011	1.014	1.018	1.022	1.025	1.029
25	0.986	0.990	0.994	0.997	1.001	1.004	1.008	1.012	1.015	1.019	1.023	1.026	1.030	1.034
26	0.991	0.994	0.998	1.002	1.005	1.009	1.012	1.016	1.020	1.023	1.027	1.031	1.035	1.038
27	0.995	0.999	1.002	1.006	1.010	1.013	1.017	1.021	1.024	1.028	1.032	1.036	1.039	1.043
28	1.000	1.003	1.007	1.010	1.014	1.018	1.022	1.025	1.029	1.033	1.036	1.040	1.044	1.048
29	1.004	1.008	1.011	1.015	1.019	1.022	1.026	1.030	1.034	1.038	1.041	1.045	1.049	1.053
30	1.008	1.012	1.016	1.020	1.023	1.027	1.031	1.035	1.038	1.042	1.046	1.050	1.054	1.058
31	1.013	1.017	1.020	1.024	1.028	1.032	1.036	1.039	1.043	1.047	1.051	1.055	1.059	1.063
32	1.017	1.021	1.025	1.029	1.033	1.036	1.040	1.044	1.048	1.052	1.056	1.060	1.064	1.068
33	1.022	1.026	1.030	1.033	1.037	1.041	1.045	1.049	1.053	1.057	1.061	1.065	1.069	1.073
34	1.027	1.031	1.034	1.038	1.042	1.046	1.050	1.054	1.058	1.062	1.066	1.070	1.074	1.078
35	1.031	1.035	1.039	1.043	1.047	1.051	1.055	1.059	1.063	1.067	1.071	1.075	1.079	1.083

表 A.8（续）

温度 ℃	回潮率 %													
	5.4	5.5	5.6	5.7	5.8	5.9	6.0	6.1	6.2	6.3	6.4	6.5	6.6	6.7
5	0.950	0.954	0.957	0.960	0.963	0.966	0.970	0.973	0.976	0.979	0.983	0.986	0.989	0.993
6	0.954	0.958	0.961	0.964	0.967	0.971	0.974	0.977	0.980	0.984	0.987	0.990	0.994	0.997
7	0.959	0.962	0.965	0.968	0.971	0.975	0.978	0.981	0.985	0.988	0.991	0.995	0.998	1.001
8	0.963	0.966	0.969	0.972	0.976	0.979	0.982	0.986	0.989	0.992	0.996	0.999	1.002	1.006
9	0.967	0.970	0.973	0.977	0.980	0.983	0.986	0.990	0.993	0.997	1.000	1.003	1.007	1.010
10	0.971	0.974	0.977	0.981	0.984	0.987	0.991	0.994	0.998	1.001	1.004	1.008	1.011	1.015
11	0.975	0.978	0.982	0.985	0.988	0.992	0.995	0.999	1.002	1.005	1.009	1.012	1.016	1.019
12	0.979	0.983	0.986	0.989	0.993	0.996	1.000	1.003	1.006	1.010	1.013	1.017	1.020	1.024
13	0.983	0.987	0.990	0.994	0.997	1.001	1.004	1.007	1.011	1.014	1.018	1.021	1.025	1.029
14	0.988	0.991	0.995	0.998	1.001	1.005	1.008	1.012	1.015	1.019	1.023	1.026	1.030	1.033
15	0.992	0.995	0.999	1.002	1.006	1.009	1.013	1.016	1.020	1.024	1.027	1.031	1.034	1.038
16	0.996	1.000	1.003	1.007	1.010	1.014	1.017	1.021	1.025	1.028	1.032	1.035	1.039	1.043
17	1.001	1.004	1.008	1.011	1.015	1.018	1.022	1.026	1.029	1.033	1.037	1.040	1.044	1.048
18	1.005	1.009	1.012	1.016	1.019	1.023	1.027	1.030	1.034	1.038	1.041	1.045	1.049	1.052
19	1.010	1.013	1.017	1.020	1.024	1.028	1.031	1.035	1.039	1.042	1.046	1.050	1.054	1.057
20	1.014	1.018	1.021	1.025	1.029	1.032	1.036	1.040	1.043	1.047	1.051	1.055	1.059	1.062
21	1.019	1.022	1.026	1.030	1.033	1.037	1.041	1.045	1.048	1.052	1.056	1.060	1.063	1.067
22	1.023	1.027	1.031	1.034	1.038	1.042	1.046	1.049	1.053	1.057	1.061	1.065	1.068	1.072
23	1.028	1.032	1.035	1.039	1.043	1.047	1.050	1.054	1.058	1.062	1.066	1.070	1.074	1.077
24	1.033	1.036	1.040	1.044	1.048	1.052	1.055	1.059	1.063	1.067	1.071	1.075	1.079	1.083
25	1.037	1.041	1.045	1.049	1.053	1.056	1.060	1.064	1.068	1.072	1.076	1.080	1.084	1.088
26	1.042	1.046	1.050	1.054	1.058	1.061	1.065	1.069	1.073	1.077	1.081	1.085	1.089	1.093
27	1.047	1.051	1.055	1.059	1.062	1.066	1.070	1.074	1.078	1.082	1.086	1.090	1.094	1.098
28	1.052	1.056	1.060	1.064	1.067	1.071	1.075	1.079	1.083	1.087	1.091	1.095	1.100	1.104
29	1.057	1.061	1.065	1.069	1.073	1.077	1.081	1.085	1.089	1.093	1.097	1.101	1.105	1.109
30	1.062	1.066	1.070	1.074	1.078	1.082	1.086	1.090	1.094	1.098	1.102	1.106	1.110	1.115
31	1.067	1.071	1.075	1.079	1.083	1.087	1.091	1.095	1.099	1.103	1.107	1.112	1.116	1.120
32	1.072	1.076	1.080	1.084	1.088	1.092	1.096	1.100	1.104	1.109	1.113	1.117	1.121	1.126
33	1.077	1.081	1.085	1.089	1.093	1.097	1.102	1.106	1.110	1.114	1.118	1.123	1.127	1.131
34	1.082	1.086	1.090	1.094	1.099	1.103	1.107	1.111	1.115	1.120	1.124	1.128	1.133	1.137
35	1.087	1.091	1.095	1.100	1.104	1.108	1.112	1.117	1.121	1.125	1.129	1.134	1.138	1.143

表 A.8（续）

温度 ℃	回潮率 %													
	6.8	6.9	7.0	7.1	7.2	7.3	7.4	7.5	7.6	7.7	7.8	7.9	8.0	8.1
5	0.996	0.999	1.003	1.006	1.009	1.013	1.016	1.020	1.023	1.026	1.030	1.033	1.037	1.040
6	1.000	1.004	1.007	1.010	1.014	1.017	1.021	1.024	1.028	1.031	1.035	1.038	1.042	1.045
7	1.005	1.008	1.012	1.015	1.018	1.022	1.025	1.029	1.032	1.036	1.039	1.043	1.046	1.050
8	1.009	1.013	1.016	1.020	1.023	1.026	1.030	1.034	1.037	1.041	1.044	1.048	1.051	1.055
9	1.014	1.017	1.021	1.024	1.028	1.031	1.035	1.038	1.042	1.045	1.049	1.053	1.056	1.060
10	1.018	1.022	1.025	1.029	1.032	1.036	1.039	1.043	1.047	1.050	1.054	1.057	1.061	1.065
11	1.023	1.026	1.030	1.033	1.037	1.041	1.044	1.048	1.051	1.055	1.059	1.062	1.066	1.070
12	1.027	1.031	1.035	1.038	1.042	1.045	1.049	1.053	1.056	1.060	1.064	1.067	1.071	1.075
13	1.032	1.036	1.039	1.043	1.047	1.050	1.054	1.058	1.061	1.065	1.069	1.072	1.076	1.080
14	1.037	1.040	1.044	1.048	1.051	1.055	1.059	1.063	1.066	1.070	1.074	1.078	1.081	1.085
15	1.042	1.045	1.049	1.053	1.056	1.060	1.064	1.068	1.071	1.075	1.079	1.083	1.087	1.090
16	1.046	1.050	1.054	1.058	1.061	1.065	1.069	1.073	1.076	1.080	1.084	1.088	1.092	1.096
17	1.051	1.055	1.059	1.063	1.066	1.070	1.074	1.078	1.082	1.085	1.089	1.093	1.097	1.101
18	1.056	1.060	1.064	1.068	1.071	1.075	1.079	1.083	1.087	1.091	1.095	1.098	1.102	1.106
19	1.061	1.065	1.069	1.073	1.076	1.080	1.084	1.088	1.092	1.096	1.100	1.104	1.108	1.112
20	1.066	1.070	1.074	1.078	1.082	1.085	1.089	1.093	1.097	1.101	1.105	1.109	1.113	1.117
21	1.071	1.075	1.079	1.083	1.087	1.091	1.095	1.099	1.103	1.107	1.111	1.115	1.119	1.123
22	1.076	1.080	1.084	1.088	1.092	1.096	1.100	1.104	1.108	1.112	1.116	1.120	1.124	1.128
23	1.081	1.085	1.089	1.093	1.097	1.101	1.105	1.109	1.113	1.118	1.122	1.126	1.130	1.134
24	1.087	1.091	1.095	1.099	1.103	1.107	1.111	1.115	1.119	1.123	1.127	1.131	1.136	1.140
25	1.092	1.096	1.100	1.104	1.108	1.112	1.116	1.120	1.124	1.129	1.133	1.137	1.141	1.146
26	1.097	1.101	1.105	1.109	1.113	1.118	1.122	1.126	1.130	1.134	1.139	1.143	1.147	1.151
27	1.102	1.107	1.111	1.115	1.119	1.123	1.127	1.131	1.136	1.140	1.144	1.149	1.153	1.157
28	1.108	1.112	1.116	1.120	1.124	1.129	1.133	1.137	1.141	1.146	1.150	1.154	1.159	1.163
29	1.113	1.117	1.122	1.126	1.130	1.134	1.139	1.143	1.147	1.152	1.156	1.160	1.165	1.169
30	1.119	1.123	1.127	1.131	1.136	1.140	1.144	1.149	1.153	1.157	1.162	1.166	1.171	1.175
31	1.124	1.129	1.133	1.137	1.141	1.146	1.150	1.155	1.159	1.163	1.168	1.172	1.177	1.181
32	1.130	1.134	1.139	1.143	1.147	1.152	1.156	1.160	1.165	1.169	1.174	1.178	1.183	1.187
33	1.136	1.140	1.144	1.149	1.153	1.157	1.162	1.166	1.171	1.175	1.180	1.185	1.189	1.194
34	1.141	1.146	1.150	1.154	1.159	1.163	1.168	1.172	1.177	1.182	1.186	1.191	1.195	1.200
35	1.147	1.151	1.156	1.160	1.165	1.169	1.174	1.179	1.183	1.188	1.192	1.197	1.202	1.206

表 A.8（续）

温度 ℃	回潮率 %													
	8.2	8.3	8.4	8.5	8.6	8.7	8.8	8.9	9.0	9.1	9.2	9.3	9.4	9.5
5	1.044	1.047	1.051	1.055	1.058	1.062	1.065	1.069	1.073	1.076	1.080	1.084	1.087	1.091
6	1.049	1.052	1.056	1.059	1.063	1.067	1.070	1.074	1.078	1.081	1.085	1.089	1.092	1.096
7	1.054	1.057	1.061	1.064	1.068	1.072	1.075	1.079	1.083	1.087	1.090	1.094	1.098	1.102
8	1.059	1.062	1.066	1.069	1.073	1.077	1.081	1.084	1.088	1.092	1.096	1.099	1.103	1.107
9	1.063	1.067	1.071	1.075	1.078	1.082	1.086	1.089	1.093	1.097	1.101	1.105	1.108	1.112
10	1.069	1.072	1.076	1.080	1.083	1.087	1.091	1.095	1.099	1.102	1.106	1.110	1.114	1.118
11	1.074	1.077	1.081	1.085	1.089	1.092	1.096	1.100	1.104	1.108	1.112	1.116	1.119	1.123
12	1.079	1.082	1.086	1.090	1.094	1.098	1.102	1.105	1.109	1.113	1.117	1.121	1.125	1.129
13	1.084	1.088	1.091	1.095	1.099	1.103	1.107	1.111	1.115	1.119	1.123	1.127	1.131	1.135
14	1.089	1.093	1.097	1.101	1.105	1.108	1.112	1.116	1.120	1.124	1.128	1.132	1.136	1.140
15	1.094	1.098	1.102	1.106	1.110	1.114	1.118	1.122	1.126	1.130	1.134	1.138	1.142	1.146
16	1.100	1.104	1.107	1.111	1.115	1.119	1.123	1.127	1.131	1.135	1.140	1.144	1.148	1.152
17	1.105	1.109	1.113	1.117	1.121	1.125	1.129	1.133	1.137	1.141	1.145	1.149	1.154	1.158
18	1.110	1.114	1.118	1.122	1.126	1.131	1.135	1.139	1.143	1.147	1.151	1.155	1.159	1.164
19	1.116	1.120	1.124	1.128	1.132	1.136	1.140	1.144	1.149	1.153	1.157	1.161	1.165	1.170
20	1.121	1.125	1.130	1.134	1.138	1.142	1.146	1.150	1.154	1.159	1.163	1.167	1.171	1.176
21	1.127	1.131	1.135	1.139	1.143	1.148	1.152	1.156	1.160	1.165	1.169	1.173	1.178	1.182
22	1.133	1.137	1.141	1.145	1.149	1.154	1.158	1.162	1.166	1.171	1.175	1.179	1.184	1.188
23	1.138	1.142	1.147	1.151	1.155	1.159	1.164	1.168	1.172	1.177	1.181	1.185	1.190	1.194
24	1.144	1.148	1.152	1.157	1.161	1.165	1.170	1.174	1.178	1.183	1.187	1.192	1.196	1.201
25	1.150	1.154	1.158	1.163	1.167	1.171	1.176	1.180	1.185	1.189	1.194	1.198	1.203	1.207
26	1.156	1.160	1.164	1.169	1.173	1.177	1.182	1.186	1.191	1.195	1.200	1.204	1.209	1.214
27	1.162	1.166	1.170	1.175	1.179	1.184	1.188	1.193	1.197	1.202	1.206	1.211	1.215	1.220
28	1.168	1.172	1.176	1.181	1.185	1.190	1.194	1.199	1.203	1.208	1.213	1.217	1.222	1.227
29	1.174	1.178	1.183	1.187	1.192	1.196	1.201	1.205	1.210	1.215	1.219	1.224	1.229	1.233
30	1.180	1.184	1.189	1.193	1.198	1.202	1.207	1.212	1.216	1.221	1.226	1.231	1.235	1.240
31	1.186	1.190	1.195	1.200	1.204	1.209	1.214	1.218	1.223	1.228	1.232	1.237	1.242	1.247
32	1.192	1.197	1.201	1.206	1.211	1.215	1.220	1.225	1.230	1.234	1.239	1.244	1.249	1.254
33	1.198	1.203	1.208	1.212	1.217	1.222	1.227	1.231	1.236	1.241	1.246	1.251	1.256	1.261
34	1.205	1.209	1.214	1.219	1.224	1.229	1.233	1.238	1.243	1.248	1.253	1.258	1.263	1.268
35	1.211	1.216	1.221	1.226	1.230	1.235	1.240	1.245	1.250	1.255	1.260	1.265	1.270	1.275

表 A.9 涤粘(65/35)中长本色布断裂强力的温度和回潮率修正系数

温度 ℃	回潮率 %													
	3.1	3.2	3.3	3.4	3.5	3.6	3.7	3.8	3.9	4.0	4.1	4.2	4.3	4.4
5	0.929	0.930	0.931	0.932	0.933	0.934	0.935	0.936	0.936	0.937	0.938	0.939	0.939	0.940
6	0.933	0.934	0.935	0.936	0.936	0.937	0.938	0.939	0.940	0.941	0.941	0.942	0.943	0.943
7	0.936	0.937	0.938	0.939	0.940	0.941	0.942	0.942	0.943	0.944	0.945	0.945	0.946	0.947
8	0.939	0.940	0.941	0.942	0.943	0.944	0.945	0.946	0.947	0.948	0.948	0.949	0.950	0.950
9	0.943	0.944	0.945	0.946	0.947	0.948	0.949	0.949	0.950	0.951	0.952	0.952	0.953	0.954
10	0.946	0.947	0.948	0.949	0.950	0.951	0.952	0.953	0.954	0.955	0.955	0.956	0.957	0.958
11	0.950	0.951	0.952	0.953	0.954	0.955	0.956	0.956	0.957	0.958	0.959	0.960	0.960	0.961
12	0.953	0.954	0.955	0.956	0.957	0.958	0.959	0.960	0.961	0.962	0.962	0.963	0.964	0.965
13	0.957	0.958	0.959	0.960	0.961	0.962	0.963	0.964	0.965	0.965	0.966	0.967	0.968	0.968
14	0.961	0.962	0.963	0.964	0.965	0.966	0.966	0.967	0.968	0.969	0.970	0.971	0.971	0.972
15	0.964	0.965	0.966	0.967	0.968	0.969	0.970	0.971	0.972	0.973	0.973	0.974	0.975	0.976
16	0.968	0.969	0.970	0.971	0.972	0.973	0.974	0.974	0.975	0.976	0.977	0.978	0.979	0.979
17	0.971	0.973	0.974	0.975	0.976	0.977	0.977	0.978	0.979	0.980	0.981	0.982	0.982	0.983
18	0.975	0.976	0.977	0.978	0.979	0.980	0.981	0.982	0.983	0.984	0.985	0.985	0.986	0.987
19	0.979	0.980	0.981	0.982	0.983	0.984	0.985	0.986	0.987	0.988	0.988	0.989	0.990	0.991
20	0.983	0.984	0.985	0.986	0.987	0.988	0.989	0.990	0.991	0.992	0.992	0.993	0.994	0.995
21	0.986	0.987	0.988	0.990	0.991	0.992	0.993	0.993	0.994	0.995	0.996	0.997	0.998	0.998
22	0.990	0.991	0.992	0.993	0.994	0.995	0.996	0.997	0.998	0.999	1.000	1.001	1.002	1.002
23	0.994	0.995	0.996	0.997	0.998	0.999	1.000	1.001	1.002	1.003	1.004	1.005	1.005	1.006
24	0.998	0.999	1.000	1.001	1.002	1.003	1.004	1.005	1.006	1.007	1.008	1.009	1.009	1.010
25	1.002	1.003	1.004	1.005	1.006	1.007	1.008	1.009	1.010	1.011	1.012	1.013	1.013	1.014
26	1.006	1.007	1.008	1.009	1.010	1.011	1.012	1.013	1.014	1.015	1.016	1.016	1.017	1.018
27	1.010	1.011	1.012	1.013	1.014	1.015	1.016	1.017	1.018	1.019	1.020	1.021	1.021	1.022
28	1.014	1.015	1.016	1.017	1.018	1.019	1.020	1.021	1.022	1.023	1.024	1.025	1.026	1.026
29	1.018	1.019	1.020	1.021	1.022	1.023	1.024	1.025	1.026	1.027	1.028	1.029	1.030	1.030
30	1.022	1.023	1.024	1.025	1.026	1.027	1.028	1.029	1.030	1.031	1.032	1.033	1.034	1.035
31	1.026	1.027	1.028	1.029	1.030	1.031	1.032	1.033	1.034	1.035	1.036	1.037	1.038	1.039
32	1.030	1.031	1.032	1.033	1.034	1.035	1.037	1.038	1.039	1.040	1.040	1.041	1.042	1.043
33	1.034	1.035	1.036	1.038	1.039	1.040	1.041	1.042	1.043	1.044	1.045	1.045	1.046	1.047
34	1.038	1.039	1.041	1.042	1.043	1.044	1.045	1.046	1.047	1.048	1.049	1.050	1.051	1.052
35	1.042	1.044	1.045	1.046	1.047	1.048	1.049	1.050	1.051	1.052	1.053	1.054	1.055	1.056

表 A.9（续）

温度 ℃	回潮率 %													
	4.5	4.6	4.7	4.8	4.9	5.0	5.1	5.2	5.3	5.4	5.5	5.6	5.7	5.8
5	0.941	0.941	0.942	0.942	0.943	0.943	0.944	0.944	0.945	0.945	0.946	0.946	0.946	0.947
6	0.944	0.945	0.945	0.946	0.946	0.947	0.947	0.948	0.948	0.949	0.949	0.949	0.950	0.950
7	0.948	0.948	0.949	0.949	0.950	0.950	0.951	0.952	0.952	0.952	0.953	0.953	0.953	0.954
8	0.951	0.952	0.952	0.953	0.953	0.954	0.954	0.955	0.955	0.956	0.956	0.957	0.957	0.957
9	0.955	0.955	0.956	0.956	0.957	0.958	0.958	0.958	0.959	0.959	0.960	0.960	0.960	0.961
10	0.958	0.959	0.959	0.960	0.961	0.961	0.962	0.962	0.963	0.963	0.963	0.964	0.964	0.964
11	0.962	0.962	0.963	0.964	0.964	0.965	0.965	0.966	0.966	0.967	0.967	0.967	0.968	0.968
12	0.965	0.966	0.967	0.967	0.968	0.968	0.969	0.969	0.970	0.970	0.971	0.971	0.971	0.972
13	0.969	0.970	0.970	0.971	0.971	0.972	0.973	0.973	0.973	0.974	0.974	0.975	0.975	0.975
14	0.973	0.973	0.974	0.975	0.975	0.976	0.976	0.977	0.977	0.978	0.978	0.978	0.979	0.979
15	0.976	0.977	0.978	0.978	0.979	0.979	0.980	0.980	0.981	0.981	0.982	0.982	0.982	0.983
16	0.980	0.981	0.981	0.982	0.983	0.983	0.984	0.984	0.985	0.985	0.986	0.986	0.986	0.987
17	0.984	0.985	0.985	0.986	0.986	0.987	0.987	0.988	0.988	0.989	0.989	0.990	0.990	0.990
18	0.988	0.988	0.989	0.990	0.990	0.991	0.991	0.992	0.992	0.993	0.993	0.994	0.994	0.994
19	0.991	0.992	0.993	0.993	0.994	0.995	0.995	0.996	0.996	0.997	0.997	0.997	0.998	0.998
20	0.995	0.996	0.997	0.997	0.998	0.998	0.999	1.000	1.000	1.000	1.001	1.001	1.002	1.002
21	0.999	1.000	1.001	1.001	1.002	1.002	1.003	1.003	1.004	1.004	1.005	1.005	1.006	1.006
22	1.003	1.004	1.004	1.005	1.006	1.006	1.007	1.007	1.008	1.008	1.009	1.009	1.010	1.010
23	1.007	1.008	1.008	1.009	1.010	1.010	1.011	1.011	1.012	1.012	1.013	1.013	1.013	1.014
24	1.011	1.012	1.012	1.013	1.014	1.014	1.015	1.015	1.016	1.016	1.017	1.017	1.018	1.018
25	1.015	1.016	1.016	1.017	1.018	1.018	1.019	1.019	1.020	1.020	1.021	1.021	1.022	1.022
26	1.019	1.020	1.020	1.021	1.022	1.022	1.023	1.023	1.024	1.024	1.025	1.025	1.026	1.026
27	1.023	1.024	1.024	1.025	1.026	1.026	1.027	1.027	1.028	1.028	1.029	1.029	1.030	1.030
28	1.027	1.028	1.029	1.029	1.030	1.030	1.031	1.032	1.032	1.033	1.033	1.033	1.034	1.034
29	1.031	1.032	1.033	1.033	1.034	1.035	1.035	1.036	1.036	1.037	1.037	1.038	1.038	1.038
30	1.035	1.036	1.037	1.038	1.038	1.039	1.039	1.040	1.040	1.041	1.041	1.042	1.042	1.043
31	1.040	1.040	1.041	1.042	1.042	1.043	1.044	1.044	1.045	1.045	1.046	1.046	1.047	1.047
32	1.044	1.045	1.045	1.046	1.047	1.047	1.048	1.048	1.049	1.049	1.050	1.050	1.051	1.051
33	1.048	1.049	1.050	1.050	1.051	1.052	1.052	1.053	1.053	1.054	1.054	1.055	1.055	1.055
34	1.052	1.053	1.054	1.055	1.055	1.056	1.057	1.057	1.058	1.058	1.059	1.059	1.059	1.060
35	1.057	1.057	1.058	1.059	1.060	1.060	1.061	1.061	1.062	1.062	1.063	1.063	1.064	1.064

表 A.9（续）

温度 ℃	回潮率 %											
	5.9	6.0	6.1	6.2	6.3	6.4	6.5	6.6	6.7	6.8	6.9	7.0
5	0.947	0.947	0.947	0.948	0.948	0.948	0.948	0.948	0.948	0.948	0.948	0.948
6	0.950	0.951	0.951	0.951	0.951	0.951	0.951	0.952	0.952	0.952	0.952	0.952
7	0.954	0.954	0.954	0.955	0.955	0.955	0.955	0.955	0.955	0.955	0.955	0.955
8	0.957	0.958	0.958	0.958	0.958	0.958	0.959	0.959	0.959	0.959	0.959	0.959
9	0.961	0.961	0.961	0.962	0.962	0.962	0.962	0.962	0.962	0.962	0.962	0.962
10	0.965	0.965	0.965	0.965	0.966	0.966	0.966	0.966	0.966	0.966	0.966	0.966
11	0.968	0.969	0.969	0.969	0.969	0.969	0.969	0.969	0.970	0.970	0.970	0.970
12	0.972	0.972	0.972	0.973	0.973	0.973	0.973	0.973	0.973	0.973	0.973	0.973
13	0.976	0.976	0.976	0.976	0.977	0.977	0.977	0.977	0.977	0.977	0.977	0.977
14	0.979	0.980	0.980	0.980	0.980	0.980	0.980	0.981	0.981	0.981	0.981	0.981
15	0.983	0.983	0.984	0.984	0.984	0.984	0.984	0.984	0.984	0.984	0.984	0.984
16	0.987	0.987	0.987	0.987	0.988	0.988	0.988	0.988	0.988	0.988	0.988	0.988
17	0.991	0.991	0.991	0.991	0.992	0.992	0.992	0.992	0.992	0.992	0.992	0.992
18	0.995	0.995	0.995	0.995	0.995	0.996	0.996	0.996	0.996	0.996	0.996	0.996
19	0.998	0.999	0.999	0.999	0.999	0.999	1.000	1.000	1.000	1.000	1.000	1.000
20	1.002	1.003	1.003	1.003	1.003	1.003	1.003	1.004	1.004	1.004	1.004	1.004
21	1.006	1.006	1.007	1.007	1.007	1.007	1.007	1.007	1.008	1.008	1.008	1.008
22	1.010	1.010	1.011	1.011	1.011	1.011	1.011	1.011	1.012	1.012	1.012	1.012
23	1.014	1.014	1.015	1.015	1.015	1.015	1.015	1.015	1.016	1.016	1.016	1.016
24	1.018	1.018	1.019	1.019	1.019	1.019	1.019	1.019	1.020	1.020	1.020	1.020
25	1.022	1.022	1.023	1.023	1.023	1.023	1.023	1.024	1.024	1.024	1.024	1.024
26	1.026	1.027	1.027	1.027	1.027	1.027	1.028	1.028	1.028	1.028	1.028	1.028
27	1.030	1.031	1.031	1.031	1.031	1.032	1.032	1.032	1.032	1.032	1.032	1.032
28	1.035	1.035	1.035	1.035	1.036	1.036	1.036	1.036	1.036	1.036	1.036	1.036
29	1.039	1.039	1.039	1.040	1.040	1.040	1.040	1.040	1.040	1.040	1.040	1.040
30	1.043	1.043	1.044	1.044	1.044	1.044	1.044	1.044	1.044	1.044	1.044	1.044
31	1.047	1.048	1.048	1.048	1.048	1.048	1.048	1.049	1.049	1.049	1.049	1.049
32	1.051	1.052	1.052	1.052	1.053	1.053	1.053	1.053	1.053	1.053	1.053	1.053
33	1.056	1.056	1.056	1.057	1.057	1.057	1.057	1.057	1.057	1.057	1.057	1.057
34	1.060	1.060	1.061	1.061	1.061	1.061	1.061	1.062	1.062	1.062	1.062	1.062
35	1.065	1.065	1.065	1.065	1.066	1.066	1.066	1.066	1.066	1.066	1.066	1.066

ICS 59.080.01
W 10

中华人民共和国纺织行业标准

FZ/T 10014—2011

纺织上浆用聚丙烯酸类浆料试验方法 pH值测定

Testing method for polyacrylic sizes used in textile warp sizing—
Determination of pH value

2011-05-18 发布　　　　2011-08-01 实施

中华人民共和国工业和信息化部　发布

前　言

本标准按照 GB/T 1.1—2009 给出的规则起草。

本标准由中国纺织工业协会提出。

本标准由全国纺织品标准化技术委员会棉纺织印染分技术委员会(SAC/TC 209/SC 2)归口。

本标准起草单位:上海齐力助剂有限公司、中国棉纺织行业协会、上海市纺织工业技术监督所。

本标准主要起草人:邢金国、江生元、唐永波、王玉琦、吴勤霞、张宝庆。

纺织上浆用聚丙烯酸类浆料试验方法 pH值测定

1 范围

本标准规定了纺织上浆用聚丙烯酸类浆料 pH 值测定的试验方法。

本标准适用于纺织上浆用聚丙烯酸类浆料 pH 值的测定。

2 规范性引用文件

下列文件对于本文件的应用是必不可少的。凡是注日期的引用文件，仅注日期的版本适用于本文件。凡是不注日期的引用文件，其最新版本(包括所有的修改单)适用于本文件。

GB/T 8170 数值修约规则与极限数值的表示和判定

FZ/T 10016 纺织上浆用聚丙烯酸类浆料试验方法 不挥发物含量测定

3 原理

利用 pH 计测量试样的 pH 值。

4 设备和用具

4.1 天平：称量范围 100 g 以上，分度值为 0.001 g。

4.2 有塞的三角烧瓶：250 mL。

4.3 磁力恒温搅拌器。

4.4 pH 计：pH0～14，最小显示单位 pH0.01，附有复合电极和温度补偿装置。

5 试样准备

5.1 按 FZ/T 10016 测试试样不挥发物含量，pH 值试验所需试样量计算按式(1)，计算结果按 GB/T 8170 修约至小数点后三位。

$$m_s = \frac{4}{X} \qquad \cdots\cdots(1)$$

式中：

m_s ——pH 值试验所需试样量，单位为克(g)；

4 ——测试试样不挥发物质量，单位为克(g)；

X ——测试试样不挥发物含量，%。

5.2 称取 pH 值试验所需试样量，精确至 0.001 g，放入 250 mL 三角烧瓶中，加蒸馏水，使水的质量与所称样品质量之和为 100 g(质量分数 4%)，加塞在磁力恒温搅拌器上边加热边搅拌至试样全部溶解均匀(55 ℃～60 ℃)。

5.3 取下三角烧瓶冷却至 30 ℃±0.5 ℃，保温待测。

6 操作程序

6.1 检查 pH 计,按照说明书用标准缓冲溶液校正。

6.2 量取 20 mL 待测浆液,放入 25 mL 小烧杯中(保持 30 ℃±0.5 ℃),插入电极,并使液面高度超过电极探头的长度,待显示仪读数稳定后读出显示的 pH 值。

6.3 用蒸馏水清洗插入试样中的电极并用柔软的纸小心擦干。

6.4 重复 6.2～6.3,对同一试样进行平行试验。

6.5 使用完毕,用蒸馏水清洗插入试样中的电极并用柔软的纸小心擦干,将电极插入饱和氯化钾溶液中保管。

7 结果计算

7.1 分析人员迅速分析两次平行测定结果,两次所测结果之相对偏差率计算按式(2),计算结果按 GB/T 8170 修约至小数点后一位。两次所测结果之相对偏差率不大于 5.0%即采用,否则按第 5 章、第 6 章操作程序重新进行试验。

$$d=\frac{|\mathrm{pH}_1-\mathrm{pH}_2|}{(\mathrm{pH}_1+\mathrm{pH}_2)\div 2}\times 100\% \qquad \cdots\cdots(2)$$

式中:

d ——两次平行试验所测结果之相对偏差率,%;

pH_1——平行试验第一次 pH 实测值;

pH_2——平行试验第二次 pH 实测值。

7.2 纺织上浆用聚丙烯酸类浆料 pH 值取最终两次平行测定的算术平均值为试验结果,按 GB/T 8170 修约至一位小数。

8 试验报告

试验报告应包括以下内容:

a) 试验依据的标准编号(FZ/T 10014—2011);

b) 试样的详细描述,如产品代号、批号、生产日期等;

c) 试验 pH 值原始数据,测定结果;

d) 任何偏离本标准的细节及试验中的异常现象;

e) 试验日期与试验者等。

ICS 59.080.01
W 10

中华人民共和国纺织行业标准

FZ/T 10015—2011

纺织上浆用聚丙烯酸类浆料试验方法 玻璃化温度测定 差示扫描量热法(DSC)

Testing method for polyacrylic sizes used in textile warp sizing—Determination of glass transition temperature—Differential scanning calorimetry(DSC)

2011-05-18 发布 2011-08-01 实施

中华人民共和国工业和信息化部 发布

前　言

本标准按照 GB/T 1.1—2009 给出的规则起草。

本标准由中国纺织工业协会提出。

本标准由全国纺织品标准化技术委员会棉纺织印染分技术委员会(SAC/TC 209/SC 2)归口。

本标准起草单位:上海齐力助剂有限公司、中国棉纺织行业协会、上海市纺织工业技术监督所。

本标准主要起草人:邢金国、路彦景、江生元、郑顺涛、王玉琦、张宝庆。

纺织上浆用聚丙烯酸类浆料试验方法 玻璃化温度测定 差示扫描量热法(DSC)

1 范围

本标准规定了纺织上浆用聚丙烯酸类浆料玻璃化温度测定的试验方法。

本标准适用于纺织上浆用聚丙烯酸类浆料玻璃化温度的测定。

2 规范性引用文件

下列文件对于本文件的应用是必不可少的。凡是注日期的引用文件,仅注日期的版本适用于本文件。凡是不注日期的引用文件,其最新版本(包括所有的修改单)适用于本文件。

GB/T 19466.2—2004 塑料 差示扫描量热法(DSC) 第2部分:玻璃化转变温度的测定

3 原理

采用差示扫描量热法(DSC)测定试样,并由所得的曲线确定玻璃化转变温度,以摄氏温度(℃)表示。

4 设备和用具

4.1 电热恒温烘箱:试验温度为105 ℃±2 ℃。

4.2 天平:分度值为0.000 1 g。

4.3 玻璃干燥器:用变色硅胶作干燥剂。

4.4 DSC差示扫描量热仪。

5 试样准备

5.1 固体制样:设定电热恒温烘箱温度为105 ℃,接通电源。取1 g~2 g试样,放入电热恒温烘箱中烘干(两次干燥后的称量偏差在±0.000 3 g范围内),取出放入玻璃干燥器中冷却后待测。

5.2 液体制样:取4 g~8 g试样,铺在洁净聚四氟乙烯薄膜上自然晾干制成薄膜。设定电热恒温烘箱温度为105 ℃,接通电源,将薄膜剥离后放入电热恒温烘箱中烘干(两次干燥后的称量偏差在±0.000 3 g范围内),取出放入玻璃干燥器中冷却后待测。

6 操作程序

打开DSC差示扫描量热仪,按GB/T 19466.2—2004第9章操作。

7 结果计算

按GB/T 19466.2—2004第10章确定玻璃化转变温度。

8 试验报告

试验报告应包括以下内容：

a） 试验依据的标准编号(FZ/T 10015—2011)；

b） 试样的详细描述，如产品代号、批号、生产日期等；

c） 试验测定结果；

d） 任何偏离本标准的细节及试验中的异常现象；

e） 试验日期与试验者等。

ICS 59.080.01
W 10

中华人民共和国纺织行业标准

FZ/T 10016—2011

纺织上浆用聚丙烯酸类浆料试验方法 不挥发物含量测定

Testing method for polyacrylic sizes used in textile warp sizing—Determination of involatile substance content

2011-05-18 发布 2011-08-01 实施

中华人民共和国工业和信息化部 发布

前　言

本标准按照 GB/T 1.1—2009 给出的规则起草。

本标准由中国纺织工业协会提出。

本标准由全国纺织品标准化技术委员会棉纺织印染分技术委员会(SAC/TC 209/SC 2)归口。

本标准起草单位:上海齐力助剂有限公司、中国棉纺织行业协会、上海市纺织工业技术监督所。

本标准主要起草人:邢金国、甑广瑞、万国江、王玉琦、叶燎原、张宝庆。

纺织上浆用聚丙烯酸类浆料试验方法 不挥发物含量测定

1 范围

本标准规定了纺织上浆用聚丙烯酸类浆料不挥发物含量测定的试验方法。

本标准适用于纺织上浆用聚丙烯酸类浆料不挥发物含量的测定。

2 规范性引用文件

下列文件对于本文件的应用是必不可少的。凡是注日期的引用文件，仅注日期的版本适用于本文件。凡是不注日期的引用文件，其最新版本(包括所有的修改单)适用于本文件。

GB/T 8170 数值修约规则与极限数值的表示和判定

3 原理

纺织上浆用聚丙烯酸类浆料试样，在规定的温度下加热除去挥发物至烘干，用干燥后质量对干燥前质量分数来表示不挥发物含量。

4 设备和用具

4.1 天平：称量范围 100 g 以上，分度值为 0.000 1 g。

4.2 电热恒温烘箱：试验温度为 105 ℃±2 ℃。

4.3 玻璃干燥器：用变色硅胶作干燥剂。

4.4 称量瓶：直径为 50 mm 的扁平有盖称量瓶。

5 操作程序

5.1 设定电热恒温烘箱温度为 105 ℃，接通电源，使其温度均匀升到设定温度(105 ℃±2 ℃)。

5.2 将洗净晾干的称量瓶置于电热恒温烘箱内烘干(两次干燥后的称量偏差在±0.000 3 g 范围内)后，取出放入干燥器内冷却至室温。

5.3 称取称量瓶(带盖子)的质量，精确至 0.000 1 g。

5.4 迅速称取 3 g 试样，准确至 0.000 1 g，将试样倒入称量瓶，使样品均匀铺在称量瓶底部。

5.5 将称量瓶置于恒温 105 ℃±2 ℃的电热恒温烘箱中部，打开盖子并将盖子靠在称量瓶旁，在 105 ℃±2 ℃条件下烘干(两次干燥后的称量偏差在±0.000 3 g 范围内)。

5.6 取出称量瓶，快速放入干燥器内冷却至室温后迅速称量(精确至 0.000 1 g)。

5.7 重复 5.4～5.6，对同一试样进行平行试验。

6 结果计算

6.1 纺织上浆用聚丙烯酸类浆料不挥发物含量计算按式(1)，计算结果按 GB/T 8170 修约至一位小数。

$$X=\frac{m_2-m_0}{m_1-m_0}\times 100\% \quad \cdots\cdots\cdots\cdots(1)$$

式中：

X ——试样的不挥发物含量，%；

m_2——干燥后试样和带盖称量瓶的质量，单位为克(g)；

m_0——干燥后带盖称量瓶的质量，单位为克(g)；

m_1——干燥前试样和带盖称量瓶的质量，单位为克(g)。

6.2 分析人员迅速分析两次平行测定结果，两次所测结果之相对偏差率计算按式(2)，计算结果按GB/T 8170修约至小数点后一位。两次所测结果之相对偏差率不大于3.0%即采用，否则按5.1～5.7操作程序重新进行试验。

$$d=\frac{|X_1-X_2|}{(X_1+X_2)\div 2}\times 100\% \quad \cdots\cdots\cdots\cdots(2)$$

式中：

d ——两次平行试验所测结果之相对偏差率，%；

X_1——平行试验第一次不挥发物含量的实测值，%；

X_2——平行试验第二次不挥发物含量的实测值，%。

6.3 纺织上浆用聚丙烯酸类浆料不挥发物含量取最终两次平行测定的算术平均值为试验结果，按GB/T 8170修约至一位小数。

7 试验报告

试验报告应包括以下内容：

a) 试验依据的标准编号(FZ/T 10016—2011)；

b) 试样的详细描述，如产品代号、批号、生产日期等；

c) 试验不挥发物含量原始数据，测定结果；

d) 任何偏离本标准的细节及试验中的异常现象；

e) 试验日期与试验者等。

ICS 59.080.01
W 10

中华人民共和国纺织行业标准

FZ/T 10017—2011

纺织上浆用聚丙烯酸类浆料试验方法 残留单体含量测定

Testing method for polyacrylic sizes used in textile warp sizing—Determination of residual monomer content

2011-05-18 发布 2011-08-01 实施

中华人民共和国工业和信息化部 发布

前言

本标准按照GB/T 1.1—2009给出的规则起草。

本标准由中国纺织工业协会提出。

本标准由全国纺织品标准化技术委员会棉纺织印染分技术委员会(SAC/TC 209/SC 2)归口。

本标准起草单位:上海齐力助剂有限公司、中国棉纺织行业协会、上海市纺织工业技术监督所。

本标准主要起草人:邢金国、唐永波、万国江、王玉琦、罗晓静、张宝庆。

纺织上浆用聚丙烯酸类浆料试验方法 残留单体含量测定

1 范围

本标准规定了纺织上浆用聚丙烯酸类浆料残留单体含量测定的试验方法。

本标准适用于纺织上浆用聚丙烯酸类浆料残留单体含量的测定。

2 规范性引用文件

下列文件对于本文件的应用是必不可少的。凡是注日期的引用文件，仅注日期的版本适用于本文件。凡是不注日期的引用文件，其最新版本(包括所有的修改单)适用于本文件。

GB/T 601 化学试剂 标准滴定溶液的制备

GB/T 8170 数值修约规则与极限数值的表示和判定

3 原理

本标准所用的方法是以溴化钾-溴酸钾测定残留单体中双键为基础。溴酸钾和溴化钾反应生成的溴能够迅速与残留单体分子中的双键发生加成反应，过量的溴再与碘化钾作用，最后再以标准硫代硫酸钠溶液滴定析出的碘，计算溴值，残留单体的含量用溴值来表示。

4 设备和用具

4.1 天平：称量范围 100 g 以上，分度值为 0.000 1 g。

4.2 碘量瓶：250 mL。

4.3 容量瓶：1 000 mL。

4.4 酸式滴定管：50 mL。

4.5 移液管：25 mL。

5 试剂准备

5.1 硫代硫酸钠(AR 级)。

5.2 溴化钾(AR 级)。

5.3 溴酸钾(AR 级)。

5.4 盐酸(AR 级)。

5.5 碘化钾(AR 级)。

5.6 十二烷基硫酸钠(AR 级)。

5.7 可溶性淀粉(AR 级)。

5.8 一次蒸馏水。

6 操作程序

6.1 配制 0.05 mol/L 的硫代硫酸钠标准溶液：按 GB/T 601 执行并标定。

6.2 配制 0.01 mol/L 的溴标准溶液：用溴化钾和溴酸钾按 GB/T 601 执行并标定。

6.3 配制 1∶1 盐酸溶液：用量筒量取 50 mL 盐酸，加 50 mL 蒸馏水稀释后备用。

6.4 配制 10%碘化钾溶液：称取 10 g 碘化钾，加蒸馏水至总量 100 g，搅拌溶解后备用。

6.5 配制 1%可溶性淀粉指示剂：称取 1.15 g 可溶性淀粉，加蒸馏水至总量 100 g，沸水浴中加热并搅拌至溶解均匀。

6.6 称取 0.4 g～0.6 g 试样(准确至 0.000 1 g)，用 50 mL 蒸馏水溶解后转入 250 mL 碘量瓶中，加入 0.3 g 十二烷基硫酸钠，使其全部溶解，摇匀。

6.7 用移液管移取 25 mL 0.01 mol/L 的溴标准溶液加入已摇匀的溶液中。

6.8 沿瓶壁慢慢加入 10 mL 1∶1 盐酸溶液，将瓶塞塞紧，摇匀，加碘化钾溶液封口，放置暗处静置 30 min。

6.9 加 10%碘化钾溶液 10 mL，立即用 0.05 mol/L 的硫代硫酸钠标准溶液滴定，将近终点时再加入 1%的可溶性淀粉指示剂 2 mL，然后继续滴定至蓝色完全消失，30 s 不变色为终点。

6.10 同时做一空白，就是用等量的蒸馏水代替 6.5 中的试样重复操作程序 6.5～6.8 进行试验。

6.11 重复 6.5～6.8，对同一试样进行平行试验。

7 结果计算

7.1 残留单体的含量用溴值来表示，溴值量计算按式(1)，计算结果按 GB/T 8170 修约至一位小数。

$$X=\frac{(V_0-V)\times c\times 0.079\ 9}{m}\times 100\% \qquad \cdots\cdots(1)$$

式中：

X ——试样残留单体的含量(溴值)，%；

V_0 ——空白试验消耗硫代硫酸钠标准溶液体积，单位为毫升(mL)；

V ——试样消耗硫代硫酸钠标准溶液体积，单位为毫升(mL)；

c ——硫代硫酸钠标准溶液的浓度，单位为摩尔每升(mol/L)；

0.079 9——与 1 mL 1.0 mol/L 硫代硫酸钠标准溶液所相当的溴的克数；

m ——试样质量，单位为克(g)。

7.2 分析人员迅速分析两次平行测定结果，两次所测结果之相对偏差率计算按式(2)，计算结果按 GB/T 8170 修约至小数点后一位。两次平行测定结果之相对偏差率不大于 15.0%即采用，否则按 6.1～6.11 操作程序重新进行试验。

$$d=\frac{|X_1-X_2|}{(X_1+X_2)\div 2}\times 100\% \qquad \cdots\cdots(2)$$

式中：

d ——两次平行试验所测结果之相对偏差率，%；

X_1——平行试验第一次残留单体的含量(溴值)的实测值，%；

X_2——平行试验第二次残留单体的含量(溴值)的实测值，%。

7.3 纺织上浆用聚丙烯酸类浆料残留单体含量取两次平行测定的算术平均值为试验结果，按 GB/T 8170 修约至一位小数。

8 试验报告

试验报告应包括以下内容：

a) 试验依据的标准编号(FZ/T 10017—2011)；

b) 试样的详细描述，如产品代号、批号、生产日期等；

c) 试验残留单体含量原始数据，测定结果；

d) 任何偏离本标准的细节及试验中的异常现象；

e) 试验日期与试验者等。

ICS 59.080.01
W 10

中华人民共和国纺织行业标准

FZ/T 10018—2011

纺织上浆用聚丙烯酸类浆料试验方法 浆膜碱溶性测定

Testing method for polyacrylic sizes used in textile warp sizing—Determination of alkali solubility of sizing film

2011-05-18 发布　　2011-08-01 实施

中华人民共和国工业和信息化部　发布

前　言

本标准按照GB/T 1.1—2009给出的规则起草。

本标准由中国纺织工业协会提出。

本标准由全国纺织品标准化技术委员会棉纺织印染分技术委员会(SAC/TC 209/SC 2)归口。

本标准起草单位：上海齐力助剂有限公司、中国棉纺织行业协会、上海市纺织工业技术监督所。

本标准主要起草人：万国江、郭腊梅、叶辉煌、邢金国、王玉琦、张宝庆。

纺织上浆用聚丙烯酸类浆料试验方法
浆膜碱溶性测定

1 范围

本标准规定了纺织上浆用聚丙烯酸类浆料浆膜碱溶性测定的试验方法。

本标准适用于纺织上浆用聚丙烯酸类浆料浆膜碱溶性的测定。

2 规范性引用文件

下列文件对于本文件的应用是必不可少的。凡是注日期的引用文件，仅注日期的版本适用于本文件。凡是不注日期的引用文件，其最新版本(包括所有的修改单)适用于本文件。

GB/T 8170 数值修约规则与极限数值的表示和判定

FZ/T 10016 纺织上浆用聚丙烯酸类浆料试验方法 不挥发物含量测定

3 原理

干浆膜放入一定浓度和温度的碱液中浸泡搅拌，记录浆膜完全溶解所用的时间，以此表示浆膜的碱溶性能。

4 设备和用具

4.1 天平：称量范围 100 g 以上，分度值为 0.001 g。

4.2 电热恒温烘箱：试验温度为 105 ℃±2 ℃。

4.3 玻璃干燥器：用变色硅胶作干燥剂。

4.4 磁力恒温搅拌器：转速 300 r/min±10 r/min。

4.5 250 mL 烧杯。

4.6 秒表。

5 试样准备

5.1 将面积为 50 cm×30 cm、厚 0.5 cm 的长方形磨光玻璃板搁于专用的三脚架的调节螺丝的尖端上，用少量的水蘸于玻璃板上，然后把 0.3 mm 厚的聚酯薄膜(面积与玻璃板相同)平铺在玻璃板上，用水平仪校正玻璃板水平。

5.2 按 FZ/T 10016 测试试样不挥发物含量，浆膜碱溶性试验所需试样量计算按式(1)，计算结果按 GB/T 8170 修约至小数点后三位。

$$m_s = \frac{6}{X} \qquad \cdots\cdots(1)$$

式中：

m_s ——浆膜碱溶性试验所需试样量，单位为克(g)；

6 ——测试试样不挥发物质量,单位为克(g);

X ——测试试样不挥发物含量,%。

5.3 称取浆膜碱溶性试验所需试样量,精确至0.001 g,加蒸馏水,使水的质量与所称样品质量之和为60 g(质量分数10%),搅拌均匀,慢慢倒在玻璃板上,并用玻璃棒轻轻来回移动,使浆液均匀铺满在玻璃板上,自然晾干成干浆膜。

6 操作程序

6.1 将干浆膜连同基材(聚酯薄膜)一起剪成3 cm×3 cm的试样三块,放入设定温度为105 ℃±2 ℃的电热恒温烘箱中烘干(两次干燥后的称量偏差在±0.002 g范围内)。

6.2 将已烘干的小片干浆膜试样连同基材(聚酯薄膜)放入干燥器中冷却至室温。

6.3 用250 mL烧杯装100 mL浓度为0.1%的氢氧化钠溶液放入恒温磁力搅拌器的水浴中,使氢氧化钠溶液恒温50 ℃±1 ℃。

6.4 将冷却后的一片干浆膜试样连同基材(聚酯薄膜)放入已恒温至50 ℃±1 ℃的氢氧化钠中,放入搅拌珠,开动磁力恒温搅拌器,并按下秒表开始计时。

6.5 待聚酯膜上的浆膜完全消失后,按下秒表,记录溶解时间(min),精确至0.1 min。

注:浆膜放入碱液中,由透明逐渐下降(泛白或泛蓝),搅拌后不透明的浆膜逐渐溶解在碱液中,浆膜溶解完全或脱落的区域只剩下基材聚酯薄膜,所以又变得完全透明。当整块聚酯薄膜都完全透明或者跟开始时透明度一样时可以认为浆膜已完全溶解。

6.6 重复6.3～6.5,再试验两片浆膜试样。

7 结果计算

7.1 分析人员迅速分析三片浆膜试样测定结果,三片浆膜所测溶解时间的相对极差计算按式(2),计算结果按GB/T 8170修约至小数点后一位。三次所测浆膜溶解时间的相对极差不大于25.0%即采用,否则按6.1～6.6操作程序重新试验三片浆膜试样。

$$C_r = \frac{t_{max} - t_{min}}{(t_1 + t_2 + t_3) \div 3} \times 100\% \qquad \cdots\cdots(2)$$

式中:

C_r ——三片浆膜所测溶解时间的相对极差,%;

t_{max}——三片浆膜所测溶解时间的最大值,单位为分(min);

t_{min}——三片浆膜所测溶解时间的最小值,单位为分(min);

t_1 ——平行试验第一次浆膜所测溶解时间的实测值,单位为分(min);

t_2 ——平行试验第二次浆膜所测溶解时间的实测值,单位为分(min);

t_3 ——平行试验第三次浆膜所测溶解时间的实测值,单位为分(min)。

7.2 纺织上浆用聚丙烯酸类浆料浆膜碱溶性(溶解时间)取最终三片浆膜试样测定的算术平均值为试验结果,按GB/T 8170修约至整数。

8 试验报告

试验报告应包括以下内容:

a) 试验依据的标准编号(FZ/T 10018—2011);

b) 试样的详细描述，如产品代号、批号、生产日期等；

c) 试验浆膜碱溶性(溶解时间)原始数据，测定结果；

d) 任何偏离本标准的细节及试验中的异常现象；

e) 试验日期与试验者等。

ICS 59.080.01
W 10

中华人民共和国纺织行业标准

FZ/T 10019—2011

纺织上浆用聚丙烯酸类浆料试验方法 浆膜吸水率测定

Testing method for polyacrylic sizes used in textile warp sizing—Determination of water absorption rate of sizing film

2011-05-18 发布　　2011-08-01 实施

中华人民共和国工业和信息化部　发布

前　言

本标准按照 GB/T 1.1—2009 给出的规则起草。

本标准由中国纺织工业协会提出。

本标准由全国纺织品标准化技术委员会棉纺织印染分技术委员会(SAC/TC 209/SC 2)归口。

本标准起草单位:上海齐力助剂有限公司、中国棉纺织行业协会、上海市纺织工业技术监督所。

本标准主要起草人:万国江、郭腊梅、叶辉煌、邢金国、王玉琦、张宝庆。

纺织上浆用聚丙烯酸类浆料试验方法 浆膜吸水率测定

1 范围

本标准规定了纺织上浆用聚丙烯酸类浆料浆膜吸水率测定的试验方法。

本标准适用于纺织上浆喷水织机用聚丙烯酸类浆料的浆膜吸水率的测定。

2 规范性引用文件

下列文件对于本文件的应用是必不可少的。凡是注日期的引用文件，仅注日期的版本适用于本文件。凡是不注日期的引用文件，其最新版本(包括所有的修改单)适用于本文件。

GB/T 8170 数值修约规则与极限数值的表示和判定

FZ/T 10016 纺织上浆用聚丙烯酸类浆料试验方法 不挥发物含量测定

3 原理

干浆膜放入一定温度的水中浸泡一定时间，计算浆膜浸泡前后质量增加百分率即浆膜吸水率。

4 设备和用具

4.1 天平：称量范围 100 g 以上，分度值为 0.001 g。

4.2 电热恒温烘箱：试验温度为 105 ℃±2 ℃。

4.3 玻璃干燥器：用变色硅胶作干燥剂。

4.4 超级恒温水浴锅：室温至 100 ℃，恒温波动≤0.5 ℃。

4.5 250 mL 烧杯。

5 试样准备

5.1 将面积为 50 cm×30 cm、厚 0.5 cm 的长方形磨光玻璃板搁于专用的三脚架的调节螺丝的尖端上，用少量的水蘸于玻璃板上，然后把 0.3 mm 厚的聚酯薄膜(面积与玻璃板相同)平铺在玻璃板上，用水平仪校正玻璃板水平。

5.2 按 FZ/T 10016 测试试样不挥发物含量，浆膜吸水率试验所需试样量计算按式(1)，计算结果按 GB/T 8170 修约至小数点后三位。

$$m_s = \frac{6}{X} \qquad \cdots\cdots(1)$$

式中：

m_s ——浆膜吸水率试验所需试样量，单位为克(g)；

6 ——测试试样不挥发物质量，单位为克(g)；

X ——测试试样不挥发物含量，%。

ICS 59.080.01
W 10

中华人民共和国纺织行业标准

FZ/T 10020—2011

纺织上浆用聚丙烯酸类浆料试验方法 粘度测定

Testing method for polyacrylic sizes used in textile warp sizing—Determination of viscosity

2011-05-18 发布　　2011-08-01 实施

中华人民共和国工业和信息化部　发布

前　言

本标准按照 GB/T 1.1—2009 给出的规则起草。

本标准由中国纺织工业协会提出。

本标准由全国纺织品标准化技术委员会棉纺织印染分技术委员会(SAC/TC 209/SC 2)归口。

本标准起草单位:上海齐力助剂有限公司、中国棉纺织行业协会、上海市纺织工业技术监督所。

本标准主要起草人:邢金国、路彦景、甑广瑞、王玉琦、乐平勇、张宝庆。

纺织上浆用聚丙烯酸类浆料试验方法 粘度测定

1 范围

本标准规定了纺织上浆用聚丙烯酸类浆料粘度测定的试验方法。

本标准适用于纺织上浆用聚丙烯酸类浆料粘度的测定。

2 规范性引用文件

下列文件对于本文件的应用是必不可少的。凡是注日期的引用文件,仅注日期的版本适用于本文件。凡是不注日期的引用文件,其最新版本(包括所有的修改单)适用于本文件。

GB/T 8170 数值修约规则与极限数值的表示和判定

FZ/T 10016 纺织上浆用聚丙烯酸类浆料试验方法 不挥发物含量测定

3 原理

在一定温度、转速条件下,用旋转粘度计测定聚丙烯酸类浆料水溶液或水分散液的抗流动性即粘度。

4 设备和用具

4.1 天平:称量范围100 g以上,分度值为0.001 g。

4.2 磨口平底烧瓶:250 mL。

4.3 球形冷凝管。

4.4 磁力恒温搅拌器:转速250 r/min~300 r/min。

4.5 旋转粘度计:测量误差小于±5%。

5 试样准备

5.1 按FZ/T 10016测试试样不挥发物含量,粘度试验所需试样量计算按式(1),计算结果按GB/T 8170修约至小数点后三位。

$$m_s = \frac{4}{X} \qquad \cdots\cdots(1)$$

式中:

m_s ——粘度试验所需试样量,单位为克(g);

4 ——测试试样不挥发物质量,单位为克(g);

X ——测试试样不挥发物含量,%。

5.2 称取粘度试验所需试样量,精确至0.001 g,放入250 mL磨口平底烧瓶中,加蒸馏水,使水的质量与所称样品质量之和为100 g(质量分数4%),加冷凝回流装置在磁力搅拌器上边加热边搅拌至

55 ℃～60 ℃，继续搅拌直至试样全部溶解或分散均匀。

5.3 取下磨口平底烧瓶冷却至 30 ℃±0.5 ℃，保温待测。

6 操作程序

6.1 按旋转粘度计所规定的操作方法对粘度计进行校正调零。

6.2 使测定器及转筒的温度为 30 ℃±0.5 ℃。

6.3 将待测液倒入测定器中，把测定器中转筒上的钢丝挂到转轴的挂钩上，启动电机，用手左右移动测定器，使转筒处于测定器中心，待指针稳定后即可读数。读数应在刻度盘的 20%～85%范围内，否则应更换测定器及转筒，重新试验。

6.4 使用完毕，用蒸馏水或去离子水清洗测定器和转桶。

6.5 重复 6.3～6.4，对同一试样进行平行试验。

7 结果计算

7.1 试样粘度计算按式(2)，计算结果按 GB/T 8170 修约至小数点后一位。

$$\eta = a \cdot f \qquad \cdots\cdots(2)$$

式中：

η——试样粘度，单位为毫帕秒(mPa·s)；

a——粘度计刻度盘上的读数；

f——校正因子(可以从仪器说明书查得)。

7.2 分析人员迅速分析两次平行测定结果，两次所测结果之相对偏差率计算按式(3)，计算结果按 GB/T 8170 修约至小数点后一位。两次所测结果之相对偏差率不大于 10.0%即采用，否则按第 5 章、第 6 章操作程序重新进行试验。

$$d = \frac{|\eta_1 - \eta_2|}{(\eta_1 + \eta_2) \div 2} \times 100\% \qquad \cdots\cdots(3)$$

式中：

d——两次平行试验所测结果之相对偏差率，%；

η_1——平行试验第一次粘度实测值，单位为毫帕秒(mPa·s)；

η_2——平行试验第二次粘度实测值，单位为毫帕秒(mPa·s)。

7.3 纺织上浆用聚丙烯酸类浆料粘度取最终两次平行试验测定的算术平均值为试验结果，按 GB/T 8170 修约至一位小数。

8 试验报告

试验报告应包括以下内容：

a) 试验依据的标准编号(FZ/T 10020—2011)；

b) 试样的详细描述，如产品代号、批号、生产日期等；

c) 试验粘度计型号、转速、转子型号、粘度值原始数据，测定结果；

d) 任何偏离本标准的细节及试验中的异常现象；

e) 试验日期与试验者等。

ICS 59.080.01
W 10

中华人民共和国纺织行业标准

FZ/T 10021—2013

色纺纱线检验规则

Inspection rules for colour yarn

2013-10-17 发布 2014-03-01 实施

中华人民共和国工业和信息化部 发布

前 言

本标准按照 GB/T 1.1—2009 给出的规则起草。

本标准由中国纺织工业联合会提出。

本标准由全国纺织品标准化技术委员会棉纺织印染分技术委员会(SAC/TC 209/SC 2)归口。

本标准起草单位:华孚色纺股份有限公司、宁波百隆纺织有限公司、诸城市中纺金维纺织有限公司、中国棉纺织行业协会、上海市纺织工业技术监督所。

本标准主要起草人:胡英杰、赵黎新、黄林海、孙福纪、叶戬春、王憬义。

色纺纱线检验规则

1 范围

本标准规定了色纺纱线的验收、检验项目和试验方法、抽样方法、检验评定及复验。

本标准适用于贸易双方或受委托的检验机构对纯纺、混纺色纺筒子纱线品质的验收和复验。

2 规范性引用文件

下列文件对于本文件的应用是必不可少的。凡是注日期的引用文件，仅注日期的版本适用于本文件。凡是不注日期的引用文件，其最新版本(包括所有的修改单)适用于本文件。

GB/T 9995 纺织材料含水率和回潮率的测定 烘箱干燥法

GB/T 9996.2—2008 棉及化纤纯纺、混纺纱线外观质量黑板检验方法 第2部分:分别评定法

FZ/T 10008 棉及化纤纯纺、混纺本色纱线标志与包装

3 验收

3.1 供货方根据产品检验结果出具产品质量报告单，收货方根据该产品的标准或协议核对质量报告单，并根据包装标志的内容进行验收。

3.2 收货方如因条件限制，收货时不能进行验收，应按供货方产品质量报告单收货。

4 检验项目和试验方法

4.1 检验项目和方法按各产品标准的规定执行。凡有合约或协议的产品按其合约或协议执行。

4.2 明显色结检验按附录A执行。

4.3 成包净质量按附录B执行。

4.4 标志和包装的检验按FZ/T 10008规定执行，同时供货方应在所供产品上标明该产品的颜色代号(或色卡号)。

注：色纺纱线编织小样进行外观检验时，应根据双方约定进行，附录C可作为验收双方选择。

5 抽样方法

5.1 产品标准(或协议)中技术要求各项指标检验取样以均匀、随机为原则，批量在2 t及以下时，筒子纱线最少抽取3包(箱)，2 t以上时加倍。试样按该产品标准(或协议)规定取样。

5.2 成包净质量2 t以下的取2包(箱)，2 t及以上的取总包(箱)数的5%，最多不超过15包(箱)。

5.3 2包(箱)以下的小批量产品另订协议。

6 检验评定

6.1 色纺纱线产品质量等级按各自产品标准要求评定，如各考核项目均质量合格，则该批产品质量合

格。如有一个考核项目不合格，则该批产品质量不合格。

6.2 如经过热定捻的纱线（定捻温度在40℃及以上者），其单纱（线）断裂强度按规定的指标减少5％交接验收。

6.3 如是烧毛纱线，其线密度偏差率范围按相应规定的绝对值可加大0.5评定品等。

6.4 各类纱线不按生产批验收时，线密度变异系数应按相应标准规定加大0.4评定品等。

6.5 成包净质量的检验以公定回潮率（或标准回潮率）时的质量为准，当实际回潮率超过或不足公定回潮率时，应折算成公定回潮率时的实际质量。筒子纱（线）成包净质量不足规定时，应补偿全部差数。

7 复验

7.1 纱线在交接验收中如有异议，双方可会同进行复验，或委托专业检验机构进行仲裁检验，复验和仲裁检验均以一次为准。

7.2 要求复验的产品应是同一交货批、同一品种、同一等级的产品，并仅限于出厂一年内未经加工或使用的整包产品。

7.3 要求复验时，应保留要求复验数量的全部，且要有原包装，如客户已重新更换包装则不予认可，质量指标的复验最少应保留要求复验数量的10％，同时筒子纱不得少于6包（箱）。但要求复验成包净质量时，则应保留要求复验数量的全部。

7.4 供货方接到提请复验的通知后，应立即前往处理，时间不得超过两周，否则供货方应承担相应责任。

7.5 复验所发生的一切费用由责任方承担。

7.6 如因收货方运输或保管不良，以致造成产品质量受到影响或发生变化时，不得提出复验或赔偿的要求。

8 其他

8.1 纱线使用前和使用过程中，如发现有影响加工、成品质量的疵点，经双方协商，确由供货方造成，则筒子纱以个（或kg）为起点，均可由原供货方予以调换或折价补偿。

8.2 供货方应经常主动了解纱线质量对收货方产品质量的影响；收货方应加强质量分析，及时反映纱疵情况。如由于纱疵造成收货方产品大量降等时，供货方应承担相应责任。

8.3 在纱线上或布面上无法发现的特殊质量问题（如错纤维混入等）造成后工序等成品大量降等时，经共同分析，确由供货方造成的应由供货方承担责任，负责后工序成品降等差价损失，或双方协商处理。

附　录　A
（规范性附录）
色纺纱线明显色结试验方法

A.1　取样

A.1.1　按品种每批检验一次(包括纱线的棉结杂质和纱线的条干)。

A.1.2　检验以最后成品为对象,每个筒子摇一块黑板,每份试样共检验十块黑板。

A.2　检验条件

A.2.1　检验条件按 GB/T 9996.2 执行。

A.2.2　明显色结的检验地点,要求采用北向自然光源,正常检验时,应有较大的窗户,窗户不能有障碍物,以保证室内光线充足。

A.2.3　明显色结的检验一般应在不低于 400 lx 的照度下(最高不得超过 800 lx)进行,如照度低于 400 lx时,应加用灯光检验(用青色或白色的日光灯管)。光线应从左后方射入。检验面的安放角度应与水平成 45°±5°,检验者的影子应避免投射到黑板上。

A.3　检验方法

A.3.1　将试样摇在黑板上,摇黑板机上除游动导纱钩及保证均匀卷绕的张力装置外,一律不得采取任何除杂措施。卷绕密度应保证黑色压片(符合 GB/T 9996.2—2008 中图 1 规定)每个检验格中包含 20 根纱线,每个筒子摇一块黑板,每份试样共检验十块黑板。

A.3.2　检验时,先将浅蓝色(或其他色)底板插入试样与黑板之间,然后用黑色压片压在试样上,进行正反两面的每格内的明显色结检验。

A.3.3　检验时,应逐格检验并不得翻拨纱线,检验者的视线应与纱条垂直,检验距离以检验人员的目力在辨认疵点时不费力为原则。

A.3.4　明显色结计算见式(A.1):

$$K_1 = K_{m1} + K_{m2} \qquad \cdots\cdots(A.1)$$

式中:

K_1 ——明显色结,单位为粒每百米(粒/100 m);

K_{m1} ——10 块黑板正面 5 格内明显色结粒数,单位为粒;

K_{m2} ——10 块黑板反面 5 格内明显色结粒数,单位为粒。

A.4　明显色结的确定

A.4.1　色纺纱线中深色纤维含有量在 30%及以上时,明显色结指深色的大棉结和本色棉结。深色纤维含量在 30%以下时,明显色结指本色的大棉结和深色棉结。

A.4.2　明显色结中的大棉结是指粗度达到原纱线 2.5 倍的色结。

A.4.3　色纺纱线的深色纤维含量或本色纤维含量在 15%及以下时,其本色束纤维或深色束纤维缠于纱线上的,因颜色比较显现,均以明显色结计数。

附　录　B
（规范性附录）
色纺纱线成包净质量的验收

B.1　取样

筒子纱线的取样，每批量在 2 t 及以下，每 0.2 t 取样一个，但不得少于六个，批量在 2 t 以上，其超过 2 t 的部分，每 0.5 t 取一个，取样应随机均匀。

B.2　试验方法

B.2.1　确定纱线在公定回潮率时的净质量时，应进行回潮率试验，然后计算公定回潮率时的质量，测试回潮率的仪器，筒子纱线可用电热烘箱，也可用筒子测湿仪，如回潮率遇到有电热烘箱与筒子测湿仪不一致时，以电热烘箱测得回潮率为准。

B.2.2　筒子纱线采用烘箱试验方法时（筒子纱线应采取距边纱层厚度的 6 mm 以上处），可采用间接称重法或直接称重法：

a）　间接称重法：采样前将筒子纱线称重，然后摇取试样，采样后再将筒子纱线称重，两次称重的差数即为试样烘前质量。然后将试样放入烘箱中烘干，称重，再计算回潮率。

b）　直接称重法：先将筒子纱外层去除 6 mm 以上，然后剥取棉纱（总质量不少于 150 g）将其称重，作为试样烘前质量。然后放入烘箱中，烘干称重，再计算回潮率。

B.2.3　烘箱测试回潮率按照 GB/T 9995 执行。

B.2.4　筒子纱线采用测湿仪试验时，应按筒子纱线测湿仪试验方法进行，在取得筒子试样后，立即进行测试以避免回潮率变化。每月至少一次应以烘箱测试法核对回潮率的测试结果，并根据核对的数据，校正修正系数。

B.2.5　在成包过程中，如因温湿度升降而影响回潮率变化时，可按温湿度情况，分阶段进行回潮率试验，根据不同阶段的试验回潮率，分别计算不同阶段的成包干燥质量，不得混淆。

B.3　结果计算

纱线在公定回潮率时的质量按式（B.1）进行计算。

$$m = m_1 \times \frac{100 + R}{100 + R_1} \qquad \cdots\cdots\cdots\cdots (B.1)$$

式中：

m ——纱线在公定回潮率时的质量，单位为 kg（千克）；

m_1 ——取样时该批纱线实际质量，单位为 kg（千克）；

R ——公定回潮率，%；

R_1 ——该批纱线试样的实际回潮率，%。

附 录 C
（资料性附录）
色纺纱线针织样布外观检验方法

C.1 取样

筒纱取样数：两个及以上。

C.2 检验布样的制作

用圆筒针织机织造 1 m 以上形成样布。

C.3 布面外观的检验方法

C.3.1 色差起横检验

C.3.1.1 检验地点要求采用北向自然光源，展开 1 m 以上的大布样，拉成 45°角进行观察。

C.3.1.2 色差起横检验要求有面灯或对光检验。

C.3.2 明显色结、棉籽壳和异纤检验

C.3.2.1 将 1 m 长的针织布样摊平在台面上进行。

C.3.2.2 取正面随机检验，对明显色结、明显棉籽壳项按有针孔眼计，而针尖大小不计。

C.3.3 异色飞花、粗细节条干检验

异色飞花、粗细节条干检验地点要求采用北向自然光源，正常检验时应有较大窗户，窗户不能有障碍物，以保证室内光线充足。粗细条干检验要求有底灯或透光检验，飞花检验时可以将样品平铺在白底台面上或者双层折叠仔细观察布面。

C.4 色纺纱线布样疵点名称说明

C.4.1 粗细条干：粗节（粗度 200%以上）大于 1 cm、明显细节大于 3 cm 计，对布面 1 cm 以上有明显粗细感的按“处”进行说明。

C.4.2 明显色结和较大棉籽壳：按“粒”进行计量，棉籽壳的大小按有针孔眼计，而针尖大小不计，对细小的杂质用“小杂偏多、小杂略多”进行说明。

C.4.3 异色飞花：纱线外层粘有其他不同有色纤维或本色纤维 ，造成与纱线本身所配置的有色纤维或本色纤维反差很大的其他纤维附着在纱线的外层，使纱线表面呈现一节不同的明显反差，并在面料呈现一段（0.5 cm 以上）异色纱疵。

C.4.4 色差起横：按“明显横路宽度”进行说明。

ICS 59.080.01
W 10

中华人民共和国纺织行业标准

FZ/T 10022—2013

纺织上浆用浆料的化学需氧量/五日生化需氧量的检测试验方法

Test method for determination of chemical oxygen demand/biochemical oxygen demand after 5 days of the sizes used in textile warp sizing

2013-10-17 发布 2014-03-01 实施

中华人民共和国工业和信息化部 发布

前 言

本标准按照 GB/T 1.1—2009 给出的规则起草。

本标准由中国纺织工业联合会提出。

本标准由全国纺织品标准化技术委员会棉纺织印染技术委员分会(SAC/TC 209/SC 2)归口。

本标准起草单位:东华大学纺织学院、淄博银仕来纺织有限公司、天华企业发展(苏州)有限公司、江南大学、中国棉纺织行业协会、上海市纺织工业技术监督所。

本标准主要起草人:郭建生、孙红春、史博生、范雪荣、王耀、张斌、张宝庆。

纺织上浆用浆料的化学需氧量/五日生化需氧量的检测试验方法

1 范围

本标准规定了纺织上浆用浆料的化学需氧量(COD)/五日生化需氧量(BOD_5)测定的方法。

本标准适用于纺织上浆用浆料的化学需氧量(COD)/五日生化需氧量(BOD_5)的测定。

本标准对被检测浆料制成的试样,其化学需氧量(COD)测定下限为 15 mg/L,测定上限为 1 000 mg/L,其氯离子浓度不应大于 1 000 mg/L;对于化学需氧量(COD)大于 1 000 mg/L 或氯离子含量大于 1 000 mg/L 的试样,可经适当稀释后进行测定。

本标准对被检测浆料制成的试样,其生化需氧量(BOD_5)的测量范围是 2 mg/L～6 000 mg/L;对于生化需氧量(BOD_5)大于 6 000 mg/L 的试样,可经适当稀释后进行测定。

2 规范性引用文件

下列文件对于本文件的应用是必不可少的。凡是注日期的引用文件,仅注日期的版本适用于本文件。凡是不注日期的引用文件,其最新版本(包括所有的修改单)适用于本文件。

FZ/T 10016　纺织上浆用聚丙烯酸类浆料试验方法　不挥发物含量测定

HJ/T 399—2007　水质　化学需氧量的测定　快速消解分光光度法

HJ 505—2009　水质　五日生化需氧量(BOD_5)的测定　稀释与接种法

3 术语和定义

下列术语和定义适用于本文件。

3.1

化学需氧量　chemical oxygen demand;COD

在一定条件下,经重铬酸钾氧化处理,试样中的溶解性物质和悬浮物所消耗的重铬酸钾相对应的氧的质量浓度,1 mol 重铬酸钾(1/6 $K_2Cr_2O_7$)相当于 1 mol 氧(1/2 O),以 COD 形式表示。

3.2

五日生化需氧量　biochemical oxygen demand after 5 days;BOD_5

在一定条件下,微生物分解存在于水中的某些可被氧化物质,特别是有机物质所进行的生物化学过程中所消耗的溶解氧的量(以质量浓度表示)。通常情况下是指试样充满完全密闭的溶解氧瓶中,在(20±1)℃的暗处培养 5 d±4 h 或(2+5)d±4 h[先在 0 ℃～4 ℃的暗处培养 2 d,接着在(20±1)℃的暗处培养 5 d,即培养(2+5)d],分别测定培养前后试样中溶解氧的质量浓度,由培养前后溶解氧的质量浓度之差,计算每升样品消耗的溶解氧量,以 BOD_5 形式表示。

4 试样的制备

4.1 浆料:称取待测浆料 5 g,量取 995 mL 一次蒸馏水放入 2 000 mL 烧杯中,将烧杯放到磁力搅拌加热器上,边搅拌边将浆料缓缓加入,然后开始加热至 95 ℃～97 ℃。浆液继续恒温搅拌 60 min 后,冷却待测。

4.2 浆液:量取待测浆液 50 mL,放入 2 000 mL 烧杯中,加一次蒸馏水 950 mL,将烧杯放到磁力搅拌加热器上,边搅拌边加热至 95 ℃~97 ℃。浆液继续恒温搅拌 60 min 后,冷却待测。

注:浆液为按浆纱配方配制好的上浆浆液。

4.3 按 FZ/T 10016,测量 4.1 或 4.2 中所制备试样的实际含固率。

5 纺织上浆用浆料化学需氧量(COD)的试验方法

5.1 试剂和材料

按 HJ/T 399—2007 第 5 章执行。

5.2 干扰及消除

按 HJ/T 399—2007 第 6 章执行。

5.3 仪器和设备

按 HJ/T 399—2007 第 7 章执行。

5.4 样品

5.4.1 试样的保存:制备好的试样(4.1 或 4.2)应保存在洁净的玻璃瓶中,并在 24 h 内测定。

5.4.2 试样氯离子的测定,按 HJ/T 399—2007 第 8 章中的 8.2.2 执行。

5.4.3 试样的稀释,按 HJ/T 399—2007 第 8 章中的 8.2.3 执行。

5.5 测定条件的选择

按 HJ/T 399—2007 第 9 章执行。

5.6 操作步骤

按 HJ/T 399—2007 第 10 章执行。

5.7 结果的表示

按 HJ/T 399—2007 第 11 章执行,得试样的化学需氧量(COD)值,然后按式(1)换算成浆料的化学需氧量(COD)值,保留三位有效数字。

$$\rho_{(COD)} = \frac{\rho_{1(COD)}}{1\,000 \times c \times d} \qquad \cdots\cdots(1)$$

式中:

$\rho_{(COD)}$ ——浆料的化学需氧量值,单位为毫克每克(mg/g);

$\rho_{1(COD)}$——试样的化学需氧量值,单位为毫克每升(mg/L);

c ——试样的实际含固率,%;

d ——试样的密度,单位为克每毫升(g/mL)。

5.8 准确度和精密度

按 HJ/T 399—2007 第 12 章执行。

6 纺织上浆用浆料五日生化需氧量(BOD_5)测定的试验方法

6.1 试剂和材料

按 HJ 505—2009 第 4 章执行。

6.2 仪器和设备

按 HJ 505—2009 第 5 章执行。

6.3 试样的保存

按 HJ 505—2009 第 6 章执行。

6.4 操作步骤

6.4.1 pH 值调节:如果试样(4.1 或 4.2)的 pH 值不在 6.0~8.0 之间,用盐酸溶液或氢氧化钠溶液将试样的 pH 值调节至 6.0~8.0。

6.4.2 试样的测定:按 HJ 505—2009 第 7 章执行。

6.5 结果表示

按 HJ 505—2009 第 8 章执行,得试样的五日生化需氧量(BOD_5)值,然后按式(2)换算成浆料的五日生化需氧量(BOD_5)值,保留三位有效数字。

$$\rho_{(BOD_5)} = \frac{\rho_{1(BOD_5)}}{1\,000 \times c \times d} \qquad \cdots\cdots(2)$$

式中:

$\rho_{(BOD_5)}$ ——浆料的生化需氧量值,单位为毫克每克(mg/g);

$\rho_{1(BOD_5)}$——试样的生化需氧量值,单位为毫克每升(mg/L);

c ——试样的实际含固率,%;

d ——试样的密度,单位为克每毫升(g/mL)。

7 试验报告

试验报告应包括以下内容:

a) 试验依据本标准的编号(FZ/T 10022);

b) 取样的日期和时间;

c) 样品的贮存方法;

d) 开始测定的日期和时间;

e) 接种水的取样地、取样时间;

f) 检测结果及所用计算方法(注明:接种水不同,测试结果只能相互参考);

g) 任何偏离本标准的细节及试验中的异常现象;

h) 试验日期与试验者。

ICS 59.080.20
W 12

中华人民共和国纺织行业标准

FZ/T 12001—2015
代替 FZ/T 12001—2006

转杯纺棉本色纱

Cotton rotor spun grey yarn

2015-07-14 发布　　2016-01-01 实施

中华人民共和国工业和信息化部　发布

前　言

本标准按照 GB/T 1.1—2009 给出的规则起草。

本标准代替 FZ/T 12001—2006《转杯纺棉本色纱》。

本标准与 FZ/T 12001—2006 比较主要变化如下：

——修改了第 3 章分类，将 100 m 标准质量和标准干燥质量的计算放入附录 A 中，删除线密度要求内容；

——技术要求中，增加千米棉结（+280％）项目，删去黑板条干均匀度项目，保留条干均匀度变异系数项目；

——单强指标分为起绒纱、机织用纱、针织用纱三大块考核；

——条干均匀度变异系数、线密度变异系数、单纱断裂强力变异系数指标加严；

——单纱断裂强度、线密度偏差率分优、一、二等指标；

——取消顺降指标考核，按技术要求中最低一项品等评定；

——取样规定作了调整。

本标准由中国纺织工业联合会提出。

本标准由全国纺织品标准化技术委员会棉纺织品分技术委员会（SAC/TC 209/SC 10）归口。

本标准起草单位：河南新野纺织股份有限公司、山东立昌纺织科技有限公司、奉化市双盾纺织帆布实业有限公司、浙江春江轻纺集团有限责任公司、浙江双可达纺织有限公司、中国棉纺织行业协会、上海市纺织工业技术监督所。

本标准主要起草人：吴勤霞、赵秀霞、刘建敏、王云侠、陈乃英、陈冶钢、叶戬春、王憬义。

本标准所代替标准的历次版本发布情况为：

——FZ/T 12001—1992、FZ/T 12001—2006。

转杯纺棉本色纱

1 范围

本标准规定了转杯纺棉本色纱产品的分类、标记、要求、试验方法、检验规则、标志和包装。

本标准适用于转杯纺棉本色纱。

2 规范性引用文件

下列文件对于本文件的应用是必不可少的。凡是注日期的引用文件，仅注日期的版本适用于本文件。凡是不注日期的引用文件，其最新版本(包括所有的修改单)适用于本文件。

GB/T 398—2008 棉本色纱线

GB/T 3292.1 纺织品 纱线条干不匀试验方法 第1部分：电容法

GB/T 3916 纺织品 卷装纱 单根纱线断裂强力和断裂伸长率的测定(CRE法)

GB/T 4743—2009 纺织品 卷装纱 绞纱法线密度的测定

FZ/T 01050 纺织品 纱线疵点的分级与检验方法 电容式

FZ/T 10007 棉及化纤纯纺、混纺本色纱线检验规则

FZ/T 10008 棉及化纤纯纺、混纺本色纱线标志与包装

3 产品分类、标记

3.1 转杯纺棉本色纱以线密度分类。

3.2 转杯纺棉本色纱原料棉的代号为C，起绒纱代号为Q。

3.3 转杯纺棉本色纱标记时，原料代号在线密度前标明，起绒纱在线密度后标明。

3.4 转杯纺以“OE”表示。应标记在原料代号前面。

示例：转杯纺棉本色纱起绒纱线密度为27.8 tex，应写为OE C 27.8 tex Q。

4 要求

4.1 项目

转杯纺棉本色纱技术要求包括线密度偏差率、线密度变异系数、单纱断裂强度、单纱断裂强力变异系数、条干均匀度变异系数、千米棉结(+280%)、十万米纱疵等7项指标。

4.2 分等规定

4.2.1 同一原料、同一工艺单连续生产的同一规格的产品作为一个或若干检验批。

4.2.2 产品质量等级分为优等品、一等品、二等品，低于二等品指标者为等外品。

4.2.3 转杯纺棉本色纱质量等级根据产品规格，以考核项目中最低一项进行评等，并按其结果评定转杯纺棉本色纱的品等。

4.3 技术要求

转杯纺棉本色纱技术要求按表1规定。

表1 转杯纺棉本色纱技术要求

公称线密度/tex	等级	线密度偏差率/%	线密度变异系数/% ≤	单纱断裂强度/(cN/tex) ≥			单纱断裂强力变异系数/% ≤	条干均匀度变异系数/% ≤	千米棉结(+280%)/(个/km) ≤	十万米纱疵/(个/10⁵ m) ≤
				起绒纱	机织用纱	针织用纱				
14.1～16.0	优	±2.0	2.0	10.5	11.5	11.0	10.0	16.0	160	15
	一	±2.5	3.0	9.5	10.5	10.0	13.0	19.0	240	—
	二	±3.0	4.0	9.0	10.0	9.5	17.0	23.0	300	—
16.1～21.0	优	±2.0	2.0	10.5	11.5	11.0	10.0	15.5	120	15
	一	±2.5	3.0	9.5	10.5	10.0	13.0	18.5	180	—
	二	±3.0	4.0	9.0	10.0	9.5	17.0	22.5	240	—
21.1～26.0	优	±2.0	2.0	10.5	11.5	11.0	9.5	14.5	70	15
	一	±2.5	3.0	9.5	10.5	10.0	12.5	17.5	100	—
	二	±3.0	4.0	9.0	10.0	9.5	16.5	21.5	120	—
26.1～31.0	优	±2.0	2.0	10.0	11.0	10.5	9.5	14.5	60	15
	一	±2.5	3.0	9.0	10.0	9.5	12.5	17.5	100	—
	二	±3.0	4.0	8.5	9.5	9.0	16.5	21.5	120	—
31.1～34.0	优	±2.0	2.0	10.0	11.0	10.5	9.5	14.0	50	15
	一	±2.5	3.0	9.0	10.0	9.5	12.5	17.0	90	—
	二	±3.0	4.0	8.5	9.5	9.0	16.5	21.0	110	—
34.1～42.0	优	±2.0	2.0	9.5	10.5	10.0	9.0	14.0	40	15
	一	±2.5	3.0	8.5	9.5	9.0	12.0	17.0	80	—
	二	±3.0	4.0	8.0	9.0	8.5	16.0	21.0	100	—
42.1～60.0	优	±2.0	2.0	10.0	11.0	10.5	9.0	14.0	35	15
	一	±2.5	3.0	9.0	10.0	9.5	12.0	17.0	75	—
	二	±3.0	4.0	8.5	9.5	9.0	16.0	21.0	95	—
60.1～89.0	优	±2.0	2.0	10.0	11.0	10.5	8.5	14.0	30	15
	一	±2.5	3.0	9.0	10.0	9.5	11.5	17.0	50	—
	二	±3.0	4.0	8.5	9.5	9.0	15.5	21.0	70	—
89.1～192.0	优	±2.0	2.0	10.0	11.0	10.5	8.5	13.5	20	15
	一	±2.5	3.0	9.0	10.0	9.5	11.5	16.5	30	—
	二	±3.0	4.0	8.5	9.5	9.0	15.5	20.5	50	—

5 试验方法

5.1 试验条件

各项试验应在各方法标准规定的条件下进行。

5.2 试样和取样

从检验批次中随机抽取20个筒纱，各项目所需样品数量及试验次数按表2规定，若检验批中的筒纱数小于20个，则全部抽取作为样品。

表2 转杯纺棉本色纱各项目样品数量及试验次数的规定

项　目	筒子数/个	每筒试验次数	总次数
线密度变异系数、线密度偏差率	20	1	20
断裂强度、断裂强力变异系数	20	5	100
条干均匀度变异系数、千米棉结	10	1	10
十万米纱疵	6	—	1

5.3 线密度变异系数、线密度偏差率试验

摇取绞纱长度应按GB/T 4743—2009规定执行，其中线密度变异系数采用程序1，线密度采用程序3。公称线密度的100 m标准质量和标准干燥质量按附录A计算，线密度偏差率将烘干后的绞纱折算至100 m质量，并按式(1)计算：

$$D=\frac{m-m_d}{m_d}\times 100\% \qquad \cdots\cdots(1)$$

式中：

D ——线密度偏差率；

m ——"100 m"试样实测干燥质量，单位为克(g)；

m_d ——"100 m"试样标准干燥质量，单位为克(g)。

5.4 单纱断裂强度及单纱断裂强力变异系数试验

按GB/T 3916规定执行。

5.5 条干均匀度变异系数、千米棉结(+280%)试验

按GB/T 3292.1规定执行。

5.6 十万米纱疵试验

按FZ/T 01050规定执行，十万米纱疵结果用$A_3+B_3+C_3+D_2$之和表示。

5.7 试验结果的表示

一批纱线的各种试验结果是由该种试验的全部试验值的计算结果表示，各种试验结果的计算精确度，除已规定者外，按表3规定执行。

表 3 计算值的数值修约位数规定

项目	保留小数位数
单纱断裂强度/(cN/tex)	1
单纱断裂强力变异系数/%	1
线密度变异系数/%	1
线密度偏差率/%	1
条干均匀度变异系数/%	1
千米棉结(+280%)/(个/km)	整数
十万米纱疵/(个/10^5 m)	整数
百米质量(每批平均)/(g/100 m)	3
平均线密度/tex	1
折算质量用回潮率/%	2

6 检验规则

按 FZ/T 10007 规定执行,其中成包净重验收按 GB/T 398—2008 规定执行。

7 标志和包装

按 FZ/T 10008 规定执行。

8 其他

用户对本标准有特殊要求者,供需双方可另订协议。

附　录　A
（规范性附录）
转杯纺棉本色纱百米质量的计算

A.1　转杯纺棉本色纱公定回潮率为 8.5%。

A.2　100 m 纱线在公定回潮率时的标准质量(g)按式(A.1)计算，计算结果修约至小数点后三位。

$$m_g = \frac{T_t}{10} \tag{A.1}$$

式中：

m_g ——100 m 纱线在公定回潮率时的标准质量，单位为克(g)；

T_t ——纱线公称线密度，单位为特克斯(tex)。

A.3　100 m 纱线的标准干燥质量(g)按式(A.2)计算，计算结果修约至小数点后三位。

$$m_d = \frac{T_t}{10} \times \frac{100}{100 + W} \tag{A.2}$$

式中：

m_d ——100 m 纱线标准干燥质量，单位为克(g)；

T_t ——纱线公称线密度，单位为特克斯(tex)；

W ——公定回潮率，%。

ICS 59.080.20
W 12

中华人民共和国纺织行业标准

FZ/T 12003—2014
代替 FZ/T 12003—2006

粘胶纤维本色纱线

Viscose fiber grey yarn

2014-12-24 发布　　　　2015-06-01 实施

中华人民共和国工业和信息化部　发布

前　言

本标准按照 GB/T 1.1—2009 给出的规则起草。

本标准代替 FZ/T 12003—2006《粘胶纤维本色纱线》。

本标准与 FZ/T 12003—2006 比较主要变化如下：

——对产品进行细分考核，增加了赛络纺、紧密纺、紧密赛络纺本色纱线；

——修改了第 3 章分类，将 100 m 标准质量和标准干燥质量的计算放入附录 B 中；

——修改了产品规格公称线密度的分类范围和部分考核项目名称；

——条干均匀度考核仅保留条干均匀度变异系数；

——对单纱断裂强度、线密度偏差率、条干均匀度变异系数、十万米纱疵等指标进行了调整；

——增加千米棉结、股线捻度变异系数的考核；

——删除了捻系数范围；

——增加了毛羽指数 H 值作参考值，测试方法加入了附录 C“毛羽指数 H 值试验方法”；

——取消顺降指标考核，按技术要求中最低一项品等评定；

——改变原有取样方式，调整为直接对成品取样。

本标准由中国纺织工业联合会提出。

本标准由全国纺织品标准化技术委员会棉纺织印染分技术委员会(SAC/TC 209/SC 2)归口。

本标准起草单位：福建省长乐市华源纺织有限公司、上海市纺织工业技术监督所、浙江春江轻纺集团有限责任公司、福建省纤维检验局、山东联润新材料科技有限公司、中国棉纺织行业协会、福建省长乐市恒源纺织有限公司、福建省长乐市新华源纺织有限公司。

本标准主要起草人：田晓蕊、陈宗立、王憬义、陈乃英、陈文、王延永、景慎全、李守荣、谢云利。

本标准所代替标准的历次版本发布情况为：

——FZ/T 12003—1995、FZ/T 12003—2006。

粘胶纤维本色纱线

1 范围

本标准规定了粘胶纤维本色纱线产品分类、标记、要求、试验方法、检验规则和标志、包装。

本标准适用于环锭纺粘胶纤维本色纱线。

2 规范性引用文件

下列文件对于本文件的应用是必不可少的。凡是注日期的引用文件，仅注日期的版本适用于本文件。凡是不注日期的引用文件，其最新版本（包括所有的修改单）适用于本文件。

GB/T 398—2008 棉本色纱线

GB/T 2543.1 纺织品 纱线捻度的测定 第1部分：直接计数法

GB/T 3292.1 纺织品 纱线条干不匀试验方法 第1部分：电容法

GB/T 3916 纺织品 卷装纱 单根纱线断裂强力和断裂伸长率的测定（CRE法）

GB/T 4743—2009 纺织品 卷装纱 绞纱法线密度的测定

FZ/T 01050 纺织品 纱线疵点的分级与检验方法 电容式

FZ/T 10007 棉及化纤纯纺、混纺本色纱检验规则

FZ/T 10008 棉及化纤纯纺、混纺本色纱标志与包装

3 产品分类、标记

3.1 粘胶纤维本色纱线以不同纺纱方法及线密度分类。

3.2 粘胶纤维本色纱线原料代号为R。

3.3 在线密度前标明纱的生产工艺过程代号、原料代号。

示例：线密度为18.5 tex的普通环锭纺粘胶纤维本色纱，应写为：R 18.5 tex。

4 要求

4.1 项目

4.1.1 普通环锭纺、赛络纺粘胶纤维本色纱技术要求包括单纱断裂强力变异系数、线密度变异系数、单纱断裂强度、线密度偏差率、条干均匀度变异系数、千米棉结（+200%）、十万米纱疵等七项指标。

4.1.2 紧密纺、紧密赛络纺粘胶纤维本色纱技术要求包括单纱断裂强力变异系数、线密度变异系数、单纱断裂强度、线密度偏差率、条干均匀度变异系数、千米棉结（+200%）、十万米纱疵七项指标。毛羽指数 H 值作为参考值。

4.1.3 粘胶纤维本色股线技术要求包括单线断裂强力变异系数、线密度变异系数、单线断裂强度、线密度偏差率、捻度变异系数五项指标。

4.2 分等规定

4.2.1 同一原料、同一工艺连续生产的同一规格的产品作为一个或若干检验批。

4.2.2 产品质量等级分为优等品、一等品、二等品，低于二等品为等外品。

4.2.3 粘胶纤维本色纱线质量等级根据产品规格，以考核项目中最低一项进行评等，并按其结果评定粘胶纤维本色纱线的品等。

4.3 技术要求

4.3.1 普通环锭纺、赛络纺粘胶纤维本色纱技术要求按表1规定。

表1 普通环锭纺、赛络纺粘胶纤维本色纱技术要求

公称线密度 tex	等级	单纱断裂强力变异系数 % ≤	线密度变异系数 % ≤	单纱断裂强度 cN/tex ≥	线密度偏差率 %	条干均匀度变异系数 % ≤	千米棉结 (+200%) 个/km ≤	十万米纱疵 个/10^5 m ≤
6.1～8.0	优	11.0	1.5	11.6	±2.0	15.0	180	15
	一	14.0	2.5	10.6	±2.5	17.0	300	25
	二	17.5	3.5	9.6	±3.0	20.0	500	—
8.1～11.0	优	10.5	1.5	12.0	±2.0	14.5	140	15
	一	13.5	2.5	11.0	±2.5	16.5	240	25
	二	17.0	3.5	10.0	±3.0	19.0	400	—
11.1～13.0	优	10.0	1.5	12.4	±2.0	14.0	110	15
	一	13.0	2.5	11.4	±2.5	15.5	190	25
	二	16.5	3.5	10.4	±3.0	18.0	330	—
13.1～16.0	优	10.0	1.5	12.8	±2.0	13.5	90	15
	一	12.5	2.5	11.8	±2.5	15.0	160	25
	二	16.0	3.5	10.8	±3.0	17.5	280	—
16.1～20.0	优	9.5	1.5	13.2	±2.0	13.0	70	15
	一	12.0	2.5	12.2	±2.5	14.5	130	25
	二	15.5	3.5	11.2	±3.0	17.0	230	—
20.1～24.0	优	9.5	1.5	13.4	±2.0	12.5	60	15
	一	11.5	2.5	12.4	±2.5	14.0	100	25
	二	15.0	3.5	11.4	±3.0	16.5	180	—
24.1～31.0	优	9.0	1.5	13.8	±2.0	11.5	50	15
	一	11.0	2.5	12.8	±2.5	13.0	80	25
	二	14.5	3.5	11.8	±3.0	15.5	150	—
31.1～37.0	优	8.5	1.5	14.0	±2.0	11.0	40	15
	一	10.5	2.5	13.0	±2.5	12.5	70	25
	二	14.0	3.5	12.0	±3.0	14.5	120	—
37.1～60.0	优	8.0	1.5	14.4	±2.0	10.5	30	15
	一	10.0	2.5	13.4	±2.5	12.0	50	25
	二	13.5	3.5	12.4	±3.0	13.5	100	—
60.1～100.0	优	8.0	1.5	14.4	±2.0	10.5	20	15
	一	9.5	2.5	13.4	±2.5	12.0	40	25
	二	13.0	3.5	12.4	±3.0	13.5	80	—

4.3.2 紧密纺、紧密赛络纺粘胶纤维本色纱技术要求按表2规定。

表2 紧密纺、紧密赛络纺粘胶纤维本色纱技术要求

公称线密度 tex	等级	单纱断裂强力变异系数 % ≤	线密度变异系数 % ≤	单纱断裂强度 cN/tex ≥	线密度偏差率 %	条干均匀度变异系数 % ≤	千米棉结(+200%) 个/km ≤	十万米纱疵 个/10^5 m ≤	毛羽指数 *H* 值(参考值) ≤
6.1～8.0	优	10.5	1.5	12.0	±2.0	14.5	150	12	3.0
	一	13.5	2.5	11.0	±2.5	15.5	250	20	4.0
	二	16.5	3.5	10.0	±3.0	17.5	450	—	—
8.1～11.0	优	10.0	1.5	12.4	±2.0	14.0	120	12	3.5
	一	13.0	2.5	11.4	±2.5	15.0	200	20	4.5
	二	16.0	3.5	10.4	±3.0	17.0	350	—	—
11.1～13.0	优	9.5	1.5	12.8	±2.0	13.5	100	12	4.0
	一	12.5	2.5	11.8	±2.5	14.5	150	20	5.0
	二	16.0	3.5	10.8	±3.0	16.5	300	—	—
13.1～16.0	优	9.5	1.5	13.2	±2.0	13.0	80	12	4.5
	一	12.0	2.5	12.2	±2.5	14.0	120	20	5.5
	二	15.5	3.5	11.2	±3.0	16.0	250	—	—
16.1～20.0	优	9.0	1.5	13.6	±2.0	12.5	60	12	5.0
	一	11.5	2.5	12.6	±2.5	13.5	100	20	6.0
	二	15.0	3.5	11.6	±3.0	16.0	200	—	—
20.1～24.0	优	9.0	1.5	14.0	±2.0	12.0	50	12	5.5
	一	11.0	2.5	13.0	±2.5	13.5	80	20	6.5
	二	14.0	3.5	12.0	±3.0	15.5	150	—	—
24.1～31.0	优	8.5	1.5	14.4	±2.0	11.5	40	12	6.0
	一	10.5	2.5	13.4	±2.5	13.0	60	20	7.0
	二	13.5	3.5	12.4	±3.0	15.0	100	—	—
31.1～37.0	优	8.0	1.5	14.6	±2.0	11.0	30	12	6.5
	一	10.0	2.5	13.6	±2.5	12.5	40	20	7.5
	二	13.0	3.5	12.6	±3.0	14.5	80	—	—
37.1～60.0	优	8.0	1.5	15.0	±2.0	10.5	20	12	6.8
	一	9.5	2.5	14.0	±2.5	12.0	30	20	7.8
	二	12.5	3.5	13.0	±3.0	13.5	60	—	—
60.1～100.0	优	7.5	1.5	15.0	±2.0	10.5	15	12	7.0
	一	9.0	2.5	14.0	±2.5	12.0	25	20	8.0
	二	12.0	3.5	13.0	±3.0	13.5	40	—	—

4.3.3 粘胶纤维本色股线技术要求按表3规定。

表3 粘胶纤维本色股线技术要求

公称线密度 tex	等级	单线断裂强力变异系数 % ≤	线密度变异系数 % ≤	单线断裂强度 cN/tex ≥	线密度偏差率 %	捻度变异系数 % ≤
6.1×2～8.0×2	优	9.5	1.5	13.0	±2.0	5.0
	一	12.5	2.0	12.0	±2.5	
	二	14.5	3.0	11.0	±3.0	
8.1×2～11.0×2	优	9.0	1.5	13.4	±2.0	5.0
	一	12.0	2.0	12.4	±2.5	
	二	14.0	3.0	11.4	±3.0	
11.1×2～13.0×2	优	8.5	1.5	13.6	±2.0	5.0
	一	11.0	2.0	12.6	±2.5	
	二	13.5	3.0	11.6	±3.0	
13.1×2～16.0×2	优	8.5	1.5	13.8	±2.0	5.0
	一	11.0	2.0	12.8	±2.5	
	二	13.5	3.0	11.8	±3.0	
16.1×2～20.0×2	优	8.0	1.5	14.0	±2.0	5.0
	一	10.5	2.0	13.0	±2.5	
	二	13.0	3.0	12.0	±3.0	
20.1×2～24.0×2	优	7.5	1.5	14.4	±2.0	5.0
	一	10.0	2.0	13.4	±2.5	
	二	12.5	3.0	12.4	±3.0	
24.1×2～31.0×2	优	7.0	1.5	14.6	±2.0	5.0
	一	9.5	2.0	13.6	±2.5	
	二	12.0	3.0	12.6	±3.0	
31.1×2～37.0×2	优	6.5	1.5	14.8	±2.0	5.0
	一	9.0	2.0	13.8	±2.5	
	二	11.5	3.0	12.8	±3.0	

5 试验方法

5.1 试验条件

各项试验应在各方法标准规定的条件下进行。

5.2 取样规定

从检验批次中随机抽取20个筒纱，各项目所需样品数量及试验次数按表4规定，若检验批中的筒纱数小于20个，则全部抽取作为样品。

表 4　粘胶纤维本色纱线各项目样品数量及试验次数的规定

项　目	筒子数 个	每筒试验次数	总次数
线密度变异系数、线密度偏差率	20	1	20
断裂强度、断裂强力变异系数	20	5	100
条干均匀度变异系数、千米棉结	10	1	10
十万米纱疵	6	—	1
捻度变异系数	20	2	40
毛羽指数 H 值(参考)	10	1	10
注：线密度变异系数、线密度偏差率、单纱断裂强度、单纱断裂强力变异系数、条干均匀度变异系数可进行在线产品取样，具体取样规定参见附录 A，但用户对产品质量有异议时，则以成品质量检验为准。			

5.3　线密度变异系数、线密度偏差率试验

摇取绞纱长度应按 GB/T 4743—2009 规定执行，其中线密度变异系数采用程序 1，线密度采用程序 3。公称线密度的 100 m 标准质量和标准干燥质量按附录 B 计算，线密度偏差率将烘干后的绞纱折算至 100 m 质量，并按式(1)计算：

$$D=\frac{m-m_{\mathrm{d}}}{m_{\mathrm{d}}}\times 100\% \qquad \cdots\cdots(1)$$

式中：

D ——线密度偏差率，%；

m ——“100 m”试样实测干燥质量，单位为克(g)；

m_{d}——“100 m”试样标准干燥质量，单位为克(g)。

5.4　单纱(线)断裂强度及单纱(线)断裂强力变异系数试验

按 GB/T 3916 规定执行。

5.5　条干均匀度变异系数、千米棉结(＋200%)试验

按 GB/T 3292.1 规定执行。

5.6　十万米纱疵试验

按 FZ/T 01050 规定执行，十万米纱疵结果用 $A_3+B_3+C_3+D_2$ 之和表示。

5.7　捻度变异系数

按 GB/T 2543.1 规定执行。

5.8　毛羽指数

毛羽指数 H 值试验方法按附录 C。

5.9　成包净重

按 GB/T 398—2008 中 5.9 规定执行。

5.10 试验结果的表示

一批纱线的各种试验结果是由该种试验的全部试验值的计算结果表示，各种试验结果的计算精确度，除已规定者外，按表5规定执行。

表5 计算值的数值修约位数规定

项 目	保留小数位数
单纱(线)断裂强度/(cN/tex)	1
单纱(线)断裂强力变异系数/%	1
线密度变异系数/%	1
线密度偏差率/%	1
条干均匀度变异系数/%	1
千米棉结(+200%)/(个/km)	整数
十万米纱疵/(个/10^5 m)	整数
捻度变异系数/%	1
百米质量(每批平均)/(g/100 m)	3
平均线密度/tex	1
折算质量用回潮率/%	2

6 检验规则

按FZ/T 10007规定执行。

7 标志、包装

按FZ/T 10008规定执行。

8 其他

用户对本标准有特殊要求者，供需双方可另订协议。

附　录　A
(资料性附录)
在线产品取样及计算

A.1　在线产品取样周期及卷装形式

A.1.1　一般两天取样试验一次，但周期一经确定，不得任意变更。十万米纱疵试验周期可适当延长，但不得超过两周。

A.1.2　取样的卷装形式为管纱。

A.2　在线产品取样数及试验次数

A.2.1　各项试验应在各方法标准规定的条件下进行，如生产需要，可以在接近车间温湿度条件下进行，但试验地点的温湿度应稳定，并不得故意偏离标准条件。

A.2.2　在线产品取样数见表 A.1。

表 A.1　在线产品取样数

生产同一品种的开台数	1	2	3	4	5	6	7	8～9	10	11～14	15	16～29	30 及以上
每机台上采取管纱数	30	15	10	7～8	6	5	4～5	3～4	3	2～3	2	1～2	1
总管纱数	30	30	30	30	30	30	30	30	30	30	30	30	30
注：不得均在车头或车尾取样，不得取同一锭带上的 4 个管纱。													

A.2.3　线密度变异系数、线密度偏差率试验，每份试样 30 个管纱，每管摇取 1 缕，总数为 30 次(开台数在 5 台及以下的产品，线密度变异系数、线密度偏差率试验可相应减少拔管数，拔取 15 个管纱，每管摇取 2 缕)。

A.2.4　单纱断裂强度及单纱断裂强力变异系数试验，单纱每份试样 30 个管纱，每管测试 2 次，总数为 60 次(开台数在 5 台及以下者，可每份试样 15 个管纱，每管测试 4 次)。采用全自动纱线强力试验仪的取样数，纱线均为 20 个管纱，每管测 5 次，总数为 100 次。

A.2.5　条干均匀度变异系数需在各机台随机抽取 10 个管纱，试验次数为 10 次。

附　录　B
（规范性附录）
粘胶纤维本色纱线百米质量的计算

B.1　粘胶纤维本色纱线公定回潮率为13.0%。

B.2　100 m纱线在公定回潮率时的标准质量(g)按式(B.1)计算，计算结果修约至小数点后三位。

$$m_g = \frac{T_t}{10} \qquad \cdots\cdots(B.1)$$

式中：

m_g——100 m纱线在公定回潮率时的标准质量，单位为克(g)；

T_t——纱线公称线密度，单位为特克斯(tex)。

B.3　100 m纱线的标准干燥质量(g)按式(B.2)计算，计算结果修约至小数点后三位。

$$m_d = \frac{T_t}{10} \times \frac{100}{100+W} \qquad \cdots\cdots(B.2)$$

式中：

m_d——100 m纱线标准干燥质量，单位为克(g)；

T_t——纱线公称线密度，单位为特克斯(tex)；

W——公定回潮率，%。

附 录 C
(资料性附录)
毛羽指数 *H* 值试验方法

C.1 原理

光电式毛羽检测原理是连续运动的纱线在通过检测区时,突出纱体对检测区域中的持续单色平行光进行散射。散射光被透镜系统和聚并被光电传感器检测到,检测器输出的电信号经过电路运算处理即可提供表示毛羽特征的各种结果。

C.2 仪器

C.2.1 纱架:使各种卷装的纱线能在一定张力下退绕,并使纱线不产生意外伸长或损伤。
C.2.2 检测器:光电式测量槽和能使纱线以一定速度经过测量槽的罗拉牵引装置等。
C.2.3 控制器:对测试过程进行控制。完成对纱线毛羽信号的处理,并得出供显示或打印的各种试验结果(毛羽指数 H 值、毛羽指数标准差 s_H 值、毛羽波谱图、毛羽不匀率曲线图等)。

C.3 取样次数及测试次数

C.3.1 取样次数:10 个卷装。
C.3.2 测试次数:每个卷装各测 1 次。
C.3.3 可根据需要规定取样数量和测试次数。推荐取样长度 250 m~2 000 m,常规测试 400 m,产品验收仲裁试验 1 000 m。

C.4 大气条件

C.4.1 试样的调湿应按 GB/T 6529 中的大气标准,即在温度为(20±2)℃,相对湿度为(65±4)%的条件下平衡 24 h,对大而紧的样品卷装或对一个卷装需进行一次以上测试时应平衡 48 h。在调湿和试验过程中应保持标准大气恒定,直到试验结束。
C.4.2 试样应在吸湿状态下调湿平衡,必要时可以按照 GB/T 6529 进行预调湿。
C.4.3 实验室若不具备以上条件时,可以在以下稳定的温湿度条件下,使试样达到平衡后进行试验。平衡及试验期间的平均温度为 18 ℃~28 ℃,平均相对湿度 50%~75%,同时应保证温度的变化不超过上述范围内某平均温度±3 ℃,温度变化率不超过 0.5 ℃/min,相对湿度的变化不超过上述范围内某平均相对湿度±4%,相对湿度变化率不超过 0.25%/min。试验前仪器应在上述稳定环境中至少放置 5 h。

C.5 操作程序

C.5.1 试验条件:将试验样按 C.4 的规定调湿,全部试验在上述规定的试验大气下进行。
C.5.2 仪器校验:按照仪器使用说明进行调整。
C.5.3 测试速度:推荐采用 400 m/min。
C.5.4 时间选择:1 min、2.5 min、5 min。

C.5.5 将试样照正确的引线路线装上仪器，启动仪器，试验至规定长度时记录或打印试验结果。

C.6 结果的表示和计算

C.6.1 纱线毛羽的测试结果主要有以下几项指标：毛羽指数 H 值、毛羽指数标准差 s_H 值、毛羽波谱图、毛羽不匀率曲线图、毛羽柱状图、最大毛羽指数 $H_{\max}$、最小毛羽指数 $H_{\min}$，管间毛羽变异系数 CV_{Hb}。

C.6.2 试验结果按 GB/T 8170 规定的方法进行修约。毛羽指数 H 值保留 1 位小数。

C.7 试验报告

说明试验是按本标准进行的，并报告以下内容：

a） 样品材料、规格和数量；

b） 试验环境条件（湿度、相对湿度）；

c） 仪器型号；

d） 纱线速度、取样长度等、必要试验参数；

e） 毛羽指数 H 值、标准差值 s_H、一批试样的平均值，必要时计算其标准差、最大值、最小值及变异系数；

f） 毛羽曲线图、波谱图。

ICS 59.080.20
W 12

中华人民共和国纺织行业标准

FZ/T 12004—2015
代替 FZ/T 12004—2006

涤纶与粘胶纤维混纺本色纱线

Polyester and viscose blended grey yarn

2015-07-14 发布　　2016-01-01 实施

中华人民共和国工业和信息化部　发布

前　言

本标准按照 GB/T 1.1—2009 给出的规则起草。

本标准代替 FZ/T 12004—2006《涤粘混纺本色纱线》。

本标准与 FZ/T 12004—2006 相比，主要技术变化如下：

——对产品进行细分，增加了紧密纺、赛络纺、紧密赛络纺等内容；

——修改了第三章分类，将 100 m 标准质量和标准干燥质量的计算放入附录 B 中；

——删除中长型纱线内容，修改公称线密度范围，调整了部分项目名称；

——技术要求中的技术指标适当提高，增加千米棉结（+200%）考核指标，条干均匀度考核指标中仅保留条干均匀度变异系数指标；

——测试方法加入了附录 C 毛羽指数 H 值试验方法，并增加了毛羽指数 H 值指标；

——纤维含量偏差列入技术要求中；

——取消顺降指标考核，按技术要求中最低一项品等评定；

——取样规定作了调整。

本标准由中国纺织工业联合会提出。

本标准由全国纺织品标准化技术委员会棉纺织品分技术委员会（SAC/TC 209/SC 10）归口。

本标准起草单位：南通双弘纺织有限公司、上海市纺织工业技术监督所、中国棉纺织行业协会、德州恒丰纺织有限公司、浙江春江轻纺集团有限责任公司、福建省长乐市金源纺织有限公司。

本标准主要起草人：吉宜军、吴加顺、王憬义、叶戬春、付刚、章桂虎。

本标准所代替标准的历次版本发布情况为：

——FJ 511—1982、FZ/T 12004—1995、FZ/T 12004—2006。

涤纶与粘胶纤维混纺本色纱线

1 范围

本标准规定了涤纶与粘胶纤维混纺本色纱线产品的分类、标记、要求、试验方法、检验规则和标志、包装。

本标准适用于环锭纺(含紧密纺、赛络纺、紧密赛络纺)涤纶与粘胶纤维混纺本色纱线,不适用于特种用途涤纶与粘胶纤维混纺本色纱线。

2 规范性引用文件

下列文件对于本文件的应用是必不可少的。凡是注日期的引用文件,仅注日期的版本适用于本文件。凡是不注日期的引用文件,其最新版本(包括所有的修改单)适用于本文件。

GB/T 398—2008 棉本色纱线

GB/T 2910.11 纺织品 定量化学分析 第11部分:纤维素纤维与聚酯纤维的混合物(硫酸法)

GB/T 3292.1 纺织品 纱线条干不匀试验方法 第1部分:电容法

GB/T 3916 纺织品 卷装纱 单根纱线断裂强力和断裂伸长率的测定(CRE法)

GB/T 4743—2009 纺织品 卷装纱 绞纱法线密度的测定

GB/T 6529 纺织品 调湿和试验用标准大气

FZ/T 01050 纺织品 纱线疵点的分级与检验方法 电容式

FZ/T 10007 棉及化纤纯纺、混纺本色纱线检验规则

FZ/T 10008 棉及化纤纯纺、混纺本色纱线标志与包装

3 产品分类、标记

3.1 涤纶与粘胶纤维混纺本色纱线产品以不同纺纱方法、混纺比及线密度分类。

3.2 涤纶与粘胶纤维混纺本色纱线的原料代号:涤纶为T,粘胶为R。

3.3 产品混纺比以公定质量比表示,按纤维含量递减顺序列出,具体表示为:涤纶混用比例在50%及以上,以涤纶含量/粘胶纤维含量表示;涤纶混用比例在50%以下,以粘胶纤维含量/涤纶含量表示。

示例:环锭纺涤纶与粘胶纤维混纺本色纱线密度为18.5 tex,涤纶含量为65%,粘胶纤维35%,应写为T/R 65/35 18.5 tex。

4 要求

4.1 项目

4.1.1 涤纶与粘胶纤维混纺本色纱的技术要求包括线密度偏差率、线密度变异系数、单纱断裂强度、单纱断裂强力变异系数、条干均匀度变异系数、千米棉结(+200%)、十万米纱疵、纤维含量偏差共8项指标。

4.1.2 涤纶与粘胶纤维混纺本色线的技术要求包括线密度偏差率、线密度变异系数、单线断裂强度、单线断裂强力变异系数、条干均匀度变异系数、纤维含量偏差共6项指标。

4.2 分等规定

4.2.1 同一规格、同一原料、同一工艺连续生产的产品作为一个或若干检验批。

4.2.2 涤纶与粘胶纤维混纺本色纱线的产品质量等级分为优等品、一等品、二等品，低于二等品为等外品。

4.2.3 涤纶与粘胶纤维混纺本色纱线产品质量等级根据产品规格以考核项目中最低一项进行评等，按其结果评定涤纶与粘胶纤维混纺本色纱线的产品质量等级。

4.3 技术要求

4.3.1 涤纶与粘胶纤维混纺本色纱(涤纶含量在50%及以上)的技术要求按表1规定。

4.3.2 涤纶与粘胶纤维混纺本色纱(涤纶含量在50%以下)的技术要求按表2规定。

4.3.3 涤纶与粘胶纤维混纺本色线(涤纶含量在50%及以上)的技术要求按表3规定。

4.3.4 涤纶与粘胶纤维混纺本色线(涤纶含量在50%以下)的技术要求按表4规定。

表1 涤纶与粘胶纤维混纺本色纱(涤纶含量在50%及以上)的技术要求

公称线密度/tex	等级	线密度偏差率/%	线密度变异系数/% ≤	单纱断裂强度[a]/(cN/tex) ≥	单纱断裂强力变异系数/% ≤	条干均匀度变异系数[b]/% ≤	千米棉结(+200%)/(个/km) ≤	十万米纱疵/(个/10^5m) ≤
8.1～11.0	优	±2.0	2.0	18.5	11.0	14.5	150	10
	一	±2.5	3.0	16.5	14.0	16.5	300	18
	二	±3.0	4.0	14.5	17.0	18.5	550	—
11.1～13.0	优	±2.0	2.0	19.0	10.0	14.0	100	8
	一	±2.5	3.0	17.0	13.0	16.0	200	15
	二	±3.0	4.0	15.0	16.0	18.0	360	—
13.1～16.0	优	±2.0	2.0	19.5	9.0	13.5	65	8
	一	±2.5	3.0	17.5	12.0	15.5	120	15
	二	±3.0	4.0	15.5	15.0	17.5	190	—
16.1～20.0	优	±2.0	2.0	20.0	9.0	13.0	45	8
	一	±2.5	3.0	18.0	12.0	15.0	80	15
	二	±3.0	4.0	16.0	15.0	17.0	150	—
20.1～24.0	优	±2.0	2.0	20.5	8.0	12.5	30	8
	一	±2.5	3.0	18.5	11.0	14.5	60	15
	二	±3.0	4.0	16.5	14.0	16.5	110	—
24.1～31.0	优	±2.0	2.0	21.0	8.0	12.0	25	8
	一	±2.5	3.0	19.0	11.0	14.0	50	15
	二	±3.0	4.0	17.0	14.0	16.0	90	—
31.1及以上	优	±2.0	2.0	22.0	7.0	11.5	20	5
	一	±2.5	3.0	20.0	10.0	13.5	40	10
	二	±3.0	4.0	18.0	13.0	15.5	70	—

注：毛羽指数H值可参考附录C。

[a] 紧密纺、紧密赛络纺单纱断裂强度在本表对应数值基础上加1.0考核。

[b] 紧密纺、紧密赛络纺条干均匀度变异系数在本表对应数值基础上减0.5考核。

表 2　涤纶与粘胶纤维混纺本色纱(涤纶含量在50%以下)的技术要求

公称线密度/tex	等级	线密度偏差率/%	线密度变异系数/% ≤	单纱断裂强度[a]/(cN/tex) ≥	单纱断裂强力变异系数/% ≤	条干均匀度变异系数[b]/% ≤	千米棉结(+200%)/(个/km) ≤	十万米纱疵/(个/10^5 m) ≤
8.1～11.0	优	±2.0	2.0	17.0	11.5	15.0	200	10
	一	±2.5	3.0	15.0	14.5	17.0	420	18
	二	±3.0	4.0	13.0	17.5	19.0	600	—
11.1～13.0	优	±2.0	2.0	17.5	10.5	14.5	140	8
	一	±2.5	3.0	15.5	13.5	16.5	300	15
	二	±3.0	4.0	13.5	16.5	18.5	480	—
13.1～16.0	优	±2.0	2.0	18.0	9.5	14.0	85	8
	一	±2.5	3.0	16.0	12.5	16.0	160	15
	二	±3.0	4.0	14.0	15.5	18.0	250	—
16.1～20.0	优	±2.0	2.0	18.5	9.5	13.5	55	8
	一	±2.5	3.0	16.5	12.5	15.5	100	15
	二	±3.0	4.0	14.5	15.5	17.5	180	—
20.1～24.0	优	±2.0	2.0	19.0	8.5	13.0	35	8
	一	±2.5	3.0	17.0	11.5	15.0	75	15
	二	±3.0	4.0	15.0	14.5	17.0	135	—
24.1～31.0	优	±2.0	2.0	19.5	8.5	12.5	30	8
	一	±2.5	3.0	17.5	11.5	14.5	60	15
	二	±3.0	4.0	15.5	14.5	16.5	110	—
31.1及以上	优	±2.0	2.0	20.5	7.5	12.0	25	5
	一	±2.5	3.0	18.5	10.5	14.0	50	10
	二	±3.0	4.0	16.5	13.5	16.0	85	—

注：毛羽指数H值可参考附录C。

[a] 紧密纺、紧密赛络纺单纱断裂强度在本表对应数值基础上加1.0考核。

[b] 紧密纺、紧密赛络纺条干均匀度变异系数在本表对应数值基础上减0.5考核。

表 3　涤纶与粘胶纤维混纺本色线(涤纶含量在50%及以上)的技术要求

公称线密度/tex	等级	线密度偏差率/%	线密度变异系数/% ≤	单线断裂强度/(cN/tex) ≥	单线断裂强力变异系数/% ≤	条干均匀度变异系数/% ≤
8.1×2～11.0×2	优	±2.0	1.5	20.0	9.5	11.0
	一	±2.5	2.5	18.0	12.5	—
	二	±3.0	3.5	16.0	15.5	—
11.1×2～13.0×2	优	±2.0	1.5	21.0	8.5	10.5
	一	±2.5	2.5	19.0	11.5	—
	二	±3.0	3.5	17.0	14.5	—

表 3（续）

公称线密度/tex	等级	线密度偏差率/%	线密度变异系数/% ≤	单线断裂强度/(cN/tex) ≥	单线断裂强力变异系数/% ≤	条干均匀度变异系数/% ≤
13.1×2～16.0×2	优	±2.0	1.5	21.5	7.5	10.0
	一	±2.5	2.5	19.5	10.5	—
	二	±3.0	3.5	17.5	13.5	—
16.1×2～20.0×2	优	±2.0	1.5	22.0	7.5	9.5
	一	±2.5	2.5	20.0	10.5	—
	二	±3.0	3.5	18.0	13.5	—
20.1×2～24.0×2	优	±2.0	1.5	22.5	7.0	9.5
	一	±2.5	2.5	20.5	10.0	—
	二	±3.0	3.5	18.5	13.0	—
24.1×2～31.0×2	优	±2.0	1.5	23.0	7.0	9.0
	一	±2.5	2.5	21.0	10.0	—
	二	±3.0	3.5	19.0	13.0	—
31.1×2～60.0×2	优	±2.0	1.5	24.0	6.0	9.0
	一	±2.5	2.5	22.0	9.0	—
	二	±3.0	3.5	20.0	12.0	—

表 4　涤纶与粘胶纤维混纺本色线(涤纶含量在 50%以下)的技术要求

公称线密度/tex	等级	线密度偏差率/%	线密度变异系数/% ≤	单纱断裂强度/(cN/tex) ≥	单纱断裂强力变异系数/% ≤	条干均匀度变异系数/% ≤
8.1×2～11.0×2	优	±2.0	1.5	18.5	9.5	11.5
	一	±2.5	2.5	16.5	12.5	—
	二	±3.0	3.5	14.5	15.5	—
11.1×2～13.0×2	优	±2.0	1.5	19.5	8.5	11.0
	一	±2.5	2.5	17.5	11.5	—
	二	±3.0	3.5	15.5	14.5	—
13.1×2～16.0×2	优	±2.0	1.5	20.0	7.5	10.5
	一	±2.5	2.5	18.0	10.5	—
	二	±3.0	3.5	16.0	13.5	—
16.1×2～20.0×2	优	±2.0	1.5	20.5	7.5	10.0
	一	±2.5	2.5	18.5	10.5	—
	二	±3.0	3.5	16.5	13.5	—
20.1×2～24.0×2	优	±2.0	1.5	21.0	7.0	10.0
	一	±2.5	2.5	19.0	10.0	—
	二	±3.0	3.5	17.0	13.0	—
24.1×2～31.0×2	优	±2.0	1.5	21.5	7.0	9.5
	一	±2.5	2.5	19.5	10.0	—
	二	±3.0	3.5	17.5	13.0	—

表 4 (续)

公称线密度/tex	等级	线密度偏差率/%	线密度变异系数/% ≤	单纱断裂强度/(cN/tex) ≥	单纱断裂强力变异系数/% ≤	条干均匀度变异系数/% ≤
31.1×2～60.0×2	优	±2.0	1.5	22.5	6.0	9.5
	一	±2.5	2.5	20.5	9.0	—
	二	±3.0	3.5	18.5	12.0	—

4.3.5 纤维含量偏差

涤纶与粘胶纤维混纺本色纱线的纤维含量允许偏差为±1.5%,例如,T/R 55/45 涤纶与粘胶纤维混纺本色纱线,则允许含量为:涤纶 56.5%～53.5%,粘胶 43.5%～46.5%。纤维含量偏差超过±1.5%时,评该批产品为等外品。

5 试验方法

5.1 试验条件

各项试验应在各方法标准规定的条件下进行。

5.2 取样规定

从检验批次中随机抽取 20 个筒子,各项目所需样品数量及试验次数按表 5 规定,若检验批中的筒子数小于 20 个,则全部抽取作为样品。

表 5 涤纶与粘胶纤维混纺本色纱线各项目样品数量及试验次数的规定

项目	筒子数/个	每筒试验次数	总次数
线密度变异系数、线密度偏差率	20	1	20
断裂强度、断裂强力变异系数	20	5	100
条干均匀度变异系数、千米棉结	10	1	10
十万米纱疵	6	—	1
纤维含量偏差率	3	—	1
注:线密度变异系数、线密度偏差率、单纱断裂强度、单纱断裂强力变异系数、条干均匀度变异系数可进行在线产品取样,具体取样规定见附录 A,但用户对产品质量有异议时,则以成品质量检验为准。			

5.3 线密度变异系数、线密度偏差率试验

摇取绞纱长度应按 GB/T 4743—2009 规定执行,其中线密度变异系数采用程序 1,线密度采用程序 3。100 m 纱线标准质量和标准干燥质量按附录 B 计算,线密度偏差率应将烘干后的绞纱折算至 100 m 质量,并按式(1)计算:

$$D=\frac{m-m_d}{m_d}\times 100\% \qquad \cdots\cdots(1)$$

式中：

D ——线密度偏差率；

m ——"100 m"试样实测干燥质量，单位为克(g)；

m_d ——"100 m"试样标准干燥质量，单位为克(g)。

5.4 单纱(线)断裂强度及单纱(线)断裂强力变异系数试验

按 GB/T 3916 执行。

5.5 条干均匀度变异系数、千米棉结(+200%)试验

按 GB/T 3292.1 执行。

5.6 十万米纱疵($A_3+B_3+C_3+D_2$)试验

按 FZ/T 01050 规定执行，十万米纱疵结果用 $A_3+B_3+C_3+D_2$ 之和表示。

5.7 纤维含量试验

按 GB/T 2910.11 执行，纤维含量以公定质量比表示。

5.8 试验结果的表示

一批纱的各种试验结果是由该种试验的全部试验值的计算结果表示，各种试验结果的计算精准度，除已规定者外，按表 6 规定。

表 6 计算值的数值修约位数规定

项 目	保留小数位数
单纱(线)断裂强度/(cN/tex)	1
单纱(线)断裂强力变异系数/%	1
线密度变异系数/%	1
条干均匀度变异系数/%	1
千米棉结(+200%)/(个/km)	整数
线密度偏差率/%	1
百米质量(每批平均)/(g/100 m)	3
平均线密度/tex	1
折算重量用回潮率/%	2

6 检验规则

按 FZ/T 10007 规定执行，其中成包净重验收按 GB/T 398—2008 规定执行。

7 标志、包装

按 FZ/T 10008 规定执行。

8 其他

用户对本标准有特殊要求者,供需双方可另订协议。

附 录 A
（资料性附录）
在线产品取样及试验

A.1 在线产品取样周期及卷装形式

A.1.1 一般两天取样试验一次，但周期一经确定，不得任意变更。十万米纱疵试验周期可适当延长，但不得超过两周。

A.1.2 取样的卷装形式为管纱。

A.2 在线产品取样数及试验次数

A.2.1 各项试验应在各方法标准规定的条件下进行，如生产需要，可以在接近车间温湿度条件下进行，但试验地点的温湿度应稳定，并不得故意偏离标准条件。

A.2.2 在线产品取样数见表 A.1。

表 A.1 在线产品取样数

生产同一品种的开台数	1	2	3	4	5	6	7	8～9	10	11～14	15	16～29	30 及以上
每机台上采取管纱数	30	15	10	7～8	6	5	4～5	3～4	3	2～3	2	1～2	1
总管纱数	30	30	30	30	30	30	30	30	30	30	30	30	30
注：取样时不得均在车头或车尾取样，不得取同一锭带上的 4 个管纱。													

A.2.3 线密度变异系数、线密度偏差率试验，每份试样 30 个管纱，每管摇取 1 缕，总数为 30 次（开台数在 5 台及以下的产品，线密度变异系数、线密度偏差率试验可相应减少拔管数，拔取 15 个管纱，每管摇取 2 缕）。

A.2.4 单纱（线）断裂强度及单纱（线）断裂强力变异系数试验，单纱每份试样 30 个管纱，每管测试2 次，总数为 60 次（开台数在 5 台及以下者，可每份试样 15 个管纱，每管测试 4 次），若为股线，每份试样为 15 个管纱，每管测 2 次，总数为 30 次。采用全自动纱线强力试验仪的取样数，纱线均为 20 个管纱，每管测 5 次，总数为 100 次。

A.2.5 条干均匀度变异系数需在各机台随机抽取 10 个管纱，试验总数为 10 次。

附 录 B
(规范性附录)
涤纶与粘胶纤维混纺本色纱线百米质量的计算

B.1 涤纶与粘胶混纺本色纱线的公定回潮率可按干重混纺比例计算,也可按公定质量混纺比例计算,见式(B.1)和式(B.2),计算结果修约至小数点后一位。其中涤纶公定回潮率为0.4%,粘胶公定回潮率为13.0%。

a) 以干重混纺比例计算公定回潮率,以百分率表示:

$$W=\frac{W_T\times A_T+W_R\times A_R}{100} \quad \cdots\cdots(B.1)$$

b) 以公定质量混纺比例计算公定回潮率,以百分率表示:

$$W=\frac{\dfrac{B_TW_T}{1+\dfrac{W_T}{100}}+\dfrac{B_RW_R}{1+\dfrac{W_R}{100}}}{\dfrac{B_T}{1+\dfrac{W_T}{100}}+\dfrac{B_R}{1+\dfrac{W_R}{100}}} \quad \cdots\cdots(B.2)$$

式中:

W ——公定回潮率,%;

W_T、W_R ——涤纶、粘胶公定回潮率,%;

A_T、A_R ——涤纶、粘胶干燥质量混纺百分比例;

B_T、B_R ——涤纶、粘胶公定质量混纺百分比例。

B.2 100 m纱线在公定回潮率时的标准质量按式(B.3)计算,计算结果修约至小数点后三位。

$$m_g=\frac{T_t}{10} \quad \cdots\cdots(B.3)$$

式中:

m_g ——100 m纱线在公定回潮率的标准质量,单位为克(g);

T_t ——纱线的公称线密度,单位为特克斯(tex)。

B.3 100 m纱线标准干燥质量按式(B.4)计算,计算结果修约至小数点后三位。

$$m_d=\frac{T_t}{10}\times\frac{100}{100+W} \quad \cdots\cdots(B.4)$$

式中:

m_d ——100 m纱线标准干燥质量,单位为克(g);

T_t ——纱线的公称线密度,单位为特克斯(tex);

W ——混纺纱线的公定回潮率,%。

附 录 C
(资料性附录)
毛羽指数 H 值试验方法

C.1 原理

光电式毛羽检测原理是连续运动的纱线在通过检测区时,突出纱体对检测区域中的持续单色平行光进行散射。散射光被透镜系统积聚并被光电传感器检测到,检测器输出的电信号经过电路运算处理即可提供表示纱线毛羽特征的各种结果。

C.2 仪器

C.2.1 纱架:使各种卷装的纱线能在一定张力下退绕,并使纱线不产生意外伸长或损伤。
C.2.2 检测器:光电式测量槽和能使纱线以一定速度经过测量槽的罗拉牵引装置等。
C.2.3 控制器:对测试过程进行控制,完成对纱线毛羽信号的处理,并得出供显示或打印的各种试验结果(毛羽指数 H 值、毛羽指数标准差 S_H 值、毛羽波谱图、毛羽不匀率曲线图等)。

C.3 取样次数及测试次数

C.3.1 取样次数:10 个卷装。
C.3.2 测试次数:每个卷装各测一次。
C.3.3 可根据需要规定取样数量和测试次数。推荐取样长度 250 m~2 000 m,常规测试 400 m,产品验收仲裁试验 1 000 m。

C.4 大气条件

C.4.1 试样的调湿应按 GB/T 6529 中的大气标准,即在湿度为(20±2)℃,相对湿度为(65±4)%的条件下平衡 24 h,对大而紧的样品卷装或对一个卷装需进行一次以上测试时应平衡 48 h。在调湿和试验过程中应保持标准大气恒定,直到试验结束。
C.4.2 试样应在吸湿状态下调湿平衡,必要时可以按照 GB/T 6529 进行预调湿。
C.4.3 试验室若不具备以上条件时,可以在以下稳定的温湿度条件下,使试样达到平衡后进行试验。平衡及试验期间的平均温度为 18 ℃~28 ℃,平均相对湿度 50%~75%,同时应保证温度的变化不超过上述范围内某平均温度±3 ℃,温度变化率不超过 0.5 ℃/min,相对湿度的变化不超过上述范围内某平均相对湿度±4%,相对湿度变化率不超过 0.25%/min。试验前仪器应在上述稳定环境中至少放置 5 h。

C.5 操作程序

C.5.1 试验条件:将试验样按 C.4 的规定调湿,全部试验在上述规定的试验大气下进行。
C.5.2 仪器校验:按照仪器使用说明进行调整。
C.5.3 测试速度:推荐采用 400 m/min 。

C.5.4 时间选择：1 min、2.5 min、5 min。

C.5.5 将试样照正确的引线路线装上仪器，启动仪器，试验至规定长度时记录或打印试验结果。

C.6 结果的表示和计算

C.6.1 纱线毛羽的测试结果主要有以下几项指标：毛羽指数 H 值、毛羽指数标准差 S_H 值、毛羽波谱图、毛羽不匀率曲线图、毛羽柱状图、最大毛羽指数 H 值 max、最小毛羽指数 H 值 min，管间毛羽变异系数 CV_{Hb}。

C.6.2 试验结果按 GB/T 8170 规定的方法进行修约。毛羽指数 H 值保留 1 位小数。

C.7 试验报告

说明试验是按本标准进行的，并报告以下内容：

a) 样品材料、规格和数量；

b) 试验环境条件(湿度、相对湿度)；

c) 仪器型号；

d) 纱线速度、取样长度等、必要试验参数；

e) 毛羽指数 H 值、标准差 S_H 值、一批试样的平均值，必要时计算其标准差、最大值、最小值及变异系数；

f) 毛羽曲线图、波谱图。

C.8 毛羽指数 H 值水平值

涤纶与粘胶纤维混纺本色纱线毛羽指标 H 推荐指标，分为涤纶含量在 50%及以上和涤纶含量在 50%以下两类毛羽指数 H 值。具体见表 C.1 和表 C.2。

表 C.1 涤纶与粘胶纤维混纺本色纱(涤纶含量在 50%及以上)的毛羽指数 H 值

毛羽指数 H 值 ≤	公称线密度/tex						
	8.1～11.0	11.1～13.0	13.1～16.0	16.1～20.0	20.1～24.0	24.1～31.0	31.1 及以上
优等品	4.0	4.3	4.6	4.9	5.2	5.5	5.8
一等品	5.0	5.3	5.6	5.9	6.2	6.5	6.8

表 C.2 涤纶与粘胶纤维混纺本色纱(涤纶含量在 50%以下)的毛羽指数 H 值

毛羽指数 H 值 ≤	公称线密度/tex						
	8.1～11.0	11.1～13.0	13.1～16.0	16.1～20.0	20.1～24.0	24.1～31.0	31.1 及以上
优等品	4.5	4.8	5.1	5.4	5.7	6.0	6.3
一等品	5.5	5.8	6.1	6.4	6.7	7.0	7.3

ICS 59.080.20
W 12

中华人民共和国纺织行业标准

FZ/T 12005—2011
代替 FZ/T 12005—1998

普梳涤与棉混纺本色纱线

Carded polyester/cotton blended grey yarns

2011-05-18 发布 2011-08-01 实施

中华人民共和国工业和信息化部 发布

前 言

本标准按照GB/T 1.1—2009给出的规则起草。

本标准代替FZ/T 12005—1998《普梳涤与棉混纺本色纱线》，与FZ/T 12005—1998相比，主要技术内容变化如下：

——修改了第3章分类，100 m标准质量和标准干燥质量的计算放入附录A中，删除线密度规定的内容；

——纤维含量偏差列入技术要求中；

——重新划分了各表涤纶含量范围；

——项目名称“百米重量变异系数”、“百米重量偏差”分别修改为“线密度变异系数”、“线密度偏差率”；

——技术要求中的技术指标适当提高，单纱优等品增加千米棉结（+200%）、千米粗节（+50%）、千米细节（−50%）质量指标；

——取消顺降指标考核，按技术要求中最低一项品等评定；

——取样规定作了调整。

本标准由中国纺织工业协会提出。

本标准由全国纺织品标准化技术委员会棉纺织印染分技术委员会（SAC/TC 209/SC 2）归口。

本标准起草单位：南通双弘纺织有限公司、淄博兰雁集团有限责任公司、上海市纺织工业技术监督所、中国棉纺织行业协会。

本标准主要起草人：吉宜军、宋桂玲、王憬义、叶戬春、乐荣庆。

本标准所代替标准的历次版本发布情况为：

——FZ/T 12005—1998。

普梳涤与棉混纺本色纱线

1 范围

本标准规定了涤纶(棉型短纤维)与棉混纺,普梳涤与棉各种混纺比例本色纱线产品的分类、标识、要求、试验方法、检验规则和标志、包装。

本标准适用于鉴定环锭纺普梳涤与棉混纺本色纱线(包括机织用纱和针织用纱)的品质,不适用于鉴定特种用途普梳涤与棉混纺本色纱线的品质。

2 规范性引用文件

下列文件对于本文件的应用是必不可少的。凡是注日期的引用文件,仅注日期的版本适用于本文件。凡是不注日期的引用文件,其最新版本(包括所有的修改单)适用于本文件。

GB/T 398 棉本色纱线

GB/T 2910.11 纺织品 定量化学分析 第11部分:纤维素纤维与聚酯纤维的混合物(硫酸法)

GB/T 3292.1 纺织品 纱线条干不匀试验方法 第1部分:电容法

GB/T 3916 纺织品 卷装纱 单根纱线断裂强力和断裂伸长率的测定

GB/T 4743—2009 纺织品 卷装纱 绞纱法线密度的测定

GB/T 8170 数值修约规则与极限数值的表示和判定

GB/T 9996.2 棉及化纤纯纺、混纺纱线外观质量黑板检验方法 第2部分:分别评定法

FZ/T 01050 纺织品 纱线疵点的分级与检验方法 电容式

FZ/T 10007 棉及化纤纯纺、混纺本色纱线检验规则

FZ/T 10008 棉及化纤纯纺、混纺本色纱线标志与包装

3 产品分类、标识

3.1 普梳涤与棉混纺本色纱线分类

3.1.1 普梳涤与棉混纺本色纱线产品以不同混纺比和线密度分类。

3.1.2 普梳涤与棉混纺本色纱线的线密度以1 000 m纱线在公定回潮率时的质量(g)表示,单位为特克斯(tex),其公称线密度的100 m标准质量和标准干燥质量应按附录A计算确定。

3.2 普梳涤与棉混纺本色纱线标识

3.2.1 普梳涤与棉混纺本色纱线的原料代号,涤纶为T,棉为C。

3.2.2 普梳涤棉混纺本色纱线,混用比例在50%及以上,混纺比以涤纶的净干含量/棉的净干含量表示,线密度以特克斯(tex)为基本单位。

示例:普梳涤棉混纺本色纱线密度为13 tex,含量为涤纶65%,棉35%,应写为T/C 65/35 13 tex。

3.2.3 普梳棉涤混纺本色纱线,涤纶混用比例在50%以下,混纺比以棉的净干含量/涤纶的净干含量表示,线密度以特克斯(tex)为基本单位。

示例:普梳棉涤混纺本色纱线密度为13 tex,含量为涤纶45%,棉55%,应写为C/T 55/45 13 tex。

4 要求

4.1 普梳涤棉混纺本色纱(涤纶含量在60%及以上)的技术要求

普梳涤棉混纺本色纱(涤纶含量在60%及以上)的技术要求见表1。

4.2 普梳涤棉混纺本色线(涤纶含量在60%及以上)的技术要求

普梳涤棉混纺本色线(涤纶含量在60%及以上)的技术要求见表2。

4.3 普梳涤棉混纺本色纱(涤纶含量在60%以下~50%)的技术要求

普梳涤棉混纺本色纱(涤纶含量在60%以下~50%)的技术要求见表3。

4.4 普梳涤棉混纺本色线(涤纶含量在60%以下~50%)的技术要求

普梳涤棉混纺本色线(涤纶含量在60%以下~50%)的技术要求见表4。

4.5 普梳棉涤混纺本色纱(涤纶含量在50%以下~30%)的技术要求

普梳棉涤混纺本色纱(涤纶含量在50%以下~30%)的技术要求见表5。

4.6 普梳棉涤混纺本色线(涤纶含量在50%以下~30%)的技术要求

普梳棉涤混纺本色线(涤纶含量在50%以下~30%)的技术要求见表6。

4.7 普梳棉涤混纺本色纱(涤纶含量在30%以下)的技术要求

普梳棉涤混纺本色纱(涤纶含量在30%以下)的技术要求见表7。

4.8 普梳棉涤混纺本色线(涤纶含量在30%以下)的技术要求

普梳棉涤混纺本色线(涤纶含量在30%以下)的技术要求见表8。

注:普梳涤与棉混纺本色纱线实际捻系数为内控指标,其要求参见附录B,用户如有特殊要求,双方另订协议。

4.9 纤维含量偏差

普梳涤与棉混纺本色纱线的纤维含量允许偏差为1.5%,例如T/C 65/35普梳涤棉混纺本色纱线,则允许含量为:63.5%~66.5%涤纶,36.5%~33.5%棉。

4.10 分等规定

4.10.1 同一原料、同一工艺单连续生产的同一规格的产品作为一个或多个检验批。按规定的各项试验方法进行试验,并按其结果评定普梳涤与棉混纺本色纱线的品等。

4.10.2 普梳涤与棉混纺本色纱线的品等分为优等品、一等品、二等品,低于二等品指标者作三等品。

4.10.3 普梳涤与棉混纺本色纱的品等由单纱断裂强力变异系数、线密度变异系数、单纱断裂强度、线密度偏差率、条干均匀度、黑板棉结粒数、黑板棉结杂质总粒数、千米细节(-50%)、千米粗节(+50%)、千米棉结(+200%)及十万米纱疵中最低的一项品等评定。

表 1 普梳涤棉混纺本色纱(涤纶含量在60%及以上)的技术要求

公称线密度 tex (英制支数)	等别	单纱断裂强力变异系数 % ≤	线密度变异系数 % ≤	单纱断裂强度 cN/tex ≥	线密度偏差率 %	条干均匀度		黑板棉结粒数 粒/g ≤	黑板棉结杂质总粒数 粒/g ≤	纱疵			
						黑板条干均匀度10块板比例 (优:一:二:三) 不低于	条干均匀度变异系数 % ≤			千米纱疵 个/km			十万米纱疵 个/10^5 m ≤
										细节 (−50%) ≤	粗节 (+50%) ≤	棉结 (+200%) ≤	
8～10 (73～55)	优	11.5	2.2	17.6	±2.0	7:3:0:0	16.0	22	30	36	600	980	18
	一	14.5	3.5	14.6	±2.5	0:7:3:0	18.5	42	60	—	—	—	30
	二	17.0	4.5	12.6	±3.0	0:0:7:3	21.0	66	85	—	—	—	—
11～13 (54～45)	优	11.0	2.2	18.0	±2.0	7:3:0:0	15.5	22	30	28	420	720	18
	一	14.0	3.5	15.0	±2.5	0:7:3:0	18.0	42	60	—	—	—	30
	二	16.5	4.5	13.0	±3.0	0:0:7:3	20.5	66	85	—	—	—	—
14～16 (44～36)	优	10.5	2.2	18.4	±2.0	7:3:0:0	15.0	22	30	18	320	460	18
	一	13.5	3.5	15.4	±2.5	0:7:3:0	17.5	42	60	—	—	—	30
	二	16.0	4.5	13.4	±3.0	0:0:7:3	20.0	66	85	—	—	—	—
17～20 (35～29)	优	10.0	2.2	18.8	±2.0	7:3:0:0	14.5	22	30	12	220	300	18
	一	13.0	3.5	15.8	±2.5	0:7:3:0	17.0	42	60	—	—	—	30
	二	15.5	4.5	13.8	±3.0	0:0:7:3	19.5	66	85	—	—	—	—
21～24 (28～24)	优	9.5	2.2	19.2	±2.0	7:3:0:0	13.5	22	30	7	140	200	12
	一	12.5	3.5	16.2	±2.5	0:7:3:0	16.0	42	60	—	—	—	24
	二	15.0	4.5	14.2	±3.0	0:0:7:3	18.5	66	85	—	—	—	—
25～30 (23～19)	优	9.0	2.2	19.2	±2.0	7:3:0:0	13.0	22	30	4	100	140	12
	一	12.0	3.5	16.2	±2.5	0:7:3:0	15.5	42	60	—	—	—	24
	二	14.5	4.5	14.2	±3.0	0:0:7:3	18.0	66	85	—	—	—	—
32～34 (18～17)	优	8.5	2.2	19.6	±2.0	7:3:0:0	12.0	20	28	3	80	100	8
	一	11.5	3.5	16.6	±2.5	0:7:3:0	14.5	38	56	—	—	—	15
	二	14.0	4.5	14.6	±3.0	0:0:7:3	17.0	60	78	—	—	—	—
36～48 (16～12)	优	8.0	2.2	20.0	±2.0	7:3:0:0	11.5	20	28	2	50	70	8
	一	11.0	3.5	17.0	±2.5	0:7:3:0	14.0	38	56	—	—	—	15
	二	13.5	4.5	15.0	±3.0	0:0:7:3	16.5	60	78	—	—	—	—
50～100 (11～6)	优	7.5	2.2	20.0	±2.0	7:3:0:0	10.5	20	28	1	35	45	8
	一	10.5	3.5	17.0	±2.5	0:7:3:0	13.0	38	56	—	—	—	15
	二	13.0	4.5	15.0	±3.0	0:0:7:3	15.5	60	78	—	—	—	—

表 2 普梳涤棉混纺本色线(涤纶含量在60%及以上)的技术要求

公称线密度 tex (英制支数)	等别	单线断裂强力变异系数 % ≤	线密度变异系数 % ≤	单线断裂强度 cN/tex ≥	线密度偏差率 %	黑板棉结粒数 粒/g ≤	黑板棉结杂质总粒数 粒/g ≤	条干均匀度变异系数 % ≤
8×2～10×2 (73/2～55/2)	优	10.0	1.5	19.0	±2.0	14	24	12.0
	一	12.0	2.5	16.0	±2.5	28	38	—
	二	14.0	3.5	14.0	±3.0	48	64	—
11×2～13×2 (54/2～45/2)	优	9.5	1.5	19.4	±2.0	14	24	11.5
	一	11.5	2.5	16.4	±2.5	28	38	—
	二	13.5	3.5	14.4	±3.0	48	64	—
14×2～16×2 (44/2～36/2)	优	9.0	1.5	19.8	±2.0	14	24	11.0
	一	11.0	2.5	16.8	±2.5	28	38	—
	二	13.0	3.5	14.8	±3.0	48	64	—
17×2～20×2 (35/2～29/2)	优	8.5	1.5	20.0	±2.0	14	24	10.5
	一	10.5	2.5	17.0	±2.5	28	38	—
	二	12.5	3.5	15.0	±3.0	48	64	—
21×2～24×2 (28/2～24/2)	优	8.0	1.5	20.4	±2.0	14	24	10.0
	一	10.0	2.5	17.4	±2.5	28	38	—
	二	12.0	3.5	15.4	±3.0	48	64	—
25×2～30×2 (23/2～19/2)	优	8.0	1.5	20.4	±2.0	14	24	9.5
	一	10.0	2.5	17.4	±2.5	28	38	—
	二	12.0	3.5	15.4	±3.0	48	64	—
32×2～48×2 (18/2～12/2)	优	7.5	1.5	20.8	±2.0	12	22	9.5
	一	9.5	2.5	17.8	±2.5	26	36	—
	二	11.5	3.5	15.8	±3.0	46	60	—
50×2～100×2 (11/2～6/2)	优	7.0	1.5	21.2	±2.0	12	22	9.0
	一	9.0	2.5	18.2	±2.5	26	36	—
	二	11.0	3.5	16.2	±3.0	46	60	—

表 3 普梳涤棉混纺本色纱(涤纶含量在 60%以下~50%)的技术要求

公称线密度 tex (英制支数)	等别	单纱断裂强力变异系数 % ≤	线密度变异系数 % ≤	单纱断裂强度 cN/tex ≥	线密度偏差率 %	条干均匀度		黑板棉结粒数 粒/g ≤	黑板棉结杂质总粒数 粒/g ≤	纱疵			
						黑板条干均匀度 10 块板比例 (优:一:二:三) 不低于	条干均匀度变异系数 % ≤			千米纱疵 个/km			十万米纱疵 个/10^5 m ≤
										细节 (−50%) ≤	粗节 (+50%) ≤	棉结 (+200%) ≤	
8~10 (73~55)	优	11.5	2.2	16.8	±2.0	7:3:0:0	16.0	24	35	320	1 200	1 260	18
	一	14.5	3.5	13.8	±2.5	0:7:3:0	18.5	48	70	—	—	—	30
	二	17.0	4.5	11.8	±3.0	0:0:7:3	21.0	76	95	—	—	—	—
11~13 (54~45)	优	11.0	2.2	17.2	±2.0	7:3:0:0	15.5	24	35	160	720	860	18
	一	14.0	3.5	14.2	±2.5	0:7:3:0	18.0	48	70	—	—	—	30
	二	16.5	4.5	12.2	±3.0	0:0:7:3	20.5	76	95	—	—	—	—
14~16 (44~36)	优	10.5	2.2	17.6	±2.0	7:3:0:0	15.0	24	35	90	460	580	18
	一	13.5	3.5	14.6	±2.5	0:7:3:0	17.5	48	70	—	—	—	30
	二	16.0	4.5	12.6	±3.0	0:0:7:3	20.0	76	95	—	—	—	—
17~20 (35~29)	优	10.0	2.2	18.0	±2.0	7:3:0:0	14.5	24	35	40	280	360	18
	一	13.0	3.5	15.0	±2.5	0:7:3:0	17.0	48	70	—	—	—	30
	二	15.5	4.5	13.0	±3.0	0:0:7:3	19.5	76	95	—	—	—	—
21~24 (28~24)	优	9.5	2.2	18.4	±2.0	7:3:0:0	13.5	24	35	20	180	240	12
	一	12.5	3.5	15.4	±2.5	0:7:3:0	16.0	48	70	—	—	—	24
	二	15.0	4.5	13.4	±3.0	0:0:7:3	18.5	76	95	—	—	—	—
25~30 (23~19)	优	9.0	2.2	18.4	±2.0	7:3:0:0	13.0	24	35	10	120	160	12
	一	12.0	3.5	15.4	±2.5	0:7:3:0	15.5	48	70	—	—	—	24
	二	14.5	4.5	13.4	±3.0	0:0:7:3	18.0	76	95	—	—	—	—
32~34 (18~17)	优	8.5	2.2	18.8	±2.0	7:3:0:0	12.0	22	32	4	90	120	8
	一	11.5	3.5	15.8	±2.5	0:7:3:0	14.5	44	65	—	—	—	15
	二	14.0	4.5	13.8	±3.0	0:0:7:3	17.0	70	90	—	—	—	—
36~48 (16~12)	优	8.0	2.2	19.2	±2.0	7:3:0:0	11.5	22	32	2	60	90	8
	一	11.0	3.5	16.2	±2.5	0:7:3:0	14.0	44	65	—	—	—	15
	二	13.5	4.5	14.2	±3.0	0:0:7:3	16.5	70	90	—	—	—	—
50~100 (11~6)	优	7.5	2.2	19.2	±2.0	7:3:0:0	10.5	22	32	1	38	55	8
	一	10.5	3.5	16.2	±2.5	0:7:3:0	13.0	44	65	—	—	—	15
	二	13.0	4.5	14.2	±3.0	0:0:7:3	15.5	70	90	—	—	—	—

表 4　普梳涤棉混纺本色线(涤纶含量在 60%以下～50%)的技术要求

公称线密度 tex (英制支数)	等别	单线断裂强力 变异系数 % ≤	线密度变异 系数 % ≤	单线断裂 强度 cN/tex ≥	线密度 偏差率 %	黑板棉结 粒数 粒/g ≤	黑板棉结杂质 总粒数 粒/g ≤	条干均匀度 变异系数 % ≤
8×2～10×2 (73/2～55/2)	优	10.0	1.5	18.0	±2.0	18	26	12.0
	一	12.0	2.5	15.0	±2.5	32	46	—
	二	14.0	3.5	13.0	±3.0	54	74	—
11×2～13×2 (54/2～45/2)	优	9.5	1.5	18.4	±2.0	18	26	11.5
	一	11.5	2.5	15.4	±2.5	32	46	—
	二	13.5	3.5	13.4	±3.0	54	74	—
14×2～16×2 (44/2～36/2)	优	9.0	1.5	18.8	±2.0	18	26	11.0
	一	11.0	2.5	15.8	±2.5	32	46	—
	二	13.0	3.5	13.8	±3.0	54	74	—
17×2～20×2 (35/2～29/2)	优	8.5	1.5	19.0	±2.0	18	26	10.5
	一	10.5	2.5	16.0	±2.5	32	46	—
	二	12.5	3.5	14.0	±3.0	54	74	—
21×2～24×2 (28/2～24/2)	优	8.0	1.5	19.4	±2.0	18	26	10.0
	一	10.0	2.5	16.4	±2.5	32	46	—
	二	12.0	3.5	14.4	±3.0	54	74	—
25×2～30×2 (23/2～19/2)	优	8.0	1.5	19.4	±2.0	18	26	9.5
	一	10.0	2.5	16.4	±2.5	32	46	—
	二	12.0	3.5	14.4	±3.0	54	74	—
32×2～48×2 (18/2～12/2)	优	7.5	1.5	19.8	±2.0	17	24	9.5
	一	9.5	2.5	16.8	±2.5	30	42	—
	二	11.5	3.5	14.8	±3.0	50	70	—
50×2～100×2 (11/2～6/2)	优	7.0	1.5	20.2	±2.0	17	24	9.0
	一	9.0	2.5	17.2	±2.5	30	42	—
	二	11.0	3.5	15.2	±3.0	50	70	—

表 5　普梳棉涤混纺本色纱(涤纶含量在 50%以下～30%)的技术要求

公称线密度 tex (英制支数)	等别	单纱断裂强力变异系数 % ≤	线密度变异系数 % ≤	单纱断裂强度 cN/tex ≥	线密度偏差率 %	条干均匀度		黑板棉结粒数 粒/g ≤	黑板棉结杂质总粒数 粒/g ≤	纱疵			
						黑板条干均匀度 10 块板比例 (优：一：二：三) 不低于	条干均匀度变异系数 % ≤			千米纱疵 个/km			十万米纱疵 个/10^5 m ≤
										细节 (−50%) ≤	粗节 (+50%) ≤	棉结 (+200%) ≤	
8～10 (73～55)	优	12.0	2.2	15.2	±2.0	7：3：0：0	17.5	27	45	420	1 300	1 580	18
	一	15.0	3.5	12.2	±2.5	0：7：3：0	20.0	58	85	—	—	—	30
	二	17.5	4.5	10.2	±3.0	0：0：7：3	22.5	98	120	—	—	—	—
11～13 (54～45)	优	11.5	2.2	15.4	±2.0	7：3：0：0	16.5	27	45	200	800	1 000	18
	一	14.5	3.5	12.4	±2.5	0：7：3：0	19.0	58	85	—	—	—	30
	二	17.0	4.5	10.4	±3.0	0：0：7：3	21.5	98	120	—	—	—	—
14～16 (44～36)	优	11.0	2.2	15.8	±2.0	7：3：0：0	16.0	27	45	120	520	700	18
	一	14.0	3.5	12.8	±2.5	0：7：3：0	18.5	58	85	—	—	—	30
	二	16.5	4.5	10.8	±3.0	0：0：7：3	21.0	98	120	—	—	—	—
17～20 (35～29)	优	10.5	2.2	16.0	±2.0	7：3：0：0	15.5	27	45	50	320	420	18
	一	13.5	3.5	13.0	±2.5	0：7：3：0	18.0	58	85	—	—	—	30
	二	16.0	4.5	11.0	±3.0	0：0：7：3	20.5	98	120	—	—	—	—
21～24 (28～24)	优	10.0	2.2	16.4	±2.0	7：3：0：0	14.5	27	45	24	200	280	12
	一	13.0	3.5	13.4	±2.5	0：7：3：0	17.0	58	85	—	—	—	24
	二	15.5	4.5	11.4	±3.0	0：0：7：3	19.5	98	120	—	—	—	—
25～30 (23～19)	优	9.5	2.2	16.4	±2.0	7：3：0：0	14.0	27	45	14	140	180	12
	一	12.5	3.5	13.4	±2.5	0：7：3：0	16.5	58	85	—	—	—	24
	二	15.0	4.5	11.4	±3.0	0：0：7：3	19.0	98	120	—	—	—	—
32～34 (18～17)	优	9.0	2.2	16.8	±2.0	7：3：0：0	13.0	25	42	5	110	140	8
	一	12.0	3.5	13.8	±2.5	0：7：3：0	15.5	55	80	—	—	—	15
	二	14.5	4.5	11.8	±3.0	0：0：7：3	18.0	90	112	—	—	—	—
36～48 (16～12)	优	8.5	2.2	17.2	±2.0	7：3：0：0	12.5	25	42	3	80	110	8
	一	11.5	3.5	14.2	±2.5	0：7：3：0	15.0	55	80	—	—	—	15
	二	14.0	4.5	12.2	±3.0	0：0：7：3	17.5	90	112	—	—	—	—
50～100 (11～6)	优	8.0	2.2	17.2	±2.0	7：3：0：0	11.5	25	42	1	55	75	8
	一	11.0	3.5	14.2	±2.5	0：7：3：0	14.0	55	80	—	—	—	15
	二	13.5	4.5	12.2	±3.0	0：0：7：3	16.5	90	112	—	—	—	—

表 6　普梳棉涤混纺本色线（涤纶含量在 50%以下～30%）的技术要求

公称线密度 tex （英制支数）	等别	单线断裂强力变异系数 % ≤	线密度变异系数 % ≤	单线断裂强度 cN/tex ≥	线密度偏差率 %	黑板棉结粒数 粒/g ≤	黑板棉结杂质总粒数 粒/g ≤	条干均匀度变异系数 % ≤
8×2～10×2 （73/2～55/2）	优	10.5	1.5	16.6	±2.0	22	32	12.0
	一	12.5	2.5	13.6	±2.5	40	60	—
	二	14.5	3.5	11.6	±3.0	62	90	—
11×2～13×2 （54/2～45/2）	优	10.0	1.5	17.0	±2.0	22	32	11.5
	一	12.0	2.5	14.0	±2.5	40	60	—
	二	14.0	3.5	12.0	±3.0	62	90	—
14×2～16×2 （44/2～36/2）	优	9.5	1.5	17.4	±2.0	22	32	11.0
	一	11.5	2.5	14.4	±2.5	40	60	—
	二	13.5	3.5	12.4	±3.0	62	90	—
17×2～20×2 （35/2～29/2）	优	9.0	1.5	17.6	±2.0	22	32	11.0
	一	11.0	2.5	14.6	±2.5	40	60	—
	二	13.0	3.5	12.6	±3.0	62	90	—
21×2～24×2 （28/2～24/2）	优	8.5	1.5	18.0	±2.0	22	32	10.5
	一	10.5	2.5	15.0	±2.5	40	60	—
	二	12.5	3.5	13.0	±3.0	62	90	—
25×2～30×2 （23/2～19/2）	优	8.5	1.5	18.0	±2.0	22	32	10.0
	一	10.5	2.5	15.0	±2.5	40	60	—
	二	12.5	3.5	13.0	±3.0	62	90	—
32×2～48×2 （18/2～12/2）	优	8.0	1.5	18.4	±2.0	20	30	9.5
	一	10.0	2.5	15.4	±2.5	38	56	—
	二	12.0	3.5	13.4	±3.0	58	88	—
50×2～100×2 （11/2～6/2）	优	7.5	1.5	18.8	±2.0	20	30	9.0
	一	9.5	2.5	15.8	±2.5	38	56	—
	二	11.5	3.5	13.8	±3.0	58	88	—

表 7　普梳棉涤混纺本色纱(涤纶含量在 30%以下)的技术要求

公称线密度 tex (英制支数)	等别	单纱断裂强力变异系数 % ≤	线密度变异系数 % ≤	单纱断裂强度 cN/tex ≥	线密度偏差率 %	条干均匀度		黑板棉结粒数 粒/g ≤	黑板棉结杂质总粒数 粒/g ≤	纱疵			
						黑板条干均匀度 10 块板比例 (优：一：二：三) 不低于	条干均匀度变异系数 % ≤			千米纱疵 个/km			十万米纱疵 个/10^5 m ≤
										细节 (−50%) ≤	粗节 (+50%) ≤	棉结 (+200%) ≤	
8～10 (73～55)	优	12.0	2.2	14.2	±2.0	7：3：0：0	17.5	30	55	460	1 420	1 800	18
	一	15.0	3.5	11.2	±2.5	0：7：3：0	20.0	65	105	—	—	—	30
	二	17.5	4.5	9.2	±3.0	0：0：7：3	22.5	105	155	—	—	—	—
11～13 (54～45)	优	11.5	2.2	14.4	±2.0	7：3：0：0	16.5	30	55	220	900	1 150	18
	一	14.5	3.5	11.4	±2.5	0：7：3：0	19.0	65	105	—	—	—	30
	二	17.0	4.5	9.4	±3.0	0：0：7：3	21.5	105	155	—	—	—	—
14～16 (44～36)	优	11.0	2.2	14.8	±2.0	7：3：0：0	16.0	30	55	140	580	780	18
	一	14.0	3.5	11.8	±2.5	0：7：3：0	18.5	65	105	—	—	—	30
	二	16.5	4.5	9.8	±3.0	0：0：7：3	21.0	105	155	—	—	—	—
17～20 (35～29)	优	10.5	2.2	15.0	±2.0	7：3：0：0	15.5	30	55	60	360	460	18
	一	13.5	3.5	12.0	±2.5	0：7：3：0	18.0	65	105	—	—	—	30
	二	16.0	4.5	10.0	±3.0	0：0：7：3	20.5	105	155	—	—	—	—
21～24 (28～24)	优	10.0	2.2	15.4	±2.0	7：3：0：0	14.5	30	55	30	220	300	12
	一	13.0	3.5	12.4	±2.5	0：7：3：0	17.0	65	105	—	—	—	24
	二	15.5	4.5	10.4	±3.0	0：0：7：3	19.5	105	155	—	—	—	—
25～30 (23～19)	优	9.5	2.2	15.4	±2.0	7：3：0：0	14.0	30	55	18	160	200	12
	一	12.5	3.5	12.4	±2.5	0：7：3：0	16.5	65	105	—	—	—	24
	二	15.0	4.5	10.4	±3.0	0：0：7：3	19.0	105	155	—	—	—	—
32～34 (18～17)	优	9.0	2.2	15.8	±2.0	7：3：0：0	13.0	28	53	7	120	150	8
	一	12.0	3.5	12.8	±2.5	0：7：3：0	15.5	62	100	—	—	—	15
	二	14.5	4.5	10.8	±3.0	0：0：7：3	18.0	98	150	—	—	—	—
36～48 (16～12)	优	8.5	2.2	16.2	±2.0	7：3：0：0	12.5	28	53	3	90	120	8
	一	11.5	3.5	13.2	±2.5	0：7：3：0	15.0	62	100	—	—	—	15
	二	14.0	4.5	11.2	±3.0	0：0：7：3	17.5	98	150	—	—	—	—
50～100 (11～6)	优	8.0	2.2	16.2	±2.0	7：3：0：0	11.5	28	53	1	60	80	8
	一	11.0	3.5	13.2	±2.5	0：7：3：0	14.0	62	100	—	—	—	15
	二	13.5	4.5	11.2	±3.0	0：0：7：3	16.5	98	150	—	—	—	—

表 8　普梳棉涤混纺本色线(涤纶含量在 30%以下)的技术要求

公称线密度 tex (英制支数)	等别	单线断裂强力变异系数 % ≤	线密度变异系数 % ≤	单线断裂强度 cN/tex ≥	线密度偏差率 %	黑板棉结粒数 粒/g ≤	黑板棉结杂质总粒数 粒/g ≤	条干均匀度变异系数 % ≤
8×2～10×2 (73/2～55/2)	优	10.5	1.5	16.0	±2.0	26	42	12.0
	一	12.5	2.5	13.0	±2.5	48	75	—
	二	14.5	3.5	11.0	±3.0	86	115	—
11×2～13×2 (54/2～45/2)	优	10.0	1.5	16.4	±2.0	26	42	11.5
	一	12.0	2.5	13.4	±2.5	48	75	—
	二	14.0	3.5	11.4	±3.0	86	115	—
14×2～16×2 (44/2～36/2)	优	9.5	1.5	16.8	±2.0	26	42	11.0
	一	11.5	2.5	13.8	±2.5	48	75	—
	二	13.5	3.5	11.8	±3.0	86	115	—
17×2～20×2 (35/2～29/2)	优	9.0	1.5	17.0	±2.0	26	42	11.0
	一	11.0	2.5	14.0	±2.5	48	75	—
	二	13.0	3.5	12.0	±3.0	86	115	—
21×2～24×2 (28/2～24/2)	优	8.5	1.5	17.4	±2.0	26	42	10.5
	一	10.5	2.5	14.4	±2.5	48	75	—
	二	12.5	3.5	12.4	±3.0	86	115	—
25×2～30×2 (23/2～19/2)	优	8.5	1.5	17.4	±2.0	26	42	10.0
	一	10.5	2.5	14.4	±2.5	48	75	—
	二	12.5	3.5	12.4	±3.0	86	115	—
32×2～48×2 (18/2～12/2)	优	8.0	1.5	17.8	±2.0	24	40	9.5
	一	10.0	2.5	14.8	±2.5	44	72	—
	二	12.0	3.5	12.8	±3.0	80	112	—
50×2～100×2 (11/2～6/2)	优	7.5	1.5	18.2	±2.0	24	40	9.0
	一	9.5	2.5	15.2	±2.5	44	72	—
	二	11.5	3.5	13.2	±3.0	80	112	—

4.10.4 普梳涤与棉混纺本色线的品等由单线断裂强力变异系数、线密度变异系数、单线断裂强度、线密度偏差率、黑板棉结粒数、黑板棉结杂质总粒数、条干均匀度变异系数中最低的一项品等评定。

4.10.5 检验单纱条干均匀度可以选用黑板条干均匀度或条干均匀度变异系数两者中的任何一种。但一经确定,不得任意变更。发生质量争议时,以条干均匀度变异系数为准。

5 试验方法

5.1 试验条件

各项试验应在各方法标准规定的标准条件下进行。

5.2 取样规定

从检验批中随机抽取 20 个筒子,各项目所需样品数量及试验次数按表 9 规定。

表 9 普梳涤棉混纺本色纱线各项目样品数量及试验次数的规定

项　　目	筒子数/个	每筒试验次数	次数
线密度变异系数	20	1	20
线密度偏差率	20	1	20
单纱(线)断裂强度	20	5	100
单纱(线)断裂强力变异系数	20	5	100
条干均匀度(条干均匀度变异系数/黑板条干均匀度)	10	1	10
黑板棉结粒数、黑板棉结杂质总粒数	10	1	10
千米纱疵	10	1	10
十万米纱疵	6	—	1
纤维含量偏差	10	—	1

注 1:若检验批中的筒子数小于 20 个,则全部抽取作为样品。

注 2:线密度变异系数、线密度偏差率、单纱(线)断裂强度、单纱(线)断裂强力变异系数、条干均匀度变异系数可进行在线产品取样,具体取样规定参见附录 C,但用户对产品质量有异议时,则以成品质量检验为准。

5.3 线密度变异系数、线密度偏差率试验

摇取绞纱应按 GB/T 4743—2009 规定执行,其中线密度变异系数采用程序 1,线密度采用程序 3,线密度偏差率应将烘干后的绞纱折算至 100m 质量,并按式(1)计算:

$$D=\frac{m-m_{\mathrm{d}}}{m_{\mathrm{d}}}\times 100 \qquad \cdots\cdots(1)$$

式中:

D ——线密度偏差率,%;

m ——“百米”试样实际干燥质量,单位为克(g);

m_{d}——“百米”试样设计干燥质量,单位为克(g)。

5.4 单纱(线)断裂强度及单纱(线)断裂强力变异系数试验

按 GB/T 3916 规定执行。

5.5 条干均匀度变异系数及千米纱疵试验

按 GB/T 3292.1 规定执行。

5.6 黑板条干均匀度试验、黑板棉结粒数、黑板棉结杂质总粒数

按 GB/T 9996.2 规定执行，普梳涤棉混纺本色纱用黑板条干均匀度标准样照编号见表 10。

表 10 黑板条干均匀度标准样照编号

纱的线密度 tex(英制支数)	标准样照编号	标准样照等别
8～10(73～55)	000	优等
	001	一等
11～15(54～37)	010	优等
	011	一等
16～20(36～29)	020	优等
	021	一等
21～30(28～19)	030	优等
	031	一等
32～60(18～10)	040	优等
	041	一等
64～192(9～3)	060	优等
	061	一等

5.7 十万米纱疵($A_3+B_3+C_3+D_2$)试验

按 FZ/T 01050 规定执行。

5.8 纤维含量偏差试验

按 GB/T 2910.11 执行，纤维含量结果按净干质量百分率表示。

5.9 纱线成包净重

按 GB/T 398 规定执行。

5.10 试验结果的表示

一批纱线的各种试验结果是由该种试验的全部试验值的计算结果表示，各种试验结果的计算精确度，除已规定者外，按表 11 规定执行。

表 11 计算值的数字修约规定

项 目	要求小数点后有效位数
线密度变异系数/%	1
线密度偏差率/%	1
百米质量(每批平均)/(g/100 m)	3
单纱(线)断裂强度/(cN/tex)	1

表 11（续）

项　　目	要求小数点后有效位数
单纱(线)强力变异系数/%	1
条干均匀度变异系数/%	1
黑板棉结粒数及黑板棉结杂质总粒数/(粒/g)	整数
千米纱疵/(个/km)	整数
十万米纱疵/(个/10^5 m)	整数
平均线密度/tex	1
折算质量用回潮率/%	2
捻系数	整数
线密度开方	2

6 检验规则

按 FZ/T 10007 规定执行。

7 标志、包装

按 FZ/T 10008 规定执行。

8 其他

用户对产品有特殊要求者，生产厂与用户可另订协议。

附　录　A
（规范性附录）
普梳涤与棉混纺本色纱线百米质量的计算

A.1　普梳涤与棉混纺本色纱线的公定回潮率按干重混纺比例，以涤纶公定回潮率0.4%，棉公定回潮率8.5%，按式(A.1)计算，计算结果按GB/T 8170修约至小数点后一位。

$$W=\frac{W_c \times P_c + W_T \times P_T}{100} \qquad \cdots\cdots (A.1)$$

式中：

W ——公定回潮率，%；

W_c ——棉公定回潮率，%；

W_T ——涤纶公定回潮率，%；

P_c ——棉净干含量比例，%；

P_T ——涤纶净干含量比例，%。

A.2　100 m纱线在公定回潮率时的标准质量按式(A.2)计算，计算结果按GB/T 8170修约至小数点后三位。

$$m_g=\frac{T_t}{10} \qquad \cdots\cdots (A.2)$$

式中：

m_g ——100 m纱线在公定回潮率的标准质量，单位为克(g)；

T_t ——纱线的公称线密度，单位为特克斯(tex)。

A.3　100 m纱线标准干燥质量按式(A.3)计算，计算结果按GB/T 8170修约至小数点后三位。

$$m_d=\frac{T_t}{10} \times \frac{100}{100+W} \qquad \cdots\cdots (A.3)$$

式中：

m_d ——100 m纱线的标准干燥质量，单位为克(g)；

T_t ——纱线的公称线密度，单位为特克斯(tex)；

W ——公定回潮率，%。

附 录 B
（资料性附录）
普梳涤与棉混纺本色纱线捻度试验

B.1 取样数量

在检验批中随机抽取20个卷装纱线，每个卷装纱线测试两次。

B.2 纱线实际捻系数建议值

实际捻系数控制范围：经纱不低于320，纬纱不低于300，针织用纱不低于300，股线不低于350。有特殊要求的双方另订协议。

B.3 试验方法

捻度试验方法按GB/T 2543.1和GB/T 2543.2规定执行，并按式(B.1)计算：

$$\alpha = tT^{1/2} \tag{B.1}$$

式中：

α——捻系数；

t——捻度，单位为捻每十厘米(捻/10 cm)；

T——纱线线密度，单位为特克斯(tex)。

附 录 C
（资料性附录）
在线产品取样及试验

C.1 在线产品取样周期及卷装形式

C.1.1 一般两天取样试验一次，但周期一经确定，不得任意变更，十万米纱疵、纤维含量偏差试验周期可适当延长，但不得超过两周。

C.1.2 取样的卷装形式为管纱。

C.2 在线产品取样数及试验次数

C.2.1 在线产品取样数见表 C.1。

表 C.1 在线产品取样数

生产同一品种的开台数	1	2	3	4	5	6	7	8～9	10	11～14	15	16～29	30 及以上
每机台上采取管纱数	30	15	10	7～8	6	5	4～5	3～4	3	2～3	2	1～2	1
总管纱数	30	30	30	30	30	30	30	30	30	30	30	30	30

C.2.2 线密度变异系数、线密度偏差率试验，每份试样 30 个管纱，每管摇取 1 缕，总数为 30 次（开台数在 5 台及以下的产品，线密度变异系数、线密度偏差率试验可相应减少拔管数，拔取 15 个管纱，每管摇取 2 缕）。

C.2.3 单纱（线）断裂强度及单纱（线）断裂强力变异系数试验，单纱每份试样 30 个管纱，每管测试 2 次，总数为 60 次（开台数在 5 台及以下者，可每份试样 15 个管纱，每管测试 4 次），若为股线，每份试样为 15 个管纱，每管测 2 次，总数为 30 次。采用全自动纱线强力试验仪的取样数，纱线均为 20 个管纱，每管测 5 次，总数为 100 次。

C.2.4 条干均匀度变异系数、千米纱疵需在各机台随机抽取 10 个管纱，试验次数为 10 次。

参考文献

[1] GB/T 2543.1 纺织品 纱线捻度的测定 第1部分:直接计数法
[2] GB/T 2543.2 纺织品 纱线捻度的测定 第2部分:退捻加捻法

ICS 59.080.20
W 12

中华人民共和国纺织行业标准

FZ/T 12006—2011
代替 FZ/T 12006—1998

精梳棉涤混纺本色纱线

Combed cotton/polyester blended grey yarns

2011-05-18 发布　　2011-08-01 实施

中华人民共和国工业和信息化部　发布

前　言

本标准按照 GB/T 1.1—2009 给出的规则起草。

本标准代替 FZ/T 12006—1998《精梳棉涤混纺本色纱线》，与 FZ/T 12006—1998 相比，主要技术内容变化如下：

——修改了第 3 章分类，将 100 m 标准质量和标准干燥质量的计算放入附录 A 中，删除线密度要求内容；

——纤维含量偏差列入技术要求中；

——重新划分了各表棉含量范围；

——项目名称“百米重量变异系数”、“百米重量偏差”分别修改为“线密度变异系数”、“线密度偏差率”；

——要求中的技术指标适当提高，同时增加了千米棉结（+200%）、千米粗节（+50%）、千米细节（−50%）质量指标，取消黑板棉结粒数考核要求；

——取消顺降指标考核，按技术要求中最低一项品等评定；

——取样规定作了调整。

本标准由中国纺织工业协会提出。

本标准由全国纺织品标准化技术委员会棉纺织印染分技术委员会（SAC/TC 209/SC 2）归口。

本标准起草单位：上海市纺织工业技术监督所、南通双弘纺织有限公司、中国棉纺织行业协会。

本标准主要起草人：吉宜军、吴加顺、王憬义、叶戬春、宋玲玲。

本标准所代替标准的历次版本发布情况为：

——FZ/T 12006—1998。

精梳棉涤混纺本色纱线

1 范围

本标准规定了棉与涤纶(棉型短纤维)混纺,棉混用比例在50%以上的精梳棉涤混纺本色纱线产品的分类、要求、试验方法、检验规则和标志、包装。

本标准适用于鉴定环锭纺精梳棉涤混纺本色纱线(包括机织用纱和针织用纱)的品质,不适用于鉴定特种用途精梳棉涤混纺本色纱线的品质。

2 规范性引用文件

下列文件对于本文件的应用是必不可少的。凡是注日期的引用文件,仅注日期的版本适用于本文件。凡是不注日期的引用文件,其最新版本(包括所有的修改单)适用于本文件。

GB/T 398 棉本色纱线

GB/T 2910.11 纺织品 定量化学分析 第11部分:纤维素纤维与聚酯纤维的混合物(硫酸法)

GB/T 3292.1 纺织品 纱线条干不匀试验方法 第1部分:电容法

GB/T 3916 纺织品 卷装纱 单根纱线断裂强力和断裂伸长率的测定

GB/T 4743—2009 纺织品 卷装纱 绞纱法线密度的测定

GB/T 8170 数值修约规则与极限数值的表示和判定

GB/T 9996.2 棉及化纤纯纺、混纺纱线外观质量黑板检验方法 第2部分:分别评定方法

FZ/T 01050 纺织品 纱线疵点的分级与检验方法 电容式

FZ/T 10007 棉及化纤纯纺、混纺本色纱线检验规则

FZ/T 10008 棉及化纤纯纺、混纺本色纱线标志与包装

3 产品分类、标识

3.1 精梳棉涤混纺本色纱线分类

3.1.1 精梳棉涤混纺本色纱线产品以不同混纺比和线密度分类。

3.1.2 精梳棉涤混纺本色纱线的线密度以1 000 m纱线在公定回潮率时的质量(g)表示,单位为特克斯(tex),其公称线密度的100 m标准质量和标准干燥质量应按附录A计算确定。

3.2 精梳棉涤混纺本色纱线标识

3.2.1 精梳棉涤混纺本色纱线的原料代号,棉为C,涤纶为T。

3.2.2 精梳棉涤混纺本色纱线混纺比以棉的净干含量/涤纶的净干含量表示,线密度以特克斯(tex)为基本单位。

示例:精梳棉涤混纺本色纱线密度为13 tex,含量为棉55%,涤纶45%,应写为J C/T 55/45 13 tex。

4 要求

4.1 精梳棉涤混纺本色纱(棉含量在50%以上~70%)的技术要求

精梳棉涤混纺本色纱(棉含量在50%以上~70%)的技术要求见表1。

表1 精梳棉涤混纺本色纱(棉含量在50%以上~70%)的技术要求

公称线密度 tex (英制支数)	等别	单纱断裂强力变异系数 % ≤	线密度变异系数 % ≤	单纱断裂强度 cN/tex ≥	线密度偏差率 %	条干均匀度		纱疵			
						黑板条干均匀度10块板比例(优:一:二:三) 不低于	条干均匀度变异系数 % ≤	千米纱疵/(个/km)			十万米纱疵 个/10^5 m
								细节 (−50%)	粗节 (+50%)	棉结 (+200%)	
6~6.5 (100~85)	优	12.5	2.0	16.0	±2.0	7:3:0:0	17.0	150	480	600	12
	一	15.5	3.0	13.0	±2.5	0:7:3:0	19.5	360	740	880	23
	二	18.0	4.0	11.0	±3.0	0:0:7:3	21.5	—	—	—	—
7~7.5 (84~74)	优	12.0	2.0	16.0	±2.0	7:3:0:0	16.5	80	360	420	12
	一	15.0	3.0	13.0	±2.5	0:7:3:0	19.0	180	490	630	23
	二	17.5	4.0	11.0	±3.0	0:0:7:3	21.0	—	—	—	—
8~10 (73~55)	优	11.0	2.0	16.2	±2.0	7:3:0:0	15.5	60	180	220	12
	一	14.0	3.0	13.2	±2.5	0:7:3:0	18.0	90	280	400	23
	二	16.5	4.0	11.2	±3.0	0:0:7:3	20.0	—	—	—	—
11~13 (54~45)	优	10.0	2.0	16.4	±2.0	7:3:0:0	14.5	16	100	150	8
	一	13.0	3.0	13.4	±2.5	0:7:3:0	17.0	40	150	260	15
	二	15.5	4.0	11.4	±3.0	0:0:7:3	19.0	—	—	—	—
14~16 (44~36)	优	9.5	2.0	16.4	±2.0	7:3:0:0	14.0	8	60	100	8
	一	12.5	3.0	13.4	±2.5	0:7:3:0	16.5	15	90	200	15
	二	15.0	4.0	11.4	±3.0	0:0:7:3	18.5	—	—	—	—
17~20 (35~29)	优	9.0	2.0	16.6	±2.0	7:3:0:0	13.5	4	40	60	8
	一	12.0	3.0	13.6	±2.5	0:7:3:0	16.0	10	60	140	15
	二	14.5	4.0	11.6	±3.0	0:0:7:3	18.0	—	—	—	—
21~24 (28~24)	优	8.5	2.0	16.8	±2.0	7:3:0:0	12.5	2	18	40	8
	一	11.5	3.0	13.8	±2.5	0:7:3:0	15.0	4	40	90	15
	二	14.0	4.0	11.8	±3.0	0:0:7:3	17.0	—	—	—	—
25~30 (23~19)	优	8.0	2.0	16.8	±2.0	7:3:0:0	11.5	1	15	35	8
	一	11.0	3.0	13.8	±2.5	0:7:3:0	14.0	2	24	65	15
	二	13.5	4.0	11.8	±3.0	0:0:7:3	16.0	—	—	—	—
32及以上 (18及以下)	优	7.5	2.0	17.0	±2.0	7:3:0:0	11.0	1	8	20	5
	一	10.5	3.0	14.0	±2.5	0:7:3:0	13.5	2	18	45	10
	二	13.0	4.0	12.0	±3.0	0:0:7:3	15.5	—	—	—	—

4.2 精梳棉涤混纺本色线(棉含量在50%以上~70%)的技术要求

精梳棉涤混纺本色线(棉含量在50%以上~70%)的技术要求见表2。

表 2　精梳棉涤混纺本色线(棉含量在 50%以上~70%)的技术要求

公称线密度 tex (英制支数)	等别	单线断裂强力变异系数 % ≤	线密度变异系数 % ≤	单线断裂强度 cN/tex ≥	线密度偏差率 %	条干均匀度变异系数 % ≤
6×2~7.5×2 (100/2~74/2)	优	10.5	1.5	17.8	±2.0	12.5
	一	12.5	2.5	15.8	±2.5	15.0
	二	14.5	3.5	13.8	±3.0	—
8×2~10×2 (73/2~55/2)	优	10.0	1.5	18.0	±2.0	11.5
	一	12.0	2.5	16.0	±2.5	14.0
	二	14.0	3.5	14.0	±3.0	—
11×2~13×2 (54/2~45/2)	优	9.5	1.5	18.2	±2.0	11.0
	一	11.5	2.5	16.2	±2.5	13.5
	二	13.5	3.5	14.2	±3.0	—
14×2~16×2 (44/2~36/2)	优	9.0	1.5	18.4	±2.0	10.5
	一	11.0	2.5	16.4	±2.5	13.0
	二	13.0	3.5	14.4	±3.0	—
17×2~20×2 (35/2~29/2)	优	8.5	1.5	18.6	±2.0	10.5
	一	10.5	2.5	16.6	±2.5	13.0
	二	12.5	3.5	14.6	±3.0	—
21×2~24×2 (28/2~24/2)	优	8.0	1.5	19.0	±2.0	10.0
	一	10.0	2.5	17.0	±2.5	12.5
	二	12.0	3.5	15.0	±3.0	—
25×2~30×2 (23/2~19/2)	优	8.0	1.5	19.4	±2.0	9.5
	一	10.0	2.5	17.4	±2.5	12.0
	二	12.0	3.5	15.4	±3.0	—
32×2 及以上 (18/2 及以下)	优	7.5	1.5	19.8	±2.0	9.0
	一	9.5	2.5	17.8	±2.5	11.5
	二	11.5	3.5	15.8	±3.0	—

4.3　精梳棉涤混纺本色纱(棉含量在 70%以上)的技术要求

精梳棉涤混纺本色纱(棉含量在 70%以上)的技术要求见表 3。

表 3 精梳棉涤混纺本色纱(棉含量在 70%以上)的技术要求

公称线密度 tex (英制支数)	等别	单纱断裂强力变异系数 % ≤	线密度变异系数 % ≤	单纱断裂强度 cN/tex ≥	线密度偏差率 %	条干均匀度		纱疵			
						黑板条干均匀度 10 块板比例(优:一:二:三) 不低于	条干均匀度变异系数 % ≤	千米纱疵/(个/km)			十万米纱疵 个/10^5 m
								细节 (−50%)	粗节 (+50%)	棉结 (+200%)	
6～6.5 (100～85)	优	12.5	2.0	15.0	±2.0	7:3:0:0	17.0	180	520	630	12
	一	15.5	3.0	12.0	±2.5	0:7:3:0	19.5	380	800	1 020	23
	二	18.0	4.0	10.0	±3.0	0:0:7:3	21.5	—	—	—	—
7～7.5 (84～74)	优	12.0	2.0	15.0	±2.0	7:3:0:0	16.5	90	390	440	12
	一	15.0	3.0	12.0	±2.5	0:7:3:0	19.0	200	530	740	23
	二	17.5	4.0	10.0	±3.0	0:0:7:3	21.0	—	—	—	—
8～10 (73～55)	优	11.0	2.0	15.2	±2.0	7:3:0:0	15.5	70	190	250	12
	一	14.0	3.0	12.2	±2.5	0:7:3:0	18.0	100	300	460	23
	二	16.5	4.0	10.2	±3.0	0:0:7:3	20.0	—	—	—	—
11～13 (54～45)	优	10.0	2.0	15.4	±2.0	7:3:0:0	14.5	20	120	180	8
	一	13.0	3.0	12.4	±2.5	0:7:3:0	17.0	50	170	300	15
	二	15.5	4.0	10.4	±3.0	0:0:7:3	19.0	—	—	—	—
14～16 (44～36)	优	9.5	2.0	15.4	±2.0	7:3:0:0	14.0	10	65	110	8
	一	12.5	3.0	12.4	±2.5	0:7:3:0	16.5	18	100	210	15
	二	15.0	4.0	10.4	±3.0	0:0:7:3	18.0	—	—	—	—
17～20 (35～29)	优	9.0	2.0	15.6	±2.0	7:3:0:0	13.5	6	45	70	8
	一	12.0	3.0	12.6	±2.5	0:7:3:0	16.0	12	70	160	15
	二	14.5	4.0	10.6	±3.0	0:0:7:3	18.0	—	—	—	—
21～24 (28～24)	优	8.5	2.0	15.8	±2.0	7:3:0:0	12.5	2	20	45	8
	一	11.5	3.0	12.8	±2.5	0:7:3:0	15.0	4	45	110	15
	二	14.0	4.0	10.8	±3.0	0:0:7:3	17.0	—	—	—	—
25～30 (23～19)	优	8.0	2.0	15.8	±2.0	7:3:0:0	11.5	1	16	36	8
	一	11.0	3.0	12.8	±2.5	0:7:3:0	14.0	2	28	70	15
	二	13.5	4.0	10.8	±3.0	0:0:7:3	16.0	—	—	—	—
32 及以上 (18 及以下)	优	7.5	2.0	16.0	±2.0	7:3:0:0	11.0	1	10	18	5
	一	10.5	3.0	13.0	±2.5	0:7:3:0	13.5	2	18	50	10
	二	13.0	4.0	11.0	±3.0	0:0:7:3	15.5	—	—	—	—

4.4 精梳棉涤混纺本色线(棉含量在 70%以上)的技术要求

精梳棉涤混纺本色线(棉含量在 70%以上)的技术要求见表 4。

表4 精梳棉涤混纺本色线(棉含量在70%以上)的技术要求

公称线密度 tex (英制支数)	等别	单线断裂强力变异系数 % ≤	线密度变异系数 % ≤	单线断裂强度 cN/tex ≥	线密度偏差率 %	条干均匀度变异系数 % ≤
6×2~7.5×2 (100/2~74/2)	优 一 二	10.5 12.5 14.5	1.5 2.5 3.5	16.8 14.8 12.8	±2.0 ±2.5 ±3.0	12.5 15.0 —
8×2~10×2 (73/2~55/2)	优 一 二	10.0 12.0 14.0	1.5 2.5 3.5	17.0 15.0 13.0	±2.0 ±2.5 ±3.0	11.5 14.0 —
11×2~13×2 (54/2~45/2)	优 一 二	9.5 11.5 13.5	1.5 2.5 3.5	17.2 15.2 13.2	±2.0 ±2.5 ±3.0	11.0 13.5 —
14×2~16×2 (44/2~36/2)	优 一 二	9.0 11.0 13.0	1.5 2.5 3.5	17.4 15.4 13.4	±2.0 ±2.5 ±3.0	10.5 13.0 —
17×2~20×2 (35/2~29/2)	优 一 二	8.5 10.5 12.5	1.5 2.5 3.5	17.6 15.6 13.6	±2.0 ±2.5 ±3.0	10.5 13.0 —
21×2~24×2 (28/2~24/2)	优 一 二	8.0 10.0 12.0	1.5 2.5 3.5	18.0 16.0 14.0	±2.0 ±2.5 ±3.0	10.0 12.5 —
25×2~30×2 (23/2~19/2)	优 一 二	8.0 10.0 12.0	1.5 2.5 3.5	18.4 16.4 14.4	±2.0 ±2.5 ±3.0	9.5 12.0 —
32×2及以上 (18/2及以下)	优 一 二	7.5 9.5 11.5	1.5 2.5 3.5	18.8 16.8 14.8	±2.0 ±2.5 ±3.0	9.0 11.5 —

注1:6 tex以下的产品可参考各表规格范围为6 tex~6.5 tex中的技术要求。

注2:精梳棉涤混纺本色纱线实际捻系数为内控指标,其要求参见附录B,用户如有特殊要求,双方另订协议。

4.5 纤维含量偏差

精梳棉涤混纺本色纱线的纤维含量允许偏差为1.5%,例如J C/T 55/45精梳棉涤混纺本色纱线,则允许含量为:56.5%~53.5%为棉,43.5%~46.5%为涤纶。

4.6 分等规定

4.6.1 同一原料、同一工艺单连续生产的同一规格的产品作为一个或多个检验批。按规定的各项试验方法进行试验,并按其结果评定精梳棉涤混纺本色纱线的品等。

4.6.2 精梳棉涤混纺本色纱线的品等分为优等品、一等品、二等品,低于二等品指标者作三等品。

4.6.3 精梳棉涤混纺本色纱的品等由单纱断裂强力变异系数、线密度变异系数、单纱断裂强度、线密度偏差率、条干均匀度、千米细节(−50%)、千米粗节(+50%)、千米棉结(+200%)及十万米纱疵最低的一项品等评定。

4.6.4 精梳棉涤混纺本色线的品等由单线断裂强力变异系数、线密度变异系数、单线断裂强度、线密度偏差率及条干均匀度变异系数中最低的一项品等评定。

4.6.5 检验单纱条干均匀度可以选用黑板条干均匀度或条干均匀度变异系数两者中的任何一种。但一经确定,不得任意变更。发生质量争议时,以条干均匀度变异系数为准。

5 试验方法

5.1 试验条件

各项试验应在各方法标准规定的标准条件下进行。

5.2 取样规定

从检验批中随机抽取20个筒子,各项目所需样品数量及试验次数按表5规定。

表5 精梳棉涤混纺本色纱线各项目样品数量及试验次数的规定

项目	筒子数 个	每筒试验次数	总次数
线密度变异系数	20	1	20
线密度偏差率	20	1	20
单纱(线)断裂强度	20	5	100
单纱(线)断裂强力变异系数	20	5	100
条干均匀度(条干均匀度变异系数/黑板条干均匀度)	10	1	10
千米纱疵	10	1	10
十万米纱疵	6	—	1
纤维含量偏差	10	—	1
注1:若检验批中的筒子数小于20个,则全部抽取作为样品。 注2:线密度变异系数、线密度偏差率、单纱(线)断裂强度、单纱(线)断裂强力变异系数、条干均匀度变异系数可进行在线产品取样,具体取样规定参见附录C,但用户对产品质量有异议时,则以成品质量检验为准。			

5.3 线密度变异系数、线密度偏差率试验

摇取绞纱长度应按GB/T 4743—2009规定执行,其中线密度变异系数采用程序1,线密度采用程序3,线密度偏差率应将烘干后的绞纱折算至100 m质量,并按式(1)计算:

$$D=\frac{m-m_d}{m_d}\times 100 \qquad \cdots\cdots(1)$$

式中:

D——线密度偏差率,%;

m——"百米"试样实际干燥质量,单位为克(g);

m_d——"百米"试样设计干燥质量,单位为克(g)。

5.4 单纱(线)断裂强度及单纱(线)断裂强力变异系数试验

按GB/T 3916规定执行。

5.5 条干均匀度变异系数及千米纱疵试验

按GB/T 3292.1规定执行。

5.6 黑板条干均匀度试验

按 GB/T 9996.2 规定执行，精梳棉涤混纺本色纱用黑板条干均匀度标准样照编号见表 6。

表 6 黑板条干均匀度标准样照编号

纱的线密度/tex(英制支数)	标准样照编号	标准样照等别
6～10(100～55)	600 601	优等 一等
11～20(54～29)	610 611	优等 一等
21 及以上(28 及以下)	620 621	优等 一等

5.7 十万米纱疵($A_3+B_3+C_3+D_2$)试验

按 FZ/T 01050 规定执行。

5.8 纤维含量偏差试验

按 GB/T 2910.11 执行，纤维含量结果按净干质量百分率表示。

5.9 纱线成包净重

按 GB/T 398 规定执行。

5.10 试验结果的表示

一批纱线的各种试验结果是由该种试验的全部试验值的计算结果表示，各种试验结果的计算精确度，除已规定者外，按表 7 规定执行。

表 7 计算值的数字修约规定

项　　目	要求小数点后有效位数
线密度变异系数/%	1
线密度偏差率/%	1
百米质量(每批平均)/(g/100 m)	3
单纱(线)断裂强度/(cN/tex)	1
单纱(线)强力变异系数/%	1
条干均匀度变异系数/%	1
千米纱疵/(个/km)	整数
十万米纱疵/(个/10^5 m)	整数
平均线密度/tex	1
折算质量用回潮率/%	2
捻系数	整数
线密度开方	2

6 检验规则

按 FZ/T 10007 规定执行。

7 标志、包装

按 FZ/T 10008 规定执行。

8 其他

用户对产品有特殊要求者，生产厂与用户可另订协议。

附 录 A
（规范性附录）
精梳棉涤混纺本色纱线百米质量的计算

A.1 精梳棉涤混纺本色纱线的公定回潮率按干重混纺比例，以棉公定回潮率 8.5%，涤纶公定回潮率 0.4%，按式(A.1)计算，计算结果按 GB/T 8170 修约至小数点后一位。

$$W=\frac{W_C\times P_C+W_T\times P_T}{100} \qquad \cdots\cdots(A.1)$$

式中：

W ——公定回潮率，%；

W_C——棉公定回潮率，%；

W_T——涤纶公定回潮率，%；

P_C——棉净干含量比例，%；

P_T——涤纶净干含量比例，%。

A.2 100 m 纱线在公定回潮率时的标准质量按式(A.2)计算，计算结果按 GB/T 8170 修约至小数点后三位。

$$m_g=\frac{T_t}{10} \qquad \cdots\cdots(A.2)$$

式中：

m_g ——100 m 纱线在公定回潮率的标准质量，单位为克(g)；

T_t ——纱线的公称线密度，单位为特克斯(tex)。

A.3 100 m 纱线标准干燥质量按式(A.3)计算，计算结果按 GB/T 8170 修约至小数点后三位。

$$m_d=\frac{T_t}{10}\times\frac{100}{100+W} \qquad \cdots\cdots(A.3)$$

式中：

m_d ——100 m 纱线的标准干燥质量，单位为克(g)；

T_t ——纱线的公称线密度，单位为特克斯(tex)；

W ——公定回潮率，%。

附 录 B
（资料性附录）
精梳棉涤混纺本色纱线捻度试验

B.1 取样数量

在检验批中随机抽取20个卷装纱线，每个卷装纱线测试两次。

B.2 纱线实际捻系数建议值

实际捻系数控制范围：经纱不低于320，纬纱不低于300，针织用纱不低于300，股线不低于350。有特殊要求的双方另订协议。

B.3 试验方法

捻度试验方法按GB/T 2543.1和GB/T 2543.2规定执行，并按式(B.1)计算：

$$\alpha = tT^{1/2} \qquad \text{(B.1)}$$

式中：

α——捻系数；

t——捻度，单位为捻每10厘米(捻/10 cm)；

T——纱线线密度，单位为特克斯(tex)。

附录 C
（资料性附录）
在线产品取样及试验

C.1 在线产品取样周期及卷装形式

C.1.1 一般两天取样试验一次，但周期一经确定，不得任意变更，十万米纱疵、纤维含量偏差试验周期可适当延长，但不得超过两周。

C.1.2 取样的卷装形式为管纱。

C.2 在线产品取样数及试验次数

C.2.1 在线产品取样数见表 C.1。

表 C.1 在线产品取样数

生产同一品种的开台数	1	2	3	4	5	6	7	8～9	10	11～14	15	16～29	30 及以上
每机台上采取管纱数	30	15	10	7～8	6	5	4～5	3～4	3	2～3	2	1～2	1
总管纱数	30	30	30	30	30	30	30	30	30	30	30	30	30

C.2.2 线密度变异系数、线密度偏差率试验，每份试样 30 个管纱，每管摇取 1 缕，总数为 30 次（开台数在 5 台及以下的产品，线密度变异系数、线密度偏差率试验可相应减少拔管数，拔取 15 个管纱，每管摇取 2 缕）。

C.2.3 单纱（线）断裂强度及单纱（线）断裂强力变异系数试验，单纱每份试样 30 个管纱，每管测试 2 次，总数为 60 次（开台数在 5 台及以下者，可每份试样 15 个管纱，每管测试 4 次），若为股线，每份试样为 15 个管纱，每管测 2 次，总数为 30 次。采用全自动纱线强力试验仪的取样数，纱线均为 20 个管纱，每管测 5 次，总数为 100 次。

C.2.4 条干均匀度变异系数、千米纱疵需在各机台随机抽取 10 个管纱，试验次数为 10 次。

参 考 文 献

[1] GB/T 2543.1 纺织品 纱线捻度的测定 第1部分:直接计数法
[2] GB/T 2543.2 纺织品 纱线捻度的测定 第2部分:退捻加捻法

ICS 59.080.20
W 12

中华人民共和国纺织行业标准

FZ/T 12007—2014
代替 FZ/T 12007—2005

普梳棉维混纺本色纱线

Carded cotton and vinylon blended grey yarn

2014-10-14 发布　　2015-04-01 实施

中华人民共和国工业和信息化部　发布

前　言

本标准按照 GB/T 1.1—2009 给出的规则起草。

本标准代替 FZ/T 12007—2005《棉维混纺本色纱线》。

本标准与 FZ/T 12007—2005 比较主要变化如下：

——调整了标准名称，修改为“普梳棉维混纺本色纱线”；

——修改了第 3 章分类，将 100 m 标准质量和标准干燥质量的计算放入附录 B 中，删除线密度要求内容；

——技术要求中，调整了公称线密度范围，修改了部分项目名称，条干均匀度考核仅保留条干均匀度变异系数；

——对断裂强力变异系数、线密度变异系数、条干均匀度变异系数等指标进行了调整；

——取消顺降指标考核，按技术要求中最低一项品等评定。

本标准由中国纺织工业联合会提出。

本标准由全国纺织品标准化技术委员会棉纺织印染分技术委员会(SAC/TC 209/SC 2)归口。

本标准起草单位：浙江春江轻纺集团有限责任公司、青岛纺联控股集团公司、中国棉纺织行业协会、上海市纺织工业技术监督所。

本标准主要起草人：陈乃英、董晓卫、张建辉、景慎全、王憬义。

本标准所代替标准的历次版本发布情况为：

——FJ 519—1982；

——FZ/T 12007—1999、FZ/T 12007—2005。

普梳棉维混纺本色纱线

1 范围

本标准规定了棉与维纶(棉型短纤维)混纺,棉纤维含量在50%及以上的普梳棉维混纺本色纱线产品的分类、标记、要求、试验方法、检验规则和标志、包装。

本标准适用于环锭纺普梳棉维混纺本色纱线。

本标准不适用于特种用途的普梳棉维混纺本色纱线。

2 规范性引用文件

下列文件对于本文件的应用是必不可少的。凡是注日期的引用文件,仅注日期的版本适用于本文件。凡是不注日期的引用文件,其最新版本(包括所有的修改单)适用于本文件。

GB/T 398—2008 棉本色纱线

GB/T 2910.1 纺织品 定量化学分析 第1部分:试验通则

GB/T 3292.1 纺织品 纱线条干不匀试验方法 第1部分:电容法

GB/T 3916 纺织品 卷装纱 单根纱线断裂强力和断裂伸长率的测定(CRE法)

GB/T 4743—2009 纺织品 卷装纱 绞纱法线密度的测定

FZ/T 01050 纺织品 纱线疵点的分级与检验方法 电容式

FZ/T 10007 棉及化纤纯纺、混纺本色纱线检验规则

FZ/T 10008 棉及化纤纯纺、混纺本色纱线标志与包装

3 产品分类、标记

3.1 普梳棉维混纺本色纱线以混纺比及线密度分类。

3.2 原料代号棉为C,维纶为V。

3.3 产品纤维含量以公定质量比表示,具体表示为棉含量/维纶含量。

3.4 在线密度前标明纱线的原料代号、产品混纺比。

示例:棉维混纺本色纱其线密度为18.5 tex,棉含量为65%,维纶含量为35%,应写为:C/V 65/35 18.5 tex。

4 要求

4.1 项目

4.1.1 普梳棉维混纺本色纱技术要求包括单纱断裂强力变异系数、线密度变异系数、单纱断裂强度、线密度偏差率、条干均匀度变异系数、千米棉结、十万米纱疵、纤维含量偏差等八项指标。

4.1.2 普梳棉维混纺本色线技术要求包括单线断裂强力变异系数、线密度变异系数、单线断裂强度、线密度偏差率、条干均匀度变异系数、纤维含量偏差等六项指标。

4.2 分等规定

4.2.1 同一原料、同一工艺单连续生产的同一规格的产品作为一个或若干检验批。按规定的各项试验

方法进行试验，并按其结果评定普梳棉维混纺本色纱线的品等。

4.2.2 产品质量等级分为优等品、一等品、二等品，低于二等品为等外品。

4.2.3 普梳棉维混纺本色纱线质量等级根据产品规格，以考核项目中最低一项进行评等。

4.3 技术要求

4.3.1 普梳棉维混纺本色纱(棉含量在50%～70%)的技术要求按表1规定。

4.3.2 普梳棉维混纺本色纱(棉含量在70%及以上)的技术要求按表2规定。

4.3.3 普梳棉维混纺本色线(棉含量在50%及以上)的技术要求按表3规定。

表1 普梳棉维混纺本色纱(棉含量在50%～70%)技术要求

公称线密度 tex	等级	单纱强力变异系数 % ≤	线密度变异系数 % ≤	单纱断裂强度 cN/tex ≥	线密度偏差率 %	条干均匀度变异系数 % ≤	千米棉结(+200%) 个/km ≤	十万米纱疵 个/10^5 m ≤
8.1～11.0	优	10.5	2.0	13.5	±2.0	17.0	350	20
	一	14.0	3.0	11.5	±2.5	19.0	600	30
	二	18.0	4.0	10.5	±3.0	21.0	1 000	—
11.1～13.0	优	10.0	2.0	14.0	±2.0	16.5	250	20
	一	13.5	3.0	12.0	±2.5	18.5	450	30
	二	17.5	4.0	11.0	±3.0	20.5	800	—
13.1～16.0	优	9.5	2.0	14.0	±2.0	16.0	180	20
	一	13.0	3.0	12.0	±2.5	18.0	350	30
	二	17.0	4.0	11.0	±3.0	20.0	600	—
16.1～20.0	优	9.0	2.0	14.5	±2.0	15.5	130	20
	一	12.5	3.0	12.5	±2.5	17.5	250	30
	二	16.5	4.0	11.5	±3.0	19.5	400	—
20.1～31.0	优	8.5	2.0	14.5	±2.0	15.0	90	20
	一	12.0	3.0	12.5	±2.5	17.0	180	30
	二	16.0	4.0	11.5	±3.0	19.0	300	—
31.1～37.0	优	8.0	2.0	14.0	±2.0	14.5	60	20
	一	11.5	3.0	12.0	±2.5	16.5	120	30
	二	15.5	4.0	11.0	±3.0	18.5	200	—
37.1～70.0	优	7.5	2.0	14.0	±2.0	14.0	40	20
	一	11.0	3.0	12.0	±2.5	16.0	80	30
	二	15.0	4.0	11.0	±3.0	18.0	150	—
注：采用高强维纶纤维时，单纱断裂强度在表中数值上增加2.5 cN/tex。								

表2 普梳棉维混纺本色纱(棉含量在70%及以上)技术要求

公称线密度 tex	等级	单纱强力变异系数 % ≤	线密度变异系数 % ≤	单纱断裂强度 cN/tex ≥	线密度偏差率 %	条干均匀度变异系数 % ≤	千米棉结(+200%) 个/km ≤	十万米纱疵 个/10^5 m ≤
8.1～11.0	优	10.5	2.0	13.0	±2.0	17.5	400	20
	一	14.0	3.0	11.0	±2.5	19.5	650	30
	二	18.0	4.0	10.0	±3.0	21.5	1 100	—
11.1～13.0	优	10.0	2.0	13.5	±2.0	17.0	300	20
	一	13.5	3.0	11.5	±2.5	19.0	500	30
	二	17.5	4.0	10.5	±3.0	21.0	900	—
13.1～16.0	优	9.5	2.0	13.5	±2.0	16.5	220	20
	一	13.0	3.0	11.5	±2.5	18.5	400	30
	二	17.0	4.0	10.5	±3.0	20.5	700	—
16.1～20.0	优	9.0	2.0	14.0	±2.0	16.0	180	20
	一	12.5	3.0	12.0	±2.5	18.0	300	30
	二	16.5	4.0	11.0	±3.0	20.0	500	—
20.1～31.0	优	8.5	2.0	14.0	±2.0	15.5	120	20
	一	12.0	3.0	12.0	±2.5	17.5	230	30
	二	16.0	4.0	11.0	±3.0	19.5	400	—
31.1～37.0	优	8.0	2.0	13.5	±2.0	15.0	80	20
	一	11.5	3.0	11.5	±2.5	17.0	170	30
	二	15.5	4.0	10.5	±3.0	19.0	300	—
37.1～70.0	优	7.5	2.0	13.5	±2.0	14.5	60	20
	一	11.0	3.0	11.5	±2.5	16.5	120	30
	二	15.0	4.0	10.5	±3.0	18.5	200	—
注：采用高强维纶纤维时，单纱断裂强度在表中数值上增加2.0 cN/tex。								

表3 普梳棉维混纺本色线(棉含量在50%及以上)技术要求

公称线密度 tex	等级	单线强力变异系数 % ≤	线密度变异系数 % ≤	单线断裂强度 cN/tex ≥	线密度偏差率 %	条干均匀度变异系数 % ≤
8.1×2～11.0×2	优	9.0	1.5	15.0	±2.0	13.0
	一	11.0	2.5	13.0	±2.5	—
	二	14.0	3.0	12.0	±3.0	—
11.1×2～13.0×2	优	8.5	1.5	15.5	±2.0	13.0
	一	10.5	2.5	13.5	±2.5	—
	二	13.5	3.0	12.5	±3.0	—

表 3（续）

公称线密度 tex	等级	单线强力变异系数 % ≤	线密度变异系数 % ≤	单线断裂强度 cN/tex ≥	线密度偏差率 %	条干均匀度变异系数 % ≤
13.1×2～16.0×2	优	8.0	1.5	15.5	±2.0	13.0
	一	10.0	2.5	13.5	±2.5	—
	二	13.0	3.0	12.5	±3.0	—
16.1×2～20.0×2	优	7.5	1.5	16.0	±2.0	12.5
	一	9.5	2.5	14.0	±2.5	—
	二	12.5	3.0	13.0	±3.0	—
20.1×2～31.0×2	优	7.0	1.5	16.0	±2.0	12.0
	一	9.0	2.5	14.0	±2.5	—
	二	12.0	3.0	13.0	±3.0	—
31.1×2～37.0×2	优	7.0	1.5	15.5	±2.0	12.0
	一	9.0	2.5	13.5	±2.5	—
	二	12.0	3.0	12.5	±3.0	—
37.1×2～70.0×2	优	6.5	1.5	15.5	±2.0	11.5
	一	8.5	2.5	13.5	±2.5	—
	二	11.5	3.0	12.5	±3.0	—
注：采用高强维纶纤维时，单线断裂强度在表中数值上增加 2.0 cN/tex。						

4.4 纤维含量偏差

混纺产品的纤维含量允许偏差为±1.5％，例如，C/V 65/35 普梳棉维混纺本色纱，则允许纤维含量为：棉 63.5％～66.5％，维纶 33.5％～36.5％。纤维含量偏差超过±1.5％时，评该批产品为等外品。

5 试验方法

5.1 试验条件

各项试验应在各方法标准规定的条件下进行。

5.2 取样规定

从检验批次中随机抽取 20 个筒纱，各项目所需样品数量及试验次数按表 4 规定执行。

表 4 普梳棉维混纺本色纱线各项目样品数量及试验次数的规定

项目	筒子数 个	每筒试验次数	总次数
线密度变异系数、线密度偏差率	20	1	20
断裂强度、断裂强力变异系数	20	5	100

表 4（续）

项目	筒子数 个	每筒试验次数	总次数
条干均匀度变异系数、千米棉结	10	1	10
十万米纱疵	6	—	1
纤维含量偏差	10	—	2
注 1：若检验批中的筒纱数小于 20 个，则全部抽取作为样品。 注 2：线密度变异系数、线密度偏差率、单纱(线)断裂强度、单纱(线)断裂强力变异系数、条干均匀度变异系数可进行在线产品取样，具体取样规定参见附录 A，但用户对产品质量有异议时，则以成品质量检验为准。			

5.3 线密度变异系数、线密度偏差率试验

摇取绞纱长度应按 GB/T 4743—2009 规定执行，其中线密度变异系数采用程序 1，线密度采用程序 3。公称线密度的 100 m 标准质量和标准干燥质量按附录 B 计算，线密度偏差率将烘干后的绞纱折算至 100 m 质量，并按式(1)计算：

$$D=\frac{m-m_{\mathrm{d}}}{m_{\mathrm{d}}}\times 100\% \qquad \cdots\cdots(1)$$

式中：

D ——线密度偏差率，%；

m ——“100 m”试样实测干燥质量，单位为克(g)；

m_{d} ——“100 m”试样标准干燥质量，单位为克(g)。

5.4 单纱(线)断裂强度及单纱(线)断裂强力变异系数试验

按 GB/T 3916 规定执行。

5.5 条干均匀度变异系数、千米棉结(+200%)试验

按 GB/T 3292.1 规定执行。

5.6 十万米纱疵试验

按 FZ/T 01050 规定执行，十万米纱疵结果用 $A_3+B_3+C_3+D_2$ 之和表示。

5.7 纤维含量试验

棉维混纺含量的测定按附录 C 规定执行，纤维含量以公定质量比表示。

5.8 成包净重

按 GB/T 398—2008 中 5.9 规定执行。

5.9 试验结果的表示

一批纱线的各种试验结果是由该种试验的全部试验值的计算结果表示，各种试验结果的计算精确度，除已规定者外，按表 5 规定执行。

表 5　计算值的数值修约位数规定

项目	保留小数位数
单纱(线)断裂强度/(cN/tex)	1
单纱(线)断裂强力变异系数/%	1
线密度变异系数/%	1
线密度偏差率/%	1
条干均匀度变异系数/%	1
千米棉结(+200%)/(个/km)	整数
十万米纱疵/(个/10^5 m)	整数
百米质量(每批平均)/(g/100 m)	3
平均线密度/tex	1
折算质量用回潮率/%	2

6　检验规则

按 FZ/T 10007 规定执行。

7　标志、包装

按 FZ/T 10008 规定执行。

8　其他

用户对本标准有特殊要求者,供需双方可另订协议。

附 录 A
（资料性附录）
在线产品取样及计算

A.1 在线产品取样周期及卷装形式

A.1.1 一般两天取样试验一次，但周期一经确定，不得任意变更。十万米纱疵、纤维含量偏差试验周期可适当延长，但不得超过两周。

A.1.2 取样的卷装形式为管纱。

A.2 在线产品取样数及试验次数

A.2.1 各项试验应在各方法标准规定的条件下进行，如生产需要，可以在接近车间温湿度条件下进行，但试验地点的温湿度应稳定，并不得故意偏离标准条件。

A.2.2 在线产品取样数见表 A.1。

表 A.1 在线产品取样数

生产同一品种的开台数	1	2	3	4	5	6	7	8～9	10	11～14	15	16～29	30 及以上
每机台上采取管纱数	30	15	10	7～8	6	5	4～5	3～4	3	2～3	2	1～2	1
总管纱数	30	30	30	30	30	30	30	30	30	30	30	30	30

A.2.3 线密度变异系数、线密度偏差率试验，每份试样 30 个管纱，每管摇取 1 缕，总数为 30 次（开台数在 5 台及以下的产品，线密度变异系数、线密度偏差率试验可相应减少拔管数，拔取 15 个管纱，每管摇取 2 缕）。

A.2.4 单纱（线）断裂强度及单纱（线）断裂强力变异系数试验，单纱每份试样 30 个管纱，每管测试 2 次，总数为 60 次（开台数在 5 台及以下者，可每份试样 15 个管纱，每管测试 4 次），若为股线，每份试样为 15 个管纱，每管测试 2 次，总数为 30 次。采用全自动纱线强力试验仪的取样数，纱线均为 20 个管纱，每管测试 5 次，总数为 100 次。

A.2.5 条干均匀度变异系数需在各机台随机抽取 10 个管纱，试验次数为 10 次。

附 录 B
（规范性附录）
普梳棉维混纺本色纱线百米质量的计算

B.1 普梳棉维混纺本色纱线的公定回潮率可按公定质量混纺比例计算，也可按干重混纺比例计算，计算结果修约至小数点后一位。其中棉公定回潮率为8.5%，维纶公定回潮率为5.0%。

以公定质量混纺比例计算公定回潮率，以百分率表示[见式(B.1)]：

$$W=\frac{\dfrac{B_C W_C}{1+W_C/100}+\dfrac{B_V W_V}{1+W_V/100}}{\dfrac{B_C}{1+W_C/100}+\dfrac{B_V}{1+W_V/100}} \qquad \text{(B.1)}$$

以干重混纺比例计算公定回潮率，以百分率表示[见式(B.2)]：

$$W=\frac{W_C\times A_C+W_V\times A_V}{100} \qquad \text{(B.2)}$$

式中：

W ——公定回潮率，%；

W_C、W_V——棉、维纶公定回潮率，%；

B_C、B_V ——棉、维纶公定质量混纺百分比例；

A_C、A_V ——棉、维纶干燥质量混纺百分比例。

B.2 100 m纱线在公定回潮率时的标准质量(g)按式(B.3)计算，计算结果修约至小数点后三位。

$$m_g=\frac{T_t}{10} \qquad \text{(B.3)}$$

式中：

m_g ——100 m纱线在公定回潮率时的标准质量，单位为克(g)；

T_t ——纱线公称线密度，单位为特克斯(tex)。

B.3 100 m纱线的标准干燥质量(g)按式(B.4)计算，计算结果修约至小数点后三位。

$$m_d=\frac{T_t}{10}\times\frac{100}{100+W} \qquad \text{(B.4)}$$

式中：

m_d ——100 m纱线标准干燥质量，单位为克(g)；

T_t ——纱线公称线密度，单位为特克斯(tex)；

W ——公定回潮率，%。

附 录 C
（规范性附录）
棉与维纶混纺的纤维含量试验方法

C.1 适用范围

本附录规定了采用盐酸法测定除去非纤维物质后的维纶与棉的二组分混纺物中维纶含量的方法。

C.2 原理

用20%盐酸把维纶从已知干燥质量的混合物中溶解去除，收集残留物，清洗、烘干和称量；用修正后的质量计算其占混合物干燥质量的百分率，由差值得出维纶的百分含量。

C.3 试剂

C.3.1 使用GB/T 2910.1和本方法(C.3.2和C.3.3)规定的试剂。

C.3.2 20%盐酸：取浓盐酸1 000 mL(20 ℃，体积质量1.19 g/mL)徐徐加入800 mL三级水中，待冷却到室温时，再加三级水，修正其体积质量到1.095 g/mL～1.100 g/mL，浓度控制在19.5%～20.5%。

C.3.3 稀氨水溶液：将80 mL浓氨水(体积质量0.880 g/mL)加水稀释至1 L。

C.4 仪器

C.4.1 使用GB/T 2910.1规定的设备。

C.4.2 具塞三角烧瓶，容量不少于500 mL。

C.4.3 恒温振荡器：25 ℃±2 ℃，振荡频率60次/min±10次/min，振荡时间：30 min±2 min。

C.5 试验步骤

C.5.1 按照GB/T 2910.1规定的通用程序进行。

C.5.2 将准备好的试样放入三角烧瓶中，每克试样加入100 mL 20%盐酸(C.3.2)，塞上玻璃塞，摇动烧瓶将试样充分润湿后，放入恒温振荡器(C.4.3)中，保持25 ℃±2 ℃，振荡频率60次/min±10次/min，放置30 min。

C.5.3 待维纶充分溶解后，用已知干重的玻璃砂芯坩埚过滤，用少量20%盐酸将残留物清洗到玻璃砂芯坩埚中。真空抽吸排液，再依次用水清洗、稀氨水溶液(C.3.3)中和，最后用水连续清洗残留物，每次洗后先用重力排液，再用真空抽吸排液。

C.5.4 最后将坩埚和残留物按GB/T 2910.1规定烘干、冷却，称量。

C.6 结果的计算和表示

C.6.1 结果的计算和表示按GB/T 2910.1规定执行。

C.6.2 棉的 d 值为1.01。

ICS 59.080.20
W 12

中华人民共和国纺织行业标准

FZ/T 12008—2014
代替 FZ/T 12008—2005

维纶本色纱线

Vinylon spun grey yarn

2014-05-06 发布　　2014-10-01 实施

中华人民共和国工业和信息化部　发布

前　言

本标准按照 GB/T 1.1—2009 给出的规则起草。

本标准代替 FZ/T 12008—2005《维纶本色纱线》。

本标准与 FZ/T 12008—2005 相比主要变化如下：

——修改了第 3 章分类，将 100 m 标准质量和标准干燥质量的计算放入附录 A 中，删除线密度要求内容；

——技术要求中，修改了部分项目名称，条干均匀度考核仅保留条干均匀度变异系数；

——对单纱断裂强力变异系数、线密度变异系数、条干均匀度变异系数等指标进行了调整；

——取消顺降指标考核，按技术要求中最低一项品等评定；

——增加高强维纶纤维技术内容；

——取样规定作了调整。

本标准由中国纺织工业联合会提出。

本标准由全国纺织品标准化技术委员会棉纺织印染分技术委员会(SAC/TC 209/SC 2)归口。

本标准起草单位：浙江春江轻纺集团有限责任公司、齐鲁宏业纺织集团有限公司、山东梁山蓝天集团纺织有限公司、上海市纺织工业技术监督所、中国棉纺织行业协会。

本标准主要起草人：陈乃英、孙伯勇、李汉利、于庆立、王憬义、景慎全。

本标准所代替标准的历次版本发布情况为：

——FJ 534—1983；

——FZ/T 12008—1999、FZ/T 12008—2005。

维纶本色纱线

1 范围

本标准规定了维纶(棉型短纤维)本色纱线产品的分类、标记、要求、试验方法、检验规则和标志、包装。

本标准适用于环锭纺维纶本色纱线。

本标准不适用于鉴定特种用途维纶本色纱线。

2 规范性引用文件

下列文件对于本文件的应用是必不可少的。凡是注日期的引用文件,仅注日期的版本适用于本文件。凡是不注日期的引用文件,其最新版本(包括所有的修改单)适用于本文件。

GB/T 398—2008 棉本色纱线

GB/T 3292.1 纺织品 纱线条干不匀试验方法 第1部分:电容法

GB/T 3916 纺织品 卷装纱 单根纱线断裂强力和断裂伸长率的测定

GB/T 4743—2009 纺织品 卷装纱 绞纱法线密度的测定

FZ/T 01050 纺织品 纱线疵点的分级与检验方法 电容式

FZ/T 10007 棉及化纤纯纺、混纺本色纱线检验规则

FZ/T 10008 棉及化纤纯纺、混纺本色纱线标志与包装

3 产品分类、标记

3.1 维纶本色纱线以线密度分类。

3.2 维纶原料代号为V。

3.3 维纶本色纱线标记时,应在线密度前标明纱线的原料代号。

示例:维纶本色纱其线密度为18.5 tex,应写为:V 18.5 tex。

4 要求

4.1 项目

4.1.1 维纶本色纱技术要求包括单纱断裂强力变异系数、线密度变异系数、单纱断裂强度、线密度偏差率、条干均匀度变异系数、十万米纱疵六项指标。

4.1.2 维纶本色线技术要求包括单线断裂强力变异系数、线密度变异系数、单线断裂强度、线密度偏差率、条干均匀度变异系数五项指标。

4.2 分等规定

4.2.1 同一原料、同一工艺连续生产的同一规格的产品作为一个或若干检验批。按规定的各项试验方法进行试验,并按其结果评定维纶本色纱线的品等。

4.2.2 产品质量等级分为优等品、一等品、二等品，低于二等品指标者为等外品。

4.2.3 维纶本色纱线质量等级根据产品规格，以考核项目中最低一项进行评等。

4.3 技术要求

4.3.1 维纶本色纱的技术要求按表1规定。

表1 维纶本色纱技术要求

公称线密度 tex	等级	单纱强力 变异系数 % ≤	线密度 变异系数 % ≤	单纱断 裂强度 cN/tex ≥	线密度 偏差率 %	条干均匀度 变异系数 % ≤	十万米纱疵 个/10^5 m ≤
10.1～13.0	优	11.5	2.0	20.0	±2.0	15.5	15
	一	14.0	3.0	18.0	±2.5	18.5	—
	二	17.5	4.0	16.0	±3.0	21.0	—
13.1～16.0	优	11.0	2.0	20.5	±2.0	15.0	15
	一	13.5	3.0	18.5	±2.5	18.0	—
	二	17.0	4.0	16.5	±3.0	20.5	—
16.1～20.0	优	10.5	2.0	21.0	±2.0	14.0	15
	一	13.0	3.0	19.0	±2.5	17.0	—
	二	16.5	4.0	17.0	±3.0	19.5	—
20.1～31.0	优	10.0	2.0	21.5	±2.0	13.5	15
	一	12.5	3.0	19.5	±2.5	16.5	—
	二	16.0	4.0	17.5	±3.0	19.0	—
31.1～35.0	优	9.5	2.0	21.0	±2.0	12.5	15
	一	12.0	3.0	19.0	±2.5	15.5	—
	二	15.5	4.0	17.0	±3.0	18.0	—
35.1～70.0	优	9.5	2.0	20.5	±2.0	11.5	15
	一	12.0	3.0	18.5	±2.5	14.5	—
	二	15.5	4.0	16.5	±3.0	17.0	—
注：采用高强维纶纤维时，单纱断裂强度在表中数值上增加6.0 cN/tex。							

4.3.2 维纶本色线的技术要求按表2规定。

表2 维纶本色线技术要求

公称线密度 tex	等级	单线强力 变异系数 % ≤	线密度 变异系数 % ≤	单线断裂强度 cN/tex ≥	线密度 偏差率 %	条干均匀度 变异系数 % ≤
10.0×2～13.0×2	优	8.0	2.0	21.0	±2.0	12.5
	一	11.0	3.0	19.0	±2.5	—
	二	14.0	4.0	17.0	±3.0	—

表 2（续）

公称线密度 tex	等级	单线强力 变异系数 % ≤	线密度 变异系数 % ≤	单线断裂强度 cN/tex ≥	线密度 偏差率 %	条干均匀度 变异系数 % ≤
13.1×2～16.0×2	优	8.0	2.0	21.5	±2.0	12.5
	一	11.0	3.0	19.5	±2.5	—
	二	14.0	4.0	17.5	±3.0	—
16.1×2～20.0×2	优	7.5	2.0	22.0	±2.0	12.0
	一	10.5	3.0	20.0	±2.5	—
	二	13.5	4.0	18.0	±3.0	—
20.1×2～31.0×2	优	7.5	2.0	22.5	±2.0	11.5
	一	10.5	3.0	20.5	±2.5	—
	二	13.5	4.0	18.5	±3.0	—
31.1×2～35.0×2	优	7.0	2.0	22.0	±2.0	11.5
	一	10.0	3.0	20.0	±2.5	—
	二	13.0	4.0	18.0	±3.0	—
35.1×2～70.0×2	优	6.5	2.0	21.5	±2.0	11.0
	一	9.5	3.0	19.5	±2.5	—
	二	12.5	4.0	17.5	±3.0	—
注：采用高强维纶纤维时，单线断裂强度在表中数值上增加 6.0 cN/tex。						

5 试验方法

5.1 试验条件

各项试验应在各方法标准规定的条件下进行。

5.2 取样规定

从检验批次中随机抽取 20 个筒子，各项目所需样品数量及试验次数按表 3 规定。

表 3 维纶本色纱线各项目样品数量及试验次数的规定

项　目	筒子数 个	每筒试验次数	总次数
线密度变异系数、线密度偏差率	20	1	20
断裂强度、断裂强力变异系数	20	5	100
条干均匀度变异系数	10	1	10
十万米纱疵	6	—	1
注 1：若检验批中的筒子数小于 20 个，则全部抽取作为样品。 注 2：线密度变异系数、线密度偏差率、单纱断裂强度、单纱断裂强力变异系数、条干均匀度变异系数可进行在线产品取样，具体取样规定参见附录 A，但用户对产品质量有异议时，则以成品质量检验为准。			

5.3 线密度变异系数、线密度偏差率试验

摇取绞纱长度应按 GB/T 4743—2009 规定执行，其中线密度变异系数采用程序 1，线密度采用程序 3。100 m 纱线标准质量和标准干燥质量按附录 B 计算，线密度偏差率应将烘干后的绞纱折算至 100 m 质量，并按式(1)计算：

$$D=\frac{m-m_{\mathrm{d}}}{m_{\mathrm{d}}}\times 100\% \qquad \cdots\cdots(1)$$

式中：

D ——线密度偏差率，%；

m ——"100 m"试样实际干燥质量，单位为克(g)；

m_{d} ——"100 m"试样标准干燥质量，单位为克(g)。

5.4 单纱(线)断裂强度及单纱(线)断裂强力变异系数试验

按 GB/T 3916 规定执行。

5.5 条干均匀度变异系数试验

按 GB/T 3292.1 规定执行。

5.6 十万米纱疵试验

按 FZ/T 01050 规定执行，十万米纱疵结果用 $A_3+B_3+C_3+D_2$ 之和表示。

5.7 成包净重

按 GB/T 398—2008 中 5.9 规定执行。

5.8 试验结果的表示

一批纱线的各种试验结果是由该种试验的全部试验值的计算结果表示，各种试验结果的计算精确度，除已规定者外，按表 4 规定执行。

表 4 计算值的数值修约位数规定

项　　目	保留小数位数
单纱(线)断裂强度/(cN/tex)	1
单纱(线)断裂强力变异系数/%	1
线密度变异系数/%	1
线密度偏差率/%	1
百米质量(每批平均)/(g/100m)	3
条干均匀度变异系数/%	1
十万米纱疵/(个/10^5 m)	整数
平均线密度/tex	1
折算质量用回潮率/%	2

6 检验规则

按 FZ/T 10007 规定执行。

7 标志、包装

按 FZ/T 10008 规定执行。

8 其他

用户对本标准有特殊要求者，供需双方可另订协议。

附 录 A
（资料性附录）
在线产品取样及试验

A.1 在线产品取样周期及卷装形式

A.1.1 一般两天取样试验一次，但周期一经确定，不得任意变更。十万米纱疵试验周期可适当延长，但不得超过两周。

A.1.2 取样的卷装形式为管纱。

A.2 在线产品取样数及试验次数

A.2.1 各项试验应在各方法标准规定的条件下进行，如生产需要，可以在接近车间温湿度条件下进行，但试验地点的温湿度应稳定，并不得故意偏离标准条件。

A.2.2 在线产品取样数见表 A.1。

表 A.1 在线产品取样数

生产同一品种的开台数	1	2	3	4	5	6	7	8～9	10	11～14	15	16～29	30 及以上
每机台上采取管纱数	30	15	10	7～8	6	5	4～5	3～4	3	2～3	2	1～2	1
总管纱数	30	30	30	30	30	30	30	30	30	30	30	30	30

A.2.3 线密度变异系数、线密度偏差率试验，每份试样 30 个管纱，每管摇取 1 缕，总数为 30 次（开台数在 5 台及以下的产品，线密度变异系数、线密度偏差率试验可相应减少拔管数，拔取 15 个管纱，每管摇取 2 缕）。

A.2.4 单纱（线）断裂强度及单纱（线）断裂强力变异系数试验，单纱每份试样 30 个管纱，每管测试 2 次，总数为 60 次（开台数在 5 台及以下者，可每份试样 15 个管纱，每管测试 4 次），若为股线，每份试样为 15 个管纱，每管测 2 次，总数为 30 次。采用全自动纱线强力试验仪的取样数，纱线均为 20 个管纱，每管测 5 次，总数为 100 次。

A.2.5 条干均匀度变异系数需在各机台随机抽取 10 个管纱，试验次数为 10 次。

附 录 B
(规范性附录)
维纶本色纱线百米质量的计算

B.1 维纶本色纱线的公定回潮率为5.0%。

B.2 100 m纱线在公定回潮率时的标准质量(g)按式(B.1)计算,计算结果修约至小数点后三位。

$$m_g = \frac{T_t}{10} \qquad \cdots\cdots(B.1)$$

式中:

m_g ——100 m纱线在公定回潮率时的标准质量,单位为克(g);

T_t ——纱线的公称线密度,单位为特克斯(tex)。

B.3 100 m纱的标准干燥质量(g)按式(B.2)计算,计算结果修约至小数点后三位。

$$m_d = \frac{T_t}{10} \times \frac{100}{100 + W} \qquad \cdots\cdots(B.2)$$

式中:

m_d ——100 m纱线标准干燥质量,单位为克(g);

T_t ——纱线的公称线密度,单位为特克斯(tex);

W ——公定回潮率,%。

ICS 59.080.20
W 12

中华人民共和国纺织行业标准

FZ/T 12009—2011
代替 FZ/T 12009—1999

腈 纶 本 色 纱

Acrylic grey yarns

2011-05-18 发布　　2011-08-01 实施

中华人民共和国工业和信息化部　发 布

前　言

本标准按照 GB/T 1.1—2009 给出的规则起草。

本标准代替 FZ/T 12009—1999《腈纶本色纱》，与 FZ/T 12009—1999 相比，主要技术变化如下：

——修改了第 3 章分类，将 100 m 标准质量和标准干燥质量的计算放入附录 A 中，删除线密度要求内容；

——项目名称"百米重量变异系数"、"百米重量偏差"分别修改为"线密度变异系数"、"线密度偏差率"；

——取消顺降指标考核，按检测项目中最低一项品等评定；

——要求中的技术指标适当提高，一等品考核项目增加十万米纱疵；

——取样规定作了调整。

本标准由中国纺织工业协会提出。

本标准由全国纺织品标准化技术委员会棉纺织印染分技术委员会(SAC/TC 209/SC 2)归口。

本标准起草单位：上海市纺织工业技术监督所、中国棉纺织行业协会。

本标准主要起草人：王憬义、叶戬春、宋玲玲。

本标准所代替标准的历次版本发布情况为：

——GB 888—1989；

——FZ/T 12009—1999。

腈纶本色纱

1 范围

本标准规定了腈纶(棉型短纤维)本色纱产品的分类、标识,要求,试验方法,检验规则,标志和包装。

本标准适用于鉴定环锭纺腈纶本色纱(包括机织用纱和针织用纱)的品质。

本标准不适用于鉴定特种用途腈纶本色纱的品质。

2 规范性引用文件

下列文件对于本文件的应用是必不可少的。凡是注日期的引用文件,仅注日期的版本适用于本文件。凡是不注日期的引用文件,其最新版本(包括所有的修改单)适用于本文件。

GB/T 398　棉本色纱线

GB/T 3292.1　纺织品　纱线条干不匀试验方法　第1部分:电容法

GB/T 3916　纺织品　卷装纱　单根纱线断裂强力和断裂伸长率的测定

GB/T 4743—2009　纺织品　卷装纱　绞纱法线密度的测定

GB/T 9996.1　棉及化纤纯纺、混纺纱线外观质量黑板检验方法　第1部分:综合评定法

FZ/T 01050　纺织品　纱线疵点的分级与检验方法　电容式

FZ/T 10007　棉及化纤纯纺、混纺本色纱线检验规则

FZ/T 10008　棉及化纤纯纺、混纺本色纱线标志与包装

3 产品分类、标识

3.1 腈纶本色纱分类

3.1.1　腈纶本色纱产品以不同线密度分类。

3.1.2　腈纶本色纱的线密度以1 000 m腈纶本色纱在公定回潮率时的质量(g)表示,单位为特克斯(tex)。其公称线密度的100 m标准质量和标准干燥质量应按附录A计算确定。

3.2 腈纶本色纱标识

腈纶本色纱的原料代号为A,例如13 tex腈纶本色纱的写法规定为:A 13 tex。

4 要求

4.1 腈纶本色纱的技术要求

腈纶本色纱的技术要求见表1。

表 1　腈纶本色纱的技术要求

公称线密度 tex (英制支数)	等别	单纱断裂强力变异系数 % ≤	线密度变异系数 % ≤	单纱断裂强度 (cN/tex) ≥	线密度偏差率 %	条干均匀度		十万米纱疵 (个/10^5 m) ≤
						黑板条干均匀度 10 块板比例 (优∶一∶二∶三) 不低于	条干均匀度变异系数 % ≤	
10～11 (60～49)	优	13.0	2.2	13.0	±2.0	7∶3∶0∶0	17.5	15
	一	16.0	3.5	11.0	±2.5	0∶7∶3∶0	19.5	25
	二	18.0	4.5	9.0	±3.0	0∶0∶7∶3	21.5	—
12～13 (48～44)	优	12.0	2.2	13.2	±2.0	7∶3∶0∶0	16.5	15
	一	15.0	3.5	11.2	±2.5	0∶7∶3∶0	18.5	25
	二	17.0	4.5	9.2	±3.0	0∶0∶7∶3	20.5	—
14～15 (43～38)	优	11.5	2.2	13.4	±2.0	7∶3∶0∶0	15.5	15
	一	14.5	3.5	11.4	±2.5	0∶7∶3∶0	17.5	25
	二	16.5	4.5	9.4	±3.0	0∶0∶7∶3	19.5	—
16～19 (37～31)	优	11.0	2.2	13.6	±2.0	7∶3∶0∶0	14.5	15
	一	14.0	3.5	11.6	±2.5	0∶7∶3∶0	16.5	25
	二	16.0	4.5	9.6	±3.0	0∶0∶7∶3	18.5	—
20～24 (30～24)	优	10.5	2.2	13.8	±2.0	7∶3∶0∶0	13.5	12
	一	13.5	3.5	11.8	±2.5	0∶7∶3∶0	15.5	20
	二	15.5	4.5	9.8	±3.0	0∶0∶7∶3	17.5	—
25～30 (23～19)	优	10.0	2.2	14.0	±2.0	7∶3∶0∶0	13.0	12
	一	13.0	3.5	12.0	±2.5	0∶7∶3∶0	15.0	20
	二	15.0	4.5	10.0	±3.0	0∶0∶7∶3	17.0	—
32～48 (18～12)	优	9.5	2.2	14.2	±2.0	7∶3∶0∶0	12.0	10
	一	12.5	3.5	12.2	±2.5	0∶7∶3∶0	14.0	15
	二	14.5	4.5	10.2	±3.0	0∶0∶7∶3	16.0	—
50～88 (11～7)	优	9.0	2.2	14.4	±2.0	7∶3∶0∶0	11.5	10
	一	12.0	3.5	12.4	±2.5	0∶7∶3∶0	13.5	15
	二	14.0	4.5	10.4	±3.0	0∶0∶7∶3	15.5	—

注：腈纶本色纱实际捻系数为内控指标，其要求参见附录 B，用户如有特殊要求，双方另订协议。

4.2　分等规定

4.2.1　同一原料、同一工艺单连续生产的同一规格的产品作为一个或多个检验批。按规定的各项试验方法进行试验，并按其结果评定腈纶本色纱的品等。

4.2.2　腈纶本色纱的品等分为优等品、一等品、二等品，低于二等品指标者作三等品。

4.2.3　腈纶本色纱的品等由单纱断裂强力变异系数、线密度变异系数、单纱断裂强度、线密度偏差率、条干均匀度、十万米纱疵中最低的一项品等评定。

4.2.4　检验单纱条干均匀度可以选用黑板条干均匀度或条干均匀度变异系数两者中的任何一种。但一经确定，不得任意变更。发生质量争议时，以条干均匀度变异系数为准。

5 试验方法

5.1 试验条件

各项试验应在各方法标准规定的标准条件下进行。

5.2 取样规定

从检验批中随机抽取20个筒子，各项目所需样品数量及试验次数按表2规定。

表2 腈纶本色纱各项目样品数量及试验次数的规定

项　　目	筒子数/个	每筒试验次数	次数
线密度变异系数	20	1	20
线密度偏差率	20	1	20
单纱断裂强度	20	5	100
单纱断裂强力变异系数	20	5	100
条干均匀度（条干均匀度变异系数/黑板条干均匀度）	10	1	10
十万米纱疵	6	—	1
注1：若检验批中的筒子数小于20个，则全部抽取作为样品。 注2：线密度变异系数、线密度偏差率、单纱断裂强度、单纱断裂强力变异系数、条干均匀度变异系数可进行在线产品取样，具体取样规定参见附录C，但用户对产品质量有异议时，则以成品质量检验为准。			

5.3 线密度变异系数、线密度偏差率试验

摇取绞纱应按GB/T 4743—2009规定执行，其中线密度变异系数采用程序1，线密度采用程序3，线密度偏差率应将烘干后的绞纱折算至100 m质量，并按式(1)计算：

$$D=\frac{m-m_d}{m_d}\times 100 \qquad \cdots\cdots(1)$$

式中：

D——线密度偏差率，%；

m——“百米”试样实际干燥质量，单位为克(g)；

m_d——“百米”试样设计干燥质量，单位为克(g)。

5.4 单纱断裂强度及单纱断裂强力变异系数试验

按GB/T 3916规定执行。

5.5 条干均匀度变异系数试验

按GB/T 3292.1规定执行。

5.6 黑板条干均匀度

按GB/T 9996.1规定执行，黑板条干均匀度试验采用标准样照编号见表3。

表 3 腈纶本色纱黑板条干均匀度试验采用标准样照编号

公称线密度 tex （英制支数）	等别	标准样照编号
8～10 （74～56）	优等 一等	A1101 B1102
11～15 （55～37）	优等 一等	A2101 B2102
16～20 （36～29）	优等 一等	A3101 B3102
21～34 （28～17）	优等 一等	A4101 B4102
36～98 （16～6）	优等 一等	A5101 B5102

5.7 十万米纱疵（$A_3+B_3+C_3+D_2$）试验

按 FZ/T 01050 规定执行。

5.8 腈纶本色纱成包净重

按 GB/T 398 规定执行。

5.9 试验结果的表示

一批纱的各种试验结果是由该种试验的全部试验值的计算结果表示，各种试验结果的计算精确度，除已规定者外，按表 4 规定执行。

表 4 计算值的数字修约规定

项　　目	要求小数点后有效位数
线密度变异系数/%	1
线密度偏差率/%	1
百米质量（每批平均）/（g/100 m）	3
单纱断裂强度/（cN/tex）	1
单纱强力变异系数/%	1
条干均匀度变异系数/%	1
十万米纱疵/个	整数
平均线密度/tex	1
折算质量用回潮率/%	2
捻系数	整数
线密度开方	2

6 检验规则

按 FZ/T 10007 规定执行。

7 标志、包装

按 FZ/T 10008 规定执行。

8 其他

用户对产品有特殊要求者，生产厂与用户可另订协议。

附 录 A
（规范性附录）
腈纶本色纱百米质量的计算

A.1 腈纶本色纱的公定回潮率为2.0%。

A.2 100 m纱在公定回潮率时的标准质量(g)按式(A.1)计算，计算结果修约至小数点后三位。

$$m_g = \frac{T_t}{10} \qquad \cdots\cdots\cdots\cdots(A.1)$$

式中：

m_g ——100 m纱在公定回潮率时的标准质量，单位为克每百米(g/100 m)；

T_t ——纱的公称线密度，单位为特克斯(tex)。

A.3 100 m纱的标准干燥质量(g)按式(A.2)计算，计算结果修约至小数点后三位。

$$m_d = \frac{T_t}{10} \times \frac{100}{100 + W} \qquad \cdots\cdots\cdots\cdots(A.2)$$

式中：

m_d ——100 m纱的标准干燥质量，单位为克(g)；

T_t ——纱的公称线密度，单位为特克斯(tex)；

W ——公定回潮率，%。

附 录 B
（资料性附录）
腈纶本色纱捻度试验

B.1 取样数量

在检验批中随机抽取20个卷装纱，每个卷装纱测试两次。

B.2 实际捻系数建议值

腈纶本色纱实际捻系数建议控制范围：240～320，如有特殊要求的双方另订协议。

B.3 试验方法

捻度试验方法按GB/T 2543.2规定执行，并按式（B.1）计算：

$$\alpha = tT^{1/2} \qquad \text{(B.1)}$$

式中：

α ——捻系数；

t ——捻度，单位为捻每10厘米（捻/10 cm）；

T——纱线密度，单位为特克斯（tex）。

附　录　C
（资料性附录）
在线产品取样及试验

C.1　在线产品取样周期及卷装形式

C.1.1　一般两天取样试验一次，但周期一经确定，不得任意变更，十万米纱疵试验周期可适当延长，但不得超过两周。

C.1.2　取样的卷装形式为管纱。

C.2　在线产品取样数及试验次数

C.2.1　在线产品取样数见表C.1。

表C.1　在线产品取样数

生产同一品种的开台数	1	2	3	4	5	6	7	8～9	10	11～14	15	16～29	30及以上
每机台上采取管纱数	30	15	10	7～8	6	5	4～5	3～4	3	2～3	2	1～2	1
总管纱数	30	30	30	30	30	30	30	30	30	30	30	30	30

C.2.2　线密度变异系数、线密度偏差率试验，每份试样30个管纱，每管摇取1缕，总数为30次（开台数在5台及以下的产品，线密度变异系数、线密度偏差率试验可相应减少拔管数，拔取15个管纱，每管摇取2缕）。

C.2.3　单纱断裂强度及单纱断裂强力变异系数试验，单纱每份试样30个管纱，每管测试两次，总数为60次（开台数在5台及以下者，可每份试样15个管纱，每管测试4次）。采用全自动纱线强力试验仪的取样数为20个管纱，每管测5次，总数为100次。试验报告应注明所用的强力试验仪类型。

C.2.4　条干均匀度变异系数需在各机台随机抽取10个管纱，试验次数为10次。

参考文献

[1] GB/T 2543.2 纺织品 纱线捻度的测定 第2部分:退捻加捻法

ICS 59.080.20
W 12

中华人民共和国纺织行业标准

FZ/T 12010—2011
代替 FZ/T 12010—2001

棉氨纶包芯本色纱

Cotton covered spandex grey yarns

2011-05-18 发布　　2011-08-01 实施

中华人民共和国工业和信息化部　发布

前　言

本标准按照 GB/T 1.1—2009 给出的规则起草。

本标准代替 FZ/T 12010—2001《棉氨纶包芯本色纱》，与 FZ/T 12010—2001 相比，主要技术变化如下：

——扩大了氨纶含量的范围；

——修改了第 3 章分类，将 100 m 标准质量和标准干燥质量的计算放入附录 A 中，删除线密度要求内容，修改了氨纶代号；

——项目名称“百米重量变异系数”、“百米重量偏差”分别修改为“线密度变异系数”、“线密度偏差率”；

——技术要求中的技术指标适当提高，优等品增加千米细节（－50％）、千米粗节（＋50％）、千米棉结（＋200％）考核；

——取消顺降指标考核，按技术要求中最低一项品等评定；

——取样规定作了调整。

本标准由中国纺织工业协会提出。

本标准由全国纺织品标准化技术委员会棉纺织印染分技术委员会（SAC/TC 209/SC 2）归口。

本标准起草单位：鲁泰纺织股份有限公司、天虹（中国）投资有限公司、江苏新光纺织有限公司、淄博兰雁集团有限责任公司、中国棉纺织行业协会、上海市纺织工业技术监督所。

本标准主要起草人：张建祥、贾云辉、汤道平、王惠琴、宋桂玲、叶戬春、王憬义、潘馨。

本标准所代替标准的历次版本发布情况为：

——FZ/T 12010—2001。

棉氨纶包芯本色纱

1 范围

本标准规定了棉氨纶包芯本色纱(棉纤维包氨纶长丝纺制)产品的分类、标识,要求,试验方法,检验规则,标志、包装和贮运。

本标准适用于鉴定氨纶纤维含量在3%~20%环锭纺棉氨纶包芯本色纱的品质。

本标准不适用于鉴定特种用途棉氨纶包芯本色纱的品质。

2 规范性引用文件

下列文件对于本文件的应用是必不可少的。凡是注日期的引用文件,仅注日期的版本适用于本文件。凡是不注日期的引用文件,其最新版本(包括所有的修改单)适用于本文件。

GB/T 398 棉本色纱线

GB/T 2910.1 纺织品 定量化学分析 第1部分:试验通则

GB/T 3292.1 纺织品 纱线条干不匀试验方法 第1部分:电容法

GB/T 3916 纺织品 卷装纱 单根纱线断裂强力和断裂伸长率的测定

GB/T 4743—2009 纺织品 卷装纱 绞纱法线密度的测定

GB/T 8170 数值修约规则与极限数值的表示和判定

GB/T 9996.2 棉及化纤纯纺、混纺纱线外观质量黑板检验方法 第2部分:分别评定法

FZ/T 01050 纺织品 纱线疵点的分级与检验方法 电容式

FZ/T 01095 纺织品 氨纶产品纤维含量的试验方法

FZ/T 10007 棉及化纤纯纺、混纺本色纱线检验规则

FZ/T 10008 棉及化纤纯纺、混纺本色纱线标志与包装

3 术语和定义

下列术语和定义适用于本文件。

3.1

空芯纱疵 core-missing

包芯纱截面中氨纶长丝断头,使纱条的一段仅有包缠棉纤维而无氨纶长丝。

3.2

包覆不良纱疵 imperfect cover

包芯纱中棉纤维没有均匀包覆氨纶长丝,使氨纶长丝点状外露。

3.3

露芯纱疵 core-basseted

包芯纱中氨纶长丝外无包覆棉纤维,使氨纶长丝全部裸露。

4 产品分类、标识

4.1 棉氨纶包芯本色纱分类

4.1.1 棉氨纶包芯本色纱产品以不同线密度分类。

4.1.2 棉氨纶包芯本色纱的线密度(tex)以1 000 m纱在公定回潮率时的质量(g)表示,单位为特克斯(tex),其公称线密度的100 m标准质量和标准干燥质量应按附录A计算确定。

4.2 棉氨纶包芯本色纱标识

4.2.1 棉氨纶包芯本色纱的原料代号,棉为C,氨纶为Pu。

4.2.2 棉氨纶包芯本色纱的标识按纺纱工艺、原料、混纺比例(棉的含量/氨纶的含量)、纱线密度、氨纶长丝的规格(加圆括号)以及用途表示。

示例:针织用精梳棉氨纶包芯本色纱,其线密度为13 tex;氨纶长丝的规格为44.4 dtex;棉与氨纶混纺比例为C/Pu 93/7,其品种代号为:J C/Pu 93/7 13 tex (44.4 dtex) K。

注:其他标识可按贸易双方要求执行。

5 要求

5.1 梳棉氨纶包芯本色纱的技术要求

梳棉氨纶包芯本色纱的技术要求见表1。

表 1 梳棉氨纶包芯本色纱的技术要求

公称线密度 tex（英制支数）	等别	单纱断裂强力变异系数 % ≤	线密度变异系数 % ≤	单纱断裂强度 cN/tex ≥	线密度偏差率 %	条干均匀度		黑板棉结粒数 粒/g ≤	黑板棉结杂质总粒数 粒/g ≤	纱疵			
						条干均匀度变异系数 % ≤	黑板条干均匀度 10 块板比例（优：一：二：三）不低于			千米纱疵 个/km			十万米纱疵 个/10^5 m ≤
										千米细节（−50%）≤	千米粗节（+50%）≤	千米棉结（+200%）≤	
11～13（55～44）	优	11.5	2.2	12.8	±2.0	16.5	7：3：0：0	30	50	30	320	500	20
	一	14.5	3.5	10.6	±2.5	19.0	0：7：3：0	65	100	—	—	—	30
	二	17.0	4.5	8.6	±3.0	21.5	0：0：7：3	100	140	—	—	—	—
14～15（43～37）	优	10.5	2.2	13.0	±2.0	16.0	7：3：0：0	30	50	22	280	300	20
	一	13.5	3.5	10.8	±2.5	18.5	0：7：3：0	65	100	—	—	—	30
	二	16.0	4.5	8.8	±3.0	21.0	0：0：7：3	100	140	—	—	—	—
16～20（36～29）	优	10.0	2.2	13.2	±2.0	15.5	7：3：0：0	30	50	16	210	220	20
	一	13.0	3.5	11.0	±2.5	18.0	0：7：3：0	65	100	—	—	—	30
	二	15.5	4.5	9.0	±3.0	20.5	0：0：7：3	100	140	—	—	—	—
21～30（28～19）	优	9.5	2.2	13.4	±2.0	15.0	7：3：0：0	30	50	6	140	160	15
	一	12.5	3.5	11.2	±2.5	17.5	0：7：3：0	65	100	—	—	—	25
	二	15.0	4.5	9.2	±3.0	20.0	0：0：7：3	100	140	—	—	—	—
31～35（18～17）	优	9.5	2.2	13.6	±2.0	14.5	7：3：0：0	28	48	3	90	100	15
	一	12.5	3.5	11.4	±2.5	17.0	0：7：3：0	62	96	—	—	—	25
	二	15.0	4.5	9.4	±3.0	19.5	0：0：7：3	98	136	—	—	—	—
36～80（16～7）	优	9.0	2.2	13.8	±2.0	14.0	7：3：0：0	28	48	2	70	80	15
	一	12.0	3.5	11.8	±2.5	16.5	0：7：3：0	62	96	—	—	—	25
	二	14.5	4.5	9.8	±3.0	19.0	0：0：7：3	98	136	—	—	—	—

5.2 精梳棉氨纶包芯本色纱的技术要求

精梳棉氨纶包芯本色纱的技术要求见表 2。

表 2 精梳棉氨纶包芯本色纱的技术要求

公称线密度 tex（英制支数）	等别	单纱断裂强力变异系数 % ≤	线密度变异系数 % ≤	单纱断裂强度 cN/tex ≥	线密度偏差率 %	条干均匀度		黑板棉结粒数 粒/g ≤	黑板棉结杂质总粒数 粒/g ≤	纱疵			
						条干均匀度变异系数 % ≤	黑板条干均匀度 10 块板比例（优：一：二：三）不低于			千米纱疵 个/km			十万米纱疵 个/10^5 m ≤
										千米细节（−50%）≤	千米粗节（+50%）≤	千米棉结（+200%）≤	
6～7.5（100～71）	优	13.0	2.2	14.2	±2.0	15.5	7：3：0：0	22	28	40	120	240	18
	一	16.0	3.5	12.0	±2.5	18.0	0：7：3：0	44	55	—	—	—	30
	二	18.5	4.5	10.0	±3.0	20.5	0：0：7：3	64	80	—	—	—	—
8～10（70～56）	优	11.5	2.2	13.8	±2.0	14.5	7：3：0：0	20	25	28	65	120	12
	一	14.5	3.5	11.6	±2.5	17.0	0：7：3：0	40	50	—	—	—	20
	二	17.0	4.5	9.6	±3.0	19.5	0：0：7：3	60	75	—	—	—	—
11～13（55～44）	优	10.5	2.2	14.0	±2.0	14.0	7：3：0：0	20	25	20	50	80	12
	一	13.5	3.5	11.8	±2.5	16.5	0：7：3：0	40	50	—	—	—	20
	二	16.0	4.5	9.8	±3.0	19.0	0：0：7：3	60	75	—	—	—	—
14～15（43～37）	优	9.5	2.2	14.2	±2.0	13.5	7：3：0：0	20	25	12	40	60	12
	一	12.5	3.5	12.0	±2.5	16.0	0：7：3：0	40	50	—	—	—	20
	二	15.0	4.5	10.0	±3.0	18.5	0：0：7：3	60	75	—	—	—	—
16～20（36～29）	优	9.0	2.2	14.4	±2.0	13.0	7：3：0：0	20	25	8	30	40	12
	一	12.0	3.5	12.2	±2.5	15.5	0：7：3：0	40	50	—	—	—	20
	二	14.5	4.5	10.2	±3.0	18.0	0：0：7：3	60	75	—	—	—	—
21～30（28～19）	优	9.0	2.2	14.6	±2.0	12.5	7：3：0：0	20	25	4	20	25	8
	一	12.0	3.5	12.4	±2.5	15.0	0：7：3：0	40	50	—	—	—	16
	二	14.5	4.5	10.4	±3.0	17.5	0：0：7：3	60	75	—	—	—	—
31～40（18～15）	优	8.5	2.2	14.8	±2.0	12.0	7：3：0：0	18	23	1	8	10	8
	一	11.5	3.5	12.6	±2.5	14.5	0：7：3：0	36	46	—	—	—	16
	二	14.0	4.5	10.6	±3.0	17.0	0：0：7：3	56	70	—	—	—	—

注：棉氨纶包芯本色纱实际捻系数为内控指标，其要求参见附录 B，用户如有特殊要求，双方另订协议。

5.3 纤维含量偏差

棉氨纶包芯本色纱的纤维含量允许偏差为0.8%，例如J C/Pu 93/7 13 tex (44.4 dtex) K，其允许含量为：92.2%～93.8%为棉，6.2%～7.8%为氨纶。

5.4 分等规定

5.4.1 同一原料、同一工艺单连续生产的同一规格的产品作为一个或多个检验批。按规定的各项试验方法进行试验，并按其结果评定棉氨纶包芯本色纱的品等。

5.4.2 棉氨纶包芯本色纱的品等分为优等品、一等品、二等品，低于二等品指标者作三等品。

5.4.3 棉氨纶包芯本色纱的品等由单纱断裂强力变异系数、线密度变异系数、单纱断裂强度、线密度偏差率、条干均匀度、黑板棉结粒数、黑板棉结杂质总粒数、千米细节、千米粗节、千米棉结、十万米纱疵十一项中最低的一项品等评定。

5.4.4 检验单纱条干均匀度可以选用条干均匀度变异系数或黑板条干均匀度两者中的任何一种。但一经确定，不得任意变更。发生质量争议时，以条干均匀度变异系数为准。

6 试验方法

6.1 试验条件

各项试验应在各方法标准规定的标准条件下进行。

6.2 取样规定

从检验批中随机抽取20个筒子，各项目所需样品数量及试验次数按表3规定。

表3 棉氨纶包芯本色纱各项目样品数量及试验次数的规定

项目	筒子数 个	每筒试验次数	总次数
线密度变异系数	20	1	20
线密度偏差率	20	1	20
单纱断裂强度	20	5	100
单纱断裂强力变异系数	20	5	100
条干均匀度(条干均匀度变异系数/黑板条干均匀度)	10	1	10
千米细节、千米粗节、千米棉结	10	1	10
十万米纱疵	6	—	1
纤维含量偏差	15	—	1

注1：若检验批中的筒子数小于20个，则全部抽取作为样品。

注2：线密度变异系数、线密度偏差率、单纱断裂强度、单纱断裂强力变异系数、条干均匀度变异系数、空芯纱疵、包覆不良纱疵、露芯纱疵可进行在线产品取样，具体取样规定参见附录C，但用户对产品质量有异议时，则以成品质量检验为准。

6.3 线密度变异系数、线密度偏差率试验

摇取绞纱长度应按GB/T 4743—2009规定执行，其中线密度变异系数采用程序1，线密度采用程

序3,摇纱张力为(1.2±0.2)cN/tex。线密度偏差率应将烘干后的绞纱折算至100 m质量,并按式(1)计算:

$$D=\frac{m-m_{\mathrm{d}}}{m_{\mathrm{d}}}\times 100 \quad \cdots\cdots (1)$$

式中:

D ——线密度偏差率,%;

m ——"百米"试样实际干燥质量,单位为克(g);

m_{d}——"百米"试样设计干燥质量,单位为克(g)。

6.4 单纱断裂强度及单纱断裂强力变异系数试验

按GB/T 3916规定执行,试验条件中预张力为(1.0±0.1)cN/tex。

6.5 条干均匀度变异系数及千米纱疵试验

按GB/T 3292.1规定执行。

6.6 黑板条干均匀度、黑板棉结粒数、黑板棉结杂质总粒数

按GB/T 9996.2规定执行,摇黑板时纱的张力为(1.2±0.2)cN/tex。梳棉氨纶包芯本色纱采用标准样照编号见表4,精梳棉氨纶包芯本色纱采用标准样照编号见表5。

表4 梳棉氨纶包芯本色纱黑板条干均匀度试验采用标准样照编号

公称线密度/tex(英制支数)	等别	标准样照编号
11～15(55～37)	优等	010
	一等	011
16～20(36～29)	优等	020
	一等	021
21～30(28～19)	优等	030
	一等	031
32～60(18～10)	优等	040
	一等	041
61及以上(9及以下)	优等	060
	一等	061

表5 精梳棉氨纶包芯本色纱用黑板条干均匀度试验采用标准样照编号

公称线密度/tex(英制支数)	等别	标准样照编号
7.5及以下(71及以上)	优等	200
	一等	201
8～15(70～37)	优等	210
	一等	211
16及以上(36及以下)	优等	220
	一等	221

6.7 十万米纱疵($A_3+B_3+C_3+D_2$)试验

按 FZ/T 01050 规定执行。

6.8 纤维含量偏差试验

按 GB/T 2910.1、FZ/T 01095 规定执行，发生质量争议时，以化学分析方法测定的纤维含量为准。

6.9 棉氨纶包芯本色纱成包净重

按 GB/T 398 规定执行。

6.10 试验结果的表示

一批纱的各种试验结果是由该种试验的全部试验值的计算结果表示，各种试验结果的计算精确度，除已规定者外，按表 6 规定执行。

表 6 计算值的数字修约规定

项　　目	要求小数点后有效位数
线密度变异系数/%	1
线密度偏差率/%	1
百米质量(每批平均)/(g/100 m)	3
单纱断裂强度/(cN/tex)	1
单纱强力变异系数/%	1
条干均匀度变异系数/%	1
十万米纱疵/(个/10^5 m)	整数
平均线密度/tex	1
折算质量用回潮率/%	2
捻系数	整数
线密度开方	2

7 检验规则

按 FZ/T 10007 规定执行。

8 标志、包装和贮运

8.1 按 FZ/T 10008 规定执行。

8.2 产品在贮存、运输时，要注意通风、防潮、防晒，防止发生霉变。

9 其他

用户对产品有特殊要求者，生产厂与用户可另订协议。

附　录　A
（规范性附录）
棉氨纶包芯本色纱百米质量的计算

A.1　棉氨纶包芯本色纱的公定回潮率按干重混纺比例，以棉公定回潮率8.5%，氨纶公定回潮率1.3%，按式（A.1）计算，计算结果按GB/T 8170修约至小数点后一位。

$$W=\frac{W_{C}\times P_{C}+W_{Pu}\times P_{Pu}}{100} \quad \cdots\cdots\cdots\cdots(A.1)$$

式中：

W ——公定回潮率，%；

W_C ——棉公定回潮率，%；

W_{Pu} ——氨纶公定回潮率，%；

P_C ——棉净干含量比例，%；

P_{Pu} ——氨纶净干含量比例，%。

A.2　100 m纱在公定回潮率时的标准质量按式（A.2）计算，计算结果按GB/T 8170修约至小数点后三位。

$$m_g=\frac{T_t}{10} \quad \cdots\cdots\cdots\cdots(A.2)$$

式中：

m_g ——100 m纱在公定回潮率的标准质量，单位为克每百米（g/100 m）；

T_t ——纱的公称线密度，单位为特克斯（tex）。

A.3　100 m纱标准干燥质量按式（A.3）计算，计算结果按GB/T 8170修约至小数点后三位。

$$m_d=\frac{T_t}{10}\times\frac{100}{100+W} \quad \cdots\cdots\cdots\cdots(A.3)$$

式中：

m_d ——100 m纱的标准干燥质量，单位为克每百米（g/100 m）；

T_t ——纱的公称线密度，单位为特克斯（tex）；

W ——公定回潮率，%。

示例：

J C/Pu 93/7 13 tex (44.4 dtex) K针织用棉氨纶包芯本色纱100 m纱标准质量的计算：

a）J C/Pu 93/7 13 tex (44.4 dtex) K针织用棉氨纶包芯本色纱公定回潮率W（%）的计算：

$$W(\%)=\frac{8.5\times 93+1.3\times 7}{100}=8.0$$

b）J C/Pu 93/7 13 tex (44.4 dtex) K针织用棉氨纶包芯本色纱100 m纱在公定回潮率时的标准质量（g/100 m）的计算：

$$m_g=\frac{13.00}{10}=1.300$$

c）J C/Pu 93/7 13 tex (44.4 dtex) K针织用棉氨纶包芯本色纱100 m纱标准干燥质量（g/100 m）的计算：

$$m_d=\frac{13.00}{10}\times\frac{100}{100+8.0}=1.204$$

附 录 B
（资料性附录）
棉氨纶包芯本色纱捻度试验

B.1 取样数量

在检验批中随机抽取 20 个卷装纱，每个卷装纱测试两次，总数为 40 次。

B.2 纱实际捻系数建议值

实际捻系数控制范围建议为 340～530。有特殊要求的双方另订协议。

B.3 试验方法

捻度试验方法按 GB/T 2543.2 规定执行，测定参数中预加张力为(0.5±0.05)cN/tex，并按式(B.1)计算：

$$\alpha = tT^{1/2} \qquad \text{(B.1)}$$

式中：

α ——捻系数；

t ——捻度，单位为捻每 10 厘米(捻/10 cm)；

T——纱线密度，单位为特克斯(tex)。

附　录　C
（资料性附录）
在线产品取样及试验

C.1　在线产品取样周期及卷装形式

C.1.1　一般两天取样试验一次，但周期一经确定，不得任意变更，十万米纱疵、纤维含量偏差试验周期可适当延长，但不得超过两周。

C.1.2　取样的卷装形式为管纱。

C.2　在线产品取样数及试验次数

C.2.1　在线产品取样数见表C.1。

表C.1　在线产品取样数

生产同一品种的开台数	1	2	3	4	5	6	7	8～9	10	11～14	15	16～29	30及以上
每机台上采取管纱数	30	15	10	7～8	6	5	4～5	3～4	3	2～3	2	1～2	1
总管纱数	30	30	30	30	30	30	30	30	30	30	30	30	30

C.2.2　线密度变异系数、线密度偏差率试验，每份试样30个管纱，每管摇取1缕，总数为30次（开台数在5台及以下的产品，线密度变异系数、线密度偏差率试验可相应减少拔管数，拔取15个管纱，每管摇取2缕）。

C.2.3　单纱断裂强度及单纱断裂强力变异系数试验，单纱每份试样30个管纱，每管测试2次，总数为60次（开台数在5台及以下者，可每份试样15个管纱，每管测试4次）。采用全自动纱线强力试验仪的取样数为20个管纱，每管测5次，总数为100次。

C.2.4　条干均匀度变异系数、千米纱疵需在各机台随机抽取10个管纱，试验次数为10次。

C.2.5　企业需严格控制空芯纱疵、包覆不良纱疵、露芯纱疵的产生，以满足后道加工要求。

参 考 文 献

[1] GB/T 2543.2 纺织品 纱线捻度的测定 第2部分:退捻加捻法

ICS 59.080.20
W 12

中华人民共和国纺织行业标准

FZ/T 12011—2014
代替 FZ/T 12011—2005

棉腈混纺本色纱线

Cotton and acrylic blended grey yarn

2014-10-14 发布 2015-04-01 实施

中华人民共和国工业和信息化部 发布

前　言

本标准按照 GB/T 1.1—2009 给出的规则起草。

本标准代替 FZ/T 12011—2005《棉腈混纺本色纱线》。

本标准与 FZ/T 12011—2005 比较主要变化如下：

——技术要求中增加了千米棉结(＋200％)考核指标；

——将纤维含量偏差列入技术要求中；

——股线指标增加捻度变异系数考核指标；

——百米重量变异系数修改为线密度变异系数，百米重量偏差修改为线密度偏差率；

——调整技术要求中的部分指标；

——取样规定作了调整，分成品取样和在线产品取样，以成品取样为准。

本标准由中国纺织工业联合会提出。

本标准由全国纺织品标准化技术委员会棉纺织印染分技术委员会(SAC/TC 209/SC 2)归口。

本标准起草单位：南通双弘纺织有限公司、青岛纺联控股集团公司、中国棉纺织行业协会、上海市纺织工业技术监督所。

本标准主要起草人：吉宜军、吴加顺、张建辉、景慎全、王憬义。

本标准所代替标准的历次版本发布情况为：

——FZ/T 12011—2005。

棉腈混纺本色纱线

1 范围

本标准规定了棉与腈纶(棉型短纤维)混纺,棉纤维混用比例在50%及以上的棉腈混纺本色纱线产品的分类、标记、要求、试验方法、检验规则和标志、包装。

本标准适用于环锭纺棉腈混纺本色纱线,本标准不适用于特种用途棉腈混纺本色纱线。

2 规范性引用文件

下列文件对于本文件的应用是必不可少的。凡是注日期的引用文件,仅注日期的版本适用于本文件。凡是不注日期的引用文件,其最新版本(包括所有的修改单)适用于本文件。

GB/T 398—2008 棉本色纱线

GB/T 2543.1 纺织品 纱线捻度的测定 第1部分:直接计数法

GB/T 2910.12 纺织品 定量化学分析 第12部分:聚丙烯腈纤维、某些改性聚丙烯腈纤维、某些含氯纤维或某些弹性纤维与某些其他纤维的混和物(二甲基甲酰胺法)

GB/T 3292.1 纺织品 纱线条干不匀试验方法 第1部分:电容法

GB/T 3916 纺织品 卷装纱 单根纱线断裂强力和断裂伸长率的测定(CRE法)

GB/T 4743—2009 纺织品 卷装纱 绞纱法线密度的测定

FZ/T 01050 纺织品 纱线疵点的分级与检验方法 电容式

FZ/T 10007 棉及化纤纯纺、混纺本色纱线检验规则

FZ/T 10008 棉及化纤纯纺、混纺本色纱线标志与包装

3 产品分类、标记

3.1 棉腈混纺本色纱线产品以不同纺纱方法、混纺比及线密度分类。

3.2 棉腈混纺本色纱线原料代号棉为C,腈纶为A。

3.3 产品纤维含量以公定质量比表示,具体表示为棉含量/腈纶含量。

3.4 在线密度前标明纱线的生产工艺过程代号、原料代号及混纺比。

示例:精梳棉腈混纺本色纱线密度为13.0 tex,含量为棉55%,腈纶45%,应写为J C/A 55/45 13.0 tex。

4 要求

4.1 项目

4.1.1 棉腈混纺本色纱的技术要求包括单纱断裂强力变异系数、线密度变异系数、单纱断裂强度、线密度偏差率、条干均匀度变异系数、千米棉结(+200%)、十万米纱疵及纤维含量偏差八项指标。

4.1.2 棉腈混纺本色线的技术要求包括单线断裂强力变异系数、线密度变异系数、单线断裂强度、线密度偏差率、条干均匀度变异系数、捻度变异系数及纤维含量偏差七项指标。

4.2 分等规定

4.2.1 同一原料、同一工艺单连续生产的同一规格的产品作为一个或多个检验批。按规定的各项试验

方法进行试验，并按其结果评定棉腈混纺本色纱线的品等。

4.2.2 产品质量等级分为优等品、一等品、二等品，低于二等品为等外品。

4.2.3 棉腈混纺本色纱线品等根据产品规格以考核项目中最低一项进行评等。

4.3 技术要求

4.3.1 普梳棉腈混纺本色纱(棉含量在50%及以上～70%)的技术要求按表1规定执行。

表1 普梳棉腈混纺本色纱(棉含量在50%及以上～70%)的技术要求

公称线密度 tex	等级	单纱断裂强力变异系数 % ≤	线密度变异系数 % ≤	单纱断裂强度 cN/tex ≥	线密度偏差率 %	条干均匀度变异系数 % ≤	千米棉结 (+200%) 个/km ≤	十万米纱疵 个/10^5 m ≤
8.1～11.0	优	11.5	2.0	11.8	±2.0	18.0	650	10
	一	14.5	3.0	10.8	±2.5	20.0	850	20
	二	17.0	4.0	9.8	±3.0	22.0	1 100	—
11.1～13.0	优	11.0	2.0	11.8	±2.0	16.5	380	10
	一	14.0	3.0	10.8	±2.5	18.5	540	20
	二	16.5	4.0	9.8	±3.0	20.5	750	—
13.1～16.0	优	10.5	2.0	11.8	±2.0	15.0	180	10
	一	13.5	3.0	10.8	±2.5	17.0	300	20
	二	16.0	4.0	9.8	±3.0	19.0	470	—
16.1～20.0	优	10.0	2.0	12.0	±2.0	14.0	130	10
	一	13.0	3.0	11.0	±2.5	16.0	200	20
	二	15.5	4.0	10.0	±3.0	18.0	330	—
20.1～24.0	优	9.5	2.0	12.0	±2.0	13.0	70	10
	一	12.5	3.0	11.0	±2.5	15.0	110	20
	二	15.0	4.0	10.0	±3.0	17.0	220	—
24.1～31.0	优	9.0	2.0	11.5	±2.0	12.5	40	10
	一	12.0	3.0	10.5	±2.5	14.5	70	20
	二	14.5	4.0	9.5	±3.0	16.5	170	—
31.1～37.0	优	8.5	2.0	11.5	±2.0	12.0	25	10
	一	11.5	3.0	10.5	±2.5	14.0	50	20
	二	14.0	4.0	9.5	±3.0	16.0	130	—
37.1 及以上	优	8.0	2.0	11.5	±2.0	11.5	20	10
	一	11.0	3.0	10.5	±2.5	13.5	30	20
	二	13.5	4.0	9.5	±3.0	15.5	100	—

4.3.2 普梳棉腈混纺本色纱(棉含量在70%以上)的技术要求按表2规定执行。

表 2　普梳棉腈混纺本色纱(棉含量在 70%以上)的技术要求

公称线密度 tex	等级	单纱断裂强力变异系数 % ≤	线密度变异系数 % ≤	单纱断裂强度 cN/tex ≥	线密度偏差率 %	条干均匀度变异系数 % ≤	千米棉结(+200%) 个/km ≤	十万米纱疵 个/10^5 m ≤
8.1～11.0	优	12.0	2.0	11.8	±2.0	19.0	1 100	10
	一	15.0	3.0	10.8	±2.5	21.0	1 300	20
	二	17.5	4.0	9.8	±3.0	23.0	1 600	—
11.1～13.0	优	11.5	2.0	11.8	±2.0	17.5	690	10
	一	14.5	3.0	10.8	±2.5	19.5	850	20
	二	17.0	4.0	9.8	±3.0	21.5	1 060	—
13.1～16.0	优	11.0	2.0	11.8	±2.0	16.0	380	10
	一	14.0	3.0	10.8	±2.5	18.0	500	20
	二	16.5	4.0	9.8	±3.0	20.0	670	—
16.1～20.0	优	10.5	2.0	12.0	±2.0	15.0	280	10
	一	13.5	3.0	11.0	±2.5	17.0	350	20
	二	16.0	4.0	10.0	±3.0	19.0	480	—
20.1～24.0	优	10.0	2.0	12.0	±2.0	14.0	180	10
	一	13.0	3.0	11.0	±2.5	16.0	220	20
	二	15.5	4.0	10.0	±3.0	18.0	330	—
24.1～31.0	优	9.5	2.0	11.5	±2.0	13.5	90	10
	一	12.5	3.0	11.0	±2.5	15.5	120	20
	二	15.0	4.0	10.0	±3.0	17.5	220	—
31.1～37.0	优	9.0	2.0	11.5	±2.0	13.0	50	10
	一	12.0	3.0	10.5	±2.5	15.0	75	20
	二	14.5	4.0	9.5	±3.0	17.0	155	—
37.1 及以上	优	8.5	2.0	11.5	±2.0	12.5	30	10
	一	11.5	3.0	10.5	±2.5	14.5	50	20
	二	14.0	4.0	9.5	±3.0	16.5	120	—

4.3.3　精梳棉腈混纺本色纱(棉含量在 50%及以上～70%)的技术要求按表 3 规定执行。

表 3　精梳棉腈混纺本色纱(棉含量在 50%及以上～70%)的技术要求

公称线密度 tex	等级	单纱断裂强力变异系数 % ≤	线密度变异系数 % ≤	单纱断裂强度 cN/tex ≥	线密度偏差率 %	条干均匀度变异系数 % ≤	千米棉结(+200%) 个/km ≤	十万米纱疵 个/10^5 m ≤
8.1～11.0	优	11.0	2.0	12.2	±2.0	16.0	110	8
	一	13.5	3.0	11.2	±2.5	18.0	150	15
	二	16.5	4.0	10.2	±3.0	20.0	210	—

表 3(续)

公称线密度 tex	等级	单纱断裂强力变异系数 % ≤	线密度变异系数 % ≤	单纱断裂强度 cN/tex ≥	线密度偏差率 %	条干均匀度变异系数 % ≤	千米棉结(+200%) 个/km ≤	十万米纱疵 个/10^5 m ≤
11.1～13.0	优	10.0	2.0	12.2	±2.0	15.0	70	8
	一	12.5	3.0	11.2	±2.5	17.0	110	15
	二	15.5	4.0	10.2	±3.0	19.0	170	—
13.1～16.0	优	9.5	2.0	12.2	±2.0	13.5	50	8
	一	12.0	3.0	11.2	±2.5	15.5	80	15
	二	15.0	4.0	10.2	±3.0	17.5	130	—
16.1～20.0	优	9.0	2.0	12.5	±2.0	12.5	30	8
	一	11.5	3.0	11.5	±2.5	14.5	60	15
	二	14.5	4.0	10.5	±3.0	16.5	90	—
20.1～24.0	优	8.5	2.0	12.5	±2.0	11.5	25	8
	一	11.0	3.0	11.5	±2.5	13.5	40	15
	二	14.0	4.0	10.5	±3.0	15.5	60	—
24.1～31.0	优	8.0	2.0	12.5	±2.0	10.5	20	8
	一	10.5	3.0	11.5	±2.5	12.5	30	15
	二	13.5	4.0	10.5	±3.0	14.5	40	—
31.1～37.0	优	7.5	2.0	12.5	±2.0	9.5	15	8
	一	10.0	3.0	11.5	±2.5	11.5	20	15
	二	13.0	4.0	10.5	±3.0	13.5	30	—

4.3.4 精梳棉腈混纺本色纱(棉含量在70%以上)的技术要求按表4规定执行。

表 4 精梳棉腈混纺本色纱(棉含量在70%以上)的技术要求

公称线密度 tex	等级	单纱断裂强力变异系数 % ≤	线密度变异系数 % ≤	单纱断裂强度 cN/tex ≥	线密度偏差率 %	条干均匀度变异系数 % ≤	千米棉结(+200%) 个/km ≤	十万米纱疵 个/10^5 m ≤
8.1～11.0	优	11.5	2.0	12.5	±2.0	16.5	130	8
	一	14.0	3.0	11.5	±2.5	18.5	170	15
	二	17.0	4.0	10.5	±3.0	20.5	230	—
11.1～13.0	优	10.5	2.0	12.5	±2.0	15.5	90	8
	一	13.0	3.0	11.5	±2.5	17.5	130	15
	二	16.0	4.0	10.5	±3.0	19.5	190	—
13.1～16.0	优	10.0	2.0	12.5	±2.0	14.0	70	8
	一	12.5	3.0	11.5	±2.5	16.0	100	15
	二	15.5	4.0	10.5	±3.0	18.0	150	—

表 4（续）

公称线密度 tex	等级	单纱断裂强力变异系数 % ≤	线密度变异系数 % ≤	单纱断裂强度 cN/tex ≥	线密度偏差率 %	条干均匀度变异系数 % ≤	千米棉结（+200%）个/km ≤	十万米纱疵 个/10^5 m ≤
16.1～20.0	优	9.5	2.0	13.0	±2.0	13.0	50	8
	一	12.0	3.0	12.0	±2.5	15.0	80	15
	二	15.0	4.0	11.0	±3.0	17.0	110	—
20.1～24.0	优	9.0	2.0	13.0	±2.0	12.0	45	8
	一	11.5	3.0	12.0	±2.5	14.0	60	15
	二	14.5	4.0	11.0	±3.0	16.0	80	—
24.1～31.0	优	8.5	2.0	13.0	±2.0	11.0	35	8
	一	11.0	3.0	12.0	±2.5	13.0	45	15
	二	14.0	4.0	11.0	±3.0	15.0	55	—
31.1～37.0	优	8.0	2.0	13.0	±2.0	10.0	30	8
	一	10.5	3.0	12.0	±2.5	12.0	35	15
	二	13.5	4.0	11.0	±3.0	14.0	45	—

4.3.5 普梳棉腈混纺本色线(棉含量在50%及以上)的技术要求按表5规定执行。

表 5 普梳棉腈混纺本色线(棉含量在50%及以上)的技术要求

公称线密度 tex	等级	单线断裂强力变异系数 % ≤	线密度变异系数 % ≤	单线断裂强度 cN/tex ≥	线密度偏差率 %	条干均匀度变异系数 % ≤	捻度变异系数 % ≤
8.1×2～11.0×2	优	8.5	1.5	13.0	±2.0	12.0	5.0
	一	10.5	2.5	12.0	±2.5	13.0	
	二	13.5	3.0	11.0	±3.0	—	
11.1×2～13.0×2	优	8.0	1.5	13.0	±2.0	11.5	5.0
	一	10.0	2.5	12.0	±2.5	12.5	
	二	13.0	3.0	11.0	±3.0	—	
13.1×2～16.0×2	优	7.5	1.5	13.0	±2.0	11.0	5.0
	一	9.5	2.5	12.0	±2.5	12.0	
	二	12.5	3.0	11.0	±3.0	—	
16.1×2～20.0×2	优	7.5	1.5	13.5	±2.0	10.5	5.0
	一	9.5	2.5	12.5	±2.5	11.5	
	二	12.5	3.0	11.5	±3.0	—	
20.1×2～24.0×2	优	7.0	1.5	13.5	±2.0	10.0	5.0
	一	9.0	2.5	12.5	±2.5	11.0	
	二	12.0	3.0	11.5	±3.0	—	

表 5（续）

公称线密度 tex	等级	单线断裂强力变异系数 % ≤	线密度变异系数 % ≤	单线断裂强度 cN/tex ≥	线密度偏差率 %	条干均匀度变异系数 % ≤	捻度变异系数 % ≤
24.1×2～31.0×2	优 一 二	7.0 9.0 12.0	1.5 2.5 3.0	13.0 12.0 11.0	±2.0 ±2.5 ±3.0	9.5 10.5 —	5.0
31.1×2～37.0×2	优 一 二	6.5 8.5 11.5	1.5 2.5 3.0	13.0 12.0 11.0	±2.0 ±2.5 ±3.0	9.0 10.0 —	5.0

4.3.6　精梳棉腈混纺本色线(棉含量在50%及以上)的技术要求按表6规定执行。

表 6　精梳棉腈混纺本色线(棉含量在50%及以上)的技术要求

公称线密度 tex	等级	单线断裂强力变异系数 % ≤	线密度变异系数 % ≤	单线断裂强度 cN/tex ≥	线密度偏差率 %	条干均匀度变异系数 % ≤	捻度变异系数 % ≤
8.1×2～11.0×2	优 一 二	8.0 10.0 13.0	1.5 2.5 3.0	14.0 13.0 12.0	±2.0 ±2.5 ±3.0	11.5 12.5 —	5.0
11.1×2～13.0×2	优 一 二	7.5 9.5 12.5	1.5 2.5 3.0	14.0 13.0 12.0	±2.0 ±2.5 ±3.0	11.0 12.0 —	5.0
13.1×2～16.0×2	优 一 二	7.0 9.0 12.0	1.5 2.5 3.0	14.0 13.0 12.0	±2.0 ±2.5 ±3.0	10.5 11.5 —	5.0
16.1×2～20.0×2	优 一 二	7.0 9.0 12.0	1.5 2.5 3.0	14.5 13.5 12.5	±2.0 ±2.5 ±3.0	10.0 11.0 —	5.0
20.1×2～24.0×2	优 一 二	6.5 8.5 11.5	1.5 2.5 3.0	14.5 13.5 12.5	±2.0 ±2.5 ±3.0	9.5 10.5 —	5.0
24.1×2～31.0×2	优 一 二	6.5 8.5 11.5	1.5 2.5 3.0	14.5 13.5 12.5	±2.0 ±2.5 ±3.0	9.0 10.0 —	5.0
31.1×2～37.0×2	优 一 二	6.0 8.0 11.0	1.5 2.5 3.0	14.5 13.5 12.5	±2.0 ±2.5 ±3.0	8.5 9.5 —	5.0

4.3.7 棉腈混纺本色纱线的纤维含量允许偏差为±1.5%，例如C/A 55/45棉腈混纺本色纱线，则允许含量为：棉56.5%～53.5%，腈纶43.5%～46.5%。纤维含量偏差超过±1.5%时，评该批产品为等外品。

5 试验方法

5.1 试验条件

各项试验应在各方法标准规定的条件下进行。

5.2 取样规定

从检验批次中随机抽取20个筒纱，各项目所需样品数量及试验次数按表7规定执行。

表7 棉腈混纺本色纱线各项目样品数量及试验次数的规定

项目	筒子数 个	每筒试验次数	总次数
线密度变异系数、线密度偏差率	20	1	20
断裂强度、断裂强力变异系数	20	5	100
条干均匀度变异系数、千米棉结	10	1	10
捻度变异系数	20	2	40
十万米纱疵	6	—	1
纤维含量偏差	10	—	2

注1：若检验批中的筒纱数小于20个，则全部抽取作为样品。

注2：线密度变异系数、线密度偏差率、单纱（线）断裂强度、单纱（线）断裂强力变异系数、条干均匀度变异系数可进行在线产品取样，具体取样规定参见附录A，用户对产品质量有异议时，以成品质量检验为准。

5.3 线密度变异系数、线密度偏差率试验

摇取绞纱长度应按GB/T 4743—2009规定执行，其中线密度变异系数采用程序1，线密度采用程序3。公称线密度的100 m标准质量和标准干燥质量按附录B计算，线密度偏差率将烘干后的绞纱折算至100 m质量，并按式（1）计算：

$$D=\frac{m-m_d}{m_d}\times 100\% \quad \cdots\cdots(1)$$

式中：

D ——线密度偏差率，%；

m ——“100 m”试样实测干燥质量，单位为克（g）；

m_d ——“100 m”试样标准干燥质量，单位为克（g）。

5.4 单纱（线）断裂强度及单（线）纱断裂强力变异系数试验

按GB/T 3916规定执行。

5.5 条干均匀度变异系数、千米棉结（+200%）试验

按GB/T 3292.1规定执行。

5.6 十万米纱疵试验

按 FZ/T 01050 规定执行，十万米纱疵结果用 $A_3+B_3+C_3+D_2$ 之和表示。

5.7 捻度试验

按 GB/T 2543.1 规定执行。

5.8 纤维含量试验

按 GB/T 2910.12 规定执行，纤维含量以公定质量比表示。

5.9 成包净重

按 GB/T 398—2008 中 5.9 规定执行。

5.10 试验结果的表示

一批纱线的各种试验结果是由该种试验的全部试验值的计算结果表示，各种试验结果的计算精确度，除已规定者外，按表 8 规定执行。

表 8 计算值的数值修约位数规定

项目	保留小数位数
单纱(线)断裂强度/(cN/tex)	1
单纱(线)断裂强力变异系数/%	1
线密度变异系数/%	1
线密度偏差率/%	1
条干均匀度变异系数/%	1
千米棉结(+200%)/(个/km)	整数
十万米纱疵/(个/10^5 m)	整数
百米质量(每批平均)/(g/100 m)	3
平均线密度/tex	1
捻度变异系数/%	1
折算质量用回潮率/%	2

6 检验规则

按 FZ/T 10007 规定执行。

7 标志、包装

按 FZ/T 10008 规定执行。

8 其他

用户对本标准有特殊要求者，供需双方可另订协议。

附 录 A
（资料性附录）
在线产品取样及计算

A.1 在线产品取样周期及卷装形式

A.1.1 一般两天取样试验一次，但周期一经确定，不得任意变更。十万米纱疵、纤维含量偏差试验周期可适当延长，但不得超过两周。

A.1.2 取样的卷装形式为管纱。

A.2 在线产品取样数及试验次数

A.2.1 各项试验应在各方法标准规定的条件下进行，如生产需要，可以在接近车间温湿度条件下进行，但试验地点的温湿度应稳定，并不得故意偏离标准条件。

A.2.2 在线产品取样数见表A.1。

表A.1 在线产品取样数

生产同一品种的开台数	1	2	3	4	5	6	7	8～9	10	11～14	15	16～29	30及以上
每机台上采取管纱数	30	15	10	7～8	6	5	4～5	3～4	3	2～3	2	1～2	1
总管纱数	30	30	30	30	30	30	30	30	30	30	30	30	30

A.2.3 线密度变异系数、线密度偏差率试验，每份试样30个管纱，每管摇取1缕，总数为30次（开台数在5台及以下的产品，线密度变异系数、线密度偏差率试验可相应减少拔管数，拔取15个管纱，每管摇取2缕）。

A.2.4 单纱断裂强度及单纱断裂强力变异系数试验，单纱每份试样30个管纱，每管测试2次，总数为60次（开台数在5台及以下者，可每份试样15个管纱，每管测试4次）。采用全自动纱线强力试验仪的取样数，取20个管纱，每管测试5次，总数为100次。

A.2.5 条干均匀度变异系数需在各机台随机抽取10个管纱，试验次数为10次。

附　录　B
（规范性附录）
棉腈混纺本色纱线百米质量的计算

B.1　棉腈混纺本色纱线的公定回潮率，按公定质量混纺比例计算，也可按干重混纺比例计算，计算结果修约至小数点后一位。其中棉公定回潮率为8.5%，腈纶公定回潮率为2.0%。

以公定质量混纺比例计算公定回潮率，以百分率表示[见式(B.1)]：

$$W=\frac{\frac{B_C W_C}{1+W_C/100}+\frac{B_A W_A}{1+W_A/100}}{\frac{B_C}{1+W_C/100}+\frac{B_A}{1+W_A/100}} \qquad \cdots\cdots\cdots\cdots(\text{B.1})$$

以干重混纺比例计算公定回潮率，以百分率表示[见式(B.2)]：

$$W=\frac{W_C\times A_C+W_A\times A_A}{100} \qquad \cdots\cdots\cdots\cdots(\text{B.2})$$

式中：

W　　——公定回潮率，%；

W_C、W_A——棉、腈纶公定回潮率，%；

B_C、B_A——棉、腈纶公定质量混纺百分比例；

A_C、A_A——棉、腈纶干燥质量混纺百分比例。

B.2　100 m纱线在公定回潮率时的标准质量(g)按式(B.3)计算，计算结果修约至小数点后三位。

$$m_g=\frac{T_t}{10} \qquad \cdots\cdots\cdots\cdots(\text{B.3})$$

式中：

m_g——100 m纱线在公定回潮率时的标准质量，单位为克(g)；

T_t——纱线公称线密度，单位为特克斯(tex)。

B.3　100 m纱线的标准干燥质量(g)按式(B.4)计算，计算结果修约至小数点后三位。

$$m_d=\frac{T_t}{10}\times\frac{100}{100+W} \qquad \cdots\cdots\cdots\cdots(\text{B.4})$$

式中：

m_d——100 m纱线标准干燥质量，单位为克(g)；

T_t——纱线公称线密度，单位为特克斯(tex)；

W——公定回潮率，%。

ICS 59.080.20
W 12

中华人民共和国纺织行业标准

FZ/T 12013—2014
代替 FZ/T 12013—2005

莱赛尔纤维本色纱线

Lyocell grey yarn

2014-10-14 发布　　2015-04-01 实施

中华人民共和国工业和信息化部　发布

前　言

本标准按照 GB/T 1.1—2009 给出的规则起草。

本标准代替 FZ/T 12013—2005《莱赛尔纤维本色纱线》。

本标准与 FZ/T 12013—2005 比较主要变化如下：

——修改了第 3 章分类，将 100 m 标准质量和标准干燥质量的计算放入附录 B 中，删除线密度要求内容；

——技术要求中，调整了公称线密度范围，修改了部分项目名称，条干均匀度考核仅保留条干均匀度变异系数；

——对断裂强力变异系数、线密度变异系数、条干均匀度变异系数等指标进行了调整；

——取消顺降指标考核，按技术要求中最低一项品等评定。

本标准由中国纺织工业联合会提出。

本标准由全国纺织品标准化技术委员会棉纺织印染分技术委员会(SAC/TC 209/SC 2)归口。

本标准起草单位：齐鲁宏业纺织集团有限公司、上海市纺织工业技术监督所、福建省长乐市长源纺织有限公司、青岛纺联控股集团公司、中国棉纺织行业协会。

本标准主要起草人：李汉利、鲍智波、王憬义、施宋伟、秦志强、叶戬春。

本标准所代替标准的历次版本发布情况为：

——FZ/T 12013—2005。

莱赛尔纤维本色纱线

1 范围

本标准规定了莱赛尔纤维本色纱线的标记、要求、试验方法、检验规则、标志、包装。

本标准适用于环锭纺莱赛尔纤维(棉型短纤维)本色纱线,采用新型纺纱技术生产的莱赛尔纤维本色纱线可参照本标准。

2 规范性引用文件

下列文件对于本文件的应用是必不可少的。凡是注日期的引用文件,仅注日期的版本适用于本文件。凡是不注日期的引用文件,其最新版本(包括所有的修改单)适用于本文件。

GB/T 398—2008 棉本色纱线

GB/T 2543.1 纺织品 纱线捻度的测定 第1部分:直接计数法

GB/T 3292.1 纺织品 纱线条干不匀试验方法 第1部分:电容法

GB/T 3916 纺织品 卷装纱 单根纱线断裂强力和断裂伸长率的测定(CRE法)

GB/T 4743—2009 纺织品 卷装纱 绞纱法线密度的测定

FZ/T 01050 纺织品 纱线疵点的分级与检验方法 电容式

FZ/T 10007 棉及化纤纯纺、混纺本色纱线检验规则

FZ/T 10008 棉及化纤纯纺、混纺本色纱线标志与包装

3 产品标记

莱赛尔纤维本色纱线的原料代号为Ly,在线密度前应标明原料代号。

示例:14.8 tex莱赛尔纤维本色纱,应写为:Ly 14.8 tex。

4 要求

4.1 项目

4.1.1 单纱技术要求包括单纱断裂强力变异系数、线密度变异系数、单纱断裂强度、线密度偏差率、条干均匀度变异系数、千米棉结、十万米纱疵等七项指标。

4.1.2 股线技术要求包括单线断裂强力变异系数、线密度变异系数、单线断裂强度、线密度偏差率、条干均匀度变异系数、捻度变异系数等六项指标。

4.2 分等规定

4.2.1 同一原料、同一工艺单连续生产的同一规格的产品作为一个或若干检验批。按规定的各项试验方法进行试验,并按其结果评定莱赛尔纤维本色纱线的品等。

4.2.2 产品质量等级分为优等品、一等品、二等品,低于二等品为等外品。

4.2.3 莱赛尔纤维本色纱线质量等级根据产品规格,以考核项目中最低一项进行评等。

4.3 技术要求

4.3.1 莱赛尔纤维本色纱的技术要求按表1规定执行。

表1 莱赛尔纤维本色纱的技术要求

公称线密度 tex	等级	单纱断裂强力变异系数 % ≤	线密度变异系数 % ≤	单纱断裂强度 cN/tex ≥	线密度偏差率 %	条干均匀度变异系数 % ≤	千米棉结（+200%）个/km ≤	十万米纱疵 个/10^5 m ≤
6.1～7.0	优	15.0	2.0	20.0	±2.0	17.0	120	10
	一	18.0	3.0	18.0	±2.5	19.0	140	20
	二	20.0	4.0	16.0	±3.0	21.0	180	—
7.1～8.0	优	14.0	2.0	20.0	±2.0	16.0	100	10
	一	16.0	3.0	18.0	±2.5	18.0	120	20
	二	18.0	4.0	16.0	±3.0	20.0	160	—
8.1～11.0	优	13.0	2.0	19.0	±2.0	16.5	180	10
	一	15.0	3.0	17.0	±2.5	18.5	220	20
	二	17.0	4.0	16.0	±3.0	20.5	240	—
11.1～13.0	优	12.0	2.0	19.0	±2.0	15.0	140	10
	一	14.0	3.0	17.0	±2.5	17.0	160	20
	二	16.0	4.0	16.0	±3.0	19.0	180	—
13.1～16.0	优	11.0	2.0	20.0	±2.0	14.0	120	10
	一	13.0	3.0	18.0	±2.5	16.0	140	20
	二	15.0	4.0	17.0	±3.0	18.0	160	—
16.1～20.0	优	10.0	2.0	20.5	±2.0	13.5	80	10
	一	12.0	3.0	18.5	±2.5	15.5	100	20
	二	14.0	4.0	17.5	±3.0	17.5	140	—
20.1～31.0	优	9.5	2.0	20.5	±2.0	13.0	60	10
	一	11.5	3.0	18.5	±2.5	15.0	80	20
	二	13.5	4.0	17.5	±3.0	17.0	120	—
31.1～37.0	优	8.0	2.0	20.5	±2.0	11.0	40	10
	一	10.0	3.0	18.5	±2.5	13.0	60	20
	二	12.0	4.0	17.5	±3.0	15.0	100	—
37.1～70.0	优	7.0	2.0	20.5	±2.0	10.0	20	10
	一	9.0	3.0	18.5	±2.5	12.0	40	20
	二	11.0	4.0	17.5	±3.0	14.0	60	—

4.3.2 莱赛尔纤维本色线的技术要求按表2规定执行。

表 2　莱赛尔纤维本色线的技术要求

公称线密度 tex	等级	单线断裂强力变异系数 % ≤	线密度变异系数 % ≤	单线断裂强度 cN/tex ≥	线密度偏差率 %	条干均匀度变异系数 % ≤	捻度变异系数 % ≤
6.1×2～7.0×2	优	9.0	2.0	21.0	±2.0	12.0	5.0
	一	10.0	2.5	19.0	±2.5	—	
	二	11.0	3.0	17.0	±3.0	—	
7.1×2～8.0×2	优	8.0	2.0	21.0	±2.0	11.0	5.0
	一	9.0	2.5	19.0	±2.5	—	
	二	10.0	3.0	17.0	±3.0	—	
8.1×2～11.0×2	优	8.0	2.0	20.0	±2.0	10.5	5.0
	一	9.0	2.5	18.0	±2.5	—	
	二	10.0	3.0	17.0	±3.0	—	
11.1×2～13.0×2	优	7.5	2.0	20.0	±2.0	10.0	5.0
	一	8.5	2.5	18.0	±2.5	—	
	二	9.5	3.0	17.0	±3.0	—	
13.1×2～16.0×2	优	7.0	2.0	21.0	±2.0	9.5	5.0
	一	8.0	2.5	19.0	±2.5	—	
	二	9.0	3.0	18.0	±3.0	—	
16.1×2～20.0×2	优	6.5	2.0	21.5	±2.0	9.0	5.0
	一	7.5	2.5	19.5	±2.5	—	
	二	8.5	3.0	18.5	±3.0	—	
20.1×2～31.0×2	优	6.5	2.0	21.5	±2.0	8.5	5.0
	一	7.5	2.5	19.5	±2.5	—	
	二	8.5	3.0	18.5	±3.0	—	
31.1×2～37.0×2	优	6.5	2.0	21.5	±2.0	8.0	5.0
	一	7.5	2.5	19.5	±2.5	—	
	二	8.5	3.0	18.5	±3.0	—	
37.1×2～70.0×2	优	6.5	2.0	21.5	±2.0	8.0	5.0
	一	7.5	2.5	19.5	±2.5	—	
	二	8.5	3.0	18.5	±3.0	—	

5　试验方法

5.1　试验条件

各项试验应在各方法标准规定的条件下进行。

5.2 取样规定

从检验批次中随机抽取20个筒纱，各项目所需样品数量及试验次数按表3规定执行。

表3 莱赛尔纤维本色纱线各项目样品数量及试验次数的规定

项目	筒子数 个	每筒试验次数	总次数
线密度变异系数、线密度偏差率	20	1	20
断裂强度、断裂强力变异系数	20	5	100
条干均匀度变异系数、千米棉结	10	1	10
捻度变异系数	20	2	40
十万米纱疵	6	—	1

注1：若检验批中的筒纱数小于20个，则全部抽取作为样品。

注2：线密度变异系数、线密度偏差率、单纱(线)断裂强度、单纱(线)断裂强力变异系数、条干均匀度变异系数可进行在线产品取样，具体取样规定见附录A，但用户对产品质量有异议时，则以成品质量检验为准。

5.3 线密度变异系数、线密度偏差率试验

摇取绞纱长度应按GB/T 4743—2009规定执行，其中线密度变异系数采用程序1，线密度采用程序3。公称线密度的100 m标准质量和标准干燥质量按附录B计算，线密度偏差率将烘干后的绞纱折算至100 m质量，并按式(1)计算：

$$D=\frac{m-m_{\mathrm{d}}}{m_{\mathrm{d}}}\times 100\% \qquad \cdots\cdots(1)$$

式中：

D ——线密度偏差率，%；

m ——"100 m"试样实测干燥质量，单位为克(g)；

m_{d}——"100 m"试样标准干燥质量，单位为克(g)。

5.4 单纱(线)断裂强度及单纱(线)断裂强力变异系数试验

按GB/T 3916规定执行。

5.5 条干均匀度变异系数、千米棉结(+200%)试验

按GB/T 3292.1规定执行。

5.6 十万米纱疵试验

按FZ/T 01050规定执行，十万米纱疵结果用$A_3+B_3+C_3+D_2$之和表示。

5.7 捻度试验方法

按GB/T 2543.1规定执行。

5.8 成包净重

按GB/T 398—2008中5.9规定执行。

5.9 试验结果的表示

一批纱线的各种试验结果是由该种试验的全部试验值的计算结果表示，各种试验结果的计算精确度，除已规定者外，按表4规定执行。

表4 计算值的数值修约位数规定

项目	保留小数位数
单纱(线)断裂强度/(cN/tex)	1
单纱(线)断裂强力变异系数/%	1
线密度变异系数/%	1
线密度偏差率/%	1
条干均匀度变异系数/%	1
千米棉结(+200%)/(个/km)	整数
十万米纱疵/(个/10^5 m)	整数
百米质量(每批平均)/(g/100 m)	3
平均线密度/tex	1
捻度变异系数	1
折算质量用回潮率/%	2

6 检验规则

按FZ/T 10007规定执行。

7 标志、包装

按FZ/T 10008规定执行。

附 录 A
（资料性附录）
在线产品取样及计算

A.1 在线产品取样周期及卷装形式

A.1.1 一般两天取样试验一次，但周期一经确定，不得任意变更。十万米纱疵试验周期可适当延长，但不得超过两周。

A.1.2 取样的卷装形式为管纱。

A.2 在线产品取样数及试验次数

A.2.1 各项试验应在各方法标准规定的条件下进行，如生产需要，可以在接近车间温湿度条件下进行，但试验地点的温湿度应稳定，并不得故意偏离标准条件。

A.2.2 在线产品取样数见表 A.1。

表 A.1 在线产品取样数

生产同一品种的开台数	1	2	3	4	5	6	7	8～9	10	11～14	15	16～29	30 及以上
每机台上采取管纱数	30	15	10	7～8	6	5	4～5	3～4	3	2～3	2	1～2	1
总管纱数	30	30	30	30	30	30	30	30	30	30	30	30	30

A.2.3 线密度变异系数、线密度偏差率试验，每份试样 30 个管纱，每管摇取 1 缕，总数为 30 次（开台数在 5 台及以下的产品，线密度变异系数、线密度偏差率试验可相应减少拔管数，拔取 15 个管纱，每管摇取 2 缕）。

A.2.4 单纱（线）断裂强度及单纱（线）断裂强力变异系数试验，单纱每份试样 30 个管纱，每管测试 2 次，总数为 60 次（开台数在 5 台及以下者，可每份试样 15 个管纱，每管测试 4 次），若为股线，每份试样为 15 个管纱，每管测试 2 次，总数为 30 次。采用全自动纱线强力试验仪的取样数，纱线均为 20 个管纱，每管测试 5 次，总数为 100 次。

A.2.5 条干均匀度变异系数需在各机台随机抽取 10 个管纱，总试验次数为 10 次。

附　录　B
（规范性附录）
莱赛尔纤维本色纱线百米质量的计算

B.1　莱赛尔纤维本色纱线标准回潮率为13.0%。

B.2　100 m纱线在公定回潮率时的标准质量(g)按式(B.1)计算，计算结果修约至小数点后三位。

$$m_g = \frac{T_t}{10} \qquad \cdots\cdots\cdots\cdots(B.1)$$

式中：

m_g ——100 m纱线在公定回潮率时的标准质量，单位为克(g)；

T_t ——纱线的公称线密度，单位为特克斯(tex)。

B.3　100 m纱的标准干燥质量(g)按式(B.2)计算，计算结果修约至小数点后三位。

$$m_d = \frac{T_t}{10} \times \frac{100}{100+W} \qquad \cdots\cdots\cdots\cdots(B.2)$$

式中：

m_d ——100 m纱线标准干燥质量，单位为克(g)；

T_t ——纱线的公称线密度，单位为特克斯(tex)；

W ——公定回潮率，%。

ICS 59.080.20
W 12

中华人民共和国纺织行业标准

FZ/T 12014—2014
代替 FZ/T 12014—2006

针织用棉色纺纱

Cotton color yarn for knitting

2014-12-24 发布　　2015-06-01 实施

中华人民共和国工业和信息化部　发布

前　言

本标准按照 GB/T 1.1—2009 给出的规则起草。

本标准代替 FZ/T 12014—2006《针织用棉色纺纱》。

本标准与 FZ/T 12014—2006 比较主要变化如下：

——修改了第 3 章分类，将 100 m 标准质量和标准干燥质量的计算放入附录 A 中，删除线密度要求内容；

——对单纱断裂强度、单纱断裂强力变异系数、线密度偏差率(原"百米重量变异系数")、线密度变异系数(原"百米重量偏差")、千米棉结等指标进行了调整；

——取消顺降指标考核，按技术要求中最低一项品等评定；

——改变原有取样方式，调整为直接对成品取样。

本标准由中国纺织工业联合会提出。

本标准由全国纺织品标准化技术委员会棉纺织印染分技术委员会(TC 209/SC 2)归口。

本标准起草单位：百隆东方股份有限公司、华孚色纺股份有限公司、江阴市茂达棉纺厂有限公司、中国棉纺织行业协会、浙江康达盛化纤有限公司、江苏康妮集团公司、江阴市天华纱业有限公司、上海市纺织工业技术监督所。

本标准主要起草人：卫国、黄林海、朱翠云、李琴娟、叶戬春、樊健美、喻鼎、周爱明、王憬义、胡英杰。

本标准所代替标准的历次版本发布情况为：

——FZ/T 12014—2006。

针织用棉色纺纱

1 范围

本标准规定了针织用棉色纺纱产品的术语和定义,分类、标记,要求,试验方法,检验规则和标志、包装。

本标准适用于环锭纺针织用棉色纺纱,本标准不适用于特定用途环锭纺针织用棉色纺纱。

2 规范性引用文件

下列文件对于本文件的应用是必不可少的。凡是注日期的引用文件,仅注日期的版本适用于本文件。凡是不注日期的引用文件,其最新版本(包括所有的修改单)适用于本文件。

GB/T 250 纺织品 色牢度试验 评定变色用灰色样卡

GB/T 3292.1 纺织品 纱线条干不匀试验方法 第1部分:电容法

GB/T 3916 纺织品 卷装纱 单根纱线断裂强力和断裂伸长率的测定(CRE法)

GB/T 3920 纺织品 色牢度试验 耐摩擦色牢度

GB/T 3921—2008 纺织品 色牢度试验 耐皂洗色牢度

GB/T 3922 纺织品 色牢度试验 耐汗渍色牢度

GB/T 4743—2009 纺织品 卷装纱 绞纱法线密度的测定

GB/T 4841.3 染料染色标准深度色卡 2/1、1/3、1/6、1/12、1/25

GB 18401 国家纺织产品基本安全技术规范

FZ/T 01050 纺织品 纱线疵点的分级与检验方法 电容式

FZ/T 10008 棉及化纤纯纺、混纺本色纱线标志与包装

FZ/T 10021—2013 色纺纱线检验规则

3 术语和定义

下列术语和定义适用于本文件。

3.1

针织用棉色纺纱 cotton color yarn for knitting

由一种及以上染色棉纯纺或染色棉与本色棉混纺而成的有色纱。

3.2

明显色结 visible coloured nep

由染色的和本色的未成熟棉或僵棉因轧花或纺纱过程中处理不善集结而成的、颜色显现的棉结。

4 产品分类、标记

4.1 针织用棉色纺纱以不同颜色、不同生产工艺和线密度分类。

4.2 针织用棉色纺纱中棉原料代号为C,精梳生产工艺的代号为J,针织用纱代号为K。

4.3 针织用棉色纺纱标记时,应在线密度前标明纱的颜色代号(或色卡号)、生产工艺过程代号、原料代

号，在线密度后标明针织纱代号。

示例：麻灰（或相应色卡号）19.7 tex 针织用精梳棉色纺纱，应写为：麻灰（或相应色卡号）J C 19.7 tex K。

5 要求

5.1 项目

针织用棉色纺纱的技术要求包括单纱断裂强力变异系数、线密度变异系数、单纱断裂强度、线密度偏差率、条干均匀度变异系数、千米棉结（+200%）、明显色结、十万米纱疵、色牢度（耐皂洗、耐汗渍、耐摩擦）、色差及安全性能要求。

5.2 分等规定

5.2.1 同一原料、同一色号、同一工艺连续生产的同一规格的产品作为一个或若干检验批。

5.2.2 产品质量等级分为优等品、一等品、二等品，低于二等品指标者为等外品。

5.2.3 针织用棉色纺纱质量等级根据产品规格以考核项目中最低一项进行评等，并按其结果评定针织用棉色纺纱的品等。

5.3 技术要求

5.3.1 针织用普梳棉色纺纱技术要求

针织用普梳棉色纺纱技术要求按表1规定。

表1 针织用普梳棉色纺纱的技术要求

公称线密度 tex	等级	单纱断裂强力变异系数 % ≤	线密度变异系数 % ≤	单纱断裂强度 cN/tex ≥		线密度偏差率 %	条干均匀度变异系数 % ≤	千米棉结（+200%）粒/1 000 m ≤	明显色结 粒/100 m ≤	十万米纱疵 个/10^5 m ≤
				色棉≥50%	色棉<50%					
8.1～11.0	优	11.5	1.8	12.5	13.0	±2.0	17.5	800	3	5
	一	15.0	3.0	11.0	11.5	±2.5	20.5	1 700	5	15
	二	20.5	5.0	10.0	10.5	±3.0	23.0	2 750	10	—
11.1～13.0	优	11.0	1.8	13.0	13.5	±2.0	17.0	650	4	5
	一	14.5	3.0	11.5	12.0	±2.5	20.0	1 400	7	15
	二	20.0	5.0	10.5	11.0	±3.0	22.5	2 200	12	—
13.1～16.0	优	10.5	1.8	13.0	13.5	±2.0	16.5	450	4	5
	一	14.0	3.0	11.5	12.0	±2.5	19.5	1 150	7	15
	二	19.5	5.0	10.5	11.0	±3.0	22.0	1 700	12	—
16.1～20.0	优	10.0	1.8	13.0	13.5	±2.0	16.0	250	5	5
	一	13.5	3.0	11.5	12.0	±2.5	19.0	850	8	15
	二	19.0	5.0	10.5	11.0	±3.0	21.5	1 300	15	—
20.1～31.0	优	9.5	1.8	13.0	13.5	±2.0	15.5	150	5	5
	一	13.0	3.0	11.5	12.0	±2.5	18.5	450	8	15
	二	18.5	5.0	10.5	11.0	±3.0	21.0	750	15	—

表 1（续）

公称线密度 tex	等级	单纱断裂强力变异系数 % ≤	线密度变异系数 % ≤	单纱断裂强度 cN/tex ≥		线密度偏差率 %	条干均匀度变异系数 % ≤	千米棉结（+200%）粒/1 000 m ≤	明显色结粒/100 m ≤	十万米纱疵 个/10^5 m ≤
				色棉 ≥50%	色棉 <50%					
31.1～37.0	优	9.0	1.8	13.0	13.5	±2.0	15.0	90	6	5
	一	12.5	3.0	11.5	12.0	±2.5	18.0	180	9	15
	二	18.0	5.0	10.5	11.0	±3.0	20.5	350	18	—
37.1～70.0	优	8.5	1.8	12.5	13.0	±2.0	14.5	80	6	5
	一	12.0	3.0	11.0	11.5	±2.5	17.5	160	9	15
	二	17.5	5.0	10.0	10.5	±3.0	20.0	280	18	—

5.3.2 针织用精梳棉色纺纱技术要求

针织用精梳棉色纺纱技术要求按表 2 规定。

表 2 针织用精梳棉色纺纱技术要求

公称线密度 tex	等级	单纱断裂强力变异系数 % ≤	线密度变异系数 % ≤	单纱断裂强度 cN/tex ≥		线密度偏差率 %	条干均匀度变异系数 % ≤	千米棉结（+200%）粒/1 000 m ≤	明显色结粒/100 m ≤	十万米纱疵 个/10^5 m ≤
				色棉 ≥50%	色棉 <50%					
5.8～8.0	优	11.5	1.8	14.0	14.5	±2.0	16.5	200	1	3
	一	14.0	3.0	12.5	13.0	±2.5	20.0	400	3	10
	二	18.0	4.5	11.0	11.5	±3.0	22.5	500	10	—
8.1～11.0	优	11.0	1.8	14.5	15.0	±2.0	16.0	150	2	3
	一	13.5	3.0	13.0	13.5	±2.5	19.0	250	4	10
	二	17.5	4.5	11.5	12.0	±3.0	21.5	350	12	—
11.1～13.0	优	10.5	1.8	14.5	15.0	±2.0	15.0	100	2	3
	一	13.0	3.0	13.0	13.5	±2.5	18.0	200	4	10
	二	17.0	4.5	11.5	12.0	±3.0	20.5	300	12	—
13.1～16.0	优	10.0	1.8	14.5	15.0	±2.0	14.5	80	2	3
	一	12.5	3.0	13.0	13.5	±2.5	17.0	180	4	10
	二	16.5	4.5	11.5	12.0	±3.0	19.5	250	12	—
16.1～20.0	优	9.5	1.8	14.0	14.5	±2.0	14.0	60	3	3
	一	12.0	3.0	12.5	13.0	±2.5	16.5	160	5	10
	二	16.0	4.5	11.0	11.5	±3.0	19.0	200	15	—
20.1～31.0	优	9.0	1.8	14.0	14.5	±2.0	13.0	40	3	3
	一	12.0	3.0	12.5	13.0	±2.5	15.5	120	5	10
	二	16.0	4.5	11.0	11.5	±3.0	18.0	150	15	—

表 2（续）

公称线密度 tex	等级	单纱断裂强力变异系数 % ≤	线密度变异系数 % ≤	单纱断裂强度 cN/tex ≥		线密度偏差率 %	条干均匀度变异系数 % ≤	千米棉结（+200%） 粒/1 000 m ≤	明显色结 粒/100 m ≤	十万米纱疵 个/10^5 m ≤
				色棉≥50%	色棉<50%					
31.1～37.0	优	8.5	1.8	14.0	14.5	±2.0	12.0	20	4	3
	一	11.0	3.0	12.5	13.0	±2.5	15.0	50	6	10
	二	15.0	4.5	11.0	11.5	±3.0	17.5	80	18	—
37.1～60.0	优	7.5	1.8	13.5	14.0	±2.0	11.0	10	4	3
	一	10.0	3.0	12.0	12.5	±2.5	14.5	30	6	10
	二	14.0	4.5	10.5	11.0	±3.0	17.0	50	18	—

5.3.3 针织用棉色纺纱其他技术要求

5.3.3.1 针织用棉色纺纱色牢度的技术要求按表 3 规定。

表 3 针织用棉色纺纱色牢度的技术要求

单位为级

项目		优等品	一等品	二等品
耐皂洗色牢度 ≥	变色	4	3-4	3
	沾色	3-4	3	3
耐汗渍色牢度 ≥	变色	4	3-4	3
	沾色	3-4	3	3
耐摩擦色牢度 ≥	干摩	4	3-4	3
	湿摩	3(深色 2-3)	2-3(深色 2)	2-3(深色 2)
注：色别按 GB/T 4841.3 分档，>1/12 标准深度为深色，≤1/12 标准深度为浅色。				

5.3.3.2 针织用棉色纺纱对来样色差低于 4 级为等外品。

5.3.3.3 产品安全性能应符合 GB 18401 的要求。

6 试验方法

6.1 试验条件

各项试验应在各方法标准规定的条件下进行。

6.2 取样规定

从检验批中随机抽取 20 个筒子，各项目所需样品数量及试验次数按表 4 规定，若检验批中的筒子数小于 20 个，则全部抽取作为样品。

表 4 针织用棉色纺纱各项目样品数量及试验次数的规定

项 目	筒子数 个	每筒试验次数	总次数
线密度变异系数、线密度偏差率	20	1	20
单纱断裂强度、单纱断裂强力变异系数	20	5	100
条干均匀度变异系数、千米棉结	10	1	10
明显色结	10	1	10
十万米纱疵	6	—	1
色牢度	1	—	1
注：线密度变异系数、线密度偏差率、单纱断裂强度、单纱断裂强力变异系数、条干均匀度变异系数可进行在线产品取样，具体取样规定参见附录 A，但用户对产品质量有异议时，则以成品质量检验为准。			

6.3 线密度变异系数、线密度偏差率试验

摇取绞纱长度应按 GB/T 4743—2009 规定执行，其中线密度变异系数采用程序 1，线密度采用程序 3。公称线密度 100 m 标准质量和标准干燥质量按附录 B 计算，线密度偏差率应将烘干后的绞纱折算至 100 m 质量，并按式(1)计算：

$$D=\frac{m-m_d}{m_d}\times 100\% \qquad \cdots\cdots(1)$$

式中：

D ——线密度偏差率，%；

m ——"100 m"试样实际干燥质量，单位为克(g)；

m_d——"100 m"试样标准干燥质量，单位为克(g)。

6.4 单纱断裂强度及单纱断裂强力变异系数试验

按 GB/T 3916 规定执行。

6.5 条干均匀度变异系数、千米棉结(+200%)试验

按 GB/T 3292.1 规定执行。

6.6 十万米纱疵试验

按 FZ/T 01050 规定执行，十万米纱疵结果用 $A_3+B_3+C_3+D_2$ 之和表示。

6.7 明显色结试验

按 FZ/T 10021—2013 中附录 A 规定执行。

6.8 色牢度试验

6.8.1 耐皂洗色牢度试验按 GB/T 3921—2008 规定执行，采用单纤维贴衬，试验条件为 A(1)。

6.8.2 耐汗渍色牢度试验按 GB/T 3922 规定执行。

6.8.3 耐摩擦色牢度试验按 GB/T 3920 规定执行。

6.9 色差试验

按 GB/T 250 执行。

6.10 成包净重

按 FZ/T 10021—2013 中附录 B 执行。

6.11 试验结果的表示

一批纱的各项试验结果是由该项试验的全部试验值的计算结果表示，各项试验结果的计算精确度，除已规定者外，按表 5 规定执行。

表 5 计算值的数值修约位数规定

项 目	保留小数位数
单纱断裂强度/(cN/tex)	1
单纱断裂强力变异系数/%	1
线密度变异系数/%	1
线密度偏差率/%	1
百米质量(每批平均)/(g/100 m)	3
条干均匀度变异系数/%	1
千米棉结(+200%)/(个/km)	整数
明显色结/(粒/100 m)	整数
十万米纱疵/(个/10^5 m)	整数
平均线密度/tex	1
折算质量用回潮率/%	2

7 检验规则

按 FZ/T 10021 规定执行。

8 标志、包装

按 FZ/T 10008 规定执行，同时供货方应在所供产品上标明该产品的颜色代号(或色卡号)。

9 其他

用户对本标准有特殊要求者，供需双方可另订协议。

附 录 A
（资料性附录）
在线产品取样及试验

A.1 在线产品取样周期及卷装形式

A.1.1 一般两天取样试验一次，但周期一经确定，不得任意变更。十万米纱疵试验周期可适当延长，但不得超过两周。

A.1.2 取样的卷装形式为管纱。

A.2 在线产品取样数及试验次数

A.2.1 各项试验应在各方法标准规定的条件下进行，如生产需要，可以在接近车间温湿度条件下进行，但试验地点的温湿度应稳定，并不得故意偏离标准条件。

A.2.2 在线产品取样数见表 A.1。

表 A.1 在线产品取样数

生产同一品种的开台数	1	2	3	4	5	6	7	8～9	10	11～14	15	16～29	30 及以上
每机台上采取管纱数	30	15	10	7～8	6	5	4～5	3～4	3	2～3	2	1～2	1
总管纱数	30	30	30	30	30	30	30	30	30	30	30	30	30
注：取样时不得均在车头或车尾取样，不得取同一锭带上的 4 个管纱。													

A.2.3 线密度变异系数、线密度偏差率试验，每份试样 30 个管纱，每管摇取 1 缕，总数为 30 次（开台数在 5 台及以下的产品，线密度变异系数、线密度偏差率试验可相应减少拔管数，拔取 15 个管纱，每管摇取 2 缕）。

A.2.4 单纱断裂强度及单纱断裂强力变异系数试验，单纱每份试样 30 个管纱，每管测试 2 次，总数为 60 次（开台数在 5 台及以下者，可每份试样 15 个管纱，每管测试 4 次）。采用全自动纱线强力试验仪的取样数为每份试样 20 个管纱，每管测 5 次，总数为 100 次。

A.2.5 条干均匀度变异系数需在各机台随机抽取 10 个管纱，试验总数为 10 次。

附 录 B
（规范性附录）
针织用棉色纺纱百米质量的计算

B.1 针织用棉色纺纱公定回潮率为8.5%。

B.2 100 m纱在公定回潮率时的标准质量(g)按式(B.1)计算,计算结果修约至小数点后三位。

$$m_g = \frac{T_t}{10} \qquad \cdots\cdots(B.1)$$

式中：

m_g ——100 m纱在公定回潮率时的标准质量,单位为克(g)；

T_t ——纱公称线密度,单位为特克斯(tex)。

B.3 100 m纱的标准干燥质量(g)按式(B.2)计算,计算结果修约至小数点后三位。

$$m_d = \frac{T_t}{10} \times \frac{100}{100 + W} \qquad \cdots\cdots(B.2)$$

式中：

m_d ——100 m纱标准干燥质量,单位为克(g)；

T_t ——纱公称线密度,单位为特克斯(tex)；

W ——针织用棉色纺纱公定回潮率,%。

ICS 59.080.20
W 12

中华人民共和国纺织行业标准

FZ/T 12015—2006

精梳天然彩色棉纱线

Natural colored combed cotton yarn

2006-05-06 发布 2006-10-01 实施

中华人民共和国国家发展和改革委员会 发布

前　言

精梳天然彩色棉纱线是用天然彩色棉纤维与本色棉纤维在环锭纺纱机上纺制的纱线。本标准在主要技术内容和技术要求等方面参照2001乌斯特统计值制定。本标准与2001乌斯特统计值的一致性程度为非等效，采用了100%精梳棉机织物用纱（环锭纺）中下列统计值作为本标准技术要求中相关指标制定的依据：

——纱百米重量变异系数；

——条干均匀度变异系数；

——千米棉结数（+200%）（粒/1000 m）；

——单纱断裂强度；

——单纱断裂强度变异系数。

本标准由中国纺织工业协会提出。

本标准由上海市纺织工业技术监督所归口。

本标准起草单位：中国棉纺织行业协会、新疆纺织行业管理办公室、新疆中国彩棉（集团）股份有限公司。

本标准主要起草人：朱北娜、娜比亚、陈子炯、赵春莲、叶戬春。

精梳天然彩色棉纱线

1 范围

本标准规定了天然彩色棉纤维(含量30%及以上)与本色细绒棉、长绒棉混纺精梳纱线的术语、分类、要求、试验方法、检验规则、标志、包装、储存和运输。

本标准适用于鉴定环锭机制(机织、针织)精梳天然彩色棉纱线的品质。

本标准不适用于鉴定特种用途天然彩色棉纱线的品质。

2 规范性引用文件

下列文件中的条款通过本标准的引用而成为本标准的条款。凡是注日期的引用文件,其随后所有的修改单(不包括勘误的内容)或修订版均不适用于本标准,然而,鼓励根据本标准达成协议的各方研究是否可使用这些文件的最新版本。凡是不注日期的引用文件,其最新版本适用于本标准。

GB/T 398—1993 棉本色纱线

GB/T 2543.1 纺织品 纱线捻度的测定 第1部分:直接计数法

GB/T 2543.2 纺织品 纱线捻度的测定 第2部分:退捻加捻法

GB/T 3292 纺织品 纱条条干不匀试验方法 电容法

GB/T 3916 纺织品 卷装纱 单根纱线断裂强力和断裂伸长率的测定

GB/T 4743—1995 纱线线密度的测定 绞纱法

FZ/T 01050 纺织品 纱线疵点的分级与检验方法 电容式

FZ/T 10007 棉及化纤纯纺、混纺本色纱线检验规则

FZ/T 10008 棉及化纤纯纺、混纺本色纱线包装和标志

FZ/T 10013.1 温度与回潮率对棉及化纤纯纺、混纺制品断裂强力的修正方法 本色纱线及染色加工纱线断裂强力的修正方法

3 术语和定义

下列术语和定义适用于本标准。

3.1

精梳天然彩色棉纱线

用天然彩色棉纤维和本色棉纤维纺制的,其天然彩色棉纤维含量不少于30%的精梳纯棉纱线。

4 分类

4.1 精梳天然彩色棉纱线的线密度以1 000 m纱线在公定回潮率时的重量(g)表示,单位为特克斯(tex)。

4.2 精梳天然彩色棉纱线的公定回潮率为8.5%。

4.3 精梳天然彩色棉纱线的标准重量

4.3.1 100 m纱线在公定回潮率时的标准重量按式(1)计算。

$$m_g = \frac{\rho_l}{10} \quad \cdots\cdots(1)$$

式中：

m_g——100 m 纱在公定回潮率时的标准重量，单位为克每百米（g/100 m）；

ρ_l——纱线线密度，单位为特克斯（tex）。

4.3.2 100 m 纱的标准干燥重量按式（2）计算。

$$m_d = \frac{\rho_l}{10.85} \quad \cdots\cdots(2)$$

式中：

m_d——100 m 纱线的标准干燥重量，单位为克每百米（g/100 m）；

ρ_l——纱线线密度，单位为特克斯（tex）。

4.4 精梳天然彩色棉单纱和股线的最后成品设计线密度必须与其公称线密度相等。

4.5 精梳天然彩色棉纱线的公称线密度系列及其 100 m 的标准重量规定

4.5.1 精梳天然彩色棉纱的公称线密度系列及其 100 m 的标准重量见表 1。

表 1 精梳天然彩色棉纱 100 m 的标准重量

公称线密度系列/tex	标准干燥重量/(g/100 m)	公定回潮率 8.5%时的标准重量/(g/100 m)	公称线密度系列/tex	标准干燥重量/(g/100 m)	公定回潮率 8.5%时的标准重量/(g/100 m)
7.5	0.691	0.750	(19.5)	1.797	1.950
8	0.737	0.800	20	1.843	2.000
8.5	0.783	0.850	21	1.935	2.100
9	0.829	0.900	22	2.028	2.200
9.5	0.876	0.950	23	2.120	2.300
10	0.922	1.000	24	2.212	2.400
11	1.014	1.100	25	2.304	2.500
12	1.106	1.200	26	2.396	2.600
13	1.198	1.300	27	2.488	2.700
14	1.290	1.400	28	2.581	2.800
(14.5)	1.336	1.450	29	2.673	2.900
15	1.382	1.500	30	2.765	3.000
16	1.475	1.600	32	2.949	3.200
17	1.567	1.700	34	3.134	3.400
18	1.659	1.800	36	3.318	3.600
19	1.751	1.900			

4.5.2 精梳天然彩色棉股线的公称线密度系列及其100 m的标准重量见表2。

表2 精梳天然彩色棉股线100 m的标准重量

公称线密度系列/tex	标准干燥重量/(g/100 m)	公定回潮率8.5%时的标准重量/(g/100 m)	公称线密度系列/tex	标准干燥重量/(g/100 m)	公定回潮率8.5%时的标准重量/(g/100 m)
7.5×2	1.382	1.500	(19.5×2)	3.594	3.900
8×2	1.475	1.600	20×2	3.687	4.000
8.5×2	1.567	1.700	21×2	3.871	4.200
9×2	1.659	1.800	22×2	4.055	4.400
9.5×2	1.751	1.900	23×2	4.240	4.600
10×2	1.843	2.000	24×2	4.424	4.800
11×2	2.028	2.200	25×2	4.608	5.000
12×2	2.212	2.400	26×2	4.793	5.200
13×2	2.396	2.600	27×2	4.977	5.400
14×2	2.581	2.800	28×2	5.161	5.600
(14.5×2)	2.673	2.900	29×2	5.346	5.800
15×2	2.765	3.000	30×2	5.530	6.000
16×2	2.949	3.200	32×2	5.899	6.400
17×2	3.134	3.400	34×2	6.267	6.800
18×2	3.318	3.600	36×2	6.636	7.200
19×2	3.502	3.800			

5 要求

5.1 彩棉含量在30%～50%(不含50%)的精梳天然彩色棉纱技术要求见表3。

表 3　彩棉含量 30%～50%(不含 50%)的精梳天然彩色棉纱技术要求

公称线密度/tex(英制支数)	等别	单纱断裂强力变异系数(*CV*)/(%) ≤	百米重量变异系数(*CV*)/(%) ≤	条干均匀度变异系数(*CV*)/(%) ≤	千米棉结(+200%)/(粒/1 000 m) ≤	十万米纱疵数/(个/10^5 m) ≤	单纱断裂强度/(cN/tex) ≥	百米重量偏差/(%)	捻系数	
									经纱	纬纱
7.5～8.0(80～71)	优	11.5	2.0	15.0	160	5	12.2	±2.5	330～400	300～350
	一	14.5	3.5	16.5	210	20				
	二	18.5	5.0	18.5	300	—				
8.5～9.5(70～60)	优	11.5	2.0	14.5	140	5	12.4		330～400	300～350
	一	14.5	3.5	16.0	190	20				
	二	18.5	5.0	18.0	280	—				
10～11(59～56)	优	11.0	2.0	14.0	120	5			330～400	300～350
	一	14.0	3.5	15.5	170	20				
	二	18.0	5.0	17.5	260	—				
12～13(55～44)	优	10.5	2.0	13.5	100	5			330～400	300～350
	一	13.5	3.5	15.0	160	20				
	二	17.5	5.0	17.0	240	—				
14～15(43～37)	优	10.0	2.0	13.0	85	5			330～400	300～350
	一	13.0	3.5	14.5	150	20				
	二	17.0	5.0	16.5	200	—				
16～18(36～32)	优	9.5	2.0	12.5	70	5			330～400	300～350
	一	12.5	3.5	14.0	130	20				
	二	16.5	5.0	16.0	200	—				
19～21(31～28)	优	9.5	2.0	12.0	50	5			330～400	300～350
	一	12.5	3.5	13.5	100	20				
	二	16.5	5.0	15.5	160	—				
22～24(27～24)	优	9.0	2.0	11.5	35	5	12.6		330～400	300～350
	一	12.0	3.5	13.0	80	20				
	二	16.0	5.0	15.0	120	—				
25～27(23～22)	优	9.0	2.0	11.0	25	5			320～390	290～340
	一	12.0	3.5	12.5	50	20				
	二	16.0	5.0	14.5	90	—				
28～30(21～19)	优	8.5	2.0	10.5	20	5			320～390	290～340
	一	11.5	3.5	12.0	30	20				
	二	15.5	5.0	14.0	50	—				
31～36(18～16)	优	8.5	2.0	10.0	15	5			320～390	290～340
	一	11.5	3.5	11.5	25	20				
	二	15.5	5.0	13.5	40	—				

5.2 彩棉含量在50%～75%(不含75%)的精梳天然彩色棉纱技术要求见表4。

表4 彩棉含量50%～75%(不含75%)的精梳天然彩色棉纱技术要求

公称线密度/tex(英制支数)	等别	单纱断裂强力变异系数(CV)/(%) ≤	百米重量变异系数(CV)/(%) ≤	条干均匀度变异系数(CV)/(%) ≤	千米棉结(+200%)/(粒/1 000 m) ≤	十万米纱疵数/(个/10^5 m) ≤	单纱断裂强度/(cN/tex) ≥	百米重量偏差/(%)	实际捻系数	
									经纱	纬纱
7.5～8.0(80～71)	优	11.5	2.0	15.5	180	5	11.8	±2.5	330～400	300～350
	一	14.5	3.5	17.0	240	20				
	二	18.5	5.0	19.0	300	—				
8.5～9.5(70～60)	优	11.5	2.0	15.0	160	5	12.0		330～400	300～350
	一	14.5	3.5	16.5	220	20				
	二	18.5	5.0	18.5	280	—				
10～11(59～56)	优	11.0	2.0	14.5	140	5			330～400	300～350
	一	14.0	3.5	16.0	200	20				
	二	18.0	5.0	18.0	280	—				
12～13(55～44)	优	10.5	2.0	14.0	120	5			330～400	300～350
	一	13.5	3.5	15.5	180	20				
	二	17.5	5.0	17.5	270	—				
14～15(43～37)	优	10.0	2.0	13.5	100	5			330～400	300～350
	一	13.0	3.5	15.0	160	20				
	二	17.0	5.0	17.0	260	—				
16～18(36～32)	优	9.5	2.0	13.0	80	5	12.2		330～400	300～350
	一	12.5	3.5	14.5	140	20				
	二	16.5	5.0	16.5	250	—				
19～21(31～28)	优	9.5	2.0	12.5	60	5			330～400	300～350
	一	12.5	3.5	14.0	110	20				
	二	16.5	5.0	16.0	180	—				
22～24(27～24)	优	9.0	2.0	12.0	40	5			330～400	300～350
	一	12.0	3.5	13.5	80	20				
	二	16.0	5.0	15.5	120	—				
25～27(23～22)	优	9.0	2.0	11.5	30	5			320～390	290～340
	一	12.0	3.5	13.0	50	20				
	二	16.0	5.0	15.0	100	—				
28～30(21～19)	优	8.5	2.0	11.0	25	5			320～390	290～340
	一	11.5	3.5	12.5	30	20				
	二	15.5	5.0	14.5	60	—				
31～36(18～16)	优	8.5	2.0	10.5	20	5			320～390	290～340
	一	11.5	3.5	12.0	25	20				
	二	15.5	5.0	14.0	40	—				

5.3 彩棉含量在75%及以上的精梳天然彩色棉纱技术要求见表5。

表5 彩棉含量75%及以上的精梳天然彩色棉纱技术要求

公称线密度/tex(英制支数)	等别	单纱断裂强力变异系数(*CV*)/(%) ≤	百米重量变异系数(*CV*)/(%) ≤	条干均匀度变异系数(*CV*)/(%) ≤	千米棉结(+200%)/(粒/1 000 m) ≤	十万米纱疵数/(个/10^5 m) ≤	单纱断裂强度/(cN/tex) ≥	百米重量偏差/(%)	捻系数	
									经纱	纬纱
7.5～8.0 (80～71)	优 一 二	11.5 14.5 18.5	2.0 3.5 5.0	16.0 17.5 19.5	200 250 320	5 20 —	11.4	±2.5	330～400	300～350
8.5～9.5 (70～60)	优 一 二	11.5 14.5 18.5	2.0 3.5 5.0	15.5 17.0 19.0	175 230 300	5 20 —	11.6		330～400	300～350
10～11 (59～56)	优 一 二	11.0 14.0 18.0	2.0 3.5 5.0	15.0 16.5 18.5	125 200 280	5 20 —			330～400	300～350
12～13 (55～44)	优 一 二	10.5 13.5 17.5	2.0 3.5 5.0	14.5 16.0 18.0	120 190 260	5 20 —			330～400	300～350
14～15 (43～37)	优 一 二	10.0 13.0 17.0	2.0 3.5 5.0	14.0 15.5 17.5	110 180 240	5 20 —			330～400	300～350
16～18 (36～32)	优 一 二	9.5 12.5 16.5	2.0 3.5 5.0	13.5 15.0 17.0	80 150 220	5 20 —	11.8		330～400	300～350
19～21 (31～28)	优 一 二	9.5 12.5 16.5	2.0 3.5 5.0	13.0 14.5 16.5	60 100 180	5 20 —			330～400	300～350
22～24 (27～24)	优 一 二	9.0 12.0 16.0	2.0 3.5 5.0	12.5 14.0 16.0	40 80 120	5 20 —			330～400	300～350
25～27 (23～22)	优 一 二	9.0 12.0 16.0	2.0 3.5 5.0	12.0 13.5 15.5	30 60 100	5 20 —			320～390	290～340
28～30 (21～19)	优 一 二	8.5 11.5 15.5	2.0 3.5 5.0	11.5 13.0 15.0	25 40 60	5 20 —			320～390	290～340
31～36 (18～16)	优 一 二	8.5 11.5 15.5	2.0 3.5 5.0	11.0 12.5 14.5	20 30 40	5 20 —			320～390	290～340

5.4 彩棉含量在30%～50%(不含50%)的精梳天然彩色棉股线技术要求见表6。

表6 彩棉含量在30%～50%(不含50%)的精梳天然彩色棉股线技术要求

公称线密度/tex(英制支数)	等别	单线断裂强力变异系数(CV)/(%) ≤	百米重量变异系数(CV)/(%) ≤	千米棉结/(粒/1 000 m) ≤	捻度变异系数(CV)/(%) ≤	单线断裂强度/(cN/tex) ≥	百米重量偏差/(%)	捻系数	
								经线	纬线
7.5×2～10×2(80/2～59/2)	优 一 二	8.5 12.5 16.5	1.8 3.0 4.0	35 45 60	4.0 5.0 6.0	14.7	±2.5	380～500	340～460
11×2～14.5×2(58/2～40/2)	优 一 二	8.0 12.0 16.0	1.8 3.0 4.0	25 35 50	3.5 4.5 5.5	14.9		380～500	340～460
15×2～20×2(39/2～29/2)	优 一 二	8.0 12.0 16.0	1.8 3.0 4.0	20 30 45	3.5 4.5 5.5	14.9		380～500	340～460
21×2～24×2(28/2～24/2)	优 一 二	7.5 11.5 15.5	1.8 3.0 4.0	15 25 40	3.5 4.5 5.5	15.1		380～500	340～460

5.5 彩棉含量在50%～75%(不含75%)的精梳天然彩色棉股线技术要求见表7。

表7 彩棉含量在50%～75%(不含75%)的精梳天然彩色棉股线技术要求

公称线密度/tex(英制支数)	等别	单线断裂强力变异系数(CV)/(%) ≤	百米重量变异系数(CV)/(%) ≤	千米棉结/(粒/1 000 m) ≤	捻度变异系数(CV)/(%) ≤	单线断裂强度/(cN/tex) ≥	百米重量偏差/(%)	捻系数	
								经线	纬线
7.5×2～10×2(80/2～59/2)	优 一 二	8.5 12.5 16.5	1.8 3.0 4.0	40 50 65	4.0 5.0 6.0	14.5	±2.5	380～500	340～460
11×2～14.5×2(58/2～40/2)	优 一 二	8.0 12.0 16.0	1.8 3.0 4.0	30 40 55	3.5 4.5 5.5	14.7		380～500	340～460
15×2～20×2(39/2～29/2)	优 一 二	8.0 12.0 16.0	1.8 3.0 4.0	25 35 50	3.5 4.5 5.5	14.7		380～500	340～460
21×2～24×2(28/2～24/2)	优 一 二	7.5 11.5 15.5	1.8 3.0 4.0	20 30 45	3.5 4.5 5.5	14.9		380～500	340～460

5.6 彩棉含量在75%及以上的精梳天然彩色棉股线技术要求见表8。

表 8 彩棉含量在 75%及以上的精梳天然彩色棉股线技术要求

公称线密度/tex（英制支数）	等别	单线断裂强力变异系数(CV)/(%) ≤	百米重量变异系数(CV)/(%) ≤	千米棉结/(粒/1 000 m) ≤	捻度变异系数(CV)/(%) ≤	单线断裂强度/(cN/tex) ≥	百米重量偏差/(%)	捻系数	
								经线	纬线
7.5×2～10×2 (80/2～59/2)	优 一 二	8.5 12.5 16.5	1.8 3.0 4.0	45 55 70	4.0 5.0 6.0	14.3	±2.5	380～500	340～460
11×2～14.5×2 (58/2～40/2)	优 一 二	8.0 12.0 16.0	1.8 3.0 4.0	30 40 55	3.5 4.5 5.5	14.5		380～500	340～460
15×2～20×2 (39/2～29/2)	优 一 二	8.0 12.0 16.0	1.8 3.0 4.0	25 35 50	3.5 4.5 5.5	14.5		380～500	340～460
21×2～24×2 (28/2～24/2)	优 一 二	7.5 11.5 15.5	1.8 3.0 4.0	20 30 45	3.5 4.5 5.5	14.7		380～500	340～460

5.7 精梳天然彩色棉纱线中彩色棉纤维含量应严格控制。

5.8 精梳天然彩色棉纱线同一成品批号应保证颜色均匀一致，色差一般不低于 4 级。

5.9 分等规定

5.9.1 精梳天然彩色棉纱线规定以同品种一昼夜的生产量为一批，按规定的试验周期和各项试验方法进行试验，并按其结果评定精梳天然彩色棉纱线的品等。

5.9.2 精梳天然彩色棉纱线的品等分为优等、一等、二等，低于二等指标者作为三等。

5.9.3 精梳天然彩色棉纱的品等由单纱断裂强力变异系数和百米重量变异系数、条干均匀度变异系数、千米棉结(+200%)和十万米纱疵等五项评定，当五项的品等不同时，按五项中最低的一项品等评定。

5.9.4 精梳天然彩色棉线的品等由单线断裂强力变异系数、百米重量变异系数和千米棉结(+200%)及捻度变异系数评定，当四项品等不同时，按四项中最低一项品等评定。

5.9.5 单纱(线)的断裂强度或百米重量偏差超出允许范围时，在单纱(线)断裂强力变异系数和百米重量变异系数原评等的基础上作顺降一个等处理；如两项都超出范围时，亦只顺降一次，降至二等为止。

5.10 精梳天然彩色棉针织纱实际捻系数一般应控制在 280～360。

6 试验方法

6.1 试验条件

6.1.1 各项试验应在各方法标准规定的试验条件下进行。

6.1.2 快速试验：由于生产需要，要求迅速检验产品的质量，可采用快速试验方法。快速试验可以在接近车间温湿度条件下进行。但试验地点的温湿度必须稳定，并不得故意偏离标准条件。产品发生质量争议时，应以各方法标准规定的标准条件下的试验为准。

6.2 试验周期

生产厂可根据各自的具体情况决定试验周期，以一次试验为准，作为该周期内纱线的分等依据。节假日的生产量可与相邻批并批，但周期一经确定，不得任意变更。

6.3 取样

6.3.1 十万米纱疵的试验采用筒子纱线(直接纬纱用管纱线)，其他各项指标的试验可采用管纱线，用户对产品质量有异议时，则以成品质量检验为准。

6.3.2 百米重量变异系数、百米重量偏差的取样数及试验次数见表 9。

表 9 百米重量变异系数、百米重量偏差的取样数及试验次数

生产同一品种的开台数	1	2	3	4	5	6	7	8～9	10	11～14	15	16～29	30 及以上
每一机台上采取管纱数	30	15	10	7～8	6	5	4～5	3～4	3	2～3	2	1～2	1
每一管纱上摇取缕数	1	1	1	1	1	1	1	1	1	1	1	1	1
全部机台总试验次数	30	30	30	30	30	30	30	30	30	30	30	30	30

6.3.3 生产厂为减少拔管数，开台数在 5 台及以下的品种，可拔取 15 管，每管摇取 2 缕。

6.4 百米重量变异系数和百米重量偏差的试验

按 GB/T 4743—1995 执行，其中百米重量变异系数采用方法 1，线密度、百米重量偏差采用方法 3。百米重量偏差的计算按式(3)：

$$D=\frac{m_{d2}-m_{d1}}{m_{d1}}\times 100\% \qquad (3)$$

式中：

D——百米重量偏差，%；

m_{d2}——试样实际干燥重量，单位为克每百米(g/100 m)；

m_{d1}——试样设计干燥重量，单位为克每百米(g/100 m)。

6.5 单纱(线)断裂强度及单纱(线)断裂强力变异系数的试验

6.5.1 单纱(线)断裂强度及单纱(线)断裂强力变异系数的试验按 GB/T 3916 执行。

6.5.2 单纱(线)断裂强度及单纱(线)断裂强力变异系数的试验可与百米重量变异系数、百米重量偏差用同一份试样，单纱每份试样 30 个管纱，每管测试 2 次，总数为 60 次(开台数在 5 台及以下者每份试样 15 个管纱，每管试 4 次)，股线每份试样 15 个管纱，每管测 2 次，总数为 30 次。采用全自动单纱强力试验仪的取样数，纱线均为 20 只管，每管测 5 次，总数为 100 次。试验报告应注明所用的强力试验仪类型。

6.5.3 单纱(线)断裂强度如不在标准大气条件下进行试验，其测试强力应按 FZ/T 10013.1 进行修正。

6.5.4 单纱(线)断裂强度的回潮率可采用百米重量偏差试验的同一份回潮率数据，核算修正强力。但如两种试验不在同一条件下测试时，其回潮率应另行测试，每份试样重量不少于 50 g。

6.6 条干均匀度变异系数及千米棉结试验

按 GB/T 3292 执行。

6.7 十万米纱疵数($A_3+B_3+C_3+D_2$)检验

按 FZ/T 01050 执行。

6.8 捻度试验

精梳天然彩色棉纱捻度试验按 GB/T 2543.2(一次退捻加捻法)执行，精梳天然彩色棉股线捻度试验按 GB/T 2543.1 执行。

纱线捻度试验的取样，各品种、各机台每季度至少轮试一次，试样在各机台上均匀随机采取，每台 2 只管纱，但不得在同一锭带上拔取，每管测 2 次，总数 40 次。

6.9 纱线成包重量

6.9.1 确定棉纱线在公定回潮率时的重量时，应进行回潮率试验，然后计算公定回潮率时的重量，测试

回潮率的仪器，管纱线和绞纱线用电热烘箱，筒子纱线可用电热烘箱，也可用筒子测湿仪。

6.9.2　管纱线和筒子纱线的取样，每批量在2t及以下，每0.2t取样一个，但不得少于六个，批量在2t以上，其超过2t的部分，每0.5t取样一个，取样应随机均匀，并注意生产班次的代表性，管纱线或筒子纱线采用烘箱试验方法时（筒子纱线应距边纱层厚度的三分之一处采取），可采用间接称重法或直接称重法。

6.9.2.1　间接称重法：采样前将管纱线或筒子纱线称重，然后摇取试样，采样后再将管纱线或筒子纱线称重，两次称重的差数即为试样烘前重量。然后将试样放入烘箱中烘干称重，再计算回潮率。

6.9.2.2　直接称重法：先将筒子纱线外层去除到约6 mm厚处，用刀子划断内层棉纱，并将其剥下称重，作为试样烘前重量。然后放入烘箱中，烘干称重，再计算回潮率。

6.9.3　绞纱线的取样，每批量在2 t及以下的取样总重量不少于75 g，2 t以上取样重量不少于150 g。

6.9.4　烘箱测试回潮率按照GB/T 4743执行。筒子纱线采用测湿仪试验时，应按筒子纱线测湿仪试验方法进行，在取得筒子试样后，立即进行测试以避免回潮率变化。每月应至少一次以烘箱测试法核对回潮率的测试结果，并根据核对的数据，核正修正系数。

6.9.5　在成包过程中，如因温湿度升降而影响回潮率变化时，可按温湿度情况，分阶段进行回潮率试验，根据不同阶段的试验回潮率，分别计算不同阶段的成包干燥质量，不得混淆。

6.9.6　根据实际回潮率，按式(4)计算纱线在公定回潮率时的重量。

$$m_g = m_s \times \frac{100 + W_g}{100 + W_s} \qquad \cdots\cdots\cdots\cdots(4)$$

式中：

m_g——纱线在公定回潮率时的重量，单位为克(g)；

m_s——取样时该批纱线实际重量，单位为克(g)；

W_g——公定回潮率，%；

W_s——该批纱线试样的实际回潮率，%。

6.10　试验结果的表示

一批纱线的各种试验结果是由该品种试验的全部试验值的计算结果表示，各种试验结果的计算精确度，除已规定者外，按表10规定。

表10　计算值的数值修约规定

项　　目	小数点后有效位数
单纱(线)断裂强度/(cN/tex)	1
单纱(线)断裂强力变异系数/(%)	1
百米重量变异系数/(%)	1
条干均匀度变异系数/(%)	1
千米棉结/(粒/1 000 m)	整数
十万米纱疵/(个/10^5 m)	整数
百米重量偏差/(%)	1
捻度变异系数/(%)	1
标准干重/(g/100 m)	3
平均线密度/tex	1
修正强力用回潮率/(%)	1
折算重量用回潮率/(%)	2
捻系数	整数

7 检验规则

按 FZ/T 10007 执行。

8 标志和包装

按 FZ/T 10008 执行，并在外包装上注明精梳天然彩色棉纤维含量。

9 储存与运输

9.1 成品纱线在储存时，要注意通风、防潮、防晒，以防止发生霉变、变色或火灾。

9.2 成品纱线在运输过程中，要防止受水浸、雨淋、日晒和污染。

9.3 在中转环节，供需双方不准更改包装和质量标志。

10 其他

用户对本标准有特殊要求者，生产厂与用户可另订协议。

ICS 59.080.20
W 12

中华人民共和国纺织行业标准

FZ/T 12016—2014
代替 FZ/T 12016—2006

涤与棉混纺色纺纱

Polyester and cotton blended colour yarn

2014-12-24 发布　　2015-06-01 实施

中华人民共和国工业和信息化部　发布

前言

本标准按照 GB/T 1.1—2009 给出的规则起草。

本标准代替 FZ/T 12016—2006《涤与棉混纺色纺纱》。

本标准与 FZ/T 12016—2006 比较主要变化如下：

——修改了第3章分类，将 100 m 标准质量和标准干燥质量的计算放入附录 A 中，删除线密度要求内容；

——对单纱断裂强力变异系数、线密度变异系数(原“百米重量变异系数”)、单纱断裂强度、线密度偏差率(原“百米重量偏差”)、千米棉结等指标进行了调整；

——取消顺降指标考核，按技术要求中最低一项品等评定；

——改变原有取样方式，调整为直接对成品取样。

本标准由中国纺织工业联合会提出。

本标准由全国纺织品标准化技术委员会棉纺织印染分技术委员会(TC 209/SC 2)归口。

本标准起草单位：百隆东方股份有限公司、华孚色纺股份有限公司、上海市纺织工业技术监督所、绍兴县恒美花式丝有限公司、江苏康妮集团公司、江阴市天华纱业有限公司、福建省长乐市华源纺织有限公司、中国棉纺织行业协会。

本标准主要起草人：卫国、吴爱儿、朱翠云、王憬义、樊健美、吴迪、周爱明、陈宗立、景慎全。

本标准所代替标准的历次版本发布情况为：

——FZ/T 12016—2006。

涤与棉混纺色纺纱

1 范围

本标准规定了涤纶(棉型短纤维)与棉混纺色纺纱产品的术语和定义，分类、标记，要求，试验方法，检验规则和标志、包装。

本标准适用于环锭纺涤与棉混纺色纺纱，本标准不适用于特定用途环锭纺涤与棉混纺色纺纱。

2 规范性引用文件

下列文件对于本文件的应用是必不可少的。凡是注日期的引用文件，仅注日期的版本适用于本文件。凡是不注日期的引用文件，其最新版本(包括所有的修改单)适用于本文件。

GB/T 250 纺织品 色牢度试验 评定变色用灰色样卡

GB/T 2910.11 纺织品定量化学分析 第11部分：纤维素纤维与聚酯纤维的混合物(硫酸法)

GB/T 3292.1 纺织品 纱线条干不匀试验方法 第1部分：电容法

GB/T 3916 纺织品 卷装纱 单根纱线断裂强力和断裂伸长率的测定(CRE法)

GB/T 3920 纺织品 色牢度试验 耐摩擦色牢度

GB/T 3921—2008 纺织品 色牢度试验 耐皂洗色牢度

GB/T 3922 纺织品 色牢度试验 耐汗渍色牢度

GB/T 4743—2009 纺织品 卷装纱 绞纱法线密度的测定

GB/T 4841.3 染料染色标准深度色卡 2/1、1/3、1/6、1/12、1/25

GB 18401 国家纺织产品基本安全技术规范

FZ/T 01050 纺织品 纱线疵点的分级与检验方法 电容式

FZ/T 10008 棉及化纤纯纺、混纺本色纱线标志与包装

FZ/T 10021—2013 色纺纱线检验规则

3 术语和定义

下列术语和定义适用于本文件。

3.1

涤与棉混纺色纺纱 polyester and cotton blended colour yarn

由两种及两种以上不同颜色的涤纶纤维与棉纤维混纺而成的有色纱。

3.2

明显色结 visible coloured nep

由染色的和本色的涤纶与未成熟棉或僵棉因轧花或纺纱过程中处理不善集结而成的、颜色显现的棉结。

4 产品分类、标记

4.1 涤与棉混纺色纺纱以不同颜色、不同生产工艺和混纺比及线密度分类。

4.2 涤纶的代号为T,棉纤维的代号为C,精梳生产工艺的代号为J。

4.3 产品纤维含量以公定质量比表示,具体表示为:涤纶混用比例在50%及以上,以涤纶含量/棉含量表示;涤纶混用比例在50%以下,以棉含量/涤纶含量表示。

4.4 涤与棉混纺色纺纱在线密度前标明纱的颜色代号(或色卡号)、生产工艺过程代号、原料代号及其混纺比。

示例:麻灰(或相应色卡号) 19.7 tex涤与棉混纺色纺纱,纤维含量为涤纶60%、棉40%,应写为:麻灰(或相应色卡号) T/C 60/40 19.7tex。

5 要求

5.1 项目

涤与棉混纺色纺纱技术要求包括单纱断裂强力变异系数、线密度变异系数、单纱断裂强度、线密度偏差率、条干均匀度变异系数、千米棉结(+200%)、明显色结、十万米纱疵、色牢度(耐皂洗、耐汗渍、耐摩擦)、纤维含量偏差、色差及安全性能要求。

5.2 分等规定

5.2.1 同一原料、同一色号、同一工艺连续生产的同一规格的产品作为一个或若干检验批。

5.2.2 产品质量等级分为优等品、一等品、二等品,低于二等品指标者为等外品。

5.2.3 涤与棉混纺色纺纱质量等级根据产品规格以考核项目中最低一项进行评等,并按其结果评定涤与棉混纺色纺纱的品等。

5.3 技术要求

5.3.1 普梳涤与棉混纺色纺纱技术要求

按表1规定。

5.3.2 精梳涤与棉混纺色纺纱技术要求

按表2规定。

表 1　普梳涤与棉混纺色纺纱技术要求

公称线密度 tex	等级	单纱断裂强力变异系数 % ≤	线密度变异系数 % ≤	单纱断裂强度 cN/tex ≥ 涤纶含量			线密度偏差率 %	条干均匀度变异系数 % ≤ 涤纶含量			千米棉结(+200%) 个/1 000 m ≤ 涤纶含量			明显色结粒/100 m ≤	十万米纱疵 个/10⁵ m ≤
				<20%	20%～50%	>50%		<20%	20%～50%	>50%	<20%	20%～50%	>50%		
8.1～11.0	优	11.0	1.8	14.0	14.5	15.0	±2.0	18.0	17.5	17.0	750	700	650	3	5
	一	14.0	3.0	12.5	13.0	13.5	±2.5	21.0	20.5	20.0	1 700	1 600	1 500	8	15
	二	17.0	4.5	11.0	11.5	12.0	±3.0	24.0	23.5	23.0	2 750	2 650	2 550	15	—
11.1～13.0	优	10.5	1.8	14.5	15.0	15.5	±2.0	17.5	17.0	16.5	650	600	550	3	5
	一	13.5	3.0	13.0	13.5	14.0	±2.5	20.5	20.0	19.5	1 400	1 300	1 250	8	15
	二	16.5	4.5	11.5	12.0	12.5	±3.0	23.5	23.0	22.5	2 200	2 100	2 000	15	—
13.1～16.0	优	10.0	1.8	14.5	15.0	15.5	±2.0	17.0	16.5	16.0	500	450	400	3	5
	一	13.0	3.0	13.0	13.5	14.0	±2.5	20.0	19.5	19.0	1 200	1 100	1 000	8	15
	二	16.0	4.5	11.5	12.0	12.5	±3.0	23.0	22.5	22.0	1 650	1 550	1 480	15	—
16.1～20.0	优	10.0	1.8	14.5	15.0	15.5	±2.0	16.5	16.0	15.5	400	350	300	3	5
	一	13.0	3.0	13.0	13.5	14.0	±2.5	19.5	19.0	18.5	900	800	700	8	15
	二	16.0	4.5	11.5	12.0	12.5	±3.0	22.5	22.0	21.5	1 400	1 300	1 200	15	—
20.1～31.0	优	9.5	1.8	14.5	15.0	15.5	±2.0	16.0	15.5	15.0	250	200	150	3	5
	一	12.5	3.0	13.0	13.5	14.0	±2.5	19.0	18.5	18.0	570	450	350	8	15
	二	15.5	4.5	11.5	12.0	12.5	±3.0	22.0	21.5	21.0	800	700	650	15	—
31.1～37.0	优	9.0	1.8	14.5	15.0	15.5	±2.0	15.5	15.0	14.5	100	70	50	3	5
	一	12.0	3.0	13.0	13.5	14.0	±2.5	18.5	18.0	17.5	240	180	120	8	15
	二	15.0	4.5	11.5	12.0	12.5	±3.0	21.5	21.0	20.5	470	350	300	15	—
37.1 及以上	优	8.5	1.8	14.0	14.5	15.0	±2.0	15.0	14.5	14.0	80	60	40	3	5
	一	11.5	3.0	12.5	13.0	13.5	±2.5	18.0	17.5	17.0	160	140	100	8	15
	二	14.5	4.5	11.0	11.5	12.0	±3.0	21.0	20.5	20.0	320	270	200	15	—

表 2　精梳涤与棉混纺色纺纱技术要求

公称线密度 tex	等级	单纱断裂强力变异系数 % ≤	线密度变异系数 % ≤	单纱断裂强度 cN/tex ≥			线密度偏差率 %	条干均匀度变异系数 % ≤			千米棉结(+200%) 粒/1 000 m ≤			明显色结 粒/100 m ≤	十万米纱疵 个/10^5 m ≤
				涤纶含量				涤纶含量			涤纶含量				
				<20%	20%～50%	>50%		<20%	20%～50%	>50%	<20%	20%～50%	>50%		
8.1～11.0	优	10.5	1.8	16.0	16.5	17.0	±2.0	15.5	15.0	14.5	150	125	100	3	3
	一	13.5	3.0	14.5	15.0	15.5	±2.5	18.5	18.0	17.5	400	350	300	5	10
	二	16.5	4.5	13.0	13.5	14.0	±3.0	22.5	22.0	21.5	600	550	500	10	—
11.1～13.0	优	10.0	1.8	16.0	16.5	17.0	±2.0	15.0	14.5	14.0	120	100	80	3	3
	一	13.0	3.0	14.5	15.0	15.5	±2.5	18.0	17.5	17.0	350	300	250	5	10
	二	16.0	4.5	13.0	13.5	14.0	±3.0	22.0	21.5	21.0	550	500	450	10	—
13.1～16.0	优	9.5	1.8	16.0	16.5	17.0	±2.0	14.5	14.0	13.5	80	75	70	3	3
	一	12.5	3.0	14.5	15.0	15.5	±2.5	17.0	16.5	16.0	240	220	200	5	10
	二	15.5	4.5	13.0	13.5	14.0	±3.0	21.5	21.0	20.5	460	440	420	10	—
16.1～20.0	优	9.5	1.8	15.5	16.0	16.5	±2.0	14.0	13.5	13.0	70	60	50	3	3
	一	12.5	3.0	14.0	14.5	15.0	±2.5	16.5	16.0	15.5	200	180	150	5	10
	二	15.5	4.5	12.5	13.0	13.5	±3.0	21.0	20.5	20.0	350	320	300	10	—
20.1～31.0	优	9.0	1.8	15.5	16.0	16.5	±2.0	13.0	12.5	12.0	45	35	25	3	3
	一	12.0	3.0	14.0	14.5	15.0	±2.5	15.5	15.0	14.5	90	80	70	5	10
	二	15.0	4.5	12.5	13.0	13.5	±3.0	20.0	19.5	19.0	160	140	120	10	—
31.1～37.0	优	8.5	1.8	15.5	16.0	16.5	±2.0	12.0	11.5	11.0	30	20	10	3	3
	一	11.5	3.0	14.0	14.5	15.0	±2.5	15.0	14.5	14.0	40	30	20	5	10
	二	14.5	4.5	12.5	13.0	13.5	±3.0	19.0	18.5	18.0	60	50	40	10	—
37.1 及以上	优	8.0	1.8	15.5	16.0	16.5	±2.0	11.0	10.5	10.0	15	10	5	3	3
	一	11.0	3.0	14.0	14.5	15.0	±2.5	14.5	14.0	13.5	25	20	15	5	10
	二	14.0	4.5	12.5	13.0	13.5	±3.0	18.5	18.0	17.5	40	30	20	10	—

5.3.3 **涤与棉混纺色纺纱其他技术要求**

5.3.3.1 涤与棉混纺色纺纱色牢度要求按表3规定。

表3 涤与棉混纺色纺纱色牢度的技术要求

单位为级

项目		优等品	一等品	二等品
耐皂洗色牢度 ≥	变色	4	3-4	3
	沾色	3-4	3	3
耐汗渍色牢度 ≥	变色	4	3-4	3
	沾色	3-4	3	3
耐摩擦色牢度 ≥	干摩	4	3-4	3
	湿摩	3(深色2-3)	2-3(深色2)	2-3(深色2)
注：色别按GB/T 4841.3分档，>1/12标准深度为深色，≤1/12标准深度为浅色。				

5.3.3.2 涤纶或棉纤维设计含量比例>15%时，产品纤维含量允许偏差为±3.0%，涤纶或棉纤维含量比例≤15%，纤维含量偏差为±2.0%，超过偏差范围该批产品为等外品。

示例：T/C 60/40涤与棉混纺色纺纱，则允许含量为：57%～63%为涤纶，43%～37%为棉。

5.3.3.3 涤与棉混纺色纺纱对来样色差低于4级为等外品。

5.3.3.4 产品安全性能应符合GB 18401的要求。

6 试验方法

6.1 试验条件

各项试验应在各方法标准规定的条件下进行。

6.2 取样规定

从检验批中随机抽取20个筒子，各项目所需样品数量及试验次数按表4规定，若检验批中的筒子数小于20个，则全部抽取作为样品。

表4 涤与棉混纺色纺纱各项目样品数量及试验次数的规定

项目	筒子数 个	每筒试验次数	总次数
线密度变异系数、线密度偏差率	20	1	20
单纱断裂强度、单纱断裂强力变异系数	20	5	100
条干均匀度变异系数、千米棉结	10	1	10
明显色结	10	1	10
十万米纱疵	6	—	1
色牢度	1	—	1
纤维含量偏差	3	—	1
注：线密度变异系数、线密度偏差率、单纱断裂强度、单纱断裂强力变异系数、条干均匀度变异系数可进行在线产品取样，具体取样规定参见附录A，但用户对产品质量有异议时，则以成品质量检验为准。			

6.3 线密度变异系数、线密度偏差率试验

摇取绞纱长度应按 GB/T 4743—2009 规定执行，其中线密度变异系数采用程序 1，线密度采用程序 3。公称线密度 100 m 标准质量和标准干燥质量按附录 B 计算，线密度偏差率应将烘干后的绞纱折算至 100 m 质量，并按式(1)计算：

$$D=\frac{m-m_d}{m_d}\times 100\% \qquad \cdots\cdots(1)$$

式中：

D ——线密度偏差率，%；

m ——“100 m”试样实际干燥质量，单位为克(g)；

m_d——“100 m”试样标准干燥质量，单位为克(g)。

6.4 单纱断裂强度及单纱断裂强力变异系数试验

按 GB/T 3916 规定执行。

6.5 条干均匀度变异系数、千米棉结(+200%)试验

按 GB/T 3292.1 规定执行。

6.6 十万米纱疵试验

按 FZ/T 01050 规定执行，十万米纱疵结果用 $A_3+B_3+C_3+D_2$ 之和表示。

6.7 明显色结试验

按 FZ/T 10021—2013 中附录 A 执行。

6.8 纤维含量试验

按 GB/T 2910.11 规定执行，纤维含量以公定质量比表示。

6.9 色牢度试验

6.9.1 耐皂洗色牢度试验按 GB/T 3921—2008 规定执行，采用单纤维贴衬，试验条件为 C(3)。

6.9.2 耐汗渍色牢度按 GB/T 3922 规定执行。

6.9.3 耐摩擦色牢度试验按 GB/T 3920 执行。

6.10 色差试验

按 GB/T 250 执行。

6.11 成包净重

按 FZ/T 10021—2013 中附录 B 执行。

6.12 试验结果的表示

一批纱线的各项试验结果是由该项试验的全部试验值的计算结果表示，各项试验结果的计算精确度，除已规定者外，按表 5 规定执行。

表 5　计算值的数值修约位数规定

项　目	保留小数位数
单纱断裂强度/(cN/tex)	1
单纱断裂强力变异系数/%	1
线密度变异系数/%	1
线密度偏差率/%	1
百米质量(每批平均)/(g/100 m)	3
条干均匀度变异系数/%	1
千米棉结(+200%)/(个/km)	整数
明显色结/(粒/100m)	整数
十万米纱疵/(个/10^5 m)	整数
纤维含量偏差/%	1
平均线密度/tex	1
折算质量用回潮率/%	2

7　检验规则

按 FZ/T 10021 规定执行。

8　标志、包装

按 FZ/T 10008 规定执行，同时供货方应在所供产品上标明该产品的颜色代号(或色卡号)。

9　其他

用户对本标准有特殊要求者，供需双方可另订协议。

附　录　A
（资料性附录）
在线产品取样及试验

A.1　在线产品取样周期及卷装形式

A.1.1　一般两天取样试验一次，但周期一经确定，不得任意变更。十万米纱疵、纤维含量试验周期可适当延长，但不得超过两周。

A.1.2　取样的卷装形式为管纱。

A.2　在线产品取样数及试验次数

A.2.1　各项试验应在各方法标准规定的条件下进行，如生产需要，可以在接近车间温湿度条件下进行，但试验地点的温湿度应稳定，并不得故意偏离标准条件。

A.2.2　在线产品取样数见表 A.1。

表 A.1　在线产品取样数

生产同一品种的开台数	1	2	3	4	5	6	7	8～9	10	11～14	15	16～29	30 及以上
每机台上采取管纱数	30	15	10	7～8	6	5	4～5	3～4	3	2～3	2	1～2	1
总管纱数	30	30	30	30	30	30	30	30	30	30	30	30	30
注：取样时不得均在车头或车尾取样，不得取同一锭带上的 4 个管纱。													

A.2.3　线密度变异系数、线密度偏差率试验，每份试样 30 个管纱，每管摇取 1 缕，总数为 30 次（开台数在 5 台及以下的产品，线密度变异系数、线密度偏差率试验可相应减少拔管数，拔取 15 个管纱，每管摇取 2 缕）。

A.2.4　单纱断裂强度及单纱断裂强力变异系数试验，单纱每份试样 30 个管纱，每管测试 2 次，总数为 60 次（开台数在 5 台及以下者，可每份试样 15 个管纱，每管测试 4 次）。采用全自动纱线强力试验仪的取样数为每份试样 20 个管纱，每管测 5 次，总数为 100 次。

A.2.5　条干均匀度变异系数需在各机台随机抽取 10 个管纱，试验总数为 10 次。

附 录 B
(规范性附录)
涤与棉混纺色纺纱百米质量的计算

B.1 涤与棉混纺色纺纱的公定回潮率,按公定质量混纺比例计算,见式(B.1);也可按干重混纺比例计算,见式(B.2),计算结果修约至小数点后一位。其中棉公定回潮率为8.5%,涤纶公定回潮率为0.4%。

以公定质量混纺比例计算公定回潮率,以百分率表示:

$$W=\frac{\dfrac{B_{C}W_{C}}{1+\dfrac{W_{C}}{100}}+\dfrac{B_{T}W_{T}}{1+\dfrac{W_{T}}{100}}}{\dfrac{B_{C}}{1+\dfrac{W_{C}}{100}}+\dfrac{B_{T}}{1+\dfrac{W_{T}}{100}}} \qquad \cdots\cdots(B.1)$$

以干重混纺比例计算公定回潮率,以百分率表示:

$$W=\frac{W_{C}\times A_{C}+W_{T}\times A_{T}}{100} \qquad \cdots\cdots(B.2)$$

式中:

W ——公定回潮率,%;

W_C、W_T——棉、涤纶公定回潮率,%;

B_C、B_T ——棉、涤纶公定质量混纺百分比例;

A_C、A_T ——棉、涤纶干燥质量混纺百分比例。

B.2 100 m 纱在公定回潮率时的标准质量(g)按式(B.3)计算,计算结果修约至小数点后三位。

$$m_{g}=\frac{T_{t}}{10} \qquad \cdots\cdots(B.3)$$

式中:

m_g ——100 m 纱在公定回潮率时的标准质量,单位为克(g);

T_t ——纱公称线密度,单位为特克斯(tex)。

B.3 100 m 纱的标准干燥质量(g)按式(B.4)计算,计算结果修约至小数点后三位。

$$m_{d}=\frac{T_{t}}{10}\times\frac{100}{100+W} \qquad \cdots\cdots(B.4)$$

式中:

m_d ——100 m 纱标准干燥质量,单位为克(g);

T_t ——纱公称线密度,单位为特克斯(tex);

W ——涤与棉混纺色纺纱公定回潮率,%。

ICS 59.080.20
W 12

中华人民共和国纺织行业标准

FZ/T 12017—2006

天 然 彩 色 棉 气 流 纺 纱

Natural colored OE cotton yarn

2006-05-06 发布　　　　2006-10-01 实施

中华人民共和国国家发展和改革委员会　　发 布

前　言

天然彩色棉气流纺纱是用天然彩色棉纤维和本色棉纤维在转杯纺纱机上纺制的纱。本标准在主要技术内容和技术要求等方面参照2001乌斯特统计值及FZ/T 12001—1992《气流纺棉本色纱》制定。本标准与2001乌斯特统计值的一致性程度为非等效，采用了其纱线100％梳棉纱（气流纺）中下列统计值作为本标准技术要求中相关技术指标制定的依据：

——纱百米重量变异系数 CV(％)；

——纱条干均匀度变异系数 CV(％)；

——单纱断裂强度（cN/tex）；

——单纱断裂强度变异系数 CV(％)。

本标准由中国纺织工业协会提出。

本标准由上海市纺织工业技术监督所归口。

本标准起草单位：中国棉纺织行业协会、新疆纺织行业管理办公室、新疆中国彩棉（集团）股份有限公司。

本标准主要起草人：朱北娜、娜比亚、陈子炯、赵春莲、叶戬春。

天然彩色棉气流纺纱

1 范围

本标准规定了天然彩色棉纤维(含量30%及以上)与本色细绒棉混纺的普梳气流纺纱的产品术语、分类、要求、试验方法、检验规则、标志、包装、储存和运输。

本标准适用于鉴定天然彩色棉气流纺纱的品质。

2 规范性引用文件

下列文件中的条款通过本标准的引用而成为本标准的条款。凡是注日期的引用文件,其随后所有的修改单(不包括勘误的内容)或修订版均不适用于本标准,然而,鼓励根据本标准达成协议的各方研究是否可使用这些文件的最新版本。凡是不注日期的引用文件,其最新版本适用于本标准。

GB/T 398—1993 棉本色纱线

GB/T 3292 纺织品 纱条条干不匀试验方法 电容法

GB/T 3916 纺织品 卷装纱 单根纱线断裂强力和断裂伸长率的测定

GB/T 4743—1995 纱线的线密度的测定方法 绞纱法

FZ/T 01050 纺织品 纱线疵点的分级与检验方法 电容式

FZ/T 10001 气流纱捻度的测定 退捻加捻法

FZ/T 10007 棉及化纤纯纺、混纺本色纱线检验规则

FZ/T 10008 棉及化纤纯纺、混纺本色纱线标志与包装

FZ/T 10013.1 温度与回潮率对棉及化纤纯纺、混纺制品断裂强力的修正方法 本色纱线及染色加工线断裂强力的修正方法

3 术语和定义

下列术语和定义适用于本标准。

3.1

天然彩色棉气流纺纱

用天然彩色棉纤维和本色棉纤维在转杯纺纱机上纺制的,其天然彩色棉纤维含量不少于30%的纯棉纱。

4 分类

4.1 天然彩色棉气流纺纱的线密度以1 000 m纱线在公定回潮率时的重量(g)表示,单位为特克斯(tex)。

4.2 天然彩色棉气流纺纱的公定回潮率为8.5%。

4.3 天然彩色棉气流纺纱的标准重量

4.3.1 100 m纱在公定回潮率时的标准重量按式(1)计算。

$$m_g = \frac{\rho_l}{10} \qquad (1)$$

式中:

m_g——100 m纱在公定回潮率时的标准重量,单位为克每百米(g/100 m);

ρ_l——纱的线密度,单位为特克斯(tex)。

4.3.2 100 m 纱的标准干燥重量按式(2)计算。

$$m_d = \frac{\rho_l}{10.85} \quad \cdots\cdots(2)$$

式中：

m_d——100 m 纱的标准干燥重量，单位为克每百米(g/100 m)；

ρ_l——纱的线密度，单位为特克斯(tex)。

4.4 天然彩色棉气流纺纱的设计线密度，必须与其最后成品的公称线密度相等。

5 要求

5.1 彩棉含量在30%～50%(不含50%)的天然彩色棉气流纺纱技术要求见表1。

表1 彩棉含量30%～50%(不含50%)的天然彩色棉气流纺纱技术要求

公称线密度/tex(英制支数)	等别	单纱断裂强力变异系数(CV)/(%) ≤	百米重量变异系数(CV)/(%) ≤	条干均匀度变异系数(CV)/(%) ≤	千米棉结(+280%)/(粒/1 000 m) ≤	单纱断裂强度/(cN/tex) ≥			百米重量偏差/(%)
						起绒	纬纱	经纱	
18～23(32～25)	优	12.0	2.5	15.5	45	6.6	8.0	8.4	±2.8
	一	14.5	3.5	17.0	75				
	二	17.0	4.5	19.0	160				
24～26(24～22)	优	12.0	2.5	15.0	30	6.6	8.0	8.4	
	一	14.5	3.5	16.5	50				
	二	17.0	4.5	18.5	100				
28～31(21～19)	优	12.0	2.5	14.5	25	6.8	8.2	8.6	
	一	14.5	3.5	16.0	40				
	二	17.0	4.5	18.0	80				
32～34(18～17)	优	11.0	2.5	14.0	20	7.0	8.4	9.0	
	一	13.5	3.5	15.5	35				
	二	16.0	4.5	17.5	75				
36～42(16～14)	优	11.0	2.5	13.5	15	7.2	8.6	9.0	
	一	13.5	3.5	15.0	25				
	二	16.0	4.5	17.0	65				
44～60(13～10)	优	11.0	2.5	13.0	10	7.4	8.8	9.2	
	一	13.5	3.5	14.5	20				
	二	16.0	4.5	16.5	40				
64～88(9～7)	优	10.0	2.5	12.5	5	7.6	9.0	9.4	
	一	12.5	3.5	14.0	15				
	二	15.0	4.5	16.0	30				
89～192(6～3)	优	10.0	2.5	12.0	0	7.8	9.2	9.6	
	一	12.5	3.5	13.5	5				
	二	15.0	4.5	15.5	15				

5.2 彩棉含量在50%～75%(不含75%)的天然彩色棉气流纺纱技术要求见表2。

表2 彩棉含量50%～75%(不含75%)的天然彩色棉气流纺纱技术要求

公称线密度/tex(英制支数)	等别	单纱断裂强力变异系数(CV)/(%) ≤	百米重量变异系数(CV)/(%) ≤	条干均匀度变异系数(CV)/(%) ≤	千米棉结(+280%)/(粒/1 000 m) ≤	单纱断裂强度/(cN/tex) ≥			百米重量偏差/(%)
						起绒	纬纱	经纱	
18～23(32～25)	优	12.5	2.5	16.0	60	6.4	7.8	8.2	±2.8
	一	15.0	3.5	17.5	90				
	二	17.5	4.5	19.5	175				
24～26(24～22)	优	12.5	2.5	15.5	40	6.4	7.8	8.2	
	一	15.0	3.5	17.0	60				
	二	17.5	4.5	19.0	110				
28～31(21～19)	优	12.5	2.5	15.0	30	6.6	8.0	8.4	
	一	15.0	3.5	16.5	45				
	二	17.5	4.5	18.5	85				
32～34(18～17)	优	11.5	2.5	14.5	25	6.8	8.2	8.8	
	一	14.0	3.5	16.0	40				
	二	16.5	4.5	18.0	80				
36～42(16～14)	优	11.5	2.5	14.0	20	7.0	8.4	8.8	
	一	14.0	3.5	15.5	30				
	二	16.5	4.5	17.5	70				
44～60(13～10)	优	11.5	2.5	13.5	15	7.2	8.6	9.0	
	一	14.0	3.5	15.0	25				
	二	16.5	4.5	17.0	45				
64～88(9～7)	优	10.5	2.5	13.0	10	7.4	8.8	9.2	
	一	13.0	3.5	14.5	20				
	二	15.5	4.5	16.5	35				
89～192(6～3)	优	10.5	2.5	12.5	0	7.6	9.0	9.4	
	一	13.0	3.5	14.0	5				
	二	15.5	4.5	16.0	15				

5.3 彩棉含量在75%及以上的天然彩色棉气流纺纱技术要求见表3。

表3 彩棉含量75%及以上的天然彩色棉气流纺纱技术要求

公称线密度/tex(英制支数)	等别	单纱断裂强力变异系数(CV)/(%) ≤	百米重量变异系数(CV)/(%) ≤	条干均匀度变异系数(CV)/(%) ≤	千米棉结(+280%)/(粒/1 000 m) ≤	单纱断裂强度/(cN/tex) ≥			百米重量偏差/(%)
						起绒	纬纱	经纱	
18~23(32~25)	优	13.0	2.5	16.5	70	6.1	7.5	7.9	±2.8
	一	15.5	3.5	18.0	100				
	二	18.0	4.5	20.0	185				
24~26(24~22)	优	13.0	2.5	16.0	45	6.1	7.5	7.9	
	一	15.5	3.5	17.5	65				
	二	18.0	4.5	19.5	115				
28~31(21~19)	优	13.0	2.5	15.5	35	6.3	7.7	8.1	
	一	15.5	3.5	17.0	50				
	二	18.0	4.5	19.0	90				
32~34(18~17)	优	12.0	2.5	15.0	30	6.5	7.9	8.3	
	一	14.5	3.5	16.5	45				
	二	17.0	4.5	18.5	85				
36~42(16~14)	优	12.0	2.5	14.5	25	6.7	8.1	8.5	
	一	14.5	3.5	16.0	35				
	二	17.0	4.5	18.0	75				
44~60(13~10)	优	12.0	2.5	14.0	20	6.9	8.3	8.7	
	一	14.5	3.5	15.5	30				
	二	17.0	4.5	17.5	45				
64~88(9~7)	优	11.0	2.5	13.5	15	7.1	8.5	8.9	
	一	13.5	3.5	15.0	25				
	二	16.0	4.5	17.0	40				
89~192(6~3)	优	11.0	2.5	13.0	0	7.3	8.7	9.1	
	一	13.5	3.5	14.5	5				
	二	16.0	4.5	16.5	15				

5.4 天然彩色棉气流纺纱彩棉纤维含量(%)应严格控制。

5.5 天然彩色棉气流纺纱同一成品批号应保证颜色均匀一致,色差一般应不低于4级。

5.6 分等规定

5.6.1 天然彩色棉气流纺纱规定以同品种一昼夜的生产量为一批,按规定的试验周期和各项试验方法进行试验,并按其结果评定天然彩色棉气流纺纱的品等。

5.6.2 天然彩色棉气流纺纱的品等以批为单位,规定同品种一昼夜的生产量为一批。

5.6.3 天然彩色棉气流纺纱的品等分为优等、一等、二等。低于二等指标者作为三等。

5.6.4 天然彩色棉气流纺纱的品等由单纱断裂强力变异系数、百米重量变异系数、条干均匀度变异系数和千米棉结(+280%)四项评定。当四项品等不同时,按四项中最低一项的品等评定。

5.6.5 天然彩色棉气流纺纱单纱断裂强度和百米重量偏差，超出允许范围时，在单纱断裂强力变异系数和百米重量变异系数评等的基础上顺降一等，如上述两项均超出允许范围时，只顺降一次，但降至二等为止。

5.7 天然彩色棉气流纺纱的实际捻系数控制范围建议织布用纱不小于350，起绒用纱不大于350。

6 试验方法

6.1 试验条件

6.1.1 各项试验应在各方法标准规定的试验条件下进行。

6.1.2 快速试验：由于生产需要，要求迅速检验产品的质量，可采用快速试验方法。快速试验可以在接近车间温湿度条件下进行。但试验地点的温湿度必须稳定，并不得故意偏离标准条件。仲裁检验时，用以各方法标准规定的标准条件下试验为准。

6.2 试验周期

生产厂可根据各自的具体情况决定试验周期，以一次试验为准，作为该周期内纱线的分等依据，但周期一经确定，不得任意变更。

6.3 取样

每次取样不少于15只，应从生产同一品种全部机台采取筒子纱，作为试样。采样时不得固定部位或故意在刚清扫纺杯后取，取纱样数及试验次数按表4规定执行。

表4 采样只数及试验次数

生产同一品种的开台数		1	2	3	4	5	6	7	8～9	10	11～14	15	16～29	30及以上
每台机上的采样只数		15	2～8	5	3～4	3	2～3	2～3	2	1～2	1～2	1	1	1
试验次数	百米重量	30	30	30	30	30	30	30	30	30	30	30	30	30及以上
	断裂强度	60	60	60	60	60	60	60	60	60	60	60	60	60
	捻度	30	30	30	30	30	30	30	30	30	30	30	30	30
注：全部试样应从所采取的各个筒子纱上均匀取得。														

6.4 天然彩色棉气流纺纱单纱断裂强度、单纱断裂强力变异系数试验

按GB/T 3916执行。单纱断裂强度如不在标准大气条件下进行试验，其测试强力应按FZ/T 10013.1进行修正。单纱断裂强度和单纱断裂强力变异系数(CV)的试样可与百米重量偏差用同一份试样，单纱每份试样15个筒子纱，每卷装筒子纱测试4次，总数为60次。采用全自动纱线断裂强力试验仪的取样数，则为20个筒子纱，每卷装筒子纱测试5次，总数为100次。试验报告应注明所用的强力试验仪类型。

6.5 天然彩色棉气流纺纱百米重量变异系数和百米重量偏差的试验

按GB/T 4743—1995执行，其中百米重量变异系数采用方法1，线密度、百米重量偏差采用方法3。百米重量偏差的计算见式(3)：

$$D=\frac{m_{d2}-m_{d1}}{m_{d1}}\times 100\% \qquad (3)$$

式中：

D——百米重量偏差，%；

m_{d2}——试样实际干燥重量，单位为克每百米(g/100 m)；

m_{d1}——试样设计干燥重量，单位为克每百米(g/100 m)。

6.6 天然彩色棉气流纺纱捻度试验

按FZ/T 10001执行。

6.7 天然彩色棉气流纺纱条干均匀度变异系数及千米棉结(+280%)试验

按 GB/T 3292 执行。

6.8 纱线成包重量

按 GB/T 398 执行。

6.9 试验结果的表示

一批纱的各项试验结果是用该项试验的全部试验值的计算结果表示。各项试验结果的计算精确度,除规定者外,均按表5规定。

表5 计算值的修约规定

项 目	小数点后有效位数
百米重量变异系数(CV)/(%)	1
单纱断裂强力变异系数(CV)/(%)	1
条干均匀度变异系数(CV)/(%)	1
千米棉结/(粒/1 000 m)	整数
百米重量偏差/(%)	1
单纱断裂强度/(cN/tex)	1
平均线密度/tex	1
修正强力用回潮率/(%)	1
标准干重/(g/100 m)	3
捻系数	整数
捻度变异系数(CV)/(%)	1
折算重量用回潮率/(%)	2

7 检验规则

按 FZ/T 10007 执行。

8 标志和包装

按 FZ/T 10008 执行,并在外包装上注明天然彩色棉纤维含量。

9 储存与运输

9.1 成品纱在储存时,要注意通风、防潮、防晒,以防止发生霉变、变色或火灾。

9.2 成品纱在运输过程中,要防止受水浸、雨淋、日晒和污染。

9.3 在中转环节,供需双方不准更改包装和质量标志。

10 其他

对天然彩色棉气流纺纱有特殊要求者,生产和使用双方可另订协议,按协议规定执行。

ICS 59.080.20
W 12

中华人民共和国纺织行业标准

FZ/T 12018—2009

精梳棉本色紧密纺纱线

Cotton grey compact combed yarns

2009-11-17 发布　　2010-04-01 实施

中华人民共和国工业和信息化部　发布

前　言

本标准技术要求参照2001乌斯特统计值制定，与2001乌斯特统计值的一致性程度为非等效。

本标准的附录A为规范性附录。

本标准由中国纺织工业协会提出。

本标准由全国纺织品标准化技术委员会棉纺织印染分技术委员会归口。

本标准起草单位：中国棉纺织行业协会、新疆纺织行业管理办公室、新疆溢达纺织有限公司。

本标准主要起草人：朱北娜、娜比亚、周献珠、王少明、叶戳春、赵阳。

精梳棉本色紧密纺纱线

1 范围

本标准规定了精梳棉本色紧密纺纱线的术语和定义、分类、要求、试验方法、检验规则、标志、包装、运输和贮存。

本标准适用于用紧密纺技术加工生产的精梳棉本色紧密纺纱线的品质(包括针织用纱线、机织用纱线)。

2 规范性引用文件

下列文件中的条款通过本标准的引用而成为本标准的条款。凡是注日期的引用文件,其随后所有的修改单(不包括勘误的内容)或修订版均不适用于本标准,然而,鼓励根据本标准达成协议的各方研究是否可使用这些文件的最新版本。凡是不注日期的引用文件,其最新版本适用于本标准。

GB/T 398 棉本色纱线

GB/T 3291.1 纺织 纺织材料性能和试验术语 第1部分:纤维和纱线

GB/T 3292.1 纺织品 纱线条干不匀试验方法 第1部分:电容法

GB/T 3916 纺织品 卷装纱 单根纱线断裂强力和断裂伸长率的测定

GB/T 4743—1995 纱线线密度的测定 绞纱法

GB/T 6529 纺织品 调湿和试验用标准大气

GB/T 8170 数值修约规则与极限数值的表示和判定

GB/T 9995 纺织材料含水率和回潮率的测定 烘箱干燥法

FZ/T 01050 纺织品 纱线疵点的分级与检验方法 电容式

FZ/T 01086 纺织品 纱线毛羽测定方法 投影计数法

FZ/T 10007 棉及化纤纯纺、混纺本色纱线检验规则

FZ/T 10008 棉及化纤纯纺、混纺本色纱线标志与包装

FZ/T 10013.1 温度与回潮率对棉及化纤纯纺、混纺制品断裂强力的修正方法 本色纱线及染色加工线断裂强力的修正方法

3 术语和定义

GB/T 3291.1 中确立的以及下列术语和定义适用于本标准。

3.1

精梳棉本色紧密纺纱线 cotton grey compact combed yarns

用紧密纺技术、设备生产的精梳纯棉本色纱线。

4 分类

4.1 精梳棉本色紧密纺纱线的线密度以 1 000 m 纱线在公定回潮率时的重量(g)表示,单位为特克斯(tex)。

4.2 精梳棉本色紧密纺纱线的公定回潮率为 8.5%。

4.3 精梳棉本色紧密纺纱线的标准重量

4.3.1 100 m 纱线在公定回潮率 8.5%时的标准重量按式(1)计算:

$$m_g = \frac{T_t}{10} \quad \cdots\cdots(1)$$

式中：

m_g——100 m 纱线在公定回潮率时的标准重量，单位为克每百米(g/100 m)；

T_t——纱线线密度，单位为特克斯(tex)。

4.3.2 100 m 纱线的标准干燥重量按式(2)计算：

$$m_d = \frac{T_t}{10.85} \quad \cdots\cdots(2)$$

式中：

m_d——100 m 纱线的标准干燥重量，单位为克每百米(g/100 m)；

T_t——纱线线密度，单位为特克斯(tex)。

4.4 单纱和股线的最后成品设计线密度应与其公称线密度相等。纺股线用的单纱设计线密度应保证股线的设计线密度与其公称线密度相等。

4.5 精梳棉本色紧密纺纱的公称线密度及其 100 m 的标准干燥重量规定见表 1。

表 1 精梳棉本色紧密纺纱标准干燥重量

公称线密度/tex	标准干燥重量/(g/100 m)	公称线密度/tex	标准干燥重量/(g/100 m)	公称线密度/tex	标准干燥重量/(g/100 m)
4	0.369	10	0.922	20	1.843
4.5	0.415	11	1.014	21	1.935
5	0.461	12	1.106	22	2.028
5.5	0.507	13	1.198	23	2.120
6	0.553	14	1.290	24	2.212
6.5	0.599	14.5	1.336	25	2.304
7	0.645	15	1.382	26	2.396
7.5	0.691	16	1.475	27	2.488
8	0.737	17	1.567	28	2.581
8.5	0.783	18	1.659	36	3.318
9	0.829	19	1.751	48	4.424
9.5	0.876	19.5	1.797	58	5.346

4.6 精梳棉本色紧密纺线的公称线密度及其 100 m 的标准干燥重量规定见表 2。

表 2 精梳棉本色紧密纺线标准干燥重量

公称线密度/tex	标准干燥重量/(g/100 m)	公称线密度/tex	标准干燥重量/(g/100 m)	公称线密度/tex	标准干燥重量/(g/100 m)
4×2	0.737	8×2	1.475	14×2	2.581
4.5×2	0.829	8.5×2	1.567	14.5×2	2.673
5×2	0.922	9×2	1.659	15×2	2.765
5.5×2	1.014	9.5×2	1.751	16×2	2.949
6×2	1.106	10×2	1.843	17×2	3.134
6.5×2	1.198	11×2	2.028	18×2	3.318
7×2	1.290	12×2	2.212	19×2	3.502
7.5×2	1.382	13×2	2.396	19.5×2	3.594

5 要求

5.1 精梳棉本色紧密纺针织用纱的技术要求见表 3。

表 3 精梳棉本色紧密纺针织用纱的技术要求

线密度/tex（英制支数）	等别	单纱断裂强力变异系数 CV/% ≤	百米重量变异系数 CV/% ≤	单纱断裂强度/(cN/tex) ≥	百米重量偏差/%	条干均匀度变异系数 CV/% ≤	粗节(+50%)/(个/km) ≤	棉结(+200%)/(个/km) ≤	十万米纱疵数 $(A_3+B_3+C_3+D_2)$/(个/10^5 m) ≤	毛羽指数 H ≤	2 mm 毛羽指数/(根/10 m) ≤
4～4.5（150～131）	优	12.0	1.5	18.0	±2.5	16.5	210	280	5	2.4	120
	一	14.5	2.5	16.0		18.5	280	360	10	2.8	150
	二	17.5	3.5	14.0		20.5	380	410			
5～5.5（130～111）	优	11.5	1.5	19.0		16.5	170	190	5	2.4	120
	一	14.0	2.5	17.0		18.5	260	290	10	2.8	150
	二	17.0	3.5	15.0		20.5	300	320			
6～6.5（110～91）	优	10.5	1.5	20.0		15.5	100	120	5	2.6	120
	一	13.0	2.5	18.0		17.5	170	210	10	3.0	150
	二	16.0	3.5	16.0		19.5	220	250			
7～7.5（90～71）	优	10.0	1.5	21.0		14.5	50	90	5	2.8	130
	一	12.5	2.5	19.0		16.0	100	170	10	3.2	160
	二	15.5	3.5	17.0		18.0	150	210			
8～10（70～56）	优	9.0	1.5	21.5		13.5	30	60	5	3.0	140
	一	12.0	2.5	19.0		15.0	80	120	10	3.4	170
	二	15.0	3.5	17.0		17.0	130	180			
11～13（55～44）	优	8.0	1.5	22.5		12.5	20	50	3	3.2	150
	一	11.0	2.5	19.5		14.0	70	110	8	3.6	180
	二	14.0	3.5	17.5		16.0	120	160			

表 3（续）

线密度/tex（英制支数）	等别	单纱断裂强力变异系数 CV/% ≤	百米重量变异系数 CV/% ≤	单纱断裂强度/(cN/tex) ≥	百米重量偏差/%	条干均匀度变异系数 CV/% ≤	粗节（+50%）/（个/km） ≤	棉结（+200%）/（个/km） ≤	十万米纱疵数（$A_3+B_3+C_3+D_2$）/（个/10^5 m） ≤	毛羽指数 H ≤	2 mm 毛羽指数/（根/10 m） ≤
14～15（43～37）	优	7.0	1.5	18.5	±2.5	12.0	20	40	3	3.4	190
	一	10.0	2.5	16.5		13.5	60	100	8	4.0	220
	二	13.0	3.5	14.5		15.0	100	150			
16～20（36～29）	优	6.5	1.5	18.0		11.5	15	30	3	3.8	200
	一	9.5	2.5	16.0		13.0	45	90	8	4.4	230
	二	12.5	3.5	14.0		14.5	80	130			
21～30（28～19）	优	6.5	1.5	17.5		11.0	10	25	3	4.2	210
	一	9.5	2.5	15.5		12.5	30	70	8	4.8	240
	二	12.5	3.5	13.5		14.0	60	110			
32～34（18～17）	优	6.0	1.5	17.0		10.5	10	20	3	4.6	230
	一	9.0	2.5	15.0		12.0	25	60	8	5.2	270
	二	12.0	3.5	13.0		13.5	45	100			
36～60（16～10）	优	6.0	1.5	16.5		10.0	8	15	3	4.8	260
	一	9.0	2.5	14.5		11.5	25	30	8	5.4	300
	二	12.0	3.5	12.5		13.0	40	50			

5.2 精梳棉本色紧密纺机织用纱的技术要求见表4。

表4 精梳棉本色紧密纺机织用纱的技术要求

线密度/tex（英制支数）	等别	单纱断裂强力变异系数CV/% ≤	百米重量变异系数CV/% ≤	单纱断裂强度/(cN/tex) ≥	百米重量偏差/%	条干均匀度变异系数CV/% ≤	粗节（+50%）/（个/km） ≤	棉结（+200%）/（个/km） ≤	十万米纱疵数（$A_3+B_3+C_3+D_2$）/（个/10^5 m） ≤	毛羽指数H ≤	2 mm毛羽指数/（根/10 m） ≤
4～4.5（150～131）	优	12.5	1.5	18.5	±2.5	17.0	210	280	5	2.4	120
	一	15.0	2.5	16.5		19.0	280	360	10	2.8	150
	二	18.0	3.5	14.5		21.0	380	410			
5～5.5（130～111）	优	12.0	1.5	19.5		17.0	170	190	5	2.4	120
	一	14.5	2.5	17.5		19.0	260	290	10	2.8	150
	二	17.5	3.5	15.5		21.0	300	320			
6～6.5（110～91）	优	11.0	1.5	20.5		16.0	100	120	5	2.6	120
	一	13.5	2.5	18.5		18.0	170	210	10	3.0	150
	二	16.5	3.5	16.5		20.0	220	250			
7～7.5（91～71）	优	10.5	1.5	21.5		15.0	50	90	5	2.8	130
	一	13.0	2.5	19.5		16.5	100	170	10	3.2	160
	二	16.0	3.5	17.5		18.5	150	210			
8～10（70～56）	优	9.5	1.5	22.0		14.0	30	60	5	3.0	140
	一	12.5	2.5	19.5		15.5	80	120	10	3.4	170
	二	15.5	3.5	17.5		17.5	130	180			
11～13（55～44）	优	8.5	1.5	23.0		13.0	20	50	3	3.2	150
	一	11.5	2.5	20.0		14.5	70	110	8	3.6	180
	二	14.5	3.5	18.0		16.5	120	160			

表 4（续）

线密度/tex（英制支数）	等别	单纱断裂强力变异系数 CV/% ≤	百米重量变异系数 CV/% ≤	单纱断裂强度/(cN/tex) ≥	百米重量偏差/%	条干均匀度变异系数 CV/% ≤	粗节（+50%）/（个/km） ≤	棉结（+200%）/（个/km） ≤	十万米纱疵数 $(A_3+B_3+C_3+D_2)$/（个/10^5 m） ≤	毛羽指数 H ≤	2 mm 毛羽指数/（根/10 m） ≤
14～15（43～37）	优	7.5	1.5	19.0	±2.5	12.5	20	40	3	3.4	190
	一	10.5	2.5	17.0		14.0	60	100	8	4	220
	二	13.5	3.5	15.0		15.5	100	150			
16～20（36～29）	优	7.0	1.5	18.5		12.0	15	30	3	3.8	200
	一	10.0	2.5	16.5		13.5	45	90	8	4.4	230
	二	13.0	3.5	14.5		15.0	80	130			
21～30（28～19）	优	7.0	1.5	18.0		11.5	10	25	3	4.2	210
	一	10.0	2.5	16.0		13.0	30	70	8	4.8	240
	二	13.0	3.5	14.0		14.5	60	110			
32～34（18～17）	优	6.5	1.5	17.5		11.0	10	20	3	4.6	230
	一	9.5	2.5	15.5		12.5	25	60	8	5.2	270
	二	12.5	3.5	13.5		14.0	45	100			
36～60（16～10）	优	6.5	1.5	17.0		10.5	8	15	3	4.8	260
	一	9.5	2.5	15.0		12.0	25	30	8	5.4	300
	二	12.5	3.5	13.0		13.5	40	50			

5.3 精梳棉本色紧密纺股线的技术要求见表5。

表5 精梳棉本色紧密纺股线的技术要求

线密度/tex(英制支数)	等别	单纱断裂强力变异系数 CV/% ≤	百米重量变异系数 CV/% ≤	单纱断裂强度/(cN/tex) ≥	百米重量偏差/%	条干均匀度变异系数 CV/% ≤	粗节(+50%)/(个/km) ≤	棉结(+200%)/(个/km) ≤	十万米纱疵数($A_3+B_3+C_3+D_2$)/(个/10^5 m) ≤	毛羽指数 H ≤	2 mm 毛羽指数/(根/10 m) ≤
4×2～4.5×2(150/2～131/2)	优	9.0	1.5	24.5	±2.5	13.0	20	50	3	3.0	150
	一	11.0	2.5	22.5		15.0	40	80	8	3.4	180
	二	13.0	3.5	20.5		17.0	60	100	—		
5×2～5.5×2(130/2～111/2)	优	8.5	1.5	25.5		12.5	15	40	3	3.6	160
	一	11.0	2.5	23.5		14.5	35	60	8	4.0	190
	二	13.0	3.5	21.5		16.5	55	75	—		
6×2～7.5×2(110/2～71/2)	优	7.0	1.5	25.5		12.0	9	20	3	3.8	160
	一	9.0	2.5	23.5		14.0	25	45	8	4.2	190
	二	11.0	3.5	21.5		16.0	40	65	—		
8×2～10×2(70/2～56/2)	优	7.0	1.5	26.0		11.0	4	15	3	4.0	180
	一	9.0	2.5	24.0		13.0	25	35	8	4.4	210
	二	11.0	3.5	22.0		15.0	45	55	—		
11×2～20×2(55/2～29/2)	优	6.0	1.5	26.0		10.0	3	12	3	4.2	210
	一	8.0	2.5	23.5		12.0	20	30	8	4.6	240
	二	10.0	3.5	21.5		14.0	35	50	—		
21×2～24×2(28/2～24/2)	优	6.0	1.5	25.5		9.0	2	10	3	4.4	250
	一	8.0	2.5	23.0		11.0	15	25	8	4.8	280
	二	10.0	3.5	21.0		13.0	30	35	—		

5.4 分等规定

5.4.1 精梳棉本色紧密纺纱(线)的评等以批为单位,同品种一昼夜生产量为一批。按规定的试验周期和各项试验方法进行试验,并按其结果评定其棉纱(线)的品等。

5.4.2 精梳棉本色紧密纺纱(线)的品等分为优等、一等、二等,低于二等指标者为三等品。

5.4.3 精梳棉本色紧密纺纱(线)的品等由单纱(线)断裂强力变异系数[1]、单纱(线)断裂强度、百米重量变异系数、条干均匀度变异系数、千米粗节(+50%)、千米棉结(+200%)、十万米纱疵数[2]、毛羽指数 H 或 2 mm 毛羽指数等指标评定,当八项的品等不同时,按八项中最低的一项品等评定。

5.4.4 单纱(线)的百米重量偏差超出允许范围时,在百米重量变异系数(%)原评等的基础上作顺降一等处理。

5.5 检验单纱(线)毛羽指标时,可选用毛羽指数 H 或 2 mm 毛羽指数两者中的任何一种,但一经确定,不得任意变更。

6 试验方法

6.1 试验条件:各项试验应在各方法标准规定的标准条件下进行。产品发生质量争议时,以各方法标准规定的标准条件下的试验结果为准。

6.2 试验周期:生产厂可根据各自的具体情况,决定试验周期,以一次试验为准,作为该周期内纱(线)的分等依据。周期一经确定,不得任意变更。

6.3 取样:采用筒纱,每批纱(线)抽样不少于 15 只筒纱。

6.4 百米重量变异系数和百米重量偏差的试验方法按照 GB/T 4743—1995 执行,其中百米重量变异系数采用方法 1,百米重量偏差采用方法 3。百米重量偏差按式(3)计算:

$$D = \frac{m_{d2} - m_{d1}}{m_{d1}} \times 100 \qquad \cdots\cdots(3)$$

式中:

D——百米重量偏差,%;

m_{d2}——试样实际干燥重量,单位为克每百米(g/100 m);

m_{d1}——试样设计干燥重量,单位为克每百米(g/100 m)。

6.5 单纱(线)断裂强度及单纱(线)断裂强力变异系数的试验方法按照 GB/T 3916 执行。试验时,样品未经调湿或试验环境条件等偏离 GB/T 3916 规定时,应对试验结果按 FZ/T 10013.1 进行修正。

6.6 烘箱测试回潮率按照 GB/T 9995 执行。

6.7 条干均匀度变异系数、千米粗节(+50%)、千米棉结(+200%)试验方法按照 GB/T 3292.1 执行。

6.8 十万米纱疵数试验方法,按照 FZ/T 01050 执行。

6.9 毛羽指数 H 值试验方法按照附录 A 执行,2 mm 毛羽指数试验方法按 FZ/T 01086 执行。

6.10 纱线成包净重量试验按 GB/T 398 执行。

6.11 试验结果的表示

一批纱线的各种试验结果是由该项试验的全部试验值的计算结果表示,各种试验结果的计算值精确度,除已规定者外,按表 6 规定。

---

1) 变异系数的缩写为 CV。

2) CTM4 型纱疵仪检测数据不适用于本标准。

表 6 计算值的数值修约规定

项　　目	要求小数点后有效位数
单纱(线)断裂强度/(cN/tex)	1
单纱(线)断裂强力变异系数/%	1
百米重量变异系数/%	1
条干均匀度变异系数/%	1
粗节(+50%)/(个/km)	整数
棉结(+200%)/(个/km)	整数
毛羽指数/(根/10 m)	整数
毛羽指数 *H*	2
十万米纱疵/(个/10^5 m)	1
百米重量偏差/%	1
百米重量(每批平均)/(g/100 m)	3
平均线密度/tex	1
修正强力用回潮率/%	1
折算重量用回潮率/%	2

7 检验规则

按照 FZ/T 10007 执行

8 标志、包装

按 FZ/T 10008 执行。

9 运输和贮存

9.1 运输工具应整洁，不污染产品。

9.2 运输时，要防止受水浸、雨淋、污染。

9.3 仓贮场所应具备防潮设施，力求相对湿度不超过 65%。

9.4 仓贮场所应具有良好的通风、排风设施，使仓库空气经常保持流通，防止发生霉变。

9.5 杜绝火种，加强防火措施。

10 其他

用户对本标准有特殊要求者，供需双方可另订协议。

附 录 A
（规范性附录）
毛羽指数 *H* 值试验方法

A.1 原理

光电式毛羽检测原理是连续运动的纱线在通过检测区时，突出纱体的毛羽对检测区域中的持续单色平行光进行散射，散射光被透镜系统积聚并被光电传感器检测到，检测器输出的电信号经过电路运算处理即可提供表示纱线毛羽特征的各种结果。

A.2 仪器

A.2.1 纱架：使各种卷装的纱线能在一定张力下退绕，并使纱线不产生意外伸长或损伤。

A.2.2 检测器：光电式测量槽和能使纱线以一定速度经过测量槽的罗拉牵引装置等。

A.2.3 控制器：对测试过程进行控制，完成对纱线毛羽电信号的处理，并得出供显示或打印的各种试验结果（毛羽指数 H 值、毛羽指数标准差 s_H 值、毛羽波谱图、毛羽不匀率曲线图等）。

A.3 取样数量及测试次数

A.3.1 单纱、股线取样数量：十个卷装。

A.3.2 测试次数：每个卷装各测一次。

A.3.3 可根据需要规定取样数量和测试次数。推荐取样长度 250 m～2 000 m，常规测试 400 m，产品验收仲裁试验 1 000 m。

A.4 大气条件

A.4.1 试样的调湿应按 GB/T 6529 中的温带标准大气二级标准，即在温度为(20±2)℃，相对湿度为(65±3)%的条件下平衡 24 h，对大而紧的样品卷装或对一个卷装需进行一次以上测试时应平衡 48 h。在调湿和试验过程中应保持标准大气恒定，直到试验结束。

A.4.2 试样应在吸湿状态下调湿平衡，必要时可以按照 GB/T 6529 进行预调湿。

A.4.3 试验室若不具备上述条件时，可以在以下稳定的温湿度条件下，使试样达到平衡后进行试验。平衡及试验期间的平均温度为 18 ℃～28 ℃，平均相对湿度为 50%～75%，同时应保证温度的变化不超过上述范围内某平均温度±3 ℃，温度变化率不超过 0.5 ℃/min；相对湿度的变化不超过上述范围内某平均相对湿度±3%。相对湿度的变化率不超过 0.25%/min。

试验前仪器应在上述稳定环境中至少放置 5 h。

A.5 操作程序

A.5.1 试验条件：将试样按 A.4 的规定调湿，全部试验在上述规定的试验大气下进行。

A.5.2 仪器校验：按照仪器使用说明进行调整。

A.5.3 将试样按照正确的引纱路线装上仪器，启动仪器，试验至规定长度时记录或打印试验结果。

A.5.4 测试速度：推荐采用 400 m/min。

A.5.5 时间选择：1 min、2.5 min、5 min。

A.6 结果的表示和计算

A.6.1 纱线毛羽的测试结果主要有以下几项指标：毛羽指数 H 值、毛羽指数标准差 s_H、毛羽波谱图、毛羽不匀率曲线图、毛羽柱状图、最大毛羽指数值 H_{max}、最小毛羽指数值 H_{min}、管间毛羽变异系数 CV_{Hb}。

A.6.2 试验结果按照 GB/T 8170 规定的方法进行修约，毛羽指数 H 值保留 2 位小数。

A.7 试验报告

说明试验是按本标准进行的，并报告以下内容：

a) 样品材料、规格和数量；

b) 试验环境条件(温度、相对湿度)；

c) 仪器型号；

d) 纱线速度、取样长度等必要试验参数；

e) 毛羽指数 H 值、标准差 s_H，一批试样的平均值，必要时计算其标准差、最大值、最小值及变异系数；

f) 毛羽曲线图、波谱图等。

ICS 59.080.20
W 12

中华人民共和国纺织行业标准

FZ/T 12019—2009

2009-11-17 发布 2010-04-01 实施

中华人民共和国工业和信息化部 发布

前　言

本标准的附录A为规范性附录，附录B为资料性附录。

本标准由中国纺织工业协会提出。

本标准由全国纺织品标准化技术委员会棉纺织印染分技术委员会(SAC/TC 209/SC 2)归口。

本标准起草单位：上海市纺织工业技术监督所，江苏白兔纺织集团股份有限公司。

涤纶本色纱线

1 范围

本标准规定了涤纶本色纱线(涤纶为棉型纤维)产品的产品分类、标识、要求、试验方法、检验规则和标志、包装。

本标准适用于鉴定环锭机制涤纶本色纱线的品质。

本标准不适用于鉴定特种用途的涤纶本色纱线的品质。

2 规范性引用文件

下列文件中的条款通过本标准的引用而成为本标准的条款。凡是注日期的引用文件,其随后所有的修改单(不包括勘误的内容)或修订版均不适用于本标准,然而,鼓励根据本标准达成协议的各方研究是否可使用这些文件的最新版本。凡是不注日期的引用文件,其最新版本适用于本标准。

GB/T 398—2008 棉本色纱线

GB/T 2543.1 纺织品 纱线捻度的测定 第1部分:直接计数法

GB/T 2543.2 纺织品 纱线捻度的测定 第2部分:退捻加捻法

GB/T 3292.1 纺织品 纱线条干不匀试验方法 第1部分:电容法

GB/T 3916 纺织品 卷装纱 单根纱线断裂强力和断裂伸长率的测定

GB/T 4743—1995 纱线线密度的测定 绞纱法

GB/T 9996.1 棉及化纤纯纺、混纺纱线外观质量黑板检验方法 第1部分:综合评定法

FZ/T 01050 纺织品 纱线疵点的分级与检验方法 电容式

FZ/T 10007 棉及化纤纯纺、混纺本色纱线检验规则

FZ/T 10008 棉及化纤纯纺、混纺本色纱线标志与包装

3 产品分类、标识

3.1 涤纶本色纱线分类

3.1.1 涤纶本色纱线的线密度(tex)以1 000 m纱线在公定回潮率时的重量(g)表示,其公称线密度的100 m标准重量应按附录A计算确定。

3.1.2 涤纶本色纱线产品以不同公称线密度分类,单位为tex。

3.2 涤纶本色纱线标识

涤纶本色纱线的原料代号为T,例如13 tex涤纶本色纱的写法规定为:T13 tex。

3.3 涤纶本色纱线线密度的规定

涤纶本色纱线设计线密度应与其最后成品公称线密度相等。纺股线用的单纱设计线密度应保证股线的设计线密度与公称线密度相等。

4 要求

4.1 涤纶本色纱的技术要求见表1,涤纶本色线的技术要求见表2。

表 1 涤纶本色纱的技术要求

公称线密度/tex（英制支数）	等别	单纱断裂强力变异系数/% ≤	百米重量变异系数/% ≤	单纱断裂强度/(cN/tex) ≥	百米重量偏差/%	条干均匀度		十万米纱疵/(个/10^5m) ≤
						黑板条干均匀度10块板比例（优：一：二：三）不低于	条干均匀度变异系数/% ≤	
7～8（80～70）	优	12.5	2.0	22.0	±2.0	7：3：0：0	16.0	8
	一	15.0	3.0	20.0	±2.5	0：7：3：0	18.5	15
	二	17.0	4.0	17.0	±3.0	0：0：7：3	21.0	—
9～10（69～56）	优	12.0	2.0	23.0	±2.0	7：3：0：0	15.0	8
	一	14.5	3.0	21.0	±2.5	0：7：3：0	17.5	15
	二	16.5	4.0	18.0	±3.0	0：0：7：3	20.0	—
11～13（55～44）	优	11.5	2.0	24.0	±2.0	7：3：0：0	14.0	8
	一	14.0	3.0	22.0	±2.5	0：7：3：0	16.5	15
	二	16.0	4.0	19.0	±3.0	0：0：7：3	19.0	—
14～16（43～36）	优	11.0	2.0	25.0	±2.0	7：3：0：0	13.5	8
	一	13.5	3.0	23.0	±2.5	0：7：3：0	16.0	15
	二	15.5	4.0	20.0	±3.0	0：0：7：3	18.5	—
17～20（35～29）	优	10.0	2.0	26.0	±2.0	7：3：0：0	13.0	8
	一	12.5	3.0	24.0	±2.5	0：7：3：0	15.5	15
	二	14.5	4.0	21.0	±3.0	0：0：7：3	18.0	—
21～24（28～24）	优	9.5	2.0	27.0	±2.0	7：3：0：0	12.5	8
	一	12.0	3.0	25.0	±2.5	0：7：3：0	15.0	15
	二	14.0	4.0	22.0	±3.0	0：0：7：3	17.5	—
25～30（23～19）	优	8.5	2.0	28.0	±2.0	7：3：0：0	12.0	8
	一	11.5	3.0	26.0	±2.5	0：7：3：0	14.5	15
	二	13.5	4.0	23.0	±3.0	0：0：7：3	17.0	—
32～48（18～12）	优	8.5	2.0	29.0	±2.0	7：3：0：0	11.5	8
	一	11.5	3.0	27.0	±2.5	0：7：3：0	14.0	15
	二	13.5	4.0	24.0	±3.0	0：0：7：3	16.5	—
52～76（11～8）	优	8.0	2.0	30.0	±2.0	7：3：0：0	11.0	8
	一	10.5	3.0	28.0	±2.5	0：7：3：0	13.5	15
	二	12.5	4.0	25.0	±3.0	0：0：7：3	16.0	—

表 2 涤纶本色线的技术要求

公称线密度/tex（英制支数）	等别	单线断裂强力变异系数/% ≤	百米重量变异系数/% ≤	单线断裂强度/(cN/tex) ≥	百米重量偏差/%	十万米纱疵/(个/10^5m) ≤
7×2～8×2（80/2～70/2）	优	8.5	2.0	25.0	±2.0	5
	一	11.0	3.0	23.0	±2.5	10
	二	13.0	4.0	20.0	±3.0	—
9×2～10×2（69/2～56/2）	优	8.0	2.0	26.0	±2.0	5
	一	10.5	3.0	24.0	±2.5	10
	二	12.5	4.0	21.0	±3.0	—
11×2～13×2（55/2～44/2）	优	8.0	2.0	27.0	±2.0	5
	一	10.5	3.0	25.0	±2.5	10
	二	12.5	4.0	22.0	±3.0	—
14×2～16×2（43/2～36/2）	优	7.5	2.0	28.0	±2.0	5
	一	10.0	3.0	26.0	±2.5	10
	二	12.0	4.0	23.0	±3.0	—
17×2～20×2（35/2～29/2）	优	7.0	2.0	29.0	±2.0	5
	一	9.5	3.0	27.0	±2.5	10
	二	11.5	4.0	24.0	±3.0	—
21×2～24×2（28/2～24/2）	优	7.0	2.0	30.0	±2.0	5
	一	9.5	3.0	28.0	±2.5	10
	二	11.5	4.0	25.0	±3.0	—
25×2～30×2（23/2～19/2）	优	6.5	2.0	31.0	±2.0	5
	一	9.0	3.0	29.0	±2.5	10
	二	11.0	4.0	26.0	±3.0	—
32×2～48×2（18/2～12/2）	优	6.0	2.0	32.0	±2.0	5
	一	8.5	3.0	30.0	±2.5	10
	二	10.5	4.0	27.0	±3.0	—
52×2～76×2（11/2～8/2）	优	5.5	2.0	33.0	±2.0	5
	一	8.0	3.0	31.0	±2.5	10
	二	10.0	4.0	28.0	±3.0	—

4.2 分等规定

4.2.1 涤纶本色纱线规定以同品种一昼夜的生产量为一批，按规定的试验周期和各项试验方法进行试验，并按其结果评定涤纶本色纱线的品等。

4.2.2 涤纶本色纱线的品等分为优等、一等、二等，低于二等指标者作三等。

4.2.3 涤纶本色纱的品等由单纱断裂强力变异系数、百米重量变异系数、单纱断裂强度、百米重量偏差、条干均匀度、十万米纱疵六项中最低的一项评定。

4.2.4 涤纶本色线的品等由单线断裂强力变异系数、百米重量变异系数、单线断裂强度、百米重量偏差、十万米纱疵五项中最低的一项评定。

4.2.5 检验单纱条干均匀度可以选用黑板条干均匀度或条干均匀度变异系数两者中的任何一种。但一经确定，不得任意变更。发生质量争议时，以条干均匀度变异系数为准。

4.2.6　涤纶本色纱线重量偏差月度累计，应按产量进行加权平均，全月生产在15批以上的品种，应控制在±0.5%及以内。

4.3　涤纶本色纱线实际捻系数建议控制范围参见附录B。

5　试验方法

5.1　试验条件

各项试验应在各方法标准规定的标准条件下进行。

5.2　试验周期

一般为两天试验一次，以一次试验为准，作为该周期内纱线的分等依据。但周期一经确定，不得任意变更。十万米纱疵试验周期可适当延长，但不得超过两周。捻度试验建议可按附录B规定执行。

5.3　试样

纱线的黑板条干均匀度、十万米纱疵的检验皆采用筒子纱(直接纬纱用管纱)，其他各项指标的试验可采用管纱。用户对产品质量有异议时，则以成品质量检验为准。

5.4　百米重量变异系数和百米重量偏差的试验方法

5.4.1　按GB/T 4743—1995执行，其中百米重量变异系数$CV(\%)$采用方法1，线密度采用方法3。百米重量偏差的计算见式(1)：

$$D=\frac{m-m_{\mathrm{d}}}{m_{\mathrm{d}}}\times 100 \qquad \cdots\cdots(1)$$

式中：

D——百米重量偏差，%；

m——试样实际干燥重量，单位为克每百米(g/100 m)；

m_{d}——试样设计干燥重量，单位为克每百米(g/100 m)。

5.4.2　取样数和试验次数按GB/T 398—2008中5.3.2规定执行。

5.5　单纱线断裂强度及单纱线断裂强力变异系数的试验方法

5.5.1　按GB/T 3916执行。

5.5.2　单纱线断裂强度及单纱断裂强力变异系数取样数和试验次数可按GB/T 398—2008中5.4.1规定执行。

5.6　黑板条干均匀度的试验方法

按GB/T 9996.1规定执行，涤纶本色纱黑板条干均匀度标准样照编号见表3。

表3　涤纶本色纱黑板条干均匀度标准样照编号

公称线密度/tex	等　别	标准样照编号
7～10	优等 一等	A1101 B1102
11～15	优等 一等	A2101 B2102
16～20	优等 一等	A3101 B3102
21～35	优等 一等	A4101 B4102
36～76	优等 一等	A5101 B5102

5.7 条干均匀度的试验方法

按 GB/T 3292.1 规定执行。

5.8 十万米纱疵($A_3+B_3+C_3+D_2$)的试验方法

按 FZ/T 01050 规定执行。

5.9 纱线的成包净重的测定

按 GB/T 398 规定执行。

5.10 试验结果的表示

一批纱线的各种试验结果是由该种试验的全部试验值的计算结果表示,各种试验结果的计算精确度,除已规定者外,按表 4 规定。

表 4 计算值的数值修约的规定

项 目	要求小数点后有效位数
单纱线断裂强度/(cN/tex)	1
单纱线断裂强力变异系数 *CV*/%	1
百米重量变异系数 *CV*/%	1
条干均匀度变异系数 *CV*/%	1
黑板条干均匀度/块	整数
十万米纱疵/(个/10^5 m)	整数
百米重量偏差/%	1
百米重量(每批平均)/(g/100 m)	3
平均线密度/tex	1
修正强力用回潮率/%	1
折算重量用回潮率/%	2
捻系数	整数

6 检验规则

按 FZ/T 10007 规定执行。

7 标志、包装

按 FZ/T 10008 规定执行。

8 其他

用户对本标准有特殊要求者,供需双方可另订协议。

附　录　A
（规范性附录）
涤纶本色纱线百米重量的计算

A.1　涤纶本色纱线的公定回潮率为0.4%。

A.2　100 m纱线在公定回潮率时的标准重量(g)按式(A.1)计算，计算结果修约至小数点后三位。

$$m_g = \frac{T_t}{10} \qquad \text{(A.1)}$$

式中：

m_g——100 m纱线在公定回潮率时的标准重量，单位为克每百米(g/100 m)；

T_t——纱线线密度，单位为特克斯(tex)。

A.3　100 m纱线的标准干燥重量(g)按式(A.2)计算，计算结果修约至小数点后三位。

$$m_d = \frac{T_t}{10} \times \frac{100}{100 + W} \qquad \text{(A.2)}$$

式中：

m_d——100 m纱线的标准干燥重量，单位为克每百米(g/100 m)；

T_t——纱线线密度，单位为特克斯(tex)；

W——公定回潮率，%。

附 录 B
（资料性附录）
涤纶本色纱线捻度试验的建议

B.1 涤纶本色纱线捻度试验的取样

各品种各机台每月至少轮试一次，试样应在各机台上均匀、随机拔取，每台不少于2个管纱，但不得在同一锭带上拔取，每管测试2次，总数不少于40次。如捻度齿轮调换或其他机械和工艺上的调整影响捻度时，都应随时试验。

B.2 纱线实际捻系数建议值

实际捻系数控制范围建议为不低于经纱320，纬纱300，针织用纱300，股线350。有特殊要求的双方另订协议。捻度试验方法按GB/T 2543.1和GB/T 2543.2规定执行。

ICS 59.080.20
W 12

中华人民共和国纺织行业标准

FZ/T 12020—2009

竹浆粘胶纤维本色纱线

Bamboo pulp viscose fiber grey yarns

2010-01-20 发布　　2010-06-01 实施

中华人民共和国工业和信息化部　发布

前　言

本标准附录 A 为规范性附录,附录 B 为资料性附录。

本标准由中国纺织工业协会提出。

本标准由全国纺织品标准化技术委员会棉纺织印染分技术委员会(SAC/TC 209/SC 2)归口。

本标准起草单位:中国棉纺织行业协会、上海市纺织工业技术监督所、上海申安纺织有限公司、鲁泰纺织股份有限公司

本标准主要起草人:李德志、叶戬春、王憬义、王乐君、贾云辉。

竹浆粘胶纤维本色纱线

1 范围

本标准规定了竹浆粘胶纤维(棉型短纤维)本色纱线产品分类、标识、要求、试验方法、检验规则和标志、包装。

本标准适用于鉴定环锭纺竹浆粘胶纤维(棉型短纤维,线密度≤1.67 dtex)纯纺本色纱线(包括机织用纱和针织用纱)的品质。

本标准不适用于鉴定特种用途竹浆粘胶纤维本色纱线的品质。

2 规范性引用文件

下列文件中的条款通过本标准的引用而成为本标准的条款。凡是注日期的引用文件,其随后所有的修改单(不包括勘误的内容)或修订版均不适用于本标准,然而,鼓励根据本标准达成协议的各方研究是否可使用这些文件的最新版本。凡是不注日期的引用文件,其最新版本适用于本标准。

GB/T 398 棉本色纱线

GB/T 2543.1 纺织品 纱线捻度的测定 第1部分:直接计数法

GB/T 2543.2 纺织品 纱线捻度的测定 第2部分:退捻加捻法

GB/T 3292.1 纺织品 纱线条干不匀试验方法 第1部分:电容法

GB/T 3916 纺织品 卷装纱 单根纱线断裂强力和断裂伸长率的测定

GB/T 4743—2009 纺织品 卷装纱 绞纱法线密度的测定

GB/T 8170 数值修约规则与极限数值的表示和判定

GB/T 9996.1 棉及化纤纯纺、混纺纱线外观质量黑板检验方法 第1部分:综合评定法

FZ/T 01050 纺织品 纱线疵点的分级与检验方法 电容式

FZ/T 10007 棉及化纤纯纺、混纺本色纱线检验规则

FZ/T 10008 棉及化纤纯纺、混纺本色纱线标志与包装

3 产品分类、标识

3.1 竹浆粘胶纤维本色纱线的分类

3.1.1 竹浆粘胶纤维本色纱线以不同线密度分类。

3.1.2 竹浆粘胶纤维本色纱线的线密度以1 000 m竹浆粘胶纤维本色纱线在公定回潮率时的质量(g)表示,单位为特克斯(tex),其公称线密度的100 m标准质量和标准干燥质量应按附录A计算确定。

3.2 竹浆粘胶纤维本色纱线标识

竹浆粘胶纤维本色纱线的原料代号为R_B,例如13 tex竹浆粘胶纤维本色纱线表示为:R_B 13 tex。

3.3 竹浆粘胶纤维本色纱线线密度规定

单纱和股线设计线密度应与最后成品公称线密度相等,纺股线用的单纱设计线密度值应保证股线的设计线密度与公称线密度相等。

4 要求

4.1 竹浆粘胶纤维本色纱(机织用)的技术要求见表1。

表 1　竹浆粘胶纤维本色纱(机织用)的技术要求

公称线密度 tex (英制支数)	等别	单纱断裂强力变异系数 % ≤	百米质量变异系数 % ≤	单纱断裂强度[a] cN/tex ≥	百米质量偏差 %	条干均匀度		千米棉结(+200%) 个/km ≤	十万米纱疵 个/10^5 m ≤
						黑板条干均匀度10块板比例(优：一：二：三)不低于	条干均匀度变异系数 % ≤		
8～10 (70～56)	优	9.5	2.0	12.0	±2.0	7:3:0:0	14.5	100	6
	一	12.5	3.0	10.0	±2.5	0:7:3:0	16.5	160	16
	二	15.5	4.0	8.0	±3.0	0:7:3:0	19.5	240	—
11～13 (55～44)	优	9.0	2.0	12.5	±2.0	7:3:0:0	14.0	70	4
	一	12.0	3.0	10.5	±2.5	0:7:3:0	16.0	130	12
	二	15.0	4.0	8.5	±3.0	0:7:3:0	19.0	180	—
14～15 (43～37)	优	8.5	2.0	13.0	±2.0	7:3:0:0	13.5	40	4
	一	11.5	3.0	11.0	±2.5	0:7:3:0	15.5	80	12
	二	14.5	4.0	9.0	±3.0	0:7:3:0	18.5	120	—
16～20 (36～29)	优	8.0	2.0	13.5	±2.0	7:3:0:0	13.0	30	4
	一	11.0	3.0	11.5	±2.5	0:7:3:0	15.0	50	12
	二	14.0	4.0	9.5	±3.0	0:7:3:0	18.0	90	—
21～30 (28～19)	优	7.5	2.0	14.0	±2.0	7:3:0:0	12.0	20	2
	一	10.5	3.0	12.0	±2.5	0:7:3:0	14.0	30	10
	二	13.5	4.0	10.0	±3.0	0:7:3:0	17.0	60	—
32～34 (18～17)	优	7.0	2.0	14.5	±2.0	7:3:0:0	11.0	15	2
	一	10.0	3.0	12.5	±2.5	0:7:3:0	13.0	25	10
	二	13.0	4.0	10.5	±3.0	0:7:3:0	16.0	50	—
36～60 (16～10)	优	6.5	2.0	15.0	±2.0	7:3:0:0	10.0	10	2
	一	9.5	3.0	13.0	±2.5	0:7:3:0	12.0	20	10
	二	12.5	4.0	11.0	±3.0	0:7:3:0	15.0	40	—

[a] 针织用纱单纱断裂强度降低 1 cN/tex 考核。

4.2　竹浆粘胶纤维本色线的技术要求见表 2。

表 2　竹浆粘胶纤维本色线的技术要求

公称线密度 tex (英制支数)	等别	单线断裂强力变异系数 % ≤	百米质量变异系数 % ≤	单线断裂强度 cN/tex ≥	百米质量偏差 %	十万米纱疵 个/10^5 m ≤
8×2～10×2 (70/2～56/2)	优	7.5	1.5	14.6	±2.0	4
	一	10.5	2.5	12.6	±2.5	12
	二	12.5	3.0	10.6	±3.0	—
11×2～13×2 (55/2～44/2)	优	7.0	1.5	14.8	±2.0	3
	一	10.0	2.5	12.8	±2.5	10
	二	12.0	3.0	10.8	±3.0	—

表 2（续）

公称线密度 tex （英制支数）	等别	单线断裂强力变异系数 % ≤	百米质量变异系数 % ≤	单线断裂强度 cN/tex ≥	百米质量偏差 %	十万米纱疵 个/10^5 m ≤
14×2～15×2 (43/2～37/2)	优	7.0	1.5	15.0	±2.0	3
	一	10.0	2.5	13.0	±2.5	10
	二	12.0	3.0	11.0	±3.0	—
16×2～20×2 (36/2～29/2)	优	6.5	1.5	15.2	±2.0	3
	一	9.5	2.5	13.2	±2.5	10
	二	11.5	3.0	11.2	±3.0	—
21×2～30×2 (28/2～19/2)	优	6.0	1.5	15.4	±2.0	2
	一	9.0	2.5	13.4	±2.5	8
	二	11.0	3.0	11.4	±3.0	—
32×2～34×2 (18/2～10/2)	优	5.5	1.5	15.6	±2.0	2
	一	8.5	2.5	13.6	±2.5	8
	二	10.5	3.0	11.6	±3.0	—
36×2～60×2 (9/2～3/2)	优	5.0	1.5	16.0	±2.0	2
	一	8.0	2.5	14.0	±2.5	8
	二	11.0	3.0	12.0	±3.0	—

4.3 竹浆粘胶纤维本色纱线实际捻系数为内控指标，其要求参见附录B，用户如有特殊要求，双方另订协议。

4.4 分等规定

4.4.1 竹浆粘胶纤维本色纱线规定以同品种一昼夜的生产量为一批，按规定的试验周期和各项试验方法进行试验，按其结果评定竹浆粘胶纤维本色纱线的品等。

4.4.2 竹浆粘胶纤维本色纱线评等分为优等品、一等品、二等品，低于二等指标者为三等品。

4.4.3 竹浆粘胶纤维本色纱品等由单纱断裂强力变异系数、百米质量变异系数、单纱断裂强度、百米质量偏差、条干均匀度、千米棉结(+200%)、十万米纱疵七项中最低的一项品等评定。

4.4.4 竹浆粘胶纤维本色线品等由单线断裂强力变异系数、百米质量变异系数、单线断裂强度、百米质量偏差、十万米纱疵五项中最低的一项品等评定。

4.4.5 检验条干均匀度选择黑板条干均匀度或条干均匀度变异系数两者中的任何一种。但一经确定，不得任意变更。产品发生质量争议时，以条干均匀度变异系数为准。

5 试验方法

5.1 试验条件

各项试验应在各方法标准规定的标准条件下进行。

5.2 试验周期

一般为两天试验一次，并以一次试验为准，作为该周期内纱线的定等依据。但周期一经确定不得任意变更。十万米纱疵试验周期适当延长，但不得超过两周。

5.3 试样

纱线的黑板条干均匀度、十万米纱疵的检验采用筒纱，其他各项指标的试验可采用管纱。如用户对产品质量有异议时，则以成品质量检验为准。

5.4 百米质量变异系数及百米质量偏差试验

5.4.1 按 GB/T 4743—2009 的规定执行，其中百米质量变异系数采用程序 1，线密度采用程序 3。百米质量偏差按式(1)计算，计算结果按 GB/T 8170 修约至小数点后一位：

$$D = \frac{m - m_d}{m_d} \times 100\% \qquad \cdots\cdots(1)$$

式中：

D——百米质量偏差，%；

m——试样实际干燥质量，单位为克每百米(g/100 m)；

m_d——试样设计干燥质量，单位为克每百米(g/100 m)。

5.4.2 百米质量变异系数、百米质量偏差的取样数和试验次数见表 3。

表 3 管纱取样数和试验次数

生产同一品种的开台数	1	2	3	4	5	6	7	8～9	10	11～14	15	16～29	30 及以上
每机台上采取管纱数	30	15	10	7～8	6	5	4～5	3～4	3	2～3	2	1～2	1
每个管纱上摇取缕数	1	1	1	1	1	1	1	1	1	1	1	1	1
全部机台总试验次数	30	30	30	30	30	30	30	30	30	30	30	30	30 及以上

5.4.3 生产厂开台数在 5 台及以下的品种，可拔取 15 管，每管摇取 2 缕。

5.5 单纱(线)断裂强度及单纱(线)断裂强力变异系数试验

5.5.1 按 GB/T 3916 规定执行。

5.5.2 单纱(线)断裂强度和单纱(线)断裂强力变异系数的试验可与百米质量变异系数、百米质量偏差用同一份试样，单纱每份试样 30 个管纱，每管测试 2 次，总数为 60 次(开台数在 5 台及以下者，可每份试样 15 个管纱，每管测试 4 次)，股线每份试样 15 个管纱，每管测 2 次，总数为 30 次。采用全自动纱线强力试验仪的取样数，纱线均为 20 个管纱，每管测试 5 次，总数为 100 次。试验报告应注明所用的强力试验仪类型。

5.6 条干均匀度变异系数、千米棉结(+200%)试验

按 GB/T 3292.1 规定执行。

5.7 黑板条干均匀度试验

按 GB/T 9996.1 规定执行，黑板条干均匀度试验采用标准样照编号见表 4。

表 4 竹浆粘胶纤维本色纱线黑板条干均匀度试验采用标准样照编号

公称线密度 tex (英制支数)	等别	标准样照编号
8～10 (74～56)	优等 一等	A1101 B1102
11～15 (55～37)	优等 一等	A2101 B2102
16～20 (36～29)	优等 一等	A3101 B3102
21～34 (28～17)	优等 一等	A4101 B4102
36～60 (16～10)	优等 一等	A5101 B5102

5.8 十万米纱疵试验

按 FZ/T 01050 执行，十万米纱疵结果用 $A_3+B_3+C_3+D_2$ 之和表示。

5.9 纱线成包净重

按 GB/T 398 规定执行。

5.10 试验结果的表示

一批纱线的各种试验结果是由该种试验的全部试验值的计算结果表示，各种试验结果的计算精确度，除已规定者外，按表 5 规定执行。

表 5 计算值的数值修约规定

项　目	小数点后有效位数
单纱(线)断裂强度/(cN/tex)	1
单纱(线)强力变异系数/%	1
百米质量变异系数/%	1
条干均匀度变异系数/%	1
千米棉结(+200%)/(个/km)	整数
黑板条干均匀度/块	整数
十万米纱疵/(个/10^5 m)	整数
百米质量偏差/%	1
百米质量(每批平均)/(g/100 m)	3
平均线密度/tex	1
折算质量用回潮率/%	2
捻系数	整数
线密度开方	2

6 检验规则

按 FZ/T 10007 规定执行。

7 标志、包装

按 FZ/T 10008 规定执行。

8 其他

用户对产品有特殊要求者，生产厂与用户可另订协议。

附 录 A
（规范性附录）
竹浆粘胶纤维本色纱线百米质量的计算

A.1 竹浆粘胶纤维本色纱线公定回潮率参考粘胶纤维本色纱线公定回潮率 13%或由供需双方协商确定。

A.2 100 m 纱线在公定回潮率时的标准质量按式(A.1)计算，计算结果按 GB/T 8170 修约至小数点后三位。

$$m_g = \frac{T_t}{10} \qquad \cdots\cdots (A.1)$$

式中：

m_g——100 m 纱线在公定回潮率时的标准质量，单位为克每百米(g/100 m)；

T_t——纱线公称线密度，单位为特克斯(tex)。

A.3 100 m 纱线的标准干燥质量按式(A.2)计算，计算结果按 GB/T 8170 修约至小数点后三位。

$$m_d = \frac{T_t}{10} \times \frac{100}{100 + W} \qquad \cdots\cdots (A.2)$$

式中：

m_d——100 m 纱线的标准干燥质量，单位为克每百米(g/100 m)；

T_t——纱线公称线密度，单位为特克斯(tex)；

W——竹浆粘胶纤维本色纱线公定回潮率，%。

附 录 B
（资料性附录）
竹浆粘胶纤维本色纱线捻度试验的建议

B.1 竹浆粘胶纤维本色纱线捻度试验的取样

各品种各机台每月至少轮试一次，试样应在各机台上均匀、随机拔取，每台不少于2个管纱，但不得在同一锭带上拔取，每管测试2次，总数不少于40次。如捻度齿轮调换或其他机械和工艺上的调整影响捻度时，都应随时试验。

B.2 纱线实际捻系数建议值

实际捻系数控制范围建议为不低于经纱320，纬纱300，针织用纱300，股线350。有特殊要求的双方另订协议。捻度试验方法按GB/T 2543.1和GB/T 2543.2规定执行。

ICS 59.080.20
W 12

中华人民共和国纺织行业标准

FZ/T 12021—2009

莫代尔纤维本色纱线

Modal grey yarns

2010-01-20 发布 2010-06-01 实施

中华人民共和国工业和信息化部 发布

前　言

本标准附录 A 为规范性附录，附录 B 为资料性附录。

本标准由中国纺织工业协会提出。

本标准由全国纺织品标准化技术委员会棉纺织印染分技术委员会(SAC/TC 209/SC 2)归口。

本标准起草单位：福建嘉达纺织股份有限公司、中国棉纺织行业协会、上海市纺织工业技术监督所、上海申安纺织有限公司。

本标准主要起草人：陈春、陈云冰、叶戬春、王憬义、王乐君。

莫代尔纤维本色纱线

1 范围

本标准规定了莫代尔纤维(棉型短纤维)纯纺及与精梳棉混纺本色纱线(以下简称“莫代尔本色纱线”)的产品分类、标识、要求、试验方法、检验规则和标志、包装。

本标准适用于鉴定莫代尔纤维混用比例在10%以上的环锭纺莫代尔纤维纯纺及与精梳棉混纺本色纱线(包括针织用纱和机织用纱)的品质。

本标准不适用于鉴定特种用途莫代尔纤维本色纱线的品质。

2 规范性引用文件

下列文件中的条款通过本标准的引用而成为本标准的条款。凡是注日期的引用文件,其随后所有的修改单(不包括勘误的内容)或修订版均不适用于本标准,然而,鼓励根据本标准达成协议的各方研究是否可使用这些文件的最新版本。凡是不注日期的引用文件,其最新版本适用于本标准。

GB/T 398 棉本色纱线

GB/T 2543.1 纺织品 纱线捻度的测定 第1部分:直接计数法

GB/T 2543.2 纺织品 纱线捻度的测定 第2部分:退捻加捻法

GB/T 2910 纺织品 定量化学分析

GB/T 3292.1 纺织品 纱线条干不匀试验方法 第1部分:电容法

GB/T 3916 纺织品 卷装纱 单根纱线断裂强力和断裂伸长的测定

GB/T 4743—2009 纺织品 卷装纱 绞纱法线密度的测定

GB/T 8170 数值修约规则与极限数值的表示和判定

GB/T 9996.1 棉及化纤纯纺、混纺纱线外观质量黑板检验方法 第1部分:综合评定法

GB/T 9996.2 棉及化纤纯纺、混纺纱线外观质量黑板检验方法 第2部分:分别评定法

FZ/T 01050 纺织品 纱线疵点的分级与检验方法 电容式

FZ/T 10007 棉及化纤纯纺、混纺本色纱线检验规则

FZ/T 10008 棉及化纤纯纺、混纺本色纱线标志与包装

3 产品分类、标识

3.1 莫代尔本色纱线分类

3.1.1 莫代尔本色纱线以不同混纺比和线密度分类。

3.1.2 莫代尔本色纱线混纺比以不同纤维成分及其纤维含量表示。

3.1.3 莫代尔本色纱线的线密度以1 000 m纱线在公定回潮率时的质量(g)表示,单位为特克斯(tex)。其公称线密度的100 m标准质量和标准干燥质量应按附录A计算确定。

3.2 莫代尔本色纱线标识

3.2.1 莫代尔纤维原料代号以Mod表示,棉纤维原料代号以C表示。

3.2.2 莫代尔混用比例在50%及以上,以莫代尔的含量/棉的含量表示;莫代尔混用比例在50%以下,以棉的含量/莫代尔的含量表示。纱线线密度用特克斯(tex)制。

示例:莫代尔与精梳棉混纺本色纱线密度为13 tex,含量为莫代尔65%,棉35%,表示为J Mod/C 65/35 13 tex。

3.3 莫代尔本色纱线线密度规定

单纱和股线设计线密度应与最后成品公称线密度相等,纺股线用的单纱设计线密度值应保证股线的设计线密度与公称线密度相等。

4 要求

4.1 莫代尔纯纺本色纱(针织用)的技术要求见表1。

表1 莫代尔纯纺本色纱(针织用)的技术要求

公称线密度 tex (英制支数)	等别	单纱断裂强力变异系数[a] % ≤	百米质量变异系数 % ≤	单纱断裂强度[b] cN/tex ≥	百米质量偏差 %	条干均匀度		千米棉结 (+200%) 个/km	十万米纱疵 个/10^5 m
						黑板条干均匀度10块板比例(优:一:二:三) 不低于	条干均匀度变异系数 % ≤		
6～6.5 (100～91)	优	11.5	2.0	15.5	±2.0	7:3:0:0	15.5	120	6
	一	14.0	2.5	12.5	±2.5	0:7:3:0	18.0	150	16
	二	17.5	3.0	9.5	±3.0	0:0:7:3	21.0	200	—
7～7.5 (90～71)	优	10.5	2.0	16.5	±2.0	7:3:0:0	13.5	100	6
	一	13.0	2.5	13.5	±2.5	0:7:3:0	16.0	130	16
	二	16.5	3.0	10.5	±3.0	0:0:7:3	19.0	160	—
8～10 (70～56)	优	10.5	2.0	16.7	±2.0	7:3:0:0	13.0	80	6
	一	13.0	2.5	13.7	±2.5	0:7:3:0	15.5	120	16
	二	16.5	3.0	10.7	±3.0	0:0:7:3	18.5	150	—
11～13 (55～44)	优	10.0	2.0	16.7	±2.0	7:3:0:0	12.0	60	4
	一	12.5	2.5	13.7	±2.5	0:7:3:0	14.5	90	12
	二	16.0	3.0	10.7	±3.0	0:0:7:3	17.5	120	—
14～15 (43～37)	优	10.0	2.0	17.0	±2.0	7:3:0:0	11.5	40	4
	一	12.5	2.5	14.0	±2.5	0:7:3:0	14.0	80	12
	二	16.0	3.0	11.0	±3.0	0:0:7:3	17.0	110	—
16～20 (36～29)	优	9.5	2.0	17.0	±2.0	7:3:0:0	11.0	30	4
	一	12.0	2.5	14.0	±2.5	0:7:3:0	13.5	65	12
	二	15.5	3.0	11.0	±3.0	0:0:7:3	16.5	100	—
21～24 (28～24)	优	9.0	2.0	17.0	±2.0	7:3:0:0	10.5	25	2
	一	11.5	2.5	14.0	±2.5	0:7:3:0	13.0	60	10
	二	15.0	3.0	11.0	±3.0	0:0:7:3	16.0	90	—
25～30 (23～19)	优	9.0	2.0	17.5	±2.0	7:3:0:0	9.5	20	2
	一	11.5	2.5	14.5	±2.5	0:7:3:0	12.0	50	10
	二	15.0	3.0	11.5	±3.0	0:0:7:3	15.0	80	—
32～48 (18～12)	优	8.5	2.0	17.5	±2.0	7:3:0:0	9.0	15	2
	一	11.0	2.5	14.5	±2.5	0:7:3:0	11.5	40	10
	二	14.5	3.0	11.5	±3.0	0:0:7:3	14.5	60	—
52～76 (11～8)	优	8.0	2.0	17.7	±2.0	7:3:0:0	8.5	10	2
	一	10.5	2.5	14.7	±2.5	0:7:3:0	11.0	25	10
	二	14.0	3.0	11.7	±3.0	0:0:7:3	14.0	40	—

[a] 机织用纱单纱断裂强力变异系数加严1.0%考核。

[b] 机织用纱单纱断裂强度加严2.0 cN/tex考核。

4.2 莫代尔纯纺本色线的技术要求见表2。

表2 莫代尔纯纺本色线的技术要求

公称线密度 tex (英制支数)	等别	单线断裂强力变异系数 % ≤	百米质量变异系数 % ≤	单线断裂强度 cN/tex ≥	百米质量偏差 % ≤	十万米纱疵 个/10^5 m ≤
6×2～7.5×2 (100/2～71/2)	优 一 二	8.5 11.5 13.5	1.5 2.5 3.0	19.0 16.5 14.0	±2.0 ±2.5 ±3.0	4 12 —
8×2～10×2 (70/2～56/2)	优 一 二	8.0 11.0 13.0	1.5 2.5 3.0	19.5 17.0 14.5	±2.0 ±2.5 ±3.0	4 12 —
11×2～13×2 (55/2～44/2)	优 一 二	7.5 10.5 12.5	1.5 2.5 3.0	19.5 17.0 14.5	±2.0 ±2.5 ±3.0	3 10 —
14×2～15×2 (43/2～37/2)	优 一 二	7.0 10.0 12.0	1.5 2.5 3.0	20.0 17.5 15.0	±2.0 ±2.5 ±3.0	3 10 —
16×2～20×2 (36/2～29/2)	优 一 二	6.5 9.5 11.5	1.5 2.5 3.0	20.0 17.5 15.0	±2.0 ±2.5 ±3.0	3 10 —
21×2～24×2 (28/2～24/2)	优 一 二	6.0 9.0 11.0	1.5 2.5 3.0	20.0 17.5 15.0	±2.0 ±2.5 ±3.0	2 8 —
25×2～30×2 (23/2～19/2)	优 一 二	5.5 8.5 11.5	1.5 2.5 3.0	20.5 18.0 15.5	±2.0 ±2.5 ±3.0	2 8 —
32×2～48×2 (18/2～12/2)	优 一 二	5.0 8.0 11.0	1.5 2.5 3.0	20.5 18.0 15.5	±2.0 ±2.5 ±3.0	2 8 —
52×2～76×2 (11/2～8/2)	优 一 二	5.0 8.0 11.0	1.5 2.5 3.0	21.0 18.5 16.0	±2.0 ±2.5 ±3.0	2 8 —

4.3 莫代尔与精梳棉混纺本色纱(莫代尔含量在50%及以上)的技术要求见表3。

表 3　莫代尔与精梳棉混纺本色纱(莫代尔含量在50%及以上)的技术要求

公称线密度 tex (英制支数)	等别	单纱断裂强度变异系数 % ≤	百米质量变异系数 % ≤	单纱断裂强度 cN/tex ≥	百米质量偏差 % ≤	条干均匀度		千米棉结 (+200%) 个/km	十万米纱疵 个/10^5 m ≤	纤维含量允许偏差 %
						黑板条干均匀度10块板比例(优：一：二：三) 不低于	条干均匀度变异系数 % ≤			
6～6.5 (100～91)	优	12.0	2.0	13.0	±2.0	7∶3∶0∶0	16.0	130	6	±1.5
	一	14.5	2.5	10.5	±2.5	0∶7∶3∶0	18.5	170	18	
	二	18.0	3.0	8.5	±3.0	0∶0∶7∶3	21.5	240	—	
7～7.5 (90～71)	优	11.0	2.0	13.5	±2.0	7∶3∶0∶0	14.0	110	6	±1.5
	一	13.5	2.5	11.0	±2.5	0∶7∶3∶0	16.5	150	18	
	二	17.0	3.0	9.0	±3.0	0∶0∶7∶3	19.5	200	—	
8～10 (70～56)	优	11.0	2.0	14.0	±2.0	7∶3∶0∶0	13.5	90	6	±1.5
	一	13.5	2.5	11.5	±2.5	0∶7∶3∶0	16.0	140	18	
	二	17.0	3.0	9.5	±3.0	0∶0∶7∶3	19.0	180	—	
11～13 (55～44)	优	10.5	2.0	14.5	±2.0	7∶3∶0∶0	12.5	70	5	±1.5
	一	13.0	2.5	12.0	±2.5	0∶7∶3∶0	15.0	110	15	
	二	16.5	3.0	10.0	±3.0	0∶0∶7∶3	18.0	150	—	
14～15 (43～37)	优	10.5	2.0	15.0	±2.0	7∶3∶0∶0	12.0	45	5	±1.5
	一	13.0	2.5	12.5	±2.5	0∶7∶3∶0	14.5	90	15	
	二	16.5	3.0	10.5	±3.0	0∶0∶7∶3	17.5	120	—	
16～20 (36～29)	优	10.0	2.0	15.0	±2.0	7∶3∶0∶0	11.5	35	5	±1.5
	一	12.5	2.5	12.5	±2.5	0∶7∶3∶0	14.0	75	15	
	二	16.0	3.0	10.5	±3.0	0∶0∶7∶3	17.0	110	—	
21～24 (28～24)	优	9.5	2.0	15.5	±2.0	7∶3∶0∶0	11.0	30	4	±1.5
	一	12.0	2.5	13.0	±2.5	0∶7∶3∶0	13.5	70	12	
	二	15.5	3.0	11.0	±3.0	0∶0∶7∶3	16.5	100	—	
25～30 (23～19)	优	9.5	2.0	15.5	±2.0	7∶3∶0∶0	10.0	25	4	±1.5
	一	12.0	2.5	13.0	±2.5	0∶7∶3∶0	12.5	60	12	
	二	15.5	3.0	11.0	±3.0	0∶0∶7∶3	15.5	90	—	
32～60 (18～10)	优	8.5	2.0	16.0	±2.0	7∶3∶0∶0	9.0	20	4	±1.5
	一	11.0	2.5	13.5	±2.5	0∶7∶3∶0	11.5	50	12	
	二	14.5	3.0	11.5	±3.0	0∶0∶7∶3	14.5	70	—	

4.4　莫代尔与精梳棉混纺本色线(莫代尔含量在50%及以上)的技术要求见表4。

表 4　莫代尔与精梳棉混纺本色线(莫代尔含量在50%及以上)的技术要求

公称线密度 tex (英制支数)	等别	单线断裂强度变异系数 % ≤	百米质量变异系数 % ≤	单线断裂强度 cN/tex ≥	百米质量偏差 % ≤	千米棉结(+200%) 个/km	条干均匀度变异系数 % ≤	纤维含量允许偏差 %
6×2～7.5×2 (100/2～71/2)	优	9.0	1.5	14.5	±2.0	45	11.0	±1.5
	一	12.0	2.5	12.5	±2.5	60	13.5	
	二	14.0	3.0	10.5	±3.0	85	—	
8×2～10×2 (70/2～56/2)	优	8.5	1.5	15.0	±2.0	40	10.0	±1.5
	一	11.5	2.5	13.0	±2.5	55	12.5	
	二	13.5	3.0	11.0	±3.0	75	—	
11×2～13×2 (55/2～44/2)	优	8.0	1.5	15.5	±2.0	35	9.5	±1.5
	一	11.0	2.5	13.5	±2.5	45	12.0	
	二	13.0	3.0	11.5	±3.0	65	—	
14×2～15×2 (43/2～37/2)	优	7.5	1.5	16.0	±2.0	30	9.0	±1.5
	一	10.5	2.5	14.0	±2.5	35	11.5	
	二	12.5	3.0	12.0	±3.0	55	—	
16×2～20×2 (36/2～29/2)	优	7.0	1.5	16.0	±2.0	25	8.5	±1.5
	一	10.0	2.5	14.0	±2.5	30	11.0	
	二	12.0	3.0	12.0	±3.0	50	—	
21×2～24×2 (28/2～24/2)	优	6.5	1.5	16.5	±2.0	20	8.0	±1.5
	一	9.5	2.5	14.5	±2.5	25	10.5	
	二	11.5	3.0	12.5	±3.0	45	—	
25×2～30×2 (23/2～19/2)	优	6.0	1.5	16.5	±2.0	20	7.5	±1.5
	一	9.0	2.5	14.5	±2.5	25	10.0	
	二	12.0	3.0	12.5	±3.0	45	—	
32×2～60×2 (18/2～10/2)	优	5.5	1.5	17.0	±2.0	15	7.0	±1.5
	一	8.5	2.5	15.0	±2.5	20	9.5	
	二	11.5	3.0	13.0	±3.0	40	—	

4.5　精梳棉与莫代尔混纺本色纱(莫代尔含量在50%以下)的技术要求见表5。

表 5　精梳棉与莫代尔混纺本色纱(莫代尔含量在50%以下)的技术要求

公称线密度 tex (英制支数)	等别	单纱断裂强力变异系数 % ≤	百米质量变异系数 % ≤	单纱断裂强度 cN/tex ≥	百米质量偏差 % ≤	条干均匀度		千米棉结(+200%) 个/km	十万米纱疵 个/10^5 m ≤	纤维含量允许偏差 %
						黑板条干均匀度10块板比例(优：一：二：三) 不低于	条干均匀度变异系数 % ≤			
6～6.5 (100～91)	优	12.0	2.0	12.0	±2.0	7：3：0：0	17.0	140	6	±1.5
	一	14.5	2.5	9.5	±2.5	0：7：3：0	19.5	180	18	
	二	18.0	3.0	7.5	±3.0	0：0：7：3	22.5	260	—	

表 5（续）

公称线密度 tex（英制支数）	等别	单纱断裂强力变异系数 % ≤	百米质量变异系数 % ≤	单纱断裂强度 cN/tex ≥	百米质量偏差 % ≤	条干均匀度		千米棉结（+200%）个/km	十万米纱疵 个/10^5 m ≤	纤维含量允许偏差 %
						黑板条干均匀度10块板比例（优：一：二：三）不低于	条干均匀度变异系数 % ≤			
7～7.5 (90～71)	优	11.0	2.0	12.5	±2.0	7：3：0：0	15.0	120	6	±1.5
	一	13.5	2.5	10.0	±2.5	0：7：3：0	17.5	160	18	
	二	17.0	3.0	8.0	±3.0	0：0：7：3	20.5	220	—	
8～10 (70～56)	优	11.0	2.0	13.0	±2.0	7：3：0：0	14.5	100	6	±1.5
	一	13.5	2.5	10.5	±2.5	0：7：3：0	17.0	150	18	
	二	17.0	3.0	8.5	±3.0	0：0：7：3	20.0	200	—	
11～13 (55～44)	优	10.5	2.0	13.0	±2.0	7：3：0：0	13.5	80	5	±1.5
	一	13.0	2.5	10.5	±2.5	0：7：3：0	16.0	120	15	
	二	16.5	3.0	8.5	±3.0	0：0：7：3	19.0	160	—	
14～15 (43～37)	优	10.5	2.0	13.5	±2.0	7：3：0：0	13.0	50	5	±1.5
	一	13.0	2.5	11.0	±2.5	0：7：3：0	15.5	95	15	
	二	16.5	3.0	9.0	±3.0	0：0：7：3	18.5	130	—	
16～20 (36～29)	优	10.0	2.0	13.5	±2.0	7：3：0：0	12.5	40	5	±1.5
	一	12.5	2.5	11.0	±2.5	0：7：3：0	15.0	80	15	
	二	16.0	3.0	9.0	±3.0	0：0：7：3	18.0	120	—	
21～24 (28～24)	优	9.5	2.0	13.5	±2.0	7：3：0：0	12.0	35	4	±1.5
	一	12.0	2.5	11.0	±2.5	0：7：3：0	14.5	75	12	
	二	15.5	3.0	9.0	±3.0	0：0：7：3	17.5	110	—	
25～30 (23～19)	优	9.5	2.0	14.0	±2.0	7：3：0：0	11.0	30	4	±1.5
	一	12.0	2.5	11.5	±2.5	0：7：3：0	13.5	65	12	
	二	15.5	3.0	9.5	±3.0	0：0：7：3	16.5	100	—	
32～60 (18～10)	优	8.5	2.0	14.0	±2.0	7：3：0：0	10.0	25	4	±1.5
	一	11.0	2.5	11.5	±2.5	0：7：3：0	12.5	55	12	
	二	14.5	3.0	9.5	±3.0	0：0：7：3	15.5	80	—	

4.6 精梳棉与莫代尔纤维混纺本色线(莫代尔含量在50%以下)的技术要求见表6。

表 6 精梳棉与莫代尔混纺本色线(莫代尔含量在50%以下)的技术要求

公称线密度 tex（英制支数）	等别	单线断裂强力变异系数 % ≤	百米质量变异系数 % ≤	单线断裂强度 cN/tex ≥	百米质量偏差 % ≤	千米棉结（+200%）个/km	条干均匀度变异系数 % ≤	纤维含量允许偏差 %
6×2～7.5×2 (100/2～71/2)	优	9.0	1.5	13.5	±2.0	50	11.5	±1.5
	一	12.0	2.5	11.5	±2.5	65	14.0	
	二	14.0	3.0	9.5	±3.0	90	—	

表 6（续）

公称线密度 tex（英制支数）	等别	单线断裂强力变异系数 % ≤	百米质量变异系数 % ≤	单线断裂强度 cN/tex ≥	百米质量偏差 % ≤	千米棉结（+200%）个/km	条干均匀度变异系数 % ≤	纤维含量允许偏差 %
8×2～10×2 (70/2～56/2)	优 一 二	8.5 11.5 13.5	1.5 2.5 3.0	14.5 12.5 10.5	±2.0 ±2.5 ±3.0	45 60 80	10.5 13.0 —	±1.5
11×2～13×2 (55/2～44/2)	优 一 二	8.0 11.0 13.0	1.5 2.5 3.0	14.5 12.5 10.5	±2.0 ±2.5 ±3.0	40 50 70	10.0 12.5 —	±1.5
14×2～15×2 (43/2～37/2)	优 一 二	7.5 10.5 12.5	1.5 2.5 3.0	15.0 13.0 11.0	±2.0 ±2.5 ±3.0	35 40 60	9.5 12.0 —	±1.5
16×2～20×2 (36/2～29/2)	优 一 二	7.0 10.0 12.0	1.5 2.5 3.0	15.0 13.0 11.0	±2.0 ±2.5 ±3.0	30 35 55	9.0 11.5 —	±1.5
21×2～24×2 (28/2～24/2)	优 一 二	6.5 9.5 11.5	1.5 2.5 3.0	15.0 13.0 11.0	±2.0 ±2.5 ±3.0	25 30 50	8.5 11.0 —	±1.5
25×2～30×2 (23/2～19/2)	优 一 二	6.0 9.0 12.0	1.5 2.5 3.0	15.5 13.5 11.5	±2.0 ±2.5 ±3.0	25 30 50	8.0 10.5 —	±1.5
32×2～60×2 (18/2～10/2)	优 一 二	5.5 8.5 11.5	1.5 2.5 3.0	15.5 13.5 11.5	±2.0 ±2.5 ±3.0	20 25 45	7.5 10.0 —	±1.5

4.7 莫代尔本色纱线实际捻系数为内控指标，其要求参见附录 B，用户如有特殊要求，双方另订协议。

4.8 分等规定

4.8.1 莫代尔本色纱线规定以同品种一昼夜的生产量为一批，按规定的试验周期和各项试验方法进行试验，并按其结果评定纱线的品等。

4.8.2 莫代尔本色纱线的评等分为优等、一等、二等，低于二等指标者为三等。

4.8.3 莫代尔本色纱线根据产品分类分别按表 1～表 6 的技术要求，以各表中最低一项进行评等。

4.8.4 检验条干均匀度选择黑板条干均匀度或条干均匀度变异系数两者中的任何一种。但一经确定，不得任意变更。产品发生质量争议时，以条干均匀度变异系数为准。

5 试验方法

5.1 试验条件

各项试验应在各方法标准规定的标准条件下进行。

5.2 试验周期

一般为两天试验一次,并以一次试验为准,作为该周期内纱线的分等依据。但周期一经确定不得任意变更。十万米纱疵试验、纤维含量试验周期适当延长,但不得超过两周。

5.3 试样

纱线的黑板条干均匀度、十万米纱疵的检验皆采用筒子纱(直接纬纱用管纱),其他各项指标的试验可采用管纱。用户如对产品质量有异议时,则以成品质量检验为准。

5.4 百米质量变异系数及百米质量偏差试验

5.4.1 按 GB/T 4743—2009 的规定执行,其中百米质量变异系数采用程序 1,线密度采用程序 3。百米质量偏差按式(1)计算,计算结果按 GB/T 8170 修约至小数点后一位:

$$D=\frac{m-m_{\mathrm{d}}}{m_{\mathrm{d}}}\times 100\% \quad \cdots\cdots(1)$$

式中:

D——百米质量偏差,%;

m——试样实际干燥质量,单位为克每百米(g/100 m);

m_{d}——试样设计干燥质量,单位为克每百米(g/100 m)。

5.4.2 百米质量变异系数、百米质量偏差的取样数和试验次数见表 7。

表 7 管纱取样数和试验次数

生产同一品种的开台数	1	2	3	4	5	6	7	8～9	10	11～14	15	16～29	30 及以上
每机台上采取管纱数	30	15	10	7～8	6	5	4～5	3～4	3	2～3	2	1～2	1
每个管纱上摇取缕数	1	1	1	1	1	1	1	1	1	1	1	1	1
全部机台总试验次数	30	30	30	30	30	30	30	30	30	30	30	30	30 及以上

5.4.3 生产厂开台数在 5 台及以下的品种,可拔取 15 管,每管摇取 2 缕。

5.5 单纱(线)断裂强度及单纱(线)断裂强力变异系数试验

5.5.1 按 GB/T 3916 规定执行。

5.5.2 单纱(线)断裂强度及单纱(线)断裂强力变异系数的试验可与百米质量变异系数、百米质量偏差用同一份试样,单纱每份试样 30 个管纱,每管测试 2 次,总数为 60 次(开台数在 5 台及以下者,可每份试样 15 个管纱,每管测试 4 次),股线每份试样 15 个管纱,每管测试 2 次,总数为 30 次。采用全自动纱线强力试验仪的取样数,纱线均为 20 个管纱,每管测试 5 次,总数为 100 次。试验报告应注明所用的强力试验仪类型。

5.6 条干均匀度变异系数、千米棉结(+200%)试验

按 GB/T 3292.1 规定执行。

5.7 黑板条干均匀度试验

5.7.1 莫代尔纯纺纱按 GB/T 9996.1 规定执行,黑板条干均匀度试验采用标准样照编号见表 8。

表 8 莫代尔纯纺纱黑板条干均匀度试验采用标准样照编号

公称线密度 tex (英制支数)	等别	标准样照编号
6～10 (100～56)	优等 一等	A1101 B1102
11～15 (55～37)	优等 一等	A2101 B2102

表 8（续）

公称线密度 tex （英制支数）	等别	标准样照编号
16～20 （36～29）	优等 一等	A3101 B3102
21～34 （28～17）	优等 一等	A4101 B4102
36～76 （16～8）	优等 一等	A5101 B5102

5.7.2 莫代尔与精梳棉混纺本色纱按 GB/T 9996.2 规定执行，黑板条干均匀度试验采用标准样照编号见表 9。

表 9 莫代尔与精梳棉混纺本色纱黑板条干均匀度试验采用标准样照编号

公称线密度 tex （英制支数）	等别	标准样照编号
7.5 及以下 （71 及以上）	优等 一等	200 201
8～15 （70～37）	优等 一等	210 211
16～30 （36～19）	优等 一等	220 221
32 及以上 （18 及以下）	优等 一等	230 231

5.8 纤维含量的试验

按 GB/T 2910 执行，纤维含量结果按净干质量百分率表示。

5.9 十万米纱疵试验

按 FZ/T 01050 规定执行，十万米纱疵结果用 $A_3+B_3+C_3+D_2$ 之和表示。

5.10 纱线成包净重

按 GB/T 398 规定执行。

5.11 试验结果的表示

一批纱线的各种试验结果是由该种试验的全部试验值的计算结果表示，各种试验结果的计算精确度，除已规定者外，按表 10 规定执行。

表 10 计算值的数值修约规定

项目	要求小数点后有效位数
单纱(线)断裂强度/(cN/tex)	1
单纱(线)强力变异系数/%	1
百米质量变异系数/%	1
条干均匀度变异系数/%	1

表 10（续）

项目	要求小数点后有效位数
千米棉结(+200%)/(个/km)	整数
黑板条干均匀度/块	整数
十万米纱疵/个	整数
百米质量偏差/%	1
百米质量(每批平均)/(g/100 m)	3
平均线密度/tex	1
折算质量用回潮率/%	2
捻系数	整数
线密度开方	2

6 检验规则

按 FZ/T 10007 规定执行。

7 标志、包装

按 FZ/T 10008 规定执行。

8 其他

用户对产品有特殊要求者，生产厂与用户可另订协议。

附 录 A
（规范性附录）
莫代尔纤维本色纱线百米质量的计算

A.1 莫代尔与精梳棉混纺本色纱线的公定回潮率按干重混纺比例，以莫代尔公定回潮率11%，棉公定回潮率8.5%，按式(A.1)计算，计算结果按GB/T 8170修约至小数点后一位。

$$W=\frac{W_{\text{Mod}}\times P_{\text{Mod}}+W_{\text{C}}\times P_{\text{C}}}{100} \quad \cdots\cdots(\text{A.1})$$

式中：

W——公定回潮率，%；

W_{Mod}——莫代尔公定回潮率，%；

W_{C}——棉公定回潮率，%；

P_{Mod}——莫代尔含量比例，%；

P_{C}——棉含量比例，%。

A.2 100 m纱线在公定回潮率时的标准质量按式(A.2)计算，计算结果按GB/T 8170修约至小数点后三位。

$$m_{\text{g}}=\frac{T_{\text{t}}}{10} \quad \cdots\cdots(\text{A.2})$$

式中：

m_{g}——100 m纱线在公定回潮率时的标准质量，单位为克每百米(g/100 m)；

T_{t}——纱线的公称线密度，单位为特克斯(tex)。

A.3 100 m纱线标准干燥质量按式(A.3)计算，计算结果按GB/T 8170修约至小数点后三位。

$$m_{\text{d}}=\frac{T_{\text{t}}}{10}\times\frac{100}{100+W} \quad \cdots\cdots(\text{A.3})$$

式中：

m_{d}——100 m纱线的标准干燥质量，单位为克每百米(g/100 m)；

T_{t}——纱线的公称线密度，单位为特克斯(tex)；

W——公定回潮率，%。

附　录　B
（资料性附录）
莫代尔本色纱线捻度试验的建议

B.1　莫代尔本色纱线捻度试验的取样

各品种各机台每月至少轮试一次，试样应在各机台上均匀、随机拔取，每台不少于2个管纱，但不得在同一锭带上拔取，每管测试2次，总数不少于40次。如捻度齿轮调换或其他机械和工艺上的调整影响捻度时，都应随时试验。

B.2　纱线实际捻系数建议值

实际捻系数控制范围建议为不低于经纱320，纬纱300，针织用纱300，股线350。有特殊要求的双方另订协议。捻度试验方法按GB/T 2543.1和GB/T 2543.2规定执行。

ICS 59.080.20
W 12

中华人民共和国纺织行业标准

FZ/T 12022—2009

涤纶与粘纤混纺色纺纱线

Polyester and viscose blended colour yarns

2010-01-20 发布

2010-06-01 实施

中华人民共和国工业和信息化部　发布

前　言

本标准附录A、附录C为规范性附录,附录B为资料性附录。

本标准由中国纺织工业协会提出。

本标准由全国纺织品标准化技术委员会棉纺织印染分技术委员会(SAC/TC 209/SC 2)归口。

本标准起草单位:江阴市红卫青山纺织有限公司、江阴市康妮纺织有限公司、江阴市天华纱业有限公司、浙江华孚色纺有限公司、江阴市茂达棉纺厂、上海市纺织工业技术监督所、江阴市美纶纱业有限公司、中国棉纺织行业协会。

本标准主要起草人:何建华、王桂珍、刘红群、陆正龙、张太顺、朱琴娣、王憬义、霍允乐。

涤纶与粘纤混纺色纺纱线

1 范围

本标准规定了涤纶与粘纤混纺色纺纱线(以下简称“涤粘混纺色纺纱线”)的术语和定义、产品分类、标识、要求、试验方法、检验规则和标志、包装。

本标准适用于鉴定环锭纺涤粘混纺色纺纱线(包括针织用纱和机织用纱)的品质。

本标准不适用于鉴定特种用途涤粘混纺色纺纱线的品质。

2 规范性引用文件

下列文件中的条款通过本标准的引用而成为本标准的条款。凡是注日期的引用文件,其随后所有的修改单(不包括勘误的内容)或修订版均不适用于本标准,然而,鼓励根据本标准达成协议的各方研究是否可使用这些文件的最新版本。凡是不注日期的引用文件,其最新版本适用于本标准。

GB/T 250 纺织品 色牢度试验 评定变色用灰色样卡(GB/T 250—2008,ISO 105-A02:1993,IDT)

GB/T 398 棉本色纱线

GB/T 2543.1 纺织品 纱线捻度的测定 第1部分:直接计数法

GB/T 2543.2 纺织品 纱线捻度的测定 第2部分:退捻加捻法

GB/T 2910(所有部分) 纺织品 定量化学分析

GB/T 3292.1 纺织品 纱线条干不匀试验方法 第1部分:电容法

GB/T 3916 纺织品 卷装纱 单根纱线断裂强力和断裂伸长率的测定

GB/T 3920 纺织品 色牢度试验 耐摩擦色牢度(GB/T 3920—2008,ISO 105-X12:2001,MOD)

GB/T 3921—2008 纺织品 色牢度试验 耐皂洗色牢度(ISO 105-C10:2006,MOD)

GB/T 3922 纺织品耐汗渍色牢度试验方法

GB/T 4743—2009 纺织品 卷装纱 绞纱法线密度的测定

GB/T 8170 数值修约规则与极限数值的表示和判定

GB/T 9996.2—2008 棉及化纤纯纺、混纺纱线外观质量黑板检验方法 第2部分:分别评定法

FZ/T 01050 纺织品 纱线疵点的分级与检验方法 电容式

FZ/T 10007 棉及化纤纯纺、混纺本色纱线检验规则

FZ/T 10008 棉及化纤纯纺、混纺本色纱线标志与包装

3 术语和定义

下列术语和定义适用于本标准。

3.1

涤纶与粘纤混纺色纺纱线 polyester and viscose blended colour yarns

由两种及两种以上不同颜色的涤纶、粘纤混纺而成的有色纱线。

3.2

明显色结 obvious coloured knops

有色粘纤与有色涤纶相互缠结而成的、颜色显现的棉结状疵点。

4 产品分类、标识

4.1 涤粘混纺色纺纱线分类

4.1.1 涤粘混纺色纺纱线以不同混纺比和线密度分类。

4.1.2 涤粘混纺色纺纱线混纺比以不同纤维成分及其纤维含量表示。

4.1.3 涤粘混纺色纺纱线的线密度以1 000 m涤粘混纺色纺纱线在公定回潮率时的质量(g)表示，单位为特克斯(tex)。其公称线密度的100 m标准质量和标准干燥质量应按附录A计算确定。

4.2 涤粘混纺色纺纱线标识

4.2.1 涤纶纤维原料代号以T表示，粘纤原料代号以R表示。

4.2.2 涤纶混用比例在50%及以上，以涤纶的含量/粘纤的含量表示；涤纶混用比例在50%以下，以粘纤的含量/涤纶的含量表示。纱线线密度用特克斯(tex)制。

示例：涤粘混纺色纺纱线密度为13 tex，含量为涤纶65%，粘纤35%，应表示为T/R 65/35 13 tex。

4.2.3 供货方应在所供产品上标明该产品的色号。

4.3 涤粘混纺色纺纱线的线密度规定

单纱和股线设计线密度应与最后成品公称线密度相等，纺股线用的单纱设计线密度值应保证股线的设计线密度与公称线密度相等。

5 要求

5.1 涤粘(棉型)混纺色纺纱的技术要求见表1。

表1 涤粘(棉型)混纺色纺纱的技术要求

公称线密度 tex (英制支数)	等别	单纱断裂强力变异系数 % ≤		百米质量变异系数 % ≤	单纱断裂强度 cN/tex ≥		百米质量偏差 %	条干均匀度变异系数 % ≤	千米棉结 (+200%) 粒/km ≤	明显色结 粒/100 m ≤	十万米纱疵 个/10^5 m ≤	纤维含量偏差 %
		涤纶≥50%	涤纶<50%		涤纶≥50%	涤纶<50%						
8～10 (70～56)	优	12.0	12.5	2.5	15.8	12.6	±2.0	16.0	180	6	15	±1.5
	一	15.0	15.5	3.2	12.8	10.6	±2.5	18.5	240	12	30	
	二	18.0	18.5	4.0	10.8	8.6	±3.0	21.0	280	20	—	
11～13 (55～44)	优	11.5	12.0	2.5	16.0	12.8	±2.0	15.5	160	6	15	±1.5
	一	14.5	15.0	3.2	13.0	10.8	±2.5	18.0	200	12	30	
	二	17.5	18.0	4.0	11.0	8.8	±3.0	20.5	260	20	—	
14～15 (43～37)	优	11.0	11.5	2.5	16.2	13.0	±2.0	14.5	120	6	15	±1.5
	一	14.0	14.5	3.2	13.2	11.0	±2.5	17.0	180	12	30	
	二	17.0	17.5	4.0	11.2	9.0	±3.0	19.5	240	20	—	
16～20 (36～29)	优	10.0	10.5	2.5	16.4	13.2	±2.0	14.0	100	6	15	±1.5
	一	13.0	13.5	3.2	13.4	11.2	±2.5	16.5	160	12	30	
	二	16.0	16.5	4.0	11.4	9.2	±3.0	19.0	200	20	—	
21～24 (28～24)	优	9.5	10.0	2.5	16.6	13.4	±2.0	13.5	80	6	15	±1.5
	一	12.5	13.0	3.2	13.6	11.4	±2.5	16.0	140	12	30	
	二	15.5	16.0	4.0	11.6	9.4	±3.0	18.5	180	20	—	
25～30 (23～19)	优	8.5	9.0	2.5	16.8	13.6	±2.0	13.0	40	6	15	±1.5
	一	11.5	12.0	3.2	13.8	11.6	±2.5	15.5	80	12	30	
	二	14.5	15.0	4.0	11.8	9.6	±3.0	18.0	120	20	—	
32～60 (18～10)	优	8.0	8.5	2.5	17.0	13.8	±2.0	12.5	20	6	15	±1.5
	一	11.0	11.5	3.2	14.0	11.8	±2.5	15.0	60	12	30	
	二	14.0	14.5	4.0	12.0	9.8	±3.0	17.5	100	20	—	

5.2 涤粘(棉型)混纺色纺线的技术要求见表2。

表 2　涤粘(棉型)混纺色纺线的技术要求

公称线密度 tex (英制支数)	等别	单线断裂强力变异系数 % ≤		百米质量变异系数 % ≤	单线断裂强度 cN/tex ≥		百米质量偏差 %	明显色结粒/100m ≤	十万米纱疵 个/10^5 m ≤	纤维含量偏差 %
		涤纶≥50%	涤纶<50%		涤纶≥50%	涤纶<50%				
8×2～10×2 (70/2～56/2)	优	9.5	10.0	2.0	17.4	14.4	±2.0	2	10	±1.5
	一	12.0	12.5	2.6	14.4	12.4	±2.5	8	20	
	二	14.5	15.0	3.5	12.4	10.4	±3.0	15	—	
11×2～13×2 (55/2～44/2)	优	9.0	9.5	2.0	17.6	14.6	±2.0	2	10	±1.5
	一	11.5	12.0	2.6	14.6	12.6	±2.5	8	20	
	二	14.0	14.5	3.5	12.6	10.6	±3.0	15	—	
14×2～15×2 (43/2～37/2)	优	8.5	9.0	2.0	17.8	14.8	±2.0	2	10	±1.5
	一	11.0	11.5	2.6	14.8	12.8	±2.5	8	20	
	二	13.5	14.0	3.5	12.8	10.8	±3.0	15	—	
16×2～20×2 (36/2～29/2)	优	7.5	8.0	2.0	18.0	15.0	±2.0	2	10	±1.5
	一	10.0	10.5	2.6	15.0	13.0	±2.5	8	20	
	二	12.5	13.0	3.5	13.0	11.0	±3.0	15	—	
21×2～24×2 (28/2～24/2)	优	7.0	7.5	2.0	18.2	15.2	±2.0	2	10	±1.5
	一	9.5	10.0	2.6	15.2	13.2	±2.5	8	20	
	二	12.0	12.5	3.5	13.2	11.2	±3.0	15	—	
25×2～30×2 (23/2～19/2)	优	7.0	7.5	2.0	18.4	15.4	±2.0	2	10	±1.5
	一	9.5	10.0	2.6	15.4	13.4	±2.5	8	20	
	二	12.0	12.5	3.5	13.4	11.4	±3.0	15	—	
32×2～60×2 (18/2～10/2)	优	6.5	7.0	2.0	18.6	15.6	±2.0	2	10	±1.5
	一	9.0	9.5	2.6	15.6	13.6	±2.5	8	20	
	二	11.5	12.0	3.5	13.6	11.6	±3.0	15	—	

5.3　涤粘(中长型)混纺色纺纱的技术要求见表 3。

表 3　涤粘(中长型)混纺色纺纱的技术要求

公称线密度 tex (英制支数)	等别	单纱断裂强力变异系数 % ≤		百米质量变异系数 % ≤	单纱断裂强度 cN/tex ≥		百米质量偏差 %	条干均匀度变异系数 % ≤	千米棉结 (+200%) 粒/km ≤	明显色结粒/100 m ≤	十万米纱疵 个/10^5 m ≤	纤维含量偏差 %
		涤纶≥50%	涤纶<50%		涤纶≥50%	涤纶<50%						
8～10 (70～56)	优	13.0	13.5	2.5	16.2	13.2	±2.0	18.0	260	6	15	±1.5
	一	16.0	16.5	3.2	13.2	11.2	±2.5	20.5	340	12	30	
	二	19.0	19.5	4.0	11.2	9.2	±3.0	23.0	400	20	—	
11～13 (55～44)	优	12.5	13.0	2.5	16.4	13.4	±2.0	17.5	220	6	15	±1.5
	一	15.5	16.0	3.2	13.4	11.4	±2.5	20.0	300	12	30	
	二	18.5	19.0	4.0	11.4	9.4	±3.0	22.5	360	20	—	

表 3（续）

公称线密度 tex （英制支数）	等别	单纱断裂强力变异系数 % ≤		百米质量变异系数 % ≤	单纱断裂强度 cN/tex ≥		百米质量偏差 %	条干均匀度变异系数 % ≤	千米棉结 （+200%） 粒/km ≤	明显色结 粒/100 m ≤	十万米纱疵 个/10^5 m ≤	纤维含量偏差 %
		涤纶 ≥50%	涤纶 <50%		涤纶 ≥50%	涤纶 <50%						
14～15 （43～37）	优	12.0	12.5	2.5	16.6	13.6	±2.0	16.5	180	6	15	±1.5
	一	15.0	15.5	3.2	13.6	11.6	±2.5	19.0	260	12	30	
	二	18.0	18.5	4.0	11.6	9.6	±3.0	21.5	320	20	—	
16～20 （36～29）	优	11.0	11.5	2.5	16.8	13.8	±2.0	16.0	140	6	15	±1.5
	一	14.0	14.5	3.2	13.8	11.8	±2.5	18.5	200	12	30	
	二	17.0	17.5	4.0	11.8	9.8	±3.0	21.0	280	20	—	
21～24 （28～24）	优	10.5	11.0	2.5	17.0	14.0	±2.0	15.5	100	6	15	±1.5
	一	13.5	14.0	3.2	14.0	12.0	±2.5	18.0	160	12	30	
	二	16.5	17.0	4.0	12.0	10.0	±3.0	20.5	220	20	—	
25～30 （23～19）	优	9.5	10.0	2.5	17.2	14.2	±2.0	15.0	60	6	15	±1.5
	一	12.5	13.0	3.2	14.2	12.2	±2.5	17.5	100	12	30	
	二	15.5	16.0	4.0	12.2	10.2	±3.0	20.0	140	20	—	
32～60 （18～10）	优	9.0	9.5	2.5	17.4	14.4	±2.0	14.5	40	6	15	±1.5
	一	12.0	12.5	3.2	14.4	12.4	±2.5	17.0	80	12	30	
	二	15.0	15.5	4.0	12.4	10.4	±3.0	19.5	120	20	—	

5.4 涤粘（中长型）混纺色纺线的技术要求见表 4。

表 4 涤粘（中长型）混纺色纺线的技术要求

公称线密度 tex （英制支数）	等别	单线断裂强力变异系数 % ≤		百米质量变异系数 % ≤	单线断裂强度 cN/tex ≥		百米质量偏差 %	明显色结 粒/100 m ≤	十万米纱疵 个/10^5 m ≤	纤维含量偏差 %
		涤纶 ≥50%	涤纶 <50%		涤纶 ≥50%	涤纶 <50%				
8×2～10×2 （70/2～56/2）	优	10.5	11.0	2.0	17.8	15.0	±2.0	2	10	±1.5
	一	13.0	13.5	2.6	14.8	13.0	±2.5	8	20	
	二	15.5	16.5	3.5	12.8	11.0	±3.0	15	—	
11×2～13×2 （55/2～44/2）	优	10.0	10.5	2.0	18.0	15.2	±2.0	2	10	±1.5
	一	12.5	13.0	2.6	15.0	13.2	±2.5	8	20	
	二	15.0	15.5	3.5	13.0	11.2	±3.0	15	—	
14×2～15×2 （43/2～37/2）	优	10.0	10.5	2.0	18.2	15.4	±2.0	2	10	±1.5
	一	12.5	13.0	2.6	15.2	13.4	±2.5	8	20	
	二	15.0	15.5	3.5	13.2	11.4	±3.0	15	—	
16×2～20×2 （36/2～29/2）	优	9.5	10.0	2.0	18.4	15.6	±2.0	2	10	±1.5
	一	12.0	12.5	2.6	15.4	13.6	±2.5	8	20	
	二	14.5	15.0	3.5	13.4	11.6	±3.0	15	—	

表 4（续）

公称线密度 tex (英制支数)	等别	单线断裂强力变异系数 % ≤		百米质量变异系数 % ≤	单线断裂强度 cN/tex ≥		百米质量偏差 %	明显色结粒/100 m ≤	十万米纱疵 个/10^5 m ≤	纤维含量偏差 %
		涤纶≥50%	涤纶<50%		涤纶≥50%	涤纶<50%				
21×2～24×2 (28/2～24/2)	优	9.0	9.5	2.0	18.6	15.8	±2.0	2	10	±1.5
	一	11.5	12.0	2.6	15.6	13.8	±2.5	8	20	
	二	14.0	14.5	3.5	13.6	11.8	±3.0	15	—	
25×2～30×2 (23/2～19/2)	优	9.0	9.5	2.0	18.8	16.0	±2.0	2	10	±1.5
	一	11.5	12.0	2.6	15.8	14.0	±2.5	8	20	
	二	14.0	14.5	3.5	13.8	12.0	±3.0	15	—	
32×2～60×2 (18/2～10/2)	优	8.5	9.0	2.0	19.0	16.2	±2.0	2	10	±1.5
	一	11.0	11.5	2.6	16.0	14.2	±2.5	8	20	
	二	13.5	14.0	3.5	14.0	12.2	±3.0	15	—	

5.5 涤粘混纺色纺纱线色牢度的技术要求见表 5。

表 5 涤粘混纺色纺纱线色牢度的技术要求

单位为级

项目		优等品	一等品	二等品
耐皂洗色牢度	变色	4	3-4	允许两项指标比一等品低半级。湿摩擦牢度为2级者，耐汗渍沾色牢度不允许再低半级。
	沾色	3-4	3	
耐汗渍色牢度	变色	4	3-4	
	沾色	3-4	3	
耐摩擦色牢度	干摩	4	3-4	
	湿摩	3(深 2-3)	2-3(深 2)	
注：深、浅色程度按 GB/T 250 标准，5 级为深色，2 级及以下为浅色，介于两者之间为中色。				

5.6 涤粘混纺色纺纱线对标样的色差不低于 4 级。

5.7 涤粘混纺色纺纱线实际捻系数为内控指标，其要求可见附录 B，用户如有特殊要求，双方另订协议。

5.8 分等规定

5.8.1 涤粘混纺色纺纱线以同品种一昼夜的生产量为一批，按规定的试验周期和各项试验方法进行试验，并按其结果评定涤粘混纺色纺纱线的品等。

5.8.2 涤粘混纺色纺纱线的品等分为优等、一等、二等，低于二等指标者为三等。

5.8.3 涤粘混纺色纺纱以单纱断裂强度变异系数、百米质量变异系数、单纱断裂强度、百米质量偏差、条干均匀度变异系数、千米棉结（+200%）、明显色结、十万米纱疵、纤维含量偏差率、耐汗渍色牢度、耐摩擦色牢度、耐皂洗色牢度十二项指标评定。当十二项指标品等不同时，按十二项中最低的一项品等评定。

5.8.4 涤粘混纺色纺线以单线断裂强度变异系数、百米质量变异系数、单线断裂强度、百米质量偏差、明显色结、十万米纱疵、纤维含量偏差率、耐汗渍色牢度、耐摩擦色牢度、耐皂洗色牢度十项指标评定。当十项指标品等不同时，按十项中最低的一项品等评定。

6 试验方法

6.1 试验条件

各项试验应在各方法标准规定的标准条件下进行。

6.2 试验周期

一般为两天试验一次，以一次试验为准，作为该周期内纱线的分等依据。但周期一经确定，不得任意变更。十万米纱疵、纤维含量试验周期可适当延长，但不得超过两周，色牢度检验一般同批原料测试一次。

6.3 试样

涤粘混纺色纺纱线的明显色结、十万米纱疵的检验皆采用筒子纱，其他各项指标的试验可采用管纱。用户对产品质量有异议时，则以成品质量检验为准。

6.4 百米质量变异系数和百米质量偏差的试验

6.4.1 按 GB/T 4743—2009 执行。其中百米质量变异系数采用程序 1，线密度采用程序 3，百米质量偏差按式(1)计算：

$$D = \frac{m - m_d}{m_d} \times 100\% \quad \cdots\cdots\cdots\cdots\cdots\cdots (1)$$

式中：

D——百米质量偏差，%；

m——试样实际干燥质量，单位为克每百米(g/100 m)；

m_d——试样设计干燥质量，单位为克每百米(g/100 m)。

6.4.2 百米质量变异系数、百米质量偏差的取样数及试验次数见表 6。

表 6 管纱取样数和试验次数

生产同一品种的开台数	1	2	3	4	5	6	7	8～9	10	11～14	15	16～29	30 及以上
每机台上采取管纱数	30	15	10	7～8	6	5	4～5	3～4	3	2～3	2	1～2	1
每个管纱上摇取缕数	1	1	1	1	1	1	1	1	1	1	1	1	1
全部机台总试验次数	30	30	30	30	30	30	30	30	30	30	30	30	30 及以上

6.4.3 生产厂为减少拔管数，开台数 5 台及以下的品种，可拔取 15 管，每管摇取 2 缕。

6.5 单纱(线)断裂强度及单纱(线)断裂强力变异系数的试验

6.5.1 单纱(线)断裂强度及单纱(线)断裂强力变异系数的试验按 GB/T 3916 执行。

6.5.2 单纱(线)断裂强度及单纱(线)断裂强力变异系数的试验可与百米质量变异系数、百米质量偏差用同一份试样。单纱每份试样 30 个管纱，每管测试 2 次，总数为 60 次(开台数在 5 台及以下者，可每份试样 15 个管纱，每管测试 4 次)，股线每份试样 15 个管纱，每管测 2 次，总数为 30 次。采用全自动纱线强力试验仪的取样数，纱线均为 20 个管，每管测试 5 次，总数为 100 次。试验报告应注明所用的强力试验仪类型。

6.6 条干均匀度变异系数、千米棉结(+200%)试验

按 GB/T 3292.1 执行。

6.7 十万米纱疵试验

按 FZ/T 01050 执行，十万米纱疵结果用 $A_3+B_3+C_3+D_2$ 之和表示。

6.8 明显色结试验

按附录C执行。

6.9 纤维含量试验

按GB/T 2910执行,纤维含量结果按净干质量百分率表示。

6.10 耐摩擦色牢度试验

按GB/T 3920执行。

6.11 耐皂洗色牢度试验

按GB/T 3921—2008执行,采用单纤维贴衬,试验条件为C(3)。

6.12 耐汗渍色牢度试验

按GB/T 3922执行。

6.13 色差试验

按GB/T 250执行。

6.14 纱线成包净重

按GB/T 398执行。

7 检验规则

按FZ/T 10007规定执行。

8 标志、包装

按FZ/T 10008规定执行。

9 其他

用户对产品有特殊要求者,供需双方可另订协议。

附　录　A
（规范性附录）
涤粘混纺色纺纱线百米质量的计算

A.1　涤粘混纺色纺纱线的公定回潮率按干重混纺比例，以涤纶公定回潮率0.4%和粘纤公定回潮率13.0%，按式（A.1）计算，计算结果按GB/T 8170修约至小数点后一位。

$$W=\frac{W_T\times P_T+W_R\times P_R}{100} \qquad \cdots\cdots\cdots(A.1)$$

式中：

W——涤粘混纺色纺纱线公定回潮率，%；

W_T——涤纶公定回潮率，%；

W_R——粘纤公定回潮率，%；

P_T——涤纶含量比例，%；

P_R——粘纤含量比例，%。

A.2　100 m纱线在公定回潮率时的标准质量(g)按式（A.2）计算，计算结果按GB/T 8170修约至小数点后三位。

$$m_g=\frac{T_t}{10} \qquad \cdots\cdots\cdots(A.2)$$

式中：

m_g——100 m纱线在公定回潮率时的标准质量，单位为克每百米(g/100 m)；

T_t——纱线公称线密度，单位为特克斯(tex)。

A.3　100 m纱线的标准干燥质量(g)按式（A.3）计算，计算结果按GB/T 8170修约至小数点后三位。

$$m_d=\frac{T_t}{10}\times\frac{100}{100+W} \qquad \cdots\cdots\cdots(A.3)$$

式中：

m_d——100 m纱线的标准干燥质量，单位为克每百米(g/100 m)；

T_t——纱线公称线密度，单位为特克斯(tex)；

W——涤粘混纺色纺纱线公定回潮率，%。

附 录 B
(资料性附录)
涤粘混纺色纺纱线捻度试验的建议

B.1 涤粘混纺色纺纱线捻度试验的取样

各品种各机台每月至少轮试一次，试样应在各机台上均匀、随机拔取，每台不少于2个管纱，但不得在同一锭带上拔取，每管测试2次，总数不少于40次。如捻度齿轮调换或其他机械和工艺上的调整影响捻度时，都应随时试验。

B.2 纱线实际捻系数建议值

实际捻系数控制范围建议为不低于经纱320，纬纱300，针织用纱300，股线350。有特殊要求的双方另订协议。捻度试验方法按GB/T 2543.1和GB/T 2543.2规定执行。

附　录　C
（规范性附录）
明显色结试验方法

C.1　取样

C.1.1　每种纱线(包括纱线的棉结杂质和纱的条干)每批检验一次。

C.1.2　检验以最后成品为对象,不得固定机台或锭子取样,每个筒子或每绞摇一块黑板,每份试样共检验10块黑板。

C.2　检验条件

C.2.1　检验条件参照GB/T 9996.2—2008执行。

C.2.2　明显色结的检验地点,要求采用北向自然光源,正常检验时,应有较大的窗户,窗户不能有障碍物,以保证室内光线充足。

C.2.3　明显色结的检验一般应在不低于400 lx的照度下(最高不得超过800 lx)进行,如照度低于400 lx时,应加用灯光检验(用青色或白色的日光灯管)。光线应从左后方射入。检验面的安放角度应与水平成45°±5°,检验者的影子应避免投射到黑板上。

C.3　检验方法

C.3.1　将试样摇在黑板上,摇黑板机上除游动导纱钩及保证均匀卷绕的张力装置外,一律不得采取任何除杂措施。卷绕密度应保证黑色压片(符合GB/T 9996.2—2008中图1规定)每个检验格中包含20根纱线,每个筒子或每绞摇一块黑板,每份试样共检验10块黑板。

C.3.2　检验时,先将浅蓝色(或其他色)底板插入试样与黑板之间,然后用黑色压片压在试样上,进行正反两面的每格内的明显色结检验。

C.3.3　检验时,应逐格检验并不得翻拨纱线,检验者的视线应与纱条垂直,检验距离以检验人员的目力在辨认疵点时不费力为原则。

C.3.4　明显色结计算见式(C.1):

$$K_1 = K_{m1} + K_{m2} \qquad \text{(C.1)}$$

式中:

K_1——明显色结,单位为粒每百米(粒/100 m);

K_{m1}——10块黑板正面5格内明显色结粒数,单位为粒;

K_{m2}——10块黑板反面5格内明显色结粒数,单位为粒。

C.4　明显色结的确定

C.4.1　色纺纱线中深色纤维含有量在30%及以上时,明显色结指深色的大棉结和本色棉结。深色纤维含量在30%以下时,明显色结指本色的大棉结和深色棉结。

C.4.2　色纺纱线的明显色结不同于本色棉纱线的棉结,是影响织物质量的重要指标,故明显色结的检验应与织物布面的实物质量相结合。

C.4.3　明显色结中的大棉结是指粗度达到原纱线2.5倍的色结。

C.4.4　色纺纱线的深色纤维含量或本色纤维含量在15%及以下时,其本色束纤维或深色束纤维缠于纱线上的,因颜色比较明显,均以明显色结计数。

ICS 59.080.20
W 12

中华人民共和国纺织行业标准

FZ/T 12023—2011

芳纶 1313 本色纱线

Poly-m-phenylene isophthalamide spun grey yarns

2011-12-20 发布　　2012-07-01 实施

中华人民共和国工业和信息化部　发布

前　言

本标准按照 GB/T 1.1—2009 给出的规则起草。

本标准由中国纺织工业协会提出。

本标准由全国纺织品标准化技术委员会棉纺织印染分技术委员会(SAC/TC 209/SC 2)归口。

本标准起草单位:德州华源生态科技有限公司、北京国宝技术纺织有限公司、上海市纺织工业技术监督所、中国棉纺织行业协会。

本标准主要起草人:雒书华、曾献平、王憬义、叶戬春、李向东。

芳纶 1313 本色纱线

1 范围

本标准规定了芳纶 1313 本色纱线产品的分类、标识，要求，试验方法，检验规则，标志和包装。

本标准适用于鉴定环锭纺芳纶 1313(棉型、中长型)本色纱线的品质。

注：芳纶 1313 纤维为聚间苯二甲酰间苯二胺纤维的简称。

2 规范性引用文件

下列文件对于本文件的应用是必不可少的。凡是注日期的引用文件，仅注日期的版本适用于本文件。凡是不注日期的引用文件，其最新版本(包括所有的修改单)适用于本文件。

GB/T 398 棉本色纱线

GB/T 3292.1 纺织品 纱线条干不匀试验方法 第1部分:电容法

GB/T 3916 纺织品 卷装纱 单根纱线断裂强力和断裂伸长率的测定

GB/T 4743—2009 纺织品 卷装纱 绞纱法线密度的测定

GB/T 6529 纺织品 调湿和试验用标准大气

FZ/T 01050 纺织品 纱线疵点的分级与检验方法 电容式

FZ/T 10007 棉及化纤纯纺、混纺本色纱线检验规则

FZ/T 10008 棉及化纤纯纺、混纺本色纱线标志与包装

3 分类、标识

3.1 芳纶 1313 本色纱线按纤维长度分为中长型、棉型两类。

3.2 芳纶 1313 本色纱线的原料代号为 FL_{1313}。

示例:13 tex 芳纶 1313(中长型)本色纱的写法规定为:FL_{1313}(中长型)13tex。

4 要求

4.1 芳纶 1313(中长型)本色纱的技术要求

芳纶 1313(中长型)本色纱的技术要求见表 1。

表 1 芳纶 1313(中长型)本色纱的技术要求

公称线密度 tex (英制支数)	等别	单纱断裂强力变异系数 % ≤	线密度变异系数 % ≤	单纱断裂强度 cN/tex ≥	线密度偏差率 %	条干均匀度变异系数 % ≤	十万米纱疵 个/10^5 m ≤
8～10 (70～56)	优	12.0	2.0	18.0	±2.0	13.5	10
	一	14.5	3.0		±2.5	15.5	15
	二	17.5	4.0		±3.0	17.5	—

表 1（续）

公称线密度 tex （英制支数）	等别	单纱断裂强力变异系数 % ≤	线密度变异系数 % ≤	单纱断裂强度 cN/tex ≥	线密度偏差率 %	条干均匀度变异系数 % ≤	十万米纱疵 个/10^5 m ≤
11～13 （55～44）	优 一 二	11.5 14.0 17.0	2.0 3.0 4.0	18.5	±2.0 ±2.5 ±3.0	13.0 15.0 17.0	10 15 —
14～15 （43～37）	优 一 二	11.0 13.5 16.5	2.0 3.0 4.0	18.5	±2.0 ±2.5 ±3.0	12.5 14.5 16.5	8 13 —
16～20 （36～29）	优 一 二	10.5 13.0 16.0	2.0 3.0 4.0	19.0	±2.0 ±2.5 ±3.0	12.0 14.0 16.0	8 13 —
21～24 （28～24）	优 一 二	10.0 12.5 15.5	2.0 3.0 4.0	20.0	±2.0 ±2.5 ±3.0	11.5 13.5 15.5	5 10 —
25～30 （23～19）	优 一 二	9.5 12.0 15.0	2.0 3.0 4.0	20.0	±2.0 ±2.5 ±3.0	11.5 13.5 15.5	5 10 —
32～60 （18～10）	优 一 二	8.5 11.0 14.0	2.0 3.0 4.0	21.0	±2.0 ±2.5 ±3.0	10.5 12.5 14.5	5 10 —
61～120 （9～5）	优 一 二	8.0 10.5 13.5	2.0 3.0 4.0	21.0	±2.0 ±2.5 ±3.0	10.0 12.0 14.0	5 10 —

4.2 芳纶 1313（中长型）本色线的技术要求

芳纶 1313（中长型）本色线的技术要求见表 2。

表 2 芳纶 1313（中长型）本色线的技术要求

公称线密度 tex （英制支数）	等别	单线断裂强力变异系数 % ≤	线密度变异系数 % ≤	单线断裂强度 cN/tex ≥	线密度偏差率 %	条干均匀度变异系数 % ≤
8×2～10×2 （70/2～56/2）	优 一 二	10.0 12.0 14.0	1.5 2.5 3.0	20.0	±2.0 ±2.5 ±3.0	11.5 13.5 —

表 2（续）

公称线密度 tex （英制支数）	等别	单线断裂强力 变异系数 % ≤	线密度变异系数 % ≤	单线断裂强度 cN/tex ≥	线密度偏差率 %	条干均匀度 变异系数 % ≤
11×2～13×2 (55/2～44/2)	优 一 二	9.5 11.5 13.5	1.5 2.5 3.0	20.0	±2.0 ±2.5 ±3.0	11.0 13.0 —
14×2～15×2 (43/2～37/2)	优 一 二	9.0 11.0 13.0	1.5 2.5 3.0	20.5	±2.0 ±2.5 ±3.0	10.5 12.5 —
16×2～20×2 (36/2～29/2)	优 一 二	8.5 10.5 12.5	1.5 2.5 3.0	21.0	±2.0 ±2.5 ±3.0	10.0 12.0 —
21×2～24×2 (28/2～24/2)	优 一 二	8.5 10.5 12.5	1.5 2.5 3.0	22.0	±2.0 ±2.5 ±3.0	9.5 11.5 —
25×2～30×2 (23/2～19/2)	优 一 二	8.0 10.0 12.0	1.5 2.5 3.0	22.0	±2.0 ±2.5 ±3.0	9.5 11.5 —
32×2～60×2 (18/2～10/2)	优 一 二	7.0 9.0 11.0	1.5 2.5 3.0	22.5	±2.0 ±2.5 ±3.0	9.0 11.0 —
61×2～120×2 (9/2～5/2)	优 一 二	6.5 8.5 10.5	1.5 2.5 3.0	22.5	±2.0 ±2.5 ±3.0	9.0 11.0 —

4.3 芳纶 1313(棉型)本色纱的技术要求

芳纶 1313(棉型)本色纱的技术要求见表 3。

表 3 芳纶 1313(棉型)本色纱的技术要求

公称线密度 tex （英制支数）	等别	单纱断裂强力 变异系数 % ≤	线密度 变异系数 % ≤	单纱断裂强度 cN/tex ≥	线密度 偏差率 %	条干均匀度 变异系数 % ≤	十万米纱疵 个/10^5 m ≤
11～13 (55～44)	优 一 二	12.5 15.0 18.0	2.0 3.0 4.0	16.0	±2.0 ±2.5 ±3.0	14.0 16.0 18.0	15 20 —

表 3（续）

公称线密度 tex （英制支数）	等别	单纱断裂强力变异系数 % ≤	线密度变异系数 % ≤	单纱断裂强度 cN/tex ≥	线密度偏差率 %	条干均匀度变异系数 % ≤	十万米纱疵 个/10^5 m ≤
14～15 （43～37）	优 一 二	12.0 14.5 17.5	2.0 3.0 4.0	16.5	±2.0 ±2.5 ±3.0	13.5 15.5 17.5	15 20 —
16～20 （36～29）	优 一 二	11.5 14.0 17.0	2.0 3.0 4.0	17.0	±2.0 ±2.5 ±3.0	13.0 15.0 17.0	15 20 —
21～24 （28～24）	优 一 二	11.0 13.5 16.5	2.0 3.0 4.0	17.5	±2.0 ±2.5 ±3.0	12.5 14.5 16.5	10 15 —
25～30 （23～19）	优 一 二	10.5 13.0 16.0	2.0 3.0 4.0	17.5	±2.0 ±2.5 ±3.0	12.0 14.0 16.0	10 15 —
32～60 （18～10）	优 一 二	9.5 12.0 15.0	2.0 3.0 4.0	18.0	±2.0 ±2.5 ±3.0	11.5 13.5 15.5	10 15 —
61～120 （9～5）	优 一 二	9.0 11.5 14.5	2.0 3.0 4.0	18.0	±2.0 ±2.5 ±3.0	11.0 13.0 15.0	10 15 —

4.4 芳纶 1313(棉型)本色线的技术要求

芳纶 1313(棉型)本色线的技术要求见表 4。

表 4 芳纶 1313(棉型)本色线的技术要求

公称线密度 tex （英制支数）	等别	单线断裂强力变异系数 % ≤	线密度变异系数 % ≤	单线断裂强度 cN/tex ≥	线密度偏差率 %	条干均匀度变异系数 % ≤
11×2～13×2 （55/2～44/2）	优 一 二	10.0 12.0 14.0	1.5 2.5 3.0	17.5	±2.0 ±2.5 ±3.0	11.5 13.5 —
14×2～15×2 （43/2～37/2）	优 一 二	9.5 11.5 13.5	1.5 2.5 3.0	18.0	±2.0 ±2.5 ±3.0	11.0 13.0 —

表 4（续）

公称线密度 tex （英制支数）	等别	单线断裂强力 变异系数 % ≤	线密度变异系数 % ≤	单线断裂强度 cN/tex ≥	线密度偏差率 %	条干均匀度 变异系数 % ≤
16×2～20×2 （36/2～29/2）	优 一 二	9.0 11.0 13.0	1.5 2.5 3.0	18.0	±2.0 ±2.5 ±3.0	10.5 12.5 —
21×2～24×2 （28/2～24/2）	优 一 二	9.0 11.0 13.0	1.5 2.5 3.0	18.5	±2.0 ±2.5 ±3.0	10.0 12.0 —
25×2～30×2 （23/2～19/2）	优 一 二	8.5 10.5 12.5	1.5 2.5 3.0	18.5	±2.0 ±2.5 ±3.0	10.0 12.0 —
32×2～60×2 （18/2～10/2）	优 一 二	7.5 9.5 11.5	1.5 2.5 3.0	19.0	±2.0 ±2.5 ±3.0	9.5 11.5 —
61×2～120×2 （9/2～5/2）	优 一 二	7.0 9.0 11.0	1.5 2.5 3.0	19.0	±2.0 ±2.5 ±3.0	9.5 11.5 —

4.5 芳纶 1313 本色纱线耐热稳定性

按 5.7 规定试验时，不应出现熔融和烧焦现象。

4.6 分等规定

4.6.1 同一原料、同一工艺单连续生产的同一规格的产品作为一个或若干检验批。按规定的各项试验方法进行试验，并按其结果评定芳纶 1313 本色纱线的品等。

4.6.2 芳纶 1313 本色纱线的品等分为优等品、一等品、二等品，低于二等品为等外品。

4.6.3 耐热稳定性不符合 4.5 要求的为等外品。

4.6.4 芳纶 1313 本色纱的品等由单纱断裂强力变异系数、线密度变异系数、单纱断裂强度、线密度偏差率、条干均匀度变异系数及十万米纱疵中最低的一项品等评定。

4.6.5 芳纶 1313 本色线的品等由单线断裂强力变异系数、线密度变异系数、单线断裂强度、线密度偏差率及条干均匀度变异系数中最低的一项品等评定。

5 试验方法

5.1 试验条件

各项试验应在各方法标准规定的条件下进行。

5.2 取样规定

从检验批中随机抽取20个筒子,各项目所需样品数量及试验次数按表5规定。

表5 芳纶1313本色纱线取样数量及试验次数的规定

项　目	筒子数 个	每筒试验次数	总次数
线密度变异系数	20	1	20
线密度偏差率	20	1	20
单纱(线)断裂强度	20	5	100
单纱(线)断裂强力变异系数	20	5	100
条干均匀度变异系数	10	1	10
十万米纱疵	6	—	1
耐热稳定性	10	—	1

注1:若检验批中的筒子数小于20个,则全部抽取作为样品。

注2:线密度变异系数、线密度偏差率、单纱(线)断裂强度、单纱(线)断裂强力变异系数、条干均匀度变异系数可进行在线产品取样,具体取样规定参见附录A,但用户对产品质量有异议时,则以成品质量检验为准。

5.3 线密度变异系数、线密度偏差率试验

摇取绞纱长度应按GB/T 4743—2009规定执行,其中线密度变异系数采用程序1,线密度采用程序3。公称线密度100 m标准质量和标准干燥质量按附录B计算,线密度偏差率应将烘干后的绞纱折算至100 m质量,并按式(1)计算:

$$D=\frac{m-m_{\mathrm{d}}}{m_{\mathrm{d}}}\times 100 \quad\cdots\cdots(1)$$

式中:

D ——线密度偏差率,%;

m ——"100 m"试样实际干燥质量,单位为克(g);

m_{d}——"100 m"试样标准干燥质量,单位为克(g)。

5.4 单纱(线)断裂强度及单纱(线)断裂强力变异系数试验

按GB/T 3916规定执行。

5.5 条干均匀度变异系数试验

按GB/T 3292.1规定执行。

5.6 十万米纱疵试验

按FZ/T 01050规定执行,十万米纱疵结果用$A_3+B_3+C_3+D_2$之和表示。

5.7 耐热稳定性能试验

按附录C规定执行。

5.8 纱线成包净重

按 GB/T 398 规定执行。

5.9 试验结果的表示

一批纱线的各种试验结果是由该种试验的全部试验值的计算结果表示，各种试验结果的计算精确度，除已规定者外，按表6规定执行。

表6 计算值的数字修约位数规定

项　目	要求小数点后有效位数
线密度变异系数/%	1
线密度偏差率/%	1
百米质量(每批平均)/(g/100 m)	3
单纱(线)断裂强度/(cN/tex)	1
单纱(线)断裂强力变异系数/%	1
条干均匀度变异系数/%	1
十万米纱疵/个	整数
平均线密度/tex	1
折算质量用回潮率/%	2
捻系数	整数
线密度开方	2

6 检验规则

按 FZ/T 10007 规定执行，其耐热稳定性能试验，一批产品试验一次(10个筒纱)，如出现不合格纱样，加倍抽查，如仍不合格，此批为不合格。

7 标志、包装

按 FZ/T 10008 规定执行。

8 其他

用户对产品有特殊要求者，生产厂与用户可另订协议。

附　录　A
（资料性附录）
在线产品取样及试验

A.1　在线产品取样周期及卷装形式

A.1.1　一般两天取样试验一次，但周期一经确定，不得任意变更。
A.1.2　取样的卷装形式为管纱。

A.2　在线产品取样数及试验次数

A.2.1　在线产品取样数见表 A.1。

表 A.1　在线产品取样数

生产同一品种的开台数	1	2	3	4	5	6	7	8～9	10	11～14	15	16～29	30 及以上
每机台上采取管纱数	30	15	10	7～8	6	5	4～5	3～4	3	2～3	2	1～2	1
总管纱数	30	30	30	30	30	30	30	30	30	30	30	30	30

A.2.2　线密度变异系数、线密度偏差率试验，每份试样 30 个管纱，每管摇取 1 缕，总数为 30 次（开台数在 5 台及以下的产品，线密度变异系数、线密度偏差率试验可相应减少拔管数，拔取 15 个管纱，每管摇取 2 缕）。
A.2.3　单纱（线）断裂强度及单纱（线）断裂强力变异系数试验，单纱每份试样 30 个管纱，每管测试 2 次，总数为 60 次（开台数在 5 台及以下者，可每份试样 15 个管纱，每管测试 4 次），若为股线，每份试样为 15 个管纱，每管测 2 次，总数为 30 次。采用全自动纱线强力试验仪的取样数，纱线均为 20 个管纱，每管测 5 次，总数为 100 次。
A.2.4　条干均匀度变异系数需在各机台随机抽取 10 个管纱，试验次数为 10 次。

附 录 B
（规范性附录）
芳纶 1313 本色纱线百米质量的计算

B.1 芳纶 1313 本色纱线标准回潮率为 5.0%。

B.2 100 m 纱线在公定回潮率时的标准质量(g)按式(B.1)计算，计算结果修约至小数点后三位。

$$m_g = \frac{T_t}{10} \qquad \cdots\cdots(B.1)$$

式中：

m_g ——100 m 纱线在公定回潮率时的标准质量，单位为克(g)；

T_t ——纱线公称线密度，单位为特克斯(tex)。

B.3 100 m 纱线的标准干燥质量(g)按式(B.2)计算，计算结果修约至小数点后三位。

$$m_d = \frac{T_t}{10} \times \frac{100}{100 + W} \qquad \cdots\cdots(B.2)$$

式中：

m_d ——100 m 纱线的标准干燥质量，单位为克(g)；

T_t ——纱线公称线密度，单位为特克斯(tex)；

W ——公定回潮率，%。

附　录　C
（规范性附录）
芳纶 1313 本色纱线耐热稳定性能试验

C.1　原理

纱线在高温环境下保持一段时间以后，看纱线表面是否出现熔融和烧焦现象。

C.2　装置

恒温烘箱：温度可以控制在（260±3）℃，并有足够的容积使试验样品单独放置。

C.3　试验步骤

C.3.1　每份样 10 个筒纱，每个筒纱上取 10 m，在缕纱测长器上卷取，自然成绞。

C.3.2　试验样品在 GB/T 6529 规定的标准大气条件下平衡 24 h 后，将恒温烘箱加热至 260 ℃，迅速将样品平放在恒温烘箱里，样品不应与烘箱壁接触，关闭烘箱门起记录时间，在 260 ℃高温下处理 5 min 后打开烘箱门，取出样品。

C.4　试验结果

到规定时间后，取出试验样品，目测样品外观变化情况，以判定其耐热稳定性能。

ICS 59.080.20
W 12

中华人民共和国纺织行业标准

FZ/T 12024—2011

靛蓝染色棉纱线

Indigo dyed cotton yarns

2011-12-20 发布 2012-07-01 实施

中华人民共和国工业和信息化部 发布

前　言

本标准按照 GB/T 1.1—2009 给出的规则起草。

本标准由中国纺织工业协会提出。

本标准由全国纺织品标准化技术委员会棉纺织印染分技术委员会(SAC/TC 209/SC 2)归口。

本标准起草单位:江苏众恒染整有限公司、淄博兰雁集团有限责任公司、上海市纺织工业技术监督所、中国棉纺织行业协会。

本标准主要起草人:周亚秋、宋桂玲、王憬义、叶戬春、殷卫东。

靛蓝染色棉纱线

1 范围

本标准规定了靛蓝染色棉纱线产品的分类、标识，要求，试验方法，检验规则和标志、包装。

本标准适用于鉴定牛仔布用靛蓝染色棉纱线品质，牛仔布用黑色、黑灰等染色棉纱线可参照本标准执行。

2 规范性引用文件

下列文件对于本文件的应用是必不可少的。凡是注日期的引用文件，仅注日期的版本适用于本文件。凡是不注日期的引用文件，其最新版本(包括所有的修改单)适用于本文件。

GB/T 250 纺织品 色牢度试验 评定变色用灰色样卡

GB/T 398 棉本色纱线

GB/T 3292.1 纺织品 纱线条干不匀试验方法 第1部分:电容法

GB/T 3916 纺织品 卷装纱 单根纱线断裂强力和断裂伸长率的测定

GB/T 4743—2009 纺织品 卷装纱 绞纱法线密度的测定

GB/T 8170 数值修约规则与极限数值的表示和判定

GB/T 9996.2 棉及化纤纯纺、混纺纱线外观质量黑板检验方法 第2部分:分别评定法

GB 18401 国家纺织产品基本安全技术规范

FZ/T 01050 纺织品 纱线疵点的分级与检验方法 电容式

FZ/T 10007 棉及化纤纯纺、混纺本色纱线检验规则

FZ/T 10008 棉及化纤纯纺、混纺本色纱线标志与包装

3 分类、标识

3.1 按工艺的不同，可分为梳棉纱线和精梳棉纱线。

3.2 按用途的不同，可分为针织用纱、机织用纱。

3.3 产品规格以纱线颜色、单纱线密度(tex)及单纱股数标识。

示例:13 tex 靛蓝梳棉纱标识为:靛蓝 C 13 tex;13 tex×2 靛蓝梳棉股线标识为:靛蓝 C 13 tex×2。

4 要求

4.1 靛蓝染色梳棉纱的技术要求

靛蓝染色梳棉纱的技术要求见表1。

表 1　靛蓝染色梳棉纱的技术要求

公称线密度 tex (英制支数)	等别	单纱断裂强力变异系数 % ≤	线密度变异系数 % ≤	单纱断裂强度 cN/tex ≥		线密度偏差率 %	条干均匀度变异数 % ≤	明显色结粒/100m ≤	十万米纱疵 个/10^5 m ≤
				针织	机织				
11～13 (55～44)	优 一 二	11.5 15.0 18.0	2.3 3.5 5.0	10.8	10.8	±3.0	17.5 20.0 23.0	6 10 15	10 30 —
14～15 (43～37)	优 一 二	11.5 15.0 18.0	2.3 3.5 5.0	11.0	11.0	±3.0	17.0 19.5 22.5	6 10 15	10 30 —
16～20 (36～29)	优 一 二	11.0 14.5 17.5	2.3 3.5 5.0	11.2	10.8	±3.0	16.5 19.0 22.0	6 10 15	10 30 —
21～30 (28～19)	优 一 二	10.5 14.0 17.0	2.3 3.5 5.0	11.2	10.6	±3.0	15.5 18.0 21.0	7 12 18	10 30 —
32～34 (18～17)	优 一 二	10.5 14.0 17.0	2.3 3.5 5.0	11.2	10.2	±3.0	15.0 17.5 20.5	7 12 18	10 30 —
36～60 (16～10)	优 一 二	10.0 13.5 16.5	2.3 3.5 5.0	11.0	9.8	±3.0	14.5 17.0 20.0	7 12 18	10 30 —

4.2　靛蓝染色梳棉股线的技术要求

靛蓝染色梳棉股线的技术要求见表 2。

表 2　靛蓝染色梳棉股线的技术要求

公称线密度 tex (英制支数)	等别	单线断裂强力变异系数 % ≤	线密度变异系数 % ≤	单线断裂强度 cN/tex ≥	线密度偏差率 %	明显色结粒/100 m ≤
11×2～20×2 (55/2～29/2)	优 一 二	8.5 12.0 15.0	2.0 3.0 4.0	14.0	±3.0	5 8 12
21×2～30×2 (28/2～19/2)	优 一 二	8.0 11.5 14.5	2.0 3.0 4.0	14.5	±3.0	6 10 16
32×2～60×2 (18/2～10/2)	优 一 二	7.5 11.0 14.0	2.0 3.0 4.0	15.0	±3.0	6 10 16

4.3 靛蓝染色精梳棉纱的技术要求

靛蓝染色精梳棉纱的技术要求见表3。

表3 靛蓝染色精梳棉纱的技术要求

公称线密度 tex (英制支数)	等别	单纱断裂强力变异系数 % ≤	线密度变异系数 % ≤	单纱断裂强度 cN/tex ≥	线密度偏差率 %	条干均匀度变异数 % ≤	明显色结粒/100 m ≤	十万米纱疵 个/10^5 m ≤
6～6.5 (110～91)	优	12.0	2.2	12.0	±3.0	16.5	5	12
	一	15.5	3.5			19.0	9	23
	二	18.5	4.5			22.0	13	—
7～7.5 (90～71)	优	11.5	2.2	12.0	±3.0	16.0	5	12
	一	15.0	3.5			18.5	9	23
	二	18.0	4.5			21.0	13	—
8～10 (70～56)	优	11.0	2.2	12.2	±3.0	15.5	5	12
	一	14.5	3.5			18.0	9	23
	二	17.5	4.5			21.0	13	—
11～13 (55～44)	优	10.5	2.2	12.2	±3.0	15.5	5	8
	一	14.0	3.5			18.0	9	15
	二	17.0	4.5			21.0	13	—
14～15 (43～37)	优	10.5	2.2	12.4	±3.0	14.5	5	8
	一	14.0	3.5			17.0	9	15
	二	17.0	4.5			20.0	13	—
16～20 (36～29)	优	10.0	2.2	12.4	±3.0	14.0	5	8
	一	13.5	3.5			16.5	9	15
	二	16.5	4.5			19.5	13	—
21～30 (28～19)	优	9.5	2.2	12.6	±3.0	13.0	6	8
	一	13.0	3.5			15.5	10	15
	二	16.0	4.5			18.5	16	—
32～36 (18～16)	优	9.0	2.2	12.6	±3.0	12.5	6	8
	一	12.5	3.5			15.0	10	15
	二	15.5	4.5			18.0	16	—

4.4 靛蓝染色精梳棉股线的技术要求

靛蓝染色精梳棉股线的技术要求见表4。

注：靛蓝染色棉纱线实际捻系数为内控指标，用户如有要求，双方另订协议。

表 4 靛蓝染色精梳棉股线的技术要求

公称线密度 tex (英制支数)	等别	单线断裂强力变异系数 % ≤	线密度变异系数 % ≤	单线断裂强度 cN/tex ≥	线密度偏差率 %	明显色结粒/100 m ≤
6×2～7.5×2 (110/2～71/2)	优 一 二	8.5 12.0 15.0	2.0 3.0 4.0	14.4	±3.0	4 7 10
8×2～10×2 (70/2～56/2)	优 一 二	8.0 11.5 14.5	2.0 3.0 4.0	14.6	±3.0	4 7 10
11×2～20×2 (55/2～29/2)	优 一 二	7.5 11.0 14.0	2.0 3.0 4.0	14.8	±3.0	4 7 10
21×2～24×2 (28/2～24/2)	优 一 二	7.0 10.5 13.5	2.0 3.0 4.0	15.0	±3.0	5 8 12

4.5 靛蓝染色棉纱线其他技术要求

4.5.1 产品安全性能应符合 GB 18401 的要求。

4.5.2 同批之间色差优等品不低于 4 级，一等品、二等品不低于 3-4 级。

4.6 分等规定

4.6.1 同一原料、同一工艺单连续生产的同一规格的产品作为一个或若干检验批。按规定的各项试验方法进行试验，并按其结果评定靛蓝染色棉纱线的品等。

4.6.2 靛蓝染色棉纱线的品等分为优等品、一等品、二等品，低于二等品指标者作等外品。

4.6.3 靛蓝染色棉纱线的品等由单纱断裂强力变异系数、线密度变异系数、单纱断裂强度、线密度偏差率、条干均匀度变异系数、明显色结、十万米纱疵及色差中最低的一项品等评定。

4.6.4 靛蓝染色棉股线的品等由单线断裂强力变异系数、线密度变异系数、单线断裂强度、线密度偏差率、明显色结及色差中最低的一项品等评定。

5 试验方法

5.1 试验条件

各项试验应在各方法标准规定的条件下进行。

5.2 取样规定

从检验批中随机抽取 20 个筒子，各项目所需样品数量及试验次数按表 5 规定。

表 5　靛蓝染色棉纱线取样数量及试验次数的规定

项　　目	筒子数 个	每筒试验次数	总次数
线密度变异系数	20	1	20
线密度偏差率	20	1	20
单纱(线)断裂强度	20	5	100
单纱(线)断裂强力变异系数	20	5	100
条干均匀度变异系数	10	1	10
十万米纱疵	6	—	1
明显色结	10	—	10
注：若检验批中的筒子数小于 20 个，则全部抽取作为样品。			

5.3　**线密度变异系数、线密度偏差率试验**

摇取绞纱长度应按 GB/T 4743—2009 规定执行，其中线密度变异系数采用程序 1，线密度采用程序 3。公称线密度的 100 m 标准质量和标准干燥质量按附录 A 计算，线密度偏差率应将烘干后的绞纱折算至 100 m 质量，并按式(1)计算：

$$D=\frac{m-m_d}{m_d}\times 100 \qquad \cdots\cdots(1)$$

式中：

D ——线密度偏差率，%；

m ——"100 米"试样实际干燥质量，单位为克(g)；

m_d——"100 米"试样标准干燥质量，单位为克(g)。

5.4　**单纱(线)断裂强度及单纱(线)断裂强力变异系数试验**

按 GB/T 3916 规定执行。

5.5　**条干均匀度变异系数试验**

按 GB/T 3292.1 规定执行。

5.6　**明显色结试验**

按附录 B 执行。

5.7　**十万米纱疵试验**

按 FZ/T 01050 规定执行，十万米纱疵结果用 $A_3+B_3+C_3+D_2$ 之和表示。

5.8　**纱线成包净重**

按 GB/T 398 规定执行。

5.9　**色差检验**

按 GB/T 250 规定执行，采用 D65 标准光源。

5.10 试验结果的表示

一批纱线的各种试验结果是由该种试验的全部试验值的计算结果表示，各种试验结果的计算精确度，除已规定者外，按表6规定执行。

表6 计算值的数字修约位数规定

项　　目	要求小数点后有效位数
线密度变异系数/%	1
线密度偏差率/%	1
百米质量(每批平均)/(g/100 m)	3
单纱(线)断裂强度/(cN/tex)	1
单纱(线)断裂强力变异系数/%	1
条干均匀度变异系数/%	1
明显色结/(粒/100 m)	整数
十万米纱疵/个	整数
平均线密度/tex	1
折算质量用回潮率/%	2
捻系数	整数
线密度开方	2

6 检验规则

按FZ/T 10007规定执行。

7 标志、包装

按FZ/T 10008规定执行。

8 其他

用户对产品有特殊要求者，生产厂与用户可另订协议。

附 录 A
（规范性附录）
靛蓝染色棉纱线百米质量的计算

A.1 100 m 纱线在公定回潮率为 8.5%的标准质量按式(A.1)计算,计算结果按 GB/T 8170 修约至小数点后三位。

$$m_g = \frac{T_t}{10} \qquad \cdots\cdots(A.1)$$

式中:

m_g ——100 m 纱线在公定回潮率的标准质量,单位为克(g);

T_t ——纱线的公称线密度,单位为特克斯(tex)。

A.2 100 m 纱线标准干燥质量按式(A.2)计算,计算结果按 GB/T 8170 修约至小数点后三位。

$$m_d = \frac{T_t}{10.85} \qquad \cdots\cdots(A.2)$$

式中:

m_d ——100 m 纱线的标准干燥质量,单位为克每百米(g/100 m);

T_t ——纱线的公称线密度,单位为特克斯(tex)。

附　录　B
（规范性附录）
明显色结试验方法

B.1　取样

B.1.1　每种纱线每批检验一次。

B.1.2　检验以最后成品为对象，不得固定机台或锭子取样，每个筒子或每绞摇一块黑板，每份试样共检验十块黑板。

B.2　检验条件

B.2.1　检验条件参照 GB/T 9996.2 执行。

B.2.2　明显色结的检验地点，要求采用北向自然光源，正常检验时，必须有较大的窗户，窗户不能有障碍物，以保证室内光线充足。

B.2.3　明显色结的检验一般应在不低于 400 lx 的照度下（最高不得超过 800 lx）进行，如照度低于 400 lx 时，应加用灯光检验（用青色或白色的日光灯管）。光线应从左后方射入。检验面的安放角度应与水平成 45°±5°，检验者的影子应避免投射到黑板上。

B.3　检验方法

B.3.1　将试样摇在黑板上，摇黑板机上除游动导纱钩及保证均匀卷绕的张力装置外，一律不得采取任何除杂措施。卷绕密度应保证黑色压片（符合 GB/T 9996.2 中图 1 规定）每个检验格中包含 20 根纱线，每个筒子或每绞摇一块黑板，每份试样共检验十块黑板。

B.3.2　检验时，先将浅蓝色（或其他色）底板插入试样与黑板之间，然后用黑色压片压在试样上，进行正反两面的每格内的明显色结检验。

B.3.3　检验时，应逐格检验并不得翻拨纱线，检验者的视线应与纱条垂直，检验距离以检验人员的目力在辨认疵点时不费力为原则。

B.3.4　明显色结计算见式（B.1）：

$$K_1 = K_{m1} + K_{m2} \qquad \cdots\cdots\cdots\cdots(B.1)$$

式中：

K_1 ——明显色结，单位为粒每百米（粒/100 m）；

K_{m1}——10 块黑板正面 5 格内明显色结粒数，单位为粒；

K_{m2}——10 块黑板反面 5 格内明显色结粒数，单位为粒。

B.4 明显色结的确定

明显色结指深色的,粗度达到原纱线 2.5 倍的大棉结。

ICS 59.080.20
W 12

中华人民共和国纺织行业标准

FZ/T 12025—2011

毛经用低捻棉本色纱

Low twist cotton grey yarns for pile

2011-12-20 发布 2012-07-01 实施

中华人民共和国工业和信息化部 发布

前　言

本标准按照 GB/T 1.1—2009 给出的规则起草。

本标准由中国纺织工业协会提出。

本标准由全国纺织品标准化技术委员会棉纺织印染分技术委员会(SAC/TC 209/SC 2)归口。

本标准起草单位:山东滨州亚光毛巾有限公司、上海市纺织工业技术监督所、浙江洁丽雅股份有限公司、绍兴县恒美花式丝有限公司、中国棉纺织行业协会、滨州市纺织纤维检验所。

本标准主要起草人:王红星、王憬义、杜换福、石磊、赵利明、叶戬春、郝永。

毛经用低捻棉本色纱

1 范围

本标准规定了毛经用低捻棉本色纱(以下简称“毛经用低捻棉纱”)的分类、标识、要求、试验方法、检验规则和标志、包装。

本标准适用于鉴定捻系数范围为240～320的环锭纺毛经用低捻棉纱的品质。

2 规范性引用文件

下列文件对于本文件的应用是必不可少的。凡是注日期的引用文件,仅注日期的版本适用于本文件。凡是不注日期的引用文件,其最新版本(包括所有的修改单)适用于本文件。

GB/T 398 棉本色纱线

GB/T 2543.2 纺织品 纱线捻度的测定 第2部分:退捻加捻法

GB/T 3292.1 纺织品 纱线条干不匀试验方法 第1部分:电容法

GB/T 3916 纺织品 卷装纱 单根纱线断裂强力和断裂伸长率的测定

GB/T 4743—2009 纺织品 卷装纱 绞纱法线密度的测定

GB/T 9996.2 棉及化纤纯纺、混纺纱线外观质量黑板检验方法 第2部分:分别评定法

FZ/T 01050 纺织品 纱线疵点的分级与检验方法 电容式

FZ/T 10007 棉及化纤纯纺、混纺本色纱线检验规则

FZ/T 10008 棉及化纤纯纺、混纺本色纱线标志与包装

3 术语和定义

下列术语和定义适用于本文件。

3.1

毛经 pile

和纬纱交织形成毛圈的经纱。

3.2

低捻纱 low twist yarns

在线密度制中,实际捻系数在240～320之间的纱。

注:该捻系数由捻度单位为捻/10 cm计算得出。

4 分类、标识

4.1 按生产工艺的不同,毛经用低捻棉纱产品可分为毛经用梳棉低捻纱和毛经用精梳棉低捻纱。

4.2 产品规格以原料代号为(C)、单纱线密度(tex)及加捻程度标识。

示例:线密度为18 tex,Z捻向,捻数为610捻/m的毛经用精梳低捻棉纱的写法规定为:J C 18 tex低捻(Z 610捻/m)。

5 要求

5.1 毛经用低捻棉纱的要求

5.1.1 毛经用梳棉低捻纱的要求见表1。

表1 毛经用梳棉低捻纱的要求

公称线密度 tex (英制支数)	等别	单纱断裂强力变异系数 % ≤	线密度变异系数 % ≤	单纱断裂强度 cN/tex ≥	线密度偏差率 %	条干均匀度		黑板棉结杂质总粒数 粒/g ≤	十万米纱疵 个/10^5 m ≤	捻度偏差率 %
						黑板条干均匀度10块板比例 (优：一：二：三) 不低于	条干均匀度变异系数 % ≤			
21～30 (28～19)	优	9.0	2.2	15.8	±2.0	7：3：0：0	14.5	55	15	±5.0%
	一	12.0	3.5	13.8	±2.0	0：7：3：0	17.0	105	40	
	二	15.0	4.5	10.8	±2.5	0：0：7：3	20.0	155	—	
32～34 (18～17)	优	8.5	2.2	15.6	±2.0	7：3：0：0	14.0	65	15	±5.0%
	一	11.5	3.5	13.6	±2.0	0：7：3：0	16.5	125	40	
	二	15.0	4.5	10.6	±2.5	0：0：7：3	19.5	185	—	
36～60 (16～10)	优	8.0	2.2	15.4	±2.0	7：3：0：0	13.5	65	15	±5.0%
	一	11.0	3.5	13.4	±2.0	0：7：3：0	16.0	125	40	
	二	14.5	4.5	10.4	±2.5	0：0：7：3	19.0	185	—	
64～80 (9～7)	优	7.5	2.2	15.2	±2.0	7：3：0：0	13.0	65	15	±5.0%
	一	10.5	3.5	13.2	±2.0	0：7：3：0	15.5	125	40	
	二	14.0	4.5	10.2	±2.5	0：0：7：3	18.5	185	—	

5.1.2 毛经用精梳棉低捻纱的要求见表2。

表2 毛经用精梳棉低捻纱的要求

公称线密度 tex (英制支数)	等别	单纱断裂强力变异系数 % ≤	线密度变异系数 % ≤	单纱断裂强度 cN/tex ≥	线密度偏差率 %	条干均匀度		黑板棉结杂质总粒数 粒/g ≤	十万米纱疵 个/10^5 m ≤	捻度偏差率 %
						黑板条干均匀度10块板比例 (优：一：二：三) 不低于	条干均匀度变异系数 % ≤			
16～20 (36～29)	优	8.0	2.0	15.8	±2.0	7：3：0：0	13.0	20	5	±5.0%
	一	11.0	3.0	13.8	±2.0	0：7：3：0	15.0	45	20	
	二	14.0	4.0	11.8	±2.5	0：0：7：3	17.5	75	—	
21～30 (28～19)	优	7.5	2.0	16.0	±2.0	7：3：0：0	12.5	20	5	±5.0%
	一	10.5	3.0	14.0	±2.0	0：7：3：0	14.5	45	20	
	二	13.5	4.0	12.0	±2.5	0：0：7：3	17.0	75	—	
32～34 (18～17)	优	7.5	2.0	15.8	±2.0	7：3：0：0	12.0	20	5	±5.0%
	一	10.5	3.0	13.8	±2.0	0：7：3：0	14.0	45	20	
	二	13.5	4.0	11.8	±2.5	0：0：7：3	16.5	75	—	

表 2（续）

公称线密度 tex（英制支数）	等别	单纱断裂强力变异系数 % ≤	线密度变异系数 % ≤	单纱断裂强度 cN/tex ≥	线密度偏差率 %	条干均匀度		黑板棉结杂质总粒数 粒/g ≤	十万米纱疵 个/10^5 m ≤	捻度偏差率 %
						黑板条干均匀度 10 块板比例（优：一：二：三）不低于	条干均匀度变异系数 % ≤			
36～60（16～10）	优	7.0	2.0	15.8	±2.0	7：3：0：0	11.5	20	5	±5.0%
	一	10.0	3.0	13.8	±2.0	0：7：3：0	13.5	45	20	
	二	13.0	4.0	11.8	±2.5	0：0：7：3	16.0	75	—	
64～80（9～7）	优	7.0	2.0	16.2	±2.0	7：3：0：0	11.5	20	5	±5.0%
	一	10.0	3.0	14.2	±2.0	0：7：3：0	13.5	45	20	
	二	13.0	4.0	12.2	±2.5	0：0：7：3	16.0	75	—	

5.2 分等规定

5.2.1 同一原料、同一工艺单连续生产的同一规格的产品作为一个或若干检验批。按规定的各项试验方法进行试验，并按其结果评定毛经用低捻棉纱的品等。

5.2.2 毛经用低捻棉纱的品等分为优等品、一等品、二等品，低于二等品为等外品。

5.2.3 毛经用低捻棉纱的品等由单纱断裂强力变异系数、线密度变异系数、单纱断裂强度、线密度偏差率、条干均匀度、黑板棉结杂质总粒数、十万米纱疵、捻度偏差率中最低的一项评定。

5.2.4 检验单纱条干均匀度可以选用黑板条干均匀度或条干均匀度变异系数两者中的任何一种。但一经确定，不得任意变更。发生质量争议时，以条干均匀度变异系数为准。

6 试验方法

6.1 试验条件

各项试验应在各方法标准规定的条件下进行。

6.2 取样规定

从检验批中随机抽取 20 个筒子，各项目所需样品数量及试验次数见表 3。

表 3 毛经用低捻棉纱各项目样品数量及试验次数的规定

项　　目	筒子数 个	每筒试验次数	总　次　数
线密度变异系数	20	1	20
线密度偏差率	20	1	20
单纱断裂强度	20	5	100
单纱断裂强力变异系数	20	5	100
条干均匀度	10	1	10

表 3（续）

项　目	筒子数 个	每筒试验次数	总　次　数
黑板棉结杂质总粒数	10	1	10
十万米纱疵	6	—	1
捻度偏差率	20	2	40

注 1：若检验批中的筒子数小于 20 个，则全部抽取作为样品。

注 2：线密度变异系数、线密度偏差率、单纱断裂强度、单纱断裂强力变异系数、捻度偏差率、条干均匀度变异系数可进行在线产品取样，具体取样规定参见附录 A，但用户对产品质量有异议时，则以成品质量检验为准。

6.3 线密度变异系数、线密度偏差率试验

摇取绞纱长度应按 GB/T 4743—2009 规定执行，其中线密度变异系数采用程序 1，线密度采用程序 3。公称线密度的 100 m 标准质量和标准干燥质量按附录 B 计算，线密度偏差率将烘干后的绞纱折算至 100 m 质量，并按式(1)计算：

$$D=\frac{m-m_d}{m_d}\times 100 \qquad \cdots\cdots(1)$$

式中：

D ——线密度偏差率，%；

m ——“100 米”试样实际干燥质量，单位为克(g)；

m_d ——“100 米”试样标准干燥质量，单位为克(g)。

6.4 单纱断裂强度及单纱断裂强力变异系数试验

按 GB/T 3916 规定执行。

6.5 黑板条干均匀度、黑板棉结杂质总粒数试验

按 GB/T 9996.2 规定执行，毛经用梳棉低捻纱采用标准样照编号见表 4，毛经用精梳棉低捻纱采用标准样照编号见表 5。

表 4　毛经用梳棉低捻纱黑板条干均匀度试验采用标准样照编号

公称线密度 tex (英制支数)	等　别	标准样照编号
21～30 (28～19)	优等 一等	030 031
32～60 (18～10)	优等 一等	040 041
64～80 (9～7)	优等 一等	060 061

表5　毛经用精梳棉低捻纱黑板条干均匀度试验采用标准样照编号

公称线密度 tex (英制支数)	等别	标准样照编号
16～30 (36～19)	优等 一等	220 221
32及以上 (18及以下)	优等 一等	230 231

6.6　条干均匀度变异系数试验

按GB/T 3292.1规定执行。

6.7　十万米纱疵试验

按FZ/T 01050规定执行，十万米纱疵结果用$A_3+B_3+C_3+D_2$之和表示。

6.8　捻度偏差率试验方法

按GB/T 2543.2规定执行。

6.9　成包净重量

按GB/T 398规定执行。

6.10　试验结果的表示

一批纱线的各种试验结果是由该种试验的全部试验值的计算结果表示，各种试验结果的计算精确度，除已规定者外，按表6规定执行。

表6　计算值的数值修约位数规定

项　　目	要求小数点后有效位数
单纱断裂强度/(cN/tex)	1
单纱断裂强力变异系数/%	1
捻度偏差率	1
线密度变异系数/%	1
条干均匀度变异系数/%	1
黑板条干均匀度/块	整数
黑板棉结杂质总粒数/(粒/g)	整数
十万米纱疵/(个/10^5 m)	整数
线密度偏差率/%	1
百米质量(每批平均)/(g/100 m)	3
平均线密度/tex	1
折算质量用回潮率/%	2
捻系数	整数

7 检验规则

按 FZ/T 10007 规定执行。

8 标志、包装

按 FZ/T 10008 规定执行。

9 其他

用户对本标准有特殊要求的,生产厂家与用户可另订协议。

附　录　A
（资料性附录）
在线产品取样及试验

A.1　在线产品取样周期及卷装形式

A.1.1　一般两天取样试验一次，但周期一经确定，不得任意变更，十万米纱疵试验周期可适当延长，但不得超过两周。

A.1.2　取样的卷装形式为管纱。

A.2　在线产品取样数及试验次数

A.2.1　在线产品取样数见表 A.1。

表 A.1　在线产品取样数

生产同一品种的开台数	1	2	3	4	5	6	7	8～9	10	11～14	15	16～29	30 及以上
每机台上采取管纱数	30	15	10	7～8	6	5	4～5	3～4	3	2～3	2	1～2	1
总管纱数	30	30	30	30	30	30	30	30	30	30	30	30	30

A.2.2　线密度变异系数、线密度偏差率试验，每份试样 30 个管纱，每管摇取 1 缕，总数为 30 次（开台数在 5 台及以下的产品，线密度变异系数、线密度偏差率试验可相应减少拔管数，拔取 15 个管纱，每管摇取 2 缕）。

A.2.3　单纱断裂强度及单纱断裂强力变异系数试验，单纱每份试样 30 个管纱，每管测试两次，总数为 60 次（开台数在 5 台及以下者，可每份试样 15 个管纱，每管测试 4 次）。采用全自动纱线强力试验仪的取样数，为 20 个管纱，每管测 5 次，总数为 100 次。试验报告应注明所用的强力试验仪类型。

A.2.4　条干均匀度变异系数需在各机台随机抽取 10 个管纱，试验次数为 10 次。

A.2.5　捻度偏差率试验各机台随机抽取 20 个管纱，单纱每管测 2 次，总数 40 次。

附　录　B
（规范性附录）
毛经用低捻棉纱百米质量的计算

B.1　毛经用低捻棉纱的公定回潮率为8.5%。

B.2　100 m纱在公定回潮率时的标准质量(g)按式(B.1)计算，计算结果修约至小数点后三位。

$$m_g = \frac{T_t}{10} \qquad \cdots\cdots(B.1)$$

式中：

m_g ——100 m纱在公定回潮率时的标准质量，单位为克(g)；

T_t ——纱的公称线密度，单位为特克斯(tex)。

B.3　100 m纱的标准干燥质量(g)按式(B.2)计算，计算结果修约至小数点后三位。

$$m_d = \frac{T_t}{10} \times \frac{100}{100+W} \qquad \cdots\cdots(B.2)$$

式中：

m_d ——100 m纱的标准干燥质量，单位为克(g)；

T_t ——纱的公称线密度，单位为特克斯(tex)；

W ——公定回潮率，%。

ICS 59.080.20
W 12

中华人民共和国纺织行业标准

FZ/T 12026—2011

粘锦复合丝线

Viscose/polyamide composite yarns

2011-12-20 发布　　2012-07-01 实施

中华人民共和国工业和信息化部　发布

前　言

本标准按照GB/T 1.1—2009给出的规则起草。

本标准由中国纺织工业协会提出。

本标准由全国纺织品标准化技术委员会棉纺织印染分技术委员会(SAC/TC 209/SC 2)归口。

本标准起草单位:四川省宜宾惠美线业有限责任公司、上海市纺织工业技术监督所、宜宾丝丽雅集团有限公司、绍兴县恒美花式丝有限公司、中国棉纺织行业协会。

本标准主要起草人:廖周荣、王憬义、段太刚、曹阳、赵利明、叶戬春、陈一萍。

粘锦复合丝线

1 范围

本标准规定了粘锦复合丝线的分类、标识,分等规定,技术要求,试验方法,验收规则,标志、包装、运输和贮存。

本标准适用于鉴定总线密度不超过 41.7 tex(24 Nm)的针织用粘锦复合本色丝线及锦粘复合染色丝线的品质。本标准不适用于鉴定特种用途粘锦复合丝线的品质。

2 规范性引用文件

下列文件对于本文件的应用是必不可少的。凡是注日期的引用文件,仅注日期的版本适用于本文件。凡是不注日期的引用文件,其最新版本(包括所有的修改单)适用于本文件。

GB/T 250 纺织品 色牢度试验 评定变色用灰色样卡

GB/T 251 纺织品 色牢度试验 评定沾色用灰色样卡

GB/T 2543.1 纺织品 纱线捻度的测定 第1部分:直接计数法

GB/T 2910.7 纺织品 定量化学分析 第7部分:聚酰胺纤维与某些其他纤维混合物(甲酸法)

GB/T 3291.1 纺织 纺织材料性能和试验术语 第1部分:纤维和纱线

GB/T 3291.3 纺织 纺织材料性能和试验术语 第3部分:通用

GB/T 3916 纺织品 卷装纱 单根纱线断裂强力和断裂伸长率的测定

GB/T 3921—2008 纺织品 色牢度试验 耐皂洗色牢度

GB/T 4146.1 纺织品 化学纤维 第1部分:属名

GB/T 4743—2009 纺织品 卷装纱 绞纱法线密度的测定

GB/T 6505—2008 化学纤维 长丝热收缩率试验方法

GB 18401 国家纺织产品基本安全技术规范

FZ/T 01053—2007 纺织品 纤维含量的标识

3 术语和定义

GB/T 3291.1、GB/T 3291.3 和 GB/T 4146.1 界定的以及下列术语和定义适用于本文件。

3.1

粘锦复合丝线 viscose/polyamide composite yarns

曲珠纱

用两根或两根以上锦纶6弹力丝(聚酰胺纤维)、粘胶长丝经过并、捻、(染色)等工序加工制成的本色(染色)丝线,又称锦粘复合纱。

4 分类、标识

4.1 产品分类:粘锦复合丝线分粘锦复合本色丝线、粘锦复合染色丝线。

4.2 产品标识：

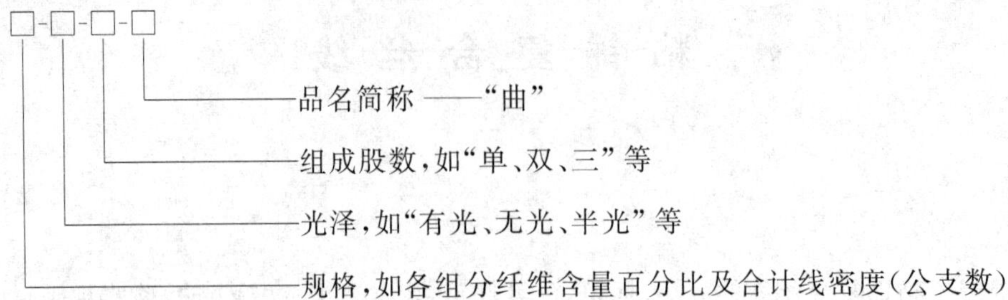

示例：R/N 63/37 41.7 tex(24 Nm)-无光-双-曲。

5 分等规定

5.1 同一原料、同一工艺单连续生产的同一规格的产品作为一个或若干检验批。按规定的各项试验方法进行试验，并按其结果评定粘锦复合丝线的品等。

5.2 粘锦复合丝线的品等分为优等品、一等品、合格品，低于合格品为不合格品。

5.3 粘锦复合丝线内在质量按批评定，并以其中最低的一项评等；外观质量逐个评定，按其中最低的一项评等。

5.4 粘锦复合丝线最终等级由内在质量与外观质量综合评定，按最低的一项来评定。

6 技术要求

6.1 粘锦复合本色丝线理化指标

粘锦复合本色丝线理化指标见表1。

表1 粘锦复合本色丝线理化指标

序号	项　目	优等品	一等品	合格品
1	断裂强度/(cN/dtex)	≥1.80	≥1.70	≥1.50
2	断裂强度变异系数/%	≤5.00	≤7.00	≤10.00
3	断裂伸长率/%	≥20.0	≥19.0	≥17.0
4	沸水收缩率/%	≤10	≤12	≤14
5	线密度偏差率/%	±8.0	±10.0	±12.0
6	线密度变异系数/%	≤2.5	≤3.5	≤5.5
7	捻度变异系数(复捻)/%	≤5.00	≤7.00	≤9.00
8	纤维含量允许偏差/%	符合 FZ/T 01053—2007 要求		
注：适用于总线密度不超过 41.7 tex(24 Nm)的粘锦复合本色丝线。				

6.2 粘锦复合染色丝线理化性能

粘锦复合染色丝线的理化指标见表2。

表 2　粘锦复合染色丝线的理化指标

序号	项　　目		优等品	一等品	合格品
1	断裂强度/(cN/dtex)		≥1.70	≥1.60	≥1.40
2	断裂强度变异系数/%		≤6.00	≤8.00	≤12.00
3	断裂伸长率/%		≥19.0	≥18.0	≥16.0
4	线密度偏差率/%		±10.0	±12.0	±14.0
5	线密度变异系数/%		≤3.5	≤4.5	≤6.5
6	捻度变异系数(复捻)/%		≤5.00	≤7.00	≤9.00
7	耐皂洗色牢度/级	变色	≥4	≥3-4	≥3
		沾色	≥4	≥3-4	≥3
8	纤维含量允许偏差/%		符合 FZ/T 01053—2007 要求		
注：适用于总线密度不超过 41.7 tex(24 Nm)的粘锦复合染色丝线。					

6.3　**外观检验项目和指标值**

粘锦复合本色丝线、粘锦复合染色丝线外观项目和指标值分别见表 3、表 4。

表 3　粘锦复合本色丝线外观指标

项　　目		单位	优等品	一等品	合格品	备注
筒装(绞装)丝线	色差	级	≥4	≥3-4	≥3	对照标样
	污渍	—	4 级及以上面积不超过 4 mm^2 或单根线小于 60 mm	3 级以上面积小于 6 mm^2 或单根线小于 80 mm	3 级及以上面积小于 10 mm^2 或单根线小于 100 mm	—
	股数不符	—	不允许	不允许	±1 股	—
	麻僻线	—	不允许	轻微颗粒状	较明显颗粒状	对照标样
绞装丝线	小耳朵	个/10^4 m	不允许	不允许	≤10	—
	毛丝	个/10^4 m	≤20	≤30	≤50	—
	结头	个/10^4 m	≤2	≤5	≤8	—
	绞重偏差率	%	±5.0	±7.5	±15.0	—
注 1：标样是指客户来样或色卡。 注 2：小耳朵、毛丝、结头考核时，若样品以质量计量，可折算至长度考核。						

表 4　粘锦复合染色丝线外观指标

<table>
<tr><th colspan="3">项　　目</th><th>单位</th><th>优等品</th><th>一等品</th><th>合格品</th><th>备注</th></tr>
<tr><td rowspan="4">筒装(绞装)丝线</td><td rowspan="2">色差</td><td>筒(绞)与筒(绞)间</td><td>级</td><td>≥4-5</td><td>≥4</td><td>≥3-4</td><td>对标样</td></tr>
<tr><td>同筒(绞)内</td><td>级</td><td>≥4-5</td><td>≥4</td><td>≥3-4</td><td>对标样</td></tr>
<tr><td colspan="2">色花</td><td>—</td><td>不允许</td><td>轻微</td><td>较明显</td><td>对标样</td></tr>
<tr><td colspan="2">污渍</td><td>—</td><td>不允许</td><td>4 级及以上面积小于 6 mm^2 或单根线小于 80 mm</td><td>3 级以上面积小于 10 mm^2 或单根线小于 100 mm</td><td>—</td></tr>
<tr><td rowspan="2">绞装丝线</td><td colspan="2">毛丝</td><td>个/万米</td><td>≤20</td><td>≤30</td><td>≤50</td><td>—</td></tr>
<tr><td colspan="2">结头</td><td>个/万米</td><td>≤3</td><td>≤5</td><td>≤8</td><td>—</td></tr>
<tr><td colspan="8">注 1：标样是指客户来样或色卡。
注 2：毛丝、结头考核时，若样品以质量计量，可折算至长度考核。</td></tr>
</table>

6.4　安全性能

产品安全性能应符合 GB 18401 的要求。

7　试验方法

7.1　试验条件

7.1.1　各项试验应在各方法标准规定的标准条件下进行。

7.1.2　试验前须将实验室样品先置于标准大气条件下调湿 24 h，使其达到平衡回潮率(相隔 1 h 前后两次称量相差不超过 0.1%)。如试样原来回潮率过大，应先在 50 ℃以下的干燥条件下预调湿。

7.2　取样规定

从检验批中随机抽取 10 个筒子，各项目所需样品数量及试验次数按表 5 规定。

表 5　粘锦复合丝线各项目样品数量及试验次数的规定

项　　目	筒子(绞)数 个	每筒(绞)试验次数	总次数
线密度变异系数/%	10	1	10
线密度偏差率/%	10	1	10
断裂强度/(cN/dtex)	10	3	30
断裂强力变异系数/%	10	3	30
断裂伸长率/%	10	3	30
沸水收缩率/%	10	2	20
捻度变异系数(复捻)/%	10	2	20

表 5（续）

项　　目	筒子(绞)数 个	每筒(绞)试验次数	总次数
耐皂洗色牢度	1	—	1
纤维含量偏差/%	10	—	1
回潮率/%	10	—	1

7.3　线密度试验

按 GB/T 4743—2009 规定执行，其中线密度变异系数采用程序 1，线密度采用程序 3，线密度偏差率应将烘干后的绞纱折算至 100 m 质量，并按式(1)计算：

$$D=\frac{m-m_d}{m_d}\times 100 \qquad \cdots\cdots(1)$$

式中：

D ——线密度偏差率，%；

m ——“100 m”试样实际干燥质量，单位为克(g)；

m_d ——“100 m”试样标准干燥质量，单位为克(g)。

7.4　断裂强度和断裂伸长率试验

按 GB/T 3916 执行。

7.5　耐皂洗色牢度试验

按 GB/T 3921—2008[采用单纤维贴衬，试验条件为 A(1)]执行。

7.6　捻度试验

按 GB/T 2543.1 执行。

7.7　沸水收缩率试验

按 GB/T 6505—2008 执行。

7.8　回潮率试验

7.8.1　成品线每批量在 2 t 及以下取样不少于 75 g，2 t 以上取样不少于 150 g(精确至小数点后两位)。放置烘箱内烘燥，烘箱的标准温度在 105 ℃～110 ℃，烘至质量不变(干燥不变量)为止，不变质量是指相隔 20 min 的两次称量差异，不超过称量的 0.1%，以最后一次称量为准。

7.8.2　回潮率按式(2)计算：

$$W=\frac{m_1-m_2}{m_2}\times 100 \qquad \cdots\cdots(2)$$

式中：

W ——回潮率，%；

m_1——粘锦复合丝线烘前质量，单位为克(g)；

m_2——粘锦复合丝线烘后干燥质量，单位为克(g)。

7.9 纤维含量偏差

按 GB/T 2910.7 规定执行，以净干质量为基础结合公定回潮率计算。

7.10 外观疵点检验

7.10.1 外观质量检验条件

采用室内北向自然光源，如光源不足，光照度低于 600 lx 时，可用近似 40 W 正常青光日光灯在(70±10)cm 距离间补足照度，色差、色花检验采用 D65 标准光源。

7.10.2 外观质量检验规定

外观质量检验中，污渍的深度按 GB/T 251 评定，色差、色花按 GB/T 250 评定外，其余内容按目测评定。

8 验收规则

8.1 理化性能的验收

理化性能按 6.1、6.2 进行验收，验收方法按 7.1～7.9 执行，检验结果以全批抽验样品合格作为全批合格。

8.2 外观质量的验收

8.2.1 外观质量按 6.3 进行验收，外观质量验收方法按 7.10 规定执行，外观质量验收抽样规定见表 6。

表 6 外观质量检验取样数量规定

每批数量 (最小包装)	50 及以下	51～100	101～500	501～1 000	1 001～2 000	2 001 以上
取样数量 (最小包装)	2	4	5	10	15	20

8.2.2 外观质量不符品等率在 5%及以内者，其不符品等的产品应当调换。如不符品等率超过 5%，不超过 7%允许复验一次，如复验后又超过 5%，则该批成品应重新整理，经复验合格方可出厂。如不符品等率超过 7%不允许复验，作退货处理。

8.3 复验

8.3.1 收货方对产品技术要求的抽验结果一部分或全部有异议时，由双方共同协商进行复验。

8.3.2 复验时，由双方会同重新抽取相同数量进行复验，复验结果为该批产品最终结果，任何一方不得再申请复验。

9 标志、包装、运输和贮存

9.1 标志、包装

9.1.1 产品标志应明确清楚，项目齐全便于识别。

9.1.2 每批产品均要有生产厂名、商标、线密度、长度或重量等。

9.1.2.1 每个分包装(纸包、纸盒、塑料袋等)均应印刷商标、品名、规格、执行标准号、数量、色号、缸号、等级、厂名等项目。

9.1.2.2 外箱标志必须标明(或根据合同规定办理)生产厂名、商标、产品名称、数量、色号、缸号、重量、产品等级。每箱成品内要有装箱单,装箱单应包括批号、原料规格、分级工号、过磅工号、备注栏。

9.1.3 粘锦复合丝线出厂成品实际回潮率应控制在9%～13%。

9.2 运输、贮存

9.2.1 产品在运输过程中,必须有严密的遮盖,不能受雨、受潮、受晒和高温烘焙,以防变质。

9.2.2 产品应堆放在干燥仓库,必须保持离地25 cm以上(或地面铺盖防潮毡),四周空隙10 cm以上,使空气流通,以防受潮。

9.2.3 库房内按照规定的温湿度做好通风散潮工作。

9.2.4 保管期限:粘锦复合本色丝线为一年,粘锦复合染色丝线为一年半。

10 其他

用户对本标准有特殊要求者,供需双方可另订协议。

ICS 59.080.20
W 12

中华人民共和国纺织行业标准

FZ/T 12027—2012

转杯纺粘胶纤维本色纱

Rotor spinning viscose grey yarns

2012-12-28 发布 2013-06-01 实施

中华人民共和国工业和信息化部 发布

前　言

本标准按照 GB/T 1.1—2009 给出的规则起草。

本标准由中国纺织工业联合会提出。

本标准由全国纺织品标准化技术委员会棉纺织印染分技术委员会(SAC/TC 209/SC 2)归口。

本标准起草单位:浙江中欣纺织科技有限公司、浙江湖州威达纺织集团有限公司、浙江省新型纺织品研发重点实验室、宏扬控股集团有限公司、上海市纺织工业技术监督所、中国棉纺织行业协会。

本标准主要起草人:田光祥、章友鹤、陈顺明、赵连英、洪新强、王憬义、叶戬春、韩作民。

转杯纺粘胶纤维本色纱

1 范围

本标准规定了转杯纺粘胶纤维本色纱的产品标记、要求、试验方法、检验规则和标志、包装。

本标准适用于转杯纺粘胶纤维本色纱(包括针织用纱和机织用纱)。

2 规范性引用文件

下列文件对于本文件的应用是必不可少的。凡是注日期的引用文件,仅注日期的版本适用于本文件。凡是不注日期的引用文件,其最新版本(包括所有的修改单)适用于本文件。

GB/T 398—2008 棉本色纱线

GB/T 3292.1 纺织品 纱线条干不匀试验方法 第1部分:电容法

GB/T 3916 纺织品 卷装纱 单根纱线断裂强力和断裂伸长率的测定

GB/T 4743—2009 纺织品 卷装纱 绞纱法线密度的测定

FZ/T 01050 纺织品 纱线疵点的分级与检验方法 电容式

FZ/T 10007 棉及化纤纯纺、混纺本色纱线检验规则

FZ/T 10008 棉及化纤纯纺、混纺本色纱线标志与包装

3 产品标记

转杯纺粘胶纤维本色纱的原料代号为R,在线密度前标明纱线的生产工艺过程代号及原料代号。

示例:19.7 tex转杯纺粘胶纤维本色纱的写法规定为:OE R 19.7 tex。

4 要求

4.1 项目

转杯纺粘胶纤维本色纱技术要求包括单纱断裂强力变异系数、线密度变异系数、单纱断裂强度、线密度偏差率、条干均匀度变异系数、千米棉结、十万米纱疵等七项指标。

4.2 分等规定

4.2.1 同一原料、同一工艺单连续生产的同一规格的产品作为一个或若干检验批。按规定的各项试验方法进行试验,并按其结果评定转杯纺粘胶纤维本色纱的品等。

4.2.2 产品质量等级分为优等品、一等品、二等品,低于二等品为等外品。

4.2.3 转杯纺粘胶纤维本色纱质量等级根据产品规格以考核项目中最低一项进行评等。

4.3 转杯纺粘胶纤维本色纱技术要求

转杯纺粘胶纤维本色纱的技术指标见表1。

表 1 转杯纺粘胶纤维本色纱的技术指标

公称线密度/tex	等级	单纱断裂强力变异系数/% ≤	线密度变异系数/% ≤	单纱断裂强度/(cN/tex) ≥	线密度偏差率/%	条干均匀度变异系数/% ≤	千米棉结(+200%)/(个/km) ≤	十万米纱疵/(个/10^5 m) ≤
14.1～16.0	优	10.0	1.5	10.8	±2.0	15.0	250	5
	一	12.0	2.5	9.8	±2.5	17.5	500	10
	二	14.0	3.5	8.8	±3.0	20.0	750	—
16.1～19.0	优	9.5	1.5	11.0	±2.0	14.5	200	5
	一	11.5	2.5	10.0	±2.5	17.0	400	10
	二	13.5	3.5	9.0	±3.0	19.5	600	—
19.1～22.0	优	9.0	1.5	11.2	±2.0	14.0	150	5
	一	11.0	2.5	10.2	±2.5	16.5	300	10
	二	13.0	3.5	9.2	±3.0	19.0	450	—
22.1～27.0	优	9.0	1.5	11.5	±2.0	13.5	100	5
	一	11.0	2.5	10.5	±2.5	16.0	200	10
	二	13.0	3.5	9.5	±3.0	18.5	300	—
27.1～33.0	优	8.5	1.5	11.5	±2.0	13.0	70	5
	一	10.5	2.5	10.5	±2.5	15.5	150	10
	二	12.5	3.5	9.5	±3.0	18.0	230	—
33.1～43.0	优	8.0	1.5	11.2	±2.0	12.5	50	5
	一	10.0	2.5	10.2	±2.5	15.0	100	10
	二	12.0	3.5	9.2	±3.0	17.5	150	—
43.1～60.0	优	8.0	1.5	11.0	±2.0	12.0	30	5
	一	10.0	2.5	10.0	±2.5	14.5	60	10
	二	12.0	3.5	9.0	±3.0	17.0	90	—
60.1～100.0	优	7.5	1.5	10.8	±2.0	11.5	20	5
	一	9.5	2.5	9.8	±2.5	14.0	40	10
	二	11.5	3.5	8.8	±3.0	16.5	60	—

5 试验方法

5.1 试验条件

各项试验应在各方法标准规定的条件下进行。

5.2 取样规定

从检验批中随机抽取 20 个筒子，各项目所需样品数量及试验次数见表 2。

表 2　转杯纺粘胶纤维本色纱各项目样品数量及试验次数的规定

项　目	筒子数/个	每筒试验次数	总次数
线密度变异系数	20	1	20
线密度偏差率	20	1	20
单纱断裂强度	20	5	100
单纱断裂强力变异系数	20	5	100
条干均匀度变异系数、千米棉结	10	1	10
十万米纱疵	6	—	1
注：若检验批中的筒子数小于 20 个，则全部抽取作为样品。			

5.3　线密度变异系数、线密度偏差率试验

摇取绞纱长度应按 GB/T 4743—2009 规定执行，其中线密度变异系数采用程序 1，线密度采用程序 3。公称线密度的 100 m 标准质量和标准干燥质量按附录 A 计算，线密度偏差率在计算时将烘干后的绞纱折算至 100 m 质量，并按式(1)计算：

$$D=\frac{m-m_{\mathrm{d}}}{m_{\mathrm{d}}}\times 100\% \qquad \cdots\cdots(1)$$

式中：

D——线密度偏差率，%；

m——“100 m”试样实际干燥质量，单位为克(g)；

m_{d}——“100 m”试样标准干燥质量，单位为克(g)。

5.4　单纱断裂强度及单纱断裂强力变异系数试验

按 GB/T 3916 规定执行。

5.5　条干均匀度变异系数、千米棉结(＋200%)试验

按 GB/T 3292.1 规定执行。

5.6　十万米纱疵试验

按 FZ/T 01050 规定执行，十万米纱疵结果用 $A_3+B_3+C_3+D_2$ 之和表示。

5.7　成包净重

按 GB/T 398—2008 中 5.9 规定执行。

5.8　试验结果的表示

一批纱线的各种试验结果用该种试验的全部试验值的计算结果表示，各种试验结果的计算精确度，除已规定者外，按表 3 规定执行。

表 3 计算值的数值修约位数规定

项 目	要求小数点后有效位数
单纱断裂强度/(cN/tex)	1
单纱断裂强力变异系数/%	1
线密度变异系数/%	1
线密度偏差率/%	1
条干均匀度变异系数/%	1
棉结(+200%)/(个/km)	整数
十万米纱疵/(个/10^5 m)	整数
百米质量(每批平均)/(g/100 m)	3
平均线密度/tex	1
折算质量用回潮率/%	2

6 检验规则

按 FZ/T 10007 规定执行。

7 标志、包装

按 FZ/T 10008 规定执行。

8 其他

用户对产品有特殊要求的,生产厂家与用户可另订协议。

附 录 A
（规范性附录）
转杯纺粘胶纤维本色纱百米质量的计算

A.1 转杯纺粘胶纤维本色纱的公定回潮率为13.0%。

A.2 100 m纱在公定回潮率时的标准质量(g)按式(A.1)计算，计算结果修约至小数点后三位。

$$m_g = \frac{T_t}{10} \qquad \cdots\cdots(A.1)$$

式中：

m_g ——100 m纱在公定回潮率时的标准质量，单位为克(g)；

T_t ——纱的公称线密度，单位为特克斯(tex)。

A.3 100 m纱的标准干燥质量(g)按式(A.2)计算，计算结果修约至小数点后三位。

$$m_d = \frac{T_t}{10} \times \frac{100}{100 + W} \qquad \cdots\cdots(A.2)$$

式中：

m_d ——100 m纱标准干燥质量，单位为克(g)；

T_t ——纱的公称线密度，单位为特克斯(tex)；

W ——公定回潮率，%。

ICS 59.080.20
W 12

中华人民共和国纺织行业标准

FZ/T 12028—2012

涤纶色纺纱线

Polyester colour yarns

2012-12-28 发布 2013-06-01 实施

中华人民共和国工业和信息化部 发布

前言

本标准按照 GB/T 1.1—2009 给出的规则起草。

本标准由中国纺织工业联合会提出。

本标准由全国纺织品标准化技术委员会棉纺织印染分技术委员会(SAC/TC 209/SC 2)归口。

本标准起草单位:江阴市红卫青山纺织有限公司、滁州霞客环保色纺有限公司、江阴市茂达棉纺厂有限公司、江阴市天华纱业有限公司、江阴美纶纱业有限公司、宁波双盾纺织帆布实业有限公司、上海市纺织工业技术监督所、中国棉纺织行业协会。

本标准主要起草人:何建华、王桂珍、彭旭光、朱琴娣、周爱明、费强、王明龙、叶戳春、王憬义。

涤纶色纺纱线

1 范围

本标准规定了涤纶(棉型短纤维)色纺纱线的分类、标记、要求、试验方法、检验规则和标志、包装。

本标准适用于环锭纺涤纶色纺纱线(包括针织用纱和机织用纱),不适用于鉴定特种用途涤纶色纺纱线。

2 规范性引用文件

下列文件对于本文件的应用是必不可少的。凡是注日期的引用文件,仅注日期的版本适用于本文件。凡是不注日期的引用文件,其最新版本(包括所有的修改单)适用于本文件。

GB/T 250 纺织品 色牢度试验 评定变色用灰色样卡

GB/T 398—2008 棉本色纱线

GB/T 2543.1 纺织品 纱线捻度的测定 第1部分:直接计数法

GB/T 3292.1 纺织品 纱线条干不匀试验方法 第1部分:电容法

GB/T 3916 纺织品 卷装纱 单根纱线断裂强力和断裂伸长率的测定

GB/T 3920 纺织品 色牢度试验 耐摩擦色牢度

GB/T 3921—2008 纺织品 色牢度试验 耐皂洗色牢度

GB/T 3922 纺织品耐汗渍色牢度试验方法

GB/T 4743—2009 纺织品 卷装纱 绞纱法线密度的测定

GB 18401 国家纺织产品基本安全技术规范

FZ/T 01050 纺织品 纱线疵点的分级与检验方法 电容式

FZ/T 10007 棉及化纤纯纺、混纺本色纱线检验规则

FZ/T 10008 棉及化纤纯纺、混纺本色纱线标志与包装

FZ/T 12014—2006 针织用棉色纺纱

3 术语和定义

下列术语和定义适用于本文件。

3.1

涤纶色纺纱线 polyester colour yarns

由一种及以上颜色的涤纶短纤维纺成的有色纱线。

4 产品分类、标记

4.1 涤纶色纺纱线以不同颜色及线密度分类。

4.2 涤纶色纺纱线的原料代号为T。

4.3 在线密度前标明纱线的颜色代号(或色卡号)、生产工艺过程代号及原料代号。

示例:特黑涤纶色纺纱线密度为19.7 tex,应表示为:特黑(或相应色卡号) T19.7 tex。

4.4 出口产品按供需双方约定的方式标记。

5 要求

5.1 项目

5.1.1 涤纶色纺纱技术要求包括单纱断裂强力变异系数、线密度变异系数、单纱断裂强度、线密度偏差率、条干均匀度变异系数、明显色结、十万米纱疵、色牢度(耐汗渍、耐摩擦、耐皂洗)八项指标。

5.1.2 涤纶色纺线技术要求包括单线断裂强力变异系数、线密度变异系数、单线断裂强度、线密度偏差率、条干均匀度变异系数、明显色结、捻度变异系数、色牢度(耐汗渍、耐摩擦、耐皂洗)八项指标。

5.2 分等规定

5.2.1 同一原料、同一工艺单连续生产的同一规格的产品作为一个或若干检验批。按规定的各项试验方法进行试验,并按其结果评定涤纶色纺纱线的品等。

5.2.2 产品质量等级分为优等品、一等品、二等品,低于二等品为等外品。

5.2.3 涤纶色纺纱线根据产品规格以考核项目中最低一项进行评等。

5.3 技术要求

5.3.1 涤纶色纺纱线的技术要求见表1、表2和表3。

表1 涤纶色纺纱的技术要求

公称线密度 tex	等级	单纱断裂强力变异系数 % ≤	线密度变异系数 % ≤	单纱断裂强度 cN/tex ≥	线密度偏差率 %	条干均匀度变异系数 % ≤	明显色结 粒/100 m ≤	十万米纱疵 个/10^5 m ≤
8.1～11.0	优	12.5	2.0	19.5	±2.0	16.5	5	10
	一	15.5	3.0	15.0	±2.5	19.5	8	25
	二	18.0	4.0	13.0	±3.0	21.5	15	—
11.1～13.0	优	12.5	2.0	19.5	±2.0	16.0	5	10
	一	15.5	3.0	15.0	±2.5	19.0	8	25
	二	18.0	4.0	13.0	±3.0	21.0	15	—
13.1～16.0	优	12.0	2.0	20.5	±2.0	15.5	5	10
	一	15.0	3.0	16.0	±2.5	18.5	8	25
	二	17.5	4.0	14.0	±3.0	20.5	15	—
16.1～20.0	优	11.5	2.0	21.5	±2.0	14.5	5	10
	一	14.5	3.0	17.0	±2.5	17.5	8	25
	二	17.0	4.0	15.0	±3.0	19.5	15	—
20.1～24.0	优	11.0	2.0	22.0	±2.0	14.0	5	10
	一	14.0	3.0	17.5	±2.5	17.0	8	25
	二	16.5	4.0	15.5	±3.0	19.0	15	—
24.1～31.0	优	11.0	2.0	22.5	±2.0	13.5	5	10
	一	14.0	3.0	18.0	±2.5	16.5	8	25
	二	16.5	4.0	16.0	±3.0	18.5	15	—
31.1～60.0	优	10.0	2.0	23.0	±2.0	13.0	5	10
	一	13.0	3.0	18.5	±2.5	16.0	8	25
	二	15.5	4.0	16.5	±3.0	18.0	15	—

表 2　涤纶色纺线的技术要求

公称线密度 tex	等级	单线断裂强力变异系数 %≤	线密度变异系数 % ≤	单线断裂强度 cN/tex ≥	线密度偏差率 %	明显色结粒/100 m ≤	条干均匀度变异系数 % ≤	捻度变异系数 % ≤
8.1×2～11.0×2	优	10.5	1.8	21.0	±2.0	2	14.5	5.0
	一	13.5	2.5	16.5	±2.5	7	—	—
	二	16.0	3.0	14.5	±3.0	12	—	—
11.1×2～13.0×2	优	10.5	1.8	21.0	±2.0	2	14.0	5.0
	一	13.5	2.5	16.5	±2.5	7	—	—
	二	16.0	3.0	14.5	±3.0	12	—	—
13.1×2～16.0×2	优	10.0	1.8	22.0	±2.0	2	13.5	5.0
	一	13.0	2.5	17.5	±2.5	7	—	—
	二	15.5	3.0	15.5	±3.0	12	—	—
16.1×2～20.0×2	优	9.5	1.8	23.0	±2.0	2	12.5	5.0
	一	12.5	2.5	18.5	±2.5	7	—	—
	二	15.0	3.0	16.5	±3.0	12	—	—
20.1×2～24.0×2	优	9.0	1.8	23.5	±2.0	2	12.0	5.0
	一	12.0	2.5	19.0	±2.5	7	—	—
	二	14.5	3.0	17.0	±3.0	12	—	—
24.1×2～31.0×2	优	9.0	1.8	24.0	±2.0	2	11.5	5.0
	一	12.0	2.5	19.5	±2.5	7	—	—
	二	14.5	3.0	17.5	±3.0	12	—	—
31.1×2～60.0×2	优	8.0	1.8	24.5	±2.0	2	11.0	5.0
	一	11.0	2.5	20.0	±2.5	7	—	—
	二	13.5	3.0	18.0	±3.0	12	—	—

表 3　涤纶色纺纱线色牢度技术要求

单位为级

项　目		优等品	一等品	二等品
耐皂洗色牢度	变色	4	3-4	3
	沾色	3-4	3	3
耐汗渍色牢度	变色	4	3-4	3
	沾色	3-4	3	3
耐摩擦色牢度	干摩	4	3-4	3
	湿摩	3(深 2-3)	2-3(深 2)	2-3(深色 2)
注：深、浅色程度按 GB/T 250，5 级为深色，2 级以下为浅色，介于两者之间为中色。				

5.3.2　涤纶色纺纱线对标样的色差不低于 4 级。

5.3.3　产品安全性能应符合 GB 18401 的要求。

6 试验方法

6.1 试验条件

各项试验应在各方法标准规定的条件下进行。

6.2 取样规定

从检验批中随机抽取20个筒子,各项目所需样品数量及试验次数见表4。

表4 涤纶色纺纱线各项目样品数量及试验次数的规定

项目	筒子数 个	每筒试验次数	总次数
线密度变异系数	20	1	20
线密度偏差率	20	1	20
单纱断裂强度	20	5	100
单纱断裂强力变异系数	20	5	100
条干均匀度变异系数	10	1	10
明显色结	10	1	10
十万米纱疵	6	—	1
捻度变异系数	20	2	40
色牢度试验	10	—	1

注1:若检验批中的筒子数小于20个,则全部抽取作为样品。

注2:线密度变异系数、线密度偏差率、单纱断裂强度、单纱断裂强力变异系数、条干均匀度变异系数、捻度变异系数可进行在线产品取样,具体取样规定参见附录A,但用户对产品质量有异议时,则以成品质量检验为准。

6.3 线密度变异系数和线密度偏差率试验

摇取绞纱长度应按GB/T 4743—2009规定执行,其中线密度变异系数采用程序1,线密度采用程序3。公称线密度100 m标准质量和标准干燥质量按附录B计算,线密度偏差率应将烘干后的绞纱折算至100 m质量,并按式(1)计算:

$$D=\frac{m-m_d}{m_d}\times 100\% \qquad \cdots\cdots(1)$$

式中:

D——线密度偏差率,%;

m——"100 m"试样实际干燥质量,单位为克(g);

m_d——"100m"试样标准干燥质量,单位为克(g)。

6.4 单纱断裂强度及单纱断裂强力变异系数试验

按GB/T 3916规定执行。

6.5 条干均匀度变异系数试验

按GB/T 3292.1规定执行。

6.6 十万米纱疵试验

按 FZ/T 01050 规定执行，十万米纱疵结果用 $A_3+B_3+C_3+D_2$ 之和表示。

6.7 明显色结试验

按 FZ/T 12014—2006 附录 A 规定执行。

6.8 色牢度试验

6.8.1 耐摩擦色牢度试验按 GB/T 3920 执行。

6.8.2 耐皂洗色牢度试验按 GB/T 3921—2008 执行，采用单纤维贴衬，试验条件为 C(3)。

6.8.3 耐汗渍色牢度试验按 GB/T 3922 执行。

6.9 色差试验

按 GB/T 250 规定执行。

6.10 捻度试验方法

按 GB/T 2543.1 规定执行。

6.11 纱线成包净重

按 GB/T 398—2008 中 5.9 规定执行。

6.12 试验结果的表示

一批纱线的各种试验结果是由该种试验的全部试验值的计算结果表示，各种试验结果的计算精确度，除已规定者外，按表 5 规定执行。

表 5 计算值的数字修约位数规定

项　　目	要求小数点后有效位数
线密度变异系数/%	1
线密度偏差率/%	1
百米质量(每批平均)/(g/100 m)	3
单纱(线)断裂强度/(cN/tex)	1
单纱(线)断裂强力变异系数/%	1
条干均匀度变异系数/%	1
明显色结/(粒/100m)	整数
十万米纱疵/(个/10^5 m)	整数
捻度变异系数	1
平均线密度/tex	1
折算质量用回潮率/%	2

7 检验规则

按 FZ/T 10007 规定执行。

8 标志、包装

按 FZ/T 10008 规定执行，同时供货方应在所供产品上标明该产品的颜色代号(或色卡号)。

9 其他

用户对产品有特殊要求者，供需双方可另订协议。

附 录 A
（资料性附录）
在线产品取样及试验

A.1 在线产品取样周期及卷装形式

A.1.1 一般两天取样试验一次，但周期一经确定，不得任意变更，十万米纱疵试验周期可适当延长，但不得超过两周。
A.1.2 取样的卷装形式为管纱。

A.2 在线产品取样数及试验次数

A.2.1 各项试验应在各方法标准规定的条件下进行，如生产需要，可以在接近车间温湿度条件下进行，但试验地点的温湿度应稳定，并不得故意偏离标准条件。
A.2.2 在线产品取样数见表A.1。

表A.1 在线产品取样数

生产同一品种的开台数	1	2	3	4	5	6	7	8～9	10	11～14	15	16～29	30及以上
每机台上采取管纱数	30	15	10	7～8	6	5	4～5	3～4	3	2～3	2	1～2	1
总管纱数	30	30	30	30	30	30	30	30	30	30	30	30	30

A.2.3 线密度变异系数、线密度偏差率试验，每份试样30个管纱，每管摇取1缕，总数为30次（开台数在5台及以下的产品，线密度变异系数、线密度偏差率试验可相应减少拔管数，拔取15个管纱，每管摇取2缕）。
A.2.4 单纱（线）断裂强度及单纱（线）断裂强力变异系数试验，单纱每份试样30个管纱，每管测试2次，总数为60次（开台数在5台及以下者，可每份试样15个管纱，每管测试4次），若为股线，每份试样为15个管纱，每管测2次，总数为30次。采用全自动纱线强力试验仪的取样数，纱线均为20个管纱，每管测5次，总数为100次。
A.2.5 条干均匀度变异系数需在各机台随机抽取10个管纱，试验次数为10次。
A.2.6 股线捻度变异系数需在各机台随机拔取20个管纱，每管测2次，总数为40次。

附　录　B

（规范性附录）

涤纶色纺纱线百米质量的计算

B.1 涤纶色纺纱线公定回潮率为0.4%。

B.2 100 m纱线在公定回潮率时的标准质量(g)按式(B.1)计算，计算结果修约至小数点后三位。

$$m_g = \frac{T_t}{10} \qquad \text{(B.1)}$$

式中：

m_g——100 m纱线在公定回潮率时的标准质量，单位为克(g)；

T_t——纱线公称线密度，单位为特克斯(tex)。

B.3 100 m纱线的标准干燥质量(g)按式(B.2)计算，计算结果修约至小数点后三位。

$$m_d = \frac{T_t}{10} \times \frac{100}{100 + W} \qquad \text{(B.2)}$$

式中：

m_d——100 m纱线标准干燥质量，单位为克(g)；

T_t——纱线公称线密度，单位为特克斯(tex)；

W——公定回潮率，%。

ICS 59.080.20
W 12

中华人民共和国纺织行业标准

FZ/T 12029—2012

精梳棉与粘胶混纺色纺纱线

Combed cotton/viscose blended colour yarns

2012-12-28 发布

2013-06-01 实施

中华人民共和国工业和信息化部　发布

前　言

本标准按照 GB/T 1.1—2009 给出的规则起草。

本标准由中国纺织工业联合会提出。

本标准由全国纺织品标准化技术委员会棉纺织印染分技术委员会(SAC/TC 209/SC 2)归口。

本标准起草单位:华孚色纺股份有限公司、江阴市红卫青山纺织有限公司、宁波百隆纺织有限公司、上海市纺织工业技术监督所、中国棉纺织行业协会。

本标准主要起草人:赵黎新、何建华、张荣庆、王憬义、叶戬春、马淑静。

精梳棉与粘胶混纺色纺纱线

1 范围

本标准规定了棉与粘胶(棉型短纤维)混纺色纺纱线的分类、标记、要求、试验方法、检验规则和标志、包装。

本标准适用于环锭纺精梳棉与粘胶混纺色纺纱线(针织用纱),不适用于鉴定特种用途精梳棉与粘胶混纺色纺纱线。

2 规范性引用文件

下列文件对于本文件的应用是必不可少的。凡是注日期的引用文件,仅注日期的版本适用于本文件。凡是不注日期的引用文件,其最新版本(包括所有的修改单)适用于本文件。

GB/T 250 纺织品 色牢度试验 评定变色用灰色样卡

GB/T 398—2008 棉本色纱线

GB/T 2543.1 纺织品 纱线捻度的测定 第1部分:直接计数法

GB/T 2910.6 纺织品 定量化学分析 第6部分:粘胶纤维、某些铜氨纤维、莫代尔纤维或莱赛尔纤维与棉的混合物(甲酸/氯化锌法)

GB/T 3292.1 纺织品 纱线条干不匀试验方法 第1部分:电容法

GB/T 3916 纺织品 卷装纱 单根纱线断裂强力和断裂伸长率的测定

GB/T 3920 纺织品 色牢度试验 耐摩擦色牢度

GB/T 3921—2008 纺织品 色牢度试验 耐皂洗色牢度

GB/T 3922 纺织品耐汗渍色牢度试验方法

GB/T 4743—2009 纺织品 卷装纱 绞纱法线密度的测定

GB 18401 国家纺织产品基本安全技术规范

FZ/T 01050 纺织品 纱线疵点的分级与检验方法 电容式

FZ/T 10007 棉及化纤纯纺、混纺本色纱线检验规则

FZ/T 10008 棉及化纤纯纺、混纺本色纱线标志与包装

FZ/T 12014—2006 针织用棉色纺纱

3 术语和定义

下列术语和定义适用于本文件。

3.1

棉与粘胶混纺色纺纱线 combed cotton/viscose blended colour yarns

一种及以上不同颜色的棉、粘胶纤维混纺而成的有色纱线。

4 产品分类、标记

4.1 精梳棉与粘胶混纺色纺纱线以不同颜色、混纺比及线密度分类。

4.2 粘胶原料代号为R，棉原料代号为C。

4.3 产品混纺比以净干质量结合公定回潮率计算，具体表示为：粘胶混用比例在50%及以上，以粘胶含量/棉含量表示；粘胶混用比例在50%以下，以棉含量/粘胶含量表示。

4.4 在线密度前标明纱线的颜色代号(或色卡号)、生产工艺过程代号、原料代号及其混纺比。

示例：麻灰 19.7 tex 精梳棉粘混纺色纺纱，纤维含量为棉为 60%、粘胶 40%，应写为：麻灰(或相应色卡号) JC/R 60/40 19.7 tex。

4.5 出口产品按供需双方约定的方式标记。

注：线密度采用特克斯(tex)制，如采用英制支数时需换算，换算常数为 590.5。

5 要求

5.1 项目

5.1.1 单纱技术要求包括单纱断裂强力变异系数、线密度变异系数、单纱断裂强度、线密度偏差率、条干均匀度变异系数、千米棉结(+200%)、明显色结、十万米纱疵及色牢度(耐皂洗、耐摩擦、耐汗渍)、纤维含量偏差十项指标。

5.1.2 股线技术要求包括单线断裂强力变异系数、线密度变异系数、单线断裂强度、线密度偏差率、明显色结、捻度变异系数及色牢度(耐皂洗、耐摩擦、耐汗渍)、纤维含量偏差八项指标。

5.2 分等规定

5.2.1 同一原料、同一工艺单连续生产的同一规格的产品作为一个或若干检验批。按规定的各项试验方法进行试验，并按其结果评定精梳棉与粘胶混纺色纺纱线的品等。

5.2.2 产品质量等级分为优等品、一等品、二等品，低于二等品为等外品。

5.2.3 精梳棉与粘胶混纺色纺纱线质量等级根据产品规格以考核项目中最低一项进行评等。

5.3 技术要求

5.3.1 技术要求见表1、表2和表3。

表1 精梳棉与粘胶混纺色纺纱的技术要求

公称线密度/tex	等级	单纱断裂强力变异系数/% ≤		线密度变异系数/% ≤	单纱断裂强度/(cN/tex) ≥		线密度偏差率/%	条干均匀度变异系数/% ≤	千米棉结(+200%)/(粒/km) ≤	明显色结/(粒/100 m) ≤	十万米纱疵/(个/10^5 m) ≤
		粘胶含量<50%	粘胶含量≥50%		粘胶含量<50%	粘胶含量≥50%					
11.1～13.0	优	11.5	11.0	2.0	12.0	11.4	±2.0	15.5	250	5	5
	一	15.5	15.0	3.0	10.6	10.0	±2.5	17.5	350	8	10
	二	20.0	19.5	4.0	9.2	8.6	±3.0	19.5	550	15	—
13.1～16.0	优	10.5	10.0	2.0	11.6	11.0	±2.0	14.5	130	5	5
	一	14.5	14.0	3.0	10.2	9.6	±2.5	16.5	200	8	10
	二	19.0	18.5	4.0	8.8	8.2	±3.0	18.5	360	15	—
16.1～20.0	优	10.0	9.5	2.0	11.0	10.4	±2.0	13.5	110	5	5
	一	14.0	13.5	3.0	9.6	9.0	±2.5	15.5	180	8	10
	二	18.5	18.0	4.0	8.2	7.6	±3.0	17.5	300	15	—

表 1（续）

公称线密度/tex	等级	单纱断裂强力变异系数/% ≤ 粘胶含量<50%	单纱断裂强力变异系数/% ≤ 粘胶含量≥50%	线密度变异系数/% ≤	单纱断裂强度/(cN/tex) ≥ 粘胶含量<50%	单纱断裂强度/(cN/tex) ≥ 粘胶含量≥50%	线密度偏差率/%	条干均匀度变异系数/% ≤	千米棉结(+200%)/(粒/km) ≤	明显色结/(粒/100 m) ≤	十万米纱疵/(个/10^5 m) ≤
20.1～24.0	优	9.5	9.0	2.0	11.8	11.2	±2.0	12.5	90	5	5
	一	13.5	13.0	3.0	10.4	9.8	±2.5	14.5	160	8	10
	二	18.0	17.5	4.0	9.0	8.4	±3.0	16.5	280	15	—
24.1～31.0	优	8.5	8.0	2.0	11.8	11.2	±2.0	11.5	70	5	5
	一	12.5	12.0	3.0	10.4	9.8	±2.5	13.5	140	8	10
	二	17.0	16.5	4.0	9.0	8.4	±3.0	15.5	260	15	—
31.1～37.0	优	8.0	7.5	2.0	11.6	11.0	±2.0	11.0	50	5	5
	一	12.0	11.5	3.0	10.2	9.6	±2.5	13.0	120	8	10
	二	16.5	16.0	4.0	8.8	8.2	±3.0	15.0	240	15	—

表 2　精梳棉与粘胶混纺色纺线技术要求

公称线密度/tex	等级	单线断裂强度变异系数/% ≤ 粘胶含量<50%	单线断裂强度变异系数/% ≤ 粘胶含量≥50%	线密度变异系数/% ≤	单线断裂强度/(cN/tex) ≥ 粘胶含量<50%	单线断裂强度/(cN/tex) ≥ 粘胶含量≥50%	线密度偏差率/%	明显色结/(粒/100 m) ≤	捻度变异系数/% ≤
11.1×2～13.0×2	优	10.0	9.5	2.0	12.6	12.0	±2.0	3	5.0
	一	12.0	11.5	3.0	11.2	10.6	±2.5	8	—
	二	15.0	14.5	4.0	9.8	9.2	±3.0	15	—
13.1×2～16.0×2	优	9.5	9.0	2.0	12.2	11.6	±2.0	3	5.0
	一	11.5	11.0	3.0	10.8	10.2	±2.5	8	—
	二	14.5	14.0	4.0	9.4	8.8	±3.0	15	—
16.1×2～20.0×2	优	9.0	8.5	2.0	11.6	11.0	±2.0	3	5.0
	一	11.0	10.5	3.0	10.2	9.6	±2.5	8	—
	二	14.0	13.5	4.0	8.8	8.2	±3.0	15	—
20.1×2～24.0×2	优	8.5	8.0	2.0	12.4	11.8	±2.0	3	5.0
	一	10.5	10.0	3.0	11.0	10.4	±2.5	8	—
	二	13.5	13.0	4.0	9.6	9.0	±3.0	15	—
24.1×2～31.0×2	优	8.0	7.5	2.0	12.4	11.8	±2.0	3	5.0
	一	10.0	9.5	3.0	11.0	10.4	±2.5	8	—
	二	13.0	12.5	4.0	9.6	9.0	±3.0	15	—
31.1×2～37.0×2	优	7.5	7.0	2.0	12.2	11.6	±2.0	3	5
	一	9.5	9.0	3.0	10.8	10.2	±2.5	8	10
	二	12.5	12.0	4.0	9.4	8.8	±3.0	15	—

表 3　精梳棉与粘胶混纺色纺纱线色牢度的技术要求

单位为级

项　　目		优等品	一等品	二等品
耐皂洗色牢度 ≥	变色	4	3-4	3
	沾色	3-4	3	3
耐汗渍色牢度 ≥	变色	4	3-4	3
	沾色	3-4	3	3
耐摩擦色牢度 ≥	干摩	4	3-4	3
	湿摩	3(深色 2-3)	2-3(深色 2)	2-3(深色 2)
注：深、浅色程度按 GB/T 250 标准，5 级为深色，2 级及以下为浅色，介于两者之间为中色。				

5.3.2　产品纤维含量允许偏差为±2.5%，例如 J R/C 55/45 粘胶与棉混纺色纺纱线，允许含量为：57.5%～52.5%为粘胶，42.5%～47.5%为棉。纤维含量偏差超过±2.5%时，评该批产品为等外品。

5.3.3　精梳棉与粘胶混纺色纺纱线对来样色差不低于 4 级。

5.3.4　产品安全性能应符合 GB 18401 的要求。

6　试验方法

6.1　试验条件

各项试验应在各方法标准规定的条件下进行。

6.2　取样规定

从检验批次中随机抽取 20 个筒子，各项目所需样品数量及试验次数按表 4 规定。

表 4　精梳棉与粘胶混纺色纺纱线各项目样品数量及试验次数的规定

项目	筒子数/个	每筒试验次数	总次数
线密度变异系数	20	1	20
线密度偏差率	20	1	20
单纱断裂强度	20	5	100
单纱断裂强力变异系数	20	5	100
条干均匀度变异系数、千米棉结	10	1	10
明显色结	10	1	10
捻度变异系数	20	2	40
十万米纱疵	6	—	1
色牢度	10	—	1
纤维含量偏差	10	—	1
注 1：若检验批中的筒子数小于 20 个，则全部抽取作为样品。 注 2：除明显色结、十万米纱疵、色牢度外，其他各项指标可进行在线产品取样，具体取样规定见附录 A，但用户对产品质量有异议时，则以成品质量检验为准。			

6.3 线密度变异系数、线密度偏差率试验

摇取绞纱长度应按 GB/T 4743—2009 规定执行，其中线密度变异系数采用程序 1，线密度采用程序 3。公称线密度 100 m 标准质量和标准干燥质量按附录 B 计算。线密度偏差率在计算时应将烘干后的绞纱折算至 100 m 质量，并按式(1)计算：

$$D=\frac{m-m_{d}}{m_{d}}\times 100\% \qquad \cdots\cdots(1)$$

式中：

D ——线密度偏差率，%；

m ——"100 m"试样实际干燥质量，单位为克(g)；

m_{d}——"100 m"试样标准干燥质量，单位为克(g)。

6.4 单纱(线)断裂强度及单纱(线)断裂强力变异系数试验

按 GB/T 3916 执行。

6.5 条干均匀度变异系数、千米棉结(+200%)试验

按 GB/T 3292.1 执行。

6.6 十万米纱疵试验

按 FZ/T 01050 执行，十万米纱疵结果用 $A_3+B_3+C_3+D_2$ 之和表示。

6.7 明显色结试验

按 FZ/T 12014—2006 中附录 A 规定执行。

6.8 纤维含量试验

按 GB/T 2910.6 执行，纤维含量结果以净干质量结合公定回潮率计算的公定质量百分率表示。

6.9 捻度试验

按 GB/T 2543.1 规定执行。

6.10 色牢度试验

6.10.1 耐皂洗色牢度试验按 GB/T 3921—2008 规定执行，采用单纤维贴衬，试验条件为 A(1)。

6.10.2 耐汗渍色牢度试验按 GB/T 3922 执行。

6.10.3 耐摩擦色牢度试验按 GB/T 3920 执行。

6.11 色差试验

按 GB/T 250 执行。

6.12 纱线成包净重

按 GB/T 398—2008 中 5.9 规定执行。

6.13 试验结果的表示

一批纱线的各种试验结果用该种试验的全部试验值的计算结果表示，各种试验结果的计算精确度，

除已规定者外，按表5规定执行。

表5 计算值的数值修约位数规定

项　目	要求小数点后有效位数
单纱断裂强度/(cN/tex)	1
单纱断裂强力变异系数/%	1
线密度变异系数/%	1
线密度偏差率/%	1
百米质量(每批平均)/(g/100 m)	3
条干均匀度变异系数/%	1
千米棉结(+200%)/(个/km)	整数
明显色结/(粒/100 m)	整数
十万米纱疵/(个/10^5 m)	整数
捻度变异系数/%	1
平均线密度/tex	1
修正强力用回潮率/%	1
折算质量用回潮率/%	2

7 检验规则

按FZ/T 10007规定执行。

8 标志、包装

按FZ/T 10008规定执行，同时供货方应在所供产品上标明该产品的颜色代号(或色卡号)。

9 其他

用户对本标准有特殊要求者，供需双方可另订协议。

附 录 A
（资料性附录）
在线产品取样及试验

A.1 在线产品取样周期及卷装形式

A.1.1 一般两天取样试验一次，但周期一经确定，不得任意变更。十万米纱疵、纤维含量偏差试验周期可适当延长，但不得超过两周。

A.1.2 取样的卷装形式为管纱。

A.2 在线产品取样数及试验次数

A.2.1 各项试验应在各方法标准规定的条件下进行，如生产需要，可以在接近车间温湿度条件下进行，但试验地点的温湿度应稳定，并不得故意偏离标准条件。

A.2.2 在线产品取样数见表 A.1。

表 A.1 在线产品取样数

生产同一品种的开台数	1	2	3	4	5	6	7	8～9	10	11～14	15	16～29	30 及以上
每机台上采取的管纱数	30	15	10	7～8	6	5	4～5	3～4	3	2～3	2	1～2	1
总管纱数	30	30	30	30	30	30	30	30	30	30	30	30	30

A.2.3 线密度变异系数、线密度偏差率试验，每份试样 30 个管纱，每管摇取 1 缕，总数为 30 次（开台数在 5 台及以下的产品，线密度变异系数、线密度偏差率试验可相应减少拔管数，拔取 15 个管纱，每管摇取 2 缕）。

A.2.4 单纱（线）断裂强度及单纱（线）断裂强力变异系数试验，单纱每份试样 30 个管纱，每管测试 2 次，总数为 60 次（开台数在 5 台及以下者，可每份试样 15 个管纱，每管测试 4 次）；若为股线，每份试样为 15 个管纱，每管测 2 次，总数为 30 次。采用全自动纱线强力试验仪的取样数，纱线均为 20 个管纱，每管测 5 次，总数为 100 次。

A.2.5 条干均匀度变异系数、千米棉结需在各机台随机抽取 10 个管纱，试验次数为 10 次。

A.2.6 股线捻度变异系数需在各机台随机拔取 20 个管纱，每管测 2 次，总数为 40 次。

附　录　B
（规范性附录）
精梳棉与粘胶混纺色纺纱线百米质量的计算

B.1　精梳棉与粘胶混纺色纺纱线的公定回潮率可按干重混纺比例计算，也可按公定质量混纺比例计算，见式(B.1)和式(B.2)，计算结果修约至小数点后一位。其中粘胶公定回潮率为13%，棉公定回潮率为8.5%。

a)　以干重混纺比例计算公定回潮率，以百分率表示：

$$W=\frac{W_C \times A_C + W_R \times A_R}{100} \quad \cdots\cdots\cdots\cdots (B.1)$$

b)　以公定质量混纺比例计算公定回潮率，以百分率表示：

$$W=\frac{\dfrac{B_C W_C}{1+\dfrac{W_C}{100}}+\dfrac{B_R W_R}{1+\dfrac{W_R}{100}}}{\dfrac{B_C}{1+\dfrac{W_C}{100}}+\dfrac{B_R}{1+\dfrac{W_R}{100}}} \quad \cdots\cdots\cdots\cdots (B.2)$$

式中：

W　　　——公定回潮率，%；

W_C、W_R ——棉、粘胶公定回潮率，%；

A_C、A_R ——棉、粘胶干燥质量混纺百分比例，%；

B_C、B_R ——棉、粘胶公定质量混纺百分比例，%。

B.2　100 m纱线在公定回潮率时的标准质量(g)按式(B.3)计算，计算结果修约至小数点后三位。

$$m_g=\frac{T_t}{10} \quad \cdots\cdots\cdots\cdots (B.3)$$

式中：

m_g ——100 m纱线在公定回潮率时的标准质量，单位为克(g)；

T_t ——纱线公称线密度，单位为特克斯(tex)。

B.3　100 m纱线的标准干燥质量(g)按式(B.4)计算，计算结果修约至小数点后三位。

$$m_d=\frac{T_t}{10} \times \frac{100}{100+W} \quad \cdots\cdots\cdots\cdots (B.4)$$

式中：

m_d ——100 m纱线标准干燥质量，单位为克(g)；

T_t ——纱线公称线密度，单位为特克斯(tex)；

W ——公定回潮率，%。

ICS 59.080.20
W 12

中华人民共和国纺织行业标准

FZ/T 12030—2012

转杯纺棉色纺纱

Rotor spinning cotton colour yarns

2012-12-28 发布　　2013-06-01 实施

中华人民共和国工业和信息化部　发布

前　言

本标准按照GB/T 1.1—2009给出的规则起草。

本标准由中国纺织工业联合会提出。

本标准由全国纺织品标准化技术委员会棉纺织印染分技术委员会(SAC/TC 209/SC 2)归口。

本标准起草单位:百隆东方股份有限公司、浙江湖州威达纺织集团有限公司、华孚色纺股份有限公司、江阴市茂达棉纺厂有限公司、宁波百隆纺织有限公司、上海市纺织工业技术监督所、中国棉纺织行业协会。

本标准主要起草人:卫国、吴爱儿、陈顺明、朱翠云、朱琴娣、王憬义、叶戬春、黄林海。

转杯纺棉色纺纱

1 范围

本标准规定了转杯纺棉色纺纱的产品分类、标记、要求、试验方法、检验规则和标志、包装。

本标准适用于转杯纺棉色纺纱。

本标准不适用于天然彩色棉转杯纺纱及特种用途转杯纺棉色纺纱。

2 规范性引用文件

下列文件对于本文件的应用是必不可少的。凡是注日期的引用文件，仅注日期的版本适用于本文件。凡是不注日期的引用文件，其最新版本(包括所有的修改单)适用于本文件。

GB/T 250 纺织品 色牢度试验 评定变色用灰色样卡

GB/T 398—2008 棉本色纱线

GB/T 3292.1 纺织品 纱线条干不匀试验方法 第1部分:电容法

GB/T 3916 纺织品 卷装纱 单根纱线断裂强力和断裂伸长率的测定

GB/T 3920 纺织品 色牢度试验 耐摩擦色牢度

GB/T 3921—2008 纺织品 色牢度试验 耐皂洗色牢度

GB/T 3922 纺织品耐汗渍色牢度试验方法

GB/T 4743—2009 纺织品 卷装纱 绞纱法线密度的测定

GB 18401 国家纺织产品基本安全技术规范

FZ/T 01050 纺织品 纱线疵点的分级与检验方法 电容式

FZ/T 10007 棉及化纤纯纺、混纺本色纱线检验规则

FZ/T 10008 棉及化纤纯纺、混纺本色纱线标志与包装

FZ/T 12014—2006 针织用棉色纺纱

3 术语和定义

下列术语和定义适用于本文件。

3.1

转杯纺棉色纺纱 rotor spinning cotton colour yarns

采用转杯纺技术，由一种及以上染色棉纯纺或与本色棉混纺而成的有色纱。

4 产品分类、标记

4.1 转杯纺棉色纺纱以不同颜色及线密度分类。

4.2 转杯纺棉色纺纱的原料代号为C。

4.3 在线密度前标明纱线的颜色代号(或色卡号)、生产工艺过程代号及原料代号。

示例：麻灰19.7 tex转杯纺棉色纺纱，应写为：麻灰(或相应色卡号)OE C 19.7 tex。

4.4 出口产品按供需双方约定的方式标记。

注：线密度采用特克斯(tex)制，如采用英制支数时需换算，换算常数为590.5。

5 要求

5.1 项目

转杯纺棉色纺纱技术要求主要包括单纱断裂强力变异系数、线密度变异系数、单纱断裂强度、线密度偏差率、条干均匀度变异系数、明显色结、千米棉结、十万米纱疵、色牢度(耐皂洗、耐摩擦、耐汗渍)九项指标。

5.2 分等规定

5.2.1 同一原料、同一工艺单连续生产的同一规格的产品作为一个或若干检验批。按规定的各项试验方法进行试验,并按其结果评定转杯纺棉色纺纱的品等。

5.2.2 产品质量等级分为优等品、一等品、二等品,低于二等品为等外品。

5.2.3 转杯纺棉色纺纱质量等级根据产品规格以考核项目中最低一项进行评等。

5.3 技术要求

5.3.1 技术要求见表1、表2。

表1 转杯纺棉色纺纱技术要求

公称线密度/tex	等级	单纱断裂强力变异系数/% ≤	线密度变异系数/% ≤	单纱断裂强度/(cN/tex)≥	线密度偏差率/%	条干均匀度变异系数/% ≤	明显色结/(粒/100 m)	千米棉结(+200%)/(粒/100 m)	十万米纱疵/(个/10^5 m)
13.1~16.0	优	11.5	1.5	11.2	±2.0	16.5	3	300	5
	一	15.0	2.5	10.2	±2.5	19.5	6	600	10
	二	18.0	3.5	9.2	±3.0	22.5	14	1 000	—
16.1~20.0	优	11.0	1.5	11.0	±2.0	16.0	3	250	5
	一	14.5	2.5	10.0	±2.5	19.0	6	450	10
	二	17.5	3.5	9.0	±3.0	22.0	14	800	—
20.1~31.0	优	10.5	1.5	10.8	±2.0	15.5	4	200	5
	一	14.0	2.5	9.8	±2.5	18.5	8	350	10
	二	17.0	3.5	8.8	±3.0	21.5	16	500	—
31.1~37.0	优	10.0	1.5	10.4	±2.0	15.0	4	150	5
	一	13.5	2.5	9.4	±2.5	18.0	8	250	10
	二	16.5	3.5	8.4	±3.0	21.0	16	400	—
37.1~60.0	优	9.5	1.5	10.0	±2.0	14.5	5	100	5
	一	13.0	2.5	9.0	±2.5	17.5	9	200	10
	二	16.0	3.5	8.0	±3.0	20.5	18	300	—
60.1及以上	优	8.5	1.5	9.8	±2.0	14.0	5	50	5
	一	12.0	2.5	8.8	±2.5	17.0	9	100	10
	二	15.0	3.5	7.8	±3.0	20.0	18	200	—

表 2 转杯纺棉色纺纱色牢度要求

单位为级

项目		优等品	一等品	二等品
耐皂洗色牢度 ≥	变色	4	3-4	3
	沾色	3-4	3	3
耐汗渍色牢度 ≥	变色	4	3-4	3
	沾色	3-4	3	3
耐摩擦色牢度 ≥	干摩	4	3-4	3
	湿摩	3(深 2-3)	2-3(深 2)	2-3(深色 2)
注：深、浅色程度按 GB/T 250 标准，5 级为深色，2 级及以下为浅色，介于两者之间为中色。				

5.3.2 转杯纺棉色纺纱对来样的色差不低于 4 级。

5.3.3 产品安全性能应符合 GB 18401 的要求。

6 试验方法

6.1 试验条件

各项试验应在各方法标准规定的条件下进行。

6.2 取样规定

从检验批中随机抽取 20 个筒子，各项目所需样品数量及试验次数见表 3。

表 3 转杯纺棉色纺纱各项目样品数量及试验次数的规定

项目	筒子数/个	每筒试验次数	总次数
线密度变异系数	20	1	20
线密度偏差率	20	1	20
单纱断裂强度	20	5	100
单纱断裂强力变异系数	20	5	100
条干均匀度变异系数、千米棉结	10	1	10
明显色结	10	1	10
十万米纱疵	6	—	1
色牢度	10	—	1
注：若检验批中的筒子数小于 20 个，则全部抽取作为样品。			

6.3 线密度变异系数、线密度偏差率试验

摇取绞纱长度应按 GB/T 4743—2009 规定执行，其中线密度变异系数采用程序 1，线密度采用程序 3。公称线密度的 100 m 标准质量和标准干燥质量按附录 A 计算，线密度偏差率在计算时将烘干后的绞纱折算至 100 m 质量，并按式(1)计算：

$$D=\frac{m-m_{\mathrm{d}}}{m_{\mathrm{d}}}\times 100\% \qquad \cdots\cdots(1)$$

式中：

D——线密度偏差率，%；

m ——“100 m”试样实际干燥质量,单位为克(g);

m_d——“100 m”试样标准干燥质量,单位为克(g)。

6.4 单纱断裂强度及单纱断裂强力变异系数试验

按 GB/T 3916 规定执行。

6.5 条干均匀度变异系数、千米棉结(+200%)试验

按 GB/T 3292.1 规定执行。

6.6 明显色结试验

按 FZ/T 12014—2006 中附录 A 规定执行。

6.7 十万米纱疵试验

按 FZ/T 01050 规定执行,十万米纱疵结果用 $A_3+B_3+C_3+D_2$ 之和表示。

6.8 色牢度试验

6.8.1 耐皂洗色牢度试验按 GB/T 3921—2008 规定执行,采用单纤维贴衬,试验条件为 C(3)。

6.8.2 耐汗渍色牢度试验按 GB/T 3922 执行。

6.8.3 耐摩擦色牢度试验按 GB/T 3920 执行。

6.9 色差试验

按 GB/T 250 规定执行。

6.10 纱的成包净重

按 GB/T 398—2008 中 5.9 规定执行。

6.11 试验结果的表示

一批纱线的各种试验结果用该种试验的全部试验值的计算结果表示,各种试验结果的计算精确度,除已规定者外,按表 4 规定执行。

表 4 计算值的数值修约位数规定

项　　目	要求小数点后有效位数
单纱断裂强度/(cN/tex)	1
单纱断裂强力变异系数/%	1
线密度变异系数/%	1
线密度偏差率/%	1
百米质量(每批平均)/(g/100 m)	3
条干均匀度变异系数/%	1
千米棉结(+200%)/(个/km)	整数
明显色结/(粒/100 m)	整数
十万米纱疵/(个/10^5 m)	整数
平均线密度/tex	1
折算质量用回潮率/%	2

7 检验规则

按 FZ/T 10007 规定执行。

8 标志、包装

按 FZ/T 10008 规定执行，同时供货方应在所供产品上标明该产品的颜色代号(或色卡号)。

9 其他

用户对产品有特殊要求的，生产厂家与用户可另订协议。

附　录　A
（规范性附录）
转杯纺棉色纺纱百米质量的计算

A.1　转杯纺棉色纺纱的公定回潮率为8.5%。

A.2　100 m纱在公定回潮率时的标准质量(g)按式(A.1)计算，计算结果修约至小数点后三位。

$$m_g = \frac{T_t}{10} \quad \cdots\cdots\cdots\cdots(A.1)$$

式中：

m_g ——100 m纱在公定回潮率时的标准质量，单位为克(g)；

T_t ——纱的公称线密度，单位为特克斯(tex)。

A.3　100 m纱的标准干燥质量(g)按式(A.2)计算，计算结果修约至小数点后三位。

$$m_d = \frac{T_t}{10} \times \frac{100}{100 + W} \quad \cdots\cdots\cdots\cdots(A.2)$$

式中：

m_d ——100 m纱标准干燥质量，单位为克(g)；

T_t ——纱的公称线密度，单位为特克斯(tex)；

W ——公定回潮率，%。

ICS 59.080.20
W 12

中华人民共和国纺织行业标准

FZ/T 12031—2012

紧密纺棉色纺纱

Compact spinning cotton colour yarns

2012-12-28 发布　　2013-06-01 实施

中华人民共和国工业和信息化部　　发布

前 言

本标准按照 GB/T 1.1—2009 给出的规则起草。

本标准由中国纺织工业联合会提出。

本标准由全国纺织品标准化技术委员会棉纺织印染分技术委员会(SAC/TC 209/SC 2)归口。

本标准起草单位:百隆东方股份有限公司、国家生态纺织品质量监督检验中心滨州实验室、华孚色纺股份有限公司、宁波百隆纺织有限公司、上海市纺织工业技术监督所、中国棉纺织行业协会。

本标准主要起草人:卫国、黄林海、田金家、朱翠云、王憬义、叶戬春、张荣庆、丁曰东。

紧密纺棉色纺纱

1 范围

本标准规定了紧密纺棉色纺纱的分类、标记、要求、试验方法、检验规则和标志、包装。

本标准适用于紧密纺技术加工生产的精梳棉色纺纱，不适用于天然彩棉色纺纱及特种用途紧密纺棉色纺纱。

2 规范性引用文件

下列文件对于本文件的应用是必不可少的。凡是注日期的引用文件，仅注日期的版本适用于本文件。凡是不注日期的引用文件，其最新版本(包括所有的修改单)适用于本文件。

GB/T 250 纺织品 色牢度试验 评定变色用灰色样卡

GB/T 398—2008 棉本色纱线

GB/T 3292.1 纺织品 纱线条干不匀试验方法 第1部分：电容法

GB/T 3916 纺织品 卷装纱 单根纱线断裂强力和断裂伸长率的测定

GB/T 3920 纺织品 色牢度试验 耐摩擦色牢度

GB/T 3921—2008 纺织品 色牢度试验 耐皂洗色牢度

GB/T 3922 纺织品耐汗渍色牢度试验方法

GB/T 4743—2009 纺织品 卷装纱 绞纱法线密度的测定

GB/T 6529 纺织品 调湿和试验用标准大气

GB/T 8170 数值修约规则与极限数值的表示和判定

GB 18401 国家纺织产品基本安全技术规范

FZ/T 01050 纺织品 纱线疵点的分级与检验方法 电容式

FZ/T 01086 纺织品 纱线毛羽测定方法 投影计数法

FZ/T 10007 棉及化纤纯纺、混纺本色纱线检验规则

FZ/T 10008 棉及化纤纯纺、混纺本色纱线标志与包装

FZ/T 12014—2006 针织用棉色纺纱

3 术语和定义

下列术语和定义适用于本文件。

3.1

紧密纺棉色纺纱 compact spinning cotton colour yarns

采用紧密纺技术，由一种及以上染色棉纯纺或与本色棉混纺而成的有色纱。

4 产品分类、标记

4.1 紧密纺棉色纺纱以不同颜色及线密度分类。

4.2 紧密纺棉色纺纱的原料代号为C。

4.3 在线密度前标明纱线的颜色代号(或色卡号)、生产工艺过程代号及原料代号。

示例:麻灰 19.7 tex 紧密纺棉色纺纱,应写为:麻灰(或相应色卡号) JC 19.7tex 紧密纺。

4.4 出口产品按供需双方约定的方式标记。

注:线密度采用特克斯(tex)制,如采用英制支数时需换算,换算常数为 590.5。

5 要求

5.1 项目

紧密纺棉色纺纱技术要求包括单纱断裂强力变异系数、线密度变异系数、单纱断裂强度、线密度偏差率、条干均匀度变异系数、明显色结、千米棉结、十万米纱疵、毛羽、色牢度(耐皂洗、耐汗渍、耐摩擦)等十项指标。

5.2 分等规定

5.2.1 同一原料、同一工艺单连续生产的同一规格的产品作为一个或若干检验批。按规定的各项试验方法进行试验,并按其结果评定紧密纺棉色纺纱的品等。

5.2.2 产品质量等级分为优等品、一等品、二等品,低于二等品为等外品。

5.2.3 紧密纺棉色纺纱质量等级根据产品规格以考核项目中最低一项进行评等。

5.2.4 检验单纱毛羽指标时,可选用毛羽指数 H 或 2 mm 毛羽指数两者中的任何一种,但一经确定,不得任意变更。

5.3 技术要求

5.3.1 技术要求见表 1、表 2。

表 1 紧密纺棉色纺纱技术要求

公称线密度 tex	等级	单纱断裂强力变异系数 % ≤	线密度变异系数 % ≤	单纱断裂强度 cN/tex ≥	线密度偏差率 %	条干均匀度变异系数 % ≤	明显色结 粒/100 m ≤	千米棉结 (+200%) 粒/km ≤	十万米纱疵 个/10^5 m ≤	毛羽	
										毛羽指数 H ≤	2 mm 毛羽指数 根/10 m ≤
6.1~8.0	优	13.0	1.8	18.5	±2.0	16.0	1	100	3	2.4	180
	一	16.0	3.0	16.5	±2.5	19.0	3	300	10	3.0	210
	二	20.0	4.0	14.5	±3.0	21.0	10	500	—	—	—
8.1~11.0	优	12.0	1.8	17.5	±2.0	15.0	2	80	3	2.7	190
	一	15.0	3.0	15.5	±2.5	18.0	4	250	10	3.3	220
	二	19.0	4.0	13.5	±3.0	20.0	12	400	—	—	—
11.1~13.0	优	11.0	1.8	16.5	±2.0	14.0	2	60	3	3.0	200
	一	14.0	3.0	14.5	±2.5	17.0	4	200	10	3.6	230
	二	18.0	4.0	12.5	±3.0	19.0	12	300	—	—	—

表 1（续）

公称线密度 tex	等级	单纱断裂强力变异系数 % ≤	线密度变异系数 % ≤	单纱断裂强度 cN/tex ≥	线密度偏差率 %	条干均匀度变异系数 % ≤	明显色结 粒/100 m ≤	千米棉结 （+200%） 粒/km ≤	十万米纱疵 个/10^5 m ≤	毛羽	
										毛羽指数 H ≤	2 mm 毛羽指数 根/10 m ≤
13.1～16.0	优	10.5	1.8	15.5	±2.0	13.5	3	50	3	3.3	210
	一	13.5	3.0	13.5	±2.5	16.0	6	150	10	4.0	240
	二	17.5	4.0	11.5	±3.0	18.0	14	200	—	—	—
16.1～20.0	优	10.0	1.8	14.5	±2.0	13.0	3	40	3	3.6	220
	一	13.0	3.0	12.5	±2.5	15.5	6	120	10	4.4	250
	二	17.0	4.0	10.5	±3.0	17.5	14	180	—	—	—
20.1～31.0	优	9.5	1.8	14.0	±2.0	12.0	4	30	3	4.0	230
	一	12.5	3.0	12.0	±2.5	14.5	8	100	10	4.8	260
	二	16.5	4.0	10.0	±3.0	16.5	16	150	—	—	—
31.1 及以上	优	9.0	1.8	13.0	±2.0	11.5	4	20	3	4.5	240
	一	12.0	3.0	11.0	±2.5	14.0	8	60	10	5.3	280
	二	16.0	4.0	9.0	±3.0	16.0	16	120	—	—	—

表 2　紧密纺棉色纺纱色牢度要求

单位为级

项目		优等品	一等品	二等品
耐皂洗色牢度　≥	变色	4	3-4	3
	沾色	3-4	3	3
耐汗渍色牢度　≥	变色	4	3-4	3
	沾色	3-4	3	3
耐摩擦色牢度　≥	干摩	4	3-4	3
	湿摩	3(深 2-3)	2-3(深 2)	2-3(深色 2)
注：深、浅色程度按 GB/T 250 标准，5 级为深色，2 级及以下为浅色，介于两者之间为中色。				

5.3.2　紧密纺棉色纺纱对标样的色差不低于 4 级。

5.3.3　产品安全性能应符合 GB 18401 的要求。

6　试验方法

6.1　试验条件

各项试验应在各方法标准规定的条件下进行。

6.2 取样规定

从检验批中随机抽取20个筒子，各项目所需样品数量及试验次数见表3。

表3 紧密纺棉色纺纱各项目样品数量及试验次数的规定

项　目	筒子数 个	每筒试验次数	总次数
线密度变异系数	20	1	20
线密度偏差率	20	1	20
单纱断裂强度	20	5	100
单纱断裂强力变异系数	20	5	100
条干均匀度变异系数、千米棉结	10	1	10
明显色结	10	1	10
毛羽指数 H	10	1	10
2 mm 毛羽指数	10	10	100
十万米纱疵	6	—	1
色牢度	10	—	1

注1：若检验批中的筒子数小于20个，则全部抽取作为样品。

注2：除明显色结、十万米纱疵、色牢度外，其他各项指标可进行在线产品取样，具体取样规定参见附录A，但用户对产品质量有异议时，则以成品质量检验为准。

6.3 线密度变异系数、线密度偏差率试验

摇取绞纱长度应按GB/T 4743—2009规定执行，其中线密度变异系数采用程序1，线密度采用程序3。公称线密度的100 m标准质量和标准干燥质量按附录B计算，线密度偏差率将烘干后的绞纱折算至100 m质量，并按式(1)计算：

$$D=\frac{m-m_d}{m_d}\times 100\% \qquad \cdots\cdots(1)$$

式中：

D ——线密度偏差率，%；

m ——“100 m”试样实际干燥质量，单位为克(g)；

m_d——“100 m”试样标准干燥质量，单位为克(g)。

6.4 单纱断裂强度及单纱断裂强力变异系数试验

按GB/T 3916规定执行。

6.5 条干均匀度变异系数、千米棉结(+200%)试验

按GB/T 3292.1规定执行。

6.6 明显色结试验

按FZ/T 12014—2006附录A规定执行。

6.7 十万米纱疵试验

按 FZ/T 01050 规定执行，十万米纱疵结果用 $A_3+B_3+C_3+D_2$ 之和表示。

6.8 纱线毛羽试验

毛羽指数 *H* 值按附录 C 执行，2 mm 毛羽指数试验方法按 FZ/T 01086 执行。

6.9 色牢度试验

6.9.1 耐皂洗色牢度试验按 GB/T 3921—2008 规定执行，采用单纤维贴衬，试验条件为 C(3)。
6.9.2 耐汗渍色牢度试验按 GB/T 3922 执行。
6.9.3 耐摩擦色牢度试验按 GB/T 3920 执行。

6.10 色差试验

按 GB/T 250 规定执行。

6.11 纱的成包净重

按 GB/T 398—2008 中 5.9 规定执行。

6.12 试验结果的表示

一批纱线的各种试验结果是由该种试验的全部试验值的计算结果表示，各种试验结果的计算精确度，除已规定者外，按表 4 规定执行。

表 4 计算值的数值修约位数规定

项目	要求小数点后有效位数
单纱断裂强度/(cN/tex)	1
单纱断裂强力变异系数/%	1
线密度变异系数/%	1
线密度偏差率/%	1
条干均匀度变异系数/%	1
千米棉结(+200%)/(粒/km)	整数
明显色结/(粒/100 m)	整数
十万米纱疵/(个/10^5 m)	整数
毛羽指数 *H*	1
2 mm 毛羽指数/(根/10 cm)	整数
百米质量(每批平均)/(g/100 m)	3
平均线密度/tex	1
修正强力用回潮率/%	1
折算质量用回潮率/%	2

7 检验规则

按 FZ/T 10007 规定执行。

8 标志、包装

按 FZ/T 10008 规定执行,同时供货方应在所供产品上标明该产品的颜色代号(或色卡号)。

9 其他

用户对本标准有特殊要求的,生产厂家与用户可另订协议。

附　录　A
（资料性附录）
在线产品取样及试验

A.1　在线产品取样周期及卷装形式

A.1.1　一般两天取样试验一次，但周期一经确定，不得任意变更，十万米纱疵试验周期可适当延长，但不得超过两周。

A.1.2　取样的卷装形式为管纱。

A.2　在线产品取样数及试验次数

A.2.1　各项试验应在各方法标准规定的条件下进行，如生产需要，可以在接近车间温湿度条件下进行，但试验地点的温湿度应稳定，并不得故意偏离标准条件。

A.2.2　在线产品取样数见表 A.1。

表 A.1　在线产品取样数

生产同一品种的开台数	1	2	3	4	5	6	7	8～9	10	11～14	15	16～29	30 及以上
每机台上采取管纱数	30	15	10	7～8	6	5	4～5	3～4	3	2～3	2	1～2	1
总管纱数	30	30	30	30	30	30	30	30	30	30	30	30	30

A.2.3　线密度变异系数、线密度偏差率试验，每份试样 30 个管纱，每管摇取 1 缕，总数为 30 次（开台数在 5 台及以下的产品，线密度变异系数、线密度偏差率试验可相应减少拔管数，拔取 15 个管纱，每管摇取 2 缕）。

A.2.4　单纱断裂强度及单纱断裂强力变异系数试验，单纱每份试样 30 个管纱，每管测试两次，总数为 60 次（开台数在 5 台及以下者，可每份试样 15 个管纱，每管测试 4 次）。采用全自动纱线强力试验仪的取样数，为 20 个管纱，每管测 5 次，总数为 100 次。试验报告应注明所用的强力试验仪类型。

A.2.5　条干均匀度变异系数、千米棉结、毛羽需在各机台随机抽取 10 个管纱，除 2 mm 毛羽指数试验总次数为 100 次，其余为 10 次。

附 录 B
（规范性附录）
紧密纺棉色纺纱百米质量的计算

B.1 紧密纺棉色纺纱的公定回潮率为8.5%。

B.2 100 m纱在公定回潮率时的标准质量(g)按式(B.1)计算，计算结果修约至小数点后三位。

$$m_g = \frac{T_t}{10} \qquad \text{(B.1)}$$

式中：

m_g ——100m纱在公定回潮率时的标准质量，单位为克(g)；

T_t ——纱的公称线密度，单位为特克斯(tex)。

B.3 100 m纱的标准干燥质量(g)按式(B.2)计算，计算结果修约至小数点后三位。

$$m_d = \frac{T_t}{10} \times \frac{100}{100 + W} \qquad \text{(B.2)}$$

式中：

m_d ——100 m纱标准干燥质量，单位为克(g)；

T_t ——纱的公称线密度，单位为特克斯(tex)；

W ——公定回潮率，%。

附 录 C
（规范性附录）
毛羽指数 *H* 值试验方法

C.1 原理

光电式毛羽检测原理是连续运动的纱线在通过检测区时，突出纱体对检测区域中的持续单色平行光进行散射。散射光被透镜系统和聚并被光电传感器检测到，检测器输出的电信号经过电路运算处理即可提供表示毛羽特征的各种结果。

C.2 仪器

C.2.1 纱架：使各种卷装的纱线能在一定张力下退绕，并使纱线不产生意外伸长或损伤。

C.2.2 检测器：光电式测量槽和能使纱线以一定速度经过测量槽的罗拉牵引装置等。

C.2.3 控制器：对测试过程进行控制。完成对纱线毛羽信号的处理，并得出供显示或打印的各种试验结果（毛羽指数 H 值、毛羽指数标准差 S_H 值、毛羽波谱图、毛羽不匀率曲线图等）。

C.3 取样数量及测试次数

C.3.1 取样数量：十个卷装。

C.3.2 测试次数：每个卷装各测一次。

C.3.3 可根据需要规定取样数量和测试次数。推荐取样长度 250 m～2 000 m，常规测试 400 m，产品验收仲裁试验 1 000 m。

C.4 大气条件

C.4.1 试样的调湿应在 GB/T 6529 标准大气条件下平衡 24 h，对大而紧的样品卷装或对一个卷装需进行一次以上测试时应平衡 48 h。在调湿和试验过程中应保持标准大气恒定，直到试验结束。

C.4.2 试样应在吸湿状态下调湿平衡，必要时可以按照 GB/T 6529 进行预调湿。

C.4.3 实验室若不具备以上条件时，可以在以下稳定的温湿度条件下，使试样达到平衡后进行试验。平衡及试验期间的平均温度为 18 ℃～28 ℃。平均相对湿度 50%～75%，同时应保证温度的变化不超过上述范围内某平均温度±3 ℃，温度变化率不超过 0.5 ℃/min，相对湿度的变化不超过上述范围内某平均相对湿度±3%，相对湿度变化率不超过 0.25%/min。试验前仪器应在上述稳定环境中至少放置 5 h。

C.5 操作程序

C.5.1 试验条件：将试验样按 C.4 的规定调湿，全部试验在上述规定的试验大气下进行。

C.5.2 仪器校验：按照仪器使用说明进行调整。

C.5.3 将试样照正确的引线路线装上仪器，启动仪器，试验至规定长度时记录或打印试验结果。

C.5.4 测试速度：推荐采用 400 m/min 。

C.5.5 时间选择：1 min、2.5 min、5 min。

C.6 结果的表示和计算

C.6.1 纱线毛羽的测试结果主要有以下几项指标：毛羽指数 H 值、毛羽指数标准差 S_H、毛羽波谱图、毛羽不匀率曲线图、毛羽柱状图、最大毛羽指数 H 值、最小毛羽指数 H 值，管间毛羽变异系数 CV。

C.6.2 试验结果按照 GB/T 8170 规定的方法进行修约，毛羽指数 H 值保留 1 位小数。

C.7 试验报告

说明试验是按本标准进行的，并报告以下内容：

a) 样品材料、规格和数量；

b) 试验环境条件(湿度、相对湿度)；

c) 仪器型号；

d) 纱线速度、取样长度等必要试验参数；

e) 毛羽指数 H 值、标准差值 S_H、一批试样的平均值，必要时计算其标准差、最大值、最小值及变异系数；

f) 毛羽曲线图、波谱图。

ICS 59.080.20
W 12

中华人民共和国纺织行业标准

FZ/T 12032—2012

纯棉竹节本色纱

Cotton slub grey yarn

2012-12-28 发布　　2013-06-01 实施

中华人民共和国工业和信息化部　发布

前言

本标准按照GB/T 1.1—2009给出的规则起草。

本标准由中国纺织工业联合会提出。

本标准由全国纺织品标准化技术委员会棉纺织印染分技术委员会(SAC/TC 209/SC 2)归口。

本标准起草单位:江苏伊思达纺织有限公司、山东岱银纺织集团股份有限公司、山东华龙纺织有限公司、上海市纺织工业技术监督所、山东德源纱厂有限公司、湖南云锦集团股份有限公司、中国棉纺织行业协会、浙江春江轻纺集团有限责任公司、河南新野纺织股份有限公司。

本标准主要起草人:恽中方、谢松才、郑德选、王英、徐汕文、叶戬春、杨新勇、吴勤霞、陈苏文、王憬义。

纯棉竹节本色纱

1 范围

本标准规定了纯棉竹节本色纱的分类与标记、要求、试验方法、检验规则、标志和包装。

本标准适用于环锭纺纯棉竹节本色纱。

2 规范性引用文件

下列文件对于本文件的应用是必不可少的。凡是注日期的引用文件，仅注日期的版本适用于本文件。凡是不注日期的引用文件，其最新版本(包括所有的修改单)适用于本文件。

GB/T 398—2008 棉本色纱线

GB/T 3916 纺织品 卷装纱 单根纱线断裂强力和断裂伸长率的测定

GB/T 4743—2009 纺织品 卷装纱 绞纱法线密度的测定

GB/T 6529 纺织品 调湿和试验用标准大气

FZ/T 10007 棉及化纤纯纺、混纺本色纱线检验规则

FZ/T 10008 棉及化纤纯纺、混纺本色纱线标志与包装

3 术语和定义

下列术语和定义适用于本文件。

3.1

竹节纱 slub yarn

在一定长度范围内，直径粗细、竹节长度或竹节间距有规律或无规律变化的纱。

3.2

基纱 base yarn

竹节纱上除竹节外正常纱部分。

3.3

综合线密度 total linear density

在公定回潮率时 1 000 m 竹节纱的质量(g)，以特克斯(tex)表示。

3.4

竹节间距 the distance between slubs

相邻两个竹节间基纱长度。

3.5

竹节长度 the length of slub

基纱渐变为竹节，再由竹节渐变为基纱的部分。

3.6

竹节倍数 slub ratio

竹节线密度与基纱线密度之比。

3.7

有规律竹节 regular slub

竹节长度、竹节间距或竹节倍数在一定长度范围内有规律变化。

3.8

无规律竹节　irregular slub

竹节长度、竹节间距或竹节倍数无规律变化。

4　产品分类、标记

4.1　纯棉竹节本色纱以生产工艺及线密度分类。按生产工艺可分为普梳纯棉竹节本色纱和精梳纯棉竹节本色纱。

4.2　纯棉竹节本色纱标记以基本表述和特征表述两部分组成，基本表述为：纯棉竹节本色纱、生产工艺过程代号、原料代号（棉代号为 C）、综合线密度（基纱线密度），特征表述为：有无规律性，最短竹节长度（cm）/最长竹节长度（cm），最短间距长度（cm）/最长间距长度（cm），竹节倍数。

示例：纯棉竹节本色纱 J C 36.8 tex(26.8 tex)，(无规律，28.0/30.0，28.0/35.0，1.7)

5　要求

5.1　项目

纯棉竹节本色纱要求包括单纱断裂强力变异系数、综合线密度变异系数、单纱断裂强度、综合线密度偏差率、竹节规格五项指标。

5.2　分等规定

5.2.1　产品分为优等品、一等品、二等品，低于二等品为等外品。

5.2.2　纯棉竹节本色纱根据对应产品规格，以考核项目中最低一项进行评等。

5.3　纯棉竹节本色纱技术要求

纯棉竹节本色纱技术要求按表 1、表 2 和表 3 规定。

表 1　普梳纯棉竹节本色纱技术要求

基纱线密度/tex	等级	单纱断裂强力变异系数/% ≤	综合线密度变异系数/% ≤	单纱断裂强度[a]/(cN/tex) ≥		综合线密度偏差率/%
				机织纱	针织纱	
11.1～13.0	优	12.5	2.0	16.5	13.5	±2.0
	一	15.5	3.5	14.5	12.0	±3.0
	二	18.5	5.5	12.5	10.5	±4.0
13.1～16.0	优	12.0	2.0	16.0	13.0	±2.0
	一	15.0	3.5	14.0	11.5	±3.0
	二	18.0	5.5	12.0	10.0	±4.0
16.1～20.0	优	11.5	2.0	15.5	13.0	±2.0
	一	14.5	3.5	13.5	11.5	±3.0
	二	17.5	5.5	11.5	10.0	±4.0
20.1～31.0	优	11.0	2.0	15.0	12.5	±2.0
	一	14.0	3.5	13.0	11.0	±3.0
	二	17.0	5.5	11.0	9.5	±4.0

表 1（续）

基纱线密度/tex	等级	单纱断裂强力变异系数/% ≤	综合线密度变异系数/% ≤	单纱断裂强度[a]/(cN/tex) ≥		综合线密度偏差率/%
				机织纱	针织纱	
31.1～37.0	优	10.5	2.0	14.5	12.0	±2.0
	一	13.5	3.5	12.5	10.5	±3.0
	二	16.5	5.5	10.5	9.0	±4.0
37.1～97.0	优	10.0	2.0	14.0	11.5	±2.0
	一	13.0	3.5	12.0	10.0	±3.0
	二	16.0	5.5	10.0	8.5	±4.0

注：竹节长度、竹节间距大于 50 cm，单纱断裂强度、单纱断裂强力变异系数可另订协议。

[a] 单纱断裂强度以单纱强力除以基纱线密度，如竹节倍数大于 2.5 倍及以上，单纱断裂强度指标在本表基础上下降 0.5 cN/tex。

表 2 精梳纯棉竹节纱技术要求

基纱线密度/tex	等级	单纱断裂强力变异系数/% ≤	综合线密度变异系数/% ≤	单纱断裂强度[a]/(cN/tex) ≥		综合线密度偏差率/%
				机织纱	针织纱	
7.1～8.0	优	12.5	2.0	18.0	15.0	±2.0
	一	15.5	3.5	16.0	13.5	±3.0
	二	18.5	5.5	14.0	12.0	±4.0
8.1～11.0	优	12.5	2.0	17.5	14.5	±2.0
	一	15.5	3.5	15.5	13.0	±3.0
	二	18.5	5.5	13.5	11.5	±4.0
11.1～13.0	优	12.0	2.0	17.5	14.5	±2.0
	一	15.0	3.5	15.5	13.0	±3.0
	二	18.0	5.5	13.5	11.5	±4.0
13.1～16.0	优	11.5	2.0	17.5	14.5	±2.0
	一	14.5	3.5	15.5	13.0	±3.0
	二	17.5	5.5	13.5	11.5	±4.0
16.1～20.0	优	11.0	2.0	17.0	14.0	±2.0
	一	14.0	3.5	15.0	12.5	±3.0
	二	17.0	5.5	13.0	11.0	±4.0
20.1～31.0	优	10.5	2.0	16.5	14.0	±2.0
	一	13.5	3.5	14.5	12.5	±3.0
	二	16.5	5.5	12.5	11.0	±4.0
31.1～37.0	优	10.0	2.0	16.0	13.5	±2.0
	一	13.0	3.5	14.0	12.0	±3.0
	二	16.0	5.5	12.0	10.5	±4.0

表 2（续）

基纱线密度/tex	等级	单纱断裂强力变异系数/% ≤	综合线密度变异系数/% ≤	单纱断裂强度[a]/(cN/tex) ≥		综合线密度偏差率/%
				机织纱	针织纱	
37.0～74.0	优	9.5	2.0	16.0	13.5	±2.0
	一	12.5	3.5	14.0	12.0	±3.0
	二	15.5	5.5	12.0	10.5	±4.0
注：竹节长度、竹节间距大于 50 cm，单纱断裂强度、单纱断裂强力变异系数可另订协议。						
[a] 单纱断裂强度以单纱强力除以基纱线密度。如竹节倍数大于 2.5 倍及以上，基纱断裂强度指标在本表基础上下降 0.5 cN/tex。						

表 3　纯棉竹节本色纱竹节规格

等级	竹节长度偏差/cm	竹节间距偏差/cm	竹节倍数偏差
优	±0.5	±1.0	±0.1
一	±1.0	±2.0	±0.2
二	±1.5	±3.0	±0.3

6　试验方法

6.1　试验条件

各项试验应在各方法标准规定的标准条件下进行。

6.2　取样规定

按同一原料、同一工艺单连续生产的同一规格的产品作为一个或若干检验批，从检验批中随机抽取 20 个筒子，各项目所需样品数量及试验次数按表 4 规定。

表 4　纯棉竹节本色纱各项目样品数量及试验次数的规定

项　　目	筒子数/个	每筒试验次数	总次数
综合线密度变异系数	20	1	20
综合线密度偏差率	20	1	20
单纱断裂强度	20	5	100
单纱断裂强力变异系数	20	5	100
竹节规格	竹节规格试验次数按附录 C 规定		
注 1：若检验批中的筒子数小于 20 个，则全部抽取作为样品。 注 2：综合线密度变异系数、综合线密度偏差率、单纱断裂强度、单纱断裂强力变异系数、竹节规格可进行在线产品取样，具体取样规定见附录 A，但用户对产品质量有异议时，则以成品质量检验为准。			

6.3 线密度试验

6.3.1 综合线密度变异系数、综合线密度偏差率试验

摇取绞纱长度应按GB/T 4743—2009规定执行，其中线密度变异系数采用程序1，线密度采用程序3。公称综合线密度的100 m标准质量和标准干燥质量按附录B计算，综合线密度偏差率将烘干后的绞纱折算至100 m质量，并按式(1)计算：

$$D=\frac{m-m_d}{m_d}\times 100 \qquad \cdots\cdots(1)$$

式中：

D ——综合线密度偏差率，%；

m ——"100 m"试样实际干燥质量，单位为克(g)；

m_d ——"100 m"试样标准干燥质量，单位为克(g)。

6.3.2 基纱线密度试验

6.3.2.1 从抽取的试样中随机抽取5个筒子，并根据竹节纱综合线密度加以适当的预加张力，其预加张力为：(0.5±0.1)cN/tex，将退绕下来的纱伸直放在平板上(板应能全面衬托出纱的颜色)。

6.3.2.2 将拉直的竹节纱进行剪切，剪切总段数不少于40段并记录其长度，把试样放在烘箱中加热至105 ℃，并烘至恒定质量，直至每隔10 min质量递变量不大于0.1%时称重。并按式(2)计算基纱线密度(T_1)。

$$T_1=\frac{m_1}{L_1}\times 1\,000 \qquad \cdots\cdots(2)$$

式中：

T_1 ——基纱线密度，单位为特克斯(tex)；

m_1 ——基纱部分结合公定回潮率的质量，单位为克(g)；

L_1 ——基纱剪切总长度，单位为米(m)。

6.3.3 竹节线密度试验

竹节线密度按6.3.2方法剪切竹节部分计算竹节线密度。

6.4 单纱断裂强度及单纱断裂强力变异系数试验

按GB/T 3916规定执行，单纱断裂强度以单纱强力除以基纱线密度。

6.5 竹节规格试验

按附录C规定执行，仪器试验参见附录D。

6.6 成包净重

按GB/T 398—2008中5.9规定执行。

6.7 试验结果的表示

一批纱的各种试验结果是由该种试验的全部试验值的计算结果表示，各种试验结果的计算精确度，除已规定者外，按表5规定。

表 5 计算值的数字修约规定

项　　目	要求小数点后有效位数
综合线密度变异系数/%	1
综合线密度偏差率/%	1
百米质量(每批平均)/(g/100 m)	3
单纱断裂强度/(cN/tex)	1
单纱强力变异系数/%	1
基纱线密度/tex	1
竹节线密度/tex	1
竹节规格	1
折算质量用回潮率/%	2

7 检验规则

按照 FZ/T 10007 规定执行。

8 标志和包装

按 FZ/T 10008 规定执行,并在包装物或产品说明书上注明标准号。

附 录 A
（资料性附录）
在线产品取样及试验

A.1 在线产品取样周期及卷装形式

A.1.1 一般两天取样试验一次，但周期一经确定，不得任意变更。
A.1.2 取样的卷装形式为管纱。

A.2 在线产品取样数及试验次数

A.2.1 各项试验在各方法标准规定的条件下进行，如生产需要，可以在接近车间温湿度条件下进行，但试验地点的温湿度应稳定，并不得故意偏离标准条件。
A.2.2 在线产品取样数见表A.1。

表A.1 在线产品取样数

生产同一品种的开台数	1	2	3	4	5	6	7	8～9	10	11～14	15	16～29	30及以上
每机台上采取管纱数	30	15	10	7～8	6	5	4～5	3～4	3	2～3	2	1～2	1
总管纱数	30	30	30	30	30	30	30	30	30	30	30	30	30

A.2.3 线密度变异系数、线密度偏差率试验，每份试样30个管纱，每管摇取1缕，总数为30次（开台数在5台及以下的产品，线密度变异系数、线密度偏差率试验可相应减少拔管数，拔取15个管纱，每管摇取2缕）。
A.2.4 单纱断裂强度及单纱断裂强力变异系数试验，单纱每份试样30个管纱，每管测试两次，总数为60次（开台数在5台及以下者，可每份试样15个管纱，每管测试4次）。采用全自动纱线强力试验仪的取样数，为20个管纱，每管测5次，总数为100次。试验报告应注明所用的强力试验仪类型。
A.2.5 竹节规格试验用纱可在上述纱中试验，但保证每台每面至少检查一个，每个管纱测试一个以上循环。

附　录　B
（规范性附录）
纯棉竹节本色纱百米质量的计算

B.1　纯棉竹节本色纱的公定回潮率为8.5%。

B.2　100 m纱在公定回潮率时的标准质量(g)按式(B.1)计算，计算结果修约至小数点后三位。

$$m_g = \frac{T_t}{10} \quad \cdots\cdots\cdots\cdots (B.1)$$

式中：

m_g——100 m纱在公定回潮率时的标准质量，单位为克(g)；

T_t——纱的公称综合线密度，单位为特克斯(tex)。

B.3　100 m纱的标准干燥质量(g)按式(B.2)计算，计算结果修约至小数点后三位。

$$m_d = \frac{T_t}{10} \times \frac{100}{100 + W} \quad \cdots\cdots\cdots\cdots (B.2)$$

式中：

m_d——100 m纱的标准干燥质量，单位为克(g)；

T_t——纱的公称综合线密度，单位为特克斯(tex)；

W——公定回潮率，%。

附 录 C
(规范性附录)
竹节规格手工试验方法

C.1 试验条件

C.1.1 竹节规格的检验地点，要求尽量采用北向自然光源，正常检验时，必须有较大的窗户，窗户不能有碍光物，以保证室内光线充足。

C.1.2 竹节规格的检验一般应在不低于 400 lx 的照度下(最高不超过 800 lx)进行，如照度低于 400 lx 时，应加用灯光检验(用青色或白色的日光灯管)。检验者的影子应避免投射到测试纱上。

C.2 试验方法

C.2.1 试样准备

C.2.1.1 取样：从抽取的试样中随机抽取 5 个筒子，竹节长度、竹节间距试验总次数均不少于 50 次，以保证竹节规格测试的完整性。

C.2.1.2 根据竹节纱综合线密度加以适当的预张力，其预张力为：(0.5±0.1)cN/tex，将退绕下来的纱伸直放在平板上(板应能全面衬托出纱的颜色)。

C.2.2 测量

C.2.2.1 竹节长度

采用直尺直接沿纱方向测量，起点为基纱渐粗点，终点为竹节渐细点，渐粗点、渐细点均以肉眼明显看出为准，并在竹节始末点用笔点色记，逐一测量并记录结果。

C.2.2.2 竹节间距

结合测量竹节时所做标记，然后沿纱方向用直尺逐个测量相邻两竹节间基纱长度。

C.2.2.3 实测竹节倍数

根据 6.3 计算出的基纱、竹节的线密度，其比值即为竹节倍数，公式见 C.1，计算结果修约至小数点后一位。

$$B=\frac{T_2}{T_1} \qquad \cdots\cdots(\text{C.1})$$

式中：

B ——竹节倍数；

T_1——基纱线密度；

T_2——竹节线密度。

附　录　D
（资料性附录）
竹节规格仪器试验方法

D.1　原理

光电式竹节规格检测原理是连续运动的竹节纱在通过红外线检测区时，对竹节纱外观直径的粗细不匀的检测，将检测器的光学信号转化为电信号，经过电路运算处理后形成竹节纱不匀曲线图和竹节纱参数（竹节间距、长度、倍数），并形成数字形式图表，即竹节规格的各种结果。

D.2　仪器

D.2.1　纱架与张力装置：使各种卷装的竹节纱能在一定张力下退绕，并使纱不产生意外伸长或损伤。

D.2.2　检测器：光电式测量槽和能使竹节纱以一定速度经过测量槽的罗拉牵引装置等。

D.2.3　控制器：对测试过程进行控制。完成对竹节纱竹节信号的处理，并得出供显示或打印的各种试验数据（竹节间距、长度、倍数及每米竹节个数，节长、节距、倍数的波谱图）。

D.3　取样数量

D.3.1　管纱或筒纱：至少取样六个。

D.3.2　测试次数：每个管纱或筒纱各测试 1 次。

D.3.3　测试长度：不少于 150 m，保证检测循环不低于 300 组。

D.3.4　测试速度：10 m/min，如果采用其他速度，应在测试报表中表明。

D.4　大气条件

D.4.1　预调湿、调湿和试验用标准大气应按 GB/T 6529 规定的标准大气，管纱调湿 24 h，筒纱调湿 48 h，在调湿和试验过程中应保持标准大气恒定，直到试验结束。

D.4.2　试验室若不具备以上条件时，可以在以下稳定的温湿度条件下，使试样达到平衡后进行试验。平衡及试验期间的平均温度为：18 ℃～28 ℃，平均相对湿度 50％～75％，同时应保持温度的变化不超过上述范围内某平均温度±3 ℃，温度变化率不超过 0.5 ℃/min，相对湿度的变化不超过某平均相对湿度±3％，相对湿度的变化率不超过 0.25 ％/min。

D.5　操作程序

D.5.1　仪器校验：按照仪器使用说明进行调整。

D.5.2　试验步骤：将试样纱样放置在固定纱锭杆，绕过导纱钩，经过滚动胶辊，根据纱的平均线密度加上适当的张力，并按仪器使用说明书中的规定程序进行操作。

D.5.3　起始参数的设置包括：节长最小值、间距的最小值、基纱与竹节过渡段的起始幅度（百分数）。

D.6 结果的表示和计算

D.6.1 竹节纱规格检测结果主要有以下几项指标：竹节间距、长度的最大与最小值，竹节倍数的最大与最小值，每米的竹节个数，竹节与间距的平均，竹节、间距的频次的波谱表示图。

D.6.2 竹节长度、竹节间距以及竹节倍数试验结果修约至小数点后一位。

D.7 试验报告

试验报告应包括以下内容：

a) 样品的材料，规格和数量；

b) 试验环境条件（湿度、相对湿度）；

c) 仪器型号；

d) 竹节纱测试速度、取样长度等必要试验参数；

e) 批样的试验结果，包括：竹节长度、间距的最大与最小值，竹节倍数的最大与最小值；

f) 如果需要可打印竹节长度、竹节间距、竹节倍数等波谱图。

ICS 59.080.20
W 12

中华人民共和国纺织行业标准

FZ/T 12033—2012

纯棉竹节色纺纱

Cotton slub colour yarn

2012-12-28 发布　　2013-06-01 实施

中华人民共和国工业和信息化部　发布

前言

本标准按照 GB/T 1.1—2009 给出的规则起草。

本标准由中国纺织工业联合会提出。

本标准由全国纺织品标准化技术委员会棉纺织印染分技术委员会(SAC/TC 209/SC 2)归口。

本标准起草单位:百隆东方股份有限公司、上海市纺织工业技术监督所、华孚色纺股份有限公司、中国棉纺织行业协会、江苏伊思达纺织有限公司。

本标准主要起草人:卫国、王憬义、朱翠云、叶戬春、恽中方、吴爱儿、宋玲玲。

纯棉竹节色纺纱

1 范围

本标准规定了纯棉竹节色纺纱分类、标记、要求、试验方法、检验规则和标志、包装。

本标准适用于环锭纺纯棉竹节色纺纱，不适用于天然彩棉竹节色纺纱。

2 规范性引用文件

下列文件对于本文件的应用是必不可少的。凡是注日期的引用文件，仅注日期的版本适用于本文件。凡是不注日期的引用文件，其最新版本(包括所有的修改单)适用于本文件。

GB/T 250 纺织品 色牢度试验 评定变色用灰色样卡

GB/T 398—2008 棉本色纱线

GB/T 3916 纺织品 卷装纱 单根纱线断裂强力和断裂伸长率的测定

GB/T 3920 纺织品 色牢度试验 耐摩擦色牢度

GB/T 3921—2008 纺织品 色牢度试验 耐皂洗色牢度

GB/T 3922 纺织品耐汗渍色牢度试验方法

GB/T 4743—2009 纺织品 卷装纱 绞纱法线密度的测定

GB 18401 国家纺织产品基本安全技术规范

FZ/T 10007 棉及化纤纯纺、混纺本色纱线检验规则

FZ/T 10008 棉及化纤纯纺、混纺本色纱线标志与包装

FZ/T 12014—2006 针织用棉色纺纱

3 术语和定义

下列术语和定义适用于本文件。

3.1

竹节纱 slub yarn

在一定长度范围内，直径粗细、竹节长度或竹节间距有规律或无规律变化的纱。

3.2

基纱 base yarn

竹节纱上除竹节外正常纱部分。

3.3

综合线密度 total linear density

在公定回潮率时 1 000 m 竹节纱的质量(g)，以特克斯(tex)表示。

3.4

竹节间距 the distance between slubs

相邻两个竹节间基纱长度。

3.5

竹节长度 the length of slub

基纱渐变为竹节，再由竹节渐变为基纱的部分。

3.6

竹节倍数　slub ratio

竹节线密度与基纱线密度之比。

3.7

有规律竹节　regular slub

竹节长度、竹节间距或竹节倍数在一定长度范围内有规律变化。

3.8

无规律竹节　irregular slub

竹节长度、竹节间距或竹节倍数无规律变化。

4　产品分类、标记

4.1　纯棉竹节色纺纱以不同颜色、生产工艺及线密度分类。按生产工艺可分为普梳纯棉竹节色纺纱和精梳纯棉竹节色纺纱。

4.2　纯棉竹节色纺纱标记以基本表述和特征表述两部分组成，基本表述为：纯棉竹节色纺纱、颜色代号(或色卡号)、生产工艺过程代号、原料代号(棉代号为C)、综合线密度(基纱线密度)，特征表述为：有无规律性，最短竹节长度(cm)/最长竹节长度(cm)，最短间距长度(cm)/最长间距长度(cm)，竹节倍数。

示例：纯棉竹节色纺纱 黑灰(或相应色卡号) J C 36.4 tex(26.8 tex)，(无规律，3.0/5.0，10.0/25.0，1.8)

5　要求

5.1　项目

纯棉竹节色纺纱要求主要包括单纱断裂强力变异系数、综合线密度变异系数、单纱断裂强度、综合线密度偏差率、明显色结、色牢度(耐皂洗色牢度、耐汗渍色牢度、耐摩擦色牢度)、竹节规格七项指标。

5.2　分等规定

5.2.1　产品分为优等品、一等品、二等品，低于二等品为等外品。

5.2.2　纯棉竹节色纺纱根据对应产品规格，以考核项目中最低一项进行评等。

5.3　技术要求

5.3.1　纯棉竹节色纺纱技术要求

纯棉竹节色纺纱技术要求按表1、表2和表3规定。

表1　普梳纯棉竹节色纺纱技术要求

基纱线密度/tex	等级	单纱断裂强力变异系数/% ≤	综合线密度变异系数/% ≤	单纱断裂强度[a]/(cN/tex) ≥		综合线密度偏差率/%	明显色结/(粒/100m) ≤
				机织纱	针织纱		
13.1～16.0	优	13.0	2.2	15.5	12.5	±2.0	4
	一	15.5	3.7	13.5	11.0	±3.0	7
	二	18.5	5.5	11.5	9.0	±4.0	12

表 1（续）

基纱线密度/tex	等级	单纱断裂强力变异系数/% ≤	综合线密度变异系数/% ≤	单纱断裂强度[a]/(cN/tex) ≥		综合线密度偏差率/%	明显色结/(粒/100m) ≤
				机织纱	针织纱		
16.1～20.0	优	12.5	2.2	15.0	12.5	±2.0	5
	一	15.0	3.7	13.0	11.0	±3.0	8
	二	18.0	5.5	11.0	9.0	±4.0	15
20.1～31.0	优	12.0	2.2	14.5	12.0	±2.0	5
	一	14.5	3.7	12.5	10.5	±3.0	8
	二	17.5	5.5	10.5	8.5	±4.0	15
31.1～37.0	优	11.5	2.2	14.0	11.5	±2.0	5
	一	14.0	3.7	12.0	10.0	±3.0	8
	二	17.0	5.5	10.0	8.0	±4.0	15
37.1～74.0	优	11.0	2.2	13.5	11.0	±2.0	6
	一	13.5	3.7	11.5	9.5	±3.0	9
	二	16.5	5.5	9.5	7.5	±4.0	18

注：竹节长度、竹节间距大于 50 cm，单纱断裂强度、单纱断裂强力变异系数可另订协议。

[a] 单纱断裂强度以单纱强力除以相应基纱线密度，如竹节倍数大于 2.5 倍及以上，单纱断裂强度指标在本表基础上下降 0.5 cN/tex。

表 2 精梳纯棉竹节色纺纱技术要求

基纱线密度/tex	等级	单纱断裂强力变异系数/% ≤	综合线密度变异系数/% ≤	单纱断裂强度[a]/(cN/tex) ≥		综合线密度偏差率/%	明显色结/(粒/100m) ≤
				机织纱	针织纱		
11.1～13.0	优	13.0	2.2	17.0	14.0	±2.0	2
	一	15.5	3.7	15.0	12.5	±3.0	4
	二	18.5	5.5	13.0	10.5	±4.0	12
13.1～16.0	优	12.5	2.2	16.5	14.0	±2.0	2
	一	15.0	3.7	14.5	12.5	±3.0	4
	二	18.0	5.5	12.5	10.5	±4.0	12
16.1～20.0	优	12.0	2.2	16.5	13.5	±2.0	3
	一	14.5	3.7	14.5	12.0	±3.0	5
	二	17.5	5.5	12.5	10.0	±4.0	15
20.1～31.0	优	11.5	2.2	16.0	13.5	±2.0	3
	一	14.0	3.7	14.0	12.0	±3.0	5
	二	17.0	5.5	12.0	10.0	±4.0	15

表 2（续）

基纱线密度/tex	等级	单纱断裂强力变异系数/% ≤	综合线密度变异系数/% ≤	单纱断裂强度[a]/(cN/tex) ≥		综合线密度偏差率/%	明显色结/(粒/100m) ≤
				机织纱	针织纱		
31.1～37.0	优	11.0	2.2	16.0	13.0	±2.0	4
	一	13.5	3.7	14.0	11.5	±3.0	6
	二	16.5	5.5	12.0	9.5	±4.0	16
注：竹节长度、竹节间距大于 50 cm，单纱断裂强度、单纱断裂强力变异系数可另订协议。							
[a] 单纱断裂强度以单纱强力除以相应基纱线密度，如竹节倍数大于 2.5 倍及上，单纱断裂强度指标在本表基础上下降 0.5 cN/tex。							

表 3　纯棉竹节色纺纱竹节规格

等级	竹节长度偏差/cm	竹节间距偏差/cm	竹节倍数偏差
优	±0.5	±1.0	±0.1
一	±1.0	±2.0	±0.2
二	±1.5	±3.0	±0.3

5.3.2　**纯棉竹节色纺纱其他技术要求**

5.3.2.1　纯棉竹节色纺纱色牢度要求按表 4 规定。

表 4　纯棉竹节色纺纱色牢度要求

项目		优等品	一等品	二等品
耐皂洗色牢度　≥	变色	4	3-4	3
	沾色	3-4	3	3
耐汗渍色牢度　≥	变色	4	3-4	3
	沾色	3-4	3	3
耐摩擦色牢度　≥	干摩	4	3-4	3
	湿摩	3(深 2-3)	2-3(深 2)	2-3(深 2)
注：深色程度按 GB/T 250 标准，5 级为深色。				

5.3.2.2　纯棉竹节色纺纱对标样的色差不低于 4 级。

5.3.2.3　产品安全性能应符合 GB 18401 的要求。

6　试验方法

6.1　试验条件

各项试验应在各方法标准规定的条件下进行。

6.2 取样规定

按同一原料、同一工艺单连续生产的同一规格的产品作为一个或若干检验批，从检验批中随机抽取20个筒子，各项目所需样品数量及试验次数按表5规定。

表5 纯棉竹节色纺纱各项目样品数量及试验次数的规定

项目	筒子数/个	每筒试验次数	总次数
综合线密度变异系数	20	1	20
综合线密度偏差率	20	1	20
单纱断裂强度	20	5	100
单纱断裂强力变异系数	20	5	100
明显色结	10	1	10
色牢度	1	—	1
竹节规格	竹节规格试验次数按附录C规定		

注1：若检验批中的筒子数小于20个，则全部抽取作为样品。

注2：综合线密度变异系数、综合线密度偏差率、单纱断裂强度、单纱断裂强力变异系数、竹节规格可进行在线产品取样，具体取样规定参见附录A，但用户对产品质量有异议时，则以成品质量检验为准。

6.3 线密度试验

6.3.1 综合线密度变异系数、综合线密度偏差率试验

摇取绞纱长度应按GB/T 4743—2009规定执行，其中线密度变异系数采用程序1，线密度采用程序3。公称综合线密度的100 m标准质量和标准干燥质量按附录B计算，线密度偏差率将烘干后的绞纱折算至100 m质量，并按式(1)计算：

$$D=\frac{m-m_{\mathrm{d}}}{m_{\mathrm{d}}}\times 100 \qquad \cdots\cdots(1)$$

式中：

D ——综合线密度偏差率，%；

m ——“100 m”试样实际干燥质量，单位为克(g)；

m_{d}——“100 m”试样标准干燥质量，单位为克(g)。

6.3.2 基纱线密度试验

6.3.2.1 从抽取的试样中随机抽取5个筒子，并根据竹节纱综合线密度加以适当的预加张力，其预加张力为：(0.5±0.1)cN/tex，将退绕下来的纱伸直放在平板上(板应能全面衬托出纱的颜色)。

6.3.2.2 将拉直的竹节纱进行剪切，剪切总段数不少于40段并记录其长度，把试样放在烘箱中加热至105 ℃，并烘至恒定质量，直至每隔10 min质量递变量不大于0.1%时称重。并按式(2)计算基纱线密度(T_1)。

$$T_1=\frac{m_1}{L_1}\times 1\,000 \qquad \cdots\cdots(2)$$

式中：

T_1——基纱线密度，单位为特克斯(tex)；

附　录　A
(资料性附录)
在线产品取样及试验

A.1　在线产品取样周期及卷装形式

A.1.1　一般两天取样试验一次,但周期一经确定,不得任意变更。

A.1.2　取样的卷装形式为管纱。

A.2　在线产品取样数及试验次数

A.2.1　各项试验在各方法标准规定的条件下进行,如生产需要,可以在接近车间温湿度条件下进行,但试验地点的温湿度应稳定,并不得故意偏离标准条件。

A.2.2　在线产品取样数见表A.1。

表A.1　在线产品取样数

生产同一品种的开台数	1	2	3	4	5	6	7	8～9	10	11～14	15	16～29	30及以上
每机台上采取管纱数	30	15	10	7～8	6	5	4～5	3～4	3	2～3	2	1～2	1
总管纱数	30	30	30	30	30	30	30	30	30	30	30	30	30

A.2.3　线密度变异系数、线密度偏差率试验,每份试样30个管纱,每管摇取1缕,总数为30次(开台数在5台及以下的产品,线密度变异系数、线密度偏差率试验可相应减少拔管数,拔取15个管纱,每管摇取2缕)。

A.2.4　单纱断裂强度及单纱断裂强力变异系数试验,单纱每份试样30个管纱,每管测试两次,总数为60次(开台数在5台及以下者,可每份试样15个管纱,每管测试4次)。采用全自动纱线强力试验仪的取样数,为20个管纱,每管测5次,总数为100次。试验报告应注明所用的强力试验仪类型。

A.2.5　竹节规格试验用纱可在上述纱中试验,但保证每台每面至少检查一个,每个管纱测试一个以上循环。

附 录 B
（规范性附录）
纯棉竹节色纺纱百米质量的计算

B.1 纯棉竹节色纺纱的公定回潮率为8.5%。

B.2 100 m纱在公定回潮率时的标准质量(g)按式(B.1)计算，计算结果修约至小数点后三位。

$$m_g = \frac{T_t}{10} \qquad \cdots\cdots (B.1)$$

式中：

m_g ——100 m纱在公定回潮率时的标准质量，单位为克(g)；

T_t ——纱的公称综合线密度，单位为特克斯(tex)。

B.3 100 m纱的标准干燥质量(g)按式(B.2)计算，计算结果修约至小数点后三位。

$$m_d = \frac{T_t}{10} \times \frac{100}{100 + W} \qquad \cdots\cdots (B.2)$$

式中：

m_d ——100 m纱的标准干燥质量，单位为克(g)；

T_t ——纱的公称综合线密度，单位为特克斯(tex)；

W ——公定回潮率，%。

附 录 C
（规范性附录）
竹节规格手工试验方法

C.1 试验条件

C.1.1 竹节规格的检验地点，要求尽量采用北向自然光源，正常检验时，必须有较大的窗户，窗户不能有碍光物，以保证室内光线充足。

C.1.2 竹节规格的检验一般应在不低于400 lx的照度下（最高不超过800 lx）进行，如照度低于400 lx时，应加用灯光检验（用青色或白色的日光灯管）。检验者的影子应避免投射到测试纱线上。

C.2 试验方法

C.2.1 试样准备

C.2.1.1 取样：从抽取的试样中随机抽取5个筒子，竹节长度、竹节间距试验总次数均不少于50次，以保证竹节规格测试的完整性。

C.2.1.2 根据竹节纱综合线密度加以适当的预张力，其预张力为：(0.5±0.1)cN，将退绕下来的纱线伸直放在平板上（板应能全面衬托出纱线颜色）。

C.2.2 测量

C.2.2.1 竹节长度

采用直尺直接沿纱线方向测量，起点为基纱渐粗点，终点为竹节渐细点，渐粗点、渐细点均以肉眼明显看出为准，并在竹节始末点用笔点色记，逐一测量并记录结果。

C.2.2.2 竹节间距

结合测量竹节时所做标记，然后沿纱线方向用直尺逐个测量相邻两竹节间基纱长度。

C.2.2.3 实测竹节倍数

根据6.3计算出的基纱、竹节的线密度，其比值即为竹节倍数，公式见C.1，计算结果修约至小数点后一位。

$$B=\frac{T_2}{T_1} \qquad \cdots\cdots\cdots\cdots\cdots\cdots(C.1)$$

式中：

B ——竹节倍数；

T_1——基纱线密度；

T_2——竹节线密度。

附　录　D
（资料性附录）
竹节规格仪器试验方法

D.1　原理

光电式竹节风格检测原理是连续运动的竹节纱在通过红外线检测区时，对竹节纱外观直径的粗细不匀的检测，将检测器的光学信号转化为电信号，经过电路运算处理后形成竹节纱不匀曲线图和竹节纱参数（竹节间距、长度、倍数），并形成数字形式图表，即竹节风格的各种结果。

D.2　仪器

D.2.1　纱架与张力装置：使各种卷装的纱线能在一定张力下退绕，并使纱线不产生意外伸长或损伤。
D.2.2　检测器：光电式测量槽和能使纱线以一定速度经过测量槽的罗拉牵引装置等。
D.2.3　控制器：对测试过程进行控制。完成对竹节纱竹节信号的处理，并得出供显示或打印的各种试验数据（竹节的间距、长度、倍数及每米竹节个数，节长、节距、倍数的波谱图）。

D.3　取样数量

D.3.1　管纱或筒纱：至少取样六个。
D.3.2　测试次数：每个管纱或筒纱各测试 1 次。
D.3.3　测试长度：不少于 150 m，保证检测循环不低于 300 组。
D.3.4　测试速度：10 m/min，如果采用其他速度，应在测试报表中表明。

D.4　大气条件

D.4.1　预调湿、调湿和试验用标准大气应按 GB/T 6529 规定的标准大气，管纱调湿 24 h，筒纱调湿 48 h，在调湿和试验过程中应保持标准大气恒定，直到试验结束。
D.4.2　试验室若不具备以上条件时，可以在以下稳定的温湿度条件下，使试样达到平衡后进行试验。平衡及试验期间的平均温度为：18 ℃～28 ℃，平均相对湿度 50%～75%，同时应保持温度的变化不超过上述范围内某平均温度±3 ℃，温度变化率不超过 0.5 ℃/min，相对湿度的变化不超过某平均相对湿度±3%，相对湿度的变化率不超过 0.25%/min。

D.5　操作程序

D.5.1　仪器校验：按照仪器使用说明进行调整。
D.5.2　试验步骤：将试样纱样放置在固定纱锭杆，绕过导纱钩，经过滚动胶辊，根据纱的平均线密度加上适当的张力，并按仪器使用说明书中的规定程序进行操作。
D.5.3　起始参数的设置包括：节长最小值、间距的最小值、基纱与竹节过渡段的起始幅度（百分数）。

D.6 结果的表示和计算

D.6.1 竹节纱风格检测结果主要有以下几项指标：竹节间距、长度的最大与最小值，竹节倍数的最大与最小值，每米的竹节个数，竹节与间距的平均，竹节、间距的频次的波谱表示图。

D.6.2 竹节长度、竹节间距以及竹节倍数试验结果修约至小数点后一位。

D.7 试验报告

试验报告应包括以下内容：

a) 样品的材料，规格和数量；

b) 试验环境条件(湿度、相对湿度)；

c) 仪器型号；

d) 竹节纱测试速度、取样长度等必要试验参数；

e) 批样的试验结果，包括：竹节长度、间距的最大与最小值，竹节倍数的最大与最小值；

f) 如果需要可打印竹节长度、竹节间距、竹节倍数等波谱图。

ICS 59.080.20
W 12

中华人民共和国纺织行业标准

FZ/T 12034—2012

棉氨纶包芯色纺纱

Cotton covered spandex colour yarn

2012-12-28 发布　　2013-06-01 实施

中华人民共和国工业和信息化部　发布

前　言

本标准按照 GB/T 1.1—2009 给出的规则起草。

本标准由中国纺织工业联合会提出。

本标准由全国纺织品标准化技术委员会棉纺织印染分技术委员会(SAC/TC 209/SC 2)归口。

本标准起草单位:百隆东方股份有限公司、江苏金昉纺织集团、华孚色纺股份有限公司、淄博兰雁集团有限责任公司、中国棉纺织行业协会、上海市纺织工业技术监督所。

本标准主要起草人:卫国、吴洪生、朱翠云、宋桂玲、叶戬春、黄林海、王憬义。

棉氨纶包芯色纺纱

1 范围

本标准规定了棉氨纶包芯色纺纱(棉纤维包氨纶长丝纺制)产品的分类、标记,要求,试验方法,检验规则,标志和包装。

本标准适用于鉴定氨纶纤维含量在3%～15%环锭纺棉氨纶包芯色纺纱的品质。

本标准不适用于鉴定特种用途棉氨纶包芯色纺纱的品质。

2 规范性引用文件

下列文件对于本文件的应用是必不可少的。凡是注日期的引用文件,仅注日期的版本适用于本文件。凡是不注日期的引用文件,其最新版本(包括所有的修改单)适用于本文件。

GB/T 250 纺织品 色牢度试验 评定变色用灰色样卡

GB/T 398—2008 棉本色纱线

GB/T 2910.20 纺织品 定量化学分析 第20部分:聚氨酯弹性纤维与某些其他纤维的混合物(二甲基乙酰胺法)

GB/T 3292.1 纺织品 纱条条干不匀试验方法 第1部分:电容法

GB/T 3916 纺织品 卷装纱 单根纱线断裂强力和断裂伸长率的测定

GB/T 3920 纺织品 色牢度试验 耐摩擦色牢度

GB/T 3921—2008 纺织品 色牢度试验 耐皂洗色牢度

GB/T 3922 纺织品耐汗渍色牢度试验方法

GB/T 4743—2009 纺织品 卷装纱 绞纱法线密度的测定

GB 18401 国家纺织产品基本安全技术规范

FZ/T 12010 棉氨纶包芯本色纱

FZ/T 12014—2006 针织用棉色纺纱

FZ/T 01050 纺织品 纱线疵点的分级与检验方法 电容式

FZ/T 01095 纺织品 氨纶产品纤维含量的试验方法

FZ/T 10007 棉及化纤纯纺、混纺本色纱线检验规则

FZ/T 10008 棉及化纤纯纺、混纺本色纱线标志与包装

3 术语和定义

FZ/T 12010界定的以及下列术语和定义适用于本文件。

3.1

棉氨纶包芯色纺纱 cotton covered spandex colour yarn

由一种及以上染色棉纯纺或染色棉与本色棉混纺包氨纶长丝生产而成的有色纱。

4 产品分类、标记

4.1 棉氨纶包芯色纺纱以生产工艺、颜色、混纺比及线密度分类。按生产工艺可分为普梳棉氨纶包芯

色纺纱和精梳棉氨纶包芯色纺纱。

4.2 氨纶原料代号为Pu,棉原料代号为C。

4.3 产品混纺比以净干质量结合公定回潮率计算,具体表示为棉含量/氨纶含量表示。

4.4 在线密度前标明纱线的颜色代号(或色卡号)、生产工艺过程代号、原料代号及其混纺比,氨纶长丝的规格(加圆括号)以及用途在线密度后面。

示例:麻灰 针织用精梳棉氨纶包芯色纺纱纱,其线密度为13.0 tex;氨纶长丝的规格为44.4 dtex;棉与氨纶混纺比例为C/Pu 93/7,其品种代号为:麻灰(或相应色卡号) J C/Pu 93/7 13.0 tex(44.4 dtex)K。

5 要求

5.1 项目

棉氨纶包芯色纺纱技术要求包括单纱断裂强力变异系数、线密度变异系数、单纱断裂强度、线密度偏差率、条干均匀度变异系数、千米棉结(+200%)、明显色结、十万米纱疵及色牢度(耐皂洗、耐摩擦、耐汗渍)、纤维含量偏差十项指标。

5.2 分等规定

5.2.1 同一原料、同一工艺单连续生产的同一规格的产品作为一个或若干检验批。按规定的各项试验方法进行试验,并按其结果评定棉氨纶包芯色纺纱线的品等。

5.2.2 产品质量等级分为优等品、一等品、二等品,低于二等品指标者为等外品。

5.2.3 棉氨纶包芯色纺纱质量等级根据对应产品规格,以考核项目中最低一项进行评等。

5.3 技术要求

5.3.1 棉氨纶包芯色纺纱技术要求

棉氨纶包芯色纺纱技术要求按表1、表2规定。

表1 普梳棉氨纶包芯色纺纱的技术要求

公称线密度/tex	等级	单纱断裂强力变异系数/% ≤	线密度变异系数/% ≤	单纱断裂强度/(cN/tex) ≥	线密度偏差率/%	条干均匀度变异系数/% ≤	千米棉结(+200%)/(粒/km) ≤	明显色结/(粒/100 m) ≤	十万米纱疵/(个/10^5 m) ≤
11.1~13.0	优	11.5	2.5	12.5	±2.0	17.0	300	4	5
	一	14.5	3.7	10.5	±2.5	19.5	600	7	—
	二	17.5	5.5	9.5	±3.0	22.0	1 000	12	—
13.1~16.0	优	11.0	2.5	13.0	±2.0	16.5	250	4	5
	一	14.0	3.7	11.0	±2.5	19.0	500	7	—
	二	17.0	5.5	10.0	±3.0	21.5	800	12	—
16.1~20.0	优	10.5	2.5	13.5	±2.0	16.0	200	3	5
	一	13.5	3.7	11.5	±2.5	18.5	450	6	—
	二	16.5	5.5	10.5	±3.0	21.0	700	10	—
20.1~31.0	优	10.0	2.5	13.5	±2.0	15.5	180	3	5
	一	13.0	3.7	11.5	±2.5	18.0	400	6	—
	二	16.0	5.5	10.5	±3.0	20.5	600	10	—

表1（续）

公称线密度/tex	等级	单纱断裂强力变异系数/% ≤	线密度变异系数/% ≤	单纱断裂强度/(cN/tex) ≥	线密度偏差率/%	条干均匀度变异系数/% ≤	千米棉结(+200%)/(粒/km) ≤	明显色结/(粒/100 m) ≤	十万米纱疵/(个/10^5 m) ≤
31.1～35.0	优	10.0	2.5	13.0	±2.0	15.0	150	3	5
	一	13.0	3.7	11.0	±2.5	17.5	300	6	—
	二	16.0	5.5	10.0	±3.0	20.0	500	10	—
35.1～84.0	优	9.5	2.5	12.5	±2.0	14.5	100	3	5
	一	12.5	3.7	10.5	±2.5	17.0	200	6	—
	二	15.5	5.5	9.5	±3.0	19.5	400	10	—

表2　精梳棉氨纶包芯色纺纱的技术要求

公称线密度/tex	等级	单纱断裂强力变异系数/% ≤	线密度变异系数/% ≤	单纱断裂强度/(cN/tex) ≥	线密度偏差率/%	条干均匀度变异系数/% ≤	千米棉结(+200%)/(粒/km) ≤	明显色结/(粒/100 m) ≤	十万米纱疵/(个/10^5 m) ≤
8.1～11.0	优	11.0	2.5	13.0	±2.0	15.5	150	2	5
	一	14.0	3.7	11.0	±2.5	18.0	300	4	—
	二	17.0	5.5	10.0	±3.0	20.5	500	10	—
11.1～13.0	优	10.5	2.5	13.5	±2.0	15.0	100	2	5
	一	13.5	3.7	11.5	±2.5	17.5	250	4	—
	二	16.5	5.5	10.5	±3.0	20.0	450	10	—
13.1～16.0	优	10.0	2.5	14.0	±2.0	14.5	80	2	5
	一	13.0	3.7	12.0	±2.5	17.0	200	4	—
	二	16.0	5.5	11.0	±3.0	19.5	400	10	—
16.1～20.0	优	9.5	2.5	14.0	±2.0	14.0	60	2	5
	一	12.5	3.7	12.0	±2.5	16.5	120	4	—
	二	15.5	5.5	11.0	±3.0	19.0	350	10	—
20.1～31.0	优	9.0	2.5	13.5	±2.0	13.5	40	2	5
	一	12.0	3.7	11.5	±2.5	16.0	80	4	—
	二	15.0	5.5	10.5	±3.0	18.5	300	10	—

5.3.2　棉氨纶包芯色纺纱其他技术要求

5.3.2.1　棉氨纶包芯色纺纱色牢度技术要求按表3规定。

表3　棉氨纶包芯色纺纱色牢度的技术要求

单位为级

项目		优等品	一等品	二等品
耐皂洗色牢度　≥	变色	4	3—4	3
	沾色	3—4	3	3

表 3（续）　　单位为级

项　　目		优等品	一等品	二等品
耐汗渍色牢度　≥	变色	4	3—4	3
	沾色	3—4	3	3
耐摩擦色牢度　≥	干摩	4	3—4	3
	湿摩	3(深色 2—3)	2—3(深色 2)	2—3(深色 2)
注：深色程度按 GB/T 250 标准，5 级为深色。				

5.3.2.2　产品纤维含量允许偏差为±0.8%，例如 J C/Pu 93/7 13.0 tex(44.4 dtex)K，则允许含量为：92.2%～93.8%为棉，6.2%～7.8%为氨纶。纤维含量偏差超过±0.8%时，评该批产品为等外品。

5.3.2.3　棉氨纶包芯色纺纱线对来样色差不低于 4 级。

5.3.2.4　产品安全性能应符合 GB 18401 的要求。

6　试验方法

6.1　试验条件

各项试验应在各方法标准规定的标准条件下进行。

6.2　取样规定

从检验批中随机抽取 20 个筒子，各项目所需样品数量及试验次数按表 4 规定。

表 4　棉氨纶包芯色纺纱各项目样品数量及试验次数的规定

项　　目	筒子数/个	每筒试验次数	总次数
线密度变异系数	20	1	20
线密度偏差率	20	1	20
单纱断裂强度	20	5	100
单纱断裂强力变异系数	20	5	100
条干均匀度、千米棉结	10	1	10
明显色结	1	1	10
十万米纱疵	6	—	1
纤维含量偏差	10	—	1
色牢度	1	—	1
注 1：若检验批中的筒子数小于 20 个，则全部抽取作为样品。 注 2：线密度变异系数、线密度偏差率、单纱断裂强度、单纱断裂强力变异系数、条干均匀度变异系数、空芯纱疵、包覆不良纱疵、露芯纱疵可进行在线产品取样，具体取样规定参见附录 A，但用户对产品质量有异议时，则以成品质量检验为准。			

6.3 线密度变异系数、线密度偏差率试验

摇取绞纱长度应按GB/T 4743—2009规定执行，其中线密度变异系数采用程序1，线密度采用程序3，摇纱张力为(1.2±0.2)cN/tex。公称线密度100 m标准质量和标准干燥质量按附录B计算，线密度偏差率应将烘干后的绞纱折算至100 m质量，并按式(1)计算：

$$D=\frac{m-m_d}{m_d}\times 100 \qquad \cdots\cdots(1)$$

式中：

D——线密度偏差率，%；

m——"100 m"试样实际干燥质量，单位为克(g)；

m_d——"100 m"试样标准干燥质量，单位为克(g)。

6.4 单纱断裂强度及单纱断裂强力变异系数试验

按GB/T 3916规定执行，试验条件中预张力为(1.0±0.1)cN/tex。

6.5 条干均匀度变异系数、千米棉结(+200%)试验

按GB/T 3292.1规定执行。

6.6 十万米纱疵试验

按FZ/T 01050规定执行，十万米纱疵结果用$A_3+B_3+C_3+D_2$之和表示。

6.7 明显色结试验

按FZ/T 12014—2006中附录A规定执行。

6.8 纤维含量偏差试验

按GB/T 2910.20、FZ/T 01095规定执行，纤维含量结果以净干质量结合公定回潮率计算的公定质量百分率表示。

6.9 色牢度试验方法

6.9.1 耐皂洗色牢度试验按GB/T 3921—2008规定执行，采用单纤维贴衬，试验条件为C(3)。

6.9.2 耐汗渍色牢度试验按GB/T 3922执行。

6.9.3 耐摩擦色牢度试验按GB/T 3920执行。

6.10 色差牢度

按GB/T 250执行。

6.11 棉氨纶包芯色纺纱成包净重

按GB/T 398—2008中5.9规定执行。

6.12 试验结果的表示

一批纱的各种试验结果是由该种试验的全部试验值的计算结果表示，各种试验结果的计算精确度，除已规定者外，按表5规定执行。

表5　计算值的数字修约规定

项　　目	要求小数点后有效位数
线密度变异系数/%	1
线密度偏差率/%	1
百米质量(每批平均)/(g/100 m)	3
单纱断裂强度/(cN/tex)	1
单纱强力变异系数/%	1
条干均匀度变异系数/%	1
千米棉结(+200%)/(个/km)	整数
明显色结/(粒/100 m)	整数
十万米纱疵/个	整数
平均线密度/tex	1
折算质量用回潮率/%	2

7　检验规则

按 FZ/T 10007 规定执行。

8　标志和包装

按 FZ/T 10008 规定执行。同时供货方应在所供产品上标明该产品的颜色代号(或色卡号)。

附　录　A
（资料性附录）
在线产品取样及试验

A.1　在线产品取样周期及卷装形式

A.1.1　一般两天取样试验一次，但周期一经确定，不得任意变更，十万米纱疵、纤维含量偏差试验周期可适当延长，但不得超过超过两周。

A.1.2　取样的卷装形式为管纱。

A.2　在线产品取样数及试验次数

A.2.1　在线产品取样数见表A.1。

表A.1　在线产品取样数

生产同一品种的开台数	1	2	3	4	5	6	7	8～9	10	11～14	15	16～29	30及以上
每机台上采取管纱数	30	15	10	7～8	6	5	4～5	3～4	3	2～3	2	1～2	1
总管纱数	30	30	30	30	30	30	30	30	30	30	30	30	30

A.2.2　线密度变异系数、线密度偏差率试验，每份试样30个管纱，每管摇取1缕，总数为30次（开台数在5台及以下的产品，线密度变异系数、线密度偏差率试验可相应减少拔管数，拔取15个管纱，每管摇取2缕）。

A.2.3　单纱断裂强度及单纱断裂强力变异系数试验，单纱每份试样30个管纱，每管测试2次，总数为60次（开台数在5台及以下者，可每份试样15个管纱，每管测试4次）。采用全自动纱线强力试验仪的取样数为20个管纱，每管测5次，总数为100次。

A.2.4　条干均匀度变异系数、千米棉结需在各机台随机抽取10个管纱，试验次数为10次。

A.2.5　企业需严格控制空芯纱疵、包覆不良纱疵、露芯纱疵的产生，以满足后道加工要求。

附 录 B
（规范性附录）
棉氨纶包芯色纺纱百米质量的计算

B.1 棉氨纶包芯色纺纱的公定回潮率可按干重混纺比例计算，也可按公定质量混纺比例计算，见式(B.1)和式(B.2)，计算结果修约至小数点后一位。其中棉公定回潮率为8.5%，氨纶公定回潮率为1.3%。

a) 以干重混纺比例计算公定回潮率，以百分率表示：

$$W=\frac{W_C \times A_C + W_{Pu} \times A_{Pu}}{100} \qquad \text{(B.1)}$$

b) 以公定质量混纺比例计算公定回潮率，以百分率表示：

$$W=\frac{\dfrac{B_C W_C}{1+\dfrac{W_C}{100}}+\dfrac{B_{Pu} W_{Pu}}{1+\dfrac{W_{Pu}}{100}}}{\dfrac{B_C}{1+\dfrac{W_C}{100}}+\dfrac{B_{Pu}}{1+\dfrac{W_{Pu}}{100}}} \qquad \text{(B.2)}$$

式中：

W ——公定回潮率，%；

W_C、W_{Pu}——棉、氨纶公定回潮率，%；

A_C、A_{Pu} ——棉、氨纶干燥质量混纺百分比例；

B_C、B_{Pu} ——棉、氨纶公定质量混纺百分比例。

B.2 100 m纱在公定回潮率时的标准质量按式(B.2)计算，计算结果修约至小数点后三位。

$$m_g=\frac{T_t}{10} \qquad \text{(B.2)}$$

式中：

m_g ——100 m纱在公定回潮率的标准质量，单位为克每百米(g/100 m)；

T_t ——纱的公称线密度，单位为特克斯(tex)。

B.3 100 m纱标准干燥质量按式(B.3)计算，计算结果修约至小数点后三位。

$$m_d=\frac{T_t}{10} \times \frac{100}{100+W} \qquad \text{(B.3)}$$

式中：

m_d ——100 m纱的标准干燥质量，单位为克每百米(g/100 m)；

T_t ——纱的公称线密度，单位为特克斯(tex)；

W ——公定回潮率，%。

ICS 59.080.20
W12

中华人民共和国纺织行业标准

FZ/T 12035—2012

精梳棉与莫代尔纤维混纺色纺纱线

Combed cotton/modal blended colour yarn

2012-12-28 发布　　2013-06-01 实施

中华人民共和国工业和信息化部　发布

前　言

本标准按照 GB/T 1.1—2009 给出的规则起草。

本标准由中国纺织工业联合会提出。

本标准由全国纺织品标准化技术委员会棉纺织印染分技术委员会(SAC/TC 209/SC 2)归口。

本标准起草单位:华孚色纺股份有限公司、江阴市茂达棉纺厂有限公司、百隆东方股份有限公司、上海市纺织工业技术监督所、中国棉纺织行业协会。

本标准主要起草人:赵黎新、李琴娟、仓义峰、叶戬春、王憬义、马淑静。

本标准为首次发布。

精梳棉与莫代尔纤维混纺色纺纱线

1 范围

本标准规定了精梳棉与莫代尔纤维混纺色纺纱线的分类、标记，要求，试验方法，检验规则和标志、包装。

本标准适用于环锭纺精梳棉与莫代尔纤维混纺色纺纱线。

2 规范性引用文件

下列文件对于本文件的应用是必不可少的。凡是注日期的引用文件，仅注日期的版本适用于本文件。凡是不注日期的引用文件，其最新版本(包括所有的修改单)适用于本文件。

GB/T 250 纺织品 色牢度试验 评定变色用灰色样卡

GB/T 398—2008 棉本色纱线

GB/T 2543.1 纺织品 纱线捻度的测定 第1部分:直接计数法

GB/T 2910.6 纺织品 定量化学分析 第6部分:粘胶纤维、某些铜氨纤维、莫代尔纤维或莱赛尔纤维与棉的混合物(甲酸/氯化锌法)

GB/T 3292.1 纺织品 纱线条干不匀试验方法 第1部分:电容法

GB/T 3916 纺织品 卷装纱 单根纱线断裂强力和断裂伸长率的测定

GB/T 3920 纺织品 色牢度试验 耐摩擦色牢度

GB/T 3921—2008 纺织品 色牢度试验 耐皂洗色牢度

GB/T 3922 纺织品耐汗渍色牢度试验方法

GB/T 4743—2009 纺织品 卷装纱 绞纱法线密度的测定

GB 18401 国家纺织产品基本安全技术规范

FZ/T 01050 纺织品 纱线疵点的分级与检验方法 电容式

FZ/T 10007 棉及化纤纯纺、混纺本色纱线检验规则

FZ/T 10008 棉及化纤纯纺、混纺本色纱线标志与包装

FZ/T 12014—2006 针织用棉色纺纱

3 术语和定义

下列术语和定义适用于本文件。

3.1

棉与莫代尔纤维混纺色纺纱线 cotton/modal blended colour yarn

一种及以上不同颜色的棉、莫代尔纤维混纺而成的有色纱线。

4 产品分类、标记

4.1 精梳棉与莫代尔纤维混纺色纺纱线以不同颜色、混纺比及线密度分类。

4.2 棉原料代号为C,莫代尔纤维原料代号为Mod。

4.3 产品混纺比以净干质量结合公定回潮率计算，具体表示为：莫代尔纤维混用比例在50%及以上，以莫代尔纤维含量/棉含量表示；莫代尔纤维混用比例在50%以下，以棉含量/莫代尔纤维含量表示。

4.4 在线密度前标明纱线的颜色代号（或色卡号）、生产工艺过程代号、原料代号及其混纺比。

示例：麻灰 19.7 tex 精梳棉与莫代尔纤维混纺色纺纱，纤维含量为棉为60%、莫代尔纤维40%，应写为：麻灰（或相应色卡号）J C/Mod 60/40 19.7 tex。

5 要求

5.1 项目

5.1.1 单纱技术要求包括单纱断裂强力变异系数、线密度变异系数、单纱断裂强度、线密度偏差率、条干均匀度变异系数、千米棉结（+200%）、明显色结、十万米纱疵及色牢度（耐皂洗、耐摩擦、耐汗渍）、纤维含量偏差十项指标。

5.1.2 股线技术要求包括单线断裂强力变异系数、线密度变异系数、单线断裂强度、线密度偏差率、明显色结、捻度变异系数、色牢度（耐皂洗、耐摩擦、耐汗渍）、纤维含量偏差八项指标。

5.2 分等规定

5.2.1 同一原料、同一工艺单连续生产的同一规格的产品作为一个或若干检验批。按规定的各项试验方法进行试验，并按其结果评定棉与莫代尔纤维混纺色纺纱线的品等。

5.2.2 产品质量等级分为优等品、一等品、二等品，低于二等品指标者为等外品。

5.2.3 精梳棉与莫代尔纤维混纺色纺纱线质量等级根据对应产品规格，以考核项目中最低一项进行评等。

5.3 技术要求

5.3.1 精梳棉与莫代尔纤维混纺色纺纱线技术要求

精梳棉与莫代尔纤维混纺色纺纱线技术要求按表1、表2规定。

表1 针织用精梳棉与莫代尔纤维混纺色纺纱技术要求

公称线密度/tex	等级	单纱断裂强力变异系数/% ≤		线密度变异系数/% ≤	单纱断裂强度/(cN/tex) ≥		线密度偏差率/%	条干均匀度变异系数/% ≤	千米棉结(+200%)/(粒/km) ≤	明显色结/(粒/100 m) ≤	十万米纱疵/(个/10^5 m) ≤
		莫代尔<50%	莫代尔≥50%		莫代尔<50%	莫代尔≥50%					
9.1～11.0	优	11.5	12.0	2.0	13.0	13.5	±2.0	16.5	300	5	5
	一	14.5	15.0	3.0	11.5	12.0	±2.5	18.5	400	8	—
	二	17.5	18.0	4.0	10.5	11.0	±3.0	20.5	600	15	—
11.1～13.0	优	11.0	11.5	2.0	13.5	14.0	±2.0	15.5	250	5	5
	一	14.0	14.5	3.0	12.0	12.5	±2.5	17.5	350	8	—
	二	17.0	17.5	4.0	11.0	11.5	±3.0	19.5	550	15	—

表 1（续）

公称线密度/tex	等级	单纱断裂强力变异系数/% ≤		线密度变异系数/% ≤	单纱断裂强度/(cN/tex) ≥		线密度偏差率/%	条干均匀度变异系数/% ≤	千米棉结(+200%)/(粒/km) ≤	明显色结/(粒/100 m) ≤	十万米纱疵/(个/10^5 m) ≤
		莫代尔<50%	莫代尔≥50%		莫代尔<50%	莫代尔≥50%					
13.1～16.0	优	10.5	11.0	2.0	12.5	13.0	±2.0	14.5	200	5	5
	一	13.5	14.0	3.0	11.0	11.5	±2.5	16.5	280	8	—
	二	16.5	17.0	4.0	10.0	10.5	±3.0	18.5	400	15	—
16.1～20.0	优	10.0	10.5	2.0	12.5	13.0	±2.0	13.5	120	3	5
	一	13.0	13.5	3.0	11.0	12.0	±2.5	15.5	180	5	—
	二	16.0	16.5	4.0	10.0	11.0	±3.0	17.5	300	10	—
20.1～24.0	优	9.5	10.0	2.0	13.0	13.5	±2.0	12.5	90	3	5
	一	12.5	13.0	3.0	11.5	12.0	±2.5	14.5	160	5	—
	二	15.5	16.0	4.0	10.5	11.0	±3.0	16.5	280	10	—
24.1～31.0	优	9.0	9.5	2.0	13.5	14.0	±2.0	11.5	70	3	5
	一	12.0	12.5	3.0	12.0	12.5	±2.5	13.5	140	5	—
	二	15.0	15.5	4.0	11.0	11.5	±3.0	15.5	260	10	—
注：机织用纱单纱断裂强度在本表数值上加 1.0 cN/tex。											

表 2 针织用纱精梳棉与莫代尔纤维混纺色纺线技术要求

公称线密度/tex	等级	单线断裂强度变异系数/% ≤		线密度变异系数/% ≤	单线断裂强度/(cN/tex) ≥		线密度偏差率/%	明显色结/(粒/100 m) ≤	捻度变异系数/%
		莫代尔<50%	莫代尔≥50%		莫代尔<50%	莫代尔≥50%			
9.1×2～11.0×2	优	10.5	11.0	2.0	13.5	14.0	±2.0	3	5.0
	一	12.5	13.0	3.0	12.0	12.5	±2.5	6	5.0
	二	15.5	16.0	4.0	11.0	11.5	±3.0	10	—
11.1×2～13.0×2	优	10.0	10.5	2.0	14.0	14.5	±2.0	3	5.0
	一	12.0	12.5	3.0	12.5	13.0	±2.5	6	5.0
	二	15.0	15.5	4.0	11.5	12.0	±3.0	10	—
13.1×2～16.0×2	优	9.5	10.0	2.0	13.0	13.5	±2.0	3	5.0
	一	11.5	12.0	3.0	11.5	12.0	±2.5	6	5.0
	二	14.5	15.0	4.0	10.5	11.0	±3.0	10	—

表 2（续）

公称线密度/tex	等级	单线断裂强度变异系数/% ≤		线密度变异系数/% ≤	单线断裂强度/(cN/tex) ≥		线密度偏差率/%	明显色结/(粒/100 m) ≤	捻度变异系数/%
		莫代尔<50%	莫代尔≥50%		莫代尔<50%	莫代尔≥50%			
16.1×2～20.0×2	优	9.0	9.5	2.0	13.0	13.5	±2.0	2	5.0
	一	11.0	11.5	3.0	11.5	12.0	±2.5	4	5.0
	二	14.0	14.5	4.0	10.5	11.0	±3.0	8	—
20.1×2～24.0×2	优	8.5	9.0	2.0	13.5	14.0	±2.0	2	5.0
	一	10.5	11.0	3.0	12.0	12.5	±2.5	4	5.0
	二	13.5	14.0	4.0	11.0	11.5	±3.0	8	—
24.1×2～31.0×2	优	8.0	8.5	2.0	13.5	14.0	±2.0	2	5.0
	一	10.0	10.5	3.0	12.0	12.5	±2.5	4	5.0
	二	13.0	13.5	4.0	11.0	11.5	±3.0	8	—
注：机织用纱单纱断裂强度在本表数值上加 1.0 cN/tex。									

5.3.2 精梳棉与莫代尔纤维混纺色纺纱线其他技术要求

5.3.2.1 精梳棉与莫代尔纤维混纺色纺纱线色牢度技术要求按表 3 规定。

表 3 精梳棉与莫代尔纤维混纺色纺纱线色牢度技术要求

单位为级

项目		优等品	一等品	二等品
耐皂洗色牢度 ≥	变色	4	3—4	3
	沾色	3—4	3	3
耐汗渍色牢度 ≥	变色	4	3—4	3
	沾色	3—4	3	3
耐摩擦色牢度 ≥	干摩	4	3—4	3
	湿摩	3(深色 2—3)	2—3(深色 2)	2—3(深色 2)
注：深、浅色程度按 GB/T 250 标准，5 级为深色。				

5.3.2.2 产品纤维含量允许偏差为±3.0%，例如 J C/Mod 60/40 棉与莫代尔纤维混纺色纺纱线，则允许含量为：57.0%～63.0%为棉，43.0%～37.0%为莫代尔纤维。纤维含量偏差超过±3.0%时，评该批产品为等外品。

5.3.2.3 棉与莫代尔纤维混纺色纺纱线对来样色差不低于 4 级。

5.3.2.4 产品安全性能应符合 GB 18401 的要求。

6 试验方法

6.1 试验条件

各项试验应在各方法标准规定的条件下进行。

6.2 取样规定

从检验批次中随机抽取 20 个筒子，各项目所需样品数量及试验次数按表 4 规定。

表 4 精梳棉与莫代尔纤维混纺色纺纱线各项目样品数量及试验次数的规定

项目	筒子数/个	每筒试验次数	次数
线密度变异系数	20	1	20
线密度偏差率	20	1	20
单纱断裂强度	20	5	100
单纱断裂强力变异系数	20	5	100
条干均匀度变异系数、千米棉结	10	1	10
明显色结	10	1	10
捻度变异系数	20	2	40
十万米纱疵	6	—	1
色牢度	1	—	1
注 1：若检验批中的筒子数小于 20 个，则全部抽取作为样品。 注 2：除明显色结、十万米纱疵、色牢度外，其他各项指标可进行在线产品取样，具体取样规定参见附录 A，但用户对产品质量有异议时，则以成品质量检验为准。			

6.3 线密度变异系数、线密度偏差率试验

摇取绞纱长度应按 GB/T 4743—2009 规定执行，其中线密度变异系数采用程序 1，线密度采用程序 3。公称线密度 100 m 标准质量和标准干燥质量按附录 B 计算，线密度偏差率应将烘干后的绞纱折算至 100 m 质量，并按式(1)计算：

$$D=\frac{m-m_{\mathrm{d}}}{m_{\mathrm{d}}}\times 100 \quad \cdots\cdots(1)$$

式中：

D ——线密度偏差率，%；

m ——“100 m”试样实际干燥质量，单位为克(g)；

m_{d}——“100 m”试样标准干燥质量，单位为克(g)。

6.4 单纱(线)断裂强度及单纱(线)断裂强力变异系数试验

按 GB/T 3916 执行。

6.5 条干均匀度变异系数、千米棉结(+200%)试验

按 GB/T 3292.1 执行。

6.6 十万米纱疵试验

按 FZ/T 01050 执行，十万米纱疵结果用 $A_3+B_3+C_3+D_2$ 之和表示。

6.7 明显色结试验

按 FZ/T 12014—2006 中附录 A 规定执行。

6.8 纤维含量试验

按 GB/T 2910.6 执行，纤维含量结果以净干质量结合公定回潮率计算的公定质量百分率表示。

6.9 捻度试验

按 GB/T 2543.1 规定执行。

6.10 色牢度试验

6.10.1 耐皂洗色牢度试验按 GB/T 3921—2008 规定执行，采用单纤维贴衬，试验条件为 A(1)。

6.10.2 耐汗渍色牢度试验按 GB/T 3922 执行。

6.10.3 耐摩擦色牢度试验按 GB/T 3920 执行。

6.11 色差试验

按 GB/T 250 执行。

6.12 纱线成包净重

按 GB/T 398—2008 中 5.9 规定执行。

6.13 试验结果的表示

一批纱线的各种试验结果是由该种试验的全部试验值的计算结果表示，各种试验结果的计算精确度，除已规定者外，按表 5 规定执行。

表 5 计算值的数值修约位数规定

项　　目	要求小数点后有效位数
单纱断裂强度/(cN/tex)	1
单纱断裂强力变异系数/%	1
线密度变异系数/%	1
线密度偏差率/%	1
百米质量(每批平均)/(g/100 m)	3
条干均匀度变异系数/%	1
千米棉结(+200%)/(粒/km)	整数
明显色结/(粒/100 m)	整数
十万米纱疵/(个/10^5 m)	整数
捻度变异系数/%	1
平均线密度/tex	1
折算质量用回潮率/%	2

7 检验规则

按 FZ/T 10007 规定执行。

8 标志、包装

按 FZ/T 10008 规定执行，同时供货方应在所供产品上标明该产品的颜色代号(或色卡号)。

附 录 A
（资料性附录）
在线产品取样及试验

A.1 在线产品取样周期及卷装形式

A.1.1 一般两天取样试验一次，但周期一经确定，不得任意变更。十万米纱疵、纤维含量偏差试验周期可适当延长，但不得超过两周。

A.1.2 取样的卷装形式为管纱。

A.2 在线产品取样数及试验次数

A.2.1 各项试验应在各方法标准规定的条件下进行，如生产需要，可以在接近车间温湿度条件下进行，但试验地点的温湿度应稳定，并不得故意偏离标准条件。

A.2.2 在线产品取样数见表 A.1。

表 A.1 在线产品取样数

生产同一品种的开台数	1	2	3	4	5	6	7	8～9	10	11～14	15	16～29	30 及以上
每机台上采取管纱数	30	15	10	7～8	6	5	4～5	3～4	3	2～3	2	1～2	1
总管纱数	30	30	30	30	30	30	30	30	30	30	30	30	30 及以上

A.2.3 线密度变异系数、线密度偏差率试验，每份试样 30 个管纱，每管摇取 1 缕，总数为 30 次（开台数在 5 台及以下的产品，线密度变异系数、线密度偏差率试验可相应减少拔管数，拔取 15 个管纱，每管摇取 2 缕）。

A.2.4 单纱（线）断裂强度及单纱（线）断裂强力变异系数试验，单纱每份试样 30 个管纱，每管测试 2 次，总数为 60 次（开台数在 5 台及以下者，可每份试样 15 个管纱，每管测试 4 次），若为股线，每份试样为 15 个管纱，每管测 2 次，总数为 30 次。采用全自动纱线强力试验仪的取样数，纱线均为 20 个管纱，每管测 5 次，总数为 100 次。

A.2.5 条干均匀度变异系数、千米棉结需在各机台随机抽取 10 个管纱，试验次数为 10 次。

A.2.6 股线捻度变异系数需在各机台随机拔取 20 个管纱，每管测 2 次，总数为 40 次。

附　录　B
（规范性附录）
精梳棉与莫代尔纤维混纺色纺纱线百米质量的计算

B.1　精梳棉与莫代尔纤维混纺色纺纱线的公定回潮率可按干重混纺比例计算，也可按公定质量混纺比例计算，见式(B.1)和式(B.2)，计算结果修约至小数点后一位。其中棉公定回潮率为8.5%，莫代尔纤维公定回潮率为11.0%。

a)　以干重混纺比例计算公定回潮率，以百分率表示：

$$W=\frac{W_{\mathrm{C}}\times A_{\mathrm{C}}+W_{\mathrm{Mod}}\times A_{\mathrm{Mod}}}{100} \qquad \cdots\cdots(B.1)$$

b)　以公定质量混纺比例计算公定回潮率，以百分率表示：

$$W=\frac{\dfrac{B_{\mathrm{C}}W_{\mathrm{C}}}{1+\dfrac{W_{\mathrm{C}}}{100}}+\dfrac{B_{\mathrm{Mod}}W_{\mathrm{Mod}}}{1+\dfrac{W_{\mathrm{Mod}}}{100}}}{\dfrac{B_{\mathrm{C}}}{1+\dfrac{W_{\mathrm{C}}}{100}}+\dfrac{B_{\mathrm{Mod}}}{1+\dfrac{W_{\mathrm{Mod}}}{100}}} \qquad \cdots\cdots(B.2)$$

式中：

W ——公定回潮率，%；

W_{C}、W_{Mod}——棉、莫代尔纤维公定回潮率，%；

A_{C}、A_{Mod}——棉、莫代尔纤维干燥质量混纺百分比例；

B_{C}、B_{Mod}——棉、莫代尔纤维公定质量混纺百分比例。

B.2　100 m纱线在公定回潮率时的标准质量(g)按式(B.3)计算，计算结果修约至小数点后三位。

$$m_{\mathrm{g}}=\frac{T_{\mathrm{t}}}{10} \qquad \cdots\cdots(B.3)$$

式中：

m_{g} ——100 m纱线在公定回潮率时的标准质量，单位为克(g)；

T_{t} ——纱线公称线密度，单位为特克斯(tex)。

B.3　100 m纱线的标准干燥质量(g)按式(B.4)计算，计算结果修约至小数点后三位。

$$m_{\mathrm{d}}=\frac{T_{\mathrm{t}}}{10}\times\frac{100}{100+W} \qquad \cdots\cdots(B.4)$$

式中：

m_{d} ——100 m纱线标准干燥质量，单位为克(g)；

T_{t} ——纱线公称线密度，单位为特克斯(tex)；

W ——公定回潮率，%。

ICS 59.080.20
W12

中华人民共和国纺织行业标准

FZ/T 12036—2012

精梳棉与羊毛混纺色纺纱线

Combed cotton and wool blended colour yarn

2012-12-28 发布

2013-06-01 实施

中华人民共和国工业和信息化部　发布

前　言

本标准按照 GB/T 1.1—2009 给出的规则起草。

本标准由中国纺织工业联合会提出。

本标准由全国纺织品标准化技术委员会棉纺织印染分技术委员会(SAC/TC 209/SC 2)归口。

本标准起草单位:华孚色纺股份有限公司、宁波市纤维检验所、百隆东方股份有限公司、中国棉纺织行业协会、安徽阜阳华源纺织有限公司、浙江名龙纺织有限公司、上海市纺织工业技术监督所。

本标准主要起草人:赵黎新、金美菊、张荣庆、叶戬春、孙广峰、吴华群、马淑静、景慎全、王憬义。

精梳棉与羊毛混纺色纺纱线

1 范围

本标准规定了棉与羊毛混纺，羊毛混用比例在50%以下的棉毛色纺纱线的分类、标记，要求，试验方法，检验规则和标志、包装。

本标准适用于羊毛含量50%以下的环锭纺精梳棉与羊毛混纺色纺纱线。

2 规范性引用文件

下列文件对于本文件的应用是必不可少的。凡是注日期的引用文件，仅注日期的版本适用于本文件。凡是不注日期的引用文件，其最新版本(包括所有的修改单)适用于本文件。

GB/T 250 纺织品 色牢度试验 评定变色用灰色样卡

GB/T 398—2008 棉本色纱线

GB/T 2543.1 纺织品 纱线捻度的测定 第1部分：直接计数法

GB/T 2910.1—2009 纺织品 定量化学分析 第1部分：试验通则

GB/T 2910.4—2009 纺织品 定量化学分析 第4部分：某些蛋白质纤维与某些其他纤维的混合物(次氯酸盐法)

GB/T 3292.1 纺织品 纱线条干不匀试验方法 第1部分：电容法

GB/T 3916 纺织品 卷装纱 单根纱线断裂强力和断裂伸长率的测定

GB/T 3920 纺织品 色牢度试验 耐摩擦色牢度

GB/T 3921—2008 纺织品 色牢度试验 耐皂洗色牢度

GB/T 3922 纺织品耐汗渍色牢度试验方法

GB/T 4743—2009 纺织品 卷装纱 绞纱法线密度的测定

GB/T 8170 数值修约规则与极限数值的表示和判定

GB 18401 国家纺织产品基本安全技术规范

FZ/T 01050 纺织品 纱线疵点的分级与检验方法 电容式

FZ/T 10007 棉及化纤纯纺、混纺本色纱线检验规则

FZ/T 10008 棉及化纤纯纺、混纺本色纱线标志与包装

FZ/T 12014—2006 针织用棉色纺纱

3 术语和定义

下列术语和定义适用于本文件。

3.1

棉与羊毛混纺色纺纱线 cotton and wool blended colour yarn

由一种及以上不同颜色的棉、羊毛混纺而成的有色纱线。

4 产品分类、标记

4.1 精梳棉与羊毛混纺色纺纱线以不同颜色、混纺比及线密度分类。

4.2 棉原料代号为C，羊毛原料代号为W。

4.3 产品混纺比以净干质量结合公定回潮率计算，具体表示为棉含量/羊毛含量。

4.4 在线密度前标明纱线的颜色代号(或色卡号)、生产工艺过程代号、原料代号及其混纺比。

示例：麻灰19.7 tex精梳棉与羊毛混纺色纺纱，纤维含量棉为70%，羊毛为30%，应写为：麻灰(或相应色卡号)JC/W 70/30 19.7 tex。

5 要求

5.1 项目

5.1.1 单纱技术要求包括单纱断裂强力变异系数、线密度变异系数、单纱断裂强度、线密度偏差率、条干均匀度变异系数、明显色结、十万米纱疵、色牢度(耐皂洗、耐摩擦、耐汗渍)、纤维含量偏差九项指标。

5.1.2 股线技术要求包括单线断裂强力变异系数、线密度变异系数、单线断裂强度、线密度偏差率、明显色结、捻度变异系数、色牢度(耐皂洗、耐摩擦、耐汗渍)、纤维含量偏差八项指标。

5.2 分等规定

5.2.1 同一原料、同一工艺单连续生产的同一规格的产品作为一个或若干检验批。按规定的各项试验方法进行试验，并按其结果评定精梳棉与羊毛混纺色纺纱线的品等。

5.2.2 产品质量等级分为优等品、一等品、二等品，低于二等品指标者为等外品。

5.2.3 精梳棉与羊毛混纺色纺纱线质量等级根据对应产品规格，以考核项目中最低一项进行评等。

5.3 技术要求

5.3.1 精梳棉与羊毛混纺色纺纱线技术要求

精梳棉与羊毛混纺色纺纱线技术要求按表1、表2规定。

表1 精梳棉与羊毛混纺色纺纱技术要求

公称线密度/tex	等级	单纱断裂强力变异系数/% ≤		线密度变异系数/% ≤	单纱断裂强度/(cN/tex) ≥		线密度偏差率/%	条干均匀度变异系数/% ≤		明显色结/(粒/100m)	十万米纱疵/(个/10^5m) ≤
		羊毛≥30%	羊毛<30%		羊毛≥30%	羊毛<30%		羊毛≥30%	羊毛<30%		
13.1～16.0	优	11.5	10.5	2.0	10.5	11.0	±2.0	18.5	18.0	5	5
	一	14.0	13.0	3.0	9.5	10.0	±2.5	21.0	20.5	8	—
	二	17.0	16.0	4.0	9.0	9.5	±3.0	23.0	22.5	15	—
16.1～20.0	优	11.5	10.5	2.0	11.0	11.5	±2.0	17.5	17.0	5	5
	一	14.0	13.0	3.0	10.0	10.5	±2.5	20.0	19.5	8	—
	二	17.0	16.0	4.0	9.5	10.0	±3.0	22.0	21.5	15	—
20.1～24.0	优	11.0	10.0	2.0	11.5	12.0	±2.0	17.0	16.5	5	5
	一	13.5	12.5	3.0	10.5	11.0	±2.5	19.5	19.0	8	—
	二	16.5	15.5	4.0	10.0	10.5	±3.0	21.5	21.0	15	—
24.1～31.0	优	11.0	10.0	2.0	11.5	12.0	±2.0	16.0	15.5	5	5
	一	13.5	12.5	3.0	10.5	11.0	±2.5	18.5	18.0	8	—
	二	16.5	15.5	4.0	10.0	10.5	±3.0	20.5	20.0	15	—
31.1～37.0	优	10.5	9.5	2.0	12.0	12.5	±2.0	15.5	15.0	5	5
	一	13.0	12.0	3.0	11.0	11.5	±2.5	18.0	17.5	8	—
	二	16.0	15.0	4.0	10.5	11.0	±3.0	20.0	19.5	15	—

表 2 精梳棉与羊毛混纺色纺线技术要求

公称线密度/tex	等级	单线断裂强度变异系数/% ≤		线密度变异系数/% ≤	单线断裂强度/(cN/tex) ≥		线密度偏差率/%	明显色结/(粒/100m) ≤	捻度变异系数/% ≤
		羊毛≥30%	羊毛<30%		羊毛≥30%	羊毛<30%			
13.1×2～16.0×2	优	10.5	9.5	2.0	11.0	11.5	±2.0	3	5.0
	一	12.5	11.5	3.0	10.0	10.5	±2.5	6	5.0
	二	15.5	14.5	4.0	9.5	10.0	±3.0	12	—
16.1×2～20.0×2	优	10.0	9.0	2.0	11.5	12.0	±2.0	3	5.0
	一	12.0	11.0	3.0	10.5	11.0	±2.5	6	5.0
	二	15.0	14.0	4.0	10.0	10.5	±3.0	12	—
20.1×2～24.0×2	优	9.5	8.5	2.0	12.0	12.5	±2.0	3	5.0
	一	11.5	10.5	3.0	11.0	11.5	±2.5	6	5.0
	二	14.5	13.5	4.0	10.5	11.0	±3.0	12	—
24.1×2～31.0×2	优	9.0	8.0	2.0	12.0	12.5	±2.0	3	5.0
	一	11.0	10.0	3.0	11.0	11.5	±2.5	6	5.0
	二	14.0	13.0	4.0	10.5	11.0	±3.0	12	—
31.1×2～37.0×2	优	8.5	7.5	2.0	12.5	13.0	±2.0	3	5.0
	一	10.5	9.5	3.0	11.5	12.0	±2.5	6	5.0
	二	13.5	12.5	4.0	11.0	11.5	±3.0	12	—

5.3.2 精梳棉与羊毛混纺色纺纱线其他技术要求

5.3.2.1 精梳棉与羊毛混纺色纺纱线色牢度技术要求按表 3 规定。

表 3 精梳棉与羊毛混纺色纺纱线色牢度技术要求

单位为级

项目		优等品	一等品	二等品
耐皂洗色牢度 ≥	变色	4	3—4	3
	沾色	3—4	3	3
耐汗渍色牢度 ≥	变色	4	3—4	3
	沾色	3—4	3	3
耐摩擦色牢度 ≥	干摩	4	3—4	3
	湿摩	3(深色 2—3)	2—3(深色 2)	2—3(深色 2)

注：深、浅色程度按 GB/T 250 标准，5 级为深色。

5.3.2.2 产品纤维含量允许偏差为±3.0%，例如 JC/W 70/30 棉与羊毛混纺色纺纱线，则允许含量为：73.0%～67.0%为棉，33.0%～27.0%为羊毛。纤维含量偏差超过±3.0%时，评该批产品为等外品。

5.3.2.3 精梳棉与羊毛混纺色纺纱线对来样色差不低于 4 级。

5.3.2.4 产品安全性能应符合 GB 18401 的要求。

6 试验方法

6.1 试验条件

各项试验应在各方法标准规定的条件下进行。

6.2 取样规定

从检验批次中随机抽取20个筒子,各项目所需样品数量及试验次数按表4规定。

表4 精梳棉与羊毛混纺色纺纱线各项目样品数量及试验次数的规定

项 目	筒子数/个	每筒试验次数	次数
线密度变异系数	20	1	20
线密度偏差率	20	1	20
单纱断裂强度	20	5	100
单纱断裂强力变异系数	20	5	100
条干均匀度变异系数	10	1	10
明显色结	10	1	10
捻度变异系数	20	2	40
十万米纱疵	6	—	1
色牢度	1	—	1
纤维含量偏差	10	—	1

注1:若检验批中的筒子数小于20个,则全部抽取作为样品。

注2:除明显色结、十万米纱疵、色牢度外,其他各项指标可进行在线产品取样,具体取样规定参见附录A,但用户对产品质量有异议时,则以成品质量检验为准。

6.3 线密度变异系数、线密度偏差率试验

摇取绞纱长度应按GB/T 4743—2009规定执行,其中线密度变异系数采用程序1,线密度采用程序3。公称线密度100 m标准质量和标准干燥质量按附录B计算,线密度偏差率应将烘干后的绞纱折算至100 m质量,并按式(1)计算:

$$D=\frac{m-m_d}{m_d}\times 100 \qquad \cdots\cdots(1)$$

式中:

D——线密度偏差率,%;

m——“100 m”试样实际干燥质量,单位为克(g);

m_d——“100 m”试样标准干燥质量,单位为克(g)。

6.4 单纱(线)断裂强度及单纱(线)断裂强力变异系数试验

按GB/T 3916执行。

6.5 条干均匀度变异系数试验

按GB/T 3292.1执行。

6.6 十万米纱疵试验

按 FZ/T 01050 执行，十万米纱疵结果用 $A_3+B_3+C_3+D_2$ 之和表示。

6.7 明显色结试验

按 FZ/T 12014—2006 中附录 A 规定执行。

6.8 纤维含量试验

按 GB/T 2910.4 执行，纤维含量结果以净干质量结合公定回潮率计算的公定质量百分率表示。

6.9 捻度试验

按 GB/T 2543.1 规定执行。

6.10 色牢度试验

6.10.1 耐皂洗色牢度试验按 GB/T 3921—2008 规定执行，采用单纤维贴衬，试验条件为 A(1)。

6.10.2 耐汗渍色牢度试验按 GB/T 3922 执行。

6.10.3 耐摩擦色牢度试验按 GB/T 3920 执行。

6.11 色差试验

按 GB/T 250 执行。

6.12 纱线成包净重

按 GB/T 398—2008 中 5.9 规定执行。

6.13 试验结果的表示

一批纱线的各种试验结果是由该种试验的全部试验值的计算结果表示，各种试验结果的计算精确度，除已规定者外，按表 5 规定执行。

表 5 计算值的数值修约位数规定

项　目	要求小数点后有效位数
单纱断裂强度/(cN/tex)	1
单纱断裂强力变异系数/%	1
线密度变异系数/%	1
线密度偏差率/%	1
百米质量(每批平均)/(g/100 m)	3
条干均匀度变异系数/%	1
明显色结/(粒/100 m)	整数
十万米纱疵/(个/10^5 m)	整数
捻度变异系数/%	1
平均线密度/tex	1
折算质量用回潮率/%	2

7 检验规则

按 FZ/T 10007 规定执行。

8 标志、包装

按 FZ/T 10008 规定执行，同时供货方应在所供产品上标明该产品的颜色代号(或色卡号)。

9 其他

用户对本标准有特殊要求者，供需双方可另订协议。

附 录 A
（资料性附录）
在线产品取样及试验

A.1 在线产品取样周期及卷装形式

A.1.1 一般两天取样试验一次，但周期一经确定，不得任意变更。十万米纱疵、纤维含量偏差试验周期可适当延长，但不得超过两周。

A.1.2 取样的卷装形式为管纱。

A.2 在线产品取样数及试验次数

A.2.1 各项试验在各方法标准规定的条件下进行，如生产需要，可以在接近车间温湿度条件下进行，但试验地点的温湿度应稳定，并不得故意偏离标准条件。

A.2.2 在线产品取样数见表A.1。

表A.1 在线产品取样数

生产同一品种的开台数	1	2	3	4	5	6	7	8～9	10	11～14	15	16～29	30及以上
每机台上采取管纱数	30	15	10	7～8	6	5	4～5	3～4	3	2～3	2	1～2	1
总管纱数	30	30	30	30	30	30	30	30	30	30	30	30	30

A.2.3 线密度变异系数、线密度偏差率试验，每份试样30个管纱，每管摇取1缕，总数为30次（开台数在5台及以下的产品，线密度变异系数、线密度偏差率试验可相应减少拔管数，拔取15个管纱，每管摇取2缕）。

A.2.4 单纱（线）断裂强度及单纱（线）断裂强力变异系数试验，单纱每份试样30个管纱，每管测试2次，总数为60次（开台数在5台及以下者，可每份试样15个管纱，每管测试4次），若为股线，每份试样为15个管纱，每管测2次，总数为30次。采用全自动纱线强力试验仪的取样数，纱线均为20个管纱，每管测5次，总数为100次。

A.2.5 条干均匀度变异系数需在各机台随机抽取10个管纱，试验次数为10次。

A.2.6 股线捻度变异系数需在各机台随机拔取20个管纱，每管测2次，总数为40次。

附　录　B
（规范性附录）
精梳棉与羊毛混纺色纺纱线百米质量的计算

B.1 精梳棉与羊毛混纺色纺纱线的公定回潮率可按干重混纺比例计算，也可按公定质量混纺比例计算，见式(B.1)和式(B.2)，计算结果修约至小数点后一位。其中羊毛公定回潮率为16.0%，棉公定回潮率为8.5%。

a) 以干重混纺比例计算公定回潮率，以百分率表示：

$$W=\frac{W_C \times A_C + W_w \times A_w}{100} \qquad \text{(B.1)}$$

b) 以公定质量混纺比例计算公定回潮率，以百分率表示：

$$W=\frac{\dfrac{B_C W_C}{1+\dfrac{W_C}{100}}+\dfrac{B_w W_w}{1+\dfrac{W_w}{100}}}{\dfrac{B_C}{1+\dfrac{W_C}{100}}+\dfrac{B_w}{1+\dfrac{W_w}{100}}} \qquad \text{(B.2)}$$

式中：

W ——公定回潮率，%；

W_C、W_w ——棉、羊毛公定回潮率，%；

A_C、A_w ——棉、羊毛干燥质量混纺百分比例；

B_C、B_w ——棉、羊毛公定质量混纺百分比例。

B.2 100 m纱线在公定回潮率时的标准质量(g)按式(B.3)计算，计算结果修约至小数点后三位。

$$m_g=\frac{T_t}{10} \qquad \text{(B.3)}$$

式中：

m_g ——100 m纱线在公定回潮率时的标准质量，单位为克(g)；

T_t ——纱线公称线密度，单位为特克斯(tex)。

B.3 100 m纱线的标准干燥质量(g)按式(B.4)计算，计算结果修约至小数点后三位。

$$m_d=\frac{T_t}{10}\times\frac{100}{100+W} \qquad \text{(B.4)}$$

式中：

m_d ——100 m纱线标准干燥质量，单位为克(g)；

T_t ——纱线公称线密度，单位为特克斯(tex)；

W ——公定回潮率，%。

ICS 59.080.20
W 12

中华人民共和国纺织行业标准

FZ/T 12037—2013

棉本色强捻纱

Cotton hard twisted grey yarn

2013-07-22 发布　　2013-12-01 实施

中华人民共和国工业和信息化部　发布

前　言

本标准按照GB/T 1.1—2009给出的规则起草。

本标准由中国纺织工业联合会提出。

本标准由全国纺织品标准化技术委员会棉纺织印染分技术委员会(SAC/TC 209/SC 2)归口。

本标准起草单位:江苏大生集团有限公司、三阳纺织有限公司、新疆溢达纺织有限公司、齐鲁宏业纺织集团有限公司、上海市纺织工业技术监督所、中国棉纺织行业协会。

本标准主要起草人:王小殊、蔡吉朝、赵阳、李汉利、叶戬春、王憬义、沈健宏。

棉本色强捻纱

1 范围

本标准规定了棉本色强捻纱(以下简称“棉强捻纱”)的术语和定义、产品分类、标记、要求、试验方法、检验规则和标志、包装。

本标准适用于特克斯制(Tex 制)捻系数大于 430 的环锭纺棉本色纱。

2 规范性引用文件

下列文件对于本文件的应用是必不可少的。凡是注日期的引用文件,仅注日期的版本适用于本文件。凡是不注日期的引用文件,其最新版本(包括所有的修改单)适用于本文件。

GB/T 398—2008 棉本色纱线

GB/T 2543.2 纺织品 纱线捻度的测定 第 2 部分:退捻加捻法

GB/T 3292.1 纺织品 纱线条干不匀试验方法 第 1 部分:电容法

GB/T 3916 纺织品 卷装纱 单根纱线断裂强力和断裂伸长率的测定

GB/T 4743—2009 纺织品 卷装纱 绞纱法线密度的测定

FZ/T 01050 纺织品 纱线疵点的分级与检验方法 电容式

FZ/T 10007 棉及化纤纯纺、混纺本色纱线检验规则

FZ/T 10008 棉及化纤纯纺、混纺本色纱线标志与包装

3 术语和定义

下列术语和定义适用于本文件。

3.1

强捻纱 hard twisted yarn

在特克斯制(Tex 制)中,实际捻系数大于 430 的纱。

注:该捻系数由捻度单位为捻/10 cm 计算得出。

4 产品分类、标记

4.1 棉强捻纱以生产工艺及线密度分类。按生产工艺可分为普梳棉强捻纱和精梳棉强捻纱。

4.2 棉强捻纱标记应包括:生产工艺过程代号、原料代号(棉代号为 C)、线密度、加捻捻向、每米加捻数。

示例:精梳棉强捻纱 J C 14.5 tex Z 1400。

5 要求

5.1 项目

5.1.1 普梳棉强捻纱要求包括单纱断裂强力变异系数、线密度变异系数、单纱断裂强度、线密度偏差

率、条干均匀度变异系数、捻度偏差率、捻度变异系数、十万米纱疵八项指标。

5.1.2 精梳棉强捻纱要求包括单纱断裂强力变异系数、线密度变异系数、单纱断裂强度、线密度偏差率、条干均匀度变异系数、千米棉结、捻度偏差率、捻度变异系数、十万米纱疵九项指标。

5.2 分等规定

5.2.1 同一原料、同一工艺单连续生产的同一规格的产品作为一个或若干检验批。按规定的各项试验方法进行试验，并按其结果评定棉强捻纱的品等。

5.2.2 棉强捻纱产品分为优等品、一等品、二等品，低于二等品为等外品。

5.2.3 棉强捻纱质量等级根据产品规格，以考核项目中最低一项进行评等。

5.3 棉强捻纱技术要求

5.3.1 普梳棉强捻纱技术要求按表1规定。

表1 普梳棉强捻纱技术要求

公称线密度 tex	等级	单纱断裂强力变异系数 % ≤	线密度变异系数 % ≤	单纱断裂强度 cN/tex ≥	线密度偏差率 %	条干均匀度变异系数 % ≤	捻度偏差率 %	捻度变异系数 % ≤	十万米纱疵 个/10^5 m ≤
11.1~13.0	优	11.0	2.0	14.3	±2.0	16.5	±3.0	4.5	10
	一	14.0	3.5	12.3	±2.5	19.0	±5.0	6.5	30
	二	16.5	4.5	9.8	±3.5	22.0	±7.0	7.5	—
13.1~16.0	优	10.5	2.0	14.5	±2.0	16.0	±3.0	4.5	10
	一	13.5	3.5	12.5	±2.5	18.5	±5.0	6.5	30
	二	16.0	4.5	10.0	±3.5	21.5	±7.0	7.5	—
16.1~20.0	优	10.0	2.0	14.5	±2.0	15.5	±3.0	4.5	10
	一	13.0	3.5	12.5	±2.5	18.0	±5.0	6.5	30
	二	15.5	4.5	10.0	±3.5	21.0	±7.0	7.5	—
20.1~31.0	优	9.5	2.0	14.7	±2.0	14.5	±3.0	4.5	10
	一	12.5	3.5	12.7	±2.5	17.0	±5.0	6.5	30
	二	15.0	4.5	10.2	±3.5	20.0	±7.0	7.5	—
31.1~37.0	优	9.0	2.0	14.5	±2.0	14.0	±3.0	4.5	10
	一	12.0	3.5	12.5	±2.5	16.5	±5.0	6.5	30
	二	14.5	4.5	10.0	±3.5	19.5	±7.0	7.5	—
37.1~97.0	优	8.5	2.0	14.3	±2.0	13.5	±3.0	4.5	10
	一	11.5	3.5	12.3	±2.5	16.0	±5.0	6.5	30
	二	14.0	4.5	9.8	±3.5	19.0	±7.0	7.5	—

5.3.2 精梳棉强捻纱技术要求按表2规定。

表 2 精梳棉强捻纱技术要求

公称线密度 tex	等级	单纱断裂强力变异系数 % ≤	线密度变异系数 % ≤	单纱断裂强度 cN/tex ≥	线密度偏差率 %	条干均匀度变异系数 *CV* % ≤	千米棉结（+200%） 个/km ≤	捻度偏差率 %	捻度变异系数 % ≤	十万米纱疵 个/10^5 m ≤
4.8～6.0	优	12.0	2.0	20.0	±2.0	16.0	220	±3.0	4.0	5
	一	14.5	3.0	18.0	±2.5	18.5	460	±5.0	6.0	20
	二	17.5	4.0	15.0	±3.0	21.5	620	±7.0	7.0	—
6.1～7.0	优	11.5	2.0	17.5	±2.0	15.5	200	±3.0	4.0	5
	一	14.0	3.0	15.5	±2.5	18.0	450	±5.0	6.0	20
	二	17.0	4.0	12.5	±3.0	21.0	600	±7.0	7.0	—
7.1～8.0	优	11.0	2.0	17.5	±2.0	15.0	180	±3.0	4.0	5
	一	13.5	3.0	15.5	±2.5	17.5	400	±5.0	6.0	20
	二	16.5	4.0	12.5	±3.0	20.5	550	±7.0	7.0	—
8.1～11.0	优	10.0	2.0	16.5	±2.0	14.5	100	±3.0	4.0	5
	一	13.0	3.0	14.5	±2.5	17.0	300	±5.0	6.0	20
	二	16.0	4.0	11.5	±3.0	19.5	500	±7.0	7.0	—
11.1～13.0	优	9.0	2.0	16.0	±2.0	14.0	80	±3.0	4.0	5
	一	12.0	3.0	14.0	±2.5	16.0	250	±5.0	6.0	20
	二	15.0	4.0	11.0	±3.0	18.5	450	±7.0	7.0	—
13.1～16.0	优	8.5	2.0	15.5	±2.0	13.5	70	±3.0	4.0	5
	一	11.5	3.0	13.5	±2.5	15.5	200	±5.0	6.0	20
	二	14.5	4.0	10.5	±3.0	18.0	300	±7.0	7.0	—
16.1～20.0	优	8.0	2.0	15.0	±2.0	13.0	60	±3.0	4.0	5
	一	11.0	3.0	13.0	±2.5	15.0	150	±5.0	6.0	20
	二	14.0	4.0	10.0	±3.0	17.5	200	±7.0	7.0	—
20.1～30.0	优	7.5	2.0	15.0	±2.0	12.5	40	±3.0	4.0	5
	一	10.5	3.0	13.0	±2.5	14.5	100	±5.0	6.0	20
	二	13.5	4.0	10.0	±3.0	17.0	150	±7.0	7.0	—
31.1～37.0	优	7.0	2.0	15.0	±2.0	12.0	30	±3.0	4.0	5
	一	10.0	3.0	13.0	±2.5	14.0	80	±5.0	6.0	20
	二	13.0	4.0	10.0	±3.0	16.5	120	±7.0	7.0	—

6 试验方法

6.1 试验条件

各项试验应在各方法标准规定的标准条件下进行。

6.2 取样规定

从检验批中随机抽取20个筒子，各项目所需样品数量及试验次数按表3规定。

表3 棉强捻纱各项目样品数量及试验次数的规定

项目	筒子数 个	每筒试验次数	总次数
线密度变异系数	20	1	20
线密度偏差率	20	1	20
单纱断裂强度	20	5	100
单纱断裂强力变异系数	20	5	100
条干均匀度变异系数	10	1	1
千米棉结	10	1	1
捻度差异率、捻度变异系数	20	2	40
十万米纱疵	6	—	1

注1：若检验批中的筒子数小于20个，则全部抽取作为样品。

注2：线密度变异系数、线密度偏差率、单纱断裂强度、单纱断裂强力变异系数、条干均匀度变异系数、捻度可进行在线产品取样，具体取样规定参见附录A，但用户对产品质量有异议时，则以成品质量检验为准。

6.3 线密度变异系数、线密度偏差率试验

摇取绞纱长度应按GB/T 4743—2009规定执行，其中线密度变异系数采用程序1，线密度采用程序3。公称线密度的100 m标准质量和标准干燥质量按附录B计算，线密度偏差率将烘干后的绞纱折算至100 m质量，并按式(1)计算：

$$D=\frac{m-m_d}{m_d}\times 100\% \qquad \cdots\cdots(1)$$

式中：

D ——线密度偏差率，%；

m ——“100 m”试样实际干燥质量，单位为克(g)；

m_d——“100 m”试样标准干燥质量，单位为克(g)。

6.4 单纱断裂强度及单纱断裂强力变异系数试验

按GB/T 3916规定执行。

6.5 条干均匀度变异系数试验

按GB/T 3292.1规定执行。

6.6 捻度试验

按GB/T 2543.2规定执行。

6.7 十万米纱疵试验

按FZ/T 01050规定执行，十万米纱疵结果用$A_3+B_3+C_3+D_2$之和表示。

6.8 成包净重

按 GB/T 398—2008 中 5.9 规定执行。

6.9 试验结果的表示

一批纱的各种试验结果是由该种试验的全部试验值的计算结果表示，各种试验结果的计算精确度，除已规定者外，按表 4 规定。

表 4 计算值的数字修约位数规定

项目	保留小数位数
线密度变异系数/%	1
线密度偏差率/%	1
百米质量(每批平均)/(g/100 m)	3
单纱断裂强度/(cN/tex)	1
单纱断裂强力变异系数/%	1
条干均匀度变异系数 *CV*/%	1
千米棉结(+200%)/(个/km)	整数
捻度偏差率/%	1
捻度变异系数/%	1
修正强力用回潮率/%	1
折算质量用回潮率/%	2

7 检验规则

按照 FZ/T 10007 规定执行。

8 标志、包装

按 FZ/T 10008 规定执行，并在包装物或产品说明书上注明执行标准号。

附 录 A
（资料性附录）
在线产品取样及试验

A.1 在线产品取样周期及卷装形式

A.1.1 一般两天取样试验一次，但周期一经确定，不得任意变更。十万米纱疵试验周期可适当延长，但不得超过两周。

A.1.2 取样的卷装形式为管纱。

A.2 在线产品取样数及试验次数

A.2.1 各项试验应在各方法标准规定的条件下进行，如生产需要，可以在接近车间温湿度条件下进行，但试验地点的温湿度应稳定，并不得故意偏离标准条件。

A.2.2 在线产品取样数见表A.1。

表 A.1 在线产品取样数

生产同一品种的开台数	1	2	3	4	5	6	7	8～9	10	11～14	15	16～29	30及以上
每机台上采取管纱数	30	15	10	7～8	6	5	4～5	3～4	3	2～3	2	1～2	1
总管纱数	30	30	30	30	30	30	30	30	30	30	30	30	30

A.2.3 线密度变异系数、线密度偏差率试验，每份试样30个管纱，每管摇取1缕，总数为30次（开台数在5台及以下的产品，线密度变异系数、线密度偏差率试验可相应减少拔管数，拔取15个管纱，每管摇取2缕）。

A.2.4 单纱断裂强度及单纱断裂强力变异系数试验，单纱每份试样30个管纱，每管测试两次，总数为60次（开台数在5台及以下者，可每份试样15个管纱，每管测试4次）。采用全自动纱线强力试验仪的取样数，为20个管纱，每管测5次，总数为100次。试验报告应注明所用的强力试验仪类型。如未在标准规定条件下可按FZ/T 10013.1进行修约。

A.2.5 条干均匀度变异系数在各机台随机抽取10个管纱，试验次数为10次。

A.2.6 捻度试验需在各机台随机拔取20个管纱，每管测2次，总数为40次。

附 录 B
（规范性附录）
棉强捻纱百米质量的计算

B.1 棉强捻纱的公定回潮率为8.5%。

B.2 100 m纱在公定回潮率时的标准质量(g)按式(B.1)计算，计算结果修约至小数点后三位。

$$m_g = \frac{T_t}{10} \qquad \cdots\cdots(B.1)$$

式中：

m_g——100 m纱在公定回潮率时的标准质量，单位为克(g)；

T_t——纱的公称线密度，单位为特克斯(tex)。

B.3 100 m纱的标准干燥质量(g)按式(B.2)计算，计算结果修约至小数点后三位。

$$m_d = \frac{T_t}{10} \times \frac{100}{100 + W} \qquad \cdots\cdots(B.2)$$

式中：

m_d——100 m纱标准干燥质量，单位为克(g)；

T_t——纱的公称线密度，单位为特克斯(tex)；

W——公定回潮率，%。

参 考 文 献

[1] FZ/T 10013.1 温度与回潮率对棉及化纤纯纺、混纺制品断裂强力的修正方法 本色纱线及染色加工线断裂强力的修正方法